Linux 命令行与 shell 编程实战
(第 4 版)

[美] 马克·G. 索贝尔(Mark G. Sobell)　著
马修·赫姆基(Matthew Helmke)

尹晓奇　巩晓云　译

U0363363

清华大学出版社

北　京

Mark G. Sobell, Matthew Helmke

A Practical Guide to Linux Commands, Editors, and Shell Programming, Fourth Edition

北京市版权局著作权合同登记号　图字：01-2018-1018

本书封面贴有 Pearson 公司防伪标签，无标签者不得销售。

版权所有，侵权必究。侵权举报电话：010-62782989　13701121933

图书在版编目(CIP)数据

Linux 命令行与 shell 编程实战：第 4 版 /(美)马克·G. 索贝尔(Mark G. Sobell)，(美)马修·赫姆基(Matthew Helmke) 著；尹晓奇，巩晓云 译. —北京：清华大学出版社，2018

书名原文：A Practical Guide to Linux Commands, Editors, and Shell Programming, Fourth Edition

ISBN 978-7-302-51090-1

Ⅰ. ①L… Ⅱ. ①马… ②马… ③尹… ④巩… Ⅲ. ①Linux 操作系统 Ⅳ. ①TP316.85

中国版本图书馆 CIP 数据核字(2018)第 195634 号

责任编辑：王　军　李维杰
封面设计：孔祥峰
版式设计：思创景点
责任校对：成凤进
责任印制：丛怀宇

出版发行：清华大学出版社
　　网　　　址：http://www.tup.com.cn，http://www.wqbook.com
　　地　　　址：北京清华大学学研大厦 A 座　　　邮　　编：100084
　　社 总 机：010-62770175　　　　　　　　邮　　购：010-62786544
　　投稿与读者服务：010-62776969，c-service@tup.tsinghua.edu.cn
　　质 量 反 馈：010-62772015，zhiliang@tup.tsinghua.edu.cn
印 装 者：三河市铭诚印务有限公司
经　　销：全国新华书店
开　　本：190mm×260mm　　印　　张：47.5　　字　　数：1713 千字
版　　次：2018 年 10 月第 4 版　　印　　次：2018 年 10 月第 1 次印刷
定　　价：128.00 元

产品编号：078922-01

本书系列版本的赞誉

本书对于希望深入了解 Linux，并开始将 Linux 的强大功能运用到工作中的人非常有帮助。Sobell 非常清晰地阐述了命令的作用，接着给出了几个常见的易于理解的示例，以便读者开始轻松地学习 shell 编程。与 Sobell 的其他著作一样，本书讲解清晰，通俗易懂，应放在书架上触手可及的地方。

——Ray Bartlett
旅行作家

本书非常棒，我把它放在书架的最前排。它介绍了 Linux 的核心——命令行及其实用程序，而且讲解非常到位。本书的一大亮点是优秀的示例和"命令参考"部分。强烈推荐所有层次的 Linux 用户使用本书。由 Mark G. Sobell 撰写并由 Prentice Hall 出版的这本书非常实用！

——Dan Clough
电子工程师，Slackware Linux 用户

本书完全不像其他大多数 Linux 图书，它没有通过 GUI 讨论 Linux 的各个方面，而是直接介绍命令行的强大功能。

——Bjorn Tipling
ask.com 软件工程师

在我阅读过的数十本 Linux 图书中，本书是最优秀的基本 Linux 参考资料。发现本书真是很幸运。本书将帮助读者透彻地理解如何在命令行上完成工作，并了解类似 UNIX 的免费 OS 有哪些强大功能。

——Chad Perrin
Tech Republic 作家

几年前，我从使用 Windows XP 转为使用 Linux。使用过几个版本的 Linux 后，我最终选择了 Linux Mint。考虑到自己已经 69 岁，我本以为掌握 Linux 是件不可能完成的任务。不过，在阅读了多方面的资料后，再加上我身边的 LUG 的帮助，现在我已能熟练使用 GUI 界面操作 Linux。

之后，我想更深入地了解 CLI。几个月前，我购买了这本书。

事实证明，这本书成为我理解 CLI 的基础。作为 Linux 领域的一名相对的"新手"，我发现这本书十分容易理解，讲解非常透彻，是值得推荐给其他 Linux 用户的一本优秀书籍。

——John Nawell
CQLUG(Central Queensland Linux User Group)

我买了这本书的第 2 版，深深地迷恋其中，爱不释手。在我还是思科的一名支持工程师时，就一直参考使用这本书。只要新版本一上市，我马上就去买。我们将要在 1000 多个盒子(IMS 核心节点)上完成大量的命令行工作。第 2 版中已经给我们提供了许多工具。如果 Sobell 写好了新版本，我会立即购买。我非常喜欢他的写作风格。

——Robert Lingenfelter
VoIP/IMS 支持工程师

作者 Mark G. Sobell 的赞誉

"因为身处教育领域，我发现 Sobell 的书内容开宗明义，紧扣主题，并且对于在企业中管理 Linux 非常有帮助。他的写作风格条理清晰。我发现他设计的每章习题紧贴实用，都是用户或管理员可能遇到的。信息技术/系统专业的学生将发现这是一本对学业有价值的参考书。大量的信息得到极为合理的组织，Sobell 浅显直白地表述内容。对于任何在网络环境下管理 Linux 系统或运行 Linux 服务器的人来说，这是一本必备书籍。我也把这本书极力推荐给正在向 Linux 平台迁移的富有经验的电脑用户。"

——Mary Norbury
科罗拉多州立大学丹佛分校 Barbara Davis 中心 IT 总监
发表在 slashdot.org 上的一篇评论

"几年前在圣路易斯奥比斯波的加州州立理工大学读书时，我有机会阅读了 Sobell 的 UNIX 书籍。不得不说他的书是最棒的，是讲授操作系统理论和应用方面的优秀书籍。"

——Benton Chan
信息系统工程师

"尽管是针对 FC2 的，但这本书仍远远超出我的预期。我在书中发现了一些弥足珍贵的东西：它并不像是标准的技术文字，读起来更像是娓娓道来的动人故事。令人愉快而爱不释手。"

——David Hopkins
业务流程架构师

"感谢你在这一领域所做的贡献和撰写的书籍。真的几乎很少有书能够帮助人们成为不同类型工作站的更高效管理员。希望(在俄罗斯)Sobell 能够继续为我们带来关于 Linux/UNIX 系统的新书。"

——Anton Petukhov

"Mark G. Sobell 撰写了一本通俗易懂又极具权威性的书籍。"

——Jeffrey Bianchine
律师、作家、新闻工作者

"一本非常优秀的参考书，非常适合 Linux 集群的系统管理员，或者打算安装最新稳定版 Linux 的个人电脑用户。不要因为这本书令人畏惧的重量而感到不安。Sobell 就是在力求尽可能地包罗广泛的内容，尝试着预见到系统管理的需要。"

——Wes Boudville
发明家

"这是我遇到的最佳 Linux 操作系统入门书籍。本书通俗易懂；无论传统 UNIX 用户、Linux 新手还是 Windows 用户，都可从本书中获益。每个主题的讲解都清晰完整，不要求读者预先掌握什么知识。这是一本极其有用的参考书，术语表长达 70 页。组织得井井有条，用户可以专心研究简单任务；在做好充分的准备后，再去学习高级主题。"

——Cam Marshall
科罗拉多波尔得 Front Range UNIX 用户组[FRUUG]的 Marshall 信息服务 LLC 成员

"如果你是一位 Linux 新用户，刚踏入 RH/Fedora 领域不久，本书一定适合你阅读。再也找不到一本书能如此深刻地探讨这么多不同的主题。"

——Eugenia Loli-Queru
OSNews.com 主编

"我现在拥有 Sobell 撰写的 *A Practical Guide to Linux* 一书。我相信这是我所读过的最全面实用的 Linux 教程之一，就像书名所说的那样。我觉得自己是个新手，一遍遍地翻阅这本书，乐此不疲，受益匪浅。"

——Albert J. Nguyen

"谢谢你撰写的这本精品书籍，帮助我从 Windows XP 迁移到此前未接触过的 Windows Vista。从这本卓越书籍中，我学到很多新概念和新命令。Linux 学习由此变得简单轻松。"

——James Moritz

"Mark G. Sobell 能将复杂的主题讲得简单易懂，令我印象深刻。书中列举的命令示例十分有用；无论是新管理员，还是高级管理员，都能从这本书中受益良多，能学会处理实际 Linux 任务。Mark G. Sobel 真是一位令人肃然起敬的技术作家。"

——George Vish II
HP 公司资深培训顾问

"总体而言，这是一本优秀的综合性 Ubuntu 书籍；不论对于哪个技术级别的人员，这都是一本宝贵的资源。"

——John Dong
Ubuntu 论坛理事会成员
Backports 团队领导人

"开头部分真正提供了快捷的学习和实际操作方式，使你可以详细、深入地研究后面的知识点。"

——Scott Mann
Aztek Networks 公司

"很荣幸能使用这本教材来讲授 Ubuntu、Linux 和计算机基础课程。本书内容全面而精辟，插图清晰，很好地演示了与计算机使用相关的重要概念。"

——Nathan Eckenrode
纽约本地社区团队

"Ubuntu 正迅速流行开来。顶尖作者又推出了最新的卓越版本，令人激动。书中不仅包含有关 Ubuntu 的信息，还介绍与计算机相关的主题，将帮助普通计算机用户更好地理解后台操作。"

——Daniel R. Arfsten
专业人员/工程制图者/设计者

"我每天都在阅读 Linux 技术资料，给我留下深刻印象的书籍屈指可数，我更喜欢浏览网上的信息资源。但 Mark G. Sobell 的书籍让我眼前一亮，编写清晰明了，技术准确全面，读起来觉得心旷神怡。"

——Matthew Miller
波士顿大学信息技术办公室 BU Linux 项目高级系统分析师/管理员

"本书编排得当，讲解清晰全面，适于任何类型的 Linux 用户阅读；Ubuntu 新手可将本书作为入门书籍，专业人员则可在完成设置服务器等复杂工作后将本书作为权威参考书。本书物超所值，是你学习 Linux 技术的良师益友。"

——Linc Fessenden
The LinuxLink TechShow(tllts.org)主持人

"作者全面清晰地讲述了这个精细的操作系统。我具有丰富的 UNIX 和 Windows 经验，从本书中学到很多东西。本书填平了 Linux、Windows 和 UNIX 之间的鸿沟。无论是初出茅庐的新手，还是经验丰富的专业人员，阅读本书都大有裨益。"

——Mark Polczynski
信息技术顾问

"Sobell 的著作 *A Practial Guide to Ubuntu Linux, Third Edition* 编排合理、内容丰富，堪称精品书籍。Sobell 应该凭借出众的才华而获奖；只可惜我的名字不是 Pulitzer。"

——Harrison Donnelly
内科医生

"我十年前首次接触 Linux 时，遇到了很多困难。当今，Linux 社区的新手可从 Web 上找到大量有用的资源；如果想要学习 Ubuntu，只要有了 Mark G. Sobell 撰写的 *A Practial Guide to Ubuntu Linux*，就可以全面系统地了解 Ubuntu。"

"这本书讲解极其精细。从安装到管理、网络、安全、shell 脚本、包管理等，再到 GUI 和命令行工具，一应俱全。全书没有多余的空话，都是极其有用的信息。在适当的时候插入了屏幕截图，信息极其丰富。"

——JR Peck
GeekBook.org 编辑

"我想提高 Linux 技能水准，但此前一直找不到优秀的资源。现在，有了 *A Practial Guide to Red Hat Linux*，我开始如饥似渴地学习，在知识的海洋中纵情畅游。"

——Carmine Stoffo
医药设备和处理设计师

"我目前正在阅读 *A Practial Guide to Red Hat Linux*，并且终于了解了命令行的真正威力。我是一只 Linux 菜鸟，Sobell 的书让我感到醍醐灌顶，可谓宝贵财富。"

——Juan Gonzalez

"Mark G. Sobell 撰写的 *A Practial Guide to Ubuntu Linux* 为想要提高工作效率的 Linux 初中级用户提供了所有必需的信息。有了 Ubuntu Gutsy Gibbon 的 Live DVD，用户可在不影响已安装 OS 的情况下运行 Linux。本书确实物超所值。"

—Ray Lodato
Slashdot 贡献者(www.slashdot.org)

致　　谢

这是我本人(Matthew)首次参与撰写本书。首先感谢 Mark G. Sobell 对我的信任。你为本书打下了卓越基础，衷心感谢你，你可以安心享受退休生活！在 Mark G. Sobell 首次决定其他人参与撰写本书时，Debra Williams Cauley 和 Mark Taub 和我进行了沟通和联系，感谢你们二位；谢谢你们的信任和厚爱。

本书如有个别疏漏之处，我将负全部责任。如果你有任何意见和建议，请通过 matthew@matthewhelmke.com 与我联系；如果你的意见正确，我们将在下一版本中采用。新版本继承了上一版中大量经过深思熟虑的内容；我在更新时，又一次做了检查；如有做得不当之处，请你给予帮助，并给出必要的更正意见。

"致谢"的其余部分摘自上一版，由 Mark G. Sobell 撰写。我对其中提及的人士一同表示感谢，其中一些人士也参与了新版本的撰写。

Matthew Helmke

作于爱荷华州北利伯蒂

(以下致谢内容摘自上一版)

首先感谢 Pearson 出版社 IT 部门主编 Mark L. Taub，在撰写本书的过程中，Mark L. Taub 一直鼓励我，支持我。在我 30 年的写作生涯中，Mark 是最特别的一位：他使用我书中介绍的工具。由于 Mark 在自家计算机上运行 Linux，在撰写本书期间我分享了他的经验。Mark，你的评论和指引是无价的，如果没有你的帮助，本书不可能问世。谢谢你，Mark！

Pearson 出版社编辑们的工作十分出色：Julie Nahil 是全职的编辑负责人，在撰写本书期间一直提供帮助，并进行跟踪管理；John Fuller 是组稿编辑，负责把握宏观方向。谢谢文稿编辑 Jill Hobbs 和校对 Audrey Doyle，你们润色每一页的文字，处理了我遗留的错误。

感谢 Pearson 出版社中为本书的出版付出努力的所有人士，特别是助理编辑 Kim Boedigheimer，你处理了诸多细节问题。感谢发行人 Heather Fox、市场经理 Stephane Nakib、资深索引编辑 Cheryl Lenser、设计经理 Sandra Schroeder、封面设计者 Chuti Prasertsith，以及为本书出版默默奉献的其他所有人士。

也感谢 FOLDOC 编辑 Denis Howe，Denis 十分慷慨，允许我使用他编辑的字典条目(可访问 www.foldoc.org 查看该字典)。

特别感谢 Intrepidus Group 公司的 Max Sobell，Max Sobell 撰写了 Python 一章；感谢资深开发人员 Doug Hellmann，感谢 DreamHost 认真细致地审阅 Python 章节，感谢马里兰大学帕克分校的研究生 Angjoo Kanazawa 对这一章提出的有益修改意见。

感谢 Agant 公司移动应用开发人员和软件安全顾问 Graham Lee，感谢剑桥大学的 David Chisnall 对 Mac 相关章节的审阅和提出的改进意见。

Jeffrey S. Haemer 提供了很多有关 bash 的宝贵意见，令我佩服。Jeffrey，你是大师级人物，谢谢你给予的帮助。

还要感谢 Yahoo! Sherpa 服务工程团队经理 Jennifer Davis 针对很多章节的评论。她深入理解 MySQL；在她的启发下，我对那一章做了多方面的修改。

多位人士阅读了本书的初稿；我根据他们的意见修改了讲解模糊之处和遗漏之处；隆重感谢以下人士：Michael Karpeles、Candy Strategies 公司的 Robert P. J. Day、Noisebridge 的 Gavin Knight、Lauber System Solutions 公司的 Susan Lauber、William Skiba、Carlton "Cobolt" Sue、Rickard Körkkö、Bolero AB 和 Benjamin Schupak。

也感谢以下人士在本书前几版的出版过程中给予的帮助：

Doug Hughes、Google 站点可靠性工程师 Richard Woodbury，Intrepidus 公司的 Max Sobell，Red Hat 公司的 Lennart Poettering，HP 公司资深培训顾问 George Vish II，波士顿大学 IT 办公室 BU Linux 项目资深系统分析师/管理员 Matthew Miller、Garth Snyder、Nathan Handler，安妮阿伦德尔社区学院名誉教授 Dick Seabrook，Audacious Software 公司的 Chris Karr，ITT 技术学校讲师 Scott McCrea，Forums Council Member 的 Ubuntu 开发人员 John Dong、Andy

Lester，Ubuntu 开发经理和桌面团队经理 Scott James Remnant，斯望西大学的 David Chisnall，Aztek Networks 公司的 Scott Mann，Mansueto Ventures 公司的 Thomas Achtemichuk，专业人员/工程制图者/设计者 Daniel R. Arfsten，HP 教育服务资深培训顾问 Chris Cooper，旧金山州立大学 IS 助教 Sameer Verma、Valerie Chau、James Kratzer、Sean McAllister，纽约 Ubuntu 本地社区团队成员 Nathan Eckenrode、Christer Edwards、Nicolas Merline、Michael Price，Ubuntu 社区和论坛理事会成员 Mike Basinger，Ubuntu 论坛成员 Joe Barker，Systemateka 公司的 James Stockford，Book Oven 的 Stephanie Troeth，Doug Sheppard，OpenGeoSolutions 的 IT 总监 Bryan Helvey 以及 Baker College of Flint 的 Vann Scott。

另外感谢 Fedora Project 的 Jesse Keating，软件工程和 KDE 开发人员 Carsten Pfeiffer，Ximian 的 Aaron Weber，CritterDesign 软件开发人员 Cristof Falk，普林斯顿大学计算机科学系的 Steve Elgersma，明尼苏达大学的 Scott Dier，Computer Net Works 公司的 Robert Haskins，哈佛大学的 Lars Kellogg-Stedman，Privateer Systems 公司首席系统顾问 Jim A. Lola，Open Source Initiative 的共同创始人 Eric S. Raymond、Scott Mann，独立计算顾问 Randall Lechlitner，蒙哥马利郡社区学院计算机科学讲师 Jason Wertz，索拉诺社区学院的 Justin Howell，Accelerated Learning Center 的 Ed Sawicki、David Mercer、Jeffrey Bianchine、John Kennedy 以及 Starshine Technical Services 的 Jim Dennis。

也感谢 Puryear Information Technology 公司的 Dustin Puryear，独立顾问 Gabor Liptak，iPost 首席技术官 Bart Schaefer，Linux Online Web 开发人员 Michael J. Jordan，SuperAnt.com 所有者 Steven Gibson，Secure Software 创始人和首席科学家 John Viega，Global Crossing Internet 安全分析师 K. Rachael Treu，K & S Pritchard Enterprises 的 Kara Pritchard，Capital One Finances 的 Glen Wiley，Looksmart 高级软件工程师 Karel Baloun、Matthew Whitworth，Nokia Systems 公司的 Dameon D. Welch-Abernathy、Josh Simon、Stan Isaacs 以及 Herrin Software Development 公司的副总裁 Eric H. Herrin II。

更感谢顾问 Lorraine Callahan，顾问 Wampler，Graburn Technology 公司的 Ronald Hiller，美国韦恩州立大学的 Charles A. Plater、Bob Palowoda，Sun Microsystems 公司的 Tom Bialaski、Roger Hartmuller、Kaowen Liu、Andy Spitzer、Rik Schneider、Jesse St. Laurent、Steve Bellenot、Ray W. Hiltbrand、Jennifer Witham、Gert-Jan Hagenaars 和 Casper Dik。

本书基于本人撰写的两本 UNIX 书籍: *UNIX System V: A Practical Guide* 和 *A Practical Guide to the UNIX System*。很多人为这两本书的出版付出了努力，感谢 Pat Parseghian，Kathleen Hemenway，Brian LaRose，Clark Atlanta 大学的 Byron A. Jeff、Charles Stross，Lucent Technologies 公司的 Jeff Gitlin、Kurt Hockenbury，Intel Israel 公司的 Maury Bach、Peter H. Salus，宾夕法尼亚大学的 Rahul Dave，Intelligent Algorithmic Solutions 的 Sean Walton，Computer Sciences Corporation 的 Tim Segall，DeAnza 大学的 Behrouz Forouzan，弗吉尼亚理工学院暨州立大学的 Mike Keenan，俄勒冈州立大学的 Mike Johnson，马里兰大学的 Jandelyn Plane、Arnold Robbins、Sathis Menon，弗吉尼亚理工学院暨州立大学的 Cliff Shaffer。感谢美国加州州立大学北岭分校的 Steven Stepanek 对本书的审阅。

还要感谢多位人士对前几版 UNIX 书籍给予的帮助。特别感谢 Roger Sippl、Laura King 和 Roy Harrington 指引我学习 UNIX 系统。感谢母亲 Helen Sobell 博士对几本原稿给予的宝贵评论。另外感谢 Isaac Rabinovitch、Raphael Finkel 教授、Randolph Bentson 教授、Bob Greenberg 教授、Udo Pooch、Judy Ross、Robert Veroff 博士、Mike Denny 博士、Joe DiMartino、John Mashey 博士、Diane Schulz、Robert Jung、Charles Whitaker、Don Cragun、Brian Dougherty、Robert Fish 博士、Guy Harris、Ping Liao、Gary Lindgren、Jarrett Rosenberg 博士、 Peter Smith 博士、Bill Weber、Mike Bianchi、Scooter Morris、Clarke Echols、Oliver Grillmeyer、David Korn 博士、Scott Weikart 博士和 Richard Curtis 博士。

我对本书的疏漏负责。如果你有任何意见和建议，请通过 mgs@sobell.com 与我联系；如果你的意见是正确的，我们将在下一版本中采用。我的个人网站是 www.sobell.com，其中列出了勘误和发现者；还提供本书较长脚本的副本，列出 Internet 上相关 Linux 网页的链接。我的 Twitter 是 twitter.com/marksobell。

Mark G. Sobell

作于加州旧金山

译 者 序

Linux 是一套免费使用且自由传播的类 UNIX 操作系统，是基于 POSIX 和 UNIX 的多用户、多任务、支持多线程和多 CPU 的操作系统。它能运行主要的 UNIX 工具软件、应用程序和网络协议。它支持 32 位和 64 位硬件。Linux 继承了 UNIX 以网络为核心的设计思想，是性能稳定的多用户网络操作系统。

Linux 操作系统诞生于 1991 年 10 月 5 日(这是第一次正式向外公布的时间)。Linux 存在着许多不同的版本，但它们都使用了 Linux 内核。Linux 可安装在各种计算机硬件设备中，比如手机、平板电脑、路由器、视频游戏控制台、台式计算机、大型机和超级计算机。

Linux 的基本思想有两点：第一，一切都是文件；第二，每个软件都有确定的用途。Linux 完全免费，完全兼容 POSIX 1.0 标准，支持多用户、多任务，同时具有字符界面和图形界面。Linux 支持多种平台，可以运行在多种硬件平台上，如具有 x86、680x0、SPARC、Alpha 等处理器的平台。此外，Linux 还是一种嵌入式操作系统，可以运行在掌上电脑、机顶盒或游戏机上。

著名的 Linux 专家 Mark G. Sobell 在本书中解释了基本的 Linux 概念和技术，为系统管理员、开发人员和超级用户提供他们最需要的工具，并在本书的末尾部分附加了一份全面的日常参考命令。本书分为 7 部分：第 I 部分介绍 Linux 并教会读者如何开始使用它。第 II 部分包括两个经典的、强大的 Linux 命令行文本编辑器：vim 和 emacs。第 III 部分更加详细地讲解 bash 的用法和 TC Shell(tcsh)。第 IV 部分涵盖 Linux 和 macOS 系统管理中广泛使用的编程实用程序和一般用途的编程技能。第 V 部分描述可用于在远程系统上工作和通过网络安全地复制文件的两个实用程序：rsync 和 OpenSSH。第 VI 部分给出最重要的 100 多个实用程序的使用范例。第 VII 部分为附录和术语表。本书还包含数百个高质量的实例，对 Linux 中的文件系统、shell、编辑器、实用程序、编程工具、正则表达式等进行最清晰的解释，囊括最有用的知识。

全书内容更加全面、更加贴近读者需求，阐述更加深入细致。本书经过精心组织，读者可以逐页地阅读本书，从基本内容开始学习 Linux 命令行。在熟练使用 Linux 后，本书就会成为一本参考书。可以查阅本书第 VI 部分包含的实用程序。还可以将本书作为 Linux 主题的参考大全。本书给出了很多 Web 站点的链接，可以将 Internet 视为本书内容的延伸。

本书适用于所有版本的 Linux，包括 Ubuntu、Fedora、openSUSE、Red Hat、Debian、Mageia、Arch、CentOS 和 Mint 等，适合广大 Linux 从业人员(包括系统和网络管理人员)、Linux 爱好者阅读，同时，本书也不失为一本很好的可供高校讲解 Linux 系统的教材。

在这里要感谢清华大学出版社的编辑们，他们为本书的翻译投入了巨大的热情并付出了很多心血。没有他们的帮助和鼓励，本书不可能顺利付梓。本书全部章节由尹晓奇、巩晓云翻译，参与翻译的还有陈妍、何美英、陈宏波、熊晓磊、管兆昶、潘洪荣、曹汉鸣、高娟妮、王燕、谢李君、李珍珍、王璐、王华健、柳松洋、曹晓松、陈彬、洪妍、刘芸、邱培强、高维杰、张素英、颜灵佳、方峻、顾永湘、孔祥亮。在此一并感谢！

对于这本经典之作，译者本着"诚惶诚恐"的态度，在翻译过程中力求"信、达、雅"，但是鉴于译者水平有限，错误和失误在所难免，如有任何意见和建议，请不吝指正。

本书内容

Linux 是当今主要的 Internet 服务器平台。系统管理员和 Web 开发者需要熟谙 Linux，深入掌握 shell 和命令行知识；由著名 Linux 专家 Mark G. Sobell 撰写的卓越经典书籍《Linux 命令行与 shell 编程实战(第 4 版)》涵盖 Linux 的方方面面，将帮助你达成上述目标，成为 Linux 专家。本书将全面深入地介绍系统管理员、开发者以及高级用户最需要的工具，并涵盖日常工作中最常用的参考资源。合著者 Matthew Helmke 为本书增加了很多更新内容。

本书适用于所有 Linux 版本，列举了数百个紧贴实用的优质示例，从基础知识讲起，极为清晰地介绍了文件系统、shell、编辑器、实用程序、编程工具和正则表达式等最有用的 Linux 知识。

本书还向 Mac 用户介绍 macOS 命令行的相关内容，包括仅 macOS 可用而其他 Linux/UNIX 未含的工具和实用程序。

本书特色

- 单独一章介绍 MariaDB，将带你初步领略广泛应用的关系型数据库管理系统(RDBMS)
- 精辟讲解 Python，为系统管理员和高级用户提供指导
- 深入讲解 bash 和 tcsh，全面讨论环境、继承和进程本地性，介绍基础和高级 shell 编程知识
- 解读 102 个核心实用程序，如 aspell、xargs、printf 和 sshfs/curlftpfs；还讨论 macOS 特有的实用程序，如 ditto 和 SetFile 等
- 关于使用 rsync 自动完成远程备份的专业指导
- 数十个系统安全提示，包括使用 ssh 和 scp 实现安全通信的详细步骤
- 关于定制 shell 的提示和技巧，包括步长值、序列表达式、eval 内置命令和隐式命令行延续等
- 使用 vim 和 emacs 的高效编辑技术
- 300 多页"命令参考"部分涵盖 102 个实用程序，如 find、grep、sort 和 tar 等
- 使用 apt-get 和 dnf 升级系统
- 还包括 BitTorrent、gawk、sed、find、sort、bzip2 和正则表达式等内容

前　言

Linux　本书阐述如何通过命令行方式使用 Linux 操作系统。本书前几章介绍 Linux 基础知识。后面部分则介绍更后面的主题，详细阐述相关技术。本书并不针对特定的 Linux 版本或者某个发行版，而是适用于所有近期发布的 Linux 版本。

macOS　本书还解释如何使用 macOS 的 UNIX/Linux 基本功能。这部分内容"直奔主题"，跳过了大多数人经常与 Macintosh 联系在一起的传统图形用户界面(GUI)，讨论如何使用与 macOS 直接相连的强大命令行界面(CLI)。在本书中提到 Linux 之处，也隐含了 macOS，并指出了这两种操作系统之间的区别。

命令行界面(CLI)　在计算机诞生之初，只有命令行(文本)界面(Command Line Interface，CLI)，可通过命令行向 Linux 输入命令。那时还没有鼠标和图标，也就不能通过拖放方式进行操作。某些程序(如 emacs)使用 ASCII 字符集中非常有限的图形字符实现了基本的窗口。反白显示技术可将计算机屏幕分成几个区域。

Linux 就是在这样的环境中诞生和发展起来的。很自然地，早期的所有 Linux 实用程序都通过命令行方式调用。Linux 的真正功能还体现在这样的环境中，这也是很多 Linux 专家非命令行不用的原因。本书通过清晰的阐述和详细的示例，向读者展示了如何通过命令行方式最高效地使用 Linux 系统。

Linux 发行版　Linux 发行版包括 Linux 内核、实用程序以及应用程序。目前已有多个发行版，包括 Ubuntu、Fedora、openSUSE、Red Hat、Debian、Mageia、Arch、CentOS、Solus 和 Mint 等。尽管这些发行版之间有各种差异，但它们都依赖于 Linux 内核、实用程序和应用程序。本书阐述的内容将基于那些在绝大多数发行版上通用的代码。因此，无论使用的 Linux 发行版是什么，读者都可以使用这些程序。

内容重叠　如果读者读过 Mark G. Sobell 撰写的其他书籍，如 *A Practical Guide to Fedora and Red Hat Enterprise Linux* 或 *A Practical Guide to Ubuntu Linux*，或者读过 Matthew Helmke 撰写的 *Ubuntu Unleashed* 或 *The Official Ubuntu Book*，会发现这些书籍的内容和本书有所重叠。这些书籍介绍的一些信息是相似的，但针对每本书的预期读者，从不同角度、在不同深度呈现技术信息。

面向读者　本书面向不同层次的读者。尽管具备一些使用计算机的经验将有助于读者更好地理解本书的内容，但本书不要求读者具备编程经验。本书适合于下列读者：

- **学生**　上课时要用到 Linux 或 macOS。
- **高级用户**　希望学习如何通过命令行探究 Linux 或 macOS 的功能。
- **专家**　日常工作中使用 Linux 或 macOS。
- **Macintosh 新用户**　希望了解 UNIX/Linux 是什么，为什么每个人都说它很重要，以及如何使用它。
- **有经验的 Macintosh 用户**　希望知道如何利用作为 macOS 的基础的 UNIX/Linux 功能。
- **UNIX 用户**　希望把他们的 UNIX 技巧应用于 Linux 或 macOS 环境。
- **系统管理员**　需要对 Linux 或 macOS 和可用的实用程序进行更深入的理解，包括 bash、Perl 和 Python 脚本语言。
- **Web 开发人员**　需要透彻理解 Linux，包括 Perl 和 Python。
- **计算机系的学生**　他们需要学习 Linux 或 macOS 操作系统。
- **程序员**　需要理解 Linux 或 macOS 编程环境。
- **技术主管**　需要学习 Linux 或 macOS 基础知识。

优势　本书将使读者对如何通过命令行使用 Linux 和 macOS 有深入的认识。无论读者的背景如何，本书都将为读者提供工作中将用到的知识：通过本书，读者将学会如何使用 Linux/macOS，并且在未来数年中，本书都将是一本有用的参考书。

Macintosh 系统有大量可用的免费软件。另外，Macintosh 共享软件社区也非常活跃。本书介绍了 macOS 的 UNIX/Linux 方面，为 Macintosh 用户使用可用于 Linux 和其他类 UNIX 系统的大量免费或低成本软件铺平了道路。

> **提示**　**本书中的 Linux 表示 Linux 和 macOS**
>
> UNIX 操作系统是 Linux 和 macOS 的共同祖先，尽管这两种操作系统的图形用户界面(GUI)显著不同，但命令行界面(CLI)非常类似，在许多方面都相同。本书描述了 Linux 和 macOS 的 CLI。为便于阅读，本书使用 Linux 表示 Linux 和 macOS，并明确标注出这两种操作系统的不同之处。

本书特色

本书经过精心组织，以便读者在不同的条件下都可以方便地阅读。例如，读者可逐页阅读本书，从基本内容开始学习 Linux 命令行。此外，一旦读者能熟练使用 Linux，本书就会成为一本参考书：从目录中查找感兴趣的部分，然后开始阅读。也可以查阅本书第Ⅵ部分包含的实用程序。读者还可将本书作为 Linux 主题的目录：翻阅本书，直至找到想看的主题。本书还给出很多 Web 站点的链接，供读者获取其他信息：可将 Internet 视为本书内容的延伸。

本书具有以下特色：

- 可选章节允许读者在不同阶段阅读本书，当读者可解决更复杂的问题时再回头阅读。
- 针对那些容易出错的地方，本书将突出显示警告框，这样就可在读者遇到麻烦之前给予指导。
- 本书中一些突出的提示框将提示读者用不同的方式更高效地完成某个任务；或者这些内容很有用，或者仅为读者提供一些有趣的信息。
- 安全提示框指出可使系统更安全的方法。
- 每章以"本章要点"开始，其中列出阅读完该章之后读者能完成的重要任务。
- 整本书都穿插实例来讲解各种概念。
- 书中包含许多有用的 URL(Internet 地址)，读者可从这些网站找到软件和相关信息。
- 每章都有"本章小结"，用于回顾相应章包含的重要知识点。
- 每章末尾都有练习题，可帮助读者巩固所学技能。在 www.sobell.com 网站上有偶数编号练习题的答案。
- 本书详细描述了一些重要的 GNU 工具，如 gcc、GNU 配置和构建系统、make、gzip 以及其他很多实用程序。
- 本书还包含一些有用的链接，有助于读者从很多资源(包括本地系统和 Internet)获取联机文档。
- 详细介绍苹果公司专门为 macOS 开发的重要命令行实用程序，包括 diskutil、ditto、dscl、GetFileInfo、launchctl、otool、plutil 和 SetFile。
- 描述 macOS 的一些扩展属性，包括文件派生、文件属性、属性标记和访问控制列表(Access Control List，ACL)。
- 附录 D 列出了 macOS 和 Linux 的一些区别。

本书内容

下面将描述每章包含的内容，并解释这些信息如何有助于利用 Linux 的功能。可浏览目录以获取更详细的信息。

第 1 章　欢迎进入 Linux 和 macOS 世界

第 1 章介绍 Linux 和 macOS 的背景知识，包括 Linux 的历史，描述了 macOS 的 Mach 内核，阐述了 GNU 项目如何帮助启动 Linux，并讨论 Linux 区别于其他操作系统的一些重要特性。

第Ⅰ部分：Linux 和 macOS 操作系统

> **提示**　**工作经验丰富的用户可能希望跳过第Ⅰ部分**
>
> 如果读者以前用过 UNIX 或 Linux 系统，可能想直接跳过第Ⅰ部分的部分章节或者全部章节。所有读者都应该看一下 2.1 节"本书约定"(其中解释了本书使用的排版约定)以及 2.5 节(可找到 Linux 文档的本地资源和远程资源)。

第 I 部分介绍 Linux 并指导读者开始使用它。

第 2 章　入门

第 2 章解释本书使用的版式约定。这些版式使得描述更加清晰，更便于读者阅读。该章给出了一些基本知识，并解释如何登录系统和修改密码，还讲述了在 shell 中输入 Linux 命令以及查找系统文档的方法。

第 3 章　实用程序

第 3 章讲解命令行界面(CLI)，并简要介绍超过 30 个的命令行实用程序。阅读该章，读者将对 Linux 有一个认识，同时该章还介绍日常使用的一些工具和实用程序。第 VI 部分进一步讨论实用程序。该章介绍的实用程序包括：

- grep　在文件中搜索字符串。
- unix2dos　将 Linux 文本文件转换成 Windows 格式。
- tar　创建包含其他多个文件的存档文件。
- bzip2 和 gzip　压缩文件以节省磁盘空间，并可在网络上更快地传输数据。
- diff　显示两个文本文件之间的差异。

第 4 章　Linux 文件系统

第 4 章讨论 Linux 层次结构的文件系统，包括文件、文件名、路径名、使用目录、访问权限、硬链接和符号链接。理解文件系统将有助于组织数据，以便快速地查找信息。还可与其他用户共享某些文件，同时保持其他文件为私有文件。

第 5 章　shell

第 5 章阐述如何使用 shell 的特性，以便更高效、便捷地工作。该章讲述的所有功能可用于 bash 和 tcsh。该章将讨论：

- 使用命令行选项改变某条命令的工作方式。
- 如何在命令行中进行少量修改就可将一条命令的输入从键盘重定向到文件。
- 如何将命令行的输出从屏幕重定向到文件。
- 使用管道将一个实用程序的输出直接发送到另一个实用程序，以便用命令行解决问题。
- 在后台运行程序，这样 Linux 就可在执行一个任务的情况下，同时执行另一个任务。
- 使用 shell 自动生成文件名，以节省输入时间，同时在用户不记得文件的精确文件名时也非常有用。

第 II 部分：编辑器

第 II 部分包括两个经典的强大 Linux 命令行文本编辑器。绝大多数 Linux 发行版均包含 vim 文本编辑器，它是广泛使用的 vi 编辑器和同样流行的 GNU emacs 编辑器的"增强版"。使用文本编辑器可创建和修改文本文件，这些文本文件包括程序、shell 脚本、备忘录以及文本格式化程序的输入数据。因为 Linux 系统管理涉及编辑基于文本的配置文件，所以富有经验的 Linux 管理员应熟练使用文本编辑器。

第 6 章　vim 编辑器

第 6 章首先介绍 vim 编辑器的使用手册，然后阐述如何使用 vim 的许多高级功能，包括搜索字符串中的特殊字符、通用缓冲区、命名缓冲区、参数、标记以及在 vim 中执行命令，该章末尾总结了 vim 的命令。

第 7 章　emacs 编辑器

第 7 章首先介绍 emacs 的使用手册，然后介绍 emacs 编辑器的很多高级功能，还包括 META、ALT 和 ESCAPE 键的使用。该章还包括键绑定、缓冲区以及字符串和正则表达式的增量搜索和完全搜索。另外，该章详细讲解指针、光标、标记和区域的关系，同时介绍如何利用 emacs 的大量联机帮助功能。其他主题包括剪切和粘贴、多窗口和多帧的使用以及 emacs 模式的使用(特别是 C 模式，可辅助程序员编写和调试 C 代码)。第 7 章末尾总结了 emacs 的命令。

第Ⅲ部分：shell

第Ⅲ部分更详细地讲解 bash 的用法和 TC Shell(tcsh)。

第 8 章　bash

第 8 章承接第 5 章，内容包括 shell 更高级的用法。例如，该章使用 Bourne Again Shell(bash)，系统 shell 脚本几乎只使用这种 shell。第 8 章的内容包括：

- 使用 shell 启动文件、shell 选项和 shell 特性来定制 shell。
- 使用作业控制机制停止作业，将作业从前台移到后台执行，或将其从后台移到前台执行。
- 使用 shell 历史列表来修改和重新执行命令。
- 创建别名以定制命令。
- 在 shell 脚本中使用用户创建的变量和关键字变量。
- 实现本地化，包括对 locale 实用程序、LC_变量和国际化的讨论。
- 创建函数，这些函数类似于 shell 脚本，但执行速度更快。
- 编写并执行简单的 shell 脚本。
- 重定向错误消息，将错误消息输出到文件中而不是输出到屏幕上。

第 9 章　tcsh

第 9 章描述 tcsh，并讨论 bash 和 tcsh 的异同。该章将描述：

- 运行 tcsh 并将默认 shell 改为 tcsh。
- 重定向错误消息，将错误消息输出到文件中而不是输出到屏幕上。
- 使用控制结构来改变 shell 脚本中的控制流。
- 使用 tcsh 的数组和数值变量。
- 使用 shell 的内置命令。

第Ⅳ部分：编程工具

第Ⅳ部分涵盖 Linux 和 macOS 系统管理中广泛使用的编程实用程序和一般用途的编程。

第 10 章　bash 程序设计

第 10 章承接第 8 章，给出使用 bash 编写高级 shell 脚本的用法，并列举详细的示例。该章将讨论：

- 控制结构，如 if...then...else 和 case。
- 变量，讨论属性、扩展空的或未赋值的变量、数组变量和函数中的变量。
- 环境，包括环境变量与本地变量、继承和进程局部性的关系。
- 算法和逻辑(布尔)表达式。
- 一些最有用的 shell 内置命令，包括 exec、trap 和 getopts。

一旦读者掌握了 Linux 基础知识，就可以运用已有知识，使用 shell 编程语言来构建更加复杂和专业的程序。

第 10 章首先提出两个完整的 shell 编程问题，然后说明如何一步步地解决这些问题。第一个问题使用递归创建一个目录层次结构。第二个问题开发一个迷宫程序，介绍如何创建 shell 脚本与用户进行交互，以及脚本如何处理数据(第Ⅵ部分的例子也揭示了在 shell 脚本中用到的实用程序的很多功能)。

第 11 章　Perl 脚本语言

介绍流行的、功能丰富的 Perl 编程语言，内容包括：

- Perl 帮助工具，包括 perldoc。
- Perl 变量和控制结构。

- 文件处理。
- 正则表达式。
- CPAN 模块的安装和使用。

许多 Linux 管理脚本都是用 Perl 编写的。阅读第 11 章后，读者就可以更好地理解这些脚本，并开始编写自己的脚本。该章还包含 Perl 脚本的许多示例。

第 12 章　Python 编程语言

介绍灵活、友好的 Python 编程语言。该章内容包括：

- Python 列表和字典。
- 可用于读取和写入文件的 Python 函数和方法。
- 使用 pickle 在磁盘上存储对象。
- 导入和使用库。
- 定义和使用函数，包括常用函数和 Lambda 函数。
- 正则表达式。
- 使用列表推导。

大量 Linux 工具都是用 Python 编写的。第 12 章介绍 Python，包括一些面向对象的基本概念，因此用户可阅读和理解 Python 程序，并能自己编写。该章包含许多 Python 程序示例。

第 13 章　MariaDB 数据库管理系统

介绍广泛使用的 MariaDB/MySQL 关系型数据库管理系统(RDBMS)。该章内容包括：

- 关系型数据库的术语。
- 安装 MariaDB 客户端和服务器。
- 创建数据库。
- 添加用户。
- 创建和更改表。
- 向数据库添加数据。
- 备份和恢复数据库。

第 14 章　AWK 模式处理语言

第 14 章描述如何使用强大的 AWK 语言编写程序，这些程序可过滤数据、撰写报告并从 Internet 上获取数据。14.7 节描述了如何使用 coprocess 与另一个程序建立双向通信，以及如何通过网络而不是从本地文件获取数据。

第 15 章　sed 编辑器

第 15 章描述 sed，它是一个非交互式流编辑器，很多应用程序在 shell 脚本中作为过滤器。该章将讨论如何使用 sed 的缓冲区来编写简单但功能强大的程序，同时给出很多例子。

第 V 部分：安全的网络实用程序

第 V 部分描述可用于在远程系统上工作和通过网络安全地复制文件的两个实用程序。

第 16 章　rsync 安全复制实用程序

第 16 章描述 rsync 实用程序，这是一个安全复制实用程序，它可在本地系统上复制普通文件或目录层次结构，也可在本地系统和网络上的另一个远程系统之间复制普通文件或目录层次结构。编写程序时，可使用这个实用程序把文件或目录备份到另一个系统上。

第 17 章 OpenSSH 安全通信实用程序

讲解使用 ssh、scp 和 sftp 实用程序在 Internet 上安全通信的方法。该章包括认证密钥的使用——允许用户不使用密码就能安全地登录远程系统；ssh-agent——用于在工作过程中保存用户私钥；以及转发 X11——使用户可远程运行图形界面程序。

第 VI 部分：命令参考

Linux 包含数百个实用程序。第 14～17 章以及第VI部分列举最重要的 100 多个实用程序的使用范例，使用这些实用程序，用户在解决问题时就不必使用 C 语言编程。如果读者已经熟悉 UNIX/Linux，该部分就是一个有价值且易用的参考手册。如果读者并不是一位非常有经验的用户，那么在掌握本书前面的章节时，这部分可以作为有用的补充。

尽管第 14～17 章以及第VI部分描述的实用程序采用的格式类似于 Linux 手册，但这部分内容更易于阅读和理解。这些实用程序是经过挑选的，因为它们是日常工作中经常使用的(如 ls 和 cp)，或者因为它们是 shell 脚本中特别有用的工具(如 sort、paste 和 test)，或者因为它们有助于使用 Linux 系统(如 ps、kill 和 fsck)，或者因为它们可用来与其他系统进行通信(如 ssh、scp 和 ftp)。每个实用程序的描述均包括其最有用选项的完整描述，并指出 macOS 和 Linux 所支持选项的区别。"讨论"和"注意"部分呈现充分利用相应实用程序的一些提示和技巧。"示例"部分说明如何在实际工作中使用这些实用程序，单独用一个程序或与其他实用程序一起，完成诸如生成报告、汇总数据以及提取信息等任务。浏览 find、ftp 和 sort 这三个实用程序的"示例"部分，就可以看出这些部分的信息非常丰富。一些实用程序，例如 Midnight Commander(mc)和 screen，包含更详细的讨论和指南信息。

第VII部分：附录

第VII部分为附录和术语表。

附录 A 正则表达式

讲解如何使用正则表达式来充分利用 Linux 的潜在功能。很多实用程序，包括 grep、sed、vim、AWK、Perl 和 Python，允许用正则表达式来替代简单的字符串。单个正则表达式可匹配很多简单的字符串。

附录 B 获取帮助

详细描述在使用 Linux 系统时遇到的问题的典型解决步骤。

附录 C 更新系统

讲解如何使用实用程序下载软件并更新系统。该附录包括：
- dnf 从 Internet 下载软件，更新系统并自动解决软件依赖性问题。
- apt-get dnf 的一个替代品，同样用于系统更新。
- BitTorrent 适于发布大量数据，如 Linux 的安装 CD 和 DVD。

附录 D macOS 注意事项

为一直使用 Linux 或其他类 UNIX 系统且不熟悉 macOS 的用户简要介绍 macOS 的功能和特点。

附录 E 术语表

定义了与使用 Linux 和 macOS 相关的 500 多个术语。

补充

　　作者网站的首页(www.sobell.com)包含书中一些可下载的较长的程序列表，还有很多有趣和有用的与 Linux 和 OS X 相关的万维网站点的链接，包括本书的勘误表、偶数编号习题的答案以及意见和建议。另外，也可登录 http://tupwk.com.cn/downpage 或扫描本书封底二维码，以下载较长的程序列表。

提示　可在 informit.com/register 上注册，从而方便地访问下载资料、更新信息和/或勘误信息；注意，必须登录或创建新账户。输入 EISBN，即 9780134774602，并单击 Submit。此后，可在 Registered Products 下看到很多附赠内容。

目　录

第VII部分　附录

第1章

欢迎进入 Linux 和

macOS 世界

阅读完本章之后你应该能够:
- 论述 UNIX、Linux 和 GNU 项目的历史
- 解释"自由软件"的含义并列举 GNU(通用公共许可证的特性)
- 列举 Linux 的特性和 Linux 操作系统得以流行的原因
- 论述虚拟机相对于单台物理机的三个优势

操作系统是一种底层软件,负责调度任务、分配内存和处理外围硬件(如打印机、磁盘驱动器、显示器、屏幕、键盘和鼠标)的接口。操作系统由两个主要部分组成:内核和系统程序。内核为运行在计算机上的其他所有程序分配计算机资源,包括内存、磁盘空间和 CPU 等。系统程序包括设备驱动程序、库、实用程序、shell(命令解释器)、配置脚本和文件、应用程序、服务器和文档。它们完成较高层次的日常维护工作,通常在客户端/服务器关系中扮演服务器的角色。许多库、服务器和实用程序都由 1.1.2 节讨论的 GNU 项目完成。

Linux 内核 Linux 内核由芬兰大学生 Linus Torvalds 开发,其源代码直接通过 Internet 就可免费获得。1991 年 9 月,Torvalds 发布了 Linux 版本 0.01。

这个新操作系统问世后,世界各地的程序员接着完成了大量艰辛的工作,如拓展 Linux 内核、开发其他工具,增加新功能以保证与 BSD UNIX 和 System V UNIX(SVR4)操作系统的已有功能以及新功能相匹配。名称 Linux 是 Linus 和 UNIX 的组合。

作为 Internet 的产物，Linux 操作系统由全世界的许多人共同合作开发，是一个自由的(开源)操作系统。换句话说，所有源代码都是开放的。可自由地对代码进行学习、修改和重新发布。这使得你不必购买软件、源代码、文档和技术支持(可通过新闻组、邮件列表及其他 Internet 资源获得)。正如 GNU 自由软件(Free Software)的定义 (www.gnu.org/philosophy/free-sw.html)所述:"自由软件"更注重软件自由权，而非价格上的免费。为理解这个概念，应将这里的 free 理解为"自由(free)言论"中 free 的意思，而不是"免费(free)啤酒"中的 free。

Mach 内核 macOS 运行 Mach 内核，Mach 内核由美国卡耐基梅隆大学(CMU)开发，是一款自由软件。CMU 于 1994 年结束了这个项目，但其他一些工作组仍继续从事这方面的研究。许多 macOS 软件都是开源的:尽管苹果公司开发了许多新程序，但 macOS 内核基于 Mach 和 FreeBSD 代码，实用程序来自 BSD 和 GNU 项目;系统程序大都来自 BSD 代码，不过苹果公司开发了许多新程序。

提示　Linux、macOS 和 UNIX

Linux 和 macOS 与 UNIX 操作系统紧密相关。本书描述了 Linux 和 macOS。为便于阅读，本书中的 Linux 表示 macOS 和 Linux，并指出了 macOS 与 Linux 的区别。出于相同的原因，本章常用术语 Linux 描述 Linux 和 macOS 特性。

1.1　UNIX 和 GNU-Linux 的发展史

本节介绍 UNIX 与 Linux 之间、GNU 与 Linux 之间关系的一些背景知识。关于 UNIX 的详细发展史可访问 www.levenez.com/unix。

1.1.1　Linux 的起源:UNIX

UNIX 系统由那些需要现代计算工具来辅助完成项目的科研工作者开发。该系统允许一组人员协同完成一个项目，共享某些指定的数据和程序，同时保持其他信息的私密性。

在推广 UNIX 操作系统的 4 年历程中，一些大学和学院发挥了主导作用。1975 年，当 UNIX 操作系统得到广泛应用时，贝尔实验室以非常低廉的价格将其提供给教育机构使用。于是，学校将其用于计算机科学专业的教学中，以保证该专业的学生熟悉此操作系统。学生们逐渐适应了 UNIX 这样一个先进的开发系统的复杂编程环境。毕业后踏入工作岗位，这些学生期望能在一个类似的先进环境下工作。后来随着他们在商业领域地位的不断提升，UNIX 操作系统便成功进入产业界。

Berkeley UNIX(BSD) 加州大学的伯克利分校除向学生介绍 UNIX 操作系统外，其计算机系统研究组 (Computer Systems Research Group, CSRG)对该操作系统还进行了大量重要的补充和修改。其改进非常多，以至于 UNIX 操作系统的一个版本称为伯克利软件发行版(Berkeley Software Distribution, BSD)UNIX，或者 Berkeley UNIX。UNIX System V(SVR4)是 UNIX 操作系统的另一个主要版本，它继承自 AT&T 公司和 UNIX 系统实验室开发和维护的版本。macOS 主要继承于 UNIX 的 BSD 版本。

1.1.2　回顾 1983 年

Richard Stallman(www.stallman.org)宣布[1]了 GNU 项目，该项目旨在开发一个包含内核和系统程序在内的操作系统，Stallman 发布了 GNU 宣言[2]，该宣言的开头是这样写的:

GNU，意为 GNU 而不是 UNIX(Gnu's Not UNIX 的缩写)，是一个与 UNIX 完全兼容的软件系统，开发此系统是为了可以自由地分发给每个能使用它的用户。

几年后，Stallman 意识到上面的言语容易引起误解，于是加上了如下脚注:

这里的措辞不够严谨。我们的本意是用户不必为获得 GNU 系统的使用权而付费。但好像没有表达清楚这一点，用户经常这样理解:GNU 副本的发布将收取很少的费用或者不收费。这绝不是我们本来的意图。接下来的宣言中提到了提供发布服务的公司获取利润的可能性。后来，我意识到应该对 free 一词作为"自由"和作为"免费"的两

---

1. www.gnu.org/gnu/initial-announcement.html。

2. www.gnu.org/gnu/manifesto.html。

种不同理解仔细地进行区分。自由软件指用户可自由修改和发布的软件。某些用户可免费获得软件，而其他用户则需要为软件付费，如果这部分资金有助于改进软件，当然再好不过。这里"自由"强调的是，拥有软件副本的每个用户，在使用软件的同时可自由地与其他用户交流合作。

在宣言中，Stallman 简要说明了这个项目和迄今为止所取得的进展后，继续说到：

我为什么要开发 GNU 系统？

我信奉的一句箴言是：如果我喜欢一个程序，就必须与喜欢该程序的其他人分享。软件销售商想离间用户并征服他们，使得每个用户都不同意与其他用户共享软件。我拒绝用这种方式来破坏用户间的团结。我不能昧着良心签署不可告人的协议和软件许可协议。多年来，我一直都在人工智能(Artificial Intelligence，AI)实验室工作，抵制这种趋势及其他冷漠的做法，但最终他们的做法实在让我难以忍受，我再也不能生活在一个违背我的意愿的机构中。

为在名誉不受损的情况下继续使用计算机，我决定将足够多的自由软件组织起来，以便在没有免费软件时仍可以开展工作。我已从 AI 实验室辞职，以防止 MIT(麻省理工学院)找到任何阻止我发布 GNU 的合法借口。

1.1.3　下一场景，1991 年

GNU 项目正朝着其目标良性发展。除内核外，GNU 操作系统的大部分都已经完成。Richard Stallman 后来写道：

截至 20 世纪 90 年代早期，我们已将除内核外的整个系统组织起来。当时，我们也正在开发一个称为 GNU Hurd[3] 的内核，该内核运行在 Mach[4] 之上。开发此内核的过程要比我们当初的预想困难得多，但我们绝不会放弃，直至将它完成[5]。

……许多人认为，一旦 Linus Torvalds 完成内核的开发，他的朋友们就会再四处寻找其他一些自由软件，那么毫无疑问，开发类 UNIX 系统的大部分必需的工作都已完成。

他们所找到的必然是 GNU 系统。可获得的自由软件[6]已能构成一个完整系统，因为 GNU 项目自 1984 年就开始致力于这样做了。GNU 宣言已经阐述了其目标——开发一个称为 GNU 的、自由的类 UNIX 系统。GNU 最初的公告给出了 GNU 系统计划的雏形。直到 Linux 出现，GNU 系统已近完成[7]。

现在，GNU "操作系统"运行在 FreeBSD(www.freebsd.org)、NetBSD(www.netbsd.org)、预先发布的 Hurd 和 Darwin(developer.apple.com/opensource)4 个内核上，前两个内核上的版本与 Linux 二进制完全兼容，而后两个不兼容。

1.1.4　自由代码

自由软件的传统可追溯到 UNIX 系统以象征性的价格向大学发布的时代，这促成了 UINX 的成功和可移植性。然而，当 UNIX 被商业化之后，制造商开始将源代码视为版权所有，其他人无法获得时，自由软件的传统至此结束。UNIX 商业版本的另一个问题与其复杂性相关。由于制造商们针对特定体系结构将 UNIX 进行了定制，该系统的可移植性变差，不再适用于教学和实验。

MINIX　出于教学目的，有两位教授开发了自己的删减版类 UNIX 系统：Doug Comer 教授开发了 XINU 系统，Andrew Tanenbaum 教授开发了 MINIX 系统。为克服 MINIX 的缺点，Linus Torvalds 开发了 Linux。为方便将 MINIX 用于教学，当需要在代码的简洁性和性能/特性之间做出选择时，Tanenbaum 选择了简洁性，这意味着 MINIX 系统缺乏用户需要的许多特性。而 Linux 选择了相反的方向。

通过 Internet 可免费获得 Linux 软件。也可通过邮寄，支付一定的材料费和邮寄费获得 GNU 代码。你可高价购买 GNU 代码，以支持自由软件基金会(www.fsf.org)，也可购买商业版本的 Linux 压缩包(称为发行版，如 Fedora/Red Hat Enterprise Linux、openSUSE、Debian 和 Ubuntu)，其中包括安装说明、软件和技术支持。

GPL　Linux 和 GNU 软件是在 GNU 通用公共许可证(General Public License，GPL)下发布的(www.gnu.org/licenses/licenses.html)。GPL 意味着你在协议许可范围内有权复制、修改和重新发布代码。重新发布代码时，必须发布相同的代码许可证，以此保证代码和许可证不被分离。如果从 Internet 下载某个付费 GPL 程序的源代码，然后修

---

3. www.gnu.org/software/hurd/hurd.html。
4. www.gnu.org/software/hurd/microkernel/machgnumach.html。
5. www.gnu.org/software/hurd/hurd-and-linux.html。
6. www.gnu.org/philosophy/free-sw.html。
7. www.gnu.org/gnu/linux-and-gnu.html。

改代码并重新发布该程序的可执行版本,就必须将修改后的源代码和 GPL 协议也一同发布。因为该约定与正常的版权运作过程相反(它赋予权利而非限制权利),人们用术语 copyleft 表示它(此段不是对 GPL 的法律性解释,只是想让你了解其工作机制。在使用 GPL 时,请参照 GPL 协议)。

1.1.5 享受乐趣

Linux 的关键在于两个单词——Have Fun!——在提示和文档中会出现。UNIX(现在是 Linux)文化充满了幽默感,这在整个系统中都能感受到。例如,用 less 来表示更多的意思,GNU 用工具 less 替代 UNIX 的翻页工具 more。查看 PostScript 文档的工具称为 ghostscript,某个 vi 编辑器的替代工具称为 elvis。一些使用 Intel 处理器的计算机外面贴上了"Intel Inside"徽标,一些 Linux 计算机上也贴上了"Linux Inside"徽标,有人还看到 Torvalds 本人穿着印有"Linus Inside"徽标的 T 恤衫。

1.2 Linux 的优点

近年来,Linux 已成为一个强大而新颖的类 UNIX 操作系统,其流行程度甚至超过了它的前辈 UNIX。虽然 Linux 在许多方面都模仿了 UNIX,但在某些重要方面却与 UNIX 不同,例如:Linux 内核是独立于 BSD 和 System V 实现的;Linux 进一步的发展是在世界各地精英的共同努力下进行的;Linux 使得商业和个人计算机用户很容易就能获得 UNIX 的功能。现在,通过 Internet,熟练的程序员可将对操作系统的补充和改进直接提交给 Linus Torvalds、GNU 或 Linux 的其他作者。

标准 1985 年,来自计算机行业多家公司的代表共同参与制定了 POSIX(Portable Operating System Interface for Computer Environments,可移植计算机环境操作系统接口)标准,这一标准很大程度上基于 UNIX System V 接口定义(System V Interface Definition,SVID)和其他一些早期的标准化工作。由于标准计算环境可降低培训和采购费用,因此标准化工作得到了美国政府的支持。POSIX 于 1988 年发布,是一组 IEEE 标准,定义了操作系统的 API(应用程序编程接口)、shell 和实用程序接口。尽管这些标准面向类 UNIX 系统,但可应用于任何兼容的操作系统。目前这些标准得到广泛认可,软件开发人员可开发和运行相兼容版本的 UNIX、Linux 和其他操作系统上的应用程序。

应用程序 Linux 上可选择的应用程序非常丰富,包括免费版和商业版,以及多种工具:图形、文字处理、网络、安全、管理、Web 服务器和其他诸多工具。一些较大的软件公司已经发现支持 Linux 可带来利润,并且雇用了大量的专职程序员对 Linux 内核、GNU、KDE 或其他一些运行在 Linux 上的软件进行设计和编码。例如,IBM(www.ibm.com/linux)公司就是一个主要的 Linux 支持者。Linux 越来越接近 POSIX 标准,有些发行版符合该标准,另外一些发行版在一定程度上符合该标准。这些进步表明 Linux 正在逐步跻身主流,与其他主流操作系统相比,也极具吸引力。

外围设备 Linux 另一个吸引用户的方面在于它支持外围设备的范围之广和对新出现的外围设备支持速度之快。Linux 经常先于其他所有公司提供对外围设备或接口卡的支持。遗憾的是,某些类型的外围设备(尤其是专用显卡)制造商不能及时发布(或者根本不发布)相关规范和驱动程序源代码,这使 Linux 对它们的支持有所滞后。

软件 此外,对用户同样重要的是大量可用软件。不仅是源代码(需要编译),还有预先编译好的容易安装和运行的二进制版本。这些程序不仅包括自由软件。例如,Netscape 最初在 Linux 下是可用的,而且 Linux 在许多供应商之前提供了对 Java 的支持。现在,与 Netscape 类似的 Mozilla/Thunderbird/Firefox 也是很好的浏览器,它们的邮件客户端、新闻阅读器等功能都不错。

平台 Linux 并不仅针对基于 Intel 的平台(现在包括 Apple 机),它已被移植并运行在 Power PC 上,如旧的 Apple 机(ppclinux)、基于 Alpha 的 Compaq 机(née 数字设备公司)、基于 MIPS 的计算机、基于 Motorola 68K 的计算机、各种 64 位系统和 IBM S/390。Linux 不仅运行在单处理器的计算机上,版本 Linux 2.0 可运行在多处理器的计算机(SMP)上。它还包括一个 O(1)调度器,该调度器可显著提高 SMP 系统的可伸缩性。

模拟器 Linux 还支持叫作"模拟器(emulator)"的程序,可运行面向其他操作系统的代码。通过使用这些模拟器,能在 Linux 下运行 DOS、Windows 和 Macintosh 程序。例如,Wine(www.winehq.com)是 Windows API 在 X Window System 和 UNIX/Linux 上的开源实现。

虚拟机 虚拟机(Virtual Machine,VM 或 guest)在用户和其上运行的软件看来是一台完整的物理机。但实际在单台物理机(宿主)上可能运行着许多这样的虚拟机。提供虚拟化功能的软件称为虚拟机监视器(Virtual Machine Monitor，VMM)或超级管理程序(hypervisor)。每个虚拟机都可运行与其他虚拟机不同的操作系统。例如，在单个宿主上，可以有运行 Windows 7、Ubuntu 12.10、Ubuntu 13.04 和 Fedora 17 的若干虚拟机。

多任务操作系统可在单个物理系统上运行多个程序。同样，超级管理程序可在单个物理系统上运行多个操作系统。与单个机器相比，虚拟机有诸多优点：

- **独立性**——每个虚拟机都与运行在同一主机上的其他虚拟机隔离；因此，如果一个虚拟机崩溃或遭到破坏，其他虚拟机不受影响。
- **安全性**——运行多个服务器的单一服务器系统遭到破坏时，所有服务器都会遭到破坏。如果每个服务器都运行在各自的虚拟机上，那么只有遭到破坏的服务器受影响；其他服务器仍是安全的。
- **低功耗**——使用虚拟机，一台功能强大的机器能替代多台较弱的机器，因此减少了功耗。
- **开发与支持**——多个虚拟机运行不同版本的操作系统和/或不同的操作系统，将便于开发和支持在多个环境下运行的软件。通过这种机制，很容易就能在发布产品前在不同环境下测试它。同样，用户报告错误时，可在同一环境中重现这个错误。
- **服务器**——某些情况下，不同服务器需要不同版本的系统库。这种情况下，让每个服务器运行在自己的虚拟机上，可让这些服务器在同一硬件上运行。
- **测试**——使用虚拟机，可试验操作系统和应用程序的最新版，而不必考虑在同一台机器上的基本(稳定)系统。
- **网络**——可在一台机器上建立和测试系统的网络。
- **沙箱**——虚拟机可作为沙箱；沙箱是可工作区域(系统)，不必考虑工作的结果，也不需要做清理工作。
- **快照**——可给虚拟机拍快照，以后只要从快照中重载虚拟机，就可让虚拟机返回拍快照时的状态。

Xen　Xen 是剑桥大学创建的，现由开源社区开发，是一个开源虚拟机监视器(VMM)。VMM 允许多个虚拟机在单台计算机上相互分隔地运行各自的操作系统实例。与在内部运行的每个操作系统相比，Xen 的性能开销最低。关于 Xen 的更多信息可参见 Xen 首页 www.cl.cam.ac.uk/ research/srg/netos/xen 和 wiki.xen.org。

VMware　VMware 公司(www.vmware.com)提供 VMware Server，这是一款可免费下载的专用产品，可作为一个应用程序在 Linux 下安装和运行。VMware Server 允许安装多个虚拟机，每个虚拟机运行不同的操作系统，包括 Windows 和 Linux。VMware 还提供一个免费的 VMware 播放器，用于运行用 VMware Server 创建的虚拟机。

KVM　基于 Kernel 的虚拟机(KVM，参见 www.linux-kvm.org 和 libvirt.org)是开源虚拟机，作为 Linux 内核的一部分运行。

Qemu　Qemu(wiki.qemu.org)由 Fabrice Bellard 编写，是开源 VMM，作为用户应用程序运行，且没有 CPU 要求。可运行为主机以外的 CPU 编写的代码。

VirtualBox　VirtualBox(www.virtualbox.org)是 Sun Microsystems 开发的一款虚拟机。如果想运行 Windows 的虚拟实例，可研究一下 VirtualBox。

1.2.1　Linux 受到硬件公司和开发人员欢迎的原因

计算机行业的两个趋势为 UNIX 和 Linux 的日益流行奠定了基础。首先，硬件技术的不断提高需要一种能充分利用其功能的操作系统。在 20 世纪 70 年代中期，微型计算机开始成为大型计算机的竞争对手，在很多应用中，微型计算机可用较低成本完成与大型计算机相同的功能。近来，功能强大的 64 位处理器芯片、高容量和低价的内存，还有廉价的硬盘存储器，使硬件公司可在桌面计算机上安装多用户操作系统。

专用操作系统　其次，随着硬件价格的持续下降，硬件制造商不再提供对专用操作系统的开发和支持。专用操作系统是由硬件制造商(如 DEC/Compaq 拥有 VMS)自己开发和拥有的。现在的制造商需要容易满足计算机需要的通用操作系统。

通用操作系统　通用操作系统由硬件制造商以外的厂商编写，然后由厂商卖给(如 UNIX、macOS 和 Windows)或提供给(如 Linux)制造商。因为 Linux 可运行在由不同制造商制造的不同类型的硬件设备上，所以 Linux 是一种通用操作系统。当然，如果使用 Linux 操作系统，那么制造商只需要支付硬件开发费用，而不必为操作系统付费(若使用 Windows 副本，则需要向微软公司付费)，这就降低了单位费用。同样，软件开发人员要降低产品的成本，他们无法承受创建能支持不同专用操作系统的产品版本的费用。所以，和硬件制造商一样，软件开发人员也需要通用操作系统。

虽然 UNIX 作为通用操作系统一度满足了硬件公司和研发人员的需求,但随着时间的推移,制造商们在原有基础上又增加了一些对特殊功能的支持,并引入了新的软件库和实用程序,使得 UNIX 操作系统日趋专用化。为满足上述需求,Linux 脱颖而出。它是一种通用操作系统,而且可以充分利用硬件的强大功能。

1.2.2　Linux 的可移植性

可移植操作系统指可运行在不同计算机上的操作系统。95%以上的 Linux 操作系统都是用 C 语言编写的。由于 C 语言是一种与计算机无关的高级语言,因此可移植(C 编译器用 C 语言编写),因而 Linux 操作系统也是可移植的。

Linux 可移植,因此适用于(被移植到)不同计算机,可满足某些特殊需求。例如,Linux 可应用在手机、PDA 和电视机顶盒等许多嵌入式系统中。它的文件结构可充分利用大容量的快速硬盘。同时,Linux 最初就是作为多用户操作系统设计的,而不是通过后来修改才支持多用户的。在多个用户之间共享计算机的功能,使他们能共享数据和程序是 Linux 操作系统的关键特性。

因为 Linux 适应性好,并能充分利用现有硬件,所以 Linux 运行在大量不同的基于微处理器的系统上,包括大型机上。基于微处理器的硬件的流行推动了 Linux 的发展;而且微处理器在保持价格基本不变的情况下,速度变得越来越快。Linux 适用于那些不愿意为使用某些供应商的硬件而去学习一种新操作系统的用户,也适用于那些喜欢软件环境保持一致的系统管理员。

标准操作系统的出现有力地推动了软件行业的发展,使得现在的软件开发商能提供一种可运行在不同制造商制造的计算机上的软件版本。

1.2.3　C 编程语言

1969 年,Ken Thompson 用 PDP-7 汇编语言编写了 UNIX 操作系统。汇编语言是一种依赖于计算机的语言,即用汇编语言编写的程序只能运行在一种计算机上,最多运行在一个系列的计算机上。因此,最初的 UNIX 操作系统很难移植到其他计算机上运行,即不可移植。

为使 UNIX 可移植,Thompson 在 BCPL 语言的基础上,开发了一种与计算机无关的编程语言——B 语言。Dennis Rithie 通过修改 B 语言开发了 C 语言,并于 1973 年与 Thompson 合作,用 C 语言重写了 UNIX 系统。C 语言最初被誉为“可移植的汇编语言”。修订后的操作系统很容易移植到其他计算机上。

这一进展标志着 C 语言的诞生。C 语言的起源揭示了它成为一个卓越工具的部分原因。C 语言可用来开发与计算机无关的程序。程序员可轻松地将用 C 语言设计的可移植程序移植到任何一台拥有 C 语言编译器的计算机上。C 程序还可被编译为高效代码。随着 C 语言的问世,程序员们可使用 C 语言来编写良好运行的程序,而不必非要使用汇编语言(尽管使用汇编程序可得到更高效的代码,但采用高级语言开发程序会更快)。

C 是一种优秀的系统编程语言,可用来开发编译器和操作系统。C 是一种结构性很强的语言,具有低级语言的特征,允许程序员对位和字节进行操作,这在开发操作系统时是十分必要的。同时,C 语言也具有高级结构,可实现高效的模块化编程。

在 20 世纪 80 年代末期,美国国家标准协会(American National Standards Institute,ANSI)定义了 C 语言的标准版本,这一版本通常称为 ANSI C 或 C 89(即该版本的发布年份)。10 年后,发布了 C99 版本,GNU 项目中的 C 编译器(称为 gcc)支持该版本的绝大多数功能。而 C 语言的最初版本通常称为 Kernighan & Ritchie (K&R) C,以撰写第一本 C 语言书籍的作者命名。

Bjarne Stroustrup 是贝尔实验室的另一名研究员,他在 C 语言的基础上开发了面向对象编程语言——C++。由于目前许多编程人员更倾向于面向对象编程,因此在许多情况下,人们首选 C++。另一种语言选择是 Objective-C,曾用于编写第一个 Web 浏览器。GNU 项目的 C 编译器支持 C、C++和 Objective-C。

1.3　Linux 概述

Linux 操作系统具有许多独特而强大的特性。与其他操作系统一样,它是控制计算机的系统程序。但与 UNIX 一样,它也是一系列精心设计的实用程序集(如图 1-1 所示),而且提供了一组工具使得用户可连接和使用这些实用程序,以便构建系统和应用程序。

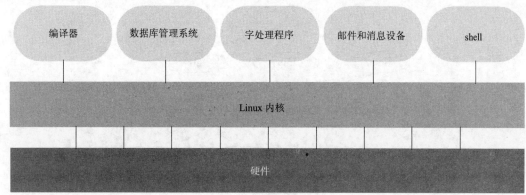

图 1-1　Linux 操作系统的层次

1.3.1　Linux 具有内核编程接口

　　Linux 内核是 Linux 操作系统的核心，负责分配计算机的资源和调度用户作业，尽可能使每个作业都能平等地使用系统资源，包括对 CPU 的访问，对硬盘、DVD、打印机和磁带驱动器等外围设备的使用等。程序通过系统调用(名称为人熟知的特殊函数)与内核交互。程序员可使用一个系统调用实现与多种设备的交互。例如，只有一个系统调用 write()，但它可向多个设备实现写操作。当某个程序发出 write()请求时，内核将根据程序的上下文把请求传递给相应的设备。这种灵活性使得一些旧版本的实用程序能适用于新出现的设备，并且使得在不重写程序的情况下，可将程序移植到新版本的操作系统中(假设新旧版本的操作系统可使用相同的系统调用)。

1.3.2　Linux 支持多用户

　　根据硬件和计算机所执行任务的不同，Linux 操作系统可支持 1 到 1000 个以上的用户，其中每个用户可同时运行不同的程序集合。如果多个用户同时使用一台计算机，那么平均到每个用户的费用比一个用户单独使用这台计算机的费用要低，因为单个用户通常不能充分利用计算机需要提供的所有资源，即任何人都不可能做到：使打印机一直处于打印状态；使系统内存完全被占用；使所有磁盘一直忙于读写操作；使 Internet 连接一直处于使用状态；使所有终端同时处于忙碌状态。而多用户操作系统允许多个用户几乎同时使用所有的系统资源。这样，可最大限度地利用系统资源，相应地，每个用户的花费就将降到最低限度。这正是多用户操作系统的根本目标。

1.3.3　Linux 支持多任务

　　Linux 是一个完全受保护的多任务操作系统，它允许每个用户同时运行多个作业。进程间可相互通信，但每个进程仍完全受保护，就如内核不会受到所有进程干扰一样。用户把精力集中于当前屏幕所显示作业的同时，还可在后台运行其他作业，而且可在这些作业之间来回切换。如果运行的是 X Window 系统，那么在同一屏幕上的不同窗口中可运行不同的程序，并且可以观察它们。这一功能提高了用户的工作效率。

1.3.4　Linux 支持安全的分层文件系统

　　文件指一组信息的集合，如备忘录或报告的文本、销售额的累计信息、一幅图像、一首歌曲或一个可执行程序。每个文件都以唯一的标识符存储在存储设备(如硬盘)上。Linux 文件系统以"目录结构"的方式排列文件，这里的目录类似于文件夹、文件柜。每个目录都有一个名称，它可包含其他文件和目录。目录按一定顺序排列在其他目录下，形成一种树状结构。这种结构可使用户通过将相关文件放到一个目录下，实现对大量文件的管理。每个用户拥有一个主目录，根据需要可在该目录下建立更多子目录，如图 1-2 所示。

　　标准　为便于系统管理和软件开发，一些人通过 Internet 联系起来并开发了 Linux 文件系统标准(Filesystem Standard，FSSTND)，该标准逐渐演化为 Linux 文件系统层次标准(Filesystem Hierarchy Standard，FHS)。在采用该标准前，关键程序在 Linux 的不同发行版中所处的位置是不同的。现在，在安装了 Linux 系统的计算机上，任意给定的标准程序始终处于固定位置，用户很容易就能找到所需的内容。

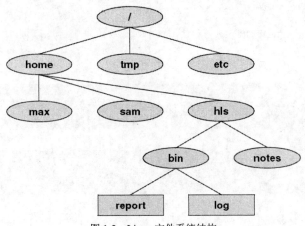

图 1-2　Linux 文件系统结构

链接　Linux 文件系统提供"链接"机制,该机制使得一个给定文件可通过两个或多个不同名称访问。链接文件与原来的文件可在相同的目录下,也可在不同的目录下。"链接"机制使同一文件可出现在不同的用户目录中,这为用户间进行文件共享提供了便利。Windows 系统用术语"快捷方式"代替"链接"。Macintosh 用户则比较熟悉术语"别名"。在 Linux 中,别名不同于链接,它是 shell 提供的一个命令宏功能。

安全　与大部分多用户操作系统类似,Linux 允许用户对各自的数据进行保护,以防止其他用户访问。Linux 也允许用户通过一种简单而有效的保护措施与其他一些用户共享选定的数据和程序。这个安全级别可通过文件的访问权限来设定,其中文件的访问权限包括读取、写入和执行。Linux 也实现了访问控制列表(Access Control List, ACL),该列表使得用户和管理员对文件访问权限可进行更精细的控制。

1.3.5　shell:命令解释器和编程语言

在文本环境下,shell(命令解释器)作为用户和操作系统之间的接口。在屏幕上输入一个命令时,shell 将对命令进行解释,并调用相应程序。Linux 中有许多 shell,其中最常用的 4 个是:

- bash(Bourne Again Shell)——原始Bourne Shell(最初的 UNIX shell)的增强版。
- dash(Debian Almquist Shell)——一个简化版 bash,功能较少。大多数启动 shell 脚本调用 dash 来替代 bash,以便加快启动过程。
- tcsh(TC Shell)——作为 BSD UNIX 系统一部分而开发的 C Shell 的增强版。
- zsh(Z Shell)——合并了许多 shell(包括 Korn Shell)的功能。

由于不同用户喜欢不同的 shell,因此多用户操作系统在任何时候都可能运行着多个不同 shell。多种 shell 充分体现了 Linux 操作系统的一个优点——能为用户提供定制的界面。

shell 脚本　shell 除具有解释键盘命令并将命令发送给操作系统的功能外,它还是一种高级编程语言。可将 shell 命令放在文件中供以后执行,这些文件在 Linux 系统中称为 shell 脚本,在 Windows 系统中称为批处理文件。这种灵活性使用户可利用简短命令轻松执行复杂操作,并轻松构建能完成复杂操作的高级程序。

1. 文件名的生成

通配符和模糊文件引用　在输入由 shell 处理的命令时,可使用对 shell 具有特殊意义的字符来构造模式。这些字符称为通配符(wildcard)。这些模式为用户提供了一种捷径,使用户不必输入完整的文件名,而只输入模式,然后由 shell 将模式扩展为匹配的文件名。这些模式称为模糊文件引用(Ambiguous File Reference),该引用可避免输入长文件名或者一长串相近的文件名。例如,shell 可将模式 mak*扩展为 make-3.80.tar.gz。对于只知道文件名的一部分或忘记文件名精确拼写的情况,模式也非常有用。

2. 自动补全

将 shell 与 Readline 库一起使用可完成命令、文件名、路径名和变量名的自动补全:输入一个前缀,并按 Tab 键,shell 就会列出以该前缀开头的项。如果该前缀指定一个唯一的项,就自动完成该项的输入。

3. 设备无关的输入和输出

重定向　设备(如打印机、终端)和磁盘文件在 Linux 程序中都以文件形式出现。向 Linux 操作系统发出命令时，可指示操作系统将输出发送到任何设备或文件，这种机制称为输出重定向(redirection)。

设备无关　类似地，通常来自键盘的程序输入可重定向为来自某个磁盘文件。输入和输出都与设备无关，输出可被重定向到任何合适的设备，来自任何设备的输入也可被重定向。

例如，cat 实用程序通常用于在屏幕上显示文件的内容。运行 cat 命令可很方便地将其输出重定向到某个磁盘文件而不是屏幕。

4. shell 函数

shell 的一个非常重要的特性是它可作为一种编程语言来使用。因为 shell 是一个解释器，所以不能编译为它编写的程序，而在每次从磁盘加载这些程序时，对它们进行解释。程序的加载和解释都非常耗时。

针对此问题，许多 shell(包括 bash)都支持 shell 函数，shell 将这些函数放在内存中，这样当每次需要执行它们时，不必再从磁盘读入。shell 还以一种内部格式来存放这些函数，以免耗费大量时间来解释它们。

5. 作业控制

作业控制(Job Control)是 shell 的另一个特性，它允许用户同时运行多个作业，并根据需求来回进行切换。启动某个作业时，它通常是在前台运行，因此该作业是与终端相连接的。利用作业控制功能，可将正在前台运行的作业切换到后台，并在后台继续运行该作业，同时在前台可运行或监视另一个作业。如果想关注某个正在后台运行的作业，可将其切换到前台运行，使其再次与终端相连接。作业控制的概念源于 BSD UNIX，出现在 BSD UINX 的 C Shell 中。

1.3.6　大量有用的实用程序

Linux 包括几百个实用程序，这些程序通常称为命令，可提供用户普遍需要的功能。例如 sort 实用程序可按字母表顺序或数字顺序对列表(或一组列表)进行排序，这样便于根据部件号码、姓、城市名、邮政编码、电话号码、年龄、大小、成本等关键字进行排序。sort 实用程序是一个非常重要的编程工具，该编程工具是标准 Linux 操作系统的一部分。其他实用程序则允许用户创建、显示、打印、复制、搜索和删除文件，以及对文本进行编辑、格式化和排版。man 和 info 实用程序可提供 Linux 的联机文档。

1.3.7　进程间的通信

管道(pipe)和过滤器(filter)　Linux 允许用户在命令行上建立管道和过滤器。管道可将一个程序的输出作为另一个程序的输入。过滤器作为一种特殊管道，它处理输入数据流，以得到输出数据流。过滤器可对程序的输出进行修改。过滤器的输出结果可作为另一个程序的输入。

管道和过滤器常将多个实用程序连接起来以完成特定任务。例如，可使用管道将 sort 实用程序的输出作为 head 实用程序(列出 sort 输出的前 10 行的过滤器)的输入。同时，也可再用另一个管道将 head 的输出发送给第 3 个实用程序 lpr，即将数据发送给打印机。这样，在一行命令上，使用了 3 个实用程序，完成了排序和打印文件的工作。

1.3.8　系统管理

Linux 系统管理员通常是系统所有者和系统的唯一用户，有很多职责，其中首要职责应该是设置系统、安装软件和编辑配置文件。一旦系统启动并运行，系统管理员就应负责下载和安装软件(包括对操作系统的升级)、备份和还原文件、管理系统设备(如打印机、终端、服务器、局域网等)，也应负责为新用户建立账户(在多用户操作系统中)，必要时启动和关闭系统、监控系统以及处理出现的任何问题。

1.4　Linux 的其他特性

除继承了 BSD、System V 和 Sun Microsystems 公司的 Solaris 系统的一些特性外，Linux 操作系统还有一些新特

性。虽然 UNIX 中的大多数工具在 Linux 中都存在，但很多情况下，这些工具都被更先进的工具取代。本节将介绍
Linux 下的许多流行工具及特性。

1.4.1 GUI：图形用户界面

X Window 系统(也称为 X 或 X11)的一部分由麻省理工学院的研究人员开发，这为 Linux 中的图形用户界面
(Graphical User Interface，GUI)奠定了基础。借助支持 X 的终端或者工作站显示器，用户可通过屏幕上的多个窗口与
计算机交互，也可显示图形信息，或使用专用程序来画图、监视进程或预览格式化输出。X 是一个跨网络的协议，
它允许用户在工作站或者某台计算机上打开一个由远程系统生成的窗口。

Aqua 大多数 Macintosh 用户都熟悉 Aqua，这是标准的 macOS 图形界面。Aqua 基于 Quartz 显示技术，有标
准的应用程序外观。默认情况下， Macintosh 上没有安装 X11；可使用 XQuartz 代替它(xquartz.macosforge.org/
trac/wiki)。

桌面管理器 X 通常有两层：桌面管理器和窗口管理器。桌面管理器是一个面向图形的用户界面，它使得用户
可通过控制图标(而非输入 shell 的相应命令)来实现与系统程序的交互。虽然大多数 Linux 版本都默认运行 GNOME
桌面管理器(www.gnome.org)，但 X 也可运行 KDE(www.kde.org)和许多其他桌面管理器。macOS 在 Aqua 中处理桌面，
而不是在 X11 中处理，所以 X11 中没有桌面管理器。

窗口管理器 窗口管理器是运行在桌面管理器下的程序，它主要负责执行以下任务：打开和关闭窗口；运行程
序；设置鼠标，使系统根据单击方式和位置来完成不同工作。窗口管理器可实现个性化显示。微软公司的 Windows
只允许改变窗口中关键元素的颜色，而 X 的窗口管理器允许定制屏幕的整体外观，如通过修改窗口的边框、按钮和
滚动条来改变窗口的外观和工作方式，还允许建立虚拟桌面和创建菜单等。在命令行中工作时，你可使用 Midnight
Commander(mc；参见本书第VI部分)来模拟窗口管理器。

X 和 Linux 系统中还存在很多流行的窗口管理器。大多数 Linux 版本都提供 Metacity(GNOME 2 下默认的窗口
管理器)和 kwin(KDE 下默认的窗口管理器)。除了 KDE，Fedora 还提供 Mutter(GNOME 3 下的默认窗口管理器)。
Mutter 是 Metacity Clutter(名为 Clutter 的图形库)的缩写。还有其他可用的窗口管理器，如 Sawfish 和 WindowMaker。

在 macOS 下，大多数窗口都由 Quartz 层管理，采用 Apple Aqua 的外观和体验。对于 X11 应用程序，这个任务
由 quartz-wm 执行。quartz-wm 模拟了 Apple Aqua 的外观，所以 Mac 桌面上的 X11 应用程序与本地的 macOS 应用
程序具有相同的外观。

1.4.2 (互联的)网络实用程序

Linux 系统通过提供很多实用程序来实现对网络的支持，使得在 Linux 系统下可通过各种网络来访问远程系统。
除给其他系统上的用户发送电子邮件外，还可像访问本地文件那样访问其他计算机磁盘上的文件；也可采用相似的
方式让自己的文件在其他系统中可用，实现文件的相互复制；还可在远程系统上运行程序，而在本地系统上显示结
果；以及通过局域网和包括 Internet 在内的广域网完成其他许多操作。

大量应用程序在网络访问的基础上，将计算机资源拓展到全球。你可与世界各地的人进行交流、收集各门学科
的信息以及从 Internet 上快速可靠地下载新款软件。

1.4.3 软件开发

丰富的软件开发环境是 Linux 系统最令人印象深刻的优势之一。Linux 支持多种计算机语言的编译器和解释器。
除了 C 和 C++语言，Linux 系统上可用的语言还包括 Ada、Fortran、Java、Lisp、Pascal、Perl 和 Python 等。bison
实用程序生成的解析代码简化了构建编译器(对包含结构化信息的文件进行解析的工具)的编程工作。flex 实用程序
用于生成扫描器(能识别文本内词汇模式的代码)。make 实用程序及 GNU 配置和构建系统简化了复杂项目的开发管
理。源代码管理系统(如 CVS)简化了版本控制。包括 ups 和 gdb 在内的调试器有助于跟踪和修复软件的瑕疵。GNU
C 编译器(gcc)与 gprof 性能剖析实用程序协同工作来帮助程序员识别影响程序性能的潜在瓶颈。为提高代码的可移
植性和缩短调试时间，C 编译器包含了用来执行 C 语言代码深入检测的选项。在 macOS 下，Apple 的 Xcode 开发
环境为大多数工具及其他选项、特性提供了统一的图形前端。

1.5　本章小结

继承自 UNIX 的 Linux 已成为一款流行的操作系统，是微型计算机(PC)硬件上传统系统(例如 Windows)的可用替代品。UNIX 用户会发现 Linux 的环境很熟悉。Linux 发行版包括了对 UNIX 实用程序期望进行的扩充，以及作为 GNU 项目一部分而开发的工具集，这些都是由世界各地的程序员贡献的。Linux 社区负责系统的继续开发，使得在新硬件设备出现后，很快就能提供对相应设备及其特性的支持，并不断完善 Linux 中可用的工具。随着运行在 Linux 平台上的商业软件包的增多，以及硬件制造商对 Linux 系统的支持，Linux 操作系统已经远超当初作为大学生项目的初衷，成为学术、商业、专业和私人用途的富有吸引力的选择。

练习

1. 什么是自由软件？列出自由软件的三个特征。

2. 为什么 Linux 操作系统会如此流行？为什么它在学术界受欢迎？

3. 什么是多用户系统？为什么多用户系统会取得成功？

4. 什么是自由软件基金会(Free Software Foundation)/GNU？什么是 Linux？它们各提供了 Linux 操作系统的哪个部分？还有谁帮助构建和完善了此操作系统？

5. Linux 是用什么语言开发的？此语言与 Linux 取得的成功有何联系？

6. 什么是实用程序？

7. 什么是 shell？shell 如何与内核一起工作？用户如何使用 shell？

8. 如何使用实用程序和 shell 来创建自己的应用程序？

9. 为什么 Linux 文件系统称为层次文件系统？

10. 多用户系统和多任务系统的区别是什么？

11. 举例说明何时使用多任务系统。

12. 约有多少人在开发 Linux？为什么 Linux 是独一无二的？

13. GNU 通用公共许可证的关键条款是什么？

第 I 部分

Linux 和 macOS 操作系统

第2章

入　门

阅读完本章之后你应该能够:
- 使用文本界面登录到 Linux 系统
- 描述文本界面的优势
- 修改命令行中的输入错误
- 使用 kill 和终止信号结束程序执行
- 重复和编辑之前的命令行
- 了解慎用 root 权限的必要性
- 使用 man 和 info 显示关于实用程序的信息
- 使用--help 选项显示关于某个实用程序的信息
- 在命令行中修改自己的密码

在学习本书时，建议用户坐在一台安装了 Linux 操作系统的计算机前，进入图形用户界面(Graphical User Interface，GUI)或文本界面。本书将介绍 Linux 系统的文本(命令行)界面。如果使用的是 GUI，那么你需要用终端模拟器，例如 xterm、Konsole、GNOME 终端、Terminal(在 macOS 下)或虚拟控制台来运行书中的示例。

本章首先说明本书的一些排版约定；然后介绍登录系统的方法。此后讨论 shell，解释如何在命令行上修正错误并重复执行之前的命令。然后简单介绍 root 权限和如何避免那些使系统无法运行或不能正常工作的错误。之后还将讨论从何处获取关于 Linux 的更多信息。最后介绍登录系统的其他信息，包括如何更改密码。

用户要特别留意 2.4 节中关于误用 root 权限所带来危险的警告；此后，就可以胸有成竹地跟随书中示例(如输入命令或创建文件)在计算机上进行实验。

2.1 本书约定

为使有关内容的介绍和解释更简洁清晰，本书做了一些约定。下面对这些约定进行说明。

macOS 版本 指 macOS 的 10.12 版本(Sierra)。因为本书重点讨论底层操作系统，macOS 的不同版本在这方面的差异很小，所以以本书仍适用于未来的几个版本。

示例代码字体 示例都采用了等宽字体(也称为固定宽度字体)样式，如下所示:

```
$ cat practice
This is a small file I created
with a text editor.
```

用户输入的内容 通过键盘输入的内容都显示为粗体;例如在示例和屏幕中使用 **this one**。在上面的示例中，第 1 行中的美元符号($)是 Linux 显示的提示符，不是粗体;而第 1 行其余的部分是用户输入的内容，因此是粗体。

文件名 文件名可能包括大写字母和小写字母，Linux 区分大小写，因此 memo5、MEMO5 和 Memo5 是三个不同的文件。

默认 macOS 文件系统 HFS+不区分大小写;在 macOS 中，memo5、MEMO5 和 Memo5 指同一个文件。详情请参阅附录 D(D.2.2 节)。

提示符和回车键 大多数示例都包括 shell 提示符，提示 Linux 正在等待用户输入命令，有美元符号($)、井号 (#)和百分号(%)等形式。提示符不显示为粗体，因为用户不必输入该符号。在学习本书示例时，不要用键盘输入提示符;否则，示例将无法工作。

示例中忽略了 RETURN 键(回车键);实际上，在执行命令时，需要按回车键。例如命令行:

```
$ vim memo.1204
```

在 vim 文本编辑器中运行该例时，输入命令 vim memo.1204(一些系统用 vim.tiny 替代 vim)，然后按回车键。要退出 vim，可按 ESCAPE+ ZZ 组合键;可参阅 6.2 节了解 vim 详情。这种显示命令的方式可使本书中的示例与屏幕显示对应起来。

定义 所有标有 FOLDOC 字样的条目都是在线计算字典(foldoc.org)的编辑 Denis Howe 免费提供的，属于授权使用。这个站点正在不断发展壮大，其中不仅包含定义，还有一些奇闻轶事。

> **选读**
> 标记为选读的段落出现在灰色框中。这些材料不是所在章的中心内容，但经常涉及一些比较具有挑战性的概念。当第 1 次遇到这些选读内容时，一种较好的策略就是先跳过它，当掌握了对应章节的主要思想后，再回头重新阅读它们。选读段的样式如本段所示。

URL(网址) 网址或 URL 通常的默认前缀为 http://，除非显式标明为 ftp://或 https://。当网址的前缀为 http://时，就不必指定前缀，但当指定 FTP 或安全 HTTP 网站时，就必须使用前缀。因此，可完全按本书示例的样子在浏览器上指定 URL。

ls 的输出 本书中，ls -l 命令的输出是默认添加了--time-style=iso 选项后的结果。这个选项使输出行更简短，让示例容易阅读。

提示、警告和安全框 下面突出显示的信息可能对使用或管理 Linux 系统有所帮助。

提示信息
___
提示 提示你避免再次犯错或给出一些提示信息。
___

关于某些情况的警告
___
警告 提醒你注意潜在陷阱。
___

关于安全性的提示
___
安全 突出强调潜在的安全问题。它们通常对系统管理员很有用，但有些安全提示对所有用户都有益。
___

2.2 从终端或终端模拟器登录

在终端、终端模拟器或其他基于文本的设备上，许多系统会在登录提示符之前显示一条欢迎提示消息，叫作
"issue"(存储在/etc/issue 文件中)。这条消息通常标识运行在系统上的 Linux 的版本、系统名以及登录到的设备。下
面是一条简单的 issue 消息：

```
Fedora release 16 (Verne)
Kernel 3.3.2-6.fc16.i686 on an i686 (tty4)
```

在这条 issue 消息的后面是登录提示。根据系统提示输入用户名和密码。确保输入的用户名和密码与设定账户
时的一致，验证用户名和密码的程序是区分大小写的。与大多数系统一样，Linux 不显示你输入的密码。默认情况
下，macOS 不允许远程登录(参见附录 D)。

下面的示例显示了用户 max 登录到名为 tiny 的系统：

```
tiny login: max
Password:
Last login: Wed Mar 13 19:50:38 from plum
[max@tiny max]$
```

如果使用终端时屏幕上未显示"login:"提示，请检查终端是否通电和打开，然后多次按 RETURN 键。如果仍
不能显示"login:"，就按 CONTROL+Q(继续发送数据)组合键。

注意查看上次登录信息

安全 在登录一个文本环境时，输入用户名和密码后，系统会显示该账户上次登录的一些信息，表明登录的时
间和位置。通过该信息，可确定在自己上次登录后，是否有其他人使用该账户登录。如果有人用了此账
户登录，就说明可能有未授权用户盗取了用户的密码。出于安全方面的考虑，请告诉系统管理员这个令
人怀疑的情况，并修改密码。

如果使用 Mac、PC、另一个 Linux 系统或工作站，就打开运行 ssh(安全)、telnet(不安全，参见第 VI 部分)或用
于登录系统的通信或模拟软件的程序，并给出要登录的计算机的名称或 IP 地址。

telnet 并不安全

安全 telnet 不安全的原因之一是它通过网络以明文格式发送登录时的用户名和密码，这使得登录信息很容易被盗
取，并以用户的账户登录。而 ssh 实用程序则将所有信息加密后再通过网络发送，从而提高了安全性，所
以是一种比 telnet 更好的选择。ssh 程序已在包括 Linux 在内的其他许多操作系统上实现。许多用户通过终
端模拟器使用 ssh 程序。

下面列举一个使用 ssh 从 Linux 系统上登录的示例。

```
$ ssh max@tiny
max@tiny's password:
Permission denied, please try again.
max@tiny's password:
Last login: Wed Mar 13 21:21:49 2005 from plum
[max@tiny max]$
```

在这个示例中，max 用户刚开始输入了一个错误密码，然后收到错误消息和重新输入密码的提示，当再次输入
正确密码后，成功登录。如果登录所用系统的用户名和要登录的系统的用户名相同，可省略用户名及其后面的@符
号。在这个示例中，max 可使用命令 ssh tiny。

登录系统后，屏幕会显示 shell 提示符(或简称提示符)，这表明登录成功，并且系统正等待输入命令。shell 提示符所
在行之前可能有一条简短消息，称为 motd(Message of the Day，本日消息)，它存储在文件/etc/motd 中。

通常的提示符为美元符号$，但也可以是其他提示符，不必在意。书中示例并不关心提示符具体是哪个。在前
面示例的最后一行中，max 为用户名，tiny 为系统名，之间用符号@连接，tiny 后的 max 为目录名，该目录工作在
max 用户下，最后是提示符$。如果想修改提示符，请参见 8.9.3 节中关于 bash 的相关内容和 9.6.7 节中关于 tcsh 的
相关内容。

务必正确设置 TERM 变量

提示 shell 变量 TERM 用来设定基于字符的终端和终端模拟器的一些伪图形特征。通常情况下，系统已设置好 TERM 变量，用户不必自行手工设定。如果屏幕上显示的信息不正确，请参见附录 B。

2.3 在命令行中工作

在引入图形用户界面(GUI)前，UNIX 和之后的 Linux 仅提供了文本界面(也称为命令行界面)。目前，从终端、终端模拟器、文本虚拟控制台登录，或使用 ssh 或 telnet 登录系统时，仍可使用文本界面。

文本界面的优点 尽管这个概念很古老，但文本界面在现代计算中仍占据一席之地。有时管理员可能使用命令行工具，是因为相应的图形界面工具不存在，或者图形工具不像文本工具那么强大或灵活。例如，chmod(参见 4.5.2 节和第 VI 部分)比与它对应的 GUI 工具更强大、更灵活。通常，在服务器系统上，图形化界面可能根本没有安装。这样做的第一个原因是 GUI 会耗费大量系统资源；在服务器上，将这些资源分配给服务器的主要任务会更好。另外，为确保安全，服务器系统应运行尽可能少的任务，因为运行的任务越多，系统受到攻击的可能性越大。

还可使用文本界面编写脚本。使用脚本可在多个系统上重复相同的任务，使得你可将任务扩展到更大范围的环境。当作为单个系统的管理员时，使用 GUI 通常是配置系统的简便方法。当作为很多系统的管理员，每个系统都需要进行相同配置的安装或更新时，脚本能让任务更快地进行。使用命令行工具编写脚本通常更容易，相对而言，使用图形工具，相同的任务可能会很难，甚至不可能做到。

伪图形界面 在引入 GUI 前，足智多谋的程序员创建了包含图形元素的文本界面，如方框、有边框的原始窗口、突出显示的部分，以及最近出现的色彩。这些文本界面称为伪图形界面，模糊了文本界面和图形界面间的界限。Midnight Commander 文件管理实用程序(mc；参见第 VI 部分)是个很好的例子，它的伪图形界面设计得十分优秀。

2.3.1 识别当前运行的是哪种 shell

本书将讨论 Bourne Again Shell(bash)和 TC Shell(tcsh)。你可能正在运行 bash，也有可能正在运行 tcsh 或其他 shell，如 Z Shell(zsh)。在 shell 提示符(通常是$或者%)后输入 echo $0 并按 RETURN 键，shell 会显示你正使用的 shell 名称。这条命令的原理是 shell 将$0 展开为正在运行程序的程序名(参见 10.3 节)。这条命令可能显示如下输出：

```
$ echo $0
-bash
```

或者本地系统可能显示如下：

```
$ echo $0
/bin/bash
```

两种方式的输出均表示你正在运行 bash。如果正在运行其他 shell，shell 会给出相应的输出。

2.3.2 校正错误

本节主要介绍如何校正登录文本界面时出现的拼写错误和其他错误。因为 shell 在按 RETURN 键之前，并不对命令行和其他文本进行解释，所以可在按 RETURN 键之前校正输入错误。

可通过多种方式校正输入错误：一次删除一个字符，一次删除一个单词，或一次删除整个命令行。一旦按 RETURN 键，就不能再校正错误了，只能等待命令运行结束或终止程序的执行。

1. 删除字符

从键盘输入字符时，可通过按下删除键来删除输入有误的每个字符。使用删除键，想删除多少字符就可删除多少，但一般不会到达行首。

默认的删除键为 BACKSPACE。如果此键不起作用，就试一试 DELETE 键或者 CONTROL+H 组合键。如果这些键都不起作用，就使用下面的 stty[1]命令来设定自己的字符删除键和行删除键(参见本节"删除行"部分的相关内容)。

```
$ stty ek
```

另外，可用以下命令将大多数终端参数重置为默认值。如果 RETURN 键不能将光标移到下一行，则改用 CONTROL+J。

```
$ stty sane
```

关于 stty 的更多信息可参见第 VI 部分。

2. 删除单词

通过按 CONTROL+W 组合键可删除一个单词。此处的单词是指不包含空格和制表符的任意字符序列。按 CONTROL+W 组合键时，光标将左移到当前单词(如果当前正在输入单词)或前一个单词(刚在其后输入空格或制表符)的起始处，光标所经过的单词将被删除。

用 CONTROL+Z 挂起程序

提示　按下程序挂起键(通常是 CONTROL+Z 组合键)，虽然不能纠正错误，但可将程序挂起，这时屏幕会显示一段包含 Stopped 单词的消息，表示通过使用作业控制功能，刚才运行的作业已经被停止。通过输入命令 fg 可将此作业再次切换到前台，这样该作业便可从挂起的地方继续运行。更多信息参见 8.7.4 节。

3. 删除行

按 RETURN 键前，按下行删除键即可删除一行。按下行删除键后，光标将往左移动，一直到达行首，其间经过的字符将被删除。默认的行删除键为 CONTROL+U，如果此组合键不起作用，可试用 CONTROL+X。如果这些组合键都不起作用，就使用前面提到的 stty 命令来设置行删除键。

4. 终止执行

有时，用户可能希望终止正在运行的某个程序。例如，当 Linux 执行一个十分耗时的任务，如显示一个包含几百页内容的文件或复制一个本不想复制的文件时，用户可能希望终止此任务。

要在文本界面中终止一个程序，可按中断键(通常是 CONTROL+C，有时是 DELETE 或 DEL 键)。按下中断键时，Linux 系统会给正在运行的程序和 shell 发送一个 TERM(终止)信号。有的程序会立刻停止执行，有的会忽略该信号，有的会采取其他操作。当 shell 接收到 TERM 信号时，它显示一个提示符并等待下一个命令。

如果上述方法不能终止程序，尝试向程序发送 QUIT 信号(CONTROL+\)。如果这些都失败了，就尝试使用程序挂起键(通常是 Ctrl+Z)。输入 jobs 命令来验证运行该程序的作业号(显示在行左端的中括号内，如下一个示例中的[1])，然后使用 kill 命令来终止此作业。在下例中，kill 命令使用-TERM 选项向作业号指定的作业发送 TERM 信号，注意，作业号之前要加百分号%(如%1)。可忽略-TERM 选项，因为 kill 命令默认发送 TERM 信号。表 10-5 列举了一些常见信号。

将 KILL 信号作为最后的手段

警告　当终止信号不起作用的时候，使用 KILL 信号(在例子中用-KILL 代替-TERM)。正在运行的程序都不能忽略 KILL 信号，因为此信号能强制程序退出。

由于收到 KILL 信号的程序没有在退出前清理打开文件的机会，因此使用 KILL 会破坏应用数据。将 KILL 信号作为最后采取的手段。等待 TERM 或 QUIT 信号至少 10 秒钟，不起作用再使用 KILL 信号。

```
$ bigjob
^Z
[1]+ Stopped          bigjob
$ jobs
[1]+ Stopped          bigjob
$ kill -TERM %1
[1]+  Killed          bigjob
```

kill 命令返回一个提示，可能需要再次按下 RETURN 键来查看确认消息。请参阅 5.5 节了解详情。

---

1. 命令 stty 是 set teletypewriter 的缩写，teletypewriter 是运行 UNIX 的第一个终端。目前，stty 一般表示 set terminal。

2.3.3　重复/编辑命令行

要重复前一条命令，按 UP ARROW 键。每次按这个键，shell 会显示一个更早的命令行。按 DOWN ARROW 键可从另一个方向浏览命令行。要重复执行所显示的命令行，请按 RETURN 键。

RIGHT ARROW 和 LEFT ARROW 键可沿显示的命令行来回移动光标。你可在命令行上的任意位置输入需要增加的字符。使用删除键可从命令行中删除字符。按 RETURN 键可执行修改后的命令。

还可使用!!重复之前的一条命令。如果忘记在命令前面加 su 前缀，这项技术会很有用。这种情况下，如果输入 su -c "!!"，shell 将使用 root 权限执行前一条命令。或者，如果本地系统被设置为使用 sudo，你可输入 sudo !!，shell 同样会以 root 权限执行前一条命令。

命令^old^new^可重新执行前一条命令，并将字符串 old 第一次出现的地方替换为字符串 new。类似地，在命令行中，shell 将字符串!\$替换为前一个命令行中最后的符号(单词)。下例演示了用户使用^n^m^命令将文件名由 meno 更正为 memo，接着通过 lpr !\$命令打印名为 memo 的文件。shell 用前一条命令中最后的单词 memo 替换了!\$。

```
$ cat meno
cat: meno: No such file or directory
$ ^n^m^
cat memo
This is the memo file.
$ lpr !$
lpr memo
```

关于更复杂的命令行编辑的信息，请参见 8.14 节中的相关内容。

2.4　su/sudo：慎用 root 权限

UNIX 和 Linux 系统始终有一个超级用户 root。以用户名 root 登录的用户是系统的超级用户或系统管理员，该用户拥有许多普通用户没有的特权。例如，可对系统上的几乎任何文件进行读写操作，执行普通用户不能执行的程序等。在多用户系统中，你可能无法获取 root 权限，因而无法执行某些程序。然而负责维护系统的系统管理员可以。

不要以超级用户身份进行试验

警告　以普通用户身份可自由地进行试验，而以超级用户身份登录系统时，请不要随意操作，最好只执行必须以超级用户身份登录才能完成的任务，并且要对所进行的操作完全有把握。在完成相应任务后，立即切换到普通用户再进行其他工作。因为超级用户所具有的特殊权限可执行一些破坏系统的操作，以致有时必须重新安装 Linux 才能使系统恢复正常运行。

在常规安装中，获得 root 权限有两种方式。首先，是以用户名 root 登录；此时，就是在使用 root 权限，直至退出为止。其次，在以普通用户身份工作时，可使用 su(substitute user)实用程序，以 root 权限执行单个命令；或者临时获得 root 权限以执行几个命令。为使用 root 用户名登录，并运行 su 以获得 root 权限，必须输入 root 密码。下例说明如何使用 su 执行单个命令：

```
$ ls -l /lost+found
ls: cannot open directory /lost+found: Permission denied
$ su -c 'ls -l /lost+found'
Password:                    输入 root 密码
total 0
$
```

上例中的第一条命令显示，没有 root 权限的用户不能列出/lost+found 目录下的文件：ls 会显示一条错误消息。第二条命令使用带-c(command)选项的 su 命令，以 root 权限执行同一命令。将命令放在单引号中，可确保 shell 正确地解释命令。命令执行完毕后(ls 显示目录中没有文件)，用户就不再拥有 root 权限。

不带任何参数的 su 命令会以 root 权限运行一个新的 shell。使用 root 权限时，shell 一般会显示一个井号提示符(#)。输入 exit 命令会返回正常的提示符和非 root 权限。

```
$ su
Password:                              输入 root 密码
$ ls -l /lost+found
total 0
# exit
exit
$
```

一些发行版(如 Ubuntu)锁定了 root 账号——没有 root 密码——它依赖 sudo(www.sudo.ws)实用程序给用户提供 root 权限。sudo 实用程序要求输入用户自己的密码(不是 root 密码)来获得 root 权限。下例允许用户获得 root 权限以查看/lost+found 目录的内容。

```
$ sudo ls -l /lost+found
[sudo] password for sam:                          输入自己的密码
total 0
$
```

带上-s 参数时，sudo 会以 root 权限运行一个新的 shell。在使用 root 权限时，shell 一般显示一个井号提示符(#)。输入 exit 命令会返回正常的提示符和非 root 权限。

```
$ sudo -s
[sudo] password for sam:                          输入自己的密码
$ ls -l /lost+found
total 0
# exit
logout
$
```

2.5　如何查找相关文档

Linux 系统的发行版通常没有纸质的参考手册。但 Linux 联机文档一直是其强项之一。从 Linux 的早期版本开始，用户就可通过 man 和 info 实用程序获得 man 页(用户手册)和 info 页的内容。随着 Linux 和 Internet 的发展，联机文档也在不断扩展。本节将介绍如何查找关于 Linux 的信息。也可参阅附录 B。

2.5.1　man：显示系统手册页

在文本环境下，man 实用程序用于显示系统文档中 man 页的内容。当用户想使用某个实用程序但又忘记具体用法时，这些文档很有用。查看 man 页也可得到相关主题的更多信息和 Linux 的更多特性。系统文档中的描述一般简明扼要，因此在用户对某个实用程序有基本的了解后，它们会显得特别有用。

要了解关于某个实用程序更详细的信息，包括 man 实用程序自身，可在命令 man 后加实用程序名来实现。在图 2-1 中，用户输入了 man man 命令，结果给出了 man 实用程序自身的信息。

```
MAN(1)                          Manual pager utils                          MAN(1)

NAME
       man - an interface to the on-line reference manuals

SYNOPSIS
       man [-C file] [-d] [-D] [--warnings[=warnings]] [-R encoding] [-L
       locale] [-m system[,...]] [-M path] [-S list] [-e extension] [-i|-I]
       [--regex|--wildcard] [--names-only] [-a] [-u] [--no-subpages] [-P
       pager] [-r prompt] [-7] [-E encoding] [--no-hyphenation] [--no-justifi-
       cation] [-p string] [-t] [-T[device]] [-H[browser]] [-X[dpi]] [-Z]
       [[section] page ...] ...
       man -k [apropos options] regexp ...
       man -K [-w|-W] [-S list] [-i|-I] [--regex] [section] term ...
       man -f [whatis options] page ...
       man -l [-C file] [-d] [-D] [--warnings[=warnings]] [-R encoding] [-L
       locale] [-P pager] [-r prompt] [-7] [-E encoding] [-p string] [-t]
       [-T[device]] [-H[browser]] [-X[dpi]] [-Z] file ...
       man -w|-W [-C file] [-d] [-D] page ...
       man -c [-C file] [-d] [-D] page ...
       man [-hV]

DESCRIPTION
 Manual page man(1) line 1 (press h for help or q to quit)
```

图 2-1　man 实用程序显示自身的相关信息

less 分页程序 man 实用程序通过分页程序(通常是 less)自动发送输出结果，使得用户可分屏浏览一个文件。当采用这种方式显示手册页时，less 实用程序将在显示完一屏文本后，在屏幕底部显示提示符(例如，Manual page man(1) line 1)，并等待键盘输入，你可以：

- 按 SPACE 键显示下一屏的文本信息。
- 按 PAGE UP、PAGE DOWN、UP ARROW 或 DOWN ARROW 键对文本进行导航。
- 按 h 键(帮助键)显示 less 命令列表。
- 按 q 键(退出键)退出 less 并返回 shell 提示符。

可使用 apropos 实用程序查找 man 页涵盖的主题。

手册部分 基于文件系统层次标准(Filesystem Hierarchy Standard，FHS)，Linux 系统的手册页和 man 页可分为 10 个部分(如下所示)，每一部分都描述了相关工具的用法。

(1) 用户命令
(2) 系统调用
(3) 子例程
(4) 设备
(5) 文件格式
(6) 游戏
(7) 其他
(8) 系统管理
(9) 内核
(10) 新增内容

这种分类方式模仿了 UNIX 手册的分类方式。除非指定手册的某个部分，否则 man 实用程序将根据命令行上指定的单词显示手册中最早出现的内容。多数用户通常在第(1)部分、第(6)部分和第(7)部分找到所需的信息；程序员和系统管理员通常需要查阅其他部分。

有些情况下，针对不同的实用程序，手册具有同名的条目。例如，输入以下命令，将显示系统手册第(1)部分中 passwd 实用程序在 man 页对应的内容：

```
$ man passwd
```

为查看第(5)部分中 passwd 文件在 man 页对应的内容，可输入：

```
$ man 5 passwd
```

这个命令限定 man 工具只在第(5)部分查找 passwd 有关手册页的内容。在文档中，这个 man 页表示 passwd(5)。用选项-a(参见下面的提示)可浏览相关主题的所有 man 页，通过按 q 键显示一个 man 页。如 man -a passwd 可浏览 passwd 的所有 man 页的内容。

选项

提示 选项可用来修改实用程序的工作方式，通常由一个或两个连字符后跟一个或多个字母来指定。选项出现在所调用的实用程序名之后，用空格隔开。实用程序的其他参数都跟在选项后，也用空格隔开。有关选项的更多信息参见 5.2 节。

2.5.2 apropos：搜索关键字

当需要完成某个特定任务却不知道命令名时，可使用关键字和 apropos 实用程序进行搜索。apropos 实用程序可在所有 man 页的简短描述行(顶行)中搜索关键字，然后显示匹配行。若 man 实用程序带选项-k(keyword)，得到的结果将与 apropos 相同。

对于初次安装的 Linux 系统，apropos 使用的数据库 mandb 或 makewhatis 都不可用，但 cron 或 crond(参见第 VI 部分)会自动创建该数据库。

下例显示了用 apropos 搜索关键字 who 时的输出结果。输出结果包括每个命令的名称、包含 who 关键字的手册页和 man 页顶部的简单描述信息。此列表给出了所需的 who 实用程序和其他相关实用程序，这些实用程序对用户可能很有用。

```
$ apropos who
at.allow (5)          - determine who can submit jobs via at or batch
jwhois (1)            - client for the whois service
w (1)                 - Show who is logged on and what they are doing.
who (1)               - show who is logged on
who (1p)              - display who is on the system
whoami (1)            - print effective userid
whois (1)             - client for the whois service
whois.jwhois (1)      - client for the whois service
```

whatis　whatis 实用程序与 apropos 类似，但仅搜索与实用程序名完全匹配的命令：

```
$ whatis who
who (1p)              - display who is on the system
who (1)               - show who is logged on
```

2.5.3　info：显示实用程序的相关信息

基于文本的 info 实用程序(www.gnu.org/software/textinfo)是一个基于菜单的超文本系统，由 GNU 项目开发并作为 Linux 的一部分发布。info 实用程序可显示自身教程(使用命令 info info)，以及关于 Linux shell、实用程序、GNU 项目开发的程序的大量说明文档。图 2-2 显示了输入命令 info coreutils(coreutils 软件包包含 Linux 核心实用程序)后屏幕上的显示结果。

```
File: coreutils.info,  Node: Top,  Next: Introduction,  Up: (dir)

GNU Coreutils
*************

This manual documents version 8.12 of the GNU core utilities, including
the standard programs for text and file manipulation.

  Copyright (C) 1994-1996, 2000-2011 Free Software Foundation, Inc.

  Permission is granted to copy, distribute and/or modify this
  document under the terms of the GNU Free Documentation License,
  Version 1.3 or any later version published by the Free Software
  Foundation; with no Invariant Sections, with no Front-Cover Texts,
  and with no Back-Cover Texts.  A copy of the license is included
  in the section entitled "GNU Free Documentation License".

* Menu:

* Introduction::              Caveats, overview, and authors
* Common options::            Common options
* Output of entire files::    cat tac nl od base64
--zz-Info: (coreutils.info.gz)Top, 334 lines --Top-----------
Welcome to Info version 4.13. Type h for help, m for menu item.
```

图 2-2　info coreutils 显示的初始屏幕

> **man 和 info 显示不同的信息**
>
> **提示**　与 man 相比，实用程序 info 可显示 GNU 实用程序更完整的最新信息。如果 man 页包含的某个实用程序的概要信息在 info 中也有介绍，那么 man 页中会有 "详细内容请参考 info 页" 的字样。man 实用程序通常只显示非 GNU 实用程序的信息。info 显示的非 GNU 实用程序的信息通常是 man 页内容的副本。

由于屏幕上的信息来自可编辑的文件，因此不同计算机的显示结果可能有所不同。当看到图 2-2 所示的初始屏幕后，可按以下任意键：

- h 或？键，列出 info 命令。
- SPACE 键，滚动查看菜单项的可用信息。
- m 键，接着输入要显示的菜单名，可查看菜单内容；或者接着输入空格，可查看一列菜单。
- q 键或 CONTROL+C，退出。

info 描述键盘所用的符号与 emacs 使用的相同，你可能并不陌生。例如 C-h 代表 CONTROL+H。相似地，M-x 代表 META+x 或 Alt+x(有些系统需要先按 ESCAPE 键，再按 x 键)。更多信息可参见 7.3.1 节。

启动 info coreutils 命令后，按几次 SPACE 键来滚动输出结果。输入/sleep 并按 RETURN 键，可搜索字符串 sleep。输入/时，光标会移到屏幕底部，显示 Regexp search [*string*]:，其中 *string* 是上次搜索的字符串。按下 RETURN 键就

开始搜索 *string* 或输入要搜索的字符串。输入 sleep 会在该行显示 sleep，按下 RETURN 键会显示 sleep 下一次出现的地方。

---

pinfo 比 info 易于使用

提示   pinfo 的功能与 info 类似，但如果不熟悉 emacs 编辑器，会觉得 pinfo 更直观。这个实用程序在文本环境下运行，与 info 相同。pinfo 使用色彩以使其界面更容易使用。但在使用 pinfo 之前，必须先安装它。参见附录 C。

接着输入/并按 RETURN 键(或输入/sleep 并按 RETURN 键)，搜索 sleep 第二次出现的地方，如图 2-3 所示。每行最左端的*表示菜单项的开始，其后为菜单项的名称，接着是两个冒号和该项的描述信息。

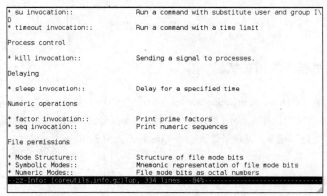

```
* su invocation::            Run a command with substitute user and group I\
D
* timeout invocation::       Run a command with a time limit

Process control

* kill invocation::          Sending a signal to processes.

Delaying

* sleep invocation::         Delay for a specified time

Numeric operations

* factor invocation::        Print prime factors
* seq invocation::           Print numeric sequences

File permissions

* Mode Structure::           Structure of file mode bits
* Symbolic Modes::           Mnemonic representation of file mode bits
* Numeric Modes::            File mode bits as octal numbers
--zz-Info: (coreutils.info.gz)Top, 334 lines --84%-----------
```

图 2-3　两次输入/sleep 并按 RETURN 键后 info coreutils 命令显示的内容

每个菜单项都可链接到描述该项的 info 页。将光标移到菜单项所在行，按 RETURN 键即可跳到描述该菜单项的页。也可通过输入菜单项命令来查看对应信息。在图 2-3 所示的光标位置按 RETURN 键可显示关于 sleep 的信息。也可以选择在菜单命令中输入菜单项名称来浏览信息：例如，要得到关于 sleep 的信息，可通过输入 m sleep，再按 RETURN 键来实现，光标将移到屏幕的最底行(与输入/的效果相同)，并显示 Menu item:，然后输入 sleep(将在最后一行显示)，再按 RETURN 键即可。

图 2-4 为 sleep 信息的头节点。节点是指一组信息，可通过按 SPACE 键来滚动浏览。按 n 键可显示下一个节点，按 p 键可显示前一个节点。

```
File: coreutils.info,  Node: sleep invocation,  Up: Delaying

25.1 `sleep': Delay for a specified time
========================================

`sleep' pauses for an amount of time specified by the sum of the values
of the command line arguments.  Synopsis:

     sleep NUMBER[smhd]...

   Each argument is a number followed by an optional unit; the default
is seconds.  The units are:

`s'

     seconds

`m'

     minutes

`h'

     hours

--zz-Info: (coreutils.info.gz)sleep invocation, 41 lines --Top-----------
```

图 2-4　sleep 实用程序的 info 页

当阅读本书和学习新的实用程序时，可使用 man 或 info 来查找这些实用程序的更多信息。如果用户可打印 PostScript 文档，那么可通过带-t 选项的 man 实用程序来打印手册页(如 man -t cat | lpr 可打印 cat 实用程序的相关信息)，但最好还是访问附录 B 所列的网站，用 Web 浏览器浏览并打印最新文档。

2.5.4 --help 选项

大多数 GNU 实用程序都有--help 选项，用来显示实用程序的相关信息。非 GUN 实用程序可使用-h 或-help 选项显示帮助信息。

```
$ cat --help
Usage: cat [OPTION] [FILE]...
Concatenate FILE(s), or standard input, to standard output.

  -A, --show-all           equivalent to -vET
  -b, --number-nonblank    number nonblank output lines, overrides -n
  -e                       equivalent to -vE
  -E, --show-ends          display $ at end of each line
...
```

如果通过--help 显示的信息超出了一屏，就通过管道(参见 3.4 节)用 less 分页程序(参见 2.5.1 节)进行分屏显示，如下所示：

```
$ ls --help | less
```

2.5.5 bash help 命令

bash help 命令显示关于 bash 命令、控制结构和其他特性的信息。在 bash 提示符下，输入 help 命令加上你感兴趣的关键字。以下是一些示例：

```
$ help help
help: help [-dms] [pattern ...]
    Display information about builtin commands.

    Displays brief summaries of builtin commands. If PATTERN is
    specified, gives detailed help on all commands matching PATTERN,
    otherwise the list of help topics is printed.
...

$ help echo
echo: echo [-neE] [arg ...]
    Write arguments to the standard output.

    Display the ARGs on the standard output followed by a newline.

    Options:
        -n        do not append a newline
...

$ help while
while: while COMMANDS; do COMMANDS; done
    Execute commands as long as a test succeeds.
...
```

2.5.6 获取帮助

本节讨论几种使用 Linux 系统获得帮助的方式，并列出一些有帮助的网站。另请参阅附录 B。

1. 在本地获取帮助

usr/share/doc usr/src/linux/Documentation(只有在安装内核源代码后才能显示出来)和 usr/share/doc 目录常包含更详细的信息，它们一般与 man 或 info 提供的实用程序信息不同。这些信息通常对要编译和修改实用程序(而不只是使用它们)的人更有意义。这些目录包含数千个文件，每个文件都包含特定主题的信息。如下所示，/usr/share/doc 下大多数目录的名字都以版本号结尾：

```
$ ls /usr/share/doc
abrt-2.0.7                iwl100-firmware-39.31.5.1     openldap-2.4.26
accountsservice-0.6.15    iwl3945-firmware-15.32.2.9    openobex-1.5
acl-2.2.51                iwl4965-firmware-228.61.2.24  openssh-5.8p2
aic94xx-firmware-30       iwl5000-firmware-8.83.5.1_1   openssl-1.0.0g
aisleriot-3.2.1           iwl5150-firmware-8.24.2.2     openvpn-2.2.1
alsa-firmware-1.0.25      iwl6000-firmware-9.221.4.1    orc-0.4.16
alsa-lib-1.0.25           iwl6000g2a-firmware-17.168.5.3 orca-3.2.1
```

这些目录中大多保存有一个 README 文件，最好从这里开始阅读目录所描述的实用程序或文件。用星号(*)替代版本号更便于输入文件名。下面关于 bzip2 的 README 文件解释了如何编译源代码：

```
$ cat /usr/share/doc/bzip2*/README
This is the README for bzip2/libzip2.
This version is fully compatible with the previous public releases.
...
Complete documentation is available in Postscript form (manual.ps),
PDF (manual.pdf) or html (manual.html). A plain-text version of the
manual page is available as bzip2.txt.

HOW TO BUILD - UNIX

Type 'make'. This builds the library libbz2.a and then the programs
bzip2 and bzip2recover. Six self-tests are run. If the self-tests
complete ok, carry on to installation:

To install in /usr/local/bin, /usr/local/lib, /usr/local/man and
/usr/local/include, type

    make install
...
```

2. 利用 Internet 获取帮助

Internet 提供了很多与 Linux 和 macOS 相关的站点。除提供各种样式的文档站点外，还可利用搜索引擎，如 Google(www.google.com)，输入所在程序的错误消息。搜索结果可能给出关于你遇到问题的帖子以及解决方法，如图 2-5 所示。

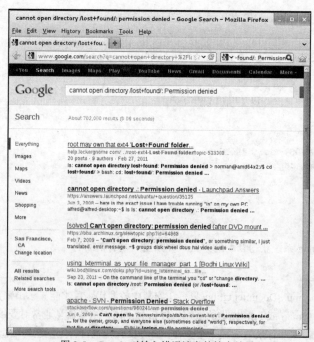

图 2-5   Google 对输入错误消息的搜索结果

GNU 在 www.gnu.org/manual 站点可获得许多 GNU 手册页。此外，访问 GNU 首页(www.gnu.org)也可得到其他文档和 GNU 资源。许多 GNU 网页和资源都有多种语言版本。

Linux 文档项目 Linux 文档项目(www.tldp.org，如图 2-6 所示)的历史几乎和 Linux 一样长，其内容有完整的指南集、HOWTO、FAQ、man 页和 Linux 杂志。其首页支持英语、葡萄牙语、西班牙语、意大利语、韩语和法语，简单易用，还支持本地文本搜索。它还提供了一整套链接，单击搜索框下方的 Links 或访问 www.tldp.org/links 即可进入。通过这些链接可找到与 Linux 相关的几乎所有内容。链接页面包含许多部分：普通信息、事件、入门、用户组、邮件列表和新闻组等，每一部分又分为很多子部分。

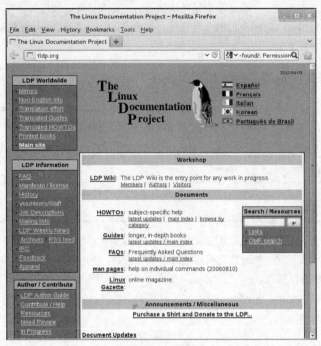

图 2-6　Linux 文档项目的首页

HOWTO 文档 HOWTO 文档详细介绍如何在 Linux 系统上完成一些相关工作，如安装某个硬件、完成系统管理工作、安装专门的网络软件等。Mini-HOWTO 文档提供了概括性介绍。

Linux 文档项目(Linux Documentation Project，LDP)的站点提供了大多数 HOWTO 和 Mini-HOWTO 文档。可使用 Web 浏览器访问 www.tldp.org 网站，单击 HOWTOs，选择索引来打开想要查找的 HOWTO 或 Mini-HOWTO 文档，或使用 LDP 首页上的搜索功能进行查找。

2.6　有关登录和密码的更多方面

更多关于登录的信息请参见 2.2 节。本节主要介绍登录常见问题、远程登录、如何使用虚拟控制台以及修改密码的方法。

> **一定要使用密码**
>
> **安全** 除非你是系统的唯一用户，系统没有与任何其他系统、Internet 或调制解调器相连，而且你是能物理访问系统的唯一用户，否则维护一个没有密码的用户账号是不明智的选择。

2.6.1　如何处理登录失败

如果输入了错误的用户名或密码，系统将在用户名和密码都输入完毕后返回一条错误消息。此消息表明输入的登录名或密码有误，或者两者都无效。为减少未授权用户通过猜测登录名和密码进入系统的可能性，出错信息中并不说明是登录名错误还是密码错误。

登录失败的常见原因如下：

- **用户名和密码区分大小写**。要确保关闭 CAPS LOCK 键，输入的用户名和密码必须与当初设定的完全一致。
- **登录的计算机不对**。如果正在尝试登录错误的计算机，那么本来正确的登录名和密码组合也可能无效。在一个较大的网络系统中，登录系统前必须指定要建立连接的计算机。
- **登录名无效**。如果尚未设置为合法用户，登录名和密码组合可能无效。
- **文件系统已满**。当登录进程使用的文件系统已满时，看上去你能成功登录，但过一会儿登录提示又重新出现。这种情况下，需要以救援/恢复模式启动系统并删除一些文件。
- **账号被禁用**。在一些系统上，root 用户是默认禁用的。管理员可能禁用其他账号。root 账号通常不允许通过网络登录：这种情况下，用自己的账号登录，然后通过 su/sudo 获取 root 权限。

如果要修改密码，请参见 2.6.5 节。

2.6.2 远程登录：终端模拟器、ssh 和拨号连接

当你没有使用控制台、终端或其他设备直接连接到当前登录的 Linux 系统时，有可能正在使用其他平台上的终端模拟器软件连接到 Linux 系统。这种软件运行在本地系统上，通过网络(以太网、异步电话线、PPP 或其他类型)连接到远程 Linux 系统，并且允许登录。

> **确保 TERM 设置正确**
>
> **提示** 无论你如何连接，一定要确保 TERM 变量被设置为你使用的模拟器所模拟的终端类型。更多信息请参见附录 B 中的 B.3 节。

当通过拨号线路连接时，连接方法是显而易见的：你命令本地模拟器程序连接远程 Linux 系统，它拨通电话，然后远程系统显示一个登录提示符。当通过直接连接的网络登录时，使用 ssh(安全的；参见 17.1 节)或 telnet(不安全的；参见第 VI 部分)来连接远程系统。ssh 程序不只在 Linux 上，在许多操作系统上也都提供。大多数 ssh 用户界面会包含一个终端模拟器。从 Apple、Windows 或 UNIX 计算机上，打开运行 ssh 的程序，将你想要登录系统的主机名或 IP 地址提供给它即可。

2.6.3 使用虚拟控制台

在个人计算机上运行 Linux 系统，要经常使用与计算机相连的显示器和键盘。使用这种物理控制台，可访问 63 个虚拟控制台(或称虚拟终端)。其中，一些控制台用来让用户登录，而其他的用作图形显示。按下 CONTROL+ALT 组合键和要浏览的控制台的对应功能键，即可在虚拟控制台之间切换。例如，按下 CONTROL+ALT+F5 组合键将显示第 5 个虚拟控制台。

默认情况下，有 5 个或 6 个虚拟控制台处于激活状态，其中运行着文本登录会话。若既想使用文本界面、又想使用 GUI，则可通过一个控制台运行文本界面、另一个控制台运行 GUI 来实现。

2.6.4 退出

当出现 shell 提示符时按 CONTROL+D 组合键，即可从字符界面退出。这个动作会给 shell 发送一个 EOF(end of file)信号。或在 shell 提示符后输入命令 exit。从 shell 中退出不会结束图形会话，它只是从当前工作的 shell 中退出。例如，从 GNOME 终端提供的 shell 中退出，会关闭 GNOME 终端窗口。

2.6.5 更改密码

如果你的密码是由他人指定的，那么最好自己重新设定一个密码。出于安全性考虑，任何实用程序都不会显示用户输入的密码。

> **保护密码**
>
> **安全** 为防止泄漏密码，不要将密码保存在一个未加密的文件中；输入密码时，要防止被别人看到；不要将密码告诉不认识的人(管理员也没必要知道你的密码)；可将密码写下来，放在一个安全的隐蔽处。

选择一个难以猜到的密码

安全   不要使用电话号码、宠物或孩子的名字、生日、字典(包括外语字典)里的单词等。也不要使用它们的组合形式或单词的 l33t 变形。现代的字典破解程序也可能尝试攻击这些组合形式。

在密码中包含非字母数字的字符

安全   自动密码破解工具在猜测密码时首先使用字母和数字字符。在密码中至少包含一个特殊字符,例如@或#,可增加这些工具破解密码所需的时间。

区分重要密码和次要密码

安全   对重要密码和次要密码进行区分是很有必要的。例如,博客网站或者下载访问的密码不是很重要,对于此类站点设置相同的密码并无大碍。而系统登录密码、邮箱密码和银行账户密码都非常重要,切勿在不重要的网站上使用这些密码。

安全的密码

为了相对安全,密码应该是包含数字、大写和小写字符、特殊字符的组合。它应该满足以下条件:

*   长度必须至少 6 个字符(系统管理员可能会要求更长)。7 或 8 个字符是在容易记忆和保证安全之间的良好折中。
*   不要是任何一种语言字典中的单词,不管看上去多生僻。
*   不要是人名、地名、宠物名或者其他任何易于被发现的事物。
*   应该至少包含两个字母、一个数字或特殊字符。
*   应该不是你的用户名、用户名的逆序或者只修改了一个或多个字符的用户名。

以上只有第一条是强制的。避免使用控制字符(例如 CONTROL+H),因为它们对系统有特殊含义,可能使你无法登录。如果正在修改密码,新密码与旧密码应该至少有三个不同的字符。修改字符的大小写不算使用了一个不同字符。

pwgen 有助于选择密码

安全   pwgen 实用程序(可能需要安装,参见附录 C)会生成一系列近乎随机的密码。再加上一点儿想象,就可以拼读并记住其中的一些密码。

在命令行上输入命令 passwd 即可修改密码。输入命令后,系统首先询问旧密码,这是为了防止未授权用户非法修改密码。接着,系统要求输入新密码。

```
$ passwd
Changing password for user sam.
Changing password for sam.
(current) UNIX password:
New password:
Retype new password:
passwd: all authentication tokens updated successfully.
```

输入新密码后,系统会要求重新输入密码以确保第 1 次输入的正确性。如果两次输入的密码一致,密码修改成功;否则,将意味着其中一次输入有错,系统将显示如下错误消息:

```
Sorry, passwords do not match
```

如果输入的密码不够长,系统将显示:

```
BAD PASSWORD: it is too short
```

如果输入的密码太简单,系统将显示:

```
BAD PASSWORD: it is too simplistic/systematic
```

几次失败后,系统会显示错误消息以及提示符。此时需要重新运行 passwd 命令。

成功修改密码后，登录方式也随之修改。如果忘记密码，可让超级用户重新设定密码并告知新密码。

使用 root 权限(su/sudo，参见 2.4 节)，你可在不了解旧密码的情况下，为系统上的任何用户指定新密码。当用户忘记自己的密码时使用这项技术：

```
# passwd sam
Changing password for user sam.
New password:
...
```

2.7 本章小结

与多数操作系统相同，对 Linux 的登录访问也要经过系统验证，即在 login:提示符后输入用户名，然后输入密码。登录系统后，可使用 passwd 实用程序随时更改密码。但要注意选择一个难猜的密码，且满足系统管理员设定的条件。

系统管理员负责系统的维护。在单用户系统上，唯一用户是系统管理员。在小型多用户系统上，由其中一个用户担当系统管理员，或由多个用户共同分担管理工作。在一个大型的多用户系统或网络系统上，通常需要一个全职的系统管理员。当需要某些特殊权限来完成系统任务时，系统管理员必须获得 root 权限，这时需要输入用户名 root 和对应的密码，或运行 su 或 sudo。在多用户系统上，一些可靠的用户可能被允许取得 root 权限。

尽量不要以超级用户的身份登录，除非需要某些超级用户特权以完成特定任务。完成这些任务后，最好尽快退出，再以普通用户身份登录去做其他工作。

man 实用程序为系统实用程序提供了联机文档。此实用程序无论对新手还是经验丰富的用户(因为他们必须经常钻研系统文档，以弄清某个实用程序的细节信息)都很有用。apropos 有助于查找实用程序。info 实用程序对新手和专家同样有用，它包括许多 Linux 实用程序的文档。有些实用程序，当使用--help 选项调用时，会提供关于自身的简要文档。

练习

1. 当用户名或密码输入错误时，系统都会显示如下信息：

```
Login incorrect
```

该信息并未指明是用户名错误还是密码错误，或是两者都有错。请问：系统为什么不提示这些信息呢？

2. 请举出 3 个使用不当的密码，并说明它们的不妥之处。其中，要包括一个密码较短的示例，并说出此时系统会显示什么错误消息。

3. fido 是一个恰当的密码吗？请说明理由。

4. 如果不能登录系统，应该做些什么？

5. 若试着将密码改为 dog，系统会显示什么错误消息？试着将其更改为一个较安全的密码，并说明较安全的密码有什么特征。

6. 如何显示能压缩文件的实用程序的列表？

7. 如何重复之前的第二个命令行，编辑并执行它？

8. 简要说明一下，实用程序 tar 的--help 选项显示什么信息？如何分屏显示这些信息？

高级练习

9. 如何显示系统手册的第(5)部分中关于 shadow 的 man 页？

10. 在不以 root 账号登录(即不是超级用户)的情况下，将登录 shell 改为 tcsh。

11. 系统手册的 Devices 子部分有多少 man 页？提示：Devices 为 Special Files 的子部分。

12. 系统手册的第(1)部分和第(5)部分都有 passwd 相关的 man 页。请说明如何才能确定系统手册的哪一部分包含具有给定名称的手册页。

13. 如何找到创建和操作归档文件的 Linux 实用程序？

第**3**章

实 用 程 序

阅读完本章之后你应该能够:

- 列出特殊字符和让 shell 不解析这些字符的方法
- 使用基本实用程序列出文件并显示文本文件
- 拷贝、移动以及删除文件
- 查找、排序、打印以及比较文本文件
- 使用管道串联多个命令
- 压缩、解压缩以及归档文件
- 定位系统中的实用程序
- 显示关于用户的信息
- 与其他用户通信

    在 Linus Torvalds 引入 Linux 的很长一段时间内,Linux 都没有图形用户界面,仅能在字符界面(命令行界面,即 CLI)下运行。所有实用程序都通过命令行启动。如今,Linux GUI 已经占据了重要地位,但许多人尤其是系统管理员仍喜欢运行命令行实用程序。这是因为,命令行实用程序通常运行速度较快,且具有更强大的功能,比对应的 GUI 更完整。有些基于文本的实用程序还没有对应的 GUI。有些人更喜欢命令行的键盘操作。

    在命令行界面下工作的过程就是使用 shell 的过程。在使用 shell 前,充分理解 shell 中的一些特殊字符是很重要的。所以,本章首先讨论 shell 的特殊字符;然后介绍 5 个基本实用程序(ls、cat、rm、less 和 hostname),接着描述其他几个操作文件的实用程序,压缩和解压缩归档文件的实用程序、定位实用程序,以及显示系统信息、与其他用户通信和打印文件的实用程序。

3.1 特殊字符

特殊字符对 shell 具有特殊含义，本书将在 5.6 节对其进行详细讨论。为避免将这些特殊字符作为普通字符来用，本节将讲述 shell 如何解释它们。最好不要将它们作为文件名中的字符(尽管 emacs 等程序允许这么做)，因为这将使文件很难在命令行上引用。特殊字符有：

   & ; | * ? ' " ` [ ] ( ) $ < > { } # / \ ! ~

空白符　尽管 RETURN、SPACE 和 TAB 键不是特殊字符，但它们对 shell 具有特殊含义。RETURN 键通常用于结束命令行并开始执行命令。SPACE 键和 TAB 键则用作命令行上的分隔符，它们统称为空白符。

转义特殊字符　要将这些对 shell 具有特殊含义的字符当作普通字符来使用，可对它们转义引用。转义引用时，shell 就不会使用它们的特殊含义，而将其作为普通字符对待。但斜杠(/)总是路径名中的分隔符，即使转义了它们，也是如此。

反斜杠　在特殊字符前加反斜杠(\)即可将特殊字符转义。要将连续的两个或多个特殊字符转义，必须在每个字符的前面加一个反斜杠，比如要转义**，则要输入**。若要转义反斜杠自身，和转义其他特殊字符一样，在其前面加一个反斜杠即可(\\)。

单引号　另一种将特殊字符转义的方法是用单引号将它们引起来(如'**')。也可将特殊字符和普通字符一起用一对单引号引起来，如'This is a special character: >'，其中的普通字符仍将被视为普通字符，而特殊字符将被 shell 解释为普通字符。

转义删除字符(CONTROL+H)、行删除字符(CONTROL+U)和其他控制字符(如 CONTROL+M)的唯一方法是在它们前面添加 CONTROL+V，单引号和反斜杠都将不起作用。尝试下面的命令：

```
$ echo 'xxxxxxCONTROL+U'
$ echo xxxxxxCONTROL+V CONTROL+U
```

选读
上面第 2 个命令的显示结果中虽然没有看到 CONTROL+U，但它确实是存在的，下例就证明了这一点。echo 的输出通过管道将其作为 od 的输入，od 然后用八进制数 25(025)显示 CONTROL+U：

```
$ echo xxxxxxCONTROL+V CONTROL+U | od -c
0000000   X   X   X   X   X   X 025  \n
0000010
```

其中，\n 表示换行符，它是 echo 输出的最后一个字符。

3.2 基本实用程序

Linux 的优势之一是它拥有成千上万个能完成诸多功能的实用程序。使用 Linux 时，你将一直以直接(通过命令行)或间接(通过图标和菜单)方式使用这些实用程序。接下来将介绍其中最基本和最重要的实用程序。这些实用程序都可在字符界面下使用，有些重要的实用程序也可在 GUI 下使用，还有一些实用程序仅能用于 GUI。

从命令行运行实用程序

提示　本章描述了命令行或基于文本的实用程序。你可尝试在终端、GUI 下的终端模拟器或虚拟控制台上运行它们。

3.3 节的许多地方都提到了"目录"，它是存放文件的地方。在 Linux GUI 和其他操作系统(如 Windows 和 macOS)中，目录称为"文件夹"。把目录比喻为存放文件的文件夹是很形象的。

本章示例都在主目录下进行

提示　当用户登录到系统后，就在自己的主目录下工作，此目录是本章使用的唯一目录，在本章创建的所有文件都存放在主目录下。第 4 章将详细介绍目录。

3.2.1　ls：显示文件名

选择一个文本编辑器(参见 6.2 节和 7.2 节介绍的 vim、emacs 编辑器的使用指南)，在主目录下创建一个名为 practice 的小文件。退出编辑器，使用 ls(list)实用程序可列出主目录下的所有文件名。如图 3-1 所示，第 1 个命令 ls 列出了 practice 文件名(也可看到系统或程序自动创建的文件)；后续命令分别完成文件内容的显示，文件的删除操作。接下来将介绍这些命令。

```
$ ls
practice
$ cat practice
This is a small file that I created
with a text editor.
$ rm practice
$ ls
$ cat practice
cat: practice: No such file or directory
$
```

图 3-1　使用 ls、cat 和 rm 对文件 practice 进行操作

3.2.2　cat：显示文本文件的内容

cat 实用程序可用来显示文本文件的内容。此命令的名称来源于单词 catenate，此单词的意思是一个接一个地连接起来。第 5 章中的图 5-8 显示了如何使用 cat 将 3 个文件的内容连接到一起。

在屏幕上显示文件内容的一个较便捷的命令是 cat filename，其中 filename 为文件名。在图 3-1 中，使用 cat 命令显示了 practice 文件的内容。此图还表明了 ls 和 cat 实用程序的区别：ls 用来显示文件名，而 cat 用来显示文件内容。

3.2.3　rm：删除文件

rm(remove)实用程序用来删除文件。在图 3-1 中，使用 rm 命令删除了文件 practice。删除此文件后，执行命令 ls 和 cat，表明文件 practice 已不存在。

比较安全的文件删除方式

提示　可采用交互方式使用 rm，以保证删除的文件确实是想删除的文件。如果使用后跟-i 选项(参见 2.5.2 节中标题为"选项"的提示栏内容)的 rm 和要删除的文件名，那么 rm 在删除该文件前会显示提示，询问是否要删除该文件。当回答 y(yes)时，就会删除该文件；否则，当用不是以 y 开始的字符串来回答时，就不会删除该文件。在一些发行版中，会为 root 用户默认设置–i 选项：

```
$ rm -i toollist
rm: remove regular file 'toollist'? y
```

选读

如果为此交互方式创建一个别名(参见 8.14.2 节)并存放在启动文件(参见 4.2 节)中，那么每次运行 rm 时总是处于交互方式。

实用程序 ls 没有列出文件名，cat 显示没有此文件。使用 rm 时要小心谨慎。更多信息可参见第 VI 部分或执行 info coreutils 'rm invocation'命令。如果运行 macOS，可查阅附录 D。

3.2.4　少即多：分屏显示文本文件

分页程序(pager)　当要浏览的文件内容超过一屏时，可使用 less 或 more 实用程序。这两个实用程序都在文件显示一屏后停顿下来，按空格键后就显示下一屏。因为它们每次显示一屏，所以称为分页程序。虽然这两个实用程

序很类似，但是存在一些细微差别。例如，在文件末尾，less 显示 END 消息，等待按 q 键来返回 shell；而 more 直接返回 shell。当使用这两个实用程序分页浏览文件时，都可按 h 键来查看命令的帮助信息。将图 3-1 中的 cat 命令分别用 less practice 和 more practice 替换，以体会这些命令的作用。如果想对较大文件进行试验，可改用命令 less /etc/services。更多信息可参见第 VI 部分。

3.2.5 hostname：显示系统名

hostname 实用程序可显示正在使用的系统名。在无法确定自己是否登录到正确的系统时，可使用如下命令：

```
$ hostname
guava
```

3.3 文件操作

本节将对复制、移动、打印、搜索、显示、排序、比较和识别文件的实用程序进行介绍。如果运行的是 macOS，可查阅附录 D。

文件名补全

提示 在命令行上的命令后输入文件名的一个或多个字母，再按 TAB 键，bash 将尽可能补全文件名。如果仅有一个文件名是以刚输入的字符串开始的，那么 shell 将补全此文件名并在文件名后加一个空格。此时，可继续输入，也可按 RETURN 键执行该命令。若有多个文件名都是以刚输入的字符串开始的，shell 将尽可能补全此名字，然后等待更多的输入。若按 TAB 键后显示的内容没有改变，再按 TAB 键(bash，参见 8.14 节)，或者按 CONTROL+D 组合键(tcsh，参见 9.5 节)即可完整列出所有可能匹配的文件名。

3.3.1 cp：复制文件

如图 3-2 所示，cp(copy)实用程序可实现文件的复制。此实用程序可对任何文件进行复制，包括文本文件和可执行的程序文件(二进制文件)。利用 cp 可对某个文件进行备份，也可对某个文件的副本进行试验。

```
$ ls
memo
$ cp memo memo.copy
$ ls
memo memo.copy
```

图 3-2 用 cp 复制文件

cp 命令行采用下面的语法格式来指定源文件和目标文件：

cp source-file destinnation-file

其中，*source-file* 为要复制的源文件；*destination-file* 为复制得到的目标文件。

如图 3-2 所示，用 cp 命令复制文件 memo 得到文件 memo.copy，其中的句点"."(字符)也是文件名的一部分，并非另一个字符。执行 cp 命令前，执行 ls 命令的显示结果表明此目录下仅有 memo 一个文件。而执行 cp 命令后，此目录下就有了两个文件：memo 和 memo.copy。

有时将日期作为文件副本的名字是很有用的。下例将日期 1 月 30 日(0130)作为副本文件名的一部分：

```
$ cp memo memo.0130
```

虽然文件名中的日期对 Linux 本身没什么意义，但对查找某个文件的特定日期的版本会很有帮助，而且日常使用唯一的文件名还可避免覆盖已存在的文件，详细内容参见 4.2.1 节。

若想通过网络将一个系统的文件复制到另一个系统，则可使用 scp(参见 17.2 节)、ftp(参见第 VI 部分)实用程序。

cp 可能销毁文件

警告 如果 cp 命令的目标文件是一个已存在的文件，那么执行此命令后会覆盖目标文件。由于当 cp 覆盖目标文件(销毁文件的内容)时，系统没有警告信息，因此要慎用 cp，以免覆盖重要的文件。cp 后跟-i 选项(参见 2.5.1 节中标题为"选项"的提示栏内容)即可交互地执行命令。

下例假设文件 orange.2 在执行 cp 命令前已经存在。用户回答 y 以覆盖文件，如下所示：

```
$ cp -i orange orange.2
cp: overwrite 'orange.2'?y
```

3.3.2 mv：更改文件名

mv(move)实用程序可重命名文件，执行该命令不会复制文件。mv 命令行首先指定某个已存在的文件名，之后是新的文件名，其语法与 cp 命令相同：

mv **existing-filename new-filename**

如图 3-3 所示，mv 命令将文件 memo 重命名为 memo.0130。执行 mv 命令前，执行 ls 命令，显示 memo 为目录下的唯一文件；执行 mv 命令后，再执行 ls 命令，显示 memo.0130 为目录下的唯一文件。可将此结果与图 3-2 中的 cp 示例进行对照。

```
$ ls
memo
$ mv memo memo.0130
$ ls
memo.0130
```

图 3-3 用 mv 重命名文件

mv 实用程序不仅可更改文件名，更多功能可参见 4.4.5 节以及 mv info 页。

mv 也会销毁文件

警告 同 cp 一样，mv 也会销毁文件，也有-i(interactive)选项。参见 3.3.1 节中标题为"cp 可能销毁文件"的警告栏内容。

3.3.3 lpr：打印文件

lpr(line printer，按行打印)实用程序用来将一个或多个文件放入打印队列等待打印。Linux 提供了打印队列，使得对一台给定打印机每次只能打印一个作业。此队列使得多人或多个作业可同时使用一台打印机打印。对于可访问多台打印机的计算机，可使用 lpstat -P 列出可用的打印机。-P 选项可指明 lpr 由哪台打印机(甚至是通过网络与计算机相连的打印机)进行打印。下面是打印 report 文件的命令：

```
$ lpr report
```

这条命令没有指明具体的打印机，所以将由默认打印机(与计算机相连的唯一打印机)来完成此打印任务。

下面的命令行将在名为 mailroom 的打印机上打印 report 文件：

```
$ lpr -P mailroom report
```

使用一条打印命令可打印多个文件，下面的命令行在名为 laser1 的打印机上打印 3 个文件：

```
$ lpr -P laser1 05.txt 108.txt 12.txt
```

使用 lpstat -o 命令或实用程序 lpq 可查看打印队列中的打印作业，如下所示：

```
$ lpq
lp is ready and printing
Rank Owner  job Files                Total Size
```

```
active max   86 (standard input)        954061 bytes
```

在这个示例中，max 只有唯一的一个作业在打印，队列中没有其他作业。使用实用程序 lprm 和作业号(本例中为 86)可将打印作业从打印队列中删除，并停止打印该作业，如下所示：

```
$ lprm 86
```

3.3.4 grep：查找字符串

grep(global regular expression print[1]，全局正则表达式及打印)实用程序在一个或多个文件中搜索，确定它们是否包含给定的字符串。此实用程序只显示包含所查找的字符串的文件行，不修改所搜索的文件。

如图 3-4 所示，grep 命令在文件 memo 中查找包含字符串 credit 的行，并显示满足该条件的行。如果 memo 文件包含诸如 discredit、creditor 或 accreditation 的单词，grep 就会把包含这些单词的行显示出来，因为这些单词都包含 credit 字符串。而-w(words)选项可使 grep 仅查找整个单词匹配的情况。虽然在使用 grep 时不必将要查找的单词用单引号括起来，但使用单引号可在要搜索的字符串中包含空格及其他特殊字符。

```
$ cat memo

Helen:

In our meeting on June 6 we
discussed the issue of credit.
Have you had any further thoughts
about it?

        Max

$ grep 'credit' memo
discussed the issue of credit.
```

图 3-4 用 grep 查找字符串

grep 实用程序能做的远不止在文件中查找一个简单字符串，更多信息可参见第Ⅵ部分以及附录 A。

3.3.5 head：显示文件头部

默认情况下，head 实用程序显示文件的前 10 行信息。head 可帮助我们记起某个文件的内容。例如，如果将 12 个月份按时间顺序存放在一个名为 months 的文件中，每个月份占一行，那么 head 将把 1 月～10 月的 10 个月份显示出来，如图 3-5 所示。

```
$ head months
Jan
Feb
Mar
Apr
May
Jun
Jul
Aug
Sep
Oct

$ tail -5 months
Aug
Sep
Oct
Nov
Dec
```

图 3-5 用 head 显示文件的前 10 行内容

---

1. 此命令的名称曾是最初的 UNIX 编辑器 ed 中的一个操作，大多数版本都有 ed 编辑器。可通过在 Linux 中输入命令 g/re/p 运行此编辑器。其中 g 代表 global(全局)，re 是用斜杠界定的正则表达式，p 代表 print。

head 实用程序可指定显示的行数，这样在整个屏幕上可只显示文件的第 1 行或前几行等。head 命令后跟连字符 "-" 和数字即可指定显示的行数。如下所示的命令将指定显示 months 文件的第 1 行：

```
$ head -1 months
Jan
```

head 实用程序不仅可按行显示文件的部分内容，还可按块或字符显示，参见第 VI 部分关于 head 的更多信息。

3.3.6　tail：显示文件尾部

与 head 实用程序类似，tail 实用程序在默认情况下显示文件的最后 10 行内容。可设定其显示的行数，显示的方式包括：按行、按块或按字符。如图 3-5 所示，可将 months 文件中的后面 5 行内容(从 Aug 到 Dec)显示出来。

可使用 tail 监视逐渐增长的文件 logfile 中所添加行的内容，如下所示：

```
$ tail -f logfile
```

按中断键(通常为 CONTROL+C)可终止 tail 的执行并显示 shell 提示符。关于 tail 的更多信息，参见第 VI 部分。

3.3.7　sort：按顺序显示文件的内容

sort 实用程序将文件的内容按行排序后显示，但不改变原文件的内容。

如图 3-6 所示，首先用 cat 命令显示 days 文件的内容，它包含一周七天的名称，每天一行，按照时间顺序保存。sort 命令接下来按字母表顺序显示了该文件的内容。

```
$ cat days
Monday
Tuesday
Wednesday
Thursday
Friday
Saturday
Sunday

$ sort days
Friday
Monday
Saturday
Sunday
Thursday
Tuesday
Wednesday
```

图 3-6　用 sort 按顺序显示文件的内容

sort 实用程序可用来对列表进行排序。选项-u 使得排序列表中的每一行都唯一，没有重复。选项-n 是对一列数排序。关于 sort 的更多信息，可参见第 VI 部分。

3.3.8　uniq：忽略文件中重复的行

uniq(unique)实用程序用来显示文件的内容，对连续重复的行只显示一行，但不改变原文件的内容。如图 3-7 所示，如果文件的内容为一个人名列表，其中有连续两行存放了同一人名，uniq 将只显示其中的一行。

对文件排序后再执行 uniq，显示的结果确保每一行都是唯一的(当然这也可通过带-u 选项的 sort 来实现)。关于 uniq 的更多信息，可参见第 VI 部分。

```
$ cat dups
Cathy
Fred
Joe
John
Mary
Mary
Paula

$ uniq dups
Cathy
Fred
Joe
John
Mary
Paula
```

图 3-7　uniq 将忽略重复行的内容

3.3.9　diff：比较两个文件

diff(difference)实用程序用来对两个文件进行比较，显示两者所有的不同之处，但不改变任何一个文件的内容。这对比较两封信、两个报告或程序源代码的两个版本很有帮助。

diff 实用程序带上-u(unified output format，统一输出格式)选项后，执行结果将首先说明要比较的两个文件，其中一个用正号(+)表示，另一个用负号(-)表示。如图 3-8 所示，负号代表文件 color.1，正号代表文件 color.2。

图 3-8 中，命令 diff -u 将具有多行的较长文件分成几块。每块前面一行的开始和结束都用符号"@@"标识，其中的数字表明了块中每个文件的起始行编号和行数，数字-1 和 6 表明该块包括文件 color.1(由负号指明)的第 1 行到第 6 行，数字+1 和 5 表明该块包括 color.2 的第 1 行到第 5 行。

```
$ diff -u colors.1 colors.2
--- colors.1    2018-04-05 10:12:12.322528610 -0700
+++ colors.2    2018-04-05 10:12:18.420531033 -0700
@@ -1,6 +1,5 @@
 red
+blue
 green
 yellow
-pink
-purple
 orange
```

图 3-8　diff 在统一输出格式下的比较结果

在这些头部信息之后，命令 diff -u 显示了几行文本信息，有的行始于正号，有的行始于负号，有的行正负号都没有(起始于空格)。带正号的行表明其仅出现在正号代表的文件内，带负号的行表明其仅出现在负号代表的文件内，正负号都没有的行表示其出现在两个文件的相同位置。关于 diff 的更多信息，可参见第 VI 部分。

3.3.10　file：识别文件的内容

在不通过打开文件查看内容的情况下，实用程序 file 可直接获得 Linux 系统中任何文件的内容信息。如下所示，file 显示 letter_e.bz2 是通过 bzip2 实用程序(参见 3.6.1 节)压缩得到的数据文件。

```
$ file letter_e.bz2
letter_e.bz2: bzip2 compressed data, block size = 900k
```

下例显示了一次查看两个文件的信息：

```
$ file memo zach.jpg
memo:     ASCII text
zach.jpg: JPEG image data, ...resolution (DPI), 72 × 72
```

关于 file 的更多信息，可参见第 VI 部分。

3.4 |(管道)：实现进程间的通信

管道是 Linux 系统不可缺少的功能，下面将列举示例介绍其用法。更详细的介绍可参见 5.3.4 节。管道只处理数据分支，不处理 macOS 资源分支。

管道(在命令行上用竖线 "|" 表示，对应于键盘上的实竖线或虚竖线键)接收一个实用程序的输出并将其作为另一个实用程序的输入。更准确地说：管道是将一个进程的标准输出重定向为另一个进程的标准输入。关于标准输入和输出的更多信息，可参见 5.3 节。

一些实用程序，如 head，可从文件接收输入(即在命令行上输入 head 和文件名)，也可从标准输入端接收输入。下面的命令行中，sort 对 months 文件(参见图 3-5)的行进行排序；通过管道，shell 将 sort 的输出发送给 head 的输入，head 显示排序后列表的前 4 行：

```
$ sort months | head -4
Apr
Aug
Dec
Feb
```

以下命令显示目录中的文件数。wc(word count)实用程序使用-w(words)选项显示在其标准输入端或在命令行指定的文件中的单词数：

```
$ ls | wc -w
14
```

也可通过管道打印程序的输出：

```
$ tail months | lpr
```

3.5   4 个有用的实用程序

echo 和 date 是 Linux 中最常用的两个实用程序。script 实用程序可将某个会话的部分内容记录到文件内。unix2dos 可将某个 Linux 文本文件转换为可在 Windows 或 macOS 系统上阅读的文件。

3.5.1   echo：显示文本

echo 实用程序可复制在命令行中输入的字符，并将其显示在屏幕上，如图 3-9 所示。最后一个示例说明了 shell 如何处理命令行上的通配符(*)——将其展开为当前目录下所有文件的列表。

```
$ ls
memo  memo.0714  practice
$ echo Hi
Hi
$ echo This is a sentence.
This is a sentence.
$ echo star: *
star: memo memo.0714 practice
$
```

图 3-9   echo 将命令行上除 echo 外的其他单词复制到屏幕上

echo 实用程序是学习 shell 和其他 Linux 实用程序的好工具。5.6.2 节中的示例使用 echo 说明了一些特殊字符(如星号*)的用法。在介绍 shell 的章(第 5 章、第 8 章和第 10 章)中，echo 将用来解释 shell 变量的工作机制以及在屏幕上显示 shell 脚本消息。关于 echo 的更多信息可参见第 VI 部分。

选读

使用 echo 可将其输出重定向到文件，以创建一个文件：

```
$ echo 'My new file.' > myfile
```

```
$ cat myfile
My new file.
```

大于号(>)告诉 shell，把 echo 的输出发送到 myfile 文件中，而不是显示在屏幕上。更多信息可查阅 5.4.3 节。

3.5.2 date：显示日期和时间

date 实用程序用来显示当前的日期和时间，如下所示：

```
$ date
Tue Apr 3 10:14:41 PDT 2012
```

下例说明了如何选择 date 输出的格式和选择输出内容：

```
$ date +"%A %B %d"
Tuesday April 03
```

关于 date 的更多信息参见第 VI 部分。

3.5.3 script：记录 shell 会话信息

script 实用程序可记录登录会话的部分或全部信息，包括输入和系统的响应。此实用程序只对基于字符的设备有效，如终端或终端模拟器。它可以使用 vim 捕捉会话，但由于 vim 使用控制字符来控制光标位置和显示不同字体(如粗体)，因此输出结果很难阅读且未必有用。当使用 cat 来显示捕捉到的某个 vim 会话内容时，会话内容会在眼前一闪而过。

默认情况下，script 将捕捉到的会话内容存放在名为 typescript 的文件中。为指定不同的文件名，可通过在 script 命令后跟空格和相应文件名实现。为追加文件，可在 script 命令后、文件名前加上-a 选项；否则 script 会覆盖已存在的文件。下面是一个 script 记录会话的示例：

```
$ script
Script started, file is typescript
$ ls -l /bin | head -5
-rwxr-xr-x. 1 root root     123 02-07 17:32 alsaunmute
-rwxr-xr-x. 1 root root   25948 02-08 03:46 arch
 lrwxrwxrwx. 1 root root       4 02-25 16:52 awk -> gawk
-rwxr-xr-x. 1 root root   25088 02-08 03:46 basename
$ exit
exit
Script done, file is typescript
```

使用命令 exit 将终止 script 会话。然后可使用 cat、less、more 或某个编辑器查看创建的文件。以下是前面 script 命令所创建的文件：

```
$ cat typescript
Script started on Tue 03 Apr 2012 10:16:36 AM PDT
$ ls -l /bin | head -5
-rwxr-xr-x. 1 root root     123 02-07 17:32 alsaunmute
-rwxr-xr-x. 1 root root   25948 02-08 03:46 arch
lrwxrwxrwx. 1 root root       4 02-25 16:52 awk -> gawk
-rwxr-xr-x. 1 root root   25088 02-08 03:46 basename
$ exit

exit

Script done on Tue 03 Apr 2018 10:16:50 AM PDT
```

要编辑上述文件，可使用 dos2unix 将 typescript 文件中每行末尾处的^M 字符去掉。更多信息可查看 script 的 man 页。

3.5.4 unix2dos：将 Linux 文件转换为 Windows 和 MacOS 格式

unix2dos，unix2mac 如果想把在 Linux 系统上创建的文本文件分享给 Windows 或 MacOS 系统上的用户，使其他平台上的用户能顺利阅读它，需要对这个文件进行转换。unix2dos 实用程序可转换 Linux 文本文件，使得它在 Windows 机器上可阅读；使用 unix2mac 可将 Linux 上的文件转换为在 Macintosh 系统上可阅读。这个实用程序是 dos2unix 软件包的一部分。一些发行版用 todos 替代 unix2dos；todos 是 tofrodos 软件包的一部分，但没有相应地将文件转换成 Macintosh 格式的实用程序。如果你正在使用 unix2dos，输入如下命令将名为 memo.txt(用文件编辑器创建)的文件转换为 DOS 格式文件(使用 unix2mac 转换成 Macintosh 格式文件)：

```
$ unix2dos memo.txt
```

现在就可将文件作为附件，通过邮件发送给 Windows 或 macOS 系统上的用户。这个实用程序会替换原文件。

dos2unix，mac2unix dos2unix(或 fromdos)实用程序转换 Windows 文件，使得它们在 Linux 系统上可阅读(在 Macintosh 系统上使用 mac2unix 进行转换)：

```
$ dos2unix memo.txt
```

更多信息可参见 dos2unix 的 man 页。

tr 也可使用 tr(translate，参见第 VI 部分)将 Windows 或 macOS 文本文件转换为 Linux 文本文件。在下例中，-d(delete)选项使得 tr 在生成文件的拷贝时删除了 RETURN(由\r 表示)：

```
$ cat memo | tr -d '\r' > memo.txt
```

大于号(>)将 tr 的标准输出重定向到名为 memo.txt 的文件。更多信息可参见第 5 章 5.4.3 节的"重定向标准输出"部分。如果不使用 unix2dos，很难用其他方式转换文件。

3.6 压缩和归档文件

较大文件占用了许多磁盘空间，通过网络从一个系统发送到另一个系统也需要较长时间。在不删除整个文件的情况下，将文件压缩的同时不丢失文件的任何信息是一种节省空间的方法。同样，把归档后的几个文件压缩到一个较大的文件中，将易于操作、上传、下载和发送 Email。我们常从 Internet 下载压缩后的归档文件。本节将介绍压缩和解压缩文件的实用程序，还介绍打包和解包文件的实用程序。

3.6.1 bzip2：压缩文件

bzip2 通过更有效地分析和记录文件的内容来压缩文件。压缩后的文件与原文件看上去完全不同，因为包含许多不可打印字符，所以无法直接查看其内容。对于包含许多重复信息的文件，如文本和图像数据(虽然大多数图像数据已经处于压缩格式)，bzip2 实用程序的压缩效果尤其好。

下例显示了一个名为 letter_e 的庞大文件的信息，该文件有 8000 行，每行有 72 个 e 字母，每行末尾都有一个换行符。此文件占用的磁盘空间超过 512KB。

```
$ ls -l
-rw-rw-r-- 1 sam sam 584000 Mar 1 22:31 letter_e
```

其中的-l(long)选项使 ls 显示文件的详细信息，如文件占用的磁盘空间为 584 000 字节。-v(verbose)选项使得 bzip2 显示出节省的磁盘空间的百分比。在下例中，显示节省了 **99.99%** 的空间。

```
$ bzip2 -v letter_e
letter_e: 11680.00:1, 0.001 bits/byte, 99.99% saved, 584000 in, 50 out.
$ ls -l
-rw-rw-r--. 1 sam pubs 50 03-01 22:31 letter_e.bz2
```

文件扩展名.bz2 执行 bzip2 后，文件只有 50 字节大小，同时重命名原文件，并追加后缀.bz2。此后缀名有助于识别压缩文件。压缩后的文件既不能显示，也不能打印，必须解压缩后才可进行。虽然 bzip2 实用程序已经彻底改变了文件的内容，但它并不会改变文件的修改日期。

使用-k 选项保留原有文件

提示 bzip2 实用程序(及其解压缩实用程序 bunzip2)在压缩或解压缩文件时，会删除原有文件。使用-k(keep)选项会保留原有文件。

下面是一个更贴近实际的示例。其中，zach.jpg 文件包含一幅计算机图形图像。

```
$ ls -l
-rw-r--r--. 1 sam pubs 33287 03-01 22:40 zach.jpg
```

由于图像在执行 bzip2 实用程序前已是压缩格式，因此 bzip2 仅节省了 28%的空间。

```
$ bzip2 -v zach.jpg
zach.jpg: 1.391:1, 5.749 bits/byte, 28.13% saved, 33287 in, 23922 out.
```

```
$ ls -l
-rw-r--r--. 1 sam pubs 23922 03-01 22:40 zach.jpg.bz2
```

更多信息可参见第 VI 部分、www.bzip.org 和 Bzip2 mini-HOWTO(要获取这个文档的指南，请参阅 2.5.5 节)。

3.6.2 bzcat 和 bunzip2：解压缩文件

bzcat 实用程序可用来显示用 bzip2 压缩的文件，即专门显示以.bz2 为后缀名的压缩文件。bzcat 首先将压缩的数据解压缩，然后显示解压缩后的文件内容。与 cat 一样，bzcat 也不改变原文件的内容。在下例中，管道将 bzcat 的输出重定向为 head 的输入，使得文件内容没有全部显示在屏幕上，而只显示了文件的前两行。

```
$ bzcat letter_e.bz2 | head -2
eeeeeeeeeeeeeeeeeeeeeeeeeeeeeeeeeeeeeeeeeeeeeeeeeeeeeeeeeeeeeeeeeeeeeeeeeeee
eeeeeeeeeeeeeeeeeeeeeeeeeeeeeeeeeeeeeeeeeeeeeeeeeeeeeeeeeeeeeeeeeeeeeeeeeeee
```

运行 bzcat 后，文件 letter_e.bz 的内容没有改变，文件仍以压缩方式存储在磁盘上。

bunzip2 实用程序将 bzip2 压缩的文件解压缩，还原为原来的文件，如下所示:

```
$ bunzip2 letter_e.bz2
$ ls -l
-rw-rw-r--. 1 sam pubs 584000 03-01 22:31 letter_e
$ bunzip2 zach.jpg.bz2
$ ls -l
-rw-r--r--. 1 sam pubs 33287 03-01 22:40 zach.jpg
```

bzip2recover   bzip2recover 实用程序可从介质错误恢复一定的数据。命令 bzip2recover 后跟要恢复数据的压缩(已损坏的)文件名即可实现此功能。

3.6.3 gzip：压缩文件

gunzip 和 zcat   gzip(GNU zip)是比 bzip2 出现早且效率较低的实用程序，它的一些标记和操作与 bzip2 都很类似。通过 gzip 压缩的文件名后缀为.gz。Linux 将手册页以 gzip 格式存储来节省磁盘空间。类似地，从 Internet 下载的文件多数也是 gzip 格式。gzip、gunzip 和 zcat 的用法分别与 bzip2、bunzip2 和 bzcat 的用法相同。关于 gzip 的更多信息，参见第 VI 部分。

compress   compress 实用程序也可压缩文件，但没有 gzip 效果好。此实用程序压缩得到的文件将以.Z 为后缀名。

> **gzip 与 zip**
>
> **提示**   不要将 gzip、gunzip 和 zip、unzip 混为一谈。后面两个是对从 Windows 系统导入或要导出到 Windows 系统的 zip 归档文件打包和解包。zip 实用程序将多个文件组合为一个 zip 归档文件，而 unzip 将 zip 归档文件解压缩为原来的多个文件。zip 和 unzip 实用程序与 Windows 下的文件压缩和归档程序 PKZIP 兼容。

3.6.4 tar：打包和解包文件

tar(tape archive)实用程序可完成许多功能，其名称源于它的原始功能——创建和读取归档文件和备份磁带。如今，该实用程序常用来将多个文件或目录归档为一个 tar 文件，或从 tar 文件中提取文件。cpio 和 pax 实用程序(参见第 VI 部分)也具有类似功能。

在下例中，第 1 个 ls 的执行结果将显示文件 g、d 和 b 的大小。接着使用 tar 加选项-c(create，创建)、-v(verbose，包含详细信息)和-f(从一个文件进行读写)将此 3 个文件归档为文件 all.tar。输出结果的每一行都表示 tar 追加到归档文件中的文件名。

tar 实用程序在创建归档文件时，会增加一些额外的系统开销。tar 后的 ls 显示 all.tar 约有 9700 个字节，而 3 个文件总共约占用 6000 个字节。对于较小文件，这个系统开销会很明显，如下例所示：

```
$ ls -l g b d
-rw-r--r--. 1 zach other 1178 08-20 14:16 b
-rw-r--r--. 1 zach zach  3783 08-20 14:17 d
-rw-r--r--. 1 zach zach  1302 08-20 14:16 g

$ tar -cvf all.tar g b d
g
b
d

$ ls -l all.tar
-rw-r--r--. 1 zach zach 9728 08-20 14:17 all.tar

$ tar -tvf all.tar
-rw-r--r-- zach /zach  1302 2018-08-20 14:16 g
-rw-r--r-- zach /other 1178 2018-08-20 14:16 b
-rw-r--r-- zach /zach  3783 2018-08-20 14:17 d
```

这个示例中的最后一条命令使用选项-t 使得归档文件中的 3 个文件按照表格形式显示。用-x 选项代替-t 选项，可从归档文件中提取文件。省略-v 选项使得 tar 执行过程中不显示操作提示[2]。

可使用 bzip2、compress 和 gzip 来压缩 tar 文件，使其更易于存储和处理。从 Internet 下载的许多文件都是这种格式。经过 tar 和 bzip2 压缩后的文件后缀名为.tar.bz2 或.tbz；经过 tar 和 gzip 压缩后的文件后缀名为.tar.gz 或.tgz；经过 tar 和 compress 压缩后的文件后缀名为.tar.Z。

解包经过 tar 和 gzip 压缩后的文件需要两步(用 bzip2 压缩的文件，用相同步骤解包，只是用 bunzip2 替代 gunzip)。下例显示了对已下载的 GNU make 实用程序(ftp.gnu.org/pub/gnu/make/make-3.82.tar.gz)进行解包的过程。

```
$ ls -l mak*
-rw-r--r--. 1 sam pubs 1712747 04-05 10:43 make-3.82.tar.gz

$ gunzip mak*
$ ls -l mak*
-rw-r--r--. 1 sam pubs 6338560 04-05 10:43 make-3.82.tar

$ tar -xvf mak*
make-3.82/
make-3.82/vmsfunctions.c
make-3.82/getopt.h
make-3.82/make.1
...
make-3.82/README.OS2
make-3.82/remote-cstms.c
```

这个示例中的第 1 条命令列出已下载的压缩文件 make-3.82.tar.gz(约 1.7MB)。文件名中的星号(*)是通配符，可与任意字符匹配，这样可得到以 mak 开头的文件名列表，在本例中仅找到一个这样的文件。使用星号可少输入许多字符，同时更准确地找到文件名较长的文件。gunzip 命令将文件解压缩，得到文件 make-3.82.tar(去掉了.gz 扩展名)，其大小为 6.3MB。命令 tar 在工作目录下创建 make-3.82 目录，并将解包后的所有文件放到该目录下。

```
$ ls -ld mak*
drwxr-xr-x. 8 sam pubs    4096 2010-07-27  make-3.82
-rw-r--r--. 1 sam pubs 6338560 04-05 10:43 make-3.82.tar
```

---

2. 虽然最初 UNIX 的 tar 命令选项不使用前导的连字符，以指明命令行上的选项，但现在它接受此做法。对于 GNU/Linux 版本，tar 命令选项可带也可不带连字符。为与其他实用程序保持一致，本书使用了连字符。

```
$ ls -l make-3.82
-rw-r--r--. 1 sam pubs 53838 2010-07-27 ABOUT-NLS
-rw-r--r--. 1 sam pubs  4783 2010-07-12 acinclude.m4
-rw-r--r--. 1 sam pubs 36990 2010-07-27 aclocal.m4
-rw-r--r--. 1 sam pubs 14231 2002-10-14 alloca.c
...
-rw-r--r--. 1 sam pubs 18391 2010-07-12 vmsjobs.c
-rw-r--r--. 1 sam pubs 17905 2010-07-19 vpath.c
drwxr-xr-x. 6 sam pubs  4096 2010-07-27 w32
```

tar 解包归档文件后，工作目录下包含文件名以 mak 开头的两个文件：make-3.82.tar 和 make-3.82。其中的 -d(directory)选项使 ls 只显示文件名和目录名，而不显示目录内的文件(通常情况下显示)。最后的 ls 命令显示目录 make-3.82 中的文件和目录。关于 tar 的更多信息可参见第 VI 部分。

tar 选项-x 可解压缩得到许多文件

警告　一些 tar 归档文件包含许多文件。tar 后跟-tf 选项和归档后的 tar 文件名将归档文件内的文件列出而不解包。如果先将 tar 归档文件移到一个新建的目录(参见 4.4 节)下，再将文件解包，可使解包后的文件与原文件分开，而且便于删除解包后的文件。有些 tar 文件解包时会自动新建目录并将解包后的文件放入其中。-t 选项表示 tar 把解包的文件放在何处。

tar 选项-x 解压缩得到的文件可能会覆盖文件

警告　tar 的-x 选项解压缩后的文件会覆盖原来的同名文件，为避免出现此情况，可采用上面警告栏给出的建议。

选读

可通过管道将 gunzip 和 tar 命令放在一个命令行上，由管道将 gunzip 的输出重定向为 tar 的输入，如下所示：

```
$ gunzip -c make-3.82.tar.gz | tar -xvf -
```

其中，选项-c 使得 gunzip 通过管道而不是创建文件来发送其输出。最后的连字符(-)使 tar 从标准输入端读取。关于上面的命令行是如何执行的，可参考有关 pipes(参见 5.3.4 节)、gzip(参见 3.6.3 节和第 VI 部分)和 tar(参见第 VI 部分)的详细介绍。

另一种较简单的解决方案是使用 tar 实用程序的-z 选项。此选项使 tar 直接调用 gunzip(创建归档文件时调用 gzip)，从而简化了上面的命令行，如下所示：

```
$ tar -xvzf make-3.82.tar.gz
```

类似地，-j 选项可调用 bzip2 或 bunzip2。

3.7　定位实用程序

实用程序 whereis 和 locate 用来查找不知道名称或确切位置的命令。当某个实用程序或程序有多个副本时，which 识别哪个副本在运行。locate 实用程序用来在本地系统上搜索文件。

3.7.1　which 和 whereis：定位实用程序

输入一个 Linux 命令后，shell 将在一组目录下查找具有该名称的程序，这组目录称为搜索路径。对于如何更改搜索路径可参见 8.9 节。若不改变搜索路径，则 shell 只在标准路径下搜索，然后停止，这样，就搜索不到系统上其他目录下可能包含的一些有用的实用程序。

which　which 实用程序通过显示实用程序(或命令)的完整路径来帮助查找该实用程序(第 4 章介绍 Linux 文件系统的结构和路径名的更多信息)。本地系统可能存在多个同名的实用程序。当输入实用程序名后，shell 将在设定的搜索路径下查找该实用程序，然后运行找到的第 1 个。通过使用 which 可确定 shell 将运行实用程序的哪个副本。在下例中，which 给出了 tar 实用程序的位置。

```
$ which tar
/bin/tar
```

当感觉某个实用程序的工作方式有些异常时，which 实用程序将变得非常有用。运行 which 可检查是否在运行实用程序的非标准版本或不符合需要的版本(关于可执行文件的标准路径可参见 4.4.7 节)。例如，当 tar 不能正常运行时，可能是因为/usr/local/bin/tar 而非/bin/tar 在运行，那么，本地的 tar 版本可能已受损。

　　whereis　whereis 实用程序在标准路径(而非用户设定的路径)下搜索与实用程序相关的文件。例如，可查找与 tar 实用程序相关文件的所在位置：

```
$ whereis tar
tar: /bin/tar /usr/share/man/man1/tar.1.gz
```

在这个示例中，whereis 找到 tar 的两个引用：tar 实用程序文件和(压缩的)tar 的 man 页。

---

which 与 whereis

提示　对于给定的实用程序名，which 在设定的搜索路径(见 8.9 节)下按顺序搜索目录，并定位实用程序。如果在搜索路径下存在实用程序的多个副本，则 which 只显示搜索到的第 1 个实用程序名(将会被运行的程序)。

　　whereis 实用程序在标准目录中搜索，与用户设定的搜索路径无关。whereis 可找到指定程序的二进制文件(可执行文件)、手册页和对应源代码，即 whereis 将显示搜索到的所有文件。

---

which、whereis 和内置命令

警告　实用程序 which 和 whereis 只能报告在磁盘上搜索到的实用程序名，而不能搜索到 shell 内置命令(shell 内置的实用程序)的信息。用 whereis 查找 echo 命令(既是实用程序也是 shell 内置命令)的位置，可得到如下结果：

```
$ whereis echo
echo: /bin/echo /usr/share/man/man1/echo.1.gz
```

whereis 未显示 echo 内置命令，which 工具也不能显示，而且 which 还显示了错误信息：

```
$ which echo
/bin/echo
```

在 bash 下，使用 type 内置命令可确定命令是否为内置命令，如下所示：

```
$ type echo
echo is a shell builtin
```

3.7.2　locate：搜索文件

locate 实用程序(locate 包；一些发行版使用 mlocate)用于在本地系统上搜索文件，如下所示：

```
$ locate init
/boot/initramfs-2.6.38-0.rc5.git1.1.fc15.i686.img
/boot/initrd-plymouth.img
/etc/gdbinit
/etc/gdbinit.d
/etc/init
/etc/init.d
...
```

在使用 locate(mlocate)之前，updatedb 实用程序必须构建或更新 locate(mlocate)数据库。通常该数据库由 cron 脚本每天更新一次(参见第 VI 部分)。

3.8　显示用户和系统信息

本节介绍如何显示正在使用系统的用户、这些用户在做什么和系统如何运行的信息。

为查明谁在使用本地系统，可使用其中一个实用程序，它们仅在细节和选项上稍有不同。最早出现的实用程序是 who，该实用程序给出登录到本地系统的用户列表、每个用户正在使用的设备和每个用户登录的时间。

w 和 finger 实用程序可显示更详细的信息，如每个用户的全名以及他们正在运行的命令行。finger 实用程序可检索远程系统上用户的信息。如表 3-1 所示，该表总结了这些实用程序的输出结果。

表 3-1 实用程序 w、who 和 finger 的比较

显 示 信 息	w	who	finger
用户名	支持	支持	支持
终端线标识(terminal-line identification，tty)	支持	支持	支持
登录时间(和以前的登录时间)	支持		
登录日期和时间		支持	支持
闲置时间	支持		支持
用户正执行的程序	支持		
用户从何处登录			支持
占用的 CPU 时间	支持		
用户全名(或来自/etc/passwd 的其他信息)			支持
用户提供的个人信息			支持
系统的运行时间和平均负载	支持		

3.8.1 who：列出系统上的用户

实用程序 who 可列出登录到本地系统的用户。如图 3-10 所示，第 1 列表明 Sam、Max 和 zach 登录到本地系统(Max 从两个位置登录)；第 2 列表明每个用户连接的终端设备、工作站或终端模拟器；第 3 列表明用户登录的日期和时间。可选的第 4 列(放在圆括号中)显示远程用户从哪个系统登录。

```
$ who
sam       tty4       2018-07-25 17:18
max       tty2       2018-07-25 16:42
zach      tty1       2018-07-25 16:39
max       pts/4      2018-07-25 17:27 (guava)
```

图 3-10　who 列出登录用户

当要与本地系统上的其他用户通信时，who 显示的这些信息将非常有用。如果某个用户已经登录，那么可使用 write(参见 3.9 节)立即与该用户建立连接。如果 who 没有列出所需的用户或还不需要立即建立连接，那么可发电子邮件给该用户(参见 3.10 节)。

如果 who 的输出结果超过了一屏，可通过管道将其重定向为 less 的输入，来分屏显示所有登录用户的信息。也可使用管道符号通过 grep 重定向输出，从而查找某个具体用户的用户名。

若想得到用户自己正使用的终端或者登录的时间，可使用下面的命令 who am i:

```
$ who am i
max     pts/4    2018-07-25 17:27 (guava)
```

3.8.2 finger：列出系统上的用户

使用 finger 可显示登录到本地系统的用户列表的相关信息，有些情况下，还有关于远程系统和用户的信息。除显示用户名外，finger 还显示用户的全名、用户连接的终端设备、用户最近一段时间输入的内容、用户登录的时间和可用的联系信息。如果用户已通过网络登录，那么远程系统的名称将显示在对应用户的 Office 列。例如，如图 3-11 所示，Max 从名为 guava 的远程系统上登录。Tty 列中设备名前面的星号(*)表明用户阻止了其他用户直接向他的终端发送消息(参见 3.9.2 节)。

finger 存在安全隐患

安全 考虑到系统的安全问题，系统管理员可能禁用 finger 实用程序。因为此实用程序显示的一些信息可能有助于恶意用户侵入系统。macOS 默认情况下禁用远程 finger。

```
$ finger
Login      Name              Tty       Idle  Login Time   Office ...
max        Max Wild          *tty2           Jul 25 16:42
max        Max Wild          pts/4       3   Jul 25 17:27 (guava)
sam        Sam the Great     *tty4      29   Jul 25 17:18
zach       Zach Brill        *tty1    1:07   Jul 25 16:39
```

图 3-11　finger 示例 I：列出登录的用户

通过在命令行上指定用户名，还可以用 finger 获得该用户的更多信息。如图 3-12 所示，finger 显示了关于 Max 的详细信息。从图 3-12 中的信息可知，Max 已登录并正在使用终端(tty2)；已经有 3 分 7 秒的时间没有使用其他终端(pts/4)。若与 Max 会面，可拨打分机号码 1693 与 Sam 联系。

```
$ finger max
Login: max                             Name: Max Wild
Directory: /home/max                   Shell: /bin/tcsh
On since Wed Jul 25 16:42 (PDT) on tty2 (messages off)
On since Wed Jul 25 17:27 (PDT) on pts/4 from guava
    3 minutes 7 seconds idle
New mail received Wed Jul 25 17:16 2018 (PDT)
     Unread since Wed Jul 25 16:44 2018 (PDT)
Plan:
I will be at a conference in Hawaii next week.
If you need to see me, contact Sam, x1693.
```

图 3-12　finger 示例 II：列出某个用户的详细信息

.plan 与.project　图 3-12 所示的大多数信息都是 finger 实用程序从系统文件中收集的。而"Plan:"后的信息由 Max 提供。finger 实用程序搜索 Max 的主目录下的.plan 文件，并显示其中的内容(文件名前面带有句点的文件，如.plan 文件，称为不可见文件(见 4.2 节)，通常情况下 ls 不显示这样的文件)。

创建一个.plan 文件很有用，因为它可包括任何指定信息，如自己的日程安排、兴趣爱好、电话号码或地址等信息。类似地，finger 显示主目录下.project 和.pgpkey 文件的内容。如果 Max 没有登录到系统，那么 finger 只会报告 Max 用户的信息，如上次登录时间、最后一次阅读邮件的时间和他的计划。

也可使用 finger 来显示用户的用户名。例如，在一个名为 Helen Simpson 的用户所在的系统上，有时即使知道 Helen 的姓为 Simpson，也很难猜到她的用户名为 hls。使用 finger(finger 不区分大小写)后跟姓或名可搜索到 Helen 登录名的相关信息。下面的命令显示了用户名为 Helen 或 Simpson 的用户信息：

```
$ finger HELEN
Login: hls                   Name: Helen Simpson.
 ...
$ finger simpson
Login; hls                   Name: Helen Simpson.
...
```

3.8.3　uptime：显示系统负载和持续运行时间信息

uptime 实用程序显示单独的一行信息，包括当前时间、计算机已经运行的时间周期(天、小时和分钟数)、登录的用户数以及平均负载(系统的繁忙程度)。三个负载数值表示在过去 1、5 和 15 分钟内等待运行任务数量的平均值。

```
$ uptime
09:49:14 up 2 days, 23:13, 3 users, load average: 0.00, 0.01, 0.05
```

3.8.4　w：列出系统上的用户

w 实用程序显示的第一行与上面介绍的 uptime 的输出相同。在这行之后，w 实用程序列出在本地系统上登录的用户。与前面介绍的 who 实用程序一样，当希望与本地系统上的其他用户通信时，w 所显示的信息会很有用。

如图 3-13 所示，第 1 列表明 Max、Zach 和 Sam 登录到系统；第 2 列为每个用户的终端连接的设备文件名；第

3 列是远程用户登录使用的系统；第 4 列为每个用户的登录时间；第 5 列表明每个用户处于闲置状态的时间(即从用户上一次按下键盘上的某个键后经历的时间)；后面两列信息说明每个用户的登录会话和所运行任务占用计算机 CPU 的时间；最后一列为每个用户正在运行的命令。

```
$ w
 17:47:35 up 1 day,  8:10,  6 users,  load average: 0.34, 0.23, 0.26
USER      TTY      FROM           LOGIN@   IDLE   JCPU   PCPU WHAT
sam       tty4     -              17:18   29:14m  0.20s  0.00s vi memo
max       tty2     -              16:42    0.00s  0.20s  0.07s w
zach      tty1     -              16:39    1:07   0.05s  0.00s run_bdgt
max       pts/4    guava          17:27    3:10m  0.24s  0.24s -bash
```

图 3-13　w 实用程序

3.8.5　free：显示内存使用信息

free 实用程序显示本地系统中物理(RAM)和交换(磁盘上的交换分区)内存的数量。它显示若干列，包括总量、已用和空闲内存，以及用于内核缓存区的内存数量。shared 一列已经被废弃。这个命令在 macOS 系统下不可用；vm_stat 提供相似的功能。

在下例中，-m 选项让 free 以 MB 为单位显示内存大小，-t 选项在输出的最后增加 Total 一行。可让 free 以千兆字节(-g)、兆字节(-m)、千字节(-k；默认值)或字节(-b)为单位来显示内存大小。更多选项可参见 free man 页。

```
$ free -mt
             Total     used     free   shared  buffers    cached
Mem:          2013      748     1264        0      110       383
-/+ buffers/cache:       254     1759
Swap:         2044        0     2044
Total:        4058      748     3309
```

Linux 使用空闲内存的方式之一是分配那些将不被用作缓冲区和缓存的内存。因此 Mem 行 free 列的值将较小，而且内核正常运行时，它并不代表可用内存的总量。因为如果内核需要更多内存，它会重新分配那些已被分配为缓冲区和缓存的内存。

-/+ buffers/cache 一行给出的值假定用于缓冲区和缓存的内存是空闲的。这行中 used 一列的值假定缓冲区和缓存(Mem 行中，110+383=493)被释放了；因此 used 列的值是 254(约为 748-493)，而 free 列的值增加到 1759(约为 1264+493)。与 Mem 行 free 列中的值不同，如果-/+ buffers/cache 行 free 列的值接近于零，那么系统就真要耗尽内存了。

Swap 一行显示交换分区的总量、可用以及空闲数量。

3.9　与其他用户通信

本节介绍的实用程序用来以交互方式或邮件方式与其他用户交换消息和文件。

3.9.1　write：发送消息

write 实用程序用来给另一个登录用户发送消息。两个用户通过 write 发送消息的方式是一种双向的通信方式。图 3-14 中的 write 命令在另一个用户的终端上显示一个提示栏，提示该用户准备接收消息。

```
$ write max
Hi Max, are you there? o
```

图 3-14　write 实用程序示例 I

write 命令行的语法格式如下：

*write **username** [**terminal**]*

其中，*username* 为要进行通信的用户名。*terminal* 选项是可选的设备名，对于多次登录的用户有用。使用 who、w 或 finger 都可显示登录到本地系统的用户名和设备名。

为实现双向通信，通信双方必须都执行 write，并且都要将对方用户的用户名作为 *username*。然后，write 实用程序将逐行复制本地终端上的文本内容，并发送到对方的终端上(如图 3-15 所示)。有时，在通信双方之间建立一个约定很有帮助。如图 3-15 所示，输入 o(代表 over)说明自己已经准备就绪等待对方输入内容，输入 oo(代表 over and out)则表示自己准备结束对话。当想结束与其他用户的通信时，可在行首按 CONTROL+D 组合键，通知 write 退出，返回 shell，对方用户的终端将显示 EOF(end of file，文件结束)。同时对方也按此过程进行操作，双方的通信即可结束。

```
$ write max
Hi Max, are you there? o

Message from max@guava on pts/4 at 18:23 ...
Yes Zach, I'm here. o
```

图 3-15   write 实用程序示例 II

如果屏幕上出现 Message from 字样并影响到手头的工作，就按 CONTROL+L 或 CONTROL+R 组合键来刷新屏幕，并删除该提示信息。然后，整理好当前工作并退出，再对发送消息的用户进行回应。由于提示信息仅出现一次，因此在看到它时，必须记下发送消息的用户。

3.9.2   mesg：拒绝或接收消息

默认情况下，屏幕不显示发送的消息。当允许接收其他用户发来的消息时，可输入下面的命令：

```
$ mesg y
```

如果 Max 在 Zach 给他发消息之前没有执行上面的命令，那么 Zach 会看到下面的消息：

```
$ write max
write: max has messages disabled
```

输入命令 mesg n 就可阻止消息。仅使用命令 mesg，会显示 is y(表示允许接收消息)或 is n (表示拒绝接收消息)。如果拒绝接收消息，但给另一个用户发送了消息，write 就会显示如下消息，因为即使允许给另一个用户发送消息，该用户也无法进行回应。

```
$ write max
write: you have write permission turned off.
```

3.10   电子邮件

使用电子邮件可与本地系统上的其他用户进行通信。如果计算机连接到网络上，就可与网络上的其他用户进行通信。如果连接到 Internet，则可通过电子邮件与全球的用户进行通信。

电子邮件实用程序与 write 的不同之处在于，它可给当前没有登录的用户发送消息。这种情况下，电子邮件会存储起来，等待收件人阅读它，而且可一次给多个用户发送同一条消息。

Linux 中提供了许多发送和接收电子邮件的程序。其中包括最初基于字符的 mail 程序、Mozilla/Thunderbird、pine、emacs 邮件程序、KMail 和 evolution。还有一个流行的图形邮件程序 sylpheed(sylpheed.sraoss.jp/en)。

为使邮件程序更便捷安全，可运行下面两个程序。一个是 procmail 程序(www.procmail.org)，该程序用来创建和维护邮件服务器和邮件列表，它可对邮件进行预处理，即把邮件有序放入合适的文件或目录中，也可根据所收到邮件的特征来启动相应程序，还可转发邮件等。另一个是 GPG 程序，或称 GNUpg(GNU Privacy Guard，GNU 隐私卫士)，该程序可对电子邮件进行加密和解密，这使得未授权用户很难看到邮件内容。

网络地址   对于 LAN(局域网)内的用户，可使用用户名与 LAN 中其他系统上的用户相互发送和接收邮件。而对于 Internet 用户，则需要指明用户的域名(见书末术语表)和用户名才可互发邮件。可使用地址 mgs@sobell.com 给本书作者发送邮件。

3.11 本章小结

本章介绍了典型 Linux 系统中的一小部分实用程序，但它们的功能都十分强大。在后续各章的学习中，你将非常频繁地用到这些实用程序，所以需要熟练掌握它们。

表 3-2 列出了对文件进行操作、显示、比较和打印的实用程序。

表 3-2　关于文件的实用程序

实 用 程 序	功 能
cp	复制一个或多个文件(参见 3.3.1 节)
diff	显示两个文件的不同之处(参见 3.3.9 节)
file	显示与文件内容相关的信息(参见 3.3.10 节)
grep	在文件中查找某个字符串(参见 3.3.4 节)
head	显示文件开头部分的内容(参见 3.3.5 节)
lpq	列出打印队列中的作业(参见 3.3.3 节)
lpr	将文件放入打印队列(参见 3.3.3 节)
lprm	从打印队列中删除某个作业(参见 3.3.3 节)
mv	将文件重命名或移到其他目录(参见 3.3.2 节)
sort	将文件按行排序(参见 3.3.7 节)
tail	显示文件末尾的内容(参见 3.3.6 节)
uniq	显示文件内容，忽略连续重复的行(参见 3.3.8 节)

为减少文件所占的磁盘空间，可使用 bzip2 实用程序将文件压缩。几乎所有文件经过压缩后所占空间都会变小，尤其对那些包含模式的文件(如文本文件)，压缩比例更大。与 bzip2 相反的实用程序 bunzip2 可将压缩文件还原为原来未压缩的文件。表 3-3 列出了压缩和解压缩文件的实用程序，其中 bzip2 是最有效的压缩实用程序。

表 3-3　文件压缩和解压缩实用程序

实 用 程 序	功 能
bunzip2	将 bzip2 压缩的文件恢复为原来的大小和格式(参见 3.6.2 节)
bzcat	显示 bzip2 压缩过的文件(参见 3.6.2 节)
bzip2	压缩文件(参见 3.6.1 节)
compress	压缩文件(但效率没有 bzip2 或 gzip 高) (参见 3.6.3 节)
gunzip	将 gzip 压缩的文件恢复为原来的大小和格式(参见 3.6.3 节)
gzip	压缩文件(参见 3.6.3 节)
unzip	解压 zip 包，与 Windows PKZIP 兼容
zcat	显示 gzip 压缩过的文件(参见 3.6.3 节)
zip	创建 zip 包，与 Windows PKZIP 兼容

归档文件指包含一组文件的文件，通常要经过压缩。表 3-4 中的 tar 实用程序可对归档文件进行打包和解包。扩展名为.tar.bz2、.tar.gz 和.tgz 的文件是经过压缩的 tar 归档文件，从 Internet 上下载的软件包经常是这些类型的文件。

表 3-4　归档实用程序

实 用 程 序	功 能
tar	将归档文件打包和解包(参见 3.6.4 节)

表 3-5 所示的实用程序用来确定本地系统内某个实用程序的位置。例如，它们可显示某个实用程序的路径或者本地系统提供的 C++编译器列表。

表 3-5　定位实用程序

实 用 程 序	功　　能
locate/mlocate	在本地系统上搜索文件(参见 3.7.2 节)
whereis	显示实用程序、源代码或 man 页的完整路径名(参见 3.7.1 节)
which	显示可运行命令的完整路径名(参见 3.7.1 节)

表 3-6 列出了显示关于本地系统和其他用户信息的实用程序。通过它们，可很容易得到用户的全名、登录状态、登录 shell 以及系统维护的其他信息。

表 3-6　显示系统和用户信息的实用程序

实 用 程 序	功　　能
finger	显示用户的详细信息，包括全名(参见 3.8.2 节)
free	显示内存使用信息(参见 3.8.5 节)
hostname	显示本地系统名(参见 3.2.5 节)
uptime	显示系统负载和运行信息(参见 3.8.3 节)
w	显示登录本地系统的用户的详细信息(参见 3.8.4 节)
who	显示登录本地系统的用户的信息(参见 3.8.1 节)

表 3-7 列出了与本地网络上的其他用户进行通信的实用程序。

表 3-7　用户通信实用程序

实 用 程 序	功　　能
mesg	接受或拒绝 write 发送的消息(参见 3.9.2 节)
write	给登录的用户发送消息(参见 3.9.1 节)

表 3-8 列出了其他一些实用程序。

表 3-8　其他实用程序

实 用 程 序	功　　能
date	显示当前日期和时间(参见 3.5.2 节)
echo	复制自身参数(参见书末术语表)并在屏幕上显示(参见 3.5.1 节)

练习

1. 使用哪些命令可确定登录某指定终端的用户？
2. 如何阻止其他用户使用 write 给你发送消息？阻止的原因是什么？
3. 假设文件 done 已存在，那么输入以下命令会产生什么结果？

```
$ cp to_do done
$ mv to_do done
```

4. 如何在自己的系统上找到可用的文件编辑实用程序？系统上哪些实用程序可以用于编辑？
5. 假设文件 phone 包含姓名和对应电话号码的列表，如何从文件中找到 Ace Electronics 的电话呢？使用哪个命令可将整个文件按字母顺序显示？如何在显示文件时将相邻的重复行去掉？显示文件时如何删除所有重复的行？
6. 使用 diff 比较两个不同的二进制文件会得到什么结果(可使用 gzip 创建一个二进制文件)？说明 diff 针对二进制文件的输出与针对 ASCII 文件的输出有所不同的原因。
7. 在用户的主目录下创建一个.plan 文件。finger 能否显示该.plan 文件的内容？
8. 使用 which 实用程序来搜索一个不在用户设定搜索路径下的命令，会得到什么结果？

9. 本章介绍的实用程序能否在用户的系统中搜索到多个副本？若能，给出是哪些实用程序？

10. 试一试用/usr/bin 目录下的文件名调用 file 实用程序，可发现多少种文件类型？

11. 使用哪条命令可查看 status.report 文件开始的几行内容？哪条命令可用来查看末尾部分的内容？

高级练习

12. 重新创建图 3-8 中的 colors.1 文件和 colors.2 文件，再使用 diff -u 对它们进行比较，查看得到的结果是否与图中所示的结果相同。

13. 输入下面两条命令：

```
$ echo cat
$ cat echo
```

说明两者的不同之处。

14. 将第 5 题中的 phone 文件压缩以得到文件 phone.gz，针对该文件重新回答第 5 题中的问题，对每个问题尽可能给出多种解决方法，并解释原因。

15. 查找已存在文件或新建文件，用 gzip 压缩，使其满足：

a. 压缩比例超过 80%。

b. 压缩比例不到 10%。

c. 压缩后变大。

d. 使用 ls -l 显示文件的大小。

给出 3 个条件 a、b、c 下文件的特征。

16. 较早的邮件程序不能处理二进制文件。假设现在要发送一个用 gzip 压缩后得到的二进制文件，但接收方使用的是老式邮件程序。参考 man 页内容以了解 uuencode，它可将二进制文件转换为 ASCII 文件。学习该实用程序并使用该实用程序完成以下练习：

a. 使用 uuencode 将一个压缩文件转换为 ASCII 文件。比较转换前后文件的大小并解释原因(若本地系统上没有 uuencode，则可使用附录 C 介绍的工具之一安装它，它是 sharutils 包的一部分)。

b. 在文件被压缩之前使用 uuencode 有没有意义？为什么？

第 4 章

Linux 文件系统

阅读完本章之后你应该能够:

- 定义分层文件系统、普通文件、目录文件、主目录、工作
- 目录和父目录
- 列举好的文件命名方法
- 确定工作目录的名称
- 解释绝对路径名和相对路径名之间的差别
- 创建和删除目录
- 列出目录中的文件、从目录中删除文件以及在目录间复制
- 和移动文件
- 列出和描述标准 Linux 目录和文件的用途
- 显示并解释文件和目录的所有权和访问权限
- 修改文件和目录的访问权限
- 使用 ACL 扩展访问控制
- 描述硬链接和符号链接的使用方法、差别和创建方法

本章要点:

- 分层文件系统
- 目录文件和普通文件
- 工作目录
- 主目录
- 路径名
- 相对路径名
- 目录操作
- 访问权限
- ACL:访问控制列表
- 硬链接
- 符号链接
- 解引用符号链接

文件系统是一组数据结构,该数据结构通常驻留在磁盘上,保存用来组织和管理文件的目录。文件系统用来存储用户工作中用到的数据和系统运行所需的数据。本章首先讨论Linux文件系统的结构和相关术语,对普通文件和目录文件进行定义,并解释它们的命名规则。接着介绍如何创建和删除目录,如何在文件系统中移动目录,如何使用绝对路径名和相对路径名来访问位于不同目录中的文件。还讨论一些重要的文件、目录、文件访问权限和 ACL(访问控制列表), ACL 允许与其他用户共享文件。最后介绍硬链接和符号链接,它们可使一个文件出现在多个目录下。

在学习本章内容的同时,还需要参考第 VI 部分中关于文件系统的一些实用程序,如 df、fsck、mkfs 和 tune2fs。如果运行的是 macOS,可参见附录 D。

4.1　分层文件系统

　　家族树　分层结构通常形如金字塔,如某个家族的族谱:一对夫妇可能有一个或多个孩子,而每个孩子又可能有更多孩子,该分层结构称为家族树(family tree),如图 4-1 所示。

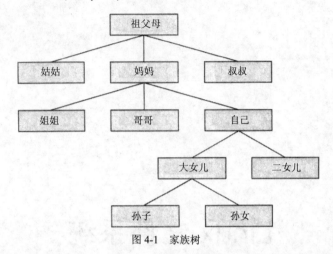

图 4-1　家族树

　　目录树　与家族树类似,Linux 文件系统也称为树,由一系列相互关联的文件组成。该树状结构方便了文件的组织和查找。在标准 Linux 系统上,每个用户都有一个自己的目录,在此目录下,用户可添加多个子目录,子目录下又可添加子目录。通过创建多层的子目录,用户便可尽可能地扩展文件结构以满足自己的需要。

　　子目录　通常每个子目录对应一个主题,如某个人、某个项目或某个事件。主题决定了该子目录是否要进一步划分。例如,图 4-2 给出了某个秘书的名为 correspond 的子目录,该子目录又包含 3 个子目录:business、memos 和 personal。其中 business 目录又包含此秘书编辑的公函。要给某个客户发多个公函,则可将这些公函放入对应客户的子目录中(如图 4-2 所示的 milk_co 目录)。

　　Linux 文件系统的最大优势就是尽量满足用户需求。因此可充分利用此优势,根据需求来组织自己的文件,从而能更方便地访问文件。

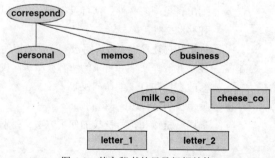

图 4-2　某个秘书的目录组织结构

4.2　目录文件和普通文件

　　与家族树类似,代表文件系统的结构图也是一棵倒置的树,树根在顶部。如图 4-2 和图 4-3 所示,这些树都是从根往下生长,并且存在从根到每个文件的路径,每条路径的末端为目录文件或普通文件,特殊文件也出现在路径的末端,可用来访问操作系统的功能。普通文件,或简称文件,出现在路径末端,不能再继续往下延伸。目录文件,也称为目录或文件夹,是可以再分支出其他路径的节点(图 4-2 和图 4-3 中都存在几个空目录)。对于文件树,向上(up)指靠近根,向下(down)指远离根。与某条线段直接连接的两个目录,靠近根的称为父目录,远离根的称为子目录。路径名是一系列节点名(目录名或文件名)组成的序列,用于跟踪从一个文件到另一个文件所经过的路径。关于路径名的更多信息请参阅 4.3 节。

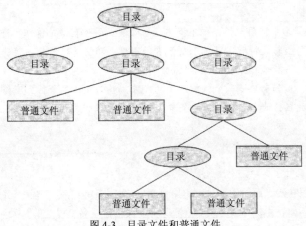

图 4-3　目录文件和普通文件

4.2.1　文件名

每个文件都有一个文件名。文件名的最大长度与文件系统的类型有关。Linux 支持许多文件系统类型。如今的大多数文件系统要求文件名的长度不可超过 255 个字符，一些较老的文件系统则将文件名的长度限制为更少的字符数。虽然几乎任何字符都可作为文件名，但为了避免混淆，最好选择使用下面的字符：

- 大写字母(A~Z)
- 小写字母(a~z)
- 数字(0~9)
- 下划线(_)
- 英文句点(.)
- 逗号(,)

我们知道，一对夫妇为了分清每个孩子，给每个孩子取的名字都各不相同。与此类似，Linux 也要求同一目录下的两个文件不能同名。不同目录下的文件可重名(这与不同父母的孩子可以重名类似)。

选择的文件要尽可能有意义。一些不太合适的文件名，如 hold1、wombat 和 junk，甚至 foo 和 foobar，这些名字都没有太大意义，很难让人联想起文件的内容。下面的文件名既符合前面推荐的文件名语法，又传达了文件内容的相关信息：

- correspond
- january
- davis
- reports
- 2001
- acct_payable

文件名的长度　若不同系统之间的用户要共享文件，则共享的文件名的前几个字符必须有所不同。想要运行 DOS 或较老版本的 Windows 系统，要求：文件名除扩展名外的部分不可超过 8 个字符，扩展名不可超过 3 个字符。一些 UNIX 系统要求文件名不超过 14 个字符，老的 Macintosh 系统要求文件名不超过 31 个字符。与长文件名相比，短文件名输入简单，添加扩展名时不会超出一些文件系统施加的文件名长度限制。短文件名的缺点是通常不如长文件名的描述性强。

长文件名可较详细地描述文件的内容，但输入时比较复杂。为简化输入，在不必输入整个文件名的情况下就可获得文件，一些 shell 支持文件名补全功能。关于此功能的更多信息可参见 3.3 节中标题为 "文件名补全" 的提示栏内容。

区分大小写　在文件名中可使用大写字母，也可使用小写字母。许多文件系统都是区分大小写的。例如，流行的 ext 系列文件系统和 UFS 文件系统就区分大小写，因此文件名 JANUARY、January 和 january 代表 3 个不同的文件。FAT 系列的文件系统(大都用于移动介质)不区分大小写，所以上述 3 个文件名表示同一文件。HFS+文件系统是默认的 macOS 文件系统，它会保留大小写形式，但不区分大小写，更多信息参见附录 D。

文件名中不要包含空格

警告 虽然 Linux 允许在文件名中使用空格，但不提倡这种做法。因为空格是特殊字符，用户在命令行中必须对它进行引用。在命令行上转义特殊字符对于初学者很困难，即便是对经验丰富的用户也比较麻烦。可使用句点、下划线来代替空格，如 joe.05.04.26 和 new_stuff。

如果文件名包含空格，例如来自另一个操作系统的文件，就必须在命令行上空格的前面加上反斜杠，以转义空格，或将文件名放在引号中。下面的两个命令将 my file 文件发送到打印机上：

```
$ lpr my\ file
$ lpr "my file"
```

1. 文件扩展名

文件扩展名指文件名中跟在句点后面的部分，它用来帮助描述文件内容。一些程序(如 C 语言的编译器)都与某些特定的文件扩展名相关联，如表 4-1 所示。大多数情况下，文件扩展名是可选的。灵活地使用扩展名有助于理解文件内容。可在同一个文件名中使用多个句点，如 note.4.10.01 和 files.tar.gz。在 macOS 中，一些应用程序使用文件扩展名来识别文件，但许多应用程序使用类型代码和创建者代码来识别文件。

表 4-1 文件扩展名

带扩展名的文件名	扩展名的含义
compute.c	用 C 语言编写的源文件
compute.o	compute.c 对应的目标代码文件
compute	compute.c 对应的可执行文件
memo.0140.txt	文本文件
memo.pdf	PDF 文件；在 GUI 下可使用 xpdf 或 kpdf 查看
memo.ps	PostScript 文件；在 GUI 下可使用 ghostscript 或 kpdf 查看
memo.Z	经压缩程序压缩后的文件；可使用 uncompress 或 gunzip 解压
memo.gz	经 gzip 压缩的文件；可使用 zcat 查看或使用 gunzip 解压
memo.tgz 或 memo.tar.gz	经 gzip 压缩的 tar 归档文件
memo.bz2	经 bzip2 压缩的文件；可使用 bzcat 查看或使用 bunzip2 解压
memo.html	可使用 Web 浏览器(如 Firefox)查看的文件
photo.jpg、 photo.gif、 photo.jpeg、photo.bmp、photo.tif 或 photo.tiff	包含图形信息的文件，如图片

2. 不可见文件名

文件名以句点开始的文件称为不可见文件(或称隐藏文件)。通常 ls 不会显示这些文件，但命令 ls -a 可显示所有文件(包括不可见文件)。启动文件的名称通常以句点开始，因此它们都是不可见文件，可避免目录列表的混乱。在每个目录中都存在两个不可见的特殊项：单句点"."和双句点".."。

4.2.2 工作目录

pwd 当登录 Linux 系统的字符界面后，就要在某个目录下进行操作，该目录称为工作目录(working directory)或当前目录(current directory)。可形象地表述为："你正工作在 zach(工作目录的名称)目录下"。shell 内置命令 pwd(print work directory)用来显示工作目录的路径名。

4.2.3 主目录

用户首次登录 Linux 系统时的工作目录即为用户的主目录(home directory)。登录后，使用 pwd 即可显示主目录的路径名，如图 4-4 所示。Linux 的主目录一般在/home 下，而 macOS 的主目录在/Users 下。

不带任何参数的 ls 实用程序将列出工作目录下的文件。由于用户的主目录是目前为止使用的唯一工作目录，因此 ls 列出的是用户主目录下的文件列表(到现在为止你创建的所有文件都位于主目录下)。

```
login: max
Password:
Last login: Wed Oct 20 11:14:21 from 172.16.192.150
$ pwd
/home/max
```

图 4-4　登录并显示主目录的路径名

启动文件

启动文件位于主目录下，为 shell 和其他程序提供登录系统的用户信息和首选项信息。在 macOS 下，这些文件称为配置文件或首选项文件(参见附录 D)。通常其中一个文件可使 shell 了解到用户使用的终端(参见附录 B)，并执行 stty 实用程序(用来设置终端的实用程序)来设置行删除键和字符删除键(参见 2.3.2 节)。

用户自己和系统管理员都可在主目录下放置一个包含 shell 命令的 shell 启动文件。每次登录时，shell 将执行 shell 启动文件中的命令。由于启动文件是不可见文件，因此要使用命令 ls -a 来查看主目录下是否包含此文件。关于启动文件的更多信息参见 8.2 节(bash)和 9.2 节(tcsh)。

4.3　路径名

每个文件都有路径名。路径名由从目录层次结构中的某一部分到某个普通文件或目录节点的路径上的所有节点名组成。在路径名中，文件名右边的斜杠(/)表示该文件是一个目录文件，斜杠后面的文件可以是普通文件或目录文件。最简单的路径名是一个简单的文件名，它指向工作目录中的一个文件。本节讨论绝对路径名和相对路径名，并解释其用法。

4.3.1　绝对路径名

"/"(根目录)　文件系统分层结构的根目录没有名字，根目录通常单独用/(斜杠)表示，或位于路径名的左端。

文件的绝对路径名以斜杠开头，表示根目录。斜杠后面是位于根目录下的文件名。绝对路径名把从根目录到某文件的路径上的所有中间目录都连接在一起，其中各目录名之间用斜杠(/)隔开。由于该路径遍历从根目录到文件节点的路径，因此称之为绝对路径。通常目录的绝对路径名不包含尾部的斜杠，但包含尾部的斜杠可用于强调，该路径名指定一个目录，如/home/zach/。绝对路径名中跟在最后一个斜杠后的名字称为简单文件名、文件名或基本名。图 4-5 显示了文件系统分层结构图，并标出部分目录和普通文件的绝对路径名。

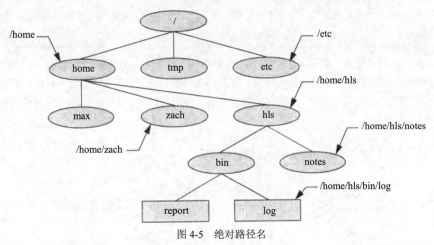

图 4-5　绝对路径名

可使用绝对路径名列出或操作本地系统上的任何文件(不管执行命令时你所在的工作目录是什么，假定你都有列出和操作文件的对应权限)。例如，Sam 在其主目录下工作时，可用如下命令列出/etc/ssh 目录下的文件：

```
$ pwd
/home/sam
$ ls /etc/ssh
moduli          ssh_host_dsa_key      ssh_host_key.pub
ssh_config      ssh_host_dsa_key.pub  ssh_host_rsa_key
```

```
sshd_config  ssh_host_key        ssh_host_rsa_key.pub
```

路径名中的代字符(~)

shell 将代字符后跟一个斜杠(~/)放在路径名的开头，来表示主目录的路径名。无论当前工作在哪个目录下，都可利用此快捷方式访问主目录，如下命令显示了主目录下的启动文件.bashrc：

```
$ less ~/.bashrc
```

代字符可快捷地引用任何用户的主目录。只要在用户名的前面添加一个代字符，并放在路径名的开头，shell 会将其展开为该用户主目录的路径名。如以下命令所示，Max 使用此快捷方式来访问 Sam 主目录下的.bashrc 文件(假设 Max 具有此权限)：

```
$ less ~sam/.bashrc
```

更多信息参见 8.18.4 节。

4.3.2　相对路径名

相对路径名指从工作目录到某个文件的路径名。该路径名相对于工作目录。不以根目录(/)或代字符(~)开始的路径名都是相对路径名。与绝对路径名类似，相对路径名也可通过多个目录描述一条路径。最简单的相对路径名是一个简单文件名，它标识工作目录下的一个文件。下一节的示例使用了绝对路径名和相对路径名。

工作目录的意义

要访问工作目录下的某个文件，直接输入文件名即可。而要访问其他目录下的文件，则必须输入文件的路径名。输入长的路径名很麻烦，也很容易出错。在 GUI 界面下，直接单击对应文件名或图标，就可避免上述问题。而在字符界面下，可通过为某个特定任务选择工作目录的方法来避免。但选择一个工作目录只能使某些路径名的输入简单化，并不能避免所有长路径名的输入。

当使用相对路径名时，要弄清当前的工作目录

警告　使用相对路径名访问文件时，文件的位置是相对于工作目录的。所以，在使用相对路径名前，务必弄清当前工作目录(使用 pwd 可获得)。如果用 vim 新建文件时，没有搞清当前在文件层次结构中的具体位置，那么新建的文件可能不在预期的位置。

使用绝对路径名时，工作目录是哪一个都无关紧要。因此，以下命令总是编辑主目录下的 goals 文件：

```
$ vim ~/goals
```

请对照图 4-6 来阅读本段内容。要访问工作目录下的文件，只需要输入文件名即可。而访问工作目录的子目录中的文件，可通过较短的相对路径名进行，其中目录文件名之间用斜杠(/)隔开。在一个较大目录结构中操作文件时，使用短的相对路径可节省许多时间和精力。对于某个特定任务，选择一个包含经常访问的文件的目录作为工作目录，可避免输入长的路径名。

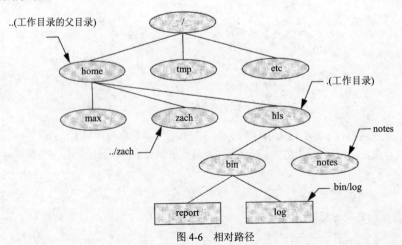

图 4-6　相对路径

4.4　目录操作

本节将首先介绍如何创建目录(mkdir)、在目录之间切换(cd)、删除目录(rmdir)、使用路径名简化工作、在目录间复制/移动文件，然后列出并简要描述 Linux 文件系统中重要的标准目录和文件。

4.4.1　mkdir：创建目录

实用程序 mkdir 用来创建目录。mkdir 的参数为新建目录的路径名。下例将建立如图 4-7 所示的目录结构。在图 4-7 中，新添目录的颜色稍淡，采用虚线连接到原本存在的目录节点。

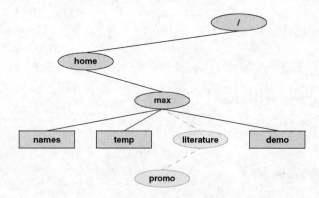

图 4-7　文件结构示例图

在图 4-8 中，pwd 显示 Max 当前工作在主目录(/home/max)下。第 1 个 ls 表明 max 主目录下有 3 个文件：demo、names 和 temp。之后的 mkdir 创建了/home/max 目录的子目录 literature。他使用一个相对路径名(一个简单文件名)，因为他希望 literature 目录是工作目录的一个子目录。Max 也可使用绝对路径名创建这个目录：mkdir/home/max/literature、mkdir ~max/literature 或 mkdir ~/literature。

```
$ pwd
/home/max
$ ls
demo  names  temp
$ mkdir literature
$ ls
demo  literature  names  temp
$ ls -F
demo  literature/  names  temp
$ ls literature
$
```

图 4-8　mkdir 实用程序

图 4-8 中的第 2 个 ls 说明新建的目录已存在。ls 的-F 选项使目录后面显示斜杠(/)、可执行文件(如 shell 脚本、实用程序、应用程序)后显示星号(*)。若将某个目录名作为 ls 的参数跟在 ls 后，则它将显示该目录的内容。因为要显示的目录 literature 为空目录，所以 ls 不显示任何内容。

以下命令采用两种方式为 literature 创建一个子目录 promo。第 1 种方式确保在工作目录/home/max 下，采用相对路径名进行创建，如下所示：

```
$ pwd
/home/max
$ mkdir literature/promo
```

第 2 种方式采用绝对路径名进行创建，如下所示：

```
$ mkdir /home/max/literature/promo
```

包含-p(parent)选项的 mkdir 可通过一条命令同时创建父目录 literature 和子目录 promo，如下所示：

```
$ pwd
/home/max
$ ls
demo names temp
$ mkdir -p literature/promo
```

或者：

```
$ mkdir -p /home/max/literature/promo
```

4.4.2 cd：更改工作目录

实用程序 cd(change directory)将另一个目录设置为工作目录，而不改变工作目录的内容。图 4-9 显示了将目录 /home/max/literature 设置为工作目录的两种方式，并用 pwd 命令验证其结果。首先 Max 使用 cd 命令和一个绝对路径名，把 literature 设置为工作目录，在执行带绝对路径名的命令时，工作目录是什么无关紧要。

```
$ cd /home/max/literature
$ pwd
/home/max/literature
$ cd
$ pwd
/home/max
$ cd literature
$ pwd
/home/max/literature
```

图 4-9　用 cd 更改工作目录

pwd 命令验证了 Max 所做的改变。不带任何参数的 cd 命令将把用户的主目录设置为工作目录，与用户第 1 次登录系统时的目录相同。图 4-9 中的第 2 个 cd 命令就没有任何参数，所以执行后 Max 的主目录成为工作目录。最后，Max 工作在其主目录下，所以可使用一个简单文件名把 literature 设置为工作目录(cd literature)，再执行 pwd 以验证其结果。

> **工作目录与主目录**
>
> **提示**　工作目录与主目录是两个不同概念。主目录在你与系统会话期间保持不变。每次登录后的目录即为主目录。与主目录不同，工作目录不固定，可随意改变，所以工作目录又称为当前目录。在用户登录到系统后使用 cd 更改目录前，用户的主目录将一直作为工作目录。如果把目录切换到 Sam 的主目录，那么 Sam 的主目录成为工作目录。

目录项 "." 和 ".."

实用程序 mkdir 在创建目录时，会在新建的目录下自动生成两项：单句点(.)和双句点(..)。单句点(.)可看成工作目录的路径名，可就地使用；双句点(..)可看成工作目录的父目录的路径名。它们都以句点开头，所以这两项都不可见。

将 literature 作为工作目录，下例 3 次使用双句点：第 1 次列出了 literature 父目录(/home/max)下的文件；第 2 次将文件 memoA 复制到父目录下；第 3 次重新列出父目录下的文件。

```
$ pwd
/home/max/literature
$ ls ..
demo literature names temp
$ cp memoA ..
$ ls ..
demo literature memoA names temp
```

Max 用 cd 把 promo(literature 的一个子目录)设为工作目录，用相对路径名调用 vim，编辑主目录下的一个文件：

```
$ cd promo
$ vim ../../names
```

事实上,某个实用程序或程序无论何时需要以文件名或路径名作为参数时,都可采用绝对路径名或相对路径名,或者采用简单的文件名。ls、vim、mkdir、rm 以及其他大部分 Linux 实用程序都是如此。

4.4.3　rmdir:删除目录

实用程序 rmdir(remove directory)用来删除目录。工作目录和除.和..项外还包含其他文件的目录不能被删除。若要删除包含其他文件的目录,则需要先使用 rm 将其中的文件删除,再删除该目录。不必删除“.”和“..”项(也无法做到),rmdir 会自动将它们删除。以下命令用来删除 promo 目录:

```
$ rmdir /home/max/literature/promo
```

实用程序 rm 的-r 选项(rm -r *filename*)可递归地删除目录,即删除目录中包含的目录和文件,还有目录自身。

> **慎用 rm -r**
>
> **警告**　虽然 rm -r 是一个很方便的命令,但需要谨慎地使用它。不要用它删除模糊引用(如*表示)的文件,否则它将很容易将主目录下的所有文件和目录清除。

4.4.4　使用路径名

touch　在进行下面的试验之前,请使用文本编辑器创建一个名为 letter 的文件,或使用 touch(参见第 VI 部分)创建一个空文件,如下所示:

```
$ cd
$ pwd
/home/max
$ touch letter
```

假设/home/max 为工作目录,使用 cp 后跟相对路径名将 letter 文件复制到/home/max/literature/ promo 目录下(如果删除了 promo 目录,就需要再次创建它),将文件副本的名字设置为 letter.0210,如下所示:

```
$ cp letter literature/promo/letter.0210
```

在不改变工作目录的情况下,使用 vim 可编辑文件副本 letter.0210,如下所示:

```
$ vim literature/promo/letter.0210
```

如果不想使用上面的长路径名,可用 cd 将工作目录切换到 promo 下,再调用 vim 编辑器,如下所示:

```
$ cd literature/promo
$ pwd
/home/max/literature/promo
$ vim letter.0210
```

在 promo 工作目录下,若想将其父目录/home/max/literature 设置为新的工作目录,可使用以下命令,该命令利用了“..”目录项:

```
$ cd ..
$ pwd
/home/max/literature
```

4.4.5　mv/cp:移动/复制文件

第 3 章讨论了使用 mv 对文件进行重命名的方法,事实上,mv 还有更通用的功能,它可将文件从一个目录移到另一个目录(改变文件的路径),同时也可改变文件名。使用 mv 命令把一个或多个文件移到一个新目录的语法格式如下所示:

```
mv existing-file-list directory
```

如果当前的工作目录为/home/max,那么可使用以下命令将工作目录下的文件 names 和 temp 移到 literature 目录下:

```
$ mv names temp literature
```

上面的命令将文件 names 和 temp 的绝对路径名由 /home/max/names 和 /home/max/temp 分别改为 /home/max/literature/names 和/home/max/literature/temp,如图 4-10 所示。与大多数 Linux 命令一样,mv 可使用绝对路径名,也可使用相对路径名。

当在 Linux 下创建多个文件后,需要使用 mkdir 新建目录来组织这些文件。当扩展目录分层结构时,用 mv 实用程序可将文件从一个目录移到另一个目录。

实用程序 cp 与 mv 具有相同的语法格式,不同之处在于 cp 是将 *existing-file-list* 中的文件复制到指定目录下。

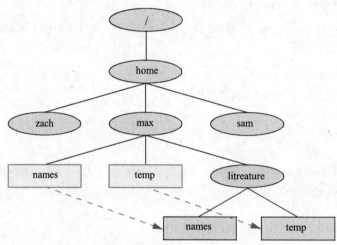

图 4-10 用 mv 移动文件 names 和 temp

4.4.6 mv:移动目录

与在不同的目录间移动文件一样,mv 也可移动目录。语法格式也很类似,只要将文件列表变为目录列表即可,如下所示:

mv existing-directory-list new-directory

若 *new-directory* 不存在,则 *existing-directory-list* 仅能包含一个目录名,mv 将其改为 *new-directory*(即将目录重命名)。mv 不带任何选项即可将目录重命名,而 cp 必须带-r 选项才能将某个目录包含的内容复制到另一个目录下。关于复制和移动目录的其他方式,可参考关于 cpio、pax 和 tar(参考第 VI 部分)的详细介绍。

4.4.7 重要的标准目录和文件

最初,目录分层结构中没有固定的位置存放 Linux 系统的文件,这使得很难对文档进行管理,也很难对 Linux 系统进行维护,而要发布一个在所有 Linux 系统下能编译并运行的软件包几乎是不可能的。1994 年初发布了第 1 个 Linux 文件系统的标准 FSSTD(Linux Filesystem Standard)。1995 年初,业界开始制定一个涵盖大多数类 UNIX 系统且范围广泛的标准——Linux 文件系统分层标准(Filesystem Hierarchy Standard,FHS) (www.pathname.com/fhs)。最近,自由标准组织(Free Standards Group,FSG)中的工作组 Linux 标准库(Linux Standard Base,LSB) (wiki.linuxfoundation.org/lsb/start)吸收了 FHS。最后,FSG 与开源开发实验室(Open Source Development Labs,OSDL)合并,组建了 Linux 基金会(Linux Foundation,www.linuxfoundation.org)。图 4-11 显示了 FHS 指定的重要目录和文件的位置。继续阅读下面的内容,将了解到这些目录和文件的重要性。

下面将介绍图 4-11 中的目录,其中一些目录由 FHS 指定。多数 Linux 的发行版并没有使用 FHS 指定的所有目录。对于有些目录而言,不能根据名称确定它们的功能,例如/opt 存储的是插件软件,而/etc/opt 存储的是/opt 中软件的配置文件。

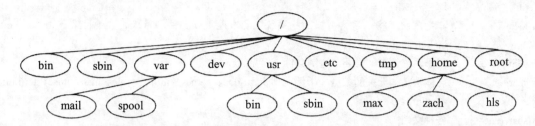

图 4-11　典型的基于 FHS 的 Linux 系统文件结构

/Root	**根目录**　在所有的 Linux 系统文件结构中，它是所有文件的祖先。它没有名字，由单独的或路径名最左端的斜杠(/)表示。
/bin	**基本命令的二进制文件**　包含启动系统和在单用户模式或恢复模式下运行时所需的文件。
/boot	**引导加载程序的静态文件**　包含引导系统的大多数文件。
/dev	**设备文件**　包含代表所有外围设备(如磁盘驱动器、终端、打印机)的文件。以前这个目录包含所有可能的设备。udev 实用程序提供一个动态的设备目录，允许/dev 只包含系统当前连接的设备。
/etc	**本地计算机系统配置文件**　包含管理文件、配置文件和一些系统文件。macOS 使用 Open Directory 代替/etc/passwd。
/etc/opt	包含/opt 目录下插件软件的配置文件
/etc/X11	关于 X Window 系统的本地计算机配置文件
/home	**home 目录**　一般情况下，每个用户的主目录都是/home 目录的子目录。例如，如果用户的目录都在/home 目录下，那么 Zach 用户的主目录即为/home/zach。macOS 用户的主目录一般在/Users 目录下。
/lib	共享库
/lib/modules	可加载的内核模块
/mnt	临时挂载文件系统的挂载点
/opt	可选的插件软件包
/proc	关于内核和进程信息的虚拟文件系统
/root	root 账户的主目录
/run	**运行时数据**　一个 tmpfs 文件系统(已挂载，但使用 RAM 存储)，用于保存之前隐藏在/dev 和其他目录中的启动文件。更多信息请参见 lists.fedoraproject.org/pipermail/devel/2011-March/150031.html。
/sbin	**基本的二进制系统文件**　用于系统管理的实用程序都存储在/sbin 或/usr/sbin 中。其中，/sbin 目录中包含引导过程所需的实用程序，/usr/sbin 包含系统启动并运行后使用的实用程序。
/sys	**设备的伪文件系统**
/tmp	**临时文件夹**
/Users	**用户主目录**　macOS 每个用户的主目录一般是/Users 目录的子目录。Linux 则把用户的主目录放在/home 目录下。
/usr	**辅助层次结构**　包含存放系统所需信息的子目录，这些子目录内的文件不经常改动，可由多个系统共享。
/usr/bin	**大多数用户命令**　包含标准的 Linux 实用程序，即在单用户模式或恢复模式下不需要的二进制文件。
/usr/games	游戏和教学程序
/usr/include	C 程序包含的头文件

/usr/lib	库
/usr/local	**本地层次结构**　包含要添加到系统中的本地重要文件和目录。其子目录有 bin、games、include、lib、sbin、share 和 src。
/usr/sbin	**用于系统管理的次要二进制文件**　参见/sbin。
/usr/share	**与体系结构无关的数据**　子目录有 dict、doc、games、info、locale、man、misc、terminfo 和 zoneinfo。
/usr/share/doc	**各种文档**
/usr/share/info	**GNU info 系统的主要目录**
/usr/share/man	**联机手册**
/usr/src	**源代码**
/var	**变量数据**　/var 的子目录包含系统运行时内容会改变的文件，这些文件多数是临时文件、系统日志文件、假脱机文件和用户的邮件文件。/var 的子目录有 cache、lib、lock、log、opt、run、spool、tmp 和 yp。
/var/log	**日志文件**　包括文件 lastlog(记录每个用户上次登录的相关信息)、文件 messages(来自 syslogd 的系统消息)和文件 wtmp(所有登录和注销文件)，以及其他日志文件。
/var/spool	**假脱机应用数据**　包括 anacron、at、cron、lpd、mail、mqueue、samba 和其他目录。文件/var/mail 通常是/var/spool/mail 的链接。

4.5　访问权限

Linux 支持两种方法来控制哪些用户可以访问文件，以及以何种方式访问文件，这两种方法为：传统的 Linux 访问权限和访问控制列表(ACL)。本节介绍传统的 Linux 访问权限，4.6 节介绍 ACL，它能比传统的 Linux 访问权限更精细地控制访问权限。

可访问文件的用户共有 3 种类型：文件所有者(owner)、与文件相关联的组的成员(group)和其他用户(other)。每个用户访问文件有 3 种方式：读取、写入和执行文件。

4.5.1　ls -l：显示访问权限

包含选项-l 的 ls 将分行列出一个或多个普通文件的详细信息。关于本书使用的显示格式请参考 2.1 节。如下例所示，ls 显示了文件 letter.0210 和 check_spell 的详细信息。其中，letter.0210 是包含一封信件的文本文件，check_spell 是一个 shell 脚本文件，该文件是采用 shell 高级编程语言编写的程序。

```
$ ls -l check_spell letter.0210
-rwxr-xr-x. 1 sam pubs  766 03-21 14:02 check_spell
-rw-r--r--. 1 sam pubs 6193 02-10 14:22 letter.0210
```

命令 ls -l 从左到右列出的信息包括(如图 4-12 所示)：

图 4-12　命令 ls -l 显示的各列内容

- 第 1 个字符为文件类型
- 第 1 个字符后的 9 个字符为文件访问权限
- ACL 标记(假定文件有 ACL)
- 文件的链接数目
- 文件所有者的名字(通常为文件创建者)

- 与文件关联的组的名称
- 文件大小(以字节为单位)
- 创建或最后一次修改文件的日期和时间
- 文件名

letter.0210 的文件类型(第 1 列)是一个连字符(-)，表示它是一个普通文件(目录文件的这一列为字母 d；参见第 VI 部分)。

第 1 个字符后面的 3 个字符表示文件所有者对文件的访问权限，其中 r(第一个位置)代表可读，w(第二个位置)代表可写，x(第三个位置)代表执行，某个位置上的 "-" 代表该文件的所有者没有该位置对应的访问权限。

类似地，再接下来的 3 个字符代表了组成员用户对文件的访问权限，再后面的 3 个字符为其他用户对文件的访问权限。在上例中，文件 letter.0210 的所有者 Sam 对文件具有读取和写入权限，而组成员和其他用户只有读权限，所有用户都没有执行权限。虽然对所有文件都可以有执行权限，但对诸如信件的文档赋予执行权限没有任何意义。文件 check_spell 为可执行的 shell 脚本，所以它的执行权限是有意义的(所有者、组用户和其他用户都对 check_spell 具有执行权限)。更多信息可参见第 VI 部分。

4.5.2　chmod：改变访问权限

Linux 文件系统的访问权限方案使得文件所有者可控制其他用户对文件的访问，既可将文件共享，也可保护私密文件不被他人查看。例如，当多人共同开发一个项目时，这些项目文件可让项目成员拥有读取和写入权限；对于提出的项目说明书，可只允许其他人读取；也可只赋予写入文件的权限(与某些收件箱或邮箱类似，只想让他人来给自己发送邮件，而不想让他们读取自己的邮件)。同样，也可将整个目录都保护起来以免他人查看。

文件所有者可控制谁有权访问文件及如何访问文件。拥有一个文件时，可通过 chmod(change mode)实用程序来改变用户对文件的访问权限。可给 chmod 指定符号(相对)或数字(绝对)参数。

> **具有 root 权限的用户可访问系统上的任意文件**
>
> **安全**　对用户访问权限的控制还存在一种例外情况，即拥有 root 权限的用户可访问所有文件，无论文件所有者设置什么权限。当然，如果文件是加密的，对文件拥有读权限并不意味着能理解文件的内容。

1. chmod 的符号参数

下例使用 chmod 的符号参数，给所有用户(用 a 表示)增加(用+表示)了读写权限(用 rw 表示)：

```
$ ls -l letter.0210
-rw-r-----. 1 sam pubs 6193 02-10 14:22 letter.0210
$ chmod a+rw letter.0210
$ ls -l letter.0210
-rw-rw-rw-. 1 sam pubs 6193 02-10 14:22 letter.0210
```

> **对 shell 脚本具有执行权限的前提是要有读权限**
>
> **提示**　因为 shell 脚本(包含 shell 命令的文本文件)在执行其中的命令前必须先读取脚本，所以对 shell 脚本具有执行权限的前提是要有读取权限。也要有从命令行直接执行 shell 脚本的执行权限。二进制(程序)文件可直接执行而不必先读取，所以，对二进制程序仅需要执行权限。

使用带符号参数的 chmod 实用程序，可改变已有权限；给定参数如何改变取决于已有的权限。在下例中，对其他用户(o)取消(-)了对文件的读取和执行权限(rx)，文件所有者和组的权限不受影响：

```
$ ls -l check_spell
-rwxr-xr-x. 1 sam pubs 766 03-21 14:02 check_spell
$ chmod o-rx check_spell
$ ls -l check_spell
-rwxr-x---. 1 sam pubs 766 03-21 14:02 check_spell
```

chmod 的用户类型参数如下：用 a(all)代表所有用户，用 o(other)代表其他用户，用 g(group) 代表组用户，用 u(user)代表文件所有者(虽然不一定一直是文件的所有者)。例如，chmod a+x 给所有用户(其他用户、组用户和文件所有者)增加了执行权限，chmod go - rwx 取消了除文件所有者外的所有用户的所有权限。

chmod 的选项：o 代表其他用户，u 代表文件所有者

提示　当使用 chmod 时，很容易把 o 选项误认为代表 owner(文件所有者)。事实上，o(other)代表其他用户，而 u(user) 才用来代表文件所有者。缩写 UGO(user-group-other)有助于记住权限的命名含义。

2. chmod 的数字参数

也可用数字参数指定 chmod 的权限。前面的示例使用字母和符号指定了权限，也可以用数字参数来指定，它由 3 个八进制数字组成(如果是 4 个数字，第一个控制 setuid 和 setgid 权限，参见下面的内容)。第一个数字指定文件所有者的权限，第二个数字指定组用户的权限，第三个数字指定其他用户的权限。1 给特定用户授予执行权限，2 授予写入权限，4 授予读取权限。给对应的值执行逻辑或操作(相加)，就构建出表示文件所有者、组用户和其他用户的权限的数字，如下例所示。使用数字参数可绝对地设置文件权限，不像符号参数那样修改已有的权限。

在下例中，chmod 改变了权限，这样，只有文件所有者才能读取和写入文件(无论以前设置了什么权限)。第一个位置上的 6 给所有者指定了读取(4)和写入(2)权限，0 取消了组用户和其他用户的所有权限。

```
$ chmod 600 letter.0210
$ ls -l letter.0210
-rw-------. 1 sam pubs 6193 02-10 14:22 letter.0210
```

接着，7(即 4+2+1)给所有者授予了读写和执行权限。5(即 4+1)给组用户和其他用户授予了读取和执行权限：

```
$ chmod 755 check_spell
$ ls -l check_spell
-rwxr-xr-x. 1 sam pubs 766 03-21 14:02 check_spell
```

关于数字权限的更多示例参见表 4-2。

表 4-2　数字权限的示例

模　式	意　义
777	所有用户都对文件具有读写和执行权限
755	文件所有者对文件具有读写和执行权限；组用户和其他用户对文件具有读取和执行权限
711	文件所有者对文件具有读写和执行权限；组用户和其他用户对文件具有执行权限
644	文件所有者可以读写文件；组用户和其他用户可以读文件
640	文件所有者可以读写文件；组用户可以读文件；其他用户不能访问文件

关于如何使用 chmod 将文件变为可执行文件的更多信息参见 8.5.1 节。关于 chmod 及其绝对参数的更多信息参见第 VI 部分。

4.5.3　setuid 和 setgid 权限

当执行具有 setuid(set user ID)权限的文件时，文件的执行过程将具有文件所有者的特权。例如，如果运行一个可删除某目录下所有文件的 setuid 程序，那么文件所有者目录下的任何文件都可被删除，即使在通常情况下没有这种权限也同样如此。类似地，setgid(set group ID)权限表示在文件执行过程中具有该文件所属组用户的特权。

尽量少用 root 用户拥有的 setuid 和 setgid 程序

安全　当运行 root 用户拥有的 setuid 可执行文件时，它们将具有超级用户的特权，即使它们不是 root 用户执行的也同样如此。这类程序功能非常强大，可做任何超级用户所能做的事情(假定此程序就是按此目的设计的)。类似地，属于 root 组的 setgid 可执行文件具有更多权限。

由于 setuid 和 setgid 程序所具有的功能和它们潜在的破坏性，应尽量避免不加选择地创建和使用 root 用户拥有的 setuid 程序或 root 组拥有的 setgid 程序。由于它们内在的危险性，应尽量少用此类程序。一个必要的 setuid 程序是 passwd。

下例显示一个拥有 root 权限的用户使用 chmod 及其符号参数，给一个程序赋予 setuid 权限，给另一个程序赋予 setgid 权限。ls -l 的输出将 s 放在文件属性中表示文件所有者可执行权限的位置，以表明 setuid 权限；将 s 放在表示文件组用户可执行权限的位置，表明 setgid 权限。命令如下：

```
# ls -l myprog*
-rwxr-xr-x. 1 root pubs 362804 03-21 15:38 myprog1
-rwxr-xr-x. 1 root pubs 189960 03-21 15:38 myprog2

# chmod u+s myprog1
# chmod g+s myprog2

# ls -l myprog*
-rwsr-xr-x. 1 root pubs 362804 03-21 15:38 myprog1
-rwxr-sr-x. 1 root pubs 189960 03-21 15:38 myprog2
```

下例使用 chmod 及其数字参数进行相同的改变。使用 4 个数字指定权限时，把第一个数字设置为 1 表示设置 sticky 位，设置为 2 表示指定 setgid 权限，设置为 4 表示指定 setuid 权限：

```
# ls -l myprog*
-rwxr-xr-x. 1 root pubs 362804 03-21 15:38 myprog1
-rwxr-xr-x. 1 root pubs 189960 03-21 15:38 myprog2

# chmod 4755 myprog1
# chmod 2755 myprog2

# ls -l myprog*
-rwsr-xr-x. 1 root pubs 362804 03-21 15:38 myprog1
-rwxr-sr-x. 1 root pubs 189960 03-21 15:38 myprog2
```

不要编写 setuid/setgid shell 脚本

安全　不要赋予 shell 脚本 setuid 或 setgid 权限。许多广为人知的技术都能破坏这类脚本文件。

4.5.4　目录访问权限

与文件的访问权限相比，目录的访问权限稍有不同。3 种类型的用户都可读写目录，但不能执行目录。对目录的执行权限定义为：可使用 cd 转到目录下，并可查看目录下具有读取权限的文件，但不一定能执行目录中的文件。

如果对某个目录仅具有可执行权限，那么使用 ls 可列出目录下知道其名称的文件，但使用不带任何参数的 ls 不能将整个目录的内容列出。在下例中，Zach 首先验证他登录到系统使用的是自己的账户，然后查看对 Max 的目录 info 的访问权限。其中，ls 带 -d(directory) 和 -l(long) 组合选项用来显示目录的访问权限。

```
$ who am i
zach         pts/7 Aug 21 10:02
$ ls -ld /home/max/info
drwx-----x. 2 max pubs 4096 08-21 09:31 /home/max/info
$ ls -l /home/max/info
ls: /home/max/info: Permission denied
```

显示目录属性的最左端的 d 表示 /home/max/info 为一个目录，Max 对其具有读写和执行权限；pubs 组用户没有任何访问权限；最右端的 x 表明其他用户仅具有执行权限。因为 Zach 对目录没有读取权限，所以 ls -l 命令返回错误信息。

如下面的命令所示，Zach 首先指明了想获取相关信息的文件名，此时他并不是读取目录 /home/max/info 的信息，而是在该目录下搜索指定信息，因为他对目录具有执行权限。又因为他对文件 notes 具有读取权限，所以可使用 cat 来显示该文件的内容，而他对文件 financial 没有读取权限，所以显示 financial 文件拒绝访问。

```
$ ls -l /home/max/info/financial /home/max/info/notes
-rw-------. 1 max pubs 34 08-21 09:31 /home/max/info/financial
-rw-r--r--. 1 max pubs 30 08-21 09:32 /home/max/info/notes
$ cat /home/max/info/notes
```

```
This is the file named notes.
$ cat /home/max/info/financial
cat: /home/max/info/financial: Permission denied
```

接下来假设 Max 使用以下命令赋予其他用户对目录 info 的读取权限:

```
$ chmod o+r /home/max/info
```

此时, Zach 检查他对 info 的访问权限时, 发现他对该目录具有读取和执行权限, 现在 ls -l 可显示 info 目录的内容, 但还不能读取 financial 文件(这与文件权限有关, 而与目录权限无关)。最后, Zach 尝试使用 touch 创建一个名为 newfile 的文件。若 Max 已经赋予他对 info 目录的写入权限, 则 Zach 便可在该目录中创建此文件。全部命令如下所示:

```
$ ls -ld /home/max/info
drwx---r-x. 2 max pubs 4096 08-21 09:31 /home/max/info
$ ls -l /home/max/info
-rw-------. 1 max pubs 34 08-21 09:31 financial
-rw-r--r--. 1 max pubs 30 08-21 09:32 notes
$ cat /home/max/info/financial
cat: financial: Permission denied
$ touch /home/max/info/newfile
touch: cannot touch '/home/max/info/newfile': Permission denied
```

4.6　ACL: 访问控制列表

与传统的 Linux 权限相比, ACL(Access Control List, 访问控制列表)可精细地控制哪些用户可访问特定的目录和文件。使用 ACL 可指定用户访问目录或文件的几种方式。但 ACL 可能降低性能, 所以在包含系统文件的文件系统中不要启用 ACL, 而使用传统的 Linux 权限就足够了。在移动、复制或归档文件时也要小心: 并不是所有的实用程序都会保留 ACL。另外, 不能把 ACL 复制到不支持 ACL 的文件系统上。

ACL 由一组规则组成。规则指定了特定用户或组如何访问与 ACL 关联的文件。有两类规则: 访问规则和默认规则(文档分别称为访问 ACL 和默认 ACL, 尽管只有一类 ACL: 只有一种类型的列表[ACL], 而 ACL 可包含两种规则)。

访问规则指定了单个文件或目录的访问信息。默认 ACL 仅与目录关联, 它指定了目录中没有给定显式 ACL 的文件的默认访问信息。

> **大多数实用程序都不保留 ACL**
>
> **警告** cp 实用程序与-p(preserve, 保留)或-a(archive, 归档)选项一起使用时, 会在复制文件的同时保留 ACL。mv 实用程序也会保留 ACL。cp 实用程序与-p 或-a 选项一起使用时, 如果它不能复制 ACL, mv 也就不能保留 ACL, 而是显示一条错误消息:
>
> ```
> $ mv report /tmp
> mv: preserving permissions for '/tmp/report': Operation not supported
> ```
>
> 其他实用程序, 例如 tar、cpio 和 dump, 都不支持 ACL。使用 cp 实用程序与-a 选项, 可以复制目录分层结构, 包括 ACL。
>
> 不能把 ACL 复制到不支持 ACL 的文件系统中, 或复制到未启用 ACL 的文件系统中。

4.6.1　启用 ACL

下面介绍如何在 Linux 中启用 ACL。如果你运行的是 macOS, 请查阅附录 D。

在使用 ACL 之前, 必须安装 acl 软件包。大多数 Linux 版本仅在 ext2、ext3 和 ext4 文件系统上正式支持 ACL, 尽管其他系统不正式支持 ACL。要在 ext2/ext3/ext4 文件系统上使用 ACL, 必须使用 acl 选项挂载设备(no_acl 是默认选项)。例如, 如要挂载/home 表示的设备, 以便在/home 的文件上使用 ACL, 可在/etc/fstab 的选项列表中添加 acl:

```
$ grep home /etc/fstab
LABEL=/home              /home            ext4      defaults,acl        1 2
```

remount 选项　改变 fstab 后，就需要重新挂载/home，之后才能使用 ACL。如果没有其他人使用系统，就可以卸载它，然后再次挂载它(使用 root 权限，且工作目录不在/home 目录结构下)。另外，还可使用 mount 的 remount 选项，在使用设备的过程中重新挂载/home：

```
# mount -v -o remount /home
/dev/sda3 on /home type ext4 (rw,acl)
```

4.6.2　处理访问规则

setfacl 实用程序可修改文件的 ACL，getfacl 可显示文件的 ACL。这些实用程序都只能在 Linux 下使用。如果运行的是 macOS，就必须使用附录 D 中介绍的 chmod。使用 getfacl 获取不包含 ACL 的文件的信息时，所显示的信息与使用 ls –l 命令得到的信息相同，仅格式不同而已：

```
$ ls -l report
-rw-r--r--. 1 max pubs 9537 01-12 23:17 report

$ getfacl report
# file: report
# owner: max
# group: pubs
user::rw-
group::r--
other::r--
```

getfacl 输出的前 3 行是文件头；它们指定了文件名、文件所有者和对文件具有访问权限的组。更多信息可参见 4.5.1 节。--omit-header(或--omit)选项会导致 getfacl 不显示文件头：

```
$ getfacl --omit-header report
user::rw-
group::r--
other::r--
```

在以 user 开头的行上，没有用名字隔开的两个冒号(::)表示，该行指定文件所有者的权限。同样，group 行中的两个冒号表示，该行指定对文件具有访问权限的组的权限。other 后面也使用两个冒号是为了保持一致：other 不与任何名字关联。

setfacl --modify(或-m)选项可使用如下格式，在文件的 ACL 中添加或修改一条或多条规则：

setfacl --modify **ugo:name:permissions file-list**

其中，ugo 可以是 u、g 或 o，分别表示该命令设置用户、组或所有其他用户对文件的访问权限。name 是为其设置权限的用户名或组名，permissions 是符号格式或绝对格式的权限；file-list 是应用权限的文件列表。为其他用户(o)指定权限时，必须省略 name。符号权限使用字母表示文件权限(rwx、r-x 等)，而绝对权限使用八进制数。chmod 使用 3 组权限或 3 个八进制数(分别表示所有者、组和其他用户的权限)，而 setfacl 使用一组权限或一个八进制数表示授予 ugo 和 name 表示的用户或组的权限。关于文件权限的符号表示和绝对表示请参见 4.5.2 节和第 VI 部分。

例如，下面两条命令都给 report 文件添加一条规则，为 Sam 授予该文件的读写权限：

```
$ setfacl --modify u:sam:rw- report
```

或

```
$ setfacl --modify u:sam:6 report

$ getfacl report
# file: report
# owner: max
# group: pubs
user::rw-
```

```
user:sam:rw-
group::r--
mask::rw-
other::r--
```

包含 user:sam:rw-的行表示，Sam 拥有文件的读写(rw-)权限。如何读取访问权限请查看 4.5 节。对于以 mask 开头的行，可参见下面的选读部分。

文件有 ACL 时，ls -l 会在权限后显示一个加号，即使 ACL 为空，也是如此：

```
$ ls -l report
-rw-rw-r--+ 1 max max 9537 01-12 23:17 report
```

选读

有效权限屏蔽

以 mask 开头的行表示有效权限屏蔽。这个屏蔽限制了授予 ACL 组和用户的有效权限。它不影响文件的所有者和组用户的访问权限。换言之，它不影响传统的 Linux 权限。但是，因为 setfacl 总是将有效权限屏蔽限制为文件的最小限制 ACL 权限，所以除非在设置了文件的 ACL 后显式地设置有效权限屏蔽，否则它就不起作用。要设置该屏蔽，可在 setfacl 命令中用 mask 替代 ugo，且不指定 name。

下例将有效权限屏蔽设置为 report 文件的 read：

```
$ setfacl -m mask::r-- report
```

下面 getfacl 输出的 mask 行说明，有效权限屏蔽设置为读取(r--)。显示 Sam 的文件访问权限的输出行说明，Sam 的文件访问权限仍设置为读写。但该行右端的注释表示，Sam 的有效权限是读取。

```
$ getfacl report
# file: report
# owner: max
# group: pubs
user::rw-
user:sam:rw-                    #effective:r--
group::r--
mask::r--
other::r-
```

下例说明，setfacl 可修改 ACL 规则，也可一次设置多条 ACL 规则：

```
$ setfacl  -m u:sam:r--,u:zach:rw-  report
$ getfacl --omit-header report
user::rw-
user:sam:r--
user:zach:rw-
group::r--
mask::rw-
other::r--
```

-x 选项删除用户或组的 ACL 规则。它不影响文件所有者和组用户的权限。下例说明，setfacl 删除授予 Sam 访问文件权限的规则：

```
$ setfacl  -x u:sam report
$ getfacl --omit-header report
user::rw-
user:zach:rw-
group::r--
mask::rw-
other::r--
```

使用-x 选项时，不能指定 permissions，而只能指定 ugo 和 name。-b 选项后只跟文件名，会从指定的文件或目录中删除所有的 ACL 规则和 ACL 本身。

setfacl 和 getfacl 有许多选项，使用--help 选项可显示选项的简短列表，详细信息可查阅 man 页。

4.6.3　设置目录的默认规则

下例说明，dir 目录最初没有 ACL。setfacl 命令使用-d(default)选项给 dir 命令的 ACL 添加了两条默认规则。这些规则会应用于 dir 目录中没有显式 ACL 的所有文件。这两条规则授予 pubs 组的成员读取和执行权限，授予 admin 组的成员读写和执行权限。

```
$ ls -ld dir
drwx------  2 max pubs 4096 02-12 23:15 dir
$ getfacl dir
# file: dir
# owner: max
# group:  pubs
user::rwx
group::---
other::---
$ setfacl  -d -m g:pubs:r-x,g:adm:rwx dir
```

下面的 ls 命令显示，dir 目录现在有 ACL，如权限右边的"+"所示。getfacl 显示的每条默认规则都以"default:"开头。前两条默认规则和最后一条默认规则指定了文件所有者、组用户和所有其他用户的权限。这 3 条规则指定了传统的 Linux 权限，且比其他 ACL 规则优先。第 3 条和第 4 条规则指定了 pubs 组和 adm 组的权限。接下来是默认的有效权限屏蔽。

```
$ ls -ld dir
drwx ---------+ 2 max pubs 4096 02-12  23:15  dir
$ getfacl  dir
# file: dir
# owner: max
# group:  pubs
user::rwx
group::---
other::---
default:user::rwx
default:group::---
defaulC:group:pubs:r-x
default:group:adm:rwx
default:mask::rwx
default:other::---
```

记住，与目录中文件相关的默认规则并没有明确赋予 ACL。还可为目录本身指定访问规则。

若目录的 ACL 中包含默认规则，则在该目录中创建文件时，该文件的有效权限屏蔽会根据文件的权限来创建。某些情况下，屏蔽可能会覆盖默认的 ACL 规则。

在下例中，touch 在 dir 目录中创建了一个文件 new。ls 命令显示这个文件有 ACL。根据 umask 的值，文件的所有者和对文件具有组访问权限的组都有文件的读写权限。有效权限屏蔽设置为读写，所以 pubs 组的有效权限是读取，而 adm 组的有效权限是读写，这两组都没有执行权限。

```
$ cd dir
$ touch new
$ ls -l new
-rw-rw----+ 1 max pubs 0 02-13 00:39 new
$ getfacl --omit new
user::rw-
group::---
group:pubs:r-x                    #effective:r--
group:adm:rwx                     #effective:rw-
mask::rw-
other::---
```

如果把文件所有者和组的文件传统权限改为读写和执行，有效权限屏蔽就变成读写和执行，同时默认规则指定的组会获得文件的执行权限。

```
$ chmod 770 new
$ ls -l new
-rwxrwx---+ 1 max pubs 0 02-13 00:39 new
$ getfacl --omit new
user::rwx
group::---
group:pubs:r-x
group:adm:rwx
mask::rwx
other::---
```

4.7　链接

　　链接表示指向文件的指针。当使用 vim、touch、cp 或其他方式创建文件时，对应目录下便产生一个指向该文件的指针，该指针将文件名和磁盘的某个位置关联起来。当在命令中指明此文件名时，指针就指向存放该文件的磁盘位置。

　　当两个人或多个人共同开发一个项目并需要共享信息时，文件的共享机制将非常有用。通过为文件创建附加的链接可方便其他用户对文件进行访问。

　　为与其他用户共享某个文件，应首先赋予该用户对文件的读写权限。有时，还需要修改文件父目录的权限为读写或执行权限。当这些权限设置恰当后，为文件创建链接使得每个人都可分别从各自的目录结构中访问文件。

　　链接机制对具有大型目录结构的单用户也很有帮助。在目录结构中，针对不同任务的文件分类，可创建跨文件类别的链接。在图 4-2 所示的文件结构中，假设 correspond 目录的子目录 personal、memos 和 business 中都存在一个名为 to_do 的文件，此时会发现很难跟踪所有要做的事情，那么可在 correspond 中再创建一个名为 to_do 的子目录，并将原来每个子目录中的 to_do 列表链接到该目录，例如将 memos 目录中的 to_do 文件链接到 to_do 目录中的 memos 文件。这些链接如图 4-13 所示。

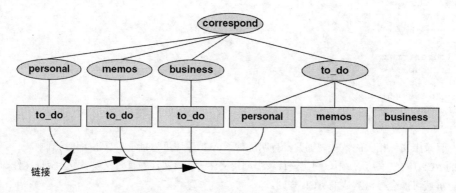

图 4-13　使用链接对文件进行跨类归档

　　虽然链接技术听起来很复杂，但该技术使得在同一个地方跟踪自己所有要完成的工作列表变得很方便。当忙于写信、撰写备忘录或处理私事时，可在任务相关的目录中很方便地访问对应的任务列表。

硬链接

提示　链接共有两种：硬链接和符号链接(或称为软链接)。硬链接是一种较老的链接，已经过时。下面关于硬链接的内容已标记为选读内容(可跳过)，主要对 inode 节点和文件系统的结构进行了介绍。

选读

4.7.1　硬链接

　　文件的硬链接以另一个文件的形式出现在文件结构中。若文件与其链接出现在同一个目录中，那么该文件与其链接的名字一定不同，因为同一目录中的文件不能同名。只能在包含文件的文件系统中创建该文件的硬链接。

1. ln：创建硬链接

不带-s 或--symbolic 选项的实用程序 ln(link)可为已存在的文件创建硬链接，其语法格式如下所示：

ln existing-file new-link

为图 4-14 所示的 Zach 的主目录下的文件 draft 创建一个新链接，名为/home/max/letter，命令如下所示：

```
$ pwd
/home/zach
$ ln draft /home/max/letter
```

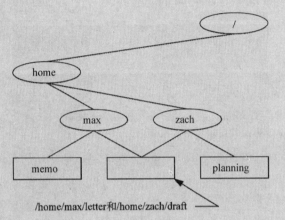

图 4-14　两个到同一文件的链接：/home/max/letter 和/home/Zach/draft

这个新的链接出现在/home/max 目录下，文件名为 letter。在实际操作过程中，如前所述，为让 Zach 能创建此链接，Max 需要更改目录的访问权限。尽管/home/max/letter 在 Max 的主目录下，但 Zach 是该文件的所有者，因为他创建了该文件。

ln 实用程序为已存在的文件创建了附加的指针，但不创建该文件的副本。因为所有链接都只对应一个文件，所以所有链接文件的状态信息(如访问权限、文件所有者和文件的修改时间)都相同，只是文件名不同。当 Zach 修改文件/home/Zach/draft 时，Max 也可在文件/home/max/letter 中看到变化。

2. cp 与 ln

下面的命令证实 ln 没有创建文件的副本。首先创建一个文件，然后使用 ln 创建文件的链接文件，之后修改其中一个链接文件的内容，再查看另一个链接文件内容的变化。全部命令如下所示：

```
$ cat file_a
This is file A.
$ ln file_a file_b
$ cat file_b
This is file A.
$ vim file_b
...
$ cat file_b
This is file B after the change.
$ cat file_a
This is file B after the change.
```

若使用 cp 而不是 ln 重复上面的试验，并改变文件的一个副本，则两个实用程序的区别很明显。一旦改变一个文件副本内容，两个文件的内容就不再相同。全部命令如下所示：

```
$ cat file_c
This is file C.
$ cp file_c file_d
```

```
$ cat file_d
This is file C.
$ vim file_d
...
$ cat file_d
This is file D after the change.
$ cat file_c
This is file C.
```

ls 与链接数目　使用命令 ls -l 后跟几个文件名，可对文件的属性进行比较。结果显示，同一文件的两个链接文件的状态信息相同，而没有链接的文件的状态信息不同。如下例所示，其中的数字 2(max 的左端)代表到文件 file_a 和 file_b 的链接有两个：

```
$ ls -l file_a file_b file_c file_d
-rw-r--r-- 2 max pubs 33 05-24 10:52 file_a
-rw-r--r-- 2 max pubs 33 05-24 10:52 file_b
-rw-r--r-- 1 max pubs 16 05-24 10:55 file_c
-rw-r--r-- 1 max pubs 33 05-24 10:57 file_d
```

虽然在示例中很容易就可猜出两个链接对应的文件，但 ls 并没有显式加以说明。

ls 与 inode　ls -i 可将文件对应的 inode 编号列出，从而可确定哪些文件是链接文件。inode 是指文件的控制结构(macOS 的默认文件系统 HFS+没有 inode，但通过一种巧妙机制，可使该文件系统看起来有 inode)。若两个文件对应的 inode 编号相同，则代表这两个文件共享同一个控制结构，并链接到同一文件。否则，若两个文件的 inode 编号不同，则代表它们是不同的文件。下例表明 file_a 与 file_b 有相同的 inode 编号，而 file_c 与 file_d 具有不同的 inode 编号：

```
$ ls -i file_a file_b file_c file_d
3534 file_a 3534 file_b 5800 file_c 7328 file_d
```

同一文件的所有链接都是等价的，操作系统不区分多个链接创建的先后顺序。若一个文件存在两个链接，则删除其中一个后还可通过另一个来访问文件。也可删除创建文件时用到的链接，但只要还有一个链接存在，就可通过该链接访问文件。

4.7.2　符号链接

Linux 操作系统除支持硬链接外，还支持符号链接(symbolic link)，或称为软链接(soft link、symlink)。硬链接是直接指向文件的指针(由目录项直接指向文件的 inode)，符号链接是间接指向文件的指针(目录项包含指向文件的路径名，即指向文件硬链接的指针)。

解引用符号链接　解引用符号链接的意思是沿着链接到达目标文件，而不是与链接本身打交道。关于解引用符号链接的信息请参见 4.7.4 节。

符号链接的优点　符号链接是基于文件硬链接的局限性引入。例如，无法创建某个目录的硬链接，但可创建目录的符号链接。

Linux 文件层次结构通常由几个文件系统组成。由于每个文件系统为包含的文件保存单独的控制信息(即单独的 inode 表或文件系统结构)，因此不可能在不同文件系统间创建硬链接。文件所有的硬链接都必须在同一个文件系统中，而符号链接可指向任何文件，无论这些文件在文件结构中的位置如何。如果只是在自己的主目录下的不同文件之间创建文件的链接，就不会注意到这些局限性。

符号链接的一个很大优势是它可指向不存在的文件。如果要为某个会被定期删除和重新创建的文件创建链接的话，这项优势会很有用。硬链接一直指向已"删除"的文件，即使已经创建了一个新文件，该链接仍指向已"删除"的文件。而符号链接总是指向新创建的文件，删除旧文件时不受影响。例如，符号链接可指向一个需要在源代码控制系统下签入和签出的文件，或者指向一个每次运行 make 时 C 编译器重新创建的.o 文件，或者指向一个重复归档的日志文件。

虽然符号链接显得比硬链接更通用，但它也存在缺点。某个文件的所有硬链接的地位是平等的，而符号链接不同。当某个文件具有多个硬链接时，它类似于一个人可以有多个合法的全名(在美国，已婚妇女就有两个合法的姓名),而符号链接则类似于人的绰号,每个人可有一个或多个绰号,但绰号的法律效力低于合法姓名的法律效力。
下面将介绍符号链接的一些特性。

ln:创建符号链接

包含--symbolic 或-s 选项的 ln 可创建一个符号链接。下例为 Max 的主目录下的文件 sum 创建一个名为/tmp/s3
的符号链接。当使用 ls -l 命令查看该符号链接时,ls 将显示链接的名称和指向的文件名。其中,第 1 个字符 l(link)
代表链接。符号链接文件的大小是目标文件路径名中的字符数。

```
$ ln --symbolic /home/max/sum /tmp/s3
$ ls -1 /home/max/sum /tmp/s3
-rw-rw-r--.    1 max pubs 38 06-12 09:51 /home/max/sum
lrwxrwxrwx.    1 max pubs 13 06-12 09:52 /tmp/s3 -> /home/max/sum
$ cat /tmp/s3
This is sum.
```

ls 的执行结果显示两个文件的大小和上次修改的时间都不同。与硬链接不同,文件的符号链接与文件自身具有
不同的状态信息。

也可使用 ln 创建目录的符号链接。使用--symbolic 选项,ln 并不区分是为普通文件还是为目录创建链接。

使用绝对路径名创建符号链接

警告　符号链接只是字面上的,不能识别目录。指向相对路径名(包含简单文件名)的符号链接认为相对路径名相对
于链接所在的目录(而不是创建链接时来自的目录)。在下例中,链接指向/tmp 目录中的 sum 文件。因为在/tmp
目录中不存在 sum 这个文件,所以 cat 将显示错误信息。

```
$ pwd
/home/max
$ ln --symbolic sum /tmp/s4
$ ls -1 /home/max/sum /tmp/s4
lrwxrwxrwx.  1 max    pubs      3 06-12 10:13 /tmp/s4 -> sum
-rw-rw-r--.  1 max    pubs     38 06-12 09:51 /home/max/sum
$ cat /tmp/s4
cat: /tmp/s4: No such file or directory
```

选读

cd 与符号链接　当使用符号链接作为 cd 的参数切换目录时,执行结果可能令人困惑,尤其当自己并没有意识
到正在使用的是一个符号链接时。

若用 cd 切换到符号链接表示的一个目录,则 shell 内置命令 pwd 将显示此符号链接的名称。无论当前在哪个目
录下,实用程序 pwd(/bin/pwd)都显示链接到的目录名,而不是符号链接名。也可使用带有-P(physical,物理的)选项
的内置命令 pwd 显示链接到的目录。这个选项显示路径名,但不包含符号链接。

```
$ ln -s /home/max/grades tmp/grades.old
$ pwd
/home/max
$ cd /tmp/grades.old
$ pwd
/tmp/grades.old
$ /bin/pwd
/home/max/grades
$ pwd -P
/home/max/grades
```

当使用 cd 切换到父目录时,会切换到包含符号链接的父目录(除非对 cd 使用-P 参数):

```
$ cd ..
$ pwd
/tmp
$ /bin/pwd
/tmp
```

在 macOS 下,/tmp 是/private/tmp 的符号链接。当运行 macOS 时,执行上例中的 cd ..命令后,工作目录将是/private/tmp。

4.7.3 rm：删除链接

创建文件时，便相应地创建了一个指向该文件的硬链接。当使用 rm 实用程序删除文件时，采用 Linux 的术语表达为：rm 删除了文件对应的链接。当把文件对应的最后一个硬链接删除后，就再也不能访问存储在该文件中的信息，操作系统将释放文件所占的磁盘空间以供其他文件使用。即使文件的符号链接仍然存在，空间也要被释放。若文件存在多个硬链接，则删除一个链接后还可通过其他链接来访问文件。与 DOS 和 Windows 系统不同，Linux 系统下的文件删除后很难恢复，虽然有时熟练的黑客通过努力能将文件的各个碎片集中在一起。

如果将文件的所有硬链接都删除，那么通过符号链接将无法访问到文件。在下例中，cat 的运行结果指出 total 文件不存在，这是因为 total 是文件 sum 的符号链接，而 sum 文件已经被删除。

```
$ ls -l sum
-rw-r--r--. 1 max pubs 981 05-24 11:05 sum
$ ln -s sum total
$ rm sum
$ cat total
cat: total: No such file or directory
$ ls -l total
lrwxrwxrwx. 1 max pubs 6 05-24 11:09 total -> sum
```

要删除某个文件时，要同时删除该文件的所有符号链接。删除符号链接的方式与删除其他普通文件的方式相同，如下所示：

```
$ rm total
```

4.7.4 解引用符号链接

文件名指向一个文件。符号链接是这样一种文件，它的文件名对应的是另一个文件(目标文件)但并不直接指向目标文件：它是目标文件的一个引用。关于符号链接的更多信息可参见 4.7.2 节。

解引用符号链接的意思是沿着链接到达目标文件，而不是与链接本身打交道。当解引用符号链接时，你最后会得到一个文件指针(目标文件的文件名)。术语"非-解引用"是一个双重否定：意思是引用。非-解引用符号链接意味着与链接本身(不解引用符号链接)打交道。

许多实用程序含有解引用和非-解引用选项，通常由-L(-dereference)选项和-P(--no-dereference)选项相应地触发。一些命令，例如 chgrp、cp 和 ls，还具有部分解引用选项，通常由-H 触发。使用-H 选项，命令只对命令行中列出的文件进行解引用，对命令行中列出的目录结构进行遍历时发现的文件不进行解引用。

本节对-L(--dereference)和-H(部分解引用)选项做了两次解释，一次使用 ls，另一次使用 chgrp。本节也涵盖 chgrp 的-P(--no-dereference)选项。

使用 ls 解引用符号链接

没有选项　大多数命令默认是非-解引用的，尽管许多都没有明确的非-解引用选项。例如，在大多数 Linux 发行版中使用的 GNU ls 命令，没有-P(--no-dereference)选项，而 macOS 中使用的 BSD ls 命令有。

在下例中，使用带有-l 选项的 ls 显示工作目录下的文件信息，而且不对符号链接 sam.memo 进行解引用；它显示符号链接，以及链接指向文件的路径(目标文件)。sam.memo 一行的第一个字符是 l，表示这一行显示的是一个符号链接。Max 创建并拥有这个符号链接。

```
$ ls -l
-rw-r--r--. 1 max pubs 1129  04-10 15:53 memoD
-rw-r--r--. 1 max pubs 14198 04-10 15:56 memoE
lrwxrwxrwx. 1 max pubs 19    04-10 15:57 sam.memo -> /home/max/sam/memoA
```

下一条命令在命令行上指定了符号链接指向的文件(目标文件)并显示关于那个文件的信息。文件类型、访问许可权限、所有者和文件修改时间，均与链接文件不同。Sam 创建并拥有这个文件。

```
$ ls -l /home/max/sam/memoA
```

```
-rw-r--r--. 1 sam sam 2126 04-10 15:54 /home/max/sam/memoA
```

-L(--dereference)　接下来，-L(--dereference)选项让 ls 显示工作目录下的文件信息，并且解引用 sam.memo 符号链接；它显示了符号链接指向的文件(目标文件)。sam.memo 一行的第一个字符是-，表示这行显示的是一个普通文件。这条命令显示了关于 memoA 的信息，与前一条命令一样，差别是它显示了符号链接的名字(sam.memo)而不是目标文件名(memoA)。

```
$ ls -lL
-rw-r--r--. 1 max pubs     1129    04-10 15:53 memoD
-rw-r--r--. 1 max pubs    14198    04-10 15:56 memoE
-rw-r--r--. 1 sam sam      2126    04-10 15:54 sam.memo
```

-H　当不为 ls 指定一个符号链接作为参数时，-H(部分解引用；这个短选项没有相应的长选项)选项显示与-l 选项相同的信息。

```
$ ls -lH
-rw-r--r--. 1 max pubs 1129   04-10 15:53 memoD
-rw-r--r--. 1 max pubs 14198  04-10 15:56 memoE
lrwxrwxrwx. 1 max pubs 19      04-10 15:57 sam.memo -> /home/max/sam/memoA
```

当为 ls 指定一个符号链接作为参数时，-H 选项使得 ls 解引用符号链接；它显示链接指向文件的相关信息(目标文件；该例中为 memoA)。就像使用-L 一样，它使用符号链接名指代文件。

```
$ ls -lH sam.memo
-rw-r--r--. 1 sam sam 2126 04-10 15:54 sam.memo
```

在下一个示例中，shell 将*展开成工作目录下的文件名列表并传给 ls。指定一个会展开成符号链接的文件通配符与直接指定符号链接具有相同的输出结果(因为 ls 并不知道它是通过文件通配符调用的，它看到的只是 shell 传来的文件列表)。

```
$ ls -lH *
-rw-r--r--. 1 max pubs 1129    04-10 15:53 memoD
-rw-r--r--. 1 max pubs14198    04-10 15:56 memoE
-rw-r--r--. 1 sam sam  2126    04-10 15:54 sam.memo
```

选读

readlink　readlink 命令显示一个文件的绝对路径，需要的时候解引用符号链接。使用-f(--canonicalize)选项，readlink 会跟踪嵌套的符号链接；除了最后一个，所有链接必须存在。下面列举一个示例：

```
$ ls -l /etc/alternatives/mta-mailq
lrwxrwxrwx. 1 root root 23 01-11 15:35 /etc/alternatives/mta-mailq ->
/usr/bin/mailq.sendmail
$ ls -l /usr/bin/mailq.sendmail
lrwxrwxrwx. 1 root root 25 01-11 15:32 /usr/bin/mailq.sendmail
-> ../sbin/sendmail.sendmail

$ readlink -f /etc/alternatives/mta-mailq
/usr/sbin/sendmail.sendmail
```

使用 chgrp 解引用符号链接

没有选项　下例演示了-H 和-L 之间的差异，这次使用的是 chgrp。开始时工作目录中的所有文件和目录都属于 zach 组：

```
$ ls -lR
.:
-rw-r--r-- 1 zach zach 102   07-02 12:31 bb
drwxr-xr-x 2 zach zach 4096  07-02 15:34 dir1
drwxr-xr-x 2 zach zach 4096  07-02 15:33 dir4

./dir1:
-rw-r--r-- 1 zach zach 102 07-02 12:32 dd
```

```
lrwxrwxrwx 1 zach zach 7    07-02 15:33 dir4.link -> ../dir4

./dir4:
-rw-r--r-- 1 zach zach 125 07-02 15:33 gg
-rw-r--r-- 1 zach zach 375 07-02 15:33 hh
```

-H 当使用-R 和-H 选项(使用 chgrp 时，-H 必须与-R 一同出现，否则不起作用)调用 chgrp，chgrp 只对命令行中直接列出的符号链接，以及命令行所列目录中的符号链接进行解引用。chgrp 命令改变这些链接指向文件所属的组。它不解引用在遍历目录结构更下层发现的符号链接，也不改变符号链接本身。处理目录 dir1 的下层时，chgrp 不改变 dir4.link，但它改变 dir4.link 所指向的目录 dir4。

```
$ chgrp -RH pubs bb dir1
$ ls -lR
.:
-rw-r--r-- 1 zach pubs 102  07-02 12:31 bb
drwxr-xr-x 2 zach pubs 4096 07-02 15:34 dir1
drwxr-xr-x 2 zach pubs 4096 07-02 15:33 dir4

./dir1:
-rw-r--r-- 1 zach pubs 102 07-02 12:32 dd
lrwxrwxrwx 1 zach zach 7    07-02 15:33 dir4.link -> ../dir4

./dir4:
-rw-r--r-- 1 zach zach 125 07-02 15:33 gg
-rw-r--r-- 1 zach zach 375 07-02 15:33 hh
```

macOS 下的-H 选项

警告 chgrp 的-H 选项在 Linux 下的执行情况与 macOS 下略有不同。macOS 下，chgrp –RH 改变命令行中在所列目录中找到的符号链接所属的组，但并不改变链接指向的文件(它不会解引用符号链接)。如果在 macOS 下运行之前的示例，dir4 的组不会改变，但 dir4.link 的组被改变了。

如果你的程序取决于macOS下带-H选项的命令的执行情况，测试一下使用了选项的命令来确定其执行情况。

-L 当使用-R 和-L 选项(使用 chgrp 时，-L 必须和-R 一同出现，否则不起作用)调用 chgrp 时，chgrp 解引用所有符号链接：命令行上列出的以及遍历目录结构下层时发现的符号链接。它并不改变符号链接本身。这个命令会改变 dir4.link 所指向目录中的文件：

```
$ chgrp -RL pubs bb dir1

$ ls -lR
.:
-rw-r--r-- 1 zach pubs 102  07-02 12:31 bb
drwxr-xr-x 2 zach pubs 4096 07-02 15:34 dir1
drwxr-xr-x 2 zach pubs 4096 07-02 15:33 dir4

./dir1:
-rw-r--r-- 1 zach pubs 102 07-02 12:32 dd
lrwxrwxrwx 1 zach zach   7 07-02 15:33 dir4.link -> ../dir4

./dir4:
-rw-r--r-- 1 zach pubs 125 07-02 15:33 gg
-rw-r--r-- 1 zach pubs 375 07-02 15:33 hh
```

-P 当你使用-R 和-P 选项(使用 chgrp 时，-P 必须和-R 一同出现，否则不起作用)调用 chgrp 时，chgrp 并不解引用符号链接。但它会改变符号链接本身所属的组。

```
$ ls -l bb*
-rw-r--r-- 1 zach zach 102 07-02 12:31 bb
lrwxrwxrwx 1 zach zach 2    07-02 16:02 bb.link -> bb

$ chgrp -PR pubs bb.link

$ ls -l bb*
```

```
-rw-r--r-- 1 zach zach 102 07-02 12:31 bb
lrwxrwxrwx 1 zach pubs 2    07-02 16:02 bb.link -> bb
```

4.8　本章小结

Linux 系统采用分层的树型文件结构来管理文件，使得文件的查找变得非常便捷。此文件结构包含目录文件和普通文件。目录可包含文件，也可包含其他目录。普通文件通常为文本、程序或图像。所有文件的顶层目录是用 "/" 表示的根目录。

大多数 Linux 文件系统支持长达 255 个字符的文件名。文件名最好简洁明了。文件的扩展名有助于使文件名更富有意义。

登录系统时，随之便与某个工作目录建立关联。当用户首次登录到系统时，在使用 cd 切换工作目录之前，用户的主目录即为工作目录。

文件的绝对路径名包含从根目录到该文件的路径上的所有文件名，其中用斜杠/(代表根目录)开始，路径中的所有目录之间也用斜杠(/)隔开。只是对于指向目录文件的路径，它的最后一个目录的后面可以没有斜杠。

文件的相对路径名与绝对路径名类似，除了它从工作目录开始。简单的文件名是路径名的最后一项，也是相对路径名的一种形式，它表示工作目录中的一个文件。

Linux 文件系统包含一些重要目录，如存放 Linux 实用程序命令的目录/usr/bin，存放硬件对应的设备文件的目录/dev。文件/etc/passwd 是一个非常重要的标准文件，它包含用户的一些信息，如用户的 ID 和全名。

文件的访问权限是文件属性的一部分，它用来决定可访问文件的用户以及访问文件的方式。访问文件的用户可分为 3 类：文件所有者、组用户和其他用户。文件一般存在 3 种访问方式：读取、写入和执行。命令 ls -l 显示了这些权限。对于目录，执行权限表示该目录可被搜索。

文件的所有者或超级用户可使用 chmod 实用程序来更改文件的访问权限。此实用程序对文件所有者、组用户及其他用户在系统上的读写和执行权限进行了定义。

与传统的 Linux 权限相比，ACL(访问控制列表，Access Control List)可精细控制哪些用户可访问特定的目录和文件。使用 ACL 可指定多个用户访问目录或文件的方式。很少有实用程序在处理文件时会保留 ACL。

普通文件存储了用户数据，如文本信息、程序或图像。目录是标准格式的磁盘文件，它存储的信息包括普通文件和其他目录文件的名称等。inode 是一种数据结构，存储在磁盘上，它定义了文件的存在性，并用 inode 编号来标识文件。目录把它存储的每个文件名与对应的 inode 关联起来。

链接是指向文件的指针。一个文件可有多个链接以与其他用户共享，或使文件出现在多个目录下。因为包含多个链接的文件只存在一个副本，所以通过文件的某个链接来修改文件，该文件的所有其他链接也将变化。硬链接不能对目录建立链接，也不能跨文件系统建立链接，而符号链接可以做到。

本章介绍的实用程序如表 4-3 所示。

表 4-3　第 4 章介绍的实用程序

实 用 程 序	功　　能
cd	切换工作目录(参见 4.4.2 节)
chmod	更改文件的访问权限(参见 4.5.2 节)
getfacl	显示文件的 ACL(参见 4.6 节)
ln	对已存在文件建立链接(参见 4.7 节)
mkdir	创建目录(参见 4.4.1 节)
pwd	显示工作目录的路径名(参见 4.2.2 节)
rmdir	删除目录(参见 4.4.3 节)
setfacl	修改文件的 ACL(参见 4.6 节)

练习

1. 下面的路径名中哪些是绝对路径名，哪些是相对路径名，哪些是简单的文件名？

   a. milk_co

   b. correspond/business/milk_co

   c. /home/max

   d. /home/max/literature/promo

   e. ..

   f. letter.0210

2. 给出能实现下列操作的命令：

   a. 将工作目录切换到用户的主目录

   b. 确认工作目录

3. 假设/home/max 下的子目录 literature 为工作目录，给出在目录 literature 下创建子目录 classics 的 3 组命令，并给出几种删除 classics 目录及其内容的方法。

4. 实用程序 df 可显示系统中所有挂载的文件系统及其相关信息。请使用 df 实用程序和-h(human readable)选项来回答以下问题：

   a. 用户的 Linux 系统中有多少个已挂载的文件系统？

   b. 用户的主目录存放在哪个文件系统下？

   c. 如果用户的 Linux 系统中有两个或更多个文件系统，那么尝试在不同文件系统上创建文件的硬链接，系统会给出什么错误消息？若创建文件的符号链接，情况又如何？

5. 假设有一个链接文件，该文件链接到的文件所有者是其他用户，那么如何使得文件的修改不被共享？

6. 假设用户对文件/etc/passwd 具有读取权限，通过 cat 或 less 来查看该文件，回答下面的问题：

   a. /etc/passwd 中各个字段间的分隔符是什么？

   b. 每个用户信息要有多少个字段？

   c. 本地系统上共有多少个用户？

   d. 本地系统上共有多少个不同的登录 shell？提示：查看最后一个字段。

   e. /etc/passwd 的第 2 个字段以加密方式存放用户口令。如果该字段包含字符 x，则说明用户的系统使用了影子口令，加密后的口令存放在其他地方。查看用户的系统是否使用了影子口令。

7. 如果文件/home/zach/draft 和/home/max/letter 链接到同一文件，按下面的顺序执行相应的操作后，那么文件 letter 开头的日期应为哪个时间？

   a. Max 执行命令 vim letter

   b. Zach 执行命令 vim draft

   c. Zach 将文件 letter 开头的日期设置为 1 月 31 号，写入文件，退出 vim

   d. Max 将日期设置为 2 月 1 号，写入文件，退出 vim

8. 假设某个用户属于对文件 jobs_list 具有所有权限的某个组，但该用户作为文件 jobs_list 的所有者却没有任何权限。请说明该用户对文件 jobs_list 可进行何种操作。使用什么命令可授予该用户访问文件的所有权限？

9. 根目录是否存在普通用户搜索不到的子目录？是否存在普通用户不能读取的目录？解释原因。

10. 假设对图 4-2 所示目录结构中的目录权限的描述如下：

```
d--x--x---    3 zach pubs 512 2013-03-10 15:16 business
drwxr-xr-x    2 zach pubs 512 2013-03-10 15:16 business/milk_co
```

对于 3 种类型的用户：文件所有者、组用户和其他用户，若分别运行下面的命令，执行结果会怎样？假设 correspond 的父目录为工作目录，任何用户可读取文件 cheese_co。

   a. cd correspond/business/milk_co

   b. ls -l correspond/business

   c. cat correspond/business/cheese_co

高级练习

11. 什么是 inode？当在某个文件系统内移动文件时，文件对应的 inode 将如何变化？

12. 目录中的项 ".." 指向哪里？在根目录中，该项又指向哪里？

13. 如何才能创建一个名为 -i 的文件？哪种方法无效？为什么无效？如何删除该文件？

14. 假设工作目录下仅包含一个名为 andor 的文件，那么执行下面的命令会得到什么错误消息？

    ```
    $ mv andor and\/or
    ```

    在什么情况下，运行该命令不会报错？

15. 命令 ls -i 可在文件名的前面显示文件对应的 inode 编号。输入一个命令，输出工作目录中所有文件的 inode 和对应的文件名，并按 inode 编号排序(提示：使用管道)。

16. 系统管理员能否访问可破译用户口令的程序？并说明理由(参见练习 6)。

17. 文件及其硬链接是否存在区别？也就是说，若给定一个文件名，能否判断它是采用命令 ln 创建的？请解释原因。

18. 解释下面命令执行后显示错误消息的原因：

    ```
    $ ls -1
    drwxrwxr-x.  2 max pubs 1024 03-02 17:57 dirtmp
    $ ls dirtmp
    $ rmdir dirtmp
    rmdir: dirtmp: Directory not empty
    $ rm dirtmp/*
    rm: No match.
    ```

第5章

shell

阅读完本章之后你应该能够：

- 描述简单命令
- 了解命令行语法并运行包含选项和参数的命令
- 解释 shell 如何解析命令行
- 将命令的输出重定向到文件，覆盖文件或者向文件追加内容
- 将命令的输入重定向为来自文件
- 使用管道连接多个命令
- 在后台运行命令
- 将特殊字符用作通配符来生成文件名
- 解释独立的实用程序和 shell 内置命令的区别

本章将详细介绍 shell 及其特性的使用方法，主要包括：讨论命令行语法，描述 shell 如何处理命令行以及如何开始执行程序；如何重定向命令的输入或输出，在命令行上构造管道和过滤器，如何在后台运行命令；最后一节将介绍文件名扩展和如何将其用于日常工作中。

除特别说明外，本章介绍的所有内容都适用于 bash 和 tcsh。因为不同 shell 的输出结果可能稍有不同，所以可能有些 shell 的输出结果与本书介绍的略有不同。关于 shell 更具体的信息可参考第 8 章和第 9 章。第 10 章将讲述 bash shell 脚本的编写与执行。

5.1 命令行

命令 本书中的命令指在命令行上输入的字符，同时还指对应动作所调用的程序。

命令行 命令行包含简单命令、管道(参见 5.2.4 节)或链(参见 5.2.5 节)。

5.1.1 简单命令

当在命令提示符后输入命令时，shell 会执行一个程序。例如，给出一条 ls 命令，shell 执行名为 ls 的实用程序。你可以用同样的方式让 shell 执行其他类型的程序——例如 shell 脚本、应用程序以及你自己写的程序。包含命令以及任何参数的一行，称为一条简单命令。接下来的章节将讨论简单命令；关于简单命令更多技术上的完整描述可参见 5.1.3 节。

5.1.2 语法

命令行语法说明了命令行中各个元素的排列顺序和间隔方式。当用户输入命令后按 RETURN 键时，shell 将扫描命令行来进行语法检查。命令行基本的语法格式如下所示：

command [arg1] [arg2]...[argn] RETURN

采用一个或多个空格来隔开命令行上的每个元素。其中，*command* 为命令名，*arg1~argn* 为参数，RETURN 是终止命令行的按键。命令行语法中的方括号表明被括起来的参数为可选项。并非所有命令都需要参数，有些命令就没有参数，有些命令需要可变数目的参数，有些命令需要特定数目的参数。选项是一种特殊类型的参数，其前面通常是一个或两个连字符(或称短线："-")。

1. 命令名

用法消息(usage message) 一些有用的 Linux 命令行仅由命令名组成而不带任何参数。例如，不带任何参数的 ls 将显示工作目录下的文件列表。多数命令都带一个或多个参数。当使用需要带参数的命令时，若没有带参数，或带了不正确的参数，或参数数目错误，系统会给用户返回简短的错误消息，这些消息称为命令的用法消息。

例如，mkdir(make directory)实用程序需要一个参数，用于指定要创建目录的名称。如果没有给出参数，它会显示用法消息(operand 是参数的另一种说法)：

```
$ mkdir
mkdir: missing operand
Try 'mkdir --help' for more information.
```

2. 参数

记号(token) 在命令行上，每一串不含空格字符的字符序列称为记号或字。参数是一种记号，由命令进行处理，如文件名、文本串或数字。例如，vim 和 emacs 命令的参数为要编辑文件的文件名。

下面显示了复制文件 temp 以得到文件 tempcopy 的命令行：

```
$ cp temp tempcopy
```

参数都有编号，其中命令本身作为参数 0，它是命令行参数的开始。在这个示例中，cp 为参数 0，temp 为参数 1，tempcopy 为参数 2。在命令行中 cp 实用程序至少需要两个参数，参数 1 为已存在的文件名，参数 2 为 cp 要创建或覆盖的文件名。这两个参数不是可选的，而是命令运行所必需的。当使用 cp 时，若提供了错误的参数数目和类型，cp 就显示用法消息。用户可试验一下输入 cp 后按 RETURN 键。

3. 选项

选项是改变命令执行效果的参数。之所以将这些参数称为选项，是因为它们通常都是可选的。通常可指定多个选项，使得命令按照不同的方式执行。选项与特定的程序相关，并由命令行调用的程序解释，而不是由 shell 解释。

按照约定，选项是跟在命令名之后、其他参数(如文件名)之前的不同参数。多数实用程序的选项前面需要带一个连字符，但这个要求与实用程序相关，与 shell 无关。GNU 程序的选项前面通常带两个连字符。例如，--help 会生成用法消息(有时内容更丰富)。

图 5-1 首先给出 ls 命令不带任何选项的执行结果。默认情况下，ls 命令按字母顺序在竖直列上显示工作目录中的文件列表。接着，-r(reverse order，逆序)选项或--reverse 选项(因 ls 属于 GNU 实用程序)使 ls 命令按字母逆序在竖直列上显示目录内容。-x 选项使 ls 命令按水平的行显示文件列表。

合并的选项   当需要多个选项时，可将多个单字符选项组合成一个参数，并添加一个连字符前缀，在选项间不要加空格。不能以这种方式合并以两个连字符开头的选项。合并选项的特殊规则将与运行的程序有关。图 5-1 中的最后一条命令给出了 ls 实用程序带-r 和-x 选项的情况，两个选项组合在一起使得文件列表按字母逆序以水平的行显示。多数实用程序的选项不分前后顺序，例如，ls -xr 命令和 ls -rx 的执行结果相同。此外，ls -x -r 也显示同样的结果。

```
$ ls
hold    mark    names    oldstuff temp zach
house   max     office   personal test
$ ls -r
zach temp       oldstuff names    mark   hold
test personal   office   max      house
$ ls -x
hold     house    mark   max   names   office
oldstuff personal temp   test  zach
$ ls -rx
zach    test  temp  personal oldstuff office
names   max   mark  house    hold
```

图 5-1 使用的选项

--help 选项

提示   许多实用程序都有--help 选项，用来提供一些帮助消息(或更宽泛的内容)。所有 GNU 项目都支持这个选项。下例是 bzip2 压缩实用程序显示的帮助信息:

```
$ bzip2 --help
 bzip2, a block-sorting file compressor. Version 1.0.6, 6-Sept-2010.

    usage: bunzip2 [flags and input files in any order]

    -h --help           print this message
    -d --decompress     force decompression
    -z --compress       force compression
    -k --keep           keep (don't delete) input files
    -f --force          overwrite existing output files
...
    If invoked as 'bzip2', default action is to compress.
              as 'bunzip2', default action is to decompress.
              as 'bzcat', default action is to decompress to stdout.
...
```

选项的参数   有些实用程序的选项也需要带参数。这些参数不是可选的。比如，实用程序 gcc 的-o 选项后面必须跟 gcc 生成的可执行文件的名称，通常选项与其参数间用空格分开，如下所示:

```
$ gcc -o prog prog.c
```

一些实用程序有时在选项和其参数之间需要用等号连接。例如，你可用两种方法指定 diff 输出的宽度:

```
$ diff -W 60 filea fileb
```

或者

```
$ diff --width=60 filea fileb
```

使用-h 选项显示可读文件的大小

提示 多数实用程序都按字节数给出文件大小,处理较小文件时,这种显示方式是可行的。但对于 MB 或 TB 大小级别的文件,再用字节数给出文件大小将不便于阅读。这种情况下,可使用-h 选项或--human-readable 选项以千字节、兆字节、吉字节或太字节的方式显示文件大小。使用 df -h 或 ls -lh 进行试验。

以连字符开始的参数 按照约定,允许实用程序的参数(如文件名)以连字符开始。这样当某个文件名为-1 时,以下命令将有多义性:

```
$ ls -1
```

这条命令可解释为显示工作目录下的所有文件列表,也可解释为显示文件-1,系统会做出前一种解释。应尽量避免创建以连字符开头的文件名,如果创建了这类文件,那么一些实用程序按约定使用--(两个连续的连字符)参数来表示选项的结束和参数的开始。为消除上面命令的多义性,可输入如下命令:

```
$ ls -- -1
```

使用两个连字符表示选项的结束是一个约定,并非硬性规定,很大一部分实用程序不遵循这个约定(如 find)。遵从这个约定可让用户更方便地使用你编写的程序。

对于不遵从这一约定的实用程序,还有其他方法可指定以连字符开头的文件。你可使用句点(代表工作目录)和斜杠表示后面的内容是工作目录下的一个文件名。

```
$ ls ./-1
```

也可指定文件的绝对路径名:

```
$ ls /home/max/-1
```

选读

简单命令 下面展开 5.2.1 节开始的关于命令行语法的讨论。一条简单命令由零个或更多个变量赋值跟随着一个命令行组成,由控制操作符结束(例如&、;、|、换行;参见 8.6 节)。简单命令的语法如下:

```
[name=value ...] command-line
```

shell 将每个 value 值赋给对应的 name,并将它们加入 command-line 所调用程序的环境变量中,因此这些变量对于被调用程序以及它的子程序都是可用的。shell 从左到右处理 name=value 对,因此如果 name 在这个列表中多次出现,最右端的 value 值将会优先使用。command-line 可能包含重定向操作符,例如>和<(参见 5.2.3 节)。简单命令的退出状态(参见 10.3.2 节)就是它的返回值。在 tcsh 下,对于 shell 中没有进行变量声明的被调用程序,必须使用 env(参见 10.4.2 节)将它们加入其环境变量中。

将变量放入子程序的环境变量 下面演示如何将值赋给一个变量名,并将该变量名加入子程序的环境变量中;这个变量对于你正在运行的交互式 shell(父程序)是不可用的。名为 echo_ee 的脚本显示名为 ee 的变量值。第一次对 echo_ee 的调用显示 ee 在运行脚本的子 shell 中未被设置。对 ee 赋值后,再调用 echo_ee,脚本显示在子 shell 中 ee 的值。最后的命令显示 ee 在交互式 shell 中没有被设置。

```
$ cat echo_ee
echo "The value of the ee variable is: $ee"

$ ./echo_ee
The value of the ee variable is:
$ ee=88 ./echo_ee
The value of the ee variable is: 88
$ echo $ee

$
```

5.1.3 处理命令行

向命令行输入命令时,Linux 的 tty 设备驱动程序(Linux 操作系统内核的一部分)将检查每个字符,确定是否立即采取行动。例如，当按 CONTROL+H(字符删除键)或 CONTROL+U(行删除键)时，设备驱动程序将立即根据按键的功能要求调整命令行，shell "看不到"已删除的字符和行。当按 CONTROL+W(字删除键)时，shell 也会进行类似的调整。当输入的字符不需要立即采取行动时，设备驱动程序将把字符存储在缓冲区中，等待输入其他字符。按下 RETURN 键后，设备驱动程序将把命令行传递给 shell 处理。

分析命令行 当 shell 处理命令行时，它将把命令行作为一个整体来对待，并将其分成几个组成部分(如图 5-2 所示)。接着，shell 将查找命令的名称。命令行中提示符后的第 1 项(即参数 0)通常为命令名，因此 shell 将把命令行中从第 1 个字符到第 1 个空白字符(制表符或空格)之间的字符串作为命令名。命令名(第 1 个记号)可在命令行上用简单的文件名或路径名指定。例如，可采用下面两种方式调用命令 ls：

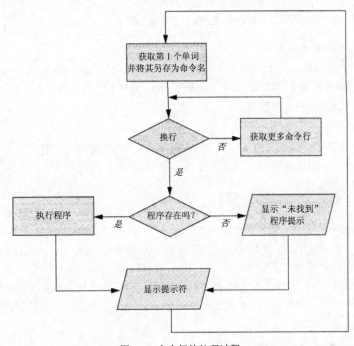

图 5-2　命令行的处理过程

```
$ ls
```

或

```
$ /bin/ls
```

选读

shell 并不要求程序名必须首先出现在命令行上，它也支持如下命令行：

```
$ >bb <aa cat
```

这是 cat 命令的一个示例，标准输入来自文件 aa，标准输出被输出到文件 bb。当 shell 识别重定向符号后，它将在找到命令行调用的程序名前识别和处理这些符号以及它们的参数。虽然很少遇到这种命令行，并且可能有点令人费解，但该结构仍然是可接受的。

绝对路径名与相对路径名 当在命令行上输入程序的绝对路径名或复杂文件名的相对路径名时(即输入至少包含一条斜杠的路径名，但前者以斜杠开头，后者不以斜杠开头)，shell 将在指定目录下查找用户有权执行的对应文件。如果仅输入程序的简单文件名(不包含斜杠)，shell 就会搜索一系列目录，查找匹配指定名称且用户有权执行的文件。shell 并非在所有目录下搜索，而只在 PATH 变量设定的路径下搜索。关于 PATH 的更多信息，参见 8.9.3 节(bash)和 9.6.7 节(tcsh)。也可参考 3.7.1 节中关于 which 和 whereis 命令的内容。

如果 shell 找不到可执行文件，bash 将显示下面的消息：

```
$ abc
```

```
bash: abc: command not found
```

一些系统会提示在哪里可找到你想要运行的程序。shell 找不到可执行文件的原因之一：该文件的目录没有在 PATH 变量中设定。在 bash 下，可使用以下命令将工作目录(.)临时添加到 PATH 中：

```
$ PATH=$PATH:.
```

出于安全考虑，不能将工作目录永久添加到 PATH 中。

当 shell 找到可执行程序，却不能执行文件时(例如，因为无权执行包含该程序的文件)，shell 将显示下面的消息：

```
# def
bash: ./def: Permission denied
```

关于显示和修改文件的访问权限的内容，参见 4.5.1 节和 4.5.2 节。

尝试将命令输入为./command

提示　总是可在文件名的前面加上./，以执行工作目录下的可执行文件。因为./filename 是一个相对路径名，所以 shell 在查找文件名时不参考 PATH。例如，如果 myprog 是工作目录下的一个可执行文件，就可以使用如下命令执行它，无论 PATH 如何设置：

```
$ ./myprog
```

5.1.4　执行命令行

进程　如果 shell 找到了与命令行上的命令同名的可执行文件，shell 将启动一个新进程(进程指 Linux 执行的命令)，并将命令行上的命令名、参数、选项传递给调用的程序。当执行命令时，shell 将等待进程的结束，这时 shell 处于非活动状态，称为休眠(sleep)状态。程序执行完毕，它将其退出状态传递给 shell，这样 shell 就返回活动状态(被唤醒)，显示提示符，等待下一条命令的输入。

shell 不处理进程的参数　由于 shell 不处理命令行上的参数，只是将它们传递给调用的程序，因此 shell 并不知道特定选项和参数是否对给定程序有效。关于选项和参数的所有错误消息和用法消息都来自程序自身。有些实用程序忽略无效的选项。

5.1.5　编辑命令行

可重复编辑以前的命令，也可编辑当前命令行。更多信息参见 2.3.3 节、8.14.2 节(bash)和 9.5.2 节(tcsh)。

5.2　标准输入和输出

标准输出(standard output)指程序输出信息(如文本)的地方。程序从来都不"知道"自己发送到标准输出的信息究竟要送往何处，如图 5-3 所示。这些信息可输出到打印机、普通文件或屏幕。默认情况下，shell 将把命令的执行结果标准输出到屏幕[1]。shell 也可将输出重定向到普通文件。接下来就介绍这两方面的内容。

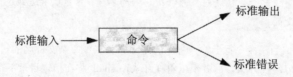

图 5-3　命令并不知道标准输入来自哪里，也不知道标准输出和标准错误输出到哪里

标准输入(standard input)是程序获取信息的地方。默认情况下，shell 从键盘定向标准输入。与标准输出一样，程序也从不"知道"信息的来源。接下来，将解释如何把标准输入重定向到一条命令，从而使程序的输入来自普通

---

1. 本书中提到的屏幕指显示器、终端模拟器窗口或工作站，即 shell 显示其提示符和消息的设备。

文件，而不是键盘输入(默认情况下)。

对于运行的程序，除了标准输入和标准输出，通常还有输出错误消息的地方，称为标准错误(standard error)。默认情况下，shell 将标准错误输出到屏幕。关于错误消息的更多内容，参见 8.4 节(bash)和 9.3 节(tcsh)。

选读

按照约定，进程希望它的调用程序(常常是 shell)已经设置了标准输入、标准输出和标准错误，这样进程就可以立即使用它们。被调用的进程不必知道哪些文件或设备已连接到标准输入、标准输出或标准错误上。

但是，进程可查询内核以获取连接到标准输入、标准输出或标准错误的设备信息。例如，ls 实用程序在把输出显示在屏幕上时，会显示在多列上，但如果输出被重定向到一个文件或另一个程序中，ls 就生成单列输出。ls 实用程序使用 isatty()系统调用来确定输出是否显示在屏幕上。另外，ls 也可使用另一个系统调用来确定接收输出的屏幕的宽度，接着修改其输出以适应这个屏幕的宽度。比较 ls 的输出和通过管道把输出发送给 less 的结果。关于确定 shell 脚本标准输入(标准输出)是否来自(或者到达)终端的方法，请参见10.2.4 节。

5.2.1 作为文件的屏幕

第 4 章介绍了普通文件、目录文件、硬链接和软链接。除此之外，Linux 还有一种文件类型：设备文件(device file)。设备文件驻留在 Linux 文件结构中(通常位于目录/dev 中)，用来代表外围设备，如终端、打印机或磁盘驱动器。

在 who 实用程序显示的内容中，用户名后的设备名即为终端的文件名。例如，如果 who 实用程序显示的设备名为 pts/4，那么终端对应的路径名为/dev/pts/4。在图形环境下，如果使用多个窗口，那么每个窗口都有对应的设备名。在这些窗口中运行 tty 实用程序即可得到它们各自的设备名。用户可能很少这么做，而通常是把这个设备文件看成文本文件进行读写。从该设备文件读入表示读取键盘的输入；写入该设备文件表示在屏幕上输出。

5.2.2 作为标准输入的键盘和作为标准输出的屏幕

当用户第一次登录时，shell 将命令的标准输出发送到代表终端的设备文件中(如图 5-4 所示)，采用这种方式输出可将输出内容在屏幕上显示出来。shell 还将该设备文件作为标准输入，这使得命令接收通过键盘输入的任何内容。

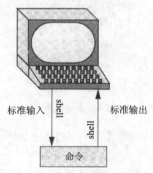

标准输入 shell   shell 标准输出

命令

图 5-4   默认情况下，标准输入来自键盘，标准输出发送到屏幕

cat 把键盘看成标准输入，把屏幕看成标准输出，实用程序 cat 对此给出了很好的示例说明。当使用 cat 时，它将把文件复制到标准输出。因为 shell 将标准输出发送到屏幕，所以 cat 通过屏幕来显示文件。

如果在命令行上把某个文件名作为 cat 的参数，那么 cat 将把该文件名作为它的输入；如果 cat 后没有参数(即输入命令 cat 后直接按 RETURN 键)，那么 cat 将从标准输入获取输入，因此它会将标准输入的内容逐行复制到标准输出。

为了解 cat 的工作原理，可在 shell 提示符后输入 cat，按 RETURN 键，这时没有任何事情发生。若输入一行文本后再按 RETURN 键，则在刚才输入的文本的下面一行将显示同样的一行内容。这说明 cat 实用程序正在运行。由于 shell 将 cat 的标准输入关联到键盘，将标准输出关联到屏幕，因此当输入一行文本时，cat 将来自标准输入(键盘)的文本内容复制到标准输出(屏幕)。这个交换过程如图 5-5 所示。

```
$ cat
This is a line of text.
This is a line of text.
Cat keeps copying lines of text
Cat keeps copying lines of text
until you press CONTROL-D at the beginning
until you press CONTROL-D at the beginning
of a line.
of a line.
CONTROL-D
$
```

图 5-5　cat 实用程序将标准输入复制到标准输出

按 CONTROL+D 发送 EOF 信号　cat 实用程序将一直对文本进行复制，直到在某一行按下 CONTROL+D 组合键。按下 CONTROL+D 组合键后，cat 将收到 EOF 信号，该信号表明标准输入结束，没有文本可复制了。然后，cat 实用程序将结束执行过程并将控制权返回给 shell，由 shell 显示提示符。

5.2.3　重定向

重定向(redirection)包含改变 shell 标准输入的来源和标准输出的去向的各种方式。默认情况下，shell 将命令的标准输入关联到键盘，将标准输出关联到屏幕。但也可将任何命令的标准输入或输出由键盘或屏幕对应的设备文件重定向到某个命令或文件。本节将介绍如何将输入/输出重定向到普通文件。

1. 重定向标准输出

重定向输出符号(>)可使 shell 将命令的输出重定向到指定文件而非屏幕(如图 5-6 所示)。重定向输出的命令行格式为：

command [arguments] > filename

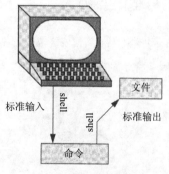

图 5-6　重定向标准输出

其中，*command* 为可执行程序(如应用程序或实用程序)，*arguments* 是可选参数，*filename* 是 shell 要重定向输出到的普通文件名。

图 5-7 给出了使用 cat 对输出进行重定向的示例。在图 5-5 中，标准输入被关联到键盘，标准输出被关联到屏幕，而在图 5-7 中，输入仍然来自键盘，而命令行上的重定向输出符号使得 shell 将 cat 的标准输出关联到在命令行上指定的文件 sample.txt。

```
$ cat > sample.txt
This text is being entered at the keyboard and
cat is copying it to a file.
Press CONTROL-D to indicate the
end of file.
CONTROL-D
$
```

图 5-7　重定向 cat 的输出

在输入图 5-7 所示的命令和文本后，文件 sample.txt 中将包含刚才输入的文本内容。cat 后跟 sample.txt 参数可显示该文件的内容。下一节将介绍另一种用 cat 显示文件的方式。

重定向可能销毁文件 I

警告　当重定向输出到某个文件时，要特别小心。在重定向命令执行前，如果该文件已经存在，那么 shell 将覆盖它并销毁其原来的内容。更多相关内容参见本节中标题为"重定向可能销毁文件 II"中的警告栏内容。

图 5-7 展示了在不使用编辑器的情况下创建文件的一种简便方法，即重定向 cat 的标准输出。这种方法的缺点在于只能在输入行的过程中使用字符删除键和行删除键来删除输入内容，而当输入一行并按 RETURN 键后，就无法再对该行进行编辑。此方式只适于创建简短的文件。

使用 cat 和重定向输出符号可将多个文件逐个连接(cat 为 catenate 的缩写)成一个较大文件，如图 5-8 所示。其中，前面 3 条命令分别显示了文件 stationery、tape 和 pens 的内容。第 4 条命令将这 3 个文件名作为 cat 的参数。该命令的执行过程为：cat 首先将文件内容逐个复制到标准输出，然后将标准输出重定向到文件 supply_orders。所以，最后一个 cat 命令显示 supply_ orders 文件包含了前面 3 个文件的内容。

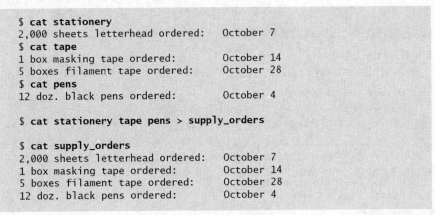

```
$ cat stationery
2,000 sheets letterhead ordered:      October 7
$ cat tape
1 box masking tape ordered:           October 14
5 boxes filament tape ordered:        October 28
$ cat pens
12 doz. black pens ordered:           October 4

$ cat stationery tape pens > supply_orders

$ cat supply_orders
2,000 sheets letterhead ordered:      October 7
1 box masking tape ordered:           October 14
5 boxes filament tape ordered:        October 28
12 doz. black pens ordered:           October 4
```

图 5-8　用 cat 连接文件

2. 重定向标准输入

与重定向标准输出一样，也可重定向标准输入。通过重定向标准输入符号(<)可使 shell 将命令的输入重定向到来自指定的文件，而不是键盘(如图 5-9 所示)。重定向输入的命令行格式为：

command [arguments] < filename

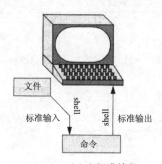

文件

标准输入　shell　shell　标准输出

命令

图 5-9　重定向标准输入

其中，*command* 为可执行程序(如应用程序或实用程序)，*arguments* 是可选参数，*filename* 是 shell 要重定向输入来自的普通文件。

在图 5-10 中，cat 的输入被重定向，它将图 5-8 中创建的文件 supply_orders 作为输入，将标准输出关联到屏幕，在屏幕上显示出该文件的内容。系统在普通文件的末尾自动生成 EOF(End Of File，文件结束)信号。

```
$ date > whoson
$ cat whoson
Tues Mar 27 14:31:18 PST 2018
$ who >> whoson
$ cat whoson
Tues Mar 27 14:31:18 PST 2018
sam          tty1            2018-03-27 05:00(:0)
max          pts/4           2018-03-27 12:23(:0.0)
max          pts/5           2018-03-27 12:33(:0.0)
zach         pts/7           2018-03-26 08:45 (172.16.192.1)
```

图 5-10   重定向 cat 的输入

从文件或标准输入接收输入信息的实用程序   将命令 cat 的输入重定向到文件的执行结果与命令 cat 后跟文件名作为参数的执行结果相同。cat 是以这种方式运行的一类 Linux 实用程序中的一员,此类实用程序还包括 lpr、sort、grep 以及 Perl。此类实用程序首先检查调用它们的命令行。如果在命令行上存在文件名,此类实用程序就从指定的文件接收输入信息;如果在命令行上没有指定文件名,此类实用程序就从标准输入接收输入信息。这种运行方式是该类实用程序或程序所特有的,与 shell 或操作系统无关。

输出重定向可能销毁文件 II

警告   输入以下命令可能造成难以预料的结果,产生的结果与用户使用的 shell 和设置的环境有关:

```
$ cat orange pear > orange
cat: orange: input file is output file
```

虽然 cat 报告了错误消息,但 shell 在给出报告之前就销毁了已有文件 orange 的内容。执行命令后,orange 文件的内容与 pear 相同。这是由于 shell 在遇到重定向符号(>)时,它首先采取的行动是删除原来的 orange 文件的内容。如果想把两个文件的内容合并到一个文件中,可先用 cat 将两个文件合并到一个临时文件内,然后使用 mv 重命名它,如下所示:

```
$ cat orange pear > temp
$ mv temp orange
```

下个示例的情况更糟。用户本意是通过在文件 a、b 和 c 中搜索单词 apple,将 grep 的执行结果重定向到文件 a.output。然而,该用户将 "a.output" 中的句点(.)误输入为空格,如下所示:

```
$ grep apple a b c > a output
grep: output: No such file or directory
```

在这个示例中,shell 首先删除 a 的内容,然后调用 grep。过一段时间,显示错误消息,这很容易使人误认为命令已成功执行。事实上,a 的内容已经被销毁。这一点可能在以后再次使用文件 a 时才能意识到。

3. noclobber:避免覆盖文件

shell 提供了一种 noclobber 功能,该功能可防止重定向时覆盖已存在的文件。在 bash 下,通过命令 set –o noclobber 设置变量 noclobber 可启用此功能。该命令使用+o 可禁用此功能。在 tcsh 下,使用 set noclobber 和 unset noclobber 命令来启用和禁用该功能。启用后,若把输出重定向到某个已存在的文件,shell 将显示错误消息,并且不执行重定向命令。下例分别在 bash 和 tcsh 环境下使用 touch 创建文件,启用 noclobber 功能,然后将 echo 的输出重定向到新创建的文件,最后禁用 noclobber 功能,并再次执行重定向。

```
bash    $ touch tmp
        $ set -o noclobber
        $ echo "hi there" > tmp
        -bash: tmp: Cannot overwrite existing file
        $ set +o noclobber
        $ echo "hi there" > tmp

tcsh    tcsh $ touch tmp
        tcsh $ set noclobber
        tcsh $ echo "hi there" > tmp
        tmp: File exists.
        tcsh $ unset noclobber
```

```
tcsh $ echo "hi there" > tmp
```

在重定向输出符号后面添加管道符号(在 tcsh 下使用感叹号),即使用组合符号 ">|" 可覆盖 noclobber 的设置。如下例所示:首先将 date 的输出重定向到新文件 tmp2,接着设置变量 noclobber,再次将 date 的输出重定向到 tmp2,shell 将返回错误消息;若在重定向符号后跟管道符号,shell 将允许用户覆盖文件。

```
$ date > tmp2
$ set -o noclobber
$ date > tmp2
-bash: tmp2: Cannot overwrite existing file
$ date >| tmp2
```

关于在 tcsh 下使用 noclobber 的相关信息参见 9.6.7 节。

不要"信赖"noclobber

警告　虽然追加输出要比前面警告栏中阐述的两步法简单,但使用它们时必须谨慎,要使用两个大于号。如果无意中使用了一个大于号而且没有启用 noclobber 功能,将覆盖 orange 文件。即使启用了 noclobber 功能,为避免覆盖已存在文件,最好还是在采用这种方式操作文件前对文件进行备份。

　　虽然 noclobber 可防止重定向操作覆盖已存在的文件,但它不能阻止 cp 和 mv 覆盖已存在的文件。所以,使用 cp 和 mv 时需要带上-i(interactive)选项,该选项通过与用户的交互,可避免此类错误。更多信息参见 3.3 节中标题为 "cp 可能会销毁文件" 的警告栏内容。

4. 向文件追加标准输出

使用追加输出符号(>>)可向某个文件的末尾添加新信息,并且不改变已有信息。该符号简化了将两个文件合并到一个文件的操作。以下命令给出追加输出符号的使用范例。第 2 条命令实现了前面的警告栏中描述的文件合并任务:

```
$ cat orange
this is orange

$ cat pear >> orange

$ cat orange
this is orange
this is pear
```

在这个示例中,第一条命令显示文件 orange 的内容,第 2 条命令将 pear 文件的内容追加到 orange 文件的末尾,最后的 cat 命令显示追加后 orange 文件的内容。

如图 5-11 所示,首先创建了一个包含日期和时间(date 的输出)的文件,然后将用户的登录信息(who 的输出)追加到其中。其中,第 1 行将 date 的输出重定向到文件 whoson,然后用 cat 显示该文件,接着将 who 的输出追加到 whoson 文件,最后使用 cat 显示 whoson 文件,该文件包含两个实用程序的输出。

```
$ cat < supply_orders
2,000 sheets letterhead ordered:    October 7
1 box masking tape ordered:         October 14
5 boxes filament tape ordered:      October 28
12 doz. black pens ordered:         October 4
```

图 5-11　重定向和追加输出

5. /dev/null:使数据消失

设备/dev/null 是一个数据接收器,通常称为位垃圾桶(bit bucket)。可将不想看到或不想保存的数据重定向到/dev/null,这样输出数据将在无形中消失,如下所示:

```
$ echo "hi there" > /dev/null
$
```

从/dev/null 中读取数据时,将得到一个空字符串。下面的 cat 命令将文件 messages 的内容清空,但保留文件的所有者和权限：

```
$ ls -1 messages
-rw-rw-r--. 1 sam pubs 125K 03-16 14:30 messages
$ cat /dev/null > messages
$ ls -lh messages
-rw-rw-r--. 1 sam pubs 0 03-16 14:32 messages
```

5.2.4　管道

管道包含由管道符号(|)分隔的一个或多个命令。shell 将管道符号前面命令的标准输出(以及可选的标准错误)连接到管道符号后面命令的标准输入。管道与先将一个命令的输出重定向到一个文件，然后使用该文件作为另一个命令的标准输入具有相同的效果。管道可替代多个单独的命令以及中间文件。管道的语法如下：

command_a [arguments] | command_b [arguments]

上面的命令行得到的结果与下面这组命令行得到的结果相同：

command_a [arguments] > temp
command_b [arguments] < temp
rm temp

在上述命令序列中，第 1 行将 *command_a* 的标准输出重定向到中间文件 *temp*，第 2 行将 *temp* 作为 *command_b* 的标准输入，最后一行将 *temp* 删除。使用管道不仅可以简化输入，而且效率更高，因为它不创建临时文件。

> **选读**
> 更精确地讲，bash 管道包含一个或多个由控制操作符|或|&分隔的简单命令。管道的语法如下：
>
> *[time] [!] command1 [| | |& command2 ...]*
>
> 其中：time 是可选的实用程序，可计算管道所用的系统资源；!对管道返回的退出状态值取逻辑非；command是由|或|&分隔的简单命令(参见 5.1.3 节)。控制操作符|将 command1 的输出发送到 command2 的输入。控制操作符|&是 2>&1(参见 8.4 节)的简写，将 command1 的标准输出和标准错误发送到 command2 的输入。管道的退出状态值是最后一条简单命令的退出状态值，除非设置了 pipefail(参见 8.17.2 节)。这种情况下，管道的退出状态是最右侧执行失败的简单命令的退出状态(返回非零退出状态)。如果所有简单命令均执行成功，退出状态值为零。

管道示例

tr 任何 Linux 实用程序都可使用管道从命令行上指定的文件中接收输入，也可从标准输入接收输入。可使用管道和仅从标准输入接收输入的实用程序，比如实用程序 tr(translate，参见第 VI 部分)就只能从标准输入接收输入。使用 tr 最简单的格式如下所示：

tr string1 string2

tr 实用程序从标准输入接收输入，查找与 *string1* 中字符匹配的字符，找到一个匹配的字符后，就将 *string1* 中的字符替换为 *string2* 中的对应字符(也就是将 *string1* 中的第 1 个字符替换为 *string2* 中的第 1 个字符，按顺序替换)。tr 实用程序将它的输出发送到标准输出，在下面的两个例子中，tr 将文件 abstract 中的字母 a、b 和 c 分别替换为 A、B 和 C。

```
$ cat abstract
I took a cab today!

$ cat abstract | tr abc ABC
I took A CAB todAy!
$ tr abc ABC < abstract
I took A CAB todAy!
```

tr 实用程序不改变原始文件的内容，因为它并不"知道"输入源。

lpr　实用程序 lpr(line printer)可从文件或标准输入中接收输入。在命令行上输入 lpr 和文件名，就可将文件放在打印队列中。如果在命令行上没有指明文件名，lpr 就从标准输入接收输入内容。这一特性可用管道来重定向 lpr 的输入。如图 5-12 所示，第 1 组命令使用 ls、lpr 和中间文件 temp 将工作目录下的文件列表发送到打印机。如果 temp 文件已经存在，那么第 1 条命令将覆盖其内容。第 2 组命令通过管道将同样的文件列表(temp 文件除外)发送到打印机。

```
$ ls > temp
$ lpr temp
$ rm temp

或

$ ls | lpr
```

图 5-12　管道

图 5-13 中的命令首先将 who 实用程序的输出重定向到文件 temp，然后按顺序显示文件的相关内容。sort 实用程序可从命令行上指定的文件中接收输入，如果没有指定文件，sort 就从标准输入接收输入，然后将输出发送到标准输出。图 5-13 中的 sort 命令行把标准输入重定向(<)为从 temp 接收输入，然后将用户列表按字母顺序在屏幕上输出。因为 sort 可从标准输入或命令行上指定的文件接收输入，所以在图 5-13 中省略符号 "<" 后仍可得到同样的结果。

```
$ who > temp
$ sort < temp
max        pts/4        2018-03-24 12:23
max        pts/5        2018-03-24 12:33
sam        tty1         2018-03-24 05:00
zach       pts/7        2018-03-23 08:45
$ rm temp
```

图 5-13　使用临时文件存储中间结果

图 5-14 在没有创建 temp 文件的情况下得到同样的结果。使用管道，shell 将 who 的输出重定向到 sort 的输入。由于在命令行上 sort 后面没有指定文件，因此 sort 将从标准输入接收输入。

```
$ who | sort
max        pts/4        2018-03-24 12:23
max        pts/5        2018-03-24 12:33
sam        tty1         2018-03-24 05:00
zach       pts/7        2018-03-23 08:45
```

图 5-14　管道完成了临时文件的工作

使用管道将 who 的输出重定向为 grep 的输入，可查看使用系统的某个用户的信息。grep 实用程序将显示包含指定字符串(示例中为 sam)的行，如下所示：

```
$ who | grep sam
sam        tty1         2013-03-24 05:00
```

如果输出内容超出一屏，例如某个"拥挤的"目录的文件列表，就可以使用管道通过 less 或 more 重定向输出，如下所示：

```
$ ls | less
```

less 实用程序每次显示一屏文本，按 SPACE 键可往下浏览，按 RETURN 键可逐行浏览，按 h 键可获取帮助，按 q 键将退出。

选读

管道符号(|)表示命令延续。因此下面的命令行：

```
$ who | grep 'sam'
sam     tty1        2018-03-24 05:00
```

与下面的命令行相同：

```
$ who |
> grep 'sam'
sam     tty1        2018-03-24 05:00
```

当 shell 解析到以管道符号结尾的一行时，它需要获取更多输入才能执行命令。在交互式环境中，如上例所示，shell 显示一个二级提示符(>；参见 8.9.3 节)。在 shell 脚本中，shell 将以管道符号结尾的行的下一行视为该行的延续。关于控制操作符和隐式命令行延续的信息请参见 10.7 节。

1. 过滤器

过滤器(filter)是将输入数据流处理后再输出数据流的一类命令。包含过滤器的命令行用一个管道将某条命令的标准输出连接到过滤器的标准输入，用另一个管道将过滤器的标准输出连接到另一条命令的标准输入。并非所有实用程序都可用作过滤器。

在下面的示例中，sort 是一个过滤器，它将 who 的标准输出作为自己的标准输入，然后使用管道将标准输出重定向到 lpr 的标准输入。这个命令行对 who 的输出内容进行排序，然后发送到打印机。

```
$ who | sort | lpr
```

这个示例表明 shell 可组合多个 Linux 实用程序来实现更强大的功能。其中的 3 个实用程序 who、sort 和 lpr 并没有因为需要相互协作而进行特殊设计，它们都仍然按照约定使用标准输入和标准输出。通过 shell 对输入和输出进行控制，用户便可在命令行上将多个标准实用程序组合起来实现目标。

2. tee：双向输出

tee 实用程序将标准输入复制到文件和标准输出。该实用程序之所以被命名为 tee 是因为：它只有一个输入，但实现双向输出。如图 5-15 所示，who 的输出通过管道变为 tee 的标准输入，tee 实用程序将标准输入复制到文件 who.out，同时也复制到标准输出。tee 的标准输出又通过管道变为 grep(显示包含字符串 sam 的行)的标准输入。使用 tee 的-a 选项可将信息追加到文件中，而不是覆盖文件。

```
$ who | tee who.out | grep sam
sam     tty1        2018-03-24 05:00
$ cat who.out
sam     tty1        2018-03-24 05:00
max     pts/4       2018-03-24 12:23
max     pts/5       2018-03-24 12:33
zach    pts/7       2018-03-23 08:45
```

图 5-15   tee 将输出发送到文件和标准输出

选读

5.2.5   链

链是一个或更多个管道(包括简单命令)，相互之间由以下控制操作符之一进行分隔：;、&、&&或||。其中：控制操作符&&和||的优先级相同，;和&的优先级相同，但低于前两者。控制操作符;和&在 8.6 节有介绍。关于控制操作符和隐式命令行延续的信息可参见 10.7 节。

AND 链的语法如下：

pipeline1 && pipeline2

当且仅当 *pipeline1* 返回的退出状态为真(零)值时，才会执行 *pipeline2*。在下例中，链中的第一条命令执行失败(并显示一条出错消息)，因此 shell 不会执行第二条命令(cd /newdir；正因为没有被执行，所以不会显示错误消息)：

```
$ mkdir /newdir && cd /newdir
mkdir: cannot create directory '/newdir': Permission denied
```

AND 和 OR 链的退出状态为链中最后执行的命令的退出状态。前面链的退出状态为假，因为 mkdir 是最后执行的命令且失败了。

OR 链的语法如下：

pipeline1 || pipeline2

当且仅当 *pipeline1* 返回的退出状态为假(非零)值时，才会执行 *pipeline2*。在下例中，链中的第一条命令(ping 测试远程机器的连接情况并将标准输出和标准错误重定向到/dev/null)执行失败，因此 shell 执行第二条命令(显示一条消息)。如果第一条命令成功完成，shell 将不再执行第二条命令(将不会显示消息)。这个链返回的退出状态值为真。

```
$ ping -c1 station &>/dev/null || echo "station is down"
station is down
```

更多信息可参见 8.6.3 一节。

5.3 在后台运行命令

前台 在本书至此为止的所有示例中，命令都在前台运行。当在前台运行命令时，shell 将一直等到命令执行完毕，之后 shell 会给出提示符，使用户可继续输入下一条命令。当命令在后台运行时，不必等待该命令完成，就可直接运行另一条命令。

作业 作业(job)是指由一个或(通过管道连接的)多个命令组成的序列。前台只能有一个作业位于窗口或屏幕中，但可有多个作业在后台运行。同一时间运行多个作业是 Linux 的重要特性，这常称为多任务特性。对于运行时间较长又不需要监视的命令，在后台运行很有益，这可使屏幕空闲下来用于处理其他工作。当然，若用户使用的是 GUI，就可以打开另一个窗口运行其他作业。

作业编号与 PID 编号 如果在命令行的末尾输入与符号(&)后按 RETURN 键，shell 将在后台运行这个作业。同时，shell 会给这个作业分配作业编号(一个小数字)，并将其显示在方括号内。在作业编号后，shell 将显示进程标识(Process Identification，PID)编号，该编号是操作系统分配的一个大数字，标识了后台运行的每个作业。然后，shell 将显示另一个提示符，这时便可输入另一条命令。当后台作业运行结束时，shell 将显示一条消息，这条消息的内容为：已结束作业的作业编号和运行该作业的命令行。

下面给出在后台运行作业的示例，该作业将 ls 的输出通过管道发送到 lpr，即打印 ls 的输出结果。

```
$ ls -l | lpr &
[1] 22092
$
```

命令行中的"[1]"表明 shell 给作业分配的作业编号为 1，这个作业的第 1 条命令的 PID 编号为 22092(TC Shell 会将作业中所有命令的 PID 编号都显示出来)。当这个后台作业执行结束时，可看到下面的消息：

```
 [1]+ Done     ls -l | lpr
```

(在这个示例中，其中的"ls -l"可能显示为"ls --color=auto -l"，之所以存在差异，是因为 ls 被设置为命令 ls --color= auto 的别名)。

1. 将作业从前台移到后台

CONTROL+Z 和 bg 按挂起键(通常是 CONTROL+Z)，shell 将把前台的作业挂起(在不终止作业的情况下阻止其继续运行)。然后 shell 终止作业中的进程，将进程的标准输入与键盘断开，但标准输出和标准错误仍和屏幕相连。bg 命令后跟作业编号可将挂起的作业放到后台运行。如果仅有一个作业被挂起，就不必指明作业编号。

为避免在后台运行的作业干扰到前台(屏幕上的)作业，可将在后台运行的作业的输出重定向。关于后台任务的详细信息参见 8.6 节。

fg 只有前台作业可从键盘获得输入。为将键盘和后台某个正运行的程序连接起来，必须把该后台作业移到前台。输入不带任何参数的 fg 可将后台唯一的作业移到前台。当后台有多个作业时，输入 fg(或%)后跟作业编号就可将对应的作业移到前台运行。shell 将显示启动作业的命令(下例中的 promptme)，这时可输入程序继续运行所需的任何输入。

```
$ fg 1
promptme
```

2. kill：终止后台作业

使用中断键(通常是 CONTROL+C)不能终止后台进程，因为键盘不与后台任务关联；必须使用 kill(参见第 VI 部分)来完成这项任务。在命令行上输入 kill 和进程的 PID 编号(或%和作业编号)，可将后台正在运行的进程(或作业)终止。

用 ps 确定编程的 PID 编号　如果忘记某个进程的 PID 编号，可使用 ps(process status，进程状态)实用程序来显示该编号。下例在后台运行 find 命令，然后使用 ps 显示该进程的 PID 编号，再使用 kill 终止该作业。

```
$ find / -name memo55 > mem.out &
[1] 18228
$ ps | grep find
18228 pts/10 00:00:01 find
$ kill 18228
[1]+ Terminated              find / -name memo55 > mem.out
$
```

使用 job 确定作业的编号　如果忘记作业编号，可使用 jobs 命令来列出作业编号。下例与前一个示例类似，不同之处仅在于，此处用作业编号替代 PID 编号来标识要终止的作业。有时当给出 kill 命令并按 RETURN 键后，表明作业已终止的消息并不显示，需要再按一次 RETURN 键。

```
$ find / -name memo55 > mem.out &
[1] 18236

$ bigjob &
[2] 18237

$ jobs
[1]- Running             find / -name memo55 > mem.out &
[2]+ Running             bigjob &
$ kill %1
$ RETURN
[1]- Terminated    find / -name memo55 > mem.out
$
```

5.4　生成文件名/扩展路径名

通配符和通配　当输入包含特殊字符(也称为元字符)的部分文件名时，shell 可生成与已有文件名匹配的文件名。这些特殊字符也称为通配符(wildcard)，因为它们的作用就如扑克牌中的王牌一样无所不能。当某个特殊字符作为参数出现在命令行上时，shell 将该参数扩展为有序的文件名列表，并将列表传递给命令行调用的程序。包含特殊字符的文件名称为模糊文件引用(ambiguous file reference)，因为它们不引用任何一个特定文件。对这些文件名操作的过程称为扩展路径名(path expansion)或通配(globbing)。

模糊文件引用可很快地把具有相似名称的文件分到一组，这样可节省大量单独输入每个文件名所需的时间和精力，也可帮用户找到记得不完整的文件名。如果没有文件名与模糊文件引用匹配，shell 将把未扩展的引用(包含特殊字符在内的所有字符)传递给程序。请参阅 8.18 节来了解不必匹配文件名即可生成字符串的技术。

5.4.1　特殊字符 "?"

问号(?)是 shell 生成文件名的特殊字符，它与已有文件名中的某个单独字符匹配。下面在 lpr 实用程序的参数中

使用了 "?" 特殊字符：

```
$ lpr memo?
```

shell 对参数 "memo?" 进行扩展，生成工作目录下的一个文件列表，该列表中的文件都以 memo 和某个字符作为文件名。然后 shell 将此列表传递给 lpr。lpr 实用程序并不 "知道" 是 shell 生成了它所调用的文件名。如果没有文件名与模糊文件引用匹配，shell 将根据设置将字符串本身("memo?")或空字符串(nullglob)传递给 lpr。

下例首先使用 ls 显示工作目录下的所有文件名，然后显示与 "memo?" 匹配的文件名：

```
$ ls
mem    memo12   memo9  memomax  newmemo5
memo   memo5    memoa  memos

$ ls memo?
memo5 memo9   memoa   memos
```

模糊文件引用 "memo?" 与 mem、memo、memo12、memomax 和 newmemo5 都不匹配。问号也可放在模糊文件引用的中间，如下所示：

```
$ ls
7may4report  may4report     mayqreport   may_report
may14report  may4report.79  mayreport    may.report

$ ls may?report
may4report mayqreport may_report may.report
```

为了练习生成文件名，可使用 echo 和 ls。实用程序 echo 将显示 shell 传递给它的参数，如下所示：

```
$ echo may?report
may4report mayqreport may_report may.report
```

shell 首先将模糊文件引用扩展为工作目录下的所有文件的一个列表，该列表中的每个文件名均与字符串 "may?report" 匹配。然后，shell 将该列表传递给 echo，echo 将该文件名列表显示出来，这个输出结果与把整个文件名列表作为 echo 的参数输入得到的结果相同。

问号与以句点开始的文件名(表示不可见文件)不匹配。如果要匹配以句点开始的文件名，必须在模糊文件引用中显式地包含句点。

5.4.2　特殊字符 "*"

星号(*)的功能与问号相似，不同之处在于，星号可与文件名中的任意多个(包括 0 个)字符匹配。下例首先显示工作目录下的所有文件，后续的 3 条命令分别显示以字符串 memo 开头的文件名列表、以字符串 mo 结尾的文件名列表和包含字符串 alx 的文件名列表：

```
$ ls
amemo memalx  memo.0612  memoalx.0620  memorandum  sallymemo
mem   memo    memoa      memoalx.keep  memosally   user.memo

$ echo memo*
memo memo.0612 memoa memoalx.0620 memoalx.keep memorandum memosally

$ echo *mo
amemo memo sallymemo user.memo

$ echo *alx*
memalx memoalx.0620 memoalx.keep
```

模糊文件引用 "memo*" 与 amemo、mem、sallymemo 或 user.memo 不匹配。与问号相似，星号与以句点开始的文件名也不匹配。

ls 的-a 选项可显示隐藏的文件名。命令 echo *不显示. "(工作目录)" ".."(工作目录的父目录)"、.aaa 和.profile 文件，但命令 echo .*可显示以上 4 个文件名，如下所示：

```
$ ls
aaa memo.0612   memo.sally   report   sally.0612    Saturday     thurs

$ ls -a
.  aaa    memo.0612   .profile   sally.0612    thurs
.. .aaa  memo.sally  report      saturday

$ echo *
aaa memo.0612 memo.sally report sally.0612 saturday thurs

$ echo .*
. .. .aaa .profile
```

在下例中，.p*与 memo.0612、private、reminder 和 report 不匹配。命令 ls .*除了列出文件.private 和.profile 外，还列出了 ".(工作目录)" 和 "..(工作目录的父目录)" 以及这两个目录中的内容。命令 echo .*列出的是工作目录下以点(.)开头的文件，而不包括目录中的内容。

```
$ ls -a
. ..  memo.0612   private   .private   .profile   reminder   report

$ echo .p*
.private .profile

$ ls .*
.private .profile
.:
memo.0612 private reminder report
..:
...

$ echo .*
. .. ...private .profile
```

可利用模糊文件引用建立文件的命名约定。如果约定所有文本文件的名字都以.txt 结尾，那么使用*.txt 可引用到一组文本文件。以下命令使用该约定将工作目录下的所有文本文件都发送到打印机。最后的与符号(&)使得 lpr 在后台运行。

```
$ lpr *.txt &
```

shell 展开模糊文件引用

提示　模糊文件引用是由 shell 进行展开的，而不是 shell 运行的程序。在本节的示例中，实用程序(ls、cat、echo、lpr)根本没有 "看到" 模糊文件引用。shell 将模糊文件引用展开，然后把得到的普通文件名列表传递给这些实用程序。在上例中，单纯显示自身参数的 echo 实用程序证明了这一点，它并没有显示模糊文件引用。

5.4.3　特殊字符 "[ ]"

用一对方括号将一个字符列表括起来使得 shell 与包含其中任意一个字符的文件名进行匹配。"memo?"可匹配 memo 后跟任何一个字符的文件名，而方括号更严格些，memo[17a]仅与 memo1、memo7 和 memoa 匹配。这里，方括号定义了一个字符类(character class)，该类由方括号内的所有字符组成(GNU 称之为字符表，它与 GNU 字符类略有不同)。shell 对包含字符类定义的参数进行扩展，首先用字符类中的每个成员逐个替换方括号和其中的字符列表，然后 shell 将匹配的文件名列表传递给调用它的程序。

每个字符类定义只能替换文件名中的一个字符。方括号和其中的内容类似问号的作用，但只能用字符类中的一个成员替换。

下面示例的第 1 条命令列出了工作目录下文件名以 a、e、i、o 或 u 开头的所有文件。第 2 条命令列出文件 page2.txt、page4.txt、page6.txt 和 page8.txt 的内容。

```
$ echo [aeiou]*
...
$ less page[2468].txt
...
```

在字符类定义中，将连字符放在方括号中可定义字符范围，如[6-9]代表[6789]，[a-z]代表所有小写英文字母，[a-zA-Z]代表所有英文字母，大小写都包括。

下面的命令行采用 3 种方式来打印文件 part0、part1、part2、part3 和 part5，其中每个命令行都使得 shell 调用带有 5 个文件名的 lpr：

```
$ lpr part0 part1 part2 part3 part5
$ lpr part[01235]
$ lpr part[0-35]
```

第 1 个命令行显式指定了 5 个文件名。第 2 个和第 3 个命令行采用了模糊文件引用，利用了字符类定义。在第 2 个命令行中，shell 将参数扩展为所有以 part 开头、以字符类中任意字符结尾的文件名列表，其中的字符类显式地定义了 0、1、2、3 和 5。第 3 个命令行也使用了字符类定义，但其中定义的字符在 0 和 3 之间或是 5。

下面的命令行打印了 39 个文件，从 part0 到 part38：

```
$ lpr part[0-9] part[12][0-9] part3[0-8]
```

下面的两个示例列出工作目录下的部分文件名。第 1 条命令列出以 a~m 范围内字符开头的文件名。第 2 条命令列出以 x、y 或 z 结尾的文件名。

```
$ echo [a-m]*
...
$ echo *[x-z]
...
```

选读

也可以在左方括号后直接跟叹号(!)或插入符号(^)来定义字符类，该类与任何不在方括号内的字符匹配。因此，[^tsq]*与不以 t、s 和 q 开头的文件名匹配。

下例表明*[^ab]与不以 a 和 b 结尾的文件名匹配，[^b-d]*与不以 b、c 和 d 开头的文件名匹配：

```
$ ls
aa ab ac ad ba bb be bd cc dd

$ ls *[^ab]
ac ad bc bd cc dd

$ ls [^b-d]*
aa  ab ac ad
```

也可直接把连字符(-)或右方括号放在最终的右方括号之前来匹配-或]。

下例表明 ls 实用程序不能解释模糊文件引用。第 1 个 ls 带有参数 "?old"，shell 将其扩展为匹配的文件名 hold，并将该名称传递给 ls。第 2 条命令除 "?" 被转义外(参见 3.1 节)，与第 1 条命令相同，shell 不再将 "?" 看作特殊字符，并将其传递给 ls，ls 实用程序生成错误消息，说明找不到名为 "?old" 的文件(因为名为 "?old" 的文件确实不存在)。

```
$ ls ?old
hold

$ ls \?old
ls: ?old: No such file or directory
```

与大多数实用程序和程序一样，ls 也不能解释模糊文件引用，该工作由 shell 完成。

5.5　内置命令

内置命令是 shell 内置的实用程序(或称为命令)。每个 shell 都有自己的内置命令集合。当运行内置命令时，shell 并不调用新进程，这使得内置命令运行得很快，并能影响当前 shell 的环境。由于内置命令与实用程序具有相同的使用方式，因此通常情况下不必在意某个实用程序是内置在 shell 中，还是标准实用程序。

例如，echo 实用程序是 shell 的内置命令。shell 总在查找同名的命令或实用程序之前执行 shell 内置命令。关于内置命令的深入讨论请参见 10.5 节，bash 内置命令的列表参见 10.5.8 节，tcsh 内置命令的列表参见 9.8 节。

列出 bash 内置命令　要完整列出 bash 内置命令，可输入命令 info bash shell builtin。要显示关于每个内置命令的页面，可将光标移到 Bash Builtins 行上并按 RETURN 键。你也可浏览 builtins man 页。

获取 bash 内置命令帮助　可使用 bash help 命令显示关于 bash 内置命令的信息。更多信息请参见 2.5.5 节。

列出 tcsh 内置命令　要列出 tcsh 内置命令，使用 man tcsh 命令显示 tcsh man 页，然后使用命令/Builtin commands(查找字符串)和 n(查找下一处出现)查找 Builtin commands 第二次出现的地方。

5.6　本章小结

作为 Linux 命令解释器，shell 根据正确的语法格式扫描命令行，挑选命令名和任意参数。第 1 个参数为参数 1，第 2 个参数为参数 2，依此类推。命令名是参数 0。很多程序都使用选项来改变命令的执行效果。大多数 Linux 实用程序都使用一个或两个前导连字符标识选项。

输入命令后，shell 将尽力搜索与命令同名的可执行程序。shell 将执行找到的第 1 个可执行程序。如果没有找到，shell 就提示没有找到程序或者不能执行程序。如果命令是个简单文件名，shell 将根据变量 PATH 设置的搜索目录来搜索命令。

当 shell 执行命令时，它将为命令的标准输入指定一个文件，为标准输出指定另一个文件。默认情况下，shell 使命令的标准输入来自键盘，把标准输出发送到屏幕。也可以让 shell 重定向命令的标准输入或输出来自或发送到任何文件或设备。可使用管道将某个命令的标准输出与另一个命令的标准输入连接起来。过滤器是一个命令，它将某个命令的标准输出作为自己的标准输入，而将自己的标准输出作为另一个命令的标准输入。

当命令在前台运行时，shell 将等待，直到命令结束后才显示提示符，以提示输入下一条命令。若在命令行的末尾输入逻辑与符号(&)，shell 将在后台执行该命令，并立即显示另一个提示符。执行时间较长的命令可在后台运行，这样就可在 shell 提示符后输入其他命令。内置命令 jobs 可显示挂起的作业列表和在后台运行的作业列表，以及每个作业的作业编号。

shell 可解释命令行上的特殊字符以生成文件名。问号代表一个字符，星号代表零个或多个字符。方括号内的字符列表代表一个字符类，一个单独的字符也可由一个字符类表示。使用特殊字符(通配符)来缩写一个或多个文件名的引用称为模糊文件引用。

内置命令是放在 shell 中的实用程序。每个 shell 都有自己的内置命令集合。当运行一个内置命令时，shell 不会调用一个新进程。这使内置命令运行得很快，并可影响当前 shell 的环境。

表 5-1 列出了本章介绍的实用程序。

表 5-1　新的实用程序

实用程序	功　能
tr	将一个字符串中的字符映射为另一个字符串中的字符(参见 5.1.4 节)
tee	将标准输入复制到文件和标准输出(参见 5.1.5 节)
bg	将进程移到后台运行(参见 5.3 节)
fg	将进程移到前台运行(参见 5.3 节)
jobs	显示挂起的作业列表和在后台运行的作业列表(参见 5.3 节)

练习

1. 当一个命令正在执行时，shell 一般都做些什么？如果用户不想等待某条命令结束，而想直接运行另一条命令，应该怎么做？

2. 将 sort 用作过滤器，重写下面的命令序列：

```
$ sort list > temp
$ lpr temp
$ rm temp
```

3. 什么是 PID 编号？当后台有进程在运行时，这些编号有什么用处？哪个实用程序可用来显示正在运行命令的 PID 编号？

4. 假设当前工作目录中有以下文件：

```
$ ls
intro    notesb   ref2    section1    section3    section4b
notesa   ref1     ref3    section2    section4a   sentrev
```

针对以下每个选项，给出命令，使用通配符和尽可能少的字符来表示文件名。

a. 列出所有以 section 开头的文件名。

b. 仅列出文件 section1、section2 和 section3。

c. 仅列出文件 intro。

d. 列出文件 section1、section3、ref1 和 ref3。

5. 参考第 VI 部分或 info、man 页，确定哪些命令符号符合下列要求：

a. 输出标准输入中包含字母 a 或 A 的行数。

b. 仅输出工作目录下包含模式 "$(" 的文件名。

c. 列出工作目录下按字母逆序排列的文件。

d. 将工作目录下的文件按大小排序后打印。

6. 给出分别完成下面任务的命令：

a. 将 sort 命令的标准输出重定向到文件 phone_list。假设输入文件被命名为 numbers。

b. 将文件 permdemos.c 中所有的 "[" 和 "{" 字符替换为 "("，并将所有的 "]" 和 "}" 字符替换为 ")"（提示：参见第 VI 部分的 tr)。

c. 创建名为 book 的文件，使其包含文件 part1 和 part2。

7. 实用程序 lpr 和 sort 都可从命令行上指定的文件或标准输入接收输入。

a. 给出另外两个具有该特性的实用程序。

b. 给出只能从标准输入接收输入的实用程序。

8. 使用 grep 给出满足以下要求的命令：

a. 输入和输出都被重定向。

b. 只有输入被重定向。

c. 只有输出被重定向。

d. 在管道中使用 grep。

在以上哪一条命令中 grep 可以看成过滤器？

9. 解释下面的错误消息。若在它们之后再输入 ls，会列出哪些文件名？

```
$ ls
abc abd abe abf abg abh
$ rm abc ab*
rm: cannot remove 'abc': No such file or directory
```

高级练习

10. 当在命令行中使用重定向符号(>)时，shell 将在执行命令之前立即创建输出文件。请证明这一点。

11. 在对 shell 变量进行试验时，Max 无意间删除了 PATH 变量，他决定不再使用 PATH 变量，那么他将遇到什么问题？造成这些问题的原因是什么？如何才能轻松地将 PATH 恢复为原来的值？

12. 假设用户对某个文件具有写权限却不能删除该文件，那么：

    a. 在不调用编辑器的情况下，给出清空该文件的命令。

    b. 说明在什么情况下，用户可对某个文件具有修改权限而没有删除权限。

13. 如果创建了文件名中包含非打印字符(如 CONTROL 字符)的文件，如何删除该文件？

14. 为什么 noclobber 变量不能阻止 cp 和 mv 覆盖已有文件？

15. 为什么命令名和文件名中通常都不包括空格？如何创建包含空格的文件名？又如何删除这类文件(这是一个思考题，建议不要试验。如果想试验，那么推荐用户在一个只包含试验文件的目录下进行)？

16. 创建一个名为 answer 的文件，并输入下面的命令：

```
$ > answers.0102 < answers cat
```

说明该命令的功能，并给出理由。表示该命令的更传统方式是什么？

第 II 部分

编 辑 器

第6章

vim 编辑器

阅读完本章之后你应该能够:

- 使用 vim 创建和编辑文件
- 查看 vim 联机帮助
- 解释命令模式和输入模式的差别
- 解释工作缓冲区的意义
- 列举在光标上方开启一行、在行尾追加文本、将光标移至
- 文件第一行以及将光标移至屏幕中央的命令
- 描述最后一行模式并列出一些使用这种模式的命令
- 描述如何设置光标并将其移至某个标记
- 列举逐个字符、逐个单词来回移动光标的命令
- 列举如何将文件读入工作缓冲区
- 解释如何向后或向前查找文本以及如何重复执行查找

    本章首先介绍 vi 的历史,并对 vi 进行概述,它是最早的一种交互式的可视化文本编辑器,功能强大,有时还带有一些神秘色彩。接着介绍入门操作:使用 vim(vi 的增强版本,从 vi 克隆而来,大多数 Linux 的发行版都将提供)创建和编辑文件(本章介绍的多数使用方法都适用于 vi 和 vi 的克隆版。然后,本章详细介绍 vim 命令的一些细节,并说明如何使用参数定制 vim 来满足用户需求。最后对 vim 命令进行概括总结。

6.1 历史

在 vi 出现之前,ed 是标准 UNIX 系统编辑器(仍存在于现在的大多数 Linux 系统中),它是一个面向行的编辑器,所以,在使用它进行编辑时,很难看到文本的上下文。之后出现了 ex[1],它的功能是 ed 的"超集"。ex 比 ed 最显著的优势在于它的编辑-显示功能,它可显示一屏文本而不仅是一行。在使用 ex 时,输入命令 vi(Visual 模式)可启动该编辑-显示功能。后来,随着该功能的广泛应用,开发人员专门编写了一个程序,使得打开 ex 编辑器的同时运行该编辑-显示功能,而不必再输入命令 vi 启动它,他们称该程序为 vi。在 ex 中可调用 Visual 模式,也可在使用 vi 时返回到 ex。启动 ex,输入命令 vi 切换到 Visual 模式,输入 Q 命令返回到 ex,输入 quit 命令退出 ex。

vi 克隆版 Linux 提供了 vi 的多个版本,或者说是多个克隆版。Linux 系统中最流行的 vi 克隆版有 elvis(elvis.the-little-red-haired-girl.org)、nvi(最初 vi 编辑器的一种实现,由 Keith Bostic 开发)、vile(invisible-island.net/vile/vile.html)和 vim(www.vim.org)。每个克隆版都具有比最初的 vi 更多的功能。

本书中的示例都基于 vim。一些 Linux 发行版提供了 vim 的多个版本。例如,Fedora 提供了/bin/vi,是 vim 的最小版本,它很精简、加载速度很快,但功能较少;还提供了/usr/bin/vim,是功能齐全的 vim 版本。

如果用户使用 vim 的其他克隆版或 vi,可能发现用户的试验结果与本章示例的结果稍有差别。vim 编辑器几乎与所有 vi 命令都兼容,而且可运行在许多平台上,如 Windows、Macintosh、OS/2、UNIX 和 Linux。更多相关信息和有用的提示信息请参考 vim 主页(www.vim.org)。

vim 编辑器不是什么 vim 编辑器不是一个格式化文本的程序,它不能两端对齐,也不具有诸如 LibreOffice Writer(www.libreoffice.org)的复杂字处理系统所具有的格式化输出功能。但 vim 是一个灵巧的文本编辑器,它可用来编写代码(如 C、HTML、Java 等)、简短注释,或者作为格式化文本系统(如 groff 和 troff)的输入,使用 fmt 还可对 vim 创建的文本文件进行最低限度的格式化。

阅读本章 vim 不仅庞大,而且功能强大,本章仅对其中某些功能进行描述。但如果 vim 对读者是全新的,会发现本章描述的有限命令集合仍很丰富。为完成大多数编辑任务,vim 编辑器提供了很多方法。学习 vim 的最佳策略是首先学习能完成基本编辑操作的命令集合。熟悉编辑器后,再学习其他使操作更快捷高效的命令。接下来将介绍用来创建和编辑文件的 vim 命令和功能,这些命令和功能虽然基本但非常有用。

6.2 入门:用 vim 创建和编辑文件

本节介绍的操作包括:启动 vim、输入文本、移动光标、校正文本、将文本保存到磁盘和退出 vim。本节主要介绍 vim 操作的 3 种模式以及在这些模式间进行切换的方法。

vimtutor 除学习本节外,用户也可输入命令 vimtutor 并运行它来查看 vim 的使用说明。

默认情况下不安装 vimtutor 和 vim 帮助文件

提示 为运行 vimtutor,并获得 6.2.4 节介绍的帮助信息,必须安装 vim-enhanced 或 vim-runtime 软件包,参见附录 C。

指定终端 由于 vim 利用了与各种终端相关的一些功能,因此必须将使用的终端或终端模拟器的类型传递给 vim。对于很多系统,当运行终端模拟器时,终端的类型通常是自动设定的。如果需要显式地指定终端类型,请参见附录 B。

6.2.1 启动 vim

可使用以下命令启动 vim,该命令可创建和编辑文件 practice(也有可能需要使用 vi 或 vim.tiny 命令来代替 vim):

```
$ vim practice
```

按 RETURN 键后,命令行消失,屏幕显示内容如图 6-1 所示。

---

1. 通常 ex 程序是 vi 的一个链接,在某些系统上它也是 vim 的一个版本。

屏幕左端的代字符(~)表明文件是空的。当用户在文件中添加文本行时，代字符将消失。如果屏幕看上去有点变形，那么用户终端类型的设置可能有误。

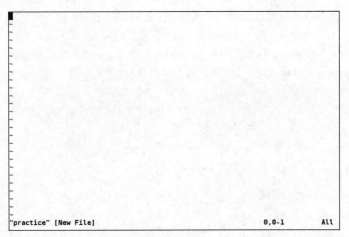

图 6-1　启动 vim

命令 vi 可运行 vim

提示　在一些 Linux 系统上，命令 vi 可在与 vi 兼容的模式下运行 vim(参见 6.2.6 节)。

因为 practice 文件是一个新文件，所以它不包含任何文本。vim 将在终端的状态行(底部)显示类似于图 6-1 所示的消息，表明用户正在创建和编辑一个新文件。如果要编辑一个已有文件，vim 将显示该文件前几行的信息，并在状态行上给出该文件的状态信息。

问题　如果启动 vim 的终端类型不在 terminfo 数据库中，vim 将显示错误消息，并等待你按下 RETURN 键或将终端类型设置为 ansi(许多终端都是此类型)。

紧急退出　要重新设置终端类型，可按 ESCAPE 键，用下面的命令退出 vim，并显示 shell 提示符：

　:q!

输入冒号(:)时，vim 将光标移到屏幕底部，接着输入 "q!" 将退出 vim 而且不保存任何修改(通常情况下，都需要保存修改，所以很少以这种方式退出 vim)。输入完命令后，要按 RETURN 键。一旦显示了 shell 提示符，请参见附录 B，然后再次启动 vim。

如果用户在调用 vim 时没有在命令行上指定文件名，vim 将认为用户是一个新手，并会告诉用户如何启动(如图 6-2 所示)。

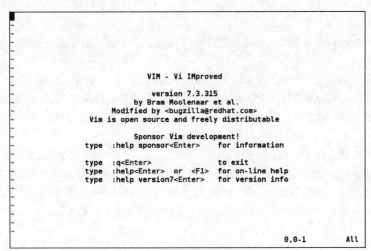

图 6-2　启动 vim 时未指定文件名

6.2.2　命令模式和输入模式

vim 提供了命令模式(也称为正常模式)和输入模式(如图 6-3 所示)。当 vim 处于命令模式时，可输入 vim 命令；如删除文本的命令、退出 vim 的命令。输入命令将 vim 切换到输入模式。在输入模式下，vim 将接收用户输入的任何文本信息，并将它们显示在屏幕上。按 ESCAPE 键，vim 将返回命令模式。默认情况下，vim 编辑器会显示其所处的模式。例如，当 vim 处于插入模式时，屏幕左下角会显示 INSERT。

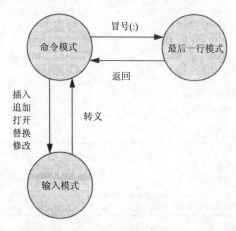

图 6-3　vim 中的模式

以下命令将使 vim 在你所编辑文本的旁边显示对应的行号：

```
:set number RETURN
```

最后一行模式　上面命令中的冒号(:)使得 vim 切换到另一种模式：最后一行模式。在这种模式下，光标始终处于屏幕底部。当输入完命令按 RETURN 键后，vim 才将光标还原到它在文本中的位置。输入命令":set nonumber"并按 RETURN 键将隐藏行号。

vim 区分大小写　在 vim 中输入命令时，请注意 vim 编辑器区分大小写。因为 vim 区分大小写，它会把字母相同但大小写不同的两条命令认为是不同的命令。要特别注意 CAPS LOCK (SHIFT LOCK)键。如果在输入模式下，为输入大写字母，按下了 CAPS LOCK 键，返回到命令模式时，vim 将按大写字母解释命令。若在该键仍按下的情况下输入命令，则 vim 可能不会执行用户输入的命令。

6.2.3　输入文本

输入模式(i/a)　启动 vim 后，在输入文本之前，必须按 i 键(在光标前插入字符)或 a 键(在光标后追加字符)将 vim 切换到输入模式。

如果不能确定 vim 当前是否处于输入模式，那么按 ESCAPE 键；如果 vim 当前处于输入模式，则返回命令模式；如果已处于命令模式，则会嘀嘀响、出现闪烁或者不执行任何操作，然后按 i 键或 a 键返回输入模式。

当 vim 处于输入模式时，可通过键盘输入文本。如果屏幕显示的内容不是用户输入的，则说明 vim 当前并非处于输入模式。

为继续学习下面的内容，请按图 6-4 所示内容输入示例段落，在每行末尾按 RETURN 键。如果在光标到达屏幕或窗口右端之前，没按 RETURN 键，vim 将自动换行到下一行。这种情况下，物理行将与编程行(逻辑行)不对应，这会使某些编辑操作复杂化。使用 vim 时，可以对输入错误进行校正。如果发现输入的某行内容有错，可随时(修改完毕后再输入其他内容或最后一起修改)对这些错误进行修改。当该段文字输入完毕后，按 ESCAPE 键将使 vim 返回命令模式。

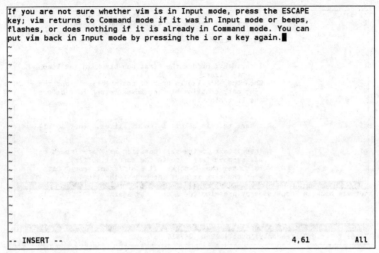

图 6-4　用 vim 输入文本

6.2.4　获取帮助

为使用 vim 的帮助系统，必须安装 vim-runtime 软件包。详见附录 C。

在使用 vim 时，输入命令 ":help [*feature*]" 后按 RETURN 键可获得帮助信息(输入此命令时要保证 vim 处于命令模式)。其中的冒号(:)将使光标移到屏幕的最后一行。如果输入 ":help"，vim 将显示 vim 帮助文档的介绍信息(如图 6-5 所示)。在屏幕上显示每个文件的区域(例如，图 6-5 中的两个区域)称为 vim 的一个窗口。屏幕上靠近底部的黑条中的内容说明了黑条上所显示文件的名称。在图 6-5 中，文件 help.txt 占据了大部分屏幕(vim 上面的窗口)，正在编辑的文件 practice 仅占据了几行，位于屏幕的下面(vim 下面的窗口)。

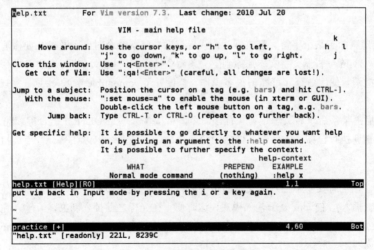

图 6-5　vim 帮助信息的主界面

可滚动查看帮助文档介绍的内容。按 j 键或方向键中的向下键可将光标逐行向下移动。按 CONTROL+D 组合键一次将把光标下移半个窗口；按 CONTROL+D 或 CONTROL+U 组合键一次将把光标下移或上移半个窗口。输入命令 ":q" 将关闭帮助窗口。

在命令模式下，输入命令 ":help insert" 可获得一些插入命令的帮助信息(如图 6-6 所示)。

1. 在插入时校正文本

若 vim 处于输入模式，用于校正 shell 命令行的退格键可完成相同的功能。这些键包括字符删除键(CONTROL+H)、行删除键(CONTROL+U)和字删除键(CONTROL+W)。虽然有时用这些键删除文本后，vim 在屏幕上仍显示这些文本，但当改写这些文本或按 RETURN 键时，用户会发现编辑器已将它们删除。

```
<insert>        or                        i Insert <Insert>
i                          Insert text before the cursor [count] times.
                           When using CTRL-O in Insert mode i_CTRL-O the count
                           is not supported.

                                          I
I                          Insert text before the first non-blank in the line
                           [count] times.
                           When the 'H' flag is present in 'cpoptions' and the
                           line only contains blanks, insert start just before
                           the last blank.

                                          gI
gI                         Insert text in column 1 [count] times.   {not in Vi}

                                          gi
gi                         Insert text in the same position as where Insert mode
                           was stopped last time in the current buffer.
                           This uses the '^ mark.  It's different from "`^i"
                           when the mark is past the end of the line.
insert.txt.gz [Help][RO]                              1697,20-53      89%
put vim back in Input mode by pressing the i or a key again.
~
~
practice [+]                                          4,60           Bot
"insert.txt.gz" [readonly][noeol] 105L, 24781C
```

图 6-6　关于插入命令的帮助信息

2. 移动光标

删除、插入和校正文本都需要在屏幕上移动光标。当 vim 处于命令模式时，可以用 RETURN 键、空格键和方向键来移动光标。如果用户更喜欢将手放在靠近键盘中心的地方，或用户使用的终端没有方向键，或用户使用的模拟器不支持方向键，那么可使用 h、j、k 和 l(小写英文字母 l)键分别向左、下、上、右移动光标。

3. 删除文本

删除字符(x)，删除字(dw)，删除行(dd)　在命令模式下，可删除一个字符、一个字和一行。将光标移到要删除的字符，输入命令 x 即可删除光标所经过字符；将光标移到要删除的字的第 1 个字母，输入命令 dw(Delete Word，删除字)即可删除该字；将光标移到要删除的行的任意位置，输入命令 dd 即可删除光标所在的行。

4. 撤消误操作

撤消(u)　当错误地删除了某个字符、字或行时，或者想撤消某条命令时，可通过在要撤消的操作后立即输入命令 u(Undo)来撤消操作。vim 编辑器会将文本还原到上一条命令执行前的状态。若再次输入命令 u，则刚被撤消命令的之前一条命令会被撤消。使用命令 u 可撤消很多操作。若设置了 compatible 参数(参见 6.2.6 节)，vim 就只撤消最近一次的修改。

重做(:redo)　若撤消某条命令后又想重新执行该命令，可按"CONTROL+R"组合键或输入命令":redo"后按 RETURN 键，vim 将重新执行已撤消的命令。像撤消命令一样，重做命令也可在某一行连续执行多次。

5. 添加文本

插入(i)与追加(a)　向已有文本中插入新文本的步骤为：首先将光标移到要插入新文本位置之后的那个字符上，然后输入命令 i(insert，插入)，使 vim 处于输入模式，这时便可在光标之前插入新文本，输入完毕后按 ESCAPE 键，使 vim 返回命令模式。或将光标移到要插入文本位置之前的那个字符上，然后输入命令 a(append，追加)，这时便可在光标之后追加新内容。

打开(o 和 O)　为输入一行或多行，将光标移到要添加行的上一行，输入命令 o(open，打开)，vim 编辑器将在光标所在行的下方打开一个空白行，同时将光标移到新的空白行上，进入输入模式。此时便可输入新文本，每行结束时可按 RETURN 键。当完成文本的输入时，按 ESCAPE 键使 vim 返回命令模式。命令 O 与 o 的工作方式类似，不同之处仅在于，输入命令 O 后，vim 将在光标所在行的上方打开一个空白行。

6. 校正文本

为校正文本，可使用 dd、dw 和 x 删除错误的文本，然后使用 i、a、o 和 O 插入正确的文本。

在图 6-4 中，要将单词 pressing 更改为 hitting，可用方向键将光标移到单词 pressing 的字符 p 上，输入命令 dw 删除该单词。然后，输入命令 i 使 vim 进入输入模式，输入单词 hitting 和空格，按 ESCAPE 键。这样，就会更改单词并使 vim 返回命令模式，等待下一条命令的输入。命令 dw 和 i 可用一条命令 cw(change word，修改单词)来实现。命令 cw 可使 vim 处于输入模式。

发送给打印机的页中断信号

提示　CONTROL+L 组合键使打印机从当前位置直接跳到下一页的顶端。在输入模式下，在文档的任何位置都可按 CONTROL+L 来输入该字符，如果没有显示 "^L"，则可在按 CONTROL+L 之前按 CONTROL+V。

6.2.5　结束编辑会话

在编辑过程中，vim 将编辑的文本放在称为工作缓冲区(work buffer)的区域中。当结束编辑时，必须将工作缓冲区的内容写入磁盘，这样才能保存已编辑的文本，便于下一次使用。

确保 vim 处于命令模式下，输入命令 ZZ(必须使用大写的 Z)将新输入的文本写入磁盘，结束编辑会话，vim 将控制权返回 shell。如果用户不想保存所做修改，那么用户可使用命令 ":q!" 退出。

不要将 ZZ 与 CONTROL+Z 混淆

警告　退出 vim 要输入 ZZ，而不是 CONTROL+Z(通常为挂起键)。若使用 CONTROL+Z，则 vim 将从屏幕上消失，好像退出了。但事实上，vim 仍在后台继续运行，并且没有保存前面对文件的修改。如果此时用户输入另一个 vim 命令再次编辑该文件，vim 将显示一条关于交换文件的消息。

6.2.6　compatible 参数

compatible 参数使得 vim 与 vi 更加兼容。默认情况下，compatible 参数是未设置的。启动 vim 时，可以忽略该参数。

设置 compatible 参数可从多方面改变 vim 的工作方式。例如，设置 compatible 参数后，撤消命令只能撤消最近一次所做的修改；而如果没有设置 compatible 参数，撤消命令可不断撤消许多次修改。本章在 compatible 参数对命令有影响时都会给出提示。输入命令 ":help compatible"，然后按 RETURN 键即可得到关于 compatible 参数的更多细节。输入命令 ":help vi-diff"，然后按 RETURN 键可获得 vim 与最初的 vi 相比所有不同之处的完整列表。关于 help 命令的讨论参见 6.2.4 节。

在命令行上使用-C 选项可设置 compatible 参数，使用-N 选项可撤消对 compatible 参数的设置。

6.3　介绍 vim 的特性

本节将讨论联机帮助、操作模式、工作缓冲区、应急处理和其他 vim 特性。输入命令 vim 和选项--version 可获得 vim 特定版本的特性信息。

6.3.1　联机帮助

如前所述，在使用 vim 时可查看帮助信息。输入命令 ":help *feature*" 将获得 *feature* 的相关信息。当滚动浏览这些帮助文本时，用户会看到用两条竖线括起来的单词，如|tutor|，这些都是活动链接(active link)，将光标移到这些活动链接上，按 CONTROL+]组合键即可跳到对应的链接文本。使用 CONTROL+o(小写的 o)组合键可返回帮助文本。也可以使用活动链接的单词替换命令 ":help *feature*" 中的 *feature*，这样就可以获得该单词对应特性的相关信息。例如，对于引用|credits|，输入命令 ":help credits"，然后按 RETURN 键即可得到关于 credits 的更多信息。输入 ":q!" 将关闭帮助窗口。

使用帮助系统经常需要浏览的 vim *feature* 包括：insert(插入文本)、delete(删除文本)和 opening-window(打开窗口)。用户可能对 opening-window 特性很陌生，但没关系，随着用户使用 vim，用户会逐渐熟悉这些特性。输入命令 ":help doc-file-list" 可得到帮助文件的完整列表。虽然 vim 是一个自由软件，但该软件的开发人员建议用户在使用这些免费软件时捐助一点钱，以帮助乌干达的儿童们(输入命令 ":help iccf" 可获取更多信息)。

6.3.2　术语

本章使用如下术语：

当前字符：光标所在的字符。

当前行：光标所在的行。

状态行：屏幕底部的行或最后一行。该行是为最后一行模式预留的，用于显示状态信息。用户编辑的文本不会出现在该行上。

6.3.3　操作模式

vim 编辑器是 ex 编辑器的一部分，它具有 5 种操作模式：

- ex 命令模式
- ex 输入模式
- vim 命令模式
- vim 输入模式
- vim 最后一行模式

在命令模式下，vim 将输入的字符作为命令对待，并对每条命令加以响应，但不显示输入的这些字符；在输入模式下，vim 将输入字符作为文本放在正编辑的文件中；所有以冒号(:)开头的命令将使 vim 处于最后一行模式，冒号将光标移到屏幕的状态行，在这里可以输入命令的其余部分。

最后一行模式和命令模式除光标位置不同外，还有一点不同，就是在命令模式下结束命令时不必按 RETURN 键，而在最后一行模式下结束命令时必须按 RETURN 键。

通常情况下，不使用 ex 模式。本章提到的输入模式和命令模式都在 vim 模式下，而不是 ex 模式下。

刚启动编辑会话时，vim 处于命令模式。此时，一些命令(包括插入命令和追加命令)可将 vim 切换到输入模式。按 ESCAPE 键，vim 将返回到命令模式。

一些修改和替换命令首先工作在命令模式下，然后切换到输入模式下。修改命令删除要修改的文本，将 vim 从命令模式切换到输入模式，以便插入新文本；替换命令删除要重写的字符，并插入新字符。图 6-3 展示了在模式间切换的一些方法。

> **警告**　**注意查看模式和 CAPS LOCK 键**
>
> 在命令模式下输入的任何字符几乎都对 vim 有影响，因此，若把实际处于命令模式的 vim 误认为处于输入模式，输入字符可能会带来一些麻烦。学习使用 vim 时，要确保设置了 showmode 参数(默认情况下已设置)，这样 vim 会提示所处模式。输入命令 ":set laststatus=2" 可将状态行打开，其中的状态信息很有帮助。
>
> 也要特别注意 CAPS LOCK 键的状态。在命令模式下，输入大写字母和小写字母产生的效果不同。如果不注意，可能使 vim 给出"错误的"响应。

6.3.4　显示

vim 编辑器使用状态行和几个符号来显示编辑会话中的一些信息。

1. 状态行

vim 编辑器在显示区域的底部行显示状态信息。这些信息包括：错误消息、删除或添加的文本块信息以及文件状态信息。此外，vim 在状态行上还将显示最后一行模式下的命令。

2. 重绘屏幕

有时屏幕会扭曲或重写。当 vim 在屏幕上显示字符时，它有时会在行上显示@而不是删除一行。当某个程序的输出与工作缓冲区的内容混在一起时，就比较麻烦，这些输出虽然不会添加到工作缓冲区中，但它们会影响显示结果。如果出现这些情况，按 ESCAPE 键确保将 vim 切换到命令模式，再按 CONTROL+L 组合键来重绘(刷新)屏幕。

3. 代字符(~)

当屏幕显示到文件末尾时，vim 将在文件最后一行的下一行的最左端显示一个代字符(~)。当开始编辑一个新文件时，vim 编辑器使用该符号标识屏幕上的每一行(除第 1 行外)。

6.3.5　在输入模式下校正文本

当 vim 处于输入模式时，使用删除键、行删除键和 CONTROL+W 组合键可以删除错误的文本，然后插入正确的内容，这样便完成了文本的校正工作。

6.3.6　工作缓冲区

vim 在工作缓冲区中完成所有工作。启动编辑会话时，vim 将要编辑的文件从磁盘读入工作缓冲区；在编辑会话过程中，vim 将所做的修改保存到文件的副本中而不修改磁盘上的文件，直到将工作缓冲区的内容写回磁盘。一般情况下，结束编辑会话时，都要通过命令使 vim 将工作缓冲区的内容写入磁盘，这样才能使本次所做修改保存到最终文本中。当编辑一个新文件时，vim 创建该文件，通常在结束编辑会话时，将工作缓冲区的内容写入磁盘。

将编辑的文本存储在工作缓冲区既有好处也有坏处。好处在于当不想保存所做修改时，用户可以不将工作缓冲区的内容写入磁盘，直接结束编辑会话；坏处在于，如果无意间做了一些重要改动(例如删除工作缓冲区的所有内容)，在结束编辑会话时，用户将丢失所有的修改内容。

如果只想使用 vim 浏览文件而不修改文件，可使用实用程序 view，如下所示：

```
$ view filename
```

调用 view 实用程序与调用带-R(readonly)选项的 vim 编辑器的效果相同。如果以此种方式调用编辑器，将不能把工作缓冲区的内容写回到其名称出现在命令行上的文件中，但可以写到另一个文件中。如果安装了 mc(Midnight Commander)，view 命令将调用 mcview 而不是 vim。

6.3.7　行长度与文件大小

由于 vim 本身对单独"一行"(两个换行符之间的字符)的长度没有限制，它仅受可用内存的影响，因此 vim 可操作任何格式的文件。文件总长度受限于可用的磁盘和内存空间。

6.3.8　窗口

vim 允许打开、关闭和隐藏多个窗口，每个窗口可分别用于编辑不同的文件。多数窗口命令由 CONTROL+W 后跟某个字母组成。例如，CONTROL+W s 打开另一个窗口(分割屏幕)来编辑同一个文件；CONTROL+W n 打开一个窗口来编辑一个空文件；CONTROL+W w 将光标在窗口间移动；CONTROL+W q(或:q)退出(关闭)窗口。输入命令":help windows"可列出全部窗口命令。

6.3.9　锁定文件

编辑一个已有文件时，vim 将显示该文件前几行的内容，在状态行上给出文件的状态信息，并锁定文件。如果使用 vim 打开一个已经锁定的文件，vim 将显示如图 6-7 所示的消息。两种情况下，用户会遇到此类消息。一种情况是，用户试图编辑另一个人正在编辑(也许当前用户正在另一个窗口、后台或终端对该文件进行编辑)的文件；另一种情况是，你上次编辑此文件时 vim 或系统死机。

```
E325: ATTENTION
Found a swap file by the name ".practice.swp"
          owned by: sam    dated: Tue May  1 16:56:40 2012
         file name: ~sam/practice
          modified: YES
         user name: sam    host name: guava
        process ID: 3721 (still running)
While opening file "practice"
              dated: Thu May 10 17:19:27 2012
      NEWER than swap file!

(1) Another program may be editing the same file.  If this is the case,
    be careful not to end up with two different instances of the same
    file when making changes.  Quit, or continue with caution.
(2) An edit session for this file crashed.
    If this is the case, use ":recover" or "vim -r practice"
    to recover the changes (see ":help recovery").
    If you did this already, delete the swap file ".practice.swp"
    to avoid this message.

Swap file ".practice.swp" already exists!
[O]pen Read-Only, (E)dit anyway, (R)ecover, (Q)uit, (A)bort:█
```

图 6-7　试图打开一个已锁定的文件

建议按照 vim 所显示的指令去做，但第二位用户也可以编辑该文件，然后将它写到另一个文件中。更多信息参考下一节。

6.3.10　非正常结束编辑会话

可采用两种方式结束编辑会话：退出 vim 时可保存编辑会话过程中所做修改；也可放弃编辑会话过程中所做修改。在命令模式下，使用命令 ZZ 或 “:wq” 可保存所做修改并退出 vim(参见 6.2.5 节)。

如果不想保存所做修改而想直接结束编辑会话，可使用以下命令：

:q!

请谨慎使用命令 “:q!”。当使用该命令结束编辑会话时，vim 将不保存工作缓冲区的内容，这将丢失用户自上次写入磁盘后所修改的内容。下次编辑或使用该文件时，文件内容为上一次把工作缓冲区写入磁盘的内容。

有时会遇到不能从 vim 创建或编辑的文件中退出的情况。例如，当第一次调用 vim 时忘记指定文件名，使用 ZZ 命令退出时会看到 “No file name” 消息。如果不能从 vim 中正常退出，那么在退出 vim 之前，可使用命令 “:w” 将所做修改写入磁盘的文件。输入下面的命令，其中的 *filename* 为文件名(命令输入完毕后要按 RETURN 键)：

:*w filename*

输入 w 命令后，可使用 “:q” 退出 vim。此时不必使用叹号(即不必输入 q!)。因为它仅适用于自上次将工作缓冲区的内容写入磁盘又做了修改的情况。关于 w 命令的更多信息参见 6.10.2 节。

不能写入文件的情况

提示　当用户不具有所编辑文件的写权限时，很有必要使用命令 “:w *filename*”。如果使用命令 ZZ，用户就会看到 “*filename*” is read only(文件只读)的消息，说明用户对该文件不具有写权限。这时可使用 w 命令将临时文件写到磁盘上的不同文件中。如果用户对工作目录不具有写权限，vim 将仍不能把文件写入磁盘。这时可在用户的主目录中使用 w 命令和虚拟(不存在)文件的绝对路径名。例如，Max 可以使用命令 “:w /home/Max/temp” 或 “:w ~/temp”。

如果 vim 报告 File exists(文件存在)，可使用 “:w! *filename*” 来重写已有文件(要谨慎)。参见 6.11 节。

6.3.11　崩溃后的文本恢复

vim 编辑器会将操作的交换文件临时存储起来。当使用 vim 编辑文件时，如果系统突然崩溃，那么可根据这些交换文件对文件进行恢复。当所编辑的文件具有交换文件时，用户将看到类似于图 6-7 所示的消息。如果其他人正在编辑该文件，那么请退出并以只读方式打开文件。

　　Max 在编辑文件 memo 时系统崩溃，当再次登录系统时，他使用-r 选项来确认文件 memo 的交换文件是否存在。

```
$ vim -r
Swap files found:
   In current directory:
1.    .party.swp
          owned by: max dated: Fri Jan 26 11:36:44 2018
          file name: ~max/party
           modified: YES
          user name: max host name: coffee
         process ID: 18439
2.    .memo.swp
          owned by: max dated: Fri Mar 23 17:14:05 2018
          file name: ~max/memo
           modified: no
          user name: max host name: coffee
         process ID: 27733 (still running)
   In directory ~/tmp:
      -- none --
   In directory /var/tmp:
      -- none --
   In directory /tmp:
-- none --
```

　　-r 选项使 vim 列出已保存的交换文件(有些可能是以前的文件)。如果已经保存了所做修改，可输入命令 vim –r，后接空格和文件名，这样就可以编辑工作缓冲区最近的副本。尽快使用命令 "**:w** *filename*" 将工作缓冲区的应急副本保存到磁盘上，给文件指定一个与原文件不同的名称。然后检查恢复出来的文件是否正确。下面是 Max 在恢复文件 memo 时与 vim 的交互操作，随后他删除了 memo 的交换文件：

```
$ vim -r memo
Using swap file ".memo.swp"
Original file "~/memo"
Recovery completed. You should check if everything is OK.
(You might want to write out this file under another name
and run diff with the original file to check for changes)
Delete the .swp file afterwards.

Hit ENTER or type command to continue
:w memo2
:q
$ rm .memo.swp
```

> **必须在发生崩溃的系统上恢复文件**
>
> 提示　vim 的恢复特性与发生崩溃的系统相关。如果正在运行一个群集(cluster)，那么必须登录到发生崩溃的系统，才能成功地使用-r 选项。

6.4　在命令模式下移动光标

　　若 vim 处于命令模式下，可将光标定位到屏幕上的任何字符，也可将工作缓冲区的不同部分显示在屏幕上。通过控制屏幕和光标的位置，可将光标定位到工作缓冲区中的任何字符。

　　可在文本中前后移动光标。如图 6-8 所示，向前指往屏幕的右侧和底部移动，向后指往屏幕的左侧和顶部移动，一直到达文件的开始。当使用命令将光标移到某行的末尾(右端)时，再往前移动，光标就被移到下一行的开始处(左端)。当光标移到某一行的开始(左端)时，再往后移动，光标就被移到上一行的末尾处。

　　长行　有时工作缓冲区的一行太长，导致不能在屏幕的一行上显示。这种情况下，vim 将自动从当前行换到下一行显示(除非设置了 nowrap 选项)。

图 6-8　向前/向后移动光标

也可跨越不同的度量单位(字符、单词、行、句子、段落或屏幕)来移动光标。移动光标的命令前面的数字称为重复因子，光标在文本中跨越单位的个数将根据该数字确定。关于这些内容的准确定义参见 6.13 节。

6.4.1　按字符移动光标

l/h　空格键、l(小写的"1")键和方向键中的向右键(如图 6-9 所示)都可将光标往前(右)移动，每次移动一个字符，一直到达屏幕的右端。命令"7 SPACE"或"7l"可将光标右移 7 个字符。这些键不能将光标从当前行的末尾移到下一行的开始。h 键和方向键中的向左键与 l 键和方向键中的向右键的作用类似，只是方向相反。

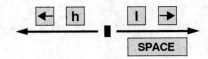

图 6-9　按字符移动光标

6.4.2　将光标移到某个特定字符

f/F　使用"查找"命令可将光标从当前行的某个指定字符移到该字符下一次出现的位置。例如，以下命令将光标从字符 a 当前的位置移到同一行上 a 下一次出现(如果该行后面有一个 a 出现)的位置：

fa

使用大写字母 F 也可移到字符前一次出现的位置。如下所示，该命令将光标从字符 a 当前的位置移到同一行上 a 前一次出现的位置：

Fa

分号(;)可重复上一次的查找命令。

6.4.3　按字移动光标

w/W　w(word，字)键将把光标向前移到下一个字的首字母(如图 6-10 所示)。标点符号也被看成一个字。如果下一个字位于下一行，那么该命令可将光标移到下一行。命令 15w 将把光标移到后面第 15 个字的首字符处。

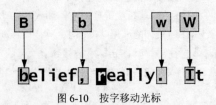

图 6-10　按字移动光标

W 键与 w 键类似，也是往前移动光标，只是 W 键按空格分隔字(包括标点符号)来移动光标(参见 6.13.3 节)。

b/B 和 e/E　b(back)键将光标向后移到前一个字的首字母。B 键按照空格分隔字向后移动光标。类似地，e 键将把光标移到下一个字的末尾；E 键将把光标移到下一个空格分隔字的末尾。

6.4.4　按行移动光标

j/k　RETURN 键可将光标移到下一行的开始；j 键和方向键中的向下键将把光标移到当前字符正下方的字符(如图 6-11 所示)。如果当前字符正下方没有字符，那么光标将移到下一行的末尾。光标不会越过工作缓冲区中文本的最后一行。

k 键和方向键中的向上键与 j 键和方向键中的向下键的作用类似，只是方向相反。减号(-)键与 RETURN 键类似，只是方向相反。

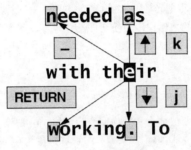

图 6-11　按行移动光标

6.4.5　按句子和段落移动光标

")" / "(" 和 "}" / "{"　　")" 和 "}" 可分别将光标向前移到下一个句子的开始和下一个段落的开始，如图 6-12 所示。"(" 和 "{" 可分别将光标向后移到当前句子的开始和当前段落的开始。关于句子和段落的更多信息参见 6.13.5 节和 6.13.6 节。

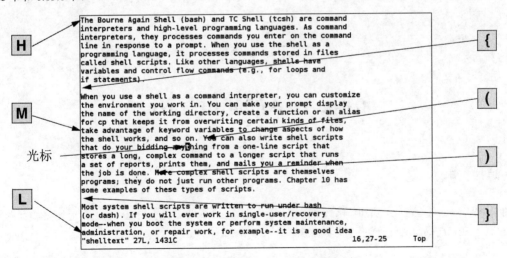

图 6-12　按句子、段落、H、M 和 L 移动光标

6.4.6　在屏幕内移动光标

H/M/L　H(home)键将光标定位到屏幕顶部一行的最左端；M(middle)键将光标定位到屏幕的中间一行；L(lower)键将光标定位到屏幕的底部一行，如图 6-12 所示。

6.4.7 查看工作缓冲区的不同部分

屏幕显示了文本在工作缓冲区中的某一部分,通过滚动可显示文本的前面或后面部分,也可基于行号来显示工作缓冲区的内容。

CONTROL+D 组合键和 CONTROL+U 组合键 按 CONTROL+D 组合键可将屏幕向下(前)滚动,使 vim 显示半屏新文本;按 CONTROL+U 组合键可将屏幕向上(后)滚动,同样显示半屏文本。如果在这些命令前加上数字,则在后面的会话过程中,每次使用 CONTROL+D 组合键或 CONTROL+U 组合键都会按照该数字指定的行数滚动屏幕,直到再次修改滚动的行数。参见表 6-7 中关于 scroll 参数的讨论。

CONTROL+F 组合键和 CONTROL+B 组合键 CONTROL+F 组合键(forward,向前)和 CONTROL+B 组合键(backward,向后)几乎显示一屏新文本,为保持连续性,保留前一屏的几行。有些键盘可使用 PAGE DOWN 键和 PAGE UP 键来分别替代 CONTROL+F 组合键和 CONTROL+B 组合键。

行号(G) 输入命令 G 和行号,vim 将把光标定位到工作缓冲区的对应行上。如果 G 后没有数字,vim 将把光标移到工作缓冲区的最后一行。行号不必显式给出,即使文件没有行号,该命令也能正常运行。使 vim 显示行号的内容参见表 6-7 中的"行号"一行。

6.5   输入模式

插入命令、追加命令、打开命令、修改命令和替换命令都可将 vim 切换到输入模式。当 vim 处于输入模式时,可向工作缓冲区中输入新文本。在结束文本的输入后,按 ESCAPE 键可使 vim 返回命令模式。为使 vim 在处于输入模式时显示相应的提示信息,可参见表 6-7 中的"显示模式"一行(默认情况下)。

6.5.1   插入文本

插入(i/I) i(Insert,插入)命令使 vim 进入输入模式,可在光标所在字符(又称为当前字符)之前插入文本。I 命令在当前行的开始处插入文本(如图 6-13 所示)。命令 i 和 I 有时会重写屏幕上的文本,但在工作缓冲区中字符不会改变,只是显示受到了影响。按 ESCAPE 键使 vim 返回命令模式,被重写的文本会再次显示。使用 i 或 I 可向已有文本或者新文本中插入新的字符或字。

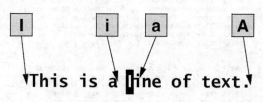

图 6-13   命令 I、i、a 和 A

6.5.2   追加文本

追加(a/A) 命令 a(Append,追加)与命令 i 类似,不同之处在于命令 a 是在当前字符之后追加文本(如图 6-13 所示)。命令 A 是在当前行的最后一个字符后追加文本。

6.5.3   为输入文本打开行

打开(o/O) 命令 o(Open,打开)和 O 是在当前文本中打开一个空白行,将光标放在新(空白)行的开始处,并使 vim 进入输入模式。命令 O 在当前行的正上方打开一行;命令 o 在当前行的正下方打开一行。可使用这些打开命令在已有文本中输入多行。

6.5.4 替换文本

替换(r/R)　命令 r(Replace，替换)和 R 使新输入的文本覆盖(替换)已有文本。在命令 r 的后面输入某个字符将替换掉当前字符。在输入该字符后，不必按 ESCAPE 键，vim 会自动返回命令模式。

命令 R 将用所有后续字符替换已有文本，直到按 ESCAPE 键使 vim 返回到命令模式。

替换制表符

提示　用替换命令替换制表符时，你会觉得有点奇怪。替换制表符之前，制表符显示为几个空格。事实上，这些空格在替换时将被看成一个字符进行替换。关于如何把制表符显示为可见字符的内容参见表 6-7 中的"不可见字符"一行。

6.5.5 在输入模式下转义特殊字符

CONTROL+V　在输入模式下，使用转义命令 CONTROL+V 便可向文本中输入任何字符，包括通常情况下对 vim 具有特殊意义的字符。这些字符有：CONTROL+L 或 CONTROL+R(重绘屏幕)、CONTROL+W(删除字)、CONTROL+M(换行)和 ESCAPE 键(结束命令模式)。

为将上述字符插入文本中，可在输入它们之前输入 CONTROL+V。CONTROL+V 可转义其后的单个字符。例如，为将 ESCAPE[2J 插入 vim 正在编辑的文件中，可输入字符序列 CONTROL+V ESCAPE[2J。此字符序列可实现对 DEC VT-100 和其他类似终端的清屏功能。通常情况下，用户可能不会把该字符序列输入文档中，但在使用 vim 编写 shell 脚本时，就可能用到这个字符序列或者其他的 ESCAPE 序列。关于 shell 脚本的内容参见第 10 章。

6.6　在命令模式下删除和修改文本

本节描述在所编辑文档中删除、替换或修改文本的命令，同时介绍撤消命令，该命令可以还原已删除或修改的文本。

6.6.1 撤消修改

撤消(u/U)　命令 u(Undo，撤消)可还原误删除或误修改的文本。执行一次撤消命令只能撤消上一次对文本的操作。如果删除一行后又修改了某个字，那么执行一次撤消命令只能还原已修改的字。为恢复已删除的行，必须再执行一次撤消命令。设置 compatible 参数后，vim 只能撤消最近一次所做的修改。命令 U 只能还原已修改的最后一行内容，将其还原到开始修改之前的状态，即使期间进行了很多修改。

6.6.2 删除字符

删除字符(x/X)　命令 x 可删除当前字符。在命令 x 前使用重复因子(参见 6.13.8 节)可删除当前行上从当前字符开始的几个字符。命令 X 删除光标左边的字符。

6.6.3 删除文本

删除(d/D)　命令 d(Delete，删除)将从工作缓冲区中删除文本。命令 d 删除文本的多少取决于 d 后面的重复因子和度量单位。删除文本后，vim 仍处于命令模式。

使用 dd 删除一行

提示　输入命令 d 后按 RETURN 键将删除两行：当前行和下一行。dd 仅删除当前行，在 dd 前加入重复因子可删除多行。

也可从当前光标位置删除到同一行上的某个特定字符之间的内容。例如，命令 dt;可删除到下一个分号(;)结束之间的内容(关于命令 t 的更多信息参见 6.7.1 节)。命令 D 或之间的内容 d$可删除当前行剩余的内容。表 6-1 列出了一些删除命令，其中 dd 命令之前的所有命令都是从当前字符开始删除或者删除到当前字符结束。

表 6-1 删除命令

命　　令	功　　能
dl	删除当前字符(与命令 x 相同)
d0	从行首删除
d^	从该行的第 1 个字符(不包括前导空格和制表符)开始删除
dw	删除到字的末尾
d3w	删除到第 3 个字的末尾
db	从字的首字符开始删除
dW	删除到空白分隔字的末尾
dB	从空白分隔字的首字符开始删除
d7B	从前面的第 7 个空白分隔字的首字符开始删除
d)	删除到句子的末尾
d4)	删除到第 4 个句子的末尾
d(	从句首开始删除
d}	删除到段落末尾
d{	从段首开始删除
d7{	从前面的第 7 段开始删除
d/text	一直删除到 text 单词的下一次出现处
dfc	在当前行删除到 c 的下一次出现处(包括 c)
dtc	删除到当前行上 c 的下一次出现处
D	删除到行尾
d$	删除到行尾
dd	删除当前行
5dd	删除从当前行开始的 5 行
dL	删除到屏幕的最后一行
dH	从屏幕的第 1 行开始删除
dG	删除到工作缓冲区的末尾
d1G	从工作缓冲区的起始处开始删除

6.6.4 修改文本

修改(c/C)　命令 c(Change，修改)可将旧文本替换为新文本，其中新文本不一定与旧文本占据相同的空间。可将某个单词替换为几个单词，一行替换为几行，或者一个段落替换为一个字符。命令 C 从光标位置替换到行尾。

命令 c 删除文本的多少取决于重复因子和度量单位，它可使 vim 进入输入模式。当新文本输入完毕时，按 ESCAPE 键，以前的字、行、句子或段落将被替换为新文本。如果删除指定文本后没有输入新文本就按 ESCAPE 键，那么该操作相当于删除指定文本(即，清空指定文本)。

表 6-2 列出了一些修改命令。除最后两行外，每条命令都从当前字符开始删除或者删除到当前字符结束。

dw 与 cw 的工作方式不同

提示　命令 dw 删除包括字末尾的空格在内的所有字符，而命令 cw 仅改变字中的字符，保留字后的空格。

表 6-2　修改命令示例

命　　令	功　　能
cl	修改当前字符(与命令 x 相同)
cw	修改到字的末尾
c3w	修改到第 3 个字的末尾
cb	从字的首字符开始修改
cW	修改到空白分隔字的末尾
cB	从空白分隔字的首字符开始修改
c7B	从前面的第 7 个空白分隔字的首字符开始修改
c$	修改到行尾
c0	从行首修改
c)	修改到句尾
c4)	修改到第 4 个句子的末尾
c(	从句子的首字符开始修改
c}	修改到段尾
c{	从段首开始修改
c7{	从前面的第 7 段的段首开始修改
ct*c*	在当前行上修改到 *c* 的下一次出现处
C	修改到行尾
cc	修改当前行
5cc	修改从当前行开始的 5 行

6.6.5　替换文本

替换(s/S)　命令 s 和 S(Substitute，替换)也可将旧文本替换为新文本(如表 6-3 所示)。命令 s 删除当前字符，使 vim 进入输入模式，然后可输入新内容直到按 ESCAPE 键，vim 将当前字符替换为刚输入的新内容。命令 S 与命令 cc 相同，可以修改当前行。命令 s 只替换当前行中的字符。如果在命令 s 前指定的重复因子要替换的个数超出了当前行的字数，那么命令 s 只能修改到该行的末尾(与命令 C 相同)。

表 6-3　替换命令示例

命　　令	功　　能
s	用一个或多个字符替换当前字符
S	用一个或多个字符替换当前行
5s	用一个或多个字符替换从当前字符开始的 5 个字符

6.6.6　修改大小写

代字符(~)命令可改变当前字符的大小写，从大写改为小写或从小写改为大写。可在代字符前放置数字来说明要改变大小写的字符个数。例如，命令"5~"将改变从当前光标所在字符开始的 5 个字符的大小写。如果到达光标所在行的末尾，那么将结束大小写变换。

6.7　查找和替换

任何编辑器都具有的一个关键特性是：通过与正则表达式的匹配实现字符、字符串或文本的查找和替换。vim 编辑器为在当前行上查找字符提供了简单命令，同时也为在工作缓冲区中，查找和选择性地替换字符串或正则表达式的一次或多次出现，提供了较复杂的命令。

6.7.1 查找字符

查找(f/F) 命令 f(Find，查找)可在当前行查找指定字符，并将光标移到该字符下一次出现的位置。参见 6.4.2 节。

t/T t 和 T 与查找命令具有相同的用法。命令 t 将光标定位到指定字符下一次出现之前的一个字符上；命令 T 将光标定位到指定字符前一次出现之后的一个字符上。

分号(;)将重复执行最后一个 f、F、t 或 T 命令。

查找命令可与其他命令一起使用。例如，命令 d2fq 可删除从当前字符开始到当前行第 2 次出现字母 q 的文本。

6.7.2 查找字符串

搜索(斜杠/问号) vim 编辑器可在整个工作缓冲区中查找与正则表达式(参见附录 A)匹配的文本或字符串。按斜杠(/)键，输入要查找的文本(称为搜索字符串)，按 RETURN 键开始搜索(向前搜索)字符串下一次出现的位置。按斜杠键时，vim 将在状态行显示输入的斜杠和要查找的字符串，按 RETURN 键后，vim 便开始对字符串进行搜索。如果搜索成功，vim 就将光标移到该字符串的首字符上。如果用问号(?)替代斜杠，vim 将搜索字符串前一次出现的位置。如果要在向前搜索中包含斜杠或在向后搜索中包含问号，就需要在它们前面加上反斜杠(\)以实现转义。

两种不同的转义字符的方法

提示 在输入文件时，可在文本中使用 CONTROL+V 来转义特殊字符。本节讨论在搜索字符串中使用反斜杠(\)转义特殊字符。这两种转义字符的方法是不可互换的。

下一个(n/N) N 键和 n 键在不必重新输入搜索字符串的情况下，<u>重复上一次搜索</u>。n 键的搜索与上一次的搜索完全相同，而 N 键则以相反的方向重复上一次的搜索。

在向前搜索时，如果 vim 搜索到工作缓冲区的末尾处仍无法找到要搜索的字符串，vim 通常会折回工作缓冲区的起始处继续搜索。同样，在向后搜索时，如果搜索到工作缓冲区的起始处还没有找到字符串，vim 通常会折回工作缓冲区的末尾继续搜索。vim 还支持区分大小写形式的搜索。关于如何修改搜索参数的内容，参见表 6-7 中的"折回扫描"和"忽略大小写搜索"两行。

1. 正常搜索与增量搜索

当 vim 进行正常搜索(默认情况下)时，输入斜杠或问号后再输入搜索字符串，按 RETURN 键，vim 便开始搜索并将光标移到搜索字符串的下一次或前一次出现的位置。

当 vim 进行增量搜索时，输入斜杠或问号。随着搜索字符串的输入，vim 将突出显示已输入字符串的下一次或前一次出现的位置。当突出显示的字符串恰好是要查找的字符串时，按 RETURN 键即可将光标移到突出显示的字符串上。如果任何文本与输入字符串都不匹配，那么 vim 不突出显示任何字符。

vim 搜索的类型取决于参数 incsearch 的设置。输入命令":set incsearch"可将增量搜索打开。使用参数 noincsearch 可将增量搜索关闭。当设置 compatible 参数时，vim 也会关闭增量搜索。

2. 搜索字符串中的特殊字符

由于搜索字符串是正则表达式，因此搜索字符串中的一些字符具有特殊意义。下面的段落列出了其中的一些特殊字符。详细内容参见附录 A。

在下面的内容中，首先介绍字符"^"和"$"。除非在"^"和"$"的前面加入反斜杠(\)转义它们，否则它们两个在搜索字符串中将具有特殊意义。除这两个特殊字符外，下面的其他字符的特殊意义可通过设置 nomagic 参数关闭。更多信息参见表 6-7 中的"允许搜索特殊字符串"行。

(1) "^"(行首指示符)

当插入符号(^，又称为音调符号)作为搜索字符串的首字符时，vim 将每一行开始的字符串与搜索字符串进行匹配。例如，命令"/^the"搜索以 the 开始的下一行。

(2) "$"(行尾指示符)

美元符号($)与行尾匹配。例如，命令"/!$"查找以叹号结尾的下一行，命令"/ $"将查找以空格结尾的下一行。

(3) "."(任意字符指示符)

句点(.)可匹配任何字符，它可出现在搜索字符串中的任意位置。例如，命令"/l..e"查找任何包含一个 l 后跟任意两个字符和一个 e 的字符串，如 line、followed、like、included 和 all memory。要查找句点，可使用反斜杠进行转义(\.)。

(4) "\>"(字结束指示符)

这两个字符与字的末尾匹配。例如，命令"/s\>"查找以 s 结尾的下一个字。通常情况下，反斜杠(\)用来关闭字符的特殊意义，而单独的">"没有特殊意义，所以这里的反斜杠不是用来转义的。字符序列"\>"具有特殊意义。

(5) "\<"(字开始指示符)

这两个字符与字的开始匹配。例如，命令"/\<The"用来查找下一个以字符串 The 开始的字。字开始指示符也使用了反斜杠，与字结束指示符类似。

(6) "*"(0 次或多次出现)

这个字符是一个修饰符，它与它前面的某个字符的 0 次或多次出现相匹配。例如，命令/dis*m 将匹配以 di 开始且后面有 0 个或多个 s 和一个 m 的字符串，如 dim、dism 和 dissm。

(7) "[ ]"(字符类定义)

方括号将两个或多个字符括起来与方括号内的单个字符匹配。例如，命令"/dis[ck]"查找 disk 或 disc 下一次出现的位置。

在字符类定义中，有两个特殊字符：插入字符(^)和连字符(-)。当插入字符作为左方括号后面的第 1 个字符时，它定义了除后面字符外的字符类。连字符放在两个字符之间表示字符的范围。参见表 6-4 中的示例。

表 6-4　搜索字符串示例

搜索字符串	描　　述	示　　例
/and	查找字符串 and 下一次出现的位置	sand、and、standard、slander、andiron
/\<and\>	查找字 and 下一次出现的位置	and
/^The	查找以 The 开始的下一行	The... There...
/^[0-9][0-9])	查找以两个数字和右圆括号开始的下一行	77)... 01)... 15)...
/\<[adr]	查找以 a、d 或 r 开始的下一个字	apple、drive、road、argument、right
/^[A-Za-z]	查找以小写或大写字母开始的下一行	will not find a line starting with the number 7... Dear Mr.Jones... in the middle of a sentence like this...

6.7.3　字符串的替换

替换命令合并了查找命令和修改命令的功能。替换命令首先查找某个字符串(或正则表达式)，与命令"/"的功能相同，允许查找前一节讨论的特殊字符；当找到要搜索的字符串或匹配正则表达式的字符串时，替换命令就修改该字符串或它匹配的正则表达式。替换命令的语法格式如下：

　　:[g][**address**]s/**search-string**/**replacement-string**[/**option**]

类似于所有以冒号开头的命令，vim 也从状态行执行替换命令。

1. *address* 的设定

如果替换命令没有指明 *address*(地址)，那么替换命令将仅搜索当前行。如果使用某个行号作为 *address*，那么替换命令将搜索对应行。如果 *address* 是以逗号隔开的两个行号，那么替换命令将搜索这两行和它们之间的行。要在 vim 中显示行号，可参见表 6-7 中的"行号"。行号可出现在 *address* 中的任何位置，也可将斜杠括起来的字符串用作 *address*(该字符串称为地址字符串)。vim 将匹配地址字符串的下一行进行替换。如果在地址字符串之前有字母 g(global，全局)，vim 将作用于文件中匹配地址字符串的所有行(这里的 g 与放在替换命令末尾的 g 不同，放在替换命令末尾的 g 在某一行进行多次替换，参见下一节)。

　　address 中的句点代表当前行，美元符号代表工作缓冲区中的最后一行，百分号代表整个工作缓冲区。也可使用加减号进行 *address* 的算术运算。表 6-5 给出了 *address* 的一些示例。

表 6-5 *address* 示例

address	工作缓冲区的位置
5	第 5 行
77,100	第 77～第 100 行之间的行(包括第 77 行和第 100 行)
1,.	从工作缓冲区的起始行到当前行
.,$	从当前行到工作缓冲区的末尾
1,$	整个工作缓冲区
%	整个工作缓冲区
/pine/	包含字 pine 的下一行
g/pine/	包含字 pine 的所有行
.,.+10	从当前行到第 10 行(共 11 行)

2. 查找并替换字符串

　　在替换命令的语法格式中，*address* 后的 s 表明这是一个替换命令。s 后的分隔符标志着 *search-string* 的开始。本书示例使用斜杠作为分隔符，也可使用除字母、数字、空格和反斜杠外的其他字符，但要注意位于 *search-string* 前后的分隔符是相同的。

　　search-string 的格式与命令"/"中搜索字符串的格式相同，也可包含同样的特殊字符(*search-string* 是正则表达式，更多信息参见附录 A)。用分隔符标志 *search-string* 的结束和 *replacement-string* 的开始。

　　replacement-string 用来替换匹配的 *search-string*，它的后面通常应该跟一个分隔符。如果 *replacement-string* 后没有选项，就可以省略最后的分隔符；如果存在选项，就加上最后的分隔符。

　　search-string 中的一些字符具有特殊意义，而 *replacement-string* 中的某些字符也同样具有特殊含义。例如，在 *replacement-string* 中与符号(&)代表与 *search-string* 匹配的文本；在 *replacement-string* 中反斜杠用来转义其后面的字符。参见表 6-6 和附录 A。

表 6-6 查找和替换示例

命　　令	描　　述	示　　例
:s/bigger/biggest/	将当前行中第 1 次出现的字符串 bigger 替换为 biggest	bigger→biggest
:1,.s/Ch 1/Ch 2/g	将当前行或之前的所有行中的字符串 Ch 1 替换为字符串 Ch 2	Ch 1→Ch 2 Ch 12→Ch 22
:1,$s/ten/10/g	将所有出现的字符串 ten 替换为字符串 10	ten→10 often→of10 tenant→10ant
:g/chapter/s/ten/10/	在包含字 chapter 的所有行中，将第 1 次出现的字符串 ten 替换为字符串 10	chapter ten→chapter 10 chapters will often→ chapters will of10
:%s/\<ten\>/10/g	将所有的字 ten 替换为字符串 10	ten→10

(续表)

命　令	描　述	示　例
:.,.+10s/every/each/g	将从当前行到后续 10 行内的每个字符串 every 替换为字符串 each	every→each everything→eachthing
:s/\<short\>/"&"/	将当前行中的字 short 替换为"short"(即,将当前行中的字 short 用引号引起来)	the shortest of the short→ the shortest of the "short"

替换命令通常只替换第 1 次出现的与 *search-string* 相匹配的字符串。如果要进行全局替换,或者说,要替换某一行中的所有匹配的字符串,可在 *replacement-string* 末尾的分隔符之后追加 g(global,全局)选项。选项 c 使 vim 询问是否修改每个与 *search-string* 匹配的字符串,按 y 键将替换 *search-string*,按 q 键则终止命令。按 l(last,最后)键进行替换并退出,按 a(all,所有)键将替换所有剩余的匹配字符串,按 n 键将不进行替换,而继续搜索。

address 字符串不必与 *search-string* 相同,例如:

```
:/candle/s/wick/flame/
```

这个示例将包含 candle 字符串的下一行上第 1 次出现的 wick 替换为 flame。类似地:

```
:g/candle/s/wick/flame/
```

这个示例将包含 candle 字符串的文件中每一行上第 1 次出现的 wick 替换为 flame。而下面的示例:

```
:g/candle/s/wick/flame/g
```

这个示例是将包含 candle 字符串的文件中每一行上的所有 wick 都替换为 flame。

如果 *search-string* 与 *address* 相同,可让 *search-string* 留空。例如,命令 ":/candle/s//lamp/" 与命令 ":/candle/s/candle/lamp/" 等价。

6.8　其他命令

本节将介绍 3 条命令,将这些命令归到任何一组都不适合。

6.8.1　连接命令

连接(J)　命令 J(Join,连接)将当前行的末尾与下一行连接起来,在两行之间插入一个空格,并将光标定位到空格上。如果当前行以句点结束,vim 将插入两个空格。

如果想将某行分成两行,那么可在要断开的地方按 RETURN 键替换空格。

6.8.2　状态命令

状态(CONTROL+G)　状态命令 CONTROL+G 将显示正处在编辑中的文件的名称和相关信息,其中包括:文件是否已修改、是否为只读文件、当前行的行号、文件在工作缓冲区中的总行数、当前行之前部分占整个工作缓冲区内容的百分比。也可使用命令 ":f" 来显示状态信息。下面为状态行的示例:

```
"/usr/share/dict/words" [readonly] line 28501 of 98569 --28%--  col 1
```

6.8.3　.(句点)

命令 ".(句点)" 将重复执行最近一次的修改命令。例如,如果刚执行了命令 d2w(删除后续的两个字),那么命令 "." 将继续向前删除接下来的两个字;如果刚插入了文本,那么命令 "." 将继续插入相同的文本。对于要修改工作缓冲区中的某个字或短语多次出现的情况,该命令非常有用。使用斜杠(/)查找第 1 次出现的字,然后用 cw 修改该字,接下来使用 n 可搜索下一次出现的字,命令 "." 将完成与上次同样的修改。如果不愿修改,可使用命令 n

继续查找下一次出现的位置。

6.9 复制、移动和删除文本

vim 编辑器具有一个通用缓冲区和 26 个命名缓冲区，可用这些缓冲区存放编辑会话过程中的文本。这些缓冲区对工作缓冲区中文本块的移动或复制非常有用。同时使用 Delete 命令和 Put 命令可将工作缓冲区中的某段文本从某个位置移到另一位置。同时使用 Yank 命令和 Put 命令可将某段文本复制到工作缓冲区的另一个位置，同时不改变原文本。

6.9.1 通用缓冲区

vim 编辑器将最近修改(包括修改、删除和移出操作)的文本在通用缓冲区中存储起来。撤消命令将从通用缓冲区检索文本并对其进行还原。

1. 将文本复制到缓冲区

Yank(y/Y) 命令 Yank(y)与 Delete 命令(d)类似，只是它不从工作缓冲区中删除文本。vim 编辑器将要移出的文本复制到通用缓冲区中，然后使用 Put 命令将文本复制到工作缓冲区中的另一个位置。使用 Yank 命令与使用 Delete 命令的方法相同。命令 Y(大写字母)将把整行移出到通用缓冲区。

> **yy 可移出一行**
>
> **提示** 输入命令 d 并按 RETURN 键删除两行，输入命令 y 并按 RETURN 键将移出两行。命令 dd 删除当前行，而命令 yy 将移出当前行。

> **命令 D 与命令 Y 的工作方式不同**
>
> **提示** 命令 D 与命令 Y 的工作方式不同。命令 D 从光标处删除到行尾，而命令 Y 无论光标在哪里都移出整行。

2. 从缓冲区复制文本

Put(p/P) Put 命令(p 和 P)将文本从通用缓冲区复制到工作缓冲区。当把字符和字删除或移出通用缓冲区后，命令 p 可将它们插入当前字符之后，命令 P 则把它们插入当前字符之前。如果删除或移出行、句子或段落，命令 P 就把通用缓冲区的相应内容插入当前行之前，命令 p 把它们插入当前行之后。

Put 命令并不销毁通用缓冲区中的内容。因此，使用一条 Delete 或 Yank 命令将文本放到通用缓冲区后，可多次使用 Put 命令将该文本放在工作缓冲区的不同位置。

3. 将删除文本复制到缓冲区

前面介绍的所有 Delete 命令都将已删除文本放在通用缓冲区中，这样就可以使用撤消命令恢复已删除的文本，也可使用 Put 命令将正删除的文本放到工作缓冲区的另一个位置。

假设使用 dw 命令将某个字从句子中删除，将光标移到某两个字之间的空格处，并执行命令 p，那么 vim 将把刚才删除的字放到该空格处。如果使用 dd 命令将某一行删除，把光标移到要放置已删除行的下一行，并执行命令 P，vim 将把刚才删除的行放到光标所在行的上一行。

选读

6.9.2 命名缓冲区

Delete、Yank 和 Put 命令都可以使用命名缓冲区。26 个命名缓冲区用字母表中的 26 个字母命名。每个命名缓冲区可存储文本的不同块，当需要时可调用这些块。与通用缓冲区不同，vim 不更改命名缓冲区的内容，除非使用命令特意重写某个缓冲区。vim 编辑器将在整个编辑会话期间都保持命名缓冲区的内容不变。

　　如果在 Delete 或 Yank 命令和缓冲区名称之前加上双引号(")，vim 编辑器将把文本存储在某个命名缓冲区中。例如，命令" kyy 将把当前行复制到缓冲区 k 中。把信息从工作缓冲区放入命名缓冲区共有两种方法。一种方法是，缓冲区的名称使用小写字母，当 vim 删除或把文本移出时将重写缓冲区的内容；另一种方法是，缓冲区的名称使用大写字母，vim 将把已删除或移出的文本追加到对应缓冲区的末尾，利用这个特性可从文件的不同部分收集文本块并用一条命令把它们存储到某个位置。对于移动文件的某个部分但又不想在 Delete 命令之后接着执行 Put 命令的情况，以及想在某个文档中重复插入段落、句子和短语的情况，命名缓冲区非常有用。

　　如果在整个文档中重复使用某个句子，可将该句子移出到某个命名缓冲区，然后按照以下过程将其放到用它的地方。具体过程为：在第 1 次出现该句子的地方输入句子，按 ESCAPE 键返回命令模式，把光标放在该句子所在行(为使该过程可行，该句子必须出现在某一行或多行)；接着，输入命令" ayy 或" a2yy(如果句子占了两行)将该句子移出到命名缓冲区 a。每当用到这个句子时，就返回命令模式，使用命令" ap 将句子的副本放到光标所在行的下方。

　　这种技术为在文档中插入频繁使用的文本提供了一种便捷方法。例如，编辑某个法律文件时可将短语 The Plaintiff alleges that the Defendant 存储到某个命名缓冲区，这样每次要用到这个短语时，就可避免再次进行输入。类似地，如果要写的邮件多次用到一个较长的公司名(如 National Standard Institute)，也可将其放到命名缓冲区中。

6.9.3　编号缓冲区

　　除 26 个命名缓冲区和 1 个通用缓冲区外，还有 9 个编号缓冲区。从某种意义上讲，这 9 个缓冲区可看作只读缓冲区。vim 编辑器将把最近 9 次删除的至少有一行长的文本块放到其中，最近删除的文本放到" 1 缓冲区中，倒数第 2 次删除的文本放到" 2 缓冲区中，依此类推。当用户删除某段文本后，又执行其他 vim 命令导致无法使用撤消命令来恢复已删除文本时，可使用命令" 1p 将最近删除的文本块粘贴到光标的下面。如果用户在删除了多块文本后想恢复其中的某块，那么可按下面的步骤进行：使用" 1p 粘贴第 1 个缓冲区中的内容。如果第 1 个缓冲区的内容不是用户想要的，可使用命令 u 撤消粘贴，然后执行命令 ".(句点)"，重复前面的命令。这时将执行命令" 2p 来粘贴第 2 个缓冲区的内容，而不是执行命令" 1p(命令 "." 对编号缓冲区具有特殊的使用方式)。如果还不是所需内容，就再执行命令 u 和命令句点，使用" 3 缓冲区的内容替换" 2 缓冲区的内容，依此类推，直到第 9 个缓冲区。

6.10　文件的读写

　　退出(ZZ)　如果在调用 vim 的命令行上指定文件名，vim 编辑器将把文件从磁盘读入工作缓冲区。命令 ZZ 可终止编辑会话，并将工作缓冲区的内容写回磁盘文件。本节将讨论把文件读入工作缓冲区和把工作缓冲区的内容写入文件的其他方法。

6.10.1　读文件

　　读(:r)　r 命令将文件读入工作缓冲区。新文件并不覆盖工作缓冲区中的任何文本，而是被定位到命令中指定的地址之后(如果没有指定地址，就定位到当前行)。使用地址 0 可将文件读入工作缓冲区的开始位置。r 命令具有下面的语法格式：

　　　　`:[`*`address`*`]r [`*`filename`*`]`

　　类似其他以冒号开始的命令，当输入冒号后 vim 会将其显示在状态行上。*filename* 是要读入文件的路径名，如果省略 *filename*，vim 将从磁盘读入用户正在编辑的文件。命令输入完毕，必须按 RETURN 键，该命令才能执行。

6.10.2　写文件

　　写(:w)　w 命令可将工作缓冲区的部分或全部内容写入文件。使用地址可将工作缓冲区的部分内容写入由文件名指定的文件。如果未指定地址或文件，vim 将把整个工作缓冲区的内容写入正在编辑的文件，并更新磁盘上的文件。

在时间较长的编辑会话中，建议用户经常执行 w 命令。这样，当系统出现问题时，工作缓冲区的最近副本在磁盘上有备份。使用命令 ":q!" 退出 vim 时，磁盘文件与上一次使用 w 命令时工作缓冲区的内容相同。

w 命令有两种格式：

```
:[address]w[!] [filename]
:[address]w>> filename
```

第 2 种格式向已有文件追加文本。其中，*address* 指定要把缓冲区的哪部分内容写入文件。这里的 *address* 格式与替换命令中的 *address* 格式相同。如果不指定 *address*，vim 将把整个缓冲区的内容写入文件。选项 *filename* 是要写入文件的路径名。如果不指定 *filename*，vim 将写入正在编辑的文件。

w!   由于 w 命令的执行会在瞬间销毁大量工作，因此为避免意外地覆盖文件，vim 要求在 w 之后输入感叹号(!)。只有下面的情况不必输入感叹号：将整个工作缓冲区的内容写入正在编辑的文件(省略 *address* 和 *filename*)；将工作缓冲区的部分或全部内容写入一个新文件。要将文件的某一部分写入正在编辑的文件，或要覆盖另一个文件，则必须使用感叹号。

6.10.3   识别当前文件

f 命令(:f)与状态命令(CONTROL+G)提供了相同的信息。f 命令显示的文件名与执行不带文件名的命令 ":w" 时写入命令的文件名相同。

6.11   参数设置

设置 vim 参数可定制 vim 编辑器，使其更符合自己的需要和习惯。参数能完成的功能包括显示行号、自动回车换行、进行增量搜索以及非标准搜索等。

设置参数有多种方式。例如，使用 vim 时设置参数，为当前编辑会话建立环境；或者，在 shell 启动文件 ~/.bash_profile(bash)或~/.tcshrc(tcsh)中设置参数；也可在 vim 的启动文件~/.vimrc 中设置参数。在这些文件中设置参数后，每次启动 vim 时，相同的定制环境将可供使用，可直接进行编辑。

6.11.1   在 vim 中设置参数

当使用 vim 时要设置参数，可输入命令 ":set *parameter_name*" (参见下一节)，其中 *parameter_name* 为参数名。该命令随着用户的输入将显示在状态行上，按 RETURN 键即可执行命令。以下命令为当前编辑会话设置增量搜索：

```
:set incsearch
```

6.11.2   在启动文件中设置参数

VIMINIT   如果用户使用 bash，那么可在用户的启动文件~/.bash_profile 中输入下面格式的语句：

```
export VIMINIT='set param1 param2...'
```

从表 6-7 中选择参数来替换 *param1* 和 *param2*。VIMINIT 是 vim 要读的 shell 变量。以下语句使 vim 在搜索时忽略大小写、显示行号、使用 TC Shell 来执行 Linux 命令，并从距离屏幕右边 15 个字符处自动换行显示文本：

```
export VIMINIT='set ignorecase number shell=/bin/tcsh wrapmargin=15'
```

这条语句可简写为：

```
export VIMINIT='set ic nu sh=/bin/tcsh wm=15'
```

如果正在使用 tcsh，那么可在启动文件~/.tcshrc 中输入以下语句：

```
setenv VIMINIT 'set param1 param2...'
```

同样，用表 6-7 中的参数替换 *param1* 和 *param2*。单引号中的参数值与前面示例中的值相同。

6.11.3　.vimrc 启动文件

除了在 shell 启动文件中设置 vim 参数之外，用户也可在自己的主目录下创建文件~/.vimrc，并在该文件中设置参数。如果创建了文件.vimrc，vim 在启动时就不设置 compatible 参数。文件.vimrc 中的语句格式如下所示：

set param1 param2 ...

下面示例实现的功能与前面描述的 VIMINIT 的功能相同：

```
$ cat ~/.vimrc
set ignorecase
set number
set shell =/bin/tcsh
set wrapmargin=15

$ cat ~/.vimrc
set ic nu sh=/bin/tcsh wm=15
```

在 VIMINIT 变量中设置的参数优先于在文件.vimrc 中设置的参数。

6.11.4　参数

表 6-7 列出了 vim 中非常有用的参数。输入命令"：set all"后按 RETURN 键，vim 编辑器将完整列出参数，并给出它们当前的值。输入命令"：set"后按 RETURN 键可显示选项列表，其中选项的值并非它们的默认值。参数可分为两类：用等号(=)赋值的参数和带或不带前缀 no 的参数(分别表示关闭或打开)。使用命令"：set [no]*param*"可将第 2 类参数打开或关闭。例如，命令"：set number"将显示行号，而命令"：set nonumber"将不显示行号。对于第 1 类参数使用等号赋值，如命令"：set shiftwidth=15"。

多数参数都有简写形式，如 number 简写为 nu，nonumber 简写为 nonu，shiftwidth 简写为 sw。在表 6-7 的最左面一列中，每个参数名的后面为对应的简写形式。

表 6-7　参数列表

参　数　名	描　　述	效　　果
magic	允许搜索特殊字符串	参见 6.7.2 节；默认情况下，下面的字符在搜索字符串中具有特殊意义： ．［］＊ 如果设置参数 nomagic，这些字符就不再具有特殊意义。若设置参数 magic，这些字符就还原它们的特殊意义； 在搜索字符串中字符"^"和"$"总是具有特殊意义，与是否设置该参数无关
autoindent，ai	自动缩进	自动缩进功能与 shiftwidth 参数合起来为程序或表格提供正常的缩进。默认情况下，该功能处于关闭状态。设置参数 autoindent 将打开该功能，设置参数 noautoindent 将关闭该功能 当打开自动缩进功能且 vim 处于输入模式时，按 CONTROL+T 组合键可将光标从左端空白处(或缩进处)移到下一个缩进处，按 RETURN 键可将光标所在字符换到下一行的最左端；按 CONTROL+D 组合键可后退到上一处缩进；CONTROL+T 和 CONTROL+D 组合键只有当文本位于某一行上时才有效
autowrite，aw	自动写入文件	默认情况下，vim 在将工作缓冲区的内容写入文件之前会显式地询问是否要写入文件(当要执行命令"：n"来编辑另一个文件时)；选项 autowrite 使得当用户使用命令(如"：n")来编辑另一个文件时，会将工作缓冲区的内容自动写入文件；设置参数 noautowrite 或 noaw 可关闭该功能

(续表)

参 数 名	描 述	效 果
flash，fl	闪烁	通常情况下，当在 vim 编辑器中输入无效命令或在命令模式下按 ESCAPE 键时，终端会发出嘀嘀声。设置参数 flash 将使得终端不再发声而是闪烁；设置参数 noflash 将使得终端发出嘀嘀声。不是所有的终端和模拟器都支持该参数
ignorecase，ic	忽略大小写搜索	通常情况下，vim 编辑器将进行区分大小写的搜索，即区分大写字母和小写字母。设置参数 ignorecase 将不再区分大小写，而设置参数 noignorecase 将还原区分大小写的搜索
incsearch，is	增量搜索	参见 6.7 节；默认情况下，vim 不进行增量搜索。设置参数 incsearch 可使 vim 进行增量搜索。设置参数 noincsearch 将不再进行增量搜索
list	不可见字符	设置参数 list 可使得 vim 用 "^I" 显示制表符，用 "$" 标记每一行的结束；设置参数 nolist 使得 vim 把制表符显示为空格，不标志行的结束
laststatus=n，ls=n	状态行	状态行显示的内容包括：正在编辑的文件的名称、[+]表示上次写入后文件又做了修改以及光标的位置。设置参数 laststatus=n，其中，n 为 0 时将不显示状态行，n 为 1 时至少有两个 vim 窗口打开才显示状态行，n 为 2 时将一直显示状态行
number，nu	行号	通常情况下，vim 编辑器不显示每行的行号。设置参数 number 可显示行号；设置参数 nonumber 不显示行号 行号不是文件的一部分，并不存储在文件中，在打印文件时也不显示；只有在使用 vim 时才显示在屏幕上
wrap	换行	wrap 用于控制如何在屏幕上显示较长的行。如果设置 wrap(默认情况)，vim 就自动换行；如果设置 nowrap，vim 到达屏幕右端时，就截断较长的行
wrapmargin=nn，wm=nn	右页边距	右页边距用来设定 vim 显示文本行的末尾距离屏幕右端的字符个数。为符合该个数，vim 显示文本行时，在最近的空格分隔字边界插入换行符来断开文本使其换到下一行显示。设置右页边距是保持所有的文本行长度大致相同的一种简便方式，这样可在输入到每行末尾时不必按 RETURN 键 设置参数 wrapmargin=nn，其中 nn 为文本行的末尾距离屏幕右端的字符个数，而不是文本列的宽度。若把 *wrapmargin* 设置为 0，将关闭此功能。默认情况下，右页边距为 0
report=nn	信息报告	当所做修改至少影响了文本的 nn 行时，该参数使得 vim 在状态行上显示信息报告。例如，当 report 设置为 7 时，若删除 7 行，vim 将显示消息 "7 lines deleted"；如果删除 6 行或更少的行，vim 就不显示信息报告。默认情况下，report 的值为 5
scroll=nn，scr=nn	滚动	该参数控制 CONTROL+D 和 CONTROL+U 在屏幕上滚动的行数；默认情况下，scroll 的值为窗口高度的一半 改变 scroll 的值有两种方式。一种是在按 CONTROL+D 或 CONTROL+U 组合键前输入数字，vim 将滚动数字指定的行数；另一种是显式地设置参数 scroll=nn，其中 nn 为按 CONTROL+D 或 CONTROL+U 命令滚动的行数
shell=path，sh=path	设置 shell 路径	当使用 vim 时，可让 vim 派生一个新的 shell。可派生一个交互式 shell(如果要运行多条命令)或运行单条命令。参数 shell 决定 vim 调用的 shell。默认情况下，shell 参数设定为登录 shell，通过 shell=path 可改变 shell 的值，其中，*path* 为要使用 shell 的绝对路径名

(续表)

参 数 名	描 述	效 果
shiftwidth=*nn*, sw=*nn*	移距	在启用了自动缩进功能(参见该表中"自动缩进"行的相关内容)的情况下,可控制输入模式下的 CONTROL+D 和 CONTROL+T 的功能;设置参数 shiftwidth=*nn*,其中 *nn* 为两个缩进位置之间的距离(默认情况下是 8);设置移距与在打字机上设置制表位类似,但对 shiftwidth 的设置,不影响制表位之间的距离,该距离仍然保持不变
showmatch,sm	显示括号的匹配	对采用某种语言(例如,Lisp、C、Tcl 等)编程的程序员来说,用花括号({})和圆括号作为表达式分隔符是非常有用的。设置 showmatch 后再在输入模式下编写代码,当输入右括号(指花括号和圆括号)时,光标将快速跳到与之匹配的左括号(在同一嵌套层次上所对应的前一个元素)处。当突出显示匹配括号后,光标会返回原来位置。输入不匹配的右括号时,vim 会发出嘀嘀声。设置 noshowmatch 将关闭自动匹配功能
showmode,smd	显示模式	设置参数 showmode 使得当 vim 处于输入模式(默认情况下)时在屏幕的右下角显示该模式;设置参数 noshowmode 将使得 vim 不显示该模式
compatible,cp	与 vi 兼容	参见 6.2.6 节;默认情况下,vim 与 vi 不兼容。为使 vim 与 vi 兼容,可设置参数 compatible;为使 vim 不与 vi 兼容,可以设置参数 nocompatible
wrapscan,ws	折回扫描	默认情况下,当向前查找字符串的下一次出现的位置时,若到达工作缓冲区的末尾还没有找到,vim 会折回工作缓冲区的起始处继续进行查找;当向后查找字符串的前一次出现的位置时情况类似。设置参数 nowrapscan 将使得搜索到达工作缓冲区的末尾或起始处就结束;设置参数 wrapscan 将搜索折回工作缓冲区的末尾

6.12 高级编辑技巧

在熟悉 vim 后,再来学习本节介绍的这些命令,用户会发现它们非常有用。

选读

6.12.1 使用标记

当使用 vim 时,为便于寻址,可设置和使用一些标记。命令 m*c* 可用来设置标记,其中 *c* 为设置的标记,它可以是任意字符,但最好使用字母,因为有些字符(如单引号)用作标记时,具有特殊意义。退出 vim 时将不保存标记。

设置标记后,可像使用行号一样使用这些标记。输入单引号和标记名可将光标移到标记行的行首。例如,要设置标记 t,将光标定位到要标记的行,输入命令 mt 即可。在编辑会话余下的时间里,除非重新设置标记 t 或删除它所标记的行,否则命令 't 始终将光标定位到标记行的行首。

使用下面的命令可删除从当前行到标记 r 所标记的行之间的所有文本:

　d'r

使用反引号(`,也称为重音符或反单引号)可将光标定位到标记在该行中的精确位置。设置标记 t 后,可使用命令"`t"将光标定位到标记字符的位置(而不是标记行的行首)。下面的命令将删除从当前行到用 r 标记的所有文本,标记行的其余部分保持不变:

　d`r

在命令中,可用标记替换行号作为地址使用。以下命令将从 m 标记的行到当前行中的所有 The 替换为 THE(前提是 m 标记行位于当前行之前):

　: 'm,.s/The/THE/g

6.12.2　编辑其他文件

以下命令可以使 vim 编辑 *filename* 指定的文件：

:e[!] [filename]

如果要保存工作缓冲区中的内容，那么在执行这个命令前，应首先执行命令"w"。如果不保存工作缓冲区的内容，vim 将要求使用感叹号，以确认自上次写入工作缓冲区后所做修改不予保存。如果未指定 *filename*，vim 将继续编辑当前文件。

:e!　命令"e!"用来再次启动编辑会话。该命令使工作缓冲区返回上次写入时所处的状态，如果编辑过程中一直都没有写入工作缓冲区，将返回刚开始编辑文件时的状态。如果在编辑文件时出错，而且重新打开没编辑过的文件要比修复错误容易，那么可使用命令"e!"重新打开该文件。

由于该命令不改变通用缓冲区和命名缓冲区的内容，因此可将某个文件的文本存储到缓冲区中，使用命令"e"编辑另一个文件，然后将文本从缓冲区写入第 2 个文件，这样就将一个文件的内容合并到了另一个文件中。

:e#　命令"e#"在关闭当前文件的同时打开上一次编辑的文件，并将光标定位到上次关闭文件时其所在位置。在输入此命令前，如果当前修改工作还没有保存，vim 将给出提示，即使设置了 autowrite 参数，也不会阻止 vim 的这个提示。

:n 和:rew　命令"e#"可将文本块从一个文件复制到另一个文件中。调用 vim 时，可使用几个文件名作为参数，这样便可在几个文件间来回切换着编辑。例如，命令"n"可用来编辑下一个文件；命令"e#"可用来编辑上一次编辑的文件；命令"rew"将绕到文件列表的头部，再次编辑第 1 个文件。在切换这些文件的过程中，可将文本从某个文件复制到缓冲区，然后将文本粘贴到另一个文件中。命令"n!"将强制 vim 关闭当前文件并在打开下一个文件之前不保存所做修改。

6.12.3　宏与快捷键

:map　vim 编辑器允许创建宏和快捷键。命令"map"可用来定义在命令模式下某个键或组合键的动作。下面的命令将 CONTROL+X 组合键的功能映射为：在当前行中查找左方括号下一次出现的位置(f[ )，删除同一行上从左方括号到右方括号之间的所有字符(df])，删除下一个字符(x)，光标往下移动两行(2j)，最后将光标移到该行的行首(0)。

:map ^X f[df]x2j0

可使用 ESCAPE 和 CONTROL 组合键定义映射，但不要再次映射 vim 的命令字符或序列。输入命令"map"查看当前的映射列表。在输入"map"字符串时，可能要用到 CONTROL+V 来转义某些特殊字符。

:abbrev　命令"abbrev"与命令"map"类似，用来创建在输入模式下使用的简写形式。在输入模式下，输入使用命令"abbrev"定义的简写字符串和空格，vim 将把该简写字符串和空格替换为该简写字符串对应的完整字符串。为便于使用，简写最好不要使用普通字符序列。如下命令将 Sam the Great 简写为 ZZ：

:abbrev ZZ Sam the Great

虽然 ZZ 是 vim 命令，但该命令仅在命令模式下使用。在输入模式下，它没有任何特殊意义，因此可以用作简写。

6.12.4　在 vim 中执行 shell 命令

:sh　在使用 vim 时，执行 shell 命令有多种方式。输入下面的命令后按 RETURN 键即可派生一个新的交互式 shell：

:sh

在 vim 中，参数 shell 用来确定派生哪个 shell(通常为 bash 或 tcsh)。默认情况下，shell 为登录 shell。

在 shell 中执行完任务后，退出 shell 可返回 vim(通常按 CONTROL+D 组合键或执行命令 exit)。

如果 ":sh" 不能正常工作

提示　命令 ":sh" 的执行与 shell 的设置有关。使用命令 ":sh" 时可能会遇到警告，或者命令被挂起。在用命令 ":sh" 进行试验时，要确保 shell 可在用户的设置下正确工作。如果没有，那么在使用 ":sh" 前可能需要将 shell 参数设置为另一个 shell。例如，下面的命令使得 vim 同时使用 tcsh 命令 ":sh"：

```
:set shell=/bin/tcsh
```

执行命令 ":sh" 后，为显示正确的 shell，可能还需要改变 SHELL 环境变量。

只能编辑文件的一个副本

警告　当使用 ":sh" 命令新建一个 shell 时，要确保用户还在使用 vim。常见的错误是用新 shell 对同一文件进行编辑，忘记了 vim 正使用另一个 shell 编辑该文件。因为使用编辑器的两个实例编辑同一个文件可能造成信息丢失，所以在出错时 vim 会发出警告。参见 6.3 节中 vim 显示的消息示例。

:!command　输入下面的命令，可在 vim 中执行 shell 命令行。其中，*command* 为要执行的命令行，按 RETURN 键结束该命令。

```
:!command
```

vim 编辑器派生一个新的 shell 来执行 *command*。当 *command* 执行完毕后，新派生的 shell 将控制权返回给编辑器。

!!command　也可在 vim 中执行命令，用命令的输出来替换当前行的内容。如果不想替换任何文本，那么在执行以下命令前，首先将光标移到空白行上。

```
!!command
```

当输入第 1 个感叹号时，任何事情都不会发生。当输入第 2 个感叹号时，vim 将把光标移到状态行，等待输入要执行的命令。由于此命令使 vim 处于最后一行模式，因此要用 RETURN 键结束命令(就如同结束大多数 shell 命令一样)。

在 vim 执行命令时，标准输入来自正在编辑的文件的部分或全部内容，标准输出将作为正在编辑的文件的输入。使用这种类型的命令可对文件的内容进行排序。

为将某段文本指定为命令的标准输入，可首先将光标移到该段文本的一端，然后输入感叹号和把光标移到该段文本另一端的命令。例如，要指定整个文件，可将光标定位到文件的起始处，然后输入命令 "!G"；要指定从光标当前位置到标记 b 之间的文件内容，可以输入命令 "! 'b"。在输入这些移动的光标命令后，vim 将在状态行上显示一个感叹号，等待 shell 命令的输入。

为将文件中的名称列表排序，可首先将光标移到列表的起始处，然后使用命令 mq 设置标记 q，再将光标移到列表的末尾，并输入以下命令：

```
! 'qsort
```

按 RETURN 键等待几秒钟后，排序后的列表将替换在屏幕上显示的原始列表。如果命令执行的结果不是用户所期望的，那么可使用命令 u 撤消刚才所做的修改。关于 sort 的更多信息请参阅第 VI 部分。

"!" 可能会销毁文件

警告　如果输入了错误的命令或命令的拼写有误，那么可能销毁正在编辑的文件(例如，有些命令可能会将 vim 从工作状态挂起或终止)。考虑到这个原因，建议用户在执行命令前首先保存文件。也可用撤消命令撤消操作；命令 ":e!" 也可撤消所做修改，将缓冲区恢复到上一次保存的状态。

与命令 ":sh" 一样，默认情况下 shell 也许不能正常地使用 "!" 命令。用户在使用这些命令进行实际工作之前，需要用一个简单的文件测试 shell。如果默认 shell 不能正常工作，请修改 shell 参数。

6.13　度量单位

vim 的许多命令都是在文本块上进行操作的。文本块可大可小，可以是字符，也可以是段落。可采用度量单位来指定文本块的大小。在度量单位前加上重复因子可指定多个度量单位。本节定义了各种度量单位。

6.13.1 字符

字符可以是可见的，也可以是不可见的，可打印出来，也可不打印出来(包括空格和制表符)。下面是字符的一些示例:

```
a q A . 5 R - > TAB SPACE
```

6.13.2 字

类似于英语中的普通单词，字是由一个或多个字符组成的字符串，它的两端可为以下各元素的任意组合:标点符号、空格、制表符、数字或换行符。vim 将每组相连的标点符号看作一个字(如表 6-8 所示)。

表 6-8 字的计数示例

字　数	文 本 内 容
1	pear
2	pear!
2	pear!)
3	pear!)　The
4	pear!)　"The
11	This is a short, concise line (no frills).

6.13.3 空白分隔字

空白分隔字与字相同，只是它包含相邻的标点。空白分隔字由以下一个或多个元素分隔:空格、制表符或换行符(如表 6-9 所示)。

表 6-9 空白分隔字

空白分隔字数	文 本 内 容
1	pear
1	pear!
1	pear!)
2	pear!)　The
2	pear!)　"The
8	This is a short, concise line (no frills).

6.13.4 行

行由换行符界定的一串字符组成。物理行不一定与屏幕显示的逻辑行相同。当输入到屏幕最右端还继续输入字符时，vim 会自动换行到下一行，这样屏幕上显示的是多行，而实际的物理行仍然是一行，因为物理行是以 RETURN 键为结束标志的。建议用户输入到屏幕最右端时，按 RETURN 键进行换行，这样可以使得屏幕显示的逻辑行与实际的物理行对应，以免编辑和格式化文本时造成一些不必要的麻烦。有些命令作用于超过屏幕宽度的行时，其执行结果可能与实际结果不符。例如，当光标位于一个较长的逻辑行(包含多个物理行)时，按一次 RETURN 键，光标可能跨越了多个物理行。可使用 fmt 将较长的逻辑行截断成多行。

6.13.5　句子

句子是英文句子或相当于英文句子。一个句子从前一个句子的末尾开始，以句点、感叹号或问号结束，后跟两个空格或一个换行符(如表 6-10 所示)。

表 6-10　句子

句 子 数 目	文 本 内 容	说　明
1	That's it. This is one sentence.	第 1 个句点后仅有 1 个空格，第 2 个句点后是一个换行符
2	That's it.　This is two sentences.	第 1 个句点后有 2 个空格，第 2 个句点后是一个换行符
3	What?　Three sentences?　One line!	前两个问号后有 2 个空格，感叹号后是一个换行符
1	This sentence takes up a total of three lines.	句点后是一个换行符

6.13.6　段落

段落指前后存在一个或多个空白行的文本块。一个空白行由两个连续的换行符组成(如表 6-11 所示)。

表 6-11　段落

段 落 数 目	文 本 内 容	说　明
1	One paragraph	文本前后分别存在一个空白行
1	This may appear to be more than paragraph. 　Just because there are two indentions does not mean it qualifies as two paragraphs.	文本前后分别存在一个空白行
3	Even though in English this is only one sentence, vim considers it to be three paragraphs.	3 个文本块由空白行隔开

6.13.7　屏幕(窗口)

在 vim 中，一个屏幕或终端模拟窗口可显示一个或多个逻辑窗口的信息。一个窗口显示工作缓冲区的部分或全部内容。图 6-5 所示的屏幕就显示了两个窗口。

6.13.8　重复因子

度量单位之前的数字称为重复因子。通常把“5 英寸”中的“5”看成一个度量单位，和这个“5”的意义一样，重复因子将 vim 的多个度量单位组合起来看作一个度量单位。例如，命令 w 将光标向前移动一个字，命令 5w 就是向前移动 5 个字，命令 250w 就是向前移动 250 个字。如果不指定重复因子，vim 就认为重复因子为 1。如果重复因子使光标移动的距离超过了文件的末尾，光标将定位到文件末尾。

6.14 本章小结

本节对 vim 编辑器进行了总结，其中包括本章介绍的所有命令以及其他一些命令。表 6-12 列出了从命令行调用 vim 的一些方法。

表 6-12 调用 vim

命 令	执 行 结 果
vim *filename*	从 *filename* 的第 1 行开始编辑
vim +*n filename*	从 *filename* 的第 *n* 行开始编辑
vim + *filename*	从 *filename* 的最后一行开始编辑
vim +/pattern *filename*	从 *filename* 中包含 pattern 的第 1 行开始编辑
vim -r *filename*	在系统崩溃后恢复 *filename*
vim –R *filename*	以只读方式编辑 *filename*(与用 view 打开文件的效果相同)

根据度量单位移动光标的命令(如表 6-13 所示)必须在命令模式下执行。Change 命令、Delete 命令和 Yank 命令都可以使用度量单位，并且在度量单位前都可以使用重复因子。

表 6-13 根据度量单位移动光标

命 令	光标的移动
空格、l(ell)、方向键中的向右键	右移一个空格
h 或方向键中的向左键	左移一个空格
w	右移一个字
W	右移一个空白分隔字
b	左移一个字
B	左移一个空白分隔字
$	移到行尾
e	右移到字的末尾
E	右移到空白分隔字的末尾
0(零)	移到行首(0 不能作为重复因子)
RETURN	移到下一行的行首
j 或方向键中的向下键	下移一行
-	移到前一行的行首
k 或方向键中的向上键	上移一行
)	句尾
(	句首
}	段尾
{	段首
%	在同一嵌套层次内移到匹配的同类型花括号

表 6-14 列出了查看工作缓冲区不同部分的命令。

表 6-14 查看工作缓冲区

命 令	光标的移动
CONTROL+D	前移半个窗口
CONTROL+U	后移半个窗口
CONTROL+F 或 PAGE DOWN	前移一个窗口

(续表)

命　令	光标的移动
CONTROL+B 或 PAGE UP	后移一个窗口
*n*G	移到第 *n* 行(如果没有第几行，就移到最后一行)
H	移到窗口顶部
M	移到窗口中间
L	移到窗口底部

　　表 6-15 列出了向缓冲区中添加文本的命令。除命令 r 外的其他命令都使 vim 处于输入模式。按 ESCAPE 键可返回命令模式。

表 6-15　添加文本

命　令	添 加 文 本
i	在光标前
I	在当前行的第 1 个非空白符前
a	在光标后
A	在行尾
o	在当前行的下面打开一行
O	在当前行的上面打开一行
r	替换当前字符(不必按 ESCAPE 键)
R	从当前字符开始替换，直到按 ESCAPE 键

　　表 6-16 列出了删除和修改文本的命令，其中字母 *M* 代表度量单位，可在它的前面使用重复因子，*n* 代表可选的重复因子，*c* 为任何字符。

表 6-16　删除和修改文本

命　令	执 行 结 果
*n*x	从当前字符开始，删除 *n* 个字符
*n*X	删除当前字符之前的 *n* 个字符，从当前字符的前一个字符开始删除
d*M*	删除 *M* 指定的文本
*n*dd	删除 *n* 行
dt*c*	在当前行上删除到下一次出现的 *c* 字符
D	删除到行尾
n~	改变后续 *n* 个字符的大小写
以下命令使 vim 处于输入模式，只有按 ESCAPE 键才能返回到命令模式	
*n*s	替换 *n* 个字符
S	替换整行
c*M*	修改 *M* 指定的文本
*n*cc	修改 *n* 行
ct*c*	修改到当前行中下一次出现的 *c* 字符
C	修改到行尾

　　表 6-17 列出了搜索命令，其中 *rexp* 代表正则表达式，可以是简单的字符串。

表 6-17　搜索命令

命　令	执 行 结 果
输入/*rexp* 后按 RETURN 键	向前搜索 *rexp*
输入?*rexp* 后按 RETURN 键	向后搜索 *rexp*

(续表)

命　　令	执 行 结 果
n	重复刚才同样的搜索
N	以相反的方向，重复刚才同样的搜索
输入"/"后按 RETURN 键	向前重复刚才的搜索
输入"?"后按 RETURN 键	向后重复刚才的搜索
f*c*	将光标定位到当前行上 *c* 字符下一次出现的位置
F*c*	将光标定位到当前行上 *c* 字符前一次出现的位置
t*c*	将光标定位到当前行上 *c* 字符下一次出现的位置之前的一个字符
T*c*	将光标定位到当前行上 *c* 字符下一次出现的位置之后的一个字符
;	重复上次执行的 f、F、t 或 T 命令

替换命令的语法格式为：

:[address]s/search-string/replacement-string[/g]

其中，*address* 为一个行号或是用逗号隔开的两个行号。句点(.)代表当前行，$代表最后一行，%代表整个文件。可使用标记或搜索字符串表示行号。*search-string* 是正则表达式，可以是简单的字符串。*replacement-string* 为替代字符串。g 表示进行全局替换(针对一行可能替换多次)。

表 6-18 列出了其他 vim 命令。

表 6-18　其他命令

命　　令	执 行 结 果
J	将当前行和下一行连接起来
.	重复执行最近的修改命令
:w *filename*	将工作缓冲区内容写入 *filename* 文件(如果未指定 *filename*，就写入当前文件)
:q	退出 vim
ZZ	将工作缓冲区内容写入当前文件并退出 vim
:f 或 CONTROL+G	显示文件名、状态、当前行号、工作缓冲区的行数和当前行之前部分在工作缓冲区中所占的百分比
CONTROL+V	插入下一个字符，即使该字符是 vim 的命令(在输入模式下使用)

表 6-19 列出了一些 Yank 命令和 Put 命令。其中，字母 *M* 代表度量单位，在它的前面可使用重复因子，*n* 为重复因子。在这些命令的前面可以加上"*x*，其中 *x* 为缓冲区的名称(a~z)。

表 6-19　Yank 和 Put 命令

命　　令	执 行 结 果
y*M*	移出由 *M* 指定的文本
*n*yy	移出 *n* 行
Y	移出到行尾
P	在前面或上面插入文本
p	在后面或下面插入文本

表 6-20 列出了 vim 的高级命令。

表 6-20　高级命令

命　　令	执 行 结 果
m*x*	设置标记 *x*，其中 *x* 为 a~z 之间的一个字母
''(两个单引号)	将光标移到前一次的位置

(续表)

命　令	执 行 结 果
'x	将光标移到 x 标记的行
`x	将光标移到 x 标记的字符
:e filename	编辑文件 filename，在编辑该文件之前要将修改写入当前文件(使用命令 ":w" 或 autowrite)；命令 ":e! filename" 将放弃对当前文件的修改；不带 filename 的命令 ":e!" 将放弃对当前文件的修改，从当前文件上次保存的版本重新开始编辑
:n	当 vim 将多个文件名作为参数启动时，该命令用来编辑下一个文件，在编辑该文件之前要将修改写入当前文件(使用命令 ":w" 或 autowrite)；使用命令 ":n!" 将放弃对当前文件的修改并开始编辑下一个文件
:rew	当 vim 将多个文件名作为参数启动时，该命令用来返回文件名列表的头部，从第 1 个文件开始编辑；在编辑该文件之前要将修改写入当前文件(使用命令 ":w" 或 autowrite)；使用命令 ":rew!" 将放弃对当前文件的修改并开始编辑第 1 个文件
:sh	启动 shell；从 shell 退出，返回 vim
:!command	启动 shell，执行 command
!!command	启动 shell，执行 command，并将命令的输出放到工作缓冲区中，替换当前行

练习

1. 如何使 vim 进入输入模式？如何返回命令模式？

2. 什么是工作缓冲区？给出将工作缓冲区的内容写入磁盘的两种方法。

3. 假设用户正在编辑包含下面段落的文件，光标位于第 2 个代字符(~)处。

```
The vim editor has a command, tilde (~),
that changes lowercase letters to
uppercase, and vice versa.
The ~ command works with a Unit of Measure or
a Repeat Factor, so you can change
the case of more than one character at a time.
```

写出完成以下任务的命令：

a. 将光标移到段尾。

b. 将光标移到单词 Unit 的起始处。

c. 将单词 character 改为 letter。

4. 当使用 vim 时，将光标定位到某个字的首字母上，如输入命令 xp，将出现什么情况？

5. 下面的命令有何差别？

a. i 与 I

b. a 与 A

c. o 与 O

d. r 与 R

e. u 与 U

6. 可使用哪个命令在工作缓冲区中向后搜索以单词 it 开头的行？

7. 可使用哪个命令将出现的所有 this week 短语都替换为 next week 短语？

8. 考虑下面的情形：用户启动 vim，编辑某个文件，并对文件进行了许多修改。突然，用户意识到在早期的编辑会话中删除了文件中某个很关键的部分。用户想恢复该部分，并且不想丢失所做的其他修改。应该怎么做？

9. 如何将当前行移到文件的起始处？

10. 使用尽可能少的命令在 vim 中创建 3.6 节中使用的文件 letter_e，将用到 vim 的哪些命令？

高级练习

11. 可使用哪些命令提取出某个文件的某一段并插入到另一个文件中？

12. 创建一个包含以下列表的文件，然后在 vim 中执行命令，对该列表进行排序，并采用两列来显示它(提示：有关 pr 的更多信息，请参见第 VI 部分)。

```
Command mode
Input mode
Last Line mode
Work buffer
General-Purpose buffer
Named buffer
Regular Expression
Search String
Replacement String
Startup File
Repeat Factor
```

13. 命名缓冲区与通用缓冲区有何区别？

14. 假设用户使用的 vim 版本不支持多个撤消命令。如果现在用户删除文本中的某一行，然后删除了另一行，接着又删除了一行，那么如何恢复已删除的前两行？

15. 使用哪些命令可将所有行中的单词 hither 与 yon 交换，其中，两个单词间的字数不确定(不必考虑特殊标点符号，只考虑大小写字母和空格即可)。

第7章

emacs 编辑器

阅读完本章之后你应该能够:

- 使用 emacs 创建和编辑文件
- 保存和检索缓冲区
- 使用 emacs 联机帮助
- 描述如何逐个字符、逐单词、逐行、逐段落移动光标
- 列举向前和向后逐个字符、逐个单词移动光标的命令
- 解释如何向前和向后查找文本以及什么是增量查询
- 描述 emacs 按键标记
- 分割窗口
- 描述撤消修改的过程

7.1 历史

　　1956 年，MIT(麻省理工学院)的 John McCarthy 开发了 Lisp(List processing)语言。最初，Lisp 仅具有一些标量(又称为原子)数据类型和唯一一种被称为列表的数据结构。列表可包含原子数据或其他列表。Lisp 支持递归和非数值数据(在 Fortran 和 COBOL 时代这些都是振奋人心的概念)。Lisp 曾是一门很受欢迎的实现语言(至少在剑桥大学是这样)。Richard Stallman 和 Guy Steele 作为 MIT Lisp 组织的成员，于 1975 年合作开发了 emacs。后来，Stallman 单独对 emacs 维护了很长一段时间。本章将介绍由 GNU(Free Software Foundation，自由软件组织)实现的 emacs 编辑器，其版本是 23。emacs 的主页为 www.gnu.org/software/emacs。

emacs 编辑器在 20 世纪 60 年代后期出现的文本编辑器 TECO(Text Editor and COrrector)的基础上，扩展了一系列命令和宏(macro)。对 emacs 这一编写名称存在很多有趣的新解释，如 ESCAPE META ALT CONTROL SHIFT、Emacs Makes All Computing Simple(emacs 简化了所有计算)、更离谱的解释为 Eight Megabytes And Constantly Swapping(8MB 和永不停息的交换)。事实上，emacs 是 Editor MACroS 的缩写，该缩写反映了编辑器的起源。

7.1.1 演化

随着时间的推移，emacs 不断发展壮大，到成长为 GNU 的主流版本共经历了 20 多次重大修订。emacs 编辑器用 C 语言编写，包括一个完整的 Lisp 解释器，完全支持 X Window 系统和鼠标交互。最初的 TECO 宏时代已一去不复返，但不断发展壮大 emacs 仍是一项重要工作；随着时间的推移，emacs 在国际化方面的提升很大：扩展的 UTF-8 内部字符集比 Unicode 大 4 倍，可用于 30 多种语言的字体和键盘输入方法。另外，用户界面向所见即所得(What You See Is What You Get，WYSIWYG)字处理程序的方向发展，更便于初学者使用该编辑器。

emacs 不仅仅是一个文本编辑器。因为它最初并非是在 UNIX 环境下开发的，所以它并不遵守 UNIX/Linux 的原则。一个 UNIX/Linux 实用程序仅能做一件事情，并可与其他实用程序联合使用，而 emacs 可做"所有"事情。利用 Lisp 编程语言的优势，emacs 用户更倾向于定制和扩展该编辑器，然后相互之间共享定制文件~/.emacs，而不是使用已有实用程序或创建新的通用工具。

在 X Window 系统出现很久之前，Stallman 就想设计一个面向窗口的工作环境，并付出了大量心血。他使用 emacs 作为研究工具。经过长年努力，他在 emacs 中构建了可用来读写电子邮件消息、读取和发布网络新闻、输入 shell 命令、编译程序、分析错误消息、运行并调试这些程序以及玩游戏等的工具。最终使得用户几乎可整天待在 emacs 环境中都不用出来，用户可在不同窗口或文件之间来回切换。假如只有普通的串行字符终端，emacs 将非常便利。

在 X Window 系统环境下，emacs 不必控制整个显示，通常只对一两个窗口进行操作。尽管如此，仍可进入最初的基于字符的工作环境，本章也将介绍该环境。

作为一个区分语言的编辑器，emacs 具有一些可关闭/开启的特殊功能，它们有助于编辑文本、nroff、TeX、Lisp、C 和 Fortran 等文件。这些功能集称为模式(mode)，但它们与 vi、vim 和其他编辑器中的命令模式、输入模式没有任何关系。由于 emacs 不需要在输入模式和命令模式间进行切换，因此 emacs 称为无模式编辑器。

7.1.2 emacs 与 vim

在 en.wikipedia.org/wiki/Editor_war 上正在进行一个有趣的讨论：编辑器大战。在网络上搜索 emacs vs vi 也可了解 emacs 与 vi 的相关信息。

与 vim 类似，emacs 也是一个显示编辑器：它将正在编辑的文本显示在屏幕上；当输入命令或插入新文本时，它就相应地改变显示内容。与 vim 的不同之处在于，emacs 不需要对模式进行追踪，即不需要确认当前处于命令模式还是插入模式(emacs 的命令通常使用 CONTROL 键或其他特殊键)。作为无模式编辑器，emacs 的另一个特点是：它能将普通字符插入正在编辑的文本(emacs 不允许把普通字符用作命令)，对于多数用户，这种操作既方便又自然。

与 vim 一样，emacs 也在工作区域(称为缓冲区)中编辑文件，完成时也可将这个缓冲区的内容写入磁盘文件。但 emacs 有许多工作缓冲区，切换缓冲区时不必先把缓冲区的内容写入文件，再重新读取文件的内容。而且，可一次显示多个缓冲区，emace 把每个缓冲区显示在各自的窗口中。这种显示文件的方式有助于剪切和粘贴文本，也有助于在文件的另一部分编辑相关代码时，使 C 声明可见。

对于移动和修改缓冲区中的文本，emacs 与 vim 相同，也具有丰富且可扩展的命令集合。这一命令集合不是一成不变的，用户可随时修改和定制命令。任何一个键都可与任何命令绑定，可更好地匹配某个特定键盘，也可满足个人喜好。键的绑定通常情况下在~/.emacs 启动文件中设置，但在某个会话期间，也可交互改变。本章描述的所有键绑定都是当前 GNU emacs 版本下标准的键绑定。

不要使用太多键绑定

警告 如果用户修改了很多键绑定，则可能很难记住新的命令集，或无法返回同一会话中的标准键绑定。

最后，emacs 与 vim 最大的区别是它允许用户使用 Lisp 编写新命令或者重写原来的命令。Stallman 将此功能称为联机扩展，但只有 Lisp 高手才能使用该功能在编辑文本时编写和调试新命令。更常见的做法是向.emacs 文件中添加许多额外的调试命令，当启动 emacs 时加载这些命令。经验丰富的 emacs 用户经常编写模式(或环境)，为完成某些特定任务，emacs 酌情加载了这些模式。emacs 文件的更多信息可参见 7.7.1 节。

屏幕与 emacs 窗口

提示　本章提到的术语"屏幕"指某个基于字符终端的屏幕，或指图形环境下某个终端模拟器窗口；术语"窗口"指屏幕中的 emacs 窗口。

---

emacs 与 X Window 系统

提示　GNU emacs 版本 19 和更新版本与 X Window 系统环境完全兼容。当从某个正运行在图形环境下的终端模拟器窗口启动 emacs 时，将打开 emacs 的 X 界面(GUI)。本书不讨论图形界面。在任何环境下，启动 emacs 时使用选项-nw 可以打开文本界面，参见 7.2.1 节。

7.2　入门：开始使用 emacs

emacs 编辑器具有诸多功能，使用它也有很多方法。emacs 的完整使用手册多达 35 章。然而，用户可使用一个较小的命令子集完成很多有意义的工作。本节将描述一个简单的编辑会话，说明如何启动和退出 emacs 编辑器，如何移动光标和删除文本。为简单起见，对一些相关内容将作简单介绍或在本书稍后进行介绍。

---

emacs 联机教程

提示　GNU emacs 编辑器提供了一个联机教程。启动 emacs 后，按 CONTROL+H 组合键就会启动该教程。按 CONTROL+X CONTROL+C 组合键退出 emacs。如果打开了多个 emacs 窗口，可参见 7.4 节的提示。

7.2.1　启动 emacs

输入下面的命令，可使用基于文本的编辑器 emacs 来编辑 sample 文件：

```
$ emacs -nw -q sample
```

其中，-nw 必须作为 emacs 命令行上的第 1 个选项，该选项使得 emacs 不使用 X 界面(GUI)。选项-q 使得 emacs 不读取~/.emacs 启动文件，这样可使 emacs 按标准方式工作，这对初学者或想忽略.emacs 文件的用户很有用。

上述命令将启动 emacs，把 sample 文件读入缓冲区，并将文件内容显示在屏幕或窗口中。如果缓冲区中不存在此文件，emacs 将显示空白屏幕，屏幕底部显示 New file(如图 7-1 所示)；如果文件存在，emacs 将显示该文件和另一条消息。如果启动 emacs 时没有在命令行上指定文件命名，emacs 就显示一个欢迎屏幕，其中包含用法信息和基本命令的一个列表，如图 7-2 所示。

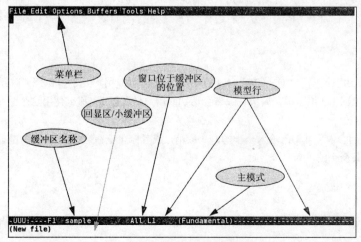

图 7-1　emacs 的新文件界面

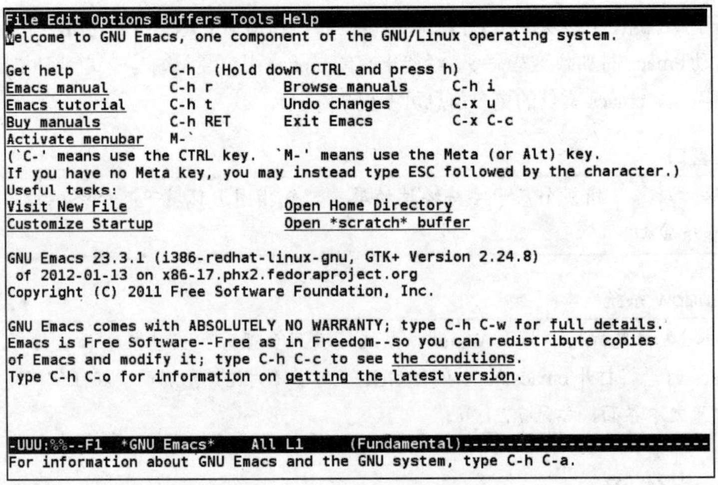

```
File Edit Options Buffers Tools Help
Welcome to GNU Emacs, one component of the GNU/Linux operating system.

Get help          C-h  (Hold down CTRL and press h)
Emacs manual      C-h r     Browse manuals    C-h i
Emacs tutorial    C-h t     Undo changes      C-x u
Buy manuals       C-h RET   Exit Emacs        C-x C-c
Activate menubar  M-`
(`C-' means use the CTRL key.  `M-' means use the Meta (or Alt) key.)
If you have no Meta key, you may instead type ESC followed by the character.)
Useful tasks:
Visit New File                Open Home Directory
Customize Startup             Open *scratch* buffer

GNU Emacs 23.3.1 (i386-redhat-linux-gnu, GTK+ Version 2.24.8)
 of 2012-01-13 on x86-17.phx2.fedoraproject.org
Copyright (C) 2011 Free Software Foundation, Inc.

GNU Emacs comes with ABSOLUTELY NO WARRANTY; type C-h C-w for full details.
Emacs is Free Software--Free as in Freedom--so you can redistribute copies
of Emacs and modify it; type C-h C-c to see the conditions.
Type C-h C-o for information on getting the latest version.

-UUU:%%--F1  *GNU Emacs*   All L1     (Fundamental)------------------------
For information about GNU Emacs and the GNU system, type C-h C-a.
```

图 7-2　emacs 的欢迎界面

emacs 启动时显示单个窗口。窗口顶部是反白显示的菜单栏，可使用鼠标或键盘访问。按下键盘上的 F10、META+`(反引号)或 META+x 组合键，输入 tmm-menubar，再按 RETURN 键，会显示 Menubar Completion List 窗口。更多信息可参见 7.3.9 节。

窗口底部是反白显示的标题栏，称为模式行(Mode Line)。模式行所显示的信息至少包括：当前窗口显示的缓冲区名称、缓冲区是否已经改变、当前哪种主模式和副模式有效、窗口当前位置距离缓冲区底部有多远。当打开多个窗口时，每个窗口对应一个模式行。在屏幕底部，emacs 单独显示一行，称为回显区/小缓冲区(Echo Area/Minibuffer，它们同时存在一行中)，用来显示较短的消息或特殊的单行命令。

---

emacs 手册

提示　可从 emacs 中获得 emacs 手册。运行 emacs，按 CONTROL+H 组合键后输入命令 r，再使用方向键滚动到要查看的部分，并按 RETURN 键，即可打开 emacs 手册。或者输入 m 和要查看的部分(如菜单)的名称(把光标移动到小缓冲区)，按 TAB 键，emacs 就会自动补全菜单名。菜单名自动补全功能类似于路径名自动补全功能。关于如何关闭帮助窗口和联机帮助的更多信息请参见 7.4 节。

例如，要查看联机帮助中的"小缓冲区"部分，可按 CONTROL+H 组合键后输入命令 r m minibuffer，再按 RETURN 键。也可按 CONTROL+H 组合键后输入命令 r m min，再按 TAB 键和 RETURN 键。

如果在小缓冲区中输入时出错，emacs 将在回显区中显示错误消息。错误消息会覆盖当前输入的命令，但 emacs 在几秒钟后会还原该命令。错误消息的简短显示使用户有时间阅读它，之后继续从刚才停顿的地方输入命令。更多信息可参见 emacs 联机手册的 Minibuffer 菜单(参见上面的提示)。

光标位于窗口或小缓冲区中。所有输入和几乎所有的编辑工作都在光标处进行。当输入普通字符时，emacs 将在光标处插入输入的字符。如果光标的下方或右边有字符，这些字符将随着输入右移，这样任何字符都不会丢失。

7.2.2　退出 emacs

退出 emacs 的命令由双键序列 CONTROL+X CONTROL+C 组成。用户几乎可在任何时候输入此命令(有些模式下，需要首先按 CONTROL+G 组合键)。如果在编辑会话期间用户做了修改，那么使用这个命令退出 emacs 时，emacs 会询问是否保存所做修改。

按 CONTROL+G 组合键，可将已输入一半的命令取消，或者停止正在运行的命令。在回显区，emacs 编辑器将显示 Quit 并等待下一条命令的输入。

7.2.3　插入文本

输入(或打印)一个普通字符时，光标和光标右边的任意字符将右移一个位置，然后将新输入的字符放在新空出来的位置上。

7.2.4   删除字符

根据用户使用的键盘和 emacs 启动文件，不同的键将采用不同的方式删除字符。CONTROL+D 组合键通常将光标处的字符删除，与 DELETE 键和 DEL 键一样。BACKSPACE 键通常将光标左边的字符删除。试试这些键，看看它们是如何工作的。

删除字符的更多知识

提示   如果本节所述的指令不起作用，那么在 shell 提示符后输入以下命令，查看 emacs info 部分中关于 deletion(删除)的相关信息：

```
$ info emacs
```

启动 info 后，输入命令 m deletion 将显示一个文档，它描述如何删除少量文本。使用空格键可浏览此文档。按 q 键将退出 info。这些信息也可在 emacs 联机手册(按 CONTROL+H 组合键后输入 r)中查看。

启动 emacs 并输入几行文本。如果输入时出错，可使用前面介绍的删除字符键修正。RETURN 键将在缓冲区中插入一个不可见的行结束字符，并将光标移到下一行左端空白位置。有时光标也可能返回到某行的开始和前面一行的末尾。图 7-3 为缓冲区的一个示例。

```
File Edit Options Buffers Tools Help
Over time emacs has grown and evolved through more than 20 major revisions
to the mainstream GNU version. The emacs editor, which is coded in C,
contains a complete Lisp interpreter and fully supports the X Window
System and mouse interaction. The original TECO macros are long gone, but
emacs is still very much a work in progress. Version 22 has significant
internationalization upgrades: an extended UTF-8 internal character
set four times bigger than Unicode, along with fonts and keyboard input
methods for more than 30 languages. Also, the user interface is moving in
the direction of a WYSIWYG (what you see is what you get) word processor,
which makes it easier for beginners to use the editor.

The emacs editor has always been considerably more than a text editor. Not
having been developed originally in a UNIX environment, it does not
adhere to the UNIX/Linux philosophy. Whereas a UNIX/Linux utility is
typically designed to do one thing and to be used in conjunction with
other utilities, emacs is designed to "do it all." Taking advantage
of the underlying programming language (Lisp), emacs users tend to
customize and extend the editor rather than to use existing utilities
or create new general-purpose tools. Instead they share their ~/.emacs
(customization) files.




-UUU:----F1   sample        All L1    (Fundamental)----------------------------
For information about GNU Emacs and the GNU system, type C-h C-a.
```

图 7-3   缓冲区示例

使用方向键

提示   有时使用向左、向右、向上和向下的方向键来移动光标最方便。

7.2.5   移动光标

光标可被定位到 emacs 窗口中的任何一个字符上，也可移动窗口让它显示缓冲区的任意部分。根据指定的文本单位(例如，字符、字、句子、行和段落)，可将光标在文本中向前或者向后移动(如图 6-8 所示)。可在任何光标移动命令之前加一个重复因子(按 CONTROL+U 组合键后输入一个数值参数)，使得光标在文本中移动相应的文本单位。参见 7.3 节中关于数值参数的讨论。

1. 按字符移动光标

CONTROL+F   按方向键中的向右键或 CONTROL+F 组合键，光标将向前(或者向右)移动一个字符。如果光标位于行尾，则这些命令将自动换到下一行的行首。按 CONTROL+U 组合键后输入 7，再按 CONTROL+F 组合键会将光标向前(或者说是向右)移动 7 个字符。

CONTROL+B   按方向键中的向左键或 CONTROL+B 组合键，光标将向后(或者向左)移动一个字符。按

CONTROL+U 组合键后输入 7,再按 CONTROL+B 组合键光标将向后(或者说是向左)移动 7 个字符。CONTROL+B 与 CONTROL+F 的工作方式类似(如图 7-4 所示)。

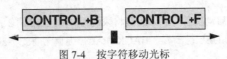

图 7-4 按字符移动光标

2. 按字移动光标

META+f 按 META+f 组合键,光标将向前移动一个字。要按 META+f 组合键,需要在按下 META 键或 ALT 键的同时按 f 键。如果用户的键盘上既没有 META 键也没有 ALT 键,那么可按 ESCAPE 键,然后释放它,再按 f 键。该命令将光标定位到第 1 个不属于光标原来所在字的字符上。按 CONTROL+U 组合键,输入 4 后再按 META+f 组合键会将光标定位到第 4 个字末尾的空格上。关于键的更多内容参见 7.3 节。

META+b 按 META+b 组合键,光标将向后移动一个字,落在它原来所在字的首字母上。如果光标原来就在某个字的首字母上,那么按 META+b 组合键将把光标移到前一个字的首字母上,它的工作方式与 META+f 类似(如图 7-5 所示)。

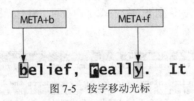

图 7-5 按字移动光标

3. 按行移动光标

CONTROL+A 与 CONTROL+E、CONTROL+P 与 CONTROL+N 按 CONTROL+A 组合键,光标将移到它所在行的开始处;按 CONTROL+E 组合键,光标将移到它所在行的末尾。按方向键中的向上键或 CONTROL+P 组合键,光标将移到其所在行正上方一行中的相应位置;按方向键中的向下键或 CONTROL+N 组合键,光标将移到其所在行正下方一行中的相应位置。像其他光标移动命令一样,在 CONTROL+P 和 CONTROL+N 组合键之前带上 CONTROL+U 和一个数值参数,可将光标向上或向下移动多行。组合使用这些命令可将光标移动到前一行的开始处以及下一行的末尾等(如图 7-6 所示)。

图 7-6 按行移动光标

4. 按句子、段落和窗口位置移动光标

META+a 与 META+e、META+{与 META+} 按 META+a 组合键将把光标移到其所在句子的开始处;按 META+e 组合键将把光标移到其所在句子的末尾。按 META+{组合键将把光标移到其所在段落的开始处;按 META+}组合键将把光标移到其所在段落的末尾(句子和段落的定义参见 7.6.2 节)。在这些命令之前带上重复因子(按 CONTROL+U 组合键后输入一个数值参数),便可将光标移动多行和多个段落。

META+r 按 META+r 组合键将把光标移到窗口中间一行的开始处。执行这个命令之前可按 CONTROL+U 并输入行号(这里的 CONTROL+U 并不是指定重复因子,而是用来指定屏幕的行号)。按 CONTROL+U 组合键,然后输入 0,再按 META+r 组合键将把光标移到窗口顶行(行 0)的开始处。按 CONTROL+U 组合键后输入-(负号)则可将光标移到窗口最后一行的开始处(如图 7-7 所示)。

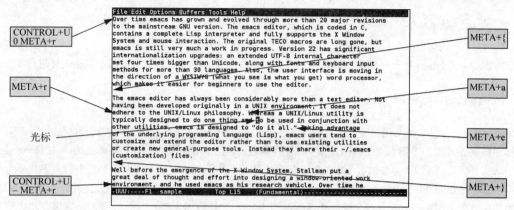

图 7-7 按句子、段落和窗口的位置移动光标

7.2.6 在光标处编辑

一旦光标位于窗口中，就可在希望的位置输入新文本，输入新文本时不需要任何命令。当输入文本时，emacs 在光标所在的位置显示输入的文本。光标所指的文本和光标右侧的文本都会右移。如果输入的字符太多使文本超过窗口的右边界，emacs 将在窗口的右边放置一个反斜杠(\)，并自动换行到下一行。反斜杠显示在屏幕上，但不保存为文件的内容，不会被打印出来。虽然可创建任意长度的行，但有些 UNIX 工具处理包含较长行的文本文件时会出现问题。为避免出现问题，可将光标定位到某一位置，按 RETURN 键可将较长的行分成两行。

删除文本 按 BACKSPACE 键将删除光标左边的字符。光标和该行的其他文本将随着 BACKSPACE 键的按下一起左移。为将某行和它上面一行连接起来，可将光标定位到第 2 行的第 1 个字符上，然后按 BACKSPACE 键。

按 CONTROL+D 组合键将删除光标所在字符。光标不动，行中的其他文本将左移来替代已删除的字符。如果前面描述的这些键都不起作用，请阅读 7.2.4 节的提示。

7.2.7 保存和检索缓冲区中的内容

在某个 emacs 会话中，不管如何更改缓冲区，与其关联的文件在保存缓冲的内容之前都不会改变。如果用户没有保存缓冲区的内容就退出 emacs(如果用户坚持这么做，这是可能的)，那么与缓冲区关联的文件将不会改变，emacs 会放弃会话期间所做的更改。

备份 当把缓冲区中已编辑的内容写入文件时，emacs 将根据用户的选择来决定是否备份原始文件。用户可选择不备份，或一级备份(默认选择)，或其他任意级别的备份。一级备份是在原来的文件名后追加一个 "~" 字符。多级备份是在原来的文件名后追加 ".~n~"，其中 n 为从 1 开始的连续备份编号。变量 version-control 指定 emacs 保存备份的方式。关于给 emacs 变量赋值的内容参见 7.7.1 节。

保存缓冲区的内容 按 CONTROL+X CONTROL+S 双键序列将缓冲区的内容保存到与其关联的文件中。emacs 编辑器将在回显区显示保存成功的消息。

访问另一个文件 如果用户在使用 emacs 编辑某个文件的同时希望编辑另一个文件(在 emacs 文档中编辑一个文件指访问一个文件)，则可使用 CONTROL+X CONTROL+F 双键序列将新文件复制到 emacs 的某个新缓冲区。emacs 编辑器将提示用户输入新文件的名称，将新文件读入某个新缓冲区，然后在当前窗口中显示缓冲区的内容。在某个编辑会话中，同时打开两个文件要比退出 emacs 返回 shell，再启动 emacs 的某个新副本来编辑另一个文件更方便。

使用 CONTROL+X CONTROL+F 双键序列访问文件

提示 *当使用 CONTROL+X CONTROL+F 访问文件时，emacs 将显示用户要定位的文件所在目录的路径。通常情况下，该路径名是相对于工作目录的，但有时 emacs 可能显示其他路径，如相对于用户主目录的路径名。如果该路径名没有指向用户需要的目录，则可直接对其进行编辑。该命令提供了路径名自动补全功能。*

7.3 基本编辑命令

本节将详细介绍 emacs 的一些基本编辑命令。其中,对在某个 emacs 窗口中编辑某个单独文件进行了介绍。

7.3.1 按键的表示与使用

尽管 emacs 已国际化,但其键盘输入仍使用不断演变和扩展的 ASCII 码,通常按一次键会产生一个字节。ASCII 键盘有打字机风格的 SHIFT 键和 CONTROL 键,而有些键盘还使用 META 键(或 ALT 键)来控制 ASCII 码的第 8 位。描述一个 ASCII 字符需要 7 位,8 位字节中的第 8 位用来传输其他信息。由于 emacs 命令集中的大多数命令都以非打印字符 CONTROL 或 META 的形式存在,因此 Stallman 首先开发了一种非数值标记来记录按键操作的问题。

他的解决方案虽然在 emacs 社区之外并不流行,但十分清晰明了(如表 7-1 所示)。该解决方案使用大写字母 C 和 M 分别代表 CONTROL 和 META 或 ATL 键处于按下状态;对于一些最常用的特殊字符,使用一些相对简单的缩写词表示,例如 RET(本书使用 RETURN)、LFD (LINEFEED)、DEL(DELETE)、ESC(ESCAPE)、SPC(SPACE)和 TAB。大多数 emacs 文档,包括联机帮助,都采用这些标记。

表 7-1 emacs 键标记

字　　符	典型的 emacs 标记
a	a
SHIFT+a	A
CONTROL+a	C+a
CONTROL+A	C+a(不使用 SHIFT),与 CONTROL+a 等价
META+a	M+a
META+A	M+A(使用 SHIFT),与 M+a 不同
CONTROL+META+a	C+M+a
META+CONTROL+a	M+C+a(不常用)

在实际中,emacs 使用这些键时存在一些问题。许多键盘没有 META 键;有些操作系统丢弃了 META 位;此外,emacs 命令集与日益过时的 XON-XOFF 流控制存在冲突,后者也使用 CONTROL+S 和 CONTROL+Q 组合键。

在 macOS 下,大多数键盘都没有 META 或 ALT 键。附录 D 解释了如何设置 OPTION 键,来实现与 Macintosh 上 META 键相同的功能。

缺少 META 键的问题已通过使用由 ESCAPE 键开头的双序列键(等价于一个 META 字符)得以解决。如果用户使用的键盘没有 META 或 ALT 键,那么可使用 ESCAPE 键开头的双序列键:首先按 ESCAPE 键,释放它,然后按下本书中 META 键后跟的字符键。例如,按双键序列 ESCAPE+a 来替代 META+a,按双键序列 ESCAPE CONTROL+A 来替代 CONTROL+META+a。

Stallman 认为 XON-XOFF 流控制是一个历史遗留问题,所以不打算修改 emacs 命令集。但联机帮助 emacs FAQ 提供了解决这个问题的几个解决方案。

本书使用的键标记

提示　本书在 CONTROL 键后使用大写字母,在 META 键后使用小写字母。但两种情况下,按 CONTROL 或 META 键的同时都不必按 SHIFT 键。虽然系统认为 META 后面的大写字母(例如,META+A)是一个不同的字符,但它通常被设置为空操作,或者与对应的小写字母具有相同的作用。

7.3.2 键序列和命令

在 emacs 中,键序列(同时按下或按顺序按下的一个或多个键,以产生一个 emacs 命令)与命令间的关系很灵活。用户可根据自己的喜好将两者绑定。也可重新解释原来的命令,或重新建立键序列与命令间的映射关系,替换或者对命令重新编程。

虽然多数 emacs 文档没有详细介绍按键操作，而把按键操作描述得跟命令一样，但底层的命令解释机制和键序列是分开的，键序列的行为表现和命令都是可以改变的。更多信息参见 7.7 节。

7.3.3　META+x：运行不带绑定键的命令

emacs 中的键映射表(emacs 用来将键序列解释成命令的表或向量)已经排得很满，而且不可能将每条命令都与某个键序列绑定。可通过在命令的名称前带上 META+x 来执行命令。当用户按 META+x 时，emacs 将在回显区提示输入命令。输入命令名后按 RETURN 键，将开始执行命令。

智能补全功能　当某条命令没有对应的键序列时，它将被描述为 META+x *command name*。emacs 编辑器具有一种能给出大多数提示答案的智能补全(smart completion)功能，emacs 使用空格或制表符来补全当前单词或命令。如有可能，可分别补全到当前单词或整条命令的末尾。可强制补全到最后一个可确定的位置，或输入一个 "?" 来打开完整的选项列表。智能补全功能的工作方式类似于路径名补全功能。

7.3.4　数值参数

有些 emacs 命令可接收某个数值参数作为重复因子。用户可将该参数放在键序列命令之前。如果没有该参数，就认为重复因子是 1。字母表中的任何一个普通字符之前都可以有一个数值参数，它表示插入多个该字符。为命令提供数值参数共有两种方式：

- 按 META 键和数字(0~9)键或减号(-)键。例如，要插入 10 个 z，可按双键序列 META+1 META+0，然后输入 z。
- 使用 CONTROL+U 开始的数字字符串，该字符串可包含减号。例如，要将光标向前移动 20 个字，可按组合键 CONTROL+U，然后输入 20，再按组合键 META+f。

CONTROL+U　为简便起见，如果 CONTROL+U 后没有跟一个或多个数字字符串，那么将默认为与 4 相乘。例如，按组合键 CONTROL+U 并输入 r 表示插入 rrrr(4×1)；按双键序列 CONTROL+U CONTROL+U 并输入 r 表示插入 rrrrrrrrrrrrrrrr(4×4×1)。为快速滚动某个窗口的部分内容，用户可重复按 CONTROL+U CONTROL+V，按一次向下滚动 4 行；按 CONTROL+U META+v 将向上滚动 4 行；按 CONTROL+U CONTROL+U CONTROL+V 将向下滚动 16 行；按 CONTROL+U CONTROL+U META+v 将向上滚动 16 行。

7.3.5　编辑点与光标

编辑点指缓冲区中编辑操作发生的位置，也是光标定位的地方。严格地说，编辑点在光标的左边，通常认为编辑点位于两个字符之间。

每个窗口都有自己的编辑点，但只有一个光标。当光标位于窗口中时，移动光标将同时移动编辑点。将光标移出某个窗口时，窗口的编辑点并未改变；当将光标移回该窗口时，窗口的编辑点仍位于它原来的位置。

前面介绍的光标移动命令都同时移动了编辑点。

7.3.6　在缓冲区中滚动

CONTROL+V、META+v 与 CONTROL+L　缓冲区通常要比显示其内容的窗口大很多，因此，为查看整个缓冲区的内容，需要上下移动缓冲区的内容，从而使感兴趣的部分显示在窗口中。向前滚动表示将文本内容向上移动，新内容将出现在窗口底部。按 CONTROL+V 组合键或 PAGE DOWN 键将前移一屏(应减去两行以显示上下文)。向后滚动表示将文本内容下移，新内容显示在窗口顶部。按 META+v 组合键或 PAGE UP 键将后移一屏(也要保留两行以显示上下文)。按 CONTROL+L 组合键将清屏并重绘屏幕，同时将当前行移到窗口的中间位置。该命令当屏幕上出现乱码时很有用。

数值参数对于 CONTROL+V 和 META+v 意味着 "滚动多行"。因此，按 CONTROL+U 组合键，然后输入 10，再按 CONTROL+V 组合键表示向前滚动 10 行。数值参数对于 CONTROL+L 意味着"滚动文本从而使光标位于窗口中该参数所指定的行上"。其中，0 代表顶部行，-1 代表底部行(模式行的上面一行)。如果按 CONTROL+P 或 CONTROL+N 时超出一屏，将自动滚动。

　　META+<与 META+>　使用 META+<将光标移到缓冲区的开始处，使用 META+>将光标移到缓冲区的末尾。

7.3.7　删除文本

　　删除与剪切　当删除文本时，可将它彻底删除，也可将它移到某个保存区以便以后恢复。术语"删除(Delete)"表示永久删除，而术语"剪切(Kill)"表示将文本移到保存区。保存区(holding area)也称为"剪切环(Kill Ring)"，可保存已剪切的多块文本。可通过多种方式来使用剪切环中的文本(参见 7.5 节)。

　　META+d 和 CONTROL+k　命令 META+d 将从光标处开始剪切字符，一直剪切到当前字的末尾。CONTROL+K 将向前剪切到当前行的末尾，但不删除行尾的换行符，除非开始剪切前，编辑点和光标恰好位于换行符的左边。这便可使用 CONTROL+A 到达某行的左端，然后使用 CONTROL+K 剪切整行，接着立即输入新的一行以替代原有的行，这样就不必在重新输入时空出一行。此外，可用命令CONTROL+K CONTROL+K(或CONTROL+U 2 CONTROL+K)从行首剪切文本并上移文本来填补空出的行。

7.3.8　搜索文本

emacs 编辑器允许使用如下搜索方式：

- 增量搜索字符串
- 增量搜索正则表达式(极少使用这种方式)
- 搜索完整的字符串
- 搜索完整的正则表达式(参见附录 A)

在缓冲区中，可向前或向后进行以上 4 种方式的搜索。

完整搜索与其他编辑器的搜索方式相同，即仅当搜索字符串完全输入时才开始搜索。相反，增量搜索从输入搜索字符串的第 1 个字符就开始搜索，并随着其他字符的输入继续搜索。这种搜索方式初听起来令人迷惑，但非常有用。

1. 增量搜索

CONTROL+S 与 CONTROL+R　用一条命令便可选择某个增量搜索的方向并启动该搜索。CONTROL+S 将启动向前的增量搜索；CONTROL+R 将启动向后的增量搜索。

启动一个增量搜索后，emacs 将在回显区显示"I-search:"提示；当输入一个字符后，emacs 将立即在缓冲区中搜索该字符。如果找到这个字符，emacs 将把编辑点和光标定位到这个字符上，这样便可看到搜索进度；如果搜索失败，emacs 就显示相应信息。

输入搜索字符串的每个字符后，可根据搜索结果对编辑点采取下面的操作。以下各段列出搜索结果和相应的操作：

- 在缓冲区中搜索到要查找的字符串，光标位于搜索目标的右边。此时，停止搜索，按 RETURN 键将光标定位到新位置(任何与搜索无关的 emacs 命令将停止搜索，但要准确地记住这样的命令是很困难的。对于 emacs 的新用户来说，按 RETURN 键比较安全)。
- 搜索到一个字符串，但它不是用户想要的字符串。此时可添加另一个字符以精确地搜索字符串，按 CONTROL+S 或 CONTROL+R 查找出现这个搜索字符串的下一个位置，或按 RETURN 键停止搜索，把光标放在原来的位置。
- 搜索到达缓冲区的开始或末尾，emacs 报告 Failing I-search。此时，用户可按以下方式继续搜索：
  - 如果搜索字符串输入错误，则用户可根据需要按 BACKSPACE 键删除搜索字符串中的错误字符。窗口中的文本和光标将随着字符的删除后移。
  - 如果希望绕回到缓冲区的开始或末尾并继续搜索，则可再次按 CONTROL+R 或 CONTROL+S 组合键来实现。
  - 如果没有搜索到要查找的字符串，但用户希望将光标留在当前位置，则按 RETURN 键停止搜索即可。

- 如果在搜索过程中出错，用户希望退回到开始搜索的地方，则可按 CONTROL+G(退出字符)组合键。按 CONTROL+G 组合键将从某个不成功的搜索中删除不能搜索到的字符串中的所有字符。当到达用户希望继续进行搜索的位置时，用户可再次向搜索字符串中添加字符。如果不希望从该处继续搜索，再次按 CONTROL+G 组合键就可停止搜索并使光标停留在初始位置。

2. 非增量搜索

CONTROL+S RETURN 与 CONTROL+R RETURN 无论搜索过程成功还是失败，如果用户都不希望显示所有的中间搜索结果，那么可通过非增量搜索命令 CONTROL+S RETURN 进行向前搜索，或通过 CONTROL+R RETURN 进行向后搜索。直到用户在 emacs 的提示信息后输入完整的搜索字符串并按 RETURN 键，才开始搜索。上述命令都不能绕过缓冲区的末尾而继续搜索。

3. 正则表达式搜索

在 emacs 中，用户可进行正则表达式的增量和非增量搜索。使用表 7-2 中列出的命令可对正则表达式进行搜索。

表 7-2　正则表达式搜索

命　　令	执　行　结　果
META+CONTROL+s	向前增量搜索某个正则表达式，emacs 提示用户每次输入正则表达式中的一个字符
META+CONTROL+r	向后增量搜索某个正则表达式，emacs 提示用户每次输入正则表达式中的一个字符
META+CONTROL+s RETURN	提示用户输入一个完整的正则表达式，并向前搜索该表达式
META+CONTROL+r RETURN	提示用户输入一个完整的正则表达式，并向后搜索该表达式

7.3.9　通过键盘使用菜单栏

本节说明如何使用键盘从 emacs 菜单栏中选择(如图 7-1 所示)。在图形环境中，还可使用鼠标来选择菜单项。当 emacs 处在主模式下时，可选择菜单项(参见 7.6 节)。例如，编辑 C 程序时，菜单栏包含一个 C 菜单，其中的命令专用于 C 程序的编辑和缩进。

为从菜单栏中选择，首先要按 F10 功能键、META+`(反引号)或 META+x 组合键，然后输入 tmm-menubar，再按 RETURN 键。emacs 编辑器显示 Menubar Completion List 窗口，其中包含顶级菜单栏选项(File、Edit 和 Options 等)，当前选项显示在小缓冲区中。在图 7-8 显示的 Menubar Completion List 窗口中，File 是小缓冲区中当前选中的选项。

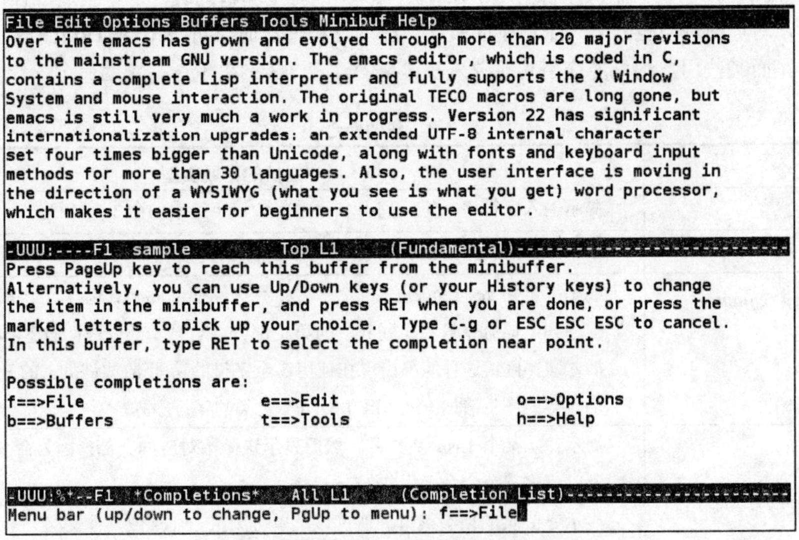

```
File Edit Options Buffers Tools Minibuf Help
Over time emacs has grown and evolved through more than 20 major revisions
to the mainstream GNU version. The emacs editor, which is coded in C,
contains a complete Lisp interpreter and fully supports the X Window
System and mouse interaction. The original TECO macros are long gone, but
emacs is still very much a work in progress. Version 22 has significant
internationalization upgrades: an extended UTF-8 internal character
set four times bigger than Unicode, along with fonts and keyboard input
methods for more than 30 languages. Also, the user interface is moving in
the direction of a WYSIWYG (what you see is what you get) word processor,
which makes it easier for beginners to use the editor.

-UUU:----F1 sample        Top L1     (Fundamental)-------------------------
Press PageUp key to reach this buffer from the minibuffer.
Alternatively, you can use Up/Down keys (or your History keys) to change
the item in the minibuffer, and press RET when you are done, or press the
marked letters to pick up your choice.  Type C-g or ESC ESC ESC to cancel.
In this buffer, type RET to select the completion near point.


Possible completions are:
f==>File                e==>Edit                o==>Options
b==>Buffers             t==>Tools               h==>Help




-UUU:%*--F1 *Completions*  All L1     (Completion List)---------------------
Menu bar (up/down to change, PgUp to menu): f==>File
```

图 7-8　顶级 Menubar Completion List 窗口

打开 Menubar Completion List 窗口后，可执行如下操作：

- 按 CONTROL+G 或 ESCAPE ESCAPE ESCAPE 取消菜单选项。屏幕会返回打开 Menubar Completion List 窗口之前的状态。
- 使用向上和向下的方向键显示小缓冲区中后续的菜单项。按 RETURN 键可选择当前显示的选项。
- 输入 Menubar Completion List 窗口中显示的选项的单字符缩写形式，可选中该选项。不需要按 RETURN 键。
- 按 PAGE UP 键或 META+v 组合键，可将光标移到 Menubar Completion List 窗口中。使用方向键可在选项上移动光标。按 RETURN 键可选择光标所在的选项。按 ESCAPE ESCAPE ESCAPE 键可退出这个窗口，使光标返回小缓冲区。

选择顶级菜单中的选项时，emacs 会显示 Menubar Completion List 窗口中对应的二级菜单。重复上面的一个操作，可选择此菜单中的选项。当选择最后一个选项后，emacs 会关闭 Menubar Completion List 窗口，执行用户选择的操作。更多信息可参见 emacs 联机手册的 Menu Bar 菜单(也可参见 7.2 节的提示)。

7.4 联机帮助

CONTROL+H emacs 的帮助系统总是可用的。在默认绑定键下，使用 CONTROL+H 组合键可启动该系统。启动后，系统将提示用户输入一个单字符的帮助命令。如果不知道要输入哪个帮助命令，就输入"?"或按 CONTROL+H 组合键从当前窗口切换到帮助命令的列表窗口。在该窗口中，每个命令占一行，之后 emacs 将再次要求输入单字符命令。当不需要帮助时，可按 CONTROL+G 组合键来取消帮助请求，并返回到前面的缓冲区。

如果帮助的输出信息只有一行，信息将出现在回显区；如果帮助信息由多行组成，那么信息将出现在一个单独窗口中。用 CONTROL+V 和 META+v 可在缓冲区中向前和向后滚动。使用 CONTROL+X o(小写字母 o)可使光标在窗口间切换。参见 7.5.8 节对工作在多个窗口中的讨论。

关闭帮助窗口

提示 当光标位于正编辑的文本所在的窗口时，为关闭帮助窗口，可按 CONTROL+X 组合键并输入 1(数字 1)，也可以按 CONTROL+X 组合键并输入 o(小写字母 o)，将光标移到帮助窗口中，然后按 CONTROL+X 组合键并输入 0(数字 0)关闭当前窗口。

如果帮助窗口占满整个屏幕，如命令 CONTROL+H n(显示 emacs 新闻文件的命令)和 CONTROL+H t(显示 emacs 操作指南的命令)产生的效果，那么可按 CONTROL+X 组合键并输入 k 来关闭帮助缓冲区，或者按 CONTROL+X 组合键并输入 b 来切换缓冲区。

对于很多终端，按 BACKSPACE 键或向左方向键与按 CONTROL+H 组合键所产生的效果相同。如果忘记正在使用 emacs，并试图删除字符，无意中就会进入帮助系统。该操作对正编辑的缓冲区不会造成任何危险，但可能会丢失窗口中的内容，对如何恢复也没有一个清楚的概念。出现这种情况时，可按 CONTROL+G 组合键删除提示符并返回编辑缓冲区。而某些用户则可能选用其他键来获得帮助。表 7-3 列出了一些帮助命令。

表 7-3 帮助命令

命 令	提供的帮助类型
CONTROL+H a	提示输入字符串，然后列出名称中包含该字符串的命令
CONTROL+H b	显示包含所有当前正在使用的绑定键的列表
CONTROL+H c *key-sequence*	显示绑定到 *key-sequence* 的命令名；允许 *key-sequence* 包含多个键序列；对于较长的键序列，该命令只能识别其中的第 1 部分，对第 1 部分进行描述，将未识别部分自动插入缓冲区；这种情况出现在使用 3 个字符的功能键(如键盘上的 F1、F2 等)时，这种功能键能产生诸如 ESCAPE [SHIFT 之类的字符序列
CONTROL+H f	提示输入某个 Lisp 函数名，然后显示该函数对应的文档；因为命令都是 Lisp 函数，所以可将某个命令名用作 Lisp 函数
CONTROL+H i	显示 info 页的顶级菜单，通过该菜单可浏览 emacs 或其他文档

（续表）

命　　令	提供的帮助类型
CONTROL+H k *key-sequence*	显示绑定到 *key-sequence* 的命令的名称和对应的文档(参见关于 CONTROL+H c 的介绍)
CONTROL+H l(小写字母 l)	显示最后输入的 100 个字符；该记录在第 1 阶段的键盘转换过程之后保存；如果用户已经定制了键盘转换表，那么需要在脑海中进行一次逆转换
CONTROL+H m	为当前主模式(如文本模式、C 模式以及基本模式等)显示文档和特殊的绑定键
CONTROL+H n	显示 emacs 新闻文件，其中列出最近对 emacs 所做的修改，按时间顺序排列；最新的修改排在最前面
CONTROL+H r	显示 emacs 手册
CONTROL+H t	运行一个 emacs 操作指南会话
CONTROL+H V	提示输入某个 Lisp 变量名，然后显示该变量对应的文档
CONTROL+H W	提示输入命令名，然后识别出绑定到该命令的键序列；允许使用多个键序列(参见关于 CONTROL+H c 的介绍)

选读

这样的介绍虽然很简短，但相信用户可使用帮助系统来浏览 emacs 内部的 Lisp 系统。为满足用户的好奇心，下面给出 Stallman 制作的匹配 Lisp 系统中许多命令名的字符串列表。为查看 emacs 的内部功能，可使用命令 CONTROL+H a(帮助系统的命令列表)和下面字符串中的任何一个，或者命令 META+x apropos(该命令将提示用户输入字符串，然后列出名称中包含该字符串的变量)。

backward	dir	insert	previous	view
beginning	down	kill	region	what
buffer	end	line	register	window
case	file	list	screen	word
change	fill	mark	search	yank
char	find	mode	sentence	
defun	forward	next	set	
delete	goto	page	sexp	
describe	indent	paragraph	up	

7.5　高级编辑

emacs 的基本命令足以完成很多编辑任务，但有的用户可能希望掌握更强大的编辑功能。本节将介绍 emacs 的一些高级编辑功能。

7.5.1　撤消修改

编辑会话首先将文件读入 emacs 缓冲区。这时缓冲区的内容与文件的内容完全一致。随着新文本的插入和编辑命令的执行，缓冲区中的内容将不断改变。如果这些修改正是你所希望的，那么用户可将缓冲区修改后的内容写回到文件，结束编辑会话。

模式行(参见图 7-1)靠近左端的信息表明在窗口中显示的缓冲区的修改状态，共有 3 种状态：--(没有修改)、**(已修改)和%%(只读)。

从编辑会话的开始，emacs 将记录下用户按下的所有键(包括文本和命令)，其当前的最大限制为 20 000 个字符。如果没有超过该限制，那么可一次撤消一个修改，直到撤消缓冲区中编辑会话所做的全部修改。如有多个缓冲区，则每个缓冲区都具有自己的撤消记录。

由于撤消操作很重要，因此它需要有一个备份的键序列，用于某些不能轻松处理主键序列的键盘。撤消操作的主键序列和备份的键序列分别为 CONTROL+_(下划线，在某些较老的 ASR-33 TTY 键盘上为方向键中的向左键)和 CONTROL+X u。当按 CONTROL+_组合键时，emacs 将撤消最后一条命令，并将光标移到缓冲区中的对应位置，使用户可看到撤消后的效果。如果再次按 CONTROL+_组合键，emacs 将撤消倒数第 2 条命令，依此类推。如果一直按 CONTROL+_组合键，则最终将返回原始文本未被修改的状态，模式行中的**将变为--。

当使用任何操作(输入文本或执行命令，但撤消命令除外)来打断撤消命令的字符串时，在使用撤消命令的字符串期间所做的任何逆向修改都将成为修改记录的一部分，而且也可以撤消。这就提供了一种重新执行部分或所有已撤消操作的方法。例如，如果用户觉得自己执行了太多删除操作，则可输入某个命令(某些不会改变缓冲区的内容的命令，如 CONTROL+F)，然后开始逆向撤消操作。表 7-4 列出了一些撤消命令示例。

表 7-4　撤消命令

命　　令	执 行 结 果
CONTROL+_	撤消上一次修改
CONTROL+_ CONTROL+F CONTROL+_	撤消上一次修改，再恢复该修改操作
CONTROL+_ CONTROL+_	撤消前两次修改
CONTROL+_ CONTROL+_ CONTROL+F CONTROL+_ CONTROL+_	撤消前两次修改，再恢复这两次修改操作
CONTROL+_ CONTROL+_ CONTROL+F CONTROL+_	撤消前两次修改，再恢复最近一次修改操作

如果用户不记得上次所做的修改，那么可按 CONTROL+_组合键来撤消上次操作；如果此时又希望恢复此修改，那么可按 CONTROL+F CONTROL+_组合键来恢复该操作；如果用户不经意修改了缓冲区的内容，则可持续按 CONTROL+_组合键，直到模式行中显示--为止。

如果缓冲区已彻底损坏，用户又希望重新开始，那么可按 META+x 组合键，然后输入 revert-buffer 来放弃当前缓冲区中的内容并重新读取文件。此时 emacs 编辑器在执行该命令之前需要得到用户的确认。

7.5.2　编辑点、标记和区域

缓冲区中的编辑点指当前的编辑位置，通过移动光标可在缓冲区任意移动编辑点的位置。在缓冲区中可设置标记(Mark)，编辑点与标记(两者的顺序没有限制)之间的连续字符称为区域(Region)。emacs 中的命令不仅可以作用于编辑点附近的字符，还可以作用于缓冲区中的区域。

1. 移动标记与建立区域

CONTROL+@、CONTROL+SPACE 与 CONTROL+X CONTROL+X　标记的移动不如编辑点的移动容易。对于设置后的标记，要进行移动，只能重新在另一个地方设置该标记。每个缓冲区只有一个标记。命令 CONTROL+@(或 CONTROL+SPACE)在当前光标(编辑点)的位置显式地设置标记。按 CONTROL+Q 时，有些键盘将产生 CONTROL+@键序列，虽然这不是绑定键的备份，但有时这是一个不错的选择。使用命令 CONTROL+X CONTROL+X 可交换编辑点和标记的位置，同时将光标移到新的编辑点。

为建立区域，通常首先需要将光标(编辑点)移到要设定区域的一端，使用命令 CONTROL+@设置标记，然后把光标(编辑点)移动到区域的另一端。如果忘记将标记设置在哪个地方了，则可使用命令 CONTROL+X CONTROL+X 将光标再次回退到设置标记的地方，或者重复使用 CONTROL+X CONTROL+X 命令来回切换以更清晰地显示区域。

如果区域的边界不是用户所希望的，那么可使用 CONTROL+X CONTROL+X 来交换编辑点和标记的位置，将光标从区域的一端移到另一端，并移动编辑点，这样重复操作直到满意为止。

2. 区域操作

表 7-5 列出了对区域进行操作的部分命令。使用命令 CONTROL+H a region 可查看这些命令的完整列表。

表7-5 作用于区域的命令

命 令	执 行 结 果
META+w	将区域非破坏性(不剪切区域)地复制到剪切环中
CONTROL+W	剪切区域
META+x print-region	将区域发送到打印机
META+x append-to-buffer	提示用户输入缓冲区,并将区域追加到该缓冲区中
META+x append-to-file	提示用户输入文件名,并将区域追加到该文件中
META+x capitalize-region	将区域中的字符转换为大写
CONTROL+X CONTROL+L	将区域中的字符转换为小写

3. 标记环

每次在缓冲区中设置标记时,标记的前一个位置将被放到缓冲区的标记环(Mark Ring)中。标记环是一个 FIFO(First-In-First-Out,先进先出)列表,该列表存放最近16次设置的标记的位置。每个缓冲区都有自己的标记环。最近的标记的历史记录非常有用,因为它通常保存历史标记的位置,从而使用户很容易地跳回历史标记的位置。跳到标记环所指的位置比在整个缓冲区中滚动查找前一次修改的位置更便捷。

CONTROL+U CONTROL+@ 一次或多次使用命令 CONTROL+U CONTROL+@,可向后追踪前面标记的位置。每次输入该命令,emacs 将执行以下操作:

- 将编辑点(和光标)移到当前标记的位置。
- 将当前标记的位置保存在标记环中"最早"的一端。
- 从标记环中弹出一条"最新(最近)"的条目并设置标记。

命令 CONTROL+U CONTROL+@ 将使 emacs 把编辑点和光标移到标记环中的前一个条目处。

虽然这个过程看起来很复杂,但这是一种跳回前一个标记的位置的比较"可靠"的做法。所谓"可靠",是指每一次跳的起点在标记环中都重新循环,这便于再次查找该位置。重复按 CONTROL+U CONTROL+@,就可以跳到标记环中前面的所有位置(可能少于16个位置)。可在标记环中多次循环,并可在任意位置停留。

4. 自动设置标记

有些命令可自动设置标记。这些命令在将编辑点移动很长一段距离之前先设置一个书签。例如,META+> 在跳到缓冲区末尾前先设定标记,再执行命令 CONTROL+U CONTROL+@,将返回到执行 META+> 时的起点。搜索命令也类似。为清晰起见,无论显式地还是隐式地设置标记,emacs 都在回显区显示 Mark Set 消息。

7.5.3 剪切与粘贴:移出已剪切文本

如前所述,已剪切文本没有彻底删除而是保存在剪切环中。在剪切环中保存了最近剪切的30个文本内容,这些内容对所有缓冲区都可见。

从剪切环中检索文本称为移出(Yank)。这个术语在 emacs 中的意义与在 vim 中的意义相反:在 vim 中,移出是指将文本从缓冲区中取出,放入(Put)是将文本放入缓冲区;而在 emacs 中,剪切与移出(类似于剪切与粘贴)是 emacs 移动和复制文本的主要方式。表7-6列出了最常见的剪切和移出命令。

表7-6 常见的剪切和移出命令

命 令	执 行 结 果
META+d	剪切到当前字的末尾
META+D	从起始处剪切到前一个字
CONTROL+K	剪切到行尾,不包括换行符
CONTROL+U 1 CONTROL+K	剪切到行尾,包括换行符
CONTROL+U 0 CONTROL+K	从行首开始剪切
META+w	将区域复制到剪切环,但不从缓冲区中删除区域

(续表)

命　令	执 行 结 果
CONTROL+W	剪切区域
META+z *char*	剪切到 *char* 的下一次出现的位置
CONTROL+Y	将最近剪切的文本移出到当前缓冲区的编辑点所在位置,并在文本的开始处设置标记,将编辑点(光标)定位到文本末尾(在用 CONTROL+Y 组合键交换编辑点和光标的位置之后使用)
META+y	删除刚才移出的文本,旋转剪切环并移出下一个条目(仅在使用 CONTROL+Y 组合键或 META+y 组合键之后使用)

为移动两行文本,可将编辑点移到第 1 行的开始处,使用命令 CONTROL+U 2 CONTROL+K 剪切这两行,接着将编辑点移到目标位置,并按 CONTROL+Y 组合键。

为复制两行文本,可将编辑点移到第 1 行的开始处,使用命令 CONTROL+U 2 CONTROL+K CONTROL+Y 剪切这两行并立即移出,接着将编辑点移到目标位置,并按 CONTROL+Y 组合键。

为复制缓冲区中一块较大的文本,可首先将该块文本设置为区域,使用命令 CONTROL+W CONTROL+Y 剪切此区域并立即移出,接着将光标移到目标位置,并按 CONTROL+Y 组合键。也可使用 META+w 将设置的区域复制到剪切环中。

剪切环为固定长度的 FIFO 列表,当列表中已经有 30 个条目时,再进入一个新条目,最老的条目将被丢弃。简单的剪切与粘贴操作通常仅使用最新条目。保留较老的条目以便某个剪切操作的撤消。如果确实想撤消某个剪切操作,可采用类似挖掘的做法搜索剪切环中的条目,直到找到希望恢复的条目,并将其复制到缓冲区中。

要查看剪切环中的所有条目,可按 CONTROL+Y 组合键启动一个移出会话,该操作将把剪切环中的最新条目复制到缓冲区中当前光标的位置。如果该条目不是所希望的,那么按 META+y 组合键继续移出操作。这样将删上一次的移出内容并将剪切环中的下一个最新的条目复制到缓冲区中当前光标的位置。如果该条目仍不是所希望的,则可再次按 META+y 组合键删除该内容,并继续检索剪切环中下一条目的副本等。重复按 META+y 组合键,可回到最早的条目,此时再按 META+y 组合键,将再次回到最新条目。采用这种方式可随心所欲地查看剪切环中的每个条目。

以上移出会话中的命令序列是在按 CONTROL+Y 组合键之后再按 CONTROL+Y 和 META+y 的任意组合。如果按 META+y 组合键后输入任意其他命令,则命令序列被打断,必须再次按 CONTROL+Y 组合键才能启动另一个移出会话。

在剪切环内后退的过程可看成把最后移出的指针往后移动的过程,每往后移动一次指针都将指向一个更老的条目。直到输入一个新的剪切命令时,这个指针才会被重新设置到指向最新条目。该指针并不会指向最新的条目,直到使用新的剪切命令。基于这一特点,可用命令 CONTROL+Y 后跟一些 META+y 命令在剪切环中中途后退,首先使用一些不进行剪切操作的命令,然后使用 CONTROL+Y 和一连串的 META+y 命令便可从原来离开剪切环的位置继续开始后退。

此外,也可使用命令 META+y 和正的或负的数值参数来定位最后移出的指针。参考联机帮助可了解更多信息。

7.5.4　插入特殊字符

如前所述,emacs 可将任何不是命令的内容插入缓冲区中当前光标的位置。要插入通常作为 emacs 命令的特殊字符,可使用 emacs 的转义字符 CONTROL+Q。转义字符有两种使用方式:

* 按 CONTROL+Q 后输入任何其他字符可将该字符插入缓冲区,无论该字符究竟对应于哪条命令的解释。
* 按 CONTROL+Q 后输入一个 3 位的八进制数可将对应的字节插入缓冲区。

CONTROL+Q

提示　根据终端的设置情况,CONTROL+Q 可能与软件的流控制冲突。如果 CONTROL+Q 不起作用,那么它很可能被用于流控制。这种情况下,必须将命令 quoted-insert 绑定到其他键。

7.5.5　全局缓冲区命令

　　vim 及其以前的编辑器都具有在全缓冲区范围内进行搜索和替换的命令。这些命令默认的操作区域为整个缓冲区。emacs 编辑器也有类似的一系列命令。这些命令的操作区域将编辑点所在的位置作为起始点，可一直扩展到缓冲区的末尾。如果希望在整个缓冲区中进行操作，则可在使用这些命令前，按 META+<组合键将编辑点移到缓冲区的开始处。

1. 面向行的操作

　　表 7-7 列出了接收正则表达式的命令，这些命令将对编辑点与缓冲区末尾之间的行进行操作。

表 7-7　面向行的操作

命　　令	执 行 结 果
META+x occur	提示输入一个正则表达式，并列出在名为*Occur*的缓冲区中与表达式匹配的每一行
META+x delete-matching-lines	提示输入一个正则表达式，并删除与该表达式匹配的行
META+x delete-non-matching-lines	提示输入一个正则表达式，并删除与该表达式不匹配的行

　　命令 META+x occur 将输出结果放到名为*Occur*的特殊缓冲区中，可重用和丢弃该缓冲区的内容，或作为快速到达每一行的跳转菜单来用。为将*Occur*缓冲区作为一个跳转菜单使用，应首先执行命令 CONTROL+X o(小写字母 o)以切换到该缓冲区，将光标移到所希望的目标行的副本处，然后使用 CONTROL+C CONTROL+C 命令，该命令将把光标切换到搜索到的缓冲区中，并定位到正则表达式所匹配的行上。

　　可撤消任何对缓冲区进行修改的删除命令。

2. 无条件替换与交互式替换

　　表 7-8 列出了对编辑点与缓冲区末尾间的字符进行操作的命令，这些命令用来对每个匹配的字符串或正则表达式匹配的字符串进行修改。无条件替换指自动进行所有替换。交互式替换指在每次替换之前都需要确认。

表 7-8　替换命令

命　　令	执 行 结 果
META+x replace-string	提示输入 *string* 和 *newstring*，并用 *newstring* 替换所有出现的 *string*。编辑点将被定位在最后一次替换的左边；此外，在使用该命令时，将设置标记，因此，使用命令 CONTROL+U CONTROL+@可返回到标记处
META+x replace-regexp	提示输入 *regexp* 和 *newstring*，并用 *newstring* 替换 *regexp* 的所有匹配；编辑点将被定位在最后一次替换的左边；此外，在输入该命令时，将设置标记，因此，使用命令 CONTROL+U CONTROL+@可返回到标记处
META+% *string* 或 META+x query-replace	前一种形式直接使用了 *string*，而后一种形式提示输入 *string*；两种形式都要输入 *newstring*，对于 *string* 的每个实例，emacs 都要求用户的确认，根据用户的响应来决定是否用 *newstring* 进行替换；编辑点将被定位在最后一次替换位置的左边；此外，在输入命令时，将设置标记，因此，使用命令 CONTROL+U CONTROL+@可返回到标记处
META+x query-replace-regexp	提示输入 *regexp* 和 *newstring*，对于 *regexp* 的每个匹配，emacs 都要求用户确认，根据用户的响应来决定是否用 *newstring* 进行替换；编辑点将被定位在最后一次替换的左边；此外，在输入命令时，将设置标记，因此，使用命令 CONTROL+U CONTROL+@可返回到标记处

　　如果进行交互式替换，那么 emacs 将显示字符串的每个实例或者与 *regexp* 匹配的字符串，然后提示采取的动作。表 7-9 列出了一些可能的响应。

表 7-9　交互式替换的响应

命　令	执 行 结 果
RETURN 键	不再进行任何替换并退出搜索
空格键	进行本次替换并继续搜索
DELETE	不进行本次替换，忽略它并继续搜索
,(逗号)	进行本次替换，显示替换结果，并等待下一条命令的输入；输入任何命令都是合法的；值得注意的是，DELETE 命令将被看成空格并且不能撤消该命令所做的修改
.(点号)	进行本次替换并退出搜索
!(感叹号)	进行本次替换并替换所有剩余的搜索字符串实例，不再进行询问

7.5.6　访问和保存文件

当用户访问(emacs 的术语为"调用")文件时，emacs 将文件读入缓冲区，这时便可对缓冲区进行编辑，最后可将缓冲区修改后的内容写入文件。本节将介绍用来访问文件和保存文件的一些命令。

META+x pwd 与 META+x cd　每个 emacs 缓冲区都保存其默认目录的一个记录(读取文件时的目录，如果是新文件，则为工作目录)，该记录是为用户指定的任何相对路径名准备的，这样可简化很多输入。按 META+x 组合键并输入 pwd 将输出当前缓冲区的默认目录。按 META+x 组合键并输入 cd 将提示用户输入一个新的默认目录，并将其分配给当前缓冲区。下一节将介绍路径名补全功能，当 emacs 提示输入路径名时可使用该功能。

1. 访问文件

emacs 编辑器可很好地处理一个被调用并已经位于缓冲区中的映像文件。通过查看文件的修改时间，确认该文件从上次调出以来没有被修改，emacs 便切换到该缓冲区。表 7-10 列出了用于访问文件的一些命令。

表 7-10　访问文件的命令

命　令	执 行 结 果
CONTROL+X CONTROL+F	提示用户输入文件名，将其内容读入新缓冲区，并将该文件名作为缓冲区名；其他缓冲区不受影响；同时打开和编辑多个文件是很常见的，也是很有用的
CONTROL+X CONTROL+V	提示用户输入文件名，将当前缓冲区替换为包含请求文件内容的缓冲区，销毁当前缓冲区
CONTROL+X 4 CONTROL+F	提示用户输入文件名，将其内容读入到新缓冲区，并将该文件名作为缓冲区名；为该缓冲区创建一个新窗口，并选中新窗口；尽管新窗口可能会遮挡原来的窗口，但在执行该命令前选中的窗口仍然显示执行该操作以前显示的缓冲区内容

要创建一个新文件，只需要调出它即可，此时将为其创建一个空缓冲区，恰当地对其进行命名，以便保存它。回显区显示消息 New File，说明 emacs 当前编辑文件的状态。如果 New File 消息是因为输入错误而产生的，可使用命令 CONTROL+X CONTROL+V 重新输入正确的文件名。

2. 路径名自动补全功能

emacs 提示用户在小缓冲区中输入文件的路径名时，可输入该路径名，并按 RETURN 键。也可使用路径名自动补全功能，它类似于 bash 的文件名自动补全功能，以帮助用户输入路径名。

在小缓冲区中输入路径名时，按 TAB 键，emacs 会尽可能自动补全路径名。如果自动补全的路径名是正确的，就按 RETURN 键。一些情况下，emacs 不能自动补全路径名。例如，用户在路径名中输入的目录可能不存在，或者没有该目录的读取权限。如果 emacs 不能自动补全路径名，它会在回显区显示一条消息。如果在所输入的路径名中，最右边的斜杠(/)后面的字符匹配多个文件名，按 TAB 键就会显示[Complete, but not unique]。再次按 TAB 键，emacs 就会打开 Pathname Completiom List 窗口，其中显示了所有可能补全的路径名，如图 7-9 所示。在输入路径名时，输入一个问号(?)可手动打开这个窗口。

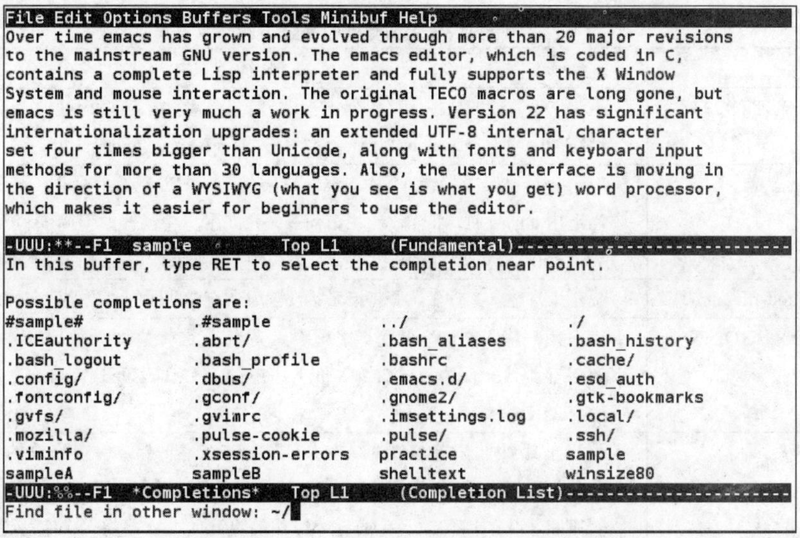

```
File Edit Options Buffers Tools Minibuf Help
Over time emacs has grown and evolved through more than 20 major revisions
to the mainstream GNU version. The emacs editor, which is coded in C,
contains a complete Lisp interpreter and fully supports the X Window
System and mouse interaction. The original TECO macros are long gone, but
emacs is still very much a work in progress. Version 22 has significant
internationalization upgrades: an extended UTF-8 internal character
set four times bigger than Unicode, along with fonts and keyboard input
methods for more than 30 languages. Also, the user interface is moving in
the direction of a WYSIWYG (what you see is what you get) word processor,
which makes it easier for beginners to use the editor.

-UUU:**--F1  sample        Top L1    (Fundamental)---------------------
In this buffer, type RET to select the completion near point.

Possible completions are:
#sample#          .#sample          ../               ./
.ICEauthority     .abrt/            .bash_aliases     .bash_history
.bash_logout      .bash_profile     .bashrc           .cache/
.config/          .dbus/            .emacs.d/         .esd_auth
.fontconfig/      .gconf/           .gnome2/          .gtk-bookmarks
.gvfs/            .gvimrc           .imsettings.log   .local/
.mozilla/         .pulse-cookie     .pulse/           .ssh/
.viminfo          .xsession-errors  practice          sample
sampleA           sampleB           shelltext         winsize80
-UUU:%%--F1  *Completions*  Top L1    (Completion List)----------------
Find file in other window: ~/
```

图 7-9 Pathname Completion List 窗口

打开 Pathname Completion List 窗口后，可以：

- 按 CONTROL+G 或 ESCAPE ESCAPE ESCAPE 取消选择。显示器将返回打开 Pathname Completion List 窗口之前的状态。
- 在小缓冲区中输入更多字符，以完成路径名的输入。按 RETURN 键选择路径名；接着 emacs 关闭该窗口。
- 在小缓冲区中输入更多字符，使自动完成的路径名更准确，仅匹配一个文件名。再次按 TAB 键。
- 按 META+v 或 PAGE UP 键，把光标移入 Pathname Completion List 窗口。使用方向键在选项之间移动。按 RETURN 键以选择光标所在的选项。可按 CONTROL+G 或 ESCAPE ESCAPE ESCAPE 退出这个窗口，把光标返回到小缓冲区中。

按 RETURN 键时，emacs 会关闭 Pathname Completion List 窗口，把选中的文件名添加到用户输入的路径名的末尾，并把光标移动到在小缓冲区中输入的路径名的末尾。可继续在小缓冲区中输入，让 emacs 执行更多的路径名的补全操作，之后按 RETURN 键，接受路径名。更多信息可参见 emacs 联机手册的小缓冲区菜单中的 Completion 和 Completion Commands 菜单项(参见 7.2 节的提示)。

3. 保存文件

通过将缓冲区内容复制到用户调用的原始文件，便可保存缓冲区的内容。表 7-11 列出了保存文件的相关命令。

退出时用户可能没有遇到警告

警告　清除修改标志(META+~)的命令在不保存缓冲区所做修改就退出 emacs 时不给出警告。要慎用 META+~。

检查缓冲区是否已误改

警告　使用命令 CONTROL+X s，用户可能会发现那些不经意间修改的缓冲区对应的文件(emacs 可能将错误修改保存到文件)。当 emacs 提示用户确认保存时，如果不确定，就不要回答 y。对任何不清楚是否该保存的内容，可首先输入 n 退出 CONTROL+X s 的对话框，然后选择以下选项：

- 用 CONTROL+X CONTROL+W 将可疑的缓冲区保存到临时文件，以后再对它进行分析。
- 用 CONTROL+_ 命令撤消字符串所做修改，直到模式行上不再显示**指示符。
- 如果用户确信所做修改都是错误的，那么用 META+x revert-buffer 重新打开文件的一个副本。
- 剪切整个缓冲区的内容。因为该缓冲区已经被修改，所以在执行该命令前，emacs 将询问是否保存所做修改。

使用命令 META+~(代字符)清除修改状态和**指示符。接着使用 CONTROL+X s 确保缓冲区的内容不需要写入文件。

表 7-11 保存文件的命令

命　　令	执 行 结 果
CONTROL+X CONTROL+S	这是一个重要的文件保存命令，它将当前缓冲区的内容保存到原始文件中；如果未修改当前缓冲区的内容，emacs 就显示消息(No changes need to be saved)
CONTROL+X s	对于每个已修改的缓冲区，emacs 都将询问用户是否保存所做的修改；可回答 y 或 n；当退出 emacs 时，将自动给出该命令，允许用户将已修改但尚未写入的缓冲区内容保存到文件中；如果希望保存编辑过程中的中间结果，可在任何时候输入该命令
META+x set-visited-file-name	提示用户输入文件名，并将该名字设置为当前缓冲区的"原始"名称
CONTROL+X CONTROL+W	提示用户输入文件名，将该名称设置为当前缓冲区的"原始"名称，并将缓冲区的内容保存到该文件中；该命令等价于 META+x set-visited-file-name 后跟 CONTROL+X CONTROL+S
META+~(代字符)	从当前缓冲区清除修改标志；如果用户对某个希望保存修改的缓冲区不小心按了 META+~组合键，则在退出 emacs 之前要确保已修改的状态和它的指示符**恢复原状；否则将丢失所有修改。完成这个操作的更简便方式是将一个空格键插入缓冲区，然后使用 DELETE 键删除它

7.5.7 缓冲区

emacs 缓冲区存储可编辑的对象。它可存放文件的内容，但在没有与文件建立关联时，它也可以存在。在某个时刻，用户只能选中一个缓冲区，称该缓冲区为当前缓冲区(current buffer)。即使屏幕上的多个窗口显示了多个缓冲区，绝大多数命令也只能在当前缓冲区上进行操作。在很大程度上，缓冲区都自成一体：有自己的名称、自己的模式、自己关联的文件、自己的修改状态，还可能有自己特殊的绑定键。可使用表 7-12 所列命令来创建、选择、列出和操作缓冲区。

表 7-12 缓冲区操作命令

命　　令	执 行 结 果
CONTROL+X b	提示用户输入缓冲区名，并选中它；如果输入的缓冲区名不存在，这个命令将创建该缓冲区
CONTROL+X 4b	提示用户输入缓冲区名，并在另一个窗口中选中它；尽管新窗口可能重叠于其上，但现有窗口不受干扰
CONTROL+X CONTROL+B	创建一个名为*Buffer List*的缓冲区，并在另一个窗口中显示它；尽管新窗口可能重叠于其上，但现有窗口不受干扰；新缓冲区没有被选中；在*Buffer List*缓冲区中，显示每个缓冲区的相关信息：名称、大小、模式和原始文件；"%"表明缓冲区为只读，"*"表明缓冲区已修改，"."表明缓冲区被选中
META+x rename-buffer	提示用户输入新缓冲区的名称，并将该名称作为当前缓冲区的名称
CONTROL+X CONTROL+Q	切换当前缓冲区的只读状态，模式行上显示%%，这可避免在不经意间修改缓冲区，或者在访问一个只读文件时修改该缓冲区
META+x append-to-buffer	提示用户输入缓冲区名，并将区域追加到该缓冲区的末尾
META+x prepend-to-buffer	提示用户输入缓冲区名，并将区域追加到该缓冲区的开始处
MET+x copy-to-buffer	提示用户输入缓冲区名，删除该缓冲区的内容，然后将区域复制到该缓冲区
META+x insert-buffer	提示用户输入缓冲区名，将该缓冲区的内容插入当前缓冲区中编辑点所在的位置
CONTROL+X k	提示用户输入缓冲区名，删除该缓冲区；如果缓冲区已修改且没有保存，那么需要用户确认是否保存
META+x kill-some-buffers	浏览整个缓冲区列表，并提供删除每个缓冲区的机会；与使用命令 CONTROL+X k 相同，如果缓冲区已修改但尚未保存，那么需要用户确认是否保存

7.5.8 窗口

emacs 窗口是查看缓冲区的一个视点。emacs 屏幕最初显示单个窗口，但后来此屏幕空间可分为两个或多个窗口。在屏幕中，光标位于当前窗口，并用该窗口来查看当前缓冲区。相关术语参见 7.1 节的提示。

CONTROL+X b *buffer-name*　每个窗口一次可显示一个缓冲区。在当前窗口中使用命令 CONTROL+X b *buffer-name* 切换缓冲区。多个窗口可同时显示一个缓冲区；每个窗口可显示同一个缓冲区的不同部分。对某个缓冲区的任何修改将反映在所有显示该缓冲区的窗口中。此外，缓冲区可在没有打开窗口的情况下存在。

1. 拆分窗口

拆分屏幕的一种方式是将已启动的窗口显式地分成两部分或多部分。命令 CONTROL+X 2 可将当前窗口分成两部分，新窗口位于原来窗口的上面。此时，可设置一个数值参数来指定上面窗口的行数。命令 CONTROL+X 3 将当前窗口分成两个并排窗口(如图 7-10 所示)，可以设置一个数值参数来指定左侧的列数。例如，CONTROL+U CONTROL+X 2 将当前窗口分成两部分，由于单独一个 CONTROL+U 被解释为 "乘以 4"，因此上面的窗口占了 4 行(基本上不够用)。

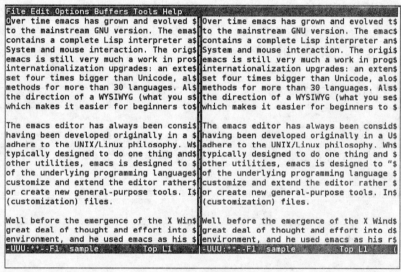

图 7-10　垂直拆分窗口

上述命令能够拆分当前窗口，但拆分后的窗口继续显示同一缓冲区。用户也可在一个或两个新窗口中选择一个新的缓冲区来显示，也可滚动每个窗口，使其显示同一个缓冲区的不同部分。

2. 操作窗口

CONTROL+X o 与 META+CONTROL+V　命令 CONTROL+X o(小写字母 o)可以用来选择其他窗口。如果在屏幕上显示了多个窗口，则使用 CONTROL+X o 命令序列可按从上到下、从左到右的顺序遍历它们。命令 META+CONTROL+V 可以滚动其他窗口，如果多于两个窗口是可见的，该命令将滚动命令 CONTROL+X o 将要选择的下一个窗口，同时用户可使用正的或负的滚动参数，就像在当前窗口中滚动的命令 CONTROL+V 一样。

3. 显示其他窗口

CONTROL+X 4b 与 CONTROL+X 4f　在普通 emacs 操作中，显式拆分窗口不如使用 CONTROL+X 4 系列的命令进行隐式拆分更常用。例如，命令 CONTROL+X 4b 将提示输入缓冲区名，并在其他窗口中选中该缓冲区。如果不存在其他窗口，这个命令就将原来的窗口均匀地一分为二，一个叠加在另一个之上。命令 CONTROL+X 4f 将提示输入文件名，并在其他窗口中调出该文件，同时选中该窗口。如果不存在其他窗口，则这个命令也将原来的窗口均匀地一分为二，一个叠加在另一个之上。

4. 调整与关闭窗口

CONTROL+X 0 与 CONTROL+X 1 打开太多窗口可能会妨碍操作，用户可关闭一些窗口。这么做并不会丢失与窗口关联的数据，用户还可根据需要创建新窗口。命令 CONTROL+X 0(数字 0)将关闭当前窗口，给其他相邻窗口腾出空间；命令 CONTROL+X 1 将关闭除当前窗口外的其他所有窗口。

META+x shrink-window、CONTROL+X ^、CONTROL+X }和 CONTROL+X { 如果某个窗口妨碍了相邻窗口的显示，就可以调整当前窗口的大小。为缩小某个窗口，可使用命令 META+x shrink-window。命令 CONTROL+X ^ 可增加窗口高度；命令 CONTROL+X }可使窗口变宽；命令 CONTROL+X {可使窗口变窄。可在这些命令前放置数值参数，如果没有参数，窗口将增加或减少一行或一列。

emacs 编辑器能使窗口具有最小使用尺寸，它可在强制窗口的某个尺寸为 0 前关闭窗口。即使关闭窗口，缓冲区的内容也仍保持不变。

7.5.9 前台 shell 命令

emacs 编辑器可运行一个子 shell(运行 emacs 的 shell 的子 shell，参见 8.13.3 节)来执行某个命令行，它可指定当前缓冲区的某个区域作为命令的标准输入，也可用命令的输出替换当前缓冲区的某个区域(如表 7-13 所示)。这个过程与在 vim 编辑器中执行 shell 命令类似，从正在编辑的文件获取输入，将输出返回到同一文件中。与 vim 相同，该过程的执行效果在一定程度上与 shell 的功能有关。

表 7-13 前台 shell 命令

命 令	执 行 结 果
META+!(感叹号)	提示用户输入 shell 命令，执行它并显示输出结果
CONTROL+U META+!(感叹号)	提示用户输入 shell 命令，执行它并将输出结果插入编辑点所在位置
META+|(竖杠)	提示用户输入 shell 命令，将区域作为输入，通过该命令过滤它，并显示输出结果
CONTROL+U META+|(竖杠)	提示用户输入 shell 命令，将区域作为输入，通过该命令过滤它，用命令的输出结果替换原来区域的内容

emacs 编辑器可启动一个交互式的子 shell，可在其自己的缓冲区中继续运行它。更多信息参见 7.6 节的相关内容。

7.5.10 后台 shell 命令

emacs 编辑器可在后台运行进程，并将进程的输出放入不断增长的 emacs 缓冲区，该缓冲区不必一直显示在窗口中。当后台运行进程时，用户可继续自己的编辑操作，稍后可查看输出结果。任何 shell 命令都可以用这种方式运行。

不断增长的输出缓冲区通常被命名为*compilation*，其内容可在后台进程没有结束的情况下读取、复制或以任何方式编辑。多数情况下，该缓冲区用来查看程序编译后的输出结果，由编译人员改正其中的语法错误。

META+x compile 为在后台运行进程，使用命令 META+x compile 将提示用户输入一个 shell 命令，然后该进程就在后台开始执行。屏幕被拆分成两部分，其中一部分用显示*compilation*缓冲区。

也可切换到*compilation*缓冲区来监控执行过程。为使显示器滚动显示执行结果，可以使用 META+>命令将光标移到文本的末尾。如果对输出结果不感兴趣，可以使用命令 CONTROL+X 0(数字 0)关闭该窗口，或使用命令 CONTROL+X 1 打开该窗口，继续工作。以后可以使用 CONTROL+X b 切换回*compilation*缓冲区。

用 META+x kill-compilation 可终止在后台运行的进程，emacs 编辑器将询问用户是否确定终止该进程，然后终止该后台进程。

如果在*compilation*中出现标准格式的错误消息，用户可自动查看文件中出现错误的行。使用命令 CONTROL+X `(反引号)将屏幕拆分成两个窗口，然后访问出错文件和下一条错误消息对应的行。滚动查看*compilation*缓冲区，直到错误消息出现在窗口顶部。使用 CONTROL+U CONTROL+X `可重新从第 1 条错误消息开始查看，并访问文件中对应的行。

7.6　主模式：区分语言的编辑

emacs 编辑器具有一个特定于某种文本的特定功能集。该功能集称为主模式。一个缓冲区在某一时刻只能有一个主模式。

缓冲区的主模式是缓冲区私有的，并不影响在其他缓冲区中的编辑。如果用户切换到一个具有不同模式的新缓冲区，新模式对应的规则将立即生效。为清晰起见，缓冲区主模式的名称出现在任何显示该缓冲区的窗口的模式行中(如图 7-1 所示)。

针对下面的任务，主模式共有 3 类：

- 编辑自然语言(例如，文本、nroff 和 TeX)。
- 编辑编程语言(例如，C、Fortran 和 Lisp)。
- 特殊用途(例如，shell、邮件、dired 和 ftp)。

此外，还有一种不执行任何特殊操作的主模式——基本模式。每种主模式通常包含以下设置：

- 特殊命令对其相应的模式是唯一的，有些可能具有自己的绑定键。某些语言可能仅有一些特殊命令，但专用模式可能有十几种。
- 模式相关的字符语法和正则表达式定义了字的组成字符、分隔符、注释和空格等。这些定义对那些面向语法单元的命令的行为设置了条件，例如，字、句子、注释或圆括号表达式。

7.6.1　选择主模式

META+x *modename*　当调用某个指定的文件(通过匹配描述文件名及其扩展名的一组正则表达式模式和文件名)时，emacs 编辑器将为该文件选择并设置模式。META+x *modename* 是显式地进入主模式的命令，该命令主要用于在 emacs 出错时改正主模式。

通过在文件第 1 个非空白行的某个位置包含文本-*- modename -*-，可定义文件的模式，这种方式通常用在针对编程语言的注释中。

7.6.2　自然语言模式

自然语言最终由人使用，有时可能要经过某种文本格式程序来格式化。为方便起见，自然语言共享一些与字、句子和段落相关的结构。对于这些文本单元，主要的自然语言模式的行为都相同。

除一些共性外，每种自然语言模式还提供面向特定文本格式程序(如 TeX、LaTeX 或 nroff/troff)的辅助功能。文本格式程序的扩展超出了本章的讨论范围，这里主要介绍与自然文本单元(如字、句子和段落)相关的一些命令。

1. 字

为便于记忆，字的绑定键与面向字符的绑定键 CONTROL+F、CONTROL+B、CONTROL+D、DELETE 和 CONTROL+T 相对应。

META+f 和 META+b　与分别在字符间向前和向后移动的命令 CONTROL+F 和 CONTROL+B 对应，META+f 和 META+b 在字间向前和向后移动。可能是从字的内部或外部开始遍历，但是结束时编辑点都位于字外，紧邻移过的最后一个字符。两条命令都接收数值参数以指定遍历的字数。

META+d 和 META+DELETE　与分别为向前和向后删除字符的命令 CONTROL+D 和 DELETE 对应，META+d 和 META+DELETE 向前和向后删除字。结束时编辑点的位置与 META+f 和 META+b 相同，不同的是这两条命令删除将经过的字。这两条命令也接收数值参数。

META+t　META+t 可交换编辑点前后的字。

2. 句子

META+a、META+e、CONTROL+X DELETE 和 META+k 为便于记忆，句子的 3 个绑定键与面向行的绑定键 CONTROL+A、CONTROL+E 和 CONTROL+K 对应。命令 META+a 向后移到句子的开始处；META+e 向前移到句子的末尾。此外，CONTROL+X DELETE 向后剪切到句子的开始处；META+k 向前剪切到句子的末尾。

emacs 编辑器通过保存在变量 sentence-end 中的正则表达式来识别句子的末尾。通俗地说，emacs 通过查找后跟两个空格的字符"."、"?"或"!"，或通过查找行结束标记(有时带右引号或右花括号)来识别句子的末尾。可使用命令 CONTROL+H v sentence-end RETURN 来查看该变量的值。

命令 META+a 和 META+e 分别将编辑点定位到句子的第一个或最后一个非空白字符上。它们也可使用数值参数来指定要遍历句子的数目；若使用负参数运行命令，则按相反的方向进行定位。

命令 META+k 和 CONTROL+X DELETE 分别向前和向后剪切句子，这与 CONTROL+K 剪切行的方式类似。这两条命令执行结束时，编辑点的位置与 META+a 和 META+e 的相同，不同的是它们将剪切经过的句子。它们也接收数值参数。CONTROL+X DELETE 在快速取消某个已经输入了一半的句子时很有用。

3. 段落

META+{、META+}、META+h 命令 META+{ 向后移到最近段落的开始；命令 META+} 向前移到下一个段落的末尾。命令 META+h 将光标所在段落(将编辑点置于段落的开始处，将标记置于段落的末尾)标记为区域；如果光标位于两个段落之间，该命令将标记下一个段落。

命令 META+} 将编辑点向前移到与下一个段落的第 1 个字符邻接的行的开始处，而命令 META+{ 将编辑点向后移到与最近段落的最后一个字符邻接的行的开始处。它们也接收数值参数，从而指定遍历的段落数目；若使用一个带负数值的参数，命令将反向移动编辑点。

在自然语言模式中，段落由空白行和文本格式程序的命令行分隔开，缩进的行作为段落的开始。段落通过存储在变量 paragraph-separate 和 paragraph-start 中的正则表达式来识别。段落由完整行组成，其中包括最后一行的结束符。如果某个段落始于一个或多个空白行，那么段落前的最后一个空白行属于该段落。

4. 填充

emacs 编辑器可根据需要对段落进行填充以符合指定宽度，断开行并重新排列它们。行断开操作在字之间进行，并且不使用连字符来连接。当用户输入字符或回应某个显式的命令时，emacs 编辑器将自动进行填充。

META+x auto-fill-mode 命令 META+x auto-fill-mode 可打开或关闭自动填充模式(Auto Fill Mode)。当打开自动填充模式时，如果按空格键或 RETURN 键时超过了指定的行宽，emacs 将自动断开行。该特性对于输入新文本很有用。

META+q 和 META+x fill-region 自动填充模式不会自动重新填充用户当前编辑的整个段落。如果用户在段落的中间添加新文本，那么自动填充模式将随着输入自动断开新文本，而不会重新填充整个段落。使用 META+q 可重填当前段落，使用 META+x fill-region 可重填区域中的每个段落(编辑点与标记之间的部分)。

通过设置变量 fill-column 可改变填充宽度，默认值为 70。使用 CONTROL+X f 命令可为当前光标所在位置设置变量 fill-column，使用 CONTROL+U *nnn* CONTROL+X f 可将 fill-column 设置为 *nnn*。当 *nnn* 为 0 时，表示左端空白处。

5. 大小写转换

emacs 编辑器可将字或区域中的字符全部转换为大写或小写，或将首字母大写(其余字母小写)，具体命令如表 7-14 所示。

表 7-14 大小写转换

命 令	执 行 结 果
META+l(小写字母 l)	将编辑点右边的字转换为小写
META+u	将编辑点右边的字转换为大写
META+c	将编辑点右边的字的首字母转换为大写
CONTROL+X CONTROL+L	将区域中的字符转换为小写
CONTROL+X CONTROL+U	将区域中的字符转换为大写

面向字的转换可将编辑点在刚经过转换的字之间进行移动，作用如同 META+f。使用命令 META+l、META+u 或 META+c 可以遍历整个文本，转换文本中的每个字，或跳过那些准备用 META+f 单独处理的字。正的数值参数将编辑点右边对应的字转换，同时移动编辑点；负的数值参数将编辑点左边对应的字转换，并保持编辑点的位置不变。该特性对于快速改变输入字的大小写很有用。表 7-15 列举了一些示例。

表 7-15　大小写转换示例

转换字符与命令	执 行 结 果
HELLOMETA—META+l(小写字母 l)	hello
helloMETA—META+u	HELLO
helloMETA—META+c	Hello

当光标(编辑点)位于字的中间时，大小写转换命令就转换光标左边的字符。

6. 文本模式

META-x text-mode　对于自然语言文本单位(如字、句子、段落)，前面的命令通常都是可用的，很少有例外情况，即使在编程语言模式下也是如此。文本模式只是在基本命令的基础上添加了几个命令，但为了激活 TAB 键，仍值得启用该模式。使用命令 META-x text-mode 可以激活文本模式。

META+x edit-tab-stops　在文本模式中，按 TAB 键运行函数 tab-to-tab-stop。默认情况下，每 8 列设置一个制表符位。可使用命令 META+x edit-tab-stops 调整该值，同时该命令将切换到特殊缓冲区*Tab Stops*。当前制表符位将显示在缓冲区中的一个标尺上以便编辑。当按 CONTROL+C CONTROL+C 时，将设置新的制表符位。使用 CONTROL+X k 可关闭该缓冲区；使用 CONTROL+X b 可在不改变制表符位的情况下切换到其他缓冲区。

使用命令 META+x edit-tab-stops 设置的制表符位仅对从键盘输入的制表符起作用。emacs 编辑器自动插入足够的空格以达到制表符位。这不会影响已位于缓冲区或底层文件中的制表符的解释。如果对制表符位编辑后再使用，那么打印出来的文件内容看起来将与屏幕显示的文本相同。

7.6.3　C 模式

编程语言由人来读而由计算机来解释。主要的编程语言模式除可以处理一些自然语言文本单元(如字、句子)外，还可解决以下问题：

- 处理圆括号、方括号或花括号括起来的"对称表达式"
- 处理作为文本单元的注释
- 缩进

emacs 编辑器包含分别支持 C、Fortran 和一些 Lisp 变种语言的主模式。此外，许多用户还贡献了用于自己喜欢语言的模式。在这些模式中，仍可使用支持自然语言文本单元的命令，但有些命令可能重新定义。例如，段落只能通过空白行界定；缩进不作为段落开始的标志。另外，每种模式都使用自定义编码来处理与语言相关的对称表达式、注释和缩进约定。本节仅介绍 C 模式。

1. 表达式

emacs 主模式仅限于词汇分析。这些模式可识别多数记号(例如，符号、字符串和数字)和所有匹配的圆括号、方括号或花括号。这对 Lisp 是足够的，但不能满足 C。C 模式缺乏一种功能齐全的语法分析器，而且不能识别 C 语言中所有可能的表达式[1]。

表 7-16 列出了一些处理带圆括号表达式和记号的 emacs 命令。按照设计，CONTROL 命令的绑定键针对字符，META 命令的绑定键则针对字。所有这些命令都可接收数值参数，如果是负参数，命令就反向执行。

---

1. 在 emacs 文档中，递归术语 *sexp* 对应于以前用的 Lisp 术语 S-*expression*。但它有时和术语 *expression* 混用，即使所指的语言不是 Lisp。

表 7-16 处理表达式和记号的命令

命 令	执 行 结 果
CONTROL+META+f	向前移过某个表达式；命令的执行结果依赖于编辑点右边(或左边，根据编辑点的移动方向确定)的字符： · 如果第 1 个非空白字符是一个开始分隔符(圆括号、方括号或花括号)，编辑点就移到相匹配的结束分隔符之后 · 如果第 1 个非空白字符是一个记号，编辑点就移到记号的末尾
CONTROL+META+b	向后移过某个表达式
CONTROL+META+k	向前剪切某个表达式；该命令与命令 CONTROL+META+f 将编辑点置于相同的结束位置，并剪切所遍历的表达式
CONTROL+META+@	在 CONTROL+META+f 将要移到的位置设置标记，但不改变编辑点的位置；使用命令 CONTROL+X CONTROL+X 交换编辑点和标记以查看区域的两端

2. 函数定义

在 emacs 中，最外层的对称表达式被认为是函数定义，通常称为 defun。尽管该术语是针对 Lisp 的，但在多数语言中，它都被理解为函数定义。

在 C 模式中，函数定义包括返回的数据类型、函数名和"{"字符之前的参数声明。表 7-17 列出了函数定义的一些命令。

表 7-17 函数定义命令

命 令	执 行 结 果
CONTROL+META+a	将光标移到最近的函数定义的开始处，使用该命令可向后扫描缓冲区，一次扫描一个函数
CONTROL+META+e	将光标移到下一个函数定义的末尾，使用该命令可向前扫描缓冲区，一次扫描一个函数
CONTROL+META+h	将当前函数(如果编辑点位于两个函数之间，就置于下一个函数)定义标记为区域；该命令将整个函数定义设置为面向区域的操作，如剪切操作

函数缩进风格

警告 emacs 编辑器将位于左端空白处的开始花括号看成函数定义的一部分。这种机制可加速对某个函数定义的开始处进行反向扫描。如果用户的代码具有首行缩进风格，而将开始花括号置于其他地方，用户将得到意外的结果。

3. 缩进

emacs 的 C 模式具有控制 C 程序缩进的扩展逻辑。而且，该逻辑可进一步调整以用于不同风格的 C 缩进(如表 7-18 所示)。

表 7-18 缩进命令

命 令	执 行 结 果
TAB	调整当前行的缩进；按 TAB 键插入或删除行首的空格，直到缩进效果与当前上下文环境和格式规则一致；编辑点的位置将保持不变，除非它位于空白区域，此时它将移到空白区域的末尾；按 TAB 键只插入前导空格，因此可以在当前行的任意位置使用该键；如果用户希望在文本中插入一个制表符，可使用 META+i 或 CONTROL+Q TAB
LINEFEED	该命令是 TAB+RETURN 组合键的快捷方式；LINEFEED 键便于输入新代码，它将使得新输入的每一行的开始自动缩进
接下来的两个命令可缩进多行	
CONTROL+META+q	重新缩进下一对匹配的花括号内的所有行；CONTROL+META+q 假设左花括号已经恰当地缩进，并从该处开始缩进；如果需要调整花括号，可在使用该命令之前，在输入花括号之前按 TAB 键；执行该命令后，所有到匹配的花括号内的行将缩进，就像在每一行的相应位置按 TAB 键一样

(续表)

命　令	执 行 结 果
CONTROL+META+\	重新缩进区域内的所有行。将编辑点置于左花括号的左边，然后使用该命令；执行该命令后，所有到匹配的花括号内的行都将缩进，就像用户在每一行的相应位置按 TAB 键一样

7.6.4　定制缩进

　　C 编程风格在不断演化，emacs 也在不断努力为这些风格提供自动缩进。emacs 19 的缩进代码全部进行了重写，该版本支持 C、C++、Objective-C 和 Java。新版本的 emacs 的语法分析功能更精确，可将程序文本中每行的每个语法元素归到一个语法类型中(超出 50 种)，如语句、字符串或 else 子句等。通过语法分析，emacs 可确定一个名为 c-offsets-alist 的偏移表，查询该表可得到每行相对前一行的缩进量。

　　为定制缩进，需要修改偏移表。虽然可为每种定制风格定义一个全新的偏移表，但更方便的做法是针对标准偏移表输入一个简短的例外表。每种主流风格(GNU、K&R、BSD 等)都有一个例外表，这些表都汇集在 c-style-alist 中，下面是 c-style-alist 表中的一条记录：

```
("gnu"
(c-basic-offset . 2)
(c-comment-only-line-offset . (0 . 0))
(c-offsets-alist . ((statement-block-intro . +)
    (knr-argdecl-intro . 5)
    (substatement-open . +)
    (label . 0)
    (statement-case-open . +)
    (statement-cont . +)
    (arglist-intro . c-lineup-arglist-intro-after-paren)
    (arglist-close . c-lineup-arglist)
    ))
)
```

　　定制风格的构建超出了本书的讨论范围。如果感兴趣，可从 emacs 的 info 页的"定制 C 缩进"一节查看相关介绍。本章给出的.emacs 示例文件添加了一种非常简单的定制风格，并在编辑每个.c 文件时使用。

7.6.5　注释

　　每个缓冲区都有自己的 comment-column 变量，可使用命令 CONTROL+H v comment-column RETURN 查看该变量。表 7-19 列出了有助于对注释进行操作的命令。

表 7-19　注释操作命令

命　令	执 行 结 果
META+;	在当前行插入注释或对齐已有注释。根据不同情况该命令的执行结果不同： · 如果在当前行没有注释，该命令将创建一个空注释，位于 comment-column · 如果该行文本已经存在，并与 comment-column 的位置重叠，该命令将在文本末尾一个空格后创建一条空注释 · 如果当前行上已存在一个注释，但其位置不在 comment-column，该命令将在该列重新对齐注释；如果文本覆盖了该位置，该命令将在文本末尾对齐创建一条空注释 一旦在行对齐一条注释(可能是空注释)，编辑点将移到注释文本的开始处
CONTROL+X;	将 comment-column 设置为编辑点之后的列；左边界为第 0 列
CONTROL+U- CONTROL+X;	剪切当前行上的注释；该命令从该行上已发现的第 1 条注释设置 comment-column；然后执行 META+;命令，在该处插入或对齐某条注释
CONTROL+U CONTROL+X;	将在该行上所发现的第 1 条注释的位置设置为 comment-column，然后执行 META+;命令，在当前行插入或对齐某条注释

7.6.6　专用模式

emacs 编辑器的第 3 种主模式不面向某种特定语言，也不面向常见的编辑操作，而是用于完成一些特殊功能。下面的模式可能会为完成这些特殊功能而定义它们自己的绑定键和命令：

- Rmail：读、写和归档邮件。
- Dired：在 ls -l 命令的显示结果中移动并对文件进行操作。
- VIP：模拟一个完整的 vi 环境。
- VC：允许用户在 emacs 中驱动版本控制系统(包括 RCS、CVS 和子版本)。
- GUD(Grand Unified Debugger)：允许用户在 emacs 中运行并调试 C 以及其他程序。
- Tramp：允许用户编辑能使用 ftp 或 scp 登录到的任何远程系统上的文件。
- shell：在 emacs 缓冲区中运行一个交互式的子 shell。

本书仅讨论 shell 模式。

shell 模式

前面已经介绍了 shell 命令和区域过滤，参见 7.5 节。在 shell 模式中，每个 emacs 缓冲区都有一个基本的交互式 shell 与之永久关联。该 shell 从缓冲区的最后一行接收输入，将输出发送到缓冲区，同时向前移动编辑点的位置。如果缓冲区的内容未编辑，该内容将是 shell 会话的完整记录。

不管用户是否查看该缓冲区的内容，与它相关的 shell 都是异步运行的。emacs 编辑器使用空闲时间读取 shell 的输出，并将其添加到缓冲区中。

META+x shell　使用 META+x shell 创建一个名为*shell*的缓冲区，并启动一个子 shell。如果名为*shell*的缓冲区已经存在，emacs 将切换到该缓冲区。要运行的 shell 主要来自：

- Lisp 变量 explicit-shell-file-name
- 环境变量 ESHELL
- 环境变量 SHELL

为启动另一个 shell，首先需要使用命令 META+x rename-buffer 更改已有 shell 的缓冲区的名称，然后使用 META+x shell 命令启动另一个 shell。可根据需要创建多个子 shell 和缓冲区，所有 shell 都是并行运行的。

shell 模式中定义了一组特殊命令(如表 7-20 所示)。它们主要绑定到始于 CONTROL+C 的双键序列。每个键序列与 Linux 中的普通字符控制键序列类似，不同的是这些键序列以 CONTROL+C 开始。

表 7-20　shell 模式下的命令

命　　令	执　行　结　果
RETURN	如果编辑点位于缓冲区的末尾，emacs 将把 RETURN 和最后一行插入 shell；如果编辑点位于其他地方，emacs 将该行复制到缓冲区的末尾，删除原有的 shell(如果存在)提示符(参见正则表达式 shell-prompt-pattern)，然后把复制的行(即当前缓冲区的最后一行)发送给 shell
CONTROL+C CONTROL+D	将 CONTROL+D 发送给 shell 或其子 shell
CONTROL+C CONTROL+C	将 CONTROL+C 发送给 shell 或其子 shell
CONTROL+C CONTROL+\	向 shell 或其子 shell 发送退出信号
CONTROL+C CONTROL+U	剪切文本中没有结束的当前行
CONTROL+C CONTROL+R	向回滚动到最后一个 shell 输出结果的开始处，将输出结果的第 1 行放到窗口的顶部
CONTROL+C CONTROL+O	删除最后一批 shell 的输出结果

选读

7.7　定制 emacs

emacs 的核心是用 C 编写的 Lisp 解释器。该版本的 Lisp 扩展了很多功能，包含许多特殊的编辑命令。解释器的主要任务是执行 Lisp 编码系统,该系统实现了 emacs 的外观。

从本质上讲,该系统实现了一个连续的循环,该循环可监控按键操作,然后将它们解析为命令,再执行这些命令,并更新屏幕。这些行为可采用多种方式进行定制。

- 当用户进行某个按键操作时,它们将立即通过一个键盘转换表映射为命令。通过改变此表的相关条目就,可以交换键的功能。如果用户习惯于 vi 或 vim,可将 DELETE 和 CONTROL+H 键的功能交换。交换后,CONTROL+H 将用作退格键,与 vim 中一样,而 DELETE(在 vim 中不用)将作为帮助键。如果希望将 DELETE 用作中断键,那么需要选择另一个键与 CONTROL+H 交换。
- 所映射的按键操作被汇集到一个称为键序列的小集合中。键序列可能只有一个键,如 CONTROL+N,也可能包括多个键,如 CONTROL+X CONTROL+F。一旦键序列被汇集起来,它们就用来选择一个要执行的特定过程。汇集每个键序列以及当出现该键序列时所执行的过程名的规则,都在一个键映射表中定义。通过修改键映射表,可以修改键序列的汇集规则,也可更改与某个键序列相关联的过程。例如,如果用户习惯了使用 vi 或 vim 中的 CONTROL+W 来返回到正在输入的字的开头,可将 emacs 中 CONTROL+W 键绑定的过程由默认的 kill-region 改为 delete-word-backward。
- 命令的功能通常受一个或多个全局变量或选项的约束。因此,设置这些变量可获得自己所希望的功能。
- 命令自身通常也是一个 Lisp 程序,它可根据需要重新编写。虽然这一工作对于初学者有点困难,但几乎所有命令的 Lisp 源代码都是可用的,而且内部的 Lisp 编码系统也都完全文档化,所以要重新编程还是可能的。如前所述,即使用户不想编写这些代码,也可在启动时加载自定义的 Lisp 代码。

大多数 emacs 文档都省略了解析命令、汇集键序列和选择过程这些细节,并且在介绍按键操作时基本上将它们作为实际命令来介绍。尽管这样,在了解一些底层机制后,便可理解 emacs 的功能是可以改变的,这一点很重要。

7.7.1 .emacs 启动文件

每次启动 emacs 时,它都加载一个名为~/.emacs 的 Lisp 代码文件。使用该文件是定制 emacs 的最常用方式。.emacs 文件的使用由两个命令行选项控制。选项-q 忽略.emacs 文件,使得 emacs 启动时不加载该文件,使用这种方式可忽略某个效果不好的.emacs 文件; 选项-u *user* 使用~*user*/.emacs 文件,该文件来自 *user* 的主目录。

.emacs 启动文件通常只考虑键绑定和选项设置,这样用户可直接在其中写入 Lisp 语句。每个带圆括号的 Lisp 语句都是一个 Lisp 函数调用。在圆括号内,第 1 个符号为函数名,其他用空格隔开的记号为函数的参数。

给变量赋值 在.emacs 文件中最常见的函数为 setq,它可为某个全局变量赋值。该函数的第 1 个参数为要设置的变量名,第 2 个参数是该变量的值,下例将变量 c-indent-level 设置为 8:

```
(setq c-indent-level 8)
```

显示变量的值 运行 emacs 时,使用命令 CONTROL+H v 可提示用户输入变量的名称。输入变量名并按 RETURN 键,emacs 就会显示该变量的值。

设置变量的默认值 使用名为 setq-default 的函数可设置缓冲区中私有变量的默认值; 使用名为 aset 的函数可设置某个向量的特定元素,该函数的第 1 个参数为向量名,第 2 个参数为目标元素的偏移量,第 3 个参数为目标元素的值。在启动文件中,新值通常为常数。表 7-21 给出了这些常数的格式。

表 7-21 .emacs 文件中常数的格式

命 令 类 型	执 行 结 果
数字	十进制整数,可以带负号
字符串	与 C 字符串类似,但对 CONTROL 和 META 字符进行了扩展: \C+s 等价于 CONTROL+S; \M+s 等价于 META+s; \M+\C+s 等价于 CONTROL+META+s
字符	与 C 字符不同,这里的字符以 "?" 开始,后跟一个打印字符或一个反斜杠转义字符序列(例如, "?a" "?\C+i" "?\033")
布尔值	不是 1 和 0,而使用 t 表示真,使用 nil 表示假
其他 Lisp 对象	以一个单引号开始,后面跟对象名

7.7.2 重映射键

在 emacs 命令循环中，每次循环首先将每个按键转换为要执行的命令名。基本的转换操作使用输入字符的 ASCII 值来索引具有 128 个元素的一个向量，该向量称为键映射表(key map)。

有时一个字符的第 8 位被解释为 META 字符，但并非总是如此。解释时，所有 META 字符将包含 ESCAPE 前缀，无论是否以该方式输入。

映射表向量中包含的项如下所述：

● 未定义：在该映射中不转换。

● 另一个键映射表的名称：切换到另一个映射表并等待下一个字符的输入。

● 要调用的 Lisp 函数名：转换过程完成后，调用该命令。

由于键映射表可引用其他的键映射表，因此可建立起一个复杂的识别树。尽管这样，主流的 emacs 绑定键最多使用 3 个键和众所周知的一小部分前缀键，其中每个前缀键都具有自己常用的键映射表名。

每个缓冲区都具有一个本地键映射表，该表首先用于所选缓冲区窗口中的任意按键操作；还可基于每个缓冲区对常规的键映射进行扩展和重写，或为主模式添加绑定键。

基本转换过程如下：

● 通过缓冲区的本地映射表映射第 1 个字符，如果该字符被定义为一个 Lisp 函数名，则转换过程完成，emacs 将执行该函数。如果未定义该字符，则在全局的顶级键映射表中搜索该字符。

● 通过顶级的全局键映射表 global-map 来映射第 1 个字符，在本阶段和后续每个阶段，将出现以下情况：

  • 如果针对该字符的项未定义，则出现错误，此时终端将发出警告声，并将丢弃该键序列输入的所有字符。

  • 如果针对该字符的项定义为一个 Lisp 函数名，则转换过程完成，执行该函数。

  • 如果针对该字符的项定义为其他键映射表的名称，则切换到对应的键映射表，并等待下一个字符来选择其中的一个元素。

在重新映射的过程中，所有输入的内容或者是一条命令，或者是一个错误。插入到缓冲区中的普通字符通常绑定到 self-insert-command 命令。每个熟知的前缀字符都与某个键映射相关联(如表 7-22 所示)。

表 7-22 键映射前缀

键映射前缀	应　　用
ctl-x-map	用在 CONTROL+X 之后的字符
ctl-x-4-map	用在 CONTROL+X 4 之后的字符
esc-map	用在 ESCAPE 之后的字符(包括 META 字符)
help-map	用在 CONTROL+H 之后的字符
mode-specific-map	用在 CONTROL+C 之后的字符

使用 CONTROL+H b 可查看键映射表的当前状态。表出现的顺序为：本地映射表、全局映射表和针对每个前缀键的短映射表。其中每行都指定要调用的 Lisp 函数名，使用命令 CONTROL+H f *function-name* 或 CONTROL+H k *key-squence* 可检索函数对应的文档。

对键映射表进行定制的最常用方式是对全局映射表中的命令映射进行较小改动，而不创建任何新的键映射表或命令。使用 Lisp 函数 define-key 很容易在 .emacs 文件中实现该类型的定制。函数 define-key 接收 3 个参数：

● 键映射表名

● 定义该表中某个位置的单个字符

● 当出现该字符时要执行的命令

例如，将命令 backward-kill-word 绑定到 CONTROL+W，可使用下面的语句：

```
(define-key global-map "\C-w" 'backward-kill-word)
```

其中的字符 "\" 使得 C-w 被翻译为 CONTROL+W，而不是表面上的 3 个字母(等价于\^w)。而命令名之前的前后不匹配的单引号并没有错，它是一个 Lisp 转义字符，可使系统不至于过早对命令名进行解析。将命令 kill-region 绑定到 CONTROL+X CONTROL+K，可使用以下语句：

```
(define-key ctl-x-map "\C-k" 'kill-region)
```

7.7.3 .emacs 文件示例

如果执行以下~/.emacs 文件，将产生一个普通的编辑环境，vi 和 vim 的用户看到后不会感到陌生。如果用户对其中的任何部分或任何行不满意，可对其进行编辑，或在第 1 列中使用一个或多个";"将它们变成注释。

```
;;; Preference Variables

(setq make-backup-files nil)        ;Do not make backup files
(setq backup-by-copying t)          ;If you do, at least do not destroy links
(setq delete-auto-save-files t)     ;Delete autosave files when writing orig
(setq blink-matching-paren nil)     ;Do not blink opening delim
(setq require-final-newline 'ask)   ;Ask about missing final newline

;; Reverse mappings for C-h and DEL.
;; Sometimes useful to get DEL character from the Backspace key,
;; and online help from the Delete key.
;; NB: F1 is always bound to online help.
(keyboard-translate ?\C-h ?\177)
(keyboard-translate ?\177 ?\C-h)

;; Some vi sugar: emulate the CR command
;; that positions us to first non-blank on next line.
(defun forward-line-1-skipws ()
  "Position to first nonwhitespace character on next line."
  (interactive)
  (if (= (forward-line) 0)              ;if moved OK to start of next line
      (skip-chars-forward " \t")))      ;skip over horizontal whitespace

;; Bind this to M-n. ("enhanced next-line")
;; C-M-n is arguably more "correct" but (1) it takes three fingers
;; and (2) C-M-n is already bound to forward-list.
(define-key esc-map "n" 'forward-line-1-skipws)
;; C mode customization: set vanilla (8-space bsd) indention style

(require 'cc-mode)                      ;kiss: be sure it's here

(setq c-default-style
  '(
    (java-mode . "java")
    (awk-mode . "awk")
    (c-mode . "bsd")
    (other . "gnu")
    ))
;; See also CC Mode in online help for more style setup examples.

;; end of c mode style setup
```

7.8 更多信息

emacs 的很多纸质文档和电子文档都很容易获得。emacs 的 info 页和帮助函数提供了丰富的信息。也可登录 GNU emacs 的网页：www.gnu.org/software/emacs。

comp.emacs 和 gnu.emacs.help 新闻组提供对 emacs 的支持和探讨。

访问 emacs

多数 Linux 发行版的存储库都包括 emacs 编辑器。用户也可以用 apt-get 或 yum 来下载和安装 emacs。可从 www.gun.org 网站下载最新 emacs 版本的源代码。

可用以下地址联系自由软件组织：

通信地址：	Free Software Foundation, Inc.
	51 Franklin Street, Fifth Floor
	Boston, MA 02111-1301, USA
电子信箱：	gnu@gnu.org
电话：	+ 1 617-452-5942
传真：	+ 1 617 542 2652
网站：	www.gun.org

7.9　本章小结

下列表格的许多命令前都可加入数值参数，以按照参数指定的次数重复执行命令。在数值参数前加入 CONTROL+U 可避免 emacs 将数值作为文本输入。

表 7-23 列出了用于移动光标的命令。

表 7-23　移动光标的命令

命　　令	执 行 结 果
CONTROL+F	按字符向前移动
CONTROL+B	按字符向后移动
META+f	按字向前移动
META+b	按字向后移动
META+e	移到句尾
META+a	移到句首
META+}	移到段尾
META+{	移到段首
META+>	向前移到缓冲区的末尾
META+<	向后移到缓冲区的开始处
CONTROL+ESCAPE	移到行尾
CONTROL+A	移到行首
CONTROL+N	向前(下)移动一行
CONTROL+P	向后(上)移动一行
CONTROL+V	向前(下)滚动一屏
META+v	向后(上)滚动一屏
CONTROL+L	清除并重绘屏幕，将当前行滚动到窗口中间
META+r	移到中间行的开始处
CONTROL+U *num* META+r	移到行号为 *num*(0 代表顶部，-代表底部)的行的开始处

表 7-24 列出了剪切和删除文本的命令。

表 7-24　剪切和删除文本的命令

命　　令	执 行 结 果
CONTROL+DELETE	删除光标处的字符
DELETE	删除光标左边的字符
META+d	向前剪切到当前字的末尾
META+DELETE	向后剪切到前一个字的开始处
META+k	向前剪切到句子的末尾

(续表)

命　　令	执　行　结　果
CONTROL+X DELETE	向后剪切到句子的开始处
CONTROL+K	向前剪切到行尾的换行符(不剪切该字符)，如果光标和换行符之间没有文本，该命令将剪切换行符
CONTROL+U 1 CONTROL+K	从光标处向前剪切到换行符(包括该字符)
CONTROL+U 0 CONTROL+K	从光标处向后剪切到行首
META+z char	向前剪切到 char 下一次出现(不包括下一次出现的字符)的位置
META+w	将区域复制到剪切环(不会将区域从缓冲区中删除)
CONTROL+W	剪切区域并将区域从缓冲区中删除
CONTROL+Y	将最近剪切的文本移出到当前缓冲区的编辑点；在该文本的开始处设置标记，将编辑点和光标置于文本的末尾
META+y	删除刚移出的文本，旋转剪切环，并移出下一个条目(仅在 CONTROL+Y 或 META+y 之后)

表 7-25 列出了搜索字符串和正则表达式的命令。

表 7-25　搜索命令

命　　令	执　行　结　果
CONTROL+S	提示用户逐个输入字符，向前增量搜索字符串
CONTROL+S RETURN	提示用户输入完整的字符串，向前搜索该字符串
CONTROL+R	提示用户逐个输入字符，向后增量搜索字符串
CONTROL+R RETURN	提示用户输入完整的字符串，向后搜索该字符串
META+CONTROL+S	提示用户逐个输入正则表达式的字符，向前增量搜索
META+CONTROL+S RETURN	提示用户输入完整的正则表达式，向前搜索
META+CONTROL+R	提示用户逐个输入正则表达式的字符，向后增量搜索
META+CONTROL+R RETURN	提示用户输入完整的正则表达式，向后搜索

表 7-26 列出了查看联机帮助的命令。

表 7-26　联机帮助命令

命　　令	执　行　结　果
CONTROL+H a	提示用户输入 string，并列出名称中包括 string 的命令
CONTROL+H b	显示所有有效的绑定键的列表(很长)
CONTROL+H c key-sequence	显示绑定到 key-sequence 的命令名
CONTROL+H k key-sequence	显示绑定到 key-sequence 的命令对应的文档名
CONTROL+H f	提示用户输入一个 Lisp 函数名，并显示该函数的文档
CONTROL+H i(小写字母 i)	显示 info 的顶级菜单
CONTROL+H l(小写字母 l)	显示最后输入的 100 个字符
CONTROL+H m	显示当前主模式对应文档和绑定的特殊键
CONTROL+H n	显示 emacs 新闻文件
CONTROL+H t	启动 emacs 帮助会话
CONTROL+H v	提示用户输入 Lisp 变量名，并显示该变量对应的文档
CONTROL+H w	提示用户输入命令名，并显示绑定到该命令的键序列(如果有键序列)

表 7-27 列出了在区域上操作的命令。

表 7-27　区域操作命令

命　　令	执 行 结 果
META+W	将区域非破坏性地复制到剪切环
CONTROL+W	剪切(删除)区域
META+x print-region	将区域复制到打印机假脱机程序
META+x append-to-buffer	提示用户输入缓冲区名，并将区域追加到该缓冲区中
META+x append-to-file	提示用户输入文件名，并将区域追加到文件中
CONTROL+X CONTROL+U	将区域内的字符都转换为大写
CONTROL+X CONTROL+L	将区域内的字符都转换为小写

表 7-28 列出了行操作命令。

表 7-28　行操作命令

命　　令	执 行 结 果
META+x occur	提示用户输入正则表达式，并在缓冲区*Occur*中列出所有包含与该表达式匹配的字符串的行
META+x delete-matching-lines	提示用户输入一个正则表达式，并从编辑点向前删除与该表达式匹配的行
META+x delete-non-matching-lines	提示用户输入一个正则表达式，并从编辑点向前删除与该表达式不匹配的行

表 7-29 列出了无条件地和交互式地替换字符串和正则表达式的命令。

表 7-29　替换文本的命令

命　　令	执 行 结 果
META+x replace-string	提示用户输入两个字符串，从标记处往前查找第 1 个字符串的每次出现的位置并用第 2 个字符串替换它；启动命令时设置标记
META+%或者 META+x query-replace	同上，只是在每次进行替换前发出询问(参见表 7-30 列出的响应)
META+x replace-regexp	提示用户输入正则表达式和字符串，用该字符串替换与正则表达式匹配的字符串；启动命令时设置标记
META+x query-replace-regexp	同上，只是在每次进行替换前发出询问(参见表 7-30 列出的响应)

表 7-30 列出了对替换询问的响应。

表 7-30　对替换询问的响应

命　　令	执 行 结 果
RETURN 键	退出搜索(不再进行替换或询问)
空格键	进行本次替换并继续询问
DELETE 键	不进行本次替换并继续询问
,(逗号)	进行本次替换，显示替换结果，并等待下一条命令
.(点号)	进行本次替换，不再进行替换或询问
!(感叹号)	进行本次替换并替换剩余的实例，不再进行询问

表 7-31 列出了窗口操作命令。

表 7-31　窗口操作命令

命　　令	执 行 结 果
CONTROL+X b	提示用户输入另一个缓冲区名，并在当前窗口中显示该缓冲区
CONTROL+X 2	将当前窗口垂直拆分成两个窗口
CONTROL+X 3	将当前窗口水平分成两个窗口

(续表)

命　　令	执 行 结 果
CONTROL+X o(小写字母 o)	选中其他窗口
META+CONTROL+V	滚动其他窗口
CONTROL+X 4b	提示用户输入缓冲区名，并在其他窗口中将其选中
CONTROL+X 4f	提示用户输入文件名，并在其他窗口中将其选中
CONTROL+X 0(数字 0)	关闭当前窗口
CONTROL+X 1(数字 1)	关闭除当前窗口外的其他所有窗口
META+x shrink-window	使当前窗口缩短一行
CONTROL+X ^	使当前窗口加长一行
CONTROL+X }	使当前窗口加宽一个字符
CONTROL+X {	使当前窗口变窄一个字符

表 7-32 列出了文件操作命令。

表 7-32　文件操作命令

命　　令	执 行 结 果
CONTROL+X CONTROL+F	提示用户输入文件名，将文件内容读入新缓冲区，并将文件名作为缓冲区名
CONTROL+X CONTROL+V	提示用户输入文件名，将文件内容读入当前缓冲区，重写当前缓冲区的内容
CONTROL+X 4 CONTROL+F	提示用户输入文件名，并将其内容读入新缓冲区，将该文件名作为缓冲区名；为该缓冲区创建一个新窗口，并选择该窗口；如果运行该命令前只有一个窗口，该命令将把屏幕一分为二
CONTROL+X CONTROL+S	将当前缓冲区的内容写入原始文件
CONTROL+X s	对于每个被修改的缓冲区，emacs 都将询问用户是否保存所做修改(回答 y/n)
META+x set-visited-file-name	提示用户输入文件名，并将该文件名设置为当前缓冲区的"原始"名称
CONTROL+X CONTROL+W	提示用户输入文件名，并将该文件名设置为当前缓冲区的"原始"名称，将缓冲区内容保存到该文件中
META+~(代字符)	从当前缓冲区清除已修改标志；谨慎使用该命令

表 7-33 列出了缓冲区操作命令。

表 7-33　缓冲区操作命令

命　　令	执 行 结 果
CONTROL+X CONTROL+S	将当前缓冲区的内容保存到关联的文件中
CONTROL+X CONTROL+F	提示用户输入文件名，并访问(打开)该文件
CONTROL+X b	提示用户输入缓冲区名，并选中它；如果该缓冲区不存在，那么该命令将创建该缓冲区
CONTROL+X 4b	提示用户输入缓冲区名，并在另一个窗口中显示它；已有窗口不受干扰(虽然新窗口可能重叠于原来窗口之上)
CONTROL+X CONTROL+B	创建一个名为*Buffer List*的缓冲区，并在另一个窗口中显示它；已有窗口不受干扰(虽然新窗口可能重叠于原来窗口之上)；新建的缓冲区没有被选中；在*Buffer List*缓冲区中显示每个缓冲区的相关信息：名称、大小、模式和原始文件名
META+x rename-buffer	提示用户输入新缓冲区的名称，并将该名称作为当前缓冲区的名称
CONTROL+X CONTROL+Q	切换到当前缓冲区的只读状态，在相关联的模式行上显示%%
META+x append-to-buffer	提示用户输入缓冲区名，并将区域追加到缓冲区的末尾

(续表)

命 令	执 行 结 果
META+x prepend-to-buffer	提示用户输入缓冲区名，并将区域追加到缓冲区的开始处
MET+x copy-to-buffer	提示用户输入缓冲区名，删除该缓冲区的内容，然后将区域复制该到缓冲区
META+x insert-buffer	提示用户输入缓冲区名，将整个缓冲区的内容插入到当前缓冲区的编辑点位置
CONTROL+X k	提示用户输入缓冲区名，删除该缓冲区的内容
META+x kill-some-buffers	浏览整个缓冲区列表，并提供删除每个缓冲区的机会

表 7-34 列出了在前台运行的 shell 命令。这些命令未必适用于所有 shell。

表 7-34 前台 shell 命令

命 令	执 行 结 果
META+!(感叹号)	提示用户输入 shell 命令，执行并显示输出结果
CONTROL+U META+!(感叹号)	提示用户输入 shell 命令，执行并将输出结果插入到编辑点位置
META+|(竖杠)	提示用户输入 shell 命令，将区域作为命令的输入，并显示命令的输出结果
CONTROL+U META+|(竖杠)	提示用户输入 shell 命令，将区域作为命令的输入，用命令的输出结果替换原来的区域内容

表 7-35 列出了在后台运行的 shell 命令。

表 7-35 后台 shell 命令

命 令	执 行 结 果
META+x compile	提示用户输入 shell 命令，在后台运行该命令，并将输出放到名为*compilation*的缓冲区中
META+x kill-compilation	终止后台进程

表 7-36 列出了转换文本大小写的命令。

表 7-36 文本大小写转换命令

命 令	执 行 结 果
META+l(小写字母 l)	将编辑点右边的字转换为小写
META+u	将编辑点右边的字转换为大写
META+c	将编辑点右边的字的首字母转换为大写
CONTROL+X CONTROL+L	将区域中的字符转换为小写
CONTROL+X CONTROL+U	将区域中的字符转换为大写

表 7-37 列出了 C 模式所用的命令。

表 7-37 C 模式命令

命 令	执 行 结 果
CONTROL+META+f	向前移过某个表达式
CONTROL+META+b	向后移过某个表达式
CONTROL+META+k	向前移过并剪切某个表达式
CONTROL+META+@	在 CONTROL+META+f 将要移到的位置设置标记，但不改变编辑点的位置
CONTROL+META+a	将光标移到最近的函数定义的开始处
CONTROL+META+e	将光标移到下一个函数定义的末尾
CONTROL+META+h	将编辑点置于当前函数(如果编辑点位于两个函数之间，就置于下一个函数)定义的开始处，将标记置于当前函数(如果标记位于两个函数之间，就置于下一个函数中)定义的末尾

用 META+x shell 创建一个名为*shell*的缓冲区，并启动一个子 shell。表 7-38 列出了在该缓冲区上执行操作的命令。

表 7-38　shell 模式命令

命　　令	执 行 结 果
RETURN	将当前行发送给 shell
CONTROL+C CONTROL+D	将 CONTROL+D 发送给 shell 或其子 shell
CONTROL+C CONTROL+C	将 CONTROL+C 发送给 shell 或其子 shell
CONTROL+C CONTROL+\	向 shell 或其子 shell 发送退出信号
CONTROL+C CONTROL+U	剪切文本中没有结束的当前行
CONTROL+C CONTROL+R	往回滚动到最后一个 shell 输出内容的开始处，将输出的第 1 行放到窗口的顶部
CONTROL+C CONTROL+O(大写字母 O)	删除最后一批 shell 的输出结果

练习

1. 假设某个缓冲区中存放的全部是英语文本，回答以下问题：

   a. 如何将其中的 his 全改为 hers？

   b. 如何只将最后一段中的 his 改为 hers？

   c. 是否可在更改 his 之前查看 his 在上下文中的使用情况？

   d. 如何处理以 His 开头的句子？

2. 哪条命令可将光标移到当前段落的末尾？该命令是否可在缓冲区中一次移动一个段落？

3. 假设在输入一个较长句子时，中间出现了错误，那么：

   a. 如何删除该句子已输入的内容，再重新开始输入？

   b. 如果仅有一个单词出错，该如何处理？是否可一次删除一个字母？

4. 假设用户正在编辑一个段落，其中有些句子太短，有些句子太长，哪条命令可对齐整个段落，而不必手动对每一行进行调整？

5. 如何将整个缓冲区中的所有字母都转换为大写？如何仅转换某个段落？

6. 如何颠倒两个段落的顺序？

7. 如何颠倒两个字的顺序？

8. 假设用户在 Usenet 上看到一个很有趣的帖子，并将该帖子另存为一个文件，如何将该文件合并到自己的缓冲区中？如果只需要该帖子中的某些段落，该怎么做？如何在每一行的开始处添加字符 ">"？

9. emacs 仅在键盘上提供了一组完整的编辑命令。对于任何一个编辑任务，通常存在多种方法。在 X 环境中，随着一些面向鼠标的可视化操作方式的出现，完成某个任务就有了更多选择。从这些选择中，请选出最好的方法。

   以下是莎士比亚的诗歌片段：

```
1. Full fathom five thy father lies;
2.    Of his bones are coral made;
3. Those are pearls that were his eyes:
4.    Nothing of him that doth fade,
5. But doth suffer a sea-change
6. Into something rich and strange.
7. Sea-nymphs hourly ring his knell:
8.       Ding-dong.
9. Hark! now I hear them--
10.   Ding-dong, bell!
```

   在输入时，出现了一些错误：

```
1. Full fathiom five tyy father lies;
2. These are pearls that were his eyes:
3.   Of his bones are coral made;
4.   Nothin of him that doth fade,
5. But doth susffer a sea-change
6. Into something rich and strange.
7. Sea-nymphs hourly ring his knell:
8.        Ding=dong.
9. Hard! now I hear them--
10.  Ding-dong, bell!
```

在只使用键盘的情况下，回答以下问题：

a. 将光标移到拼写错误处共有多少种方法？

b. 当光标移到错误处或错误附近时，共有多少种方法可修正错误？

c. 是否存在搜索错误并修正(不是显式地定位错误)它们的方法？你能想出几种？

d. 第 2 行与第 3 行的顺序颠倒，共有多少种方法可校正该错误？

高级练习

10. 假设用户的缓冲区中包含以下 C 代码，此时的主模式为 C 模式，光标位于 **while** 行的末尾(由一个黑色方块标识)，如下所示：

```c
/*
* Copy string s2 to s1. s1 must be large enough
* return s1
*/
char *strcpy(char *s1, char *s2)
{
        char *os1;
        os1 = s1;
        while (*s1++ = *s2++)
        ;
        return os1;
}
/*
 * Copy source into dest, stopping after '\0' is copied, and
 * return a pointer to the '\0' at the end of dest. Then our
caller
 * can catenate to the dest * string without another strlen call.
 */
char *stpcpy (char *dest, char *source)
{
        while ((*dest++ = *source++) != '\0') ■
        ; /* void loop body */
        return (dest - 1);
}
```

a. 哪条命令可将光标移到函数 strcpy 的左花括号处？哪条命令可将光标移到右花括号的外侧？如何使用这些命令以过程为单位在缓冲区中移动？

b. 假设光标刚刚经过了 while 条件的右圆括号，那么应如何将其移到匹配的左圆括号处？如何再移回到右圆括号处？这些命令是否同时适用于匹配的[ ]和{ }？这与 vim 的%命令有何不同？

c. 其中一段程序以 Berkeley 风格缩进，另一段程序以 GNU 风格缩进。哪条命令可按用户的需求重新缩进每一行？如何重新缩进整段程序？

d. 假设用户希望编写 5 段字符串程序，并打算使用 strcpy 作为进一步编辑的起点。如何才能创建 strcpy 程序的 5 个副本？

e. 如何在 emacs 中编译上面的代码？

第 Ⅲ 部分

shell

第8章

bash

阅读完本章之后你应该能够：

- 描述 bash 的用途和历史
- 列举 bash 运行的启动文件
- 使用三种不同的方式运行 shell 脚本
- 了解 PATH 变量的用途
- 使用作业控制管理多进程
- 将标准错误消息重定向到文件
- 使用控制操作符分隔和组织命令
- 创建变量并显示变量和参数的值
- 列举和描述系统中的常用变量
- 使用历史机制引用、重复和修改之前的命令
- 使用控制字符编辑命令行
- 创建、显示以及删除别名和函数
- 使用 set 和 shopt 内置命令定制 bash 环境
- 列举命令行展开的顺序

本章要点：

- 启动文件
- 重定向标准错误
- 编写和执行简单的 shell 脚本
- 作业控制
- 操作目录栈
- 参数和变量
- locale
- 进程
- 历史
- 重新执行和编辑命令
- 函数
- 控制 bash 的特性和选项
- 处理命令行

本章承接第 5 章的内容，继续重点讨论 Bourne Again Shell(bash)。注意 tcsh 某些功能的实现不同于 bash，本书会在合适的地方，标注出所讨论功能的另一种实现方法所在的章节。第 10 章扩展了本章的内容，探讨控制流命令和 bash 编程的更高级内容。bash 的首页是 www.gnu.org/software/bash。bash 的 info 页是 bash 最完整的参考手册。

bash 和 tcsh 都是命令解释器，也是高级编程语言。作为命令解释器，它们通过提示符响应并处理用户在命令行上输入的命令。将 shell 用作一种编程语言时，它将处理存储在名为 shell 的脚本文件中的命令。与其他编程语言一样，shell 也

有变量和控制流命令(如 for 循环和 if 语句)。

将 shell 用作命令解释器时，用户可定制工作环境。可在命令提示符中显示当前工作目录的名称；创建函数或 cp 的别名，使其不覆盖特定类型的文件；利用关键字变量改变 shell 工作方式的某些方面等。还可编写执行用户指令的脚本，这些脚本可以是包含较长的复杂命令的单行脚本，也可以是更长的脚本，如脚本首先运行一组报告，然后打印报告，完成作业时还可发送邮件进行提醒。更复杂的脚本本身就是程序，它们不仅运行其他程序。第 10 章中列举的一些示例就属于这种脚本。

大多数系统 shell 脚本都在 bash(或 dash)下编写并运行。如果在单用户模式或恢复模式下工作，如在启动系统或者执行系统维护、管理或修复任务时，熟悉该 shell 将非常有必要。

本章内容扩充了第 5 章描述的 shell 的交互特性，解释如何创建和运行简单的 shell 脚本，讨论如何进行作业控制，以及关于 locale 的话题，介绍 shell 编程的基本方面，讨论相关历史和别名，同时描述了命令行扩展。第 9 章将概述 tcsh 的交互使用以及 tcsh 编程，第 10 章将探讨一些关于 shell 编程的更具挑战性的问题。

8.1 背景知识

bash 基于早期的 UNIX shell，即 Bourne Shell。为避免混淆，本书将其称为原 Bourne Shell，它由 AT&T 公司的 Bell 实验室的 Steve Bourne 编写。历经多年，原 Bourne Shell 已经被扩充，但它仍然是很多商业版 UNIX 的基本 shell。

sh Shell　由于原 Bourne Shell 悠久的历史和成功的应用，因此它被用来编写很多有助于管理 UNIX 系统的 shell 脚本。尽管 bash 包含了很多原 Bourne Shell 中不具有的扩展和功能，但 bash 仍然与原 Bourne Shell 兼容，这样用户就可在 bash 下执行 Bourne Shell 脚本。在 UNIX 系统上，原 Boure Shell 称为 sh。

在许多 Linux 系统上，sh 则是 bash 或 dash 的符号链接，这样可确保那些需要 Bourne Shell 的脚本仍能执行。当作为 sh 调用时，bash 将尽可能模拟原 Bourne Shell。在 macOS 下，sh 是 bash 的副本。

dash Shell　bash 可执行文件大约有 900KB，包含许多特性，非常适合用作用户登录 shell。而 dash(Debian Almquist) shell 约有 100KB，为 shell 脚本(非交互式使用)提供了与 Bourne Shell 的兼容性，而且因为 dash 占用的空间较小，所以加载和执行 shell 脚本的速度比 bash 快得多。

Korn Shell　System V UNIX 引入了 Korn Shell(ksh)，它由 David Korn 编写。这种 shell 扩展了原 Bourne Shell 的功能，并添加了很多新功能。bash 的一些功能(如命令别名和命令行编辑)都基于 Korn Shell 的类似功能。

POSIX 标准　IEEE 的 PASC(Portable Application Standards Committee，可移植应用标准委员会)开发了 POSIX (Portable Operating System Interface，可移植操作系统接口)系列的相关标准。在 www.opengroup.org/austin/papers/posix_faq.html 网站上有关于 POSIX 的全面问答，它包含很多链接。

POSIX 标准 1003.2 描述了 shell 的功能特性。bash 提供的功能符合 POSIX 标准的要求。人们正致力于使 bash 完全符合 POSIX 标准。在此期间，如果调用 bash 时使用--posix 选项，那么 bash 的行为将更符合 POSIX 的要求。

---

chsh：改变登录 shell

提示　系统管理员在建立用户账户时，将确定用户第 1 次登录系统或在 GUI 环境下打开终端模拟器窗口时使用的 shell。在大多数 Linux 发行版中，bash 是默认的 shell。一旦登录系统，用户可自己决定运行哪种 shell。输入要使用的 shell 名(如 bash 或 tcsh 等)，然后按 RETURN 键，接下来出现的提示符即为新 shell 给出的。输入 exit 命令可退出前一种 shell。由于采用这种方式调用的 shell 是嵌套的，因此只能从最初的 shell 注销。当有多个 shell 嵌套在一起时，可一直输入 exit 命令，直到返回最初的 shell，才可以注销。

使用实用程序 chsh 可永久性地改变登录 shell。首先输入命令 chsh，然后在提示符后输入密码和要使用的 shell 的绝对路径名(如/bin/bash、/bin/tcsh 或其他 shell 的路径名)。在 GUI 下使用终端模拟器，如果采用这种方式改变用户的登录 shell，终端模拟器窗口不会立即反映出这种修改，直到用户注销系统并再次登录后，修改才会生效。chsh 的使用示例请参见 9.2 节。

8.2 启动文件

shell 启动时，它将运行启动文件来初始化自己。具体运行哪个文件取决于该 shell 是登录 shell 还是交互式非登录 shell (比如通过命令 bash 来运行)，又或者是一个非交互式 shell(用来执行 shell 脚本)。要执行启动文件中的命令，用户必须具备读权限。一般的 Linux 发行版都将对应的命令放在一些启动文件中。本节概述 bash 启动文件。关于 tcsh 启动文件的相关信息参见 9.2 节。关于 macOS 启动文件的相关信息参见附录 D。

8.2.1　登录 shell

　　登录 shell 是当你通过系统控制台、虚拟控制台、ssh 或其他程序远程登录，或以其他方式登录到系统时显示提示符的第一个 shell。当运行 GUI 并打开终端模拟器(例如 gnome-terminal)时，你并没有登录系统(没有提供用户名和密码)，因此模拟器显示的这个 shell 通常不是登录 shell；而是交互式非登录 shell。登录 shell 一定是交互式的。关于确定正在运行的 shell 类型的方法，请参见 10.3.1 节。

　　本节讨论的这些文件由登录 shell 以及用 bash --login 选项启动的 shell 执行。

　　/etc/profile　shell 首先执行/etc/profile 中的命令，为系统内的所有 bash 用户建立默认特征。除执行它所保存的命令外，一些版本的 profile 执行/etc/profile.d 目录下所有扩展名为.sh 的文件中的命令。这种设置使得拥有 root 权限的用户不需要修改 profile 本身文件即可改变 profile 所执行的命令。由于在系统更新时，会替换 profile 文件，因此在 profile.d 目录下的文件中进行修改，可在系统更新时保留所做的修改。

在/etc/profile 文件或/etc/profile.d 目录下的*.sh 文件中设置环境变量

提示　在/etc/profile 文件或/etc/profile.d 目录下扩展名为.sh 的文件中设置并导出变量，可使该变量在所有用户的登录 shell 中可用。被导出的变量(放到环境变量中)可用于所有交互式 shell 和登录 shell 的非交互式子 shell。

　　.bash_profile、.bash_login 和.profile　然后，shell 依次查找~/.bash_profile、~/.bash_login 或~/.profile(~/是用户主目录的速记符)，并执行它找到的第 1 个文件中的命令。可将命令放在这些文件中，以覆盖/etc/profile 文件中的默认设置。

　　默认情况下，典型的 Linux 发行版使用~/.bash_profile 和~/.bashrc 文件设置新账号。默认的~/.bash_profile 文件调用~/.bashrc，后者又调用了/etc/bashrc。

　　.bash_logout　当用户注销时，bash 执行~/.bash_logout 文件中的命令。该文件包含退出会话时执行的清理命令，如删除临时文件等。

8.2.2　交互式非登录 shell

　　交互式非登录 shell 并不执行前面提到的启动文件中的命令。然而，交互式非登录 shell 从登录 shell 继承了由这些启动文件声明和导出的 shell 变量。

　　.bashrc　交互式非登录 shell 执行~/.bashrc 文件中的命令。默认的~/.bashrc 文件调用/etc/bashrc。

　　/etc/bashrc　尽管不是通过 bash 直接调用，但许多~/.bashrc 文件调用/etc/bashrc。

8.2.3　非交互式 shell

　　非交互式 shell(如那些运行 shell 脚本的 shell)并不执行前面描述的启动文件中的命令。然而，这些 shell 从登录 shell 继承了由这些启动文件声明和导出的 shell 变量。确切地讲，crontab 文件(参见第 VI 部分)并不从启动文件中继承这些变量。

　　BASH_ENV　非交互式 shell 查找环境变量 BASH_ENV(或作为 sh 调用时为 ENV)，并执行由该变量命名的文件中的命令。

8.2.4　建立启动文件

　　尽管有多种启动文件和 shell，但用户通常只需要主目录下的.bash_profile 和.bashrc 文件。.bash_profile 中类似下面的命令将为登录 shell 执行.bashrc(如果存在的话)中的命令。进行了这个设置后，.bashrc 中的命令就由登录和非登录 shell 执行。

```
if [ -f ~/.bashrc ]; then .~/.bashrc; fi
```

[-f ~/.bashrc]测试主目录下是否存在名为.bashrc 的文件。参见 10.1 节和第 VI 部分关于 test 及其同义词[ ]的详细信息。关于内置命令 "." 的信息请参见 8.2.5 节。

使用.bash_profile 设置 PATH

提示　因为.bashrc 中的命令可能执行多次，并且因为子 shell 继承已导出的变量，所以最好将那些添加到已有变量中的命令放到.bash_profile 文件中。比如，以下命令将 home 目录的子目录 bin 添加到 PATH 中，应该将其放到.bash_profile 文件中：

```
PATH=$PATH:$HOME/bin
```

如果将这条命令放到文件.bash_profile 中而不是文件.bashrc 中，那么只有在用户登录之后这个字符串才会添加到 PATH 变量中。

修改.bash_profile 文件中的变量可将在交互式会话中所做的改动传递给子 shell。相反，修改.bashrc 中的变量将覆盖继承自父 shell 的那些修改。

下面是.bash_profile 和.bashrc 文件的示例。这些文件所用的某些命令在本章后面会涉及。在任何启动文件中，如果希望变量和函数可被子进程访问，就必须将其导出。更多信息请参见 10.4.2 节。

```
$ cat ~/.bash_profile
if [ -f ~/.bashrc ]; then
    . ~/.bashrc                     # Read local startup file if it exists
fi
PATH=$PATH:/usr/local/bin           # Add /usr/local/bin to PATH
export PS1='[\h \W \!]\$ '          # Set prompt
```

在这个.bash_profile 文件中，第 1 条命令执行用户的.bashrc 文件(如果该文件存在)中的命令。下一条命令添加到 PATH 变量。通常在/etc/profile 文件中设置和导出 PATH，这样就不必在用户的启动文件中再次导出。最后一条命令设置并导出控制用户提示符的 PS1 变量。

下面是一个.bashrc 示例文件。第 1 条命令执行/etc/bashrc 文件(如果该文件存在)中的命令。接着设置 noclobber，取消 MAILCHECK，导出 LANG 变量和 VIMINIT 变量(对于 vim 启动文件)，同时定义几个别名。最后一条命令定义一个用于交换两个文件名的函数。

```
$ cat ~/.bashrc
if [ -f /etc/bashrc ]; then
source /etc/bashrc                  # read global startup file if it exists
fi
set -o noclobber                    # prevent overwriting files
unset MAILCHECK                     # turn off "you have new mail" notice
export LANG=C                       # set LANG variable
export VIMINIT='set ai aw'          # set vim options
alias df='df -h'                    # set up aliases
alias rm='rm -i'                    # always do interactive rm's
alias lt='ls -ltrh | tail'
alias h='history | tail'
alias ch='chmod 755 '
function switch() {                 # a function to exchange
    local tmp=$$switch              # the names of two files
    mv "$1" $tmp
    mv "$2" "$1"
    mv $tmp "$2"
}
```

8.2.5　"."(句点)或 source：在当前 shell 中运行启动文件

在编辑诸如.bashrc 的启动文件后，要使这些修改起作用，用户不必注销后再次登录，可使用内置命令"."(句点)或 source(在 bash 下这是两条相同的命令，但在 tcsh 下只有 source 可用)初始化启动文件。与所有其他命令一样，在命令行上，"."后面必须有一个空格。使用内置命令"."或 source 类似于运行一个 shell 脚本，但这些命令将该脚本作为当前进程的一部分运行。因此，当使用"."或 source 运行脚本时，在脚本中改变的变量也将影响到运行该脚本的 shell。如果将启动文件作为常规 shell 脚本运行，并且不使用"."或 source 内置命令，那么初始化文件中创建的变量将只在运行该脚本的子 shell 中起作用，并不会影响到运行该脚本的 shell。可使用"."或 source 命令来运行任何 shell 脚本，而不仅是启动文件，但可能会有副作用(比如可能会修改用户依赖的 shell 变量的值)。更多信息请参见 10.4.2 节。

在下例中，.bashrc 设置了几个变量并将 PS1 提示符设置为主机名。内置命令"."使新值起作用。

```
$ cat ~/.bashrc
export TERM=xterm              # set the terminal type
export PS1="$(hostname -f): "  # set the prompt string
export CDPATH=:$HOME           # add HOME to CDPATH string
stty kill '^u'                 # set kill line to control-u
$ . ~/.bashrc
guava:
```

8.3　符号命令

bash 以多种方式使用符号"(" ")" "[" "]" 和 "$"。为清晰起见，表 8-1 列出了每种符号最常见的用法，即便有些符号在本书后面才会介绍。

表 8-1　内置的符号命令

符　号	命　令
()	子 shell
$()	替换命令
(())	计算算术表达式，let 的同义词(当被括起来的值中包含等号时使用)
$(())	算术扩展式(不用于被括起来的值中包含等号的情形)
[]	test 命令
[[ ]]	条件表达式，类似于[ ]，但添加了字符串比较

8.4　重定向标准错误

第 5 章介绍了标准输出的概念，并解释了如何重定向命令的标准输出。除标准输出外，命令还可将输出发送到标准错误。命令将错误消息发送到标准错误，以免与发送到标准输出的信息混淆在一起。

与处理标准输出一样，默认情况下，shell 将命令的标准错误发送到屏幕上。除非重定向标准输出和标准错误中的某一个，否则不能区分命令的输出到底是发送到标准输出还是标准错误。一个不同之处是系统会缓存标准输出，而不会缓存标准错误。本节讲述 bash 用来重定向标准错误的语法，并区分标准输出和标准错误。如果使用 tcsh，请参见 9.4 节。

文件描述符　文件描述符是程序发送输出和获取输入的地方。当执行一个程序时，Linux 打开该程序的 3 个文件描述符，分别是：0(标准输入)、1(标准输出)和 2(标准错误)。重定向输出符号(>)是"1>"的简写，它通知 shell 重定向标准输出。类似地，"<"是"0<"的简写，表示重定向标准输入。符号"2>"将重定向标准错误。参见 10.2 节以了解更多信息。

下例演示如何将标准输出和标准错误重定向到不同的文件和同一文件。当运行 cat 实用程序时，如果参数中的某个文件不存在，而另一个文件存在，cat 将把一条错误消息发送到标准错误，同时将确实存在的那个文件复制到标准输出。除非重定向它们，否则两条消息都将显示在屏幕上。

```
$ cat y
This is y.
$ cat x
cat: x: No such file or directory

$ cat x y
cat: x: No such file or directory
This is y.
```

重定向命令的标准输出时，发送到标准错误的输出将不受影响，仍然显示在屏幕上。

```
$ cat x y > hold
cat: x: No such file or directory
$ cat hold
This is y.
```

类似地，用管道发送标准输出时，标准错误也不受影响。下例将 cat 的标准输出通过管道发送给 tr(在本例中，这个程序将小写字母转换为大写字母)。cat 发送到标准错误的文本并未转换，这是因为它直接发送到屏幕，并未经过这个管道。

```
$ cat x y | tr "[a-z]" "[A-Z]"
cat: x: No such file or directory
THIS IS Y.
```

下例将标准输出和标准错误重定向到不同文件。shell 将标准输出(第 1 个文件描述符)重定向到"1>"后面文件名所指定的文件中。可用">"代替"1>"。shell 将标准错误(第 2 个文件描述符)重定向到"2>"后面文件名所指定的文件中。

```
$ cat x y 1> hold1 2> hold2
$ cat hold1
This is y.
$ cat hold2
cat: x: No such file or directory
```

合并标准输出和标准错误 在下一个示例中，"&>"记号把标准输出和标准错误重定向到一个文件。">&"记号在 tcsh 中实现相同的功能。

```
$ cat x y &> hold
$ cat hold
cat: x: No such file or directory
This is y.
```

复制文件描述符 在下例中，"1>"将标准输出重定向到文件 hold。然后，2>&1 声明第 2 个文件描述符为第 1 个文件描述符的副本。这样做的结果是，标准输出和标准错误均被重定向到文件 hold。

```
$ cat x y 1> hold 2>&1
$ cat hold
cat: x: No such file or directory
This is y.
```

在这个示例中，1> hold 放在 2>&1 的前面。如果将它们的顺序颠倒，在标准输出重定向到文件 hold 之前，标准错误就已经生成了标准输出的一个副本。这样，只有标准输出被重定向到文件 hold。

把错误发送到管道 在下例中，第 2 个文件描述符是第 1 个文件描述符的副本，通过到 tr 命令的管道将输出发送到第 1 个文件描述符以及第 2 个文件描述符。

```
$ cat x y 2>&1 | tr "[a-z]" "[A-Z]"
CAT: X: NO SUCH FILE OR DIRECTORY
THIS IS Y.
```

记号|&是 2>&1 |的简写:

```
$ cat x y |& tr "[a-z]" "[A-Z]"
CAT: X: NO SUCH FILE OR DIRECTORY
```

THIS IS Y.

把错误发送到标准错误　还可使用 1>&2(或>&2)将命令的标准输出重定向到标准错误。shell 脚本使用这种技术将 echo 的输出发送到标准错误。在以下脚本中，第 1 条 echo 命令的标准输出被重定向到标准错误：

```
$ cat message_demo
echo This is an error message. 1>&2
echo This is not an error message.
```

如果重定向 message_demo 的标准输出，那么像第 1 条 echo 命令产生的那些错误消息将显示在屏幕上，这是因为还没有重定向标准错误。shell 脚本的标准输出经常被重定向到另一个文件，所以可使用这种技术在屏幕上显示脚本生成的错误消息。lnks 脚本就使用这种技术。在脚本中，还可使用内置命令 exec 创建其他文件描述符，并重定向 shell 脚本的标准输入、标准输出和标准错误。

bash 支持的重定向运算符如表 8-2 所示。

表 8-2　bash 支持的重定向运算符

运　算　符	含　　义
< *filename*	从文件 *filename* 重定向到标准输入
> *filename*	除非文件 *filename* 已存在并设置了 **noclobber** 标记，否则标准输出将被重定向到文件 *filename*；如果没有设置 **noclobber** 标记，那么在文件 *filename* 不存在时重定向操作将创建该文件，在文件 *filename* 存在时将重写它
>! *filename*	即使文件 *filename* 存在且设置了 **noclobber** 标记，也将标准输出重定向到该文件
>> *filename*	将标准输出重定向到文件 *filename*，并将其内容追加到该文件的末尾；如果文件 *filename* 不存在，将创建该文件
&> filename	将标准输出和标准错误重定向到文件 *filename*
<&*m*	从第 *m* 个文件描述符复制标准输入
[*n*]>&*m*	从第 *m* 个文件描述符复制标准输出或第 *n* 个文件描述符(如果指定了第 *n* 个文件描述符)
[*n*]<&-	关闭标准输入或第 *n* 个文件描述符(如果指定了 *n*)
[*n*]>&-	关闭标准输出或第 *n* 个文件描述符(如果指定了 *n*)

8.5　编写和执行简单的 shell 脚本

shell 脚本是包含 shell 可执行命令的文件。shell 脚本中的命令可以是用户在 shell 提示符后面输入的任何命令。比如，shell 脚本中的某条命令可运行某个 Linux 实用程序、已编译的程序或另一个 shell 脚本。与用户在命令行上输入的命令一样，shell 脚本中的命令可使用模糊文件引用，并可有自己的输入和输出，这些输入和输出可能重定向自某个文件或重定向到某个文件，或通过管道发送。脚本本身的输入和输出也可使用管道和重定向技术。

通常情况下，除使用用户在命令行上输入的命令外，在 shell 脚本中还可使用控制流命令(也称为控制结构)。使用这组命令可改变脚本中命令的执行顺序，就像使用结构化程序编程语言改变语句的执行顺序一样。查阅 10.1 节(bash)和 9.7 节(tcsh)可了解更多细节。

shell 逐条地解释并执行 shell 脚本中的命令。这样使用 shell 脚本就可简捷地启动一系列复杂任务或一个重复性过程。

8.5.1　chmod：使文件可执行

要用 shell 脚本的文件名作为命令执行该脚本，用户必须具有包含该脚本的文件的读取权限和执行权限(参见 4.5 节)。读取权限使用户可读取包含脚本的文件。执行权限告诉 shell 和系统，该文件的所有者、组用户和/或其他用户可执行这个文件，它暗示这个文件的内容是可执行的。

当使用编辑器创建 shell 脚本时，该文件通常并没有设置执行权限。下例给出一个名为 whoson 的文件，其中包含 shell 脚本：

```
$ cat whoson
date
echo "Users Currently Logged In"
who
$ ./whoson
bash: ./whoson: Permission denied
```

将文件名 whoson 作为命令并不能执行它，这是因为用户还不具有这个文件的执行权限。shell 并不认为 whoson 是一个可执行文件，因此当用户试图执行它时就会出现 permission denied 错误消息(如果出现 command not found 错误消息，就参考本节的提示)。如果将该文件名作为 bash 的参数(bash whoson)，bash 将该参数作为一个 shell 脚本并执行它。这时，bash 是可执行的，而 whoson 是 bash 将要执行的参数，因此用户不必具备 whoson 的执行权限，但必须具备读取权限。

未找到命令?

提示　如果用 shell 脚本的文件名作为命令执行该脚本，但不包含前导的 "./"，那么 shell 一般会显示下面的错误消息:

```
$ whoson
bash: whoson: command not found
```

该消息说明 shell 并不在当前工作目录中查找可执行文件，而如果按照下面的格式输入这条命令:

```
$ ./whoson
```

"./" 明确地告诉 shell，在当前工作目录中查找可执行文件。尽管由于安全原因不推荐使用，但用户可更改 **PATH** 变量，让 shell 能自动在当前工作目录中查找可执行文件，请参见 8.9.3 节。

chmod 实用程序可改变与文件相关联的访问权限。图 8-1 给出了带-l 选项的 ls 命令的执行结果，该命令显示了在使用 chmod 命令赋予该文件所有者执行权限前后文件 whoson 的访问权限。

在第 1 条 ls 命令的显示结果中，第 4 个字符为连字符(-)，它指出该文件的所有者没有执行该文件的权限。接下来的 chmod 命令赋予了文件所有者执行权限:u+x 指示 chmod 为文件所有者(u)添加(+)执行权限(x)。u 代表 user，尽管它表示该文件的所有者(owner)，但该所有者并不是在任何时候都是该文件的用户(user)。第 2 个参数是对应的文件名。在第 2 条 ls 命令的显示结果中，第 4 个字符是 x，指出文件所有者具备执行权限。

如果其他用户要执行这个文件，就必须改变该文件的组访问权限和/或其他用户访问权限。任何用户要把文件名作为命令执行，都必须具备执行权限。如果该文件是一个 shell 脚本，那么用户尝试执行这个文件时，还必须具备读取权限。而在执行一个二进制可执行文件(已编译程序)时，并不需要读取权限。

图 8-1 中的最后一条命令给出了 shell 将文件名作为命令执行的情况。要进一步了解这方面的内容，请参见 4.5 节以及第 VI 部分对 ls 和 chmod 的讨论。

```
$ ls -l whoson
-rⓦw-r--. 1 max pubs 40 05-24 11:30 whoson

$ chmod u+x whoson
$ ls -l whoson
-rⓧw-r--. 1 max pubs 40 05-24 11:30 whoson

$ ./whoson
Fri May 25 11:40:49 PDT 2018
Users Currently Logged In
zach     pts/7     2018-05-23 18:17
hls      pts/1     2018-05-24 09:59
sam      pts/12    2018-05-24 06:29 (guava)
max      pts/4     2018-05-24 09:08
```

图 8-1　使用 chmod 命令将 shell 脚本变成可执行文件

8.5.2 "#!" 指定 shell

可在 shell 脚本文件的第 1 行放置一行特殊字符串，告诉操作系统使用哪个 shell(或其他程序)来执行这个文件以及要包含哪些选项。因为操作系统在使用 exec 试图执行文件之前，将检查该程序的前几个字符，这些字符让操作系统不必进行失败的尝试。如果脚本的前两个字符是 "#!"，那么系统将这两个字符后面的那些字符作为应该执行该脚本的实用程序的绝对路径名。它可以是任何程序的路径名，而并不仅是 shell；如果想要运行脚本的 shell 与调用该脚本的 shell 不同，这个路径名会很有用。下例指定应该运行这个脚本的 bash：

```
$ cat bash_script
#!/bin/bash
echo "This is a Bourne Again Shell script."
```

bash 的-e 和-u 选项可提高程序的可控性

提示 当简单命令(非控制结构)执行失败时，bash 的-e(errexit)选项使 bash 退出。当试图展开一个未设置的变量时，bash 的-u(nounset)选项使 bash 显示一条消息并退出。详情可参见表 8-13。在 bash 脚本的!#行上可以很容易地开启这些选项：

```
#!/bin/bash -eu
```

当你在脚本中误输入以下行时，这些选项可避免灾难的发生：

```
MYDIR=/tmp/$$
cd $MYDIr; rm -rf .
```

在开发过程中，可在!#行上同时指定-x 选项来开启调试(参见 10.1 节)。

下例在 Perl 下运行，并可从 shell 直接运行，而不需要在命令行中显式地调用 Perl：

```
$ cat ./perl_script.pl
#!/usr/bin/perl -w
print "This is a Perl script.\n";
$ ./perl_script.pl
This is a Perl script.
```

下例给出了一个应该由 tcsh 执行的脚本：

```
$ cat tcsh_script
#!/bin/tcsh
echo "This is a tcsh script."
set person = zach
echo "person is $person"
```

因为有 "#!" 这么一行字符，所以操作系统可确定由 tcsh 来执行这个脚本，而不管用户从何种 shell 启动。

在 shell 脚本中可使用 ps –f 来显示正在执行该脚本的 shell 的名称。在下例中，ps 显示的 3 行内容给出了运行父 shell 的进程、运行 tcsh 脚本的进程以及运行 ps 命令的进程：

```
$ cat tcsh_script2
#!/bin/tcsh
ps -f

$ ./tcsh_script2
UID    PID    PPID   C  STIME    TTY    TIME CMD
max    3031   3030   0  Nov16    pts/4  00:00:00  -bash
max    9358   3031   0  21:13    pts/4  00:00:00  /bin/tcsh ./tcsh_script2
max    9375   9358   0  21:13    pts/4  00:00:00  ps -f
```

如果 "#!" 的后面没有可执行程序名，shell 将报告一条错误消息，通知没有找到用户要求运行的命令。"#!" 的后面可以有一些空格。如果省略 "#!" 行而试图运行脚本，比如从 bash 中运行 tcsh 脚本，shell 将产生错误消息或错误地执行脚本。参见 15.5 节中的一个独立 sed 脚本，它用到了 "#!"。

8.5.3 "#" 开始一行注释

注释使 shell 脚本和所有代码便于自己和他人阅读和维护。bash 和 tcsh 的注释语法相同。

如果井号(#)出现在脚本的第 1 行的第 1 个字符的位置并且其后没有感叹号 "!"，或者在脚本中的其他任意位置上出现了 "#"，那么 shell 将其视为注释的开始。shell 将忽略从 "#" 到行末(下一个换行符)之间的所有内容。

8.5.4 执行 shell 脚本

fork 和 exec 系统调用 如前所述，如果不具备 shell 脚本文件的执行权限，那么用户可使用 bash 命令，对直接运行该脚本的 shell 执行 exec 操作。在下例中，bash 创建了一个新的 shell，它从名为 whoson 的文件中获取输入：

```
$ bash whoson
```

因为 bash 命令期望读取一个包含命令的文件，所以不需要 whoson 的执行权限(但仍然需要读取权限)。尽管 bash 从 whoson 中读取并执行命令，但是标准输入、标准输出和标准错误仍然被定向自/定向到终端。你也可通过重定向标准输入的方式为 bash 提供命令：

```
$ bash < whoson
```

尽管可使用 bash 执行 shell 脚本，但这种技术将使脚本的执行速度比具备执行权限之后直接调用脚本慢一些。用户更喜欢将文件改为可执行文件并在命令行上直接输入文件名来运行脚本。而且输入名字更容易一些，这和调用其他类型的程序是一致的，这样用户就没必要知道正在运行的是 shell 脚本还是可执行文件。然而，如果 bash 并不是用户所用的交互式 shell，或想看看不同 shell 如何运行该脚本，那么可将脚本作为 bash 或 tcsh 的参数。

---

sh 并不调用原 Bourne Shell

提示　原 Bourne Shell 由命令 sh 调用。尽管可使用 sh，或在一些系统上使用 dash 来调用 bash，但它并不是原 Bourne Shell。sh 命令(/bin/sh)是指向/bin/bash 或/bin/dash 的符号链接，因此它是 bash 或 dash 命令的另一个名字。当使用 sh 命令调用 bash 时，bash 会尝试尽可能地模拟原 Bourne Shell 的行为，但这并不总能成功。

8.6　控制操作符：命令分隔和命令分组

无论用户交互地向 shell 输入命令还是编写 shell 脚本，都必须分隔不同的命令。本节首先回顾第 5 章所讲的命令分隔方法，然后介绍几种新方法。本节适用于 bash 和 tcsh。

用于分隔、结束和分组命令的标记称为控制操作符。如 10.7 节所述，每个控制操作符都可表示命令行延续。下面列出控制操作符：

- ; 命令分隔符
- NEWLINE 命令启动符
- & 后台任务
- | 管道
- |& 标准错误管道
- () 分组命令
- || 布尔或
- && 布尔与
- ;; case 结束符

8.6.1　使用分号和换行符分隔命令

换行符是一个独特的命令分隔符，因为它将开始执行该字符前面的命令。在阅读本书的过程中，每次在命令行的末尾按 RETURN 键时，都会遇到这种情形。

分号(;)也是一个控制运算符，但是它并不立即开始执行命令，也不改变命令的任何功能。用户可在单个命令行中连续输入一串命令，并用分号彼此分开。按 RETURN 键开始执行这串命令：

```
$ x ; y ; z
```

如果 x、y 和 z 是命令，那么这个命令行产生的结果与下面示例的 3 条命令产生的结果相同。不同之处在于，在下例中，每条命令(x、y 和 z)执行完毕后，shell 均显示一个提示符；而在前面的示例中，shell 仅在 z 执行完毕后才显示提示符。

```
$ x
$ y
$ z
```

空格　尽管在前面的示例中，分号左右两侧的空格使得命令行更便于阅读，但这些空格符并不是必需的。任何命令分隔符的左右均不需要空格或制表符。

8.6.2　"|"和"&"分隔命令及其他功能

管道符号(|)和后台任务符号(&)也是命令分隔符。它们并不开始执行命令，而是在某些方面改变命令的功能。管道符号改变标准输入的源或标准输出的目的地。而后台任务符号使 shell 在后台执行该任务，这样用户就可以立即看到一个提示符，并继续其他工作。

下面每个命令行都启动由 3 个任务组成的一个作业：

```
$ x | y | z
$ ls -l | grep tmp | less
```

在第 1 个管道中，shell 将任务 x 的标准输出重定向为任务 y 的标准输入，还将 y 的标准输出重定向为 z 的标准输入。因为整个作业在前台执行，所以在任务 z 运行完毕前 shell 不会显示提示符：在任务 y 结束之前 z 不会结束，而在 x 结束之前 y 不会结束。在第 2 个管道中，任务 x 是 ls -l 命令，任务 y 是 grep tmp，任务 z 是分页程序 less。shell 显示当前工作目录下包含字符串 tmp 的文件列表，文件列表通过管道传给 less。

下一个命令行在后台执行任务 d 和 e，而在前台执行任务 f：

```
$ d & e & f
[1] 14271
[2] 14272
```

shell 将作业数目显示在方括号中，还显示了在后台运行的每个进程的 **PID** 编号。在 f 结束后它会立即显示一个 shell 提示符，此时 d 或 e 还可能尚未执行完毕。

在显示提示符以输入新命令前，shell 检查后台运行的作业是否完成。每完成一个作业，shell 将显示其作业编号、单词 Done 以及调用该作业的命令行，然后 shell 才显示一个提示符。在列出作业编号时，最后一个开始的作业的编号后面有一个字符(+)，而前一个作业的编号后面有一个字符(-)。任何其他作业的编号后面都有一个空格符。在运行最后一条命令后，shell 在显示提示符之前将显示下面的内容：

```
[1]- Done           d
[2]+ Done           e
```

下面的命令行将在后台执行 3 个作业。这时 shell 将立即显示一个提示符：

```
$ d & e & f &
[1] 14290
[2] 14291
[3] 14292
```

可用管道将一个任务的输出发送给下一个任务，并用 "&" 将整个作业作为一个后台任务运行。同样 shell 也会立即显示提示符。shell 会将通过管道连接的多个命令当作一个单独作业。也就是说，它将管道视为单独任务，而不管管道符号(|)连接的任务数量或者这些任务有多么复杂。bash 报告仅有一个进程在后台执行(尽管有 3 个)：

```
$ d | e | f &
[1] 14295
```

tcsh 显示有 3 个进程(均属于第 1 个作业)在后台执行：

```
tcsh $ d | e | f &
[1] 14302 14304 14306
```

8.6.3　布尔控制操作符&&和||

布尔操作符&&和||被称为短路控制操作符。如果左操作数的值能确定表达式的值，那么右操作数不会被计算。布尔操作的结果只有 0(真)或 1(假)。

&&　操作符&&使 shell 测试其前面一条命令的退出状态。如果命令执行成功，那么 bash 执行后面一条命令；否则，跳过后面命令的执行。可使用这个构造有条件地执行命令。

```
$ mkdir bkup && cp -r src bkup
```

这个复合命令创建 bkup 目录。如果 mkdir 成功，src 目录的内容将被递归地复制到 bkup 中。

||　操作符||同样使 shell 测试第一条命令的退出状态，但效果相反：当且仅当第一条命令执行失败时(即以非零状态退出)，才会执行后面的命令。

```
$ mkdir bkup || echo "mkdir of bkup failed" >> /tmp/log
```

命令列表的退出状态是列表中最后执行的一条命令的退出状态。可使用括号将命令分组。例如，可将前面两个示例合并如下：

```
$ (mkdir bkup && cp -r src bkup) || echo "mkdir failed" >> /tmp/log
```

如果没有括号，&&和||的优先级相同，且从左到右分组。下例使用 true 和 false 实用程序。这些实用程序不执行任何操作，仅相应地返回退出状态真(0)和假(1)：

```
$ false; echo $?
1
```

变量$?保存前一条命令的退出状态(参见 10.3.2 节)。下面两条命令的退出状态均为 1(假)：

```
$ true || false && false
$ echo $?
1
$ (true || false) && false
$ echo $?
1
```

类似地，下面两条命令的退出状态均为 0(真)：

```
$ false && false || true
$ echo $?
0
$ (false && false) || true
$ echo $?
0
```

更多示例请参见 5.2.5 节。

选读

8.6.4　( )命令分组

可使用圆括号进行命令分组。shell 为每个命令组创建自身的一个副本，称为子 shell。它将每组命令作为一个作业，并为每条命令创建一个新的进程来执行它(查阅 8.13.1 节以了解创建子 shell 的更多信息)。每个子 shell(作业)有各自的运行环境，这就意味着它们有自己的一组变量，这组变量的值与其他子 shell 中的值不同。

下面的命令行在后台先后执行命令 a 和 b，同时在后台执行 c。shell 立即显示提示符。

```
$ (a ; b) & c &
[1] 15520
[2] 15521
```

前面的示例与更早的那个示例 d & e & f & 不同，因为任务 a 和 b 是相继启动的，而非同时启动。

类似地，下面的命令行在后台相继执行 a 和 b，同时在后台相继执行 c 和 d。运行 a 和 b 的子 shell 与运行 c 和 d 的子 shell 同时运行。shell 立即显示提示符。

```
$ (a ; b) & (c ; d) &
[1] 15528
[2] 15529
```

下一个脚本将把一个目录复制到另一个目录中。第 2 对圆括号将创建一个子 shell 来运行管道后面的命令。因为有这些圆括号，第 1 个 tar 命令的输出可用于第 2 个 tar 命令，而不管中间的 cd 命令。如果没有圆括号，第 1 个 tar 命令的输出将发送给 cd，然后被丢弃，这是因为 cd 并不处理来自标准输入的输入数据。shell 变量$1 和$2 分别代表命令行的第 1 个和第 2 个参数。第 1 对圆括号创建一个子 shell 来运行前两条命令，这样用户就可以使用相对路径名来调用 cpdir。如果没有这对圆括号，第 1 个 cd 命令将改变该脚本的工作目录(同时会导致第 2 个 cd 命令的工作目录改变)。而有了这对圆括号，就只改变子 shell 的工作目录。

```
$ cat cpdir
(cd $1 ; tar -cf - . ) | (cd $2 ; tar -xvf - )
$ ./cpdir /home/max/sources /home/max/memo/biblio
```

cpdir 命令行将目录/home/max/sources 下的所有文件和目录复制到名为/home/max/ memo/biblio 的目录中。这个 shell 脚本的功能基本上与带-r 选项的 cp 实用程序一样。查阅本书第 VI 部分来了解 cp 的详细信息。

8.6.5 "\" 继续命令

尽管反斜杠字符(\)并不是控制操作符，但可在命令的中间使用它。当输入一条较长的命令行时，光标已到达屏幕右端，这时候可使用反斜杠字符(\)在下一行继续这条命令。反斜杠引用了换行符(也就是将其转义)，这样 shell 就不会将这个换行符作为一个命令终结符对待。用单引号将反斜杠字符括起来，或在反斜杠的前面再加上一个反斜杠，就可以关闭反斜杠字符，从而转义特殊字符(如换行符)的功能(tcsh 不支持，参见 9.6 节)。而用双引号括起来不会影响反斜杠字符的功能(tcsh 不支持)。

尽管可在单词(记号)的中间进行换行，但一般情况下，在空格前后换行更便于阅读。

选读

在 bash 中，可在引用串的中间输入换行符而不用使用反斜杠字符(可参阅 9.6 节的 prompt2 来了解 tcsh 行为)。此时输入的换行符(RETURN)将成为这个字符串的一部分：

```
$ echo "Please enter the three values
> required to complete the transaction."
Please enter the three values
required to complete the transaction.
```

在本节的 3 个示例中，shell 并未将换行符解释为命令终结符，因为它出现在引用串的中间。">"字符是一个辅助提示符，指出 shell 正等待用户继续输入尚未完成的命令。在下例中，第 1 个换行符被引用(转义)，这样 shell 将其作为一个分隔符，并不按字面意思解释。

```
$ echo "Please enter the three values \
> required to complete the transaction."
Please enter the three values required to complete the transaction.
```

而单引号使得 shell 按字面意思解释反斜杠：

```
$ echo 'Please enter the three values \
> required to complete the transaction.'
Please enter the three values \
required to complete the transaction.
```

8.7 作业控制

如 5.3 节所述，作业是运行管道命令(可以是简单命令)的进程的另一个名称。无论何时向 shell 输入一个命令，其实都是在运行一个或多个作业。例如，在命令行上输入 date 后按 RETURN 键，此时就运行了一个作业。也可在单个命令行中，通过输入由控制操作符(如下例中的&)分隔的多个简单命令来创建多个作业：

```
$ find . -print | sort | lpr & grep -l max /tmp/* > maxfiles &
[1] 18839
[2] 18876
```

在第 1 个"&"符号之前的命令行部分是一个作业，它由管道连接的 3 个简单命令组成：find、sort 和 lpr。第 2 个作业是运行 grep 的单个简单命令。两个作业均被末尾的"&"符号放到后台执行，因此 bash 没有等待这些作业完成就立即显示提示符。

可使用作业控制将命令从前台移到后台，或从后台移到前台。还可临时停止命令，并列出所有正在后台运行的命令或已经停止的命令。

8.7.1   jobs：列出作业

内置命令 jobs 将列出所有后台作业。下例演示了输入 jobs 命令将发生的事情。其中 sleep 命令在后台运行，并创建了 jobs 报告的一个后台作业：

```
$ sleep 60 &
[1] 7809
$ jobs
[1] + Running   sleep 60 &
```

8.7.2   fg：将作业移到前台运行

shell 为在后台运行的所有命令分配了作业编号。对于在后台运行的每个作业，在 shell 显示提示符前，它将列出每个作业的编号和 PID 号：

```
$ gnome-calculator &
[1] 1246
$ date &
[2] 1247
$ Fri Dec 7 11:44:40 PST 2018
[2]+ Done   date
$ find /usr -name ace -print > findout &
[2] 1269
$ jobs
[1]-              Running gnome-calculator &
[2]+              Running find /usr -name ace -print > findout &
```

完成作业后，作业编号就被丢弃，这样作业编号就可以重用。当启动一个后台作业或将一个作业置于后台时，shell 为该作业分配一个作业编号，该编号比当前正在使用的最大编号大 1。

在前面的示例中，jobs 命令将第 1 个作业 gnome-calculator 列为作业 1。date 命令并未出现在作业列表中，因为它在 jobs 运行之前已经结束了。因为 date 命令在 find 运行之前完成，所以 find 命令成为作业 2。

为将一个后台作业放到前台执行，可将其作业编号放在内置命令 fg 的后面。还可通过另一种方式实现这个功能，即将百分号和相应的作业编号作为一条命令。下面的两条命令都可将作业 2 移到前台执行。当把作业移动到前台时，shell 将显示该命令正在前台执行。

```
$ fg 2
find /usr -name ace -print > findout
```

或者：

```
$ %2
find /usr -name ace -print > findout
```

也可通过百分号和字符串来引用作业，其中的字符串能唯一地标识启动该作业的命令行的起始部分。与前面的命令不同，用户可使用 fg %find 或 fg %f，因为它们都可唯一地标识作业 2。如果百分号的后面有一个问号和一个字符串，那么该字符串可与命令行中的任意部分匹配。在前面的示例中，fg %?ace 也可将作业 2 放到前台执行。

　　常将唯一一个在后台运行的作业或 jobs 列表中带加号(+)的那个作业放到前台执行。这些情况下，不带任何参数 fg 就能将作业移到前台。

8.7.3　挂起作业

　　按下挂起键(通常是 CONTROL+Z)会立即挂起(临时停止)前台的作业，并显示一条包含单词 Stopped 的消息：

```
CONTROL-Z
[2]+ Stopped          find /usr -name ace -print > findout
```

　　更多信息请参见 5.3 节。

8.7.4　bg：将作业移到后台运行

　　将前台作业转移到后台执行前，必须首先按下挂起键(通常是 CONTROL+Z)将作业挂起(暂时停止运行)。然后就可以使用内置命令 bg 将该任务放到后台继续运行。

```
$ bg
[2]+ find /usr -name ace -print > findout &
```

　　如果某个后台作业尝试从终端执行读取操作，shell 就停止该作业，并显示一条消息说明该作业已经停止。此时用户必须将该作业转移前台，这样该作业就可以从终端读取输入。

```
$ (sleep 5; cat > mytext) &
[1] 1343
$ date
Fri Dec 7 11:58:20 PST 2018
[1]+ Stopped ( sleep 5; cat >mytext )
$ fg
( sleep 5; cat >mytext )
Remember to let the cat out!
CONTROL-D
$
```

　　在这个示例中，shell 在后台作业启动时就显示其任务编号和 PID 号，然后显示一个提示符。此时可输入一条命令，用户输入的命令是 date，它的输出将立即显示在屏幕上。shell 将等待，直到它发出提示符以通知用户第 1 个作业已停止(在 date 结束后)。当用户输入 fg 命令时，shell 把在后台运行的作业放到前台，这时可输入该命令所需的数据。这种情况下，输入结束时需要按 CONTROL+D 组合键，向 cat 发送 EOF(文件结束)信号。然后 shell 显示另一个提示符。

　　当作业的状态发生改变时，shell 将通知用户以提醒某个后台作业开始、完成或者因为等待来自终端的输入而停止。当某个前台作业被挂起时，shell 也将通知用户。因为关于正在后台运行的作业的通知可能扰乱用户的工作，所以 shell 在显示提示符之前才显示这些通知。可设置 notify 使 shell 同步地显示这些通知。

　　如果用户在作业停止时退出 shell，shell 就发出一条警告，并且不允许用户退出。此时，如果使用 jobs 查看作业列表或立即再次试图退出，那么 shell 将允许用户退出。如果没有设置 huponexit，那些已停止的作业和后台作业将继续运行。如果设置了它，shell 就终止作业。

8.8　操作目录栈

　　bash 和 tcsh 都允许用户将其正在使用的目录列表存储起来，这样就可以轻松地在这些目录之间切换。这个目录列表称为栈。它类似于餐厅用的盘子：一般将盘子放到栈顶或者从栈顶取盘子，这就创建了一个先入后出(FILO)的栈。

8.8.1 dirs：显示栈

内置命令 dirs 显示目录栈的内容。如果在目录栈为空时调用 dirs，它就显示工作目录的名称。

```
$ dirs
~/literature
```

内置命令 dirs 使用代字符(~)表示用户的主目录的名称。下面几节中的示例均假设用户使用图 8-2 中给出的目录结构。

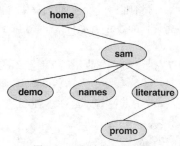

图 8-2 示例中的目录结构

8.8.2 pushd：将目录压入栈中

使用包含一个参数的内置命令 pushd(push directory)可将该参数指定的目录压入栈中。除改变目录外，内置命令 pushd 还将显示栈的内容。图 8-3 阐明了下面的示例：

```
$ pushd ../demo
~/demo ~/literature
$ pwd
/home/sam/demo
$ pushd ../names
~/names ~/demo ~/literature
$ pwd
/home/sam/names
```

当使用不带参数的 pushd 时，pushd 交换栈顶最上面的两个目录，并将新的栈顶目录(即原来的次栈项目录)作为新的工作目录(如图 8-4 所示)：

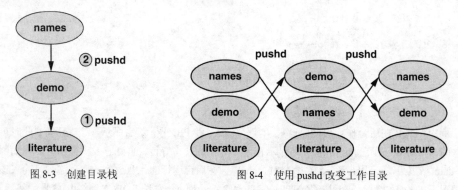

图 8-3 创建目录栈   图 8-4 使用 pushd 改变工作目录

```
$ pushd
~/demo ~/names ~/literature
$ pwd
/home/sam/demo
```

这样使用 pushd，即可轻易地在两个目录之间来回移动。不管是否显式地创建目录栈，都可以使用 cd-切换到前一个目录。为访问栈中的其他目录，可在调用 pushd 时，将一个以加号开头的数字作为参数。栈中目录的编号从栈顶开始算起，栈项目录的编号是 0。下面的 pushd 命令继续前一个示例，将工作目录切换到 literature，并将 literature 移到栈顶：

```
$ pushd +2
~/literature ~/demo ~/names
$ pwd
/home/sam/literature
```

8.8.3 popd：将目录从栈中弹出

使用内置命令 popd(pop directory)可将目录从栈中移出。不带参数的 popd 将栈项目录从栈中移出，并将工作目录切换到新的栈项目录。下例和图 8-5 说明了这种情况。

```
$ dirs
~/literature ~/demo ~/names
$ popd
~/demo ~/names
$ pwd
/home/sam/demo
```

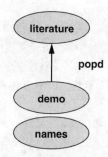

图 8-5　使用 popd 命令将目录从栈中移出

为移出除栈顶外的其他目录，可将以加号开头的一个数字作为参数调用 popd。下例将目录编号 1(即 demo)移出。移出编号不为 0 的目录并不改变工作目录。

```
$ dirs
~/literature ~/demo ~/names
$ popd +1
~/literature ~/names
```

8.9　参数和变量

shell 参数　在 shell 中，shell 参数与用户或 shell 脚本可访问的某个值相关。本节介绍如下几种 shell 参数：用户创建的变量、关键字变量、位置参数和特殊参数。

变量　由字母、数字和下划线作为名称的参数常被称为变量。变量名必须以字母或下划线开头，而不能以数字开头。因此 A76、MY_CAT 和 _ _ _X_ _ _都是合法的变量名，而 69TH_STREET(以数字开头)和 MY-NAME(包含连字符)都不是合法的变量名。

用户创建的变量　用户命名并赋值的变量称为用户创建的变量。用户可随时修改用户创建的变量的值，或将其设置为只读，这样它们的值就不会发生改变。

shell 变量和环境变量　默认情况下，变量仅在创建它的 shell 中可用(即局部的)；这种类型的变量称为 shell 变量。可使用 export 让变量在其创建 shell 的所有子 shell 中可用(即全局)；这类变量称为环境变量。一种命名规范是使用大小写混合或小写字母命名 shell 变量，对于环境变量使用全大写字母。关于 shell 变量和环境变量的更多信息，请参见 10.4 节。

在 bash 中，使用下面的语法声明和初始化变量：

VARIABLE=value

等号(=)的两边可以没有空格。下面是一个赋值的示例：

```
$ myvar=abc
```

而在 tcsh 中，赋值语句必须以字 set 开头，等号两边的空格是可选的：

```
$ set myvar = abc
```

为脚本声明和初始化变量　bash 允许在命令行的开头放置变量赋值语句。这种赋值语句会创建该命令 shell 的局部变量，也就是说，这种变量只能用于该命令运行的程序(以及该程序的子程序)中。shell 脚本 my_script 显示了 TEMPDIR 的值。下面的命令运行 my_script，将 TEMPDIR 设置为/home/sam/temp。内置命令 echo 的运行结果显示，在运行 my_script 后，这个交互式 shell 中并没有改变 TEMPDIR 的值。如果已在交互式 shell 中设置了 TEMPDIR，按这种方式运行 my_script 对它的值没有影响。

```
$ cat my_script
echo $TEMPDIR
$ TEMPDIR=/home/sam/temp my_script
/home/sam/temp
$ echo $TEMPDIR

$
```

关键字变量　关键字 shell 变量(简称为关键字变量)对于 shell 具有特殊的意义，它们的名称一般较短且有助于记忆。当用户启动 shell 时(如登录)，shell 将从环境中继承几个关键字变量。HOME 和 PATH 就属于这样的变量。其中，HOME 标识用户的主目录。而当用户输入命令时，PATH 决定了 shell 在哪些目录下搜索该命令，还决定了搜索命令时的顺序。当 shell 启动时，它创建和(用默认值)初始化其他关键字变量。而对于其他变量，除非用户设置，否则它们都不存在。

用户可更改大多数关键字 shell 变量的值，但通常没必要修改系统在启动文件/etc/profile 和 /etc/csh.cshrc 中用于初始化关键字变量的值。如果需要修改 bash 关键字变量的值，就在启动文件中进行修改。用户可将用户创建的变量变成全局变量，同样，可将关键字变量变成全局变量，这个工作一般在启动文件中自动完成。用户还可将关键字变量变为只读变量。关于关键字变量的讨论参见 8.9.3 节。

位置参数和特殊参数　位置参数和特殊参数的名称并不像变量名。其中，大多数参数的名称由一个字符组成(比如 1、?和#等)，并像所有变量一样，在引用它们时一般在名字前面加上美元符号(如$1、$?和$#)。这些参数的值反映了用户与 shell 交互的不同方面。

无论何时，用户在命令行中输入的每个参数都将成为位置参数的值。用户可使用位置参数访问命令行参数，在编写 shell 脚本时将用到这项功能。内置命令 set 可用来给位置参数赋值。

其他经常需要用到的 shell 脚本值，如最后一次执行的命令名、命令行参数的个数以及最近执行的命令的状态等，这些值均保存在特殊参数中。用户不能对特殊参数赋值。

8.9.1　用户创建的变量

在下面的示例中，第 1 行声明了一个名为 person 的变量，并用值 max 将其初始化：

```
$ person=max
$ echo person
person
$ echo $person
max
```

参数替换　因为内置命令 echo 将其参数复制到标准输出，所以用户可用它来显示变量的值。这个示例的第 2 行表明 person 并不表示 max。相反，字符串 person 回显为 person。只有在变量名前面加上美元符号$时，shell 才会替换变量的值。因此命令 echo $person 显示变量 person 的值，而不是显示$person，这是由于 shell 不会将$person 作为参数传递给 echo。因为前面的$，shell 识别出这是一个变量名，并替换该变量的值，同时将该值传递给 echo。内置命令 echo 显示该变量的值，而不是它的名称，然而 echo 绝不会知道用户调用它时使用了变量。

**引用$**　如果将前面的$用单引号引起来，就可阻止 shell 替换变量的值。双引号不能阻止替换，而单引号或反斜杠符号\都可以阻止替换。

```
$ echo $person
max
$ echo "$person"
max
$ echo '$person'
$person
$ echo \$person
$person
```

• **空格**　因为双引号不能阻止变量替换，但可关闭大多数其他字符的特殊意义，所以当对变量赋值和使用它们的值时，它就非常有用。为向变量赋予一个包含空格或制表符的值，可在该值的两边加上双引号。尽管并不是在所有情况下都需要用到双引号，但使用它们是一个好习惯。

```
$ person="max and zach"
$ echo $person
max and zach
$ person=max and zach
bash: and: command not found
```

当引用一个包含制表符和多个相连空格的变量时，需要使用引号来保留这些空格。如果没有将该变量用引号引起来，那么在将其传递给实用程序之前，shell 将把空格构成的每个字符串压缩成单个空格：

```
$ person="max    and    zach"
$ echo $person
max and zach
$ echo "$person"
max    and    zach
```

赋值中的路径名展开　当使用变量作为参数执行一条命令时，shell 将用该变量的值代替变量名，并将该值传递给正在执行的程序。如果变量的值包含特殊字符，如"*"或"?"，shell 可能还会扩展这个变量。

在下面的命令序列中，第 1 行命令将字符串 max*赋予变量 memo。当引用一个包含未被引号引起来的特殊字符的变量时，所有 shell 均将这些字符解释为特殊字符。在下例中，shell 将展开变量 memo 的值，因为它并没有被括起来：

```
$ memo=max*
$ ls
max.report
max.summary
$ echo $memo
max.report max.summary
```

在这个示例中，shell 将$memo 变量展开为 max*，将 max*展开为 max.report 和 max.summary，并将这两个值传递给 echo。在下例中，bash 并不扩展字符串，因为向变量赋值时，bash 并不进行路径名扩展。

```
$ echo "$memo"
max*
```

所有 shell 都按特定顺序处理命令行。在这个顺序中，bash(但不是 tcsh)在解释命令之前展开变量。在上面的 echo 命令行中，双引号将$memo 的展开值中的星号(*)引起来，这样在将其值传递给 echo 命令前，可阻止 bash 对已展开的变量 memo 进行路径名展开。

unset：删除变量

除非变量被删除，否则它将一直存在于创建它的 shell 中。使用值 null 可将变量的值删除，但不删除该变量。下面的示例中，set 显示所有变量和它们的值；grep 抽取其中显示 person 值的行。

```
$ echo $person
zach
$ person=
$ echo $person
$ set | grep person
person=
```

可使用内置命令 unset 删除变量。使用下面的命令删除变量 person：

```
$ unset person
$ echo $person
$ set | grep person
$
```

8.9.2 变量属性

本节讨论变量属性并解释如何将其赋予变量。

1. readonly：使变量值不可变更

可使用内置命令 readonly(tcsh 没有这个命令)确保某个变量的值不改变。下例将变量 person 声明为只读。在将变量声明为只读前，必须为该变量赋值，声明后，就不能再改变它的值了。如果尝试删除或改变只读变量的值，shell 将显示一条错误消息：

```
$ person=zach
$ echo $person
zach
$ readonly person
$ person=helen
bash: person: readonly variable
$ unset person
bash: unset: person: cannot unset: readonly variable
```

当不带参数使用内置命令 readonly 时，它会显示所有只读 shell 变量的列表。这个列表包含那些自动设置为只读的关键字变量以及用户声明为只读的关键字变量或用户创建的变量。参见下一节的示例(readonly 和 declare –r 产生相同的输出)。

2. declare：列出和赋予变量属性

内置命令 declare 可用来列出和设置 shell 变量的属性和值。内置命令 typeset(declare 的另一个名字)执行相同的功能，但不建议使用。表 8-3 列出了 5 种属性。

表 8-3 变量属性(declare)

属　　性	含　　义
-a	声明一个数组变量
-f	声明一个函数名变量
-i	声明一个整型变量
-r	声明变量为只读，也可用 readonly
-x	输出变量(设置为全局变量)，也可用 export

下面的命令声明了几个变量并设置了一些属性。第 1 行声明了变量 person1 并赋值为 max。无论是否带 declare，这条命令的效果都一样。

```
$ declare person1=max
$ declare -r person2=zach
```

```
$ declare -rx person3=helen
$ declare -x person4
```

readonly 和 export　内置命令 readonly 和 export 分别与命令 declare –r 和 declare –x 同义。像前面声明变量 person4 所演示的那样，声明变量时不赋值是合法的。这个声明使得 person4 成为环境变量，可用于所有子 shell。在赋值前，该变量的值为空。

可按任意顺序分别列出 declare 的选项。下面的命令行等价于前面 person3 的声明：

```
·$ declare -x -r person3=helen
```

将该命令行中的连字符 "**-**" 换成字符 "**+**"，可以为变量删除某个属性。但是，用户不能删除只读属性。在下面的命令中，变量 person3 不再是全局变量，但仍然是只读的。

```
$ declare +x person3
```

关于导出变量的更多信息请参见 10.4.2 节。

列出变量属性　如果不带任何参数或选项，那么内置命令 declare 将列出所有 shell 变量。不带任何参数运行 set 命令，也会得到同样的结果。

如果内置命令 declare 带有选项，但没有变量名作为参数，那么该命令将列出所有具有指定属性集的 shell 变量。例如，declare -r 将列出所有具有只读属性的 shell 变量。这个列表与不带任何参数的 readonly 命令生成的列表相同。在前面的示例中给出声明后，该命令的运行结果如下：

```
$ declare -r
declare -r BASHOPTS="checkwinsize:cmdhist:expand_aliases: ... "
declare -ir BASHPID
declare -ar BASH_VERSINFO='([0]="4" [1]="2" [2]="24" [3]="1" ... '
declare -ir EUID="500"
declare -ir PPID="1936"
declare -r SHELLOPTS="braceexpand:emacs:hashall:histexpand: ... "
declare -ir UID="500"
declare -r person2="zach"
declare -rx person3="helen"
```

前 7 项是自动声明为只读的关键字变量。它们中的一些作为整数存放(-i)。-a 选项指出 BASH_VERSINFO 是一个数组变量，该数组的每个元素的值均列在等号的右边。

整数　默认情况下，变量的值作为字符串存储。当对某个字符串变量进行算术运算时，shell 将该变量转换为一个数字，计算完毕后，再将其转换为字符串。具有整数属性的变量将作为整数存储。下面将为变量指定整数属性：

```
$ declare -i COUNT
```

可使用 declare 来显示整数变量：

```
$ declare -i
declare -ir BASHPID
declare -i COUNT
declare -ir EUID="1000"
declare -i HISTCMD
declare -i LINENO
declare -i MAILCHECK="60"
declare -i OPTIND="1"
...
```

8.9.3　关键字变量

关键字变量可以是继承的，也可在 shell 启动时声明并启动文件。可通过命令行或在启动文件中为这些变量赋值。通常，这些变量是(已导出的)环境变量，可用于用户启动的所有子 shell，包括登录 shell。

1. HOME：用户的主目录

默认情况下，用户的主目录就是用户登录后的工作目录。当用户创建账号时，其主目录就已经确定下来，在 Linux 中，这个目录名存储在/etc/passwd 文件中。macOS 使用 Open Directory 存储该信息。

```
$ grep sam /etc/passwd
sam:x:500:500:Sam the Great:/home/sam:/bin/bash
```

当用户登录后，shell 继承了用户的主目录的路径名，并将其赋予变量 HOME。如果 cd 命令不带参数，cd 将使其名称存储在 HOME 中的目录成为工作目录：

```
$ pwd
/home/max/laptop
$ echo $HOME
/home/max
$ cd
$ pwd
/home/max
```

上例揭示了变量 HOME 的值以及内置命令 cd 的作用。在不带参数执行 cd 之后，工作目录的路径名与 HOME 的值相同：均为用户的主目录。

代字符(~) shell 使用 HOME 的值来扩展路径名，该路径名使用简写形式(代字符~)来表示用户的主目录。下例使用 echo 来显示这个快捷方式的值，然后用 ls 列出 Max 的 laptop 目录中的文件，该目录是 Max 主目录的子目录：

```
$ echo ~
/home/max
$ ls ~/laptop
tester     count     lineup
```

2. PATH：shell 查找程序的路径

当在 shell 中输入一个绝对路径名或相对路径名而非一个简单的文件名作为命令时，shell 会在指定的这个目录下用指定文件名查找可执行文件。如果该路径名对应的文件不存在，shell 就会报告 No such file or directory 错误。如果指定的文件存在，但用户没有执行权限，或者如果用户没有 shell 脚本的读取权限和执行权限，shell 就报告 Permission denied 错误。

如果使用简单的文件名作为命令，shell 就搜索某些目录(搜索路径)，以查找用户想要执行的程序。shell 在几个目录中搜索文件，查找与该命令同名且用户具有执行权限(对于编译过的程序)或者具有读取权限和执行权限(对于 shell 脚本)的文件。shell 变量 PATH(tcsh 使用 path)控制这些搜索路径。

当编译 bash 时，PATH 的默认值就已确定。它并不是在启动文件中设置的，尽管可在这个文件中修改它。通常情况下，默认值规定 shell 搜索用来保存常用命令的几个系统目录。这些系统目录包括/bin 和/usr/bin 以及其他与本地系统相关的目录。当用户输入命令时，如果 shell 在 PATH 中列出的所有目录中均找不到命令对应的可执行文件(如果是 shell 脚本，就要可读)，shell 就会生成前面提到的错误消息。

工作目录 变量 PATH 按顺序指定 shell 应该搜索的目录。目录之间必须用冒号隔开。下面的命令设置 PATH，这样可执行文件的搜索将从目录/usr/local/bin 开始。如果在该目录中没有找到这个文件，shell 将首先搜索目录/bin，然后是/usr/bin。如果在这些目录中搜索失败，则 shell 将在用户的主目录下的~/bin 子目录中搜索。最后，shell 将在工作目录中搜索。导出的 PATH 将使其值可以被子 shell 访问：

```
$ export PATH=/usr/local/bin:/bin:/usr/bin:~/bin:
```

该字符串中的空值表示工作目录。在前面的示例中，空值(在冒号和行尾之间没有任何字符)是该字符串的最后一个元素。工作目录可用字符串中的前导冒号(并不推荐这样做，原因参见下面的提示)、尾随冒号(正如上例所示)或任何位置上两个连续的冒号表示。还可显式地用句点(.)表示当前工作目录。

因为 Linux 在名为 bin(binary，二进制)的目录中存放了很多可执行文件，所以通常用户将可执行文件存放在各自的~/bin 目录下。像前面的示例一样，如果用户将自己的 bin 目录放在 PATH 变量的末尾，那么当 shell 在 PATH 列表前面的目录中没有搜索到命令时，才会在这个目录下搜索。

PATH 和安全

安全 如果需要考虑安全问题，就不要将工作目录放在 PATH 的第 1 个位置上。如果作为超级用户运行，绝不要将工作目录放在 PATH 的第 1 个位置上。一般而言，超级用户的 PATH 要完全忽略工作目录。用户总可通过在命令名前添加前缀./来执行工作目录中的文件，如./myprog。

将工作目录放在 PATH 的首位会导致安全漏洞。大多数用户进入某个目录时，第 1 个命令总是输入 ls。如果这个目录的所有者将一个名为 ls 的可执行文件放在这个目录下，并将工作目录放在该用户的 PATH 的第 1 个位置上，那么用户在该目录下输入 ls 将会执行工作目录中的 ls 程序，而不是系统中的实用程序 ls，这可能得不到期望的结果。

如果用户希望向 PATH 中添加目录，可在设置 PATH 为一个新值时引用 PATH 变量的旧值(但请查阅前面的安全提示)。下面的命令将路径/usr/local/bin 添加到当前 PATH 的开始处，将用户的主目录中的 bin 目录(~/bin)添加到当前 PATH 的末尾：

```
$ PATH=/usr/local/bin:$PATH: ~/bin
```

在~/.bash_profile 中设置 PATH 的方法，请参见 8.2 节。

3. MAIL：保存电子邮件的地方

变量 MAIL(在 tcsh 下是 mail)保存在其中包含用户邮件的文件的路径名。用户的邮件通常就是用户的 mailbox，通常是/var/mail/*name*，其中 *name* 是用户名。然而，用户可使用 MAIL 来监测任何文件(包括目录)：将 MAIL 设置为想要监测的文件名。

如果设置了 MAIL 但没有设置 MAILPATH(下面就会介绍它)，那么当邮件到达 MAIL 指定的文件时，shell 将提醒用户。在图形界面下，可取消 MAIL 的设置，这样如果使用图形邮件程序，shell 就不必在终端模拟器窗口中显示邮件提示程序。

大多数 macOS 系统都不使用本地文件来存储邮件：邮件一般保存在一个远程邮件服务器上。MAIL 变量和其他与邮件相关的 shell 变量都不执行任何操作，除非有一个本地邮件服务器。

变量 MAILPATH(在 tcsh 下不可用)包含一个用冒号隔开的文件名列表。如果设置了这个变量，那么当这个列表中的任何一个文件发生改变时(比如，接收到邮件时)，shell 都将提醒用户。可在该列表中任何一个文件名的后面加上一个问号(?)，问号后面跟着一条消息。如果有新邮件，shell 就会显示该消息。它取代了用户登录系统时因有邮件而出现的 you have mail 消息。

变量 MAILCHECK(在 tcsh 下不可用)规定了 shell 检查新邮件的频度(以秒计算，由 MAIL 或 MAILPATH 指定)。默认值是 60 秒。如果将该变量设置为 0，shell 就在显示每个提示符之前检查新邮件。

4. PS1：用户主提示符

默认的 Bourne Again Shell 提示符是一个美元符号($)。当以 root 身份运行 bash 时，bash 显示的提示符通常是英镑符号(#)。变量 PS1(在 tcsh 下是 prompt)保存 shell 用来提示用户输入命令的提示字符串。当用户修改 PS1 或 prompt 的值时，用户的提示符就会发生改变。

用户可定制 PS1 显示的提示符。例如，下面的赋值语句：

```
$ PS1="[\u@\h \W \!]$ "
```

显示下面的提示符：

[user@host directory event]$

其中 *user* 为用户名，*host* 为本机域名中第 1 个点(.)之前的主机名，*directory* 为工作目录的基名，*event* 为当前命令的事件编号。

如果用户在多个系统上工作，那么在用户的提示符中包含系统名非常有用。

在接下来的第 1 个示例中，提示符被改为本地主机的名字加上一个空格和一个美元符号(如果用户以 root 身份运行，就是一个英镑符号)。提示符末尾的空格可使用户在提示符后输入的命令更加清晰易懂。第 2 个示例将提示符改为时间和用户名。第 3 个示例将提示符改为本书使用的提示符(对于 root 是英镑符号，而对于其他用户是美元符号)：

```
$ PS1='\h \$ '
guava $

$ PS1='\@ \u $ '
09:44 PM max $

$ PS1='\$ '
$
```

表 8-4 描述了可用于 PS1 中的符号。tcsh 的对应符号参见表 8-4。如果想得到可用于提示字符串的特殊字符的完整列表，请打开 bash 的 man 页，然后搜索第 3 个 PROMPTING(输入命令/PROMPTING，然后按两次 n 键)。

表 8-4 PS1 符号

符 号	在提示符中的显示
\\$	如果用户以 root 身份运行，就显示为#，否则显示为$
\w	工作目录的路径名
\W	工作目录的基名
\!	当前事件(历史)编号
\d	按照"工作日/月/日期"格式显示的日期
\h	计算机的主机名，不包括域名
\H	计算机的全名，包括域名
\u	当前用户的用户名
\@	按照 12 小时制，以 AM/PM 格式显示当前时间
\T	按照 12 小时制，以 HH:MM:SS 格式显示当前时间
\A	按照 24 小时制，以 HH:MM 格式显示当前时间
\t	按照 24 小时制，以 HH:MM:SS 格式显示当前时间

5. PS2：用户辅助提示符

PS2 变量保存辅助提示符(tcsh 使用 prompt2)。在下一个示例的第 1 行中，echo 后面有一个末尾没有双引号的引用字符串。shell 会假设这行命令没有结束，并在第 2 行给出默认的辅助提示符(>)。该提示符用来提示用户继续输入命令行。shell 将一直等待；直到它接收到另一个双引号将字符串引起来，shell 才执行这条命令：

```
$ echo "demonstration of prompt string
> 2"
demonstration of prompt string
2
```

接下来的命令将辅助提示符改为 Input=>后跟一个空格。在命令行 who 中，管道符号(|)表示命令行延续，使得 bash 显示一个新的辅助提示符。命令 grep sam(后跟 RETURN)结束这条命令；grep 显示其输出。

```
$ PS2="Input => "
$ who |
Input => grep sam
sam tty1 2018-05-01 10:37 (:0)
```

6. PS3：菜单提示符

PS3 变量保存用于 select 控制结构的菜单提示符(tcsh 使用 prompt 3)。

7. PS4：调试提示符

PS4 变量保存 bash(而不是 tcsh)调试提示符。

8. IFS：分隔输入字段(分词)

IFS(Internal Field Separator，内部字段分隔符)shell 变量(tcsh 没有)指定了在命令行中用来分隔参数的字符，其默认值为空格、制表符和换行符。无论 IFS 的值是什么，用户都可以使用一个或多个空格或者制表符分隔命令行中的参数，这里假设这些字符并没有被引用或者转义。当为 IFS 字符赋值时，这些字符也可分隔字段，但只用于进行扩展。这种命令行解释方式称为分词。

谨慎修改 IFS

警告　修改 IFS shell 变量将带来各种副作用，因此要小心。修改 IFS 前，先保存它的值，这样如果得到出乎预料的结果，用户就可以很容易地还原原来的值。另外，在用 IFS 试验之前，还可用 bash 命令派生一个新的 shell；如果遇到麻烦，用户可以用 exit 返回到原来的 shell，IFS 在原 shell 中可以正常工作。

下例演示了设置 IFS 如何影响命令行的解释：

```
$ a=w:x:y:z
$ cat $a
cat: w:x:y:z: No such file or directory
$ IFS=":"
$ cat $a
cat: w: No such file or directory
cat: x: No such file or directory
cat: y: No such file or directory
cat: z: No such file or directory
```

第 1 次调用 cat 时，shell 扩展变量 a，将字符串 w:x:y:z 解释为单个字，并作为 cat 的参数。cat 实用程序找不到名为 w:x:y:z 的文件，因此报告该文件名错误。将 IFS 设置为冒号(:)之后，shell 将变量 a 扩展到 4 个字，每个字作为 cat 的一个参数。现在 cat 报告 4 个文件错误：w、x、y 和 z。只有在扩展变量 a 后，才可基于冒号(:)进行分词。

shell 根据在 IFS 中发现的分隔符划分命令行中所有已扩展的字。如果不进行扩展，就不会进行分词。考虑下面的命令：

```
$ IFS="p"
$ export VAR
```

尽管把 IFS 设置为 p，但 export 命令行中的 p 并没有扩展，因此字 export 并没有分词。

下例使用变量扩展，试图产生一条 export 命令：

```
$ IFS="p"
$ aa=export
$ echo $aa
ex ort
```

这次进行了扩展，因此在前面的 echo 示例中，标记 export 中的字符 p 被解释成分隔符。现在，如果试图使用 aa 变量的值来导出 VAR 变量，shell 就把命令行 "$aa VAR" 解析成 "ex ort VAR"。因此，这个命令行的结果就是用两个文件名 ort 和 VAR 作为参数启动 ex 编辑器。

```
$ $aa VAR
2 files to edit
"ort" [New File]
Entering Ex mode. Type "visual" to go to Normal mode.
:q
E173: 1 more file to edit
:q
```

如果取消 IFS 的设置，那么只有空格、制表符和换行符可作为字段分隔符。如果 IFS 为空，则 bash 不进行分词。

多个分隔符

提示　　尽管 shell 把多个连续的空格和制表符作为一个分隔符，但它把其他每个字段分隔符都作为分隔符。

---

9. CDPATH：扩大 cd 的范围

CDPATH 变量(在 tcsh 下为 cdpath)允许用户用一个简单文件名作为参数传递给内置命令 cd，从而将工作目录切换到某个目录，而这个目录并不是工作目录的子目录。如果工作中需要用到多个目录，那么这个变量可提高工作效率，使用户不必使用 cd 和长路径名在这些目录之间切换。

如果未设置 CDPATH，并指定一个简单文件名作为调用 cd 的参数，那么 cd 将在工作目录中查找与该参数同名的子目录。如果该子目录不存在，cd 就显示一条错误消息。如果设置了 CDPATH，cd 就在 CDPATH 列表的目录中搜索与该参数同名的子目录。如果 cd 找到一个子目录，该目录就成为工作目录。设置 CDPATH 后，用户可使用 cd 命令和一个简单文件名，将工作目录切换到 CDPATH 中的任何一个目录的子目录。

CDPATH 变量从目录路径名列表中获取值，这些路径名彼此以冒号分隔(类似于 PATH 变量)。通常在 ~/.bash_profile 启动文件中设置该变量的值。其命令行如下：

```
export CDPATH=$HOME:$HOME/literature
```

该命令使 cd 搜索用户的主目录、目录 literature 以及输入 cd 命令时所在的工作目录。如果 CDPATH 中未包含工作目录，并且在 CDPATH 中搜索所有其他目录失败，cd 将在工作目录下搜索。如果希望 cd 首先搜索工作目录，可将冒号(:)作为 CDPATH 的第 1 项。

```
export CDPATH=:$HOME:$HOME/literature
```

如果传递给内置命令 cd 的参数不是一个简单文件名(也就是说，参数包含斜线/)，则 shell 不考虑 CDPATH。

10. 关键字变量小结

表 8-5 列出了 bash 关键字变量。关于 tcsh 变量的信息参见 9.6 节。

表 8-5　bash 关键字变量

变　量	值
BASH_ENV	用于非交互式 shell 的启动文件的路径名
CDPATH	cd 命令的搜索路径
COLUMNS	select 命令使用的显示宽度
HISTFILE	保存历史列表的文件的路径名(默认为~/.bash_history)
HISTFILESIZE	保存在 HISTFILE 中的最大项数(默认为 1000~2000)
HISTSIZE	保存在历史列表中的最大项数(默认为 1000)
HOME	用户主目录的路径名，用作 cd 命令的默认参数或用在代字符(~)扩展中
IFS	内部字段分隔符，用于分词
INPUTRC	Readline 启动文件的路径名(默认为~/.inputrc)
LANG	没有用 LC_*变量特别设置时的区域目录
LC_	指定了区域目录(包括 LC_ALL、LC_COLLATE、LC_CTYPE、LC_MESSAGES 和 LC_NUMBERIC)的一组变量，使用内置命令 locale 可显示值的完整列表
LINES	select 使用的显示高度
MAIL	保存用户邮件的文件的路径名
MAILCHECK	以秒为单位指定 bash 检查邮件的频率(默认值是 60)
MAILPATH	bash 检查邮件的文件路径名列表，文件路径名之间用冒号隔开
OLDPWD	前一工作目录的路径名
PATH	bash 查找命令的目录路径名列表，目录路径名之间用冒号隔开
PROMPT_COMMAND	bash 在显示主提示符之前要执行的命令
PS1	提示字符串 1，主提示符
PS2	提示字符串 2，辅助提示符(默认为"＞")
PS3	select 发出的提示符
PS4	bash 调试符
PWD	工作目录路径名
REPLY	保存 read 接收的行，还被用于 select

8.10　特殊字符

表 8-6 列出了 bash shell 和 tcsh shell 专用的特殊字符。

表 8-6　shell 特殊字符

字　符	用　途
换行符	开始执行命令
;	分隔命令
()	通过子 shell 或标识函数执行命令分组
(())	展开算术表达式

(续表)

字　符	用　途
&	在后台执行命令
|	将前一条命令的输出发送到后一条命令的标准输入(管道)
|&	将前面命令的标准输出和标准错误发送到后面命令的标准输入
>	重定向标准输出
>>	追加标准输出
<	重定向标准输入
<<	Here 文档
*	模糊文件引用中的零个或多个字符组成的任意字符串
?	模糊文件引用中的任何单个字符
\	引用后面的字符
'	引用字符串,阻止所有替换
"	引用字符串,只允许变量替换和命令替换
`...`	执行命令替换
[]	模糊文件引用中的字符类
$(())	计算数学表达
$	引用某个变量
.(内置句点)	在当前 shell 中执行命令
#	开始一行注释
{}	用来括住函数的内容
:(内置空串)	返回 true
&&(布尔"与")	只有左侧的命令成功(退出状态时返回 0)才执行右侧的命令
||(布尔"或")	只有左侧的命令失败(退出状态时返回非零)才执行右侧的命令
!(布尔"非")	反转命令的退出状态
$( )(在 tcsh 中没有)	执行命令替换(优先形式)

8.11　locale

在英语中,locale 是指某个地区或位置。在 Linux 中,locale 指定与地区相关的程序显示某些数据的方式,例如时间和日期、货币和其他数值、电话号码以及计量单位。它也指定排序习惯和打印纸的尺寸。

本地化和国际化　本地化和国际化是相辅相成的:国际化是使软件可移植到多个地区的过程,而本地化是软件的适配过程,使其满足特定地区对语言、文化以及其他方面的需求。Linux 已经做了很好的国际化,因此可很容易地为给定的系统或用户指定 locale。Linux 使用变量来指定 locale。

I18n　术语 i18n 是单词 internationalization 的一种缩写:字母 i 后面跟着 18 个字母,最后是字母 n。

l10n　术语 l10n 是单词 localization 的一种缩写:字母 l 后面跟着 10 个字母,最后是字母 n。

1. LC_:locale 变量

bash 的 man 页列举了以下 locale 变量;其他程序使用了额外的 locale 变量。更多信息请参见 locale man 页(第 1、第 5、第 7 节)或使用 locale 的--help 选项。

- LANG——在 LC_变量没有设置的情况下,指定 locale 类别(例外情况见 LC_ALL)。很多设置仅使用这个 locale 变量而不指定任何 LC_变量。
- LC_ALL——覆盖 LANG 和所有其他 LC_变量的值。
- LC_COLLATE——为 sort 实用程序(参见第 VI 部分)和路径名扩展结果的排序指定排序习惯(参见 8.9.1 节)。

- LC_CTYPE——指定字符如何解析以及路径名扩展和模式匹配行为中字符的分类方式。同时会影响使用了 -d(--dictionary-order)或-i(--ignore-nonprinting)选项的 sort 实用程序。
- LC_MESSAGES——指定肯定和否定答案的显示方式以及使用何种语言显示。
- LC_NUMERIC——指定数字的格式(例如，使用逗号或句号分隔千位)。

国际化的 C 程序调用 setlocale()

提示 其他语言具有类似的函数。shell 脚本对于其自身要调用的程序通常是国际化的。在不调用 setlocale()的情况下，"hello, world" 程序将会一直显示 "hello, world"，不管你如何设置 LANG。

可使用以下语法设置一个或多个 LC_变量的值：

xx_YY.CHARSET

其中：xx 是 ISO-639 语言代码(例如，en 表示英语、fr 表示法语、zu 表示祖鲁语)，YY 是 ISO-3166 国家代码(例如，FR 表示法国、GF 表示法属圭亚那、PF 表示法属波利尼西亚)，CHARSET 是字符集名称(例如，UTF-8、ASCII、ISO-8859-1[西欧]，也称为字符表)。在某些系统上，可用小写字母指定 CHARSET。例如，en_GB.UTF-8 指定英国英语，en_US.UTF-8 指定美国英语，fr_FR.UTF-8 指定法国法语。

C locale

提示 将 locale 设置为 C 将强制程序按其编写方式处理和显示字符串(也就是不翻译输入或输出)，通常这意味着程序将工作在英文状态下。许多系统脚本将 LANG 设置为 C 以便脚本在已知的环境下运行。将 LANG 设置为 C 时，一些字处理实用程序的运行会稍快。在运行 sort 之前将 LANG 设置为 C 可确保得到期望的排序结果。
要确保自己的 shell 脚本运行正常，将下面一行放入文件顶部：

```
export LANG=C
```

接下来示例中的差别是 LANG 的设置导致的。它演示了将 LANG 设置为不同值会导致命令以不同方式运行，尤其是对于排序。

```
$ echo $LANG
en_US.UTF-8
$ ls
m666 Makefile merry
$ ls [l-n]*
m666 Makefile merry
$ export LANG=C
$ ls
Makefile m666 merry
$ ls [l-n]*
m666 merry
```

2. locale：显示 locale 信息

locale 实用程序显示关于当前和可用 locale 的信息。如果不带参数，locale 显示 locale 变量的值。下例只设置了 LANG 变量，尽管通过输出并不能得到这个结论。除非直接设置，每个 LC_变量均继承 LANG 的值。

```
$ locale
LANG=en_US.UTF-8
LC_CTYPE="en_US.UTF-8"
LC_NUMERIC="en_US.UTF-8"
LC_TIME="en_US.UTF-8"
LC_COLLATE="en_US.UTF-8"
LC_MONETARY="en_US.UTF-8"
LC_MESSAGES="en_US.UTF-8"
LC_PAPER="en_US.UTF-8"
LC_NAME="en_US.UTF-8"
LC_ADDRESS="en_US.UTF-8"
LC_TELEPHONE="en_US.UTF-8"
LC_MEASUREMENT="en_US.UTF-8"
LC_IDENTIFICATION="en_US.UTF-8"
```

```
LC_ALL=
```

通常，你想使所有 locale 变量拥有相同的值。但某些情况下，你可能想要修改一个或多个 locale 变量的值。例如，如果正在英语环境中使用 A4 纸张大小，可将 LC_PAPER 的值改为 nl_NL.utf8。

-a(all)选项可使 locale 显示可用 locale 变量的名称；-v(verbase；macOS 下不可用)显示更完整的信息。

```
$ locale -av
locale:    aa_DJ               archive: /usr/lib/locale/locale-archive
-------------------------------------------------------------------------
    title | Afar language locale for Djibouti (CaduLaaqo Dialects).
   source | Ge'ez Frontier Foundation
  address | 7802 Solomon Seal Dr., Springfield, VA 22152, USA
    email | locales@geez.org
 language | aa
territory | DJ
 revision | 0.20
     date | 2003-07-05
  codeset | ISO-8859-1
...
```

-m(maps)选项使 locale 显示可用字符表的名称。在 Linux 系统中，locale 的定义文件保存在/usr/share/i18n/locales 目录下；在 macOS 系统中，保存在/usr/share/locale 下。

接下来是 LC_变量改变显示值的一些例子。每个命令行设置一个 LC_变量并将其放入调用程序的环境变量。+%x 格式使 date 以 locale 的格式显示日期。最后一个例子在 macOS 下无法正常工作。

```
$ LC_TIME=en_GB.UTF-8 date +%x
24/01/18
$ LC_TIME=en_US.UTF-8 date +%x
01/24/2018
$ ls xx
ls: impossible d'accéder à xx: Aucun fichier ou dossier de ce type
$ LC_MESSAGES=en_US.UTF-8 ls xx
ls: cannot access xx: No such file or directory
```

3. 设置 locale

指定 locale 前，你可能需要为 locale 安装一个语言包。如果工作在 GUI 下，使用 GUI 修改 locale 通常更容易。

对于所有 Linux 发行版和 macOS，将 locale 变量赋值放入~/.profile 或~/.bash_profile 都会影响单个用户的 GUI 和 bash 命令行登录。记住要导出这些变量。在任意一个文件中，以下行将给定用户所有的 LC_变量设置为法国法语：

```
export LANG=fr_FR.UTF-8
```

在 tcsh 下，将以下行放入~/.tcshrc 或~/.cshrc 会有相同的效果：

```
setenv LANG fr_FR.UTF-8
```

下面的段落解释了如何使用命令行为所有用户修改 locale；不同发行版的方法不同。

Fedora/RHEL　将 locale 变量赋值放入/etc/profile.d/zlang.sh(需要创建此文件；该文件会在 lang.sh 后被选中执行)，所有用户的 GUI 和命令行登录均会受影响。在 tcsh 下，将变量赋值放入/etc/profile.d/zlang.csh。

Debian/Ubuntu/Mint　将变量赋值放入/etc/default/locale，所有用户的 GUI 和命令行登录均会受影响。

openSUSE　将变量赋值放入/etc/profile.local(需要创建此文件)，所有用户的 GUI 和命令行登录均会受影响。/etc/sysconfig/language 文件控制 GUI 登录的 locale；参见该文件。

macOS　将变量赋值放入/etc/profile，所有用户的 GUI 和命令行登录均受影响。

8.12　时间

UTC　在不同系统位于不同时区的网络中，将所有系统设置为 UTC 时区会很有帮助。这样做的诸多益处之一是可让系统管理员轻松地比较不同系统所记录的事件发生的时间。每个用户账号可为用户设置本地时间。

时区　用户的时区通过一个环境变量设置，如果没有设置，则使用系统的时区。

TZ TZ 变量可让程序访问到关于本地时区的信息。该变量通常在启动文件中设置(参见 8.2 节和 9.2 节)，并放入环境变量(参见 10.4.2 节)供被调用程序访问。它有两种语法。

TZ 变量的第一种语法是:

nam±val[nam2]

其中，*nam* 是包含三个或更多个字母的字符串，通常用于命名时区(例如，PST；其值并不重要)，*±val* 是相对于 UTC 的时区偏移，正值表示本地时区在本初子午线以西，负值表示本地时区在本初子午线以东。如果提供了 *nam2*，它表示该时区遵循夏令时；它是夏令时时区名。

下面的示例中，date 被调用两次，第一次没有设置 TZ 变量，接下来在 date 的调用环境中设置了 TZ 变量:

```
$ date
Thu May 3 10:08:06 PDT 2017

$ TZ=EST+5EDT date
Thu May 3 13:08:08 EDT 2017
```

TZ 变量的第二种语法是:

continent/country

其中，*continent* 是大洲或大洋名，*country* 是包含所需时区的国家名。这个语法指向/usr/share/zoneinfo 目录下的一个文件。如果在确定这些值时需要帮助，请参见(下面的)tzselect。

下面的示例中，date 被调用两次，第一次没有设置 TZ 变量，接下来在 date 的调用环境中设置了 TZ 变量:

```
$ date
Wed May 3 10:09:27 PDT 2017
$ TZ=America/New_York date
Wed May 3 13:09:28 EDT 2017
```

关于 TZ 变量的扩展文档参见 www.gnu.org/software/libc/manual/html_node/TZ-Variable.html。

tzconfig tzconfig 实用程序在 Debian/Ubuntu 下可用，但现已不推荐使用；请改用 dpkg=reconfigure tzdata。

tzselect tzselect 实用程序可帮助你确定时区名称，它首先询问大洲或大洋名，接下来询问国家名。如有必要，它询问某个时区区域(例如，太平洋时间)。该实用程序并不改变系统设置，而仅显示一行信息，告知时区名。在下例中，时区名为 Europe/Paris。更新的发行版将时区信息保存在/usr/share/zoneinfo 中。Europe/Paris 对应该目录中的某个文件(/usr/share/zoneinfo/Europe/ Paris)。

```
$ tzselect
Please identify a location so that time zone rules can be set correctly.
Please select a continent or ocean.
 1) Africa
...
 8) Europe
 9) Indian Ocean
10) Pacific Ocean
11) none - I want to specify the time zone using the Posix TZ format.
#? 8
Please select a country.
 1) Aaland Islands    18) Greece          35) Norway
...
15) France            32) Monaco          49) Vatican City
16) Germany           33) Montenegro
17) Gibraltar         34) Netherlands
#? 15
...
Here is that TZ value again, this time on standard output so that you
can use the /usr/bin/tzselect command in shell scripts:
Europe/Paris
```

/etc/timezone 在一些发行版中，包括 Debian/Ubuntu/Mint，/etc/timezone 文件保存本地时区的名称。

```
$ cat /etc/timezone
America/Los_Angeles
```

/usr/share/zoneinfo　　/usr/share/zoneinfo 目录保存时区数据文件。一些时区在 zoneinfo 目录中以普通文件形式保存(例如，Japan 和 GB)，而其他时区则保存在子目录中(例如，Azores 和 Pacific)。下例展示了/usr/share/zoneinfo 目录结构的一小部分，以及 file 实用程序如何报告时区文件：

```
$ find /usr/share/zoneinfo
/usr/share/zoneinfo
/usr/share/zoneinfo/Atlantic
/usr/share/zoneinfo/Atlantic/Azores
/usr/share/zoneinfo/Atlantic/Madeira
/usr/share/zoneinfo/Atlantic/Jan_Mayen
...
/usr/share/zoneinfo/Japan
/usr/share/zoneinfo/GB
/usr/share/zoneinfo/US
/usr/share/zoneinfo/US/Pacific
/usr/share/zoneinfo/US/Arizona
/usr/share/zoneinfo/US/Michigan
...
$ file /usr/share/zoneinfo/Atlantic/Azores
/usr/share/zoneinfo/Atlantic/Azores: timezone data, version 2, 12 gmt
time flags, 12 std time flags, no leap seconds, 220 transition times, 12
abbreviation chars
```

/etc/localtime　　一些 Linux 发行版将/etc/localtime 链接到/usr/share/zoneinfo 中的某个文件来以指定本地时区。其他版本将 zoneinfo 目录下的文件复制为 localtime。下面是一个设置该链接的示例；为创建该链接，必须使用 root 权限。

```
# date
Wed Tue Jan 24 13:55:00 PST 2018
# cd /etc
# ln -sf /usr/share/zoneinfo/Europe/Paris localtime
# date
Wed Jan 24 22:55:38 CET 2018
```

在这些系统中，有些系统的/etc/sysconfig/clock 文件将 ZONE 变量设置为时区名：

```
$ cat /etc/sysconfig/clock
# The time zone of the system is defined by the contents of /etc/localtime.
# This file is only for evaluation by system-config-date, do not rely on its
# contents elsewhere.
ZONE="Europe/Paris"
```

macOS　　在 macOS 上，可使用 systemsetup 来处理时区问题。

```
$ systemsetup -gettimezone
Time Zone: America/Los_Angeles
$ systemsetup -listtimezones
Time Zones:
Africa/Abidjan
Africa/Accra
Africa/Addis_Ababa
...
$ systemsetup -settimezone America/Los_Angeles
Set TimeZone: America/Los_Angeles
```

8.13　进程

进程是 Linux 内核执行的命令。用户登录时启动的 shell 也是命令或进程。当用户在命令行中输入一个 Linux 实用程序名时，就启动了一个进程。当用户运行一个 shell 脚本时，系统启动另一个 shell 进程，并为脚本中的每行命令创建另外的进程。根据用户调用脚本的方式，脚本可由当前 shell 运行，也可由当前 shell 的一个子 shell 运行，后一种方式更普遍。如果用户运行一条 shell 内置命令(如 cd)，系统并不启动新进程。

8.13.1   进程结构

fork 系统调用   进程结构是一个分层机构，有父进程、子进程，甚至根进程。父进程可创建子进程，子进程又可创建其他进程。术语 fork，就像道路上的岔道口一样，将一个进程变成两个进程。最初，除一个被标识为父进程，另一个被标识为子进程外，这两个"岔道口"是一样的。这里还可使用术语衍生(spawn)，这两个词可以互换。创建一个新进程的操作系统例程(或系统调用)被命名为 fork。

init 进程   当系统启动时，Linux 开始执行，它首先启动 init 进程。这个进程称为自发进程，其 PID 编号为 1。这个进程在进程结构中的地位与文件结构中根目录的位置相同：它是所有系统进程和用户进程的父进程。当命令行系统处于多用户模式时，init 运行 getty 或 mingetty 进程，这些进程将在终端上显示"login:"提示符。当某个用户响应该提示符并按 RETURN 键时，getty 将控制权转交给名为 login 的实用程序，该实用程序检查用户名和密码组合。用户登录后，login 进程将成为该用户的 shell 进程。

当在命令行上输入程序名时，shell 会使用 fork 产生一个新的进程，创建一个 shell 进程的副本(子 shell)。新进程尝试用 exec(执行)执行程序。和 fork 一样，exec 也是一个系统调用。如果程序是二进制可执行文件，例如已编译的 C 程序，exec 成功，系统将使用该可执行程序替换新建的子 shell。如果命令是 shell 脚本，exec 失败。当 exec 失败时，程序被认为是 shell 脚本，接着子 shell 执行脚本中的命令。与从命令行中接收输入的登录 shell 不同，子 shell 从文件中接收输入，即 shell 脚本。

8.13.2   进程标识

PID 编号   在每个进程开始时，Linux 为其分配一个唯一的 PID(process identification，进程标识)编号。只要进程存在，它将一直拥有这个 PID 编号。在一次会话期间，总有同一个进程在执行登录 shell。当用户创建一个新进程(比如，使用编辑器)时，新(子)进程的 PID 编号会不同于它的父进程。当用户返回到登录 shell 时，登录 shell 还由同一个进程执行，并且它的 PID 编号与用户登录时的编号相同。

下例展示了运行 shell 的那个进程创建了运行 ps 的进程，前者是后者的父进程。当带-f 选项调用 ps 时，ps 完整列出每个进程的信息。在 ps 的显示结果中，CMD 列为 bash 的那一行表示运行 shell 的进程。以 PID 开头的列标识 PID 编号。以 PPID 开头的列标识该进程的父进程的 PID 编号。从 PID 列和 PPID 列可看出，运行 shell 的进程(PID 为 21341)是运行 sleep(PID 为 22789)和 ps(PID 为 22790)的进程的父进程。

```
$ sleep 10 &
[1] 22789
$ ps -f
UID      PID        PPID     C STIME              TTYTIME CMD
Max    21341      21340    0 10:42 pts/16        00:00:00 bash
max    22789      21341    0 17:30 pts/16        00:00:00 sleep 10
max    22790      21341    0 17:30 pts/16        00:00:00 ps -f
```

参见第 Ⅵ 部分，可得到关于 ps 命令的更多信息以及带-f 选项时显示的各列信息。第 2 对 sleep 和 ps -f 命令表明，该 shell 仍然由同样的进程运行，但它创建了另一个进程来运行 sleep：

```
$ sleep 10 &
[1] 22791
$ ps -f
UID     PID PPID   C STIME TTY        TIME CMD
max 21341 21340 0 10:42 pts/16 00:00:00 bash
max 22791 21341 0 17:31 pts/16 00:00:00 sleep 10
max 22792 21341 0 17:31 pts/16 00:00:00 ps -f
```

还可使用 pstree(或 ps --forest，可能带也可能不带选项-e)来查看进程的父子关系。下例显示了带-p 选项的 pstree 命令运行的结果，该选项使其显示 PID 编号：

```
$ pstree -p
systemd(1)-+-NetworkManager(655)---{NetworkManager}(702)
```

```
        |-abrtd(657)---abrt-dump-oops(696)
        |-accounts-daemon(1204)---{accounts-daemo}(1206)
        |-agetty(979)
...
        |-login(984)---bash(2071)-+-pstree(2095)
        |                         `-sleep(2094)
...
```

这里的输出省略了一部分内容。第一行显示了 PID 1(systemed init)和它正在运行的一些进程。以-login 开头的行则表明文本用户在后台运行 sleep，还在前台运行 pstree。运行 GUI 的用户的进程树会更复杂。参见 10.3 节关于"$$:PID 编号"的内容，它描述了如何让 shell 报告 PID 编号。

8.13.3　执行命令

fork()和 sleep()　当用户向 shell 中输入一条命令时，shell 同时创建(使用 fork()派生)一个子进程来执行这条命令。子进程执行该命令期间，父进程转入睡眠状态。当某个进程睡眠时，它并不占用任何计算机时间，但还保持闲置状态，等待被唤醒。子进程的命令执行完毕后，它将通过其退出状态通知其父进程自己执行成功或失败，然后结束。父进程(正在运行 shell 的进程)被唤醒，然后提示用户输入另一条命令。

后台进程　当通过在命令结尾加上"逻辑与"符号(&)将进程置于后台运行时，shell 创建一个子进程，但 shell 并不进入睡眠状态，也不必等待子进程运行完毕。执行 shell 的父进程报告作业编号和子进程的 PID 编号，并提示输入另一条命令。子进程在后台执行，与它的父进程无关。

内置命令　尽管大多数时候，在用户输入命令后，shell 会创建一个进程来运行该命令。但有些命令是 shell 的内置命令(例如 cd、alias、jobs 或 pwd)。shell 运行内置命令时，并不需要创建进程。参见 5.5 节以了解更多信息。

变量　在给定进程内，如用户的登录 shell 或子 shell，用户可以声明、启动文件，以及读取和修改变量。某些变量，称为 shell 变量，仅在进程内起作用。而其他一些变量，称为环境变量，对所有子进程都可见。更多信息请参见 10.4 节。

哈希表　首次使用简单文件名(不是相对或绝对路径名)作为命令时，shell 在 PATH(bash；参见 8.9.3 节)或 path 变量(tcsh；参见 9.6.7 节)所指定的目录中查找该文件。当找到该文件时，shell 将文件的绝对路径名记录到它的哈希表中。当再次使用相同的命令时，shell 在其哈希表中查找，省去了查找 PATH 所指定目录需要的时间。shell 会在注销时删除哈希表，并在会话启动时创建一个新的哈希表。本节演示了使用 bash hash 内置命令的几种方法；tcsh 使用不同的命令来操作其哈希表。

当不带任何参数调用 hash 内置命令时，它显示哈希表。在初次登录时，哈希表是空的：

```
$ hash
hash: hash table empty
$ who am i
sam     pts/2      2017-03-09 14:24 (plum)
$ hash
hits   command
1      /usr/bin/who
```

hash 的-r 选项使 bash 清空哈希表，就像刚登录时一样；tcsh 使用 refresh 完成同样的功能。

```
$ hash -r
$ hash
hash: hash table empty
```

当把某个程序移到 PATH 中的另一个目录且 bash 无法找到新位置上的程序，或者有两个同名程序且 bash 正在错误地调用其中一个时，清空 bash 的哈希表会很有用。关于 hash 内置命令的更多信息，请参见 bash info 页。

8.14　历史机制

历史机制是一项改编自 C shell 的功能，它维护用户最近发出的命令行(也称为事件)列表，这就为重新执行列表中的任何事件提供了一种便捷方式。用户还可用这种机制执行前面命令的变体，并重用它们的参数。用户可复制前

面在本次登录会话中使用的或前一次会话中使用的复杂命令和参数,并输入那些仅有细微差别的一系列命令。历史列表还记录用户使用的命令。当发生错误又不确定何处出错,或希望记录一系列命令的过程时,这种机制非常有用。

内置命令 history 显示历史列表的内容。如果该命令不能显示,通过学习下一节,用户就会发现还需要设置一些变量。

命令历史有助于跟踪错误

提示 当命令行上出现错误(不是在脚本或程序中),但不确定到底是哪个地方出错时,可查看历史列表,浏览最近的命令。有时,这个列表将有助于用户弄清楚到底什么地方出错以及如何修改错误。

8.14.1 控制历史机制的变量

TC Shell 的历史机制与 bash 相似,但使用了不同变量,并且还存在其他差异。参见 9.3.1 节来了解更多信息。

HISTSIZE 变量的值决定了在某次会话期间历史列表中保存的事件数目。该值的范围正常情况下是 100~1000。

从 shell 退出时,最近执行的命令将保存在一个文件中,该文件的文件名存储在 HISTFILE 变量中(默认是 ~/.bash_history)。下次启动 shell 时,将使用这个文件初始化文件历史列表。变量 HISTFILESIZE 的值决定了保存在 HISTFILE 中的历史行数,如表 8-7 所示。

表 8-7 历史变量

变 量	默 认 值	功 能
HISTSIZE	1000 个事件	在一次会话期间最多保存的事件数目
HISTFILE	**~/.bash_history**	历史文件的位置
HISTFILESIZE	1000~2000 个事件	会话之间最多保存的事件数目

事件编号 Bourne Again Shell 为每行命令分配一个连续事件编号。如果在 PS1 中包含 "\!",则可将事件编号作为 bash 提示符的一部分显示出来。在本节的示例中,如果有助于揭示命令的行为,就显示事件编号提示符。

手动输入下列命令或将其放在文件~/.bash_profile 中(可影响到后面的会话),就可建立一个能容纳 100 个最近事件的历史列表:

    $ **HISTSIZE=100**

以下命令可使 bash 在两次登录会话之间保存最近 100 个事件:

    $ **HISTFILESIZE=100**

设置 HISTFILESIZE 后,如果用户注销后再次登录,那么前一次登录会话中的最近 100 个事件都将出现在历史列表中。

输入 history 命令可显示历史列表中的事件。事件列表按最早的事件排在列表顶部的顺序排列。tcsh 历史列表包含命令开始执行的时间。下面的历史列表包含一条修改 bash 提示符的命令,因此它显示了历史事件编号。历史列表中的最后一个事件是用来显示这个列表的 history 命令。

```
32 $ history | tail
   23 PS1="\! bash$ "
   24 ls -l
   25 cat temp
   26 rm temp
   27 vim memo
   28 lpr memo
   29 vim memo
   30 lpr memo
   31 rm memo
   32 history | tail
```

运行命令时,历史列表将变得越来越长,这样当使用内置命令 history 时,显示内容可能超出屏幕顶部。这时可将 history 的输出通过管道发送给 less,以浏览历史列表。还可使用命令 history 10 或 history | tail 来查看最近的命令。

方便的历史别名

提示　创建下面的别名将便于使用历史列表。第一个别名允许输入命令 h 来显示最近的 10 个事件，第二个别名允许输入命令 hg *string* 来显示在历史列表中包含 *string* 的所有事件。把这些别名放在～/.bashrc 文件中，就可使它们在用户每次登录时都可用。更多信息参见 8.15 节。

```
$ alias 'h=history | tail'
$ alias 'hg=history | grep'
```

8.14.2　重新执行和编辑命令

可重新执行历史列表中的任何事件。这项功能可以省时、省力和省心。不需要重新输入较长的命令行，可使用户更加轻松、快速和精确地重新执行事件，这样做的效率要比重新输入完整的命令行高得多。可采用 3 种方式来浏览、修改和重新执行前面已执行的命令，即使用内置命令 fc(下面将提及)、使用感叹号命令以及 Readline 库，该库使用类似 vi 或 emacs 的单行编辑器来编辑和执行事件。

使用哪种方法？

提示　如果比较熟悉 vi 或者 emacs 和 less，而不熟悉 C Shell 或 TC Shell，可使用 fc 或 Readline 库。如果比较熟悉 C Shell 或 TC Shell 而不熟悉 vi 和 emacs，那么可使用感叹号命令。如果无法做出判断，可尝试 Readline 库，它可使用户在 Linux 的其他领域获益，而不仅是学习感叹号命令。

1. fc：显示、编辑和重新执行命令

内置命令 fc(fix command，修改命令，在 tcsh 中没有)可用来显示历史列表，并编辑和重新执行前面的命令。它提供了很多与命令行编辑器相同的功能。

(1) 查看历史列表

当带上-l 选项调用 fc 时，fc 显示历史列表中的命令。如果不带任何参数，fc -l 将在编号列表中显示最近的 16 条命令，最早的命令出现在列表首位：

```
$ fc -l
1024     cd
1025     view calendar
1026     vim letter.adams01
1027     aspell -c letter.adams01
1028     vim letter.adams01
1029     lpr letter.adams01
1030     cd ../memos
1031     ls
1032     rm *0405
1033     fc -l
1034     cd
1035     whereis aspell
1036     man aspell
1037     cd /usr/share/doc/*aspell*
1038     pwd
1039     ls
1040     ls man-html
```

内置命令 fc 的-l 选项可以带有零个、一个或两个参数。这些参数指定了历史列表中将要显示的部分：

fc -l [***first*** [***last***]]

内置命令 fc 列出以匹配 *first* 参数的最近事件开头的命令。这个参数可以是一个事件编号，或者是命令行的前几个字符，还可以是一个负数，它表示当前 fc 命令之前的第 *n* 条命令。如果没有 *last* 参数，fc 就一直显示到最近事件。如果给出 *last* 参数，fc 命令就显示从匹配 *first* 的最近事件到匹配 *last* 的最近事件的命令。

下面的命令显示了事件 1030~1035 之间的历史列表：

```
$ fc -l 1030 1035
```

```
1030    cd ../memos
1031    ls
1032    rm *0405
1033    fc -l
1034    cd
1035    whereis aspell
```

下面的命令列出了从以 view 开头的最近事件到以 whereis 开头的最近命令：

```
$ fc -l view whereis
1025    view calendar
1026    vim letter.adams01
1027    aspell -c letter.adams01
1028    vim letter.adams01
1029    lpr letter.adams01
1030    cd ../memos
1031    ls
1032    rm *0405
1033    fc -l
1034    cd
1035    whereis aspell
```

为列出历史列表中的单条命令，可使用同一个标识符作为第 1 个参数和第 2 个参数。下面的命令列出了事件 1027：

```
$ fc -l 1027 1027
1027 aspell -c letter.adams01
```

(2) 编辑和重新执行前面的命令

可用 fc 编辑和重新执行前面的命令。

fc [-e editor] [first [last]]

当带有-e 选项调用 fc 时，如果后面还带有某个编辑器的名字(假定该编辑器已安装)，fc 将调用该编辑器，并将事件放在工作缓冲区中。fc 默认调用 vi(m)或 nano 编辑器。如果不带 *first* 和 *last* 参数，fc 默认显示最近的命令。下例调用 vim 编辑器(第 6 章)来编辑最近的命令。当从编辑器退出时，shell 执行命令。

```
$ fc -e vi
```

内置命令 fc 使用独立的 vim 编辑器。如果设置了 EDITOR 变量，就没必要在命令行中再使用-e 选项指定编辑器。在下面的命令中，因为已将 EDITOR 的值改为/usr/bin/emacs，并且 fc 没有带任何参数，所以该命令将使用 emacs 编辑器(第 7 章)编辑最近的命令：

```
$ export FCEDIT=/usr/bin/emacs
$ fc
```

如果只带一个参数调用 fc，fc 将调用编辑器来编辑指定的命令。下例启动编辑器，并将事件 1029 放在工作缓冲区中：

```
$ fc 1029
```

如前所述，用户还可用编号或通过指定命令名的前几个字符来标识命令。下例调用编辑器，处理以字母 vim 开头的最近事件到事件 1030 之间的事件：

```
$ fc vim 1030
```

清除 fc 缓冲区

警告 执行 fc 命令时，shell 将执行存放在编辑器缓冲区中的任何内容，这很可能导致意外结果。如果用户决定不执行命令，那么请在退出编辑器之前删除缓冲区中的所有内容。

(3) 不调用编辑器而重新执行命令

可在不使用编辑器的情况下重新执行前面的命令。如果调用 fc 时带上-s 选项，它将跳过编辑阶段，并重新执行该命令。下例将重新执行事件 1029：

```
$ fc -s 1029
lpr letter.adams01
```

下例重新执行前一条命令：

```
$ fc -s
```

重新执行某条命令时，可让 fc 用一个字符串代替另一个字符串。下例用字符串 john 替换了事件 1029 中的字符串 adams，并执行修改后的事件：

```
$ fc -s adams=john 1029
lpr letter.john01
```

2. 用感叹号(!)引用事件

C Shell 的历史机制使用感叹号来引用事件，这在 bash 和 tcsh 中同样有效。尽管使用感叹号比使用 fc 更复杂，但它具有很多有用的功能。比如，"!!"命令重新执行前一个事件，用前一个命令行中的最后一个字替代"!$"符号。

可使用事件的绝对编号、相对编号或者事件包含的文本来引用该事件。所有的事件引用(称为事件标志符)均以感叹号(!)开头。感叹号后面的一个或多个字符指定某个事件。

可在命令行中的任何地方放置历史事件。在感叹号前加上反斜杠(\)，或者用单引号将其括起来，就可将感叹号转义，从而将其作为一个普通字符对待，而不是作为某个历史事件的开头。

事件标志符

事件标志符指定历史列表中的某条命令。表 8-8 列出了事件标志符。

表 8-8　事件标志符

标　志　符	含　　义
!	除非后面紧接着空格符、换行符、"="或"("，否则立即开始某个历史事件
!!	前一条命令
!n	历史列表中编号为 n 的命令
!-n	往前第 n 条命令
!string	最近以 string 开头的命令行
!?string[?]	最近包含 string 的命令行；最后的"?"是可选的
!#	当前命令(目前输入的部分)

用"!!"命令重新执行前一个事件　可使用"!!"命令重新执行前一个事件。在下例中，事件 45 重新执行事件 44：

```
44 $ ls -l text
-rw-rw-r--. 1 max pubs 45 04-30 14:53 text
45 $ !!
ls -l text
-rw-rw-r--. 1 max pubs 45 04-30 14:53 text
```

无论提示符是否显示事件编号，"!!"命令都可正常工作。如本例所示，当使用历史机制重新执行某个事件时，shell 显示它正在重新执行的命令。

!n 事件编号　感叹号后面有一个数字表示对某个事件的引用。如果该事件在历史列表中，shell 就执行它。否则，shell 显示一条错误消息。感叹号后面有一个负数表示相对于当前事件的事件引用。比如，命令"!-3"表示前面的第 3 个事件。用户输入一条命令后，给定事件的相对事件编号发生改变(事件 -3 变成事件 -4)。下面两条命令均重新执行事件 44：

```
51 $ !44
ls -l text
-rw-rw-r--. 1 max pubs 45 04-30 14:53 text
52 $ !-8
ls -l text
-rw-rw-r--. 1 max pubs 45 04-30 14:53 text
```

!*string* 事件文本　当感叹号后面有一个文本串时，shell 搜索并执行最近以该文本串开头的事件。如果将该文本串用问号括起来，shell 将执行最近包含该文本串的事件。如果在命令末尾按 RETURN 键，最后的问号就是可选的。

```
68 $ history 10
   59   ls -l text*
   60    tail text5
   61   cat text1 text5 > letter
   62   vim letter
   63   cat letter
   64   cat memo
   65   lpr memo
   66   pine zach
   67   ls -l
   68   history
69 $ !l
ls -l
...
70 $ !lpr
lpr memo
71 $ !?letter?
cat letter
...
```

选读

字标志符

字标志符指定事件中的某个字(标记)或一组字。表 8-9 列出了字标志符。这些字的编号从 0 开始(命令行上的第 1 个字，通常就是命令名)，接着是 1(紧接命令名的第 1 个字)，直到 *n*(命令行上的最后一个字)。

为指定前一个事件中某个特定的字，在事件标志符(如!14)的后面加上一个冒号和一个表示该字在前一个事件中的编号。比如，"!14:3"指定事件 14 中命令名后的第 3 个字。可使用脱字符(^)指定命令名后的第 1 个字(字编号为 1)，最后一个字可用美元符号($)表示。使用用连字符隔开的两个字标志符，可指定字的范围。

```
72 $ echo apple grape orange pear
apple grape orange pear
73 $ echo !72:2
echo grape
grape
74 $ echo !72:^
echo apple
apple
75 $ !72:0 !72:$
echo pear
pear
76 $ echo !72:2-4
echo grape orange pear
grape orange pear
77 $ !72:0-$
echo apple grape orange pear
apple grape orange pear
```

如下例所示，"!$"表示前一个事件的最后一个字。例如，可使用这个速记符号编辑 cat 刚才显示的那个文件：

```
$ cat report.718
...
$ vim !$
vim report.718
...
```

如果一个事件包含单条命令，那么字编号与参数编号相对应。如果一个事件包含多条命令，那么对于第 1 条命令之后的命令来说，这种对应关系将不再成立。在下例中，事件 78 包含用分号隔开的两条命令，这样 shell 将相继执行这两条命令，这个分号的字编号是 5。

```
78 $ !72 ; echo helen zach barbara
echo apple grape orange pear ; echo helen zach barbara
apple grape orange pear
helen zach barbara
79 $ echo !78:7
echo helen
helen
80 $ echo !78:4-7
echo pear ; echo helen
pear
helen
```

表 8-9 字标志符

标 志 符	含 义
n	第 *n* 个字；一般情况下，第 0 个字就是命令名
^	第 1 个字(紧随命令名)
$	最后一个字
m-n	编号 *m*～*n* 的所有字，如果忽略 *m*，那么 *m* 默认为 0(0～*n*)
*n**	从第 *n* 个字到最后一个字之间的所有字
*	除命令名外的所有字；与 1* 相同
%	最近匹配 "?*string*?" 搜索的字

3. 修饰符

有时需要改变要重新执行的事件的某些内容。可能在输入某个复杂的命令行时出现错误，或有一个不正确的路径名，或想指定某个不同的参数。通过在字标志符或事件标志符的后面(如果没有字标志符)放置一个或多个修饰符，就可以修改事件或事件的某个字。每个修饰符的前面必须有一个冒号(:)。

替换修饰符 下例演示了替换修饰符如何纠正前一个事件中的某个输入错误：

```
$ car /home/zach/memo.0507 /home/max/letter.0507
bash: car: command not found
$ !!:s/car/cat
cat /home/zach/memo.0507 /home/max/letter.0507
...
```

替换修饰符的语法如下：

[g]s/old/new/

old 为原字符串(并非正则表达式)，*new* 表示代替 *old* 的字符串。替换修饰符用 *new* 替换第 1 次出现的 *old*。在 s 前面放上 g 将进行全局替换，即将所有出现的 *old* 均替换掉。虽然这个示例用 "/" 作为分界符，但可使用任何不在 *old* 和 *new* 中出现的字符。如果最后一个分界符的后面有回车符，那么这个分界符是可选的。与 vim 中的替换命令一样，历史机制用 *old* 取代了 *new* 中的 "&" 符号。shell 将用前一个旧字符串或用于搜索 "?*string*?" 的命令中的字符串来替换空的旧字符串(s//new/)。

快速替换 替换修饰符的简写形式是快速替换，可用它重新执行最近的事件，同时改变该事件的某些内容。快速替换字符是脱字符(^)。比如，命令：

```
$ ^old^new^
```

与下面命令的结果相同：

```
$ !!:s/old/new/
```

因此，如果想在前一个事件中用 cat 替换 car，那么输入如下命令：

```
$ ^car^cat
cat /home/zach/memo.0507 /home/max/letter.0507
...
```

如果最后那个脱字符的后面有一个回车符，就可以省略该脱字符。与其他命令行替换一样，在替换之后 shell 出现时，它将显示该命令行。

其他修饰符 除替换修饰符外，修饰符还可对事件标志符和可选字标志符选取的事件部分进行简单编辑。可使用多个修饰符，彼此之间用冒号(:)分开。

下面的命令序列使用 ls 列出某个文件的名称，然后重复命令而不执行它(p 修饰符)，接着重复上一条命令，再次删除路径名的最后一部分(h 修饰符)而不执行它：

```
$ ls /etc/ssh/ssh_config
/etc/ssh/ssh_config
$ !!:p
ls /etc/ssh/ssh_config
$ !!:h:p
ls /etc/ssh
```

表 8-10 列出了除替换修饰符外的事件修饰符。

表 8-10　事件修饰符

修　饰　符	功　　　能
e(extension)	删掉除文件扩展名外的所有内容
h(head)	删除路径名的最后一部分
p(print)	显示命令，但不执行它
q(quote)	引用该替换，以防止对其进行进一步的替换
r(root)	删除文件扩展名
t(tail)	删掉路径名中除最后一部分外的所有元素
x	与 **q** 类似，除了单独引用替换中的每个字

8.14.3　Readline 库

bash 的命令行编辑功能通过 Readline 库实现，用 C 语言编写的任何应用程序都可以使用这个库。使用 Readline 库的任何应用程序都支持 bash 提供的编辑功能一致的行编辑功能。使用 Readline 库的程序(包括 bash)通过读取文件~/.inputrc 获取键绑定信息和配置设置。命令行选项--noediting 关闭 bash 的命令行编辑功能。

vi 模式 在 bash 中使用 Readline 库时，用户可选择两种编辑模式，即 emacs 模式和 vi(m)模式。两种模式均提供了很多独立版的 vim 和 emacs 编辑器中可用的命令。还可以使用方向键来回移动。向上移动和向下移动可在历史列表中前后滚动。另外，Readline 还提供了几类交互式字自动补全功能。默认模式是 emacs 模式，可使用下面的命令切换到 vi 模式：

```
$ set -o vi
```

emacs 模式 下面的命令可重新切换回 emacs 模式：

```
$ set -o emacs
```

1. vi 编辑模式

在开始下面的内容之前，确保 shell 已处于 vi 模式。

在 vi 模式下，当输入 bash 命令时，用户处于输入模式。用户输入一条命令，如果在按 RETURN 键前发现了一个错误，可按 ESCAPE 键切换到 vim 命令模式。这种设置与独立版的 vim 编辑器的初始模式不同。当处于命令模式时，用户可使用许多 vim 命令来编辑命令行。这种情形类似于在 vim 中，用只能容纳一行命令的屏幕编辑历史文件的副本。当使用 k 命令或向上键向上移动一行时，可访问前一条命令。然后使用 j 命令或向下键向下移动一行时，就可以返回到起初的那条命令。只有在命令模式下，才可使用 k 键和 j 键在命令之间移动。在命令模式和输入模式下均可使用方向键。

在输入模式下启动命令行 vim 编辑器

提示 独立版的 vim 编辑器启动时处于命令模式，而命令行 vim 编辑器启动时处于输入模式。如果命令显示字符但不能正常工作，那么用户处于输入模式。按 ESCAPE 键，就会再次进入命令模式。

除光标定位命令外，还可使用后面有一个搜索串的向后搜索命令(?)，它在命令历史列表中搜索，以查找最近包含该字符串的命令。如果已经在历史列表中向后移动，就使用正斜杠(/)向前搜索最近的命令。与独立版的 vim 编辑器中的搜索串不同，这些搜索串不能包含正则表达式。但用户可在搜索串的开始处加上脱字符(^)，强迫 shell 找到以该搜索串开头的命令。与在 vim 中一样，在一次成功搜索后按 n 键，将查找相同串下次出现的位置。

还可以用事件编号来访问历史列表中的事件。当处于命令模式(按 ESCAPE 键)时，输入事件编号，后面输入 G，将跳转到该事件编号表示的那条命令。

如果使用 "/" "?" 或 G 移动到某个命令行，那么此时用户处于命令模式，而非输入模式。此时，用户可以编辑该命令，或者按 RETURN 键执行该命令。

一旦想要编辑的那条命令显示出来，就可以使用 vim 命令模式下的编辑命令，如 x(删除字符)、r(替换字符)、~(改变大小写)和.(重复上次修改)来修改该命令行。使用插入(i 或 I)、追加(a 或 A)、替换(R)或修改(c 或 C)命令可切换到输入模式。要执行命令，不必返回命令模式，只需要按 RETURN 键即可，即使光标正处于该命令行的中间也能执行命令。关于 vim 教程的更多信息请参见第 6 章。vim 命令小结请参见 6.13 节。

2. emacs 编辑模式

与 vim 编辑器不同，emacs 没有模式。用户不必在命令模式和输入模式之间切换，因为大多数 emacs 命令是一些控制字符，这样 emacs 就可以区分输入和命令。与 vim 类似，emacs 命令行编辑器也提供了命令，用于在命令行上移动光标、在历史列表中滚动，以及修改某条命令的部分或全部内容。然而，在几种情况下，emacs 命令行编辑器的命令与独立版 emacs 编辑器的命令不同。

在 emacs 中，可同时使用 CONTROL 和 ESCAPE 命令移动光标。按 CONTROL+B 组合键可将光标在命令行上向后移动一个字符。按 CONTROL+F 组合键可在命令行上向前移动一个字符。与在 vim 中一样，可在这些移动的前面加上数字。要使用数字，必须首先按 ESCAPE 键，否则用户输入的数字将出现在命令行上。

与 vim 类似，emacs 提供了字移动命令和行移动命令。按 ESCAPE+b 或 ESCAPE+f，可在命令行上向后或向前移动一个字。要使用数字移动多个字，可按 ESCAPE 键，后面输入数字，然后输入相应的转义字符序列。按 CONTROL+A 组合键，可跳到行首；而按 CONTROL+E 组合键，则可跳到行尾。按 CONTROL+X CONTROL+F 后输入字符 c，就可以跳到字符 c 下次出现的地方。

将光标移动到适当的位置并输入想要的文本，这样就可将文本添加到命令行中。要删除文本，首先将光标移动到想要删除的字符的右侧，然后依次按删除键，删掉那些想删除的字符。

CONTROL+D 可能会终止屏幕会话

提示 如果想直接删除光标处的字符，按 CONTROL+D 组合键即可。如果在行首按 CONTROL+D 组合键，用户的 shell 会话将终止。

如果想删除整个命令行，可输入行删除字符。当光标处于命令行中的任何位置时，用户都可输入这个字符。按 CONTROL+K 组合键可删除从光标到行尾的所有字符。参见 7.9 节中的 emacs 命令小结。

3. Readline 命令补全

当用户在命令行中输入命令时，可使用 TAB 键来补全字。这项功能称为补全，在 vi 和 emacs 编辑模式下均可用，类似于 tcsh 中的补全功能。可能会有多种类型的补全，使用哪种类型取决于用户在按 TAB 键时，用户正在输入命令行的哪一部分。

(1) 命令补全

如果用户正输入一条命令的名称(命令行的第 1 个字)，这时按 TAB 键将启动命令补全功能。也就是说，bash 查找名称以用户刚输入的字开头的命令。如果没有以用户已输入的字符开头的命令，bash 就发出蜂鸣声。如果仅存在一条这样的命令，bash 就补全命令名。如果有多个选择，那么在 vi 模式下，bash 不采取任何行动，而在 emacs

模式下，bash 会发出蜂鸣声。再次按 TAB 键，bash 将显示名称以用户输入的字符为前缀的命令列表，并允许用户
继续输入命令名。

在下例中，用户输入 bz 并按 TAB 键。shell 发出蜂鸣声(用户处于 emacs 模式)，以提示有多条以字符 bz 开头的
命令。该用户再次按 TAB 键，shell 将显示一个以 bz 开头的命令列表，后面是该用户目前已经输入的命令行：

```
$ bz ⇨ TAB (beep) ⇨ TAB
bzcat        bzdiff        bzip2         bzless
bzcmp        bzgrep        bzip2recover  bzmore
$ bz█
```

然后，用户输入 c 并按 TAB 键两次。shell 显示两条以 bzc 开头的命令。用户输入 a，后面按 TAB 键，shell 补
全这条命令，因为此时只有一条命令以 bzca 开头。

```
$ bzc ⇨ TAB (beep) ⇨ TAB
bzcat bzcmp
$ bzca ⇨ TAB ⇨ t █
```

(2) 路径名补全

路径名补全也使用 TAB 键，用户可只输入一部分路径名而由 bash 提供剩余部分。如果用户输入的部分路径名
足以确定一个唯一的路径名，bash 将显示该路径名。如果有多个路径名匹配，bash 将补全路径名直到有多个选项为
止，等待用户进一步输入。

当用户输入一个路径名和一个简单的文件名，然后按 TAB 键时，shell 将发出蜂鸣声(假设 shell 处于 emacs
模式；如果处于 vi 模式，则没有蜂鸣声)。然后 shell 将尽可能扩展该命令行。

```
$ cat films/dar ⇨ TAB (beep) cat films/dark_█
```

在 films 目录中，每个以 dar 开头的文件的后面几个字符都是 k_，因此在这些文件中进行选择前，bash 不能进
一步扩展命令行。此时光标仅在字符_之后。此时可继续输入路径名或两次按 TAB 键。如果两次按 TAB 键，bash
就发出蜂鸣声，显示可供选择的项，再次显示命令行，然后将光标放到字符_之后。

```
$ cat films/dark_ ⇨ TAB(beep) ⇨ TAB
dark_passage dark_victory
$ cat films/dark_█
```

当用户输入足够的信息来区分两个可能的文件，并按 TAB 键时，bash 显示唯一的路径名。如果在字符_之后输
入 p，然后按 TAB 键，shell 将补全命令行：

```
$ cat films/dark_p ⇨ TAB ⇨ assage
```

因为没有更多的多义性，shell 追加了一个空格，这样用户就可以完成命令行的输入，或按 RETURN 键执行该
命令。如果完整的路径名是一个目录，bash 就在空格所在的位置追加一个斜杠(/)。

(3) 变量补全

当输入变量名时，按 TAB 键将会进行变量补全操作，即 bash 将试图补全该变量的名称。如果存在多义性，按
TAB 键两次将显示选项的列表：

```
$ echo $HO ⇨ TAB (beep) ⇨ TAB
$HOME        $HOSTNAME $HOSTTYPE
$ echo $HOM ⇨ TAB ⇨ E
```

按 RETURN 键执行命令

警告 无论光标处于命令行中的哪个位置，按 RETURN 键都将使 shell 执行该命令。

4. .inputrc：配置 Readline 库

使用 Readline 库的 Bourne Again Shell 和其他程序都读取 INPUTRC 环境变量指定的文件，以获取启动文件信息。
如果未设置 INPUTRC，这些程序就读取文件~/.inputrc。这些程序忽略文件.inputrc 中的空白行或以#符号开头的行。

(1) 变量

可在.inputrc 文件中设置变量以控制 Readline 库的行为。其语法如下：

*set **variable value***

表 8-11 列出了一些变量以及可供使用的值。查阅 bash 的 man 页或 info 页中的"Readline 变量",以获得完整的列表。

表 8-11　Readline 变量

变　　量	作　　用
editing-mode	设置为 **vi** 以使 Readline 在 vi 模式下启动;设置为 **emacs** 以使 Readline 在 emacs 模式下启动(默认);类似于 shell 命令 **set -o vi** 和 **set -o emacs**
horizontal-scroll-mode	设置为 **on** 将使较长的行扩展到显示区域的右侧边界;当光标在显示区域的右侧边界时,向右移动光标将把该行左移,这样用户就可以看到本行的更多内容;向左移动光标跨过左侧边界就可将该行右移;默认值为 **off**,这将使得较长的行在显示区域自动换成多行
mark-directories	设置为 **off** 将使 Readline 在完成补全时,不用在目录名的末尾放置斜杠(/);一般设置为 **on**
mark-modified-lines	设置为 on 将使 Readline 在已修改的历史行的前面加上星号;默认值为 **off**

(2) 键绑定

用户可指定按键序列到 Readline 命令的映射绑定,从而修改或扩展默认的绑定。与在 emacs 编辑器中一样,Readline 库包含很多没有绑定到按键序列的命令。要使用某个未绑定的命令,用户必须使用下面的一种形式映射它:

   keyname:command_name
   "Keystroke_sequence":command_name

在第 1 种形式中,用户可拼写出每个单独的键。例如,CONTROL+U 可写作 control+u。在对单个键进行命令绑定时这种形式很有用。

在第 2 种形式中,用户指定一个描述绑定到命令上的按键序列的字符串。可使用 emacs 风格的反斜杠转义序列来表示特殊的键,如 CONTROL(\C)、META(\M)和 ESCAPE(\e)。通过另一个反斜杠可将反斜杠转义:\\。类似地,双引号或单引号也可用反斜杠转义:\"或\'。

kill-whole-line 命令只在 emacs 模式下可用,该命令用于删除当前行。将下面的命令放到文件.inputrc 中,就可将 kill-whole-line 命令(默认情况下它未绑定)绑定到按键序列 CONTROL+R 上。

```
control+r: kill-whole-line
```

bind　命令 bind –P 列出所有 Readline 命令。如果某个命令绑定到按键序列上,就会显示该按键序列。可在 vi 模式下使用的命令均以 vi 开头。比如,vi-next-word 和 vi-prev-word 命令将光标相应地移到下一个字或前一个字的开始处。那些不以 vi 开头的命令在 emacs 模式下可用。

可使用 bind -q 判断某条命令绑定到哪个按键序列:

```
$ bind -q kin-whole-line
kill-whole-line can be invoked via "\C-r".
```

可用双引号将文本括起来(只在 emacs 模式下可用),以绑定该文本:

```
"QQ": "The Linux Operating System"
```

当用户输入 QQ 时,该命令使 bash 插入字符串 The Linux Operating System。

(3) 条件结构

可使用$if 指令根据条件选择.inputrc 文件的一部分。条件结构的语法如下:

$if test[=value]
     commands
  [$else
     commands]
$endif

其中,*test* 为 mode、term 或 bash。如果 *test* 等于 *value*(或当没有指定 value 时,如果 *test* 为 *true*),这个结构就执行第 1 组命令。如果 *test* 不等于 *value*(或当没有指定 value 时,如果 *test* 为 *false*),并且第 2 组命令不为空,则执行这组命令,否则退出该结构。

$if 指令的作用在于它可执行 3 类测试。

① 可测试当前设置的模式。

`$if mode=vi`

如果当前的 Readline 模式为 vi，前面的测试就为 true，否则为 false。可用来测试 vi 或 emacs。

② 可测试终端的类型。

`$if term=xterm`

如果 TERM 变量设置为 xterm，前面的测试就为 true。可用来测试 TERM 的任何值。

③ 可测试应用程序名。

`$if bash`

如果正在运行 bash 并且没有其他程序使用 Readline 库，前面的测试就为 true。可测试任意应用程序名。

基于当前模式、终端的类型和正在使用的应用程序，用户可使用这些测试定制 Readline 库。当与 bash 和其他程序一起使用 Readline 库时，这些测试可提供强大的功能和极大的灵活性。

以下命令位于.inputrc 文件中，按 CONTROL+Y 组合键可将光标移动到下一个字的起始处，不论 bash 处于 vi 模式还是 emacs 模式：

```
$ cat ~/. inputrc
set editing-mode vi
$if mode=vi
        "\C-y": vi-next-word
    $else
        "\C-y": forward-word
$endif
```

因为 bash 启动时读取上述条件结构，所以必须在.inputrc 文件中设置编辑模式。使用 set 命令交互式地改变模式并不能改变 CONTROL+Y 的绑定。

要获得关于 Readline 库的更多信息，请打开 bash 的 man 页，并输入命令/^READLINE，该命令将在每行起始处搜索字 READLINE。

如果 Readline 命令不能运行，请注销并再次登录

提示　当用户登录时，Bourne Again Shell 读取~/.inputrc 文件。当改变该文件后，要使这些修改生效，应该首先注销，然后再次登录。

8.15　别名

别名通常较短，shell 将其翻译成另一个较长或较复杂的名称。通过替换字符串中简单命令的第 1 个标记，别名可用来定义新的命令。这些别名通常放在启动文件~/.bashrc(bash)或.tcshrc(tcsh)中，这样就可在交互式子 shell 中使用这些别名。

在 bash 中，内置命令 alias 的语法如下：

alias [name[=value]]

在 tcsh 中语法如下：

alias [name[value]]

在 bash 语法中，等号左右可以没有空格。如果 *value* 包含空格或制表符，就必须用引号把 *value* 括起来。与 tcsh 中的别名不同，bash 中的别名不接收 *value* 中来自命令行的参数。如果需要使用参数，就使用 bash 函数。

别名并不替换自身，这避免了在处理如下别名时可能出现的无限递归情形：

`$ alias ls='ls -F'`

可嵌套别名。在非交互式 shell(也就是 shell 脚本)中禁用别名。用 unalias 内置命令删除别名。当输入不带任何参数的 alias 内置命令时，shell 将列出所有已定义的别名：

```
$ alias
alias ll='ls -l'
alias l='ls -ltr'
alias ls='ls -F'
alias zap='rm -i'
```

要查看某个特定名称的别名，可在 alias 命令后面加上该名称。大部分 Linux 发行版都定义了一些别名。使用 alias 命令可查看哪些别名是有效的。可从相应的启动文件中删除不想要的别名。

8.15.1　别名中的单引号和双引号

当别名包含变量时，在别名语法中选择单引号还是双引号非常重要。如果将 *value* 用双引号引起来，那么当创建该别名时，将扩展 *value* 中的任何变量。如果将 *value* 用单引号引起来，在使用该别名前不会扩展变量。下例揭示了两者的区别。

PWD 关键字变量保存当前工作目录的路径名。当 Max 在其主目录下工作时，他创建了两个别名。因为当他创建 dirA 别名时使用了双引号，所以当他创建这个别名时，shell 将用当前工作目录的值替换该变量。alias dirA 命令显示 dirA 别名的内容，同时说明已经执行了替换：

```
$ echo $PWD
/home/max
$ alias dirA="echo Working directory is $PWD"
$ alias dirA
alias dirA='echo Working directory is /home/max'
```

Max 创建 dirB 别名时使用了单引号，这样就可以阻止 shell 扩展$PWD 变量。alias dirB 命令显示 dirB 别名仍包含未扩展的$PWD 变量：

```
$ alias dirB='echo Working directory is $PWD'
$ alias dirB
alias dirB='echo Working directory is $PWD'
```

创建 dirA 和 dirB 别名后，Max 使用 cd 命令使 cars 成为其工作目录，并输入两个别名分别作为命令。使用双引号创建的别名显示该别名所在工作目录的名称(这是错误的)，而别名 dirB 显示了工作目录的正确名称：

```
$ cd cars
$ dirA
Working directory is /home/max
$ dirB
Working directory is /home/max/cars
```

> **如何阻止 shell 调用别名?**
>
> **提示**　shell 只检查那些简单的、未引用的命令，以便确认是否为别名。不检查那些作为相对或绝对路径名的命令和引用的命令。当想输入一条有别名的命令，但又不想使用该别名时，就在命令前加上反斜杠，指定该命令的绝对路径名，或输入如下命令：*./command*。

8.15.2　别名示例

使用下面的别名，当输入 r 时重复前一条命令，当输入 r abc 时重复上一个以 abc 开头的命令行：

```
$ alias r='fc -s'
```

如果经常使用命令 ls -ltr，就可创建一个别名，当输入命令 l 时它将被替换成 ls -ltr：

```
$ alias l='ls -ltr'
$ l
-rw-r-----. 1 max pubs  3089  02-11 16:24 XTerm.ad
```

```
-rw-r--r--. 1 max pubs  30015  03-01 14:24 flute.ps
-rw-r--r--. 1 max pubs    641  04-01 08:12 fixtax.icn
-rw-r--r--. 1 max pubs    484  04-09 08:14 maptax.icn
drwxrwxr-x. 2 max pubs   1024  08-09 17:41 Tiger
drwxrwxr-x. 2 max pubs   1024  09-10 11:32 testdir
-rwxr-xr-x. 1 max pubs    485  09-21 08:03 floor
drwxrwxr-x. 2 max pubs   1024  09-27 20:19 Test_Emacs
```

别名的另一个用处是防止犯错。在下例中，当用户输入命令 zap 时，将替换成 rm 实用程序的交互版本：

```
$ alias zap='rm -i'
$ zap f*
rm: remove 'fixtax.icn'? n
rm: remove 'flute.ps'? n
rm: remove 'floor'? n
```

-i 选项使得 rm 要求用户确认每个将要删除的文件，从而帮助用户避免删除错误的文件。还可使用命令 alias rm='rm -i'将 rm 作为命令 rm -i 的别名。

下例中的别名使得用户每次输入 ll 命令时，shell 用 ls -l 替换，而当使用 ls 时，用 ls –F 代替。-F 选项使得 ls 在目录名的末尾打印斜杠(/)，在可执行文件名的末尾打印星号(*)：

```
$ alias ls='ls -F'
$ alias ll='ls -l'
$ ll
drwxrwxr-x. 2 max pubs   1024      09-27    20:19    Test_Emacs/
drwxrwxr-x. 2 max pubs   1024      08-09    17:41    Tiger/
-rw-r-----. 1 max pubs   3089      02-11    16:24    XTerm.ad
-rw-r--r--. 1 max pubs    641      04-01    08:12    fixtax.icn
-rw-r--r--. 1 max pubs  30015      03-01    14:24    flute.ps
-rwxr-xr-x. 1 max pubs    485      09-21    08:03    floor*
-rw-r--r--. 1 max pubs    484      04-09    08:14    maptax.icn
drwxrwxr-x. 2 max pubs   1024      09-10    11:32    testdir/
```

在这个示例中，代替别名 ll(ls -l)的字符串本身也包含一个别名(ls)。当 shell 用别名的值替换别名时，shell 查看替换字符串的第 1 个字，确认其是否为别名。在前面的示例中，替换字符串包含别名 ls，因此出现了第 2 次替换，其最终结果是 ls -F -l(为避免陷入循环，尽管替换文本中的 ls 还是别名，但没有进行再次扩展)。

当给出一个不带 "=*value*" 或 *value* 字段的别名列表时，内置命令 alias 的响应是显示每个已定义别名的值。如果没有定义某个别名，内置命令 alias 就会报告一个错误：

```
$ alias ll l ls zap wx
alias ll='ls -l'
alias l='ls -ltr'
alias ls='ls -F'
alias zap='rm -i'
bash: alias: wx: not found
```

在别名命令前加上反斜杠(\)即可避免别名替换：

```
$ \ls
Test_Emacs   XTerm.ad    flute.ps   maptax.icn
Tiger        fixtax.icn  floor      testdir
```

因为用别名的值替换别名不会改变命令行的其余部分，所以任何参数仍然会被执行的命令接收：

```
$ ll f*
-rw-r--r--. 1 max pubs       641   04-01 08:12  fixtax.icn
-rw-r--r--. 1 max pubs     30015   03-01 14:24  flute.ps
-rwxr-xr-x. 1 max pubs       485   09-21 08:03  floor*
```

使用内置命令 unalias 可删除别名。当删除 zap 别名后，内置命令 alias 将不再显示这个别名，再使用这个别名将导致错误消息：

```
$ unalias zap
$ alias
alias ll='ls -l'
alias l='ls -ltr'
```

```
alias ls='ls -F'
$ zap maptax.icn
bash: zap: command not found
```

8.16　函数

bash 的 shell 函数(tcsh 没有函数)类似于 shell 脚本，其中存储了一系列稍后执行的命令。然而，因为 shell 将函数存放在主存储器(RAM)而不是磁盘文件中，所以 shell 访问函数的速度要比访问脚本的速度快得多。shell 还对函数进行预处理(解析)，因此其启动速度也要比脚本快得多。同时，shell 函数的执行和调用是在同一个 shell 中进行的。如果定义了太多的函数，那么启动一个子 shell(如运行脚本时)的系统开销将变得不可接受。

shell 函数的声明可放在~/.bash_profile 启动文件中，或放在使用该函数的脚本中，或直接放在命令行中。可使用内置命令 unset 删除函数。一旦用户注销，shell 就不再保留这些函数。

> **删除同名的变量和函数**
>
> **提示**　如果某个 shell 变量和函数名相同，可用 unset 删除 shell 变量。如果再次用相同的名字使用 unset，它就会删除这个函数。

声明一个 shell 函数的语法如下：

[function] function-name() {
　　　commands
}

其中，关键字 *function* 是可选的(常被忽略，它不可移植)，*function-name* 为调用该函数时使用的函数名，*commands* 由调用该函数时它要执行的命令列表构成。*commands* 可以是在 shell 脚本中包含的任意内容，包括调用其他函数。

左花括号({})可放在函数名所在的那一行。当读取函数(而不是执行函数)时，别名和变量将被展开。可在函数中使用 break 语句来终止函数的执行。

可在一行中定义函数。由于闭花括号必须作为一条独立命令出现，所以当使用这种语法时，在其前面必须输入一个分号：

```
$ say_hi() { echo "hi" ; }
$ say_hi
hi
```

shell 函数可用作快捷方式，也可用来定义特殊命令。以下函数在后台启动一个名为 process 的进程，process 显示的正常输出内容将被保存到.process.out 中：

```
start_process() {
process > .process.out 2>&1 &
}
```

在下例中，创建了一个简单函数，它显示日期、标题和登录该系统的用户列表。这个函数运行的命令与 8.5 节所描述的脚本 whoson 相同。在这个示例中，函数是从键盘输入的。大于号(>)是 shell 辅助提示符(PS2)，不需要用户输入。

```
$ function whoson () {
> date
> echo "Users Currently Logged On"
> who
> }
$ whoson
Thurs Aug 9 15:44:58 PDT 2018
Users Currently Logged On
hls        console        2018-08-08 08:59   (:0)
max        pts/4          2018-08-08 09:33   (0.0)
zach       pts/7          2018-08-08 09:23   (guava)
```

函数本地变量　仅可在函数中使用 local 内置命令。该内置命令使其参数成为局部变量，在调用它的函数和子函数中可见。如果不使用 local，则在函数中声明的变量对调用函数的 shell 脚本可见(函数运行在调用它的 shell 中)。以下函数演示了 local 的用法：

```
$ demo () {
> x=4
> local y=8
> echo "demo: $x $y"
> }
$ demo
demo: 4 8
$ echo $x
4
$ echo $y
$
```

demo 函数由键盘输入，声明了两个变量，x 和 y，并显示其值。变量 x 使用正常的赋值语句声明，而变量 y 使用 local 声明。运行函数后，调用函数的 shell 可访问 x 的值而不能得到 y 的值。函数局部变量的另一个例子请参见 10.4 节。

导出函数 export -f 命令将指定名称的函数放入环境，使其对子进程可见。

启动文件中的函数 如果希望 whoson 函数总是可用，而不用每次登录时重新输入它，可将它的定义放在 ~/.bash_profile 中。然后用".(句点)"命令运行.bash_profile，使修改立即起效：

```
$ cat ~/.bash_profile
export TERM=vt100
stty kill '^u'
whoson () {
    date
    echo "Users Currently Logged On"
    who
}
$ . ~/.bash_profile
```

调用函数时可指定参数。在函数内部可通过位置参数访问这些参数。下例给出了从键盘输入的 arg1 函数：

```
$ arg1 () { echo "$1" ; }
$ arg1 first_arg
first_arg
```

参见 8.2 节中的函数 switch，这是另一个函数示例。

变成 TCL_LIBRARY=/usr/local/lib/tcl，这将导致错误。使用 eval，第 2 次扫描将这个字符串划分为 3 个预期的标记，并进行了正确的赋值。关于 eval 的更多信息请参见 10.5 节。

8.17 控制 bash 的功能和选项

本节解释了如何使用命令行选项、内置命令 set 和 shopt 控制 bash 的功能和选项。shell 会设置标志位来标识哪些选项被设置，而且可将$-展开成已设置标志位的列表；更多信息请参见 10.3.2 节。

8.17.1 bash 命令行选项

有两种可用的命令行选项：短选项和长选项。短选项由一个连字符和一个字母构成，而长选项由两个连字符和多个字母构成。在 bash 中，同一个命令行上的长选项必须放在短选项之前。表 8-12 列出了一些常用的命令行选项。

表 8-12 命令行选项

选 项	解 释	语 法
Help	显示用法信息	--help
No edit	阻止用户在交互式 shell 中使用 Readline 库编辑命令行	--noediting
No profile	阻止读取启动文件**/etc/profile**、**~/.bash_profile**、**~/.bash_login** 和**~/.profile**	--noprofile
No rc	阻止读取**~/.bashrc** 启动文件；如果 shell 作为 **sh** 调用，则这个选项默认打开	--norc
POSIX	在 POSIX 模式下运行 bash	--posix
Version	显示 bash 版本信息并退出	--version
Login	使 bash 像登录 shell 一样运行	-**l**(小写 l)
shopt	带上 shopt 选项 *opt* 运行 shell；－**O**(大写 O)设置该选项，+**O** 取消该设置	[±]**O** [*opt*]
End of options	在命令行上发信号表示选项结束；后面的标记将作为参数，即使它们以连字符(-)开头	--

8.17.2 shell 的功能

可通过打开或关闭 bash 的功能来控制它的行为。不同的功能使用不同的方法打开和关闭。内置命令 set 控制一组功能，而内置命令 shopt 控制另一组命令。还可调用 bash 在命令行中控制很多功能。

功能、选项、变量还是属性？

提示 为避免术语上的歧义，本书将用户可控制的 shell 的不同行为称为功能。bash 的 info 页称为"选项"和"控制可选 shell 行为的变量值"。有些地方也称为属性。

1. set ±o：打开和关闭 shell 的功能

通过-o 或+o 选项，内置命令 set(tcsh 中有一个内置命令 set，但是它的工作方式不同)可启用、禁用并列出 bash 的某些功能。例如，下面的命令将打开 noclobber 功能：

```
$ set -o noclobber
```

可使用下面的命令关闭这项功能(默认)：

```
$ set +o noclobber
```

如果命令 set -o 不带任何选项，它将列出 set 控制的每一项功能及其状态(开启还是关闭)。不带选项的命令 set +o 以一种特殊形式列出这些功能，用户可将它用作 shell 的输入。表 8-13 列出了 bash 的功能。这个表没有列出-i 选项，因为该选项不能被设置。具有交互性的 shell 在启动时已经设置了这个选项。关于 set 的其他用法请参见 10.3 节。

表 8-13 bash 的功能

功　能	描　述	语　法	备用语法
allexport	在执行这条命令后，用户创建或修改的所有变量和函数会被自动放入(导出到)环境中(默认关闭)	set –o allexport	set –a
braceexpand	使 bash 对花括号进行扩展(默认)	set –o braceexpand	set –B
cdspell	在传递给 cd 的参数中，纠正目录名中小的拼写错误	shopt –s cdspell	
cmdhist	在同一个历史列表项中保存一条多行命令中的所有行，根据需要添加分号	shopt -s cmdhist	
dotglob	使模糊文件引用中的 shell 特殊字符(通配符)匹配文件名中的前导句号；默认情况下，这些特殊字符并不匹配前导句号；必须显式地指定文件名.和..，因为没有模式匹配它们(默认关闭)	shopt -s dotglob	
emacs	为命令行编辑功能指定 emacs 模式(默认启用)	set -o emacs	
errexit	当遇到管道(可以是简单命令，而不是控制结构)执行失败时，使 bash 退出(默认关闭)	set -o errexit	set -e
execfail	使 shell 脚本在找不到 exec 的参数所指的文件时继续运行；默认情况下，当 exec 找不到其参数指定的文件时，脚本将终止	shopt -s execfail	
expand_aliases	使别名扩展(默认情况下，对于交互式 shell 它是打开的，而对于非交互式 shell 是关闭的)	shopt -s expand_alias	
hashall	使 bash 记住它使用 PATH 在哪里找到的命令(默认启用)	set -o hashall	set -h
histappend	在 shell 退出时，使 bash 把历史列表追加到 HISTFILE 命名的文件后面；默认情况下，bash 会重写这个文件	shopt -s histappend	
histexpend	打开历史机制(默认使用感叹号)；关闭这个功能将关闭历史扩展	set -o histexpand	set -H
history	启用命令历史功能(默认情况下是开启的)	set -o history	
huponexit	当一个交互式登录 shell 退出时(默认关闭)，指定 bash 给所有作业发送一个 SIGHUP 信号	shopt -s huponexit	
ignoreeof	指定 bash 必须在接收到 10 个 EOF 字符之后才能退出；在信号不好的线路上很有用(默认关闭)	set -o ignoreeof	
monitor	启用作业控制(默认启用)	set -o monitor	set -m
nocaseglob	使模糊文件引用匹配文件名而不区分大小写(默认关闭)	shopt -s nocastglob	
noclobber	帮助阻止重写文件(默认关闭)	set -o noclobber	set -C
noglob	禁用路径名扩展(默认关闭)	set -o noglob	set -f
notify	如果启用了作业控制，就立即报告后台作业的终结状态；默认行为是在显示下一个提示符之前显示该状态	set -o notify	set -b
nounset	当 shell 尝试展开未设置的变量时，显示一条错误消息；如果以脚本方式执行，则 bash 退出；如果以交互式 shell 方式执行，则 bash 不会退出(默认关闭；bash 为未设置的变量赋空值)	set -o unset	set –u
nullglob	使 bash 将不能与任何一个文件名相匹配的模糊文件引用替换成空字符串(默认关闭；bash 按原样传递这些文件引用)	shopt-s nullglob	
pipefail	将管道的退出状态设置为最后(最右)一条执行失败(返回非零状态值)的简单命令的退出状态；如果没有命令执行失败，退出状态为零(默认关闭；bash 将管道的退出状态设置为管道中最后一条命令的退出状态)	set -o pipefail	
posix	以 POSIX 模式运行 bash(默认关闭)	set-o posix	

(续表)

功　能	描　述	语　法	备用语法
verbose	当 bash 读取命令行时，在将其展开之前显示这些命令行(默认关闭)。参见 xtrace	set-o verbose	set-v
vi	为命令行的编辑功能指定 vi 编辑模式	set-o vi	
xpg_echo	使内置命令 echo 在不使用-e 选项的情况下扩展反斜杠转义序列(默认关闭)	shopt –s xpg_echo	
xtrace	启用 shell 调试功能：在 shell 读入并展开的每个输入行之后显示 PS4(参见 8.9 节)的值(默认关闭；参见 10.1 节)。参见 verbose	set-o xtrace	set-x

2. shopt：打开和关闭 shell 的功能

内置(不在 tcsh 中)命令 shopt(shell option)启用、禁用和列出那些控制 shell 行为的 bash 功能。例如，下面的命令将使 bash 在扩展模糊文件引用时，包含那些以句号(.)开头的文件名(-s 表示 set)：

```
$ shopt -s dotglob
```

可通过下面的命令关闭这项功能(默认，-u 表示 unset)：

```
$ shopt -u dotglob
```

如果只将功能的名称作为 shopt 的唯一参数，shell 就显示该功能是如何设置的：

```
$ shopt dotglob
dotglob        off
```

命令 shopt 不带任何选项或参数时，将列出 shopt 控制的那些功能及其状态。命令 shopt -s 不带参数时，将列出那些由 shopt 控制或设置为开启的功能。命令 shopt –u 将列出那些被取消或关闭的 bash 功能。

使用 shopt 设置 set ±o 功能

提示　可使用 shopt 设置或取消那些由 set ±o 控制的功能。使用常规的包含–s 或-u 并包含-o 选项的 shopt 语法。例如，下面的命令将打开 noclobber 功能：

```
$ shopt –o –s noclobber
```

8.18　处理命令行

无论采用交互方式还是运行 shell 脚本，bash 在处理命令行之前都需要读取该命令行，即 bash 在处理一条命令前总是读取至少一行命令。有些 bash 内置命令可能跨越多行，如 if 和 else，以及函数和引用字符串。如果 bash 识别出某条跨越多行的命令，那么在处理该命令之前需要读取整条命令。在交互式会话中，当用户输入多行命令中的每一行时，bash 都使用辅助提示符(PS2，默认为"＞")提示用户，直到 bash 识别出命令的末尾：

```
$ ps -ef |
> grep emacs
zach      26880 24579   1 14:42 pts/10        00:00:00 emacs notes
zach      26890 24579   0 14:42 pts/10        00:00:00 grep emacs
$ function hello () {
> echo hello there
> }
$
```

关于"隐式命令行延续"的更多信息请参见 10.7 节。在读取一个命令行后，bash 对该命令行应用历史扩展和别名替换。

8.18.1　历史扩展

8.14.2 节讨论了一些命令，使用它们可修改和重新执行命令历史列表中的命令行。历史扩展是 bash 将历史命令转换到可执行命令行的过程。例如，当给出命令"!!"时，历史扩展将改变命令行，以使其内容与前一个命令行相同。默认情况下，对于交互式 shell，历史扩展功能是开启的，使用 set +o histexpand 可将其关闭。历史扩展不能用于非交互式 shell(shell 脚本)。

8.18.2   别名替换

别名将一条简单命令的第 1 个字替换为一个字符串。默认情况下，交互式 shell 的别名是开启的，非交互式 shell 的别名则是关闭的。使用命令 shopt -u expand_aliases 可关闭别名。

8.18.3   解析和扫描命令行

处理完历史命令和别名后，bash 并不立即执行命令。shell 首先将命令行解析成(分割成多个字符串)标记或字。在将命令行分隔成若干标记之后，开始执行该命令之前，shell 将扫描这些标记并进行命令行扩展。

8.18.4   命令行扩展

将命令行传递给被调用的程序前，交互式 shell 和非交互式 shell 均使用命令行扩展改变命令行。在不太了解命令行扩展的情况下也可使用 shell，但当理解这部分主题后，就可更充分地利用 shell 的优势。本节涵盖了 bash 命令行扩展，tcsh 命令行扩展的相关内容将从 9.3.1 节开始介绍。

bash 按照下面的顺序依次扫描每个标记，进行不同类型的扩展和替换。大部分过程是将一个字扩展成单个的字。只有花括号扩展、分词和路径名扩展可能改变命令中字的数目(除了变量"$@"的扩展之外)。

(1) 花括号扩展
(2) 代字符扩展
(3) 参数扩展和变量扩展
(4) 算术扩展
(5) 命令替换
(6) 分词
(7) 路径名扩展
(8) 进程替换
(9) 引用删除

1. 扩展顺序

bash 执行这些步骤的顺序会影响命令的解释。例如，如果赋给变量的值像用于输出重定向的指令，然后输入一条使用该变量值进行重定向的命令，那么用户也许期待 bash 重定向输出。

```
$ SENDIT="> /tmp/saveit"
$ echo xxx $SENDIT
xxx > /tmp/saveit
$ cat /tmp/saveit
cat: /tmp/saveit: No such file or directory
```

实际上，shell 并不重定向输出，它在计算变量的值之前识别输入重定向和输出重定向。当 shell 执行该命令行时，检查重定向，但发现没有重定向，于是计算 SENDIT 变量的值。用> /tmp/saveit 替换该变量之后，bash 将这些参数传递给 echo，echo 负责将它的参数复制到标准输出。此过程中并不创建/tmp/saveit 文件。

引号会改变扩展方式

提示   切记双引号和单引号将使 shell 在进行扩展时表现出不同的行为。双引号允许参数和变量扩展，但抑制其他类型的扩展。单引号则抑制所有扩展。

2. 花括号扩展

花括号扩展源自 C Shell，它为指定一系列字符串或数字提供了一种便捷方式。尽管花括号扩展主要用于指定文件名，但该机制可用来生成任意字符串。shell 不会试图用已有文件的名称去匹配花括号标记。花括号扩展在交互式 shell 和非交互式 shell 中都是默认开启的，可使用命令 set +o braceexpand 关闭它。shell 还使用花括号来分隔变量名。

下例揭示了花括号扩展的工作原理。因为在工作目录中没有任何文件，所以 ls 命令不显示任何输出。内置命令 echo 显示 shell 使用花括号扩展生成的字符串。

```
$ ls
$ echo chap_{one,two,three}.txt
chap_one.txt chap_two.txt chap_three.txt
```

shell 将 echo 命令的花括号中以逗号分隔的字符串扩展成一个以空格分隔的字符串列表。该列表中的每个字符串前面都加上了字符串 chap_，这称为前缀；同时追加了字符串.txt，这称为后缀。前缀和后缀都是可选的。扩展过程中仍会保持花括号中字符串从左至右的顺序。为让 shell 特殊对待左右花括号并对花括号进行扩展，花括号中必须至少有一个逗号并且没有未引用的空白字符。花括号扩展可以嵌套。

当有较长的前缀或后缀时，花括号扩展很有用。下例将目录/usr/local/src/C 中的 4 个文件 main.c、f1.c、f2.c 和 tmp.c 复制到工作目录下：

```
$ cp /usr/local/src/C/{main,f1,f2,tmp}.c .
```

还可使用花括号扩展创建名称相关的目录：

```
$ ls -F
file1 file2 file3
$ mkdir vrs{A,B,C,D,E}
$ ls -F
file1 file2 file3 vrsA/ vrsB/ vrsC/ vrsD/ vrsE/
```

-F 选项使 ls 在目录后面显示斜杠(/)，在可执行文件后面显示星号(*)。如果试着用一个模糊文件引用代替花括号来指定目录，结果就有所不同(并不是所想要的结果)：

```
$ rmdir vrs*
$ mkdir vrs[A-E]
$ ls -F
file1 file2 file3 vrs[A-E]/
```

模糊文件引用匹配已存在文件的名称。在上例中，因为 bash 发现没有匹配 vrs[A-E]的文件名，所以它将这个模糊文件引用传递给 mkdir，mkdir 用这个名称创建一个目录。5.4.3 节有关于模糊文件引用中方括号的讨论。

序列表达式　在较新版本的 bash 中，花括号扩展可包含一个序列表达式，用于生成一个字符序列。它可使用如下语法生成一个有序的数字或字母序列：

{n1..n2[..incr]}

其中 *n1* 和 *n2* 是数字或单个字母，*incr* 是数字。这种语法在 bash 的 4.0 以上版本中可用；使用命令 echo $BASH_VERSION 可查看正在使用的 bash 版本。incr 在 macOS 下不起作用。当指定了非法参数时，bash 将参数复制到标准输出。下面列举一些例子：

```
$ echo {4..8}
4 5 6 7 8
$ echo {8..16..2}
8 10 12 14 16
$ echo {a..m..3}
a d g j m
$ echo {a..m..b}
{a..m..b}
$ echo {2..m}
{2..m}
```

在序列表达式中使用变量来指定值的方法，请参见 10.5 节。将序列表达式用于在 for…in 循环中指定步长值的示例，请参见 10.1 节。

seq　较老版本的 bash 不支持序列表达式。尽管可使用 seq 实用程序完成相似的功能，但 seq 不支持字母，而且在收到非法参数时会显示错误信息。seq 实用程序使用如下语法：

> *seq n1 [incr] n2*

-s 选项使 seq 使用指定的字符分隔其输出。下面是一些示例：

```
$ seq 4 8
4
5
6
7
8
$ seq -s\ 8 2 16
8 10 12 14 16
$ seq a d
seq: invalid floating point argument: a
Try 'seq --help' for more information.
```

3. 代字符扩展

第 4 章给出了一个用于指定用户的主目录的助记符。本节将更详细地解释代字符扩展。

当代字符(~)出现在命令行中某个标记的起始处时，它就是一个特殊字符。当 bash 在这个位置上看到代字符时，它将后面的字符串(到第 1 个斜杠之前，如果没有斜杠，就到字的末尾)作为一个可能的用户名。如果这个可能的用户名是空的(也就是说，代字符本身作为一个字，或者其后紧跟着一个斜杠)，那么 shell 将用 HOME 变量的值代替这个代字符。下例演示了这种扩展，其中最后一条命令将名为 letter 的文件从 Max 的主目录复制到工作目录：

```
$ echo $HOME
/home/max
$ echo ~
/home/max
$ echo ~/letter
/home/max/letter
$ cp ~/letter .
```

如果代字符后面的字符串构成一个合法的用户名，shell 将用与该用户名相对应的主目录的路径替换这个代字符和用户名。如果该字符串不为空并且不是一个合法的用户名，shell 将不进行任何替换：

```
$ echo ~zach
/home/zach
$ echo ~root
/root
$ echo ~xx
~xx
```

代字符还可用于目录栈操作中。另外，"~+" 是 PWD(工作目录名)的同义词，"~-" 是 OLDPWD(前一个工作目录名)的同义词。

4. 参数扩展和变量扩展

在命令行中，后面没有左圆括号的美元符号($)将引入参数或变量扩展。参数包括命令行(或位置)参数和特殊参数。变量包括用户创建的变量和关键字变量。但 bash 的 man 页和 info 页不区分这些。

如果参数和变量用单引号引起来或者开头的美元符号被转义(也就是说，前面加了反斜杠)，那么不扩展这些参数和变量。如果用双引号将它们引起来，shell 将扩展参数和变量。

5. 算术扩展

shell 计算算术表达式的值并用该值替换表达式，这就是算术扩展。关于 tcsh 中的算术表达式的信息请参见 9.6 节。在 bash 中，算术表达式的语法如下：

$((expression))

shell 计算 *expression* 并用其计算结果代替*$((expression))*。这种语法类似于命令替换所用的语法[*$(...)*]，并将执行相同的功能。可将*$((expression))*作为参数传递给命令或者替换命令行上的任何数值。

expression 的构成规则与 C 编程语言的规则相同。所有的标准 C 算术运算符都可用(如表 10-8 所示)。bash 中的算术使用整数进行计算。除非使用整数类型的变量或者真正的整数，然而，为了进行算术运算，shell 必须将字符串值变量转换为整数。

不需要在 *expression* 中的变量名前加上美元符号($)。下例中，read 将用户的输入赋予 age 后，用一个算术表达式判断距离 100 岁还有多少年：

```
$ cat age_check
#!/bin/bash
read -p "How old are you? " age
echo "Wow, in $((100-age)) years, you'll be 100!"
$ ./age_check
How old are you? 55
Wow, in 45 years, you'll be 100!
```

不必将 *expression* 放在引号中，这是因为 bash 暂时不对其进行文件名扩展。这个功能可简化使用星号(*)进行乘法运算，如下所示：

```
$ echo There are $((60*60*24*365)) seconds in a non-leap year.
There are 31536000 seconds in a non-leap year.
```

下例使用工具 wc、cut、算术扩展和命令替换来计算打印文件 letter.txt 的内容所需的页数。如果带上-l 选项，那么 wc 实用程序的输出结果为该文件的行数(从第 1 列到第 4 列)，后面有一个空格符以及对应的文件名(第 1 条命令后面的文件)。cut 实用程序的选项-c1-4 将提取前 4 列的内容。

```
$ wc -l letter.txt
351 letter.txt
$ wc -l letter.txt | cut -c1-4
351
```

美元符号和单个圆括号指示 shell 执行命令替换，而美元符号和两个圆括号指示 shell 进行算术扩展：

```
$ echo $(( $(wc -l letter.txt | cut -c1-4)/66 + 1))
6
```

在这个示例中，wc 的标准输出通过管道发送给 cut 的标准输入。进行命令替换后，两条命令的输出替换掉该命令行中介于 "$(" 和匹配 ")" 之间的命令。然后在算术扩展中，将该数字除以每页的行数，即 66。在表达式末尾加上 1，这是因为整除将丢弃余数。

少用美元符号($)

提示　如果在 "$((" 和 "))" 中使用变量，那么单个变量引用前面的美元符号是可选的。这种格式还允许在运算符周围包含空格，使表达式更加清晰易懂：

```
$ x=23 y=37
$ echo $(( 2 * $x + 3 * $y ))
157
$ echo $(( 2 * x + 3 * y ))
157
```

还有一种不使用 cut 的方法，也可得到同样的结果，就是重定向 wc 的输入，让 wc 从命令行上指定的文件中获取输入。如果重定向 wc 的输入，它就不会显示对应的文件名：

```
$ wc -l < letter.txt
   351
```

一种常见的方法是将算术扩展的结果赋予某个变量：

```
$ numpages=$(( $(wc -l < letter.txt)/66 + 1))
```

内置命令 let　内置命令 let(在 tcsh 中不可用)计算算术表达式的值，与$(( ))语法类似。下面的命令与前面的示例等价：

```
$ let "numpages=$(wc -l < letter.txt)/66 + 1"
```

双引号的作用是阻止空格(包括用户可见的空格以及命令替换导致的空格)将该表达式分隔成 let 的不同参数。最后一个表达式的结果将决定 let 的退出状态。如果最后一个表达式的值为 0，那么 let 的退出状态为 1；否则退出状态为 0。

可在单个命令行上给 let 提供多个参数：

```
$ let a=5+3 b=7+2
$ echo $a $b
8 9
```

当用 let 或$(( ))进行算术扩展时，如果要引用变量，shell 就不要求变量名以美元符号($)开头。尽管如此，这仍是保持一致的好习惯，因为在大多数情况下，变量名前面必须有美元符号。

6. 命令替换

命令替换指用命令的输出来代替该命令。在 bash 中，命令替换的优选语法如下：

$(command)

在 bash 中，还可使用下面的旧语法。该语法是 tcsh 中唯一可选的语法：

`command`

shell 在子 shell 中执行 *command*，然后用 *command* 的标准输出取代 *command*(连同左右两边的标点)。*command* 的标准错误不受影响。

在下例中，shell 执行 pwd 并用该命令的输出替换该命令及其两边的标点。然后 shell 将该命令的输出作为一个参数传递给 echo，echo 将其显示出来。

```
$ echo $(pwd)
/home/max
```

下面的脚本将内置命令 pwd 的输出赋予变量 where，并显示一条包含该变量值的消息：

```
$ cat where
where=$(pwd)
echo "You are using the $where directory."
$ ./where
You are using the /home/zach directory.
```

这个示例没什么实际意义，只是为了演示如何将一条命令的输出赋予一个变量。不使用变量就可以直接显示 pwd 的输出：

```
$ cat where2
echo "You are using the $(pwd) directory."
$ ./where2
You are using the /home/zach directory.
```

以下命令用 find 在以工作目录为根目录的目录树中查找名为 README 的文件。文件列表为 find 的标准输出，并成为 ls 的参数列表。

```
$ ls -l $(find . -name README -print)
```

下面的命令行演示了旧的 *`command`* 语法：

```
$ ls -l `find . -name README -print`
```

新语法的一个优点是避免了旧语法中用于标志处理、引号处理以及转义反引号(`)等的晦涩规则。新语法的另一个优点是它可嵌套，这点与旧语法不同。例如，使用下面的命令，可生成所有 README 文件的一个列表，这些文件所占空间都大于./README：

```
$ ls -l $(find . -name README -size +$(echo $(cat ./README | wc -c)c ) -print )
```

试着在执行 set -x 命令后再次执行这条命令，看看 bash 如何扩展这条命令。如果没有 README 文件，就会得到 ls -l 的输出。

可在 10.1 节和 10.5 节中找到使用命令替换的更多脚本。

"$((" 与 "$("

> **提示**　符号 "$((" 构成了一个单独标志。它们引入一个算术表达式,而不是命令替换。因此,如果想在$( )中使用一个被圆括号括起来的子 shell,就必须在 "$(" 和下一个 "(" 之间插入一个空格。

7. 分词

参数和变量扩展、命令替换和算术扩展的结果都可以作为分词的候选对象。bash 使用 IFS 中的每个字符作为可能的分隔符,将这些候选对象划分成字或标记。如果未设置 IFS,bash 就使用它的默认值(空格、制表符和换行符)。而如果 IFS 为空,bash 就不进行分词(Word Splitting)。

8. 路径名扩展

路径名扩展又称为文件名生成或文件名扩展,它表示解释模糊文件引用以及替换合适文件名的列表的过程。除非设置了 noglob 标记,否则当 shell 遇到模糊文件引用(这个标记包含未被引用字符 "*" "?" "[" 或 "]" 中的任何一个)时,它将执行这项功能。如果 bash 找不到任何匹配该模式的文件,就不处理带有该模糊文件引用的标记。shell 并不会将这个标记删除或用空字符串取代,而将其原封不动地传递给程序(例外请参见表 8-13 中的 nullglob)。TC Shell 会生成一条错误消息。

在下面示例的第 1 条 echo 命令中,shell 扩展了模糊文件引用 tmp*,并将 3 个标记(tmp1、tmp2 以及 tmp3)传递给 echo。内置命令 echo 显示 shell 传递给它的 3 个文件名。在 rm 删除这 3 个 tmp*文件后,shell 在扩展 tmp*时发现没有文件名可匹配 tmp*。于是,shell 将未扩展的字符串传递给内置命令 echo。echo 将显示传递给它的这个字符串。

```
$ ls
tmp1 tmp2 tmp3
$ echo tmp*
tmp1 tmp2 tmp3
$ rm tmp*
$ echo tmp*
tmp*
```

默认情况下,同样的命令将使 TC Shell 显示一条错误消息:

```
tcsh $ echo tmp*
echo: No match
```

无论是在路径名首位,还是跟在路径名中的某个斜杠(/)后面,句点都必须显式地进行匹配,除非设置了 dotglob。选项 nocaseglob 使模糊文件引用在匹配文件名时不必考虑大小写。

引号　用双引号把参数引起来将使 shell 抑制路径名扩展和所有除参数扩展和变量扩展外的其他扩展,而用单引号把参数引起来会抑制所有类型的扩展。下例中的第 2 条 echo 命令显示双引号之间的变量$max,双引号允许进行变量扩展,结果是,shell 将这个变量扩展为它的值:sonar。在第 3 条 echo 命令中并不会出现这种扩展,这是因为它使用了单引号。因为无论单引号还是双引号都不允许进行路径名扩展,所以最后两条命令显示了未扩展的参数 tmp*。

```
$ echo tmp* $max
tmp1 tmp2 tmp3 sonar
$ echo "tmp* $max"
tmp* sonar
$ echo 'tmp* $max'
tmp* $max
```

shell 区分变量的值和该变量的引用,如果模糊文件引用出现在变量的值中,则 shell 不会扩展它们。因而,可将一个包含特殊字符(如星号(*))的值赋予变量。

扩展级别　在下例中,工作目录下有 3 个名称以 letter 开头的文件。如果将值 letter*赋予变量 var,因为这个模糊文件引用出现在变量的值中(在该变量的赋值语句中),所以 shell 就不扩展它。在字符串 letter*两边没有引号,只有上下文阻止了该扩展。在赋值后,内置命令 set(在 grep 的帮助下)显示 var 变量的值为 letter*。

```
$ ls letter*
letter1 letter2 letter3
```

```
$ var=letter*
$ set | grep var
var='letter*'
$ echo '$var'
$var
$ echo "$var"
letter*
$ echo $var
letter1 letter2 letter3
```

3 条 echo 命令演示了 3 种级别的扩展。如果$var 放在单引号中，shell 就不执行任何扩展，并将字符串$var 传递给 echo 显示出来。如果使用双引号，shell 将只执行变量扩展，并用 var 的值替换变量名 var 以及前面的美元符号。在该命令中没有进行路径名扩展，因为双引号抑制了这种扩展。在最后一条命令中，因为没有双引号的限制，所以shell 执行变量替换，然后在将参数传递给 echo 之前执行路径名扩展。

9. 进程替换

Bourne Again Shell 的一项特殊功能是能够用进程替换文件名参数。使用语法<(*command*)的参数将使 *command* 得以执行，同时将输出结果写入某个命名管道(FIFO)。shell 将用这个管道名替换这个参数。如果在处理期间，将这个参数用作某个输入文件的名称，那么将读取 *command* 的输出。类似地，使用语法>(*command*)的参数将被 *command* 作为标准输入读取的管道的名称代替。

下例使用带-m 选项(merge，合并，只有在输入文件已经排序的前提下，这个选项才能正常工作)的 sort 将两个单词列表合并为一个列表。每个单词列表都是通过管道从文件中提取匹配某个模式的单词生成的，并在该列表中进行排序。

```
$ sort -m -f <(grep "(^A-Z)..$" memol | sort) <(grep ".*aba.*" memo2 |sort)
```

10. 引用删除

在 bash 处理完上面的列表后，它将进行引用删除。这个过程将那些不是扩展结果的单引号、双引号和反斜杠从命令行中删除。

8.19　本章小结

shell 既是一个命令解释器又是一种编程语言。作为命令解释器，shell 执行用户在提示符后面输入的命令。而作为一种编程语言，shell 执行 shell 脚本文件中的命令。当启动一个 shell 时，它通常会运行一个或多个启动文件。

运行 shell 脚本　假设保存 shell 脚本的文件位于工作目录中，在命令行上有 3 种执行该 shell 脚本的基本方法：
(1) 输入保存该脚本的文件的简单文件名。
(2) 输入一个相对路径名或绝对路径名，在简单文件名的前面加上./。
(3) 输入 bash 或 tcsh，然后输入该文件的名称。

第 1 种方法要求工作目录在 PATH 变量中。第 1 种方法和第 2 种方法要求用户拥有保存该脚本的文件的执行权限和读取权限。第 3 种方法要求用户拥有保存该脚本的文件的读取权限。

作业控制　作业是通过管道连接起来的一条或多条命令。可用内置命令 fg 把在后台运行的作业放到前台执行。如果首先按挂起键(通常是 CONTROL+Z 组合键)将某个作业挂起，就可以使用内置命令 bg 将前台作业放到后台运行。可使用内置命令 jobs 显示正在运行或挂起的作业。

变量　shell 允许定义变量。用户可声明变量并通过为其赋值初始化它，还可通过 unset 命令删除变量声明。shell 变量只在其定义所在的进程中可见。环境变量是全局的，由内置命令 export(bash)或 setenv(tcsh)导出，可被子进程访问。用户声明的变量称为用户创建的变量。shell 还定义了关键字变量。在 shell 脚本中，可访问调用该脚本时的命令行(位置)参数。

locale　locale 指定与地区相关的程序显示某些数据的方式，例如时间和日期、货币和其他数值、电话号码以及计量单位。它也指定排序习惯和打印纸的尺寸。

进程　每个进程都有一个唯一的 PID(标识符)编号，它表示一条 Linux 命令的执行。当用户输入命令时，除非这条命令是 shell 的内置命令，否则 shell 都会派生一个新的子进程来执行该命令。在子进程运行期间，shell 处于睡眠状态。通过在命令行的末尾添加一个逻辑与符号(&)，就可在后台运行子进程，并且不进入睡眠状态，这样在按 RETURN 键之后，shell 提示符就会立即出现。shell 脚本中的每条命令都会派生一个不同的进程，而每个不同的进程又可能依次派生其他的进程。当进程终止时，它将其退出状态返回给父进程。退出状态为零表示执行成功，为非零表示执行失败。

历史机制 历史机制维护了用户最近发出的命令行(又称为事件)列表，这为重新执行前面的命令提供了一条捷径。有几种使用历史列表的方式，其中最容易的方法是使用命令行编辑器。

命令行编辑器 如果使用交互式 bash，用户就可以使用 bash 的命令行编辑器(vim 或 emacs)编辑命令行和历史文件中的命令。如果使用 vim 命令行编辑器，启动时就会处于输入模式，这与进入 vim 的方式不同。可在命令模式和输入模式之间切换。emacs 编辑器没有模式，它通过识别控制字符作为命令来区分从编辑器输入的命令。

别名 别名是 shell 转换成另一个名称或复杂命令的名称。通过将一条简单命令的第 1 个标记替换成一个字符串，可使用别名定义新命令。bash 和 tcsh 用不同的语法定义别名，但别名在两种 shell 中的工作方式类似。

函数 shell 函数也是一系列命令，但它与 shell 脚本不同，它们经过解析后存储在内存中，这样它们运行的速度要比 shell 脚本快得多。shell 脚本在运行时才解析，而且存储在磁盘中。可在命令行上或 shell 脚本中定义函数。如果想使函数定义在跨登录会话时仍然有效，那么可在某个启动文件中定义这个函数。与很多编程语言的函数类似，通过函数名和任何参数调用 shell 函数。

shell 的功能 可通过几种方式定制 shell 的行为。可在调用 bash 时在命令行上使用选项，还可使用 bash 内置命令 set 和 shopt 打开或关闭某种功能。

命令行扩展 当 bash 处理命令行时，它将用扩展文本替换某些字。大多数类型的命令行扩展都通过在字中出现特殊字符(例如，前导美元符号代表一个变量)来调用。表 8-6 列出了这些特殊字符。这些扩展按一定顺序进行。在历史扩展和别名扩展后，常用的扩展是参数和变量扩展、命令替换以及路径名扩展。用双引号将字引起来就可抑制除参数和变量扩展外的所有类型的扩展。单引号则抑制所有类型的扩展，如同在特殊字符的前面加上反斜杠引用(转义)它一样。

练习

1. 解释下面的意外结果：

```
$ whereis date
date: /bin/date ...
$ echo $PATH
.:/usr/local/bin:/usr/bin:/bin
$ cat > date
echo "This is my own version of date."
$ ./date
Sun May 21 11:45:49 PDT 2017
```

2. 如果对包含某脚本的文件没有执行权限，那么可通过哪两种办法执行该 shell 脚本？如果对包含某脚本的文件没有读取权限，那么可执行该 shell 脚本吗？

3. PATH 变量的作用是什么？

   a. 设置 PATH 变量，使 shell 按顺序搜索以下目录：
   - /usr/local/bin
   - /usr/bin
   - /bin
   - /usr/kerberos/bin
   - 用户的主目录中的 bin 目录
   - 工作目录

   b. 如果在/usr/bin 目录中有一个名为 doit 的文件，同时在用户的~/bin 目录中也有一个同名的文件，那么 shell 会执行哪一个呢(假设具备两个文件的执行权限)？

   c. 如果尚未设置 PATH 变量使其搜索工作目录，那么如何执行工作目录中的程序？

    d. 可使用哪条命令将目录/usr/games 添加到 PATH 中目录列表的末尾?

4. 假设已经进行了下面的赋值:

```
$ person=zach
```

给出下面这些命令的输出:

a. echo $person

b. echo '$person'

c. echo "$person"

5. 下面的 shell 脚本向用户主目录中名为 journal-file 的文件中添加条目。这个脚本帮助用户记录电话交谈和会议。

```
$ cat journal
# journal: add journal entries to the file
# $HOME/journal-file
file=$HOME/journal-file
date >> $file
echo -n "Enter name of person or group: "
read name
echo "$name" >> $file
echo >> $file
cat >> $file
echo "--------------------------------------------------" >>
$file
echo >> $file
```

    a. 采取什么措施才能使该脚本可执行?

    b. 为什么在第 1 次从终端接收输入时使用内置命令 read,而在第 2 次时使用 cat 实用程序?

6. 假设/home/zach/grants/biblios 和/home/zach /biblios 目录均存在。在 Zach 执行完下面的命令序列时,显示他的工作目录。解释每种情况下都发生了什么。

```
a. $ pwd
/home/zach/grants
$ CDPATH=$(pwd)
$ cd
$ cd biblios
b. $ pwd
/home/zach/grants
$ CDPATH=$(pwd)
$ cd $HOME/biblios
```

7. 给出两种识别登录 shell 的 PID 编号的方法。

8. 给出下面的命令:

```
$ sleep 30 | cat /etc/services
```

sleep 有输出吗? cat 从哪里获取输入? 在 shell 显示另一个提示符之前会发生什么事情?

高级练习

9. 编写一组命令或一个脚本来证明变量扩展在路径名扩展之前执行。

10. 编写一个 shell 脚本输出正在执行的 shell 的名称。

11. 解释下面的 shell 脚本的行为:

```
$ cat quote_demo
twoliner="This is line 1.
This is line 2."
echo "$twoliner"
echo $twoliner
```

    a. 在这个脚本中每条 echo 命令将获取多少个参数?

    b. 重新定义 shell 变量 IFS,使第 2 个 echo 的输出与第 1 个 echo 的输出相同。

12. 将前一条命令的退出状态添加到提示符中，使其如下所示：

```
$ [0] ls xxx
ls: xxx: No such file or directory
$ [1]
```

13. dirname 实用程序将它的参数作为一个路径名，并将该路径前缀(也就是，不包含最后一部分的整条路径)写入标准输出：

```
$ dirname a/b/c/d
a/b/c
```

如果只给 dirname 一个简单的文件名(不含字符"/")作为参数，dirname 就将一个"."字符写入标准输出：

```
$ dirname simple
```

用一个 bash 函数实现 dirname。要确保当参数为"/"之类的字符时，该函数也能很好地处理。

14. 用 bash 函数实现 basename 实用程序，它将路径名参数的最后一部分写入标准输出。例如，给定路径名 a/b/c/d，basename 将 d 写入标准输出：

```
$ basename a/b/c/d
d
```

15. Linux 的 bashname 实用程序有一个可选的第 2 个参数。如果输入命令 basename *path suffix*，basename 就从 *path* 中删除 *suffix* 和前缀：

```
$ basename src/shellfiles/prog.bash .bash
prog
$ basename src/shellfiles/prog.bash .c
prog.bash
```

将这项功能添加到第 14 题编写的函数中。

第9章

tcsh

阅读完本章之后你应该能够：

- 识别 tcsh 初始化文件
- 解释 history、histfile 和 savehist 变量的作用
- 设置使用命令行参数的别名
- 将脚本的标准错误和标准输出重定向到两个不同的文件
- 设置和使用文件名、命令和变量补全
- 校正命令行拼写错误
- 解释和使用内置命令@来操作数字变量
- 解释 noclobber 变量的用法
- 使用 if 结构检查文件的状态
- 描述 tcsh 的 8 个内置命令

  tcsh(TC Shell)执行的功能与 bash 和其他 shell 一样：提供用户与 Linux 操作系统之间的接口。tcsh 是一个交互式命令解释器，也是一门高级编程语言。尽管用户在任何时刻只能使用一个 shell，但当需要时(可能希望在不同的窗口中运行不同的任务)，可在各 shell 之间自由地来回切换。第 8 章和第 10 章适用于 bash，还适用于 tcsh，这为本章提供了一个很好的背景。本章将介绍 bash 不具备而 tcsh 具备的功能，以及那些与 bash 相比实现方法不同的功能。

  TC Shell(tcsh)是 C Shell(csh)的扩展版，csh 起源于 Berkeley UNIX。TC Shell 名称中的 T 来自 TENEX 和 TOPS-20 操作系统，这两种操作系统引入了 TC Shell 中的命令补全和其他功能。在 tcsh 中还具有 csh 中没有的多项功能，包括文件名补全、用户名补全、命令行编辑和拼写校正。与 csh 一样，用户可定制 tcsh 使其容错性更好，更易于使用。通过设置适当的 shell 变量，可让 tcsh 在用户无意中注销或重写某个文件时发出警告。原 C Shell 的很多备受欢迎的功能都被 tcsh

和 bash 传承下来。

赋值语句 尽管 tcsh 的一些功能也可在 bash 中找到，但某些命令的语法有所不同。例如，tcsh 的赋值语句的语法如下：

set variable = value

等号两边有空格，虽然这在 bash 中是违反语法规则的，但在 tcsh 中是允许的。按照约定，tcsh 中的 shell 变量一般使用小写字母命名(可使用大写字母)。如果引用一个尚未声明的变量(即尚未赋值的变量)，tcsh 会生成一条错误消息，而 bash 不会这样。最后，tcsh 的默认提示符是大于号(>)，但通常它会被设置为一个美元符号($)后跟一个空格。本章的示例使用提示符 tcsh $，以避免与 bash 提示符冲突。

不要将 tcsh 作为一门编程语言

提示 如果用过 UNIX 并习惯了 C Shell 或 TC Shell，那么可能会将 tcsh 作为登录 shell。然而，用户会发现，作为一门编程语言，tcsh 不如 bash。如果要学习一种 shell 编程语言，最好还是选择 bash。在 Linux 中，很多系统管理脚本都是使用 bash 和 dash(bash 的一个子集)编写的。

9.1 shell 脚本

就像 bash 可执行包含 bash 命令的文件一样，tcsh 也可执行包含 tcsh 命令的文件。这两种 shell 中编写和执行脚本的概念是类似的。然而，声明变量和给变量赋值的方法以及控制结构的语法不同。

当使用两者中任意一个 shell 作为命令解释器时，均可运行 bash 和 tcsh 脚本。选择运行脚本的 shell 有多种方法。参考 8.5.2 一节以获取更多信息。

如果 shell 脚本的第 1 个字符是符号#，并且其后的字符不是感叹号(!)，tcsh 将在 tcsh 命令下面执行这个脚本。如果第 1 个字符不是 "#"，tcsh 就会调用链接到 bash 或 dash 的 sh 来执行这个脚本。

echo：去掉回车符

提示 为去掉 echo 通常在行尾显示的回车符，tcsh 内置命令 echo 接收-n 选项或尾随的\c；而 bash 的内置命令 echo 只接收-n 选项(参见 10.5.2 节)。

shell 游戏

提示 当使用交互式 tcsh 时，如果直接调用首字符不是 "#" 的脚本(而不是在其名字前面加上 tcsh)，tcsh 就调用链接到 bash 或 dash 的 sh 来运行这个脚本。下面的脚本本来是在 tcsh 下运行的，但如果从 tcsh 命令行调用，bash 就会执行它。内置命令 set 在 bash 下和在 tcsh 下的行为不同。因此，下例只显示一个提示符，但并不等待用户的响应：

```
tcsh $ cat user_in
echo -n "Enter input: "
set input_line = "$<"
echo $input_line
tcsh $ user_in
Enter input:
```

下例也是从 tcsh 命令行中运行脚本，与前一个示例的不同之处在于，该例显式地调用 tcsh，这样就会由 tcsh 执行这个脚本，运行结果正常。

```
tcsh $ tcsh user_in
Enter input: here is some input
here is some input
```

9.2 进入和退出 tcsh

chsh 输入命令 tcsh 就可执行 tcsh。如果不确定自己正在使用哪个 shell，就使用 ps 实用程序查看。它会显示用户正在运行 tsch、bash、sh(链接到 bash)，也可能是其他 shell。用户名后面的 finger 命令可显示登录 shell 的名称，这个名称存储在/etc/passwd 文件中(macOS 使用 Open Directory 替代这个文件)。如果希望将 tcsh 作为最主要的 shell,可使用 chsh(change shell)实用程序改变登录 shell:

```
bash $ chsh
Changing shell for sam.
Password:
New shell [/bin/bash]: /bin/tcsh
Shell changed.
bash $
```

当用户下次登录时,用户指定的 shell 依然有效,并在指定一个不同的登录 shell 之前都会使用这个 shell。/etc/passwd 文件存储用户登录 shell 的名称。

可采用多种方式退出 tcsh。选择哪种方式取决于两个因素:是否设置 shell 变量 ignoreeof 以及正在使用的 shell 是登录时的 shell(即登录 shell)还是登录之后创建的另一个 shell。如果不确定如何退出 tcsh,就参照结束程序的标准输入的方式,在没有前导空格的命令行上按 CONTROL+D 组合键。这时用户可能会退出,还可能会接收到一条关于如何退出的指令。如果没有设置 ignoreeof,并且没有在某个初始化文件中设置它,那么使用 CONTROL+D 组合键退出任何 shell(与退出 bash 的过程相同)。

如果设置了 ignoreeof,就不能使用 CONTROL+D 组合键。ignoreeof 变量使 shell 显示一条消息,告诉用户如何退出。用户可一直使用 exit 命令退出 tcsh。logout 命令只允许用户退出登录 shell。

初始化文件

当用户登录到 tcsh 时,它会自动执行多个初始化文件。通常情况下,这些文件按本节所述的顺序执行,但用户可编译 tcsh,从而使它使用不同的执行顺序。要执行初始化文件中的命令,用户必须具备读取权限。关于 macOS 中初始化文件的信息参见附录 D,关于 bash 初始化文件的信息参见 8.2 节。

/etc/csh.cshrc 和/etc/csh.login　shell 首先执行/etc/csh.cshrc 和/etc/csh.login 文件中的命令。超级用户可通过设置这个文件,为登录到该系统的所有 tcsh 用户设置默认特征。这两个文件包含系统范围内的配置信息,如默认 path、检查邮件的位置等。

.tcshrc 和.cshrc　shell 要查找的下一个文件是~/.tcshrc,如果该文件不存在,就会查找~/.cshrc(~/表示用户的主目录)。用户可使用这两个文件建立只用于当前 shell 的变量和参数。每次用户创建新的 shell 时,tcsh 都会为这个新的 shell 重新初始化这些变量。下面的.tcshrc 文件设置了几个 shell 变量,建立了两个别名,并将两个新目录添加到 path 中(一个放在列表的开头,另一个放在列表的末尾):

```
tcsh $ cat ~/.tcshrc
set noclobber
set dunique
set ignoreeof
set history=256
set path = (~/bin $path /usr/games)
alias h history
alias ll ls -l
```

.history　登录 shell 使用~/.history 文件的内容重新建立历史列表。如果存在 histfile 变量,tcsh 就使用这个变量所指向的文件替代.history。

.login　登录 shell 读取并执行~/.login 中的命令。该文件包含了用户只希望在每次会话开始时执行一次的命令。可在这个文件中使用 setenv 声明环境变量(全局变量)。还可声明用户使用的终端类型,并在.login 文件中设置一些终端特征。

```
tcsh $ cat ~/.login
setenv history 200
setenv mail /var/spool/mail/$user
if ( -z $DISPLAY ) then
        setenv TERM vt100
    else
        setenv TERM xterm
endif
stty erase '^h' kill '^u' -lcase tab3
date '+Login on %A %B %d at %I:%M %p'
```

这个.login 文件通过设置 TERM 变量(if 语句用来确定用户是否正在使用图形界面，从而确定赋予 TERM 的值)建立用户正在使用的终端类型。然后运行 stty 以设置终端特征，运行 date 以显示登录时间。

/etc/csh.logout 和.logout   当退出登录 shell 时，tcsh 按顺序运行/etc/csh.logout 和~/.logout 文件。下面的.logout 示例文件使用 date 显示注销的时间。sleep 命令确保系统在用户注销之前还有时间显示这条消息。这个延迟对于拨号上网(显示消息需要一定的时间)的用户很有用。

```
tcsh $ cat ~/.logout
date '+Logout on %A %B %d at %I:%M %p'
sleep 5
```

9.3 bash 与 tcsh 的共性

bash 和 tcsh 的大多数共性都源于原 C Shell:
- 命令行扩展(也称为替换)
- 历史机制
- 别名
- 作业控制
- 文件名替换
- 目录栈操作
- 命令替换

因为关于 bash 的章节已经详细讨论了这些特性，所以本节将关注 bash 和 tcsh 实现方面的差别。

9.3.1 命令行扩展(替换)

关于 bash 中的命令行扩展的介绍请参见 8.18 节。tcsh 的 man 页中使用术语"替换"而不是"扩展"(在 bash 中使用这个词)。tcsh 按照下面的顺序扫描每个标记，寻找可能的扩展:
- 历史替换
- 别名替换
- 变量替换
- 命令替换
- 文件名替换
- 目录栈操作

1. 历史机制

tcsh 为每个命令行分配一个连续的事件编号。可将这个编号作为 tcsh 提示符(参见 9.6.7 节中的提示符)的一部分显示出来。在本节的示例中，如果事件编号有助于说明命令的行为，就会显示已编号的提示符。

(1) 内置命令 history

与在 bash 中一样，tcsh 内置命令 history 显示历史列表中的事件。事件列表按照最早的事件排在最前面的顺序排列。历史列表中的最后一个事件是显示这个列表的 history 命令。在下面的历史列表中，这条 history 命令的参数 10 将这个列表的大小限制在 10 行，命令 23 修改了 tcsh 提示符以显示历史事件编号。每条命令执行的时间显示在事件编号的右边。

```
32 $ history 10
   23   23:59    set prompt = "! $ "
   24   23:59    ls -l
   25   23:59    cat temp
   26   0:00     rm temp
   27   0:00     vim memo
   28   0:00     lpr memo
   29   0:00     vim memo
```

```
30    0:00    lpr memo
31    0:00    rm memo
32    0:00    history
```

(2) 历史扩展

两种 shell 可使用同样的事件和字标志符。例如，"!!"在 tcsh 中表示前一个事件，如同在 bash 中。命令"!328"执行编号为 328 的事件，而"!?txt?"执行包含字符串 txt 的最近事件。更多信息请参见 8.14 节的"使用感叹号(!)表示事件"。表 9-1 列出了 bash 中没有的几个 tcsh 字修饰符。

表 9-1　字修饰符

修　饰　符	功　　能
u	将第 1 个小写字母转换为大写
l	将第 1 个大写字母转换为小写
a	把下一个修饰符应用到单个字的每个字母中

可在一条命令中使用多个字修饰符。例如，修饰符 a 与修饰符 u 和 l 一起使用时，可更改整个字的大小写。

```
tcsh $ echo $VERSION
VERSION: Undefined variable.
tcsh $ echo !!:1:al
echo $version
tcsh 6.17.00 (Astron) 2009-07-10 (i386-intel-linux) options wide,nls, ...
```

除使用事件标志符来访问历史列表外，还可使用命令行编辑器来访问、修改和执行前面的命令。

(3) 变量

在 tcsh 中用来控制历史列表的变量与在 bash 中使用的有所不同。在 bash 中分别使用变量 HISTSIZE 和 HISTFILESIZE 来决定会话期间和会话之间保存的事件数目，而 tcsh 使用 history 和 savehist 来实现(如表 9-2 所示)。

表 9-2　历史变量

变　　量	默　认　值	功　　能
history	100 个事件	在一次会话期间最多保存的事件数目
histfile	~/.history	历史文件的位置
savehist	未设置	在会话之间最多保存的事件数目

history 和 savehist　当从 tcsh shell 中退出时，最近执行的命令会保存到~/.history 文件中。用户下次登录时，就会用这个文件来初始化历史列表。savehist 变量的值决定了保存在.history(未必与 history 变量相同)文件中的行数。如果没有设置 savehist，tcsh 就不在会话之间保存历史信息。history 和 savehist 变量必须是 shell 变量(也就是说，声明时使用 set，而不是 setenv)。history 变量保存在一次会话期间记录的事件数目，savehist 变量保存会话之间记录的事件数目。具体情况请参见表 9-2。

如果将 history 的值设置得过高，那么历史列表将占用太多内存。如果没有设置或者设置为零，shell 就不保存任何命令。为建立保存最近 500 个事件的历史列表，可手动输入下列命令或将其放在~/.tcshrc 初始化文件中：

```
tcsh $ set history = 500
```

下面的命令将使 tcsh 在登录会话之间保存最近的 200 个事件：

```
tcsh $ set savehist = 200
```

可将这两条赋值语句合并到一条命令中：

```
tcsh $ set history=500 savehist=200
```

设置 savehist 后，当用户注销并再次登录时，在登录之后前一次登录会话中的最近 200 个事件将出现在该用户的历史列表中。如果希望在两次登录之间维护事件列表，就需要在~/.tcshrc 文件中设置 savehist。

histlit　如果设置了 histlit(history literal)变量，history 将把历史列表中的命令按它们输入时的形式显示出来，不添加任何 shell 解释。下例揭示了这个变量的效果(注意比较编号为 32 的两行)：

```
tcsh $ cat /etc/csh.cshrc
...
tcsh $ cp !!:1 ~
cp /etc/csh.cshrc ~
tcsh $ set histlit
tcsh $ history
...
    31 9:35 cat /etc/csh.cshrc
    32 9:35 cp !!:1 ~
    33 9:35 set histlit
    34 9:35 history
tcsh $ unset histlit
tcsh $ history
...
    31 9:35 cat /etc/csh.cshrc
    32 9:35 cp /etc/csh.cshrc ~
    33 9:35 set histlit
    34 9:35 history
    35 9:35 unset histlit
    36 9:36 history
```

选读

bash 和 tcsh 在扩展历史事件标志符方面存在着一些差异。如果给出命令 "!250w"，bash 将用编号为 250 的命令替换这条命令，并在其后追加一个字符 w。相反，tcsh 向后浏览历史列表，查找以字符串 250w 开头的事件以执行它。存在这个差别的原因是：bash 将 250w 的前 3 个字符解释为某条命令的编号，而 tcsh 将这 3 个字符作为搜索串 250w 的一部分(如果只有 250，tcsh 就会将其作为一个命令编号)。

如果想在命令编号 250 的后面追加 w，可用花括号将事件编号与 w 分开：

```
!{250}w
```

2. 别名

在 tcsh 中，alias/unalias 功能与 bash 中的对应功能较为相似。然而，内置命令 alias 的语法稍有不同：

*alias **name value***

下面的命令为 ls 创建一个别名：

```
tcsh $ alias ls "ls -lF"
```

tcsh 的 alias 允许替换命令行参数，而 bash 的 alias 不能替换命令行参数：

```
tcsh $ alias nam "echo Hello, \!^ is my name"
tcsh $ nam Sam
Hello, Sam is my name
```

别名中的字符串 "\!*" 被扩展到所有命令行参数：

```
tcsh $ alias sortprint "sort \!* | lpr"
```

下一个别名显示它的第 2 个参数：

```
tcsh $ alias n2 "echo \!:2"
```

要查看当前的别名列表，可使用命令 alias。要查看某个特殊名称的别名，可在 alias 命令的后面输入该名称。

(1) 特殊别名

有些称为特殊别名的别名对于 tcsh 有特殊意义。如果使用其中的一个定义别名，tcsh 就按表 9-3 中的解释自动执行它。在初始状态下，所有特殊别名都未定义。下面的命令设置 cwdcmd 别名，使其在切换到新工作目录时显示该目录的名称。单引号在本例中很重要；参见 8.15 节。

```
tcsh $ alias cwdcmd 'echo Working directory is now `pwd`'
tcsh $ cd /etc
Working directory is now /etc
tcsh $
```

表 9-3　特殊别名

别　名	执 行 时 间
beepcmd	每当终端正常响铃时；这时，用户有机会使用其他视觉或声音效果
cwdcmd	每当切换到另一个工作目录时
periodic	定期执行，执行频率取决于 tperiod 变量定义的分钟数；如果未设置 tperiod 或其值为 0，periodic 就没有意义
precmd	在 shell 显示提示符之前执行
shell	给出 shell 的绝对路径名，用户打算使用该 shell 运行那些不以 "#!" 开头的脚本

(2) 别名中的历史替换

可使用历史机制替换命令行参数，其中一个感叹号表明该命令行包含别名。替换时使用的修饰符与 history 使用的修饰符相同。在下例中，感叹号被转义，这样 shell 在建立别名时就不会解释它们：

```
21 $ alias last echo \!:$
22 $ last this is just a test
test
23 $ alias fn2 echo \!:2:t
24 $ fn2 /home/sam/test /home/zach/temp /home/barbara/new
temp
```

事件 21 定义了一个名为 last 的别名，它可用来显示最后一个参数。事件 23 定义了别名 fn2，它显示命令行上的第 2 个参数的简单文件名或末尾。

9.3.2　作业控制

作业控制在 bash 和 tcsh 中是相似的。用户可在前台和后台之间移动命令，可临时挂起作业，并可获得当前作业的列表。"%" 字符后面有一个作业编号或一个唯一标识某个作业的字符串前缀，可引用这个作业。在这两个 shell 的后台中分别运行多进程命令行时，将看到一些细微差别：tcsh 显示属于某个作业的所有进程的 PID 编号，而 bash 只显示每个作业中最后一个后台进程的 PID 编号。8.7 节中的示例在 tcsh 中如下所示：

```
tcsh $ ftcsh $ find . -print | sort | lpr & grep -l max /tmp/* > maxfiles &
[1] 18839 18840 18841
[2] 18876
```

9.3.3　文件名替换

与 bash 一样，tcsh 也在路径名中扩展字符 "*" "?" 和 "[ ]"。"*" 字符匹配包含零个或多个字符的字符串，"?" 匹配任意单个字符，而 "[ ]" 定义字符类。字符类可用来匹配出现在一对方括号中的单个字符。

tcsh 将以代字符(~)开头的命令行参数扩展为文件名，扩展方法与 bash 大致相同，其中 "~" 代表用户的主目录，而代字符后面如果还有某个用户的用户名，那么它表示该用户的主目录。bash 中的特殊扩展~+和~-在 tcsh 中不可用。

花括号扩展在 tcsh 中可用。与代字符扩展一样，即使花括号扩展能生成并不是实际文件的名称的字符串，也仍被认为是文件名替换的一个方面。

在 tcsh 及之前的 csh 中，用模式匹配文件名的过程称为通配(globbing)，而该模式本身称为通配模式。如果 tcsh 不能识别与某个通配模式匹配的一个或多个文件，它就会报告一个错误(除非该模式包含花括号)。设置 shell 变量 noglob 将抑制文件名替换，包括抑制代字符和花括号的解释。

9.3.4　操作目录栈

tcsh 下的目录栈操作与在 bash 中差别不大。内置命令 dirs 显示目录栈的内容，内置命令 pushd 和 popd 分别往目录栈压入目录和从目录栈弹出目录。

9.3.5　命令替换

在 tcsh 中并没有$(...)格式的命令替换。此时必须使用原来的'...'格式。此外，这个功能的实现在 bash 和 tcsh 中一样。参见 8.18 节中关于"命令替换"的内容以获取关于命令替换的更多信息。

9.4　重定向标准错误

bash 和 tcsh 都使用大于号(>)进行标准输出重定向，但 tcsh 并不使用 bash 符号"2>"重定向标准错误。在 tcsh 中，可使用大于号和后面的逻辑与符号(>&)一起重定向标准输出和标准错误。尽管也可在 bash 中使用这种符号，但毕竟不通用。与 8.4 节中的 bash 示例一样，下例引用两个文件，其中文件 x 并不存在，文件 y 只包含了一行文本：

```
tcsh $ cat x
cat: x: No such file or directory
tcsh $ cat y
This is y.
tcsh $ cat x y >& hold
tcsh $ cat hold
cat: x: No such file or directory
This is y.
```

在这个示例中，cat 通过参数 y 将字符串发送到标准输出，而参数 x 将使 cat 把一条错误消息发送到标准错误。

与 bash 不同，tcsh 并未提供将标准输出和标准错误输出分别重定向的简单方法。变通方案通常提供一种合理的解决方案。下例在一个子 shell 中运行带参数 x 和 y 的 cat(圆括号确保括号中的命令在子 shell 中运行)。在这个子 shell 中，">"将标准输出重定向到 outfile 文件中。发送到标准错误的输出并没有受到子 shell 的影响，而是发送到父 shell，父 shell 将该错误输出和标准输出一起发送到文件 errfile 中。又因为标准输出已经被重定向，所以 errfile 将只包含发送到标准错误的内容。

```
tcsh $ (cat x y > outfile) >& errfile
tcsh $ cat outfile
This is y.
tcsh $ cat errfile
cat: x: No such file or directory
```

如果想在后台执行一条运行速度很慢的命令，并且不希望它的输出影响终端屏幕显示的内容，那么合并和重定向输出会很有用。例如，因为 find 实用程序一般都需要较长时间才能执行完毕，所以最好将其放在后台运行。下一条命令在文件系统分层结构中查找名称中包含字符串 biblio 的所有文件。这条命令在后台运行，并将其输出发送到 findout 文件中。因为 find 实用程序会向标准错误输出发送报告，说明用户没有搜索权限的目录，所以 findout 文件不仅记录搜索到的那些文件，还记录那些未能搜索到的目录。

```
tcsh $ find / -name "*biblio*" -print >& findout &
```

在这个示例中，如果没有将标准错误和标准输出合并，而是仅重定向标准输出，那么错误消息将显示在屏幕上，文件 findout 将只列出搜索到的那些文件。

如果将某条命令在后台运行，并将其输出重定向到某个文件，那么可使用 tail 和-f 选项来查看输出。-f 选项使 tail 显示正写入该文件的文本行：

```
tcsh $ tail -f findout
```

要终止 tail 命令，按中断键(通常是 CONTROL+C 组合键)即可。

9.5　操作命令行

本节内容包括字补全、命令行编辑和拼写校正。

9.5.1　字补全

根据提示符，tcsh 将在命令行上补全文件名、命令和变量名。在 tcsh 中，用来统称这些功能的术语是"字补全"。

1. 文件名补全

在用户指定唯一的文件名前缀后，tcsh 可补全该文件名。文件名补全类似于文件名生成，但文件名补全的目标是选择单个文件。一起使用这些功能便于使用描述性的长文件名。

在命令行上输入文件名时，为使用文件名补全，应输入该文件名足够多的字母(以在该目录中唯一地标识该文件)，然后按 TAB 键。tcsh 补全该文件名并添加一个空格，然后移动光标，这样用户就可以输入其他参数或按 RETURN 键。在下例中，用户输入命令 cat trig1A 并按 TAB 键，系统补全以 trig1A 开头的文件名的剩余部分：

```
tcsh $ cat trig1A ⇨ TAB ⇨ cat trig1A.302488 ■
```

如果有两个或多个文件名匹配用户输入的前缀，而用户没有提供更多的信息，那么 tcsh 将不能补全这个文件名。如有可能，shell 将试图通过添加字符使前缀的长度达到最长，然后发出蜂鸣声，以提醒用户需要输入更多信息以消除多义性：

```
tcsh $ ls h*
help.hist help.trig01 help.txt
tcsh $ cat h ⇨ TAB ⇨ cat help. (beep)
```

用户可以补充足够的字符以消除多义性，然后再次按 TAB 键。另外，用户还可按 CONTROL+D 组合键使 tcsh 列出匹配的文件名：

```
tcsh $ cat help. ⇨ CONTROL-D
help.hist     help.trig01 help.txt
tcsh $ cat help.■
```

显示这些文件名后，tcsh 重新显示命令行，这样用户就可消除文件名的多义性(然后再次按 TAB 键)或手动输入文件名。

2. 代字符补全

tcsh 把代字符解析为字的首字符，并试图在用户按 TAB 键时将其扩展成一个用户名：

```
tcsh $ cd ~za ⇨ TAB ⇨ cd ~zach/■ ⇨ RETURN
tcsh $ pwd
/home/zach
```

通过追加一个斜杠(/)，tcsh 指出已补全的字是一个目录。斜杠也简化了后面路径名的指定。

3. 命令补全和变量补全

对命令名和变量名均可以使用与列出和补全文件名相同的机制。除非用户给出完整的路径名，否则 shell 使用变量 path 试图补全命令名。tcsh 列出的选项可能位于不同目录中。

```
tcsh $ up ⇨ TAB (beep) ⇨ CONTROL-D
up2date              updatedb              uptime
up2date-config       update-mime-database
up2date-nox          updmap
tcsh $ up ⇨ t ⇨ TAB ⇨ uptime ■⇨ RETURN
9:59am up 31 days, 15:11, 7 users, load average: 0.03, 0.02, 0.00
```

如果像下例一样设置 autolist 变量，那么在按 TAB 键调用自动补全功能时，shell 将自动列出候选项。这样用户就不必按 CONTROL+D 组合键。

```
tcsh $ set autolist
tcsh $ up ⇨ TAB (beep)
up2date                              updatedb uptime
up2date-config       update-mime-database
up2date-nox          updmap
tcsh $ up ⇨ t ⇨ TAB ⇨ uptime ■⇨ RETURN
10:01am up 31 days, 15:14, 7 users, load average: 0.20, 0.06, 0.02
```

　　如果将 autolist 设置为 ambiguous，那么只有当用户输入的字是一组命令中最长的前缀时，按 TAB 键 shell 才会列出候选项。否则，按 TAB 键将使得 shell 向这个字添加一个或多个字符，直到它成为最长的前缀，然后再次按 TAB 键列出候选项：

```
tcsh $ set autolist=ambiguous
tcsh $ echo $h ⇨ TAB (beep)
histfile history home
tcsh $ echo $h■ ⇨ i ⇨ TAB ⇨ echo $hist■ TAB
histfile history
tcsh $ echo $hist■ ⇨ o ⇨ TAB ⇨ echo $history ■ ⇨ RETURN
1000
```

　　shell 必须根据某个字在输入行中的上下文来判断该字是文件名、用户名、命令还是变量名。假设输入行的第 1 个字是命令名。如果某个字以特殊字符 "$" 开头，就认为它是变量名等。在下例中，第 2 个 which 命令运行失败：字 up 的上下文使其看上去像某个文件名的开头而不是某条命令的开头。tcsh 为 which 提供 updates(不可执行文件)的一个参数，which 显示一条错误消息：

```
tcsh $ ls up*
updates
tcsh $ which updatedb ups uptime
/usr/bin/updatedb
/usr/local/bin/ups
/usr/bin/uptime

tcsh $ which up ⇨ TAB ⇨ which updates
updates: Command not found.
```

9.5.2　编辑命令行

　　bindkey　　tcsh 命令行编辑功能类似于 bash 中的编辑功能。用户可使用 emacs 模式命令(默认)或 vi(m)模式命令。使用 bindkey -v 切换到 vi(m)模式命令，而使用 bindkey -e 切换到 emacs 模式命令。在两种模式中，方向键都被绑定到明显的移动命令上，这样用户可在历史列表中来回(上下)移动，还可在当前命令行上左右移动。

　　如果不带任何参数，内置命令 bindkey 就显示编辑器命令与可在键盘上输入的按键序列之间的当前映射关系：

```
tcsh $ bindkey
Standard key bindings
"^@"                -> set-mark-command
"^A"                -> beginning-of-line
"^B"                -> backward-char
"^C"                -> tty-sigintr
"^D"                -> delete-char-or-list-or-eof
...
Multi-character bindings
"^[[A"              -> up-history
"^[[B"              -> down-history
"^[[C"              -> forward-char
"^[[D"              -> backward-char
"^[[H"              -> beginning-of-line
...
Arrow key bindings
down                -> down-history
up                  -> up-history
left                -> backward-char
right               -> forward-char
home                -> beginning-of-line
end                 -> end-of-line
```

　　"^" 表示 CONTROL 字符(^B=CONTROL+B)。"^[" 表示 META 或 ALT 字符，在输入该键的下一个字符的同时按 META 或 ALT 键。如果没有进行替换，或者所使用的键盘没有 META 和 ALT 键，就按 ESCAPE 键并释放，然后输入下一个字符。对于"^[[F"，要按 META+[或 ALT+[组合键，然后是 F 键，或者按 ESCAPE [F。down/up/left/right 表示方向键，home/end 表示数字键盘上的 HOME 和 END 键。关于 META 键的详细内容参见 7.3 节。

在 macOS 下，大多数键盘都没有 META 或 ALT 键。参见附录 D，了解如何设置 OPTION 键，以执行与 Macintosh 上 META 键相同的功能。

这个示例在用户处于 emacs 模式时显示 bingkey 的输出。切换到 vi(m)模式(bindkey -v)并给出另一条 bindkey 命令以显示 vi(m)绑定的键。可使用管道将 bindkey 的输出发送到 less，以便于阅读。

9.5.3　校正拼写

可让 tcsh 尝试校正命令名、文件名以及变量名(但只使用 emacs 形式的绑定键)的拼写。拼写校正只进行两次，即在按 RETURN 键前后。

1. 按 RETURN 键之前

为让 tcsh 在用户按 RETURN 键之前纠正某个字，用户必须指出希望这样做。用于这个目的的两个功能为 spell-line 和 spell-word：

```
$ bindkey | grep spell
"^[$"          -> spell-line
"^[S"          -> spell-word
"^[s"          -> spell-word
```

bindkey 的输出显示 spell-line 被绑定到 META+$(ALT+$或 ESCAPE $)，spell-word 被绑定到 META+S 和 META+s(ALT+s 或 ESCAPE s 和 ALT+S 或 ESCAPE S)。要校正光标左边拼写错误的字，按 META+S。按 META+$ 将调用 spell-line 功能，它尝试校正命令行中的所有字：

```
tcsh $ ls
bigfile.gz
tcsh $ gunzipp ⇨ META-s ⇨ gunzip bigfele.gz ⇨ META-s ⇨ gunzip bigfile.gz
tcsh $ gunzip bigfele.gz ⇨ META-$ ⇨ gunzip bigfile.gz
tcsh $ ecno $usfr ⇨ META-$    echo $user
```

2. 按 RETURN 键之后

名为 correct 的变量控制在用户按 RETURN 键之后且在把命令行传递给被调用的命令之前，tcsh 尝试校正和补全的内容。如果没有设置 correct，tcsh 就不校正任何内容：

```
tcsh $ unset correct
tcsh $ ls morning
morning
tcsh $ ecno $usfr morbing
usfr: Undefined variable.
```

shell 报告变量名错误而不是命令名错误，这是因为 shell 在执行命令之前扩展变量。如果用户给出一个不带任何参数的错误命令名，shell 就报告这是一个错误的命令名。

将 correct 设置为 cmd 会使 shell 只校正命令名；设置为 all 将校正命令名、变量名和文件名；设置为 complete 将补全命令：

```
tcsh $ set correct = cmd
tcsh $ ecno $usfr morbing

CORRECT>echo $usfr morbing (y|n|e|a)? y
usfr: Undefined variable.
tcsh $ set correct = all
tcsh $ echo $usfr morbing

CORRECT>echo $user morning (y|n|e|a)? y
zach morning
```

当 correct 设置为 cmd 时，tcsh 将命令名 ecno 校正为 echo。当 correct 设置为 all 时，tcsh 将同时校正命令名和变量名。如果命令行上出现文件名，它还尝试校正该文件名。

tcsh 进行拼写检查时显示一个特殊提示符，让用户选择，输入 y 接受已修改的命令行，输入 n 拒绝，输入 e 进行编辑，输入 a 终止命令。参见 9.6.7 节的"prompt3"中关于拼写校正中使用的特殊提示符的讨论。

在下例中，在设置 correct 变量后，用户错误拼写了 ls 命令的名称，tcsh 此后提示一个正确的命令名。因为 tcsh 给出的替换命令并不是 ls，所以用户选择编辑这个命令行。shell 将光标移动到命令后，用户就可以纠正这个错误：

```
tcsh $ set correct=cmd
tcsh $ lx -l ⇨ RETURN (beep)
CORRECT>lex -l (y|n|e|a)? e
tcsh $ lx -l▊
```

如果将值 complete 赋予变量 correct，tcsh 将尝试按补全文件名的方式补全命令名。在下例中，在将 correct 设置为 complete 后，用户输入命令 up。shell 的响应为 Ambiguous command，这是因为几条命令均以这两个字母开头，但它们的第 3 个字母不同。然后 shell 重新显示命令行。用户此时可按 TAB 键，这样就可得到一个以 up 开头的命令列表，然后输入 t 并按 RETURN 键。因为这 3 个字母唯一标识了 uptime 实用程序，所以 shell 补全这条命令：

```
tcsh $ set correct = complete
tcsh $ upRETURN
Ambiguous command
tcsh $ up ⇨ tRETURN ⇨ uptime
4:45pm up 5 days, 9:54, 5 users, load average: 1.62, 0.83, 0.33
```

9.6 变量

尽管 tcsh 将变量的值保存为字符串，但用户可将这些变量作为数值使用。tcsh 中的表达式可使用算术操作符、逻辑操作符和条件操作符。内置命令@可计算整型算术表达式的值。

本节使用术语"数值变量"来描述那些包含 tcsh 用在算术计算或逻辑算术计算中的数值的字符串变量。然而，在 tcsh 中并没有真正的数值变量。

变量名 tcsh 变量名由 1~20 个字符构成，这些字符可以是字母、数字和下划线(_)。首字符不能是数字，但可以是下划线。

9.6.1 变量替换

用来声明变量、显示变量和为变量赋值的 3 个内置命令分别是 set、@和 setenv。set 和 setenv 内置命令均假定变量为非数值字符串变量。@内置命令只用于数值变量。set 和@均用于声明局部变量。setenv 内置命令声明一个变量并将其放在所有子进程均可以调用的环境中(使其成为全局变量)。使用 setenv 类似于在 bash 中向某个变量赋值，然后使用 export。参见 10.4.2 节中关于局部变量和环境变量的讨论。

一旦设置了变量的值，或仅声明了变量，当在命令行上出现该变量的名称并且这个名称前面有一个美元符号($)时，tcsh 就把它们替换为该变量的值。如果在美元符号的前面加上反斜杠或将其用单引号引起来，shell 就不执行该替换。如果变量位于双引号内，那么即使在美元符号的前面加上反斜杠将其转义，shell 也仍将执行替换。

9.6.2 字符串变量

tcsh 对待字符串变量的方式与 bash 类似。主要的不同在于声明语句和赋值语句：tcsh 使用显式的命令 set(或 setenv)来声明字符串变量或者向字符串变量赋值。

```
tcsh $        set name = fred
tcsh $        echo $name
fred
tcsh $        set
argv          ()
cwd           /home/zach
home          /home/zach
name          fred
path          (/usr/local/bin /bin /usr/bin /usr/X11R6/bin)
prompt        $
shell         /bin/tcsh
status        0
```

```
term          vt100
user          zach
```

这个示例中的第 1 行声明了变量 name 并将字符串 fred 赋予它。与 bash 不同，tcsh 允许(但不要求)在等号两边有空格。接下来的一行显示 name 变量的值。如果在给出 set 命令时不带任何参数，它就列出所有 shell 变量(而非环境)及其值。如果在给出 set 命令时只给出了变量名而没有具体值，那么该命令把这个变量的值设置为空字符串。

可使用 unset 内置命令删除变量：

```
tcsh $ set name
tcsh $ echo $name

tcsh $ unset name
tcsh $ echo $name
name: Undefined variable.
```

setenv　内置命令 setenv 用于声明环境变量。使用 setenv 时，必须插入一个或多个空格(并省略等号)，将变量名与赋予它的字符串隔开。在下例中，tcsh 命令首先创建一个子 shell，echo 显示变量及其值(说明该变量在子 shell 中是局部变量)，并用 exit 返回到原 shell。用 set 代替 setenv，再次尝试这个示例：

```
tcsh $ setenv SRCDIR /usr/local/src
tcsh $ tcsh
tcsh $ echo $SRCDIR
/usr/local/src
tcsh $ exit
```

如果 setenv 不带任何参数，它就列出环境变量(全局变量)，这些变量将传递给该 shell 的子进程。按照约定，环境变量的名字均采用大写字母。

与使用 set 相同，在给出 setenv 命令时，如果只给出变量名而不赋值，就会把这个变量的值设置为空字符串。使用 unset 可删除环境变量和局部变量，但 unsetenv 只能删除环境变量。

9.6.3　字符串变量数组

数组是一个字符串的集合，通过元素的索引(1、2、3 等)标识其中的每个元素。tcsh 中的数组使用从 1 开始的索引编号(即数组的第 1 个元素的下标为 1)。在访问数组的单个元素之前，必须通过向数组中的每个元素赋值来声明整个数组。元素值的列表必须括在圆括号中，并用空格分开：

```
8 $ set colors = (red green blue orange yellow)
9 $ echo $colors
red green blue orange yellow
10 $ echo $colors[3]
blue
11 $ echo $colors[2-4]
green blue orange
12 $ set shapes = ('' '' '' '' '')
13 $ echo $shapes

14 $ set shapes[4] = square
15 $ echo $shapes[4]
square
```

事件 8 声明了包含 5 个元素(字符串变量)的数组 colors，并为每个元素赋值。如果在声明数组时还不知道元素的值，可以声明一个包含所需数目的空元素的数组(事件 12)。

可在数组名前加上美元符号来引用整个数组(事件 9)。数组引用后面的方括号中的数字用来引用该数组中的某个元素(事件 10、14 和 15)。方括号中用连字符隔开的两个数字引用该数组中的两个或多个相邻元素(事件 11)。参见 9.6.6 节来了解关于数组的更多信息。

9.6.4　数值变量

内置命令@将数值计算的结果赋予某个数值变量(如 9.6 节所述，tcsh 并没有真正的数值变量)。就像用 set 声明非数值变量一样，用@可声明单个数值变量。然而，如果@带一个非数值参数，@将显示一条错误消息。正如 set 一样，不带任何参数的@命令将列出所有 shell 变量。

内置命令@可计算的很多表达式和它能识别的操作符均派生自 C 编程语言。下面显示了使用@((@后面的空格是必需的)声明或赋值的格式：

@ *variable-name* operator expression

variable-name 是要赋值的变量的名称；*operator* 是 C 的赋值操作符：=、+=、-=、*=、/=或%=(参见表 14-4 以获得这些操作符的说明)。*expression* 是一个可包含大多数 C 操作符(参见下一节)的算术表达式。为清晰起见，可在表达式中使用圆括号或改变计算顺序。如果表达式的某些部分包含下面的任何一个字符：<、>、&或|，那么必须使用圆括号将其括起来。

当向变量赋值时，不要使用$

提示 与使用 bash 一样，tcsh 不能在被赋值变量(位于操作符左边)的前面加上美元符号($)。因此：

    tcsh $ @ **$answer = 5 + 5**

将产生：

    answer: Undefined variable.

或者，如果 answer 已经定义：

    @: Variable name must begin with a letter.

则下面的命令将值 10 赋予变量 answer：

    tcsh $ @ **answer = 5 + 5**

1. 表达式

表达式由常量、变量和大多数 bash 操作符构成。涉及文件(而不是数值变量或字符串变量)的表达式将在表 9-8 中描述。

表达式遵循以下规则：

- shell 将缺少的参数或空值参数作为 0 计算
- 所有结果都是十进制值
- 除 "!=" 和 "==" 外，操作符均作为数值参数
- 必须用空格将表达式中的每个元素与相邻元素分开，除非相邻元素是 "&" "|" "<" ">" "(" 或 ")"

下面是一些使用@的示例：

```
216 $ @ count = 0
217 $ echo $count
0
218 $ @ count = ( 10 + 4 ) / 2
219 $ echo $count
7
220 $ @ result = ( $count < 5 )
221 $ echo $result
0
222 $ @ count += 5
223 $ echo $count
12
224 $ @ count++
225 $ echo $count
13
```

事件 216 声明变量 count 并把数值 0 赋予它。事件 218 把算术运算的结果赋予某个变量。事件 220 使用@将一个常量和变量的逻辑运算结果赋予 result，运算结果是 false(=0)，这是因为变量 count 不小于 5。事件 222 是下面的赋值语句的简写形式：

    tcsh $ @ **count = $count + 5**

事件 224 使用后缀操作符使 count 递增 1。

后递增和后递减操作符　只能在包含单个变量名的表达式中使用后递增(++)和后递减操作符(--)，其语法如下：

```
tcsh $ @ count = 0
tcsh $ @ count++
tcsh $ echo $count
1
tcsh $ @ next = $count++
@: Badly formed number.
```

与 C 编程语言和 bash 不同，tcsh 中的表达式不能使用前递增和前递减操作符。

2. 数值变量数组

在使用@向数值数组中的元素赋值之前，必须使用内置命令 set 声明一个数值变量数组。set 内置命令可将任何值赋予数值数组中的元素，包括零、其他数字以及空字符串。

向数值数组中的某个元素赋值与向简单数值变量赋值一样。唯一的不同之处在于，前者必须指定数组元素或索引，其语法如下：

@ variable-name[index] operator expression

index 指出正寻址的数组元素。第 1 个元素的索引为 1。*index* 不能为表达式，但必须是一个数值常量或变量。在这个语法中，*index* 两边的方括号是该语法的一部分，并不是说 *index* 是可选的。如果指定的索引对于使用 set 声明的数组太大，tcsh 将显示@:Subscript out of range。

```
226 $ set ages = (0 0 0 0 0)
227 $ @ ages[2] = 15
228 $ @ ages[3] = ($ages[2] + 4)
229 $ echo $ages[3]
19
230 $ echo $ages
0 15 19 0 0
231 $ set index = 3
232 $ echo $ages[$index]
19
233 $ echo $ages[6]
ages: Subscript out of range.
```

数值数组的元素就像简单的数值变量一样。事件 226 声明一个包含 5 个元素的数组，每个元素的值均为 0。事件 227 和 228 向数组元素赋值，事件 229 显示其中一个元素的值。事件 230 显示该数组的所有元素，事件 232 使用一个变量来指定数组中的某个元素，事件 233 说明了超出范围的错误消息。

9.6.5　花括号

与使用 bash 一样，tcsh 允许在不使用分隔符的情况下，用花括号将变量与左右两边的文本区分开：

```
$ set bb=abc
$ echo $bbdef
bbdef: Undefined variable.
$ echo ${bb}def
abcdef
```

9.6.6　特殊的变量形式

使用下面语法的特殊变量将得到 *variable-name* 数组的元素个数：

$#variable-name

使用下面的语法可查看 *variable-name* 变量的值，从而可以判断该变量是否已经设置：

$?variable-name

如果已经设置了 *variable-name* 变量，那么这个变量的值为 1；否则为 0：

```
tcsh $ set days = (mon tues wed thurs fri)
tcsh $ echo $#days
5
tcsh $ echo $?days
1
tcsh $ unset days
tcsh $ echo $?days
0
```

读取用户输入

在 tcsh shell 脚本中，可使用内置命令 set 从终端读取一行并将其赋予某个变量。下面是某个 shell 脚本的一部分，它提示用户输入并将输入的一行读取到变量 input_line 中：

```
echo -n "Enter input: "
set input_line = "$<"
```

shell 变量“$<”的值是从标准输入读取的一行。“$<”两边的引号可防止 shell 只将输入行中的第 1 个字赋予变量 input_line。

9.6.7 tcsh 变量

tcsh 变量可由 shell 设置，或由 shell 从父 shell 中继承，或者由用户设置并由 shell 使用。某些变量具有很重要的值(比如，某个后台进程的 PID 编号)。而其他变量可作为开关：如果声明了这些变量就是开，如果没有声明就是关。许多 shell 变量通常在初始化文件中设置。

1. 带值的 tcsh 变量

argv　argv 包含命令行中调用该 shell 的命令行参数(位置参数)。与所有 tcsh 数组一样，这个数组使用从 1 开始的索引编号，argv[1]指第 1 个命令行参数。可使用简写的$n 来引用$argv[*n*]。标记 argv[*]引用所有参数，可将其简记为$*。用$0 引用主调程序的名称；参见 10.3 节。bash 不使用 argv 形式，它只使用简记形式。用户不能给 argv 的元素赋值。

$#argv 或$#　保存 argv 数组中元素的个数，参见 9.6.6 节。

autolist　控制命令补全和变量补全。

autologout　启用 tcsh 的自动注销功能，换言之，当用户使 shell 长时间闲置时它将被注销。这个变量的值是 tcsh 将用户注销前等待的闲置分钟数。其默认值为 60 分钟，除非在图形环境下运行(在该环境下该变量最初没有设置)。

cdpath　与 bash 中的 CDPATH 变量一样影响 cd 的操作。cdpath 变量被赋予一组绝对路径名(参见本节后面的 path)，通常在~/.login 文件中使用下面的命令行设置：

```
set cdpath = (/home/zach /home/zach/letters)
```

当使用一个简单的文件名调用 cd 时，cd 在工作目录中搜索对应名称的子目录。如果没有找到，cd 就搜索列在 cdpath 中的目录，以查找这个子目录。

correct　设置为 cmd 将执行命令名的自动拼写校正，设置为 all 将校正整个命令行，设置为 complete 将自动补全命令名。这个变量用于在用户按 RETURN 键后进行校正。参见 9.5 节中的相关内容。

cwd　shell 将这个变量的值设置为工作目录的名称。如果通过符号链接访问某个目录，tcsh 将 cwd 设置为符号链接的名称。

dirstack　shell 将 pushd、popd 和 dirs 内置命令使用的目录栈保存在这个变量中。更多信息请参见 8.8 节。

fignore　保存在文件名补全期间 tcsh 忽略的那些后缀名构成的数组。

gid　shell 将这个变量的值设置为用户的组 ID。

histfile　包含在登录会话期间保存历史列表的文件的完整路径名。默认值是~/.history。

history　指定历史列表的大小。参见 9.3 节中关于“历史机制”的内容。

home 或 HOME　保存用户的主目录的路径名。cd 内置命令引用这个变量，与代字符(~)的文件名替换一样。

mail 指定用来检查邮件的文件和目录，用空格隔开目录和文件。TC Shell 每隔 10 分钟检查一次新邮件，除非 mail 的第 1 个字是数字，此时这个数字指定 shell 检查邮件的频率，单位为秒。

owd shell 将用户的前一个工作目录保存在这个变量中，它与 bash 中的 "~-" 等价。

path 或 PATH 保存 tcsh 搜寻可执行命令的目录列表。如果这个数组为空或者没有设置，那么用户只有给出命令的完整路径名才可执行这些命令。可使用如下命令设置 path:

```
tcsh $ set path = (  /usr/bin /bin /usr/local/bin /usr/bin/x11 ~/bin . )
```

prompt 保存主提示符，与 bash 中的 PS1 变量类似。如果没有设置，那么主提示符是 ">"，或者如果用户具有 root 权限，主提示符就是 "#"。shell 将提示符字符串中的感叹号扩展为当前事件编号。下面是 .tcshrc 文件中设置 prompt 的值的典型命令行:

```
set prompt = '! $ '
```

表 9-4 列出了在 prompt 中可用来取得特殊效果的格式序列。

表 9-4 prompt 格式序列

序　　列	在提示符中的显示
%/	cwd 的值(工作目录)
%~	与 "%/" 相同，但用一个代字符替换用户的主目录的路径
%!、%h 或!	当前事件编号
%d	一周第几天
%D	当月第几天
%m	不带域名的主机名
%M	完整的主机名，包括域名
%n	用户名
%t	当前时间的分钟数
%p	当前时间的秒数
%W	**mm** 形式表示的月份
%y	**yy** 形式表示的年份
%Y	**yyyy** 形式表示的年份
%#	如果用户具有 root 权限，提示符就是英镑符号(#)；否则为大于号(>)
%?	前一条命令的退出状态

prompt2 保存辅助提示符，tcsh 用它表示 tcsh 正在等待后面的输入。默认值是 "%R?"，在 foreach 和 while 控制结构中，如果 tcsh 等待用户继续输入未完成的命令，使用该提示符时 %R 就会消失，或者被单词 while 代替(如果在 while 结构中循环)，或者被 foreach 代替(如果在 foreach 结构中循环)。

在没有以反斜杠结尾的命令行上，如果在引用的字符串中间按 RETURN 键，无论使用单引号还是双引号，tcsh 都会显示一条错误消息:

```
% echo "Please enter the three values
Unmatched ".
```

在下例中，第一个回车符被转义，shell 会按字面意思解释它。在 tcsh 中，单引号和双引号会生成相同的结果。第二个提示符是问号(?):

```
% echo "Please enter the three values \
? required to complete the transaction."
Please enter the three values
> required to complete the transaction.
```

prompt3 保存在自动拼写校正期间使用的提示符。默认值是 "CORRECT>% R(y|n|e|a)?"，其中 R 由校正后的字符串替换。

savehist 指定当用户注销时保存在历史列表中的命令数目。这些事件保存在一个名为 ~/.history 的文件中。当用户再次登录时，shell 使用这些事件作为初始的历史列表，这样就可使用户的命令列表在两次会话之间保持连续。

shell 保存用户正在使用的 shell 的路径名。

shlvl 保存 shell 的级别。每当用户启动一个子 shell 时 Tc shell 都会递增这个值，而在用户退出子 shell 时递减它。登录 shell 时，这个值被设置为 1。

status 包含最后一条命令返回的退出状态。与 bash 中的 "$?" 类似。

tcsh 保存正在运行的 tcsh 的版本号。

time 提供两个功能：使用内置命令 time 对命令自动计时和设置 time 命令使用的格式。可将这个变量设置为单个数值或者一个保存了一个数值和一个字符串的数组。数值用来控制自动计时。运行时间超过这个数值所指定的 CPU 秒数的任何命令，在执行完毕时使 time 显示该命令的统计信息。如果值为 0，那么每条命令执行完毕都会显示统计信息。字符串使用格式序列控制统计信息的格式，如表 9-5 所示。

表 9-5 time 格式序列

序 列	显 示
%U	该命令运行用户的代码所耗费的时间，在 CPU 中时间单位为秒(用户模式)
%S	该命令运行系统代码所耗费的时间，在 CPU 中时间单位为秒(内核模式)
%E	该命令所花费的"壁挂钟时间"(总逝去时间)
%P	一段时期内 CPU 花费在该任务上的时间百分比，按(%U+%S)/%E 计算
%W	该命令的进程被交换到磁盘上的次数
%X	该命令平均使用的共享代码存储区，单位是 KB
%D	该命令平均使用的数据存储区，单位是 KB
%K	该命令使用的总内存(按%X+%D 计算)，单位是 KB
%M	该命令使用的最大内存，单位是 KB
%F	主要的缺页错误的次数(必须从磁盘读取的内存页)
%I	输入操作的次数
%O	输出操作的次数

默认情况下，time 内置命令使用以下字符串：

```
"%Uu %Ss %E %P% %X+%Dk %I+%Oio %Fpf+%Ww"
```

它将产生如下格式的输出：

```
tcsh $ time
0.200u 0.340s 17:32:33.27 0.0%   0+0k  0+0io   1165pf+0w
```

如果关注系统性能，则可能希望对命令进行计时。如果命令一直显示很多缺页错误和页面交换，那么系统可能是内存不足，应该考虑向该系统添加更多内存。还可以使用 time 报告的信息比较不同的系统配置和程序算法。

tperiod 控制 shell 执行特殊的 periodic 别名的频率，单位为分钟。

user shell 将这个变量设置为用户的用户名。

version shell 将这个变量设置为系统正在运行的 tcsh 版本的详细信息。

watch 设置为由用户和终端对构成的一个数组，用来监控登录和注销。单词 any 表示任何用户和任何终端，所以(any any)将监控所有终端上的所有登录和注销，而(zach ttyS1 any console $user any)将在 ttyS1 上监控 zach，监控访问系统控制台的任何用户，监控使用用户的账号的所有登录和注销(假设用户想捕获入侵者)。默认情况下，每隔 10 分钟检查一次登录和注销，也可在这个数组的开始处设置一个数值，来指定检查的时间间隔(单位为分钟)。如果将 watch 设置为(1 any console)，那么每 1 分钟检查控制台上任何用户的登录和注销，但在出现一个新的 shell 提示符前才显示报告。另外，无论何时执行内置命令 log，它都会强迫立即进行检查。参阅 who 以了解如何控制 watch 消息的格式。

who 控制显示在 watch 消息(如表 9-6 所示)中的信息格式。

表 9-6 who 格式序列

序　　列	显　示　内　容
%n	用户名
%a	用户采取的动作
%l	在其上发生动作的终端
%M	在其上发生动作的远程主机(如果没有，就是本地主机)的完整主机名
$m	不含域名的主机名

如果未设置 who，那么 watch 消息所用的默认字符串是%n has %a %l from %m，这将产生如下输出行：

```
sam has logged on tty2 from local
```

**$**　与在 bash 中一样，这个变量包含当前 shell 的 PID 编号。用法与$$一样。

2. tcsh 开关变量

下面的 shell 变量用作开关，它们的值并不重要。如果已经声明了这些变量，那么 shell 将执行指定的动作。如果没有设置，就不会执行动作或忽略动作。可在初始化文件、shell 脚本或命令行中设置这些变量。

　　autocorrect　使 shell 在每次尝试补全时自动尝试拼写校正。

　　dunique　一般情况下，pushd 盲目地将新工作目录压到目录栈中，这就意味着这个目录栈上将存在很多重复的目录项。设置 dunique 变量可使 shell 查找与即将压入目录栈的目录项重复的项，并删除这些项。

　　echo　让 shell 在执行命令前显示该命令。通过带-x 选项调用 tcsh 或者使用 set 命令可以设置这个变量。

　　filec　在将 tcsh 作为 csh(并且 csh 链接到 tcsh)运行时，使其启用文件名补全功能。

　　histlit　按照输入的命令显示命令列表中的命令，不显示 shell 所做的解释。

　　ignoreeof　如果声明了这个变量，使用 CONTROL+D 组合键并不能退出 shell，这样用户就不会因为偶然因素注销，而必须使用 exit 或 logout 显式退出 shell。

　　listjobs　无论何时作业被挂起，shell 都列出所有作业。

　　listlinks　使内置命令 ls -F 显示每个符号链接所指向的文件的类型，而不是用@符号标记符号链接。

　　loginsh　如果当前运行 shell 为登录 shell，shell 就会设置这个变量。

　　nobeep　关闭 shell 的所有蜂鸣器。

　　noclobber　当重定向输出时，阻止用户无意间重写某个文件，同时当用户试图将输出追加到某个并不存在的文件时，阻止用户创建新文件(如表 9-7 所示)。为重写 noclobber 变量，在用来重定向或追加输出的符号后面添加一个感叹号(如>!或>>!)。更详细的信息请参见 5.2.3 节。

表 9-7 noclobber 的工作原理

命　令　行	没有声明 noclobber	已声明 noclobber
x > *fileout*	将进程 x 的标准输出重定向到 *fileout*；如果该文件存在，将覆盖这个文件	将进程 x 的标准输出重定向到 *fileout*；如果 *fileout* 文件存在，shell 将显示一条错误消息，并不覆盖这个文件
x >> *fileout*	将进程 x 的输出重定向到 *fileout*；如果该文件存在，新输出将追加到 *fileout* 的末尾；如果这个文件不存在，就创建 *fileout* 文件	将进程 x 的标准输出重定向到 *fileout*；如果该文件存在，新输出将追加到 *fileout* 的末尾；如果这个文件不存在，shell 将显示一条错误消息，但不创建这个文件

　　noglob　阻止 shell 扩展模糊文件名。这样，不用将*、?、~和[ ]等字符引起来，就可以在命令行上或 shell 脚本中使用它们。

　　nonomatch　使 shell 将不匹配文件名的模糊文件名引用传递给被调用的命令。shell 并不扩展这个文件引用。如果未设置 nonomatch 变量，tcsh 就生成一条 No match 错误消息，并拒绝执行该命令。

```
tcsh $ cat questions?
cat: No match
tcsh $ set nonomatch
```

```
tcsh $ cat questions?
cat: questions?: No such file or directory
```

notify 如果设置了这个变量,那么每当后台执行的作业完成时,tcsh 都会立即向屏幕上发送一条消息。通常,tcsh 会在刚要显示下一个提示符之前通知用户作业完成,参见 8.7 节。

pushdtohome 如果调用 pushd 时不带任何参数,那么这个变量将把目录切换到用户的主目录(等价于 pushd -)。

pushdsilent 使 pushd 和 popd 不显示目录栈。

rmstar 使 shell 在用户输入 rm *命令时发出请求确认信息。

verbose 使 shell 历史扩展后显示每条命令。通过带-v 选项调用 tcsh 或者使用 set 命令可以设置 verbose。

visiblebell 用闪动的屏幕来取代蜂鸣器的鸣叫。

9.7 控制结构

tcsh 所用的许多控制结构与 bash 中的控制结构相同。虽然每种结构的语法不一样,但是它们的作用是相同的。本节将总结两种 shell 中控制结构之间的差异。更多信息请参见 10.1 节。

9.7.1 if

if 控制结构的语法如下:

if(expression) simple-command

if 控制结构只能用于简单命令,而不能用于命令管道或命令列表。可使用 if...then 控制结构来执行更复杂的命令。

```
tcsh $ cat if_1
#!/bin/tcsh
# Routine to show the use of a simple if control structure.
#
if ( $#argv == 0 ) echo "if_1: there are no arguments."
```

脚本 if_1 检查调用时是否没有带任何参数。如果括在圆括号中的表达式的值为 true(也就是说,这个命令行上没有任何参数),if 结构就显示一条消息。

除像 if_1 脚本使用的逻辑表达式外,还可使用返回某个值的表达式,这个值基于文件的状态。这类表达式的语法如下:

-n filename

其中,*n* 的取值如表 9-8 所示。

表 9-8 *n* 的取值

n	含义
b	块特殊文件
c	字符特殊文件
d	目录文件
e	文件存在
f	普通文件或目录文件
g	文件设置了 set-group-ID 位
k	文件设置了粘滞位
l	文件是一个符号链接
o	文件为用户所有
p	文件为命名管道
r	用户具有读取文件的权限
S	套接字特殊文件
s	文件非空(所占空间不为 0)

(续表)

n	含　义
t	文件描述符(用于代替 filename 的单个数字)已经打开并已连接到终端
u	文件设置了 set-user-ID 位
w	用户具有写入文件的权限
X	文件要么是内置命令，要么是在$path 所含的目录中搜索到的某个可执行文件
x	用户具有执行文件的权限
z	文件长度为 0 字节

　　如果测试结果为 true，那么该表达式的值为 1；如果测试结果为 false，那么这个表达式的值为 0。如果指定文件不存在或不可访问，tcsh 将该表达式的结果设为 0。下例检查在命令行上指定的文件是普通文件还是目录文件(而不是设备文件或其他特殊文件)：

```
tcsh $ cat if_2
#!/bin/tcsh
if -f $1 echo "$1 is an ordinary or directory file"
```

　　如有意义，还可合并运算符。例如，如果用户是文件 filename 的所有者，并有执行权限，那么-ox filename 就为 true。这个表达式等同于-o filename && -x filename。

　　有些运算符可返回与文件相关的有用信息，而不是仅报告 true 或 false。运算符的格式与-n *filename* 的格式相同，其中 *n* 为表 9-9 中的一个值。

表 9-9　*n* 的取值

n	含　义
A	最后一次访问文件的时间*
A:	以可读格式显示最后一次访问文件的时间
M	最后一次修改文件的时间*
M:	以可读格式显示最后一次修改文件的时间
C	最后一次修改文件的索引节点的时间*
C:	以可读格式显示最后一次修改文件的索引节点的时间
D	文件的设备编号，这个编号能唯一标识文件所在的设备(如磁盘分区)
I	文件的索引节点编号，索引节点编号唯一标识特定设备上的某个文件
F	形如 device:inode 的字符串，该字符串能唯一标识系统上任何地方的文件
N	到文件的硬链接的数目
P	文件的访问权限，按八进制显示，开头没有 0
U	文件所有者的用户 ID 号
U:	文件所有者的用户名
G	文件的用户组的组 ID 号
G:	文件的用户组的名称
Z	文件的大小，单位为字节

*标记的时间为自纪元(通常是从 1970 年 1 月 1 日开始)以来的秒数

　　对于表 9-9 中的这些运算符，在一次测试中只能使用其中的一个，而且该运算符还必须作为多运算符序列的最后一个运算符。因为 0 可能是某些运算符有效的返回值(例如某个文件的字节数可能为 0)，所以在测试失败时返回－1，而不是逻辑运算在失败时返回的 0。一个例外是 F，如果它不能判断某个文件的设备和索引节点，将返回一个冒号。

　　如果希望在控制结构表达式之外使用其中一个运算符，可使用内置命令 filetest 进行文件测试并报告结果：

```
tcsh $ filetest -z if_1
0
tcsh $ filetest -F if_1
```

```
2051:12694
tcsh $ filetest -Z if_1
131
```

9.7.2 goto

goto 语句的语法如下：

goto label

内置命令 goto 将控制权转移到以 *label* 开头的语句。下面的脚本片段说明了 goto 的用法：

```
tcsh $ cat goto_1
#!/bin/tcsh
#
# test for 2 arguments
#
if ($#argv == 2) goto goodargs
echo "Usage: $0 arg1 arg2"
exit 1
goodargs:
...
```

当调用 goto_1 脚本时，如果参数个数多于或少于两个，该脚本就显示用法信息。

9.7.3 中断处理

当用户中断 shell 脚本时，onintr 语句(在中断时)转移控制权。onintr 语句的语法格式如下：

onintr label

当用户在 shell 脚本执行期间按中断键时，shell 将控制权转移到"*label:*"开始的语句。使用这条语句可让脚本被中断时"恰当"地终止。例如，当用户中断某个 shell 脚本时，使用这条语句可确保在将控制权返回父 shell 之前删除临时文件。

以下脚本说明了 onintr 的用法。它将不断循环，直到用户按中断键，此时它将显示一条消息，并将控制权返回该 shell：

```
tcsh $ cat onintr_1
#!/bin/tcsh
# demonstration of onintr
onintr close
while ( 1 )
    echo "Program is running."
    sleep 2
end
close:
echo "End of program."
```

如果某个脚本创建了一些临时文件，那么可使用 onintr 来删除它们。

```
close:
rm -f /tmp/$$*
```

模糊文件名引用/tmp/$$*匹配/tmp 中以当前 shell 的 PID 编号开头的所有文件。参见 10.3 节以了解关于临时文件命名技术的说明。

9.7.4 if...then...else

if...then...else 控制结构有 3 种形式。第 1 种是简单 if 结构的扩展，如果 *expression* 为 true，将执行更复杂的 *commands* 或一系列 *commands*。这种形式仍然属于单向分支。

if (expression) then

    commands

endif

第 2 种形式属于双向分支。如果 *expression* 为 true，将执行第 1 组 *commands*。如果 *expression* 为 false，将执行紧接着 else 的一组 *commands*。

> *if (expression) then*
> 　　*commands*
> *else*
> 　　*commands*
> *endif*

第 3 种形式类似于 if...then...elif 结构。它将执行测试，直到它发现某个为 true 的 *expression*，然后执行相应的 *commands*。

> *if (expression) then*
> 　　*commands*
> *else if (expression) then*
> 　　*commands*
> *. . .*
> *else*
> 　　*commands*
> *endif*

下面的程序根据第 1 个命令行参数的值，将值 0、1、2 或 3 赋予变量 class。为清晰起见，在程序开始处声明变量 class。其实在第 1 次使用之前，没必要声明这个变量。同样为了清晰起见，脚本将第 1 个命令行参数的值赋予 number。

```
tcsh $ cat if_else_1
#!/bin/tcsh
# routine to categorize the first
# command-line argument
set class
set number = $argv[1]
#
if ($number < 0) then
    @ class = 0
else if (0 <= $number && $number < 100) then
    @ class = 1
else if (100 <= $number && $number < 200) then
    @ class = 2
else
    @ class = 3
endif
#
echo "The number $number is in class $class."
```

第 1 条 if 语句测试 number 是否小于 0。如果小于 0，那么该脚本将 0 赋予 class，并将控制权转移给 endif 后面的那条语句；如果不小于 0，那么第 2 条 if 语句将测试这个数字是否介于 0~100 之间。&& 是布尔 AND 运算符，如果表达式两边的值均为 true，那么这个表达式的值为 true。如果这个数字介于 0~100 之间，那么将 1 赋予 class，同时将控制权转移给 endif 后面的那条语句。类似的测试判断数字是否介于 100~200 之间，如果不是，那么最后的 else 语句将 3 赋予 class。endif 结束 if 控制结构。

9.7.5　foreach

foreach 结构与 bash 中的 for...in 等价，其语法如下：

> *foreach loop-index(argument-list)*
> *commands*
> *end*

这个结构循环执行 *commands*。第 1 次执行该循环时，这个结构将 *argument-list* 中第 1 个参数的值赋予 *loop-index*。当控制结构到达 end 语句时，shell 将 *argument-list* 中下一个参数的值赋予 *loop-index*，并再次执行这些命令。shell 将重复上面这个过程，直到遍历完 *argument-list* 为止。

下面的 tcsh 脚本使用 foreach 结构遍历工作目录中文件名包含指定字符串的文件，同时修改这个字符串。例如，用户可使用该脚本将文件名中的 memo 字符串改为 letter，于是文件名 memo.1、dailymemo 和 memories 将分别被改为 letter.1、dailyletter 和 letterries。

这个脚本需要两个参数：要修改的字符串(旧字符串)和新字符串。foreach 结构的 *argument-list* 使用模糊文件引用循环遍历工作目录中文件名包含第 1 个参数的所有文件。对于匹配该模糊文件引用的每个文件名，使用 mv 实用程序进行修改。echo 和 sed 命令出现在反引号(`)中，反引号指出进行命令替换：反引号中命令的执行结果将代替反引号以及所有出现在它们中间的内容。参阅 8.18 节中关于"命令替换"的内容以获取更多信息。sed 实用程序用第 2 个参数替换出现在文件名中的第 1 个参数。$1 和$2 分别是$argv[1]和$argv[2]的缩写。

```
tcsh $ cat ren
#!/bin/tcsh
# Usage:        ren arg1 arg2
#               changes the string arg1 in the names of files
#               in the working directory into the string arg2
if ($#argv != 2) goto usage
foreach i ( *$1* )
    mv $i `echo $i | sed -n s/$1/$2/p`
end
exit 0

usage:
echo "Usage: ren arg1 arg2"
exit 1
```

选读

下面的脚本使用 foreach 循环将命令行参数赋予 buffer 数组中的每个元素：

```
tcsh $ cat foreach_1
#!/bin/tcsh
# routine to zero-fill argv to 20 arguments
#
set buffer = (0 0 0 0 0 0 0 0 0 0 0 0 0 0 0 0 0 0 0 0)
set count = 1
#
if ($#argv > 20) goto toomany
#
foreach argument ($argv[*])
    set buffer[$count] = $argument
    @ count++
end
# REPLACE command ON THE NEXT LINE WITH
# THE PROGRAM YOU WANT TO CALL.
exec command $buffer[*]
#
toomany:
echo "Too many arguments given."
echo "Usage: foreach_1 [up to 20 arguments]"
exit 1
```

foreach_1 脚本通过一个命令行来调用另一个名为 command 的程序，该命令行确保包含 20 个参数。如果调用 foreach_1 时参数个数少于 20，它将使用 0 填充命令行，从而为 command 补全 20 个参数。如果参数个数超过 20，它将显示一条用法消息，并且退出时错误状态为 1。

foreach 结构一次遍历命令中的一个命令行参数。在每次循环时，foreach 把命令行中下一个参数的值赋予变量 argument。接着脚本把这些值赋予 buffer 数组中的每个元素。变量 count 维护数组 buffer 的索引。后缀操作符使用 @(@ count++)递增 count 变量。内置命令 exec(bash 和 tcsh 都可用)调用 command，这样就不会启动一个新进程(一旦调用 command，就不再需要运行这个例程的进程，因而不需要新进程)。

9.7.6 while

while 结构的语法如下：

```
while(expression)
    commands
end
```

当 *expression* 为 true 时，这个结构将一直循环执行 *commands*。如果第 1 次计算时 *expression* 为 false，这个结构就一次也不执行 *commands*。

```
tcsh $ cat while_1
#!/bin/tcsh
# Demonstration of a while control structure.
# This routine sums the numbers between 1 and n;
# n is the first argument on the command line.
#
set limit = $argv[1]
set index = 1
set sum = 0
#
while($index <= $limit)
    @ sum += $index
    @ index++
end
#
echo "The sum is $sum"
```

这个程序用来计算 1~*n*(包含 *n*)的所有整数的和，其中 *n* 是该命令行的第 1 个参数。"+="操作符将 sum+index 的值赋予 sum。

9.7.7　break 和 continue

可使用 break 或 continue 语句来中断 foreach 或 while 结构。在转移控制权前，这些语句执行该行剩余的命令。break 语句中断循环的执行，并将控制权转移到 end 之后的语句。continue 语句将控制权转移到 end 语句，它将继续执行循环。

9.7.8　switch

switch 结构与 bash 中的 case 语句类似：

```
switch (test-string)

  case pattern:
      commands
  breaksw

  case pattern:
      commands
  breaksw
  ...
  default:
      commands
  breaksw

endsw
```

breaksw 语句将控制权转移到 endsw 语句之后的语句。如果省略 breaksw 语句，控制权就直接转移到下一条命令。用户可在 *pattern* 中使用表 10-2 中列出的除管道符号(|)外的所有特殊字符。

```
tcsh $ cat switch_1
#!/bin/tcsh
# Demonstration of a switch control structure.
# This routine tests the first command-line argument
# for yes or no in any combination of uppercase and
# lowercase letters.
#
# test that argv[1] exists
```

```
if ($#argv != 1) then
    echo "Usage: $0 [yes|no]"
    exit 1
    else
    # argv[1] exists, set up switch based on its value
    switch($argv[1])
    # case of YES
        case [yY][eE][sS]:
        echo "Argument one is yes."
        breaksw
    #
    # case of NO
        case [nN][oO]:
        echo "Argument one is no."
    breaksw
    #
    # default case
        default:
        echo "Argument one is not yes or no."
        breaksw
    endsw
endif
```

9.8　内置命令

内置命令属于 shell 的一部分(内置在 shell 中)。如果用一个简单文件名作为命令，shell 就首先检查它是不是某条内置命令的名称。如果它是内置命令的名称，shell 将其作为主调进程的一部分执行，也就是说，shell 并不会创建新进程来执行内置命令。shell 并不需要在目录结构中搜索内置程序，这是因为 shell 可以立即访问它们。

如果用户输入的简单文件名作为命令不是内置命令，shell 就使用 PATH 变量作为向导，搜索目录结构，以查找用户想要的程序。如果 shell 找到这个程序，它将创建一个新进程以执行这个程序。

尽管控制结构的关键字(如 if、foreach、endsw 等)也是内置命令，但表 9-10 中并没有列出它们。表 9-10 列出了很多 tcsh 内置命令，有些同时还是其他 shell 的内置命令。

表 9-10　tcsh 内置命令

内置命令	功　　能
% job	与 fg 内置命令相同，job 为用户希望放到前台运行的作业的编号
% job &	与 bg 内置命令相同，job 为用户希望放到后台运行的作业的编号
@	类似于内置命令 set，但能计算算术表达式
alias	创建和显示别名，bash 使用与 tcsh 不同的语法
alloc	报告空闲内存总量和已用内存总量
bg	将挂起的作业放到后台执行
bindkey	控制按键到 tcsh 命令行编辑器命令的映射
bindkey	如果不带任何参数，bindkey 将显示所有按键绑定
bindkey -l	列出所有可用的编辑器命令及其简短描述
bindkey -e	将命令行编辑器切换到 emacs 模式
bindkey -v	将命令行编辑器切换到 vi(m)模式
bindkey *key* *command*	将编辑器命令 *command* 绑定到按键 *key* 上
bindkey -b *key command*	与前一种形式类似，但它允许用户通过 C+x 形式(其中 x 表示用户在按 CONTROL 键时输入的字符)指定控制键,通过 M+x 指定 META 键(在 Linux 使用的大多数键盘上,这个 META 键就是 ALT 键，macOS 使用 OPTION 键，但只有在 Terminal 实用程序上设置一个选项，才能使用它，参见附录 D)序列，并通过 F+x 指定功能键

(续表)

内 置 命 令	功　　能
bindkey -c *key command*	将按键 *key* 绑定到命令 *command* 上，这里的 *command* 不是某个编辑器命令，而是某个 shell 内 置命令或某个可执行程序
bindkey -s *key string*	当按 *key* 时，使 tcsh 替换 *string*
builtins	列出所有内置命令
cd 或 chdir	改变工作目录
dirs	显示目录栈
echo	显示传递给该命令的参数。使用-n 选项(参见 9.6 节)或者以\c 结尾(参见 10.5.2 节)，就可以阻止 echo 在行尾显示回车符；echo 内置命令类似于 echo 实用程序
eval	扫描并计算命令行；如果在命令行的前面放置 eval，那么 shell 在执行这条命令行前，扫描该命 令行两次；这个功能对于那些由命令替换或变量替换生成的命令非常有用；因为 shell 按规定的 顺序处理命令行，所以有时需要重复扫描才能取得预期的结果
exec	在同一个 shell 中用另一个程序来覆盖正在执行的程序；原来的程序将丢弃；更多信息可以参见 10.5.3 节或者本表后面的 source
exit	退出 TC Shell；如果 exit 后跟一个数值参数，tcsh 将把这个数字作为退出状态返回
fg	将某个作业放到前台执行
filetest	取出后面有一个或多个文件名的某个文件查询操作符，并将该操作符应用到每个文件名上；返回 结果为空格分开的一个列表
glob	类似于 echo，但在它的参数之间不显示空格，而且在显示内容的末尾没有换行符
hashstat	报告 tcsh 的 hash 机制的效率，hash 机制加速了在搜索路径中查找目录的过程，还可以参见 rehash 和 unhash
history	列出最近使用的命令
jobs	显示作业列表(已挂起的作业和在后台运行的作业)
kill	终止某个作业或者进程
limit	限制当前进程以及它所创建进程能使用的计算机资源；用户可限制该进程使用的秒数(占用 CPU 的时间)，限制进程可以创建的文件大小等
log	立即产生 shell 变量 watch 正常情况下每隔 10 分钟才能产生的报告
login	使某个用户登录，它后面可以跟用户名
logout	如果用户正使用原 shell(登录 shell)，它将结束会话
ls-F	与 ls –F 类似，但速度更快；注意内置命令是不含任何空格的字符串 ls-F
nice	降低命令或 shell 的处理优先级；如果用户希望运行一条需要大量系统资源并且不想立即得到输 出结果的命令，这条命令就非常有用；如果用户是超级用户，还可使用 nice 来提高某个命令的优 先级；关于 nice 内置命令和 nice 实用程序的更多信息请参见第 VI 部分
nohup	允许用户在没有结束在后台运行的进程的情况下注销；在某些系统中，它是自动设置的；关于 nohup 内置命令和 nohup 实用程序的更多信息请参见第 VI 部分
notify	让 shell 在某个作业的状态发生改变时，立即通知用户
onintr	控制脚本中断时采取的动作，bash 中的这部分内容请参见 10.5 节
popd	把工作目录改为目录栈中的顶部目录，并从目录栈中删除一个目录
printenv	显示所有环境变量的名称和值
pushd	改变工作目录，并将新目录放到目录栈的顶部

(续表)

内 置 命 令	功　　能
rehash	重新创建 hash 机制使用的内部表；每次调用新的 tcsh 实例时，hash 机制都会创建一个基于 path 的值的所有可用命令的有序列表；当用户向 path 中的某个目录添加一条命令时，使用 rehash 重新创建这个有序的命令列表；如果没有这样做，tcsh 可能搜索不到这条新命令；还可参见本表中的 hashstat 和 unhash
repeat	接收两个参数，即次数 count 和简单命令(即不包含管道和命令列表的命令)，将该命令重复执行 count 次
sched	在某个指定的时间执行命令；比如，下面的命令将使 shell 在上午 10 点钟显示消息 Dental appointment: `tcsh $ sched 10:00 echo "Dental appointment."` 如果不带任何参数，那么 sched 列出已调度的命令；如果要执行某个已调度的命令，那么 tcsh 会在其即将显示提示符之前执行这条命令
set	声明、初始化和显示局部变量
setenv	声明、初始化和显示环境变量
shift	与 bash 的 shift 内置命令类似；如果不带任何参数，shift 将增加 argv 数组的索引。还可将一个数组名作为它的参数，对该数组执行同样的操作
source	执行参数所指定的 shell 脚本：source 并不创建新进程；这个与 bash 的句点(.)内置命令类似；因为 source 内置命令执行 TC Shell 脚本，所以脚本不需要以"#!"开头；因为当前 shell 执行 source，所以包含诸如 set 等命令的脚本将影响当前 shell；在用户修改完.tcshrc 或.login 文件后，可在 shell 中使用 source 来执行它们，这样就可在不必注销并再次登录的情况下使修改生效；可嵌套 source 内置命令
stop	停止在后台运行的某个作业或进程，stop 内置命令可接收多个参数
suspend	停止当前 shell 并将其放到后台，与停止在前台运行的作业的挂起键类似。这个内置命令不挂起登录 shell
time	执行参数指定的命令；根据 shell 变量 time，这条命令将显示关于已执行命令的时间信息；如果不带任何参数，time 将显示当前 shell 与其子 shell 的时间
umask	标识或修改 tcsh 赋予用户创建的文件的访问权限
unalias	删除别名
unhash	关闭 hash 机制，还可参见本表的 hashstat 和 rehash
unlimit	删除对当前进程的限制
unset	删除变量声明
unsetenv	删除环境变量声明
wait	使 shell 等待所有子进程结束；如果在 shell 提示符后输入 wait 命令，那么直到所有后台进程执行完毕后，tcsh 才显示提示符；如果使用中断键中断 wait，那么 wait 将在 tcsh 显示提示符之前列出正在后台运行的进程
where	如果使用某个命令的名称作为参数，那么 where 将定位该命令的所有位置，并针对每次出现的命令，都将指出它是别名、内置命令还是位于用户的路径中的某个可执行文件
which	与 where 类似，但只报告将要执行的那条命令，而不是所有出现的命令；这个内置命令的速度要比 Linux 的 which 实用程序快得多，并且报告别名和内置命令

9.9　本章小结

与 bash 类似，tcsh 既是一个命令解释器，又是一门编程语言。tcsh 基于加州大学伯克利分校开发的 C Shell，包含历史机制、别名和作业控制等常见功能。

用户可能倾向于将 tcsh 作为一个命令解释器，如果用户对 C Shell 非常熟悉，将更会如此。可使用 chsh 命令将用户的登录 shell 改为 tcsh。然而，将 tcsh 作为用户的交互式 shell 运行并不会使 tcsh 运行 shell 脚本。除非用户在脚本的第 1 行上显式指定另一个 shell，或者指定这个脚本名作为传递给 tcsh 的参数，否则这些脚本仍将由 bash 运行。在 shell 脚本的第 1 行上指定 shell 将确保得到用户所期望的行为。

如果熟悉 bash，那么用户将注意到这两种 shell 之间的差异。例如，用来向变量赋值的语法就不同，并且 tcsh 允许在等号两边出现空格。使用 set 内置命令可创建数值变量和非数值变量，并对其赋值。@内置命令可计算给数值变量赋值后数值表达式的值。

setenv　因为在 tcsh 中没有 export 命令，所以必须使用 setenv 内置命令来创建环境变量(全局变量)。也可使用 setenv 命令向变量赋值。命令 unset 可以删除局部变量和全局变量，而命令 unsetenv 只删除环境变量。

别名　tcsh 的 alias 内置命令的语法与 bash 中的 alias 略有不同。与 bash 不同，tcsh 别名允许使用历史机制语法替换行参数。

其他大多数 tcsh 功能，如历史机制、字补全以及命令行编辑，与 bash 中的相应功能类似。tcsh 控制结构的语法也略有差异，但提供了与 bash 的控制结构同等的功能。

通配　术语通配(globbing)源于原来的 Bounre Shell，表示用包含特殊字符(如 "*" 和 "?")的字符串匹配文件名。如果 tcsh 不能生成匹配通配模式的文件名列表，它将显示一条错误消息。这与 bash 的行为不同，bash 根本不管这种模式。

在 tcsh 中，标准输入和标准输出可以重定向，但没有直接的办法可分别对它们进行重定向。这么做需要创建一个子 shell，把标准输出重定向到某个文件，使标准错误可用于父进程。

练习

1. 假设用户正在处理下面的历史列表：

```
37 mail zach
38 cd /home/sam/correspondence/business/cheese_co
39 less letter.0321
40 vim letter.0321
41 cp letter.0321 letter.0325
42 grep hansen letter.0325
43 vim letter.0325
44 lpr letter*
45 cd ../milk_co
46 pwd
47 vim wilson.0321 wilson.0329
```

使用历史机制，给出实现下列目标的命令：

a. 将邮件发送给 Zach。

b. 使用 vim 编辑名为 wilson.0329 的文件。

c. 将 wilson.0329 发送到打印机。

d. 将 wilson.0321 和 wilson.0329 发送到打印机。

2. 如何显示当前有效的别名？编写一个名为 homedots 的别名来列出用户的主目录中的所有隐藏文件的名称(只需要名称)。

3. 当用户在后台启动一条命令时，如何阻止它将输出发送到终端？如果在前台启动了一条命令，而现在希望在后台运行它，需要做些什么？

4. 如果在重定向标准输出时要防止不小心覆盖文件，那么需要在用户的~/.tcshrc 文件中放置什么语句？如何重写这个功能？

5. 假设工作目录包含以下文件：

```
adams.ltr.03
adams.brief
adams.ltr.07
abelson.09
abelson.brief
anthony.073
anthony.brief
azevedo.99
```

那么，当输入下面的命令并按 TAB 键后，将会发生什么？

a. less adams.l

b. cat a

c. ls ant

d. file az

当输入下面的命令并按 CONTROL+D 组合键后将会发生什么？

e. ls ab

f. less a

6. 编写一个名为 backup 的别名，其参数为文件名，它将创建这个文件的同名副本，且扩展文件名为.bak。

7. 编写一个名为 qmake(quiet make)的别名，它运行 make，并将标准输出和标准错误输出都重定向到名为 make.log 的文件中。命令 qmake 应该接收与 make 相同的选项和参数。

8. 如何使 tcsh 一直在提示符中显示工作目录的路径名？

高级练习

9. 需要修改哪些行才能将 bash 脚本 command_menu(参见 10.1 节)转换成 tcsh 脚本？请进行修改并验证新脚本能否运行。

10. 用户经常发现命令 rm(甚至是 rm -i)是不能恢复的，这是因为该实用程序不能恢复已删除的文件。创建一个名为 delete 的别名，将其参数所指定的文件移到~/.trash 目录中。再创建一个名为 undelete 的别名，将文件从~/.trash 目录移到工作目录中。将下面的这行代码放到用户的~/.logout 文件中，以移除在登录会话期间删除的任何文件：

```
/bin/rm -f $HOME/.trash/* >& /dev/null
```

如果在~/.logout 文件中放入的是下面这行代码，请解释有何不同。

```
rm $HOME/.trash/*
```

11. 修改 foreach_1 脚本(参见 9.7.5 节)，使其将命令作为参数传给 exec。

12. 重写 while_1 脚本(参见 9.7.6 节)，使其运行速度更快。使用 time 内置命令验证在运行时间上的改进。

13. 编写名为 myfind 的新版 find，将输出写入文件 findout，但不要将错误消息写入该文件，例如用户没有某个目录的搜索权限时生成的错误消息。myfind 应该接收与 find 相同的选项和参数。你能考虑到在什么条件下 myfind 不能像期望中的那样运行吗？

14. 如果 foreach_1 脚本(参见 9.7.5 节)的参数个数等于或少于 20，那么"toomany:"后面的命令为什么未被执行(为什么没有 exit 命令)？

第 IV 部分

编程工具

第10章

bash 程序设计

本章要点：

阅读完本章之后你应该能够：

- 使用控制结构在 shell 脚本中实现分支控制和循环
- 处理脚本的输入和输出
- 使用 shell 变量(局部变量)和环境变量(全局变量)
- 计算数值变量的值
- 使用 bash 内置命令调用其他内联脚本、trap 信号以及杀掉进程
- 使用算术和逻辑表达式
- 列出编写优秀脚本的标准编程惯例

第 5 章概述了各种 shell，第 8 章详细介绍了 bash(Bourne Again Shell)，本章将详述 bash 的其他外部命令、内置命令以及与 shell 编程相关的重要概念。尽管系统管理员可以利用 shell 编程，但未必要阅读本章才能完成系统管理任务。读者可以跳过本章，以后需要时再阅读。

本章首先讨论程序设计的控制结构，也就是通常所说的控制流结构。这些结构有助于程序员编写能够完成各种功能的脚本，如循环处理命令行参数、根据变量的值进行判断和构建菜单等。bash 使用与高级程序设计语言(如 C 语言)中相同的结构。

本章接下来的部分将详细讨论参数与变量，包括数组变量、shell 变量、全局变量、特殊参数以及位置参数等。内置命令分别探讨了 type 与 read 命令：type 命令用于显示与命令相关的信息；read 命令允许 shell 脚本接收用户的输入。阐述了如何利用 exec 来高效地执行命令(通过替换进程)，以及在脚本中如何利用它来重定向输入与输出。

下面的章节介绍了内置命令 trap，它提供了检测和响应操作系统信号的方法，如按 CONTROL+C 组合键时产生的信号。本章讨论的内置命令还包括 kill 和

getopts 命令，kill 命令可终止一个进程，getopts 命令是便于解析 shell 脚本的选项。表 10-6 列出了更多常用的内置命令。

接下来本章讨论了算术与逻辑表达式，以及运算符的相关内容。最后的小节给出了两个重要 shell 脚本的设计与实现。

本章包含许多 shell 程序的示例。虽然这些示例描述了某些概念，但大多数示例使用了前面一些示例的信息。这种交替的解释不仅可全面巩固读者的 shell 编程知识，而且说明了如何使用多个命令来解决复杂任务。运行、修改、试验本书中的示例是更深刻地理解相关基本概念的好方法。

不要把 shell 脚本命名为 test

提示 如果用户把一个 shell 脚本命名为 test，无意中就可能犯了一个错误，因为在 Linux 中已经存在一个名为 test 的实用程序。依据调用程序的方式，用户可能运行自己编写的名为 test 的脚本或是名为 test 的实用程序，导致令人感到混淆的结果。

10.1 控制结构

控制流(control flow)命令用来调整在 shell 脚本中执行命令的顺序。tcsh 的这些命令使用了一种与 bash 不同的语法。控制结构有 if...then、for...in、while、until 以及 case 语句。此外，与控制结构一起使用的 break 和 continue 语句也可用于调整在 shell 脚本中执行的命令顺序。

获取关于控制结构的帮助 可使用 bash 的 help 命令来显示关于 bash 控制结构的信息。更多信息请参见 2.5 节。

10.1.1 if...then

if...then 控制结构的语法如下：

if test-command
    then
        commands
fi

在上面的语法说明中，加粗的字由程序员按需要替换，非加粗的字是 shell 用于标识控制结构的关键字。

test 内置命令 图 10-1 说明了 if 语句测试 *test-command* 返回的状态，并基于这个状态转移控制权。if 结构的结束由 fi 语句标记(if 的反向拼写)。下面的脚本首先提示输入两个单词，接着读取它们的值，然后根据 test 内置命令(tcsh 使用 test 实用程序)比较这两个单词时返回的结果，使用一个 if 结构来执行命令(第 Ⅵ 部分给出了与 test 内置命令类似的 test 实用程序的相关信息)。如果这两个单词相同，那么 test 内置命令返回"真"状态；反之，返回"假"状态。如果用户输入一个包含空格或其他特殊字符的字符串，需要将$word1 和$word2 用双引号引起来才能保证 test 返回正确结果：

```
$ cat if1
read -p "word 1: " word1
read -p "word 2: " word2
if test "$word1" = "$word2"
    then
        echo "Match"
fi
echo "End of program."
$ ./if1
word 1: peach
word 2: peach
Match
End of program.
```

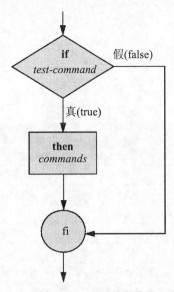

图 10-1　if...then 流程图

在上面的示例中，*test-command* 就是 test "$word1" = "$word2"。若 test 内置命令的第 1 个和第 3 个参数具有第 2 个参数指定的关系，则返回 true。如果该命令返回 true 状态(=0)，则 shell 执行位于 then 和 fi 语句之间的命令。如果该命令返回 false 状态(!=0)，shell 就把控制权传递给 fi 后面的语句，而不执行 then 和 fi 语句之间的语句。if 语句的作用为，若两个单词相同，则显示 Match。脚本总是会显示 End of program。

　　内置命令　在 bash 中，test 是一个内置命令，也就是说，它是 shell 的一部分。同时，还有一个单独的实用程序 test，它位于/usr/bin/test 中。本章讨论并介绍了许多 bash 内置命令。并非所有 bash 内置命令在 tcsh 中都存在。如果内置命令和实用程序都可用，shell 会使用内置命令；当内置命令不可用时再使用实用程序。在各个 shell，以及实用程序与任何内置命令之间，每个版本的命令可能有细微的差别。关于 shell 内置命令的更多细节，可见 10.5 节。

　　检查参数　下面的程序在脚本开头使用 if 结构来确认命令行中是否至少有一个参数。test –eq 运算符比较两个整数，特殊参数"$#"表示命令行参数的个数。若没有提供任何参数，这个结构就显示一条信息，然后退出脚本，退出状态为 1：

```
$ cat chkargs
if test $# -eq 0
    then
        echo "You must supply at least one argument."
        exit 1
fi
echo "Program running."
$ ./chkargs
You must supply at least one argument.
$ ./chkargs abc
Program running.
```

在脚本 chkargs 中进行的测试是任何需要参数的脚本的关键部分。为防止用户从脚本中接收无意义的值或含糊信息，脚本通常要检查用户输入的参数是否正确。一些脚本仅仅测试参数是否存在(如 ckhargs)，另一些脚本要测试参数的数目或类型。

　　可使用 test 来验证文件参数的状态或两个文件参数之间的关系。验证在命令行中至少有一个参数后，下面的脚本测试参数是否为当前工作目录中一个普通文件(不是目录或其他类型的文件)的文件名。如果 test 内置命令带有-f 选项和一个参数(第 1 个命令行参数$1)，那么它可用来检查该参数指定的文件：

```
$ cat is_ordfile
if test $# -eq 0
    then
        echo "You must supply at least one argument."
```

```
        exit 1
fi
if test -f "$1"
    then
        echo "$1 is an ordinary file."
    else
        echo "$1 is NOT an ordinary file."
fi
```

可使用 test 和不同的选项来测试文件的许多其他特征，表 10-1 列出了部分选项。

表 10-1　test 内置命令的选项

选　　项	功　　能
-d	检查文件是否存在以及该文件是否是目录文件
-e	检查文件是否存在
-f	检查文件是否存在以及该文件是否是普通文件(不是目录)
-r	检查文件是否存在以及该文件是否可读
-s	检查文件是否存在以及该文件是否大于 0 字节
-w	检查文件是否存在以及该文件是否可写
-x	检查文件是否存在以及该文件是否可执行

其他 test 选项用于测试两个文件之间的关系，如一个文件是否比另一个新。详细内容请参考本章后面的示例，以及第 VI 部分中关于 test 的说明。

始终测试参数

提示 为简短起见，本书的示例关注特定的概念，通常省略或缩短用于检验参数的代码。若 shell 程序要为他人所用，最好对参数进行测试。这样做会使脚本便于调试、运行和维护。

[ ]是 test 的同义词　下面的示例是 chkargs 的另一个版本。它采用 Linux shell 脚本中常用的方式来检查参数。这个示例使用方括号代替 test([ ]为 test 的同义词)。可以把 test 的参数用方括号括起来，以代替在脚本中使用关键字 test。方括号两边必须有空白符(空格或制表符)。

```
$ cat chkargs2
if [ $# -eq 0 ]
    then
        echo "Usage: chkargs2 argument..." 1>&2
        exit 1
fi
echo "Program running."
exit 0
$ ./chkargs2
Usage: chkargs2 argument...
$ ./chkargs2 abc
Program running.
```

用法信息　chkargs2 显示的错误信息称为用法信息，使用 1>&2 标记可把它的输出重定向到标准错误。在显示这条用法信息以后，chkargs2 以(退出)状态 1 退出，这表明程序遇到了一个错误。在脚本正常运行后，脚本最后的 exit 0 命令可使 chkargs 以状态 0 退出。若省略状态码，bash 就返回最后一条命令的退出状态值。

用法信息通常用于指定脚本需要的参数类型与数目。许多 Linux 实用程序都有类似 chkargs2 中的用法信息。如果使用错误的参数数目或参数类型调用实用程序或其他程序，它通常会显示一条用法信息。当不带任何参数调用 cp 实用程序时，它就会显示下面的用法信息：

```
$ cp a
cp: missing destination file operand after 'a'
Try 'cp --help' for more information.
```

10.1.2 if...then...else

在 if 结构中引入 else 语句使其为分支结构，如图 10-2 所示。if...then...else 控制结构的语法如下(在 tcsh 中的语法有细微差别)：

```
if test-command
    then
        commands
    else
        commands
fi
```

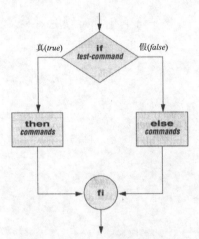

图 10-2 if...then...else 的流程图

如同换行符一样，分号(;)可以结束一条命令，因此，可以把 then 与 if 放在同一行，并在 then 的前面加一个分号(由于 if 和 then 是不同的内置命令，因此它们之间需要一个命令分隔符，分号和换行符的作用相同)。出于美观，一些人喜欢上面的这种表示法；而另一些人喜欢下面的表示法，因为这种方式节省空间：

```
if test -command; then
        commands
    else
        commands
fi
```

如果 test-command 返回 true 状态，if 结构就执行 then 和 else 语句之间的命令，然后把控制权转交给 fi 后的语句。如果 test-command 返回 false 状态，if 结构就执行 else 语句后面的命令。

运行下面这个名为 out 的脚本，参数为文件名，该脚本将在终端上显示文件内容。如果第 1 个参数为-v(在这个示例中称为选项)，out 就使用 less 实用程序进行分页显示。在确定调用该脚本时至少包含一个参数后，out 就检测其第 1 个参数是否为-v。如果测试结果为 true(即第 1 个参数为-v)，out 就使用 shift 内置命令移动参数，以去掉参数-v，然后使用 less 命令显示文件。如果测试结果为 false(即第 1 个参数不是-v)，该脚本就使用 cat 命令显示文件：

```
$ cat out
if [ $# -eq 0 ]
    then
        echo "Usage: $0 [-v] filenames..." 1>&2
        exit 1
fi

if [ "$1" = "-v" ]
    then
        shift
        less -- "$@"
    else
        cat -- "$@"
fi
```

选读

在脚本 out 中，cat 和 less 命令的"--"参数告诉这些实用程序：命令行后面没有选项了，即不再把"--"后面以连字符(-)开头的参数作为选项。因此，符号"--"允许用户查看文件名以连字符开头的文件。尽管不常用，以连字符开头的文件名有时也会出现(通过 cat | -fname 命令，就可以创建这样的文件)。在所有使用 getopts 内置命令来解析选项的 Linux 实用程序中，"--"参数都能起作用。在 more 和一些其他的实用程序中，它无效。当使用 rm 命令删除其文件名以连字符开头的文件时，包括"--"参数特别有用(rm -- -fname)，也可以删除用该参数试验时创建的任何文件。

10.1.3　if...then...elif

if...then...elif 控制结构(如图 10-3 所示，在 tcsh 中不可用)的语法如下：

if test-command
　　　then
　　　　　commands
　　elif test-command
　　　　then
　　　　　　commands
...
　　　else
　　　　　commands
fi

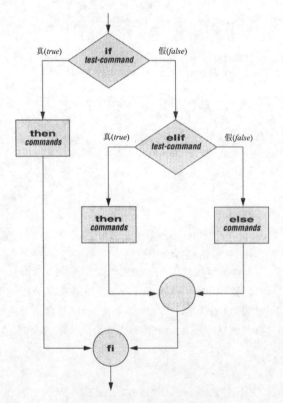

图 10-3　if...then...elif 流程图

elif 语句合并了 if 语句与 else 语句，以嵌套多个 if...then...else 结构(如图 10-3 所示)。else 语句和 elif 语句之间的区别在于每个 else 语句必须与一个 fi 语句配对，而多个嵌套的 elif 语句只需要结尾的一个 fi 语句。

以下示例使用了 if...then...elif 控制结构。该 shell 脚本比较用户输入的 3 个单词。第 1 个 if 语句使用布尔运算符 AND(-a)作为 test 的一个参数。只有当第 1 个和第 2 个逻辑比较结果为 true(也就是说，word1 与 word2 匹配且 word2 与 word3 匹配)时，test 内置命令才返回 true 状态，这时脚本将执行下一条 then 语句后面的命令，然后把控制权传递给 fi 后面的语句，最后终止：

```
$ cat if3
read -p "word 1: " word1
read -p "word 2: " word2
read -p "word 3: " word3
if [ "$word1" = "$word2" -a "$word2" = "$word3" ]
    then
        echo "Match: words 1, 2, & 3"
    elif [ "$word1" = "$word2" ]
    then
        echo "Match: words 1 & 2"
    elif [ "$word1" = "$word3" ]
    then
        echo "Match: words 1 & 3"
    elif [ "$word2" = "$word3" ]
    then
        echo "Match: words 2 & 3"
    else
        echo "No match"
fi
$ ./if3
word 1: apple
word 2: orange
word 3: pear
No match
$ ./if3
word 1: apple
word 2: orange
word 3: apple
Match: words 1 & 3
$ ./if3
word 1: apple
word 2: apple
word 3: apple
Match: words 1, 2, & 3
```

　　如果 3 个单词各不相同，该结构就把控制权传递给第 1 个 elif，这将开始一系列比较，以判断 3 个单词中是否有相同的单词。随着嵌套比较的进行，如果任何一个 elif 语句满足条件，结构就把控制权传递给随后的 then 语句，接着传递给 fi 后面的语句。若 elif 语句不满足，该结构就把控制权传递给下一个 elif 语句。在 echo 命令中用双引号引起来的参数包含&符号，双引号可以防止 shell 将其解释为特殊字符。

选读

1. 脚本 lnks

　　下面的 lnks 脚本展示了 if...then 和 if...then...elif 控制结构。该脚本查找其第 1 个参数(文件名)的硬链接。如果用户提供目录名作为第 2 个参数，lnks 就查找位于该目录中的目录层次结构的链接。如果用户没有指定目录名，lnks 就查找工作目录及其子目录。该脚本不查找符号链接。

```
$ cat lnks
#!/bin/bash
# Identify links to a file
# Usage: lnks file [directory]

if [ $# -eq 0 -o $# -gt 2 ]; then
    echo "Usage: lnks file [directory]" 1>&2
    exit 1
fi
if [ -d "$1" ]; then
    echo "First argument cannot be a directory." 1>&2
    echo "Usage: lnks file [directory]" 1>&2
    exit 1
else
    file="$1"
```

```
fi
if [ $# -eq 1 ]; then
        directory="."
    elif [ -d "$2" ]; then
        directory="$2"
    else
        echo "Optional second argument must be a directory." 1>&2
        echo "Usage: lnks file [directory]" 1>&2
        exit 1
fi

# Check that file exists and is an ordinary file
if [ ! -f "$file" ]; then
    echo "lnks: $file not found or is a special file" 1>&2
    exit 1
fi
# Check link count on file
set -- $(ls -l "$file")

linkcnt=$2
if [ "$linkcnt" -eq 1 ]; then
    echo "lnks: no other hard links to $file" 1>&2
    exit 0
fi

# Get the inode of the given file
set $(ls -i "$file")

inode=$1

# Find and print the files with that inode number
echo "lnks: using find to search for links..." 1>&2
find "$directory" -xdev -inum $inode -print
```

Max 在其主目录中有一个文件 letter，他想在他的主目录树中以及其他用户的主目录树中查找该文件的链接。在下面的示例中，Max 从其主目录中调用 lnks 脚本进行搜索。如果正在运行 Mac OS X，就用/home 替代/Users。lnks 的第 2 个参数为/home，这是开始搜索的目录的路径名。lnks 脚本报告/home/max/letter 和/home/zach/draft 链接到了同一个文件：

```
$ ./lnks letter /home
lnks: using find to search for links...
/home/max/letter
/home/zach/draft
```

除了 if...then...elif 控制结构，lnks 还展示了 shell 程序中其他常用的功能。下面的讨论详细说明了 lnks。

指定 shell   lnks 脚本的第 1 行使用 "#!" 来指定执行该脚本的 shell：

```
#!/bin/bash
```

在本章中，"#!" 标记只出现在较复杂的示例中，它可以确保用适当的 shell 执行该脚本，甚至当用户正在运行一个不同的 shell 或脚本(从运行其他 shell 的脚本调用)时。

注释   lnks 的第 2 行和第 3 行是注释，shell 忽略英镑符号到换行符之间的文本。lnks 中的注释简单地说明了该脚本的作用以及使用它的方式：

```
# Identify links to a file
# Usage: lnks file [directory]
```

用法消息   第 1 条 if 语句测试 lnks 是没有带参数还是带有两个以上参数：

```
if [ $# -eq 0 -o $# -gt 2 ]; then
    echo "Usage: lnks file [directory]" 1>&2
    exit 1
fi
```

两个条件只要有一个为 true，lnks 就会把一条用法信息发送到标准错误，并以状态 1 退出。用法消息用双引号引起来，以防止 shell 把括号解释为特殊字符。用法消息中的方括号表示 directory 参数是可选的。

第 2 个 if 语句测试命令行的第 1 个参数($1)是不是一个目录，若文件存在并且是一个目录，带有-d 参数的 test

就返回 true：

```
if [ -d "$1" ]; then
    echo "First argument cannot be a directory." 1>&2
    echo "Usage: lnks file [directory]" 1>&2
    exit 1
else
    file="$1"
fi
```

如果第 1 个参数是一个目录，lnks 就显示一条用法信息并退出；如果它不是目录，lnks 就把$1 的值保存在变量 file 中，因为脚本接下来要使用 set 命令重置命令行参数。如果在使用 set 命令之前没有保存$1 的值，就会丢失该值。

测试参数　下面的代码片段是 lnks 中的 if...then...elif 语句：

```
if [ $# -eq 1 ]; then
    directory="."
elif [ -d "$2" ]; then
    directory="$2"
else
    echo "Optional second argument must be a directory." 1>&2
    echo "Usage: lnks file [directory]" 1>&2
    exit 1
fi
```

第 1 个 *test-command* 判断用户是否在命令行中只指定了一个参数。如果 *test-command* 返回 0(true)，变量 directory 就被赋值为工作目录(.)。如果 *test-command* 返回 false，elif 语句测试第 2 个参数是不是一个目录。如果它是一个目录，directory 变量就被设置为第 2 个命令行参数$2。如果$2 不是目录，lnks 就会把一条用法信息发送到标准错误并以状态 1 退出。

lnks 中接下来的 if 语句用于测试$file 是否存在。这个测试可保证 lnks 不必为查找一个不存在的文件而浪费时间。如果文件$file 不存在，带有 3 个参数 "!" "-f" 和 "$file" 的内置命令 test 就返回 true：

```
[ ! -f "$file" ]
```

在 test 命令中，"-f" 前面的 "!" 运算符用于对其测试结果取反，若文件$file 存在并且是一个普通文件，则它返回 false。

接着，lnks 使用 set 和 ls -l 命令检查文件$file 的链接数目：

```
# Check link count on file
set -- $(ls -l "$file")

linkcnt=$2
if [ "$linkcnt" -eq 1 ]; then
    echo "lnks: no other hard links to $file" 1>&2
    exit 0
fi
```

内置命令 set 使用命令替换功能把位置参数设置为 ls -l 命令的输出。输出结果中的第 2 个字段就是链接的数目，因此用户定义的变量 linkcnt 被设置为$2。set 的参数 "--" 防止把 ls -l(第 1 个参数文件的访问权限，一般以字符 "-" 开头)产生的信息作为选项。if 语句测试$linkcnt 是否等于 1，如果它等于 1，lnks 就显示一条消息，然后退出。虽然这条消息不是真正的错误消息，但它被重定向到标准错误。因为 lnks 的编写方式是将所有的消息都发送到标准错误。只有 lnks 最后产生的结果，即到指定文件的链接的路径名，才会被发送到标准输出，因此用户可以随意地重定向输出结果。

如果链接数目大于 1，lnks 就继续识别$file 的 inode 节点。正如附录 E 解释的，比较与文件名关联的 inode 节点是确定多个文件名是否链接到同一文件的好方法。脚本 lnks 使用 set 命令将位置参数设置为 ls -i 的输出。set 的第 1 个参数是文件的 inode 节点编号，因此用户定义的变量 inode 被赋值为$1：

```
# Get the inode of the given file
set $(ls -i "$file")

inode=$1
```

最后，lnks 使用 find 工具查找那些索引节点编号匹配$inode 的文件：

```
# Find and print the files with that inode number
echo "lnks: using find to search for links..." 1>&2
find "$directory" -xdev -inum $inode -print
```

find 实用程序用于查找满足其剩余参数所指定条件的文件，查找的位置在第 1 个参数($directory)指定的目录的目录层次结构中，余下的参数指定把 inode 节点编号匹配$inode 的文件的名称发送到标准输出。由于不同文件系统中的文件可能拥有相同的 inode 节点编号，并且没有链接，find 必须只查找与$directory 相同的文件系统中的目录。参数-xdev(cross-device)防止 find 命令搜索其他文件系统上的目录。关于文件系统和链接的详细内容请参考 4.7 节。

在 lnks 脚本中，echo 命令在 find 命令的前面，该命令用于告诉用户 find 正在运行。使用 echo 命令的原因是 find 命令的运行通常需要一段较长的时间。由于 lnks 脚本并不包含最终的退出语句，因此 lnks 的退出状态就是它运行的最后一条命令的退出状态，即 find 的退出状态。

2. 调试 shell 脚本

编写 lnks 这样的脚本时，非常容易犯错。可使用 shell 的-x 选项来帮助调试脚本。该选项使得 shell 在运行每条命令前显示每条命令。以这种方式来跟踪脚本的执行可以为发现问题提供一些信息。

可以在前面的示例中运行 lnks，使 shell 在执行每条命令前先显示它。要么为当前 shell 设置-x 选项(使用 set -x 命令)，从而使所有脚本的命令在运行时显示；要么使用-x 选项只影响运行该脚本的 shell(脚本通过命令行调用)。

```
$ bash -x lnks letter /home
+ '[' 2 -eq 0 -o 2 -gt 2 ']'
+ '[' -d letter ']'
+ file=letter
+ '[' 2 -eq 1 ']'
+ '[' -d /home ']'
+ directory=/home
+ '[' '!' -f letter ']'
...
```

PS4 在脚本执行的每条命令的前面都会加上 PS4 变量的值，默认是加号(+)，因此，可通过该值来区分脚本产生的输出与调试输出。如果要在调用该脚本的 shell 中设置 PS4 变量，就必须导出 PS4 变量。下面的命令把 PS4 设置为>>>>和后面的一个空格，并导出它：

```
$ export PS4='>>>> '
```

通过在脚本的开始位置附近加入以下 set 命令，就可以设置运行该脚本的 shell 的-x 选项：

```
set -x
```

可将 set -x 命令放在脚本中希望打开调试选项的任何位置。若要关闭调试选项，可使用 set +x。set -o xtrace 与 set -x 命令的作用相同；set +o xtrace 命令与 set +x 命令的作用相同。

10.1.4 for...in

控制结构 for...in 的语法如下所示(在 tcsh 中使用 foreach)：

*for **loop-index** in **argument-list***
do
    commands
done

for...in 结构(如图 10-4 所示)把 *argument-list* 中的第 1 个参数值赋予 *loop-index* 变量，并执行 do 语句和 done 语句之间的命令。do 语句和 done 语句分别标记 for 循环的开始与结束。

在脚本把控制权传递给 done 语句后，该结构把 *argument-list* 中的第 2 个参数赋予 *loop-index* 变量，并再次执行 do 语句和 done 语句之间的命令。该结构对于 *argument-list* 中的每个参数重复执行 do 语句和 done 语句之间的命令。当遍历 *argument-list* 中的所有参数后，该结构就把控制权传递给 done 后面的语句。

下面的 for...in 结构把 apples 赋予用户定义的变量 fruit，然后显示变量 fruit 的值，这个值当然就是 apples。接着，该结构把值 oranges 赋予变量 fruit 并重复这个过程。当遍历参数表中的所有参数后，该结构就把控制权转移到 done

语句后面的语句，该语句显示一条信息。

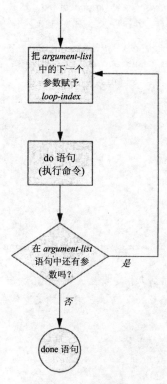

图 10-4　for...in 流程图

```
$ cat fruit
for fruit in apples oranges pears bananas
do
    echo "$fruit"
done
echo "Task complete."

$ ./fruit
apples
oranges
pears
bananas
Task complete.
```

下面的脚本列出工作目录中所有目录文件的名称，方法是遍历工作目录中的所有文件并使用 test 来判断哪些文件为目录文件：

```
$ cat dirfiles
for i in *
do
    if [ -d "$i" ]
        then
            echo "$i"
    fi
done
```

其中的星号(*)是模糊文件引用符，它用于匹配工作目录中的所有可见文件名。在执行 for 循环之前，shell 把星号扩展为结果列表，并相继把值赋予索引变量 i。

选读

步长值

还有另一种方法可以显式地指定 argument-list，即指定步长值。使用了步长值的 for...in 循环会初始化 loop-index

或为 loop-index 增加一个步长值，执行循环中的语句，并在循环结尾测试终止条件。

下面的示例在序列表表达式中使用括号展开来生成 argument-list。这种语法在 bash 的 4.0 及以上版本中起作用；使用 echo $BASH_VERSION 命令可以查看正在运行的 bash 的版本。增量值在 macOS 下不起作用。第一次通过循环时，bash 将 0 赋值给 count(loop-index)并执行 do 和 done 之间的语句。在循环尾部，bash 测试终止条件(count>10?)是否满足。如果满足，bash 将控制权转移到 done 后面的语句；如果不满足，bash 将 count 增加一个增量值(2)并再次执行循环。bash 重复此过程直到终止条件满足为止。

```
$ cat step1
for count in {0..10..2}
do
    echo -n "$count "
done
echo
$ ./step1
0 2 4 6 8 10
```

较老版本的 bash 不支持序列表达式；可使用 seq 实用程序来完成同样的功能：

```
$ for count in $(seq 0 2 10); do echo -n "$count "; done; echo
0 2 4 6 8 10
```

下面的示例使用 bash 的类似于 C 的语法来指定步长值。这种语法在指定终止条件和增量方面有更多灵活性。使用这种语法时，第一个参数初始化 loop-index，第二个参数指定测试条件，而第三个参数指定增量。

```
$ cat rand
# $RANDOM evaluates to a random value 0 < x < 32,767
# This program simulates 10 rolls of a pair of dice
for ((x=1; x<=10; x++))
do
    echo -n "Roll #$x: "
    echo -n $(( $RANDOM % 6 + 1 ))
    echo " " $(( $RANDOM % 6 + 1 ))
done
```

10.1.5 for

for 控制结构(在 tcsh 中不可用)的语法如下：

for loop-index
do
    commands
done

在 for 结构中，*loop-index* 接收命令行参数中的每个参数值，一次接收一个。除了 *loop-index* 变量的取值来源，for 结构与 for...in 结构是相同的。for 结构通常依次根据每个参数执行一系列命令。

下面的 shell 脚本展示了用来显示每个命令行参数的 for 结构。脚本的第 1 行是 for arg，它表示 for arg in "$@"，这里 shell 把"$@"扩展为一个引用命令行参数列表，如"$1" "$2" "$3"等。这个脚本的结构对应于 for...in 结构。

```
$ cat for_test
for arg
do
    echo "$arg"
done
$ for_test candy gum chocolate
candy
gum
chocolate
```

下面的示例使用了不同的语法。在该例中，loop-index 被命名为 count 并设置初始值为 0。测试条件是 count<=10；只要该条件为真(只要 count 小于或等于 10；参见表 10-8)，bash 就继续执行循环。每次循环完毕，bash 将 count 的值增加 2(count+=2)。

```
$ cat step2
for (( count=0; count<=10; count+=2 ))
do
    echo -n "$count "
done
echo
$ ./step2
0 2 4 6 8 10
```

选读

脚本 whos　以下 whos 脚本揭示了 for 结构中 $@符号代表的重要含义。whos 可以以一个或几个用户的全名或用户名作为参数，whos 显示与这些用户相关的信息。whos 脚本所得的这些信息是从/etc/passwd 文件中的第 1 个和第 5 个字段获得的。在文件/etc/passwd 中，第 1 个字段包含用户名，而第 5 个字段一般包含这个用户的全名。读者可以动手测试一下：或者把用户名作为 whos 脚本的参数以显示用户的全名，或者把全名作为参数以显示对应的用户名。whos 脚本的作用和 finger 实用程序的作用类似，只不过 finger 所显示的信息要比 whos 更详细。macOS 使用 Open Directory 替代 passwd 文件；macOS 下运行的类似脚本参见附录 D。

```
$ cat whos
#!/bin/bash

if [ $# -eq 0 ]
    then
        echo "Usage: whos id..." 1>&2
        exit 1
fi
for id
do
    gawk -F: '{print $1, $5}' /etc/passwd |
    grep -i "$id"
done
```

以下 whos 脚本识别用户名为 chas 和 Marilou Smith 的用户：

```
$ ./whos chas "Marilou Smith"
chas Charles Casey
msmith Marilou Smith
```

"$@" 的作用　whos 脚本使用一个 for 循环语句遍历命令行参数。在这个脚本的 for 循环中使用隐含的 "$@" 特别有益，因为它使得 for 循环把带有空格的参数视为一个单独的参数。以 Marilou Smith 参数为例，它本身包含一个空格符，shell 把它作为一个单独的参数传递给脚本，由于在 for 循环中隐含的 "$@" 使 shell 重新生成引用参数，Marilou Smith 把它作为一个参数对待。grep 语句中的双引号具有相同的作用。

gawk　对于接收到的每个命令行参数，whos 搜索/etc/passwd 文件。在 for 循环结构中，gawk 实用程序(参见第 14 章；awk 和 mawk 的工作方式相同)从文件/etc/passwd 的每一行中提取第 1 个($1)和第 5 个($5)字段。当 mawk 读文件/etc/passwd 时，选项 "-F:" 以冒号为字段分隔符把文件的每一行分成字段。gawk 命令设置和使用$1 和$5 两个参数，这两个参数包含在单引号中，shell 不会解释它们。不要把这些参数与位置参数相混淆，位置参数与命令行参数相对应。第 1 个和第 5 个字段通过一个管道传递给 grep。grep 实用程序在其输入中搜索$id(shell 把命令行参数的值赋予$id)。选项-i 使 grep 在搜索过程中忽略大小写，grep 显示在其输入中包含$id 的每一行。

行尾的管道符号 "|"　在 bash(tcsh 不可用)下，控制操作符，例如(|)，表示命令延续：bash "知道" 后面还有命令。因此，在 whos 脚本中，不需要对 gawk 命令末尾管道符号后的 NEWLINE 进行引用。更多信息请参见 10.7 节。

10.1.6　while

while 控制结构的语法形式如下：

*while **test-command***
do
　　　commands
done

只要 *test-command* 的退出状态为真(如图 10-5 所示)，while 结构就继续执行 do 语句与 donc 语句之间的命令。在每次循环 *commands* 之前，while 结构都要执行 *test-command*。一旦 *test-command* 的退出状态为假，while 结构就把控制权传递给 done 语句之后的语句。

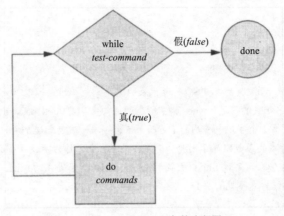

图 10-5　while 语句的流程图

test 内置命令　下面的 shell 脚本首先将 number 变量初始化为 0。然后 test 内置命令将判断变量 number 的值是否小于 10。脚本使用带参数-lt 的 test 命令来执行数值比较测试。对于数值比较测试，有以下几种测试选项：-ne(不等于)、-eq(等于)、-gt(大于)、-ge(大于或等于)、-lt(小于)以及-le(小于或等于)。对于字符串比较，可以用 test 命令的"=(等于)"或"!=(不等于)"选项来进行比较。在本例中，只要 number 变量的值小于 10，test 的退出状态就为 true(0)。同时只要 test 返回 true，while 结构就执行介于 do 语句与 done 语句之间的命令。test 实用程序的用法参见第 VI 部分，它的用法与 test 内置命令十分相似。

```
$ cat count
#!/bin/bash
number=0
while [ "$number" -lt 10 ]
    do
        echo -n "$number"
        ((number +=1))
    done
echo
$ ./count
0123456789
$
```

do 后面的 echo 命令显示变量 number 的值。选项-n 用来防止 echo 在其输出之后显示换行符。接下来的语句通过算术赋值[((…))]将变量 number 递增 1。done 语句终止循环，并把控制权返回 while 语句，再次开始循环。最后的 echo 使脚本 count 把一个换行符发送到标准输出，所以下一个提示符显示在最左侧的一列(而不是显示在 9 的后面)。

选读
脚本 spell_check　aspell 实用程序(在 macOS 中不可用)根据字典对文件中的单词进行拼写检查。list 命令使 aspell(仅用于 Linux)运行在列表模式下：输入来自标准输入，aspell 脚本将可能拼写错误的单词发送到标准输出。下面的示例将文件 letter.txt 中可能拼写错误的单词列出来：

```
$ aspell list < letter.txt
quikly
portible
frendly
```

接下来的 shell 脚本 spell_check 显示了 while 结构的另一种用法。为了查找文件中拼写错误的单词，spell_check 调用前面的 aspell 脚本，根据系统字典检查文件。但 spell_check 更进一步：它能指定一系列拼写正确的单词，并从 aspell 的输出中删除这些拼写错误的单词。这个脚本可以用于删除标准字典中没有的常见单词，如姓名、专业术语等。也可以通过其他 aspell 字典来实现 aspell_check 的功能，但这里将该脚本作为一个范例。

　　spell_check 脚本需要两个文件名参数：一个文件存放拼写正确的单词，另一个文件存放要检查的单词。spell_check 脚本中的第 1 个 if 语句验证用户是否指定了两个参数；接下来的两个 if 语句验证这两个参数是否是可读文件(感叹号对其后的运算符取反；-r 运算符使 test 判断文件是否可读，根据结果判断文件是否不可读)。

```
$ cat spell_check
#!/bin/bash
# remove correct spellings from aspell output
if [ $# -ne 2 ]
    then
        echo "Usage: spell_check dictionary filename" 1>&2
        echo "dictionary: list of correct spellings" 1>&2
        echo "filename: file to be checked" 1>&2
        exit 1
fi
if [ ! -r "$1" ]
    then
        echo "spell_check: $1 is not readable" 1>&2
        exit 1
fi
if [ ! -r "$2" ]
    then
        echo "spell_check: $2 is not readable" 1>&2
        exit 1
fi
aspell list < "$2" |
while read line
do
    if ! grep "^$line$" "$1" > /dev/null
        then
            echo $line
    fi
done
```

　　spell_check 脚本把 aspell 脚本的输出(使用 list 参数可以在标准输出上生成拼写错误的单词列表)通过管道送到 while 结构的标准输入，while 结构从标准输入每次读取一行(每行只有一个单词)。只要 *test-command*(也就是 read line)能从标准输入接收一个单词，它就返回 true。

　　在 while 循环中，if 语句用来检测 grep 的返回值，grep 用来判断已读取的行是否在拼写正确的单词列表中。grep 搜索的模式(也就是$line 的值)前后都有特殊字符，这些字符指明一行的开始和结束(分别是^和$)。这些特殊符号确保：只有当变量$line 与拼写正确的单词列表文件的一整行匹配时，grep 才形成匹配(否则，如果拼写正确的单词列表文件包含单词 paulson，而在 aspell 的输出中有单词 paul，grep 就会匹配字符串)。这些特殊符号以及变量$line 的值形成了一个正则表达式(参见附录 A)。

　　grep 的输出被重定向到文件/dev/null 中，因为本例不需要输出，而需要退出代码。if 语句检查 grep 退出状态的取反结果(grep 前面的感叹号取反或改变退出状态的值，即 true 变成 false，false 变成 true)。当找到匹配的一行时，grep 就返回 0 或 true(取反得到 false)；假如退出状态不是 0 或 false(取反得到 true)，则该单词不在正确拼写的单词列表文件中。echo 内置命令把那些没有出现在正确拼写的单词列表文件中的单词列表发送到标准输出。

　　一旦 while 语句检测到 EOF(文件的结束标志)，read 内置命令就返回 false 退出状态，这时控制权就传递给 while 结构后面的语句，而且脚本结束。

　　在使用 spell_check 脚本之前，首先要创建一个文件，其中包含标准字典中没有的但拼写正确的常用单词。例如，假如你在一家名为 Blinkenship and Klimowski, Attorneys 的公司工作，那么将 Blinkenship 和 Klimowski 放在该文件中。下面的示例揭示了：spell_check 脚本对文件 memo 中的单词进行拼写检查，并从拼写错误的单词列表中删除 Blinkenship 和 Klimowski 这两个单词。

```
$ aspell list < memo
Blinkenship
Klimowski
targat
```

```
hte
$ cat word_list
Blinkenship
Klimowski
$ ./spell_check word_list memo
targat
hte
```

10.1.7 until

until 结构(在 tcsh 中没有该结构)与 while 结构十分相似，只是在循环的开始进行条件测试时有差别。如图 10-6 所示，until 会一直循环，直到 *test-command* 返回的退出状态为真。而只要 *test-command* 返回真或正确条件，while 结构就会不断地循环。until 控制结构的语法如下：

> *until **test-command***
> *do*
>   ***commands***
> *done*

下面的脚本给出了一个包含 read 命令的 until 结构。当用户输入正确的字符串时，满足 *test-command* 的条件，until 结构就把控制权传递给循环后面的语句。

```
$ cat until1
secretname=zach
name=noname
echo "Try to guess the secret name!"
echo
until [ "$name" = "$secretname" ]
do
    read -p "Your guess: " name
done
echo "Very good."
$ ./until1
Try to guess the secret name!

Your guess: helen
Your guess: barbara
Your guess: rachael
Your guess: zach
Very good
```

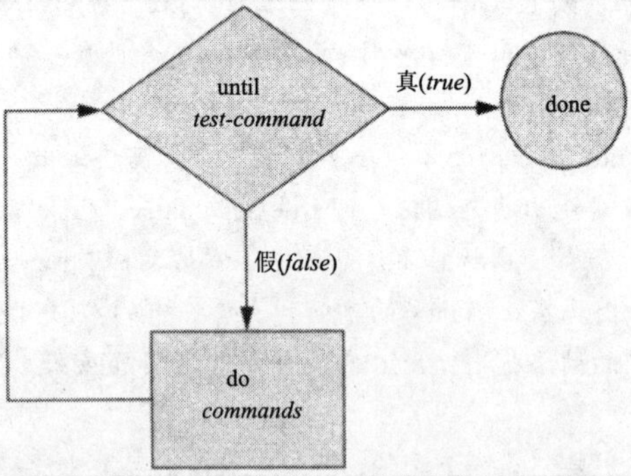

图 10-6　until 结构的流程图

接下来的 locktty 脚本的作用与 Berkeley UNIX 上的 lock 命令以及 GNOME 中的 Lock Screen 菜单选项很相似。该脚本提示用户输入一个密钥(密码)，并用 until 控制结构锁定终端。until 语句使系统忽略从键盘输入的任何字符，直到用户在该行输入该密钥并按 RETURN 键，给终端解锁为止。用户需要短暂离开自己的计算机终端时，locktty 脚本可以防止别人使用该终端。如果担心别人使用自己的登录账号，该脚本就可以避免注销。

```
$ cat locktty
#! /bin/bash
trap '' 1 2 3 18
stty -echo
read -p "Key: " key_1
echo
read -p "Again: " key_2
echo
key_3=
if [ "$key_1" = "$key_2" ]
    then
        tput clear
        until [ "$key_3" = "$key_2" ]
        do
            read key_3
        done
    else
        echo "locktty: keys do not match" 1>&2
fi
stty echo
```

假如用户忘记了 locktty 的密码

提示　假如用户忘记了自己的密钥(密码)，可从另一个(虚拟)终端登录，终止运行 locktty 脚本的进程(例如，killall -9 locktty)。

　　trap 内置命令　locktty 脚本起始处的 trap 内置命令(在 tcsh 中不可用)可以防止用户通过发送信号(例如，按下中断键)来终止脚本。捕获信号 20 意味着用户无法用 CONTROL+Z 组合键(作业控制键，来自 tty 的停止键)使锁定失败。信号的列表参见表 10-5。stty -echo 命令用来防止终端把从键盘输入的字符显示出来，这样可以保证用户输入的密钥不在屏幕上显示。关闭键盘响应后，脚本会提示用户输入一个密钥，并把它读入用户定义的变量 key_1 中，接着提示用户再次输入相同的密钥，并将其存放在变量 key_2 中。语句 key_3=定义一个包含空值的变量。如果 key_1 和 key_2 变量匹配，locktty 脚本就清屏(使用命令 tput)，并启动 until 循环。until 循环一直从终端读取数据，并把输入赋予变量 key_3。一旦用户输入的字符串与最初的密钥(变量 key_2 的值)相匹配，until 循环便会终止，并打开键盘响应。

10.1.8　break 与 continue

　　可以利用 break 或 continue 语句在 for、while 或 until 循环中产生中断。break 语句可以把控制权转交给 done 语句之后的语句，从而跳出循环。continue 命令把控制权转交给 done 语句，继续执行循环。

　　下面的脚本说明了这两个语句的用法。for…in 结构从 1 循环到 10，第 1 个 if 语句在变量 index 的值小于或等于 3($index -le 3)时执行命令；第 2 个 if 条件语句在变量 index 的值大于等于 8($index -ge 8)时执行命令。在两个 if 语句之间，echo 显示变量 index 的值。当 index 的值小于或等于 3 时，第 1 个 if 语句显示字符串 continue，然后执行一个 continue 语句，跳过后面的 echo $index 命令和第 2 个 if 语句，继续下一次 for 循环；当 index 的值大于或等于 8 时，第 2 个 if 语句显示字符串 break，然后执行一个 break 语句，从 for 循环退出。

```
$ cat brk
for index in 1 2 3 4 5 6 7 8 9 10
    do
        if [ $index -le 3 ] ; then
            echo "continue"
            continue
        fi
#
    echo $index
#
    if [ $index -ge 8 ] ; then
```

```
        echo "break"
        break
    fi
done
$ ./brk
continue
continue
continue
4
5
6
7
8
break
$
```

10.1.9　case

case 控制结构(如图 10-7 所示；tcsh 使用 switch)是一种多分支决策机制。具体选择哪个分支依赖于测试串(*test-string*)和某个分支类型(*pattern*)之间的匹配情况。当 *test-string* 与某个 *pattern* 相匹配时，shell 将控制权交给该 *pattern* 后面的 *commands*。*commands* 由两个分号(;;)结束。当控制流到达这个控制操作符(两个分号)时，shell 将控制权转移到命令后面的 esac 语句。case 控制结构具有以下语法形式：

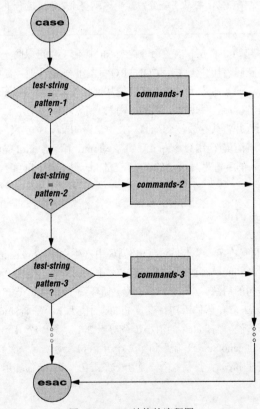

图 10-7　case 结构的流程图

```
case test-string in
    pattern-1)
        commands-1
        ;;
    pattern-2)
        commands-2
        ;;
```

```
pattern-3)
        commands-3
            ;;
...
esac
```

下面的 case 结构把用户的输入字符作为测试串。该值存放在变量 letter 中。如果测试串为 A，case 结构将执行分支类型 A 后面的命令。右圆括号属于 case 控制结构的一部分而不是分支类型的一部分。如果测试串为 B 或 C，那么 case 结构将会执行对应分支类型后面的命令。星号(*)表示万能匹配类型，表示能与任何字符串匹配，用于没有匹配的情况。假如测试串不匹配任何分支类型，也没有万能匹配类型(*)，那么控制权将转移到 esac 语句后面的命令，case 结构不执行任何操作。

```
$ cat case1
read -p "Enter A, B, or C: " letter
case "$letter" in
    A)
        echo "You entered A"
        ;;
    B)
        echo "You entered B"
        ;;
    C)
        echo "You entered C"
        ;;
    *)
        echo "You did not enter A, B, or C"
        ;;
esac
$ ./case1
Enter A, B, or C: B
You entered B
```

再次运行 case1 时，用户输入了一个小写字母 b。由于测试串 b 不匹配 B 分支类型(也不匹配 case 语句中的其他任何分支类型)，因此程序执行万能匹配类型后面的命令，并显示以下信息：

```
$ ./case1
Enter A, B, or C: b
You did not enter A, B, or C
```

case 结构中的分支类型类似于一个模糊文件引用，它可以包括表 10-2 中的任何字符或字符串。

表 10-2　分支类型

类　　型	功　　能
*	匹配任意字符串，用作默认的 case
?	匹配任意单个字符
[...]	定义一个字符类，对方括号中的每个字符依次进行单字符匹配；两个字符之间的连字符来指定字符范围
|	分离满足 case 结构的某个分支的其他选项

下面的脚本可以接收大写字母和小写字母：

```
$ cat case2
read -p "Enter A, B, or C: " letter
case "$letter" in
    a|A)
        echo "You entered A"
    ;;
    b|B)
        echo "You entered B"
        ;;
    c|C)
```

```
           echo "You entered C"
           ;;
    *)
           echo "You did not enter A, B, or C"
           ;;
esac
```

```
$ ./case2
Enter A, B, or C: b
You entered B
```

下面的示例说明了如何利用 case 结构来创建一个简单菜单。command_menu 脚本利用 echo 显示菜单项,并提示用户做出选择(select 控制结构简化了菜单的编码,见 10.1 节)。case 结构会依照用户的选择来执行对应的实用程序。

```
$ cat command_menu
#!/bin/bash
# menu interface to simple commands

echo -e "\n     COMMAND MENU\n"
echo " a. Current date and time"
echo " b. Users currently logged in"
echo " c. Name of the working directory"
echo -e " d. Contents of the working directory\n"
read -p "Enter a, b, c, or d: " answer
echo
#
case "$answer" in
    a)
           date
           ;;
    b)
           who
           ;;
    c)
           pwd
           ;;
    d)
           ls
           ;;
    *)
           echo "There is no selection: $answer"
           ;;
esac
```

```
$ ./command_menu

        COMMAND MENU

   a. Current date and time
   b. Users currently logged in
   c. Name of the working directory
   d. Contents of the working directory
Enter a, b, c, or d: a

Sat Jan 6 12:31:12 PST 2018
```

echo -e　　选项-e 使 echo 把\n 解释为换行符。如果不包含这个选项,echo 就会输出两个字符序列\n,而不是输出空白行,这会降低菜单的可读性。选项-e 可以使 ehco 解释由反斜杠 "\" 转义的其他字符(如表 10-3 所示)。带有反斜杠的字符一定要放在引号中(即,用双引号把字符串引起来),这样 shell 就不会解释该字符,而是把反斜杠和字符传递给 echo。采用 xpg_echo 命令可避免使用-e 选项。

表 10-3　echo 命令中的特殊符号(必须使用选项-e)

转 义 字 符	echo 命令的显示
\a	警告(响铃)
\b	回退
\c	禁止换行
\f	进纸
\n	换行
\r	回车
\t	水平制表符
\v	垂直制表符
\\	反斜杠
\nnn	显示八进制数(nnn)表示的 ASCII 码；如果 nnn 无效，echo 命令就显示字符串 nnn 的字面意义

在一个脚本中，也可以利用 case 控制结构，根据调用脚本时所带的参数个数来执行不同的命令。下面的 safedit 脚本利用 case 控制结构，根据命令行参数的个数($#)来选择分支。这个脚本会保存用 vim 命令编辑的文件的一个备份。

```
$ cat safedit
#!/bin/bash

PATH=/bin:/usr/bin
script=$(basename $0)
case $# in

    0)
        vim
        exit 0
        ;;

    1)
        if [ ! -f "$1" ]
            then
                vim "$1"
                exit 0
            fi
        if [ ! -r "$1" -o ! -w "$1" ]
            then
                echo "$script: check permissions on $1" 1>&2
                exit 1
            else
                editfile=$1
            fi
        if [ ! -w "." ]
            then
                echo "$script: backup cannot be " \
                    "created in the working directory" 1>&2
                exit 1
            fi
            ;;
            *)
                echo "Usage: $script [file-to-edit]" 1>&2
                exit 1
                ;;
    esac
    tempfile=/tmp/$$.$script
    cp $editfile $tempfile
    if vim $editfile
```

```
            then
                mv $tempfile bak.$(basename $editfile)
                echo "$script: backup file created"
            else
                mv $tempfile editerr
                echo "$script: edit error--copy of " \
                    "original file is in editerr" 1>&2
    fi
```

如果调用不带任何参数的 safedit 脚本，case 结构就执行它的第 1 个分支，并且调用不带任何文件名参数的 vim 命令。由于没有编辑任何文件，因此 safedit 不创建备份文件(参见 6.3 节的 ":w" 命令，当不带任何文件名参数调用 vim 命令时，如何从 vim 中退出)。假如调用 safedit 脚本时带一个参数，case 结构就运行第 2 个分支中的命令：检查$1 指定的文件是否存在，用户是否拥有该文件的读写权限，然后 safedit 脚本验证用户对工作目录是否拥有写权限。如果调用 safedit 时带有多个参数，case 结构的第 3 个分支就显示一条用法信息，并退出程序，返回退出状态 1。

设置 PATH 在 safedit 脚本的开始处设置了一个 PATH 变量，以搜索/bin 和/usr/bin。这样设置是为了保证脚本执行的命令是保存在这些目录中的标准实用程序。通过在脚本中设置这个变量，可以避免出现一些问题：如果用户已经设置 PATH 变量首先搜索它们自己的目录，而用户自己的目录可能包含与脚本调用的实用程序同名的脚本或程序，就会产生错误。当然可以在脚本中包含绝对路径名来避免这些问题，但是这会使脚本的移植性较差。

程序名 下一行创建一个名为 script 的变量，并使用命令替换将它赋值为脚本的简单文件名：

```
script=$(basename $0)
```

basename 实用程序把其参数的简单文件名部分发送到标准输出，并通过命令替换赋予 script 变量。$0 存储了调用脚本的命令。不管用户调用脚本时使用下面的哪条命令，basename 的输出都是简单文件名 safedit：

```
$ /home/max/bin/safedit memo
$ ./safedit memo
$ safedit memo
```

一旦设置了 script 变量，它就在脚本的用法信息和错误消息中替换脚本的文件名。使用一个派生自命令(调用脚本的是命令，而不是硬编码到脚本中的文件名)的变量，可以创建一个脚本的链接，或重命名该脚本，而脚本的用法信息和错误消息仍提供准确信息。

给临时文件命名 safedit 脚本的另一个特性是在临时文件名中使用$$参数。esac 语句后面的语句创建变量 tempfile 并给它赋值，这个变量包含了存储在/tmp 目录中的临时文件的名称，这与许多临时文件一样。临时文件名以 shell 的 PID 编号开头，并以脚本名结尾。使用 PID 编号可确保文件名的唯一性。如果两个人同时使用 safedit 脚本，safedit 就不会尝试覆盖已有的文件。脚本的名字附在临时文件名的后面，这样，如果文件出于某种原因存放在/tmp 目录中，用户就知道它的来源。

在文件名中，PID 编号放在$script 的前面而不是后面，这是由于在一些老版本 UNIX 上，文件名最多只能有 14 个字符。Linux 系统并没有这个限制。由于 PID 编号可以保证文件名的唯一性，因此放在前面以免文件名被截断(即使$script 被截断，文件名也是唯一的)。出于相同的原因，在脚本下面几行的 if 控制结构中生成备份文件时，备份文件的名称是字符串 bak.和放在后面的正编辑的文件的文件名。在老版本的系统中，如果 bak 不是前缀而是后缀，而最初的文件名有 14 个字符，那么.bak 有可能丢失，原文件也有可能被覆盖。basename 实用程序在临时文件名添加.bak 前缀之前，将提取出简单文件名$editfile。

safedit 脚本在 if 控制结构中使用了一个不常见的测试命令：vim $editfile。测试条件调用 vim 来编辑$editfile。编辑完文件并从 vim 中退出时，vim 将返回一个退出代码。if 控制结构利用这个退出代码来决定跳转到哪个分支。如果编辑会话成功完成，vim 就返回 0，执行 then 语句后面的语句；如果 vim 不是正常终止(比如用户终止了 vim 进程)，vim 就会返回一个非 0 退出状态，同时脚本执行 else 后面的语句。

10.1.10　select

select 控制结构(在 tcsh 中不可用)基于 Korn Shell 中的控制结构。select 语句首先显示一个菜单，然后根据用户的选择给变量赋予相应的值，最后执行一系列命令。select 控制结构的语法形式如下：

```
select varname [in arg . . . ]
do
      commands
done
```

select 结构显示 arg 项的菜单。假如忽略关键字 in 和参数列表，select 控制语句就用位置参数来取代 arg 项。select 的菜单格式化为在每一项前加一个数字。例如，某个 select 结构以下面的字符串开头：

```
select fruit in apple banana blueberry kiwi orange watermelon STOP
```

该结构就会显示如下菜单：

```
1) apple      3) blueberry  5) orange    7) STOP
2) banana     4) kiwi       6) watermelon
```

select 结构用变量 LINES 和 COLUMNS 的值来确定显示区的大小(LINES 的默认值为 24，COLUMNS 的默认值为 80)。假如 COLUMNS 的值设置为 20，那么上面的菜单就变成：

```
1) apple
2) banana
3) blueberry
4) kiwi
5) orange
6) watermelon
7) STOP
```

PS3　在 select 语句输出菜单后，它就会显示出 PS3 的值和 select 提示符。PS3 的默认值为 "?#"，但一般将其设置为一个更有意义的值。在 PS3 提示符后输入一个合法的数字(在菜单范围中)，select 语句就把 *varname* 设置为与该数字对应的参数。非法输入会使 shell 把 *varname* 设置为空。在这两种情况下，select 将把用户的响应存储在关键字变量 REPLY 中，然后执行 do 语句与 done 语句之间的命令。如果只按 RETURN 键而没有做任何选择，shell 将重新显示菜单和 PS3 提示符。

select 结构会不停显示 PS3 提示符，并按照用户的输入执行命令，直到有事件使其退出，一般是 break 或 exit 语句。break 语句会使 select 跳出循环，而 exit 语句会使 select 退出脚本。

接下来的 shell 脚本说明了 select 语句的用法：

```
$ cat fruit2
#!/bin/bash
PS3="Choose your favorite fruit from these possibilities: "
select FRUIT in apple banana blueberry kiwi orange watermelon STOP
do
    if [ "$FRUIT" == "" ]; then
        echo -e "Invalid entry.\n"
        continue
    elif [ $FRUIT = STOP ]; then
        echo "Thanks for playing!"
        break
    fi
echo "You chose $FRUIT as your favorite."
echo -e "That is choice number $REPLY.\n"
done
$ ./fruit2
1) apple    3) blueberry  5) orange    7) STOP
2) banana   4) kiwi       6) watermelon
Choose your favorite fruit from these possibilities: 3
You chose blueberry as your favorite.
That is choice number 3.

Choose your favorite fruit from these possibilities: 99
Invalid entry.

Choose your favorite fruit from these possibilities: 7
Thanks for playing!
```

在用 select 语句设置 PS3 提示符并创建菜单后，fruit2 脚本就执行 do 语句和 done 语句之间的命令。如果用户的输入非法，shell 就将 *varname*($FRUIT)设置为空值，echo 语句就显示一条错误消息，continue 语句就使 shell 重新显示 PS3 提示符。如果输入合法，脚本就首先检测用户是否想终止脚本。如果为真，echo 语句就显示一条消息，break 语句退出 select 结构(也退出脚本)。若用户不想退出，同时输入也合法，脚本就显示用户响应的名称和对应的编号(关于 echo –e 选项的信息参见本节前面的选读部分)。

10.1.11 Here 文档

Here 文档允许把 shell 脚本的内容重定向为 shell 脚本的输入。之所以称为 Here 文档，是因为 Here 的意思就是立即访问 shell 脚本自身，而不叫 there 也就意味着不在别的文件中。

下面的 birthday 脚本包含一个 Here 文档。第 1 行中的两个小于号(<<)说明后面有一个 Here 文档。小于号后面的一个或多个符号用于限定 Here 文档的内容——本例使用加号。开始的分隔符必须紧挨着两个小于号，结束的分隔符必须独占一行。shell 把两个分隔符之间的所有内容当作标准输入发送给进程。在本例中，就像把 grep 的标准输入重定向为来自一个文件，只不过这个文件已经嵌入 shell 脚本中。

```
$ cat birthday
grep -i   "$1" <<+
Max       June 22
Barbara   February 3
Darlene   May 8
Helen     March 13
Zach      January 23
Nancy     June 26
+
$ ./birthday Zach
Zach      January 23
$ ./birthday june
Max       June 22
Nancy     June 26
```

当运行 birthday 脚本时，它会列出 Here 文档中所有符合用户输入条件的内容。在本例中第 1 次运行 birthday 时，它显示 Zach 的生日，这是因为用户输入的参数是 Zach；第 2 次运行时显示所有生日在 6 月份的人名。参数-i 使 grep 在搜索时不区分大小写。

---

1. 感谢 Brian W. Kernighan 和 Rob Pike。这段代码摘自 *The Unix Programming Environment* 一书(Englewood Cliffs, N.J.: Prentice-Hall, 1984)的第 98 页。本书经授权使用这段代码。

的参数指定的每个文件(在本例中为 file1 和 file2)的内容，这些内容存放在 Here 文档中。为了从 bothfiles 中提取出原始文件，应该把要提取文件的文件名作为 bash 命令的参数。每个 Here 文档前面的 cat 命令使 Here 文档在运行 bothfiles 时被写入一个新文件中。

```
$ cat file1
This is a file.
It contains two lines.
$ cat file2
This is another file.
It contains
three lines.
$ ./bundle file1 file2 > bothfiles
$ cat bothfiles
# To unbundle, bash this file
echo file1 1>&2
cat >file1 <<'End of file1'
This is a file.
It contains two lines.
End of file1
echo file2 1>&2
cat >file2 <<'End of file2'
This is another file.
It contains
three lines.
End of file2
```

在下个示例中，在 bothfiles 运行之前删除文件 file1 和 file2，bothfiles 脚本在创建这两个文件时显示这两个文件名。ls 命令然后显示，bothfiles 重新创建了文件 file1 和 file2。

```
$ rm file1 file2
$ bash bothfiles
file1
file2
$ ls
bothfiles
file1
file2
```

10.2　文件描述符

8.2 节讨论过，进程读写文件之前，必须首先打开这个文件。进程打开文件时，Linux 会把这个文件关联到一个数字(称为文件描述符)。文件描述符是打开的文件在进程表中的一个索引。每个进程都有自己的一组已打开的文件和各自的文件描述符。一旦打开某个文件，进程就通过引用文件描述符来读写该文件。当进程不再需要该文件时，它必须关闭该文件，并释放文件描述符。

典型的 Linux 进程在启动时打开 3 个文件：标准输入(文件描述符 0)、标准输出(文件描述符 1)和标准错误(文件描述符 2)。通常进程只需要这些文件。因此，可以用符号 ">" 或 "1>" 重定向标准输出，用符号 "2>" 重定向标准错误。虽然可以重定向其他文件描述符，但是除 0、1 和 2 外的文件描述符并没有任何特殊的约定含义，这样做几乎没什么作用。但在自己编写的程序中，可以给文件描述符赋予特殊的含义，以便于使用它进行重定向。

10.2.1　打开文件描述符

在 bash 中使用 exec 内置命令打开文件，语法如下所示：

exec *n> outfile*
exec *m< infile*

第 1 行打开一个输出文件 *outfile*，并把它关联到文件描述符 *n*；第 2 行打开一个输入文件 *infile*，并把它关联到文件描述符 *m*。

10.2.2   复制文件描述符

符号"<&"可复制输入文件描述符；符号">&"可复制输出文件描述符。通过使某个文件描述符和已打开的文件描述符(例如，标准输入或标准输出)指向同一个文件，可以复制文件描述符。利用下面的格式打开或重定向文件描述符 n，将其作为文件描述符 m 的副本：

exec n<&m

一旦打开一个文件，就可以用两种方式把其作为输出和输入。首先，可以在命令行上利用 I/O 重定向，或者通过符号">&n"把标准输出重定向到一个文件描述符，或者通过符号"<&n"把标准输入重定向为来自一个文件描述符。其次，也可以利用 read 和 echo 内置命令。如果调用其他命令(包括函数)，它们就会继承这些已打开文件和文件描述符。当不再使用文件时，可用下面的语法关闭它：

exec n<&-

10.2.3   文件描述符示例

在下一个示例 mycp 中调用 shell 函数时，如果 mycp 后面有两个参数，它就会把第 1 个参数指定的文件复制到第 2 参数指定的文件中；如果 mycp 后面只有一个参数，它就会把参数指定的文件复制到标准输出；如果不带任何参数调用 mycp，它就会把标准输入复制到标准输出。

函数并不是 shell 脚本

提示   mycp 示例是一个 shell 函数；不能期望它作为 shell 脚本执行(该函数将创建一个生命周期很短的子 shell，它几乎起不到什么作用)。可从键盘输入这个函数。如果把这个函数放在文件中，就可以作为".(句点)"内置命令的参数运行它。如果希望这个函数一直可用，还可以把它放在启动文件中。

```
function mycp () {
case $# in
    0)
            # Zero arguments
            # File descriptor 3 duplicates standard input
            # File descriptor 4 duplicates standard output
            exec 3<&0 4<&1
            ;;
    1)
            # One argument
            # Open the file named by the argument for input
            # and associate it with file descriptor 3
            # File descriptor 4 duplicates standard output
            exec 3< $1 4<&1
            ;;
    2)
            # Two arguments
            # Open the file named by the first argument for input
            # and associate it with file descriptor 3
            # Open the file named by the second argument for output
            # and associate it with file descriptor 4
            exec 3< $1 4> $2
            ;;
    *)
            echo "Usage: mycp [source [dest]]"
            return 1
            ;;
esac
# Call cat with input coming from file descriptor 3
# and output going to file descriptor 4
cat <&3 >&4
```

```
# Close file descriptors 3 and 4
exec 3<&- 4<&-
}
```

以 cat 开头的那行语句完成了该函数的实际功能，剩下的脚本处理文件描述符 3 和 4，这两个描述符分别是 cat 命令的输入和输出，它们都与对应的文件相关。

选读

下一个程序在命令行上以两个文件名作为参数，对这两个文件名进行排序，并将输出发送到临时文件中。然后程序合并排序后的文件，并把合并后的文件发送到标准输出，输出时在每一行的前面加上数字来说明它来自哪个文件。

```
$ cat sortmerg
#!/bin/bash
usage () {
if [ $# -ne 2 ]; then
    echo "Usage: $0 file1 file2" 2>&1
    exit 1
    fi
}
# Default temporary directory
: ${TEMPDIR:=/tmp}
# Check argument count
usage "$@"

# Set up temporary files for sorting
file1=$TEMPDIR/$$.file1
file2=$TEMPDIR/$$.file2

# Sort
sort $1 > $file1
sort $2 > $file2

# Open $file1 and $file2 for reading. Use file descriptors 3 and 4.
exec 3<$file1
exec 4<$file2

# Read the first line from each file to figure out how to start.
read Line1 <&3
status1=$?
read Line2 <&4
status2=$?
# Strategy: while there is still input left in both files:
# Output the line that should come first.
# Read a new line from the file that line came from.
while [ $status1 -eq 0 -a $status2 -eq 0 ]
    do
        if [[ "$Line2" > "$Line1" ]]; then
            echo -e "1.\t$Line1"
            read -u3 Line1
            status1=$?
        else
            echo -e "2.\t$Line2"
            read -u4 Line2
            status2=$?
        fi
    done

# Now one of the files is at end of file.
# Read from each file until the end.
# First file1:
while [ $status1 -eq 0 ]
    do
        echo -e "1.\t$Line1"
        read Line1 <&3
        status1=$?
    done
```

```
# Next file2:
while [[ $status2 -eq 0 ]]
    do
        echo -e "2.\t$Line2"
        read Line2 <&4
        status2=$?
    done
# Close and remove both input files
exec 3<&- 4<&-
rm -f $file1 $file2
exit 0
```

10.2.4 确定文件描述符是否与终端关联

test 的-t 选项接收一个文件描述符作为参数，使 test 根据该指定的文件描述符是否与终端(屏幕或键盘)关联而返回 0(真)或非 0(假)值。它通常用来检测标准输入、标准输出和/或标准错误是否来自/去向终端。

在下面的示例中，is.term 脚本使用 test -t 选项([]是 test 的同义词)来检查运行脚本的进程的 1 号文件描述符(初始为标准输出)是否与屏幕相关联。脚本显示的消息取决于 test 返回真(文件描述符 1 与屏幕关联)或假(文件描述符 1 不与屏幕关联)。

```
$ cat is.term
if [ -t 1 ] ; then
        echo "FD 1 (stdout) IS going to the screen"
    else
        echo "FD 1 (stdout) is NOT going to the screen"
fi
```

如果没有进行标准输出重定向，运行 is.term 的时候，脚本显示"FD 1 (stdout) IS going to the screen"，因为 is.term 脚本的标准输出没有被重定向：

```
$ ./is.term
FD 1 (stdout) IS going to the screen
```

当在命令行上使用>重定向标准输出时，bash 关闭文件描述符 1 并重新打开它，将其关联到重定向符号后面指定的文件。

下面的示例重定向 is.term 脚本的标准输出：新打开的文件描述符 1 将标准输出与名为 hold 的文件关联。此时 test 命令([-t 1])执行失败，返回 1(假)，因为标准输出没有与终端相关联。脚本向文件 hold 写入"FD 1 (stdout) is NOT going to the screen"：

```
$ ./is.term > hold
$ cat hold
FD 1 (stdout) is NOT going to the screen
```

如果重定向 is.term 的标准错误，脚本将报告"FD 1 (stdout) IS going to the screen"，而且不会向接收重定向的文件写入任何内容；因为标准输出没有被重定向。可使用[-t 2]来测试标准错误是否去向屏幕。

```
$ ./is.term 2> hold
FD 1 (stdout) IS going to the screen
```

相似地，如果通过管道发送 is.term 的标准输出，test 会报告标准输出没有与终端相关联。在这个示例中，cat 将标准输入复制到标准输出：

```
$ ./is.term | cat
FD 1 (stdout) is NOT going to the screen
```

选读

也可以在命令行上测试 test。这样做可以利用命令的历史和编辑特性，快速修改用于试验的代码。为了更好地理解下面的示例，首先验证当文件描述符 1 与屏幕关联时，test(使用[]调用)返回 0 值(真)，当文件描述符 1 不与屏幕关联时，返回非 0 值(假)。特殊参数$?保存前一条命令的退出状态。

```
$ [ -t 1 ]
```

```
$ echo $?
0
$ [ -t 1 ] > hold
$ echo $?
1
```

如 8.6 节所述，控制操作符&&(与)首先执行其前面的命令。当且仅当该命令返回 0 值(真)时，&&执行其后面的命令。在下面的示例中，如果[-t 1]返回 0，&&执行 echo "FD 1 to screen"。尽管括号在本例中不是必需的，但在下个示例中是需要的。

```
$ ( [ -t 1 ] && echo "FD 1 to screen" )
FD 1 to screen
```

下面，相同命令行的输出通过管道发送到 cat，因此 test 返回 1(假)，&&不执行 echo。

```
$ ( [ -t 1 ] && echo "FD 1 to screen" ) | cat
$
```

下面的示例与前一个基本相同，唯一的差别在于 test 测试文件描述符 2 是否与屏幕相关联。因为管道仅重定向标准输出，test 返回 0，&&执行 echo。

```
$ ( [ -t 2 ] && echo "FD 2 to screen" ) | cat
FD 2 to screen
```

在这个示例中，尽管 test 测试文件描述符 2 是否与屏幕关联，仍 echo 仍将其输出发送到文件描述符 1(文件描述符 1 不与屏幕关联)。

10.3　参数

8.9 节介绍了 shell 参数。本节在前面的基础上更详细地讨论位置参数和特殊参数。

10.3.1　位置参数

位置参数包括命令名和命令行参数。之所以称它们为位置参数，是因为在 shell 脚本中，按照它们在命令行上的位置来引用它们。不能通过赋值语句改变位置参数的值。然而 bash 的内置命令 set 可以修改除调用程序名(命令名)外的任意位置参数。在 tcsh 中，set 内置命令不能改变位置参数的值。

1. $0：调用程序的名称

在参数$0 中存储调用程序的名称。该参数的编号为 0，是因为它出现在命令行上第 1 个参数之前：

```
$ cat abc
echo "This script was called by typing $0"
$ ./abc
This script was called by typing ./abc
$ /home/sam/abc
This script was called by typing /home/sam/abc
```

上面的 shell 脚本利用 echo 来验证当前执行的脚本的调用方式。也可以利用 basename 实用程序和命令替换来提取脚本的简单文件名：

```
$ cat abc2
echo "This script was called by typing $(basename $0)"
$ /home/sam/abc2
This script was called by typing abc2
```

当使用链接调用脚本时，shell 将$0 展开为链接的值。实用程序 busybox 利用了这个特性，因此它知道自己是如何被调用的以及该运行哪个实用程序。

```
$ ln -s abc2 mylink
$ /home/sam/mylink
This script was called by typing mylink
```

当从交互式 shell 中显示$0 的值时，shell 显示自身的名称，因为这就是调用程序(正在运行的程序)的名称。

```
$ echo $0
bash
```

提示   **bash 与-bash**

在一些系统上，echo $0 显示-bash，而在另外一些系统上显示 bash。前一种表示是登录 shell；后一种表示不是登录 shell。在 GUI 环境下，一些终端模拟器启动登录 shell，而另外一些则不然。

---

2. $1-$n：位置参数

命令行上的第 1 个参数由参数$1 表示，第 2 个由参数$2 表示……直到$n。这些参数是${1}、${2}和${3}等的简写形式。对于小于或等于 9 的 n 值，花括号是可选的。一旦 n 的值超过 9，数字两边就要加上花括号。例如，第 12 个位置参数用${12}表示。下面的脚本列出了包含命令行参数的位置参数：

```
$ cat display_5args
echo First 5 arguments are $1 $2 $3 $4 $5

$ ./display_5args zach max helen
First 5 arguments are zach max helen
```

脚本 display_5args 显示前 5 个命令行参数。假如命令行参数不够 5 个，那么 shell 把空值赋予没有出现的参数。在本例中参数$4 和$5 就是空值。

警告   **一直引用位置参数**

如果不进行引用，就有可能会"丢失"位置参数。参见接下来的示例。

最好把对位置参数的引用放在双引号中。把位置参数作为命令的参数时，双引号特别重要。如果没有双引号，未设置或包含空值的位置参数就会消失：

```
$ cat showargs
echo "$0 was called with $# arguments, the first is :$1:."

$ ./showargs a b c
./showargs was called with 3 arguments, the first is :a:.

$ echo $xx

$ ./showargs $xx a b c
./showargs was called with 3 arguments, the first is :a:.
$ ./showargs "$xx" a b c
./showargs was called with 4 arguments, the first is ::.
```

showargs 脚本显示命令行上参数的个数($#)，接着在两个冒号之间显示第 1 个参数的值。上面的示例先用 3 个简单参数调用 showargs 脚本。接着 echo 命令显示，$xx 变量没有赋值，有一个空值。在对 showargs 脚本的最后两次调用中，第 1 个参数都是$xx。在第 1 种情况下，命令行变成 showargs a b c；shell 给 showargs 脚本传递 3 个参数。在第 2 种情况下，命令行变成 showargs " " a b c，这次 shell 用 4 个参数调用 showargs 脚本。这两次调用 showargs 的区别说明了一个很隐蔽的问题，在使用未设置或有空值的位置参数时一定要小心。

3. set：初始化位置参数

用一个或多个参数调用 set 命令时，set 会把参数的值赋予位置参数，从$1 开始赋值(在 tcsh 中不可用)。下面的脚本就用 set 命令为位置参数$1、$2 和$3 赋值：

```
$ cat set_it
set this is it
echo $3 $2 $1
$ ./set_it
it is this
```

选读

set 命令行中的单连字符(-)标识选项的结束及参数的开始，shell 将随后的值赋予位置参数。单连字符还会关闭 xtrace(-x)和 verbose(-v)选项(参见表 8-13)。下面的 set 命令开启 posix 模式并设置了前两个位置参数，echo 命令对其进行了显示：

```
$ set -o posix - first.param second.param
$ echo $*
first.param second.param
```

set 命令行中的双连字符(--)，如果不带任何参数，则清空位置参数；当后接参数时，--设置位置参数，包括以单连字符(-)开始的参数。

```
$ set --
$ echo $*
$
```

把 set 内置命令和命令替换结合起来，从而可以很方便地把一个命令的标准输出格式化成便于在 shell 脚本中操作的形式。下面的脚本说明如何利用 set 命令和 date 命令，生成格式有效的日期：第 1 条命令显示 date 命令的输出，cat 命令接着显示 dateset 脚本的内容。脚本中的第一条命令利用替换命令把位置参数设置为 date 实用程序的输出。下一条命令 echo $*显示所有来自前面的 set 命令的位置参数，之后的命令显示参数$1、$2、$3 和$6 的值，最后一条命令显示书信或报告中使用的日期格式。

```
$ date
Tues Aug 15 17:35:29 PDT 2017
$ cat dateset
set $(date)
echo $*
echo
echo "Argument 1: $1"
echo "Argument 2: $2"
echo "Argument 3: $3"
echo "Argument 6: $6"
echo
echo "$2 $3, $6"
$ ./dateset
Tues Aug 15 17:35:34 PDT 2017

Argument 1: Tues
Argument 2: Aug
Argument 3: 15
Argument 6: 2017

Aug 15, 2017
```

也可以在 date 后面使用参数+*format* 来指定内容并改变输出的格式。

set 显示 shell 变量　　如果不带任何参数使用 set 命令，set 命令就会显示一列已设置的 shell 变量，包括用户定义的变量和关键字变量。在 bash 中，它显示的内容与不带任何参数的 declare 命令相同。

```
$ set
BASH_VERSION='4.2.24(1)-release'
COLORS=/etc/DIR_COLORS
COLUMNS=89
LESSOPEN='||/usr/bin/lesspipe.sh %s'
LINES=53
LOGNAME=sam
MAIL=/var/spool/mail/sam
MAILCHECK=60
...
```

bash 的 set 内置命令还可以完成其他功能。更多内容请参见 10.4 节中的相关内容。

4. shift：左移位置参数

利用 shift 内置命令可以移动每个命令行参数。向左移动时，第 1 个参数($1)被丢弃，第 2 个参数($2)变成第 1 个参数($1)，第 3 个参数变成第 2 个参数，依此类推。因为不存在“unshift”命令，所以不能把已经丢弃的参数再找回来。shift 命令有一个可选参数，用以指定移动距离(和丢弃的参数个数)，默认值是 1。

下面的 demo_shift 脚本调用时带有 3 个参数。用双引号把这些参数引起来是为了保留 echo 输出的空格，但允许 shell 扩展变量。程序首先显示参数，然后每次输出都向左移动一个参数，直到没有参数可以移动。

```
$ cat demo_shift
echo " arg1= $1  arg2= $2   arg3= $3"
shift
echo " arg1= $1  arg2= $2   arg3= $3"
shift
echo " arg1= $1  arg2= $2   arg3= $3"
shift
echo " arg1= $1  arg2= $2   arg3= $3"
shift

$ ./demo_shift alice helen zach
arg1= alice  arg2= helen    arg3= zach
arg1= helen  arg2= zach     arg3=
arg1= zach   arg2= arg3=
arg1=        arg2=    arg3=
```

重复使用 shift 命令来循环扫描 shell 脚本中的所有命令行参数，可方便地得到任意多个参数。带有 shift 命令的
shell 脚本参见 10.1 节。

5. $*和$@：表示所有位置参数

"$*" 参数表示所有的位置参数，如下面的 display_all 程序所示：

```
$ cat display_all
echo All arguments are $*
$ ./display_all a b c d e f g h i j k l m n o p
All arguments are a b c d e f g h i j k l m n o p
```

$*和$@ 参数$*和$@的工作方式相同，但给它们加上双引号后用法就不同了。使用参数$*只能得到一个参数
(以及位置参数之间的空格或 IFS 的第一个字符的值)；而参数$@则生成一串参数，其中每个位置参数仍然是一个单
独的参数。这点区别通常使参数$@在 shell 脚本中的应用比$*要广泛。

下面的脚本有助于解释这两个特殊参数的不同。在两个脚本的第 2 行中，都用单引号禁止 shell 解释放在双引
号中的特殊字符，这样它们就会传送给 echo 并显示出来。bb1 脚本显示，set "$*"命令可以把多个参数赋予第 1 个
命令行参数。

```
$ cat bb1
set "$*"
echo $# parameters with '"$*"'
echo 1: $1
echo 2: $2
echo 3: $3

$ ./bb1 a b c
1 parameters with "$*"
1: a b c
2:
3:
```

bb2 脚本显示，set "$@"命令可以把每个参数赋予不同的命令行参数。

```
$ cat bb2
set "$@"
echo $# parameters with '"$@"'
echo 1: $1
echo 2: $2
echo 3: $3

$ ./bb2 a b c
3 parameters with "$@"
1: a
2: b
3: c
```

10.3.2　特殊参数

使用特殊参数能够访问一些很有用的值，这些值与一些位置参数和 shell 命令的执行有关。引用 shell 中的特殊参数时要在特殊字符的前面加上美元符号($)。与位置参数一样，不能通过赋值语句改变特殊参数的值。

1. $#：位置参数的个数

shell 将$#扩展为命令行上参数的个数(位置参数)，不把调用程序的名称算在内：

```
$ cat num_args
echo "This script was called with $# arguments."
$ ./num_args sam max zach
This script was called with 3 arguments.
```

下面的示例中，set 命令初始化四个位置参数，echo 命令显示 set 初始化参数的个数：

```
$ set a b c d; echo $#
4
```

2. $$：PID 编号

shell 把执行 shell 的进程的 PID 编号存储在特殊参数$$中。在下面的交互显示中，echo 显示出该变量的值并通过 ps 实用程序来确认它的值。两条命令都说明该 shell 的 PID 编号是 5209：

```
$ echo $$
5209
$ ps
  PID TTY       TIME    CMD
 5209 pts/1  00:00:00   bash
 6015 pts/1  00:00:00   ps
```

由于 echo 命令是 shell 的内置命令，因此当使用 echo 命令时 shell 并不创建一个新进程。实际上无论 echo 是否是内置命令，结果都相同，因为在 shell 生成子进程运行该命令之前 shell 就替换了$$的值。可以尝试一下在其他进程中运行 echo 实用程序(/bin/echo)，看看结果会怎样。

命名临时文件　在下面的示例中，shell 替换$$的值，并把该值传递给 cp 命令，作为文件名的前缀。

```
$ echo $$
8232
$ cp memo $$.memo
$ ls
8232.memo memo
```

把 PID 编号包含在文件名中，有助于在文件名的含义不重要时创建唯一的文件名。这种技术常用于在 shell 脚本中生成临时文件的名称。当两个用户运行同样的 shell 脚本时，使用唯一的文件名可以防止用户无意间共享同一个临时文件。

下面的示例演示了 shell 在运行 shell 脚本时创建一个新的 shell 进程的过程。脚本 id2 显示了运行该脚本的进程(而不是调用它的进程——$$的替换由为运行 id2 创建的 shell 完成)的 PID 编号。

```
$ cat id2
echo "$0 PID= $$"
$ echo $$
8232
$ ./id2
./id2 PID= 8362
$ echo $$
8232
```

第 1 个 echo 显示交互式 shell 的 PID 编号。然后 id2 显示出它的名称($0)和运行它的子 shell 的 PID 编号。最后一个 echo 显示交互式 shell 的 PID 编号并未改变。

3. $!：最后一个后台进程的 PID 编号

在后台运行的最后一个进程的 PID 编号存储在参数 "$!" (在 tcsh 中不可用)中。下面的示例把 sleep 命令作为

后台作业运行，并使用 echo 显示"$!"的值：

```
$ sleep 60 &
[1] 8376
$ echo $!
8376
```

4. $?：退出状态

无论进程由于何种原因停止执行，它都要向其父进程返回一个退出状态。退出状态也称为条件代码或返回代码，"$?"(在 tcsh 中使用$status)变量存储最后一条命令的退出状态。

按照约定，非零的退出状态代表 false，意味着命令失败。退出状态 0 代表 true，意味着命令成功执行。在下面的示例中，从退出状态可以看出，第 1 个 ls 命令成功执行，第 2 个则没有成功执行。

```
$ ls es
es
$ echo $?
0
$ ls xxx
ls: xxx: No such file or directory
$ echo $?
1
```

使用 exit 内置命令和后面的一个数字可以指定 shell 脚本返回的退出状态，从而终止脚本。如果没有使用 exit 和数字来终止脚本，脚本的退出状态就是脚本运行的最后一条命令的退出状态。

```
$ cat es
echo This program returns an exit status of 7.
exit 7
$ es
This program returns an exit status of 7.
$ echo $?
7
$ echo $?
0
```

shell 脚本 es 显示一条消息，用 exit 命令终止脚本的运行，exit 命令返回退出状态 7，这是在这个脚本中用户定义的退出状态。然后第 1 个 echo 显示 es 脚本的退出状态的值，第 2 个 echo 显示第 1 个 echo 命令的退出状态的值。该值为 0 说明第一个 echo 已经成功执行。

5. $-：已设置选项标识

shell 将参数$-展开为单字符 bash 选项标识的字符串(tcsh 中不可用)。这些标识在 bash 启动时，通过 set 或 shopt 内置命令设置，或由 bash 自身设置(例如，-i)。更多信息请参见 8.17 节。下面的示例显示了一个交互式 shell 典型的 bash 选项。

```
$ echo $-
himBH
```

表 8-13 在备用语法一列给出了这些标识(除了 i)作为 set 选项的方式。当启动交互式 shell 时，bash 设置 i(交互式)选项标识。可以使用这个标识来确定 shell 是否正在交互地运行。在下面的示例中，display_flags 显示 bash 选项标识。当作为子 shell 中的脚本运行时，它显示 i 选项标识没有设置；当使用 source 在当前 shell 中运行脚本时，它显示 i 选项标识已设置。

```
$ cat display_flags
echo $-
$ ./display_flags
hB
$ source ./display_flags
himBH
```

6. $_：前一条已执行命令的最后一个参数

当 bash 启动时，如果运行 shell 脚本，$_参数将被展开为正在运行的文件的路径名。运行完某个命令后，它将被展开为前一条已执行命令的最后一个参数。

```
$ cat last_arg
echo $_
echo here I am
echo $_
$ ./last_arg
./last_arg
here I am
am
```

在下面的示例中，shell 不会执行(第一个)echo 命令；它将$_展开为 ls 命令的最后一个参数(已执行，但失败了)。

```
$ ls xx && echo hi
ls: cannot access xx: No such file or directory
$ echo $_
xx
```

tcsh 将$_参数展开为最近已执行的命令行。

```
tcsh $ who am i
sam      pts/1              2018-02-28 16:48 (172.16.192.1)
tcsh $ echo $_
who am i
```

10.4　变量

变量，如 8.9 节所述，是通过名字标识的 shell 参数。变量可以有零个或多个属性(例如，只读属性)。用户或 shell 程序可以创建和删除变量，为变量赋予值和属性。本节在之前的基础上讨论 shell 变量、环境变量、继承、扩展空变量和未赋值的变量、数组变量以及函数中的变量。

10.4.1　shell 变量

默认情况下，当创建一个变量时，变量仅在创建它的 shell 中可用；在子 shell 中不可用。这种类型的变量称为 shell 变量。在下面的示例中，第一条命令显示用户正在使用的交互式 shell 的 PID 编号(2802)，第二条命令将变量 x 初始化为 5。接下来的 bash 命令产生一个新 shell(PID 编号 29572)。这个新 shell 是用户工作所在 shell 的子 shell(子进程)。命令 ps -l 显示了每个 shell 的 PID 和 PPID(父进程 PID)编号：PID 29572 是 PID 2802 的一个子进程。最后一条 echo 命令显示变量 x 在产生的(子)shell 中没有被设置：它是一个 shell 变量，是在创建其的 shell 中的局部变量。

```
$ echo $$
2802
$ x=5
$ echo $x
5
$ bash
$ echo $$
29572
$ ps -l
F S   UID    PID   PPID  C  PRI  NI  ADDR    SZ  WCHAN  TTY          TIME CMD
0 S   1000   2802  2786  0   80   0  -     5374  wait   pts/2    00:00:00 bash
0 S   1000  29572  2802  0   80   0  -     5373  wait   pts/2    00:00:00 bash
0 R   1000  29648 29572  0   80   0  -     1707  -      pts/2    00:00:00 ps
$ echo $x
$
```

10.4.2 环境、环境变量和继承

本节解释命令执行环境和继承的概念。

1. 环境

当 Linux 内核启动一个程序时，内核将一个包含字符串数组的列表传递给程序。这个列表称为命令执行环境，或简称为环境，以 name=value 的格式保存了一系列名称-值对。

2. 环境变量

当调用 bash 时，它扫描其环境变量并为每个名称-值对创建参数，将每个值赋予相应的名称。这些参数全部是环境变量；这些变量在 shell 的环境中。环境变量有时称为全局变量或导出变量。

继承 子进程(关于进程结构的更多信息请参见 8.13 节)从它的父进程继承环境。继承的变量对于子进程是环境变量，因此它的子进程也会继承这些变量：所有子进程、子进程的子进程，直至任意级别，都会从它们的祖先继承环境变量。进程可以创建、删除和修改环境变量的值，因此子进程继承的环境变量值可能与其父进程所继承的值不同。

由于进程的局部性(参见下一小节)，一旦子进程产生(创建)，父进程就无法感知子进程对环境变量的修改，子进程也无法感知父进程对环境变量的修改。不相关的进程也无法感知其他进程对同名环境变量的修改，例如进程通常会继承的环境变量(例如，PATH)。

3. 进程局部性：shell 变量

变量是局部的，意思是说它们特定于某个进程：局部是指对于进程来说是局部的。例如，当在终端登录或打开一个终端模拟器时，就启动了一个运行 shell 的进程。假定在该 shell 中，LANG 环境变量(参见 8.11 节)被设置为 en_US.UTF-8。

如果接下来在另一个终端登录或打开了第二个终端模拟器，便启动了运行另外一个 shell 的进程。假定这个 shell 中，LANG 环境变量也被设置为 en_US.UTF-8。当在第二个终端中将 LANG 的值改成 de_DE.UTF-8 时，第一个终端的 LANG 值并没有发生改变。没有改变的原因是变量(包括名称和值)对于进程是局部的，而每个终端运行着独立的进程(即使两个进程运行的都是 shell)。

4. export：将变量放入环境中

当运行带有将变量名作为参数的 export 命令时，shell 将这些变量的名称(和值，如果存在的话)放入环境中。如果没有参数，export 列出所有环境(已导出的)变量。

在 tcsh 下，setenv(参见 9.6 节)为变量赋值，并将该变量的名称加入到环境中。本节中的示例使用 bash 语法，但原理适用于两个 shell。

下面的 extest1 脚本将值 american 赋予变量 cheese，然后显示自己的名称(shell 将$0 展开为调用程序的名称)和 cheese 的值。extest1 脚本接下来调用 subtest，subtest 尝试显示相同的信息，通过初始化的方式声明变量 cheese，显示该变量的值，然后将控制权返回给正在执行 extest1 的父进程。最后，extest1 又一次显示了 cheese 变量的值。

```
$ cat extest1
cheese=american
echo "$0 1: $cheese"
./subtest
echo "$0 2: $cheese"

$ cat subtest
echo "$0 1: $cheese"
cheese=swiss
echo "$0 2: $cheese"

$ ./extest1
./extest1 1: american
./subtest 1:
./subtest 2: swiss
./extest1 2: american
```

subtest 脚本没有从 extest1 中得到 cheese 的值(并且 extest1 也没有失去该值)：cheese 是一个 shell 变量，不是环境变量(它没有在父进程的环境中，因此在子进程中不可用)。当进程尝试显示没有声明而且也不在环境中的变量时，如本例中的 subtest，它将不显示任何内容；未声明变量的值是空字符。最后 echo 显示 extest1 中的 cheese 值没有改变：在 bash 中(与真实世界不同)，孩子永远不会影响父亲的属性。

extest2 脚本与 extest1 基本相同，唯一的差别在于它使用 export 将 cheese 放入当前进程的环境中。结果是 cheese 出现在运行 subtest 脚本的子进程的环境中。

```
$ cat extest2
export cheese=american
echo "$0 1: $cheese"
./subtest
echo "$0 2: $cheese"

$ ./extest2
./extest2 1: american
./subtest 1: american
./subtest 2: swiss
./extest2 2: american
```

这里，子进程继承了 cheese 的值 american，在显示该值后，将自己的副本改为 swiss。当控制权被返回时，父进程的 cheese 副本保留了其原有值：american。

也可以如下面的程序所示，在子 shell 的环境中加入变量，而不必在父 shell 中进行声明。关于这种命令行语法的更多信息，请参见 5.1 节。

```
$ cheese=cheddar ./subtest
./subtest 1: cheddar
./subtest 2: swiss

$ echo $cheese

$
```

没有赋值的变量也可以导出。在改变一个已导出变量的值之后，不需要对其再次进行导出。例如，当在 ~/.bash_profile 文件中对 PATH 进行赋值之后，不需要导出 PATH，因为它通常已经在全局启动文件中导出。

可在一行中放置多个 export 声明(初始化)：

```
$ export cheese=swiss coffee=colombian avocados=us
```

取消导出　export -n 或 declare +x 命令删除指定名称的环境变量的导出属性(取消导出该变量)，将其变为 shell 变量，同时保持其值不变。

导出函数　export -f 命令将指定名称的函数(参见 8.16 节)放入环境中，使其在子进程中可用。

5. printenv：显示环境变量的名称和值

实用程序 printenv 显示环境变量的名称和值。当不带参数调用时，它显示所有环境变量。当使用某个环境变量名调用时，它显示该变量的值。当使用一个环境中不存在或未声明的变量名调用时，它不显示任何东西。也可以使用 export 和 env(参见下一小节)列出环境变量。

```
$ x=5                        # not in the environment
$ export y=10                # in the environment
$ printenv x
$ printenv y
10
$ printenv
...
SHELL=/bin/bash
TERM=xterm
USER=sam
PWD=/home/sam
y=10
...
```

6. env：在已修改的环境中运行程序

env 实用程序可运行一个程序，该程序将作为当前 shell 的子进程运行，且允许用户修改当前 shell 的环境，改动将作用于新创建的进程。关于在子进程的环境中加入变量的更简单方法，请参见 5.1 节。env 实用程序的语法如下：

env [options] [-] [name=value] ... [command-line]

其中 *options* 是下面的选项之一：

```
--ignore-environment
        -i 或-
```

使 *command-line* 在干净的环境中运行；对于新创建的进程，没有可用的环境变量。

```
--unset=name    -u name
```

取消名为 name 的环境变量，使其对于新创建的进程不可用。

就像在 bash 命令行中(参见 5.1 节)，可使用零个或多个 name=value 对设置或修改新创建进程中的环境变量，唯一的差别是不能指定没有 value 的 name。env 实用程序从左向右处理 name=value 对，因此如果 name 在列表中出现了不止一次，最右侧的 value 会起作用。

command-line 是 env 将要执行的命令(包括任意选项和参数)。env 实用程序将提取第一个不包含等号的参数作为命令行的开始，而且如果指定的命令中不包含斜线(即指定了一个简单文件名)，则使用 PATH(参见 8.9 节)来确定命令的位置。env 对内置命令不起作用。

在下面的示例中，env 运行 display_xx，一个显示 xx 变量值的脚本。在命令行上，env 在其调用脚本的环境中初始化变量 xx，脚本中的 echo 显示 xx 的值。

```
$ cat display_xx
echo "Running $0"
echo $xx
$ env xx=remember ./display_xx
Running ./display_xx
remember
```

如果仅想为程序定义环境变量，使用如下 bash 语法会更简单(参见 5.1 节)：

```
$ xx=remember ./display_xx
Running ./display_xx
remember
```

当不带 *command-line* 进行调用时，env 列出环境变量(类似于 printenv，参见上一小节)：

```
$ env
...
SHELL=/bin/bash
TERM=xterm
USER=sam
PWD=/home/sam
y=10
...
```

7. set：操作 shell 变量、位置参数和变量

set 内置命令可以完成如下任务：

- 设置或取消设置 shell 特性(也称为属性；参见 8.17 节)。
- 为位置参数赋值(参见 10.3 节)。
- 显示当前 shell 可用的变量。这些变量包括 shell 变量(没有在环境中的变量)和环境变量。内置命令 set 以可在 shell 脚本中使用的格式来显示变量，也可以作为 set 声明和初始化变量的输入。输出基于当前的 locale 设置(参见 8.11 节)进行排序。不能重置只读变量。

```
$ set
```

```
...
BASH=/bin/bash
COLUMNS=70
PWD=/home/sam
SHELL=/bin/bash
x=5
y=10
...
```

10.4.3 扩展空变量和未赋值的变量

表达式${name}(在没有多义性的情况下也可以写为$name)扩展变量 name 的值。如果 name 变量为空或尚未赋值，bash 就将${name}扩展成一个空字符串。除把扩展的空字符串作为变量的值外，bash 还提供了下面几个选项：

- 使用变量的默认值
- 使用默认值并将其赋予变量
- 显示错误

给变量名加上一个修饰符，就可以选择其中的一个选项。此外，也可以利用 set -o nounset 命令，使 bash 输出一个错误，并在引用未赋值的变量时退出脚本。

1. ":-" 使用默认值

修饰符 ":-" 使用默认值替代空变量或者没有赋值的变量，同时允许使用非空变量。

${name:-default}

shell 把修饰符 ":-" 解释为：如果 *name* 变量为空或者没有赋值，就扩展 *default*，并用扩展的值替换 *name*；否则就使用 *name*。

以下命令列出变量 LIT 指定的目录的内容。如果 LIT 为空或者未赋值，它就列出目录/home/max/literature 的内容。

`$ ls ${LIT:-/home/max/literature}`

shell 会展开 *default* 中的变量：

`$ ls ${LIT:-$HOME/literature}`

2. ":=" 赋默认值

修饰符 ":-" 不能改变变量的值，但可以使用 ":=" 把脚本中的空变量或未赋值变量的值改为 *default* 的值：

${name:=default}

shell 按照扩展表达式$*{name:-default}*的方式来扩展表达式$*{name:=default}*，同时把变量 *name* 的值设置为 *default* 扩展后的值。

假如执行下面的语句时，LIT 变量为空或者没有赋值，那么 LIT 被赋值为/home/max/literature：

`$ ls ${LIT:=/home/max/literature}`

": (空)" 内置命令   一些 shell 脚本包含以内置命令 ": (空)" 开头的行，同一行内后跟:=扩展修饰符。该语法设置空变量或未赋值变量。内置命令 ":" 计算命令行其余部分符号的值，但不执行任何命令。

使用下面的语法为 shell 脚本中的空变量或未赋值变量设置默认值(第一个冒号之后跟一个 SPACE)。如果没有前导冒号，shell 就计算并试图执行来自计算结果的 "命令"。

: ${name:=default}

当脚本需要临时文件的一个目录时，如果用变量 TEMPDIR 的值作为目录名，但 TEMPDIR 为空，那么下面的代码将把变量 TEMPDIR 的值赋为/tmp：

`: ${TEMPDIR:=/tmp}`

3. ":?"将错误消息发送到标准错误

有时,脚本需要变量的值,但编写脚本时,不能给变量提供合适的默认值。这种情况下,如果变量没有被赋值,就希望脚本退出。如果变量为空或未赋值,":?"修饰符就使脚本将错误消息发送到标准错误,并终止脚本,以退出状态 1 返回。使用:?不能使交互式 shell 退出:

${name:?message}

假如省略 *message*,那么 shell 将显示默认的错误信息(参数为空或者未设置)。在以下命令中,因为变量 TESTDIR 没有赋值,所以 shell 在标准错误上显示 ":?"后面的字符串的扩展值。本例的字符串使用了 date 的命令替换,date 按照%T 的格式输出,后面接着输出字符串: error, variable not set。

```
cd ${TESTDIR:?$(date +%T) error, variable not set.}
bash: TESTDIR: 16:16:14 error, variable not set.
```

10.4.4 数组变量

bash 支持一维数组变量。数组的下标是整数,并从数字 0 开始(即,数组中第 1 个元素的下标为 0)。下面的格式声明一个数组并为其赋值。

name=(element1 element2...)

下面的示例把 4 个值赋予数组 NAMES。

```
$ NAMES=(max helen sam zach)
```

可以按照下面的方式引用数组中的某个元素;花括号是可选的。

```
$ echo ${NAMES[2]}
sam
```

下标[*]和[@]都可以提取出整个数组,但是当它们放在双引号中时,工作原理不同。@符号会生成原始数组的一个副本;但是 "*"符号生成数组的一个元素(或普通变量),其中包含原始数组的所有元素,在 IFS 中数组元素用第一个字符(通常是空格)隔开。在下面的示例中,用 "*"符号把变量 NAMES 中的所有内容填充到数组 A 中,用 @符号填充数组 B。带有选项-a 的 declare 内置命令显示各个数组的值(bash 数组的起始下标为 0):

```
$ A=("${NAMES[*]}")
$ B=("${NAMES[@]}")
$ declare -a
declare -a A='([0]="max helen sam zach")'
declare -a B='([0]="max" [1]="helen" [2]="sam" [3]="zach")'
...
declare -a NAMES='([0]="max" [1]="helen" [2]="sam" [3]="zach")'
```

从 declare 的输出中可以看出,数组 NAMES 和数组 B 有多个元素;相反,数组 A 只有一个元素:这是由于数组 A 使用放在双引号中的 "*"赋值,因此数组 A 中的所有元素都包含在一对双引号中。

在下面示例中,echo 命令试图列出数组 A 中下标为 1 的元素,结果什么也没有显示,这是因为 A 中只有一个元素,它的下标为 0。下标为 0 的元素共保存了 4 个名称。数组 B 中下标为 1 的元素保存原始数组的第 2 项,而下标为 0 的元素保存原始数组的第 1 项。

```
$ echo ${A[1]}

$ echo ${A[0]}
max helen sam zach
$ echo ${B[1]}
helen
$ echo ${B[0]}
max
```

可将运算符${#*name*[*]}应用于数组变量,从而返回数组中元素的个数,如下所示:

```
$ echo ${#NAMES[*]}
4
```

如果把上面运算符中的"*"符号替换为数组中元素的下标，就能返回数组中对应元素的长度：

```
$ echo ${#NAMES[1]}
5
```

也可将下标放在赋值语句的左边，以替换所选数组元素：

```
$ NAMES[1]=max
$ echo ${NAMES[*]}
max max sam zach
```

10.4.5　函数中的变量

由于函数运行的环境通常与 shell 调用它们的环境相同，因此其中的变量由 shell 和调用它的函数隐式共享。

```
$ nam () {
> echo $myname
> myname=zach
> }
$ myname=sam
$ nam
sam
$ echo $myname
zach
```

在上面这个示例中，变量 myname 在交互式 shell 中设置为 sam，然后函数 nam 显示 myname 的值(sam)，并将 myname 的值设置为 zach。最后的 echo 显示，myname 的值在交互式 shell 中改为 zach。

函数中的局部变量　局部变量在一般用途的函数中很有用。因为不同程序员编写的许多脚本可能会调用一个函数，这样必须确保函数中的变量名不与调用该函数的程序中的变量名发生冲突(即，重名)。使用局部变量可以避免这个问题。要在函数中使用局部变量，使用 local 内置命令就可以把变量声明为函数中的局部变量。

下面的示例说明了局部变量在函数中的作用。它使用了两个名为 count 的变量。第 1 个变量通过交互式 shell 声明并赋值为 10，它的值不会改变，在运行 count_down 后 echo 命令可以证明。另一个 count 变量通过 local 声明为函数的局部变量，适用范围仅限于函数内部，它的值在 1~4 之间，在函数外部是不能识别的。可在函数内部通过 echo 命令来确认。

本例也说明了该函数的输入来自键盘；它并不是一个 shell 脚本(参见 10.2 节中的提示"函数不是 shell 脚本")。

```
$ count_down () {
> local count
> count=$1
> while [ $count -gt 0 ]
> do
> echo "$count..."
> ((count=count-1))
> sleep 1
> done
> echo "Blast Off."
> }
$ count=10
$ count_down 4
4...
3...
2...
1...
Blast Off.
$ echo $count
10
```

赋值语句 count=count−1 包含在双圆括号中，这样可以使 shell 进行算术求值。在双圆括号中可以不加前面的美元符号($)来引用 shell 变量。关于函数中局部变量的示例参见 8.16 节。

10.5   内置命令

第 5 章介绍过内置命令。shell 在执行脚本时，并不派生新的进程。本节将讨论 type、read、exec、trap、kill 和 getopts 内置命令。表 10-6 列出了 bash 的许多内置命令。参照表 9-10 给出的 tcsh 内置命令。

10.5.1   type：显示命令的相关信息

使用 type 内置命令(在 tcsh 中用 which)可以显示命令的相关信息：

```
$ type cat echo who if lt
cat is hashed (/bin/cat)
echo is a shell builtin
who is /usr/bin/who
if is a shell keyword
lt is aliased to 'ls -ltrh | tail'
```

上面的输出显示了运行 cat 或 who 命令时执行的文件。因为 cat 命令已经被当前的 shell 调用，所以它处于哈希表(hash table)中，type 报告 cat is hashed。这段输出还说明：调用 echo 会运行 echo 内置命令，if 是一个关键字，而 lt 是一个别名。

10.5.2   read：接收用户输入

用户创建的变量的最常见作用是存储用户根据提示符输入的信息。使用 read 命令，脚本可以接收用户的输入，并把输入信息存储到变量中。关于在 tcsh 中读取用户输入的信息可参见 9.6 节。read 内置命令每次从标准输入中读取一行，并把其内容赋予一个或多个变量：

```
$ cat read1
echo -n "Go ahead: "
read firstline
echo "You entered: $firstline"
$ ./read1
Go ahead: This is a line.
You entered: This is a line.
```

read1 脚本的第 1 行使用 echo 命令提示用户输入一行文本，选项-n 抑制其后的换行符，允许用户输入的文本与提示符在同一行上。第 2 行把文本信息读入变量 firstline 中。第 3 行通过显示变量 firstline 的值来验证 read 命令的执行情况。

-p(提示)选项使 read 将其后面的参数发送到标准错误；read 不会在该提示符的后面输出 NEWLINE。使用这个特性可以在同一行上提示并获取用户的输入：

```
$ cat read1a
read -p "Go ahead: " firstline
echo "You entered: $firstline"
$ ./read1a
Go ahead: My line.
You entered: My line.
```

在上面的示例中，使用双引号将变量 firstline(连同文本字符串)引起来，这是因为脚本的编写者不可能知道用户会对提示符做出什么响应。如果变量没有被引起来，而用户在提示符后输入字符"*"，那么执行结果将如下所示：

```
$ cat read1_no_quote
read -p "Go ahead: " firstline
echo You entered: $firstline
$ ./read1_no_quote
Go ahead: *
You entered: read1 read1_no_quote script.1
$ ls
read1    read1_no_quote    script.1
```

命令 ls 列出的列表和执行该脚本得到的列表相同，这说明 shell 把星号扩展为工作目录下面的文件列表。如果在变量$firstline 前后加上双引号，shell 就不扩展星号。因此脚本 read1 正常执行：

```
$ ./read1
Go ahead: *
You entered: *
```

REPLY 如果不想指定一个变量来接收 read 的输入，bash 就把输入放在一个名为 REPLY 的变量中。下面的 read1b 脚本可以实现与 read1 脚本相同的功能：

```
$ cat read1b
read -p "Go ahead: "
echo "You entered: $REPLY"
```

read2 脚本提示输入一个命令行，读取用户的回应，并把它赋予变量 cmd。脚本接着执行从变量 cmd 扩展的命令行：

```
$ cat read2
read -p "Enter a command: " cmd
$cmd
echo "Thanks"
```

在下面的示例中，read2 脚本读入一个调用 echo 内置命令的命令行。shell 执行这个命令并显示 Thanks。下一个 read2 将读入一个执行 who 实用程序的命令行。

```
$ ./read2
Enter a command: echo Please display this message.
Please display this message.
Thanks
$ ./read2
Enter a command: who
max      pts/4    2017-06-17   07:50 (:0.0)
sam      pts/12   2017-06-17   11:54 (guava)
Thanks
```

如果 cmd 不能扩展成一个有效的命令行，shell 就发出一条错误消息：

```
$ ./read2
Enter a command: xxx
./read2: line 2: xxx: command not found
Thanks
```

read3 脚本把输入值读入 3 个变量中，read 内置命令给每个变量分配一个字(由一组非空白字符构成)：

```
$ cat read3
read -p "Enter something: " word1 word2 word3
echo "Word 1 is: $word1"
echo "Word 2 is: $word2"
echo "Word 3 is: $word3"
$ ./read3
Enter something: this is something
Word 1 is: this
Word 2 is: is
Word 3 is: something
```

如果输入的字数大于 read 拥有的变量个数，read 就给每个变量分配一个字，并把剩下的内容全部分配给最后一个变量。read1 和 read2 把第 1 个字和剩下的所有内容分配给脚本每次需要使用的变量。在下面的示例中，read 把 5 个字分配给 3 个变量，首先把第 1 个字分配给第 1 个变量，接着把第 2 个字分配给第 2 个变量，最后把剩下的第 3～第 5 个字都分配给第 3 个变量：

```
$ ./read3
Enter something: this is something else, really.
Word 1 is: this
Word 2 is: is
Word 3 is: something else, really.
```

表 10-4 列出了 read 内置命令支持的一些选项：

表 10-4 read 命令的选项

选 项	功 能
-a *aname*	(array)使输入的每个字成为数组 *aname* 的一个元素
-d *delim*	(delimiter)使用分隔符 *delim* 代替换行符来终止输入
-e	(readline)如果输入来自键盘,就使用 Readline 库来获取输入
-n *num*	(number of characters)读入 *num* 个字符,然后返回;一旦用户输入了 *num* 个字符,read 命令就返回,不需要按 RETURN 键
-p *prompt*	(prompt)读取输入之前,在标准错误上显示不带终止输入的换行符的提示符;只有当输入来自键盘时才显示提示符
-s	(silent)不显示字符
-u*n*	(文件描述符)用整数 *n* 作为 read 命令接收输入内容的文件描述符;所以命令 read -u4 arg1 arg2 等价于 read arg1 arg2 <&4(关于重定向和文件描述符的讨论参见 10.2 节)

如果 read 内置命令成功地读入数据,就返回退出状态 0;若 read 读到 EOF,就返回一个非零的退出状态。

下面的示例在命令行上运行一个 while 循环,它从 names 文件获取输入,当读完 names 文件的最后一行时,就终止循环。

```
$ cat names
Alice Jones
Robert Smith
Alice Paulson
John Q. Public

$ while read first rest
> do
> echo $rest, $first
> done < names
Jones, Alice
Smith, Robert
Paulson, Alice
Q. Public, John
$
```

在 while 结构中放一个重定向符号(<)非常重要。同样重要的是把重定向符号放在 done 语句中而不是放在对 read 的调用中。

选读

每次对输入进行重定向时,shell 都打开输入文件并重新把 read 指针放在文件的开头:

```
$ read line1 < names; echo $line1; read line2 < names; echo $line2
Alice Jones
Alice Jones
```

在上面的示例中,read 每次都打开 names 文件并从 names 文件的起始处开始读取。在下面的示例中,names 文件被打开一次,作为由圆括号创建的子进程的标准输入。每次 read 从标准输入读取连续的行。

```
$ (read line1; echo $line1; read line2; echo $line2) < names
Alice Jones
Robert Smith
```

另一种方法是用 exec 命令打开输入文件,并保持其打开状态(参见 10.2 节):

```
$ exec 3< names
$ read -u3 line1; echo $line1; read -u3 line2; echo $line2
Alice Jones
Robert Smith
$ exec 3<&-
```

10.5.3　exec：执行命令或重定向文件描述符

exec 内置命令(在 tcsh 中没有)有两个主要作用：使用它运行命令时不必创建新进程；使用它重定向来自 shell 脚本内部的文件描述符(包括标准输入、标准输出和标准错误)。一般而言，如果 shell 执行的命令不是 shell 的内置命令，它就会创建一个新进程。这个新进程继承了父进程的环境变量(全局变量或导出变量)，而不会继承父进程没有导出的变量(更多关于局部变量的信息请参见 10.4 节)。相反，exec 执行命令代替(覆盖)当前进程。

1. 使用 exec 运行命令

可通过下面的语法来使 exec 运行一条命令：

exec command arguments

exec 与“.(句点)”　当 exec 在原始进程的环境下运行命令时，它的功能与“.(句点)”命令的作用相似。但是，句点命令只能运行 shell 脚本命令，而 exec 命令可以运行脚本和编译的程序；其次，句点命令在结束运行时会把控制权返回到原始脚本中，而 exec 命令不会；最后，句点命令可以授予新进程访问局部变量的权限，而 exec 命令不会。

exec 不返回控制权　由于使用 exec 时 shell 并不创建新进程，因此此命令运行得非常快。但是，由于 exec 不能把控制权返回给原始程序，因此在 shell 脚本中把它作为最后一条命令。下面的脚本说明了使用 exec 时控制权不会返回给原始脚本：

```
$ cat exec_demo
who
exec date
echo "This line is never displayed."

$ ./exec_demo
zach    pts/7   May 20  7:05 (guava)
hls     pts/1   May 20  6:59 (:0.0)
Wed May 24 11:42:56 PDT 2017
```

下一个示例是 out 脚本的修改版本，它使用 exec 执行脚本运行的最后一条命令。脚本 out 运行 cat 或 less，然后终止运行，而在 out2 脚本中使用 exec 命令来执行 cat 和 less 命令：

```
$ cat out2
if [ $# -eq 0 ]
    then
        echo "Usage: out2 [-v] filenames" 1>&2
        exit 1
fi
if [ "$1" = "-v" ]
    then
        shift
        exec less "$@"
    else
        exec cat -- "$@"
fi
```

2. 使用 exec 重定向输入和输出

使用 exec 的第 2 个目的是重定向 shell 脚本内部的文件描述符(包括标准输入、标准输出或标准错误)。下一条命令把一个脚本中来自标准输入的所有后续输入重定向为来自一个名为 infile 的文件：

```
exec < infile
```

同样，以下命令把标准输出和标准错误分别重定向到名为 outfile 和 errfile 的文件中：

```
exec > outfile 2> errfile
```

当采用这样的方式使用 exec 命令时，当前进程不会被新进程取代，在脚本中 exec 的后面可以跟其他命令。

/dev/tty　当使用 exec 命令把一个脚本的输出重定向到一个文件时，必须确保用户能够看到脚本显示的任何提示。/dev/tty 设备是用户的工作屏幕的假名；可以利用这个设备来引用用户的屏幕，而不必关心具体是哪个设备(tty

实用程序显示用户正在使用的设备的名称)。通过把脚本的输出重定向到/dev/tty 设备上，就可以确保提示符和消息能够到达用户的终端，而不必关心用户登录的是哪个终端。如果重定向来自脚本的标准输出和错误信息，发送给/dev/tty 设备的消息就不会被转移。

以下脚本 to_screen1 把输出发送到 3 个位置：标准输出、标准错误以及用户的屏幕。脚本运行时重定向标准输出和标准错误，但该脚本仍然会在屏幕上显示发送给/dev/tty 设备的消息。文件 out 和 err 保存已发送到标准输出和标准错误的输出信息。

```
$ cat to_screen1
echo "message to standard output"
echo "message to standard error" 1>&2
echo "message to screen" > /dev/tty

$ ./to_screen1 > out 2> err
message to screen
$ cat out
message to standard output
$ cat err
message to standard error
```

下面这条命令把来自脚本的输出重定向到用户的屏幕上：

```
exec > /dev/tty
```

如果把这条命令放在前面脚本的开始处，就改变了输出方向。在脚本 to_screen2 中，exec 命令把标准输出重定向到用户的屏幕上，于是 ">/dev/tty" 变得多余。在 exec 命令的后面，所有发送到标准输出的内容都转移到/dev/tty 设备(屏幕)上，而发送到标准错误的输出并未受到影响：

```
$ cat to_screen2
exec > /dev/tty
echo "message to standard output"
echo "message to standard error" 1>&2
echo "message to screen" > /dev/tty

$ ./to_screen2 > out 2> err
message to standard output
message to screen
```

使用 exec 命令把输出重定向到/dev/tty 设备上的一个缺点是，所有后续输出都被重定向，除非在脚本中再次使用 exec 命令将输出重定向。

也可以把输入重定向到 read 命令(标准输入)，使输入来自/dev/tty 设备(键盘)：

```
read name < /dev/tty
```

或者：

```
exec < /dev/tty
```

10.5.4　trap：捕获信号

信号是关于进程的条件的一个报告。Linux 使用信号报告用户产生的中断(例如，按终止键)，以及错误的系统调用、管道中断、非法指令和其他条件。使用 trap 内置命令(在 tcsh 中使用 onintr)来捕获一个或多个信号，以便在接收到指定的信号时采取相应的动作。

本节将讨论在使用 shell 脚本的过程中 6 个重要的信号。表 10-5 列出了这些信号，系统给它们分配的信号编号以及通常产生这些信号的条件。利用命令 kill -l、trap -l 或 man 7 signal 可以查看所有信号的名称列表。

表 10-5　信号

类　型	名　称	编　号	产 生 条 件
非实际信号	EXIT	0	由 exit 命令或者程序执行完毕导致的退出(虽然不是一个实际信号，但在 trap 命令中很有用)
挂起	SIGHUP 或 HUP	1	线路断开

(续表)

类　型	名　　称	编　号	产 生 条 件
终端中断	SIGINT 或 INT	2	按中断键(一般是 CONTROL+C 组合键)
退出	SIGQUIT 或 QUIT	3	按退出键(通常是 CONTROL+SHIFT+|组合键或 CONTROL+ SHIFT+\ 组合键)
结束(kill)	SIGKILL 或 KILL	9	kill 内置命令带选项-9 时会产生这个信号(不能捕捉这个信号，只作为最后的手段)
软件中断	SIGTERM 或 TERM	15	默认执行 kill 命令
停止	SIGTSTP 或 TSTP	20	按挂起键(通常是 CONTROL+Z 组合键)
调试	DEBUG		在每条命令执行之后执行 trap 语句指定的命令(实际上不是一个信号，但在 trap 中很实用)
错误	ERR		在每条命令返回非 0 的退出状态之后执行 trap 语句指定的命令(实际上不是一个信号，但在 trap 中很实用)

　　一旦捕获到一个信号，shell 脚本就可以采取用户指定的任何动作：删除文件或者按照需要结束其他处理过程、显示消息、立即终止命令的执行或者忽略信号。如果没有在脚本中使用 trap 命令，那么上面 6 个信号(表 10-5 中除 EXIT、DEBUG 和 ERR 外剩下的 6 个)中的任意一个都会终止脚本的运行。因为进程不能捕获 KILL 信号，所以用户可使用 kill -KILL(或者 kill -9)命令作为终止脚本或者其他进程的最后一种方法(在下一节中查看更多关于 kill 的信息)。

　　可按照下面的语法形式使用 trap 命令：

trap ['commands'] [signal]

　　可选项 *command* 指出了当脚本在捕获到 *signal* 指定的其中一个信号时应执行的命令。*signal* 可以是信号的名称或编号，如 INT 或 2。如果没有 *command* 命令，trap 命令就会把 trap 重置为初始条件，一般就是从脚本中退出。

　　引号　trap 内置命令不像前面的语法那样需要用单引号把 *commands* 引起来，当然引起来是一种良好的习惯。当产生信号时，单引号引起的 *commands* 中的 shell 变量会被扩展，而不是在 shell 判断 trap 的参数时扩展。即使用户在 *commands* 中不使用任何 shell 变量，也要把带任何参数的命令用单引号或双引号引起来。这样整个 *commands* 的内容才会作为一个参数传递给 trap 命令。

　　执行 *commands* 后，shell 会继续执行脚本剩余的命令。在收到一个信号时，如果用户想使用 trap 阻止脚本退出，但又不想显式运行任何命令，那么可以给 *commands* 指定一个空字符串，如脚本 locktty 所示。下面的命令会捕获编号为 15 的信号，之后脚本会继续执行：

```
trap '' 15
```

　　下面的脚本演示了 trap 内置命令如何捕获终端中断信号(2)。可通过 SIGINT、INT 或 2 来指定这个信号。脚本返回的退出状态为 1：

```
$ cat inter
#!/bin/bash
trap 'echo PROGRAM INTERRUPTED; exit 1' INT
while true
do
    echo "Program running."
    sleep 1
done
$ ./inter
Program running.
Program running.
Program running.
CONTROL-C
PROGRAM INTERRUPTED
$
```

　　":(空)" 内置命令　脚本 inter 的第 2 行通过 trap 命令来捕获终端中断信号 INT。当 trap 捕获到信号时，shell 会执行在 trap 命令中单引号之间的两条命令：echo 内置命令显示消息 PROGRAM INTERRUPTED，exit 命令终止运行该脚本的 shell，然后父 shell 会显示一个提示符。如果没有 exit 命令，shell 就在显示消息后把控制权返回给 while 循环。而 while 循环将不断地执行，除非脚本接收到一个信号，因为 true 实用程序总是返回 true 退出状态。如果想替换 true，可以使用冒号 ":(空)" 内置命令，这条命令写作一个冒号，它总是返回 0 (true)退出状态。

当脚本异常终止时，常使用 trap 内置命令删除该脚本的临时文件，否则这些临时文件会干扰文件系统。下面的 shell 脚本名为 addbanner，当该脚本正常终止或者由于挂起、软件中断、退出或软件终止信号而终止时，它将利用两个 trap 命令来删除临时文件：

```
$ cat addbanner
#!/bin/bash
script=$(basename $0)
if [ ! -r "$HOME/banner" ]
    then
        echo "$script: need readable $HOME/banner file" 1>&2
        exit 1
fi
trap 'exit 1' 1 2 3 15
trap 'rm /tmp/$$.$script 2> /dev/null' EXIT
for file
do
if [ -r "$file" -a -w "$file" ]
    then
        cat $HOME/banner $file > /tmp/$$.$script
        cp /tmp/$$.$script $file
        echo "$script: banner added to $file" 1>&2
    else
        echo "$script: need read and write permission for $file" 1>&2
    fi
done
```

当调用 addbanner 脚本时带一个或多个文件名参数，addbanner 就循环扫描文件，并在每个文件的头部加一个标题。当用户在文档开头使用一种标准的格式时，例如，备忘录的标准布局或者在 shell 脚本的前面加上标准的标题，这个脚本将会非常有用。标题保存在名为~/banner 的文件中。因为 addbanner 脚本使用 HOME 变量，而该变量保存用户的主目录的路径名，所以这个脚本可以不加修改地由几个不同的用户使用。如果 Max 在脚本中把变量$HOME 替换为/home/max，然后把脚本交给 Zach，要么 Zach 修改脚本中的变量/home/max，要么当 Zach 运行它时 addbanner 使用 Max 的 banner 文件(假设 Zach 对该文件有读权限)。

当收到挂起、软件中断(终端中断或退出信号)或软件终止信号时，脚本 addbanner 中的第 1 个 trap 命令使脚本退出，并返回状态 1。第 2 个 trap 命令使用 0 来取代信号编号，这样一旦脚本由于接收到 exit 命令或者到达脚本的尾部而退出时，trap 就执行它的命令参数。两个 trap 命令都能在脚本异常或正常终止时删除临时文件。一旦 trap 试图删除一个不存在的文件，就把第 2 个 trap 的标准错误发到/dev/null 中。这时，rm 就会把一条错误消息发送到标准错误，用户看不到错误消息，因为标准错误已经被重定向。

另一个使用 trap 命令的示例参见 10.1 节。

10.5.5 kill：终止进程

kill 内置命令给一个进程或作业发送信号，kill 命令的语法格式如下：

kill [-signal] PID

其中 *signal* 是信号的名称或编号(如 INT 或 2)，*PID* 是要接收信号的进程标识符。可使用%*n* 的形式指定一个作业编号来替代 *PID*。如果省略 *signal*，kill 命令就发出一个 TERM(软件终止信号，编号为 15)信号。关于信号名称和信号编号的更多内容可以查看表 10-5。

下面的命令把 TERM 信号发送到作业编号为 1 的作业，无论该作业在前台(运行)还是在后台(运行或停止)：

```
$ kill -TERM %1
```

因为 TERM 是 kill 命令的默认信号，所以上面的命令也可以这样写：kill %l。通过命令 kill -l 可以查看信号的

名称列表。

中断的程序常常会出现一些预想不到的事情：可能留下临时文件(当它们没有正常删除时)或者访问权限可能被改变。一个编写得很好的 trap 应用程序会尽可能捕获或检测所有信号，并在退出程序前做清除工作。大部分精心编写的应用程序都会捕获 INT、QUIT 和 TERM 信号。

要终止一个程序，首先使用 INT 信号(如果作业在前台运行，则按 CONTROL+C 组合键)。有些应用程序可能会忽略上面的信号，这时就需要用到 KILL 信号，KILL 信号不能被捕获或忽略，是真正意义上的"结束"。关于 kill 命令的信息参见第 VI 部分，也可以参见与它相近的命令 killall(参见第 VI 部分)。

10.5.6　eval：扫描、赋值并执行命令行

内置命令 eval 扫描命令行中位于其后的命令。在这个过程中，eval 对命令行进行处理，与 bash 在执行命令行时所做的处理方式相同(例如，展开变量、将变量名替换为它的值)。更多信息可参见 8.18 节。在扫描(并展开)命令行之后，它将得到的命令行传递给 bash 执行。

下面的示例首先将 frog 赋值给变量 name。接下来 eval 扫描命令$name=88，并将变量$name 展开成 frog，得到命令 frog=88，它将被传递给 bash 执行。最后一条命令显示 frog 的值。

```
$ name=frog
$ eval $name=88
$ echo $frog
88
```

带有序列表达式的括号展开　下面的示例使用 eval 让带有序列表达式(详见第 8 章)的括号展开，从而能够接收变量(通常情况下它是不能接收变量的)。接下来的命令演示了带有序列表达式的括号展开：

```
$ echo {2..5}
2 3 4 5
```

当 bash 执行命令行时，它首先做的事情之一就是进行括号展开；接下来展开变量(参见 8.18 节)。当在括号展开中提供非法参数的时候，bash 不进行括号展开操作；相反，它将整个字符串传递给被调用程序。在下一个示例中，bash 在括号展开阶段不能展开${m..$n}，因为它包含变量，因此 bash 继续处理命令行。当到了变量展开的阶段，它展开$m 和$n，并接着将字符串{2..5}传递给 echo。

```
$ m=2 n=5
$ echo {$m..$n}
{2..5}
```

当 eval 扫描相同的命令行时，就像之前讲解的那样，它展开变量并且得到命令 echo {2..5}。接下来 eval 把这个命令传递给 bash，bash 这回就可以执行括号展开了：

```
$ eval echo {$m..$n}
2 3 4 5
```

10.5.7　getopts：解析选项

getopts 内置命令(在 tcsh 中不可用)用来解析命令行参数，更便于按照 Linux 的参数约定编写 shell 程序。getopts 的语法结构如下：

getopts optstring varname [arg...]

其中，*optstring* 是合法的字母选项列表，*varname* 变量保存每次接收的选项的值，*arg* 是即将处理的可选参数列表。若不存在 *arg* 参数，getopts 就处理命令行参数。若 *optstring* 以冒号(:)开头，则脚本必须负责生成错误消息；否则就由 getopts 生成错误消息。

getopts 内置命令使用变量 OPTIND(选项索引)和 OPTARG(选项参数)来跟踪和存储与选项相关的值。当 shell 脚本启动时，OPTIND 的值被设置为 1。每次调用 getopts 命令和定位一个参数时，它就递增 OPTIND 的值，该值与下一个将要处理的选项的索引相等。如果该选项含有参数，bash 就把参数的值赋予变量 OPTARG。

为了指明某个选项含有参数，在 *optstring* 中相应的字母后面加上一个冒号(:)。例如，选项字符串 dxo:lt:r 指出

getopts 应搜索-d、-x、-o、-l、-t 和-r 选项，并且选项-o 和-t 后面带有参数。

在 whie 控制结构中，把 getopts 作为测试条件，可以一次循环一个选项。getopts 内置命令在 *optstring* 中检查选项列表。每次循环时，getopt 命令把得到的选项存储在变量 *varname* 中。

假如用户编写一个带有以下 3 个选项的程序：

(1) 选项-b：使程序忽略程序输入行开头的空格。

(2) 选项-t：其后紧接着目录名，该目录指出程序存储临时文件的位置。若没有指定目录名，则采用目录/tmp。

(3) 选项-u：使程序把所有的输出转换成为大写形式。

此外，程序还应当忽略所有其他选项，并且当它遇到两个连字符(--)时结束对选项的处理。

下一段程序的功能是判断用户输入的是哪个选项。下面的解决方案未使用 getopts 命令。

```
SKIPBLANKS=
TMPDIR=/tmp
CASE=lower
while [[ "$1" = -* ]] # [[ = ]] does pattern match
do
    case $1 in
        -b)    SKIPBLANKS=TRUE ;;
        -t)    if [ -d "$2" ]
                then
                TMPDIR=$2
                shift
                else
                echo "$0: -t takes a directory argument." >&2
                exit 1
                fi ;;
        -u)    CASE=upper ;;
        --)    break ;; # Stop processing options
        *)     echo "$0: Invalid option $1 ignored." >&2 ;;
    esac
    shift
done
```

这段程序使用一个循环来检查和移动参数，循环的条件是参数而不是两个连字符。只要满足循环条件，程序就对 case 语句进行循环，来检查可能的选项。case 的 "--" 标签用来跳出 while 循环。case 的 "*" 标签可以识别任意选项，它作为最后一个 case 标签用来捕获所有未知选项，显示错误消息并允许程序继续循环。每次循环到一个选项，程序就使用 shift 访问下一个参数。如果选项带有参数，程序就再次使用 shift 跳过选项的参数。

下面的程序段完成同样的功能，但使用了 getopts：

```
SKIPBLANKS=
TMPDIR=/tmp
CASE=lower

while getopts :bt:u arg
do
    case $arg in
        b) SKIPBLANKS=TRUE ;;
        t)  if [ -d "$OPTARG" ]
                then
                TMPDIR=$OPTARG
            else
            echo "$0: $OPTARG is not a directory." >&2
            exit 1
            fi ;;
        u) CASE=upper ;;
        :) echo "$0: Must supply an argument to -$OPTARG." >&2
        exit 1 ;;
        \?) echo "Invalid option -$OPTARG ignored." >&2 ;;
    esac
done
```

在这个版本的代码中，while 结构在每次控制权转移到循环的顶部时判断 getopts 内置命令。getopts 内置命令利用 OPTIND 变量来跟踪下次调用它时即将处理的参数的索引。在这个示例中不需要调用 shift。

在这个带有 getopts 命令的 shell 脚本中，case 分支结构不需要以连字符开头，因为 arg 参数的值就是选项字母 (getopts 除去了连字符)。此外，getopts 把 "--" 当作选项的结束，所以也就不需要像第 1 个示例的 case 语句那样显式地指定它。

因为用户已经告诉 getopts 命令哪些选项是合法的，哪些选项带有参数，所以 getopts 命令可在命令行中检测到错误，并以两种方法处理它们。这个示例在 *optstring* 中使用前导冒号来检查并处理代码中的错误；当 getopts 发现一个非法选项时，它就把 *varname* 的值设置为 "?"，并把 OPTARG 设置为选项字母。当 getopts 发现一个选项缺少参数时，就把 *varname* 设置为 ":"，并把 OPTARG 设置为缺少参数的选项。

"\?" case 分支结构指定当 getopts 检测到非法选项时应当采取的动作，":" case 分支结构指定当 getopts 检测到选项缺少参数时应当采取的动作。这两种情况下，getopts 都没有编写任何错误消息，将该任务留给用户来完成。

如果忽略 *optstring* 开头的冒号，那么不管是非法选项还是缺少参数的选项，都会使 *varname* 被赋值为字符串 "?"。如果 OPTARG 变量没有赋值，getopts 就会把它自己的诊断消息写到标准错误。这种方法通常不太合理，因为这样就不能控制发生错误时用户看到什么样的提示信息。

使用 getopts 命令不一定会使用户的程序变短。它的主要优点是它提供了一个统一的编程接口，并加强了对选项的标准处理。

10.5.8　部分内置命令列表

表 10-6 列出了 bash 的部分内置命令。可使用 type 命令查看某条命令是否运行内置命令。参见 5.5 节中的相关指令，了解如何显示完整的内置命令列表。

表 10-6　bash 的内置命令

内 置 命 令	功　　能
:	返回 0 或 true(空内置命令)
.(句点)	把 shell 脚本当作当前进程的一部分执行
bg	在后台放置一个挂起的任务
break	从循环控制结构中退出
cd	切换到另一个工作目录
continue	转到循环控制结构的下一次迭代的开始处
echo	显示它的参数
eval	扫描并判断命令行
exec	执行 shell 脚本或程序以替换当前进程
exit	从当前 shell 中退出(通常等价于在交互式 shell 中按 CONTROL+D 组合键)
export	使变量成为全局变量
fg	把在后台执行的程序放到前台
getopts	分析 shell 脚本的参数
jobs	显示后台作业的列表
kill	给进程或作业发送信号
pwd	显示当前工作目录的名称
read	从标准输入中读取一行
readonly	把变量声明为只读

(续表)

内 置 命 令	功 能
set	设置 shell 标志或命令行参数变量，如果不带任何参数，就列出所有变量
shift	左移每个命令行参数
test	参数比较
times	显示运行当前 shell 及其子进程的总时间
trap	捕获信号
type	显示每个参数怎样被解释为一条命令
umask	设置和显示文件创建时的掩码值
unset	删除变量或函数
wait	等待后台进程的终止

10.6 表达式

表达式由常数、变量和运算符组成，它能够产生一个数值。本节除介绍算术、逻辑以及条件表达式外，还将介绍运算符。表 10-8 列出了 bash 的运算符。

10.6.1 算术表达式

bash 能够完成算术赋值，对各种各样的算术表达式求值，但要求所有数值必须为整数。shell 用很多方法进行算术赋值，其中一种方法是采用 let 内置命令：

```
$ let "VALUE=VALUE * 10 + NEW"
```

在上面的示例中，变量 VALUE 和 NEW 必须包含整数。在 let 语句中不需要在变量前面加美元符号，但必须将带有空格的单个变量或表达式用双引号引起来。因为大量表达式含有空格，这就要求把它们用双引号引起来，所以 bash 把((*expression*))看作 let "expression"的同义词并接受它，这样就省去了双引号和美元符号：

```
$ ((VALUE=VALUE * 10 + NEW))
```

在允许使用命令之处，可以根据个人爱好，使用两种格式中的任何一种，也可以把表达式中的空格去掉。在下面的示例中，星号不需要被引起来，这是因为 shell 不会在赋值语句的右边进行路径名扩展。

```
$ let VALUE=VALUE*10+NEW
```

因为 let 的每个参数被看作一个独立表达式，所以可在一行上给多个变量赋值：

```
$ let "COUNT = COUNT + 1" VALUE=VALUE*10+NEW
```

在一组双圆括号中，需要使用逗号把多个赋值语句分开：

```
$ ((COUNT = COUNT + 1, VALUE=VALUE*10+NEW))
```

算术求值与算术扩展

提示 算术求值与算术扩展不同。如 8.18 节所述，算术扩展的语法是 $((*expression*))，计算表达式，并用得到的结果取代 $((*expression*))。可以使用算术扩展来显示表达式的值或者把该值赋予一个变量。
算术求值的语法形式为 let *expression* 或((*expression*))，计算表达式，并返回一个状态代码。利用算术求值可以进行逻辑比较或赋值运算。

逻辑表达式 可以利用((*expression*))语法来表示逻辑表达式，但常使用[[*expression*]]来替代。下一个示例扩展了脚本 age_check，该脚本除了有算术扩展以外，还包括逻辑算术求值：

```
$ cat age2
```

```
#!/bin/bash
read -p "How old are you? " age
if ((30 < age && age < 60)); then
        echo "Wow, in $((60-age)) years, you'll be 60!"
    else
        echo "You are too young or too old to play."
fi
$ ./age2
How old are you? 25
You are too young or too old to play.
```

if 结构中的条件测试语句判断用布尔 AND 连接起来的两个逻辑比较的结果，当两个式子都为真时返回 0(true)，其他的情况下返回 1(false)。

10.6.2 逻辑表达式(条件表达式)

条件表达式的语法形式如下：

[[*expression*]]

其中 *expression* 是一个布尔(逻辑)表达式。在 *expression* 中必须在变量名的前面加上一个美元符号。执行该内置命令的结果同执行内置命令 test 一样，返回的是一个状态。方括号中的条件基本上可看作 test 命令可接收条件的超集。在 test 内置命令中使用-a 作为布尔 AND 运算符，而在*[[expression]]*中使用&&运算符；在 test 内置命令中使用-o 参数作为布尔 OR 运算符，而在*[[expression]]*中使用||运算符。

为理解条件表达式的工作原理，可以用下面的条件表达式替换在脚本 **age2**(前面的示例)中测试年龄的一行代码。注意在符号"[["和"]]"两边必须用空格或命令终结符隔开，同时在每个变量的前面加上美元符号：

if [[30 < $age && $age < 60]]; then

当然也可以使用 test 命令的关系运算符：-gt、-ge、-lt、-le、-eq 和-ne。

if [[30 -lt $age && $age -lt 60]]; then

字符串比较 用 test 内置命令可以测试字符串是否相同。*[[expression]]*语法也增加了对字符串进行比较的运算符。运算符">"和"<"按字母顺序比较字符串(如字符串"aa"<"bbb")，运算符"="进行模式匹配而不是仅比较是否相等：假如字符串 *string* 匹配 *pattern*，则*[[string = pattern]]*为真。这个运算符左右两边不对称，*pattern* 必须出现在等号的右边。例如，*[[artist = a*]]*为真(=0)，而*[[a* = artist]]*为假(=1)：

```
$ [[ artist = a* ]]
$ echo $?
0
$ [[ a* = artist ]]
$ echo $?
1
```

下面的示例使用一个以复合条件开头的命令列表。该条件用来测试目录 bin 和文件 src/myscript.bash 是否存在。如果它们都存在，cp 就把文件 src/myscript.bash 复制到/bin/myscript 中。如果复制成功，chmod 就会把文件 myscript.bash 的权限设置成可执行。如果任意一步出错，echo 就显示一条错误消息。隐式命令行延续(参见 10.7 节)免去了在行尾输入反斜线的必要。

```
$ [[ -d bin && -f src/myscript.bash ]] &&
cp src/myscript.bash bin/myscript &&
chmod +x bin/myscript ||
echo "Cannot make executable version of myscript"
```

10.6.3 字符串模式匹配

bash 提供了可操作路径名字符串和其他字符串的字符串模式匹配运算符。这些运算符可以从字符串的前缀或后缀中删去匹配模式的字符串，4 个字符串匹配运算符如表 10-7 所示。

表 10-7　字符串匹配运算符

运　算　符	功　能
#	删除最小匹配前缀
##	删除最大匹配前缀
%	删除最小匹配后缀
%%	删除最大匹配后缀

这些运算符的语法形式如下：

${varname op pattern}

这里 *op* 是表 10-7 列出的 4 个运算符中的一个，*pattern* 是一种匹配类型，它和生成文件名的模式很相似。这些运算符一般用来操作路径名，以便提取或删除路径名的某些部分，或者用来改变后缀：

```
$ SOURCEFILE=/usr/local/src/prog.c
$ echo ${SOURCEFILE#/*/}
local/src/prog.c
$ echo ${SOURCEFILE##/*/}
prog.c
$ echo ${SOURCEFILE%/*}
/usr/local/src
$ echo ${SOURCEFILE%%/*}
$ echo ${SOURCEFILE%.c}
/usr/local/src/prog
$ CHOPFIRST=${SOURCEFILE#/*/}
$ echo $CHOPFIRST
local/src/prog.c
$ NEXT=${CHOPFIRST%%/*}
$ echo $NEXT
local
```

这里的字符串长度运算符$*{#name}*被变量 name 中的字符个数取代了：

```
$ echo $SOURCEFILE
/usr/local/src/prog.c
$ echo ${#SOURCEFILE}
21
```

10.6.4　运算符

bash 中的算术扩展和算术求值使用与 C 语言相同的语法、运算符的运算优先级以及表达式的相互关系。表 10-8 按照优先等级(求值的优先级)递减的顺序列出了这些运算符；表 10-8 中每组运算符的优先级相同。在表达式中可利用圆括号来改变求值顺序。

表 10-8　运算符

运算符类型	功　能	
后置	*var*++	后置加
	var--	后置减
前置	++*var*	前置加
	--*var*	前置减
一元	–	一元减
	+	一元加
取反	!	布尔取反
	~	按位取反

(续表)

运算符类型	功　　能	
取幂	**	幂指数
乘法、除法和取模	*	乘法运算
	/	除法运算
	%	取模运算
加法	+	加法
减法	-	减法
移位	<<	按位左移
	>>	按位右移
比较运算符	<=	小于等于
	>=	大于等于
	<	小于
	>	大于
相等和不等	==	相等
	!=	不相等
位运算符	&	按位 AND 运算
	^	按位 XOR 运算
	|	按位 OR 运算
布尔(逻辑运算)	&&	布尔 AND 运算
	||	布尔 OR 运算
条件求值	?:	三元运算符
赋值	=、*=、/=、%=、+=、-=、<<=、>>=、&=、^=、|=　　赋值	
逗号	,	逗号运算符

管道　管道运算符的优先级比所有的运算符都要高。例如：

```
$ cmd1 | cmd2 || cmd3 | cmd4 && cmd5 | cmd6
```

上面的命令行与下面的输入相同：

```
$ ((cmd1 | cmd2) || (cmd3 | cmd4)) && (cmd5 | cmd6)
```

不能只依靠运算符的优先级：要经常使用圆括号

提示　在使用组合命令时，不要只依赖运算符的优先级。最好使用圆括号显式地将表达式表示成想让 shell 解释的顺序。

递增和递减运算符　前置加、前置减、后置加和后置减运算符处理变量。前置运算符出现在变量名的前面，例如，表达式++COUNT 和--VALUE。前置运算符首先改变变量的值(++使变量加 1，--使变量减 1)，然后将结果交给表达式使用；后置运算符与前置运算符的用法相反，它出现在变量名之后，比如，COUNT++和 VALUE--，它在表达式使用过变量之后，改变变量的值：

```
$ N=10
$ echo $N
10
$ echo $((--N+3))
12
```

```
$ echo $N
9
$ echo $((N++ - 3))
6
$ echo $N
10
```

取模运算符   取模运算符(%)得到第 1 个操作数被第 2 个除之后的余数，例如，表达式$((15%7))的值为 1。

三元运算符   三元运算符"?:"的语法形式如下，它根据第 3 个表达式返回的值来决定计算后面两个表达式中的哪一个：

expression1 ? expression2 : expression3

如果 *expression1* 产生了一个假(0)值，就计算 *expression3*；否则就计算 *expression2*。整个表达式的值或者是 *expression2* 的值，或者是 *expression3* 的值，这取决于计算哪个表达式。若 *expression1* 为真，就不计算 *expression3*。若 *expression1* 为假，就不计算 *expression2*。示例如下所示：

```
$ ((N=10,Z=0,COUNT=1))
$ ((T=N>COUNT?++Z:--Z))
$ echo $T
1
$ echo $Z
1
```

赋值运算符   赋值运算符(如"+=")是速记符号。例如，N+=3 等价于表达式((N=N+3))。

基于其他基数的赋值   可以使用语法 *base#n* 给基数为 2(二进制)的变量赋值。在下面的示例中，变量 v1 被赋值为 0101(十进制的 5)，变量 v2 被赋值 0110(十进制的 6)。echo 实用程序验证对应的十进制数：

```
$ ((v1=2#0101))
$ ((v2=2#0110))
$ echo "$v1 and $v2"
5 and 6
```

在下面这个示例中，AND 运算符(&&)选择数字 5(二进制为 0101)和 6(二进制为 0110)中相同的位。选择的结果是二进制 0100，用十进制表示是 4：

```
$ echo $(( v1 & v2 ))
4
```

布尔 AND(&&)运算符的运算原理是：两个操作数都非 0 时为 1，否则就为 0。位或 OR 运算符(|)的原理是：两个操作数的任意一位为 1 时结果就为 1，所以在上例中把"&"替换为"|"，结果就变成了 0111，用十进制表示就是 7。布尔 OR 运算符(||)的运算原理是只要两个操作数有一个非 0，结果就为 1，否则为 0：

```
$ echo $(( v1 && v2 ))
1
$ echo $(( v1 | v2 ))
7
$ echo $(( v1 || v2 ))
1
```

下面这个位异或运算符(^)的工作原理是：两个操作数中对应的每一位如果相同就为 0，不同则为 1。比如对于操作数 0101 和 0110，位异或的结果是 0011，用十进制表示为 3。布尔非运算符(!)对操作数进行取反，1 变为 0，0 变为 1。由于表达式$((! v1))中的感叹号被双圆括号括起来，因此不需要转义，以防止 shell 把感叹号解释成为某个历史事件。最后，当比较结果为真时，比较运算符的结果是 1；比较结果为假时，比较操作符的结果为 0：

```
$ echo $(( v1 ^ v2 ))
3
$ echo $(( ! v1 ))
0
$ echo $(( v1 < v2 ))
1
$ echo $(( v1 > v2 ))
0
```

10.7　隐式命令行延续

以下任意一个控制操作符表示延续：

```
; ;; | & && |& ||
```

例如，以下命令集合：

```
cd mydir && rm *.o
```

和这个命令集合：

```
cd mydir &&
rm *.o
```

没有任何区别。

两个命令集合都仅在 cd mydir 命令执行成功的条件下删除所有文件扩展名为.o 的文件。如果在交互式 shell 中输入第二个命令集合，shell 会在输入第一行后给出二级提示符(>)，并且等待用户完成命令行。

如果 mydir 不存在，接下来的命令将创建名为 mydir 的目录。可以在一行或两行中输入这条命令。

```
[ -d mydir ] ||
mkdir mydir
```

管道符合(|)表示延续　　相似地，管道符号表示延续：

```
sort names                     |
grep -i '^[a-m]'               |
sed 's/Street/St/'             |
pr --header="Names from A-M"   |
lpr
```

当一个命令行以管道符号结束时，不需要使用反斜线表示延续。

```
sort names                     | \
grep -i '^[a-m]'               | \
sed 's/Street/St/'             | \
pr --header="Names from A-M"   | \
lpr
```

下面的示例尽管可行，但却是一种较差的代码书写方法，因为难以阅读和理解：

```
sort names  \
| grep -i '^[a-m]' \
| sed 's/Street/St/'  \
| pr --header="Names from A-M" \
| lpr
```

提高所书写代码可读性的另一个方法是利用隐式命令行延续代替反斜线来进行换行。
相比于这些命令：

```
$ [ -e /home/sam/memos/helen.personnel/november ] && ~sam/report_a \
november alphaphonics totals
```

下面这些命令更便于阅读和理解：

```
$ [ -e /home/sam/memos/helen.personnel/november ] &&
~sam/report_a november alphaphonics totals
```

10.8　shell 程序

bash 具有很多功能，从而使它成为一门好的编程语言。bash 提供的结构不是随便给出的，而是从其他过程语言(如 C 和 Perl)提供的大部分结构特性中选择的一些结构。过程语言提供了以下功能：

- 声明、赋值并操作变量和常数。bash 提供了字符串变量，同时也提供了强大的字符串运算符，还提供了整数变量及全套算术运算符。

- 通过创建子程序把一个大的问题分解成小问题。bash 允许用户创建函数并从其他脚本中调用脚本。shell 函数可以递归调用，也就是说，bash 函数可以调用自身。用户可能很少用到递归，但是它便于解决某些难题。
- 有条件地执行语句，使用 if 语句等。
- 循环执行语句，使用 while 和 for 等语句。
- 能够从程序中移入和移出数据，能在数据文件和用户之间通信。

程序语言可以不同方式实现这些功能，但使用的理念是一样的。当用户想通过写一段程序来解决一个问题时，首先，应该设计一个能够引导用户去解决这个问题的方案，也就是算法。一般来说，可以使用不同语言中相同类型的结构以大体相同的方式实现同一个算法。

第 8 章和本章已经介绍了 bash 的大量功能，这些功能中的大部分在 shell 编程和交互使用 shell 时很有用。本节设计了两个完整的 shell 程序，用来演示怎样有效地使用这些特性。这些示例以问题的方式提出，同时也附带了示例的解决方法。

10.8.1   递归的 shell 脚本

递归结构使用自己来定义自身的结构，或者可以说，递归程序就是自己调用自己的一种程序。这样看来递归好像就是循环，但并非如此。为了避免循环，递归定义必须有一个使其不能自我引用的条件。递归的概念在日常生活中无处不在。例如，可将母亲、父亲或父母的祖先作为祖先，这个定义并不是循环的，因为这个定义可以明确地指出你的祖先：父亲、母亲、母亲的父母或父亲的父母等。

在 Linux 系统中，大量实用程序可以递归方式运行，比如带选项-R 来运行 chmod、chown 或 cp 实用程序。

使用递归的 shell 函数解决下面的问题：

> 编写一个名为 makepath 的 shell 函数，给出一个路径名，然后以目录的形式创建路径名中的所有组件。例如，输入的命令是 makepath a/b/c/d，脚本就应该创建目录 a、a/b、a/b/c 和 a/b/c/d(命令 mkdir 和-p 选项可以实现与该脚本相同的功能，但是请不要使用 mkdir -p 来解决此问题)。

作为解决方案的一种递归算法如下：

(1) 首先检查路径参数。如果它是一个空的字符串或者要创建的目录已经存在，那么程序不做任何事情并返回。

(2) 如果路径参数是一个简单路径组件，就使用命令 mkdir 创建它并返回。

(3) 否则，就使用原始参数的路径前缀来调用 makepath 函数。这一步最终能够创建到最后一个组件的所有目录。然后可以使用 mkdir 命令来创建目录。

一般而言，递归函数必须以一个比原来问题简单的版本来调用自身，直到最后它遇到一个简单的不再需要调用自己的问题。下面这个示例是基于上述算法的一个可能的解决方案：

```
# This is a function
# Enter it at the keyboard; do not run it as a shell script
#
function makepath()
{
if [[ ${#1} -eq 0 || -d "$1" ]]
        then
                return 0 # Do nothing
    fi
    if [[ "${1%/*}" = "$1" ]]
        then
                mkdir $1
                return $?
    fi
    makepath ${1%/*} || return 1
    mkdir $1
    return $?
}
```

在简单组件的测试中(函数中间的 if 语句)，在以字符 "/" 开始的最短的后缀被去除之后，左边的表达式就变成参数。如果没有一个这样的字符(比如，如果$1 是 max)，就没有什么字符可以被去除，且两边的表达式相等。如果参数是一个前缀为斜杠的简单文件名(如/usr)，那么表达式${1%/*}的计算结果是一个空字符串。为了确保函数能按照这样的方式运行，必须采取两个预防措施：把左边的表达式放在引号内，并确保递归函数能够对传递给它的作为参数的一个空字符串采取恰当的动作。良好的程序通常都很健壮：它们能接收下划线、非法输入或者无意义的输入，并能够在此类情况下合理地做出反应。

通过在用户工作的 shell 中输入下面的命令可以打开调试跟踪功能，从而可以监控递归程序的运行：

```
$ set -o xtrace
```

(要关闭调试功能，可以输入上面的命令，只要把连字符用加号替换即可)一旦打开了调试功能，shell 就会在执行程序的每一行时，以扩展的形式显示每一行。在每个调试输出的前面都加上一个加号。

在下面的示例中，以 "+" 开头的第 1 行说明 shell 调用函数 makepath。首先从命令行上带参数/a/b/c 调用 makepath函数，接着带参数/a/b 再次调用该函数，最后带参数/a 调用该函数。当对 makepath 的所有调用都返回时，全部工作就完成了(使用 mkdir)：

```
$ ./makepath a/b/c
+ makepath a/b/c
+ [[ 5 -eq 0 ]]
+ [[ -d a/b/c ]]
+ [[ a/b = \a\/\b\/\c ]]
+ makepath a/b
+ [[ 3 -eq 0 ]]
+ [[ -d a/b ]]
+ [[ a = \a\/\b ]]
+ makepath a
+ [[ 1 -eq 0 ]]
+ [[ -d a ]]
+ [[ a = \a ]]
+ mkdir a
+ return 0
+ mkdir a/b
+ return 0
+ mkdir a/b/c
+ return 0
```

该函数按照递归路径向下调用，然后逐层返回。

尝试在调用 makepath 函数时带有一个非法路径，查看会出现什么情况，这样做相当有用。在下面这个示例中，首先打开调试功能，然后尝试创建路径/a/b。创建该路径要求在根目录中创建一个名为 a 的目录。如果没有对根目录的写访问权限，就不能创建这个目录。

```
$ ./makepath /a/b
+ makepath /a/b
+ [[ 4 -eq 0 ]]
+ [[ -d /a/b ]]
+ [[ /a = \/\a\/\b ]]
+ makepath /a
+ [[ 2 -eq 0 ]]
+ [[ -d /a ]]
+ [[ '' = \/\a ]]
+ makepath
+ [[ 0 -eq 0 ]]
+ return 0
+ mkdir /a
mkdir: cannot create directory '/a': Permission denied
+ return 1
+ return 1
```

在上面这个示例中，递归停止在试图创建/a 目录时，原因是并不拥有根目录的访问权限。因为返回的错误一直传递到整个调用过程的开始，所以原始 makepath 函数退出并返回一个非 0 状态。

在递归函数中使用局部变量

提示 前面的示例忽略了在使用递归函数时可能遇到的一个问题。在递归函数的执行过程中，该函数的许多实例可能被同时激活。在这些众多实例中只有一个在等待子调用的完成。

因为这些函数的运行环境与调用它们的 shell 相同，所以变量都被 shell 和 shell 调用的函数隐式地共享，于是函数的所有实例共享每个变量的唯一副本。这样共享变量可能导致意想不到的副作用。作为一种约定，最好使用 local 命令把一个递归函数所有的变量设置成局部变量。

10.8.2　shell 的 quiz 脚本

使用 bash 脚本解决下面的问题：

编写一个通用的多项选择测试程序。该程序从数据文件读入问题，把这些问题显示给用户，程序还能识别正确答案和错误答案的编号。用户可以随时提交答案并计算得分，然后退出程序。

本程序的详细设计和对该问题的详细描述都需要对该问题进行大量的分析和细化：程序怎样识别哪些主题可用于测试？用户怎样选择一个主题？程序如何知道测试结束？程序每次遇到同样的问题时(对给定的主题)是按照相同的顺序展示还是打乱顺序？

当然，可将选项尽可能细化，从而使该问题的实现变得更完美。下面的细节简化了问题的描述：

- 每个主题都对应主测试目录中的一个子目录。主目录的名字存放在环境变量 QUIZDIR 中，该变量的默认值为~/quiz。例如，在主目录 quiz 下面可能有与工程、艺术主题对应的子目录，目录形式如下所示：~/quiz/engineering、~/quiz/art。如果希望所有用户都能访问它(需要 root 权限)，就可以把 quiz 目录放在 /usr/games/ 下。
- 每个主题都包含一系列问题，每个问题用子目录中的文件表示。
- 每个文件的第 1 行是提出该问题的文字。如果这段文字有多行，那么在换行符的前面必须加一个反斜杠来转义它(使用 read 内置命令读入一个问题会方便得多)。文件的第 2 行是一个整数，用来表示该问题对应的选项个数。接下来的若干行就是各种选项。最后一行是正确答案。下面是一个问题文件的示例：

```
Who discovered the principle of the lever?
4
Euclid
Archimedes
Thomas Edison
The Lever Brothers
Archimedes
```

- 程序在一个主题目录中显示所有问题，用户可以随时按 CONTROL+C 组合键中断测验，退出的同时程序将计算测验的结果。如果用户一直没有中断程序，那么当所有的问题都回答完毕后，程序会计算出所得的成绩并退出。
- 程序在每次显示一个主题的所有问题之前将打乱显示的顺序。

下面是对该程序的一个顶层设计。

(1) 初始化。初始化包括一系列步骤，比如设置计数器、统计所提问题的个数、把正确和错误答案的个数设置为 0。它同时设置用来捕获 CONTROL+C 组合键的程序捕捉命令。

(2) 给用户显示主题的选项并接收用户响应。

(3) 切换到对应的主题目录。

(4) 以随机的顺序安排要回答的问题(也就是子目录下面的文件名)。

(5) 不停地显示问题并询问答案，直到测验结束或者用户中断它为止。

(6) 显示所得的结果并退出程序。

很明显，在上面的步骤中某些步骤(如第(3)步)相当简单，而有些步骤(如第(4)步)很复杂，需要进一步分析。对复杂的步骤可以使用 shell 函数，并使用 trap 内置命令来捕获用户的中断。

下面是这个程序带有空 shell 函数的程序框架：

```
function initialize
{
# Initializes variables.
}
function choose_subj
{
# Writes choice to standard output.
}
function scramble
{
# Stores names of question files, scrambled,
# in an array variable named questions.
}
function ask
{
# Reads a question file, asks the question, and checks the
# answer. Returns 1 if the answer was correct, 0 otherwise. If it
# encounters an invalid question file, exits with status 2.
}
function summarize
{
# Presents the user's score.
}
# Main program
initialize                           # Step 1 in top-level design
subject=$(choose_subj)               # Step 2
[[ $? -eq 0 ]] || exit 2             #  If no valid choice, exit
cd $subject || exit 2                # Step 3
echo                                 # Skip a line
scramble                             # Step 4

for ques in ${questions[*]}; do      # Step 5
    ask $ques
    result=$?
    (( num_ques=num_ques+1 ))
    if [[ $result == 1 ]]; then
        (( num_correct += 1 ))
    fi
    echo                             # Skip a line between questions
    sleep ${QUIZDELAY:=1}
done
summarize                            # Step 6
exit 0
```

为了便于用户查看答案，可在问题的循环中调用 sleep 函数。使用它可以在两个问题之间延迟$QUIZDELAY(默认为 1)秒。

现在的问题就是实现上面程序中的空函数。从某种意义上讲，可以按照由后到前的顺序编写这个程序。程序的细节部分(也就是 shell 函数的细节)先放在文件中，最后用于程序的开发过程。这种常见的编程方式称为自上而下的设计方法。在这种设计方法中，可以首先完成程序的大体框架设计，然后完成程序的细节设计。通过这种方法可以把一个大的问题分解成若干个小的问题，每个小的问题都可以得到单独的解决。在自上而下的设计方法中，shell 函数非常有用。

下面给出了 initialize()函数的一种实现。cd 命令将 QUIZDIR 设置为剩余脚本的工作目录，如果没有设置该变量，默认值就为~/quiz：

```
function initialize ()
{
trap 'summarize ; exit 0' INT        # Handle user interrupts
num_ques=0                           # Number of questions asked so far
```

```
num_correct=0                           # Number answered correctly so far
first_time=true                         # true until first question is asked
cd ${QUIZDIR:=~/quiz} || exit 2
}
```

要防止 cd 命令执行失败的情形,这是因为要访问的目录可能找不到或者其他用户可能已经将这个目录删除。如果 cd 命令失败,上述函数就退出,并返回状态代码2。

下一个函数 choose_subj()要比上面的函数复杂一点。它使用一个 select 语句来显示一个菜单:

```
function choose_subj ()
{
subjects=($(ls))
PS3="Choose a subject for the quiz from the preceding list: "
select Subject in ${subjects[*]}; do
    if [[ -z "$Subject" ]]; then
        echo "No subject chosen. Bye." >&2
        exit 1
    fi
    echo $Subject
    return 0
done
}
```

该函数首先使用一个 ls 命令和命令替换,把一系列主题目录放在数组 subjects 中。接着 select 结构给用户显示一个主题列表(由命令 ls 找到的目录),并把选中的目录名赋予变量 Subject。最后,该函数把主题目录的名字写入标准输出。主程序使用命令替换[subject=$(choose_subj)]把这个值赋给变量 subject。

编写 scramble()函数要困难得多。在这种解决方案中它使用一个数组变量(questions)来保存所有问题的名字,还使用 RANDOM(每次引用 RANDOM,它都会产生一个介于 0~32 767 之间的随机整数)变量打乱数组中的条目:

```
function scramble ()
{
declare -i index quescount
questions=($(ls))
quescount=${#questions[*]}              # Number of elements
((index=quescount-1))
while [[ $index > 0 ]]; do
    ((target=RANDOM % index))
    exchange $target $index
    ((index -= 1))
done
}
```

该函数把数组变量 questions 初始化为工作目录中的文件名列表(即问题列表)。这些文件的个数保存在变量 quescount 中。然后使用下面的算法:让 index 变量索引从 quescount - 1(数组变量中最后一个条目的索引)开始向下计数。对 index 的每个值,函数选择一个介于 0~index 之间的随机值。命令:

```
((target=RANDOM % index))
```

会生成一个介于 0~index - 1 之间的随机值,它的工作原理如下:使用取模运算符计算变量$RANDOM 除以 index 之后的余数。然后,函数在 index 和 target 位置交换数组 questions 的内容。可使用另一个名为 exchange()的函数很方便地实现该功能:

```
function exchange ()
{
temp_value=${questions[$1]}
questions[$1]=${questions[$2]}
questions[$2]=$temp_value
}
```

ask()函数也使用 select 结构。它读入参数指定的问题文件,并使用文件的内容显示问题,接收用户输入的答案,同时还要判断答案的正确性(参见随后的代码)。

ask()函数使用文件描述符3从问题文件中读入连续的行,将这个问题文件的名称作为参数传递给函数,并在函数中由$1 表示。函数把问题读入 ques 变量中,并把问题的个数读入变量 num_opts 中。函数构建变量 choices,并将其初始化为一个空字符串，然后相继在其后追加下一个选项。接着它把变量 PS3 设置为 ques 的值并用一个 select 结构提示用户使用 ques。select 结构把用户的答案放在 answer 中，然后函数检查它是否为正确答案。

　　choices 变量的构建需要特别注意，它要避免一个潜在的问题。如果某个答案带有一些空格，那么在 choices 变量看来它好像带有两个或多个参数。为了避免这个问题，最好确保 choices 是一个数组变量。select 语句将完成其余所有工作。

```bash
$ cat quiz
#!/bin/bash

# remove the # on the following line to turn on debugging
# set -o xtrace

#==================
function initialize ()
{
trap 'summarize ; exit 0' INT      # Handle user interrupts
num_ques=0                         # Number of questions asked so far
num_correct=0                      # Number answered correctly so far
first_time=true                    # true until first question is asked
cd ${QUIZDIR:=~/quiz} || exit 2
}

#==================
function choose_subj ()
{
subjects=($(ls))
PS3="Choose a subject for the quiz from the preceding list: "
select Subject in ${subjects[*]}; do
    if [[ -z "$Subject" ]]; then
        echo "No subject chosen. Bye." >&2
        exit 1
    fi
    echo $Subject
    return 0
done
}

#==================
function exchange ()
{
temp_value=${questions[$1]}
questions[$1]=${questions[$2]}
questions[$2]=$temp_value
}

#==================
function scramble ()
{
declare -i index quescount
questions=($(ls))
quescount=${#questions[*]}                 # Number of elements
((index=quescount-1))
while [[ $index > 0 ]]; do
    ((target=RANDOM % index))
    exchange $target $index
    ((index -= 1))
done
}

#==================
function ask ()
{
exec 3<$1
read -u3 ques || exit 2
read -u3 num_opts || exit 2
index=0
```

```
choices=()
while (( index < num_opts )) ; do
    read -u3 next_choice || exit 2
    choices=("${choices[@]}" "$next_choice")
    ((index += 1))
done
read -u3 correct_answer || exit 2
exec 3<&-

if [[ $first_time = true ]]; then
    first_time=false
    echo -e "You may press the interrupt key at any time to quit.\n"
fi
PS3=$ques" "                            # Make $ques the prompt for select
                                        # and add some spaces for legibility
select answer in "${choices[@]}"; do
    if [[ -z "$answer" ]]; then
            echo Not a valid choice. Please choose again.
        elif [[ "$answer" = "$correct_answer" ]]; then
            echo "Correct!"
            return 1
        else
            echo "No, the answer is $correct_answer."
            return 0
    fi
done
}
#==================
function summarize ()
{
echo                                # Skip a line
if (( num_ques == 0 )); then
        echo "You did not answer any questions"
        exit 0
fi

(( percent=num_correct*100/num_ques ))
echo "You answered $num_correct questions correctly, out of \
$num_ques total questions."
echo "Your score is $percent percent."
}

#==================
# Main program
initialize                          # Step 1 in top-level design

subject=$(choose_subj)              # Step 2
[[ $? -eq 0 ]] || exit 2            # If no valid choice, exit

cd $subject || exit 2               # Step 3
echo                                # Skip a line
scramble                            # Step 4

for ques in ${questions[*]}; do # Step 5
    ask $ques
    result=$?
    (( num_ques=num_ques+1 ))
    if [[ $result == 1 ]]; then
        (( num_correct += 1 ))
    fi
    echo                            # Skip a line between questions
    sleep ${QUIZDELAY:=1}
done

summarize                           # Step 6
exit 0
```

10.9 本章小结

shell 是一种编程语言。使用这种语言编写的程序称为 shell 脚本，简称为脚本。shell 脚本提供了在高级编程语言中出现的选择和循环控制结构，同时便于访问系统实用程序和用户程序。shell 脚本可以使用函数将复杂的问题模块化和简化。

控制结构 使用判断语句进行选择的控制结构包括：if...then、if...then...else 和 if... then...elif。case 控制结构提供了一个多路分支，可以使用一种简单的模式匹配语法来表示选择。

循环控制结构的形式为：for...in、for、until 和 while。这些结构可重复地执行一项或多项任务。

break 和 continue 控制语句能够在循环中改变控制权：使用 break 语句可以跳出循环；而 continue 语句把循环立即转移到下一次循环的开始处。

Here 文档允许 shell 脚本中命令的输入来自脚本的内部。

文件描述符 bash 可以对文件描述符进行操作。结合内置命令 read 和 echo，文件描述符赋予脚本与用低级语言编写的程序同样的功能：对输入和输出进行控制。

变量 默认情况下，变量仅在其声明的进程中可见；这些变量称为 shell 变量。可使用 export 使变量成为环境变量，环境变量对于其声明进程的子进程也可见。

declare 内置命令可为 bash 变量赋予属性，例如只读。bash 提供了一系列运算符，可以对变量进行类型匹配、提供变量的默认值以及计算变量的长度。shell 也支持函数的数组变量和局部变量，并使用 let 命令以及和 C 语言类似的表达式语法，提供了内置的整数算术计算功能。

内置命令 bash 的内置命令包括 type、read、exec、trap、kill 和 getopts。type 命令显示命令的相关信息，包括该命令的位置。read 命令允许脚本接收用户的输入。

使用 exec 内置命令可在不创建一个新进程的情况下执行命令。新命令覆盖当前进程，假定它们的执行环境相同，新命令的 PID 编号与当前进程的 PID 编号相同。这个内置命令可执行用户的程序和其他的 Linux 命令，但是它在调用进程时不需要返回控制信息。

trap 内置命令用来捕获 Linux 发给运行该脚本的进程的信号，允许用户在接收到一个或多个信号时采取相应行动。可使用这个内置命令来使脚本忽略用户按下中断键时系统发出的信号。

kill 内置命令可终止一个正在运行的进程。getopts 内置命令用来解析命令行参数，以便编写出遵循标准 Linux 的命令行参数和选项约定的程序。

脚本中的实用程序 除使用控制结构、内置命令以及函数外，shell 脚本一般也调用 Linux/macOS 的实用程序。例如，find 实用程序在 shell 脚本中随处可见，使用它可以在文件系统的层次结构中搜索文件，并能执行从简单到复杂的一系列范围很广的任务。

表达式 有两种基本的表达式类型：算术表达式和逻辑表达式。算术表达式允许用户对整数和变量进行算术运算，得到一个数值。逻辑(也叫布尔)表达式对表达式、字符串或测试条件进行比较，得到一个真或假的布尔值。在 Linux 的 shell 脚本的所有判断语句中，一个真的状态总是用数值 0 表示，而假的状态用非零值表示。

良好的编程实践 编写得很好的 shell 脚本应遵循一些标准编程实践，比如指定 shell 从脚本的第 1 行执行脚本；验证脚本调用的参数个数和类型；显示标准的用法信息来报告命令行错误；将所有的提示消息重定向到标准错误等。

练习

1. 重写第 8 章的 journal 脚本(第 5 题)，添加一条命令用来验证用户是否对用户的主目录中的 journal-file 文件有写权限(假定该文件存在)。如果该文件存在，而用户没有该文件的写权限，脚本就应该做出适当的响应。修改原来的脚本并验证新脚本的作用。

2. 特殊参数 "$@" 在脚本 out 中被引用了两次。如果用参数 "$*" 来替代它会有什么不同？解释原因。

3. 编写一个过滤器，输入是一个文件列表，输出是列表中每个文件的基名。

4. 编写一个函数，它的参数是一个文件名，在函数中给用户增加执行文件的权限。

a. 这个函数用在什么场合？

b. 修改上面的脚本，使函数可以把一个或多个文件名作为参数，并在函数中给用户添加执行每个文件的权限。

c. 用户怎样在每次登录系统时使这个函数可用？

d. 假设这个函数已经在随后的登录会话中可用，还想使它在当前 shell 中可用，应该怎样处理？

5. 什么时候需要编写一个 shell 脚本来取代 shell 函数，给出所有你能想到的原因。

6. 编写一个 shell 脚本，该脚本显示工作目录中的所有目录文件，而不显示其他类型的文件。

7. 编写一个 shell 脚本，该脚本会每隔 15 秒显示一次时间。参考 date 的 man 页，使用域描述符“%r”显示时间。在每次显示新的时间前要清屏(使用 clear 命令)。

8. 输入下面这个 savefiles 脚本，赋予用户执行这个脚本的权限后执行该脚本，然后回答问题：

```
$ cat savefiles
#! /bin/bash
echo "Saving files in working directory to the file savethem."
exec > savethem
for i in *
        do
        echo
"==============================================="
        echo "File: $i"
        echo
"==============================================="
        cat "$i"
        done
```

a. 当执行这个脚本时会显示什么错误消息？重写这个脚本以避免出现错误，但要确保脚本的输出仍保存在 savethem 中。

b. 在同一目录中运行这个脚本两次会出现什么样的问题？给出解决这个问题的一个方案。

9. 阅读 bash 的 man 或 info 页，尝试一些试验，然后回答下面的问题：

a. 怎样导出函数？

b. hash 内置命令具有什么作用？

c. 如果 exec 命令的参数不可执行，会出现什么情况？

10. 使用 find 实用程序完成以下任务：

a. 列出工作目录中的所有文件以及最近一天中修改的所有子目录。

b. 列出系统中具有访问权限且大于 1MB 的所有文件。

c. 从用户主目录的目录结构中删除名为 core 的所有文件。

d. 列出工作目录中以.c 结束的所有文件的索引节点编号。

e. 列出在根文件系统中具有访问权限且在最近 30 天内修改过的所有文件。

11. 编写一个简短的 shell 脚本，该脚本用两个文件名作为它的参数，脚本判断这两个文件的访问权限是否相同。如果访问权限相同，就输出共同的访问权限字段。否则，分别输出各自的文件名和访问权限字段(提示：试着利用 cut 实用程序)。

12. 编写一个 shell 脚本，该脚本以一个目录的名称作为参数，搜索这个目录中长度为 0 的文件，并把长度为 0 的文件的名称写入标准输出。如果在命令行上没有任何选项，在显示找到的文件名后脚本就删除它，在删除前要得到用户确认；如果在命令行上有-f 选项，脚本在删除该文件前就不需要用户确认。

高级练习

13. 编写一个脚本，该脚本的输入为用冒号作为分隔符的一系列项，按照每行一项的格式将这些项输出到标准输出(不带冒号)。

14. 把练习 13 所写的脚本泛化，使得分隔各项的分隔符作为函数的参数。如果没有参数，分隔符就默认为冒号。

15. 编写一个名为 funload 的函数，该函数用一个包含其他函数的文件的文件名作为参数。函数 funload 的功能是使得指定文件中的所有函数在当前 shell 都可用，也就是说，funload 可以从指定的文件加载函数。为了定位文件，

funload 函数要搜索以冒号作为分隔符的目录列表，这个目录列表由环境变量 FUNPATH 给出。假设 FUNPATH 的格式和环境变量 PATH 的格式相同；同时搜索变量 FUNPATH 的方式也与 shell 搜索 PATH 变量的方式相同。

16. 重写 bundle 脚本(参见 10.1 节中的选读部分)，使得它创建的脚本以一个可选的文件名列表作为参数。如果在命令行上有一个或多个文件名，就只是重新创建这些文件；否则就重新创建 shell 存档文件中的所有文件。例如：假如所有以.c 为扩展名的文件被捆绑在一个名为 srcshell 的存档文件中，而用户只想解压缩其中的文件 test1.c 和 test2.c，那么可以使用下面的命令：

```
$ bash srcshell test1.c test2.c
```

17. lnk 脚本(参见 10.1 节)找不到什么样的链接？为什么？

18. 原则上，要尽量避免使用递归。递归总可以用循环结构替代，如 while 或 until 结构。在不使用递归函数的情况下重写 makepath 脚本。你更喜欢哪个版本？为什么？

19. 列表通常存储在环境变量中，这些环境变量通常用冒号(:)将两个列表元素分隔开来(PATH 变量的值是一个很好的示例)。可在这样的一个列表中添加一个新元素，方法是将新元素放在已有列表的前面来连接新元素，比如：

```
PATH=/opt/bin:$PATH
```

若用户添加的目录元素在列表中已经存在，现在在列表中就有该元素的两个副本。编写一个名为 addenv 的且带有两个参数的 shell 函数：一个参数是 shell 变量的名称；另一个参数是将要追加到列表中的 shell 变量的值的字符串，要确保这个字符串不是列表中的元素。例如下面这个调用：

```
addenv PATH /opt/bin
```

当给出的路径名/opt/bin 未在 PATH 变量中出现时，将把目录/opt/bin 添加到变量 PATH 中。确保程序能够在 shell 变量开始为空的时候也能工作。还要认真检查列表元素，如果目录/usr/opt/bin 在 PATH 变量中存在，但目录/opt/bin 不在 PATH 中，那么执行上面的程序仍然会把/opt/bin 目录添加到 PATH 变量中(提示：如果用户首先编写一个函数 locate_field()，用来判断字符串是否是 shell 变量的值中的一个元素，本习题就会变得简单一点)。

20. 编写一个函数，用一个目录名作为函数的参数，将该目录中的所有文件中名字最长的那个文件名写到标准输出。如果函数的参数不是一个目录名，就向标准输出写入一条错误消息，同时返回一个非 0 退出状态，退出程序。

21. 修改习题 20 中的函数，按照降序递归搜索给定目录中的所有子目录(包括该目录下面所有的目录)，找出该层次结构中文件名最长的文件。

22. 编写一个函数，列出工作目录中的普通文件、目录文件、特殊块设备文件、特殊字符设备文件、FIFO 和符号链接的数目。请采用以下两种方法实现上述功能：

a. 根据命令 ls –l 输出的内容的第 1 个字母来判断文件类型。

b. 使用文件类型的条件测试表达式语法[[expression]]来判断文件的类型。

23. 修改 quiz 程序(参见 10.8 节)，随机地输出每个问题的选项。

第 **11** 章

Perl 脚本语言

阅读完本章之后你应该能够:
- 使用 perldoc 显示 Perl 文档
- 运行命令行上和文件中的 Perl 程序
- 解释 say 函数的用法
- 列举和描述三种类型的 Perl 变量
- 编写使用每种类型变量的 Perl 程序
- 描述 Perl 控制结构
- 编写读写文件的程序
- 在 Perl 程序中使用正则表达式
- 编写使用 CPAN 模块的 Perl 程序
- 演示一些 Perl 函数

1987 年, Larry Wall 创建了处理文本的 Perl(Practical Extraction and Report Language)编程语言。Perl 使用的语法和概念来自于 awk、sed、C、Bourne Shell、Smalltalk、Lisp 和英语。它用于从文本文件中扫描并提取信息, 根据这些信息生成报告。自从 1987 年引入这门语言以来, Perl 有了非常大的扩展——其文档也随之扩展。目前, 除了处理文本之外, Perl 还用于系统管理、软件开发和一般用途的编程。

Perl 代码是可以移植的, 因为 Perl 已经在许多操作系统上实现了(参见 www.cpan.org/ports)。Perl 是一种非官方的、实用的、健壮的、易用的、高效的、完整的和简明易懂的语言。Perl 非常直截了当, 它支持过程编程和面向对象编程, 十分简洁。

把 Perl 与许多其他编程语言区分开的一个要素是其语言的由来。在英语中, 可以说:"如果我买的彩票中了奖, 我就买辆车。"Perl 允许模仿这种语法。另一个区别是 Perl 有单数和复数变量, 单数变量保存单个值, 复数变量保存一列值。

11.1　Perl 简介

手册中的两句话揭示了 Perl 的哲学：

Perl 的许多语法元素都是可选的。它不要求给每个函数调用加上圆括号以及声明每个变量，用户常常可以不使用这些语法元素，而 Perl 常常能明白用户的意图。这称为 Do What I Mean，简称为 DWIM。它允许程序员按照方便的方式编码。

Perl 的座右铭是"完成一项工作有多种方式"。总共有多少种方式留给读者做练习。

Perl 的一个最大的优点是有数千个第三方模块支持它。Comprehensive Perl Archive Network (CPAN，www.cpan.org)是包含许多模块和 Perl 的其他相关信息的存储库。在 Perl 程序中下载、安装和使用这些模块的信息参见 11.8 节。

学习 Perl 的最佳方式是使用它。复制并修改本章中的程序，使这些程序适合自己。许多系统工具都是用 Perl 编写的。这些工具的第一行大都以#!/usr/bin/perl 开头，它告诉 shell，把程序传递给 Perl 再执行。包含字符串/usr/bin/perl 的大多数文件都是 Perl 程序。下面的命令使用 grep 递归地(-r)搜索/usr/bin 和/usr/sbin 目录，查找包含字符串/usr/bin/perl 的文件；结果列出了用 Perl 编写的许多本地系统工具：

```
$ grep -r /usr/bin/perl /usr/bin /usr/sbin | head -4
/usr/bin/defoma-user:#! /usr/bin/perl -w
/usr/bin/pod2latex:#!/usr/bin/perl
/usr/bin/pod2latex: eval 'exec /usr/bin/perl -S $0 ${1+"$@"}'
/usr/bin/splain:#!/usr/bin/perl
```

查看这些程序——它们演示了如何在实际工作中使用 Perl。把一个系统程序复制到自己的目录中，再修改它。除非你知道自己在做什么，否则不要用 root 权限运行系统程序。

11.1.1　更多信息

本地　man 页：在 perl 和 perldoc 的 man 页中，查看 Perl 的 man 页的列表。

网络　Perl 主页：www.perl.com

　　　　CPAN：www.cpan.org

　　　　博客：perlbuzz.com

图书　*Programming Perl*，第 3 版，由 Wall、Christiansen 和 Orwant 合著、O'Reilly & Associates 出版社出版(2000 年 7 月)

11.1.2　帮助

Perl 是一种很宽松的语言，很容易编写出可以运行的 Perl 代码，但这些代码没有按照期望的那样执行。Perl 包含许多工具，这些工具有助于找出编码错误。-w 选项和 use warning 语句可以生成有帮助的诊断消息。use strict 语句(参见 perldebtut 的 man 页)要求在使用变量前声明它们，给程序指定规则。如果所有这些都失败了，还可以使用 Perl 的内置调试器单步执行程序。更多信息参见 perldebtut 和 perldebug 的 man 页。

11.1.3　perldoc

在使用 perldoc 之前，首先必须安装 perl-doc 软件包。

perldoc 实用程序可以定位和显示本地的 Perl 文档。它类似于 man，但专用于 Perl。它处理包含 pod(简单旧式文档，plain old documentation，这是一种清晰、简明的文档语言)行的文件。当内嵌到 Perl 程序中时，pod 允许包含整个程序的文档，而不仅是 Perl 程序中的代码级注释。

下面是一个简单的 Perl 程序，其中包含 pod。"=cut"后面的两行代码是程序，其余是 pod 格式的文档。

```
$ cat pod.ex1.pl
#!/usr/bin/perl

=head1 A Perl Program to Say I<Hi there.>

This simple Perl program includes documentation in B<pod> format.
The following B<=cut> command tells B<perldoc> that what follows
is not documentation.
=cut
# A Perl program
print "Hi there.\n";

=head1 pod Documentation Resumes with Any pod Command

See the B<perldoc.perl.org/perlpod.html> page for more information
on B<pod> and B<perldoc.perl.org> for complete Perl documentation.
```

可使用 Perl 运行该程序：

```
$ perl pod.ex1.pl
Hi there.
```

还可以使用 perldoc 显示文档：

```
$ perldoc pod.ex1.pl
POD.EX1(1)          User Contributed Perl Documentation          POD.EX1(1)


A Perl Program to Say Hi there.
        This simple Perl program includes documentation in pod format. The
        following =cut command tells perldoc that what follows is not
        documentation.

pod Documentation Resumes with Any pod Command
        See the perldoc.perl.org/perlpod.html page for more information on pod
        and perldoc.perl.org for complete Perl documentation.
```

大多数公开发布的模块和脚本，以及 Perl 本身，都包含内嵌的 pod 格式的文档。例如，下面的命令显示了 Perl 中 print 函数的相关信息：

```
$ perldoc -f print
    print FILEHANDLE LIST
    print LIST
    print       Prints a string or a list of strings. Returns true if
                successful. FILEHANDLE may be a scalar variable containing the
                name of or a reference to the filehandle, thus introducing one
                level of indirection. (NOTE: If FILEHANDLE is a variable and the
                next token is a term, it may be misinterpreted as an operator
                unless you interpose a "+" or put parentheses around the
...
```

一旦安装了模块，就可以使用 perldoc 显示该模块的文档。以下面的示例使用 perldoc 显示在本地安装的 Timestamp::Simple 模块的信息：

```
$ perldoc Timestamp::Simple
Timestamp::Simple(3) User Contributed Perl Documentation Timestamp::Simple(3)
NAME
        Timestamp::Simple - Simple methods for timestamping
SYNOPSIS
        use Timestamp::Simple qw(stamp);
        print stamp, "\n";
...
```

使用命令 man perldoc 或 perldoc perldoc 可显示 perldoc 的 man 页，以了解这个工具的更多信息。

使 Perl 程序可读

提示　Perl 有许多快捷方式，适合于一次性编程，而本章的代码易于理解和维护。

11.1.4　术语

本节定义本章中使用的一些术语。

模块　Perl 模块是一个独立的 Perl 代码块，常常包含几个一起使用的函数。模块可以在另一个模块或 Perl 程序中调用。模块必须有唯一的名称。为了帮助确保名称的唯一性，Perl 为模块提供了一个层次结构的名称空间，用双冒号(::)区分名称的各个部分。例如，Timestamp::Simple 和 WWW::Mechanize。

发布　Perl 发布是一组执行单个任务的一个或多个模块。可在 search.cpan.org 上搜索发布和模块。发布的示例有 Timestamp-Simple(只包含 Timestamp::Simple 模块的 Timestamp-Simple-1.01.tar.gz 归档文件)和 WWW-Mechanize(包含 WWW::Mechanize 模块和支持模块 WWW::Mechanize::Link 及 WWW::Mechanize::Image 的 WWW-Mechanize-1.34.tar.gz)。

包　包定义了一个 Perl 名称空间。例如，在变量$WWW::Mechanize::ex 中，$ex 是 WWW::Mechanize 包中的一个标量变量，其中，在有意义的名称空间中使用"包"。给发布、包和模块使用相同的名称，如 WWW::Mechanize，就会产生混淆。

块　块是用花括号({})界定的 0 个或多个语句，块定义了一个作用域。对 shell 控制结构语法的解释把这些元素称为命令。10.1 节的 if...then 控制结构就是一例。

包变量　包变量在它出现的包中定义。其他包使用该变量的完全限定名(如$Text:: Wrap::columns)就可以引用包变量。变量默认为包变量，除非把它们明确定义为词汇变量。

词汇变量　词汇变量就是在变量名的前面加上关键字 my(参见 11.2 节的提示)，这种变量只在它所在的块或文件中定义。其他语言把词汇变量称为局部变量。因为 Perl 4 使用关键字 local 表示另一个含义，所以 Perl 5 使用关键字 lexical 表示局部变量。用 bash 编程时，没有导出的变量对于使用它们的程序而言是局部变量。

列表　列表是一系列的 0 个或多个标量。下面的列表有 3 个元素——两个数字和一个字符串：

```
(2,4, 'Zach')
```

数组　数组是以指定的顺序保存一个元素列表的变量。在下面的代码行中，@a 是一个数组。关于数组变量的更多信息参见 11.2 节。

```
@a=(2,4, 'Zach')
```

复合语句　复合语句是由其他语句组成的语句。例如，if 复合语句包含 if 语句，而 if 语句在它控制的块中一般包含其他语句。

11.1.5　运行 Perl 程序

运行用 Perl 编写的程序有几种方法。-e 选项允许在命令行上输入程序：

```
$ perl -e 'print "Hi there.\n"'
Hi there.
```

-e 选项是测试 Perl 语法和运行简短的一次性程序的好方法。这个选项要求 Perl 程序在命令行上显示为一个参数。程序必须紧跟在这个选项的后面——程序是这个选项的一个参数。编写这类程序的一种简单方法是把程序放在单引号中。

因为 Perl 属于从文件或标准输入接收输入信息的一类实用程序，所以可以使用命令 perl，并通过 CONTROL+D 组合键(文件末尾)终止程序。Perl 从标准输入读取程序：

```
$ perl
print "Hi there.\n";
CONTROL-D
Hi there.
```

上面的技巧可用于简短的一次性命令行程序，但不利于运行更复杂的程序。大多数情况下，Perl 程序存储在文本文件中。该文件的扩展名一般是.pl(尽管这不是必需的)。下面把上面例子中的简单程序存储在一个文件中：

```
$ cat simple.pl
```

```
print "Hi there.\n";
```

要运行这个程序，可以把程序名指定为 Perl 的一个参数：

```
$ perl simple.pl
Hi there.
```

与大多数 shell 脚本一样，包含 Perl 程序的文件是可执行的。在下面的例子中，chmod 把 simple2.pl 文件变成可执行的。如 8.5 节所述，文件第一行开头的"#!"告诉 shell，把文件剩余的内容传送给/usr/bin/perl，以便执行这些代码。

```
$ chmod 755 simple2.pl
$ cat simple2.pl
#!/usr/bin/perl -w
print "Hi there.\n";

$ ./simple2.pl
Hi there.
```

在这个例子中，simple2.pl 程序以./simple2.pl 的形式执行，因为工作目录不在用户的 PATH 中。-w 选项告诉 Perl，识别出代码中的潜在错误时，就显示警告消息。

Perl 5.22 版本

本章的所有例子都运行在 Perl 5.22 版本下。使用下面的命令可以查看本地系统运行的是哪个 Perl 版本：

```
$ perl -v
This is perl 5, version 22, subversion 1 (v5.22.1) built for x86_64-
linux-gnu-thread-multi...
```

使用'say'功能　say 函数是 Perl 6 的功能，可以在 Perl 5.22 中使用，它的工作方式与 print 相同，只是在每个输出行的末尾添加了换行符(\n)。Perl 的一些版本要求用户明确说明要使用 say。下面示例中的 use 函数告诉 Perl 启用 say 功能。尝试运行这个程序，但不添加 use 代码行，看看 Perl 的本地版本是否要求明确说明要使用 say。

```
$ cat 5.22.pl
use feature 'say';
say 'Output by say.';
print 'Output by print.';
say 'End.'

$ perl 5.22.pl
Output by say.
Output by print.End.
$
```

Perl 的早期版本　如果运行 Perl 的早期版本，就需要用 print 替换本章示例中的 say，并用带双引号的\n 终止print 语句：

```
$ cat 5.8.pl
print 'Output by print in place of say.', "\n";
print 'Output by print.';
print 'End.', "\n";

$ perl 5.8.pl
Output by print in place of say.
Output by print.End.
```

11.1.6　语法

本节介绍 Perl 程序的主要组成部分。

语句　Perl 程序由一个或多个语句组成，每个语句都以分号(;)结尾。相对于空格，这些语句的形式很自由，但带引号的字符串中的空格除外。可将多个语句放在一行上，这些语句都用分号结束。下面的程序是等价的。第一个程序包含两行代码，第二个程序仅包含一行代码；注意等号和加号两边的间隔有所不同。如果这些程序因为 say 不能使用而出错，请查阅 11.1.5 节的相关内容。

```
$ cat statement1.pl
$n=4;
say "Answer is ", $n + 2;
$ perl statement1.pl
Answer is 6
$ cat statement2.pl
$n = 4; say "Answer is ", $n+2;
$ perl statement2.pl
Answer is 6
```

表达式 Perl 表达式的语法常对应于 C 表达式的语法，但并不总是相同的。Perl 表达式在本章的示例中介绍。

引号 所有字符串都必须放在单引号或双引号中。Perl 区分这两类引号的方式与 shell 类似：双引号允许 Perl 包含引用的变量，并解释特殊字符，如\n(换行符)，而单引号不能。表 11-1 列出了 Perl 的一些特殊字符。

下面的示例说明了不同类型的引号以及不带引号如何影响 Perl 在数字和字符串之间转换标量。第一个 print 语句中的单引号禁止 Perl 插入$string 变量的值，也不允许解释特殊字符\n。第二个 print 语句开头的\n 迫使该语句的输出显示在新的一行上。

```
$ cat string1.pl
$string="5"; # $string declared as a string, but it will not matter
print '$string+5\n';     # Perl displays $string+5 literally because of
                         # the single quotation marks
print "\n$string+5\n";   # Perl interpolates the value of $string as a string
                         # because of the double quotation marks
print $string+5, "\n";   # Lack of quotation marks causes Perl to interpret
                         # $string as a numeric variable and to add 5;
                         # the \n must appear between double quotation marks
$ perl string1.pl
$string+5\n
5+5
10
```

斜杠 正则表达式默认用斜杠(/)界定。下面的示例测试字符串 hours 是否包含模式 our；关于 Perl 中正则表达式的更多内容可查阅 11.7 节。

```
$ perl -e 'if("hours"=~ /our/) {say "yes";}'
```

Perl 的本地版本可能需要使用 'say'功能才能正常工作：

```
$ perl -e 'use feature "say"; if("hours"=~ /our/) {say "yes";}'
```

反斜杠 在带双引号的字符串中，一个反斜杠会转义另一个反斜杠。因此 Perl 会把"\\n"显示为\n。在正则表达式中，Perl 不会扩展反斜杠后面的元字符。参见本节前面的 string1.pl 程序。

注释 与 shell 一样，Perl 中的注释以英镑字符(#)开头，到行尾结束(在换行符之前)。

特殊字符 表 11-1 列出了在 Perl 中有特殊含义的一些字符。Perl 把这些字符插入带双引号的字符串中，但不插入带单引号的字符串中。表 11-3 列出了正则表达式中有特殊含义的元字符。

表 11-1　Perl 中的特殊字符

字　　符	放在双引号中的含义
\0xx(0)	八进制值为 xx 的 ASCII 字符
\a	警报(响铃或蜂鸣)字符(ASCII 7)
\e	转义字符(ASCII 27)
\n	换行符(ASCII 10)
\r	回车符(ASCII 13)
\t	制表符(ASCII 9)

11.2　变量

与英语相同，Perl 也区分单数和复数。字符串和数字是单数，字符串或数字列表是复数。Perl 提供了 3 类变量：标量(单数)、数组(复数)和哈希(复数，也称为关联数组)。为了标识这些变量，Perl 在变量名的前面加上一个特殊字符。标量变量名以美元符号($)开头，数组变量名以@符号开头，哈希变量名以百分号(%)开头。与 shell 标识变量的方式不同，每次引用变量时，Perl 都要求包含前导字符，给变量赋值时也是如此：

```
$ name="Zach" ; echo "$name"                    (bash)
Zach
$ perl -e '$name="Zach" ; print "$name\n";'     (perl)
Zach
```

变量名区分大小写，它可以包含字母、数字和下划线(_)。Perl 变量是包变量，除非在变量名的前面加上了关键字 my，此时它是一个词汇变量，仅在该变量所在的块或文件中定义。关于 Perl 变量的局部性可查阅 11.6 节。

词汇变量会掩盖包变量

警告　在定义词汇变量的块或文件中，如果词汇变量和包变量同名，那么指的是词汇变量而不是包变量。

给 Perl 变量赋值，该变量就存在——不需要定义或初始化它，尽管定义或初始化 Perl 变量，会使程序更容易理解。引用未初始化的变量时，Perl 一般不会报错：

```
$ cat variable1.pl
#!/usr/bin/perl
my $name = 'Sam';
print "Hello, $nam, how are you?\n"; # Typo, e left off of name
$ ./variable1.pl
Hello, , how are you?
```

use strict　如果包含 use strict 语句，Perl 就要求在赋值前声明变量。更多信息请查阅 perldebtut 的 man 页。在上面的程序中包含 use strict 语句，Perl 就会显示一条错误消息：

```
$ cat variable1b.pl
#!/usr/bin/perl
use strict;
my $name = 'Sam';
print "Hello, $nam, how are you?\n"; # Typo, e left off of name
$ ./variable1b.pl
Global symbol "$nam" requires explicit package name at ./variable1b.pl line 4.
Execution of ./variable1b.pl aborted due to compilation errors.
```

使用 my：词汇变量和包变量

警告　在 variable1.pl 中，在$name 变量名前加上了关键词 my，把它声明为词汇变量，该变量的名称和值都仅在文件 variable1.pl 中存在。把变量声明为词汇变量会把该变量的作用域限制在定义它的块或文件中。尽管在这种情况下不必把变量声明为词汇变量，但最好这么做。编写较长的程序、子例程或包时，很难确保变量名的唯一性，此时这种习惯就特别有用。如果所编写的例程在其他人编写的代码中使用，就必须把变量声明为词汇变量。这样使用该例程的人就可以使用自己喜欢的变量名，而不必考虑在编写的代码中使用了什么变量名。

shell 和 Perl 变量的作用域不同。在 shell 中，如果不导出变量，它对于所使用例程就是局部的。在 Perl 中，如果没有使用 my 把变量声明为词汇变量，该变量就被定义为包变量。

-w 和 use warnings　-w 选项和 use warnings 语句的作用相同：它们都使 Perl 在发现语法错误时生成一条错误消息。在下面的示例中，Perl 显示了两个警告。第一个警告说明第 3 行使用了一次变量$nam，这可能是一个错误。如果变量名拼写错误，这条错误消息就有用。在 Perl 5.22 中，第二个警告指定未初始化变量的名称。这个警告与第一个警告表示的问题相同。在这个简单程序中，不难看出哪两个变量没有定义，但在复杂程序中，找出未初始化的变量要耗费很长时间。

```
$ cat variable1a.pl
#!/usr/bin/perl -w
my $name = 'Sam';
print "Hello, $nam, how are you?\n"; # Prints warning because of typo and -w
$ ./variable1a.pl
Name "main::nam" used only once: possible typo at ./variable1a.pl line 3.
Use of uninitialized value $nam in concatenation (.) or string at ./variable1a.pl line 3.
Hello, , how are you?
```

还可以在命令行上使用-w 选项。如果同时使用了-e 选项，就应确保跟在这个选项后面的参数是要执行的程序(即，-e -w 是无效的)。参见 11.7 节的提示。

```
$ perl -w -e 'my $name = "Sam"; print "Hello, $nam, how are you?\n"'
Name "main::nam" used only once: possible typo at -e line 1.
Use of uninitialized value $nam in concatenation (.) or string at -e line 1.
Hello, , how are you?
```

undef 和 defined 未定义的变量有特定的值 undef，在数值表达式中，它等于 0，在输出时，会显示空字符串("")。使用 defined 函数可以确定变量是否已定义。下面的示例使用了本章后面介绍的结构，它通过参数$name 调用 defined 函数，并用感叹号(!)对结果取反。如果结果$name 未定义，就执行 print 语句。

```
$ cat variable2.pl
#!/usr/bin/perl
if (!defined($name)) {
print "The variable '\$name' is not defined.\n"
};
$ ./variable2.pl
The variable '$name' is not defined.
```

由于-w 选项使 Perl 在引用未定义的变量时发出警告，因此使用这个选项会生成一个警告。

11.2.1 标量变量

标量变量的名称以美元符号($)开头，其中仅存储一个字符串或数字。这是一个单数变量。因为 Perl 可以在需要时在字符串和数字之间转换，所以字符串和数字可以互换。Perl 会根据具体情况，把标量变量解释为字符串或数字。Perl 一般能很好地判断应把标量变量解释为字符串还是数字。

下面的示例揭示了标量变量的一些用法。前两行代码(第 3 行和第 4 行)把字符串 Sam 赋予标量变量$name，把数字 5 和 2 分别赋予标量变量$n1 和$n2。在这个例子中，多行语句用分号(;)分隔开，并放在一行上。如果这个程序因为 say 不能使用而报错，请查阅 11.1 节的 use feature 'say'。

```
$ cat scalars1.pl
#!/usr/bin/perl -w

$name = "Sam";
$n1 = 5; $n2 = 2;

say "$name $n1 $n2";
say "$n1 + $n2";
say '$name $n1 $n2';
say $n1 + $n2, " ", $n1 * $n2;
say $name + $n1;

$ ./scalars1.pl
Sam 5 2
5 + 2
$name $n1 $n2
7 10
Argument "Sam" isn't numeric in addition (+) at ./scalers1.pl line 11.
5
```

双引号 第一条 say 语句把双引号中的字符串发送到标准输出(即屏幕，除非重定向了它)。在双引号中，Perl 把变量名用该变量的值替换。因此第一条 say 语句显示了 3 个变量的值，它们之间用空格分开。第二条 say 语句包含一个加号(+)。Perl 不能识别单引号或双引号中的运算符(如+)，因此会在两个变量值的中间显示加号。

单引号　第 3 条 say 语句把单引号中的字符串发送到标准输出。在单引号中，因为 Perl 不会转义任何字符，所以这条语句会显示单引号中原有的所有字符。

在第 4 条 say 语句中，运算符没有放在引号中，所以 Perl 执行指定的加法和乘法操作。因为空格没有放在引号中，所以 Perl 会连接两个数字(7 和 10)。最后一条 say 语句尝试把字符串和数字相加；-w 选项迫使 Perl 在显示 5 之前先显示一条错误消息，与 Sam 相加得到 5，因为 Perl 在数字上下文中把 Sam 看作 0，0 与数字 5 相加，得到 5。

11.2.2　数组变量

数组变量是一个有序的标量容器，该变量名以@符号开头，第一个元素编号为 0(基于 0 的下标)。由于数组可以包含 0 个或多个标量，因此它是一个复数变量。数组是有序的，而哈希是无序的。在 Perl 中，数组可以根据需要加长。如果引用数组的未初始化元素，例如超出数组尾部的元素，Perl 就会返回 undef。

下面程序中的第一条语句把两个数值和一个字符串赋予数组变量@arrayvar。因为 Perl 使用基于 0 的索引，所以第一条 say 语句显示数组中第二个元素的值(索引为 1 的元素)。这条语句把变量$arrayvar[1]指定为标量(单数)，因为它引用了单个值。第二条 say 语句把变量@arrayvar[1,2]指定为列表(复数)，因为它引用了多个值(下标为 1 和 2 的元素)。

```
$ cat arrayvar1.pl
#!/usr/bin/perl -w
@arrayvar = (8, 18, "Sam");
say $arrayvar[1];
say "@arrayvar[1,2]";
$ perl arrayvar1.pl
18
18 Sam
```

下一个示例揭示了两种确定数组长度的方法，并提供了在 print 语句中使用引号的更多信息。arrayvar2.pl 中的第一条赋值语句给数组@arrayvar2 的前 6 个元素赋值。在标量环境下使用时，Perl 根据数组名来计算数组的长度。第二条赋值语句把@arrayvar2 中的元素个数赋予标量变量$num。

```
$ cat arrayvar2.pl
#!/usr/bin/perl -w
@arrayvar2 = ("apple", "bird", 44, "Tike", "metal", "pike");

$num = @arrayvar2;              # number of elements in array
print "Elements: ", $num, "\n"; # two equivalent print statements
print "Elements: $num\n";

print "Last: $#arrayvar2\n";    # index of last element in array
$ ./arrayvar2.pl
Elements: 6
Elements: 6
Last: 5
```

arrayvar2.pl 中的前两条 print 语句显示了字符串"Elements:"、一个空格、$num 的值和换行符，这两条 print 语句使用了不同的语法。第一条 print 语句显示了 3 个值，并用逗号在 print 语句中分隔它们。第二条 print 语句有一个参数，说明当变量放在双引号中时，Perl 会用变量的值替换变量。

$#array　arrayvar2.pl 中的最后一条 print 语句说明，Perl 把变量$#*array* 看成数组 *array* 中最后一个元素的下标。因为 Perl 默认使用基于 0 的下标，所以这个变量等于数组的元素个数减 1。

下个示例处理数组的元素，并使用句点(.)字符串连接运算符。前两行代码给 4 个标量变量赋值。第三行说明可以使用标量变量、算术和连接的字符串给数组元素赋值。因为句点运算符会连接字符串，所以 Perl 把$va . $vb 看作 Sam 与 uel 的连接，即 Samuel(参见最后一条 print 语句的输出)。

```
$ cat arrayvar3.pl
#!/usr/bin/perl -w
$v1 = 5; $v2 = 8;
$va = "Sam"; $vb = "uel";
```

```
@arrayvar3 = ($v1, $v1 * 2, $v1 * $v2, "Max", "Zach", $va . $vb);

print $arrayvar3[2], "\n";        # one element of an array is a scalar
print @arrayvar3[2,4], "\n";      # two elements of an array are a list
print @arrayvar3[2..4], "\n\n";   # a slice
print "@arrayvar3[2,4]", "\n";    # a list, elements separated by SPACEs
print "@arrayvar3[2..4]", "\n\n"; # a slice, elements separated by SPACEs

print "@arrayvar3\n";             # an array, elements separated by SPACEs
$ ./arrayvar3.pl
40
40Zach
40MaxZach

40 Zach
40 Max Zach

5 10 40 Max Zach Samuel
```

arrayvar3.pl 中的第一条 print 语句显示了@arrayvar3 数组的第 3 个元素(下标为 2)。这条语句使用$替代@，因为它引用了数组的单个元素。后续的 print 语句使用@，因为它们引用了多个元素。在指定数组下标的方括号中，用逗号分隔开的两个下标指定了数组的两个元素。例如，第二条 print 语句显示了数组的第 3 和第 5 个元素。

数组分片   用两个句点(.., 范围运算符)分隔数组的两个元素时，Perl 会用这两个元素中间的所有元素及这两个元素替代原来的数组。包含元素的数组的一部分称为分片。上述示例中的第 3 条 print 语句根据指定的 2..4 显示了下标为 2、3 和 4 的元素(第 3、4 和 5 个元素)。Perl 在所显示的元素之间没有加入空格。

在 print 语句中，如果把数组变量及其下标放在双引号中，Perl 就会在各个元素之间加入一个空格。上述示例中的第 4 和第 5 条 print 语句就揭示了这种语法。最后一条 print 语句显示了整个数组，各个元素之间用空格分开。

shift、push、pop 和 splice 函数   下一个示例说明了几个用于处理数组的函数。这个示例使用了@colors 数组，它初始化为包含 7 种颜色的一个列表。shift 函数返回并删除数组的第一个元素，push 函数把一个元素添加到数组的末尾，pop 函数返回并删除数组的最后一个元素。splice 函数用一个数组替换另一个数组中的元素。在这个例子中，splice 函数从下标为 1 的元素(第 2 个元素)开始插入@ins 数组，并替代原数组中的两个元素。如果这个程序因 say 不能使用而报错，请参见 11.1 节的相关内容。关于本段介绍的函数的更多信息可参见 perlfunc 的 man 页。

```
$ cat ./shift1.pl
#!/usr/bin/perl -w

@colors = ("red", "orange", "yellow", "green", "blue", "indigo", "violet");

say "                          Display array: @colors";
say " Display and remove first element of array: ", shift (@colors);
say "       Display remaining elements of array: @colors";

push (@colors, "WHITE");
say "   Add element to end of array and display: @colors";

say "  Display and remove last element of array: ", pop (@colors);
say "       Display remaining elements of array: @colors";

@ins = ("GRAY", "FERN");
splice (@colors, 1, 2, @ins);
say "Replace second and third elements of array: @colors";

$ ./shift1.pl
                          Display array: red orange yellow green blue indigo violet
Display and remove first element of array: red
      Display remaining elements of array: orange yellow green blue indigo violet
  Add element to end of array and display: orange yellow green blue indigo violet WHITE
 Display and remove last element of array: WHITE
      Display remaining elements of array: orange yellow green blue indigo violet
Replace second and third elements of array: orange GRAY FERN blue indigo violet
```

11.2.3 哈希变量

哈希变量有时称为关联数组变量，是一种复数的数据结构，里面存储了一组键-值对。它把字符串用作键(索引)，并进行了优化，当给定一个键时，会很快返回一个值。每个键都必须是唯一的标量。哈希是无序的，数组是有序的。给哈希赋予一个列表后，就会保存键-值对，但它们的顺序既不按字母排序，也不按它们插入哈希时的顺序排序，而是完全随机的。

Perl 提供了两种语法给哈希赋值。第一种语法是对每个键-值对使用一条赋值语句：

```
$ cat hash1.pl
#!/usr/bin/perl -w
$hashvar1{boat} = "tuna";
$hashvar1{"number five"} = 5;
$hashvar1{4} = "fish";

@arrayhash1 = %hashvar1;
say "@arrayhash1";

$ ./hash1.pl
boat tuna 4 fish number five 5
```

在赋值语句中，方括号中的键位于等号的左边，值位于等号的右边。如上面的例子所示，键和值都可以是数值或字符串值。不需要给字符串型的键加上引号，除非它们包含空格。这个例子也说明，把哈希赋予一个数组变量，再把该变量放在双引号中打印出来，就可以显示哈希包含的键和值，它们用空格分开。

下面的示例说明了另一种给哈希赋值的方法，还说明了如何使用 keys 和 values 函数从哈希中提取键和值。给 %hash2 哈希赋值后，hash2.pl 就通过参数%hash2 调用 keys 函数，并把得到的键列表赋予@array_keys 数组。程序接着使用 values 函数给@array_values 数组赋值。

```
$ cat hash2.pl
#!/usr/bin/perl -w

%hash2 = (
    boat => "tuna",
    "number five" => 5,
    4 => "fish",
    );

@array_keys = keys(%hash2);
say " Keys: @array_keys";

@array_values = values(%hash2);
say "Values: @array_values";
$ ./hash2.pl
  Keys: boat 4 number five
Values: tuna fish 5
```

因为 Perl 会自动引用 "=>" 运算符左边的一个字，所以在这个程序的第 3 行上无须给 boat 加上引号。但是，删除 number five 的引号会出错，因为该字符串包含一个空格。

11.3　控制结构

控制流语句会改变 Perl 程序中语句的执行顺序。10.1 节详细讨论了 bash 的控制结构，还列出了流程图。Perl 的控制结构同 bash 中的控制结构具有相同的功能，但这两种语言使用不同的语法。本节描述的每个控制结构都引用了 bash 中有关对应控制结构的讨论。

在本节中，语法描述中的粗斜体字是用户要提供的内容，从而使控制结构达到预期的目的，不是粗体的斜体字则是 Perl 用于标识控制结构的关键字，{...}表示一个语句块。这些结构大多使用表达式(标记为 *expr*)来控制其执行。下面的 if/unless 及其语法描述就是一个例子。

11.3.1　if/unless

if 和 unless 控制结构是复合语句，其语法如下：

```
if (expr) {...}
unless (expr) {...}
```

这两个结构只有所执行的测试有区别:如果 *expr* 等于 *true*,if 结构就执行语句块;除非 *expr* 等于 *true*(即 *expr* 等于 *false*),否则 unless 结构就执行语句块。

if 显示为不是粗体的斜体字,因为它是一个关键字,它必须位于上述代码中的位置。*expr* 是一个表达式;Perl 会计算它,如果该表达式的值满足控制结构的要求,就执行{...}表示的语句块。

文件测试运算符 下面例子中的 *expr* 是-r memo1,它使用-r 文件测试运算符来确定文件 memo1 是否存在于工作目录中,以及该文件是否可读。尽管这个运算符仅测试用户是否有权读取该文件,但该文件必须存在,用户才能读取它,因此这个运算符隐式地测试文件是否存在(Perl 使用的文件测试运算符与 bash 相同,参见表 10-1)。如果这个表达式等于 *true*,Perl 就执行花括号中的语句块(这里是一条语句)。如果表达式等于 *false*,Perl 就跳过该语句块。在任何一种情况下,之后 Perl 退出,把控制权返回给 shell。

```
$ cat if1.pl
#!/usr/bin/perl -w
if (-r "memo1") {
    say "The file 'memo1' exists and is readable.";
    }
$ ./if1.pl
The file 'memo1' exists and is readable.
```

下面是用后缀 if 语法编写的同一个程序。使用哪个语法取决于语句的哪一部分对代码阅读者更重要。

```
$ cat if1a.pl
#!/usr/bin/perl -w
say "The file 'memo1' exists and is readable." if (-r "memo1");
```

下一个示例使用 print 语句在标准输出上显示一个提示符,并使用语句 "$entry = <>;"从标准输入中读取一行,再把该行赋予变量$entry。11.4 节介绍了如何从标准输入中读取,如何处理其他文件,如何使用 magic 文件句柄(<>)读取命令行上指定的文件。

比较运算符 Perl 使用不同的运算符来比较数字和字符串。表 11-2 列出了数字和字符串比较运算符。在下面的示例中,if 语句中的表达式使用 "=="数字比较运算符来比较用户输入的值和数字 28。这个运算符进行数值比较,所以用户可以输入 28、28.0 或 00028,这些比较的结果都是 *true*。另外,因为比较的是数值,所以 Perl 会忽略用户输入的内容前后的空格和末尾的换行符。如果用户输入的值不是数字,而程序在算术表达式中使用这个值,-w 选项就会迫使 Perl 发出一个警告;如果不使用这个选项,Perl 就会把该表达式判断为 *false*。

```
$ cat if2.pl
#!/usr/bin/perl -w
print "Enter 28: ";
$entry = <>;
if ($entry == 28) {                      # use == for a numeric comparison
    print "Thank you for entering 28.\n";
    }
print "End.\n";
$ ./if2.pl
Enter 28: 28.0
Thank you for entering 28.
End.
```

表 11-2 比较运算符

数值运算符	字符串运算符	根据运算符前后的值的关系返回
==	eq	如果相等,就返回 true
!=	ne	如果不相等,就返回 true
<	it	如果小于,就返回 true
>	gt	如果大于,就返回 true
<=	le	如果小于或等于,就返回 true
>=	ge	如果大于或等于,就返回 true
<=>	cmp	如果相等,就返回 0;如果大于,就返回 1;如果小于,就返回 - 1

下面的程序类似于前面的程序,但它测试两个字符串是否相等。chomp 函数删除用户输入的内容尾部的换行符,没有这个函数,所比较的字符串就不匹配。eq 比较运算符比较字符串是否相等。在这个示例中,如果用户输入字符串 five,字符串比较的结果就是 *true*。若该字符串的前面或后面有空格,比较结果就是 *false*,输入字符串 5,结果也是 false,尽管这些输入不会生成警告消息,因为它们都是合法的字符串。

```
$ cat if2a.pl
#!/usr/bin/perl -w
print "Enter the word 'five': ";
$entry = <>;
chomp ($entry);
if ($entry eq "five") {          # use eq for a string comparison
    print "Thank you for entering 'five'.\n";
    }
print "End.\n";

$ ./if2a.pl
Enter the word 'five': five
Thank you for entering 'five'.
End.
```

11.3.2   if…else

if…else 控制结构是一种复合语句,类似于 bash 中的 if…then…else 控制结构。它使用如下语法执行两个分支:

```
 if (expr) {…} else {…}
```

die 函数   下面的程序提示用户输入两个不同数字,把它们分别存储在$num1 和$num2 中。如果用户两次输入相同的数字,if 结构就执行 die 函数,该函数把它的参数发送给标准错误,并终止程序的执行。

如果用户输入不同数字,if…else 结构就报告哪个数字较大。因为 *expr* 进行数值比较,所以程序接受包含小数点的数字。

```
$ cat ifelse.pl
#!/usr/bin/perl -w
print "Enter a number: ";
$num1 = <>;
print "Enter another, different number: ";
$num2 = <>;
if ($num1 == $num2) {
    die ("Please enter two different numbers.\n");
    }
if ($num1 > $num2) {
    print "The first number is greater than the second number.\n";
    }
else {
    print "The first number is less than the second number.\n";
    }

$ ./ifelse.pl
Enter a number: 8
Enter another, different number: 8
Please enter two different numbers.

$ ./ifelse.pl
Enter a number: 5.5
Enter another, different number: 5
The first number is greater than the second number.
```

11.3.3   if…elsif…else

与 bash 的 if…then…elif 控制结构类似,Perl 的 if…elsif…else 控制结构也是一种复合语句,它实现一组嵌套的 if…else 结构,语法如下:

```
 if (expr) {…} elsif {…} … else {…}
```

下面的程序使用 if…elsif…else 结构实现上述 ifelse.pl 程序的功能。print 结构替代了 die 语句，因为这个程序中的最后一条语句显示错误消息，程序在执行这条语句后终止。可使用 STDERR 句柄使 Perl 把这条消息发送给标准错误而不是标准输出。

```
$ cat ifelsif.pl
#!/usr/bin/perl -w
print "Enter a number: ";
$num1 = <>;
print "Enter another, different number: ";
$num2 = <>;
if ($num1 > $num2) {
        print "The first number is greater than the second number.\n";
        }
    elsif ($num1 < $num2) {
        print "The first number is less than the second number.\n";
        }
    else {
        print "Please enter two different numbers.\n";
        }
```

11.3.4　foreach/for

Perl 的 foreach 和 for 关键字是同义词，可在上下文中互换使用。这些结构都是有两种语法的复合语句。一些程序员给 foreach 使用一种语法，给 for 使用另一种语法，尽管不需要这么做。本书使用 foreach 来介绍这两种语法。

foreach：语法 1

foreach 结构的第一种语法类似于 shell 的 for…in 结构：

```
foreach|for [var] (list) {...}
```

其中 list 是一个表达式或变量列表。Perl 针对 list 中的每一项执行一次语句块，在每次迭代中，从第一项开始，把 list 中一项的值赋予 var。如果没有指定 var，Perl 就把值赋予$_变量。

下面的程序说明了一个简单的 foreach 结构。在循环的第一次迭代中，Perl 把字符串 Mo 赋予变量$item，say 语句显示这个变量的值，后跟一个换行符。在第二次和第三次迭代中，分别给$item 赋值为 Larry 和 Curly。列表中没有项时，Perl 就执行 foreach 结构后面的语句。在这个示例中，程序终止执行。如果这个程序因不能使用 say 而报错，请查阅 11.1 节的 use feature 'say'.

```
$ cat foreach.pl
foreach $item ("Mo", "Larry", "Curly") {
    say "$item says hello.";
    }

$ perl foreach.pl
Mo says hello.
Larry says hello.
Curly says hello.
```

使用$_，可以把这个程序编写为：

```
$ cat foreacha.pl
foreach ("Mo", "Larry", "Curly") {
    say "$_ says hello.";
    }
```

下面是使用数组的程序：

```
$ cat foreachb.pl
@stooges = ("Mo", "Larry", "Curly");
foreach (@stooges) {
    say "$_ says hello.";
    }
```

下面是使用 foreach 后缀语法的程序：

```
$ cat foreachc.pl
@stooges = ("Mo", "Larry", "Curly");
say "$_ says hello." foreach @stooges;
```

循环变量(在前面的示例中分别是$item 和$_)引用了圆括号中列表的元素。修改循环变量时，也会修改列表中的元素。uc 函数返回其参数的大写形式。下面的示例说明，修改循环变量$stooge，也会修改@stooges 数组：

```
$ cat foreachd.pl
@stooges = ("Mo", "Larry", "Curly");
foreach $stooge (@stooges) {
    $stooge = uc $stooge;
    say "$stooge says hello.";
    }
say "$stooges[1] is uppercase"

$ perl foreachd.pl
MO says hello.
LARRY says hello.
CURLY says hello.
LARRY is uppercase
```

查看 11.4 节中关于遍历命令行参数的一个示例。

11.3.5　last 和 next

Perl 的 last 和 next 语句可以中断循环，它们分别类似于 bash 的 break 和 continue 语句。last 语句会把控制权传递给循环控制结构的语句块后面的语句，并终止循环的执行。next 语句会把控制权传递到语句块的末尾处，以继续执行循环中的下一次迭代。

在下面的示例中，if 结构测试$item 是否等于字符串 two。如果相等，该结构就执行 next 命令，它跳过 say 语句，继续执行循环的下一次迭代。如果用 last 替换 next，Perl 就退出循环，不显示 three。如果这个程序因不能使用 say 而报错，请查阅 11.1 节的相关内容。

```
$ cat foreach1.pl
foreach $item ("one", "two", "three") {
    if ($item eq "two") {
        next;
        }
    say "$item";
    }
$ perl foreach1.pl
one
three
```

foreach：语法 2

foreach 结构的第二种语法类似于 C 的 for 结构：

foreach|for(expr1;expr2;expr3) {...}

expr1 初始化 foreach 结构；Perl 计算 *expr1* 一次，然后执行语句块。*expr2* 是终止条件。每次迭代语句块之前，Perl 会计算 *expr2*，如果 *expr2* 为 true，Perl 就执行语句块。每次迭代语句块之后，Perl 会计算 *expr3*，它一般递增 *expr2* 中的一个变量。

在下面的示例中，foreach2.pl 程序提示输入 3 个数字，显示第 1 个数字，不断在第 2 个数字的基础上递增指定的数字，并显示结果，直到该结果大于第 3 个数字，此时程序退出。关于 magic 文件句柄(<>)的讨论参见 11.4 节。

```
$ cat foreach2.pl
#!/usr/bin/perl -w

print "Enter starting number: ";
$start = <>;
```

```
print "Enter ending number: ";
$end = <>;

print "Enter increment: ";
$incr = <>;

if ($start >= $end || $incr < 1) {
    die ("The starting number must be less than the ending number\n",
    "and the increment must be greater than zero.\n");
    }

foreach ($count = $start+0; $count <= $end; $count += $incr) {
    say "$count";
    }
$ ./foreach2.pl
Enter starting number: 2
Enter ending number: 10
Enter increment: 3
2
5
8
```

提示输入 3 个数后，上面的程序测试第一个数字是否大于或等于最后一个数字，或者递增量是否小于 1。"||" 是布尔或运算符，如果这个运算符前面或后面的表达式是 *true*，if 后面的圆括号中的表达式就是 *true*。

foreach 语句首先把$start+0 的值赋予$count。给字符串$start 加上 0 会迫使 Perl 在数值上下文中工作，在进行赋值操作时去除尾部的换行符。不执行这个修改，程序会先显示另一个换行符，之后显示第一个数字。

11.3.6 while/until

while 和 until 控制结构都是复合语句，它们使用如下语法实现条件循环：

```
while (expr) {...}
until (expr) {...}
```

这两个结构唯一的区别是终止条件。while 结构在 *expr* 等于 *true* 时重复执行语句块，而 until 会一直执行到 *expr* 等于 *true* 为止(即，*expr* 仍等于 *false* 时)。

下面的示例说明了读取和处理输入，直到不再有输入为止的一种技术。尽管这个示例的输入来自于用户(标准输入)，但这种技术也可用于输入来自于文件的情形(参见 11.4 节的示例)。用户在一行上按 CONTROL+D 组合键，就表示文件末尾。

在这个示例中，expr 是$line = <>。这条语句使用了 magic 文件句柄(<>)，从标准输入中读取一行，并把它读取的字符串赋予$line 变量。只要这条语句读取数据，它就等于 *true*。到达文件尾时，该语句就等于 *false*。只有还有要读取的数据，while 循环就继续执行语句块(这个例子只有一条语句)。

```
$ cat while1.pl
#!/usr/bin/perl -w
$count = 0;
while ($line = <>) {
    print ++$count, ". $line";
    }
print "\n$count lines entered.\n";
$ ./while1.pl
Good Morning.
1. Good Morning.
Today is Monday.
2. Today is Monday.
CONTROL-D

2 lines entered.
```

在上面的示例中，$count 跟踪用户输入的行数。在变量的前面加上 "++" 递增运算符(++$count，也称为先递增运算符)，会在 Perl 计算它之前递增变量。另外，也可以把$count 初始化为 1，用$count++递增它(后递增运算符)，但在最后的 print 语句中，$count 等于所输入的行数加 1。

\$.　"\$."变量跟踪程序读取的输入行数。使用"\$."可以把前面的示例重写为：

```
$ cat while1a.pl
#!/usr/bin/perl -w
while ($line = <>) {
    print $., ". $line";
    }
print "\n$. lines entered.\n";
```

\$_　使用\$_变量通常可以简化 Perl 代码。在 Perl 程序中的许多地方都可以使用\$_变量——\$_变量可以看成当前操作的对象。它是许多操作的默认操作数。例如，下面的代码段使用\$line 变量处理一行。它把一行输入读取到\$line变量中，使用 chomp 删除\$line 尾部的换行符，再检查正则表达式是否匹配\$line。

```
while (my $line = <>) {
    chomp $line;
    if ($line =~ /regex/) ...
}
```

可使用\$_变量替代\$line，重写这段代码：

```
while (my $_ = <>) {
    chomp $_;
    if ($_ =~ /regex/) ...
}
```

因为\$_是这些实例中的默认操作数，所以也可以完全省略它：

```
while (<>) {              # read into $_
    chomp;               # chomp $_
    if (/regex/) ... # if $_ matches regex
}
```

11.4　处 理 文 件

打开文件并指定句柄　句柄是 Perl 程序中可用于引用已打开的文件或进程，以进行读写操作的名称。在使用 shell 时，句柄称为文件描述符。因为使用 shell 时，内核在运行程序之前，会自动为标准输入、标准输出和标准错误打开句柄。程序运行完毕后，内核会关闭这些描述符。这些句柄的名称分别是 STDIN、STDOUT 和 STDERR。必须手动打开句柄，以读取、写入其他文件或进程。open 语句的语法如下：

*open(**file-handle**,['mode',] "file-ref");*

其中，*file-handle* 是程序中用于引用名为 *file-ref* 的文件或进程的句柄或变量。如果省略 *mode* 或把 *mode* 指定为"<"，Perl 就打开文件，用于输入(读取)。如果把 *mode* 指定为">"，Perl 就截断并写入文件，并执行写入操作。如果把 *mode* 指定为">>"，Perl 就在文件中追加内容。

关于读取和写入进程的讨论请参见 11.9 节。

写入文件　print 函数把输出写入文件或进程。其语法如下：

*print [**file-handle**] "text"*

其中，*file-handle* 是 open 语句中指定的句柄名，*text* 是要输出的信息。*file-handle* 也可以是 STDOUT 或 STDERR。除非把信息发送到标准输出，否则必须在 print 语句中指定句柄。在 *file-handle* 的后面不应加上逗号。另外，不要把 print 函数的参数放在圆括号中，因为这样会出问题。

读取文件　下面的表达式从 *file-handle* 关联的文件或进程中读取一行数据，包括换行符(\n)：

*<**file-handle**>*

这个表达式一般在语句中使用，例如：

```
$line = <IN>;
```

该语句从句柄 IN 指定的文件或进程中读取一行，放在\$line 中。

magic 文件句柄(<>)　为便于在命令行上从指定的文件或标准输入中读取数据，Perl 提供了 magic 文件句柄。本书在大多数示例中都使用了这个文件句柄。可用下面的代码替代上述代码：

```
$line = <>;
```

这个文件句柄使 Perl 程序像许多 Linux 实用程序一样工作：它从标准输入中读取，除非程序用一个或多个参数调用，此时它从参数指定的文件中读取。至于这个功能如何与 cat 一起使用，请参见 5.2 节。

在下面的示例中，第一行代码中的 print 语句包含可选的句柄 STDOUT；下一条 print 语句省略了这个句柄；最后一条 print 语句使用 STDERR 文件句柄，把 print 的输出放在标准错误中。第一条 print 语句提示用户输入一些数据，这条语句输出的字符串用一个空格结束，而不是用换行符结束，所以用户可在提示符所在的行上输入信息。接着，第二行使用 magic 文件句柄从标准输入中读取一行，并赋予$userline。由于使用了 magic 文件句柄，因此如果用文件名参数调用 file1.pl，该程序就从文件中读取一行，而不是从标准输入中读取。运行 file1.pl 的命令行使用"2>"(参见 8.4 节)把标准错误(第 3 个 print 语句的输出)重定向到 file1.err 文件。

```
$ cat file1.pl
print STDOUT "Enter something: ";
$userline = <>;
print "1>>>$userline<<<\n";
chomp ($userline);
print "2>>>$userline<<<\n";
print STDERR "3. Error message.\n";
$ perl file1.pl 2> file1.err
Enter something: hi there
1>>>hi there
<<<
2>>>hi there<<<

$ cat file1.err
3. Error message.
```

chomp/chop 在 file1.pl 中，用户输入后面的两条 print 语句在大于号(>)的后面和小于号(<)的前面显示了$userline 的值。其中第一条 print 语句说明，$userline 包含一个换行符；用户输入的字符串后面的小于号显示在该字符串后面的一行上。chomp 函数删除字符串尾部的换行符(如果存在换行符)。chomp 函数处理$userline 后，print 语句显示，这个变量不再包含换行符(chop 函数类似于 chomp 函数，但它会删除字符串尾部的所有字符)。

下面的示例演示了如何从文件中读取信息。该示例使用 open 语句把词汇文件句柄$infile 赋予文件/usr/share/dict/words。while 结构的每次迭代都会计算一个表达式，表达式从$infile 表示的文件中读取一行，并把它赋予$line。while 结构到达文件末尾时，判断表达式为 false，控制权就跳出 while 结构。while 结构中的单语句块显示从文件中读取的一行，包括换行符。这个程序把/usr/share/dict/words 复制到标准输出中。接着使用管道(|)通过 head 发送输出，输出结果显示文件的前 4 行(第一行是空白)。

```
$ cat file2.pl
open (my $infile, "/usr/share/dict/words") or die "Cannot open dictionary: $!\n";
while ($line = <$infile>) {
    print $line;
    }
$ perl file2.pl | head -4

A
A's
AOL
```

**$!** "$!"变量包含最后一个系统错误。在数值环境下，它包含系统错误编号；在字符串环境下，它包含系统错误字符串。如果 words 文件不在系统中，file2.pl 就显示如下消息：

```
Cannot open dictionary: No such file or directory
```

如果没有该文件的读取权限，程序就显示如下消息：

```
Cannot open dictionary: Permission denied
```

显示"$!"的值会给用户提供有关错误的更多信息，而不仅仅说明程序打不开文件。

> **打开文件时总是检查错误**
>
> **提示**　当 Perl 程序尝试打开文件而失败时，程序不会显示错误消息，除非它检查 open 是否返回一个错误。在 file2.pl 中，如果 open 语句失败，open 语句中的 or 运算符会使 Perl 执行 die 语句。die 语句会把消息 Cannot open the dictionary 和系统错误字符串发送到标准错误，并终止程序。

@ARGV　@ARGV 包含从命令行上调用 Perl 的参数。用一个文件名列表调用下面的程序时，它会显示每个文件的第一行。如果程序不能读取文件，die 语句就会给标准错误发送一条错误消息，并退出。foreach 结构会遍历 @ARGV 表示的命令行参数，把每个参数依次赋予$filename。foreach 块以 open 语句开头，Perl 执行在布尔或运算符(or)之前的 open 语句，如果这条语句失败，Perl 就会执行 or 运算符后面的语句(die 语句)。结果是 Perl 打开$filename 指定的文件，并把 IN 作为其句柄；如果它打不开这个文件，Perl 就执行 die 语句并退出。print 语句显示文件名，其后是一个冒号和文件的第一行。当程序把$line = <IN>接收为 print 的一个参数时，Perl 在赋值后就显示$line 的值。从文件中读取一行后，程序就关闭文件。

```
$ cat file3.pl
foreach $filename (@ARGV) {
    open (IN, $filename) or die "Cannot open file '$filename': $!\n";
    print "$filename: ", $line = <IN>;
    close (IN);
    }
$ perl file3.pl f1 f2 f3 f4
f1: First line of file f1.
f2: First line of file f2.
Cannot open file 'f3': No such file or directory
```

下一个示例类似于前面的示例，但它利用 Perl 的几个特性简化了代码。它不能读取文件时不会退出，而是显示一条错误消息，并继续执行。程序的第一行使用 my 把$filename 声明为词汇变量。接着 while 结构使用 magic 文件句柄打开并读取命令行参数指定的每个文件的每一行；$ARGV 包含文件名。当不再有需要读取的文件时，while 条件[(< >)]就是 *false*，while 结构就把控制权传递到 while 块的外部，程序终止。Perl 会处理所有的文件打开和关闭操作；用户不必编写完成这些任务的代码。Perl 还会执行错误检查。

程序显示命令行参数指定的每个文件的第一行。每次执行 while 块时，while 都会读取另一行。读取完一个文件后，它就开始读取下一个文件。在 while 块中，if 测试它是否在处理新文件。如果在处理新文件，if 块就显示文件名和文件中的第一行，再把新的文件名($ARGV)赋予$filename。

```
$ cat file3a.pl
my $filename;
while (<>) {
    if ($ARGV ne $filename) {
        print "$ARGV: $_";
        $filename = $ARGV;
    }
}
$ perl file3a.pl f1 f2 f3 f4
f1: First line of file f1.
f2: First line of file f2.
Can't open f3: No such file or directory at file3a.pl line 3, <> line 3.
f4: First line of file f4.
```

11.5　排序

reverse 函数　sort 函数根据本地环境，按照数字或字母顺序返回数组中的元素。reverse 函数与 sort 无关，它只以逆序返回数组中的元素。

以下程序的前两行代码给@colors 数组赋值，并显示这些值。接下来的两行代码都使用 sort 给@colors 数组中的值排序，把结果赋予@scolors，并显示@scolors。这些排序操作把大写字母放在小写字母的前面。观察 Orange 和 Violet 在排序结果中的位置，它们都以大写字母开头，所以显示在最前面。每两行代码中的第一个赋值语句使用完整的排序语法，语法包括块[$a cmp $b]，它告诉 Perl 使用 cmp 子例程来比较字符串，并按照升序对结果排序。如果省略 sort 语句中的这个块，Perl 也会按照升序对文本排序，如第二个赋值语句所示。

```
$ cat sort3.pl
@colors = ("red", "Orange", "yellow", "green", "blue", "indigo", "Violet");

say "@colors";

@scolors = sort {$a cmp $b} @colors;          # ascending sort with
say "@scolors";                                # an explicit block

@scolors = sort @colors;                       # ascending sort with
say "@scolors";                                # an implicit block

@scolors = sort {$b cmp $a} @colors;          # descending sort
say "@scolors";

@scolors = sort {lc($a) cmp lc($b)} @colors;  # ascending folded sort
say "@scolors";
$ perl sort3.pl
red Orange yellow green blue indigo Violet
Orange Violet blue green indigo red yellow
Orange Violet blue green indigo red yellow
yellow red indigo green blue Violet Orange
blue green indigo Orange red Violet yellow
```

上述示例中的第 3 个排序操作反转块中$a 和$b 的位置，以指定降序排序。最后一个排序操作将字符串转换为小写，之后进行比较，使大写字母插在小写字母中。因此，Orange 和 Violet 按照字母顺序显示。

要排序数字，可用<=>替代 cmp。下面的示例说明了升序和降序的数字排序过程：

```
$ cat sort4.pl
@numbers = (22, 188, 44, 2, 12);

print "@numbers\n";

@snumbers = sort {$a <=> $b} @numbers;
print "@snumbers\n";

@snumbers = sort {$b <=> $a} @numbers;
print "@snumbers\n";
$ perl sort4.pl
22 188 44 2 12
2 12 22 44 188
188 44 22 12 2
```

11.6 子例程

所有变量都是包变量，除非使用 my 函数把它们定义为词汇变量。在子例程中定义的词汇变量是该子例程中的局部变量。

下面的程序包含一个主要部分和一个子例程 add()。该程序使用变量$one、$two 和$ans，它们都是包变量：它们可用于主程序和子例程。对子例程的调用不把值传递给子例程，子例程也不返回值。这个设置并不常见，但它说明了所有的变量都是包变量，除非使用 my 把它们声明为词汇变量。

subroutine1.pl 程序给两个变量赋值，并调用一个子例程。子例程把两个变量的值相加，并把结果赋予另一个变量。程序的主要部分显示结果。

```
$ cat subroutine1.pl
$one = 1;
$two = 2;
add();
print "Answer is $ans\n";

sub add {
    $ans =$one + $two
    }

$ perl subroutine1.pl
Answer is 3
```

下一个示例类似于上面的示例，但子例程利用 return 语句把一个值返回给主程序。该程序把子例程返回的值赋予变量$ans，并显示其值。再次重申，所有变量都是包变量。

```
$ cat subroutine2.pl
$one = 1;
$two = 2;
$ans = add();
print "Answer is $ans\n";

sub add {
    return ($one + $two)
    }

$ perl subroutine2.pl
Answer is 3
```

许多情况下，保持变量是子例程的局部变量很重要。下一个示例中的子例程改变变量的值，并通过声明和使用词汇变量，使主调程序并不受影响。这种设置比较常见。

@_　在子例程的调用过程中传递值时，Perl 使这些值可以在子例程的@_数组中可用。尽管@_是子例程中的局部变量，但其元素是调用子例程所用参数的别名。改变@_数组中的值，就会改变底层变量的值，而这可能并不是我们所希望的。下面的程序把传递给子例程的值赋予词汇变量，以避免这个陷阱。

subroutine3.pl 程序把两个变量用作参数来调用 addplusone()子例程，并把子例程返回的值赋予一个变量。子例程中的第一条语句声明了两个词汇变量，并把@_数组中的值赋予它们。my 函数把这两个变量声明为词汇变量(词汇变量和包变量参见 11.2 节的提示)。在使用 my 函数时，可以不给所声明的变量赋值，但本例中的语法比较常见。接下来的两个语句递增词汇变量$lcl_one 和$lcl_two。子例程中的 print 语句显示$lcl_one 的值，return 语句返回两个递增的词汇变量之和。

```
$ cat subroutine3.pl
$one = 1;
$two = 2;
$ans = addplusone($one, $two);
print "Answer is $ans\n";
print "Value of 'lcl_one' in main: $lcl_one\n";
print "Value of 'one' in main: $one\n";

sub addplusone {
    my ($lcl_one, $lcl_two) = @_;
    $lcl_one++;
    $lcl_two++;
    print "Value of 'lcl_one' in sub: $lcl_one\n";
    return ($lcl_one + $lcl_two)
    }

$ perl subroutine3.pl
Value of 'lcl_one' in sub: 2
Answer is 5
Value of 'lcl_one' in main:
Value of 'one' in main: 1
```

显示子例程返回的结果之后，主程序中的 print 语句说明，$lcl_one 没有在主程序中定义(它是子例程的局部变量)，$one 的值保持不变。

下面的示例说明了使用传递给子例程的参数的另一种方式。这个子例程没有使用变量，而使用了传递给它的@_数组，且没有改变该数组中任何元素的值。

```
$ cat subroutine4.pl
$one = 1;
$two = 2;
$ans = addplusone($one, $two);
print "Answer is $ans\n";
sub addplusone {
    return ($_[0] + $_[1] + 2);
    }

$ perl subroutine4.pl
Answer is 5
```

本节的最后一个示例提供了一个更常见的 Perl 子例程。这个子例程 max()可以用任意数量的数值参数调用，返回最大的参数值。它使用 shift 函数把调用该子例程所使用的第一个参数值，在移动其他参数的位置后赋予@biggest。使用 shift 函数后，第 2 个参数就变成第 1 个参数(8)，第 3 个参数变成第 2 个参数(64)，第 4 个参数变成第 3 个参数(2)。接着，foreach 遍历剩余的参数((@_)。每次遍历 foreach 块时，Perl 都按顺序把每个参数的值赋予$_。如果$_大于@biggest，就把$_的值赋予@biggest 变量。max()遍历完它所有的参数后，@biggest 就包含 max()返回的最大值。

```
$ cat subroutine5.pl
$ans = max (16, 8, 64, 2);
print "Maximum value is $ans\n";

sub max {
    my $biggest = shift;  # Assign first and shift the rest of the arguments to max()
    foreach (@_) {        # Loop through remaining arguments
    $biggest = $_ if $_ > $biggest;
    }
return ($biggest);
}
$ perl subroutine5.pl
Maximum value is 64
```

11.7   正则表达式

附录 A 定义并讨论了正则表达式，因为它们可以在许多 Linux 实用程序中使用。除非特别说明，附录 A 中的所有内容都适用于 Perl。除了附录 A 描述的功能之外，Perl 还允许使用正则表达式执行更复杂的字符串处理。本节将学习附录 A 中的一些正则表达式，描述正则表达式在 Perl 中的其他功能，还介绍 Perl 用于处理正则表达式的语法。

11.7.1   语法和 "=~" 运算符

-l 选项   Perl 的-l 选项把 chomp 应用于每行输入，并在每行输出的末尾处加上\n。本节的示例使用 Perl 的-l 和-e 选项。由于必须给程序指定一个参数，因此这些示例把 Perl 程序放在单引号中。shell 会解释引号，而不把它们传递给 Perl。

-e 与其他选项一起使用

提示   当-e 与另一个选项一起使用时，在命令行上，程序必须紧跟在-e 的后面。与许多其他实用程序一样，Perl 允许合并单个连字符后面的选项；如果-e 是合并选项中的一个，它就必须位于选项列表的末尾。因此可使用 perl -l -e 或 perl -le，但不能使用 perl -e -l 或 perl -el。

"/"是默认分隔符   Perl 默认用斜杠(/)分隔正则表达式。第一个程序使用 "=~" 运算符在字符串 aged 中搜索模式 ge。可将 "=~" 运算符看作 "包含"。用另一个术语来说明，就是 "=~" 运算符判断正则表达式 ge 是否在字符串 aged 中有匹配的字符串。这个示例中的正则表达式不包含特殊字符；字符串 ge 是字符串 aged 的一部分。因此圆括号中的表达式为 *true*，Perl 执行 print 语句。

```
$ perl -le 'if(aged" =~ /ge/){print "true";}'
true
```

使用后缀形式的 if 语句可以得到相同的结果：

```
$ perl -le 'print "true" if "aged" =~ /ge/'
true
```

!~   "!~" 运算符与 "=~" 运算符正好相反。下一个示例中的表达式为 *true*，因为正则表达式 xy 不匹配 aged 的任意部分：

```
$ perl -le 'print "true" if (aged" !~ /xy/)'
true
```

如附录 A 所述，因为正则表达式中的句点匹配任意单个字符，所以正则表达式 a..d 匹配字符串 aged：

```
$ perl -le 'print "true" if ("aged" =~ /a..d/)'
true
```

可以使用变量保存正则表达式。下面的语法把 *string* 看成正则表达式：

qr/***string***/

下面的示例使用这种语法把正则表达式/a..d/(包含分隔符)赋予变量$re，再把该变量作为正则表达式：

```
$ perl -le '$re = qr/a..d/; print "true" if ("aged" =~ $re)'
true
```

如果想在正则表达式中包含分隔符，就必须加上引号。在下面的示例中，默认分隔符是斜杠(/)，它出现在正则表达式中。为防止 Perl 把/usr 中的 "/" 解释为正则表达式的末尾，在正则表达式中，在斜杠(/)的前面加上一个反斜杠(\)。关于正则表达式中引用字符的详细信息请参见附录 A。

```
$ perl -le 'print "true" if ("/usr/doc" =~ /\/usr/)'
true
```

在每个字符的前面都加上反斜杠，就可以引用多个字符，但这会使复杂的正则表达式难以阅读。此时，可在要分隔的正则表达式的前面加上 m，并使用成对的字符(如{})作为分隔符。在下面的示例中，脱字符(^)指定正则表达式位于行首：

```
$ perl -le 'print "true" if ("/usr/doc" =~ m{^/usr/})'
true
```

把正则表达式赋予变量时，可使用相同的语法：

```
$ perl -le '$pn = qr{^/usr/}; print "true" if ("/usr/doc" =~ $pn)'
true
```

替换字符串和赋值　Perl 使用下一个示例中的语法把字符串(替换字符串)替换为匹配的正则表达式，其语法与 vim、sed 中的语法相同。在示例的第二行中，正则表达式前面的 s 告诉 Perl 把第 2 个和第 3 个斜杠之间的字符串(worst；替换字符串)，替换为与前两个斜杠之间的字符串匹配的正则表达式(best)。这个语法中隐含了一个概念：替换在 "=~" 运算符左边的变量所保存的字符串中进行。

```
$ cat re10a.pl
$stg = "This is the best!";
$stg =~ s/best/worst/;
print "$stg\n";

$ perl re10a.pl
This is the worst!
```

表 11-3 列出了 Perl 正则表达式中比较特殊的元字符。输入命令 perldoc perlre 可了解更多信息。

表 11-3　Perl 正则表达式中的一些元字符

字　　符	匹　　配
^ (脱字符号)	指定正则表达式位于行首
$ (美元符号)	指定正则表达式位于行尾
(…)	用方括号把正则表达式括起来
. (句点)	任意单个字符，但换行符除外(\n)
\\	反斜杠(\)
\b	字边界(0 宽度匹配)
\B	非字边界([^\b])
\d	单个数字([0~9])
\D	单个非数字字符(^[0~9]或[^\d])
\s (小写)	单个空白字符：空格、换行符、回车符、制表符、走纸符

（续表）

字　符	匹　配
\S(大写)	单个非空白字符([^\s])
\w(小写)	单个字字符(一个字母或数字；[a~zA~Z0~9])
\W(大写)	单个非字符([^\w])

1. 贪婪匹配

Perl 默认执行贪婪匹配，即正则表达式尽可能匹配最长的字符串(见附录 B)。在下面的示例中，正则表达式/{.*}/ 匹配左花括号、右花括号以及其间的任意字符串、一个空格({remove me} may have two {keep me})。Perl 用一个空字符串(//)替换这个匹配。

```
$ cat 5ha.pl
$string = "A line {remove me} might have two {keep me} pairs of
braces.";
$string =~ s/{.*} //;
print "$string\n";

$ perl 5ha.pl
A line pairs of braces.
```

非贪婪匹配　下面的示例说明了匹配花括号中较短字符串的经典方式。这类匹配称为非贪婪匹配或节俭匹配。这里，正则表达式按先后顺序匹配

(1) 左花括号

(2) 属于字符类的字符，包括所有的字符，但右花括号除外([^])

(3) 出现的 0 个或多个上述字符(*)

(4) 右花括号

(5) 一个空格

字符类的第一个字符是脱字符，因为它指定不匹配后面字符的所有字符类，所以[^}]匹配不是右花括号的任意字符。

```
$ cat re5b.pl
$string = "A line {remove me} might have two {keep me} pairs of braces.";
$string =~ s/{[^}]*} //;
print "$string\n";

$ perl re5b.pl
A line might have two {keep me} pairs of braces.
```

Perl 提供了指定非贪婪匹配的快捷方式。在下面的示例中，{.*?}中的问号使正则表达式匹配最短的字符串，该字符串以左花括号开始，之后是任意字符串，最后是右花括号。

```
$ cat re5c.pl
$string = "A line {remove me} might have two {keep me} pairs of braces.";
$string =~ s/{.*?} //;
print "$string\n";

$ perl re5c.pl
A line might have two {keep me} pairs of braces.
```

2. 给表达式加括号

如附录 A 所述，可以把正则表达式的部分放在括号中，在替换字符串中再次使用这些部分。大多数 Linux 实用程序都使用转义的圆括号[也就是，"\(" 和 "\)"]，给正则表达式加括号。在 Perl 正则表达式中，圆括号是特殊字符。Perl 会省略反斜杠，使用未转义的圆括号把正则表达式括起来。在 Perl 的正则表达式中，要把圆括号指定为常规字符，就必须转义它。

下面的示例在正则表达式中使用未转义的括号把表达式的一部分括起来。接着把与括起来的表达式匹配的字符串的一部分赋予保存字符串的变量，Perl 最初就在该字符串中搜索正则表达式。

首先程序把字符串 My name is Sam 赋予$stg。下一条语句在$stg 保存的字符串中查找与正则表达式/My name is

(.*)/匹配的字符串。正则表达式括在圆括号中的部分匹配 Sam；替换字符串中的$1 匹配正则表达式中第一个括起来的匹配部分(本例只有一部分匹配)。结果是在$stg 中保存的字符串用字符串 Sam 替换。

```
$ cat re11.pl
$stg = "My name is Sam";
$stg =~ s/My name is (.*)/$1/;
print "Matched: $stg\n";

$ perl re11.pl
Matched: Sam
```

下个示例使用正则表达式解析字符串中的数字。它初始化两个变量，以保存包含两个数字的字符串。程序的第 3 行使用正则表达式隔离出字符串中的第一个数字。\D*匹配不包含数字的 0 个或多个字符；\D 特殊字符匹配任意单个非数字字符。尾部的星号使该部分正则表达式执行不包含数字的贪婪匹配(它匹配 What is)。括起来的正则表达式\d+ 匹配一个或多个数字字符串。圆括号不影响正则表达式匹配的内容；它们允许替换字符串中的$1 匹配与括起来的正则表达式\d+匹配的内容。最后的 ".*" 匹配字符串的剩余部分。这行代码把字符串中第一个数字的值赋予$string。

下一行代码是类似的，但把字符串中的第二个数字赋予$string2。print 语句显示这些数字和第一个数字减去第二个数字的结果。

```
$ cat re8.pl
$string = "What is 488 minus 78?";
$string2 = $string;
$string =~ s/\D*(\d+).*/$1/;
$string2 =~ s/\D*\d+\D*(\d+).*/$1/;
print "$string\n";
print "$string2\n";
print $string - $string2, "\n";

$ perl re8.pl
488
78
410
```

下面几个程序说明了当不希望把正则表达式的一部分括起来时，在正则表达式中使用未转义的圆括号的一些陷阱。第一个程序尝试匹配字符串中的圆括号和正则表达式中未转义的圆括号，但失败了。正则表达式 ag(e 匹配与正则表达式 age 相同的字符串，因为圆括号是一个特殊字符；正则表达式不匹配字符串 ag(ed)。

```
$ perl -le 'if("ag(ed)" =~ /ag(ed)/){print "true";} else{print "false";}'
false
```

下个示例中的正则表达式在每个圆括号的前面加上一个反斜杠，来转义圆括号，导致 Perl 把圆括号解释为常规字符。这个匹配成功。

```
$ perl -le 'if("ag(ed)" =~ /ag\(ed\)/){print "true";} else{print "false";}'
true
```

接着，Perl 在正则表达式中找到一个未匹配的圆括号：

```
$ perl -le 'if(ag(ed)" =~ /ag(e/) {print "true";} else {print "false";}'
Unmatched ( in regex; marked by <-- HERE in m/ag(<--HERE e/ at -e line 1.
```

转义圆括号时，一切正常，Perl 找到了匹配的圆括号：

```
$ perl -le 'if(ag(ed)" =~ /ag\(e/){print "true";} else{print "false";}'
true
```

11.8 CPAN 模块

CPAN(Comprehensive Perl Archive Network)在其 Web 站点(www.cpan.org)上提供 Perl 文档、FAQ、模块和脚本。该模块包含 16000 多个发布，提供链接、邮件列表和编译后运行在各种操作系统上的 Perl 版本(Perl 的移植)。定位模块的一种方式是访问 search.cpan.org，使用搜索框或单击在该页上列出的模块类别。

本节介绍如何从 CPAN 上下载模块，如何安装并运行模块。Perl 为模块提供了一个层次结构的名称空间，用两个冒号(::)分隔名称中的各个部分。本节的示例使用模块 Timestamp::Simple，它可以从 search.cpan.org/dist/Timestamp-Simple 上找到并下载。时间戳是 YYYYMMDDHHMMSS 格式的日期和时间。

要使用 Perl 模块，首先要下载包含该模块的文件。对于这个示例，网页 search.cpan.org/~shoop/Timestamp-Simple-1.01/Simple.pm 的右边有一个链接 Download，单击这个链接，把文件保存到需要的工作目录下即可，只有在这个过程的最后一步安装模块，才需要拥有较高的权限。

大多数 Perl 模块都是压缩的 tar 文件。把下载的文件放在工作目录下后，解压缩文件：

```
$ tar xzvf Timestamp-Simple-1.01.tar.gz
Timestamp-Simple-1.01/
Timestamp-Simple-1.01/Simple.pm
Timestamp-Simple-1.01/Makefile.PL
Timestamp-Simple-1.01/README
Timestamp-Simple-1.01/test.pl
Timestamp-Simple-1.01/Changes
Timestamp-Simple-1.01/MANIFEST
Timestamp-Simple-1.01/ARTISTIC
Timestamp-Simple-1.01/GPL
Timestamp-Simple-1.01/META.yml
```

新建目录中的 README 文件通常提供了构建和安装模块的说明。大多数模块遵循相同的步骤：

```
$ cd Timestamp-Simple-1.01
$ perl Makefile.PL
Checking if your kit is complete...
Looks good
Writing Makefile for Timestamp::Simple
```

如果当前构建的模块依赖于还没有在本地系统上安装的其他模块，则运行 perl Makefile.PL 会显示一个或多个关于未找到的模块的警告。即使没有模块，这一步也会输出 makefile。在这种情况下，下一步会失败，在继续之前，必须先构建和安装缺少的模块。

下一步是在刚才创建的 makefile 上运行 make。之后，运行 make 和 make test，确保模块可以正常工作。

```
$ make
cp Simple.pm blib/lib/Timestamp/Simple.pm
Manifying blib/man3/Timestamp::Simple.3pm
$ make test
PERL_DL_NONLAZY=1 /usr/bin/perl "-Iblib/lib" "-Iblib/arch" test.pl
1..1
# Running under perl version 5.220000 for linux
# Current time local: Fri Sep 3 18:20:41 2018
# Current time GMT: Sat Sep 4 01:20:41 2018
# Using Test.pm version 1.25
ok 1
ok 2
ok 3
```

最后使用 root 权限运行，以便安装模块：

```
# make install
Installing /usr/local/share/perl/5.22.0/Timestamp/Simple.pm
Installing /usr/local/man/man3/Timestamp::Simple.3pm
Writing /usr/local/lib/perl/5.22.0/auto/Timestamp/Simple/.packlist
Appending installation info to /usr/local/lib/perl/5.22.0/perllocal.pod
```

一旦安装了模块，就可以使用 perldoc 显示文档，了解如何使用该模块。11.1 节列举了一个示例。

一些模块包含 SYNOPSIS 部分。如果所安装的模块包含这个部分，就可以把来自 SYNOPSIS 部分的代码放在一个文件中，把它作为一个 Perl 程序运行，来测试该模块：

```
$ cat times.pl
use Timestamp::Simple qw(stamp);
print stamp, "\n";

$ perl times.pl
20180904182627
```

接着就可以把该模块合并到 Perl 程序中。下面的示例使用时间戳模块生成一个唯一的文件名：

```
$ cat fn.pl
use Timestamp::Simple qw(stamp);

# Save timestamp in a variable
$ts = stamp, "\n";

# Strip off the year
$ts =~ s/....(.*)/\1/;

# Create a unique filename
$fn = "myfile." . $ts;

# Open, write to, and close the file
open (OUTFILE, '>', "$fn");
print OUTFILE "Hi there.\n";
close (OUTFILE);
$ perl fn.pl
$ ls myf*
myfile.0905183010
```

substr 函数　可以用 substr 函数替换正则表达式，从而去除年份。为此，用下面的代码替换以 $ts =~ 开头的代码行。这里，substr 函数会提取从字符串 $ts 的第 4 个位置开始直到字符串末尾的所有字符。

```
$ts = substr($ts,4);
```

11.9　示例

本节将列举 Perl 的一些示例程序。首先尝试运行这些程序，再修改它们，以了解关于 Perl 编程的更多知识。

第一个示例运行在 Linux 下，显示用户所属的组，其中用户作为参数提供。如果没有提供参数，程序就显示运行程序的用户所属的组。在 Perl 程序中，%ENV 哈希包含调用 Perl 的 shell 中的环境变量。这个哈希中的键是环境变量名，哈希中的值是对应环境变量的值。程序的第一行把一个用户名赋予 $user。shift 函数提取第一个命令行参数的值，并移动其他参数的位置(如果有其他参数)。如果用户用一个参数运行该程序，就把这个参数赋予 $user。如果命令行上没有参数，shift 函数就失败，Perl 执行布尔或运算符(||)后面的语句。这个语句提取与 %ENV 哈希中 USER 对应的值，它就是运行该程序的用户的名称。

从进程中接收输出　第 3 条语句初始化数组 @list。尽管这条语句是不必要的，但最好包含它，从而使代码更便于阅读。下一条语句打开 $fh 词汇句柄。这条 open 语句的 *file-ref* 部分，末尾的管道符号(|)告诉 Perl，把管道符号前面的命令行传递给 shell，以执行程序，并在程序从文件句柄中读取时，接收命令的标准输出。在本例中，命令使用 grep 过滤 /etc/group 文件，找出包含在 $user 中保存的用户名的行(macOS 下不使用这个文件，参见附录 D)。如果 Perl 打不开句柄，die 语句就显示一条错误消息。

```
$ cat groupfind.pl
$user = shift || $ENV{"USER"};
say "User $user belongs to these groups:";
@list = ();
open (my $fh, "grep $user /etc/group |") or die "Error: $!\n";
while ($group = <$fh>) {
    chomp $group;
    $group =~ s/(.*?):.*/$1/;
    push @list, $group;
}
close $fh;
@slist = sort @list;
say "@slist";
$ perl groupfind.pl
User sam belongs to these groups:
adm admin audio cdrom dialout dip floppy kvm lpadmin ...
```

groupfind.pl 中的 while 结构从 grep 的标准输出中读取数据行，当 grep 执行完毕时终止。在 /etc/group 的每一行上，先显示组名，再显示一个冒号和其他信息，包括属于该组的用户的名称。下面是这个文件中的一行：

```
sam:x:1000:max,zach,helen
```

下面一行

```
$group =~ s/(.*?):.*/$1/;
```

使用正则表达式和替换符号,从每一行中删除除组名外的所有信息。正则表达式.*:会执行 0 个或多个字符和后面的
一个冒号的贪婪匹配,在星号的后面加上一个问号会使正则表达式执行非贪婪匹配。为与程序需要显示的字符串匹
配的正则表达式部分加上圆括号,会使 Perl 在替换字符串中使用与正则表达式匹配的字符串。最后的".*" 匹配该
行的剩余部分。Perl 把替换字符串中的$1 替换为正则表达式中括起来的内容(放在圆括号中的内容),并把这个值(组
名)赋予$group。

chomp 语句删除末尾的换行符(正则表达式不匹配这个字符)。push 语句把$group 的值加到@list 数组的尾部。不
使用 chomp,每一组会在输出中单独占一行。while 结构处理完从 grep 读取的输入后,sort 就给@list 排序,并把结
果赋予@slist。最后一条语句显示用户所属的有序组列表。

opendir 和 readdir 函数   下一个示例介绍 opendir 和 readdir 函数。opendir 函数打开一个目录,打开方式类似于
用 open 函数打开普通文件。它接收两个参数:目录句柄名和要打开的目录的名称。readdir 函数从打开的目录中读
取文件名。

在这个示例中,opendir 函数使用$dir 词汇目录句柄打开工作目录(由 "." 指定)。如果 opendir 函数失败,Perl
就执行 or 运算符后面的语句:die 把错误消息发送到标准错误,并终止程序。打开目录后,while 遍历目录中的文
件,把 readdir 函数返回的文件名赋予词汇变量$entry。if 语句仅对目录(-d)文件执行 print 函数。print 函数显示除 "."
或 ".." 外的目录的名称。readdir 函数读取工作目录中的所有文件后,就返回 *false*,将控制权传递给 while 块后面
的语句。closedir 函数关闭打开的目录,print 显示一个换行符,之后是程序所显示的目录列表。

```
$ cat dirs2a.pl
#!/usr/bin/perl
print "The working directory contains these directories:\n";
opendir my $dir, '.' or die "Could not open directory: $!\n";
while (my $entry = readdir $dir) {
    if (-d $entry) {
        print $entry, ' ' unless ($entry eq '.' || $entry eq '..');
    }
}
closedir $dir;
print "\n";

$ ./dirs2a.pl
The working directory contains these directories:
two one
```

split 函数   split 函数用分隔符把一个字符串分为多个子字符串。调用 split 函数的语法如下:

```
split(/re/, string)
```

其中 *re* 是分隔符,它是一个正则表达式(常常是一个常规字符),*string* 是要分隔的字符串。如下面的示例所示,
可以把 split 函数返回的列表赋予一个数组变量。

下面的程序在 Linux 下运行,并列出/etc/passwd 文件中 UID 大于或等于 100 的用户名。因为 macOS 用开放目
录代替此文件,所以必须在 macOS 中运行之前对其进行修改。它使用 while 结构把 passwd 中的行读入$user,再使
用 split 函数把用冒号分隔的该行分隔为子字符串。以@row 开头的行把每个子字符串赋予@row 数组的一个元素。
如果第 3 个子字符串(UID)大于或等于 100, if 语句执行的表达式就是 *true*。这个表达式使用 ">=" 数值比较运算符,
因为它比较两个数字;字符比较应使用 ge 字符串比较运算符。

print 语句把 UID 编号和相关的用户名发送给$sortout 文件句柄。这个句柄的 open 语句建立了一个管道,管道
可以把其输出发送到 sort –n。由于 sort 实用程序在接收完所有的输入之前不显示任何输出,因此 split3.pl 在关闭
$sortout 句柄前也不显示任何输出,而是在读取完 passwd 文件后显示输出。

```
$ cat split3.pl
#!/usr/bin/perl -w
open ($pass, "/etc/passwd");
```

```
open ($sortout, "| sort -n");
while ($user = <$pass>) {
    @row = split (/:/, $user);
    if ($row[2] >= 100) {
        print $sortout "$row[2] $row[0]\n";
        }
    }
close ($pass);
close ($sortout);
$ ./split3.pl
100 libuuid
101 syslog
102 klog
103 avahi-autoipd
104 pulse
...
```

下个示例统计并显示使用@ARGV 调用它的参数。foreach 结构遍历@ARGV 数组的元素，该数组存储了命令行参数。++递增运算符先递增$count，之后再显示它。

```
$ cat 10.pl
#!/usr/bin/perl -w

$count = 0;
$num = @ARGV;
print "You entered $num arguments on the command line:\n";
foreach $arg (@ARGV) {
    print ++$count, ". $arg\n";
    }
$ ./10.pl apple pear banana watermelon
You entered 4 arguments on the command line:
1. apple
2. pear
3. banana
4. watermelon
```

11.10　本章小结

Perl 是 Larry Wall 于 1987 年编写的。从那以后，Perl 的规模和功能都在增加，现在它是一种非常流行的语言，用于文本处理、系统管理、软件开发和一般编程。Perl 最大的一个优点是有数以千计的第三方模块支持它，许多模块都存储在 CPAN 存储库中。

perldoc 实用程序可以定位并显示 Perl 文档。它还可以显示程序中包含的 pod 行，归档 Perl 程序。

Perl 提供了 3 类变量：标量变量(以$开头的单数变量)、数组(以@开头的复数变量)和哈希(也称为关联数组，以%开头的复数变量)。数组和哈希变量都存储列表，但数组是有序的，而哈希是无序的。标准控制流语句可以改变 Perl 程序中语句的执行顺序。另外，Perl 程序可以利用子例程，子例程可以包含局部变量(词汇变量)。

正则表达式是 Perl 的一个亮点，除了在许多实用程序中可用的功能之外，Perl 提供的正则表达式功能还可以执行更复杂的字符串处理。

练习

1. 在 Perl 中打开警告的两种方式是什么？
2. 数组和哈希的区别是什么？
3. 在下面的示例中，何时应使用哈希？何时应使用数组？
a. 统计日志文件中 IP 地址的出现次数。
b. 在报告中生成超出磁盘使用配额的用户列表。
4. 编写一个正则表达式，以匹配下面带引号的字符串，例如：

```
He said, "Go get me the wrench," but I didn't hear him.
```

5. 编写一个正则表达式，以匹配日志文件中的 IP 地址。

6. 许多配置文件都包含注释，包括带注释的默认配置指令。编写一个程序，从配置文件中删除这些注释。

高级练习

7. 编写一个程序，从一个目录分层结构中删除*~和*.ico 文件(提示：使用 File::Find 模块)。

8. 描述 Perl 的警告没有报告的编程错误。

9. 编写一个 Perl 程序，统计工作目录中的文件数，按文件扩展名计算这些文件的字节数。

10. 描述带单引号的字符串和带双引号的字符串之间的区别。

11. 编写一个程序，把一个目录分层结构中的所有.ico 文件复制到主目录的 icons 目录下(提示：使用 File::Find 和 File::Copy 模块)。

12. 编写一个分析 Apache 日志的程序。显示每条路径中的字节数，忽略不成功的页面请求。如果路径超过 10 条，就只显示前 10 条路径。

下面是 Apache 访问日志示例中的一行。HTTP/1.1 后面的两个数字是响应代码和字节数。响应代码 200 表示请求成功。字节数"-"表示没有传送数据。

```
__DATA__
92.50.103.52 - - [19/Aug/2018:08:26:43 -0400] "GET /perl/automated-testing/next_active.gif
HTTP/1.1" 200 980 "http://example.com/perl/automated-testing/navigation_bar.htm"
"Mozilla/5.0 (X11; U; Linux x86_64; en-US; rv:1.8.1.6) Gecko/20061201 Firefox/3.0.0.6
 (Fedora); Blazer/4.0"
```

第12章

Python 编程语言

阅读完本章之后你应该能够：

- 使用 Python 交互式 shell 给出命令
- 编写并运行保存在文件中的 Python 程序
- 演示如何初始化列表以及如何从列表中删除元素和向列表中添加元素
- 掌握字典并给出使用它的示例
- 掌握三种 Python 控制结构
- 编写遍历列表或字典的 Python 程序
- 读写文件
- 演示异常处理
- 使用 pickle()保存对象
- 编写使用正则表达式的 Python 程序
- 定义函数并在程序中使用

12.1 简介

Python 是一种友好且灵活的编程语言，从世界 500 强企业到大规模的开源项目中均有广泛应用。Python 是一种解释型语言：它在运行时将代码转换为比特码并在 Python 虚拟机中执行比特码。将 Python 与 C 语言做比较，C 是一种编译型语言。C 与 Python 的不同之处在于 C 编译器将 C 源程序编译成特定体系结构的机器码。Python 程序不会被编译；运行 Python 程序与运行 bash 或 Perl 脚本的方式相同。由于 Python 程序不进行编译，它们可以在不同操作系统和体系结构间移植。换句话说，相同的 Python 程序可以在任何已移植了 Python 虚拟机的系统上运行。

面向对象 Python 支持面向对象(OO)编程机制，但并不强制使用。没有面向对象概念也可以使用 Python，本章在讲解 Python 重要特性的同时最低限度地涉及了 OO 编程。

库 Python 本地库包含成百上千个已经写好的工具。虽然这些库可以被 Python 程序访问，但是它们不会在运行时被加载到内存中，因为这样做会显著增加 Python 程序的启动时间。相反，整个库(或者仅仅独立的模块)会当程序请求它们的时候被加载到内存中。

版本 Python 有两个主要的开发分支可用：Python 2.x 和 Python 3.x。本章重点介绍 Python 2.x，原因是目前大多数 Python 程序均使用 2.x 版本编写。下面的命令表明安装了两个版本的 Python，且 Python 命令运行的是 Python 2.7.12。

```
$ whereis python
python: /usr/bin/python /usr/bin/python2.7 /etc/python3.5 /etc/python ...
$ ls -l $(which python)
lrwxrwxrwx 1 root root 9 Dec 20 15:55 /usr/bin/python -> python2.7
$ python -V
Python 2.7.12
```

12.1.1 调用 Python

本节讨论运行 Python 程序可以使用的方法。

交互式 shell 本章中的大多数示例使用 Python 交互式 shell，因为可以使用它逐行调试和运行代码并立刻看到结果。尽管这种 shell 对于测试来说很便利，但它并不是运行更长、更复杂程序的明智之选。可以通过调用 python 实用程序来启动 Python 交互式 shell(就像通过调用 bash 启动 bash shell 一样)。Python 的主提示符是>>>。当 Python 需要更多的输入来补全命令时，它显示二级提示符(…)。

```
$ python
Python 2.7.12 (default, Nov 19 2016, 06:48:10)
[GCC 5.4.0 20160609] on linux2
Type "help", "copyright", "credits" or "license" for more information.
>>>
```

当正在使用 Python 交互式 shell 时，可以通过输入命令并按 RETURN 键的方式向 Python 给出命令。

```
>>> print 'Good morning!'
Good morning!
```

隐式回显

提示 在 Python 交互式 shell 中，Python 会将任何没有执行操作的命令行作为输出进行显示。这种输出有些类似于 print 显示的结果，尽管可能并不完全相同。下面的示例展示了显式 print 语句和隐式回显：

```
Good morning!
>>> 'Good morning!'
'Good morning!'
>>> print 2 + 2
4
>>> 2 + 2
4
```

隐式回显可以用键入变量名的方式显示变量值：

```
>>> x = 'Hello'
>>> x
'Hello'
```

只有在 Python 交互式 shell 中，隐式回显才能起作用(例如，当从文件运行时，Python 并不调用隐式回显机制)。

程序文件 大多数情况下，Python 程序被保存在文本文件中。虽然不是强制要求，但是这样的文件通常使用.py 作为扩展名。使用 chmod(参见本书第Ⅵ部分"命令参考")能够将文件变为可执行。如 8.5 节所述，第一行开头的 #!要求 shell 将文件的其余部分交给/user/bin/python 执行。

```
$ chmod 755 gm.py
$ cat gm.py
#!/usr/bin/python
print 'Good morning!'

$ ./gm.py
Good morning!
```

也可以通过将程序文件名指定为 python 命令的参数或其标准输入来运行 Python 程序。

```
$ python gm.py
Good morning!

$ python < gm.py
Good morning!

$ cat gm.py | python
Good morning!

$ echo "print 'Good morning! '" | python
Good morning!
```

由于 shell 将感叹号后面紧跟的除空格外的那个字符解析为事件号(参见 8.14 节)，因此最后一条命令在感叹号后面加了一个空格。

命令行　可以使用 python –c 选项在 shell 命令行中运行 Python 程序。在上面以及下面紧接着一条命令中，双引号可以保证 shell 在将命令行传递给 Python 之前不会将其中的单引号删除。

```
$ python -c "print 'Good morning! '"
Good morning!
```

单引号和双引号等效

提示　在 Python 程序中，可以交替使用单引号和双引号，并且可使用一个来引用另一个。当 Python 显示字符串两端的引用标识时，它使用单引号。

```
>>> a = "hi"
>>> a
'hi'
>>> print "'hi'"
'hi'
>>> print '"hi"'
"hi"
```

12.1.2　更多信息

本地　python man 页，pydoc 程序。

Python 交互式 shell　在 Python 交互式 shell 中输入 help()命令可以使用 Python 帮助功能。当调用它的时候，这个程序显示有助于开始使用它的信息。可以有选择性地给出 help('object')命令，其中 object 是一个已经实例化的对象名，或是数据结构、模块名，例如 list 或 pickle。

网络　Python 首页：www.python.org

文档：docs.python.org

Python 进阶建议索引：www.python.org/dev/peps

Python 代码的 PEP 8 风格指南：www.python.org/dev/peps/pep-0008

PyPI(Python 包索引)：pypi.python.org

12.1.3　写标准输出与读标准输入

raw_input()　Python 写标准输出和读标准输入都很简单，默认情况下，shell(例如，bash)将标准输入和输出均连接到终端。raw_input()函数可以写入标准输出并从标准输入进行读取。它返回去除结尾控制字符(RETURN+换行符或换行符)后读到的字符串的值。

在接下来的示例中,raw_input()显示它的参数(Enter your name:)并等待用户输入。当用户输入内容并按 RETURN 键时, Python 将 raw_input()返回的值, 也就是用户输入的字符串, 赋值给变量 my_in。

print 在 print 语句中, 加号(+)可将其两端的字符串连接起来。下面示例中的 print 语句会显示 Hello、my_in 的值以及一个感叹号。

```
>>> my_in = raw_input ('Enter your name: ')
Enter your name: Neo
>>> print 'Hello, ' + my_in + '!'
Hello, Neo!
```

12.1.4 函数和方法

函数 与大多数编程语言一样, 在 Python 中, 函数是提高代码可读性、效率和可维护性的关键所在。Python 拥有大量内置和可直接导入 Python 程序的函数。这些函数在 Python 安装时即可使用。例如, int()函数返回一个浮点数(被截断)的整数部分:

```
>>> int(8.999)
8
```

附加的可下载库中包含更多功能。更多信息可参见 12.7 节 "使用库"。表 12-1 列出了一些最常用的函数。

表 12-1 常用函数

函　　数	功　　能
exit()	从程序中退出
float()	将参数以浮点数返回
help()	显示参数指定对象的帮助信息; 没有参数则开启交互式帮助(仅在 Python 交互式 shell 下)
int()	返回参数(被截断的)整数部分
len()	返回列表或字典的元素数量
map()	返回将第一个参数(一个函数)应用于其余参数得到的列表
max()	返回参数中的最大值, 参数可能是列表或其他可迭代数据结构
open()	以参数指定的模式打开文件
range()	返回参数指定两值之间整数的列表
raw_input()	提示其参数并返回用户输入的字符串
sorted()	将列表(或其他可迭代数据结构)作为参数并返回将元素排序后的相同类型数据结构
type()	返回参数的类型(例如, int、file、method、function)
xrange()	返回参数指定两值之间整数的列表[比 range()更高效]

方法 函数和方法非常类似。不同之处在于函数是独立的, 而方法特定于对象且作用于对象。range()函数可以单独使用[range(*args*)], 而 readall()被用作对象的方法[f.readall(*args*), 其中 f 是 readall()要读取的对象(一个文件)]。表 12-2 和表 12-4 列出了一些方法。

12.2 标量变量、列表和字典

本节讨论 Python 内置的一些数据类型。标量数据类型包括数值和字符串。复合数据类型包括字典和列表。

12.2.1 标量变量

与大多数编程语言一样, 可使用等号声明并初始化变量。Python 并不强制要求等号两端的空格, 也不要求在要声明的标量变量前面加前缀(Perl 和 bash 要求变量前加$符号)。如 12.1 节的提示中所述, 可以用 print 函数显示变量值, 或者仅将变量名作为命令:

```
>>> lunch = 'Lunch time!'
>>> print lunch
Lunch time!
>>> lunch
'Lunch time!'
```

你可能想到了 Python 可以执行算术运算：

```
>>> n1 = 5
>>> n2 = 8
>>> n1 + n2
13
```

浮点数　Python 执行浮点运算还是整数运算取决于它得到的输入值。如果一个算式中包含的所有数字都是整数，即没有任何一个数含有小数点，Python 将执行整数运算并将结果中的分数部分截断。如果算式中至少一个数包含浮点(包含小数点)，Python 执行浮点操作。在执行除法运算时要注意：如果结果可能含有分数，确保至少在一个数中包含小数点，或者显式指定一个数为浮点数。

```
>>> 3/2
1
>>> 3/2.0
1.5
>>> float(3)/2
1.5
```

12.2.2　列表

Python 列表是一个包含单个或更多个元素的对象；它类似于 C 或 Java 中的数组。列表是有序的并且使用零开头的索引(例如，列表中的第一个元素序号为零)。列表是可迭代的，因为它可以在循环控制结构(例如 for)的每次迭代中提供后续元素；见本节的讨论。

本节展示了一种初始化(创建)列表的方法。下面的命令初始化并显示名为 a 的列表，它包含 4 个值：

```
>>> a = ['bb', 'dd', 'zz', 'rr']
>>> a
['bb', 'dd', 'zz', 'rr']
```

索引　可通过指定索引来访问列表中的元素(记住，列表中第一个元素的索引是零)。下面的第一条命令显示了 a 中第三个元素的值；接下来将 a 中第一个元素的值赋给 x 并显示 x 的值。

```
>>> a[2]
'zz'
>>> x = a[0]
>>> x
'bb'
```

当指定负数索引时，Python 从列表的结尾处开始计算。

```
>>> a[-1]
'rr'
>>> a[-2]
'zz'
```

替换元素　可通过赋值来替换列表中的元素。

```
>>> a[1] = 'qqqq'
>>> a
['bb', 'qqqq', 'zz', 'rr']
```

切片　下面几个示例展示了如何访问列表的切片(部分)。第一个示例显示列表中从 0~2 的元素(元素 0 和元素 1)：

```
>>> a[0:2]
['bb', 'dd']
```

如果省略了冒号后面的数字，Python 会显示从冒号前面数字指定的索引开始，到列表结束的所有元素。如果省略了冒号前面的数字，Python 会显示从列表开头到冒号后面数字所指定索引的所有元素。

```
>>> a[2:]
['zz', 'rr']
>>> a[:2]
['bb', 'dd']
```

也可以在列表切片中使用负数。下面第一条命令显示元素 1 到列表最后一个元素(元素-1)；第二条命令显示倒数第二个元素(元素-2)到列表结束。

```
>>> a[1:-1]
['dd', 'zz']
>>> a[-2:]
['zz', 'rr']
```

remove() 鉴于 Python 的面向对象机制，列表数据类型包含内置方法。remove(x)方法将列表中第一个值为 x 的元素删除，并将列表的长度减 1。下面的命令将列表 a 的第一个元素删除，它的值是 bb。

```
>>> a.remove('bb')
>>> a
['dd', 'zz', 'rr']
```

append() append(x)方法将值为 x 的元素追加到列表中，并将列表长度加 1。

```
>>> a.append('mm')
>>> a
['dd', 'zz', 'rr', 'mm']
```

reverse() reverse()方法不带参数。它是就地反转列表的高效方法，用新值覆盖列表中的元素。

```
>>> a.reverse()
>>> a
['mm', 'rr', 'zz', 'dd']
```

sort() sort()方法不带参数。它就地排序元素，使用新值覆盖列表中的元素。

```
>>> a.sort()
>>> a
['dd', 'mm', 'rr', 'zz']
```

sorted() 如果不希望改变待排序列表(或其他可迭代数据结构)的内容，可使用 sorted()函数。这个函数返回已排序的列表并且不改变原列表。

```
>>> b = sorted(a)
>>> a
['mm', 'rr', 'zz', 'dd']
>>> b
['dd', 'mm', 'rr', 'zz']
```

len() len()函数返回列表或其他可迭代数据结构中元素的数目。

```
>>> len(a)
4
```

表 12-2 列出了列表的一些方法。命令 help(list)可以显示全部可以用于列表的方法。

表 12-2 列表方法

方　　法	功　　能
append(x)	追加值 x 到列表中
count(x)	返回值 x 在列表中出现的次数
index(x)	返回值 x 在列表中第一次出现的索引
remove(x)	删除列表中第一个值为 x 的元素
reverse()	反转列表中元素的顺序
sort()	就地排序列表

1. 使用列表

列表的引用传递　Python 使用引用来传递包括列表在内的所有对象。也就是说，它通过对象的指针来传递对象。当把一个对象赋值给另一个时，并没有创建新对象，而是为这个对象创建了一个新名称。使用任意一个名称改变对象时，可以通过任意一个名称观察到改变。在下面的示例中，names 被初始化为一个列表，存储的值为 sam、max 和 zach；copy 被赋值为 names，为同一个列表创建了另一个名称(引用)。当 copy 的第一个元素的值改变时，显示 names 的值，表明它的第一个值也发生了改变。

```
>>> names = ['sam', 'max', 'zach']
>>> copy = names
>>> names
['sam', 'max', 'zach']
>>> copy[0] = 'helen'
>>> names
['helen', 'max', 'zach']
```

复制列表　当使用语法 *b=a*[:]复制列表时，两个列表之间会相互独立。下一个示例与前一个相同，唯一的差别在于 copy2 指向另一个与 names 不同的位置，因为发生了列表复制，而不是引用传递：请观察两个列表中第一个元素(零索引)值的差异。

```
>>> names = ['sam', 'max', 'zach']
>>> copy2 = names[:]
>>> copy2[0] = 'helen'
>>> names
['sam', 'max', 'zach']
>>> copy2
['helen', 'max', 'zach']
```

2. 列表是可迭代的

列表的一个重要属性是可迭代性，这意味着控制结构(例如 for，参见 12.3 节)可以循环遍历(迭代)列表中的每一个元素。在下面的示例中，控制结构 for 遍历列表 a，在循环过程中将 a 的一个元素赋值给 item。在把列表 a 的每一个元素赋值给 item 之后，循环将终止。print 语句结尾处的逗号将 print 通常情况下输出的换行符替换为空格。必须在控制结构内部缩进进行(称为逻辑块；参见 12.3 节)。

```
>>> a
['bb', 'dd', 'zz', 'rr']
>>> for item in a:
... print item,
...
bb dd zz rr
```

下面的示例返回列表中的最大元素。在这个示例中，列表被嵌入代码中；12.7 节中有使用了随机数的类似程序。程序将 my_rand_list 初始化为列表，包含 10 个数字，并将 largest 初始化为标量值 - 1。for 结构在每次循环中，依次从 my_rand_list 里取出元素，并将取出的值赋给 item。在 for 结构中，if 语句测试 item 是否比 largest 大。如果是，程序将 item 的值赋给 largest 并显示这个新值(这样可以观察到程序的处理过程)。当控制从 for 结构中退出时，程序显示一条信息和最大值。当一个逻辑块(子块)出现在另一个中时，务必要注意：必须在上级逻辑块的基础上进一步缩进子块。

```
$ cat my_max.py
#!/usr/bin/python

my_rand_list = [5, 6, 4, 1, 7, 3, 2, 0, 9, 8]
largest = -1
for item in my_rand_list:
    if (item > largest):
        largest = item
        print largest,
print
print 'largest number is ', largest

$ ./my_max.py
5 6 7 9
largest number is 9
```

在列表中查找最大元素的更简便方法可参见 12.8 节。

12.2.3　字典

Python 字典保存一系列无序的键-值对，其中键必须是唯一的。其他语言将这种类型的数据结构称为关联矩阵、hash 或 hashmap。与列表一样，字典是可迭代的。字典提供快速查找机制。字典的类名是 dict，因此必须输入 help(dict) 来显示关于字典的帮助页。使用下面的语法可以初始化字典：

dict = { key1 : value1, key2 : value2, key3 : value3 ... }

1. 使用字典

下面的示例初始化并显示一个名为 ext 的电话分机字典。由于字典是无序的，Python 在显示字典时没有特定顺序，通常会不按创建时的顺序进行显示。

```
>>> ext = {'sam': 44, 'max': 88, 'zach': 22}
>>> ext
{'max': 88, 'zach': 22, 'sam': 44}
```

keys()和 values()　可使用 keys()和 values()方法显示字典中保存的所有键或值：

```
>>> ext.keys()
['max', 'zach', 'sam']
>>> ext.values()
[88, 22, 44]
```

可增加一个键-值对：

```
>>> ext['helen'] = 92
>>> ext
{'max': 88, 'zach': 22, 'sam': 44, 'helen': 92
```

如果对字典中的已有键进行赋值，Python 只会替换值(键必须唯一)：

```
>>> ext['max'] = 150
>>> ext
{'max': 150, 'zach': 22, 'sam': 44, 'helen': 92}
```

下面的示例演示了如何从字典中删除一个键-值对：

```
>>> del ext['max']
>>> ext
{'zach': 22, 'sam': 44, 'helen': 9
```

也可以查询字典。在指定键时，Python 会返回其对应值：

```
>>> ext['zach']
22
```

items()　items()方法以(值对)元组列表的形式返回键-值对。由于字典是无序的，每次运行 item()返回的元组顺序可能不同。

```
>>> ext.items()
[('zach', 22), ('sam', 44), ('helen', 92)]
```

由于字典是可迭代的，可以用 for 循环遍历其元素：

```
>>> ext = {'sam': 44, 'max': 88, 'zach': 22}
>>> for i in ext:
...     print i
...
max
zach
sam
```

使用这种语法，字典只返回键；与 for i in ext.key()等效。如果想遍历值，可使用 for i in ext.values()。

字典中的键和值均可以是不同类型：

```
>>> dic = {500: 2, 'bbbb': 'BBBB', 1000: 'big'}
>>> dic
{1000: 'big', 'bbbb': 'BBBB', 500: 2}
```

12.3 控制结构

控制流语句可在一段程序中改变语句的执行顺序。第 10 章详细介绍了 bash 控制结构,包括这些操作的流程图。尽管两种语言使用不同的语法,但 Python 控制结构与对应的 bash 执行相同的功能。本章中对每个控制结构的描述均提及 bash 下相应的讨论。

在本节中,语法描述里的粗斜体字用来实现控制结构要达到的效果;非粗斜体字是 Python 用来标识控制结构的关键字。这些结构大多使用了一个记作 *expr* 的表达式,来控制程序的执行。为了保证清晰和一致性,本章中的示例用圆括号界定表达式;但圆括号并不总是需要的。

识别逻辑块　在大多数程序语言中,控制结构由圆括号、方括号或大括号对来界定;而 bash 使用关键字(例如,if…fi, do…done)。Python 使用冒号(:)作为控制结构的起始标志。虽然在其他语言中,在控制结构的行首使用空格(或制表符)是一种良好的编程习惯,但在 Python 中这是强制性的;它们表示逻辑块(或代码段)是控制结构的一部分。最后的缩进行标志着控制结构的结束;缩进级别的改变作为关闭标识,与作为起始的分号相匹配。

12.3.1 if

与 bash 的 if…then 控制结构(参见 10.1 节)相似,Python 的 if 控制结构语法如下:

```
if expr:
    ...
```

与所有 Python 控制结构一样,由…表示的控制块必须缩进。

在下面的示例中,如果用户在按回车键之前输入了一些东西,表达式 my_in != ''(如果 my_in 不是一个空字符串)的值为真。如果 *expr* 值为真,Python 会执行紧接下来的 print 语句。Python 会执行 if 语句下面作为控制结构一部分的任意数量的缩进语句。如果 *expr* 值为假,Python 会跳过 if 语句下面任意数量的缩进语句。

```
$ cat if1.py
#!/usr/bin/python
my_in = raw_input('Enter your name: ')
if (my_in != ''):
    print 'Thank you, ' + my_in
print 'Program running, with or without your input.'
$ ./if1.py
Enter your name: Neo
Thank you, Neo.
Program running, with or without your input.
```

12.3.2 if…else

与 bash 的 if…then…else 控制结构相似(参见 10.1 节),if…else 控制结构以如下语法实现两路分支:

```
if expr:
    ...
else:
    ...
```

如果 *expr* 值为真,Python 执行 if 控制块中的语句。否则将执行 else 控制块中的语句。下面的示例基于之前那个,如果用户不输入任何信息,程序显示一条错误消息并退出。

```
$ cat if2.py
#!/usr/bin/python
my_in = raw_input('Enter your name: ')
if (my_in != ''):
    print 'Thank you, ' + my_in
else:
    print 'Program requires input to continue.'
```

```
    exit()
print 'Program running with your input.'
$ ./if2.py
Enter your name: Neo
Thank you, Neo
Program running with your input.
$ ./if2.py
Enter your name:
Program requires input to continue.
```

12.3.3　if…elif…else

与 bash 的 if…then…elif 控制结构类似(参见 10.1 节)，Python 的 if…elif..else 控制结构实现了一种嵌套的 if…else 结构，语法如下：

```
if (expr):
    ...
elif (expr)
    ...
else:
    ...
```

这个控制结构可根据需要包含任意多个 elif 控制块。下面的示例中，if 语句判断其后圆括号中的布尔表达式，如果表达式为真，就进入其下面的缩进逻辑块。if、elif 和 else 语句是一个控制结构的组成部分，Python 将只会进入其中的一个缩进逻辑块。

if 和 elif 语句之后均会紧随一个布尔表达式。只有表达式的值为真，Python 才会执行其对应的逻辑块。如果没有一个表达式的值为真，控制流会进入 else 对应的逻辑块。

```
$ cat bignum.py
#!/usr/bin/python
input = raw_input('Please enter a number: ')
if (input == '1'):
    print 'You entered one.'
elif (input == '2'):
    print 'You entered two.'
elif (input == '3'):
    print 'You entered three.'
else:
    print 'You entered a big number...'
print 'End of program.'
```

在上面的程序中，即使用户输入一个整数/标量值，Python 也会将其存储为字符串。因此每个比较都是判断这个值与一个字符串是否相等。可使用 int()函数将字符串转换为整数。如果那样做了，就必须将表达式中的引号去掉：

```
...
input = int(raw_input('Please enter a number: '))
if (input == 1):
    print 'You entered one.'
...
```

12.3.4　while

while 控制结构(参见 10.1.6 节)判断一个布尔表达式，如果表达式为真，就继续执行。下面的程序使用 Python 交互式 shell 运行，显示 0 到 9。随着输入命令，当需要输入更多内容来完成一条语句时，Python 会显示二级提示符(…)；仍然必须输入空格或制表符来缩进逻辑块。

首先，程序将 count 初始化为 0。第一次通过循环时，while 表达式值为真，Python 执行组成 while 控制结构逻辑块的所有缩进语句。print 语句结尾的逗号使 print 在每个字符串之后输出空格(不再输出换行符)，count+=1 语句在每次循环时增加 count 的值。当控制到达循环结尾处时，Python 将控制权返回到 while 语句，现在 count 值为 1。当 count 小于或等于 10 时，循环继续执行。当 count 等于 11 时，while 表达式值为假，控制转向逻辑块之后的第一条语句(第一条没有缩进的语句；本例中不存在)。

```
>>> count = 0
>>> while (count <= 10):
...     print count,
...     count += 1
...
0 1 2 3 4 5 6 7 8 9 10
```

注意不要创建死循环

提示　使用 while 语句，很容易意外地创建死循环。确保存在一个可满足的结束条件(例如，将计数器与一个有限值做比较，并在每次循环时增加计数器)。

12.3.5　for

for 控制结构(参见 10.1.5 节)在每次循环时将从列表、字符串或其他可迭代数据结构中获取的值赋给一个循环索引变量。

列表是可迭代的　在下面的示例中，lis 是一个列表，保存了 4 类动物的名称。for 语句从 turkey 开始按顺序遍历 lis 的元素，并在每次调用时将值赋给 nam。逻辑块中的 print 语句在每次循环中显示 nam 的值。当遍历完 lis 中的元素时，Python 从逻辑块中退出。

```
>>> lis = ['turkey', 'pony', 'dog', 'fox']
>>> for nam in lis:
...     print nam
...
turkey
pony
dog
fox
```

字符串是可迭代的　下面的示例演示了字符串是可迭代的。名为 string 的字符串保存了 My name is Sam，for 语句遍历 string，每次循环中将一个字符赋值给 char。print 语句显示每个字符；逗号使得 print 在每个字符之后输出一个空格(而不是换行符)。

```
>>> string = 'My name is Sam.'
>>> for char in string:
...     print char,
...
M y   n a m e   i s   S a m .
```

range()　range()函数返回其参数所指定的两个值(包括第一个值，但不包括第二个值)之间的所有整数组成的列表。第三个参数是可选的，用于定义步长。

```
>>> range(1,6)
[1, 2, 3, 4, 5]
>>> range(0,10,3)
[0, 3, 6, 9]
```

下面的示例展示了如何在 for 循环中使用 range()。该例中，rang()返回包含 0、3、6 和 9 的一个列表。for 控制结构在这些值上循环，每次循环时执行缩进的语句。

```
>>> for cnt in range(0,10,3):
... print cnt
...
0
3
6
9
```

选读

xrange()　range()函数在生成较短列表时有用，但是由于它将返回的列表存储在内存中，在生成长列表时会占据大量系统内存。相反，xrange()占用的内存大小是固定的，与其返回的列表长度无关；因此，当处理长列表时，较之 range()，它占用的系统资源更少。

这两个函数的工作原理不同。range()用值填充列表并把列表存储在内存中，xrange()仅在遍历它的返回值时起作用；整个列表根本不会存储在内存中。

```
>>> range(1,11)
[1, 2, 3, 4, 5, 6, 7, 8, 9, 10]
>>> xrange(1,11)
xrange(1, 11)
>>> for cnt in xrange(1,11):
...     print cnt,
...
1 2 3 4 5 6 7 8 9 10
```

12.4 读写文件

Python 允许采用很多方式处理文件。本节讲述如何读取和写入文本文件，以及如何使用 pickle 在文件中保存对象。

12.4.1 文件输入和输出

open() open()函数打开文件并返回一个文件对象，称为文件句柄；它能够以多种模式之一打开文件(参见表 12-3)。以 w(写入)模式打开文件会将文件截断；如果要向文件中添加内容，需要使用 a(追加)模式。下面的语句以读模式打开 max 主目录下名为 test_file 的文件；文件句柄命名为 f。

```
f = open('/home/max/test_file', 'r')
```

表 12-3 文件模式

模　式	功　能
r	只读　文件不存在则报错
w	只写　文件不存在则创建，如果存在则覆盖
r+	读写　文件不存在则创建
a	追加　文件不存在则创建
a+	追加且可读　文件不存在则创建
b	二进制　加在 r 或 w 之后，用于处理二进制文件

一旦打开了文件，就可以使用表 12-4 所列的任意方法，利用句柄进行文件读写。完成文件操作后，使用 close()关闭文件并释放已打开文件所占用的资源。

表 12-4 文件对象方法

方　法	参　数	返回值或操作
close()	无	关闭文件
isatty()	无	如果文件连接到终端，就返回真；否则返回假
read()	需要读取的最大字节数(可选)	读取文件，直到 EOF 或指定的最大字节数；以字符串形式返回文件内容
readline()	需要读取的最大字节数(可选)	读取文件，直到换行符或指定的最大字节数；以字符串形式返回行内容
readlines()	需要读取的最大字节数(可选)	反复调用 readline()并返回一个行的列表(可迭代)
write(str)	需要写入的字符串	写入文件
writelines(strs)	字符串列表	反复调用 write()，每次使用列表中的一项

下面的示例从/home/max/test_file 文件(包含三行)读取内容。它以读模式打开文件并将句柄 f 指向打开的文件。

它使用 readlines()方法，将整个文件读取到一个列表中，然后返回这个列表。由于列表是可迭代的，Python 在每次循环时将 test_file 的一行传递给 for 控制结构。for 控制结构将这行字符串赋值给 ln，print 随后会显示它。strip()方法删除行尾的空格和/或换行符。如果不使用 strip()，print 将输出两个换行符；一个为文件中的行结束符，另一个由 print 在其输出行的行尾自动追加。在读取和显示完文件的所有行后，示例将关闭文件。

```
>>> f = open('/home/max/test_file', 'r')
>>> for ln in f.readlines():
...     print ln.strip()
...
This is the first line
and here is the second line
of this file.
>>> f.close()
```

下一个示例以追加模式打开同一文件并使用 write()向其写入一行。write()方法不会在它输出行之后追加换行符，因此必须将\n 作为写入文件的字符串的结尾。

```
>>> f = open('/home/max/test_file','a')
>>> f.write('Extra line!\n')
>>> f.close()
```

> **选读**
>
> 在使用 for 循环的示例中，Python 并不是在每次 for 循环中都调用 readlines()方法。相反，它在 readlines()方法第一次被调用时，将文件读取到一个列表中，然后迭代列表，随后的每次调用将列表中下一行的值赋给 ln。以下代码与其等效：
>
> ```
> >>> f = open('/home/max/test_file', 'r')
> >>> lines = f.readlines()
> >>> for ln in lines:
> ...     print ln.strip()
> ```
>
> 直接在文件句柄上迭代会更高效，因为这种技术不会将文件存储在内存中。
>
> ```
> >>> f = open('/home/max/test_file', 'r')
> >>> for ln in f:
> ...     print ln.strip()
> ```

12.4.2　异常处理

异常是一种出错情况，它改变程序中正常的控制流。尽管可以尝试应付代码需要处理的所有问题，但这并不总是能做到：未知情况可能发生。如果前一程序要打开的文件不存在，会发生什么？Python 抛出 2 号 IOError(输入/输出错误)异常，并显示信息"No such file or directory"。

```
>>> f = open('/home/max/test_file', 'r')
Traceback (most recent call last):
  File "<stdin>", line 1, in <module>
IOError: [Errno 2] No such file or directory: '/home/max/test_file'
```

编写良好的程序会优雅地处理类似这种异常，而不是让 Python 显示一条可能难以理解的错误信息并退出。良好的异常处理将有助于进行程序调试，并且可以为非技术用户提供清晰的信息，来解释程序失败的原因。

下面的示例使用异常处理器将可能执行失败的 open 语句进行封装，异常处理器的形式为 try...except 控制结构。这种结构尝试执行 try 块。如果 try 块执行失败(存在异常)，它将执行 except 块中的代码。如果 try 块执行成功，它将跳过 except 块。根据错误的严重程度，except 块可以警告用户某处存在错误，或显示一条错误消息并从程序中退出。

```
>>> try:
...     f = open('/home/max/test_file', 'r')
... except:
...     print "Error on opening the file."
...
Error on opening the file.
```

可以指定 except 块所处理错误的类型。上一例中，open 语句返回 IOError。接下来的程序在尝试打开文件的时候，检测 IOError，显示错误信息并退出。如果没有遇到 IOError，它继续正常执行。

```
$ cat except1.py
#!/usr/bin/python
try:
    f = open('/home/max/test_file', 'r')
except IOError:
    print "Cannot open file."
    exit()
print "Processing file."
$ ./except1.py
Cannot open file.
$
$ touch test_file
$ ./except1.py
Processing file.
```

12.4.3   pickle 模块

pickle 模块允许将对象以标准格式保存到文件中，供同一程序或其他程序之后使用。所保存的对象可以是任意类型，只要它不需要操作系统资源(例如文件句柄或网络套接字)即可。标准的 pickle 文件扩展名为.p。请访问 wiki.python.org/moin/UsingPickle 来了解更多信息。

不要对从不可信来源获取的数据解 pickle

安全   pickle 模块对于恶意构造的数据而言是不安全的。当解 pickle 对象时，表明信任创建它的人。如果不了解或者不相信对象的来源，请不要对其解 pickle。

本节讨论两个 pickle 方法：dump()，将对象写入磁盘；以及 load()，从磁盘读取对象。这两个方法的语法是：

pickle.dump(objectname, open(filename, 'wb'))
pickle.load(objectname, open(filename, 'rb'))

值得注意的是：需要以二进制模式(wb 和 rb)打开文件。load()方法返回对象；既可以将对象指定为与原对象同名，也可以指定不同的名称。在使用 pickle 之前，必须将其导入(参见 12.7 节)。

在下面的示例中，导入 pickle 之后，pickle.dump()以 wb(二进制写入)模式创建一个名为 pres.p 的文件，将列表 preserves 保存，接下来用 exit()退出 Python 交互式 shell：

```
>>> import pickle
>>> preserves = ['apple', 'cherry', 'blackberry', 'apricot']
>>> preserves
['apple', 'cherry', 'blackberry', 'apricot']
>>> pickle.dump(preserves, open('pres.p', 'wb'))
exit()
```

下一个示例调用 Python 交互式 shell，pickle.load()以 rb(二进制读取)模式读取 pres.p 文件。这个方法返回原来通过 dump()保存的对象。可给对象指定自己喜欢的任意名称。

```
$ python
...
>>> import pickle
>>> jams = pickle.load(open('pres.p', 'rb'))
>>> jams
['apple', 'cherry', 'blackberry', 'apricot']
```

12.5   正则表达式

Python 的 re(正则表达式)模块用于处理正则表达式。Python 正则表达式遵从附录 A 中所述的规则，并与 11.7

节所述的 Perl 正则表达式相似。本节讨论 Python re 库中的少数几个工具。在使用 re 方法前，必须给出 import re 命令。要显示 Python 关于 re 模块的帮助信息，可在 Python 交互式 shell 中给出 help()命令，然后输入 re。

findall() findall()是 re 模块最简单的方法之一，它使用如下语法，返回一个包含所有匹配的列表：

*re.findall(**regex**, **string**)*

其中 *regex* 是正则表达式，*string* 是准备匹配的字符串。

下面示例中的正则表达式(hi)匹配 hi 在字符串(hi hi hi hello)中的三次出现：

```
>>> import re
>>> a = re.findall('hi', 'hi hi hi hello')
>>> print a
['hi', 'hi', 'hi']
```

由于 findall()返回一个列表(可迭代)，因此可以将它用于 for 语句。接下来的示例使用特殊字符点(.)，它在正则表达式中可以匹配任意字符。正则表达式(hi.)匹配字符串中 hi 后面加任意字符的三次出现。

```
>>> for mat in re.findall('hi.', 'hit him hid hex'):
...     print mat,
...
hit him hid
```

search() re 的 search()方法使用与 findall()相同的语法，查找字符串 string 中正则表达式 regex 的匹配。如果发现匹配，它不再返回列表，而是返回一个 MatchObject(匹配对象)。很多 re 方法在字符串 string 中找到正则表达式 regex 的匹配时都返回 MatchObject(而非列表)。

```
>>> a = re.search('hi.', 'bye hit him hex')
>>> print a
<_sre.SRE_Match object at 0xb7663a30>
```

bool() bool()函数根据其参数返回真或假。由于可直接测试 MatchObject，bool()在 Python 程序中并不常用，包含在这里是鉴于其教学意义。MatchObject 的值为真，因为它表示匹配存在。尽管 findall()不返回 MatchObject，但在找到匹配时它的值也为真。

```
>>> bool(a)
True
```

group() group()方法允许访问 MatchObject 中保存的匹配。

```
>>> a.group(0)
'hit'
```

type() 当不存在匹配时，search()返回 NoneType 对象(如同 type()函数显示的那样)。它的值为 None，或在布尔表达式中值为 false。

```
>>> a = re.search('xx.', 'bye hit him hex')
>>> type(a)
<type 'NoneType'>
>>> print a
None
>>> bool(a)
False
```

由于 re 方法在布尔上下文中取值为真或假，因此可将 re 方法用作 if 语句测试的表达式。下个示例使用 search()作为 if 语句中的表达式；由于存在匹配，search()值为真，因此 Python 执行 print 语句。

```
>>> name = 'sam'
>>> if(re.search(name,'zach max sam helen')):
...     print 'The list includes ' + name
...
The list includes sam
```

match() re 对象的 match()方法使用与 search()相同的语法，但它只从字符串 *string* 的开头查找正则表达式 *regex* 的匹配。

```
>>> name = 'zach'
```

```
>>> if(re.match(name,'zach max sam helen')):
...      print 'The list includes ' + name
...
The list includes zach
```

12.6   定义函数

Python 函数必须在使用前定义，因此在代码中，函数通常出现在调用处之前。与 Python 其他逻辑块一样，函数的内容必须进行缩进。函数定义的语法是：

*def my_function(**args**):*

...

Python 通过引用向函数传递列表和其他数据结构(参见 12.2 节)，这意味着当函数更改了作为参数传递过来的数据结构时，就会更改原始数据结构。接下来的示例演示了这个现象：

```
>>> def add_ab(my_list):
...      my_list.append('a')
...      my_list.append('b')
...
>>> a = [1,2,3]
>>> add_ab(a)
>>> a
[1, 2, 3, 'a', 'b']
```

可通过三种方法向函数传递参数。假设函数 place_stuff 的定义如下，函数定义中参数被赋予的值称为默认值：

```
>>> def place_stuff(x = 10, y = 20, z = 30):
...      return x, y, z
...
```

如果调用函数并指定参数，函数使用指定的参数值：

```
>>> place_stuff(1,2,3)
(1, 2, 3)
```

如果未指定参数，函数使用默认值：

```
>>> place_stuff()
(10, 20, 30)
```

可选地，可以指定部分或全部参数的值：

```
>>> place_stuff(z=100)
(10, 20, 100)
```

12.7   使用库

本节讨论 Python 标准库、非标准库和 Python 命名空间，以及如何导入和使用函数。

12.7.1   标准库

Python 标准库通常包含在与 Python 一起安装的包中，提供了广泛的工具，包括函数、常量、字符串服务、数据类型、文件和目录访问、加密服务以及文件格式。请访问 docs.python.org/library/index.html 以获取标准库内容列表。

12.7.2   非标准库

有些情况下，想要的模块可能不包含在与 Python 一起安装的库中。通常情况下，可在 Python 包索引(PyPI；pypi.python.org)中找到所需的库，Python 包索引是一个包含超过 22 000 个 Python 包的仓库。

可以通过在网络上搜索 distro package database，找到自己所使用发行版的模块列表，其中 distro 是正在使用的 Linux 发行版的名称，然后查找其中关于 python 实用程序的数据库。

12.7.3　SciPy 和 NumPy 库

SciPy 和 NumPy 是两个受欢迎的库。SciPy("Sigh Pie"；scipy.org)库包含用于数学、科学和工程的 Python 模块。它基于用于科学计算的 Python 模块库 NumPy(numpy.scipy.org)。

在使用其任何模块之前，必须下载并安装包含 NumPy 的包。在 Debian/Ubuntu/Mint 和 openSuSE 下，包名为 python-numpy；在 Fedora/RHEL 下，包名为 numpy。如果运行的是 macOS，请访问 www.scipy.org/Installing_SciPy/Mac_OS_X。下载和安装包的说明见附录 C。可选地，可从 scipy.org 或 pypi.python.org 得到所需的库。一旦导入了 SciPy(import scipy)，help(scipy)将给出可以单独导入的函数列表。

12.7.4　命名空间

命名空间包含一个名称(标识符)的集合，其中所有的名称都是唯一的。例如，一个程序的命名空间可能含有一个名为 planets 的对象。你可能将 planets 初始化为一个整数：

```
>>> planets = 5
>>> type(planets)
<type 'int'>
```

尽管不是良好的编程习惯，但是在之后的程序中，可将 planets 赋值为字符串。它将成为一个字符串类型的对象。

```
>>> planets = 'solar system'
>>> type(planets)
<type 'str'>
```

可以让 planets 成为一个函数、列表或其他类型的对象。但不管怎样，只会有一个名为 planets 的对象(命名空间中的标识符必须唯一)。

当导入模块(包括函数)时，如果发生冲突，Python 能够合并模块和程序的命名空间。例如，如果从 random 库中引入名为 sample 的函数，然后定义同名函数，原来的函数将不可以再访问。

```
>>> from random import sample
>>> sample(range(10), 10)
[6, 9, 0, 7, 3, 5, 2, 4, 1, 8]
>>> def sample(a, b):
...     print 'Problem?'
...
>>> sample(range(10), 10)
Problem?
```

下一节讨论从库中导入对象的不同方法，以及为防止出现上述问题可以采取的步骤。

12.7.5　导入模块

可采用几种方式之一来导入模块。导入模块的方式将决定 Python 是否合并模块和自己的程序。

最简单的做法是导入所有模块。这种情况下，Python 不合并命名空间，但允许通过在名字前加上模块名前缀来引用模块中的对象。接下来的代码导入 random 模块。使用这种语法，名为 sample 的函数没有定义：必须使用 random.sample 来调用它。

```
>>> import random
>>> sample(range(10), 10)
Traceback (most recent call last):
  File "<stdin>", line 1, in <module>
NameError: name 'sample' is not defined
```

```
>>> random.sample(range(10), 10)
[1, 0, 6, 9, 8, 3, 2, 7, 5, 4]
```

这种导入方式允许定义自己的 sample 函数。由于 Python 没有合并程序和 random 模块的命名空间，因此两个函数可以共存。

```
>>> def sample(a, b):
...     print 'Not a problem.'
...
>>> sample(1, 2)
Not a problem.
>>> random.sample(range(10), 10)
[2, 9, 6, 5, 1, 3, 4, 0, 7, 8]
```

导入模块的某部分 另一种导入模块的方法是指定模块和对象。

```
>>> from random import sample
```

当使用这种语法导入对象时，仅导入名为 sample 的函数；模块中其他对象将不可用。这项技术非常高效。然而，Python 会合并程序和对象的命名空间，这会引发前一节所述的问题。

也可以使用 from *module* import *。这种语法将 module 模块的全部名称导入程序的命名空间；通常不建议使用这项技术。

12.7.6 导入函数示例

12.2.2 节的程序 my_max.py 查找一个预先定义好的列表的最大元素。下面的程序功能相同，差别在于它在运行时用随机数填充列表。

下面的命令从名为 random 的标准库模块中导入 sample()函数。可以采用同样的方式从非标准库(例如 NumPy)中安装对象。

```
from random import sample
```

导入函数后，命令 help(sample)可显示关于 sample()的信息。sample()函数的语法如下：

sample(list, number)

其中：*list* 是一个包含了 sample()所有可能返回值的列表，*number* 是 sample()要返回的列表中随机数的个数。

```
>>> sample([0, 1, 2, 3, 4, 5, 6, 7, 8, 9], 4)
[7, 1, 2, 5]
>>> sample([0, 1, 2, 3, 4, 5, 6, 7, 8, 9], 6)
[0, 5, 4, 1, 3, 7]
```

以下程序使用 range()函数，返回一个包括从 0 到比其参数小 1 的所有数字的列表。

```
>>> range(8)
[0, 1, 2, 3, 4, 5, 6, 7]
>>> range(16)
[0, 1, 2, 3, 4, 5, 6, 7, 8, 9, 10, 11, 12, 13, 14, 15]
```

当结合使用两个函数时，range()提供一个可取值的列表，sample()随机地从这个列表中选取数值。

```
>>> sample(range(100),10)
[5, 32, 70, 93, 74, 29, 90, 7, 30, 11]
```

在下面的程序中，sample()产生一个随机数列表，for 对其进行遍历。

```
$ cat my_max2.py
#!/usr/bin/python

from random import sample
my_rand_list = sample(range(100), 10)
print 'Random list of numbers:', my_rand_list
largest = -1
for item in my_rand_list:
        if (item > largest):
```

```
                        largest = item
                        print largest,
print
print 'largest number is ', largest
$ ./my_max2.py
random list of numbers: [67, 40, 1, 29, 9, 49, 99, 95, 77, 51]
67 99
largest number is 99
$ ./my_max2.py
random list of numbers: [53, 33, 76, 35, 71, 13, 75, 58, 74, 50]
53 76
largest number is 76
```

max()　上面示例中使用的算法不是查找列表中最大值的最高效方法。使用内置函数 max()会更高效。

```
>>> from random import sample
>>> max(sample(range(100), 10))
96
```

选读

12.8　Lambda 函数

Python 支持 Lambda 函数——不一定要有名称的函数。你可能也会见到它们被称为匿名函数。Lambda 函数较其他函数有更多约束，因为它们只能有一个单独的表达式。就其最基本的形式而言，Lambda 是定义函数的另一种语法。在接下来的示例中，名为 a 的对象是一个 Lambda 函数，它与名为 add_one 的函数执行相同的任务。

```
>>> def add_one(x):
...       return x + 1
...
>>> type (add_one)
<type 'function'>

>>> add_one(2)
3
>>> a = lambda x: x + 1
>>> type(a)
<type 'function'>

>>> a(2)
3
```

map()　可使用 Lambda 语法定义一个内联函数，并将其作为参数，传递给接收另一个函数作为参数的函数。map()函数的语法是：

　map(func, seq1[, seq2, ...])

其中 *func* 是一个函数，它作用于由 *seq1*(以及 *seq2*…)表示的参数序列。通常，这些序列是 map()的参数，map()返回的对象是列表。下一个示例首先定义了一个名为 times_two()的函数：

```
>>> def times_two(x):
...       return x * 2
...
>>> times_two(8)
16
```

接下来，map()函数将 times_two()应用于一个列表：

```
>>> map(times_two, [1, 2, 3, 4])
[2, 4, 6, 8]
```

可定义一个内联 Lambda 函数作为 map()的参数。在这个示例中，Lambda 函数没有名称。

```
>>> map(lambda x: x * 2, [1, 2, 3, 4])
[2, 4, 6, 8]
```

12.9   列表推导

列表推导将函数应用于列表。例如接下来的代码，不使用列表推导，而使用 for 对列表中的元素进行迭代：

```
>>> my_list = []
>>> for x in range(10):
...      my_list.append(x + 10)
...
>>> my_list
[10, 11, 12, 13, 14, 15, 16, 17, 18, 19]
```

可使用列表推导来优雅、高效地完成相同的任务。语法是相似的，不同之处在于列表推导由方括号包围，而且操作(x+10)在迭代(for x in range(10))之前。

```
>>> my_list = [x + 10 for x in range(10)]
>>> my_list
[10, 11, 12, 13, 14, 15, 16, 17, 18, 19]
```

使用 for 结构和列表推导的结果是相同的。下面的示例使用列表推导，用 2 的幂值对一个列表进行填充：

```
>>> potwo = [2**x for x in range(1, 13)]
>>> print potwo
[2, 4, 8, 16, 32, 64, 128, 256, 512, 1024, 2048, 4096]
```

下面的列表推导使用偶数填充一个列表。if 子句仅在数值除以 2 的余数为 0 时返回该数值(if x%2 == 0)。

```
>>> [x for x in range(1,11) if x % 2 == 0]
[2, 4, 6, 8, 10]
```

最后的示例展示了嵌套列表推导。它嵌套了 for 循环，并使用 x+y 以所有的组合方式来连接两个列表中的元素。

```
>>>A = ['a', 'b', 'c']
>>> B = ['1', '2', '3']
>>> all = [x + y for x in A for y in B]
>>> print all
['a1', 'a2', 'a3', 'b1', 'b2', 'b3', 'c1', 'c2', 'c3']
```

12.10   本章小结

Python 是一种解释型语言：它在运行时将代码翻译为比特码，并在 Python 虚拟机中执行比特码。可从 Python 交互式 shell 或者从文件运行 Python 程序。Python 交互式 shell 便于开发，因为可以用它来逐行调试和运行代码，并立即看到结果。在 Python 交互式 shell 中，Python 将任意没有执行操作的命令行回显。在这个 shell 中，可通过 help() 命令使用 Python 帮助功能，或使用 help('*object*') 来显示关于 *object* 的帮助。

函数有助于提高代码的可读性、效率和可扩展性。许多函数(内置函数)在首次调用 Python 的时候就已经可用，而更多函数可在库中找到，可以下载和/或导入这些库。方法与函数相似，只不过方法作用于对象，而函数是独立的。Python 允许定义普通函数和被称为 Lambda 函数的匿名函数。

Python 能够以多种方式读取和写入文件。open()函数打开文件并返回一个称为文件句柄的文件对象。一旦打开文件，就可使用文件句柄直接进行输入和输出。当完成文件处理时，要养成关闭它的好习惯。pickle 模块允许将对象以标准格式保存在文件中，供相同的程序或其他程序之后使用。

Python 列表是一个包含单个或更多个元素的对象；它与 C 或 Java 中的数组类似。列表的一个重要特性是可迭代性，意味着控制结构(例如 for)可以循环(迭代)列表中的每一个元素。Python 字典保存无序的键-值对，其中键是唯一的。与列表一样，字典也是可迭代的。

Python 实现了诸多控制结构，包括 if…else、if…elif…else、while 和 for。与大多数语言不同，Python 在控制结构的行首需要空格(或制表符)。缩进的代码标识作为控制结构一部分的一个逻辑块或代码段。

Python 正则表达式由 Python 的 re 模块实现。在使用 re 方法之前，必须给出 import re 命令。

练习

1. 隐式回显是什么意思？它在 Python 交互式 shell 中可用，还是从程序文件中可用？列举隐式回显的简单示例。

2. 编写并运行一个保存在文件中的 Python 程序。该程序要能够演示如何提示用户输入，并显示用户输入的字符串。

3. 使用 Python 交互式 shell，初始化一个包含一年中前 6 个月份的三字母缩写名称的列表并显示该列表。

4. 使用 Python 交互式 shell，用 for 控制结构对练习 3 中初始化的列表中的元素进行迭代，并在一行中显示每个缩写名称后加一个句号(提示：句号是一个字符串)。

5. 使用 Python 交互式 shell，将练习 3 中初始化的列表以字母顺序排序。

6. 初始化一个字典，其中键是一年中第 3 季度的月份名称，值是相应月份的天数。显示该字典、键以及值。将一年中的第 10 个月份加入该字典并单独显示该月份的值。

7. 可迭代是什么意思？给出两个可迭代的内置对象。哪些控制结构可用来循环遍历可迭代对象？

8. 编写并演示一个名为 stg() 的 Lambda 函数，它会在参数后面追加.txt。当用一个整数来调用该函数时会发生什么？

高级练习

9. 定义一个名为 cents 的函数，返回时，将其参数除以 100 并截取整数部分。例如：

```
>>> cents(12345)
123
```

10. 定义一个名为 cents2 的函数，返回将其参数除以 100 所得的精确值(有必要的话可以包含小数点)。确保程序不会将结果截断。例如：

```
>>> cents2(12345)
123.45
```

11. 创建一个包含 4 个元素的列表。复制一个列表并改变所复制列表中一个元素的值。说明原列表中相同的元素并未改变。

12. 为什么下面的赋值语句会产生错误？

```
>>> x.y = 5
Traceback (most recent call last):
  File "<stdin>", line 1, in <module>
NameError: name 'x' is not defined
```

13. 使用两个参数调用 map()函数：

(1) 一个 Lambda 函数，返回调用它所使用数字的平方。

(2) 一个列表，包含 4 和 15 之间的偶数；使用 range()内联地生成列表。

14. 使用列表推导显示 1~30(包括 1 和 30)之间能够被 3 整除的数字。

15. 编写一个函数，需要一个整数 val 作为参数。该函数要求用户输入一个数字。如果这个数字大于 val，函数显示"太大。"并返回 1；如果小于 val，函数显示"太小。"并返回-1；如果等于 val，函数显示"猜对啦！"并返回 0。反复调用这个函数，直至用户输入正确的数字为止。

16. 重写练习 15，使用 0 和 10(包括 0 和 10)之间的随机数来调用函数(提示：random 库中的 randint()函数返回包括它两个参数在内的随机数)。

17. 编写一个函数，计算用户输入字符串中的字符数。接下来编写一个程序来调用该函数并显示如下输出：

```
$ ./count_letters.py
Enter some words: The rain in Spain
The string "The rain in Spain" has 17 characters in it.
```

18. 编写一个函数，计算用户输入的字符串中元音字母(aeiou)的数量。确保将大小写形式的元音字母包含在内。接下来编写一个程序调用该函数并显示如下输出：

```
$ ./count_vowels.py
Enter some words: Go East young man!
The string "Go East young man!" has 6 vowels in it.
```

19. 编写一个函数，计算用户输入的字符串中的字符总数和元音字母数。接下来编写一个程序调用该函数并显示如下输出：

```
$ ./count_all.py
Enter some words: The sun rises in the East and sets in the West.
13 letters in 47 are vowels.
```

第13章

MariaDB 数据库管理系统

阅读完本章之后你应该能够:

- 解释什么是 SQL 及其与 MariaDB 之间的关系
- 解释什么是数据库、表、行和列,以及它们之间的关系
- 在本地系统上安装 MariaDB 服务器和客户端
- 设置 MariaDB,包括为用户设置~/.my.cnf 文件
- 创建数据库并添加用户
- 添加数据并从数据库中获取数据
- 修改数据库中的数据
- 添加第二个表并编写从两个表中获取数据的连接查询

MariaDB MySQL(My Structured Query Language)是 SQL 的一种实现。它是全球最流行的开源关系型数据库管理系统(RDBMS)。它的运行速度极快,Internet 上最经常被访问的一些网站都使用它,包括 Google、Facebook、Twitter、Yahoo、YouTube 和 Wikipedia。

然而,最近这些公司中的一些已经转而使用 MariaDB,稍后解释。Fedora/RHEL 用 MariaDB 取代了其资源库中的 MySQL,维基百科也将其转换为这种变体。Ubuntu 提供了两个版本。

Michael Widenius 和 David Axmark 于 1994 年开始开发 MySQL。2008 年,Sun Microsystems 收购了 MySQL。Widenius 用女儿的名字 My 给它命名。

MariaDB 2009 年,Widenius 对 Sun Microsystems 下的 MySQL 开发过程感到不满意,Widenius 离开 Sun,创建了一家名为 Monty Program 的公司,在 MySQL 的一个名为 MariaDB 的分支上工作。2010 年,Oracle 公司收购了 Sun Microsystems 公司,大多数 MySQL 开发人员离开 Sun,加入两个 MySQL 分支 MariaDB 和 Drizzle (www.drizzle.org)。

兼容性 今天,MariaDB 是一个社区开发的 MySQL 分支,专门用于 FOSS(免

费/开源)软件,并在 GNU GPL 下发布。目前,MariaDB 是 MySQL 的替代品,使用与 MySQL 相同的命令;只有包名不同(参见 ariadb.com/kb/en/mariadb-vs-mysql-compatibility)。然而,MariaDB 计划在下一个版本中引入重大变革;那时,在特性级别上可能不再兼容。但人们期望 MariaDB 能够在未来保持与 MySQL 的协议兼容性。

MariaDB 还是 MySQL?

提示   MariaDB 是 MySQL 的分支,几乎所有代码都是相同的。代码不同,并不影响本章的示例或描述。本章的例子针对 MariaDB 进行了测试。如果想使用 MySQL,请安装 MySQL 包。

接口   许多编程语言提供 MariaDB 的接口和绑定,包括 C、Python、PHP 和 Perl。另外,可使用作为行业标准的 Open Database Connectivity (ODBC) API 来访问 MySQL 数据库,也可以从 shell 脚本或命令行中调用 MariaDB。MariaDB 是流行的 LAMP(Linux、Apache、MySQL/MariaDB、PHP/Perl/Python)开源企业级软件栈的一个核心组件。

13.1   注意

MariaDB 的用户集合与 Linux 的是分开的:拥有 MariaDB 账号的用户可能没有 Linux 账号,反过来也成立。刚安装时,MariaDB 管理员名为 root。由于 MariaDB 的 root 用户与 Linux 的 root 用户不同,因此它可以(应该)有不同的密码。

当创建 MariaDB 用户时,MariaDB 并不自动创建数据库;用户和数据库不是严格绑定的。

SQL 对于空格和换行符是格式自由的。

1. 术语

本节简要叙述在面对关系型数据库时使用的一些基本术语,见图 13-1。

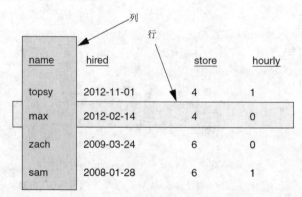

图 13-1   maxdb 数据库中 people 表的几行

数据库   结构化的持久数据集合,包含一个或多个表。

行   表中有序的列集,也称为记录或元组。

列   相同类型值的集合,表中的每行对应其中一个值。某些列可能被设计为键。键是被索引的,用于加速访问列中的特定值。列也称为域或属性。

连接   来自不同表的两(或者更多)行,通过其中两(或更多)列中值的关系,绑定在一起。例如,来自不同表的两行,可以基于其两列中相等的值进行连接。

关系型数据库管理系统(RDBMS)   由 E. F. Codd 开发的基于关系模型的数据库,由数据表组成。Codd 将术语"关系"用于 SQL 中所定义的表;数据库也因此得名。

SQL   结构化查询语言。一种行业标准语言,用于创建、更新以及查询关系型数据库。SQL 不是关系模型的一部分,但经常与其关联在一起。

MariaDB   SQL 的一个软件商标或实现。

> **MariaDB 是 SQL 的一个实现**
>
> **提示**　本章讨论的主题是 SQL 和 MariaDB，解释了如何设置 MariaDB 服务器和客户端，也列举了如何在 MariaDB 下运行 SQL 查询语句的示例。

表　关系型数据库中行的集合，也称为关系。

13.1.1　语法和惯例

一段 SQL 程序包含一条或多条语句，每条语句以分号(;)或\g 结尾。尽管语句中的关键字不区分大小写，但本书为了清晰起见将关键字全部大写。数据库和表名区分大小写；列名不区分。

下面的示例展示了一条包括主提示符(MariaDB[maxdb]>，maxdb 是所选数据库的名称)和次提示符(->)的多行 SQL 语句(查询)。SELECT、FROM 和 WHERE 是关键字。这条语句显示名为 people 的表中，store 列的值等于 4 的对应行中 name 列的值。

```
MariaDB [maxdb]> SELECT name
    ->          FROM    people
    ->          WHERE   store = 4;
```

1. 注释

在 SQL 程序中，可使用下列三种方式之一进行注释。这些技术在 SQL 命令文件中以及在与 MariaDB 交互时都起作用。

- 井号(#)在一行中表示注释的开始，注释持续到行尾(换行符)。

```
# The following line holds an SQL statement and a comment
USE maxdb;    # Use the maxdb database
```

- 双连字符(--)在一行中表示注释的开始，注释持续到行尾(换行符)。双连字符后必须紧接空白(一个或多个空格和/或制表符)。

```
-- The following line holds an SQL statement and a comment
USE maxdb;       -- Use the maxdb database
```

- 与在 C 语言中一样，可使用/*和*/包围一段(多行)注释。

```
/* The line following this multiline
comment holds an SQL statement
and a comment */
USE maxdb;       /* Use the maxdb database */
```

2. 数据类型

当创建表时，需要指定表中每列的名称和数据类型。每种数据类型被设计为保存一种特定的数据。例如，数据类型 CHAR 保存一串字符，而 DATE 保存日期。本节的示例使用以下数据类型，它们是 MariaDB 下可用数据类型的一小部分。

- CHAR(n)——保存最多 n 个字符，其中 0<=n<=255。必须使用单引号或双引号来包围字符串。当在类型为 CHAR 的列中保存字符串时，MariaDB 会使用空格将字符串右补齐为 n 个字符的串。当获取一个 CHAR 类型的字符串时，MariaDB 将尾部的空格删除。占用 n 个字节(CHAR 的长度固定不变)。如果忽略长度，则默认为 1。CHAR(0)列可以包含两个值中的一个：空字符串或 NULL。这些列不能作为索引的一部分。CONNECT 存储引擎不支持 CHAR(0)。

- VARCHAR(n)——保存最多 n 个字符，其中 0<=n<=65 535。必须使用单引号或双引号来包围字符串。MariaDB 不会对保存在 VARCHAR 类型列中的字符串进行补齐。长度为 L 的字符串，如果 0<=L<=255，则占用 L+1 个字节；如果 L>255，则占用 L+2 个字节(VARCHAR 的长度可变)。相关示例请参见 13.7 节。

> **VARCHAR 可能会导致大查询变慢**
>
> **提示**　MariaDB 在处理会产生临时表的操作(例如排序，包括 ORDER BY 和 GROUP BY)时，会将 VARCHAR 列转换为 CHAR。因此经常需要排序的列声明为较大的 VARCHAR 值[例如，VARCHAR (255)]，会产生非常大的临时表，导致查询速度缓慢。

CHAR(0)列可以包含两个值中的一个：空字符串或 NULL。这些列不能作为索引的一部分。CONNECT 存储引擎不支持 VAR CHAR(0)。

- INTEGER——保存 4 字节整数。INTEGER(也称为 INT)支持属性 UNSIGND 和 ZEROFILL。
- DATE——保存日期。如果指定非法值，MariaDB 会将 DATE 变量的值设置为 0。占用 3 个字节。
- BOOL——与 TINYINT 相同。0 值为假，1～255 之间的值为真。占用 1 字节。当指定数据类型 BOOL 时，MariaDB 将其转换为 TINYINT。

13.1.2　更多信息

官方网站：www.mysql.com

MariaDB 文档：dev.mysql.com/doc

简介：dev.mysql.com/tech-resources/articles/mysql_intro.html

MariaDB/MySQL 兼容性：mariadb.com/kb/en/mariadb/mariadb-vs-mysql-compatibility

命令语法：dev.mysql.com/doc/refman/5.6/en/sql-syntax.html

数据类型：dev.mysql.com/doc/refman/5.6/en/data-types.html

连接：blog.codinghorror.com/a-visual-explanation-of-sql-joins

ODBC：dev.mysql.com/downloads/connector/odbc

安全：www.kitebird.com/articles/ins-sec.html

备份数据库：webcheatsheet.com/SQL/mysql_backup_restore.php 和 www.thegeekstuff.com/2008/09/backup-and-restore-mysql-database-using-mysqldump

13.2　安装 MariaDB 服务器和客户端

本节简要涵盖了安装 MariaDB 客户端和服务器包，并开始运行服务器。每个发行版下安装配置 MariaDB 需要的步骤可能不同。

> **提示**　**必须删除匿名 MariaDB 用户**
>
> 当安装 MariaDB 服务器时，MariaDB 数据库被设置为允许匿名用户登录并使用 MariaDB。除非从 MariaDB 数据库中删除这些用户，否则本章的示例将不能工作。参见 13.4.2 节 "删除匿名用户"。

13.2.1　Fedora/RHEL(Red Hat Enterprise Linux)

安装下列包：
- mariadb
- mariadb-server

在 Fedora 下以特权用户身份给出下列命令，命令系统进入多用户模式时始终启动 MariaDB 守候进程，并立即启动 MariaDB 守候进程：

```
# systemctl enable mariadb.service
# systemctl start mariadb.service
```

如果在 RHEL 上，则运行下列命令：

```
# chkconfig mariadb on
# service mariadb start
```

13.2.2　Debian/Ubuntu/Mint

安装下列包：
- mariadb -client
- mariadb -server

在安装 mariadb-server 包时，dpkg postinst 脚本要求提供 MariaDB root 用户的密码。在本章后续部分中使用这个密码。

13.2.3　OpenSUSE

安装下列包：
- mariadb -cluster-client
- mariadb -cluster

以特权用户身份给出下列命令，命令系统进入多用户模式时总是启动 MariaDB 守候进程，并立即启动 MariaDB 守候进程：

```
# systemctl enable mariadb.service
# systemctl start mariadb.service
```

第一条命令可能显示一条错误消息，但仍起作用。

13.2.4　macOS

关于如何在 macOS 下安装 MariaDB 的说明，请参见附录 D。

13.3　客户端选项

本节介绍一些可在 MariaDB 客户端命令行中使用的选项。带有单连字符和双连字符的选项是等效的。

--disable-reconnect　如果连接断开，则不再尝试重新连接服务器，参见--reconnect。

--host=hostname　-h hostname 指定 MariaDB 服务器的地址为 hostname。没有这个选项的话，则 MariaDB 连接本地系统(127.0.0.1)上的服务器。

--password[=passwd]　-p[*passwd*]指定 MariaDB 密码为 *passwd*。为提高安全性，不要在命令行上指定密码。使用这个选项但不给出密码，MariaDB 会提示输入密码。默认情况下，MariaDB 不使用密码。该选项的缩写形式在 -p 和 *passwd* 之间不需要空格。

--reconnect　如果连接断开，则尝试重新连接服务器(默认)。使用--disable-reconnect 禁止这种行为。

--skip-column-names　在结果中不显示列名。

--user=usr　-u usr　指定 MariaDB 用户为 usr。没有这个选项的话，usr 默认为正在运行 MariaDB 命令的用户名。

--verbose　-v　增加 MariaDB 显示的信息量。可多次使用该选项来增加详细信息。在从命令文件运行时，这个选项显示正在执行的 MariaDB 语句。

13.4　配置 MariaDB

必须首先从 MariaDB 数据库中删除匿名用户，之后 MariaDB 才会允许你以自己的身份运行命令(或者说以 Max 的身份，如果你跟着本节示例做的话)。在删除匿名用户前，可使用 MariaDB root 用户运行命令。在以 MariaDB root 用户的身份运行命令时，如果这个用户没有密码，可不指定密码，或在提示输入密码时直接按 RETURN 键。在生产环境中，为 MariaDB root 用户设置密码可提高 MariaDB 数据库的安全性。

在下面的三个步骤中，只有第二步"删除匿名用户"是必需的。第一步"为 MariaDB root 用户指定密码"可以提高数据库的安全性，在生产环境中是一个好主意。

可以使用第三步"运行安全安装脚本"来替代前面两步。这个脚本删除匿名用户，为 MariaDB root 用户指定密码，并且采取其他措施让 MariaDB 更安全。

13.4.1 为 MariaDB root 用户指定密码

使用非特权用户运行下面的命令，将 MariaDB root 用户的密码设置为 mysql-password。如果在安装 MariaDB 时为 MariaDB root 用户指定了密码，请跳过这个步骤。

```
$ mysqladmin -u root password 'mysql-password'
```

13.4.2 删除匿名用户

可使用非特权用户运行下面的命令，从 MariaDB 数据库中删除匿名用户，得到一个更安全的系统。-u 选项使 MariaDB 以 MariaDB root 用户的身份运行。-p 选项使 MariaDB 提示输入(MariaDB root 用户的)密码。作为对提示的回应，输入为 MariaDB root 用户指定的密码。

```
$ mysql -u root -p
Enter password:
...
MariaDB [(none)]> DELETE FROM mysql.user
MariaDB [(none)]> WHERE    user='';
Query OK, 2 rows affected (0.00 sec)
MariaDB [(none)]> FLUSH PRIVILEGES;
Query OK, 0 rows affected (0.00 sec)

MariaDB [(none)]> quit
Bye
```

13.4.3 运行安全安装脚本

可运行下面的命令来代替前面两个步骤，它允许为 MariaDB root 用户指定密码、删除匿名用户、禁用 MariaDB root 远程登录并删除与 MariaDB 一起安装的 test 数据库。

```
$ mysql_secure_installation
```

13.4.4 ~/.my.cnf：配置 MariaDB 客户端

可使用~/.my.cnf 文件设置 MariaDB 客户端选项。下面的示例展示了 Max 的.my.cnf 文件。[mysql]指定 MariaDB 组。如果 Linux 和 MariaDB 用户名不同，user 一行是有用的。当 Max 的 Linux 用户名是 max 时，则没必要设置 user 为 max。password 一行设置 Max 的 MariaDB 密码为 mpasswd。有了这项设置，Max 不需要在命令行中使用-p 选项；MariaDB 会让他自动登录。database 一行指定想要使用的 MariaDB 数据库名，这样就不再需要在 MariaDB 程序或者会话的开始处使用 USE 语句。一定要在创建了数据库(参见 13.5 节)之后再将 database 一行加入这个文件，否则将不能使用 MariaDB。

```
$ cat /home/max/.my.cnf
[mysql]
user="max"
password="mpasswd"
database="maxdb"
```

由于这个文件可能保存密码和其他敏感信息，因此将这个文件的所有者设置为文件所在主目录的用户，并且设置其访问权限为只有所有者可以读取文件，这样能够使 MariaDB 的数据更加安全。

13.4.5 ~/.mysql_history：保存 MariaDB 历史

MariaDB 会将它执行的每一条语句写入文件~/.mysql_history。由于 MariaDB 会将密码写入这个文件，因此将这个文件的所有者设置为文件所在主目录的用户，并且设置其访问权限为只有所有者可以读取文件，这样能够使

MariaDB 的数据更加安全。如果不想保存 MariaDB 历史，删除这个文件并将其重新创建为指向/dev/null 的符号链接。

```
$ rm ~/.mysql_history
$ ln -s /dev/null ~/.mysql_history
```

13.5　创建数据库

如果添加的 MariaDB 用户名与 Linux 用户名一致，那么在 MariaDB 命令行中将不需要指定用户名。在下面的示例中，Max 是名为 root(-u root)的 MariaDB 用户。-p 选项使得 MariaDB 提示输入密码。作为对 Enter password 提示的回应，Max 提供了 MariaDB root 用户的密码。如果 MariaDB root 用户没有密码，在提示符中直接按 RETURN 键。

创建数据库、显示数据库　Max 使用 CREATE DATABASE 语句创建名为 maxdb 的数据库，并使用 SHOW DATABASES 语句显示所有数据库的名称。这个命令显示了 maxdb 数据库和一些系统数据库的名称。

```
$ mysql -u root -p
Enter password:
Welcome to the MariaDB monitor. Commands end with ; or \g.
Your MariaDB connection id is 41
Server version: 10.0.29-0ubuntu0.16.04.1 (Ubuntu)
...
Type 'help;' or '\h' for help. Type '\c' to clear the current input
statement.

MariaDB [(none)]> CREATE DATABASE maxdb;
Query OK, 1 row affected (0.00 sec)

MariaDB [(none)]> SHOW DATABASES;
+--------------------+
| Database           |
+--------------------+
| information_schema |
| maxdb              |
| mysql              |
| performance_schema |
+--------------------+
rows in set (0.00 sec)
```

如果尝试创建的数据库已经存在，MariaDB 将显示一条错误消息。

```
mysql> CREATE DATABASE maxdb;
ERROR 1007 (HY000): Can't create database 'maxdb'; database exists
```

USE　必须告知 MariaDB 想要使用的数据库名。如果不提供这个信息，则必须在表名的前面加上数据库名作为前缀。例如，需要以 maxdb.people 的形式指定 maxdb 库中的 people 表。当在~/.my.cnf 文件中或者使用 USE 语句指定了 maxdb 时，可以仅使用 people 来指向同一个表。在下面的示例中，Max 使用 USE 语句将 maxdb 指定为他的工作数据库：

```
$ mysql
mysql> USE maxdb;
Database changed
```

13.6　添加用户

在开始使用数据库工作之前，要创建一个用户，以便不再需要以 MariaDB root 用户身份进行工作。必须使用 MariaDB root 用户创建 MariaDB 用户。

继续之前的 MariaDB 会话，Max 添加了名为 max 的 MariaDB 用户，密码为 mpasswd。GRANT 语句赋予 Max(即名为 max 的用户)在 maxdb 数据库中工作需要的权限。当使用 MariaDB 解释器时，Query OK 意味着前一条语句的语法正确。在 SQL 语句中，必须使用引号包围所有的字符串和日期。

```
MariaDB [(none)]> GRANT         ALL PRIVILEGES
    ->           ON maxdb.* to 'max'
    ->           IDENTIFIED BY 'mpasswd'
```

```
    ->              WITH GRANT OPTION;
Query OK, 0 rows affected (0.00 sec)

MariaDB [(none)]> SELECT       user, password
    ->              FROM   mysql.user;
+------+-------------------------------------------+
| user | password                                  |
+------+-------------------------------------------+
| root | *81F5E21E35407D884A6CD4A731AEBFB6AF209E1B |
...
| max  | *34432555DD6C778E7CB4A0EE4551425CE3AC0E16 |
+------+-------------------------------------------+
7 rows in set (0.00 sec)

MariaDB [(none)]> quit
Bye
```

在上面的示例中，在设置新用户后，Max 使用 SELECT 语句查询 mysql 数据库的 user 表，并显示了 user 和 password 列。password 列显示加密后的密码。现在有两个用户：root 和 max。max 使用 quit 命令从 MariaDB 解释器中退出。

Max 现在可使用 MariaDB max 用户建立一个简单的数据库，用于记录雇员信息。他在命令行上不再需要使用-u 选项，因为他的 Linux 用户名和 MariaDB 用户名相同。

13.7　一些示例

本节跟随 Max 在 MariaDB 中展开工作。必须完成 13.4 节"设置 MariaDB"中的删除匿名用户以及 13.6 节"添加用户"中的创建 maxdb 数据库并添加名为 max 的 MariaDB 用户等步骤。如果并未执行这些步骤，将不能如本节描述的那样使用 MariaDB。

13.7.1　登录

在可以交互之前，必须登录 MariaDB。

可在~/.my.cnf 文件中或者在命令行中使用--user(-u)选项指定 MariaDB 用户名。如果不以其中任何一种方式指定用户名，MariaDB 假定 MariaDB 用户名与 Linux 用户名相同。本节中的示例假定 Max 使用 max(没有在~/.my.cnf 文件中指定用户名)登录 MariaDB。

如果 MariaDB 账号有密码，在登录时必须指定密码。可在~/.my.cnf 文件中或者在命令行中使用--password(-p)选项来指定密码。如果没有在其~/.my.cnf 文件中指定密码，Max 可使用下面的命令登录 MariaDB 交互式解释器：

```
$ mysql -p
Enter password: mpasswd
...
```

使用 13.4 节中~/.my.cnf 文件内指定的密码，即使没有-p 选项，Max 也可以登录：

```
$ mysql
...
```

13.7.2　创建表

本节假定 Max 已在他的~/.my.cnf 文件中指定了密码。

CREATE TABLE　在使用数据库工作之前，必须创建一张用于保存数据的表。为此，Max 使用 CREATE TABLE 语句在 maxdb 数据库中创建名为 people 的表。这张表有 4 列。USE 语句指定数据库名。

```
$ mysql
MariaDB [(none)]> USE maxdb;
```

```
Database changed
MariaDB [(maxdb)]> CREATE TABLE      people (
    ->          name CHAR(10),
    ->          hired DATE,
    ->          store INTEGER,
    ->          hourly BOOL
    ->          );
Query OK, 0 rows affected (0.04 sec)
```

SQL 对于空格和换行符是格式自由的。Max 也可以像下面这样书写之前的语句：

```
MariaDB [(maxdb)]> CREATE TABLE people (name CHAR(10),
    -> hired DATE, store INTEGER, hourly BOOL);
```

SHOW TABLE　在创建表后，Max 使用 SHOW TABLES 语句显示 maxdb 库中表的清单。

```
MariaDB [(maxdb)]> SHOW TABLES;
+-----------------+
| Tables_in_maxdb |
+-----------------+
| people          |
+-----------------+
1 row in set (0.00 sec)
```

DESCRIBE　Max 接着使用 DESCRIBE 语句显示名为 people 的表的描述信息。

```
MariaDB [(maxdb)]> DESCRIBE people;
+--------+------------+------+-----+---------+-------+
| Field  | Type       | Null | Key | Default | Extra |
+--------+------------+------+-----+---------+-------+
| name   | char(10)   | YES  |     | NULL    |       |
| hired  | date       | YES  |     | NULL    |       |
| store  | int(11)    | YES  |     | NULL    |       |
| hourly | tinyint(1) | YES  |     | NULL    |       |
+--------+------------+------+-----+---------+-------+
4 rows in set (0.00 sec)
```

13.1 节的图 13-1 显示了输入数据后的 people 表的部分信息。

ALERT TABLE　Max 决定 hourly 一列应该默认为真。他使用 ALTERT TABLE 语句修改这个表，这样便不需要删除并重新创建这个表。他接下来使用 DESCRIBE 语句检查他的工作；现在 hourly 列的默认值为 1，也就是真。

```
MariaDB [(maxdb)]> ALTER TABLE people
    -> MODIFY hourly BOOL DEFAULT TRUE;
Query OK, 0 rows affected (0.00 sec)
Records: 0 Duplicates: 0 Warnings: 0

MariaDB [(maxdb)]> DESCRIBE people;
+--------+------------+------+-----+---------+--------+
| Field  | Type       | Null | Key | Default | Extra  |
+--------+------------+------+-----+---------+--------+
| name   | char(10)   | YES  |     | NULL    |        |
| hired  | date       | YES  |     | NULL    |        |
| store  | int(11)    | YES  |     | NULL    |        |
| hourly | tinyint(1) | YES  |     | 1       |        |
+--------+------------+------+-----+---------+--------+
4 rows in set (0.00 sec)
```

13.7.3　添加数据

本节介绍一些向数据库中输入信息的方法。

INSERT INTO　接下来，Max 使用 INSERT INTO 语句尝试向 people 表添加一行数据。第一条命令之后，MariaDB 显示一条错误信息，表示不识别名为 topsy 的列；Max 忘记了在字符串 topsy 的两端输入引号，因此 MariaDB 将 topsy 解析为列名。Max 在第二条命令中加入了引号。

```
MariaDB [(maxdb)]> INSERT INTO people
```

```
     ->              VALUES ( topsy, '2018/11/01', 4, FALSE);
ERROR 1054 (42S22): Unknown column 'topsy' in 'field list'

MariaDB [(maxdb)]> INSERT INTO people
     ->              VALUES ( 'topsy', '2018/11/01', 4, FALSE);
Query OK, 1 row affected (0.00 sec)
```

上面的 INSERT INTO 语句并未指定这些值应该插入到哪一列；因为它为全部 4 列都指定了值。下面一条 INSERT INTO 语句指定将值插入 name 和 store 两列；MariaDB 将新行中的其他列设置为默认值。

```
MariaDB [(maxdb)]> INSERT INTO people (name, store)
     ->              VALUES ( 'percy', 2 ),
     ->                     ( 'bailey', 2 );
Query OK, 2 rows affected (0.00 sec)
Records: 2 Duplicates: 0 Warnings: 0
MariaDB [(maxdb)]> QUIT
Bye
```

LOAD DATA LOCAL INFILE 上面的示例展示了如何与 MariaDB 交互地工作。下面的示例展示了如何在命令行中运行 MariaDB 语句。在之前交互式会话的开始处，Max 给出了 USE maxdb 命令，因此 MariaDB 知道接下来的命令将作用于哪个数据库。当在文件中指定命令时，必须告诉 MariaDB 命令将作用于哪个数据库；每个命令文件都必须以 USE 语句开头，否则 MariaDB 将返回错误。可以酌情在自己的~/.my.cnf 文件中指定数据库名。

下面的示例从一个名为 addfile 的文本文件向 people 表添加了三行数据。在 addfile 中，每行保存数据表中一行所需的数据，使用制表符分隔列。\N 表示空值。文件不以换行符结尾；否则，MariaDB 将插入一行 NULL。与交互模式不同，当从命令文件运行 MariaDB 时，如果一切顺利的话，将不输出任何信息。可使用-v(verbose)选项让 MariaDB 显示它正在执行的命令的相关信息。使用多个-v 选项可以显示更多信息。

为运行文件中的 SQL 命令，输入命令 mysql 并将标准输入重定向为来自命令文件。下面的 mysql 命令使用了两个-v 选项，因此 MariaDB 显示它正在执行的语句并在执行之后显示结果；输入被重定向为来自 load。

```
$ cat load
USE maxdb;

LOAD DATA LOCAL INFILE '/home/max/addfile'
        INTO TABLE people;

$ cat addfile
max     \N       4        0
zach    09-03-24 6        0
sam     2008-01-28  6     1
$ mysql -vv < load
--------------
LOAD DATA LOCAL INFILE '/home/max/addfile'
        INTO TABLE people
--------------

Query OK, 3 rows affected
Records: 3 Deleted: 0 Skipped: 0 Warnings: 0

Bye
```

13.7.4 获取数据

SELECT SELECT 语句查询数据库并显示查询返回的数据。在 SELECT 语句中，SQL 将星号(*)解析为表中的所有列。下面的交互式查询显示 maxdb 数据库中 people 表所有行的所有列。

```
$ mysql
MariaDB [(none)]> USE maxdb;
MariaDB [(maxdb)]> SELECT            *
     ->            FROM people;
+--------+------------+--------+---------+
| name   | hired      | store  | hourly  |
+--------+------------+--------+---------+
| topsy  | 2012-11-01 |      4 |       0 |
```

```
| percy  | NULL       |    2 |       1 |
| bailey | NULL       |    2 |       1 |
| max    | NULL       |    4 |       0 |
| zach   | 2009-03-24 |    6 |       0 |
| sam    | 2008-01-28 |    6 |       1 |
+--------+------------+------+---------+
6 rows in set (0.00 sec)
```

当运行命令文件中的查询时，MariaDB 并不将它输出的数据进行列对齐，而是简单地使用制表符来分隔。这种最小格式化允许按照自己喜欢的方式重定向并格式化输出。通常，如果想要重定向数据，你将不指定任何-v 选项，这样 MariaDB 不会显示任何信息。以下命令在 SELECT 语句中包含了一个 ORDER BY 子句来排序输出。它使用 sel2 命令文件并将输出通过 tail 去掉了标题。

```
$ cat sel2
use maxdb;
SELECT          *
        FROM    people
        ORDER BY name;

$ mysql < sel2 | tail -n +2
bailey  NULL        2    1
max     NULL        4    0
percy   NULL        2    1
sam     2008-01-28  6    1
topsy   2012-11-01  4    0
zach    2009-03-24  6    0
```

WHERE　下面的示例展示了使用 WHERE 子句的 SELECT 语句。WHERE 子句使 SELECT 只返回与特定标准相匹配的行。在这个示例中，WHERE 子句使 SELECT 只返回 store 列的值为 4 的行。另外，SELECT 语句只返回单独一列(name)。最终得到 4 号商店中工作人员的姓名清单。

```
MariaDB [(maxdb)]> SELECT          name
    ->             FROM    people
    ->             WHERE   store = 4;
+-------+
| name  |
+-------+
| topsy |
| max   |
+-------+
2 rows in set (0.00 sec)
```

下面的示例展示了 WHERE 子句中关系操作符的使用。这里 SELECT 语句返回工作在编号大于 2 的商店里的所有雇员的姓名。

```
MariaDB [(maxdb)]> SELECT          name
    ->             FROM    people
    ->             WHERE   store > 2;
+-------+
| name  |
+-------+
| topsy |
| max   |
| zach  |
| sam   |
+-------+
4 rows in set (0.00 sec)
```

LIKE　也可以在 WHERE 子句中使用 LIKE 操作符。LIKE 使 SELECT 返回某列中包含特定字符串的行。在 LIKE 后面的字符串中，百分号(%)匹配零或多个字符组成的任意字符串，下划线(_)匹配任意单独字符。以下查询返回 name 列中包含 m 的行。

```
MariaDB [(maxdb)]> SELECT          name,
    ->                     store
    ->             FROM    people
```

```
->                  WHERE      name LIKE '%m%';
+------+-------+
| name | store |
+------+-------+
| max  |     4 |
| sam  |     6 |
+------+-------+
2 rows in set (0.00 sec)
```

13.7.5 备份数据库

mysqldump mysqldump 实用程序可以备份并恢复数据库。备份数据库即产生一个 SQL 语句文件，它能够创建表并加载数据。可使用这个文件从头开始恢复数据库。下面的示例展示了 Max 如何将数据库 maxdb 备份到名为 maxdb.bkup.sql 的文件中。

```
$ mysqldump -u max -p maxdb > maxdb.bkup.sql
Enter password:
```

注意：接下来的恢复程序将覆盖已有数据库。在可以恢复数据库之前，必须如 13.4 节所述那样创建数据库。创建 maxdb 数据库后，Max 运行 MariaDB，将 mysqldump 所创建的文件作为输入来源。使用下面的命令后，数据库 maxdb 与 Max 备份它时的状态相同。

```
$ mysql -u max -p maxdb < maxdb.bkup.sql
Enter password:
```

13.7.6 修改数据

DELETE FROM DELETE FROM 语句从表中删除一行或多行。下面的示例从 people 表中删除了 name 列的值为 baily 或 percy 的行。

```
MariaDB [(maxdb)]> DELETE FROM        people
    ->         WHERE       name='bailey'
    ->                     OR name='percy';
Query OK, 2 rows affected (0.00 sec)
```

UPDATE UPDATE 语句改变表中的数据。下面的示例将 name 列的值为 sam 或 topsy 的行中的 hourly 列置为 TRUE(1)。MariaDB 消息显示查询匹配了两行(sam 和 topsy)，但只改变了一行。它改变了包含 topsy 的行中 hourly 的值；在包含 sam 的行中，已将 hourly 设置为 TRUE。

```
MariaDB [(maxdb)]> UPDATE           people
    ->         SET         hourly = TRUE
    ->         WHERE       name = 'sam' OR
    ->                     name = 'topsy';
Query OK, 1 row affected (0.00 sec)
Rows matched: 2 Changed: 1 Warnings: 0
```

CURDATE() CURDATE()函数返回当天的日期。下面的示例将 name 列的值为 max 的行中的 hired 列设置为当天日期。

```
MariaDB [(maxdb)]> UPDATE           people
    ->         SET         hired = CURDATE()
    ->         WHERE       name = 'max';
Query OK, 1 row affected (0.00 sec)
Rows matched: 1 Changed: 1 Warnings: 0
```

下面的查询展示了之前 DELETE FROM 和 UPDATE 语句执行后的结果。

```
MariaDB [(maxdb)]> select * from people;
+-------+------------+-------+--------+
| name  | hired      | store | hourly |
+-------+------------+-------+--------+
| topsy | 2012-11-01 |     4 |      1 |
```

```
| max   | 2012-02-12 |    4 |       0 |
| zach  | 2009-03-24 |    6 |       0 |
| sam   | 2008-01-28 |    6 |       1 |
+-------+------------+------+---------+
4 rows in set (0.00 sec)
```

13.7.7　创建第二个表

SQL 命令文件 setup.stores 创建、插入数据并显示 maxdb 数据库中 stores 表的内容。

```
$ mysql -vv < setup.stores
--------------
CREATE TABLE     stores (
                 name VARCHAR(20),
                 number INTEGER,
                 city VARCHAR(20)
                 )
--------------
Query OK, 0 rows affected
--------------
INSERT INTO stores
         VALUES   ( 'headquarters', 4, 'new york' ),
                  ( 'midwest', 5, 'chicago' ),
                  ( 'west coast', 6, 'san francisco' )
--------------
Query OK, 3 rows affected
Records: 3 Duplicates: 0 Warnings: 0

--------------
SELECT           *
       FROM      stores
--------------

name        number  city
headquarters    4        new york
midwest         5 chicago
west coast      6        san francisco
3 rows in set
```

VARCHAR　stores 表包含 name、number 和 city 列。name 和 city 列的数据类型是 VARCHAR。VARCHAR 列保存可变长度的字符串，而不像 CHAR 列一样进行补齐。在本例中，name 和 city 列分别可以保存最多 20 个字符。

VARCHAR 的大小是长度前缀和所存储字符串中字符数之和。如果声明为保存少于 255 个字符，则长度前缀占用 1 个字节；如果保存更多字符，则长度前缀则占用 2 个字节。相反，CHAR 列始终占用其声明所需的字符数。

VARCHAR 声明中括号里面的数字指定了任意一行在该列中可以保存的最大字符数。在本例中，city 列声明为 VARCHAR(20)，因此一行中的这一列不能保存超过 20 个字符。city 列值为 new york 的行占用 9 个字节存储空间 (8+1)。如果列声明为 CHAR(20)，不管要保存字符串的长度是多少，每行都将占用 20 个字节。

13.7.8　连接查询

连接操作根据数据库中两个或更多个表之间的某些关系，组合来自这些相关表中的行(关于从命令行连接文本文件的更多信息，可参见(本书第 VI 部分)join 实用程序)。以 maxdb 数据库为例：people 表中的列保存了关于雇员姓名、受聘日期、工作所在商店以及该雇员是否为小时工(与固定薪酬相对)的信息；stores 表的列保存了商店名称、编号以及所在城市的信息。这种情况下，单独查询 people 或 stores 中的任何一张表，都无法确定某个雇员工作在哪个城市。只有将表连接在一起，才能获得该信息。

可使用 SELECT 语句连接表，指定每个表中的某列以及这些列之间的关系。能够满足本例需要的查询应该指定 people 表中的 store 列和 stores 表中的 number 列；由于这两列保存的都是商店编号，因此它们之间要满足的关系是相等。令这两列中的值相等，可以显示 people 表中每个 name 对应 stores 表中的信息(或者 stores 表中每个[商店]编号对应 people 表中的信息)。

以下查询从表 people 和 stores 中提取行，并将 people 表中 store 值和 stores 表中 number 值相等(store=number)的行进行连接。这个查询使用隐式连接；它并未使用 JOIN 关键字。之后的一个示例使用了 JOIN。使用这个关键字并没有使查询结果发生改变，但在某些类型的查询中，必须使用 JOIN。

```
MariaDB [(maxdb)]> SELECT              *
    ->             FROM     people, stores
    ->             WHERE    store = number;
+-------+------------+-------+--------+--------------+--------+---------------+
| name  | hired      | store | hourly | name         | number | city          |
+-------+------------+-------+--------+--------------+--------+---------------+
| topsy | 2012-11-01 |     4 |      1 | headquarters |      4 | new york      |
| max   | 2012-02-12 |     4 |      0 | headquarters |      4 | new york      |
| zach  | 2009-03-24 |     6 |      0 | west coast   |      6 | san francisco |
| sam   | 2008-01-28 |     6 |      1 | west coast   |      6 | san francisco |
+-------+------------+-------+--------+--------------+--------+---------------+
4 rows in set (0.00 sec)
```

内部连接 前面的查询演示了内部连接。如果喜欢，可在这类查询中，用关键字 INNER JOIN 替代 JOIN。在返回的每行中，people.store 的值等于 stores.number 的值。然而 stores 表有一行 store 列的值为 5，但 people 表却没有任何一行的 store 列值为 5。结果是查询没有返回 people.store 和 stores.number 等于 5 的行。

表名 在使用关系型数据库时，可使用 table_name.column_name(例如，示例数据库中的 stores.name)的形式来指代特定表中的某列。如果仅仅在操作一个表，列名就足以唯一标识想要处理的数据。在操作多个表时，可能需要指定表名和列名来唯一标识某条数据。确切地讲，如果被连接的两个表中有同名的列，就必须同时指定表名和列名来区分两列。以下查询演示了这个问题。

```
MariaDB [(maxdb)]> SELECT              *
    ->             FROM     people, stores
    ->             WHERE    name = 'max';
ERROR 1052 (23000): Column 'name' in where clause is ambiguous
```

在前面的查询中，列名 name 是不明确的。people 表和 stores 表均包含名为 name 的列。MariaDB 无法确定在 WHERE 子句中应该使用哪个表。接下来的查询解决了这个问题。它在 WHERE 子句中使用 people.name 来指定 MariaDB 使用 people 表中的 name 列。

```
MariaDB [(maxdb)]> SELECT              *
    ->             FROM     people, stores
    ->             WHERE    people.name = 'max';
+------+------------+-------+--------+--------------+--------+----------+
| name | hired      | store | hourly | name         | number | city     |
+------+------------+-------+--------+--------------+--------+----------+
| max  | 2012-05-01 |     4 |      0 | headquarters |      4 | new york |
+------+------------+-------+--------+--------------+--------+----------+
1 row in set (0.01 sec)
```

尽管有时并不是必需的，但是如同下面的示例那样，同时指定表名和列名可使代码和注释更加清晰易懂。

表的别名 表的别名是为表所起的另一个(通常更简短的)名称。别名可以使 SELECT 语句更便于阅读。可在 FROM 子句中声明表的别名。例如，下面的子句将 p 声明为 people 表的一个别名，并将 s 声明为 stores 表的一个别名。

```
FROM    people p JOIN stores s
```

有了这些别名，就可以在查询的其余部分使用 p 代表 people，使用 s 代表 stores。

接下来的示例使用别名和 JOIN 关键字重写了一个早些时候出现的查询。这个语法用关键字 JOIN 代替了表名(别名)之间的逗号。用 ON 代替了 WHERE。指定 p.store 和 s.number 清晰地表明正在使用 stores 表的 number 列(s.number)去连接 people 表的 store 列(p.store)。这个查询和前面那个返回相同的结果。

```
SELECT          *
        FROM    people p JOIN stores s
        ON      p.store = s.number;
```

外部连接　外部连接可返回公共列中含有某个表中不存在之值的行。可以指定 LEFT OUTER JOIN(或者仅 LEFT JOIN)或 RIGHT OUTER JOIN(或者仅 RIGHT JOIN)。左和右分别指关键字 JOIN 左侧和右侧的表。

下面的示例演示了右外部连接。stores 是外部表，它的 number 列中有一个值在 people 表的 store 列中没有匹配。SQL 在没有匹配的连接行(stores.number=5)中为 people 表的列插入了空值。

```
MariaDB [(maxdb)]> SELECT          *
    ->            FROM      people p RIGHT JOIN stores s
    ->            ON        p.store = s.number;
+-------+------------+-------+--------+--------------+--------+---------------+
| name  | hired      | store | hourly | name         | number | city          |
+-------+------------+-------+--------+--------------+--------+---------------+
| topsy | 2012-11-01 |     4 |      1 | headquarters |      4 | new york      |
| max   | 2012-02-12 |     4 |      0 | headquarters |      4 | new york      |
| NULL  | NULL       |  NULL |   NULL | midwest      |      5 | chicago       |
| zach  | 2009-03-24 |     6 |      0 | west coast   |      6 | san francisco |
| sam   | 2008-01-28 |     6 |      1 | west coast   |      6 | san francisco |
+-------+------------+-------+--------+--------------+--------+---------------+
5 rows in set (0.00 sec)
```

下面的查询执行一个内部连接，列出了每个雇员工作所在的城市。右外部连接能够显示没有雇员工作的城市。左外部连接能够显示没有被分配到任何商店的雇员。

```
MariaDB [(maxdb)]> SELECT          p.name,
    ->            city
    ->            FROM      people p JOIN stores s
    ->            ON        p.store = s.number;
+-------+---------------+
| name  | city          |
+-------+---------------+
| topsy | new york      |
| max   | new york      |
| zach  | san francisco |
| sam   | san francisco |
+-------+---------------+
4 rows in set (0.00 sec)
```

子查询　子查询指 WHERE 子句中包含另一个 SELECT 语句的 SELECT 语句。子查询返回一个或多个值来限定主查询。

在下面的示例中，子查询返回 stores 表中 city 列的值为 new york 对应的 number 列的值。主查询返回 people 表中 store 列的值等于子查询的返回值对应的 name 列的值。查询结果返回工作在纽约的所有雇员的姓名。

```
$ cat sel4
use maxdb;

SELECT         name
      FROM     people
      WHERE    store =
      (SELECT          number
       FROM     stores
       WHERE    city = 'new york'
      );
$ mysql < sel4
name
topsy
max
```

最后的示例是一段 bash 脚本，它查询本章创建的数据库。如果没有运行之前示例中的命令，这段脚本将无法工作。脚本首先检查用户是否知道数据库的密码。接下来显示一个雇员列表，并询问用户对哪个雇员感兴趣。它查询数据库以获取这位雇员的相关信息，并显示雇员工作所在商店的名称以及商店所在的城市。

```
$ cat employee_info
#! /bin/bash

#
```

```
# Script to display employee information
#
# Make sure user is authorized: Get database password
#
echo -n "Enter password for maxdb database: "
stty -echo
read pw
stty echo
echo
echo
# Check for valid password
#
mysql -u max -p$pw maxdb > /dev/null 2>&1 < /dev/null
if [ $? -ne 0 ]
    then
        echo "Bad password."
        exit 1
fi
# Display list of employees for user to select from
#
echo "The following people are employed by the company:"
mysql -u max -p$pw --skip-column-names maxdb <<+
SELECT name FROM people ORDER BY name;
+
echo
echo -n "Which employee would you like information about? "
read emp
# Query for store name
#
storename=$(mysql -u max -p$pw --skip-column-names maxdb <<+
SELECT stores.name FROM people, stores WHERE store = number AND people.name = "$emp";
+
)
# If null, the user entered a bad employee name
#
if [ "$storename" = "" ]
    then
        echo "Not a valid name."
        exit 1
fi
# Query for city name
#
storecity=$(mysql -u max -p$pw --skip-column-names maxdb <<+
SELECT city FROM people, stores WHERE store = number AND people.name = "$emp";
+
)
# Display report
#
echo
echo $emp works at the $storename store in $storecity
```

13.8　本章小结

　　系统管理员经常会被要求安装并运行 MariaDB 数据库。MariaDB/MySQL 是全球最受欢迎的开源关系型数据库管理系统(RDBMS)。它的运行速度极快，Internet 上经常被访问的一些网站都使用它。许多编程语言提供 MariaDB 的接口和绑定，包括 C、Python、PHP 和 Perl。可在 shell 脚本中直接调用 MariaDB，或者在命令行中通过管道使用它。MariaDB 是流行的 LAMP(Linux、Apache、MariaDB、PHP/Perl/Python)开源企业级软件栈的一个核心组件。

练习

1. 列举为用户访问 MariaDB 指定密码的两种方法。

2. 交互地使用 MariaDB，创建一个名为 dbsam 的数据库，名为 sam 的用户可以对其进行修改并设置权限。将 Sam 的密码设置为 porcupine。MariaDB root 用户的密码是 five22four。

3. 什么是表、行和列？

4. 在 dbsam(练习 2 中创建的数据库)中创建名为 shoplist 的表，应该使用什么命令？其中 shoplist 表包含以下指定类型的列：day[DATE]、store[CHAR(20)]、lettuce[SMALLINT]、soupkind[CHAR(20)]、soupnum[INTEGER]和 misc [VARCHAR(40)]。

5. 在哪里可以找到之前运行过的 MariaDB 命令的清单？

6. 列举两种可以指定使用 MariaDB 中特定数据库的方法。

7. 连接查询的作用是什么？连接查询什么时候有用？

8. 假定你正在操作本章中提到的 maxdb 数据库中的 people 表。编写一条查询，列出所有雇员的名字和受聘日期，并使用名字进行排序。

9. 假定你正在操作本章中提到的 maxdb 数据库中的 people 表和 stores 表。编写一条查询，为 people 表和 stores 表分别设置别名 q 和 n。让查询使用 people 表中的 store 列和 stores 表中的 number 列对这两个表进行连接。让查询从左到右显示雇员工作所在城市的名称、雇员姓名和受聘日期。使用城市名对输出进行排序。

第14章

AWK 模式处理语言

阅读完本章之后你应该能够:

- 从命令行和文件运行 gawk 程序
- 使用 gawk 从文件中选择行
- 使用 gawk 编写报告
- 使用 gawk 总结文件中的信息
- 编写调用 gawk 的交互式 shell 脚本

AWK 是一种模式扫描和处理语言,它搜索一个或多个文件,以查看这些文件中是否存在匹配指定模式的记录(通常是文本行)。每次发现匹配的记录时,它通过执行动作的方式(比如将该记录写到标准输出或将某个计数器递增)来处理文本行。与过程语言相反,AWK 属于数据驱动语言:用户描述想要处理的数据并告诉 AWK 当它发现这些数据时如何处理它们。

可以使用 AWK 生成报告或者过滤文本。它在处理时不区分数字和文本,如果将两者混合在一起,AWK 通常可以得出正确的答案。AWK 的作者(Alfred V. Aho、Peter J. Weinberger 和 Brian W. Kernighan)设计的这种语言易于使用。为了达到这个目标,他们在最初的实现中牺牲了执行速度。

AWK 中的很多结构都来自 C 编程语言。它包含下列特性:

- 灵活的格式
- 有条件地执行
- 循环语句
- 数值变量
- 字符串变量
- 正则表达式
- 关系表达式

- C 语言的 printf
- 协进程(coprocess)执行(仅 gawk 支持)
- 网络数据交换(仅 gawk 支持)

14.1   语法

gawk 命令行的语法如下:

```
gawk [options] [program] [file-list]
gawk [options] -f program-file [file-list]
```

gawk 实用程序从命令行上指定的文件中或者从标准输入获取输入。使用高级命令 getline,用户可在从哪里获取输入和如何读取输入信息等方面有更多选择。使用协进程(coprocess),gawk 可与另一个程序进行交互或者通过网络交换数据(awk 或 mawk 不支持)。gawk 的输出将被发送到标准输出。

14.2   参数

在前面的语法中,*program* 是用户在命令行中包含的 gawk 程序。*program-file* 是存放 gawk 程序的文件的名称。在命令行上使用 gawk,就可以编写出简短的 gawk 程序,而不必创建单独的 *program-file* 文件。为阻止 shell 将 gawk 命令解释成 shell 命令,要将 *program* 用单引号引起来。将较长或较复杂的程序放在文件中可以减少错误和重复输入。

file-list 包含 gawk 要处理的普通文件的路径名。这些文件就是输入文件。如果用户未指定 *file-list*,gawk 就从标准输入获取输入或者由 getline 或协进程指定输入。

AWK 有许多种实现方式

提示   AWK 语言最初在 UNIX 下是作为 awk 实用程序实现的。大多数 Linux 发行版都提供 gawk(awk 的 GNU 实现)或 mawk(awk 的一个快速、删剪版)。macOS 提供 awk。本章介绍 gawk,所有示例都能在 awk 和 mawk 下运行,除非特别说明。例外情况使用协进程。很容易在大多数 Linux 发行版上安装 gawk。如果运行的是 macOS,就请参见附录 D。要查看 gawk 扩展的完整列表,可参见 gawk 的 man 页或 gawk 的 info 页中的 GNU EXTENSIONS。

14.3   选项

以两个连字符(--)开头的选项只适用于 gawk,不能用于 awk 和 mawk。

--field-seperator *fs*	-F *fs*	将 *fs* 作为输入字段分隔符(FS 变量)的值。
--file *programe-file*	-f *programe-file*	从 *programe-file* 文件中(而不是命令行中)读取 gawk 程序。用户可在命令行上多次指定这个选项。相关示例参见 14.6 节。
--help	-W help	总结如何使用 gawk(仅用于 gawk)。
--lint	-W lint	对不正确或者能移植的结构发出警告(仅用于 gawk)。
--posix	-W posix	运行 POSIX 兼容版 gawk。这个选项引入了一些限制,详细内容请查看 gawk 的 man 页(仅用于 gawk)。
--traditional	-W traditional	忽略 gawk 程序中较新的 GNU 特性,使得程序与 UNIX awk 兼容(仅用于 gawk)。
--assign *var=value*	-v *var=value*	把 *value* 赋予变量 *var*。在 gawk 程序执行之前进行赋值,它可用于 BEGIN 模式中。可在命令行上多次指定这个选项。

14.4　注意

关于 AWK 实现的信息参见 14.2 节的提示。

为方便起见，很多 Linux 系统将/bin/awk 链接到/bin/gawk 或/bin/mawk，这样用户就可以用两者中的任意一个来运行程序。

14.5　语言基础

gawk 实用程序(来自命令行或程序文件的程序)由一行或多行文本构成，其中包含一个模式和/或动作，语法如下：

pattern { action }

模式(*pattern*)用来从输入中选取文本行。对于由模式选中的每行文本，gawk 实用程序都执行动作(*action*)。动作两边的花括号使 gawk 将动作与模式区分开来。如果程序行没有包含模式，gawk 就选取输入中的所有行。如果程序行没有包含动作，gawk 就把选中的行复制到标准输出中。

开始时，gawk 将输入(来自 *file-list* 或标准输入)的第 1 行与程序中的每种模式进行比较。如果某种模式选中该行(如果存在匹配的一行)，gawk 将执行与模式关联的动作。如果没有选中该行，gawk 就不执行动作。当 gawk 完成对输入中第 1 行文本的比较之后，它将对输入中的下一行重复上面的过程。gawk 将继续对输入中后续的每行文本执行这个比较过程，直到它读完所有输入为止。

如果多种模式选中了同一行文本，gawk 就按照这些模式出现在程序中的顺序分别执行与每种模式关联的动作。gawk 可能多次把来自输入的同一行文本发送到标准输出。

14.5.1　模式

~和!~　用斜杠把正则表达式(附录 A)括起来，就可以将其视为模式。"~"运算符用于测试某个字段或变量是否匹配正则表达式。!~运算符用于测试不匹配。可使用表 14-1 中列出的关系运算符进行数值比较和字符串比较。可使用布尔运算符||(OR)或&&(AND)来组合任何模式。

表 14-1　关系运算符

运　算　符	含　义
<	小于
<=	小于或等于
==	等于
!=	不等于
>=	大于或等于
>	大于

BEGIN 和 END　BEGIN 和 END 是两种独特模式，分别执行在 gawk 开始处理输入信息之前和处理完毕输入信息之后的命令。在处理所有输入信息之前，gawk 实用程序执行 BEGIN 模式关联的动作，在处理完毕后执行 END 模式关联的动作。相关示例参见 14.6 节。

,(逗号)　逗号是范围运算符。如果在一个 gawk 程序行上用逗号将两种模式隔开，gawk 就选取从匹配第 1 种模式的第 1 行开始的一系列文本行。gawk 选取的最后一行是随后匹配第 2 种模式的下一行文本。如果没有匹配第 2 种模式的文本行，gawk 就选取直到输入末尾的所有文本行。在 gawk 找到第 2 种模式后，它将再次查找第 1 种模式以再次开启这个过程。相关示例参见 14.6 节。

14.5.2　动作

如果 gawk 匹配某种模式，它就执行 gawk 命令的动作部分所指定的动作。如果没有指定动作，gawk 就执行默认动作，即 print 命令(可用{print}显式表示)。这个动作将记录(通常是一行，参见 14.5.4 节)从输入复制到标准输出。

如果 print 命令后面带有参数，gawk 就只显示用户指定的参数。这些参数可以是变量或字符串常量。可将 print 命令的输出发送到文件(在 gawk 程序中用>)、追加到文件(>>)或者通过管道将其发送给另一个程序的输入(|)。协进程(|&)是一个双向管道，可与运行在后台的程序交换数据(仅用于 gawk)。

除非用逗号将 print 命令中的各项分开，否则 gawk 将它们连接起来。逗号使得 gawk 用输出字段分隔符(OFS，通常是空格，参见 14.5 节)将各项分开。

用分号将多个动作隔开，可在同一行上包含多个动作。

14.5.3　注释

gawk 实用程序不处理以英镑符号(#)开头的程序行中的任何内容。用户可在程序注释文本的前面添加这个符号，这样就可以为 gawk 程序加入注释。

14.5.4　变量

尽管不需要在使用 gawk 变量之前声明它们，但用户可以选择把初始值赋予这些变量。没有赋值的数值变量被初始化为 0，而字符串变量则被初始化为空字符串。除了支持用户变量(user variable)之外，gawk 还维护程序变量(program variable)。在 gawk 程序的模式部分和动作部分都可以使用用户变量和程序变量。表 14-2 列出了一些程序变量。

表 14-2　程序变量

变　　量	含　　义
$0	当前记录(作为单个变量)
$1~$n	当前记录中的字段
FILENAME	当前输入文件的名称(null 表示标准输入)
FS	输入字段分隔符(默认为空格或制表符)
NF	当前记录的字段数目
NR	当前记录的记录编号
OFS	输出字段分隔符(默认为空格)
ORS	输出记录分隔符(默认为换行符)
RS	输入记录分隔符(默认为换行符)

除在程序中初始化变量外，还可以在命令行上使用--assign(-v)选项初始化变量。如果某个变量的值在 gawk 的两次运行之间发生改变，这个功能就非常有用。

记录分隔符　默认情况下，输入记录和输出记录的分隔符均为换行符。因此 gawk 将每行输入作为单独的一条记录，并在每条输出记录的后面追加一个换行符。默认情况下，输入字段分隔符为空格和制表符。默认的输出字段分隔符是空格。可以在任意时刻更改分隔符的值，方法是在程序或命令行中使用--assign (-v)选项，将一个新值赋予与这些分隔符相关联的变量。

14.5.5　函数

表 14-3 列出了 gawk 所提供的一些用来操作数字和字符串的函数。

表 14-3　函数

函　　数	含　　义
length(*str*)	返回 *str* 中的字符个数；如果不带参数，则返回当前记录中的字符个数
int(*num*)	返回 *num* 的整数部分
index(*str1*, *str2*)	返回 *str2* 在 *str1* 中的索引，如果 *str2* 不存在，就返回 0

(续表)

函　数	含　义
split(*str, arr, del*)	用 *del* 作为分隔符,将 *str* 的元素放到数组 *arr*[1]...*arr*[n]中,返回数组中的元素个数
sprintf(*fmt, args*)	根据 *fmt* 格式化 *args* 并返回格式化后的字符串;模仿 C 编程语言中的同名函数,另见后面的 printf
substr(*str, pos, len*)	返回 *str* 中从 *pos* 开始、长度为 *len* 个字符的子字符串
tolower(*str*)	返回 *str* 的副本,但其中的所有大写字母被替换成相应的小写字母
toupper(*str*)	返回 *str* 的副本,但其中的所有小写字母被替换成相应的大写字母

14.5.6　算术运算符

表 14-4 中列出的 gawk 算术运算符来自 C 编程语言。

表 14-4　算术运算符

运　算　符	含　义
**	计算以运算符前面的表达式为底、以后面的表达式为指数的幂
*	将运算符前面的表达式与后面的表达式相乘
/	将运算符前面的表达式与后面的表达式相除
%	将运算符前面的表达式与后面的表达式相除,然后取余数
+	将运算符前面的表达式与后面的表达式相加
-	将运算符前面的表达式与后面的表达式相减
=	将运算符后面的表达式的值赋予前面的变量
++	将运算符前面的变量递增
- -	将运算符前面的变量递减
+=	将运算符后面的表达式与前面的变量相加,将结果赋予前面的变量
- =	将运算符前面的变量与后面的表达式相减,将结果赋予前面的变量
*=	将运算符后面的表达式与前面的变量相乘,将结果赋予前面的变量
/=	将运算符前面的变量与后面的表达式相除,将结果赋予前面的变量
%=	将运算符前面的变量与后面的表达式相除,将余数赋予前面的变量

14.5.7　关联数组

关联数组是 gawk 最强大的功能之一。这些数组使用字符串作为索引。在使用关联数组时,用户可以将数值字符串作为索引来模仿传统数组。在 Perl 中,关联数组称为哈希。

可给关联数组中的某个元素赋值。语法如下:

array[string] = value

其中 *array* 为数组的名称, *string* 为用户将要赋值的元素在数组中的索引, *value* 为将要赋予该元素的值。

可将 for 结构用于关联数组。语法如下:

*for (**elem** in **array**) action*

其中,当 for 结构遍历数组中的元素时, *elem* 表示接收数组中每个元素的值的变量, *array* 为数组名称, *action* 为 gawk 对数组中每个元素所采取的动作。可在 *action* 中使用 *elem* 变量。

14.6 节将介绍使用关联数组的示例程序。

14.5.8　printf

可使用 printf 命令来代替 print,控制 gawk 产生的输出的格式。有关使用 printf 的详情,请参阅第 VI 部分的 printf

实用程序(gawk printf 需要使用逗号，如下面的语法所示，而 printf 实用程序不允许使用它们)。printf 命令的语法如下：

```
printf "control-string", arg1, arg2, ..., argn
```

control-string 决定 printf 如何格式化 *arg1*、*arg2*、...、*argn*。这些参数既可以是变量，也可以是其他表达式。可在 *control-string* 中使用\n 来表示换行符，使用\t 来表示制表符。*control-string* 包含转换说明，每个参数对应一个表达式。转换说明的语法如下：

```
%[-][x[.y]]conv
```

其中，"–"使 printf 将参数左对齐，*x* 表示最小的字段宽度，".*y*"表示数字中小数点右边的位数。*conv* 指示数值转换的类型，这些类型可从表 14-5 中选择。使用 printf 的相关示例可以在 14.6 节中找到。

表 14-5   数值转换

conv	转 换 类 型
d	十进制
e	指数表示
f	浮点数字
g	使用 f 或 e 中较短的那个
o	无符号八进制
s	字符串
x	无符号十六进制

14.5.9   控制结构

控制(流)语句将改变 gawk 程序中命令的执行顺序。本节将详细讲述 if...else、while 和 for 控制结构。另外，break 和 continue 语句与控制结构一起使用可以改变命令的执行顺序。关于控制结构的更详细信息请参见 10.1 节。如果用户指定唯一一条简单命令，就不需要在 *commands* 前后加花括号。

1. if...else

if...else 控制结构测试 *condition* 返回的状态，并根据该状态转移控制权。if...else 结构的语法如下所示。else 部分是可选的。

```
if (condition)
        {commands}
    [else
        {commands}]
```

下面所示的简单 if 语句并没有使用花括号：

```
if ($5 <= 5000) print $0
```

下一个 gawk 程序使用简单的 if...else 结构。它同样没有使用花括号。

```
$ cat if1
BEGIN   {
        nam="sam"
        if (nam == "max")
                print "nam is max"
        else
                print "nam is not max, it is", nam
        }
$ gawk -f if1
nam is not max, it is sam
```

2. while

while 结构的语法如下，只要 *condition* 为真，它就遍历并执行 *commands*：

```
while (condition)
    {commands}
```

下一个 gawk 程序使用简单的 while 结构，用来显示 2 的幂。这个示例使用花括号，因为 while 循环包含多条语句。这个程序不接收输入，所有处理都在 gawk 执行与 BEGIN 模式关联的语句时进行。

```
$ cat while1
BEGIN{
    n = 1
    while (n <= 5)
        {
        print "2^" n, 2**n
        n++
        }
    }
$ gawk -f while1
1^2 2
2^2 4
3^2 8
4^2 16
5^2 32
```

3. for

for 控制结构的语法如下：

```
for (init; condition; increment)
    {commands}
```

for 结构开始执行 *init* 语句，它通常将计数器设置为 0 或 1。然后，只要 *condition* 为真，它就会循环遍历 *commands*。每次循环后，它都执行 *increment* 语句。gawk 程序 for1 的功能与前面的 while1 程序类似，但它使用 for 语句，从而使程序变得更加简单：

```
$ cat for1
BEGIN {
    for (n=1; n <= 5; n++)
    print "2^" n, 2**n
    }
$ gawk -f for1
1^2 2
2^2 4
3^2 8
```

处理关联数组时，gawk 实用程序支持另一种 for 语法：

```
for (var in array)
    {commands}
```

该 for 结构遍历 *array* 关联数组中的所有元素，每次循环时，都将 *array* 的相应元素的索引值赋予 *var*。下面的代码说明了 for 结构：

```
END    {for (name in manuf) print name, manuf[name]}
```

4. break

break 语句将控制权转移到 for 或 while 循环之外，终止它所在的最内层循环的执行。

5. continue

continue 语句将控制权转移到 for 或 while 循环的结尾处，使它所在的最内层循环继续执行下一次迭代。

14.6　示例

cars 数据文件　本节中的很多示例都使用 cars 数据文件。在这个文件中，从左至右，每列分别包含了每种汽车的制造商、型号、生产年份、行驶上千英里的平均耗油量以及价格。这个文件中的所有空白字符由单个制表符组成(该文件不包含任何空格)。

```
$ cat cars
plym      fury      1970    73      2500
chevy     malibu    1999    60      3000
ford      mustang   1965    45      10000
volvo     s80       1998    102     9850
ford      thundbd   2003    15      10500
chevy     malibu    2000    50      3500
bmw       325i      1985    115     450
honda     accord    2001    30      6000
ford      taurus    2004    10      17000
toyota    rav4      2002    180     750
chevy     impala    1985    85      1550
ford      explor    2003    25      9500
```

缺失模式　一个简单的 gawk 程序如下：

```
{ print }
```

这个程序由单行代码组成，这行代码是一个动作。因为没有模式，所以 gawk 选择输入中的所有行。如果不带任何参数使用 print 命令，它就显示选中的每一行。这个程序将输入内容复制到标准输出。

```
$ gawk '{ print }' cars
plym      fury      1970    73      2500
chevy     malibu    1999    60      3000
ford      mustang   1965    45      10000
volvo     s80       1998    102     9850
...
```

缺失动作　下一个程序有一种模式，但是没有显式指定动作。斜杠指出 chevy 是一个正则表达式。

```
/chevy/
```

在这种情况下，gawk 从输入中仅选择包含字符串 chevy 的那些行。如果用户未指定动作，gawk 就假设动作为 print。下面的示例将输入中包含字符串 chevy 的所有文本行复制到标准输出：

```
$ gawk '/chevy/' cars
chevy     malibu    1999    60      3000
chevy     malibu    2000    50      3500
chevy     impala    1985    85      1550
```

单引号　尽管在命令行上，无论是 gawk 还是 shell 语法都不需要单引号，但最好使用它们，因为它们可以阻止出现某些问题。如果在命令行上创建的 gawk 程序包含空格或特殊的 shell 字符，就必须将它们引起来。确保用户已将需要引起来的所有字符全部引起来的最简单方法是将程序用单引号引起来。

字段　下面的示例将选择文件的所有行(它没有模式)。用花括号将动作括起来。必须使用花括号限定动作，这样 gawk 才可以将动作与模式部分区分开。这个示例显示了所选中的每一行的第 3 个字段($3)、1 个空格(输出字段分隔符，由逗号表示)以及第 1 个字段($1)：

```
$ gawk '{print $3, $1}' cars
1970 plym
1999 chevy
1965 ford
1998 volvo
...
```

下面的示例包含模式和动作，它选中包含字符串 chevy 的所有行并显示选中行的第 3 个字段和第 1 个字段：

```
$ gawk '/chevy/ {print $3, $1}' cars
1999 chevy
```

```
2000 chevy
1985 chevy
```

在下面的示例中，gawk 选中包含与正则表达式 h 匹配的行。因为没有显式指定动作，所以 gawk 显示它选中的所有行：

```
$ gawk '/h/' cars
chevy    malibu     1999    60    3000
ford     thundbd    2003    15    10500
chevy    malibu     2000    50    3500
honda    accord     2001    30    6000
chevy    impala     1985    85    1550
```

~(匹配运算符)　下面这种模式使用匹配运算符(~)来选择在第 1 个字段中包含字母 h 的所有行：

```
$ gawk '$1 ~ /h/' cars
chevy    malibu     1999    60    3000
chevy    malibu     2000    50    3500
honda    accord     2001    30    6000
chevy    impala     1985    85    1550
```

正则表达式中的脱字符(^)强制在行首进行匹配，在这个示例中，从第 1 个字段的起始处匹配：

```
$ gawk '$1 ~ /^h/' cars
honda    accord     2001    30    6000
```

字符类定义两边使用方括号。在下一个示例中，gawk 选中第 2 个字段以 t 或 m 开头的行，并显示第 3 个字段和第 2 个字段、1 个美元符号以及第 5 个字段。因为在 "$" 和 $5 之间没有逗号，所以 gawk 在输出中没有在它们之间添加空格。

```
$ gawk '$2 ~ /^[tm]/ {print $3, $2, "$" $5}' cars
1999 malibu $3000
1965 mustang $10000
2003 thundbd $10500
2000 malibu $3500
2004 taurus $17000
```

美元符号　下面的示例说明了美元符号在 gawk 程序中所起的 3 种作用。首先，在美元符号的后面紧跟一个数字来表示某个字段。其次，在正则表达式中，美元符号强制在行尾或字段末尾(5$)进行匹配。最后，在字符串中美元符号代表自身。

```
$ gawk '$3 ~ /5$/ {print $3, $1, "$" $5}' cars
1965 ford $10000
1985 bmw $450
1985 chevy $1550
```

在下个示例中，gawk 使用等于关系运算符(==)对每行的第 3 个字段与数字 1985 进行数值比较。gawk 对每个比较结果为真的文本行执行默认的动作，即 print。

```
$ gawk '$3 == 1985' cars
bmw      325i       1985    115    450
chevy    impala     1985    85     1550
```

下面这个示例查找价格等于或小于 3000 美元的所有汽车：

```
$ gawk '$5 <= 3000' cars
plym     fury       1970    73     2500
chevy    malibu     1999    60     3000
bmw      325i       1985    115    450
toyota   rav4       2002    180    750
chevy    impala     1985    85     1550
```

文本比较　如果使用双引号，gawk 将进行文本比较，即使用 ASCII(或其他本地)排序序列作为比较的基础。在下面这个示例中，gawk 发现，字符串 450 和 750 落在了字符串范围 2000~9000 内，这可能并非期望的结果：

```
$ gawk '"2000" <= $5 && $5 < "9000"' cars
plym     fury       1970    73     2500
chevy    malibu     1999    60     3000
```

```
chevy    malibu    2000    50    3500
bmw      325i      1985    115   450
honda    accord    2001    30    6000
toyota   rav4      2002    180   750
```

如果想进行数值比较，就不要使用双引号。下面这个示例给出了预期结果。它与前一个示例相同，但忽略了双引号。

```
$ gawk '2000 <= $5 && $5 < 9000' cars
plym     fury      1970    73    2500
chevy    malibu    1999    60    3000
chevy    malibu    2000    50    3500
honda    accord    2001    30    6000
```

,(范围运算符)   范围运算符(,)用来选取一组文本行。选中的第 1 行是逗号之前的模式所指定的行，选中的最后一行是逗号之后的模式所指定的行。如果没有匹配逗号之后模式的文本行，gawk 就选取直到输入末尾的所有行。下面这个示例选中从包含 volvo 的行开始到包含 bmw 的行结束的所有文本行：

```
$ gawk '/volvo/ , /bmw/' cars
volvo    s80       1998    102   9850
ford     thundbd   2003    15    10500
chevy    malibu    2000    50    3500
bmw      325i      1985    115   450
```

在范围运算符找到第 1 组文本行后，它将再次进行处理，查找匹配逗号之前模式的文本行。在下面这个示例中，gawk 查找位于 chevy 和 ford 之间的 3 组文本行。尽管输入的第 5 行包含 ford，但 gawk 并未选择它，因为此时它正在处理第 5 行，它正在搜索 chevy。

```
$ gawk '/chevy/ , /ford/' cars
chevy    malibu    1999    60    3000
ford     mustang   1965    45    10000
chevy    malibu    2000    50    3500
bmw      325i      1985    115   450
honda    accord    2001    30    6000
ford     taurus    2004    10    17000
chevy    impala    1985    85    1550
ford     explor    2003    25    9500
```

--file 选项   如果用户正在编写较长的 gawk 程序，可将程序放在一个文件中，然后在命令行上引用该文件，这样会更加方便。使用-f(--file)选项，后面紧接着包含该 gawk 程序的文件的名称。

BEGIN   下面的 gawk 程序存储在名为 pr_header 的文件中，该文件有两个动作并使用了 BEGIN 模式。gawk 实用程序在对数据文件中的任何行处理之前，执行与这个 BEGIN 模式关联的动作：在这里它显示头部。第 2 个动作是{print}，它没有模式部分，因而将显示输入的所有行。

```
$ cat pr_header
BEGIN {print "Make Model Year Miles Price"}
      {print}

$ gawk -f pr_header cars
Make     Model     Year    Miles    Price
plym     fury      1970    73       2500
chevy    malibu    1999    60       3000
ford     mustang   1965    45       10000
volvo    s80       1998    102      9850
```

下面这个示例扩展与 BEGIN 模式关联的动作。在上一个示例和下一个示例中，因为头部中的空白符由单个制表符组成，所以标题与数据列对齐。

```
$ cat pr_header2
BEGIN {
print "Make    Model    Year    Miles    Price"
print "------------------------------------"
}
      {print}
$ gawk -f pr_header2 cars
```

```
Make     Model    Year    Miles   Price
----------------------------------------
plym     fury     1970    73      2500
chevy    malibu   1999    60      3000
ford     mustang  1965    45      10000
volvo    s80      1998    102     9850
...
```

length()函数   如果用户不带参数调用 length()函数，那么它将返回当前文本行中的字符个数，包含字段分隔符。
$0 变量始终包含当前文本行的内容。在下一个示例中，gawk 将行长度添加到每行的开头，然后通过管道将输出从
gawk 发送到 sort(-n 选项指定数值排序)。这样 cars 文件中的文本行将按照其长度顺序输出：

```
$ gawk '{print length, $0}' cars | sort -n
21 bmw     325i     1985    115     450
22 plym    fury     1970    73      2500
23 volvo           s80      1998    102     9850
24 ford explor     2003    25      9500
24 toyota          rav4    2002    180     750
25 chevy           impala  1985    85      1550
25 chevy           malibu  1999    60      3000
25 chevy           malibu  2000    50      3500
25 ford taurus     2004    10      17000
25 honda           accord  2001    30      6000
26 ford mustang    1965    45      10000
26 ford thundbd    2003    15      10500
```

这个报告的格式根据制表符进行水平对齐。每行起始处的 3 个其他字符不受行格式的约束。稍后将给出这种条
件下的弥补措施。

NR(记录编号)   NR 变量包含当前行的记录编号(行号)。下面的模式选取字符数多于 24 的所有行。动作则显示
选中的每一行的行号。

```
$ gawk 'length > 24 {print NR}' cars
2
3
5
6
8
9
11
```

可以结合使用范围(,)和 NR 变量，根据行号来显示一组文本行。下面这个示例显示第 2～第 4 行之间的行：

```
$ gawk 'NR == 2 , NR == 4' cars
chevy    malibu   1999 60      3000
ford     mustang  1965 45      10000
volvo    s80 1998  102  9850
```

END   END 模式的工作方式与 BEGIN 模式类似，但 gawk 在处理完输入的最后一行之后才执行与该模式关联
的动作。下面的报告只有在它处理完所有输入之后才显示信息。在 gawk 处理完数据文件后，NR 变量保存它的值，
这样与 END 模式关联的动作可以使用这个变量：

```
$ gawk 'END {print NR, "cars for sale." }' cars
12 cars for sale.
```

下面这个示例使用 if 控制结构来扩展在某些第 1 个字段中用到的缩写。只要 gawk 不改变记录，它就保持整条
记录(包括分隔符)不变。一旦修改了某条记录，gawk 就把这条记录中的所有分隔符更改为输出字段分隔符的值。
默认的输出分隔符为一个空格。

```
$ cat separ_demo
    {
    if ($1 ~ /ply/) $1 = "plymouth"
    if ($1 ~ /chev/) $1 = "chevrolet"
    print
    }
$ gawk -f separ_demo cars
```

```
plymouth fury 1970 73 2500
chevrolet malibu 1999 60 3000
ford     mustang 1965    45     10000
volvo    s80     1998    102    9850
ford     thundbd 2003    15     10500
chevrolet malibu 2000 50 3500
bmw      325i    1985    115    450
honda    accord  2001    30     6000
ford     taurus  2004    10     17000
toyota   rav4    2002    180    750
chevrolet impala 1985 85 1550
ford     explor  2003    25     9500
```

独立脚本 除了使用-f选项和用户想要运行的程序的名称在命令行上调用 gawk 之外，还可以编写脚本，用用户想要运行的命令调用 gawk。下面的示例是一个独立脚本，运行的程序与前一个示例一样。#!/bin/gawk -f 命令用于直接运行 gawk 实用程序。为了执行该脚本文件，用户需要具备读权限和执行权限。

```
$ chmod u+rx separ_demo2
$ cat separ_demo2
#!/bin/gawk -f
        {
        if ($1 ~ /ply/) $1 = "plymouth"
        if ($1 ~ /chev/) $1 = "chevrolet"
        print
        }
$ ./separ_demo2 cars
plymouth fury 1970 73 2500
chevrolet malibu 1999 60 3000
ford     mustang 1965    45     10000
...
```

OFS 变量 可通过将某个值赋予 OFS 变量来更改输出字段分隔符的值。下面的示例使用反斜杠转义序列\t 将制表符赋予 OFS。这样就美化了报告的输出格式，但并没有正确地对齐列。

```
$ cat ofs_demo
BEGIN {OFS = "\t"}
     {
     if ($1 ~ /ply/) $1 = "plymouth"
     if ($1 ~ /chev/) $1 = "chevrolet"
     print
     }
$ gawk -f ofs_demo cars
plymouth        fury    1970    73     2500
chevrolet       malibu  1999    60     3000
ford     mustang 1965    45     10000
volvo    s80     1998    102    9850
ford     thundbd 2003    15     10500
chevrolet       malibu  2000    50     3500
bmw      325i    1985    115    450
honda    accord  2001    30     6000
ford     taurus  2004    10     17000
toyota   rav4    2002    180    750
chevrolet       impala  1985    85     1550
ford     explor  2003    25     9500
```

printf 可使用 printf 进一步美化输出格式。下面的示例在几个程序行的末尾使用反斜杠转义随后的换行符。可用这种方法续写较长的一行或多行，而不会影响到程序的输出结果。

```
$ cat printf_demo
BEGIN {
   print " Miles"
   print "Make Model Year (000) Price"
   print \
   "--------------------------------------------------"
   }
```

```
        {
        if ($1 ~ /ply/) $1 = "plymouth"
        if ($1 ~ /chev/) $1 = "chevrolet"
        printf "%-10s %-8s %2d %5d $ %8.2f\n",\
            $1, $2, $3, $4, $5
        }
```

```
$ gawk -f printf_demo cars
                        Miles
Make        Model     Year    (000)         Price
-------------------------------------------------------
plymouth    fury      1970    73      $    2500.00
chevrolet   malibu    1999    60      $    3000.00
ford        mustang   1965    45      $   10000.00
volvo       s80       1998    102     $    9850.00
ford        thundbd   2003    15      $   10500.00
chevrolet   malibu    2000    50      $    3500.00
bmw         325i      1985    115     $     450.00
honda       accord    2001    30      $    6000.00
ford        taurus    2004    10      $   17000.00
toyota      rav4      2002    180     $     750.00
chevrolet   impala    1985    85      $    1550.00
ford        explor    2003    25      $    9500.00
```

重定向输出　下面的示例创建了两个文件：一个文件存放包含 chevy 的所有行；另一个文件存放包含 ford 的所有行。

```
$ cat redirect_out
/chevy/     {print > "chevfile"}
/ford/      {print > "fordfile"}
END         {print "done."}
$ gawk -f redirect_out cars
done.
$ cat chevfile
chevy   malibu   1999   60   3000
chevy   malibu   2000   50   3500
chevy   impala   1985   85   1550
```

summary 程序生成关于所有车和较新车的一个总结报告。尽管并不需要程序开头的初始化部分，但这代表了一种良好的编程习惯。gawk 会在用户使用变量的时候自动声明并初始化变量。gawk 读取所有输入数据之后，计算并显示平均值。

```
$ cat summary
BEGIN {
        yearsum = 0 ; costsum = 0
        newcostsum = 0 ; newcount = 0
        }
        {
        yearsum += $3
        costsum += $5
        }
$3 > 2000 {newcostsum += $5 ; newcount ++}
END     {
        printf "Average age of cars is %4.1f years\n",\
            2006 - (yearsum/NR)
        printf "Average cost of cars is $%7.2f\n",\
            costsum/NR
            printf "Average cost of newer cars is $%7.2f\n",\
                newcostsum/newcount
        }
$ gawk -f summary cars
Average age of cars is 13.1 years
Average cost of cars is $6216.67
Average cost of newer cars is $8750.00
```

下面的 gawk 命令给出了下个示例中用到的 passwd 文件的某一行的格式：

```
$ awk '/mark/ {print}' /etc/passwd
mark:x:107:100:ext 112:/home/mark:/bin/tcsh
```

FS 变量 下面这个示例揭示了在某个字段中查找最大数字的技巧。因为它处理 Linux 的 passwd 文件，这个文件使用冒号(:)限定各个字段，所以这个示例在读取任何数据之前更改输入字段分隔符(FS)。它读取 passwd 文件并判断下一个可用的用户 ID 编号(第 3 个字段)。这个程序的运行，并不要求 passwd 文件中的这些数字有序。

模式($3 > saveit)使 gawk 选取包含用户 ID 编号大于任何它前面曾处理过的用户 ID 编号的记录。每次选中一条记录，gawk 将这个新的用户 ID 编号赋予 saveit 变量。然后 gawk 使用 saveit 这个新值来测试所有后续记录的用户 ID。最后 gawk 将 saveit 的值加 1，并显示结果：

```
$ cat find_uid
BEGIN           {FS = ":"
                saveit = 0}
$3 > saveit     {saveit = $3}
END             {print "Next available UID is " saveit + 1}
$ gawk -f find_uid /etc/passwd
Next available UID is 1092
```

下面这个示例根据 cars 文件生成另一份报告。这份报告使用嵌套的 if...else 控制结构，根据价格字段的内容来取代相应的值。这个程序没有模式部分，因此它处理每条记录。

```
$ cat price_range
    {
    if          ($5 <= 5000)                     $5 = "inexpensive"
        else if (5000 < $5 && $5 < 10000)       $5 = "please ask"
        else if (10000 <= $5)                    $5 = "expensive"
    #
    $1, $2, $3, $4, $5
    }
$ gawk -f price_range cars
plym        fury        1970    73      inexpensive
chevy       malibu      1999    60      inexpensive
ford        mustang     1965    45      expensive
volvo       s80         1998    102     please ask
ford        thundbd     2003    15      expensive
chevy       malibu      2000    50      inexpensive
bmw         325i        1985    115     inexpensive
honda       accord      2001    30      please ask
ford        taurus      2004    10      expensive
toyota      rav4        2002    180     inexpensive
chevy       impala      1985    85      inexpensive
ford        explor      2003    25      please ask
```

关联数组 下面这个 manuf 关联数组使用 cars 文件中每条记录的第 1 个字段的内容作为索引。这个数组由元素 manuf[plym]、manuf[chevy]、manuf[ford]等组成。每个元素在创建时都被初始化为 0(零)。运算符++将递增其后的变量。

for 结构 END 模式之后的动作是为 for 结构准备的，该 for 结构循环遍历关联数组的每个元素。通过管道将输出发送到 sort，以生成按字母顺序排列的文件和库存量的有序列表。因为它是一个 shell 脚本而不是 gawk 程序文件，所以用户只有在拥有对这个 manuf 文件的读权限和执行权限后，才能将它作为命令执行。

```
$ cat manuf
gawk '   {manuf[$1]++}
END      {for (name in manuf) print name, manuf[name]}
' cars |
sort

$ ./manuf
bmw 1
chevy 3
ford 4
honda 1
```

```
plym 1
toyota 1
volvo 1
```

下个名为 manuf.sh 的程序是一个更通用的 shell 脚本，它包含一些错误检查功能。这个脚本列出文件中某一列的内容并对其进行计数，使用在命令行上指定的列号和文件名。

第 1 个动作(以 "{count" 开头的那一行}使用 gawk 程序中间的 shell 变量$1 来指定数组索引。因为单引号是成对存在的，所以出现在单引号中的$1 实际上没有被转义：gawk 程序中被引起来的两个字符串在$1 的两边，$1 并没有被引号引起来。因为$1 没有被转义，并且因为它是一个 shell 脚本，所以 shell 将用第 1 个命令行参数替换$1。于是，在调用 gawk 命令之前$1 已经被解释了。前面的美元符号(该行中位于第 1 个单引号之前的那个美元符号)使 gawk 将 shell 所替换的内容解释为字段编号。

```
$ cat manuf.sh
if [ $# != 2 ]
    then
        echo "Usage: manuf.sh field file"
        exit 1
fi
gawk < $2 '
        {count[$'$1']++}
END     {for (item in count) printf "%-20s%-20s\n",\
            item, count[item]}' |
sort
$ ./manuf.sh
Usage: manuf.sh field file

$ ./manuf.sh 1 cars
bmw                 1
chevy               3
ford                4
honda               1
plym                1
toyota              1
volvo               1

$ ./manuf.sh 3 cars
1965                1
1970                1
1985                2
1998                1
1999                1
2000                1
2001                1
2002                1
2003                2
2004                1
```

使用单引号的一种灵活方式可在 gawk 程序中扩展参数，即在命令行上使用-v 选项，将字段编号传递给 gawk 作为变量。这一变化使这个脚本更便于其他人阅读和调试。调用 manuf2.sh 的方式与调用 manuf.sh 脚本相同：

```
$ cat manuf2.sh
if [ $# != 2 ]
        then
                echo "Usage: manuf.sh field file"
                exit 1
fi
gawk -v "field=$1" < $2 '
                {count[$field]++}
END             {for (item in count) printf "%-20s%-20s\n",\
                        item, count[item]}' |
sort
```

word_usage 脚本显示在命令行上指定的文件的单词使用情况列表。tr 实用程序列出来自标准输入的单词，每行显示一个。sort 实用程序将文件排序，把最常用的单词放在最前面。对于那些使用次数相同的几组单词，这个脚本按字母顺序进行排序。

```
$ cat word_usage
tr -cs 'a-zA-Z' '[\n*]' < $1 |
gawk    '
        {count[$1]++}
END     {for (item in count) printf "%-15s%3s\n", item, count[item]}' |
sort -k 2nr -k 1f,2
$ ./word_usage textfile
the             42
file            29
fsck            27
system          22
you             22
to              21
it              17
SIZE            14
and             13
MODE            13
...
```

下面是不同格式的一个类似程序。这种风格模仿 C 程序，对于更复杂的 gawk 程序，它更便于阅读和处理：

```
$ cat word_count
tr -cs 'a-zA-Z' '[\n*]' < $1 |
gawk '  {
        count[$1]++
}
END     {
        for (item in count)
            {
            if (count[item] > 4)
                {
                printf "%-15s%3s\n", item, count[item]
                }
            }
} ' |
sort -k 2nr -k 1f
```

tail 实用程序显示输出的最后 10 行，结果说明出现次数少于 5 次的单词未被列出：

```
$ ./word_count textfile | tail
directories     5
if              5
information     5
INODE           5
more            5
no              5
on              5
response        5
this            5
will            5
```

下个示例展示了一种将日期放到报告中的方法。gawk 程序输入的第 1 行来自 date。这个程序把该行作为记录编号 1(NR == 1)读取，并相应地处理它，然后使用与下一个模式(NR > 1)关联的动作处理所有后续行。

```
$ cat report
if (test $# = 0) then
    echo "You must supply a filename."
    exit 1
fi
(date; cat $1) |
gawk '
NR == 1     {print "Report for", $1, $2, $3 ", " $6}
NR > 1      {print $5 "\t" $1}'
$ ./report cars
```

```
Report for Wed Jan 31, 2018
2500     plym
3000     chevy
10000    ford
9850     volvo
10500    ford
3500     chevy
450      bmw
6000     honda
17000    ford
750      toyota
1550     chevy
9500     ford
```

下面这个示例计算在命令行上指定的某个文件中的每一列数字的总和，它从 numbers 文件中获取输入。这个程序将执行错误检查，报告并丢弃那些包含非数字项的文本行。如果当前记录包含非数值项，它就使用 next 命令(带有注释 skip bad records)跳过当前记录中的其他命令。在程序的末尾处，gawk 显示该文件中数字的总和。

```
$ cat numbers
10       20       30.3     40.5
20       30       45.7     66.1
30       xyz      50       70
40       75       107.2    55.6
50       20       30.3     40.5
60       30       45.0     66.1
70       1134.7   50       70
80       75       107.2    55.6
90       176      30.3     40.5
100      1027.45  45.7     66.1
110      123      50       57a.5
120      75       107.2    55.6
$ cat tally
gawk ' BEGIN   {
              ORS = ""
              }
NR == 1 { # first record only
   nfields = NF # set nfields to number of
   } # fields in the record (NF)
   {
   if ($0 ~ /[^0-9. \t]/)                        # check each record to see if it contains
      {                                          # any characters that are not numbers,
      print "\nRecord " NR " skipped:\n\t"       # periods, spaces, or TABs
      print $0 "\n"
      next                                       # skip bad records
      }
   else
      {
      for (count = 1; count <= nfields; count++) # for good records loop through fields
         {
         printf "%10.2f", $count > "tally.out"
         sum[count] += $count
         gtotal += $count
         }
      print "\n" > "tally.out"
      }
   }
END    { # after processing last record
   for  (count = 1; count <= nfields; count++) # print summary
      {
      print " -------" > "tally.out"
      }
   print "\n" > "tally.out"
   for  (count = 1; count <= nfields; count++)
      {
```

```
             printf "%10.2f", sum[count] > "tally.out"
          }
     print "\n\n Grand Total " gtotal "\n" > "tally.out"
} ' < numbers
$ ./tally
Record 3 skipped:
         30      xyz       50        70
Record 6 skipped:
         60      30        45.0      66.1
Record 11 skipped:
        110     123        50        57a.5
$ cat tally.out
        10.00    20.00     30.30     40.50
        20.00    30.00     45.70     66.10
        40.00    75.00    107.20     55.60
        50.00    20.00     30.30     40.50
        70.00  1134.70     50.00     70.00
        80.00    75.00    107.20     55.60
        90.00   176.00     30.30     40.50
       100.00  1027.45     45.70     66.10
       120.00    75.00    107.20     55.60
       -------  -------   -------   -------
       580.00  2633.15    553.90    490.50

           Grand Total 4257.55
```

下面这个示例读取 passwd 文件，列出没有密码的用户和具有相同用户 ID 编号的用户(pwck 实用程序[仅用于 Linux] 也可执行类似的检查)。因为 macOS 使用 Open Directory，不使用 passwd 文件，所以这个示例不能在 macOS 下运行。

```
$ cat /etc/passwd
bill::102:100:ext 123:/home/bill:/bin/bash
roy:x:104:100:ext 475:/home/roy:/bin/bash
tom:x:105:100:ext 476:/home/tom:/bin/bash
lynn:x:166:100:ext 500:/home/lynn:/bin/bash
mark:x:107:100:ext 112:/home/mark:/bin/bash
sales:x:108:100:ext 102:/m/market:/bin/bash
anne:x:109:100:ext 355:/home/anne:/bin/bash
toni:x:164:100:ext 357:/home/toni:/bin/bash
ginny:x:115:100:ext 109:/home/ginny:/bin/bash
chuck:x:116:100:ext 146:/home/chuck:/bin/bash
neil:x:164:100:ext 159:/home/neil:/bin/bash
rmi:x:118:100:ext 178:/home/rmi:/bin/bash
vern:x:119:100:ext 201:/home/vern:/bin/bash
bob:x:120:100:ext 227:/home/bob:/bin/bash
janet:x:122:100:ext 229:/home/janet:/bin/bash
maggie:x:124:100:ext 244:/home/maggie:/bin/bash
dan::126:100::/home/dan:/bin/bash
dave:x:108:100:ext 427:/home/dave:/bin/bash
mary:x:129:100:ext 303:/home/mary:/bin/bash

$ cat passwd_check
gawk < /etc/passwd '         BEGIN {
    uid[void] = ""                          # tell gawk that uid is an array
    }
    {                                       # no pattern indicates process all records
dup = 0 # initialize duplicate flag
split($0, field, ":")                       # split into fields delimited by ":"
if (field[2] == "")                         # check for null password field
   {
   if (field[5] == "")                      # check for null info field
     {
     print field[1] " has no password."
     }
   else
     {
     print field[1] " ("field[5]") has no password."
```

```
            }
        }
    for (name in uid)                           # loop through uid array
        {
        if (uid[name] == field[3])              # check for second use of UID
            {
            print field[1] " has the same UID as " name " : UID = " uid[name]
            dup = 1                             # set duplicate flag
            }
        }
    if (!dup)                                   # same as if (dup == 0)
                                                # assign UID and login name to uid array
        {
        uid[field[1]] = field[3]
        }
}'
$ ./passwd_check
bill (ext 123) has no password.
toni (ext 357) has no password.
neil has the same UID as toni : UID = 164
dan has no password.
dave has the same UID as sales : UID = 108
```

下面这个示例给出了一个完整的交互式 shell 脚本，该脚本使用 gawk 根据价格范围生成一份关于 cars 文件的报告：

```
$ cat list_cars
trap 'rm -f $$.tem > /dev/null;echo $0 aborted.;exit 1' 1 2 15
read -p "Price range (for example, 5000 7500):" lowrange hirange
echo '

                                    Miles
Make          Model       Year      (000)       Price
----------------------------------------------------' > $$.tem
gawk < cars '
$5 >= '$lowrange' && $5 <= '$hirange' {
        if ($1 ~ /ply/) $1 = "plymouth"
        if ($1 ~ /chev/) $1 = "chevrolet"
        printf "%-10s %-8s %2d %5d $ %8.2f\n", $1, $2, $3, $4,
$5
        }' | sort -n +5 >> $$.tem
cat $$.tem
rm $$.tem
$ ./list_cars
Price range (for example, 5000 7500):3000 8000
                                    Miles
Make          Model       Year      (000)       Price
----------------------------------------------------
chevrolet     malibu      1999         60   $  3000.00
chevrolet     malibu      2000         50   $  3500.00
honda         accord      2001         30   $  6000.00
$ ./list_cars
Price range (for example, 5000 7500):0 2000
                                    Miles
Make          Model       Year      (000)       Price
----------------------------------------------------
bmw           325i        1985        115   $   450.00
toyota        rav4        2002        180   $   750.00
chevrolet     impala      1985         85   $  1550.00
$ ./list_cars
Price range (for example, 5000 7500):15000 100000
                                    Miles
Make          Model       Year      (000)       Price
----------------------------------------------------
ford          taurus      2004         10   $ 17000.00
```

选读

14.7　gawk 高级编程

本节讨论 AWK 的一些高级特性。内容包括如何使用 getline 语句控制输入，如何使用协进程在 gawk 与后台运行的程序之间进行信息交换，如何使用协进程通过网络交换数据。协进程只能用于 gawk，它们不能用于 awk 和 mawk。

14.7.1　getline：控制输入

可以使用 getline 语句对 gawk 读取的数据进行更多控制，比其他方法对输入的控制都要多。当用户将变量名作为 getline 参数时，getline 把数据读入这个变量中。g1 程序的 BEGIN 块使用 getline 语句将一行文本从标准输入读取到变量aa中：

```
$ cat g1
BEGIN {
      getline aa
      print aa
      }
$ echo aaaa | gawk -f g1
aaaa
```

alpha 文件用在下面几个示例中：

```
$ cat alpha
aaaaaaaaa
bbbbbbbbb
ccccccccc
ddddddddd
```

即使用户给 g1 提供多行输入，它也只处理第 1 行：

```
$ gawk -f g1 < alpha
aaaaaaaaa
```

如果没有为 getline 提供参数，那么它将输入读到$0 中，并修改字段变量($1、$2 等)：

```
$ gawk 'BEGIN {getline;print $1}' < alpha
aaaaaaaaa
```

g2 程序在 BEGIN 块中使用 while 循环遍历标准输入中的行。getline 语句将每一行读取到 holdme 中，并用 print 输出 holdme 的每个值。

```
$ cat g2
BEGIN {
      while (getline holdme)
         print holdme
      }
$ gawk -f g2 < alpha
aaaaaaaaa
bbbbbbbbb
ccccccccc
ddddddddd
```

g3 程序说明，当 gawk 程序体(而不仅仅是 BEGIN 块)中有语句时，gawk 自动将输入中的每一行读取到$0 中。这个程序针对每行输入信息输出记录编号(NR)、字符串 "$0:" 以及$0(当前记录)的值。

```
$ cat g3
      {print NR, "$0:", $0}
$ gawk -f g3 < alpha
1 $0: aaaaaaaaa
2 $0: bbbbbbbbb
3 $0: ccccccccc
4 $0: ddddddddd
```

　　下面的 g4 程序说明，getline 的运行独立于 gawk 的自动读取的每一行和$0。当 getline 语句把数据读到某个变量中时，它并不修改$0，也不修改当前记录中的任意字段($1、$2 等)。g4 的第 1 条语句与 g3 中的语句相同，并输出 gawk 已经自动读取的行。getline 语句将下一行输入读取到名为 aa 的变量中。第 3 条语句输出记录编号、字符串"aa:"以及 aa 的值。g4 的输出说明 getline 进行的数据处理独立于 gawk 自动读取的每一行。

```
$ cat g4
        {
        print NR, "$0:", $0
        getline aa
        print NR, "aa:", aa
        }

$ gawk -f g4 < alpha
1 $0: aaaaaaaaa
2 aa: bbbbbbbbb
3 $0: ccccccccc
4 aa: ddddddddd
```

　　g5 程序输出除了以字母 b 开头的那些行之外的其他所有输入行。第 1 条 print 语句输出 gawk 自动读入的每一行。接着的/^b/模式选取以 b 开头的所有行用于特殊处理。动作使用 getline 将下一行输入读入变量 hold 中，在 hold 值后输出字符串"skip this line:"，并输出$1 的值。$1 用于保存 gawk 自动读入的记录(而不是由 getline 读取的记录)的第 1 个字段的值。最后一条语句显示了一个字符串和 NR 的值(当前记录编号)。即使在 getline 读入一个变量时并未修改$0，gawk 也仍然将递增 NR。

```
$ cat g5
        # print all lines except those read with getline
        {print "line #", NR, $0}

# if line begins with "b" process it specially
/^b/    {
        # use getline to read the next line into variable named hold
        getline hold

        # print value of hold
        print "skip this line:", hold

        # $0 is not affected when getline reads data into a variable
        # $1 still holds previous value
        print "previous line began with:", $1
        }
        {
        print ">>>> finished processing line #", NR
        print ""
        }

$ gawk -f g5 < alpha
line # 1 aaaaaaaaa
>>>> finished processing line # 1
line # 2 bbbbbbbbb
skip this line: ccccccccc
previous line began with: bbbbbbbbb
>>>> finished processing line # 3
line # 4 ddddddddd
>>>> finished processing line # 4
```

14.7.2　协进程：双向 I/O

　　协进程(coprocess)指与另一个进程并行运行的进程。gawk 从版本 3.1 开始就可以调用一个协进程，直接与某个后台进程进行信息交换。协进程可用于客户端/服务器环境中，搭建 SQL 前端/后端，或者通过网络与远程系统交换数据。gawk 语法通过在启动后台进程的那个程序的名称前面添加"|&"运算符来标识协进程。

> **只有 gawk 支持协进程**
>
> **提示** awk 和 mawk 实用程序都不支持协进程。只有 gawk 支持协进程。

协进程命令必须是一个过滤器(也就是说，从标准输入读取并写入标准输出)，并且在每完成一行的处理之后必须刷新输出，而不是将多个累积的输出用于后面的输出。当作为协进程调用某条命令时，它通过一个双向管道连接到 gawk 程序，这样用户就可以从这个协进程中读取或者向其中写入某些内容。

to_upper 当单独使用 tr 实用程序时，每次读取一行之后并不刷新输出。shell 脚本 to_upper 是 tr 的封装程序，它刷新 tr 的输出。这个过滤器可以作为协进程运行。对于读取的每一行，to_upper 将其转换成大写，然后写到标准输出。如果希望 to_upper 显示调试信息，可以将 st -x 前面的#删除。

```
$ cat to_upper
#!/bin/bash
#set -x
while read arg
do
    echo "$arg" | tr '[a-z]' '[A-Z]'
done
$ echo abcdef | ./to_upper
ABCDEF
```

g6 程序调用 to_upper 作为协进程。这个 gawk 程序从标准输入或者在命令行上指定的文件中读取输入，将输入转换成大写，并将转换后的数据写到标准输出。

```
$ cat g6
    {
    print $0 |& "to_upper"
    "to_upper" |& getline hold
    print hold
    }
$ gawk -f g6 < alpha
AAAAAAAAA
BBBBBBBBB
CCCCCCCCC
DDDDDDDDD
```

g6 程序包含一条组合语句，包含在花括号中，由 3 条语句组成。因为没有模式，所以 gawk 每次读取一行输入时，都会执行这条组合语句。

在第 1 条语句中，print $0 将当前记录发送到标准输出。"|&" 把标准输出运算符重定向到名为 to_upper 的程序，该程序正作为协进程运行。程序名两边的引号是必需的。第 2 条语句将来自 to_upper 的标准输出重定向到 getline 语句，该语句将它的标准输出复制到名为 hold 的变量。第 3 条语句 print hold 将 hold 变量的内容发送到标准输出。

14.7.3 从网络获取输入

在协进程概念的基础之上，gawk 可以通过 IP 网络连接与另一个系统上的某个进程进行信息交换。当用户指定某个以/inet/开头的特殊文件名时，gawk 将使用网络连接来处理用户的请求。这些特殊文件名的格式如下:

/inet/protocol/local-port/remote-host/remote-port

其中，*protocol* 通常是 tcp，也可以是 udp。如果用户希望让 gawk 来选择一个端口，就可将 *local-port* 设置为 0(零)，否则就设置为用户想使用的端口号。*remote-host* 为远程主机的 IP 地址或者完全限定的域名。在 *local-port* 和 *remote-port* 中，除了可以使用端口号之外，还可以使用诸如 http 或 ftp 的服务名。

g7 程序从位于 www.rfc-editor.org 的服务器上读取 rfc-retrieval.txt 文件。在 www.rfc-editor.org 上，这个文件位于 /rfc/rfc-retrieval.txt 中。g7 的第 1 条语句将特殊的文件名赋予 server 变量。这个文件名指定了一个 TCP 连接，允许本地系统选取一个适当的端口，并连接到 www.rfc-editor.org 的端口 80。可使用 http 代替 80，从而指定标准的 HTTP 端口。

第 2 条语句使用协进程将一个 GET 请求发送到远程服务器。这个请求包括 gawk 所需文件的路径名。while 循环使用协进程将来自该服务器的行重定向到 getline。因为 getline 没有作为参数的变量名，所以将它的输入保存到当前记录缓冲区 $0 中。最后的 print 语句将每条记录发送到标准输出。用这个脚本进行试验，将最后那条 print 语句用处理这个文件的 gawk 语句代替。

```
$ cat g7
BEGIN            {
   # set variable named server
   # to special networking filename
   server = "/inet/tcp/0/www.rfc-editor.org/80"

   # use coprocess to send GET request to remote server
   print "GET /rfc/rfc-retrieval.txt \
   HTTP/1.1\nHost:www.rfc-editor.org\n\n"|& server
   # while loop uses coprocess to redirect
   # output from server to getline

   while (server |& getline)
      print $0
}
$ gawk -f g7
                    Where and how to get new RFCs
                    ==============================
RFCs may be obtained via FTP or HTTP or email from many RFC
repositories.
The official repository for RFCs is:
         http://www.rfc-editor.org/
...
```

14.8　本章小结

AWK 是一种模式扫描和处理语言，它搜索一个或多个文件以查找其中匹配特定模式的记录(通常是行)。它通过执行动作来处理这些行，比如每次发现匹配的模式时，将记录写到标准输出或者递增某个计数器。AWK 具有几个实现版本，包括 awk、gawk 和 mawk。

AWK 程序由包含模式和/或动作的一行或多行文本组成，格式如下：

pattern { action }

模式从输入中选择文本行。针对模式选中的所有行，AWK 程序执行相应的动作。如果程序行并没有包含模式，AWK 就选中输入中的所有行。如果程序行不包含动作，AWK 将选中的行复制到标准输出。

AWK 程序可使用变量、函数、算术运算符、关联数组、控制语句和 C 语言的 printf 语句。高级的 AWK 编程可以利用 getline 语句对输入进行微调，使用协进程让 gawk 与其他程序进行数据交换(仅用于 gawk)，或者通过网络连接与运行在远程系统上的程序交换数据(仅用于 gawk)。

练习

1. 编写一个 gawk 程序，对文件中的每行编号，然后将其输出发送到标准输出。
2. 编写一个 gawk 程序，显示第 1 个字段中的字符数目，接着显示第 1 个字段，然后将输出发送到标准输出。
3. 编写一个 gawk 程序，它使用 cars 文件，显示所有价格高于 5000 美元的汽车，然后将其输出发送到标准输出。
4. 使用 gawk 来判断/etc/services 中有多少行包含字符串 Mail。使用 grep 验证自己的答案。

高级练习

5. 试验 pgawk(仅用于 gawk)。它能做什么？有什么用处？
6. 编写一个名为 net_list 的 gawk(不是 awk 或 mawk)程序，它从位于 www.rfc-editor.org 的 rfc-retrieval.txt 文件读

取输入(参见 14.7 节)，然后用大写字母显示每一行的最后一个单词。

7. 扩展练习 6 中设计的程序，使用 to_upper 作为协进程来显示汽车列表，但只有汽车制造商用大写。在每一行中，车型以及后面的字段应该按照它们在 cars 文件中的格式显示出来。

8. 如何让 gawk(不是 awk 或 mawk)整洁地格式化(即，美观地打印)一个 gawk 程序文件(提示：参见 gawk 的 man 页)？

第15章

sed 编 辑 器

阅读完本章之后你应该能够：
- 使用 sed 编辑文件，替换文件中的单词
- 编写在文件中插入或修改行的 sed 程序
- 使用 sed 修改文件中的多个字符串
- 使用 sed 作为过滤器来修改文件

sed(stream editor, 流编辑器)实用程序是一个批处理(非交互式)编辑器。它可以变换来自文件或标准输入的输入流。它常被用作管道中的过滤器。由于 sed 仅仅对其输入扫描一次，因此它比其他交互式编辑器(如 ed)更加高效。大多数 Linux 发行版都提供了 GNU sed，macOS 提供了 BSD sed。本章将介绍这两个版本。

15.1 语法

sed 命令行的语法如下：

```
sed [-n] program [file-list]
sed [-n] -f program-file [file-list]
```

sed 实用程序从命令行指定的文件或者标准输入中获取输入流，把结果输出到标准输出。

15.2 参数

参数 *program* 指命令行中的 sed 程序。第一种格式允许直接编写简短的 sed 程序，而不需要创建一个单独的文件来存放 sed 程序。第二种格式中的参数 *program-file* 表示一个包含 sed 程序的文件的路径名(参见 15.4 节)。参数 *file-list*

表示 sed 将要处理的普通文件的路径名,即 sed 的输入文件。如果未指定参数 *file-list*,sed 将从标准输入接收它的输入。

15.3   选项

以两个连字符(--)开头的选项只能用于 Linux(GNU sed),名为单个字符且前面有一个连字符的选项可以用于 Linux(GNU sed)和 macOS(BSD sed)。

--file *program-file*	-f *program-file*	使 sed 从 *program-file* 指定的文件而不是命令行中读取程序。该选项可在命令行中多次使用。
--help		总结 sed 的用法(仅用于 Linux)。
--in-place[=*suffix*]	-i[*suffix*]	就地编辑文件。如果没有这个选项,sed 就将其输出发送到标准输出。该选项使 sed 用它的输出替换它处理的文件。一旦指定了后缀名 *suffix*,sed 就备份原始文件。该备份文件以原文件名和后缀 *suffix* 命名。如果想让原文件名和后缀 suffix 之间有一个句点,那么必须在后缀 suffix 中包含一个句点。
--quiet 或--silent	-n	除非使用 Print(p)指令或标志来指定,否则 sed 不会将文本行复制到标准输出。

15.4   编辑器基础

sed 程序由符合如下语法的一行或多行命令构成:

`[address[,address]] instruction [argument-list]`

其中的 *address* 是可选的。如果省略 *address*,sed 将对输入中的所有行进行处理。*instruction* 是用于改变文本的编辑指令。*address* 用来选定命令中的指令 *instruction* 将要进行操作的文本行。*argument-list* 中参数的数目和类型取决于指令 *instruction*。如果想把多个 sed 命令放到同一行,可使用英文分号(;)来分隔这些命令。

sed 实用程序按照如下流程处理输入:

(1) 从文件列表 *file-list* 或标准输入中读取一行文本。

(2) 从命令行中的 *program* 或命令文件 *program-file* 中读取第 1 条指令。如果命令中的地址 *address* 选定了读入的文本行,那么对该文本行执行指令 *instruction* 所指定的操作。

(3) 从 *program* 或 *program-file* 中读取下一条指令。如果命令中的 *address* 选定了读入的文本行,那么对该文本行(可能已经被前面的指令修改过)执行指令 *instruction* 所指定的操作。

(4) 重复第(3)步,直到 *program* 或 *program-file* 中的全部指令执行完毕。

(5) 如果输入中还有未处理的文本行,那么跳转到第(1)步;否则 sed 结束。

15.4.1   地址

行号可用于选择某一行的地址。作为一个特例,以$开始的行号表示输入的最后一行。

正则表达式(参见附录 A)作为用来选择那些包含与正则表达式匹配的字符串的行的地址。尽管斜杠常用于限定正则表达式,但 sed 允许使用除反斜杠和换行符(NEWLINE)外的任何字符来限定。

除非特别说明,指令之前可以有 0、1 或 2 个地址(行号或正则表达式)。如果未指定任何地址,sed 将选择所有行,使得该指令作用于输入的所有行。指定一个地址将使指令作用于该地址选择的每一行输入。提供两个地址将使指令作用于成组的输入行。第 1 个地址选择第 1 组中的首行。第 2 个地址选择与其匹配的下一行,该行就是第 1 组的尾行。如果未找到与第 2 个地址匹配的行,那么第 2 个地址指向文件的末尾。在选出每组的尾行后,sed 开始重复选择过程,寻找与第 1 个地址匹配的下一行。该行就是下一组的首行。sed 实用程序继续这一过程,直到处理完整个文件为止。

15.4.2　指令

模式空间　　　　sed 实用程序有两个缓冲区。下面的命令用于模式空间，模式空间保存 sed 刚刚从输入中读取的行。另一个
　　　　　　　　缓冲区是暂存空间，参见 15.4.4 节。

a　　　　　　　追加(Append)指令在当前选择的行之后插入一行或多行文本。如果在 Append 指令前有两个地址，那么它将
　　　　　　　　在按地址选定的每一行之后添加文本。如果 Append 指令之前没有地址，它就在输入的每行之后追加文本。
　　　　　　　　Append 指令的格式如下：

```
[address[,address]] a\
text\
text\
...
text
```

　　　　　　　　除最后一行外，追加的文本的每一行都必须以反斜杠结尾(反斜杠用于引用行尾的换行符)。没有以反斜杠结
　　　　　　　　尾的行被视作追加的文本的尾行。sed 实用程序始终输出追加的文本，不论是否在命令行中使用了-n 标志。
　　　　　　　　甚至在删除在其后追加文本的那一行后，它仍输出已追加的文本。

c　　　　　　　更改指令(Change)与 Append 指令和 Insert 指令类似。不同之处在于它将选定的行更改为新的文本。如果指定
　　　　　　　　的是一个地址范围，Change 指令将把该范围内的行替换成新文本。

d　　　　　　　删除指令(Delete)导致 sed 不输出已选择的行，并且停止对该行的后续处理过程。sed 执行删除指令后，它将
　　　　　　　　从输入中读取下一行，并且从 *program* 或 *program-file* 中的第 1 条指令开始执行。

i　　　　　　　插入(Insert)指令与 Append 指令相同，只不过它是将新文本插入到选定的行之前。

N　　　　　　　下一条指令(N)读取下一个输入行，并把它追加到当前行的后面。内嵌的换行符把原来的行和新的行分隔开。
　　　　　　　　可以使用 N 命令从文件中删除换行符。参见 15.5 节中的示例。

n　　　　　　　下一条(Next)指令输出当前选择的行(如果可以)，然后从输入中读入下一行，并且从 *program* 或 *program-file*
　　　　　　　　中的下一条指令开始对新读入的行进行处理。

p　　　　　　　打印(Print)指令将选定的行写入标准输出，写入动作是立即发生的，因此并不反映后续指令的执行结果。该
　　　　　　　　指令会覆盖命令行中的-n 选项。

q　　　　　　　退出(Quit)指令使 sed 立即终止。

rfile　　　　　读(Read)指令读取指定文件的内容，并把它追加到选定的行之后。Read 指令后面必须有一个空格和作为输入
　　　　　　　　的文件名。

s　　　　　　　sed 中的替换(Substitute)指令与 vim 中的类似。它具有如下格式：

```
[address[,address]] s/pattern/replacement-string/[g][p][w file]
```

　　　　　　　　其中 *pattern* 是一个正则表达式(参见附录 A)，它由空格和换行符以外的任何字符分隔，典型的分隔符是斜杠
　　　　　　　　(/)。*replacement-string* 紧跟在第 2 个分隔符的后面，同时必须以相同的分隔符结束。最后一个(第 3 个)分隔
　　　　　　　　符是必需的。*replacement-string* 可以包含与(&)符号，sed 将用 *pattern* 匹配的字符串来替换"&"符号。除非
　　　　　　　　使用 g 标志，否则 Substitute 指令将只替换所选的每一行中第 1 个与 *pattern* 匹配的字符串。
　　　　　　　　全局(global)标志 g 使得 sed 的 Substitute 指令对选定行中匹配 *pattern* 的所有非重叠字符串进行替换。
　　　　　　　　打印(print)标志 p 使得 sed 将所有进行替换的行发送到标准输出。该标志将覆盖命令行中的-n 选项。
　　　　　　　　写(write)标志 w 与 p 标志类似，但它将其输出发送到 *file* 指定的文件中。w 标志后必须有一个空格和作为输
　　　　　　　　出的文件名。

w *file*　　　写(Write)指令与 Print 指令类似，不同之处在于它将输出发送到 *file* 指定的文件中。Write 指令后必须有一个
　　　　　　　　空格和作为输出的文件名。

15.4.3　控制结构

!(NOT)　　　　使得 sed 后面与其同一行的指令作用于没有被该命令中的地址部分选中的每一行。例如，3!d 将删除除第 3

行外的所有行，而$!p 将显示除最后一行外的所有行。

{}分组指令	当使用一对花括号将一组指令括起来时，这组指令将作用于它前面的地址(或地址对)选定的行。使用分号(;)可将一行中的多条命令分开。
分支指令	GNU sed 的 info 页指出，在 sed 中不宜使用分支指令，并且建议如果需要使用它们，最好使用 awk 或 Perl 来编写程序。
:label	标识 sed 程序中的一个位置。label 作为分支指令 b 和 t 的跳转目标很有用。
b [label]	无条件将控制权(分支)转移到 label。如果没有指定 label，则跳过输入中当前行中剩余的指令并从输入中读取下一行。
t [label]	如果最近从输入中读取的行(条件分支)使得 Substitute 指令匹配成功，则把控制权(分支)转移到 label 标识的命令。如果没有指定 label，则跳过输入中当前行中剩余的指令并从输入中读取下一行。

15.4.4   暂存空间

前面介绍的所有命令都用在模式空间中，该缓冲区最初保存 sed 刚刚从输入中读取的行。作为临时缓冲区，暂存空间可在操作模式空间中的数据时用来暂存数据。在将数据放入暂存空间之前，它的内容为空。本节将讨论用于在模式空间和暂存空间之间进行数据传送的命令。

g	将暂存空间中的内容复制到模式空间中。模式空间中原来的内容将会丢失。
G	将一个换行符和暂存空间中的内容追加到模式空间中。
h	将模式空间中的内容复制到暂存空间中。暂存空间中原来的内容将会丢失。
H	将一个换行符和模式空间中的内容追加到暂存空间中。
x	交换模式空间和暂存空间中的内容。

15.5   示例

数据文件 lines   下面的示例使用数据文件 lines 作为输入：

```
$ cat lines
Line one.
The second line.
The third.
This is line four.
Five.
This is the sixth sentence.
This is line seven.
Eighth and last.
```

除非特别指明，否则 sed 将在标准输出上输出所有行——无论它们是否被选定。当在命令行中使用-n 选项时，sed 仅仅在标准输出上输出特定的行，例如那些被 Print(p)指令选定的行。

下面的命令行显示数据文件 lines 中包含单词 line(字母全部小写)的所有行。另外，由于未使用-n 选项，因此 sed 将显示输入中的所有行。于是，包含单词 line 的行被 sed 显示了两次。

```
$ sed '/line/ p' lines
Line one.
The second line.
The second line.
The third.
This is line four.
This is line four.
Five.
This is the sixth sentence.
This is line seven.
```

```
This is line seven.
Eighth and last.
```

上述命令使用地址/line/，它是一个简单的字符串正则表达式。sed 实用程序将选定那些包含与该模式匹配的文本的行。Print(p)指令显示已选定的行。

由于以下命令使用-n 选项，因此 sed 仅显示被选定的行：

```
$ sed -n '/line/ p' lines
The second line.
This is line four.
This is line seven.
```

在下面的示例中，sed 根据行号显示文件的相应内容。Print 指令选择并显示第 3～第 6 行。

```
$ sed -n '3,6 p' lines
The third.
This is line four.
Five.
This is the sixth sentence.
```

下面的命令行使用 Quit 指令，使得 sed 仅显示文件开头的几行。在本例中 sed 显示数据文件 lines 的前 5 行，作用与命令 head -5 lines 相同。

```
$ sed '5 q' lines
Line one.
The second line.
The third.
This is line four.
Five.
```

程序文件　如果需要让 sed 执行更复杂或更长的指令，那么可以使用程序文件。程序 print3_6 将实现与前面第 2 个示例中的命令行同样的功能。选项-f 指示 sed 应该从该选项后面的文件中读取程序。

```
$ cat print3_6
3,6 p
$ sed -n -f print3_6 lines
The third.
This is line four.
Five.
This is the sixth sentence.
```

Append　下面的程序选定第 2 行并使用 Append 指令在该行后追加一个换行符和文本 "AFTER."。由于命令行不包含-n 选项，因此 sed 将把输入文件 lines 中的所有行复制到它的输出中。

```
$ cat append_demo
2 a\
AFTER.
$ sed -f append_demo lines
Line one.
The second line.
AFTER.
The third.
This is line four.
Five.
This is the sixth sentence.
This is line seven.
Eighth and last.
```

Insert　程序 insert_demo 选定所有包含字符串 This 的行，然后在选定行的前面插入一个换行符和文本 "BEFORE."。

```
$ cat insert_demo
/This/ i\
BEFORE.
$ sed -f insert_demo lines
Line one.
```

```
The second line.
The third.
BEFORE.
This is line four.
Five.
BEFORE.
This is the sixth sentence.
BEFORE.
This is line seven.
Eighth and last.
```

Change　下面的示例说明了带地址范围的 Change 指令的用法。如果为 Change 指令指定了一个行范围，那么它并不是逐一改变该范围内的每一行，而是将整个范围内的行替换为新文本。

```
$ cat change_demo
2,4 c\
SED WILL INSERT THESE\
THREE LINES IN PLACE\
OF THE SELECTED LINES.

$ sed -f change_demo lines
Line one.
SED WILL INSERT THESE
THREE LINES IN PLACE
OF THE SELECTED LINES.
Five.
This is the sixth sentence.
This is line seven.
Eighth and last.
```

Substitute　下面的示例说明了 Substitute 指令的用法。因为指令没有地址，所以 sed 实用程序选定所有行。subs_demo 将每行中的第一个单词 line 替换为 sentence。标志 p 显示发生替换操作的每一行。由于命令行使用-n 选项调用 sed，因此 sed 仅显示程序中显式指定的行。

```
$ cat subs_demo
s/line/sentence/p

$ sed -n -f subs_demo lines
The second sentence.
This is sentence four.
This is sentence seven.
```

下个示例与前一个示例相似，除了它在 Substitute 指令的末尾使用标志 w 和文件名(temp)，这使得 sed 创建名为 temp 的文件。由于命令行不包含-n 选项，因此 sed 除了将改变后的行写入文件 temp 中以外，还显示所有行。cat 实用程序显示文件 temp 的内容。单词 Line(以大写字母 L 开头)保持不变。

```
$ cat write_demo1
s/line/sentence/w temp

$ sed -f write_demo1 lines
Line one.
The second sentence.
The third.
This is sentence four.
Five.
This is the sixth sentence.
This is sentence seven.
Eighth and last.

$ cat temp
The second sentence.
This is sentence four.
This is sentence seven.
```

下面的 bash 脚本将一组文件中出现的 REPORT 替换为 report，将 FILE 替换为 file，将 PROCESS 替换为 process。由于它是一个 shell 脚本而不是 sed 程序文件，因此要将文件 sub 作为命令执行，需要具有相应的读取和执行权限(参见 8.5 节)。for 循环(参见 10.1 节)将遍历命令行中的文件列表。在处理每一个文件时，该脚本都会在使用 sed 进行处理前显示对应的文件名。这个程序使用跨多行的 sed 内置命令。由于命令之间的换行符被引起来(换行符位于两个单引号之间)，因此 sed(在 shell 脚本中)接收扩展的单命令行中的多条命令。每一条 Substitute 指令都包含一个全局标志 g，用于处理字符串在同一行中出现多次的情况。

```
$ cat sub
for file
do
        echo $file
        mv $file $$.subhld
        sed 's/REPORT/report/g
            s/FILE/file/g
            s/PROCESS/process/g' $$.subhld > $file
done
rm $$.subhld
$ sub file1 file2 file3
file1
file2
file3
```

在下一个示例中，Write 指令将一个文件的一部分复制到另一个文件(temp2)中。用逗号分隔的行号 2 和行号 4 选定 sed 将复制的行范围。这个程序不改变行的内容。

```
$ cat write_demo2
2,4 w temp2
$ sed -n -f write_demo2 lines
$ cat temp2
The second line.
The third.
This is line four.
```

程序 write_demo3 与 write_demo2 非常相似，但在 Write 指令之前加了 NOT 运算符(!)，这使得 sed 把没有被地址选定的行写入文件中。

```
$ cat write_demo3
2,4 !w temp3
$ sed -n -f write_demo3 lines
$ cat temp3
Line one.
Five.
This is the sixth sentence.
This is line seven.
Eighth and last.
```

Next(n)　下面的示例说明了 Next 指令的用法。当它处理选定的行(第 3 行)时，sed 立即开始处理下一行，而不显示第 3 行。

```
$ cat next_demo1
3 n
p
$ sed -n -f next_demo1 lines
Line one.
The second line.
This is line four.
Five.
This is the sixth sentence.
This is line seven.
Eighth and last.
```

下个示例使用一个文本地址。由于第 6 行包含字符串 the，因此 Next(n)指令使 sed 不显示该行。

```
$ cat next_demo2
/the/ n
p
$ sed -n -f next_demo2 lines
```

```
Line one.
The second line.
The third.
This is line four.
Five.
This is line seven.
Eighth and last.
```

Next(N) 下面的示例与前面的示例类似,但它用大写的 Next(N)指令替代小写的 Next(n)指令。这里 Next(N)指令把下一行追加到包含字符串 the 的行的后面。在 lines 文件中,sed 把第 7 行追加到第 6 行的后面,并在两行之间嵌入一个换行符。Substitute 指令用空格替代嵌入的换行符。Substitute 指令不影响其他行,因为它们不包含嵌入的换行符,而是用换行符结束。在 macOS 下运行的 sed 脚本中使用 Next(N)指令的示例参见附录 D。

```
$ cat Next_demo3
/the/ N
s/\n/ /
p
$ sed -n -f Next_demo3 lines
Line one.
The second line.
The third.
This is line four.
Five.
This is the sixth sentence. This is line seven.
Eighth and last.
```

下一组示例使用文件 compound.in 说明 sed 如何同时使用多条指令。

```
$ cat compound.in
1. The words on this page...
2. The words on this page...
3. The words on this page...
4. The words on this page...
```

下面的示例先将第 1~3 行中的字符串 words 替换为 text,然后将第 2~4 行中的字符串 text 替换为 TEXT,最后该例选定并删除第 3 行。结果,在第 1 行中将出现 text,在第 2 行中出现 TEXT,第 3 行被删除,在第 4 行中出现文本 words。sed 实用程序对第 2 和第 3 行分别进行两次替换操作:将 words 替换为 text,将 text 替换为 TEXT。然后将第 3 行删除。

```
$ cat compound
1,3 s/words/text/
2,4 s/text/TEXT/
3 d
$ sed -f compound compound.in
1. The text on this page...
2. The TEXT on this page...
4. The words on this page...
```

在 sed 程序中指令的顺序非常关键。在下面的示例中将对第 2 行应用两条 Substitute 指令(类似于上一个示例),但替换顺序的不同使得结果也不同。

```
$ cat compound2
2,4 s/text/TEXT/
1,3 s/words/text/
3 d
$ sed -f compound2 compound.in
1. The text on this page...
2. The text on this page...
4. The words on this page...
```

程序 compound3 在第 2 行的后面追加两行。由于命令行中没有出现-n 选项,因此 sed 实用程序将文件中的所有行显示一次。程序文件末尾的 Print 指令会再次显示第 3 行。

```
$ cat compound3
2 a\
```

```
This is line 2a.\
This is line 2b.
3 p
$ sed -f compound3 compound.in
1. The words on this page...
2. The words on this page...
This is line 2a.
This is line 2b.
3. The words on this page...
3. The words on this page...
4. The words on this page...
```

下面的示例表明 sed 总是显示追加的文本。这里，尽管已经删除第 2 行，但 Append 指令仍然显示追加到它后面的两行。即使在命令行上使用-n 选项，也会显示追加的行。

```
$ cat compound4
2 a\
This is line 2a.\
This is line 2b.
2 d
$ sed -f compound4 compound.in
1. The words on this page...
This is line 2a.
This is line 2b.
3. The words on this page...
4. The words on this page...
```

下面的示例使用正则表达式作为模式。指令中的正则表达式(^.)可以匹配所有非空行中的第 1 个字符。替换字符串(位于第 2 个和第 3 个斜杠之间)包含一个反斜杠转义序列，它代表一个制表符(\t)，该制表符的后面是一个与符号(&)。与符号代表与正则表达式匹配的值。

```
$ sed 's/^./\t&/' lines
        Line one.
        The second line.
        The third.
...
```

此类替换操作可用来为缩进的文件设置左边距。要获取更多关于正则表达式的信息，请参见附录 A。

同样可以使用更简单的命令形式 s/^/\t/在行首添加制表符。但除了在以文本开头的行的前面添加制表符以外，该指令还在所有空行的前面添加一个制表符——这一点是前一条命令不能实现的。

为避免每次使用上面的 sed 指令时都需要记住(并且再次输入)它，可将前面的 sed 指令放入 shell 脚本中。可以用 chmod 实用程序来赋予对文件 ind 的读取和执行权限。

```
$ cat ind
sed 's/^./\t&/' $*
$ chmod u+rx ind
$ ind lines
        Line one.
        The second line.
        The third.
...
```

独立的脚本　在运行前面的 shell 脚本时，它创建两个进程：该脚本首先调用 shell，然后由 shell 调用 sed。可通过在脚本的开头添加文本行#!/bin/sed -f(参见 8.5 节)来消除由于 shell 脚本引起的系统开销。添加的文本使得系统直接运行 sed 命令。需要具有该脚本文件的读取和执行权限。

```
$ cat ind2
#!/bin/sed -f
s/^./\t&/
```

在下面的 sed 程序中，正则表达式(两个空格后面有"*$")将匹配行尾的一个或多个空格。该程序将删除行尾的尾随空格，这对"清理"使用 vim 创建的文件很有用。

```
$ cat cleanup
sed 's/ *$//' $*
```

脚本 cleanup2 运行与 cleanup 中同样的 sed 命令，所不同的是它直接调用 sed，而不通过任何中介 shell。

```
$ cat cleanup2
#!/bin/sed -f
s/ *$//
```

暂存空间 下面的 sed 程序使用暂存空间来交换文件中成对的行。

```
$ cat s1
h # Copy Pattern space (line just read) to Hold space.
n # Read the next line of input into Pattern space.
p # Output Pattern space.
g # Copy Hold space to Pattern space.
p # Output Pattern space (which now holds the previous line).
$ sed -nf s1 lines
The second line.
Line one.
This is line four.
The third.
This is the sixth sentence.
Five.
Eighth and last.
This is line seven.
```

程序 s1 中的命令处理成对输入的行。该程序首先读取一行并将它存储到暂存空间，然后读取下一行并显示它。最后检索存储(在暂存空间中)的行并显示它。在处理完两行后，程序接着处理后续的两行。

下面的 sed 程序在输入文件中每一行的后面添加一空白行，也就是说，它使得输入文件的行数变为原来的两倍。

```
$ sed 'G' lines
Line one.

The second line.

The third.

This is line four.

$
```

指令 G 将把一个换行符和暂存空间中的内容追加到模式空间的后面。除非在暂存空间中放入一些文本，否则它就是空的。因此，指令 G 将在 sed 显示模式空间中的每一行之前，把一个换行符追加到输入的每一行的末尾。

sed 程序 s2 逆转文件中所有行的顺序，如同 tac 实用程序的功能。

```
$ cat s2
2,$G  # On all but the first line, append a NEWLINE and the
      # contents of the Hold space to the Pattern space.
H     # Copy the Pattern space to the Hold space.
$!d   # Delete all except the last line.
$ sed -f s2 lines
Eighth and last.
This is line seven.
This is the sixth sentence.
Five.
This is line four.
The third.
```

这个程序包含了 3 条命令："2,$G"、"h"和"$!d"。要理解这个脚本，重要的是弄清楚最后一条指令中的地址的工作原理：$代表输入文件中的最后一行的地址，!将该地址取反。结果是这个地址将选定输入中除最后一行外的所有行。同理，可将第 1 条命令替换为 1!G：它将选定除第 1 行外的所有行进行处理；而整个脚本的执行结果相同。

下面是 s2 对文件 lines 的具体处理流程。

(1) sed 实用程序将输入的第 1 行(Line one.)读入模式空间。

a. 命令 2,$G 并不处理输入的第 1 行，因为它的地址使得指令 G 从第 2 行开始处理。

b. 指令 h 将 "Line one." 从模式空间复制到暂存空间。

c. 命令$!d 删除模式空间中的内容。因为在模式空间中没有任何内容，所以 sed 不显示任何内容。

(2) sed 实用程序将输入的第 2 行(The second line.)读入模式空间。

a. 命令 2,$G 将暂存空间中的内容(Line one.)添加到模式空间中。这样，模式空间现在包含 "The second line.换行符 Line one."。

b. 指令 h 将模式空间中的内容复制到暂存空间中。

c. 命令$!d 删除输入中的第 2 行。因为第 2 行被删除，所以 sed 不显示它。

(3) sed 实用程序将输入的第 3 行(The third.)读入模式空间。

a. 命令 2,$G 将暂存空间中的内容 "The second line.换行符 Line One." 添加到模式空间中。这样，暂存空间中的内容现在在包括 "The third line.换行符 The second line.换行符 Line One."。

b. 指令 h 将模式空间中的内容复制到暂存空间中。

c. 命令$!d 删除模式空间中的内容。因为模式空间中没有任何内容，所以 sed 不显示任何内容。

...

(8) 实用程序 sed 将输入的第 8 行(last)读入模式空间。

a. 命令 2,$G 将暂存空间中的内容添加到模式空间中。这样，模式空间按照逆序包含文件 lines 中的所有行。

b. 指令 h 将模式空间中的内容复制到暂存空间中。这一步对输入中的最后一行不必要，但它也不会影响程序的输出。

c. 命令$!d 并不对输入的最后一行进行处理。因为它的地址没有选定最后一行，所以指令 d 并不删除最后一行。

d. sed 实用程序显示模式空间中的内容。

15.6　本章小结

sed(流编辑器)实用程序是一个批处理(非交互式)编辑器。它从在命令行上指定的输入文件或标准输入中获取输入。除非重定向 sed 的输出，否则它将输出到标准输出。

sed 程序包含符合下面语法的一行或多行命令：

[address[,address]] instruction [argument-list]

其中，*address* 是可选的。如果省略 *address*，那么 sed 将对输入的所有行进行处理。*instruction* 是用于修改文本的编辑指令。*address* 选取用于命令中指令 *instruction* 进行操作的文本行。*argument-list* 中的参数数目和类型取决于 *instruction*。

除基本指令外，sed 还包含一些功能强大的高级指令。其中一组指令允许 sed 程序临时把数据存储在暂存空间中。其他指令在 sed 程序中提供了无条件分支和有条件分支。

练习

1. 编写一条 sed 命令，用它将一个文件复制到标准输出，并删除所有以单词 Today 开头的行。

2. 编写一条 sed 命令，它仅将以单词 Today 开头的行复制到标准输出。

3. 编写一条 sed 命令，用它将一个文件中的所有空行(即，不包含字符的行)删除，然后把文件复制到标准输出。

4. 编写一个名为 ins 的 sed 程序，用它将输入文件中的所有 cat 替换为 dog，并在已改变的所有行的前面插入 following line is modified，然后将修改后的文件复制到标准输出。

5. 编写一个名为 div 的程序，用它把某个文件复制到标准输出，然后把该文件的前 5 行复制到名为 first 的文件中，并把该文件中剩余的行复制到名为 last 的文件中。

6. 编写一条 sed 命令，如果某行的第 1 个字符是空格并且后面有一个数字(0~9)，那么将该行中的这个空格替换为数字 "0"，然后将替换后的输入文件复制到标准输出。例如：

```
abc  ⇨  abc
abc  ⇨  abc
85c  ⇨  085c
55b  ⇨  55b
000  ⇨  0000
```

7. 应该如何使用 sed 将一个文件增大 3 倍(也就是说，在每行后面插入两个空行)?

第 V 部分

安全的网络实用程序

第16章

rsync 安全复制实用程序

阅读完本章之后你应该能够：
- 使用 rsync 复制文件和目录
- 解释为什么 rsync 是安全的
- 使用 rsync 将文件和目录备份到其他系统
- 解释在源目录名的结尾包含一个斜杠的作用
- 使用 rsync 选项来删除源目录中不存在而目标目录中存在的文件、保留所复制文件的修改时间以及使 rsync 只进行演示而不执行实际操作

rsync(remote synchronization)实用程序可在本地复制普通文件或目录层次结构，也可以从本地系统复制到网络上的另一个系统中。这个实用程序默认使用 OpenSSH 传输文件，其身份验证机制与 OpenSSH 相同。因此它的安全性与 OpenSSH 相同。rsync 实用程序会在需要时提示输入密码。也可以使用 rsyncd 守护程序作为传输代理。

16.1 语法

rsync 的命令行语法如下:

 rsync [options] [[user@]from-host:] source-file [[user@]to-host:] [destination-file]

rsync 实用程序可以在本地系统上,或者在本地系统和远程系统之间复制文件,包括目录分层结构。

16.2 参数

from-host 是要从中复制文件的系统的名称,*to-host* 是复制文件的目标系统的名称。不指定主机时,rsync 假定使用本地系统。两个系统上的 *user* 默认为在本地系统上使用命令的用户。使用 user@可以指定另一个用户。与 scp 不同,rsync 不允许在远程系统之间复制。

source-file 是要复制的普通文件或目录文件。*destination-file* 是得到的副本。可以用相对或绝对路径名指定文件。在本地系统上,相对路径名相对于工作目录;在远程系统上,相对路径名相对于指定用户的或隐式用户的主目录。*source-file* 是一个目录时,必须使用--recursive 或--archive 选项才能复制其内容。*destination-file* 是一个目录时,每个源文件仍使用其简单的文件名。如果 *source-file* 是单个文件,就可以省略 *destination-file*,所复制的文件与 *source-file* 具有相同的简单文件名(只有在远程系统上来回复制时才有用)。

---

source-file 末尾的斜杠(/)很重要

警告 当 *source-file* 是一个目录时,*source-file* 末尾的斜杠(/)使 rsync 复制该目录中的内容。该斜杠等价于/*; 它告诉 rsync 忽略目录本身,而复制目录中的文件。如果没有末尾的斜杠,rsync 就只复制目录,参见 16.4.1 节。

16.3 选项

---

rsync 的 macOS 版本接受长选项

提示 前面有两个连字符(--)的 rsync 选项可以在 macOS 和 Linux 中使用。

--acls	-A	保存被复制文件的 ACL。
--archive	-a	递归地复制文件,包括解引用的符号链接、设备文件和特殊文件,保留与文件相关的所有权关系、组、权限和修改次数。使用这个选项与指定--devices、--special、--group、--links、--owner、--perms、--recursive 和--times 选项相同。该选项不包含--acls、--hard-links 或--xattrs 选项,如果要使用它们,就必须在指定--archive 的同时指定它们。16.4 节列举了一个示例。
--backup	-b	重命名文件,否则该文件就会被删除或覆盖。rsync 实用程序在重命名文件时,默认在已有的文件名后面加上波浪号(~)。如果希望 rsync 把这些文件放在特定的目录下,而不是重命名它们,请参见--backup-dir=*dir*。另请参阅--link-dest=*dir*。
--backup-dir=*dir*		与--backup 选项一起使用时,把文件移动到 *dir* 目录下,否则该文件就会被删除或覆盖。把文件的旧版本移动到 *dir* 中后,rsync 会把文件的新版本从 *source-file* 复制到 *destination-file*。*dir* 目录与 *destination-file* 位于同一个系统上。如果 *dir* 是一个相对路径名,它就相对于 *destination-file*。
--copy-unsafe-links		(部分解引用)对于引用了 *source-file* 分层结构外部的文件的符号链接文件,复制链接指向的文件,而不是符号链接本身。如果没有这个选项,rsync 就复制所有的符号链接,而不复制链接指向的文件。关于解引用符号链接的信息可以参阅 4.7.4 节。
	-D	与--devices –specials 相同。
--delete		在 *destination-file* 中删除 *source-file* 没有的文件。这个选项很容易删除不希望删除的文件,参见 16.4 节中的警告栏。
--devices		复制设备文件(只有 root 用户能复制)。
--dry-run		运行 rsync,但不写入磁盘。与--verbose 选项一起使用时,这个选项会报告 rsync 不指定这个选项时执行的操作。与--delete 选项一起使用时有用。

--group	-g	保留被复制文件的组关系。
--hard-links	-H	保留被复制文件的硬链接。
--links	-l	(小写的"1"，no dereference)。对于每个符号链接文件，复制符号链接，不复制链接指向的文件，即使链接指向的文件不在 *source-file* 中，也不复制。有关解引用符号链接的信息可以参见 4.7.4 节。
--links-dest=dir		如果 rsync 正常复制文件，即文件存在于 *source-file* 中，但不存在于 *destination-file* 中，或者在 *destination-file* 中改变了，rsync 就会在 *dir* 目录中查找相同的文件。如果在 *dir* 中找到文件的相同副本，rsync 就建立从 *dir* 中的文件到 *destination-file* 的硬链接。如果没找到文件的相同副本，rsync 就把文件复制到 *destination-file* 中。16.4 节列举了一个示例。 *dir* 目录与 *destination-file* 位于相同的系统下。如果 *dir* 是一个相对路径名，它就相对于 *destination-file*。
--owner	-o	保留被复制文件的所有权关系(只有 root 用户能保留)。
	-P	与--partial 和--progress 相同。
--partial		保留部分复制的文件。rsync 默认删除部分复制的文件。
--perms	-p	保留被复制文件的权限。
--progress		显示关于传输进度的信息，包含--verbose。
--recursive	-r	递归降级 *source-file* 中指定的目录，复制该目录分层结构中的所有文件。16.4 节列举了一个示例。
--specials		复制特殊文件。
--times	-t	保留被复制文件的修改次数。这个选项也会加快复制文件的速度，因为它使 rsync 不复制在 *source-file* 和 *destination-file* 中修改次数相同、大小也相同的文件。16.4 节列举了一个示例。
--update	-u	跳过 *destination-file* 中比 *source-file* 更新的文件。
--verbose	-v	显示 rsync 执行的操作的相关信息。该选项与--dry-run 选项一起使用时很有用。16.4 节列举了一个示例。
--xattrs	-X	保留被复制文件的扩展属性。这个选项在 rsync 的所有编译版本中不可用。
--compress	-z	复制文件的同时压缩它们。

16.3.1　注意

rsync 实用程序有许多选项。本章将描述其中一些选项，完整列表请参见 rsync 的 man 页。

OpenSSH　rsync 默认使用 OpenSSH 在远程系统上来回复制文件。远程系统必须运行 OpenSSH 服务器。如果可使用 ssh 登录远程系统，就可以使用 rsync 在该系统上来回复制文件。如果 ssh 要求输入密码，rsync 也会要求输入密码。16.4 节有一个示例。第 17 章中的相关内容将介绍设置和使用 OpenSSH 的更多信息。

rsyncd 守护程序　如果使用两个冒号(::)来替代远程系统名后面的一个冒号(:)，rsync 就会连接到远程系统上的 rsyncd 守护程序(它不使用 OpenSSH)。更多信息可查阅 rsync 的 man 页。

压缩　--compress 选项使 rsync 在复制文件时压缩它们，这通常会加快传输速度。在一些情况下，例如网络连接很快但 CPU 较慢时，压缩文件会降低传输的速度。当向 NAS(基于网络的存储设备)备份时，通常需要设置该选项。

部分复制文件　--partial 选项使 rsync 在传输中断时保留部分复制的文件。rsync 默认删除这些文件。特别当处理大文件时，使用部分复制文件可以加快后续的传输速度。

16.3.2　更多信息

man 页：rsync

rsync 主页：www.samba.org/rsync

备份信息：www.mikerubel.org/computers/rsync_snapshots

备份工具：www.rsnapshot.org 和 backuppc.sourceforge.net

文件同步：alliance.seas.upenn.edu/~bcpierce

16.4 示例

--recursive 和--verbose 第一个示例说明了 rsync 使用--recursive 和--verbose 选项创建目录的副本。源目录和目标目录都在工作目录中。

```
$ ls -l memos
-rw-r--r--. 1 max pubs 1500 05-14 14:24 0514
-rw-r--r--. 1 max pubs 6001 05-16 16:16 0516
$ rsync --recursive --verbose memos memos.copy
sending incremental file list
created directory memos.copy
memos/
memos/0514
memos/0516

sent 7656 bytes received 54 bytes 15420.00 bytes/sec
total size is 7501 speedup is 0.97
$ ls -l memos.copy
drwxr-xr-x. 2 max pubs 4096 05-21 14:32 memos
```

在上面的示例中，rsync 把 memos 目录复制到 memos.copy 目录中。如下面的 ls 命令所示，rsync 把被复制文件的修改次数改为其副本的修改次数：

```
$ ls -l memos.copy/memos
-rw-r--r--. 1 max pubs 1500 05-21 14:32 0514
-rw-r--r--. 1 max pubs 6001 05-21 14:32 0516
```

16.4.1 使用 source-file 尾部的斜杠(/)

上面的示例把一个目录复制到另一个目录中，还可以把一个目录的内容复制到另一个目录中。*source-file* 尾部的斜杠(/)使 rsync 完成这个任务，就好像指定了尾部的/*，使 rsync 复制指定目录的内容一样。*destination-file* 尾部的斜杠不起任何作用。

--times 下面的示例创建 memos 目录的另一个副本，它使用--times 选项保留被复制文件的修改次数，并使用 memos 尾部的斜杠把 memos 目录的内容(不是目录本身)复制到 memos.copy2 目录中。

```
$ rsync --recursive --verbose --times memos/ memos.copy2
sending incremental file list
created directory memos.copy2
./
0514
0516

sent 7642 bytes received 53 bytes 15390.00 bytes/sec
total size is 7501 speedup is 0.97
$ ls -l memos.copy2
-rw-r--r--. 1 max pubs 1500 05-14 14:24 0514
-rw-r--r--. 1 max pubs 6001 05-16 16:16 0516
```

--archive --archive 选项使 rsync 递归地复制目录，且解引用符号链接(复制链接指向的文件，但不复制符号链接本身)，保留被复制文件的修改次数、所属权、组关系等。这个选项不保留硬链接；使用--hard-links 选项可以保留硬链接。关于--archive 的更多信息参见 16.3 节。下述命令的功能与上面的命令相同：

```
$ rsync --archive --verbose memos/ memos.copy2
$ rsync -av memos/ memos.copy2
```

16.4.2 删除文件

--delete 和--dry-run --delete 选项使 rsync 从 *destination-file* 中删除 *source-file* 中没有的文件。--dry-run 和 --verbose 选项一起使用时，会报告 rsync 命令在没有--dry-run 选项时执行的操作，而 rsync 不必执行任何操作。有了 --delete 选项，--dry-run 和--verbose 选项可以避免删除不希望删除的文件。这个选项组合会用 deleting 字样标记 rsync

要删除的文件。下面的示例使用这些选项和--archive 选项。

```
$ ls -l memos memos.copy3
memos:
-rw-r--r--. 1 max pubs 1500 05-14 14:24 0514
-rw-r--r--. 1 max pubs 6001 05-16 16:16 0516
-rw-r--r--. 1 max pubs 5911 05-18 12:02 0518

memos.copy3:
-rw-r--r--. 1 max pubs 1500 05-14 14:24 0514
-rw-r--r--. 1 max pubs 6001 05-16 16:16 0516
-rw-r--r--. 1 max pubs 5911 05-21 14:36 notes
$ rsync --archive --verbose --delete --dry-run memos/ memos.copy3
sending incremental file list
./
deleting notes
0518

sent 83 bytes received 18 bytes 202.00 bytes/sec
total size is 13412 speedup is 132.79 (DRY RUN)
```

rsync 实用程序报告"deleting notes",表示如果运行没有--dry-run 选项的 rsync,它会删除哪个文件。它还会报告它将复制 0518 文件。

进行测试以确保--delete 执行希望的操作

警告　如果省略需要的斜杠(/)或者在 *source-file* 中包含不需要的斜杠,--delete 选项就很容易删除整个目录树。将 --delete 与--dry-run 和--verbose 选项一起使用可以测试 rsync 命令。

如果不喜欢使用长版本的选项,就可以使用单字母版本。下面的 rsync 命令与前面的命令相同(--delete 选项没有简写形式):

```
$ rsync -avn --delete memos/ memos.copy3
```

下面的示例运行同一个 rsync 命令,但省略了--dry-run 选项。ls 命令显示 rsync 命令的结果:--delete 选项使 rsync 命令从 *destination-file*(memos.copy3)中删除 notes 文件,因为它不在 *source-file*(memos)中。另外,rsync 复制 0518 文件。

```
$ rsync --archive --verbose --delete memos/ memos.copy3
sending incremental file list
./
deleting notes
0518

sent 6034 bytes received 34 bytes 12136.00 bytes/sec
total size is 13412 speedup is 2.21
$ ls -l memos memos.copy3
memos:
-rw-r--r--. 1 max pubs 1500 05-14 14:24 0514
-rw-r--r--. 1 max pubs 6001 05-16 16:16 0516
-rw-r--r--. 1 max pubs 5911 05-18 12:02 0518

memos.copy3:
-rw-r--r--. 1 max pubs 1500 05-14 14:24 0514
-rw-r--r--. 1 max pubs 6001 05-16 16:16 0516
-rw-r--r--. 1 max pubs 5911 05-18 12:02 0518
```

前面所有的示例都在本地的工作目录中复制文件。要把文件复制到其他目录中,就用相对或绝对路径名替换简单的文件名。在本地系统上,相对路径名相对于工作目录;在远程系统上,相对路径名相对于用户的主目录。例如,以下命令把 memos 从工作目录复制到本地系统上的/backup 目录中:

```
$ rsync --archive --verbose --delete memos/ /backup
```

16.4.3　在远程系统上复制文件

要在远程系统上复制文件,该远程系统必须运行 OpenSSH 服务器或 rsync 可以连接的另一种传输机制。更多的

信息参见 16.3.1 节。要在远程系统上指定文件,应在文件名的前面加上远程系统名和一个冒号。远程系统上的相对
路径名相对于用户的主目录。绝对路径是绝对的(也就是说,它们相对于根目录)。相对路径和绝对路径的更多信息
参见 4.3 节。

在下面的示例中,Max 把本地系统上工作目录中的 memos 目录复制到远程系统 guava 上工作目录中的 holdfiles
目录中。ssh 实用程序在 guava 上运行 ls 命令,以显示 rsync 命令的结果。ssh 和 rsync 实用程序不需要输入密码,
因为 Max 安装了基于 OpenSSH 的实用程序,可以自动登录到 guava 上。

```
$ rsync --archive memos/ guava:holdfiles
$ ssh guava 'ls -l holdfiles'
-rw-r--r--. 1 max pubs 1500 05-14 14:24 0514
-rw-r--r--. 1 max pubs 6001 05-16 16:16 0516
-rw-r--r--. 1 max pubs 5911 05-18 12:02 0518
```

从远程系统复制到本地系统时,要把远程系统名放在 *source-file* 的前面:

```
$ rsync --archive guava:holdfiles/ ~/memo.copy4
$ rsync --archive guava:holdfiles/ /home/max/memo.copy5
```

这两条命令都把 holdfiles 目录中的内容从 Max 在 guava 上的工作目录复制到本地系统上的工作目录中。在
macOS 中,要用/Users 替换/home。

16.4.4 镜像目录

使用 rsync 可以维护目录的副本。这是一个精确副本,所以此类副本称为镜像。镜像目录必须在 OpenSSH 服务
器上(必须能使用某个 OpenSSH 实用程序(如 ssh)连接该服务器)。如果要使用 crontab 运行这个脚本,则只有设置
OpenSSH,才能自动登录到远程系统上(不提供密码)。

--compress 和--update　下一个示例介绍了 rsync 的--compress 和--update 选项。--compress 选项使 rsync 在复
制文件时压缩它们,这通常会加快传输速度。--update 选项禁止 rsync 用旧文件覆盖新文件。

与所有 shell 脚本一样,必须拥有 mirror 脚本的读取和执行权限。为便于阅读,这个脚本中的每个选项单独占
一行。除最后一条命令外,其他每条命令都以一个空格和一个反斜杠(\)结束。空格把选项分隔开,反斜杠引用后面
的换行符,这样 shell 就会把所有参数传送给 rsync,而不把换行符解释为命令的末尾。

```
$ cat mirror
rsync \
--archive \
--verbose \
--compress \
--update \
--delete \
~/mirrordir/ guava:mirrordir
$ ./mirror > mirror.out
```

上述示例中的 mirror 命令把输出重定向到 mirror.out,以进行检查。如果不希望该命令生成任何输出,而只生
成错误,就删除--verbose 选项。mirror 脚本中的 rsync 命令把 mirrordir 目录结构从本地系统上用户的主目录复制到
远程(服务器)系统上用户的主目录中。在这个示例中,远程系统是 guava。因为使用了--update 选项,所以 rsync 不
用本地系统上的旧版本文件覆盖服务器上的新版本文件。如果服务器系统上的文件从来没有被手动更改过,这个选
项就是不必要的,但使用它可以避免不小心在服务器系统上更新或添加文件。--delete 选项使 rsync 从服务器系统上
删除在本地系统上没有的文件。

16.4.5 生成备份

进行初次完全备份后,就可以使用 rsync 执行后续的增量备份,从运行时间和存储空间来看,这么做的效率很
高。按照定义,增量备份仅存储自从上一次备份以来改变的文件;rsync 也只需要复制这些文件。如下面的示例所
示,rsync 会在增量备份和初次完全备份之间未改变的文件之间创建硬链接,使每次增量备份都像是一次完全备份,

而不使用额外的磁盘空间。

--link-dest=*dir*　rsync 的--link-dest=*dir* 选项使备份非常简单、高效。它给用户和/或系统管理员提供了好像是完全备份的快照，并且除了初次备份之外，使用的额外空间最小。*dir* 目录总是位于包含 *destination-file* 的机器上。如果 dir 是一个相对路径名，该路径名就相对于 *destination-file*。对这个选项的描述参见 16.3 节。

下面是一条简单的 rsync 命令，它使用了--link-dest=*dir* 选项：

```
$ rsync --archive --link-dest=../backup source/ destination
```

在运行这条命令时，rsync 向下搜索 source 目录，检查它找到的每个文件。对于 source 目录中的每个文件，rsync 会在 destination 目录中查找该文件的精确副本。

- 如果 rsync 在 destination 目录中找到文件的精确副本，它就处理下一个文件。
- 如果 rsync 在 destination 目录中没有找到文件的精确副本，它就在 backup 目录中查找该文件的精确副本。
  - 如果 rsync 在 backup 目录中找到文件的精确副本，它就建立从 backup 目录中的文件到 destination 目录的硬链接。
  - 如果 rsync 在 backup 目录中没有找到文件的精确副本，它就把文件从 source 目录复制到 destination 目录中。

下面的简单示例说明如何使用 rsync，通过--link-dest=*dir* 选项生成完全备份和增量备份。尽管备份文件驻留在本地系统上，但它们也可以位于远程系统上。

在 bkup 脚本中，rsync 的两个参数指定 rsync 把 memos 目录复制到 bu.0 目录中。--link-dest=*dir* 选项使 rsync 检查它需要复制的每个文件是否存在于 bu.1 目录中。如果存在，rsync 就创建指向 bu.1 文件的一个链接，而不是复制它。

bkup 脚本轮换 3 个备份目录 bu.0、bu.1 和 bu.2，并调用 rsync。该脚本删除 bu.2，把 bu.1 移动到 bu.2，再把 bu.0 移动到 bu.1。第一次运行脚本时，rsync 会复制 memos 中的所有文件，因为它们不存在于 bu.0 或 bu.1 中。

```
$ cat bkup
rm -rf bu.2
mv bu.1 bu.2
mv bu.0 bu.1
rsync --archive --link-dest=../bu.1 memos/ bu.0
```

在首次运行 bkup 脚本之前，bu.0、bu.1 和 bu.2 都不存在。由于使用了-f 选项，因此 rm 在尝试删除不存在的 bu.2 目录之前，不显示错误消息。直到 bkup 脚本创建了 bu.0 和 bu.1，mv 才显示错误消息"No such file or directory"。

在下面的示例中，ls 命令显示 bkup 脚本和 memos 目录的内容。运行 bkup 脚本后，ls 显示 memos 目录和新的 bu.0 目录的内容；bu.0 目录包含 memos 目录中文件的精确副本。rsync 实用程序没有创建链接，因为在 bu.1 目录中没有文件，该目录不存在。

```
$ ls -l *
-rwxr-xr-x. 1 max pubs 87 05-18 11:24 bkup

memos:
-rw-r--r--. 1 max pubs 1500 05-14 14:24 0514
-rw-r--r--. 1 max pubs 6001 05-16 16:16 0516
-rw-r--r--. 1 max pubs 5911 05-18 12:02 0518
$ ./bkup
mv: cannot stat 'bu.1': No such file or directory
mv: cannot stat 'bu.0': No such file or directory
--link-dest arg does not exist: ../bu.1
$ ls -l *
-rwxr-xr-x. 1 max pubs 87 05-18 11:24 bkup

bu.0:
-rw-r--r--. 1 max pubs 1500 05-14 14:24 0514
-rw-r--r--. 1 max pubs 6001 05-16 16:16 0516
-rw-r--r--. 1 max pubs 5911 05-18 12:02 0518

memos:
-rw-r--r--. 1 max pubs 1500 05-14 14:24 0514
-rw-r--r--. 1 max pubs 6001 05-16 16:16 0516
-rw-r--r--. 1 max pubs 5911 05-18 12:02 0518
```

处理完 memos 目录中的文件后，ls 显示 0518 已删除，并添加了 newfile：

```
$ ls -l memos
-rw-r--r--. 1 max pubs 1208 05-21 14:16 0514
-rw-r--r--. 1 max pubs 6001 05-16 16:16 0516
-rw-r--r--. 1 max pubs 7501 05-21 14:16 newfile
```

再次运行 bkup 脚本后，bu.0 目录包含与 memos 目录相同的文件，bu.1 目录包含运行 bkup 脚本之前 bu.0 目录中的文件。因为 0516 文件没有变化，所以带--link-dest=*dir* 选项的 rsync 不复制它，而是建立从 bu.1 目录中的副本到 bu.0 目录中的副本的链接，如两个 ls 在权限和 max 之间显示的内容所示。

```
$ ./bkup
mv: cannot stat 'bu.1': No such file or directory
$ ls -l bu.0 bu.1
bu.0:
-rw-r--r--. 1 max pubs 1208 05-21 14:16 0514
-rw-r--r--. 2 max pubs 6001 05-16 16:16 0516
-rw-r--r--. 1 max pubs 7501 05-21 14:16 newfile

bu.1:
-rw-r--r--. 1 max pubs 1500 05-14 14:24 0514
-rw-r--r--. 2 max pubs 6001 05-16 16:16 0516
-rw-r--r--. 1 max pubs 5911 05-18 12:02 0518
```

这个设置的优点是每个增量备份只占据保存变化后的文件所需的空间。没有变化的文件存储为链接，它占据的磁盘空间最小。然而用户和系统管理员可以访问似乎保存了完全备份的目录。

备份脚本(如 bkup)的运行频率可以是一小时一次、一天一次或根据需要进行备份。只要存储空间允许，就可以有任意多个备份目录。如果 rsync 不需要输入密码，可以使用 crontab 自动执行这个过程。

16.4.6　恢复文件

为了恢复最近的文件副本，可以列出文件的所有副本，并查看哪一个的修改日期最晚：

```
$ ls -l bu.?/0514
-rw-r--r--. 1 max pubs 1208 05-21 14:16 bu.0/0514
-rw-r--r--. 1 max pubs 1500 05-14 14:24 bu.1/0514
```

接下来将文件复制到想要恢复它的目录中。使用带-a 选项的 cp 可以保证文件副本与原文件具有相同的修改日期：

```
$ cp -a bu.0/0514 ~max/memos
```

如果文件两个副本(链接)的修改日期和时间相同，那么可以从任意一个进行恢复。

16.5　本章小结

rsync 实用程序可在本地复制普通文件或目录分层结构，也可在本地系统和网络上的另一个系统之间复制。这个实用程序默认使用 OpenSSH 来传输文件，其身份验证机制与 OpenSSH 相同，因此它的安全性也与 OpenSSH 相同。rsync 实用程序在需要时会提示输入密码。

练习

1. 列出 rsync 的 3 个特性。

2. 编写一条 rsync 命令，把 backmeup 目录从本地系统上的主目录复制到 guava 上的/tmp 目录中，并保留文件的所属权、权限和修改次数。编写一条命令，把 backmeup 目录复制到 guava 上的主目录中。不要假定本地系统的工作目录是主目录。

3. 编写一条包含--delete 选项的 rsync 命令，应使用哪个选项测试该命令，而不会复制或删除任意文件？

4. --archive 选项有什么作用？它为什么有用？

5. 运行 bkup 等脚本在远程系统上备份文件时，应如何轮换(重命名)远程系统上的文件？

6. *source-file* 尾部的斜杠(/)起什么作用？

第 **17** 章

OpenSSH 安全通信实用程序

阅读完本章之后你应该能够：

- 解释加密服务的必要性
- 使用 ssh 登录到远程 OpenSSH 服务器系统
- 安全地与远程系统互相复制文件和目录
- 设置 OpenSSH 服务器
- 配置 OpenSSH 服务器选项
- 设置客户端/服务器，使得在使用 ssh 或 scp 登录时不再需要使用密码
- 启用客户端和 OpenSSH 服务器之间的可信 X11 隧道
- 从~/.ssh/known_hosts 文件中删除已知主机记录
- 启用可信 X11 转发
- 列举 ssh 隧道的用法(端口转发)

OpenSSH 是安全的网络连接工具套装，是 telnet/telnetd、rcp、rsh/rshd、rlogin/rlogind 以及 ftp/ftpd 的替代品。与被替代的这些工具不同，OpenSSH 工具对包括密码在内的所有通信进行加密。通过这种方式可以阻止恶意用户窃听、劫持连接和窃取密码。

本章假定本地系统可以连接到 OpenSSH 服务器，并涵盖了一些 OpenSSH 工具：

- scp——与远程系统互相复制文件
- sftp——与远程系统互相复制文件(ftp 的一个安全的替代品)
- ssh——在远程系统上运行命令或者登录到远程系统
- sshd——OpenSSH 守护进程(在服务器上运行)
- ssh-add——与 ssh-agent 一起使用，指定密码短语
- ssh-agent——保存私钥

- ssh-copy-id——在远程系统上将公钥追加到~/.ssh/authorized_keys 上，这样登录时就不再需要使用密码
- ssh-keygen——创建、管理和转换 RSA 或 DSA 主机/用户认证密钥

17.1   OpenSSH 简介

ssh   ssh 实用程序允许通过网络登录到远程系统。可以选择使用远程系统访问某个有特定用途的应用程序，或者使用某个仅在远程系统上可用的设备，或者使用远程系统仅仅是因为它比本地系统更快或更空闲。许多商务人士在旅行中使用笔记本电脑上的 ssh 登录到公司总部的系统。在 GUI 中，可以从不同的终端模拟器窗口登录多个系统，同时使用每个系统。

X11 转发   在 ssh 客户端打开可信 X11 转发时，通过到服务器的 ssh 连接运行图形化程序是很简单的，该服务器需要启用 X11 转发：从运行在 X11 服务器上的终端模拟器中运行 ssh，给出一条 X11 命令，例如 gnome-calculator；图形化的输出将展现在本地显示器上。更多信息可参见 17.3.1 节。

安全   当客户端连接 OpenSSH 服务器时，就会建立一个加密连接，然后对用户进行身份验证。当这两个任务完成时，OpenSSH 允许两个系统来回发送信息。OpenSSH 客户端第一次与 OpenSSH 服务器连接时，OpenSSH 会要求验证客户端是否连接到正确的服务器(参见 17.2.2 节的"初次认证")。这种认证有助于防止 MITM 攻击。

17.1.1   文件

OpenSSH 客户端和服务器依赖许多文件。全局文件保存在/etc/ssh 中，用户文件保存在~/.ssh 中。在本节中，关于每个文件的描述中的第一个词表示这个文件是由客户端使用还是由服务器使用。有些文件不在新安装的系统中。

---

rhost 认证存在安全风险

安全   尽管 OpenSSH 可以从/etc/hosts.equiv、/etc/shosts.equiv、~/.rhosts 和~/.shosts 中得到认证信息，但本章不涉及这些文件的使用，因为它们存在安全风险。/etc/ssh/sshd_config 配置文件中的默认设置阻止了它们的使用。

---

1. /etc/ssh：全局文件

本节列举的全局文件均在/etc/ssh 目录下。它们影响所有用户，但单个用户可以使用其~/.ssh 目录下的文件对其进行覆盖。

moduli   客户端和服务器   包含 OpenSSH 用于创建安全连接的密钥交换信息。请不要修改这个文件。

ssh_config   客户端   全局的 OpenSSH 配置文件。其中的条目可以被用户的~/.ssh/config 文件中的条目覆盖。

ssh_config   服务器   sshd 服务器的配置文件。

ssh_host_xxx_key、ssh_host_xxx_key.pub   服务器   保存 xxx 主机密钥对，其中 xxx 是 DSA 密钥的 dsa、ECDSA(椭圆曲线数字签名算法)密钥的 ecdsa、ed25519 密钥(一个变体 ECDSA)的 ed25519 或 RSA 密钥的 rsa。两个文件都应该由 root 拥有。ssh_host_xxx_key.pub 公钥文件对任何人可读，但仅所有者可写(644 权限)。ssh_host_xxx_key 私钥文件除所有者外，其他人均不能读写(600 权限)。

ssh_import_id   服务器   保存密钥服务器的 URL，ssh-import-id 从中可获取公共密钥(默认使用 launchpad.net)。

ssh_known_hosts   客户端   包含本地系统中用户可以连接的主机的公钥。这个文件包含的信息与~/.ssh/known_hosts 中的信息相似，区别是它由管理员创建并对所有用户可用。这个文件应归 root 所有，任何人可读，但只有所有者可写(644 权限)。

2. ~/.ssh：用户文件

当用户连接到远程系统时，OpenSSH 自动创建~/.ssh 目录和里面的 known_hosts 文件。除了所有者之外，应该没有人可以访问~/.ssh 目录。

authorized_keys   服务器   允许用户在不提供登录密码的条件下，登录到其他系统或者与其他系统互相复制文件。然而，用户可能需要提供密码短语，这取决于密钥是如何创建的。除了所有者，其他人不能写这个文件。

config   客户端   用户的私有 OpenSSH 配置文件。其中的条目将覆盖/etc/ssh/ssh_config 中的条目。

environment　**服务器**　包含当用户使用 ssh 登录时，在服务器上定义环境变量的赋值语句。

id_xxx　**客户端**　保存由 ssh-keygen 生成的用户认证 xxx 密钥，其中 xxx 表示 DSA 密钥的 dsa、ECDSA(椭圆曲线数字签名算法)密钥的 ecdsa、ed25519 密钥(一个变体 ECDSA)的 ed25519 或 RSA 密钥的 rsa。这两个文件归所在主目录的用户所有。id_xxx.pub 公钥文件对任何人可读，但仅所有者可写(644 权限)。id_xxx 私钥文件除所有者外，其他人均不能读写(600 权限)。

known_hosts　**客户端**　包含用户已经连接的主机的 RSA 公钥(默认)。OpenSSH 会在每次用户连接到新服务器时自动增加这个文件中的条目。如果 HashKnownHosts 被设置为 yes(默认)，这个文件中的主机名和地址将会被哈希化，以增强安全性。

17.1.2　更多信息

本地　man 页：ssh、scp、sftp、ssh-keygen、ssh-agent、ssh-add、ssh_config、sshd、sshd_config

网络　OpenSSH 官网：www.openssh.com

　　　　搜索 ssh 以获取大量指导教程和其他文档：tldp.org

书籍　Dwivedi 的 *Implementing SSH：Strategies for Optimizing the Secure Shell*；John Wiley & Sons 出版社(2003 年 10 月)

　　　　Barrett、Silverman 和 Byrnes 的 *SSH, The Secure Shell: The Definitive Guide*；O'Reilly Media 出版社(2005 年 5 月)

17.2　运行 OpenSSH 客户端 ssh、scp 和 sftp

本节讲述 ssh、scp 和 sftp 客户端的设置和使用。

必备的前提条件

安装以下软件包(在大多数 Linux 发行版中默认安装)：

- openssh：OpenSSH 客户端不运行守护进程，因此没有要设置的服务。

17.2.1　指南：使用 ssh 和 scp 连接到 OpenSSH 服务器

除了安装必要的包之外，ssh 和 scp 客户端不需要进行配置，尽管如此，仍可以创建并编辑配置文件，让它们更易用。为在远程系统上运行安全的 shell，或者安全地与远程系统互相复制文件，必须满足下面的条件：远程系统必须正在运行 OpenSSH 守候程序(sshd)，必须拥有远程系统上的账号，服务器必须主动地向客户端鉴别自身。

ssh　下面的示例展示了 Zach 工作在名为 guava 的系统上，使用 ssh 登录到名为 plum 的远程主机，运行 who，然后使用 exit 命令返回到本地系统的 shell。who 实用程序显示 Zach 登录来源系统的 IP 地址。

如果要以自己的身份登录，且在两个系统中的用户名相同，可在命令行中省略 user@(在前面的示例中是 zach@)。第一次连接到一台远程 OpenSSH 服务器时，ssh 或 scp 要求确认连接到了正确的系统。请参见随后的"初次认证"。

scp　接下来的示例使用 scp 从本地系统的工作目录将 ty1 复制到 Zach 在 plum 上的主目录中：

```
zach@guava:~$ scp ty1 zach@plum:
zach@plum's password:
ty1                          100%  964KB 963.6KB/s   00:00
```

记得在系统名的后面加一个冒号(:)。如果省略了冒号，scp 将本地复制文件；在本例中，最后得到的结果是产生了 ty1 的一个名为 zach@plum 的本地副本。

17.2.2　配置 OpenSSH 客户端

本节描述如何在客户端设置 OpenSSH。

1. 推荐设置

X11 转发 大多数发行版提供的配置文件通常都可以建立安全的系统，是否能够满足你的需求要根据情况而论。可能想要修改的一个 OpenSSH 参数是 ForwardX11Trusted，在大多数发行版中默认为 yes。为增强安全性，或者有些情况下为了降低可用性，将 ForwardX11Trusted 设置为 no。关于 X11 转发的更多信息，请参见 17.3 节。

2. 服务器认证/已知主机

有两个文件可以列出本地系统已经连接过并主动认证了身份的主机：~/.ssh/known_hosts(用户)和 /etc/ssh/ssh_known_hosts(全局)。除了所有者(第二个文件的所有者是 root)，没有人可以写这两个文件。除了所有者，没有人可以访问~/.ssh 目录。

初次认证 当首次连接到某台 OpenSSH 服务器时，OpenSSH 客户端提示要确认连接到正确的系统。这个行为由 StrictHostKeyChecking 控制。这种检查有利于防止 MITM 攻击：

```
The authenticity of host 'plum (192.168.206.181)' can't be established.
ECDSA key fingerprint is af:18:e5:75:ea:97:f9:49:2b:9e:08:9d:01:f3:7b:d9.
Are you sure you want to continue connecting (yes/no)? yes
Warning: Permanently added 'plum,192.168.206.181' (ECDSA) to the list of
known hosts.
```

在回应上述询问之前，请确认登录到正确的系统上，而不是冒名顶替的。如果不确定，给能够本地登录到那个系统的人打电话，这样有助于验证你是否在想要的系统上。在回答 yes(自己拼写输入)时，客户端将这台服务器的主机公钥(服务器上/etc/ssh/ssh_host_rsa_key.pub 或/etc/ssh/ssh_host_dsa_key.pub 文件中的唯一一行)追加到本地系统上用户的~/.ssh/known_hosts 文件中，如果需要的话，创建~/.ssh 目录。

当随后使用 OpenSSH 连接到这台服务器时，客户端通过比较本地与服务器提供的公钥来验证是否连接到了正确的服务器。

known_hosts ~/.ssh/known_hosts 文件使用非常长的一两行来标识它记录的每台主机。每行由所对应系统的主机名和 IP 地址开头，随后是所使用的加密类型和服务器的主机公钥。当 HashKnowHosts 被设置为 yes 时，OpenSSH 对系统名和地址进行哈希，以提高安全性。由于 HashKnownHosts 将主机名和 IP 地址分别哈希，因此 OpenSSH 在 known_hosts 中分两行记录每台主机。下面 known_hosts 中的行(逻辑上是一行，但物理上被拆成了几行)会在以 ECDSA 加密方式连接到 172.16.192.151 上的 plum 时用到：

```
$ cat ~/.ssh/known_hosts
plum,172.16.192.151 ssh-rsa AAAAB3NzaC1yc2EAAAADAQABAAAABAQDbhLRVTfI
v9gy7oP+5T3HjZmrKt2q6ydyKmLlHNUjZFXM4hCdkJlpTfJ4wy260UAZBWvrBLP6N9k
...
```

可使用 ssh-keygen 的-R 选项加上主机名来删除记录，包括被哈希的记录。也可以选择使用文本编辑器删除记录。ssh-keygen 的-F 选项用于显示 known_hosts 文件中对应指定系统的记录行，包括被哈希的记录。

ssh_known_hosts OpenSSH 自动将从已连接服务器获取到的公钥保存到用户的私有文件(~/.ssh/known_hosts)中。这些文件只对它们所在工作目录的用户起作用。以 root 权限使用文本编辑器，可以将用户的私有已知主机列表中未被哈希的行复制到/etc/ssh/ssh_known_hosts 的公共列表中，让其成为本地系统上全局的已知主机。

下面的示例展示了 Sam 如何将 known_hosts 文件中的哈希记录导入全局 ssh_known_hosts 文件中。首先，Sam 以自己的身份将 ssh-keygen 的输出发送给 tail，tail 去掉 "Host plum found" 一行并将输出重定向到自己主目录中名为 tmp_known_hosts 的文件中。接下来，Sam 使用 root 身份将他刚创建的文件的内容追加到/etc/ssh/ssh_known_hosts。如果这个文件不存在，这条命令会创建它。最后，Sam 退出 root，以自己的身份删除之前创建的临时文件。

远程系统的公钥被保存到任意一个已知主机文件中之后，如果连接时远程系统提供了一个不同的指纹，OpenSSH 显示如下消息并且不会完成连接：

```
@@@@@@@@@@@@@@@@@@@@@@@@@@@@@@@@@@@@@@@@@@@@@@@@@@@@@@@@@@@
@ WARNING: REMOTE HOST IDENTIFICATION HAS CHANGED! @
@@@@@@@@@@@@@@@@@@@@@@@@@@@@@@@@@@@@@@@@@@@@@@@@@@@@@@@@@@@
IT IS POSSIBLE THAT SOMEONE IS DOING SOMETHING NASTY!
Someone could be eavesdropping on you right now (man-in-the-middle
attack)!
It is also possible that the RSA host key has just been changed.
The fingerprint for the RSA key sent by the remote host is
```

```
f1:6f:ea:87:bb:1b:df:cd:e3:45:24:60:d3:25:b1:0a.
Please contact your system administrator.
Add correct host key in /home/sam/.ssh/known_hosts to get rid of this
message.
Offending key in /home/sam/.ssh/known_hosts:1
RSA host key for plum has changed and you have requested strict
checking.
Host key verification failed.
```

如果看到这样的消息，你可能成为中间人攻击的目标。然而，也有很大可能是远程系统发生了改变，导致它提供了一个新的指纹。请与远程系统的管理员核对这件事。如果一切正常，删除特定文件中令人讨厌的公钥(上面消息中的倒数第 4 行指出了需要删除的行)并再次尝试连接。可以使用带有-R 选项的 ssh-keygen 加上主机名来删除哈希记录。再次连接时，由于 OpenSSH 会验证是否连接到正确的系统，你又会遇到初次认证。请按照你第一次连接到远程主机的步骤去做。

17.2.3　ssh：登录或者在远程系统上执行命令

ssh 的命令行语法是：

ssh [options] [user@]host [command]

其中 *host* 是想要连接到的 OpenSSH 服务器(远程系统)的名称，它是唯一的必需参数。*host* 可以是本地主机名、系统在 Internet 上的 FQDN 或 IP 地址。

运行 ssh host 命令，使用与在本地系统上相同的用户名登录到远程系统 *host*。远程系统显示一个 shell 提示符，然后就可以在 *host* 上运行命令了。输入 exit 命令可以关闭到 *host* 的连接并回到本地系统的提示符下。想要使用与本地系统不同的用户名登录时，加入 user@。根据服务器的不同设置，可能需要提供在远程系统上使用的密码。

如果包含 *command*，ssh 登录到 *host*、执行 *command*、关闭与 *host* 的连接并将控制权返回本地系统。远程系统将不会显示 shell 提示符。

打开远程 shell　下面的示例中，已经登录到 guava 的 Sam，使用 ssh 登录到 plum，给出 uname 命令，显示远程系统的名字和类型，随后使用 exit 退出与 plum 的连接并返回到本地系统的提示符：

```
[sam@guava ~]$ ssh plum
sam@plum's password:
[sam@plum ~]$ uname -nm
plum i686
[sam@plum ~]$ exit
logout
Connection to plum closed.
[sam@guava ~]$
```

远程运行命令　下面的示例使用 ls 列出名为 plum 的远程系统中 memos 目录下的文件。这个示例假定运行命令的用户(Sam)在 plum 上有账号，并且 memos 目录在 plum 上 Sam 的主目录中。

```
$ ssh plum ls memos
sam@plum's password:
memo.0921
memo.draft
$
```

当运行 ssh 时，远程系统上所运行命令的标准输出被传递给本地 shell，好像命令是在本地运行一样。与所有 shell 命令一样，必须把不希望本地 shell 解析的特殊字符用引号括起来。

在接下来的示例中，ls 命令在远程系统上运行，其标准输出被传递给本地系统上的 ls.out。

```
$ ssh plum ls memos > ls.out
sam@plum's password:
$ cat ls.out
memo.0921
memo.draft
```

在上面的 ssh 命令中，重定向符号(>)没有用引号括起来，因此它被本地 shell 解析，并且在本地系统上创建了

ls.out 文件。

虽然接下来的命令看上去相似，但是重定向符号和文件名用引号括起来。因此本地 shell 不对其进行解析，而是将其传递给远程 shell。第一条命令在远程系统上创建 ls.out2 文件，接着第二条命令显示这个文件。

```
$ ssh plum 'ls memos > ls.out2'
sam@plum's password:
$ ssh plum cat ls.out2
sam@plum's password:
memo.0921
memo.draft
```

下面的示例假定本地系统的工作目录中包含一个名为 memo.new 的文件。Sam 不太记得是这个文件中包含某些改动，还是在 plum 上，在 memos 目录中名为 memo.draft 的文件中做了这些改动。他可以把 memo.draft 复制到本地系统，然后运行 diff(参见 3.3 节)来比较两个文件，但是这样两个系统上就会有 3 个相似的文件副本。如果完成任务后未删除较老的副本，那么一段时间过后 Sam 可能又会感到困惑。Sam 可以使用 ssh 代替复制文件的方法。这个示例显示了两个文件只有日期一行不同。

```
$ ssh plum cat memos/memo.draft | diff memo.new -
sam@plum's password:
1c1
< Thu Jun 14 12:22:14 PDT 2018
---
> Tue Jun 12 17:05:51 PDT 2018
```

在上面的示例中，plum 上 cat 命令的输出通过管道发送给本地系统上(运行)的 diff，它将本地文件 memos.new 与标准输入(-)相比较。接下来的命令行作用相同，差别是 diff 运行在远程系统上：

```
$ cat memo.new | ssh plum diff - memos/memo.draft
sam@plum's password:
1c1
< Thu Jun 14 12:22:14 PDT 2018
---
> Tue Jun 12 17:05:51 PDT 2018
```

远程系统上 diff 的标准输出被发送到本地 shell，并在屏幕上显示(因为未被重定向)。

```
# home directory on the remote system specified
# by $machine
# Remote system:
machine=plum

dir=$(basename $(pwd))
filename=$$.$dir.tar

echo Backing up $(pwd) to your home directory on $machine
tar -cf - . | ssh $machine "dd obs=256k of=$filename"
echo done. Name of file on $machine is $filename

$ ./buwd
Backing up /home/sam to your home directory on plum
10340+0 records in
20+1 records out
5294080 bytes (5.3 MB) copied, 0.243011 s, 21.8 MB/s
done. Name of file on plum is 26537.sam.tar
```

选项

本小节介绍可以与 ssh 一起使用的选项。

-C　　　　(压缩)启用压缩。

-f　　　　(非前台)在询问密码之后、执行命令之前，将 ssh 发送到后台。当想要在后台运行 command，但必须提供密码时有用。它包含了-n。

- *filename*　(身份)命令 ssh 从 *filename* 而不是~/.ssh/id_dsa、~/.ssh/id_ecdsa、~/.ssh/id_ed25519 或~/.ssh/id_rsa 中读取私钥，以自动登录。

-L　　　　将本地系统的端口转发到远程系统。更多信息可参见 17.3 节。

-l user　(登录)尝试以 user 身份登录。

-n　　　　(空)将 ssh 的标准输入重定向为来自/dev/null。后台运行 ssh 时需要(-f 选项)。

-o option　(选项)以配置文件中的格式指定 option。

-p　　　　(端口)指定要连接到的远程主机的端口号。可使用配置文件中的 host 声明，为每个要连接的系统指定不同的端口号。

-R　　　　将远程系统的端口转发到本地客户端。更多信息可参见 17.3 节。

-t　　　　(tty)为远程系统上的 ssh 进程分配伪-tty(终端)。在远程系统上运行命令，如果没有这个选项，ssh 不会为进程分配 tty(终端)，而是将远程进程的标准输入和标准输出关联到 ssh 会话。这个选项强制 ssh 在远程系统上分配一个 tty，使需要 tty 的进程可以正常工作。

-v　　　　(详细信息)显示关于连接和传输的调试信息。发生出乎意料的异常情况时有用。最多可以三次指定这个选项来增加详细程度。

-X　　　　(X11)打开非可信 X11 转发。如果已经在配置文件中打开了非可信 X11 转发，则这个选项不是必需的。更多信息可参见 17.3.1 节。

-x　　　　(X11)关闭 X11 转发。

-Y　　　　(可信 X11)打开可信 X11 转发。如果已经在配置文件中打开了可信 X11 转发，则这个选项不是必需的。更多信息可参见 17.3.1 节。

17.2.4　scp：与远程系统互相复制文件

scp(安全复制)实用程序通过网络将普通文件或目录文件从一个系统复制到另一个系统上；两个系统都可以是远程的。这个程序使用 ssh 传输文件，与 ssh 有着相同的认证机制；因此提供与 ssh 同等的安全性。scp 实用程序会在需要时提示输入密码。scp 命令的语法是

　　scp [[user@]from-host:]source-file [[user@]to-host:][destination-file]

其中 *from-host* 是要从中复制文件的系统名，*to-host* 是要将文件复制到的系统名。*from-host* 和 *to-host* 参数可以是本地系统名、系统在 Internet 上的 FQDN 或 IP 地址。当没有指定主机时，scp 将认为是本地系统。两个系统上 user 的默认值都是本地系统上运行该命令的用户；可使用 user@指定不同用户。

source-file 是要复制的文件，*destination-file* 是复制结果。确保对要复制的文件有读权限，并且对要复制到的目录有写权限。可以用相对或绝对路径名指定普通文件或目录文件(相对路径名是相对于特定目录，或者默认是相对于用户的主目录)。当 *source-file* 是一个目录时，必须使用-r 选项来复制其内容。当 *destination-file* 是一个目录时，每个源文件都保持自己的简单文件名。当 *destination-file* 缺少时，scp 将用户的主目录作为默认目标目录。

假设 Sam 在 plum 上还有一个用户名 sls。在下面的示例中，Sam 使用 scp 从他在 plum 上的 sls 账号的主目录中复制 memo.txt 到本地系统上工作目录中的 allmemos 目录。如果 allmemos 不是目录名，那么 memo.txt 将会被复制到工作目录中名为 allmemos 的文件中。

在传输过程中，已传输百分比和字节数不断增加，剩余时间不断减少。

---

rsync 比 scp 更通用

提示　rsync 实用程序比 scp 的可配置性更强，并且默认使用 OpenSSH 安全机制。它有许多选项；最常用的是-a 和-v。-a 选项使得 rsync 复制普通文件和目录，并保持文件的所有者、组、权限和修改时间不变。指定-a 选项没有坏处；通常是有帮助的。-v 选项使 rsync 列出它正在复制的文件。例如，Sam 可以将前面的命令改成下面这样：

```
$ rsync -av sls@plum:memo.txt allmemos
sls@plum's password:
receiving incremental file list
memo.txt
sent 30 bytes received 87495 bytes 19450.00 bytes/sec
total size is 87395 speedup is 1.00
```

rsync 实用程序也比 scp 更智能。如果目标文件存在，rsync 仅复制源文件中与目标文件不同的部分。当复制只有很少改动的大文件时，例如做备份，这个特性可以节省大量时间。在输出中，speedup 后面的数字表示 rsync 的算法加速了多少文件复制过程。sync 实用程序参见第 16 章。

在接下来的示例中，在 guava 上工作的 Sam 将前面示例中相同的文件复制到他在 speedy 上的主目录中名为 old 的目录中。为了使这个示例能够工作，Sam 必须能够在不提供密码的条件下，从 plum 上通过 ssh 登录到 speedy。

选项

本小节介绍一些可与 scp 一起使用的选项。

-C　　　　　(压缩)启用压缩。

-o *option*　(选项)以配置文件中的格式指定 *option*(稍后讨论)。

-P *port*　　(端口)连接到远程主机的 *port* 端口。这个选项的大写形式用于 scp、小写形式用于 ssh。

-p　　　　　(保持)保持原始文件的修改和访问时间以及模式。

-q　　　　　(静默)scp 复制文件过程中不显示进度信息。

-r　　　　　(递归)递归地复制目录结构(解引用符号连接[参见 4.7.4 节])。

-v　　　　　(详细信息)显示关于连接和传输的调试信息。发生出乎意料的异常情况时有用。

17.2.5　sftp：安全的 FTP 客户端

OpenSSH 提供了 sftp，它是 ftp 的安全替代品。sftp 的功能与 ftp 相同，它把 ftp 命令映射到 OpenSSH 命令上。当登录到运行 OpenSSH 守护进程 sshd 的服务器时，可以用 sftp 代替 ftp。当使用 sftp 连接到某个系统时，输入命令?可以显示命令列表。更多信息可参见 sftp man 页。

lftp　另外，也可以使用 lftp，它比 sftp 更复杂而且支持 sftp。lftp 实用程序提供具有诸多特性的类 shell 命令语法，包括支持 tab 补全和能够在后台运行任务。把下面的.lftprc 文件放到你的主目录中可以保证 lftp 使用 OpenSSH 连接到服务器：

```
$ cat ~/.lftprc
set default-protocol sftp
```

有了这个设置，使用 lftp 连接到远程系统时，就不需要在远程系统上运行 FTP 服务器；而只需要 OpenSSH。也可以使用/etc/lftp.conf 配置 lftp；更多信息参见 lftp man 页。

17.2.6　~/.ssh/config 和/etc/ssh/ssh_config 配置文件

很少有必要修改 OpenSSH 客户端配置文件。对于一个给定用户，可能有两个配置文件：~/.ssh/config(用户)和 /etc/ssh/ssh_config(全局)。这两个文件会被按顺序读取，对于一个给定的参数，OpenSSH 使用其第一次出现的值。用户可以通过设置自己配置文件中的参数来覆盖相应的全局参数。ssh 或 scp 命令行中给出的参数高于这两个文件中所设置参数的优先级。

为了安全起见，用户的~/.ssh/config 文件应该归其所在主目录的用户所有，并且除所有者外，任何人不可写。这个文件通常被设置为 600 模式，因为除所有者外，任何人没有可以读这个文件的理由。

配置文件中包含声明。每个声明都以一个不区分大小写的关键字开头。有些关键字的后面必须跟着空格和一个或更多个区分大小写的参数。可以使用 Host 关键字让声明应用于某个特定系统。Host 声明会应用于截止下一个 Host 声明之前的所有行。

下面列出可以指定的一些关键字和参数：

CheckHostIP yes|no　当设置为 yes 时，在 known_hosts 文件中除了使用主机名，还使用 IP 地址来标识远程主机。设置为 no 则只使用主机名。将 CheckHostIP 设置为 yes 可以提高系统的安全性。默认值是 yes。

ForwardX11 yes|no　当设置为 yes 时，在非可信模式下自动通过可信信道上的连接转发 X11，并设置 DISPLAY shell 变量。这个关键字允许取默认值 no，这样 X11 转发一开始就未启用。如果 ForwardX11Trusted 也被设置为 yes，连接会以可信模式建立。可以选择在命令行上使用-X 在非可信模式下重定向 X11。为了使 X11 转发能够工作，服务器上/etc/sshd_config 文件中的 X11Forwarding 也必须设置为 yes。更多信息可参见 17.3.1 节。

ForwardX11Trusted yes|no　与 ForwardX11 结合使用，ForwardX11 必须设置为 yes，这个关键字才起作用。当这个关键字被设置为 yes，而且 ForwardX11 也被设置为 yes 时，这个关键字赋予远程 X11 客户端对原始(服务器)X11 显示进行访问的全部权限。可以选择在命令行上使用-Y 以在可信模式下重定向 X11 连接。为了使 X11 转发能够工作，服务器上/etc/sshd_config 文件中的 X11Forwarding 也必须设置为 yes。默认值为 no。更多信息可参见 17.3.1 节。

HashKnownHosts yes|no　当设置为 yes 时，OpenSSH 会将~/.ssh/known_hosts 文件中的主机名和 IP 地址哈希，以提高安全性。当设置为 no 时，主机名和 IP 地址以明文写入。

Host _hostnames_　指定接下来的声明(直到下一个 Host 声明)，仅应用于 _hostnames_ 所匹配的主机。_hostnames_ 是一个用空格分隔的列表，可以包含通配符?和*。一个单独的*表示所有主机。如果没有这个关键字，就把所有声明应用于所有主机。

HostbasedAuthentication yes|no　当设置为 yes 时，尝试使用 rhosts 认证。为了系统更安全，请设置为 no。

HostKeyAlgorithms _algorithms_　_algorithms_ 是一个用逗号分隔的算法列表，客户端按优先顺序使用这些算法。更多信息可参见 ssh-config 的 man 页面。

Port _num_　使 OpenSSH 连接到远程系统的 _num_ 端口。默认值为 22。

StrictHostKeyChecking yes|no|ask　确定 OpenSSH 是否(以及如何)向用户的 known_hosts 文件添加主机公钥。将选项设置为 ask，连接到新系统时会询问是否添加主机公钥，设置为 no 则自动添加，设置为 yes 要求手工添加。yes 和 ask 参数使 OpenSSH 拒绝连接主机公钥改变的系统。为了系统更安全，请设置为 yes 或 ask。默认值为 ask。

TCPKeepAlive yes|no　当设置为 yes 时，周期性地检查连接是否存活。在服务器崩溃或者连接因为其他原因死掉时，即使只是临时性的，检查也会导致 ssh 或 scp 连接断开。这个选项在传输层(TCP)测试连接。将参数设置为 no 则使客户端不再检查连接是否存活。默认值为 yes。

这个声明使用 TCP keepalive 选项，这个选项不是加密的并且容易遭受 IP 欺骗。使用服务器的 ClientAliveInterval 选项是一个不容易受骗的选择。

User _name_　指定登录系统时使用的用户名。可以使用 Host 声明指定某个系统。这个选项意味着即便使用与本地系统上不同的用户名登录，也不需要在命令行上输入用户名。

VisualHostKey yes|no　当设置为 yes 时，除了显示远程系统公钥的十六进制表示之外，还显示其 ASCII 形式的表示。设置为 no 时仅显示十六进制公钥。

17.3　设置 OpenSSH 服务器(sshd)

本节讨论如何设置 OpenSSH 服务器。

17.3.1　必要的前提条件

安装如下包：
- openssh-server

17.3.2　注意

防火墙：OpenSSH 服务器一般使用 TCP 端口 22。

17.3.3　指南 II：启动 OpenSSH 服务器

可以显示文件或发出命令，以确保一切正常。

推荐设置

通过建立一个基本安全的系统，使得提供的配置文件能够满足需要，也可能不满足需要。/etc/ssh/sshd_config 文件打开 X11 转发。将 PermitRootLogin 设置为 no 是很重要的，因为它阻止名称已知、只有密码保护的特权账户暴露在外界。

17.3.4　认证密钥：自动登录

可配置 OpenSSH 使得每次连接到服务器(远程系统)时不再需要输入密码。为了设置这个特性，需要在客户端(本地系统)生成个人认证密钥对，将密钥的公共部分放到服务器上，在客户端保存密钥的私有部分。当连接到服务器时，服务器给出一个基于密钥公共部分的挑战。如果客户端提供了正确的应答，服务器就允许登录。

设置自动登录的第一步是产生个人认证密钥对。首先在~/.ssh 中查找 id_dsa 和 id_dsa.pub，或者查找 id_rsa 和 id_rsa.pub，判断本地系统(客户端)中是否已经存在这些密钥。如果其中一对存在，跳过下一步(不再创建新密钥)。

ssh-keygen　在客户端，ssh-keygen 实用程序创建 RSA 密钥的公共和私有部分。密钥的 randomart 图是公钥的一种可视化表现形式。

```
$ ssh-keygen -t ecdsa
Generating public/private ecdsa key pair.
Enter file in which to save the key (/home/sam/.ssh/id_ecdsa):
Enter passphrase (empty for no passphrase):
Enter same passphrase again:
Your identification has been saved in /home/sam/.ssh/id_ecdsa.
Your public key has been saved in /home/sam/.ssh/id_ecdsa.pub.
The key fingerprint is:
41:f2:6a:06:4e:8c:82:c4:0b:a4:a1:4d:13:ab:d8:6f sam@plum.example.com
The key's randomart image is:
+--[ECDSA 256]----+
|+o+. . .         |
|*= = +           |
|* = + o          |
|.= o . . .       |
|o . . + S        |
| . o             |
| E               |
| .               |
|                 |
+-----------------+
```

用 dsa 替换 ecdsa 就可以生成 DSA 密钥对。使用 rsa 替换 ecdsa 就可以生成 RSA 密钥，使用 ed25519 替换 ecdsa

就可以生成 ed25519 密钥。在这个示例中，用户对每个询问都直接按了 RETURN 键。可以选择指定密码短语(10 至 30 个字符较好)来加密密钥的私有部分。密码短语如果丢失，则无法恢复。关于密码短语的更多信息，请参见 17.2 节的安全提示。

id_rsa 和 id_rsa.pub　在前面的示例中，ssh-keygen 实用程序生成两个密钥：一个私有密钥，也称为身份标识，保存在~/.ssh/id_rsa 中；还有一个公共密钥，保存在~/.ssh/id_rsa.pub 中。如果创建另一种类型的密钥，ssh-keygen 将把它们放入适当的命名文件中。除了所有者，没有人能够写入任何一个文件，并且只有所有者可以读私有密钥文件。

可使用 ssh-keygen 显示本地服务器的 RSA 公钥指纹：

```
$ ssh-keygen -lf ~/.ssh/id_ecdsa.pub
2048 23:8f:99:2e:43:36:93:ed:c6:38:fe:4d:04:61:27:28
/home/sam/.ssh/id_ecdsa.pub (ECDSA)
```

也可以使用 ssh-keygen 显示自己刚刚所创建公钥的指纹：

```
$ ssh-keygen -lf /etc/ssh/ssh_host_ecdsa_key.pub
2048 d1:9d:1b:5b:97:5c:80:e9:4b:41:9a:b7:bc:1a:ea:a1
/etc/ssh/ssh_host_ecdsa_key.pub (ECDSA)
```

ssh-copy-id　为了不提供密码就能登录其他系统，并与其他系统互相复制文件，必须把自己的公钥(尽管本例中 ssh-copy-id 会复制任何类型的公钥)追加到服务器(远程系统)上名为~/.ssh/authorized_keys 的文件中。ssh-copy-id 实用程序在服务器上创建~/.ssh 目录(如有必要)、追加公钥并且确保权限正确无误。下面的示例展示了 Sam 设置自动登录名为 plum 的系统。可以忽略 ssh-copy-id 显示的 INFO 信息。

```
$ ssh-copy-id sam@plum
/usr/bin/ssh-copy-id: INFO: attempting to log in with the new key(s) ...
/usr/bin/ssh-copy-id: INFO: 1 key(s) remain to be installed ...
sam@plum's password:

Number of key(s) added: 1

Now try logging into the machine, with: "ssh 'sam@plum'"
and check to make sure that only the key(s) you wanted were added.
$ ssh sam@plum
Welcome to Ubuntu 16.04 LTS (GNU/Linux 4.12.0-24-generic i686)
```

Sam 必须提供自己的密码以将文件复制到 plum。在运行 ssh-copy-id 后，Sam 不提供密码就可以登录到 plum。但应注意下面的提示。为了让服务器更安全，可禁用密码验证(见紧接着的提示)。在服务器上，如果除所有者外的任何人拥有~/.ssh 目录的读取或写入权限，自动登录将会失败。

仍然必须指定密码

提示　如果在生成密钥对时指定了一个密码，即使设置了自动登录，也必须在每次登录到远程计算机时输入密码。但是，可以使用 ssh-agent 在每次会话中只指定密码。

使用个人认证密钥代替密码

安全　使用个人认证密钥比使用密码更安全。关闭服务器的密码验证之后，暴力破解攻击将变得几乎不可能。可以通过设置服务器上/etc/ssh/sshd_config 中的 PasswordAuthentication 为 no 来禁用密码验证。

17.3.5　randomart 图

系统的 randomart 图是 OpenSSH 对系统主机公钥 ASCII 可视化的一种尝试。这个图可以由包括 ssh、scp 和 ssh-keygen 在内的 OpenSSH 实用工具显示。它的显示由 ssh_config 文件中的 VisualHostKey 关键字控制。关键字被设置为 yes，OpenSSH 会在连接时显示系统的 randomart 图：

```
$ ssh sam@plum
Host key fingerprint is af:18:e5:75:ea:97:f9:49:2b:9e:08:9d:01:f3:7b:d9
+--[ECDSA 256]----+
|                 |
|                 |
|       o         |
```

```
|        +         |
|        S +  .    |
|     o  +  *  o   |
|      . o  *  ooE |
|       o + o=o o  |
|       . . oooo+  |
+------------------+
...
```

randomart 图以可视化形式显示系统的主机公钥，比公钥指纹更容易记住(见上面的示例)。让用户可以更易觉察到指纹的改变，意味着当连接到并不是自己想要连接的系统时，用户将会知晓。

17.3.6　ssh-agent：保存私钥

在使用 ssh-keygen 生成公共/私有密钥对时，可以选择指定密码短语。如果指定了密码短语，需要在每次使用密钥时提供密码短语。结果是，设置了一个密钥对，省去了在使用 ssh 登录远程系统时每次指定密码的步骤，但现在又在每次都提供密码短语。

如果私钥没有密码，则 ssh-agent 没有任何作用

提示　使用 17.3.4 节 "认证密钥:自动登录" 描述的技术，可以在不提供密码的情况下登录远程系统。但是，如果在设置密钥对时指定了一个密码，那么仍然必须提供该密码。ssh-agent 实用程序设置一个会话，以便在会话开始时只提供一次密码。然后，假设已经设置了自动登录，就可以登录到远程系统，而无须指定远程系统或私有密钥的密码。

个人密钥加密、密码短语和 ssh-agent

安全　个人认证密钥的私有部分保存在一个只有你自己可以读的文件中。当设置自动登录远程系统时，任何在本地系统中可以访问你账号的人，现在也可以访问你在远程系统上的账号，因为这样的用户可以读取你个人认证密钥的私有部分。因此，恶意用户一旦掌握了本地系统中你的或 root 用户的账号，接下来他就可以访问你在远程系统上的账号。

将个人认证密钥的私有部分加密可以保护密钥，因此可以限制掌握本地账号的用户访问远程系统。然而，如果加密个人认证密钥，就必须在每次需要使用密钥的时候提供密码短语，这使得登录远程系统时不需要输入密码的便利全部被抵消了。

可使用 ssh-agent 在一次会话周期中记录个人认证密钥的私有部分;只需要在会话开始时提供一次密码短语。

在可移动媒介上保存私有密钥

安全　可以将私有密钥保存在可移动媒介上，例如 USB 驱动器，并将~/.ssh 目录作为这个驱动器上所保存文件系统的挂载点。你可能想要使用密码短语加密这些密钥，以防驱动器丢失。创建一个强密码短语对于阻止未授权访问是十分关键的。

---

ssh-agent 实用程序允许使用密码短语保护个人密钥，而且仅需要在每次会话开始时，输入一次密码短语。当退出时，ssh-agent 会忘掉密码短语。使用如下命令启用 ssh-agent:

```
$ eval $(ssh-agent -s)
Agent pid 2527
```

ssh-add　一旦启用 ssh-agent，使用 ssh-add 为密钥对指定密码短语:

```
$ ssh-add ~/.ssh/id_ecdsa
Enter passphrase for /home/sam/.ssh/id_ecdsa:
Identity added: /home/sam/.ssh/id_ecdsa (/home/sam/.ssh/id_ecdsa)
```

如果省略了 ssh-add 的参数，它将为~/.ssh/id_rsa、~/.ssh/id_dsa 和~/.ssh/identify 中存在的文件全部指定密码短语。这样设置之后，不提供密码就可以使用 ssh 登录到远程系统，并且每个会话中仅需要提供一次密码短语。

17.3.7　命令行选项

命令行选项会覆盖配置文件中的声明。下面描述了一些更有用的 sshd 选项。

-D　(noDetach)在前台保持 sshd。用于调试；由-d 隐含。

-d　(调试)设置调试模式，以便 sshd 将调试消息发送到系统日志，服务器在前台保持运行(隐含了-D)。重复这个选项多达三次，以增加冗长。参见- e。(ssh 客户端使用-v 进行调试)

-e　(错误)将输出发送到标准错误，而不是发送到系统日志。和- d 一起使用。

-f　将 *file* 指定为配置文件，以代替/etc/ssh/sshd_config。

-t　(测试)检查配置文件的语法和密钥文件的完整性。

17.3.8　/etc/ssh/sshd_config 配置文件

/etc/ssh/sshd_config 配置文件中的行包含声明。每一个声明都以一个不区分大小写的关键字开始。一些关键字必须后跟空格和一个或多个区分大小写的参数。在这些更改生效之前，必须重新加载 sshd 服务器。以下是可以指定的一些关键字和参数。初始值用下划线标出。

AllowUsers *userlist*　*userlist* 是一个由空格分隔的用户名列表，它指定了哪些用户允许使用 sshd 登录。这个列表可以包括*和?通配符。可以指定用户为 **user** 或 **user**@host。如果使用第二种格式，确保把主机指定为 hostname 返回的主机。没有这个声明，任何可以在本地登录的用户都可以使用 OpenSSH 客户端登录。不能使用数字用户 ID 工作。

ClientAliveCountMax *n*　*n* 指定在 sshd 从客户端断开连接之前，可以发送而没有收到响应的客户端消息数量。参见 ClientAliveInterval。默认是 3。

ClientAliveInterval *n*　在未从客户端收到消息的 *n* 秒后，通过加密通道发送消息。参见 ClientAliveCountMax。默认值是 0，这意味着没有发送消息。

此声明通过加密通道传递消息，不受 IP 欺骗的影响。它与 TCPKeepAlive 不同，后者使用 TCP keepalive 选项，且容易受到 IP 欺骗。

DenyUsers userlist　*userlist* 是一个由空格分隔的用户名列表，它指定了哪些用户不允许使用 sshd 登录。这个列表可以包括*和?通配符。可以指定用户为 **user** 或 **user**@host。如果使用第二种格式，确保把主机指定为 hostname 返回的主机。不能使用数字用户 ID 工作。

ForceCommand *command*　执行 *command*，忽略客户端指定的命令和可选文件~/.ssh/ssh/rc ~/中的命令。

HostbasedAuthentication yes | no　设置为 yes 时，尝试 rhosts 和/etc/hosts.equiv 身份验证。对于较安全的系统，这个声明设置为 no。

IgnoreRhosts yes | no　进行身份验证时忽略.rhosts 和.shosts 文件。不影响使用/etc/hosts.equiv 和/etc/ssh/shosts.equiv 文件进行身份验证。对于较安全的系统，这个声明设置为 yes。

LoginGraceTime *n*　在断开连接之前，等待用户在服务器上登录的秒数。使用 0 意味着没有时间限制。默认值是 120 秒。

LogLevel *val*　指定日志消息的详细等级。Val 从 QUIET、FATAL、ERROR、INFO、VERBOSE、DEBUG1 和 DEBUG3 中选择。使用 DEBUG 级别会侵犯用户隐私。

PasswordAuthentication yes | no　允许用户使用密码进行身份验证。对于更安全的系统，会建立自动登录，并将此声明设置为 no。

PermitEmptyPasswords yes | no　允许用户登录具有空密码的账户。

PermitRootLogin yes | without-password | forced-commands-only | no　允许 root 用户使用 OpenSSH 客户端登录。默认设置 yes，但有些 Linux 发行版将 PermitRootLogin 设置为 without-password。

设置此声明为 yes，就允许用户提供 root 密码，登录为特权用户。此设置允许通过网络发送 root 密码。因为密码是加密的，所以这个设置不会造成很大的安全风险。它要求用户作为一个特权用户来连接，以了解 root 密码。

将此声明设置为 no，就不允许 root 直接进行身份验证；用户已登录后，特权必须来自 sudo 或 su。考虑到连接到互联网的典型系统上的暴力攻击数量，这是一个不错的选择。

将此声明设置为 without-password，意味着用户要直接验证为 root 身份，就只能使用授权密钥。

将此声明设置为 forced-commands-only，只能使用授权密钥，但在身份验证之后，要强制执行特定的命令，而不是启动交互式 shell。该命令由 ForceCommand 指定。

PermitUserEnvironment yes | no　允许用户修改登录到远程系统的环境。参见前面的 environment。

Port num　指定 sshd 服务器侦听端口 num，把 num 改为非标准的端口可能会提高安全性。默认值是 22。

StrictModes yes | no　检查用户主目录和文件的模式及所有权。如果目录和/或文件可以由所有者以外的任何其他人写入，则除了所有者以外的用户都会登录失败。对于更安全的系统，请将此声明设置为 yes。

SyslogFacility val　指定当记录消息时 sshd 使用的设备名称。将 val 设置为 DAEMON、USER、AUTH、LOCAL0、LOCAL1、LOCAL2、LOCAL3、LOCAL4、LOCAL5、LOCAL6 或 LOCAL7.

TCPKeepAlive yes | no　当设置为 yes 时，定期检查连接是否是活动的。当客户端崩溃或连接因为另一个原因断开时，即使中断是暂时的，这种检查也会删除 ssh 或 scp 连接。把此参数设置为 no，服务器就不检查连接是否是活动的。

此声明测试传输(TCP)层上的连接。它使用 TCP keepalive 选项，这是不加密的，很容易受到 IP 欺骗。不容易受到 IP 欺骗的选项可参考 ClientAliveInterval。

X11Forwarding yes | no　设置为 yes 时允许 X11 转发。为了让可信 X11 转发工作，ForwardX11Trusted 声明也必须在客户端的~/.ssh/config 或/etc/ssh/ssh_config 配置文件中设置为 yes。默认是 no，但 ForwardX11Trusted 设置为 yes。更多信息请参见后面的"Forwarding X11"。

17.4　疑难解答

日志文件：使用 ssh 或 scp 连接出问题时，可以在几个地方查找线索。首先，在服务器上寻找 sshd 条目。使用 AllowUsers 声明时，可能会看到下面的消息，但没有包括试图登录的用户。标记 PAM 的消息源于 PAM。

检查配置文件：可以使用 sshd-t 选项来检查服务器配置文件的语法。如果配置文件的语法正确，命令就不显示任何内容。

调试客户端：尝试用-v 选项连接(SSH 或 SCP，结果应该是相同的)。OpenSSH 显示大量的调试信息，其中一些可能有助于找到问题所在。重复此选项最多三次，以增加冗余。

调试服务器：可以在服务器端发出命令/usr/sbin/sshd -de，进行调试，同时使用 root 权限来工作。服务器在前台运行，其输出可能有助于解决问题。

17.5　隧道/端口转发

ssh 实用程序可以通过它建立的加密连接转发端口(端口转发)。由于被转发端口中发送的数据使用加密的 ssh 连接作为数据连接层，通常用术语"隧道"来描述这种类型的连接，例如"连接通过 ssh 隧道"。可以通过 ssh 隧道让很多协议更安全，包括 POP、X、IMAP、VNC 和 WWW。

17.5.1　转发 X11

ssh 实用程序可以让 X11 协议轻松地通过隧道。为了让 X11 隧道正常工作，必须在服务器和客户端上启用它，而且客户端必须运行着 X Window 系统。

服务器

在 ssh 服务器上，通过将/etc/ssh/sshd_config 文件中的 X11Forwarding 声明设置为 yes，来启用 X11 转发。

可信客户端　在客户端上，通过将/etc/ssh/ssh_config 或~/.ssh/config 文件中的 ForwardX11 和 ForwardX11Trusted 声明设置为 yes，启用可信 X11 转发。可选择在命令行上指定-Y 选项，从而以可信模式启动客户端。

在客户端启用可信 X11 转发时，客户端以可信方式连接，这意味着客户端相信服务器并且被赋予对 X11 显示的全部访问权限。有了对 X11 显示的全部访问权限，在某些情况下，某个客户端或许能够修改其他客户端的 X11 显示。在你相信远程系统时建立可信连接：因为我们不想让其他人窜改自己的客户端。

非可信客户端　在客户端上，通过将/etc/ssh/ssh_config 或~/.ssh/config 文件中的 ForwardX11 声明设置为 yes，将

ForwardX11Trusted 声明设置为 no，可以启用非可信 X11 转发。可以选择在命令行上指定-X 选项，从而以非可信模式启动客户端。

非可信客户端被赋予对 X11 显示的受限访问权限，并且不能修改其他客户端的 X11 显示。当以非可信模式运行时，几乎没有客户端能够正常工作。如果正以非可信模式运行 X11 客户端并且遇到了问题，请尝试以可信模式运行(假设你相信远程系统)。

运行 ssh　可信 X11 转发开启之后，ssh 使用隧道传输 X11 协议、设置所连接到系统的 DISPLAY 环境变量并转发必需的端口。通常你正在 GUI 中运行程序，这意味着你正在某个终端模拟器窗口中使用 ssh 连接到远程系统。当从 ssh 提示符中给出 X11 命令时，OpenSSH 创建一个新的安全信道用于传输 X11 数据。X11 程序的图形化输出会显示在屏幕上。通常将需要以可信模式运行客户端。

默认情况下，ssh 为转发的 X 会话使用 X Window 系统显示编号 10 及更大编号(端口号 6010 及更大端口号)。在使用 ssh 连接到远程系统后，可以给出命令来运行 X 应用程序。接下来，程序将会在远程系统上运行，并且其显示将出现在本地系统上，使得它看起来就像在本地运行一样。

17.5.2　端口转发

可以使用-L 和-R 选项转发任意端口。-L 选项将本地端口转发到远程系统，使尝试连接本地系统上被转发端口的程序透明地连接到远程系统。-R 选项做相反的事情：它将远程端口转发到本地系统。-N 选项，用于阻止 ssh 执行远程命令，通常与-L 和-R 一起使用。当指定-N 时，ssh 就像仅仅转发端口的私有网络一样工作。使用-L 和-R 选项的 ssh 命令行语法如下：

```
$ ssh -N -L | -R local-port:remote-host:remote-port target
```

其中 *local-port* 是被转发到或转发自 *remote-host* 的本地端口号，*remote-host* 是 *local-port* 转发到或转发自的系统名或 IP 地址，*remote-port* 是被转发自或转发到本地系统的 *remote-host* 的端口号，*target* 是 ssh 连接的系统名或 IP 地址。作为示例，假定本地系统上有一个 POP 邮件客户端，并且 POP 服务器在远程网络中名为 phphost 的系统上。POP 是不安全的协议；每次客户端连接服务器时，密码以明文发送。可以采用让 POP 通过 ssh 隧道的方式，令它更安全(POP-3 连接 110 端口；1550 是本地系统上的任意端口)：

```
$ ssh -N -L 1550:pophost:110 pophost
```

在给出以上命令后，可以指定 POP 客户端连接 localhost:1550。客户端和服务器之间接下来的连接将被加密(当在 POP 客户端上设置账户时，指定服务器的地址为 localhost、端口 1550；不同邮件客户端的细节可能不同)。

防火墙　在上面的示例中，*remote-host* 和 *target* 相同。然而，指定的要进行端口转发的系统(*remote-host*)并不需要和 ssh 连接的目标(*target*)相同。作为示例，假定 POP 服务器在防火墙的后面，你不能直接通过 ssh 连接它。如果能够使用 ssh 通过 Internet 连接到防火墙，那么可以对 Internet 连接的部分进行加密：

```
$ ssh -N -L 1550:pophost:110 firewall
```

这里 *remote-host*(接收端口转发的系统)是 pophost，*target*(ssh 连接到的系统)是 firewall。

当在防火墙的后面时(即正在运行 sshd)，也可以使用 ssh 并将某个端口转发到自己的系统，而不需要改变防火墙设置：

```
$ ssh -R 1678:localhost:80 firewall
```

上面的命令将外部到防火墙上 1687 端口的连接转发到本地 Web 服务器。这种转发连接的方式，可以通过使用 Web 浏览器连接防火墙上的 1678 端口，从而连接本地系统上的 Web 服务器。如果在本地系统上运行 Webmail 程序，这种设置是有用的，因为它可以在任何地方通过 Internet 查看邮件。

压缩　压缩由-C 选项启用，在低带宽的连接中可以加速通信。这个选项通常和端口转发一起使用。压缩会在一定程度上导致延迟增加，对于在高带宽连接上转发 X 会话的情况，这是不能令人满意的。

17.6　本章小结

OpenSSH 是安全的网络连通工具套装，通过将包括密码在内的所有通信加密，来阻止恶意用户窃听、劫持连接和窃取密码。OpenSSH 服务器接收来自包括 ssh(在其他系统中运行命令或者登录到其他系统)、scp(与其他系统互相复制文件)和 sftp(安全地替代 ftp)客户端的连接。助手程序包括 ssh-keygen(创建、管理和转换认证密钥)、ssh-agent(在会话期管理密钥)和 ssh-add(与 ssh-agent 一起使用),用于创建和管理认证密钥。

为了保证安全通信,当 OpenSSH 客户端打开连接时,它会验证是否连接到了正确的服务器。OpenSSH 接下来加密系统之间的通信。最后,OpenSSH 确认用户被授权登录到服务器或者被授权与服务器互相复制文件。可通过使用 ssh 隧道提高许多协议的安全性,包括 POP、X、IMAP、VNC 以及 WWW。

在设置正确的情况下,OpenSSH 也允许安全的 X11 转发。利用这个特性,可在远程系统上安全地运行图形化程序并在本地系统上显示。

练习

1. 实用程序 scp 和 sftp 有什么不同?
2. 如何使用 ssh 找出登录到远程系统的用户?
3. 如何使用 scp 从名为 plum 的系统中,将~/.bashrc 文件复制到本地系统?
4. 如何使用 ssh 在 plum 上运行 xterm 并在本地系统上显示结果? plum 上的用户名是 max。
5. 当在本地显示中使用 ssh 运行 X 应用程序时,遇到什么问题时会启用显示压缩?
6. 当尝试使用 OpenSSH 客户端连接到远程系统时,看到一条消息,警告远程主机身份发生了改变,这说明什么么?你应该怎么办?

高级练习

7. 想要从 plum 上将自己的主目录复制到本地系统,应该使用什么样的 scp 命令?
8. 如果名为 plum 的远程系统禁用了远程 root 登录,可使用哪一条命令以 root 身份登录到 plum?
9. 如何使用 ssh 比较 plum 和本地系统中~/memos 目录的内容?
10. 如何使用拥有 OpenSSH 认证的 rsync 将本地系统工作目录下的 memo12 文件复制到你在 plum 上的主目录中?如何将本地系统工作目录下的 memos 目录复制到你 plum 上的主目录中,并让 rsync 显示每个被复制的文件?

第 VI 部 分

命 令 参 考

第 18 章　命令参考

第18章

命令参考

表 18-1~表 18-5 列出了本部分将要介绍的实用程序，这些实用程序按照功能进行了分组，功能相同的实用程序按照字母顺序介绍。虽然其中的大多数都是真正的实用程序(独立于 shell 的程序)，但有些命令内置于 shell 之中(称为 shell 内置命令)。18.4 节以 sample 实用程序为例，给出了本书描述每个实用程序的格式。

表 18-1 显示和操作文件的实用程序

实 用 程 序	说　　明
aspell	检查拼写错误
bzip2	压缩和解压缩文件
cat	连接并显示文件
cmp	比较两个文件
comm	比较两个已排序文件
cp	复制文件
cpio	创建归档文件，从归档文件中还原文件，或复制目录分层结构
cut	从输入行中选择字符或字段
dd	转换并复制文件
diff	显示两个文本文件的不同之处
ditto	复制文件，创建归档文件并解压(仅用于 macOS)
emacs	编辑器
expand	将 TAB 转换为 SPACE
find	根据不同条件查找文件
fmt	简单地格式化文件
grep	在文件中搜索模式
gzip	压缩或解压缩文件
head	显示文件的头部
join	基于公共字段合并两个文件中的行
less	分屏显示文本文件
ln	创建文件的链接
lpr	向打印机发送文件
ls	显示一个或多个文件的相关信息
man	显示实用程序对应的文档
mkdir	创建目录
mv	重命名或移动文件
nl	给文件中的行标号
od	转储文件内容
open	打开文件、目录和 URL(仅用于 macOS)
otool	显示文件、库和可执行文件(仅用于 macOS)
paste	连接文件中相应的行
pax	创建归档文件，从归档文件中还原文件，或者复制目录结构
plutil	操作属性列表文件(仅用于 macOS)
pr	给文件标明页数，以供打印
printf	格式化字符串和数值数据
rm	删除文件(删除链接)
rmdir	删除目录
sed	编辑文件(非交互式地)
sort	分类和/或合并文件
split	将文件分成多个部分
strings	显示文件中的可打印字符串

(续表)

实 用 程 序	说　　明
tail	显示文件的尾部
tar	对文件进行归档或从归档文件中检索文件
touch	创建文件或改变文件的访问时间或修改时间
unexpand	将 SPACE 转换为 TAB
uniq	将文件的行唯一地显示
vim	编辑器
wc	显示行数、字数和字节数

表 18-2　网络实用程序

实 用 程 序	说　　明
curlftps	将 FTP 服务器上的目录挂载为本地目录
ftp	通过网络传输文件
rsync	在远程系统上安全地复制文件和目录结构
scp	从远程系统安全地复制一个或多个文件，或将一个或多个文件安全地复制到远程系统
ssh	安全地在远程系统上执行命令或打开 shell
sshfs	将 OpenSSH 服务器上的目录挂载为本地目录
telnet	通过网络与远程计算机建立连接

表 18-3　显示和修改状态的实用程序

实 用 程 序	说　　明
cd	切换到另一个工作目录
chgrp	改变与文件关联的组
chmod	改变文件的访问模式(权限)
chown	修改文件的所有者和/或与文件关联的组
date	修改或设置系统日期和时间
df	显示磁盘的使用情况
dmesg	显示内核消息
dscl	显示和管理 Directory Service 信息(仅用于 macOS)
du	显示文件和/或目录结构占用磁盘的信息
file	显示文件类别
finger	显示用户信息
GetFileInfo	显示文件属性(仅用于 macOS)
kill	根据 PID 终止进程
killall	根据名称终止进程
nice	修改命令的优先权
nohup	注销后保持命令继续运行
ps	显示进程状态
renice	修改进程的优先权
SetFile	设置文件属性(仅用于 macOS)
sleep	创建在指定时间间隔内休眠的进程
stat	显示文件的相关信息
stty	显示或设置终端参数

(续表)

实 用 程 序	说　　明
stty	显示或设置终端参数
sysctl	显示和修改内核变量(仅用于 macOS)
top	动态显示进程状态
umask	创建文件的权限屏蔽码
w	显示系统用户信息
which	显示某个命令在 PATH 中的位置
who	显示已登录用户的信息

表 18-4　属于编程工具的实用程序

实 用 程 序	说　　明
awk	搜索并处理文件中的模式
configure	自动配置源代码
gawk	搜索并处理文件中的模式
gcc	编译 C 和 C++程序
make	保持一组程序最新
mawk	搜索并处理文件中的模式
perl	脚本语言
python	编程语言

表 18-5　其他实用程序

实 用 程 序	说　　明
at	在某个特定时间执行命令
busybox	实现大量标准实用程序
cal	显示日历
crontab	维护 crontab 文件
diskutil	检查、修改和修复本地卷(仅用于 macOS)
echo	显示消息
expr	计算某个表达式的值
fsck	检查并修复文件系统
launchctl	控制 launchd 守护进程(仅用于 macOS)
mc	在文本环境下管理文件(也称为 Midnight Commander)
mkfs	创建设备的文件系统
screen	管理多个文本窗口
tee	将标准输入复制到标准输出或者一个或多个文件
test	计算某个表达式的值
tr	替换指定的字符
tty	显示终端的路径名
tune2fs	改变 ext2、ext3 或 ext4 文件系统的参数
xargs	将标准输入转换成命令行

18.1 标准倍数后缀

有些实用程序可以在字节数的后面使用表 18-6 所列的后缀。可在倍数后缀前加上一个数字，称为乘数。例如，5K 表示 5×2^{10}。如果倍数后缀前没有乘数，那么乘数将默认为 1。允许使用这些后缀的实用程序就是使用这种方式进行标记的。

表 18-6 倍数后缀

后 缀	倍 数	后 缀	倍 数
KB	$1\,000(10^3)$	PB	10^{15}
K	$1\,024(2^{10})$	P	2^{50}
MB	$1\,000\,000(10^6)$	EB	10^{18}
M	$1\,048\,576(2^{20})$	E	2^{60}
GB	$1\,000\,000\,000(10^9)$	ZB	10^{21}
G	$1\,073\,741\,824(2^{30})$	Z	2^{70}
TB	10^{12}	YB	10^{24}
T	2^{40}	Y	2^{80}

例如，下面的命令使用 dd 创建一个包含 2 兆字节(2×10^6 字节)随机值的文件。它在 count 参数中使用 MB 作为乘数 2 的倍数后缀。实用程序 ls 显示结果文件的大小。它使用-h(human-readable)选项显示文件大小为 2.0M，而不是难以阅读的 2 000 000(字节)。

```
$ dd if=/dev/urandom of=randf bs=1 count=2MB
2000000+0 records in
2000000+0 records out
2000000 bytes (2.0 MB) copied, 20.5025 s, 97.5 kB/s
$ ls -lh randf
-rw-r--r--. 1 sam pubs 2.0M 04-10 15:42 randf
```

使用 info coreutils Block size 命令可查看更多信息。

BLOCKSIZE 在 macOS 中，一些实用程序使用 BLOCKSIZE 环境变量设置默认的块大小。可以把 BLOCKSIZE 设置为字节数或使用 K、M 或 G 后缀的数值。使用 BLOCKSIZE 的实用程序都是使用这种方式进行标识的。

18.2 常见选项

有些 GNU 实用程序带有如表 18-7 所示的选项。带有这些选项的实用程序都使用这种方式进行标记。

表 18-7 常见命令行选项

选 项	效 果
-	在文件名的位置输入一个连字符以表明该实用程序的输入可以从标准输入获得，而不是从文件获得
--	在命令行上输入两个连字符表明选项的结束；该选项之后可以跟一个以一个连字符开始的参数；如果没有该选项，实用程序将把以一个连字符开始的参数看作选项
--help	显示实用程序的帮助消息；此类消息有时很长，可以使用管道将消息发送到 less 来分屏显示，例如命令 ls --help | less；如果要查看某些特定信息，可以使用管道将消息发送到 grep，例如命令 ls --help | grep -- -d 可以获得与选项-d 相关的信息(关于命令中的两个连字符的信息，参见该表中前一行的说明)
--version	显示实用程序的版本信息

18.3 sample 实用程序

下面描述的 sample 实用程序给出了本书在这一部分描述实用程序的格式。这些描述与 man 页的描述内容类似，但本书中的描述更便于阅读和理解。本书对实用程序的描述强调实用程序最有用的功能而省略了比较晦涩的功能。对于不常用的功能，可以查看 man 页和 info 页，或者调用实用程序时带上--help 选项(该选项对很多实用程序都有效)。

18.4　sample(macOS)

说明：括号中的 macOS 表示这个实用程序仅用于 macOS。

简洁地描述实用程序的功能

> *sample **[options] arguments***

下面是对实用程序的语法行的描述。语法行表明了从命令行运行实用程序的方式。选项和参数用方括号括起来，表明它们不是必需的。需要直接输入的单词采用了斜体样式，需要替换后再输入的单词采用了加粗的斜体样式。命令参数采用标识一个单独参数(如 source-file)或一组类似参数(如 directory-list)的单词表示。这里要注意，该实用程序是否仅在 Linux 或 macOX 下运行。

参数(arguments)

本部分描述了运行实用程序时使用的参数。参数本身如前面的语法行所示，用加粗的斜体样式表示。

选项(options)

本部分描述了命令包含的选项。除非特殊说明，选项前面要放置一两个连字符。大多数命令在多个选项前都带一个连字符。本部分按照短版本选项(带有一个连字符)的字母顺序依次介绍实用程序可以使用的选项。如果选项只有长版本(带有两个连字符)，就按照其长版本选项的字母顺序介绍。下面列举选项的一些示例。

--delimiter=*dchar*	-d *dchar*	该选项包含一个参数 *dchar*。该参数在标题和说明部分均采用斜体。在命令行上输入命令时，该参数可以使用诸如文件名、字符串或其他值来替换。可直接输入--delimiter 和-d 之类的字符。
--make-dirs	-m	这是一个具有长短两个版本的选项，可使用两个版本中的任意一个，它们是等效的(仅用于 Linux)。这个选项的末尾有 Linux，表示它仅用于 Linux；如果这个选项的末尾没有 macOS 或 Linux，表示它可用于 Linux 和 macOS 两种操作系统。
	-t	(table of contents)这是前面带有一个连字符、后面不跟任何参数的简单选项。该选项没有等效的长版本选项。位于描述开头的圆括号中的 table of contents 表明了该选项的字母所代表的意义(仅用于 macOS)。这个选项的末尾有 macOS，表示它仅用于 macOS；如果这个选项的末尾没有 macOS 或 Linux，表示它可用于 Linux 和 macOS 两种操作系统。

讨论

本部分为可选部分，对怎样使用实用程序和实用程序存在的一些特殊地方进行了介绍。

注意

本部分包括各个方面的注意事项，有些很重要，有些很有趣。

示例

本部分包括一些使用实用程序的示例，可作为使用指南。该部分的内容比前面的内容更随意些。

18.5　aspell

检查文件中的拼写错误。

```
aspell check [options]filename
aspell list [options] < filename
aspell config
aspell help
```

实用程序 aspell 按照标准字典来检查某个文档中单词的拼写。可以交互地使用 aspell 实用程序：它可以显示出上下文中每个拼写错误的单词，同时给出一个接收正确单词的选项菜单，可以从中选择一个来替换错误的单词，也可以把错误的单词插入个人字典中，或者重新输入以替换错误的单词。也可以采用批处理模式使用 aspell，这样 aspell 可以从标准输入读取输入，并将执行结果写入标准输出。实用程序 aspell 只能用于 Linux。

> **aspell 不像其他实用程序那样关心输入**
>
> **提示**　不像其他实用程序，当在命令行上没有指定文件名时，aspell 不能从标准输入接收输入，它由动作(action) 指定 aspell 获取输入的来源。

动作

当运行 aspell 时，需要从下面的内容中选择一个唯一的动作。

check	-c	用交互式拼写检查器运行 aspell。输入来自在命令行上指定的文件。参见本节关于"讨论"的内容。
config		显示 aspell 的配置，包括默认值和当前值。通过管道将输出发送给 less 以便于查看，或者使用 grep 来查看感兴趣的选项(例如，aspell config | grep backup)。
help	-?	显示 aspell 内容丰富的帮助页。通过管道将输出发送给 less 以便于查看。
list	-l	以批处理模式(非交互式地)运行 aspell。输入来自标准输入，把输出发送到标准输出。

参数

参数 *filename* 为要检查的文件名。只有在使用 check(或-c)动作时，aspell 才接收该参数。使用 list(或-l)动作时，输入必须来自标准输入。

选项

aspell 实用程序带有很多选项。本节将介绍一些较常用的选项，查看 aspell 的 man 页可以获得选项的完整列表。一些选项的默认值在编译 aspell 时确定(参见 config 动作)。

可在命令行上、环境变量 ASPELL_CONF 的值中，或者在个人配置文件(~/.aspell.conf)中指定 aspell 的选项。超级用户还可以创建全局配置文件(/etc/aspell.conf)。在配置文件中，一行放置一个选项；在 ASPELL_CONF 变量中，选项之间以分号(;)隔开。这 4 种设置选项的方法的优先级由高到低为：命令行、ASPELL_CONF、个人配置文件、全局配置文件。

aspell 共有两类选项：布尔型和数值型。布尔型的选项打开(启用)或关闭(禁用)某种功能。在布尔型选项前带 dont- 即可关闭该功能。例如，--ignore-case 将 ignore-case 功能打开，--dont-ignore-case 关闭该功能。

数值型选项为某个功能赋值。下面的选项使用等号来赋值，例如，--ignore=4。

在配置文件或 ASPELL_CONF 变量中设置所有选项，都不使用前导连字符(例如，ignore-case 或 dont-ignore-case)。

> **aspell 选项与前导连字符**
>
> **警告**　指定选项的方式依赖于指定选项的位置：是否在命令行上，使用 shell 变量 ASPELL_CONF 还是在配置文件中。
>
> 若在命令行上指定选项，则长版本选项的前缀为两个连字符(例如，--ignore-case 或--dont-ignore-case)；而在 ASPELL_CONF 和配置文件中指定选项，将不使用前导连字符(例如，ignore-case 或 dont-ignore-case)。

--dont-backup	不创建名为 *filename*.bak 的备份文件(当动作为 check 时，默认值为--backup)。
--ignore=*n*	忽略包含不多于 *n* 个字符的单词(默认为 1)。
--ignore-case	忽略所检查单词中字母的大小写(默认为--dont-ignore-case)。
--lang=*cc*	使用两个字母的语言代码(cc)指定语言。语言代码默认为 LC_MESSAGES 的值。
--mode=*mod*	指定要使用的过滤器。从 url(默认)、none、sgml 或其他模式来选择 mod。这些模式的工作机制分别为：url，忽略 URL、主机名和电子邮件地址；none：关闭所有过滤器；sgml：忽略 SGML、HTML、XHTML 和 XML 命令。
--strip-accents	在对单词检查之前，去除字典中所有单词的重音标记(默认为--dont-strip-accents)。

讨论

实用程序 aspell 具有两种基本的操作模式：批处理模式和交互模式。使用动作 list 或-l 指定批处理模式。在批处理模式中，aspell 将要检查是否有拼写错误的文档作为标准输入，将检查出的拼写可能拼错的单词发送到标准输出。

使用动作 check 或-c 指定交互模式。在交互模式中，aspell 将在上下文中突出显示可能拼错的单词，并在屏幕底部显示候选菜单。参见下面关于"示例"的内容。菜单包含各种命令(如表 18-8 所示)和一些校正单词的拼写建议。可以从菜单中选择并输入建议的单词所对应的编号来替换有问题的单词，或者通过字母输入命令。

表 18-8　aspell 命令

命　　令	动　　作
空格	不采取任何动作并继续查看下一个拼写错误的单词
n	用建议的单词所对应的编号 *n* 来替换错误单词
a	将"拼写错误的"单词加入个人字典中
b	终止 aspell，不保存任何修改
i 或 I(字母 i)	忽略拼写错误的单词；I(大写字母 I)忽略所有拼写错误的单词；i 仅忽略本次拼写错误的单词，与空格键的功能相同
l(小写字母 l)	将"拼写错误的"单词改为小写，并将其添加到个人字典中
r 或 R	使用在屏幕底部输入的单词替换拼写错误的单词；R 替换所有拼写错误的单词；r 只替换本次拼写错误的单词
x	保存到目前为止所做的修改并退出 aspell

注意

更多信息可查阅 aspell 的 man 页、aspell 主页 www.aspell.net 和目录/usr/share/doc/aspell。

aspell 并不是完全可靠的拼写检查实用程序。它检查不出拼写正确但使用错误的单词(如 read 误写为 red 的情况)。

在 emacs 中检查拼写　通过在文件~/.emacs 中添加下面的行就可以很容易地在 emacs 中使用 aspell。该行使得 emacs 的 ispell 函数调用 aspell：

```
(setq-default ispell-program-name "aspell")
```

在 vim 中检查拼写　类似地，通过在~/.vimrc 文件中添加下面的行，便可以在 vim 中使用 aspell：

```
map ^T :w!<CR>:!aspell check %<CR>:e! %<CR>
```

当使用 vim 在文件~/.vimrc 中输入上面的行时，输入^T 与按 CONTROL+V 和 CONTROL+T 组合键的效果相同。输入此行后，按 CONTROL+T 组合键将调用 aspell 来检查用户用 vim 正在编辑的文件。

示例

下面的示例用 aspell 检查文件 memo.txt 中的拼写。

```
$ cat memo.txt
Here's a document for teh aspell utilitey
to check. It obviosly needs proofing

quiet badly.
```

第 1 个示例使用采取 check 动作并且不带任何选项的 aspell。在屏幕中加粗显示第 1 个拼写错误的单词 teh，如下所示。屏幕底部为命令菜单和建议的单词。编号的每个单词与拼写错误的单词十分相近但有所不同。

```
$ aspell check memo.txt
Here's a document for teh aspell utilitey
to check. It obviosly needs proofing
quiet badly.
============================================================
1) the                           6) th
2) Te                            7) tea
3) tech                          8) tee
4) Th                            9) Ted
5) eh                            0) tel
i) Ignore                        I) Ignore all
r) Replace                       R) Replace all
a) Add                           l) Add Lower
b) Abort                         x) Exit

============================================================
?
```

输入其中一个菜单选项来响应上面的显示，aspell 将按用户的命令执行，接着突出显示下一个拼写错误的单词 (如果用户没有选择终止或退出)。在这个示例中，输入 1 会把文件中的 teh 改为 the。

下面的示例使用 list 动作以列表形式显示拼写错误的单词。单词 quiet 虽然在文本中使用错误，但由于在字典中存在该单词，因此它没有出现在错误单词列表中。

```
$ aspell list < memo.txt
teh
aspell
utilitey
obviosly
```

最后一个示例也采用了 list 动作。它是一种仅使用一条命令就可以检查一两个单词的拼写的快速方法。输入命令 aspell list，然后输入 seperate temperature 作为 aspell 的标准输入(从键盘获得的输入)，当按 RETURN 键或 CONTROL+D 组合键(文件结束标记)时，aspell 将拼写错误的单词写入标准输出(屏幕)。该过程如下所示：

```
$ aspell list
seperate temperatureRETURN
CONTROL-D
seperate
```

18.6　at

在某个指定时间执行命令。

at [options] time [date | +increment]

atq

atrm job-list

batch [options] [time]

实用程序 at 和 batch 都是在某个指定时间执行命令。它们可以从标准输入接收命令，也可以带-f选项，从文件接收命令。命令的执行环境与 at 或 batch 命令的执行环境相同。除非被重定向，命令的标准输出和标准错误输出都以电子邮件的方式发送给运行 at 或 batch 的用户。作业(job)是通过调用 at 执行的一组命令。与 at 不同，实用程序 batch 调度作业使得它们在系统 CPU 的负载很小时运行。

实用程序 atq 显示 at 队列中的作业列表。atrm 将取消挂起 at 队列中的作业。

参数

time 参数用来指定一天中运行作业的时间点。可指定 *time* 为一位数、两位数或四位数。一位数和两位数用来指定小时，四位数用来指定小时和分钟。给出的 time 形式也可以为 hh:mm。如果数字后跟 am 或 pm，则说明实用程序 at 使用 12 小时制，否则 at 将假设时钟为 24 小时制。也可将 *time* 指定为 now、midnight、noon 或 teatime (4:00 PM)。

date 参数用来指定作业在一周的某天或者一个月内的某天执行。如果不指定 *date* 参数，且 *time* 指定的时间比当前的时钟还晚些，那么 at 将在当天执行作业；否则 at 将在第 2 天执行作业。

要指定 *date* 为一周的某天，可以拼写出该天对应的全部字母或者缩写为 3 个字母，也可以使用单词 today 和 tomorrow。要指定 *date* 为某月的某天，可以按照月份、日编号、年份的顺序指定日期。

参数 *increment* 是一个数字，它的后面可以跟 minutes、hours、days 或 weeks(单复数皆可)。实用程序 at 将在 *increment* 加上 *time* 得到的时间点执行作业。不能为日期指定 *increment*。

当使用 atrm 时，*job-list* 是 at 作业中一个或多个作业编号的列表。运行带-l 选项的 at 或者运行 atq 都可以列出作业编号。

选项

batch 实用程序仅在 macOS 下接收选项。当使用 at 启动一个作业时不带-c、-l 和-d 选项。这几个选项可确定某个作业的状态或者仅取消某个作业。

-c *job-list*	(cat)显示环境和由 *job-list* 中的作业编号指定的命令。
-d *job-list*	(delete)取消之前用 at 提交的作业。*job-list* 参数是要取消的一个或多个 at 作业编号的列表。如果不记得作业编号，就使用-l 选项或者运行 atq 列出作业及其对应的作业编号。该选项对于运行 at 和 atrm 的效果相同。这个选项在 macOS 下已废弃，用-r 选项替代。
-f *file*	(file)指定来自 *file* 而非标准输入的命令。该选项对于较长的命令列表和需要重复执行的命令很有用。
-l	显示 at 调用的作业列表。该选项对于运行 at 和 atq 的效果相同。
-m	(mail)即使没有任何内容发送给标准输出和标准错误，作业运行后也发送邮件给用户。当作业产生输出时，at 总是将输出通过电子邮件发送给用户，无论是否带有该选项。
-r *job-list*	(remove)与 - d 选项相同(仅用于 macOS)。

注意

实用程序 at 使用/bin/sh 执行命令。在 Linux 下，这个文件一般是指向 bash 或 dash 的链接。

shell 将保存提交某个 at 作业时的环境变量和工作目录，以便 at 执行命令时它们可用。

at.allow 与 at.deny　root 用户总是可以使用 at 实用程序。Linux 文件/etc/at.allow(macOS 使用/var/at/at.allow)与 Linux 文件/etc/at.deny(macOS 使用/var/at/at.deny)只能由 root 读写(权限 600)，它们用来控制哪些普通的本地用户可以使用 at。当文件 at.deny 存在且为空时，所有用户都能使用 at；当文件 at.deny 不存在时，只有 at.allow 文件中列出的用户可以使用 at。在文件 at.deny 中列出的用户不能使用 at，除非该用户也在 at.allow 中列出。

在 Linux 下，使用 at 提交的作业由守护进程 atd 运行，该守护进程将作业存储在/var/spool/at 或/var/spool/cron/atjobs 中，将输出存储在/var/spool/at/spool 或/var/spool/cron/atspool 中。这些文件都应该设置为模式 700，由名为 daemon 的用户或运行任务的用户拥有。

在 macOS 下，使用 at 提交的作业由 launchd 每 30 秒调用一次的 atrun 运行。atrun 实用程序将作业存储在/var/at/jobs 中，将输出存储在/var/at/spool 中，两个文件都应该设置为模式 700，由名为 daemon 的用户拥有。

在 macOS 10.4 及更高的版本中，默认禁用守护进程 atrun。具有 root 权限的用户可以使用下面的命令启用和禁用 atrun：

```
# launchctl load -w /System/Library/LaunchDaemons/com.apple.atrun.plist
# launchctl unload -w /System/Library/LaunchDaemons/com.apple.atrun.plist
```

更多信息参见 launchctl。

示例

可以使用下面任何一种方法在次日凌晨 2:00 为 long_file 文件标页码并打印。第 1 个示例直接从命令行执行命令；后两个示例使用包含所需命令的文件 pr_tonight 和 at 来执行命令。at 的版本不同，提示符和输出也不同。

```
$ at 2am
at> pr long_file | lpr
at>CONTROL-D <EOT>
job 8 at Thu Apr 5 02:00:00 2018

$ cat pr_tonight
#!/bin/bash
pr long_file | lpr
$ at -f pr_tonight 2am
job 9 at Thu Apr 5 02:00:00 2018

$ at 2am < pr_tonight
job 10 at Thu Apr 5 02:00:00 2018
```

如果直接从命令行执行命令，那么必须在首行按 CONTROL+D 组合键表示命令的结束。按 CONTROL+D 组合键之后，at 将显示一行，该行以 job 开始，后面是作业编号和 at 将执行作业的时间。

如果在运行上述命令之前运行 atq，那么它将显示队列中的作业列表，如下所示：

```
$ atq
8       Thu Apr  5 02:00:00 2018 a sam
9       Thu Apr  5 02:00:00 2018 a sam
10      Thu Apr  5 02:00:00 2018 a sam
```

下面的命令从队列中删除编号为 9 的作业：

```
$ atrm 9
$ atq
8       Thu Apr  5 02:00:00 2018 a sam
10      Thu Apr  5 02:00:00 2018 a sam
```

下面的示例在下周同一天的下午 3:30(15:30)执行 cmdfile：

```
$ at -f cmdfile 1530 +1 week
job 12 at Wed Apr 11 15:30:00 2018
```

下面的示例在星期四下午 7:00 执行某个作业。该作业使用 find 来创建某个中间文件，将输出重定向到标准错误，并打印该文件。

```
$ at 7pm Thursday
at> find / -name "core" -print >report.out 2>report.err
at> lpr report.out
at>CONTROL-D <EOT>
job 13 at Thu Apr 5 19:00:00 2018
```

最后一个示例显示了带-c 选项(该选项用来查询前面的作业)的 at 的部分输出。大多数行显示了作业的运行环境，只有最后几行执行命令(作为 Here 文档)。

```
$ at -c 13
#!/bin/sh
# atrun uid=1000 gid=1400
# mail sam 0
umask 22
HOSTNAME=guava; export HOSTNAME
SHELL=/bin/bash; export SHELL
HISTSIZE=1000; export HISTSIZE
USER=sam; export USER
MAIL=/var/spool/mail/sam; export MAIL
PATH=/usr/local/bin:/bin:/usr/bin:/usr/local/sbin:/usr/sbin:/sbin:/hom
/sam/.local/bin:/home/sam/bin; export PATH
PWD=/home/sam; export PWD
```

```
...
cd /home/sam || {
        echo 'Execution directory inaccessible' >&2
        exit 1
}
${SHELL:-/bin/sh} << 'marcinDELIMITER3b59900b'
find / -name "core" -print >report.out 2>report.err
lpr report.out

marcinDELIMITER3b59900b
```

18.7 busybox

实现大量标准实用程序。

*busybox [**applet**] [**arguments**]*
busybox --list | --list-full
***applet* [*arguments*]**

实用程序 busybox 在单个实用程序中集成了大量标准 Linux 实用程序的功能，这些标准 Linux 实用程序称为 applet(参见附录 E)。

参数

实用程序 busybox 运行带有可选参数 arguments 的 applet。当不带 applet 调用时，它显示用法消息，列出它集成的 applet。关于典型用法的讨论请参见 "注意"。

选项

实用程序 busybox 接收两个选项，两个选项均显示其集成的 applet 的列表。多数 applet 支持--help 选项，显示 applet 支持的选项列表。

--list   显示可以从 busybox 运行的 applet 列表。

--list-full   显示可以从 busybox 运行的 applet 的绝对路径名列表。

注意

实用程序 busybox(busybox.net)将大约 200 个 Linux 实用程序的微缩版本集成到单个实用程序中。它被称为多调用二进制文件，因为可以使用很多不同的方式调用它(可以将 busybox 当作任何它所集成的实用程序来调用)。在该上下文中，其集成的实用程序被称为 applet。

考虑到 busybox 的大小，其中的 applet 包含的选项比原有 GNU 实用程序的少。这些实用程序都尽可能小，使用尽可能少的资源而且很容易定制。由于运行一个 Linux 实用程序需要几千字节的开销，将许多实用程序集成到一个可执行文件中，可以节省磁盘空间和系统内存。

鉴于它的小巧和完整性，busybox 主要被用于嵌入式系统和 Linux 下的应急 shell。当 Linux 系统不能正常启动时，它通常会转向 busybox，以便修复系统。该实用程序可以在多种环境下运行，包括 Linux、macOS、Andriod 和 FreeBSD。

尽管可以从 shell 运行 busybox，但它自身通常作为一个 shell 来运行。在后一种情况下，可以通过输入 applet 的名称和对应选项来运行 busybox applet(不需要输入单词 busybox)。

当 busybox 从 shell 运行时，它所支持的每个 applet 一般都是指向 busybox 的链接，因此可以仅输入 applet 的名称和对应选项，而不需要输入单词 busybox。在这种设置下，目录/bin 可能如下所示：

```
$ ls -l /bin
lrwxrwxrwx    1 admin    administ       7 Mar  1 16:34 [ -> busybox
lrwxrwxrwx    1 admin    administ       7 Mar  1 16:34 addgroup -> busybox
lrwxrwxrwx    1 admin    administ       7 Mar  1 16:34 adduser -> busybox
lrwxrwxrwx    1 admin    administ       7 Mar  1 16:34 ash -> busybox
```

```
lrwxrwxrwx    1 admin     administ        7 Mar  1 16:34 awk -> busybox
lrwxrwxrwx    1 admin     administ        2 Mar  1 16:34 bash -> sh
-rwxr-xr-x    2 admin     administ   451992 Mar  1 16:18 busybox
lrwxrwxrwx    1 admin     administ        7 Mar  1 16:34 bzcat -> busybox
-rwxr-xr-x    1 admin     administ    95264 Mar  1 16:19 bzip2
lrwxrwxrwx    1 admin     administ        7 Mar  1 16:34 cat -> busybox
```

如果安装 busybox，需要输入 busybox 命令，就像输入其他命令一样：以想要运行的实用程序的名称(busybox)开头。

如果 busybox 拥有某个实用程序的系统版本的访问权限，它将在使用自身内部版本之前，优先使用系统版本。可使用 busybox which 实用程序来确定 busybox 将运行哪个版本的实用程序。下面的示例展示了 busybox 将使用其内部版本的 ls 和系统版本的 cat：

```
$ busybox which ls
$ busybox which cat
/bin/cat
```

实用程序 busybox 通常安装在嵌入式系统(例如，路由器)上，因此每个实用程序都是到 busybox 的一个链接。当以这种方式配置时，可以简单地输出想要运行的命令来运行 busybox。通过下列命令可以看出这种设置的工作方式。第一条命令将工作目录中的 ls 链接到 busybox[$(which busybox)使用命令替换，返回 busybox 实用程序的绝对路径名]。第二条命令通过 ls 链接执行 busybox，运行 busybox 版本的 ls 实用程序。

```
$ ln -s $(which busybox) ls
$ ./ls
...
```

示例

当不带任何参数调用 busybox 时，它显示关于自身的信息。在下面的输出中，busybox 使用术语 fucntion 代替 applet。

```
$ busybox
BusyBox v1.22.1 (Ubuntu 1:1.22.0-15ubuntu1) multi-call binary.
BusyBox is copyrighted by many authors between 1998-2012.
Licensed under GPLv2. See source distribution for full notice.

Usage: busybox [function] [arguments]...
   or: busybox --list[-full]
   or: busybox --install [-s] [DIR]
   or: function [arguments]...
   BusyBox is a multi-call binary that combines many common Unix
   utilities into a single executable. Most people will create a
   link to busybox for each function they wish to use and BusyBox
   will act like whatever it was invoked as.

Currently defined functions:
   [, [[, acpid, add-shell, addgroup, adduser, adjtimex, ar,
   arp, arping, ash, awk, base64, basename, beep, blkid,
   blockdev, bootchartd, brctl, bunzip2, bzcat, bzip2, cal, cat,
   catv, chat, chattr, chgrp, chmod, chown, chpasswd, chpst,
   chroot, chrt, chvt, cksum, clear, cmp, comm, cp, cpio, crond,
...
```

可使用--help 选项来显示关于大多数 busybox applet 的信息：

```
$ busybox ar --help
BusyBox v1.22.1 (Ubuntu 1:1.22.0-15ubuntu1) multi-call binary.

Usage: ar [-o] [-v] [-p] [-t] [-x] ARCHIVE FILES

Extract or list FILES from an ar archive

Options:
      -o      Preserve original dates
      -p      Extract to stdout
      -t      List
```

```
-x      Extract
-v      Verbose
```

当 busybox 被作为一个独立的实用程序安装时，命令必须以单词 busybox 开头，后跟想要 busybox 运行的程序的名称：

```
$ busybox ls -l
-rw-rw-r--    1 sam      sam       8445 Feb   9 17:09 memo1
-rw-rw-r--    1 sam      sam      16890 Feb   9 17:09 memo2
```

如果正在运行 busybox shell，可以输入与使用 bash 或 tcsh 时相同的命令。可通过输入命令 busybox sh 来启动 busybox shell。

```
$ busybox sh
BusyBox v1.22.1 (Ubuntu 1:1.22.0-15ubuntu1) built-in shell (ash)
Enter 'help' for a list of built-in commands.

~ $ ls -l
-rw-rw-r--    1 sam      sam       8445 Feb   9 17:09 memo1
-rw-rw-r--    1 sam      sam      16890 Feb   9 17:09 memo2
```

18.8　bzip2

压缩和解压缩文件。

bzip2 [options] [file-list]

bunzip2 [options] [file-list]

bzcat [options] [file-list]

bzip2recover [file]

实用程序 bzip2 用来压缩文件；bunzip2 用来还原用 bzip2 压缩的文件；bzcat 用于显示用 bzip2 压缩的文件。

参数

参数 *file-list* 为要压缩或解压缩的一个或多个文件(非目录)的列表。如果 *file-list* 为空，或者带有特殊选项-，那么 bzip2 将从标准输入读取输入信息。选项--stdout 使得 bzip2 将输出结果写到标准输出。

选项

在 Linux 下，bzip2、bunzip2 和 bzcat 接收 18.2 节描述的常见选项。

提示	**bzip2 的 macOS 版本接收长选项** 对于 bzip2，以两个连字符开头(--)的选项可用于 macOS 和 Linux。	

--stdout	-c	将压缩或解压缩的结果写到标准输出。
--decompress	-d	解压缩用 bzip2 压缩的文件。该选项对于 bzip2 和 bunzip2 等价。
--fast 或--best	-*n*	设置压缩文件时块的大小。*n* 是 1～9 之间的一个数字，其中 1(--fast)将产生 100KB 的块，9(--best)将产生 900KB 的块，默认为 9。选项--fast 和--best 表示与 gzip 兼容，并不表示要得到最快和最好的压缩效果。
--force	-f	即使文件已经存在，或者文件具有多个链接，或者直接来自终端，该选项也强制进行压缩，其效果与 bunzip2 的效果类似。
--keep	-k	当压缩或解压缩文件时不删除输入文件。
--quiet	-q	抑制警告消息；但显示关键消息。
--test	-t	验证压缩文件的完整性。如果文件完整，则不显示任何内容。
--verbose	-v	显示每个正在压缩的文件的名称、压缩比、节省空间的百分比以及压缩和解压缩后文件的大小。

讨论

实用程序 bzip2 和 bunzip2 的工作方式与 gzip 和 gunzip 的工作方式类似。参见 18.44 节以获得更多信息。通常情况下，bzip2 不覆盖文件，使用--force 才可以在压缩或解压时覆盖文件。

注意

bzip2 的主页为 bzip2.org。

bzip2 实用程序的压缩效果比 gzip 好。

使用 tar 时带上--bzip2 修饰符可以用 bzip2 来压缩归档文件。

有关使用 tar 来创建和解压归档文件的其他信息和示例，请参阅 3.5.3 节。

bzcat *file-list*　与 cat 功能类似，bzcat *file-list* 使用 bunzip2 解压缩 *file-list*，同时将文件复制到标准输出。

bzip2recover　试复恢复使用 bzip2 压缩时损坏的文件。

示例

在下面的示例中，用 bzip2 压缩文件，并将压缩后的文件命名为原文件名加.bz2 扩展名。选项-v 显示关于压缩的压缩信息。

```
$ ls -l
-rw-r--r-- 1 sam sam 737414 04-03 19:05 bigfile
$ bzip2 -v bigfile
bigfile: 3.926:1, 2.037 bits/byte, 74.53% saved, 737414 in, 187806 out
$ ls -l
-rw-r--r-- 1 sam sam 187806 04-03 19:05 bigfile.bz2
```

在下面的示例中，首先使用 touch 创建一个与原始文件同名的文件，然后使用 bunzip2 解压缩文件 bigfile.bz2，结果显示输出文件已经存在，它拒绝覆盖文件。选项--force 可以使 bunzip2 覆盖该文件。

```
$ touch bigfile
$ bunzip2 bigfile.bz2
bunzip2: Output file bigfile already exists.
$ bunzip2 --force bigfile.bz2
$ ls -l
-rw-r--r-- 1 sam sam 737414 04-03 19:05 bigfile
```

18.9　cal

显示日历。

cal [options] [[month] year]

实用程序 cal 用来显示包含月份或年份的日历。

参数

参数指定用 cal 显示的日历中对应的年和月。*month* 是 1～12 之间的一个十进制整数，*year* 为一个十进制整数。如果不指定任何参数，cal 就显示当前月的日历。如果仅指定一个参数，该参数将被看成年。

选项

-j　　　　(Julian)显示公历日，该日历按照 1 月 1 日～12 月 31 日连续地计算天数(365 天或 366 天)。

-m　　　　(Monday)将星期一指定为一周的第 1 天。没有该选项，星期日将作为一周的第 1 天(仅用于 Linux)。

-m *n*　　　(month)显示本年度第 n 个月的日历(仅用于 macOS)

-y		(year)显示本年度的日历(仅用于 Linux)。
-3		(3 个月)显示前一个月、当前月和下一个月的日历(仅用于 Linux)。

注意

不要缩写年份。05 年与 2005 年不同。

ncal(new cal)实用程序显示更简明的日历。

示例

下面的命令将显示 2018 年 12 月的日历:

```
$ cal 12 2018
December 2018
Su Mo Tu We Th Fr Sa
                   1
 2  3  4  5  6  7  8
 9 10 11 12 13 14 15
16 17 18 19 20 21 22
23 24 25 26 27 28 29
30 31
```

下面的命令显示了 1949 年的公历日历。

```
$ cal -j 1949
                1949
       January                 February
Su Mo Tu We Th Fr Sa Su Mo Tu We Th Fr Sa
                   1       32 33 34 35 36
 2  3  4  5  6  7  8 37 38 39 40 41 42 43
 9 10 11 12 13 14 15 44 45 46 47 48 49 50
16 17 18 19 20 21 22 51 52 53 54 55 56 57
23 24 25 26 27 28 29 58 59
30 31
...
```

18.10　cat

连接并显示文件。

cat [options] [file-list]

实用程序 cat 将文件复制到标准输出。可使用 cat 在屏幕上显示一个或多个文本文件的内容。

参数

参数 *file-list* 为 cat 要处理的一个或多个文件的路径名列表。如果不指定任何参数,或者指定一个连字符(-)代替文件名,cat 就从标准输入读取输入信息。

选项

在 Linux 下,cat 接收 18.2 节中描述的常见选项。以两个连字符开头(--)的选项仅用于 Linux。除非特别指出,否则以一个连字符开头(-)的单字符选项可用于 macOS 和 Linux。

--show-all	-A	与 -vET 相同(仅用于 Linux)。
--number-nonblank	-b	当将行写到标准输出时,对所有非空白行进行编号。
	-e	(end)与 -vE 相同。

--show-ends	-E	用美元符号标记行的结束(仅用于 Linux)。
--number	-n	当将行写到标准输出时,对所有的行进行编号。
--squeeze-blank	-s	删除多余的空白行,即对于连续的空白行只保留一行。
	-t	(tab)与-vT 相同。
--show-tabs	-T	用^I 显示每个制表符(仅用于 Linux)。
--show-nonprinting	-v	使用脱字符(^M)来显示控制字符,使用 M-标记来显示设置了高位的字符(META 字符)。该选项不转换制表符和换行符。可以使用-T(--show-tabs)将制表符显示为^I。换行符只代表自身,不能显示出任何内容;否则,行会变得很长。

注意

参见 5.2 节对 cat、标准输入和标准输出的讨论。

使用 od 实用程序显示不包含文本的文件(如可执行程序文件)的内容。

使用 tac 实用程序逆序显示文本文件的行(仅用于 Linux)。更多信息参见 tac 的 info 页。

名称 cat 来源于该实用程序的一个功能——连接(catenate),它指连续的连接或端到端连接。

> **设置 noclobber 以避免覆盖文件**
>
> **警告** 在下面的示例中,shell 忽略 cat 的警告消息,在调用 cat 之前销毁输入文件 letter:
>
> ```
> $ cat memo letter > letter
> cat: letter: input file is output file
> ```
>
> 这种情况下,可设置 noclobber 变量来阻止覆盖文件。

示例

下面的命令在终端上显示 memo 文本文件的内容:

```
$ cat memo
...
```

下面的示例连接 3 个文本文件,并将输出结果重定向到文件 all:

```
$ cat page1 letter memo > all
```

在不使用编辑器的情况下,可使用 cat 创建较简短的文本文件。输入下面的命令行,输入用户需要的文件内容,在某一行上按 CONTROL+D 组合键结束:

```
$ cat > new_file
...
(text)
...
CONTROL-D
```

这种情况下,cat 从标准输入(键盘)获取输入,shell 将标准输出(输入的副本)重定向到用户指定的文件中。CONTROL+D 发出 EOF 信号(表示文件的末尾),使 cat 将控制权返回给 shell。

在下面的示例中,管道将 who 的输出发送到 cat 的标准输入,shell 将 cat 的输出重定向到文件 output 中。当该命令结束执行后,output 文件将包括 header 文件的内容、who 的输出结果和 footer 文件的内容。命令行上的连字符使 cat 在读完 header 文件的内容后,从标准输入继续读取,之后再读取 footer 文件的内容:

```
$ who | cat header - footer > output
```

18.11   cd

切换到另一个工作目录。

```
cd [options] [directory]
```

内置命令 cd 使 *directory* 成为工作目录。

参数

参数 *directory* 为要指定为新工作目录的目录的路径名。如果不带任何参数，cd 就把主目录作为工作目录。使用连字符替换 *directory* 时将切换到前一次的工作目录。

选项

下面的选项只能用于 bash 和 dash。

-L　　　(no dereference)如果 *directory* 是一个符号链接，cd 就把符号链接作为工作目录(默认)。解引用符号链接的内容可参阅 4.7.4 节。

-P　　　(dereference)如果 *directory* 是一个符号链接，cd 就把符号链接指向的目录作为工作目录。解引用符号链接的内容可参阅 4.7.4 节。

注意

cd 命令为 bash、dash 和 tcsh 的内置命令。

参见 4.4.2 节关于 cd 的讨论。

不带任何参数时，cd 将工作目录切换到主目录，这时它将使用 HOME(bash)或 home(tcsh)变量的值来确定主目录的路径名。

使用连字符参数，cd 将工作目录切换到前一次的工作目录，这时它将使用 OLDPWD(bash)或 owd(tcsh)变量的值来确定前一次工作目录的路径名。

变量 CDPATH(bash)和变量 cdpath(tcsh)包含 cd 要搜索的目录列表，其中的目录用冒号分隔。在该列表中，空目录名(::)或句点(:.:)代表工作目录。如果未设置 CDPATH 或 cdpath，cd 就仅在工作目录下搜索 *directory*。如果设置了该变量并且 *directory* 不是绝对路径名(不以斜杠开始)，cd 就搜索列表中的目录；如果搜索失败，cd 就在工作目录下搜索。参见 8.9.3 节关于 CDPATH 的讨论。

示例

没有参数的 cd 命令把用户的主目录作为工作目录。在下面的示例中，cd 命令把 Max 的主目录作为工作目录，pwd 内置命令验证相应的更改。

```
$ pwd
/home/max/literature
$ cd
$ pwd
/home/max
```

在 macOS 下，主目录存储在/Users 而不是/home 中。

下面的命令将/home/max/literature 作为工作目录：

```
$ cd /home/max/literature
$ pwd
/home/max/literature
```

下面的命令将把工作目录的某个子目录作为新的工作目录：

```
$ cd memos
$ pwd
/home/max/literature/memos
```

最后 cd 将使用 ".." 引用工作目录的父目录，使父目录作为新的工作目录：

```
$ cd ..
$ pwd
```

/home/max/literature

18.12 chgrp

改变与文件相关联的组。

*chgrp [**options**] **group file-list***
*chgrp [**options**] --reference=**rfile file-list***

chgrp 实用程序改变与一个或多个与文件相关联的组。第二种格式仅用于 Linux。

参数

参数 *group* 为新组的名称或数值 ID。参数 *file-list* 为要改变其相关联组的文件的路径名列表。*rfile* 是某个文件的路径名，与该文件相关联的组将成为与 *file-list* 相关联的新组。

选项

以两个连字符开头(--)的选项仅用于 Linux。除非特别指出，否则以一个连字符开头(-)的单字符选项可用于 macOS 和 Linux。

--changes	-c	显示与其相关联的组改变的每个文件的消息。
--dereference		对于每个符号链接文件，改变文件的符号链接指向的组，而不改变符号链接自身。在 Linux 下，这是默认选项(仅用于 Linux)。解引用符号链接的内容可参阅 4.7.4 节。
--quiet 或者--silent	-f	当文件的权限不允许修改组 ID 时，修改组 ID 会出现警告消息，如果设置了该选项，则不再显示这些警告消息。
--no-dereference	-h	对于每个符号链接文件，修改符号链接指向的组，而不改变符号链接指向的文件。解引用符号链接的内容可参阅 4.7.4 节。
	-H	(partial dereference)对于每个符号链接文件，改变文件的符号链接指向的组，而不是符号链接自身。这个选项会影响在命令行上指定的文件，它不影响在目录层次结构中递归查找到的文件。这个选项以正常方式处理不是符号链接的文件，且仅与-R 选项一起使用。解引用符号链接的内容可参阅 4.7.4 节。
	-L	(dereference)对于每个符号链接文件，改变文件的符号链接指向的组，而不改变符号链接自身。这个选项会影响所有文件，它以正常方式处理不是符号链接的文件，且仅与-R 选项一起使用。解引用符号链接的内容可参阅 4.7.4 节。
	-P	(no dereference)对于每个符号链接文件，改变符号链接的组，而不改变符号链接指向的文件(默认)。这个选项会影响所有文件，它按正常方式处理不是符号链接的文件，且仅与-R 选项一起使用。解引用符号链接的内容可参阅 4.7.4 节。
--recursive	-R	如果在*file-list*中指定一个目录，那么该选项将递归地修改该目录层次结构中所有文件的组 ID。
--reference=*rfile*		将 *file-list* 中与文件关联的组改变为与 *rfile* 关联的组(仅用于 Linux)。
--verbose	-v	显示每个文件的消息，说明与文件相关联的组是否改变。

注意

只有文件的所有者和超级用户有权改变与文件相关联的组。为了将与文件相关联的组 ID 改为 *group*，用户必须是超级用户或特定 *group* 的成员。

参见 18.14 节来了解如何使用 chown 修改与文件相关联的组和文件的所有者。

示例

-H、-L 和-P 的使用示例请参见 4.7.4 节。

以下命令将与 manuals 文件相关联的组改为新组 pubs:

```
$ chgrp pubs manuals
```

下面示例使用-v 选项让 chgrp 报告调用它的每个文件:

```
$ chgrp -v pubs *
changed group of 'mixture' to pubs
group of 'memo' retained as pubs
```

18.13   chmod

修改文件的访问模式(权限)。

```
chmod [options] who operator permission file-list    (符号模式)
chmod [options] mode file-list                        (绝对模式)
chmod [options] --reference=rfile file-list           (引用模式,仅用于 Linux)
```

实用程序 chmod 可改变文件所有者、组用户和或/其他用户访问文件的方式。可以采用绝对模式和符号模式指定新的访问权限。在 Linux 下,还可以采用引用模式(第三种格式)指定访问权限。在 macOS 下,可以用 chmod 修改 ACL。

参数

参数指明以何种方式修改哪个文件的访问模式。*rfile* 是文件的路径名,该文件的权限将成为 *file-list* 的新权限。

1. 符号模式

可以使用符号模式指定多组符号模式: who(用户类型)、operator(运算符)和 permission(权限),其中每组符号模式之间用逗号隔开。

实用程序 chmod 修改 who 指定的用户类型对文件的访问权限。用户类型由一个或多个字母在 who 中的位置来指定,如表 18-9 所示。

表 18-9   说明用户类型的符号模式

who	用 户 类 型	意 义
u	User	文件的所有者
g	Group	与文件相关联的组
o	Other	所有其他用户
a	All	相当于 ugo,所有用户

表 18-10 列出了运算符的符号模式。

表 18-10   运算符的符号模式

运 算 符	意 义
+	为指定的用户类型添加权限
-	删除指定用户类型的权限
=	设置指定用户类型的权限,重置该用户类型的所有其他权限

可以用表 18-11 列出的一个或多个字母指定访问权限。

表 18-11   permission 的符号模式

permission	意 义
r	设置读权限
w	设置写权限
x	设置执行权限
s	当执行文件时,根据 *who* 参数把用户 ID 或组 ID 设置为文件所有者对应的 ID
t	设置粘滞位(只有超级用户可以设置该位,只有文件所有者(u)可以使用该位;参见附录 E)

(续表)

permission	意　义
X	只有当文件为目录文件或者其他类型的用户具有执行权限时，才将文件权限设置为可执行
u	把指定权限设置为文件所有者的权限
g	把指定权限设置为组用户的权限
o	设置为其他用户的权限

2. 绝对模式

也可以使用八进制数来指定访问模式。通过对表 18-12 中合适的值进行 OR 运算后得到的数来表示访问模式。为了对表 18-12 中的两个或多个八进制数进行 OR 操作，只需要将它们相加即可(参见表 18-13 中的示例)。

表 18-12　绝对模式说明

模　式	意　义
4000	当执行程序时，设置用户 ID
2000	当执行程序时，设置组 ID
1000	粘滞位
0400	文件所有者可以读取文件
0200	文件所有者可以写入文件
0100	文件所有者可以执行文件
0040	组用户可以读取文件
0020	组用户可以写入文件
0010	组用户可以执行文件
0004	其他用户可以读取文件
0002	其他用户可以写文入件
0001	其他用户可以执行文件

表 18-13 列出了采用绝对模式的一些典型示例。

表 18-13　说明绝对模式的典型示例

模　式	意　义
0777	所有用户都对文件具有读写和执行权限
0755	文件所有者对文件具有读写和执行权限；组用户和其他用户对文件具有读和执行权限
0711	文件所有者对文件具有读写和执行权限；组用户和其他用户对文件具有执行权限
0644	文件所有者可以读写文件；组用户和其他用户可以读文件
0640	文件所有者可以读写文件；组用户可以读文件；其他用户不能访问文件

选项

以两个连字符开头(--)的选项仅用于 Linux。除非特别指出，否则以一个连字符开头(-)的单字符选项可用于 macOS 和 Linux。

--changes	-c	显示其访问权限已修改的每个文件对应的消息(仅用于 Linux)。
--quiet 或--silent	-f	当文件的权限设置为不可修改时，修改权限则会出现警告消息，如果设置了该选项，则不再显示这些警告消息。
	-H	(partial dereference)对于每个符号链接文件，改变符号链接指向的文件的权限，而不改变符号链接自身。这个选项会影响在命令行上指定的文件，它不影响在目录层次结构中递归查找到的文件。这个选项以正常方式处理不是符号链接的文件，且仅与-R 选项一起使用。解引用符号链接的内容可参阅 4.7.4 节(仅用于 macOS)。

	-L	(dereference)对于每个符号链接文件，改变符号链接指向的文件的权限，而不改变符号链接自身。这个选项会影响所有文件，它以正常方式处理不是符号链接的文件，且仅与-R 选项一起使用。解引用符号链接的内容可参阅 4.7.4 节(仅用于 macOS)。
	-P	(no dereference)对于每个符号链接文件，改变符号链接的权限，而不改变符号链接指向的文件。这个选项会影响所有文件，它以正常方式处理不是符号链接的文件，且仅与-R 选项一起使用。解引用符号链接的内容可参阅 4.7.4 节(仅用于 macOS)。
--recursive	-R	如果在 *file-list* 中指定目录，那么该选项将递归并修改该目录层次结构中所有文件的权限。
--reference=*rfile*		将 *file-list* 中的文件访问权限改变为 *rfile* 的访问权限(仅用于 Linux)。
--verbose	-v	显示每个文件的权限消息，说明文件的访问权限已改变(即使没有改变)并指定权限。使用 --change 仅显示权限已改变的文件的消息。

注意

只有文件所有者或超级用户才可以改变文件的访问模式(权限)。

当使用符号参数时，如果运算符是 "="，那么可以省略 *permission*，从而可以删除指定用户类型的所有权限。参见下面的第 2 个示例。

在 Linux 下，chmod 从不改变符号链接的权限。

在 Linux 下，chmod 解引用命令行上的符号链接。换言之，chmod 会改变在命令行上找到的符号链接指向的文件的权限，但不影响在降序目录层次结构时查找到的文件。这种行为类似于 macOS 下-H 选项的行为。

使用绝对 chmod 命令和符号 chmod 命令的最大不同之处在于：当使用符号命令时，可以用+或-来修改文件当前的访问权限，或者使用=操作符将访问权限设置为某个特定值；而当使用绝对命令时，只能将访问权限设置为某个特定值。

关于 chmod 的讨论还可参见 4.5.2 节。

示例

在 macOS 下使用 chmod 改变 ACL 的示例参见附录 D。

下面的示例说明了如何使用 chmod 实用程序来修改名为 temp 的文件的访问权限。可以使用 ls(参见 18.53 节中的相关内容)来显示 temp 的初始访问权限。

```
$ ls -l temp
-rw-rw-r-- 1 max pubs 57 07-12 16:47 temp
```

如果在等号后面没有指定权限，chmod 就删除指定用户类型的所有权限。下面的命令取消组用户和所有其他用户的权限，因此只有文件所有者可以访问文件。

```
$ chmod go= temp
$ ls -l temp
-rw------- 1 max pubs 57 07-12 16:47 temp
```

以下命令将所有用户(文件所有者、组用户和其他用户)的访问权限修改为可读写。现在任何用户都可以读取和写入文件。

```
$ chmod a=rw temp
$ ls -l temp
-rw-rw-rw- 1 max pubs 57 07-12 16:47 temp
```

a=rw 对应于绝对参数 666。因此下面的命令与前一条命令的作用相同：

```
$ chmod 666 temp
```

下面的命令取消了其他用户对文件的写权限。于是，pubs 组的成员仍然可以读取和写入文件，其他用户只能读取文件。

```
$ chmod o-w temp
$ ls -l temp
-rw-rw-r-- 1 max pubs 57 07-12 16:47 temp
```

以下命令使用绝对参数完成相同的功能:

```
$ chmod 664 temp
```

以下命令为所有用户添加执行权限:

```
$ chmod a+x temp
$ ls -l temp
-rwxrwxr-x 1 max pubs 57 07-12 16:47 temp
```

如果 temp 为 shell 脚本或者其他可执行文件,那么所有用户现在可以执行该文件(要执行某个 shell 脚本,操作系统需要具有该脚本的读和执行权限;而对于二进制文件,只需要执行权限即可)。以下命令使用绝对模式实现相同的功能:

```
$ chmod 775 temp
```

最后一条命令使用符号参数实现与前一条命令相同的功能。该命令为文件所有者和组用户设置读写和执行权限,为其他用户设置执行权限。其中,逗号用来分隔各组符号模式。

```
$ chmod ug=rwx, o=rx temp
```

18.14　chown

改变文件的所有者和/或与文件相关联的组。

```
chown [options] owner file-list
chown [options] owner:group file-list
chown [options] owner: file-list
chown [options] :group file-list
chown [options] --reference=rfile file-list  (仅用于 Linux)
```

chown 实用程序用来改变文件的所有者和/或与文件相关联的组。只有超级用户可以改变文件的所有者。只有超级用户和属于新组的文件所有者才可以改变与文件相关联的组。最后一种格式仅用于 Linux。

参数

owner 参数为新所有者对应的数值用户 ID 或用户名。*group* 为与文件相关联的新组的组名或数值组 ID。参数 *file-list* 为要修改其所有者和/或相关联组的文件的路径名列表。*rfile* 是文件的路径名,该文件的所有者和/或相关联的组要成为 *file-list* 的新所有者和/或相关联的新组。表 18-14 列出了 *owner* 和/或 *group* 的指定方式。

表 18-14　新所有者和/或组用户的指定方式

参　　数	意　　义
owner	*file-list* 的新所有者;不改变组用户
owner:group	*file-list* 的新所有者和相关联的新组
owner:	*file-list* 的新所有者;与 *file-list* 相关联的组改为新所有者的登录组
:group	与 *file-list* 相关联的新组;不改变所有者

选项

在 Linux 下,chown 接收 18.2 节描述的常见选项。以两个连字符开头(--)的选项仅用于 Linux。除非特别指出,否则以一个连字符开头(-)的单字符选项可用于 macOS 和 Linux。

--changes　　　　　　-c　　　对所有者或组用户被修改的每个文件显示消息(仅用于 Linux)。

--dereference　　　　　　　　修改符号链接指向的文件的所有者或组用户;而符号链接自身不变。在 Linux 下,默认选项为--dereference(仅用于 Linux)。解引用符号链接的内容可参阅 4.7.4 节。

--quiet 或者--silent　　-f　　　当文件的所有者和/或组用户设置为不可修改时,修改会出现错误消息,如果设置了该选项,则使得 chown 不再显示这些错误消息。

	-H	(partial dereference)对于每个符号链接文件，改变符号链接指向的文件的所有者和组用户，而不改变符号链接自身。这个选项会影响在命令行上指定的文件，不影响在降序目录层次结构时查找到的文件。这个选项以正常方式处理不是符号链接的文件，且仅与-R 选项一起使用。解引用符号链接的内容可参阅 4.7.4 节。
--no-dereference	-h	对于每个符号链接文件，修改符号链接的所有者或组用户；而不改变链接指向的文件。解引用符号链接的内容可参阅 4.7.4 节。
	-L	(dereference)对于每个符号链接文件，改变符号链接指向的文件的所有者和组用户，而不改变符号链接自身。这个选项会影响所有文件，它以正常方式处理不是符号链接的文件，且仅与-R 选项一起使用。解引用符号链接的内容可参阅 4.7.4 节。
	-P	(no dereference)对于每个符号链接文件，改变符号链接指向的所有者和组用户，而不改变符号链接指向的文件。这个选项会影响所有的文件，它以正常方式处理不是符号链接的文件，且仅与-R 选项一起使用。解引用符号链接的内容可参阅 4.7.4 节。
--recursive	-R	如果 *file-list* 包含一个目录，那么该选项将递归并修改该目录层次结构中的所有文件的所有者和/或组用户。
--reference=*rfile*		将 *file-list* 中的文件所有者和/或组用户改为 *rfile* 的所有者和/或组用户(仅用于 Linux)。
--verbose	-v	对于每个文件显示一条消息，说明其所有者和/或组用户是否修改。

注意

当 chown 实用程序改变文件的所有者时，它同时将 setuid 和 setgid 位清零。

示例

以下命令将 manuals 目录中的文件 chapter1 的所有者改为 Sam：

```
# chown Sam manuals/chapter1
```

以下命令使得目录/home/max/literature 及其子目录中的所有文件的所有者为 Max，使得相关联的组用户为 Max 的登录组：

```
# chown -R max: /home/max/literature
```

在 macOS 下，主目录存储在/Users 而不是在/home 中。

以下命令将 literature 下的文件的所有者改为 max，将与这些文件关联的组改为 pubs：

```
# chown max:pubs /home/max/literature/*
```

最后这个示例将和 manuals 中的文件相关联的组改为 pubs，文件所有者保持不变。执行该命令的文件所有者必须属于 pubs 组。

```
$ chown :pubs manuals/*
```

18.15 cmp

比较两个文件。

*cmp [**options**] file1 [file2 [skip1 [skip2]]]*

实用程序 cmp 用来逐字节地比较两个文件。如果两个文件相同，则 cmp 不显示任何内容；否则，cmp 将显示在第 1 个不同处对应的字节数和行号。

参数

file1 和 *file2* 为 cmp 要比较的两个文件的路径名。如果省略 *file2*，cmp 就改用标准输入。使用连字符(-)代替 *file1* 或 *file2*，会使得 cmp 从标准输入而不是从文件读取输入信息。

参数 *skip1* 和 *skip2* 都是十进制数，用来指定开始比较前每个文件要跳过的字节数。在 *skip1* 和 *skip2* 后面可以使用标准的倍数后缀，参见表 18-6。

选项

在 Linux 和 macOS 下，cmp 接收 18.2 节描述的常见选项。

macOS 版本的 cmp 接收长选项		
提示	cmp 命令中以两个连字符(--)开头的选项在 macOS 和 Linux 下效果相同。	

--print-bytes	-b	显示第 1 个不同字节的更多信息，包括文件名、字节数、行号、八进制数和 ASCII 值。
--ignore-initial=*n1[:n2]*	-i *n1[:n2]*	如果没有 *n2*，就跳到两个文件的前 *n1* 个字节之后开始比较。如果有 *n1* 和 *n2*，则 *file1* 跳到前 *n1* 个字节之后，*file2* 跳到前 *n2* 个字节之后开始比较。*n1* 和/或 *n2* 后面可以使用表 18-6 列出的倍数后缀。
--verbose	-l	(小写字母 l)不在第 1 个不同的字节处停止比较，而是继续比较两个文件并显示两个文件中每个不同之处的位置和字节值。位置使用十进制字节数来表示相对于文件开始的偏移量。而字节值用八进制表示。遇到某个文件的 EOF 标志时停止比较。
--silent 或者--quite	-s	禁止从 cmp 输出。仅设置退出状态(参见下面的"注意")。也可以使用--quiet

注意

字节数和行号都从 1 开始计数。

如果两个文件相同，那么 cmp 实用程序将不显示任何消息，它仅设置退出状态。当文件相同时，该实用程序退出状态的值为 0；否则，退出状态的值为 1。如果退出状态的值比 1 大，就意味着比较过程有误。

当使用参数 *skip1*(和 *skip2*)时，cmp 显示的偏移量都基于开始比较的字节。

在 macOS 下，cmp 仅比较文件的数据叉(data fork)。

与 diff 不同，cmp 可以比较二进制文件和 ASCII 文件。

示例

使用文件 a 和 b 的示例如下所示。这两个文件有两处不同。第 1 处为文件 a 中的 lazy 与文件 b 中的 lasy 不同；第 2 处的不同很微小：在文件 b 中，换行符前存在一个制表符。

```
$ cat a
The quick brown fox jumped over the lazy dog.
$ cat b
The quick brown fox jumped over the lasy dog.TAB
```

第 1 个示例使用不带任何选项的 cmp 来比较两个文件。cmp 实用程序报告两个文件的不同，并标识第 1 个不同相对于文件开始的偏移量。

```
$ cmp a b
a b differ: char 39, line 1
```

下面的示例添加了选项-b(--print-chars)，它显示了不同处的字节值：

```
$ cmp --print-bytes a b
a b differ: char 39, line 1 is 172 z 163 s
```

选项-l 显示两个文件所有不同的字节。如果两个文件差异较大，那么该选项将使得命令的输出结果包含比较多的内容，这时可以将输出重定向到某个文件。下面的示例显示了 a 和 b 两个文件的两处不同。选项-b 也显示了不同字节的值。文件 a 的末尾为 CONROL+J(换行符)，文件 b 对应的位置为 CONROL+I(制表符)。最下面一行消息表明比较在到达文件 a 的末尾时结束，这说明文件 a 比文件 b 短。

```
$ cmp -lb a b
39 172 z   163 s
46  12 ^J   11 ^I
cmp: EOF on a
```

下面的示例使用选项--ignore-initial 跳过文件的第 1 处不同，这时 cmp 实用程序将报告第 2 处(在第 7 个字符处)不同，即原始文件的第 46 个字符(因为跳过了 39 个字符，所以此处为第 7 个字符)。

```
$ cmp --ignore-initial=39 a b
a b differ: char 7, line 1
```

可使用 *skip1* 和 *skip2* 替代上面示例中的选项--ignore-initial，如下所示：

```
$ cmp a b 39 39
a b differ: char 7, line 1
```

18.16　comm

比较已经排序的文件。

comm [options] file1 file2

实用程序 comm 将逐行比较已经排序的两个文件。显示结果包括 3 列：第 1 列为只在 *file1* 中找到的行；第 2 列为只在 *file2* 中找到的行；第 3 列为两个文件的公用行。

参数

参数 *file1* 和 *file2* 为 comm 要比较的文件的路径名。用连字符(-)替代 *file1* 或 *file2* 时，comm 将从标准输入读取输入信息。

选项

下面的选项可以同时使用。如果未指定任何选项，comm 就输出 3 列。

-1　　　不显示第 1 列(即不显示只在 *file1* 中找到的行)。

-2　　　不显示第 2 列(即不显示只在 *file2* 中找到的行)。

-3　　　不显示第 3 列(即不显示在两个文件中都找到的行)。

注意

如果文件没有排序，comm 就不能正常工作。

第 2 列中每一行的前面有一个制表符，第 3 列中每一行的前面有两个制表符。

当 comm 正常结束时，退出状态为 0；非正常退出时，退出状态非 0。

示例

下面的示例使用 c 和 d 两个文件。两个文件作为 comm 的输入都已排序，如下所示：

```
$ cat c
bbbbb
ccccc
ddddd
eeeee
fffff
$ cat d
aaaaa
ddddd
```

```
eeeee
ggggg
hhhhh
```

关于文件排序的相关信息请参见 18.81 节。

下面的示例调用了不带任何选项的 comm，因此它同时显示 3 列的内容。第 1 列列出仅在文件 c 中找到的行，第 2 列列出仅在文件 d 中找到的行，第 3 列列出在两个文件(c 和 d)中都能找到的行，如下所示：

```
$ comm c d
          aaaaa
bbbbb
ccccc
                  ddddd
                  eeeee
fffff
        ggggg
        hhhhh
```

下面的示例带有选项 1 和 2，因此结果不显示第 1 列和第 2 列，仅显示第 3 列的内容，即在文件 c 和 d 中都出现的行，如下所示：

```
$ comm -12 c d
ddddd
eeeee
```

18.17　configure

自动配置源代码。

./configure **options**

configure 脚本是 GNU 配置和生成系统(Configure and Build System)的一部分。提供源代码的软件开发人员面临这样一个问题：如何使新用户在不同的体系结构、不同的操作系统和不同的系统软件上轻松地生成并安装他们自己的软件包。为解决此问题，一些软件开发人员在提供源代码的同时还提供了名为 configure 的 shell 脚本。

当运行 configure 时，它将确定本地系统的性能。configure 收集的数据用来生成 makefile 文件，make 命令使用这些文件生成可执行文件和库文件。通过指定命令行选项和环境变量可以调整 configure 的行为。

选项

> **configure 的 macOS 版本接收长选项**
>
> **提示**　configure 中以两个连字符开头(--)的选项可用于 macOS 和 Linux。

--disable-*feature*	与--enable-*feature* 的工作方式相同，但该选项禁用 *feature* 功能。
--enable-*feature*	*feature* 是所配置软件能支持的功能的名称。例如，用命令 configure --enable-zsh-mem 来配置 Z Shell 的源代码，就可以把源代码配置成使用 zsh 提供的专用内存分配例程，而不是使用系统的内存分配例程。阅读软件发行版提供的 README 文件可以查看 *feature* 可用的选项。
--help	详细列出 configure 的所有可用选项，列表的内容依赖于所安装的软件。
--prefix=*directory*	默认情况下，当输入命令 make install 时，configure 将生成 makefile 文件，把软件安装到/usr/local 目录层次结构中。为将软件安装到其他目录，可以用期望的目录的绝对路径名替换 *directory*。
--with-*package*	*package* 是配置软件中的某个可选软件包的名称。例如，如果用命令 configure --with-dll 配置 Windows 仿真器 wine 的源代码，该源代码将配置为生成支持 Windows 仿真的共享库。阅读所安装软件提供的 README 文件来查看 *package* 可用的选项，或者使用命令 configure --help 来显示 *package* 可用的选项。

讨论

GNU 配置和生成系统允许软件开发人员发布可以在不同系统上通过自动配置生成的软件。该系统能生成名为 configure 的 shell 脚本，该脚本为在本地系统上生成和安装软件发行版做准备。configure 脚本搜索本地系统，来查找软件发行版的各种依赖关系，构建恰当的 makefile 文件。一旦运行 configure，就可以用 make 命令生成软件，使用 make install 命令来安装软件。

configure 脚本确定了要使用的 C 编译器(通常是 gcc)和传递给编译器的标志集合。可根据自己的需要设置环境变量 CC 和 CFLAGS 来重写脚本中的值(参见"示例"部分)。

注意

使用 GNU 自动配置实用程序的每个软件包都提供自己定制的 configure 副本，软件开发人员使用 GNU 的实用程序 autoconf(www.gnu.org/software/autoconf)创建该副本。查看软件包提供的 README 和 INSTALL 文件，可获得可用选项的详细信息。

configure 脚本是自包含的，可在很多系统上正常运行。使用 configure 不需要任何特殊的系统资源。

如果未安装某个依赖文件，configure 实用程序就会退出，并显示一条错误消息。

示例

调用 configure 最简单的方式是使用 cd 切换到用户要安装软件的基目录，然后运行下面的命令：

```
$ ./configure
```

命令名之前的./是为了保证用户运行的是所安装的软件提供的 configure 脚本。为了使 configure 生成 makefile 文件，该文件将标志-Wall 和-O2 传递给 gcc，在 bash 中使用以下命令：

```
$ CFLAGS="-Wall -O2" ./configure
```

如果用户使用的是 tcsh，那么输入下面的命令：

```
tcsh $ env CFLAGS="-Wall -O2" ./configure
```

18.18　cp

复制文件。

```
cp [options] source-file destination-file
cp [options] source-file-list destination-directory
```

cp 实用程序可以复制一个或多个文件。它可以生成一个文件的一个副本(第 1 种格式)，也可以把一个或多个文件复制到某个目录(第 2 种格式)。使用选项-R，cp 可以复制目录层次结构。

参数

source-file 为 cp 要复制的文件的路径名。*destination-file* 为 cp 赋予最终生成的副本文件的路径名。

soure-file-list 为 cp 存放 *source-file* 文件的目录的路径名。*destination-directory* 为 cp 存放副本文件的目录的路径名。使用这种格式，cp 使副本文件与 *source-file* 文件的简单文件名相同。

选项-R 使 cp 将 *source-file-list* 中的目录层次结构递归地复制到 *destination-directory* 中。

选项

在 Linux 下，cp 可以接收 18.2 节描述的常见选项。以两个连字符开头(--)的选项仅用于 Linux。除非特别指出，否则以一个连字符开头(-)的单字符选项可用于 macOS 和 Linux。

--archive　　　　　-a　　　　　在不解引用符号链接的情况下进行递归复制时，尽可能保留 *source-file* 的所有者、组、权限、

		访问日期和修改日期。与-dpR 相同。
--backup	-b	如果对文件的复制操作将删除或覆盖某个已存在的文件,该选项将对被覆盖的文件进行备份。得到的备份副本的文件名为 *destination-file* 前加波浪线(~)。当用户同时使用--backup 和--force 来复制文件自身时,cp 将生成文件的备份副本。在 core utils info 页上搜索 Backup options,可得到更多备份选项(仅用于 Linux)。
	-d	对于每个符号链接文件,复制符号链接,而不复制链接指向的文件。同时保留 *destination-file* 与对应的 *source-files* 之间存在的硬链接,该选项等价于--no-dereference 和--preserve=links(仅用于 Linux)。解引用符号链接的内容可参阅 4.7.4 节。
--force	-f	当 *destination-file* 存在且因为没有写权限而不能被打开时,该选项将在试图复制 *source-file* 之前强制删除 *destination-file*。当用户复制文件,如果对 *destination-file* 文件不具有写权限,但对包含 *destination-file* 的目录具有写权限,该选项将很有用。这个选项与-b 一起使用,可在删除或覆盖 *destination-file* 文件之前备份它。
	-H	(partial dereference)对于每个符号链接文件,复制符号链接指向的文件,而不复制符号链接自身。这个选项会影响在命令行上指定的文件,不影响在递归目录层次结构时查找到的文件。这个选项以正常方式处理不是符号链接的文件,在 macOS 下仅与-R 选项一起使用。解引用符号链接的内容可参阅 4.7.4 节。
--interactive	-i	当用户使用 cp 覆盖某个文件时,cp 都要求确认,如果用户的响应是以 y 或 Y 开头的字符串,那么 cp 将复制该文件;否则,cp 将不复制该文件。
--dereference	-L	(dereference)对于每个符号链接文件,复制符号链接指向的文件,而不复制符号链接自身。这个选项会影响所有文件,并以正常方式处理不是符号链接的文件,在 macOS 下仅与-R 选项一起使用。解引用符号链接的内容可参阅 4.7.4 节。
--no-dereference	-P	(no dereference)复制符号链接,而不是符号链接指向的文件。这个选项会影响所有文件,并以正常方式处理不是符号链接的文件,在 macOS 下仅与-R 选项一起使用。解引用符号链接的内容可参阅 4.7.4 节。
--preserve[=*attr*]	-p	创建一个与 *source-file* 具有相同的所有者、组用户、访问权限、访问日期和修改日期的 *destination-file*。-p 选项不带参数。 如果没有 *attr*,--preserve 的工作方式就如上所述。*attr* 是一个用逗号分隔的列表,其中可以包含 mode(权限和 ACL)、ownership(所有者和组)、timestamps(访问日期和修改日期)、links(硬链接)和 all(所有属性)。
--parents		把一个相对路径名复制到目录中,根据需要创建目录层次结构。参见"示例"部分(仅用于 Linux)。
--recursive	-R 或-r	递归地复制包含普通文件的目录层次结构。在 Linux 下,--no-dereference(-d)选项的含义是:带-R、-r 或--recursive 选项的 cp 会复制链接(不复制链接指向的文件)。-r 和--recursive 选项仅用于 Linux。
--update	-u	只有当 *destination-file* 不存在或者它比 *source-file* 更旧时才进行复制,也就是说,这个选项不覆盖较新的目标文件(仅用于 Linux)。
--verbose	-v	显示 cp 复制的每个文件的名称。
	-X	不复制扩展属性(仅用于 macOS)

注意

在 Linux 下,cp 会解引用符号链接,除非使用了一个或多个-R、-r、--recursive、-P、-d 或--no-dereference 选项。如前所述,在 Linux 下,-H 仅解引用在命令行上列出的符号链接。在 macOS 下,如果没有-R 选项,cp 总是解引用符号链接;如果有-R 选项,cp 就不解引用符号链接(-P 是默认选项),除非指定了-H 或-L。

许多选项都可用于 Linux 下的 cp。完整列表可参见 coreutils 的 info 页。

如果在执行 cp 命令之前 *destination-file* 存在,cp 将覆盖该文件,销毁其中的内容,但是保留文件的访问权限、所有者、相关联的组。

如果 *destination-file* 不存在，cp 就使用 *source-file* 的访问权限。复制文件的用户成为 *destination-file* 文件的所有者，该用户的登录组成为与 *destination-file* 相关联的组。

使用-p 选项(或不带参数的--preserve)，cp 可以将副本文件的所有者、组用户、访问权限、访问日期和修改日期设置为与 *source-file* 相同。

与 ln 实用程序不同，cp 创建的 *destination-file* 与 *source-file* 无关。

在 macOS 10.4 及更高的版本中，cp 会复制扩展的属性。-X 选项使得 cp 不复制扩展的属性。

示例

下面的命令在工作目录中复制文件 letter，副本的文件名为 letter.sav：

```
$ cp letter letter.sav
```

下面的命令将文件名以.c 结尾的所有文件复制到 archives 目录(工作目录的子目录)中，每个副本文件保留其原来的简单文件名，但具有一个新的绝对路径名。由于使用-p(--preserve)选项，因此副本文件在目录 archives 中与源文件具有相同的所有者、组用户、访问权限、访问日期和修改日期。

```
$ cp -p *.c archives
```

下面的示例将文件 memo 从 Sam 的主目录复制到工作目录中：

```
$ cp ~sam/memo .
```

下面的示例运行在 Linux 下，它使用选项--parents 将文件 memo/thursday/max 复制到 dir 目录中，副本文件的路径名为 dir/memo/thursday/max。find 实用程序将显示新创建的目录层次结构，如下所示：

```
$ cp --parents memo/thursday/max dir
$ find dir
dir
dir/memo
dir/memo/thursday
dir/memo/thursday/max
```

以下命令将文件 memo 和 letter 复制到另一个目录中，得到的副本文件与源文件(memo 和 letter)具有相同的简单文件名，但是具有不同的绝对路径名。副本文件的绝对路径名分别是/home/sam/memo 和/home/sam/letter：

```
$ cp memo letter /home/Sam
```

最后一个示例说明了-f(--force)选项的作用。Max 拥有工作目录，但对 me 文件没有写权限，因此当他把 one 复制到 me 文件中时被拒绝。由于 Max 对包含 me 文件的目录具有写权限，因此他可以删除 me 文件但是不能写入该文件。选项-f(--force)取消链接或删除 me，并将 one 复制到新的 me 文件中。

```
$ ls -ld
drwxrwxr-x    2 max max 4096 10-16 22:55 .
$ ls -l
-rw-r--r--    1 root root 3555 10-16 22:54 me
-rw-rw-r--    1 max max 1222 10-16 22:55 one
$ cp one me
cp: cannot create regular file 'me': Permission denied
$ cp -f one me
$ ls -l
-rw-r--r--    1 max max 1222 10-16 22:58 me
-rw-rw-r--    1 max max 1222 10-16 22:55 one
```

如果 Max 在上面的示例中同时使用-b(--backup)和-f(--force)选项，cp 就创建 me 的备份文件 me~。更多信息参见 4.5.4 节。

18.19   cpio

创建归档文件，从归档文件中还原文件，或者复制目录层次结构。

```
cpio --create|-o [options]
cpio --extract|-i [options] [pattern-list]
cpio --pass-through|-p [options] destination-directory
```

实用程序 cpio 具有 3 种操作模式：创建模式(copy-out)把多个文件放到一个归档文件中；提取模式(copy-in)从归档文件中还原文件；传递模式(copy-pass)将目录层次结构复制到另一个位置。cpio 创建的归档文件可以保存在磁盘、磁带、其他可移动介质或远程系统上。

创建模式从标准输入读取普通文件名和目录文件名的列表，将生成的归档文件写到标准输出，使用该模式可以创建归档文件。提取模式从标准输入读取归档文件，然后从中提取文件。可以从归档文件还原全部文件或者只还原与 *patterns* 匹配的部分文件。传递模式从标准输入读取普通文件或目录文件的名称列表，然后将文件复制到磁盘上指定的目录中。

参数

在创建模式中，cpio 从标准输入指定的文件中构建一个归档文件。

默认情况下，处于提取模式时 cpio 将提取归档文件中的所有文件。使用 *pttern-list* 选项可以有选择性地提取文件。如果归档文件中的文件名与 *pattern-list* 中的一个模式匹配，cpio 就提取该文件；否则就忽略它。cpio 的参数 *pattern-list* 中的模式与 shell 的通配符类似，但此处的 *pattern-list* 可与文件名中的斜杠(/)和前导句点(.)匹配。

在传递模式中，必须作为 cpio 的参数指定参数 *destination-directory* 的名称。

选项

主选项指定 cpio 的操作模式：创建模式、提取模式或传递模式。

1. 主选项

当使用 cpio 时，必须包含主选项中的一个。以两个连字符开头(--)的选项仅用于 Linux。除非特别指出，否则以一个连字符开头(-)的单字符选项可用于 macOS 和 Linux。

--extract	-i	(copy-in mode)从标准输入读取归档文件，并提取其中的文件。如果在命令行上没有指定 *pattern-list*，cpio 就提取归档文件中的所有文件。当指定 *pattern-list* 时，cpio 只提取文件名与 *pattern-list* 中的模式匹配的文件。下面的示例从在/dev/sde1 上加载的设备中仅提取文件名以.c 结尾的文件：

```
$ cpio -i \*.c < /dev/sde1
```
其中的反斜杠阻止 shell 在向 cpio 传递参数之前扩展开 "*"。

--create	-o	(copy-out mode)从在标准输入上指定的文件构建归档文件。这些文件可以是普通文件，也可以是目录文件，其中每个文件必须单独占一行。将创建的归档文件写到标准输出。find 实用程序通常用来生成 cpio 要使用的文件名。下面的命令对/home 文件系统生成归档文件，并把它写到加载在/dev/de1 上的设备：

```
$ find / -depth -print | cpio -o >/dev/sde1
```
其中，选项-depth 使得 find 以深度优先的搜索方式搜索文件，这就降低了从归档文件还原文件导致访问权限问题的可能性。参见本节后面"讨论"部分的相关内容。

--pass-through	-p	(copy-pass mode)将文件从系统的一个位置复制到另一个位置。该选项把标准输入中指定的文件复制到 *destination-directory*(cpio 命令行上的最后一个参数)中，而不构建归档文件来包含这些文件。该选项的效果与首先使用 copy-out 模式创建归档文件，然后使用 copy-in 模式提取文件的效果相同，唯一的不同之处在于使用传递模式避免创建归档文件。下面的示例将工作目录中和所有子目录中的文件复制到~max/code 目录中：

```
$ find . -depth -print | cpio -pdm ~max/code
```

2. 其他选项

下面的选项用来改变 cpio 的行为。这些选项与前面的一个或多个主选项一起使用。

以两个连字符开头(--)的选项仅用于 Linux。除非特别指出，否则以一个连字符开头(-)的单字符选项可用于 macOS 和 Linux。

--reset-access-time	-a	复制文件后重置源文件的访问次数，使得它们的访问次数与复制前相同。
	-B	(block)将块的大小设置为5120字节，默认为512字节。在 Linux 下，这个选项会影响输入块和输出块的大小；而在 macOS 下，它只影响输出块的大小。
--block-size=*n*		将输入和输出的块大小设置为 512 字节的 *n* 倍(仅用于 Linux)。
	-c	(compatible)以 ASCII 格式写入头部信息，使得在其他系统上版本低的(不兼容的)cpio 实用程序读取该文件。该选项很少使用。
--make-directories	-d	当复制文件时，根据需要创建目录。例如，当使用带-depth 选项的 find 来生成文件列表并根据该列表从归档文件中提取文件时，需要该选项。该选项只能与选项 -i(--extract)或-p(--pass-through)一起使用。
--pattern-file=*filename*	-E *filename*	从 *filename* 中读取 *pattern-list*，每个 *pattern* 占一行。另外，可在命令行上指定 *pattern-list*。
--file=*archive*	-F *archive*	将 *archive* 作为归档文件名。在提取模式中，从 *archive* 而不是从标准输入读取文件。在创建模式中，输出将写到 *archive* 而不是标准输出。使用该选项可以访问网络上另一个系统的设备。更多信息参见 18.90 节中 tar 的-f (--file)选项。
--format *fmt*		创建模式下，以 fmt 格式写入归档文件，如表 18-15 所示。如果未指定格式，cpio 以 POSIX 格式写入文件(表 18-15 中的 odc)(仅用于 macOS)。
--nonmatching	-f	(flip)从归档文件中提取文件时，提取出与 *pattern-list* 中的模式不匹配的文件。仅当文件与 pattern-list 中的任意模式都不匹配时，才从归档中提取文件。
--help		显示选项列表。
--dereference	-L	对于每个符号链接文件，复制符号链接指向的文件，而不复制符号链接本身。这个选项以正常方式处理不是符号链接的文件。解引用符号链接的内容可参阅 4.7.4 节。
--link	-l	条件允许时，对文件建立链接而不复制它们。
--preserve-modification-time	-m	保留从归档文件中提取出的文件的修改时间。不带该选项，文件的修改时间将设置为提取时的时间。带有该选项，创建的文件将显示它们被复制到归档文件的时间。
--no-absolute-filenames		在提取模式中，创建的所有文件名都相对于工作目录，即使使用绝对路径名归档的文件也同样如此(仅用于 Linux)。
--quiet		禁止大多数消息。
--rename	-r	用 cpio 复制文件时，该选项使用户可以重命名副本文件。当 cpio 提示用户输入文件名时，如果用户输入新的名称，副本文件将具有新的名称；如果用户按 RETURN 键而不输入文件名，cpio 将不复制该文件。
--list	-t	(table of contents)显示归档文件的内容列表。该选项与-i(--extract)一起使用，带有此选项的提取操作并不提取任何文件。包含-v(--verbose)选项时，它显示内容的详细列表，格式类似于 ls –l。
--unconditional	-u	覆盖已存在文件，无论其修改时间为何时。不带该选项的 cpio 不会用旧文件覆盖最近修改的文件，它同时显示警告消息。
--verbose	-v	显示处理的文件列表。带有选项-t(--list)时，它显示内容的详细列表，格式类似于 ls –l。

表 18-15　cpio 归档格式

格　式	描　述
cpio	与 odc 相同
newc	在 UNIX System V, release 4 下使用的 cpio 归档格式
odc	POSIX 可移植的、基于 8 位字节的 cpio 格式(默认)
pax	POSIX pax 格式
ustar	POSIX tar 格式

讨论

不带-u(--uncoditional)选项时，cpio 不会用旧的文件覆盖最近修改的文件。

当创建归档文件时，可使用普通文件名或目录文件名作为输入。如果输入列表中某个普通文件名出现在它的父目录名之前，那么在归档文件中普通文件同样位于其父目录之前。这个顺序必然导致错误：当用户从该归档文件中提取文件时，在还没有提取上一级父目录之前要提取下一级子目录，这就使得下一级子目录在文件中没法放置。

在创建归档文件时，确保文件放置在其父目录之后并不总是解决方案。如果在提取文件时使用选项-m(--preserve-modification-time)，就会出现另一个问题：无论何时在父目录内创建文件，父目录的修改时间都被更新，因此当把第 1 个文件写入目录时，父目录的原始修改时间已经丢失。

为解决上述潜在问题，可以在创建归档文件时，将父目录中的所有文件放置到父目录之前，在从归档文件提取文件时，创建所需的目录。使用该方法时，把所有文件写入目录后再提取目录，保留目录的修改时间。

使用-depth 选项时，find 实用程序将生成文件列表，在该表中所有子目录都将出现在其父目录之前。如果使用该列表来创建归档文件，文件将处于合适的顺序(参见下面的第 1 个示例)。当从归档文件中提取文件时，选项-d(--make-directory)将根据需要创建父目录，选项-m(--preserve-modification-time)将保留修改时间。同时使用实用程序和这两个选项将按照创建或提取的顺序保留目录的修改时间。

该策略还解决了另一个潜在的问题。有时父目录不具有将提取的文件写入其中的权限。当 cpio 通过选项-d(--make-directories)来自动创建目录时，便可以确保用户具有该目录的写权限。当从归档文件中提取目录时(在所有文件都已写入目录后)，目录提取后的权限与原来相同。

示例

第 1 个示例在 Sam 的主目录中创建归档文件，并将归档文件写到在 dev/sde1 上装载的 USB U 盘上：

```
$ find /home/Sam -depth -print | cpio -oB >/dev/sde1
```

find 实用程序生成 cpio 用来创建归档文件的文件名列表。选项-depth 在列出目录名之前先列出目录中的所有文件。在下面的示例中，当从该归档文件中提取文件时使用了-d(--make-directories)和-m(--preserve-modification-time)选项，这使得 cpio 保留目录原来的修改时间(参见前面的"讨论"部分)。-B 选项将块大小设置为 5120 字节。

在 macOS 下，主目录存储在/Users 而不是/home 中。

以下命令用来检查归档文件的内容，并显示其中的文件列表的详细信息：

```
$ cpio -itv < /dev/sde1
```

以下命令用来还原原来位于 Sam 的主目录的子目录 memo 中的文件：

```
$ cpio -idm /home/Sam/memo/\* < /dev/sde1
```

其中，-d(--make-directories)选项确保根据需要重新创建 memo 目录中的任何子目录。选项-m(--preserve-modification-time)将保留文件和目录的修改时间。正则表达式中的星号(*)被转义，以防止 shell 对其进行扩展。

下面的命令在前一条命令的基础上增加了 Linux 的--no-absolute-filenames 选项，该选项在工作目录 memocopy 中重新创建 memo 目录。其中的路径名没有以代表根目录的斜杠开始，使 cpio 使用相对路径名创建文件。

```
$ pwd
/home/sam/memocopy
```

```
$ cpio -idm -- no-absolute-filenames home/sam/memo/\* < /dev/sdel
```

最后一个示例使用-f选项来还原归档文件中除 memo 子目录中的文件外的所有文件：

```
$ cpio -ivmdf /home/sam/memo/\* < /dev/sde1
```

选项-v 列出了 cpio 处理归档文件时被提取的文件，并说明被提取的文件恰是所希望的文件。

18.20　crontab

维护 crontab 文件。

```
crontab [-u user-name] filename
crontab [-u user-name] option
```

crontab 文件将周期性时间(例如，每周三的 14:00)与命令建立关联。cron/crontab 实用程序在指定的时间执行每条命令。当以普通用户的身份登录时，crontab 实用程序只能用来安装、删除、列出和编辑自己的 crontab 文件。超级用户可以操作任何用户的 crontab 文件。

参数

第 1 种格式把 *filename*(其中包含 crontab 命令)的内容复制到运行该命令的用户或 *username* 的 crontab 文件中。当用户没有 crontab 文件时，该进程将创建一个新的 crontab 文件；当用户具有 crontab 文件时，该进程将覆盖该文件。当用连字符(-)替换 *filename* 时，crontab 将从标准输入读取命令。

第 2 种格式可以列出、删除或编辑 crontab 文件，具体操作取决于指定的选项。

选项

普通用户只能从-e、-l 或-r 选项中选择一个。超级用户可以同时使用-u 选项。

-e　　　　　　(edit)运行由 shell 变量 VISUAL 和 EDITOR 指定的文本编辑器，允许添加、更改或删除 crontab 文件中的条目。当从编辑器退出时，安装修改后的 crontab 文件。

-l　　　　　　(list)显示 crontab 文件的内容。

-r　　　　　　(remove)删除 crontab 文件。

-u *username*　(user)作用于 *username* 的 crontab 文件。只有超级用户可使用该选项。

注意

本部分讨论 crontab 的版本，以及由 Paul Vixie 编写的 crontab 文件，因此该版本被命名为 Vixie cron。这些版本与早期的 Vixie cron 版本不同，与经典的 SVR3 的语法也不同，但与 POSIX 兼容。

用户的 crontab 文件保存在/var/spool/cron 或/var/spool/cron/crontabs 目录中，每个文件都以它所属用户的用户名命名。

名为 cron/crond 的守护进程读取 crontab 文件并运行其中的命令。如果 crontab 文件中的命令行没有重定向它的输出，那么所有输出将被发送到标准输出或标准错误，同时给所属用户(除非用户在 crontab 文件中把 MAILTO 变量设置为另一个用户名)发送电子邮件。

crontab 文件不继承在启动文件中设置的变量。因此，可将 export BASH_ENV=~/.bashrc 放到所编写的 crontab 文件靠近顶部的位置。

crontab 目录　为了简化系统管理员的工作，用目录/etc/cron.hourly、/etc/cron.daily、/etc/cron.weekly 和/etc/cron.monthly 存放在大多数系统上由 run-parts 运行的 crontab 文件，run-parts 则由/etc/crontab 文件运行。这些目录同时还包含一些文件，文件的内容为要周期性执行的系统任务。超级用户可以向这些目录中添加文件，而不是向 root 的 crontab 文件添加行。典型的/etc/crontab 文件类似于：

```
$ cat /etc/crontab
SHELL=/bin/bash
```

```
PATH=/sbin:/bin:/usr/sbin:/usr/bin
MAILTO=root
HOME=/

# run-parts
01 * * * * root run-parts /etc/cron.hourly
02 4 * * * root run-parts /etc/cron.daily
22 4 * * 0 root run-parts /etc/cron.weekly
42 4 1 * * root run-parts /etc/cron.monthly
```

crontab 文件中的每个条目都以 5 个字段开始，以说明运行命令的时间：分钟、小时、日、月和星期几。cron 实用程序将位于数字位置的*解释为通配符，表示任意值。在星期几字段，可以使用 0 或 7 来代表星期日。

最好是在整点、半点或一刻钟的前后几分钟启动 cron/crond 作业。在这些时间启动作业时，可以避免其他进程在相同时间启动，从而避免了系统超负荷运行。

当 cron/crond 启动(通常是在系统启动时)时，它将把所有的 crontab 文件读入内存。cron/crond 守护进程大多数时间处于休眠状态，但每一分钟被唤醒一次，以检查存储在内存中的所有 crontab 条目，看看哪个作业应该在当前时间运行。

特殊时间规范 可使用表 18-16 中的特殊时间规范来替换上述初始 5 个字段。

表 18-16 crontab 特殊时间规范

规 范	含 义	替 换
@reboot	系统启动时执行	
@yearly	1 月 1 日执行	0 0 1 1 *
@monthly	每月第一天执行	0 0 1 * *
@weekly	每个星期日执行	0 0 * * 0
@daily	每天执行	0 0 * * *
@hourly	每小时执行	0 * * * *

cron.allow 和 cron.deny 超级用户通过创建、编辑和删除文件 cron.allow 和 cron.deny 来确定运行 cron/crond 作业的用户。在 Linux 下，这些文件保存在/etc 目录中，在 macOS 下，它们保存在/var/at 目录(它在/usr/lib/cron 中有一个符号链接)中。在文件 cron.allow 不存在的情况下，如果用户创建了一个没有任何条目的 cron.deny 文件，那么任何用户都可以使用 crontab。当文件 cron.allow 存在时，无论 cron.deny 文件是否存在、为何内容，只有在 cron.allow 文件中列出的用户可以运行 crontab。在 cron.allow 中列出可以使用 crontab 的用户，在 cron.deny 中列出不能使用 crontab 的用户(在 cron.deny 列出用户不是必需的，因为如果文件 cron.allow 存在，未在其中列出的用户就不能使用 crontab)。

示例

下面的示例使用 crontab –l 列出了 Sam 的 crontab 文件(/var/spool/cron/Sam)的内容。Sam 运行的所有脚本都位于 ~/bin 目录中。第 1 行将 MAILTO 变量设置为 max，使得 Max 从运行 Sam 的 crontab 文件中的命令获取没有重定向的输出。脚本 sat.job 在每星期六(6)的凌晨 2:05 运行，twice.week 在每星期日和星期四的中午 12:02 运行，twice.day 每天运行两次，分别在上午 10:05 和下午 4:05。

```
$ who am i
sam
$ crontab -l
MAILTO=max
05 02 * * 6      $HOME/bin/sat.job
00 02 * * 0,4    $HOME/bin/twice.week
05 10,16 * * *   $HOME/bin/twice.day
```

为向 crontab 文件中添加条目，可以使用-e(edit)选项来运行 crontab 实用程序。有些 Linux 系统使用的 crontab 版本不支持-e 选项。如果本地系统运行了这样的版本，用户就需要复制现有的 crontab 文件，按照下面示例的步骤来编辑并提交它。选项-l(list)显示用户的 crontab 文件的副本。

```
$ crontab -l > newcron
$ vim newcron
...
$ crontab newcron
```

18.21 cut

从输入行中选取字符或字段。

cut [options] [file-list]

cut 实用程序从输入行中选取字符或字段，并将它们写到标准输出。字符和字段从 1 开始编号。

参数

file-list 为普通文件的列表。如果未指定参数，或者使用连字符(-)代替文件名，那么 cut 将从标准输入获取输入。

选项

在 Linux 下，cut 接收 18.2 节描述的常见选项。以两个连字符开头(--)的选项仅用于 Linux。除非特别指出，否则以一个连字符开头(-)的单字符选项可用于 macOS 和 Linux。

--characters=*clist*	-c *clist*	选取由 *clist* 中的列号指定的字符。*clist* 的值为列号(各个值用逗号分隔)或列范围，列范围用两个列号指定，中间用连字符隔开。范围-*n* 表示从第 1～第 *n* 列。范围 *n*-表示从第 *n* 列到行尾。
--delimiter=*dchar*	-d *dchar*	将 *dchar* 作为输入字段的分隔符，也可以作为输出字段的分隔符(除非使用--output-delimiter 选项来指定)。默认分隔符为制表符。有时为了避免 shell 对特殊字符进行扩展，可以根据需要将这些字符转义。
--fields=*flist*	-f *flist*	选择在 *flist* 中指定的字段。*flist* 的值为字段号(各个值用逗号分隔)或字段的范围。字段的范围可以用两个字段号指定，中间用连字符分隔。范围-*n* 表示第 1～第 *n* 个字段，范围 *n*-表示从第 *n* 个字段到行尾。默认的字段分隔符为制表符，也可以使用-d (--delimiter)选项来指定分隔符。
--output-delimiter=*ochar*		将 *ochar* 指定为输出字段分隔符。默认分隔符为制表符。可以使用--delimiter 选项来指定不同的分隔符。有时为了避免 shell 对特殊字符进行扩展，可以根据需要将这些字符转义。
--only-delimited	-s	仅复制包含分隔符的行。如果没有这个选项，cut 就复制(但不修改)不包含分隔符的行。仅与-d (--delimiter)选项一起使用。

注意

尽管 cut 在功能上有所限制，但它便于学习和使用。在不使用模式匹配的情况下，cut 是较好的列和字段选择实用程序。有时，cut 与 paste 可以配合使用。

示例

接下来的两个示例将假设命令 ls –l 得到如下显示输出结果：

```
$ ls -l
total 2944
-rwxr-xr-x  1 zach pubs     259 02-01 00:12 countout
-rw-rw-r--  1 zach pubs    9453 02-04 23:17 headers
-rw-rw-r--  1 zach pubs 1474828 01-14 14:15 memo
-rw-rw-r--  1 zach pubs 1474828 01-14 14:33 memos_save
```

```
-rw-rw-r--  1 zach pubs    7134 02-04 23:18 tmp1
-rw-rw-r--  1 zach pubs    4770 02-04 23:26 tmp2
-rw-rw-r--  1 zach pubs   13580 11-07 08:01 typescript
```

下面的命令用来输出工作目录中文件的访问权限。cut 实用程序和-c 选项从输入的每一行中选择第 2～第 10 个字符，这些字符被写入标准输出：

```
$ ls -l | cut -c2-10
otal 2944
rwxr-xr-x
rw-rw-r--
rw-rw-r--
rw-rw-r--
rw-rw-r--
rw-rw-r--
rw-rw-r--
```

下面的命令输出工作目录中每个文件的大小和名称。选项-f 从输入行中选择第 5 个字段和第 9 个字段。选项-d 指定分隔符为空格(而非默认的制表符)。带选项-s 的实用程序 tr 将多于一个的空格字符序列压缩为一个空格，否则 cut 将把其他的空格字符视为不同的字段。

```
$ ls -l | tr -s ' ' ' ' | cut -f5,9 -d' '
259 countout
9453 headers
1474828 memo
1474828 memos_save
7134 tmp1
4770 tmp2
13580 typescript
```

最后一个示例使用 cut 显示存储在/etc/passwd 文件中的第 5 个字段的全名列表。选项-d 指定冒号作为字段分隔符。尽管这个示例在 macOS 下运行，但/etc/passwd 不包含大多数用户的信息，更多信息参见附录 D。

```
$ cat /etc/passwd
root:x:0:0:Root:/:/bin/sh
sam:x:401:50:Sam the Great:/home/sam:/bin/zsh
max:x:402:50:Max Wild:/home/max:/bin/bash
zach:x:504:500:Zach Brill:/home/zach:/bin/tcsh
hls:x:505:500:Helen Simpson:/home/hls:/bin/bash
sage:x:402:50:Wise Sage:/home/sage:/bin/bash
sedona:x:402:50:Sedona Pink:/home/sedona:/bin/bash
philip:x:402:50:Philip Gamemaster:/home/philip:/bin/bash
evan:x:402:50:Evan Swordsman:/home/evan:/bin/bash

$ cut -d: -f5 /etc/passwd
Root
Sam the Great
Max Wild
Zach Brill
Helen Simpson
Wise Sage
Sedona Pink
Philip Gamemaster
Evan Swordsman
```

18.22   date

显示或设置系统时间和日期。

```
date [options] [+format]
date [options] [newdate]
```

date 实用程序用来显示系统的时间和日期。超级用户可以使用 date 来更改系统时钟。

参数

参数+*format* 指定日期的输出格式。格式字符串由加号(+)后面的字段描述符和文本组成。字段描述符之前为百分号，date 用输出中对应的值替换每个字段描述符。表 18-17 列出了一些字段描述符。

表 18-17 选择的字段描述符

描 述 符	意 义
%a	星期几的简写：Sun~Sat
%A	星期几的全拼：Sunday~Saturday
%b	月份的简写：Jan~Dec
%B	月份的全拼：January~December
%c	date 使用的日期和时间的默认格式
%d	一月中的第几天：01~30
%D	以 mm/dd/yy 格式显示日期
%H	小时：00~23
%I	小时：00~12
%j	公历(一年中的某天：001~366)
%m	一年当中的月份：01~12
%M	分钟：00~59
%n	换行符
%P	AM 或 PM
%r	以 AM/PM 标记的时间
%s	自从 1970 年 1 月 1 号以来经历的秒数
%S	秒：00~60(60 用来调整闰秒)
%t	制表符
%T	以 HH:MM:SS 格式显示时间
%w	表示一周中的第几日：0~6(0 表示星期日)
%y	年份的后两位数字：00~99
%Y	4 位数的年份(例如，2009)
%Z	时区(例如，PDT)

默认情况下，date 用 0 填充数字字段。如果在百分号(%)的后面有一条下划线(_)，date 就把这个字段填满；如果在百分号(%)的后面有一个连字符(-)，则 date 不会填充这个字段，即，字段会自动调整为左对齐。

在格式字符串中，date 实用程序把所有跟在百分号或字段描述符后的除百分号、下划线和连字符外的任意其他字符都作为普通文本复制到标准输出。使用普通文本可以给日期加标点或者添加标签(例如，在显示的日期前加入DATE:字样)。如果 *format* 参数包含空格或者其他对于 shell 具有特殊意义的字符，那么此参数需要使用单引号引起来。

设置日期 当超级用户指定 *newdate* 时，系统将改变系统时钟来反映该新日期。*newdate* 参数的格式为：

nnddhhmm[[*cc*]*yy*][.*ss*]

其中，*nn* 代表月份(01~12)，*dd* 代表月内的某天(01~31)，*hh* 为基于 24 小时制的小时(00~23)，*mm* 代表分钟(00~59)。当要改变日期时，必须指明最后 3 个字段。

选项 *cc* 用来指定年的前两位数(世纪对应的数减去 1)，*yy* 指定年的后两位数。也可在 *mm* 后指定 *yy* 或 *ccyy*。当不指定具体年份时，date 将假定年份没有改变。

选项.*ss* 用来指定从一分钟的开始经过的秒数。

选项

在 Linux 下，date 接收 18.2 节描述的常见选项。以两个连字符开头(--)的选项仅用于 Linux。除非特别指出，否则以一个连字符开头(-)的单字符选项可用于 macOS 和 Linux。

--date=*datestring*	-d *datestring*	显示 *datestring* 指定的日期，而不显示当前日期。根据 date man 页的描述："*datestring* 基本上是一个格式自由的日期字符串"，如下周四 2pm。有关 *datestring* 语法的详情，请参阅 date info 页的 Date input formats。这个选项不会改变系统时钟(仅用于 Linux)。
--reference=*file*	-r *file*	显示 *file* 的修改日期和时间，以代替当前日期和时间。
--utc 或--universal	-u	使用 UTC(Universal Coordinated Time，国际标准时间，显示和设置时间。UTC 也称为格林尼治平均时间。

注意

如果用户建立了本地数据库，那么 date 将根据该数据库使用适合本地的时间术语。更多信息请参见 8.11 节。

示例

第 1 个示例将时间设置为 8 月 19 号下午 2:07:30，没有改变年份：

```
# date 08191407.30
Fri Aug 19 14:07:30 PDT 2017
```

下面的示例使用 *format* 参数，该参数使 date 以常见的格式显示日期：

```
$ date '+Today is %h %d, %Y'
Today is Aug 19, 2017
```

18.23　dd

转换并复制文件。

> dd [**arguments**]

实用程序 dd(device-to-device copy，设备到设备的复制)用来转换和复制文件。dd 主要用来在硬盘和可移动介质之间来回地复制文件。dd 可以作用于硬盘分区，创建数据块的精确磁盘映像。它可以在不同操作系统间传递信息，而其他方法都不可行。它丰富的参数集使用户可以精确地控制传送的特征。

参数

在 Linux 下，dd 可接收 18.2 节描述的常见选项。默认情况下，dd 将标准输入复制到标准输出。

bs=*n*	(block size)每次读取和写入 *n* 个字节，该参数将覆盖参数 ibs 和 obs 的设置。
cbs=*n*	(conversion block size)当在复制过程中要转换数据时，每次转换 *n* 个字节。
conv=*type*[,*type*...]	按照命令行上 *types* 给出的顺序，转换被复制的数据。*types* 间没有空格，用逗号隔开。转换类型如表 18-18 所示。
count=*numblocks*	将 dd 要复制的输入块数限制在 *numblolcks* 之内。每个块的大小是 bs 或 ibs 参数指定的字节数。
ibs=*n*	(input block size)每次读 *n* 个字节。
if=*filename*	(input file)从 *filename* 而非标准输入读取输入。也可以用设备名替换 *filename*，从设备中读取文件。
obs=*n*	(output block size)每次写 *n* 个字节。
of=*filename*	(output file)写到 *filename* 指定的文件而非标准输出。可以使用设备名替换 *filename*，写到指定设备。
seek=*numblocks*	在开始输出以前，跳过 *numblocks* 个输出块，每个块的大小是参数 bs 或 obs 指定的字节数。
skip=*numblocks*	在开始复制以前，跳过 *numblocks* 个输入块，每个块的大小是参数 bs 或 ibs 指定的字节数。

表 18-18 转换类型

类 型	意 义
ascii	将 EBCDIC 编码的字符转换为 ASCII 码，允许读取写到 IBM 大型机或类似计算机上磁带的内容
block	每次读取一行输入(也就是以换行符结束的字符序列)，输出不带换行符的文本块；每个输出块的大小由参数 obs 或 bs 指定，如果输出的内容达不到该字节数，那么将用尾随的空格字符填充，然后在输出行的尾部输出换行符
ebcdic	将 ASCII 编码的字符转换为 EDCDIC，允许写到磁带上，在 IBM 大型机或类似计算机上使用
lcase	当复制数据时，将大写字母转换为小写字母
noerror	如果出现读错误，dd 通常就会终止；该转换允许 dd 继续处理数据；当用户希望从坏的介质上恢复数据时，该转换很有用
notrunc	在写入输出文件之前，不截断该文件
ucase	在复制数据时，将小写字母转换为大写字母
unblock	执行块转换的相反操作

注意

在 Linux 下，dd 允许使用标准倍数后缀来指定较大块的大小，如表 18-6 所示。在 macOS 下，可以使用某些标准的倍数后缀；但 macOS 使用小写字母代替表 18-6 中的大写字母。另外，在 macOS 下，dd 支持 b(block，乘以 512)和 w(word，乘以整数的字节数)。

示例

可以使用 dd 创建一个包含伪随机字节的文件，如下所示：

```
$ dd if=/dev/urandom of=randfile2 bs=1 count=100
```

这条命令从/dev/urandom 文件(到内核的随机数生成器的接口)读取输入，写到文件 randfile 中。块的大小为 1，count 的值为 100，因此文件 randfile 有 100 个字节。为了得到更随机的字节，可以从文件/dev/random 读取输入。更多信息参见 urandom 和 random 的 man 页。在 macOS 下，urandom 和 random 的作用相同。

复制分区 也可以使用 dd 创建磁盘分区的精确副本。但要小心——下面的命令会清空/dev/sdb1 分区上的所有内容：

```
# dd if=/dev/sda1 of=/dev/sdb1
```

备份分区 下面的命令将名为/dev/sda2 的分区复制到名为 boot.img 的文件中。在 macOS 下，hdituil 更适合用来复制分区。

```
# dd if=/dev/sda2 of=boot.img
1024000+0 records in
1024000+0 records out
524288000 bytes (524 MB) copied, 14.4193 s, 36.4 MB/s
```

将镜像文件复制到分区时需要注意：这将会覆盖分区中的信息。先取消挂载分区，交换 if 和 of 参数的位置，从而将镜像复制到分区。dd 完成镜像文件复制之后再挂载分区。

```
# umount /dev/sda2
# dd if=boot.img of=/dev/sda2
1024000+0 records in
1024000+0 records out
524288000 bytes (524 MB) copied, 15.7692 s, 33.2 MB/s
# mount /dev/sda2
```

可以像压缩大多数文件一样压缩分区镜像文件：

```
# ls -lh boot.img
-rw-r--r--. 1 root root 500M 04-03 15:27 boot.img
# bzip2 boot.img
```

```
# ls -lh boot.img.bz2
-rw-r--r--. 1 root root 97M 04-03 15:27 boot.img.bz2
```

清空文件　用户可以采用类似方法在删除某个文件之前清空文件中的数据，从而使得几乎不可能从已删除的文件恢复数据。出于安全考虑，用户可以清空文件。多次清空文件可以提高安全性。

下面的示例首先使用 ls 显示了文件 secret 的大小。然后使用 dd 清空文件，块大小为 1，count 为文件 secret 的字节数。参数 conv=notrunc 确保 dd 恰好覆盖文件中的数据，而不覆盖磁盘的其他位置。

```
$ ls -l secret
-rw-rw-r-- 1 max max 2494 02-06 00:56 secret
$ dd if=/dev/urandom of=secret bs=1 count=2494 conv=notrunc
2494+0 records in
2494+0 records out
$ rm secret
```

也可使用实用程序 shred(Linux 下)或 srm(macOS 下)来安全地删除文件。

18.24 df

显示磁盘空间的使用情况。

df [options] [filesystem-list]

实用程序 df(disk free)报告每个挂载设备的总空间和空闲空间。

参数

当不带任何参数调用 df 时，用户将获得本地系统上每个挂载设备的空闲空间。

filesystem-list 是一个或多个路径名的可选列表，路径名用来指定要涵盖其空间使用情况的文件系统，该参数用于 macOS 和一些 Linux 系统。可以使用设备路径名或挂载目录的路径名来指定挂载文件系统。

选项

以两个连字符开头(--)的选项仅用于 Linux。除非特别指出，否则以一个连字符开头(-)的单字符选项可用于 macOS 和 Linux。

--all	-a	报告块大小为 0 的文件系统，例如/dev/proc。通常 df 将不报告这些文件系统。
--block-size=*sz*	-B *sz*	*sz* 用来指定报告使用的单位(默认情况下块大小为 1KB)。它是表 18-6 中的一个倍数后缀。也可参考-h(--human-readable)和-H(--si)选项(仅用于 Linux)。
	-g	(gigabyte)以 GB 为单位显示块大小(仅用于 macOS)。
--si	-H	以 KB(千字节)、MB(兆字节)和 GB(千兆字节)为单位显示块大小。使用 1 000 的幂。
--human-readable	-h	以 KB(千字节)、MB(兆字节)和 GB(千兆字节)为单位显示块大小。使用 1 024 的幂。
--inodes	-i	报告已使用的和未使用的索引节点的编号，而不按块的情况报告。
	-k	(kilobyte)以 KB 为单位显示块大小。
--local	-l	仅显示本地文件系统。
	-m	(megabyte)以 MB 为单位报告大小(仅用于 macOS)。
--type=*fstype*	-t *fstype*	仅报告类型为 *fstype*(如 DOS 和 NFS)的文件系统的相关信息。重复使用该选项可以同时报告多种类型的文件系统的信息(仅用于 Linux)。
	-T *fstype*	仅报告类型为 *fstype*(如 DOS 和 NFS)的文件系统的相关信息。使用逗号分隔多个文件系统类型(仅用于 macOS)。
--exclude-type=*fstype*	-x *fstype*	仅报告除 *fstype* 类型外的文件系统的信息(仅用于 Linux)。

注意

在 macOS 下，df 实用程序支持 BLOCKSIZE 环境变量，忽略小于 512 字节或大于 1GB 的块。

在 macOS 下，已使用和未使用的 inode(-i 选项)的个数在 HFS+文件系统上没有意义。在这些文件系统上，只要在文件系统上有空闲空间，就可以创建新文件。

示例

下面的示例中，df 显示了本地系统上所有已挂载的文件系统的信息：

```
$ df
Filesystem          1k-blocks     Used  Available Use% Mounted on
/dev/sda12           1517920    53264    1387548   4% /
/dev/sda1              15522     4846       9875  33% /boot
/dev/sda8            1011928   110268     850256  11% /free1
/dev/sda9            1011928    30624     929900   3% /free2
/dev/sda10           1130540    78992     994120   7% /free3
/dev/sda5            4032092  1988080    1839188  52% /home
/dev/sda7            1011928       60     960464   0% /tmp
/dev/sda6            2522048   824084    1569848  34% /usr
zach:/c              2096160  1811392     284768  86% /zach_c
zach:/d              2096450  1935097     161353  92% /zach_d
```

下面的示例通过-l 和-h 选项调用 df，生成便于阅读的本地文件系统的列表，大小以 MB 和 GB 为单位：

```
$ df -lh
Filesystem          Size  Used  Avail Use% Mounted on
/dev/sda12          1.4G   52M   1.3G   4% /
/dev/sda1            15M  4.7M   9.6M  33% /boot
/dev/sda8           988M  108M   830M  11% /free1
/dev/sda9           988M   30M   908M   3% /free2
/dev/sda10          1.1G   77M   971M   7% /free3
/dev/sda5           3.8G  1.9G   1.8G  52% /home
/dev/sda7           988M   60k   938M   0% /tmp
/dev/sda6           2.4G  805M   1.5G  34% /usr
```

下面的示例(仅运行在 Linux 下)显示了/free2 分区的相关信息，分区以 MB 为单位：

```
$ df -BM /free2
Filesystem          1M-blocks     Used Available Use% Mounted on
/dev/sda9                 988       30       908  3% /free2
```

最后一个示例(仅运行在 Linux 下)显示了便于阅读的 NFS 文件系统的相关信息：

```
$ df -ht nfs
Filesystem      Size  Used  Avail Use% Mounted on
zach:/c         2.0G  1.7G   278M  86% /zach_c6
zach:/d         2.0G  1.8G   157M  92% /zach_d
```

18.25 diff

显示两个文本文件的不同之处。

```
diff [options] file1 file2
diff [options] file1 directory
diff [options] directory file2
diff [options] directory1 directory2
```

diff 实用程序按行显示两个文本文件的不同之处。默认情况下，可以按照 diff 显示的不同来编辑其中的一个文件，使其与另一个文件相同。

参数

file1 和 *file2* 是 diff 要比较的普通文本文件的路径名。当 *file2* 被 *directory* 参数替换时，diff 将在 *directory* 目录下查找与 *file1* 同名的文件；类似地，当 *file1* 被 *directory* 替换时，diff 将在 *directory* 目录下查找与 *file2* 同名的文件；当指定两个目录参数时，diff 将比较 *directory1* 目录下与 *directory2* 目录下具有相同的简单文件名的两个文件。

选项

diff 实用程序接收 18.2 节描述的常见选项，存在一种例外：当一个参数为目录、另一个参数为普通文件时，将不能比较标准输入。

> **diff 的 macOS 版本接收长选项**
>
> **提示**　diff 中以两个连字符开头(--)的选项可用于 macOS 和 Linux。

--ignore-blank-lines	-B	忽略空白行的不同。
--ignore-space-change	-b	忽略行尾的空白符(空格和制表符)，并将空白符字符串看成等价的。
--context[=*lines*]	-C[*lines*]	显示两个文件不同的部分，包括所有不同行前后的 *lines*(默认为 3)行，以显示上下文。在 *file1* 中而不在 *file2* 的每一行的前面有一个 "-"；在 *file2* 中而不在 *file1* 中每一行的前面有一个 "+"；两个文件中具有不同版本的行的前面有一个感叹号。当两个文件中不同的行在 *lines* 行之内时，它们在输出中将被组合在一起。
--ed	-e	为 ed 编辑器创建一个脚本并发送到标准输出，该脚本用来编辑 *file1*，使其与 *file2* 相同。如果打算重定向 ed 的输入来自脚本，那么必须在脚本的末尾添加 w(write，写)和 q(quit，退出)指令。当使用选项--ed 时，diff 将以逆序方式显示对应的更改：先列出文件末尾部分的更改，一直到文件的顶部的更改，这样可以防止当将脚本作为 ed 输入时，早先的更改影响到后面的更改。例如，当靠近顶部的某行被删除时，脚本中后续的行号将是错误的。
--ignore-case	-i	比较文件时将忽略不同的大小写。
--new-file	-N	当比较两个目录时，如果某个文件仅存在于其中一个目录中，那么该选项将认为该文件也存在于另一个目录中，并且其内容为空。
--show-c-function	-p	显示每个更改影响到的 C 函数、bash 控制结构和 Perl 子例程等。
--brief	-q	不显示文件中不同的行，然而，它仅报告两个文件的不同。
--recursive	-r	当使用 diff 来比较两个目录中的文件时，该选项使比较沿目录层次结构向下扩展。
--unified[=*lines*]	-U *lines* 或-u	使用便于阅读的统一格式输出。参见 3.3.9 节关于 diff 的详细介绍和示例。*lines* 参数用来指定显示上下文的行数，默认为 3。-u 选项不带参数，但提供 3 行上下文(whitespace)比较行时，忽略空白符。
--ignore-all-space	-w	将 diff 用来显示输出结果的列宽设置为 *n* 个字符。该选项对于--side-by-side 选项很有用。sdiff 实用程序(参见 "注意" 一节)可以使用小写的 w 完成相同的功能：-w *n*。
--width=*n*	-W *n*	
--side-by-side	-y	将输出按列显示。该选项使得 diff 的输出与 sdiff 的输出相同。该选项与-w(--width)选项一起使用。

讨论

使用不带任何选项的 diff 将产生包含 Add(a)、Delete(d)和 Change(c)指令在内的一系列行。为了使文件相同，每一行的后面都有分别需要添加、删除或改变的行。小于号(<)放置在 *file1* 的行前，大于号(>)放置在 *file2* 的行前。diff 的输出格式如表 18-19 所示。行的范围采用两个行号表示，中间用逗号隔开。一个行号代表单独一行。

表 18-19　diff 的输出格式

指　　令	意义(转换 *file1*，使之与 *file2* 相同)
line1 a line2, line3 > lines from file2	在 *file1* 中的 *line1* 后添加 *file2* 中的 *lin2* 和 *line3*
line1, line2 d line3 < lines from file1	从 *file1* 中删除 *line1* 和 *line2*
line1, line2 c line3, line4 < lines from file1 --- > lines from file2	更改文件 *file1* 中的 *line1* 和 *line2*，使其与 *file2* 中的 *line3* 和 *line4* 相同

diff 实用程序假设用户要转换 *file1*，使其与 *file2* 相同。每个 a、c 和 d 指令左面的行号都针对 *file1* 文件，右面的行号都针对 *file2* 文件。为了转换 *file2*，使其与 *file1* 相同，可以再次运行 diff，颠倒原来的参数顺序。

注意

实用程序 sdiff 与 diff 相似，只是 sdiff 的输出更便于阅读。diff --side-by-side 与 sdiff 的输出结果相同。参见"示例"部分、diff 与 sdiff 的 man 页和 info 页来获取更多信息。

可以使用 diff3 实用程序比较 3 个文件。

可以使用 cmp 实用程序比较非文本(二进制)文件。

示例

第 1 个示例表明了两个简短且相似的文件的不同之处：

```
$ cat m
aaaaa
bbbbb
ccccc

$ cat n
aaaaa
ccccc

$ diff m n
2d1
< bbbbb
```

文件 m 与文件 n 的不同在于：n 比 m 少了第 2 行(bbbbb)。diff 的第 1 行表明需要将 *file1*(m)的第 2 行删除，以使其与 *file2*(n)相同；第 2 行以小于号(<)开始，表明后面的文本行来自 *file1*(m)，在这个示例中，用户不必知道第 2 行的内容，只需要知道要删除的行号即可。

当列的宽度都设置为 30 个字符时，带选项--side-by-side 的实用程序 diff 与实用程序 sdiff 显示的输出结果相同。在输出结果中，小于号指向文件 m 中多余的行，而 diff/sdiff 在文件 n 中的相应位置留出了一个空白行，表明只要删除这些多余的行，两个文件就相同。

```
$ diff --side-by-side --width=30 m n
aaaaa          aaaaa
bbbbb       <
ccccc          ccccc

$ sdiff -w 30 m n
aaaaa          aaaaa
bbbbb       <
ccccc          ccccc
```

下面的示例使用文件 m 和新文件 p 说明了实用程序 diff 如何发出 a(Append)指令：

```
$ cat p
aaaaa
bbbbb
rrrrr
ccccc
$ diff m p
2a3
> rrrrr
```

在上述示例中，diff 的输出结果显示 2a3，它表明：为了使文件 m 与 p 相同，必须在文件 m 的第 2 行后追加一行。diff 显示的第 2 行表明该行来自文件 p 的第 2 行，其内容为执行结果中以大于号开头的文本，追加的行必须包含文本 rrrrr。

下面的示例再次使用了文件 m 和新文件 r，说明了实用程序 diff 如何指出需要更改的行：

```
$ cat r
aaaaa
```

```
-q
ccccc
$ diff m r
2c2
< bbbbb
---
> -q
```

两个文件的不同之处在于第 2 行：文件 m 包含 bbbbb，而文件 r 包含-q。diff 实用程序显示 2c2，它表明需要把文件 m 的第 2 行更改为文件 r 的第 2 行内容"-q"。3 个连字符表示在文件 m 中需要改变文本的末尾，以及在文件 r 中需要替换的文本的开始。

使用带选项-y 和-W 的 diff 比较文件 m 和 r，将得到易于阅读的执行结果。管道符号(|)表明一侧内容需要替换另一侧内容，从而使得文件相同，如下所示：

```
$ diff -y -W 30 m r
aaaaa          aaaaa
bbbbb        | -q
ccccc          ccccc
```

接下来的示例比较两个文件 q 和 v：

```
$ cat q        $ cat v
Monday         Monday
Tuesday        Wednesday
Wednesday      Thursday
Thursday       Thursday
Saturday       Friday
Sunday         Saturday
Sundae         Sundae
```

以并排方式运行 diff，显示结果表明：Tuesday 不在文件 v 中，在文件 v 中有两个 Thursday，在文件 q 中有一个 Thursday，Friday 不在文件 q 中。文件 q 的最后一行是 Sunday，而文件 v 的最后一行是 Sundae，diff 指出这些行是不同的。为了将文件 q 更改为与文件 v 相同，需要在文件 q 中删除 Tuesday，添加一个 Thursday 和 Friday，用文件 v 中的 Sundae 替换文件 q 中的 Sunday。也可以更改文件 v，使之与文件 q 相同，需要在文件 v 中添加 Tuesday，删除一个 Thursday 和 Friday，用文件 q 中的 Sunday 替换文件 v 中的 Sundae。

```
$ diff -y -W 30 q v
Monday         Monday
Tuesday      <
Wednesday      Wednesday
Thursday       Thursday
             > Thursday
             > Friday
Saturday       Saturday
Sunday       | Sundae
```

上下文 diff   带有选项--context 的 diff(称为上下文 diff)将显示如何将第 1 个文件转变为第 2 个文件。前两行标识两个文件，并指明用星号(*)代表文件 q，用连字符代表文件 v。文本块的开始部分为一行星号，接着是中间带有数字 1 和 6 的一行星号，表明第 1 部分中的指令(第 1～6 行，即文件 q 的所有行，对于较长文件用来标志第 1 块)将显示如何删除或更改文件 q 的内容：随后的第 2 行前的连字符表明需要删除该行的 Tuesday，第 6 行前的感叹号表明需要用文件 v 中的对应内容替换该行的 Sunday；接着是中间带有数字 1 和 7 的一行连字符，表明接下来的部分(第 1～7 行)将显示如何添加或更改文件 q 的内容来使其与文件 v 相同：以加号开始的行表明需要在文件 q 中添加另一个 Thursday 行和一个 Friday 行，以感叹号开头的行表明需要将文件 q 中的 Sunday 替换为文件 v 中的 Sundae。

```
$ diff --context q v
*** q   Mon Aug 27 18:26:45 2018
--- v   Mon Aug 27 18:27:55 2018
***************
*** 1,6 ****
Monday
- Tuesday
Wednesday
```

```
Thursday
Saturday
! Sunday
--- 1,7 ----
Monday
Wednesday
Thursday
+ Thursday
+ Friday
Saturday
! Sundae
```

18.26 diskutil(仅用于 macOS)

检查、修改和修复本地卷。

```
diskutil action [argument]
```

diskutil 实用程序挂载、卸载和显示磁盘及分区(卷)的信息，还可以格式化和修复文件系统，以及对磁盘分区。diskutil 实用程序仅在 macOS 下可用。

参数

action 指定 diskutil 执行什么操作。表 18-20 列出了常见的 action 及其参数。

表 18-20　diskutil 的 action

动　作	参　数	描　述
eraseVolume	*type name device*	用 *type* 格式和 *name* 标签重新格式化 *device*。*name* 指定卷名，仅包含字母和数字的名字最容易操作。 文件系统 *type* 一般是 HFS+，也可以是 UFS 或 MS-DOS。可以指定其他选项作为 *type* 的一部分。例如，FAT32 文件系统(在 Windows 98 及以后版本中使用)可以有 MS-DOS FAT32 类型。记录型的、区分大小写的 HFS+文件系统可以包含 Case-sensitive Journaled HFS+类型。
info	*device*	显示 *device* 的相关信息，不需要拥有 *device*
list	*[device]*	列出 *device* 上的分区，若没有 device，就列出所有设备上的分区。不需要拥有 *device*
mount	*device*	挂载 *device*
mountDisk	*device*	在包含 *device* 的磁盘上挂载所有设备
reformat	*device*	使用当前的名称和格式重新格式化 *device*
repairVolume	*device*	修复 *device* 上的文件系统
unmount	*device*	卸载 *device*
unmountDisk	*device*	在包含 *device* 的磁盘上卸载所有设备
verifyVolume	*device*	验证 *device* 上的文件系统，不需要拥有 *device*

注意

diskutil 实用程序允许访问 Disk Management 架构，即 Disk Utility 应用程序使用的支持代码。它允许使用图形界面不支持的一些选项。

只有拥有 *device*，或者拥有 *root* 权限，才能指定用来修改或更改卷的状态的 action。

fsck diskutil 的 verifyVolume 和 repairVolume 动作类似于 Linux 系统上的 fsck 实用程序。在 macOS 下，不宜使用 fsck 实用程序，除非系统处于单用户模式下。

disktool diskutil 执行的某些功能过去由 disktool 处理。

示例

第一个示例显示了本地系统上可用的磁盘设备和卷列表：

```
$ diskutil list
/dev/disk0
   #:                    type name          size        identifier
   0:  Apple_partition_scheme               *152.7   GB disk0
   1:      Apple_partition_map              31.5 KB     disk0s1
   2:          Apple_HFS Eva01              30.7 GB     disk0s3
   3:          Apple_HFS Users              121.7 GB    disk0s5
/dev/disk1
   #:                    type name          size        identifier
   0:  Apple_partition_scheme               *232.9 GB disk1
   1:      Apple_partition_map              31.5 KB     disk1s1
   2:          Apple_Driver43               28.0 KB     disk1s2
   3:          Apple_Driver43               28.0 KB     disk1s3
   4:          Apple_Driver_ATA             28.0 KB     disk1s4
   5:          Apple_Driver_ATA             28.0 KB     disk1s5
   6:          Apple_FWDriver               256.0 KB    disk1s6
   7:      Apple_Driver_IOKit               256.0 KB    disk1s7
   8:          Apple_Patches                256.0 KB    disk1s8
   9:          Apple_HFS Spare              48.8 GB     disk1s9
  10:          Apple_HFS House              184.1 GB    disk1s10
```

下一个示例显示了一个挂载卷的信息：

```
$ diskutil info disk1s9
   Device Node:        /dev/disk1s9
   Device Identifier:  disk1s9
   Mount Point:        /Volumes/Spare
   Volume Name:        Spare

   File System:        HFS+
   Owners:             Enabled
   Partition Type:     Apple_HFS
   Bootable:           Is bootable
   Media Type:         Generic
   Protocol:           FireWire
   SMART Status:       Not Supported
   UUID:               C77BB3DC-EFBB-30B0-B191-DE7E01D8A563

   Total Size:         48.8 GB
   Free Space:         48.8 GB

   Read Only:          No
   Ejectable:          Yes
```

下一个示例把/dev/disk1s8 上的分区格式化为 HFS+ Extended(HFSX)文件系统，并把它标记为 Spare2。这条命令删除了该分区上的所有数据：

```
# diskutil eraseVolume 'Case-sensitive HFS+' Spare2 disk1s8
Started erase on disk disk1s10
Erasing
Mounting Disk
Finished erase on disk disk1s10
```

最后一个示例显示了 verifyVolume 操作成功的输出结果：

```
$ diskutil verifyVolume disk1s9
Started verify/repair on volume disk1s9 Spare
Checking HFS Plus volume.
Checking Extents Overflow file.
Checking Catalog file.
Checking Catalog hierarchy.
Checking volume bitmap.
Checking volume information.
The volume Spare appears to be OK.
```

```
Mounting Disk
Verify/repair finished on volume disk1s9 Spare
```

18.27 ditto(仅用于 macOS)

复制文件，创建并解压缩归档文件。

```
ditto [options] source-file destination-file
ditto [options] source-file-list destination-directory
ditto -c [options] source-directory destination-archive
ditto -x [options] source-archive-list destination-directory
```

ditto 实用程序会复制文件及其所有权关系、时间戳和其他属性，包括扩展的属性。它可以在 cpio 和 zip 归档文件中来回复制，也可以复制普通文件和目录。ditto 实用程序仅用于 macOS。

参数

source-file 是 ditto 要复制的文件的路径名，*destination-file* 是 ditto 放置文件的最终副本的路径名。

source-file-list 指定 ditto 要复制的文件和目录的一个或多个路径名，*destination-directory* 是 ditto 放置所复制的文件和目录的目录路径名。指定 *destination-directory* 时，ditto 会给每个复制的文件指定与其 *source-file* 相同的简单文件名。

source-directory 是 ditto 要复制到 *destination-archive* 的单个目录。最终归档文件包含 *source-directory* 内容的副本，但不包含目录本身。

source-archive-list 指定 ditto 要提取到 *destination-directory* 的归档文件的一个或多个路径名。

用短横线(-)替代文件名或目录名，会让 ditto 从标准输入读取或者写入标准输出，而不是在文件或目录中来回读取和写入。

选项

-c 和-x 选项不能一起使用。

-c	(create archive)创建归档文件。	
--help	显示帮助消息。	
-k	(pkzip)使用 zip 格式而不是默认的 cpio 格式，创建归档文件或者提取归档文件。zip 的更多信息可参见 3.5 节的提示。	
--norsrc	(no resource)忽略扩展的属性。这个选项会使 ditto 仅复制数据叉(macOS 10.3 及以前版本的默认操作)。	
--rsrc	(resource)复制扩展的属性，包括资源叉(macOS 10.4 及更新版本的默认操作)。也可以是-rsrc 和 -rsrcFork。	
-V	(very verbose)对于 ditto 复制的每个文件、符号链接和设备节点，把某一行发送到标准错误。	
-v	(verbose)对于 ditto 复制的每个目录，把某一行发送到标准错误。	
-X	(exclude)如果文件系统包含的文件不是用户明确指定要 ditto 复制的，就禁止 ditto 在该文件系统中搜索目录。	
-x	(exclude archive)从归档文件中提取文件。	
-z	(compress)使用 gzip 或 gunzip 压缩或解压缩 cpio 归档文件。	

注意

ditto 实用程序不复制锁定的属性标记，也不复制 ACL。

ditto 默认创建和读取 cpio 格式的归档文件。

ditto 实用程序不能列出归档文件的内容，只能创建归档文档或从归档文件中提取文件。可以使用 pax 或 cpio 列出 cpio 归档文件的内容，使用带-1 选项的 unzip 可以列出 zip 文件的内容。

示例

下面的示例介绍了备份用户的主目录，同时包括扩展的属性(除了"注意"部分提到的属性)，并保留时间戳和权限的 3 种方式。第一个示例把 Zach 的主目录复制到 Backups 卷(文件系统)，副本现在是一个新目录 zach.0228：

```
$ ditto /Users/zach /Volumes/Backups/zach.0228
```

下面的示例把 Zach 的主目录复制到 Backups 卷上采用 cpio 格式的一个归档文件中：

```
$ ditto -c /Users/zach /Volumes/Backups/zach.0228.cpio
```

下面的示例把 Zach 的主目录复制到一个 zip 归档文件中：

```
$ ditto -c -k /Users/zach /Volumes/Backups/zach.0228.zip
```

下面的 3 个示例把对应的备份归档文件还原到 Zach 的主目录中，并重写原来的文件：

```
$ ditto /Volumes/Backups/zach.0228 /Users/zach
$ ditto -x /Volumes/Backups/zach.0228.cpio /Users/zach
$ ditto -x -k /Volumes/Backups/zach.0228.zip /Users/zach
```

下面的示例把 Scripts 目录复制到远程主机 plum 上的目录 ScriptsBackups 中。它使用一个短横线参数替代本地的 *source-directory* 以写入标准输出，用短横线替代远程系统上的 *destination-directory* 以便从标准输入中读取：

```
$ ditto -c Scripts - | ssh plum ditto -x - ScriptsBackups
```

最后一个示例把本地启动盘(根文件系统)复制到 Backups.root 卷。由于一些文件只能由 root 读取，因此脚本必须由拥有 root 权限的用户运行。-X 选项禁止 ditto 复制在"/"下挂载的其他卷(文件系统)。

```
# ditto -X / /Volumes/Backups.root
```

18.28　dmesg

显示内核消息。

dmesg [options]

dmseg 实用程序会显示存储在内核环缓冲区中的消息。

选项

-c	运行 dmesg 后清空内核环缓冲区(仅用于 Linux)。
-M *core*	*core* 是要处理的(核心转储)文件的名称(默认为/dev/kmem)(仅用于 macOS)。
-N *kernel*	*kernel* 是内核文件的路径名(默认为/math)。如果正在显示核心转储的信息，kernel 就应是创建核心文件时运行的内核(仅用于 macOS)。

讨论

系统启动时，内核会用硬件和模块初始化的相关消息填充其环缓冲区。内核环缓冲区中的消息常常用于诊断系统问题。

注意

在 macOS 下，必须使用 root 权限运行这个实用程序。

作为一个环缓冲区，内核消息缓冲区保存它最近接收的消息，一旦填满，它就会删除最旧的消息。要保存内核启动消息列表，可在启动系统并登录后立即执行下述命令：

```
$ dmesg > dmesg.boot
```

这条命令会在 dmesg.boot 文件中保存内核消息。启动过程有问题时，这个列表就非常有用。

在大多数 Linux 系统中，系统启动后，系统会在/var/log/messages 或类似文件中记录与 dmesg 所显示消息相同的许多信息。

示例

下面的命令显示了环缓冲区中包含字符串 serial 的内核消息(不区分大小写)：

```
$ dmesg | grep -i serial
[    1.304433] Serial: 8250/16550 driver, 4 ports, IRQ sharing enabled
[    1.329978] serial8250: ttyS0 at I/O 0x3f8 (irq = 4) is a 16550A
[    1.354473] serial8250: ttyS1 at I/O 0x2f8 (irq = 3) is a 16550A
[    1.411213] usb usb1: New USB device strings: Mfr=3, Product=2, SerialNumber=1
[    1.411221] usb usb1: SerialNumber: 0000:02:03.0
...
```

18.29 dscl(macOS)

显示并管理 Directory Service(目录服务)信息。

```
dscl [options] [datasource [command]]
```

dscl(Directory Service command line)实用程序可以使用 Directory Service 目录节点。调用无参数的 dscl 时，dscl 会以交互方式运行。dscl 实用程序仅在 macOS 下可用。

参数

datasource 是一个节点名或者一名由主机名或 IP 地址指定的 macOS Server 主机。句点(.)指定了本地域。

选项

-p	(prompt)根据需要提示输入密码。
-q	(quiet)不提示。
-u *user*	验证 *user* 的身份。

命令

这里使用的一些术语的定义请参考"注意"部分。

命令前面的短横线(-)是可选的。

-list path *[key]*	(也可以是-ls)列出 *path* 中的子目录，一行显示一个子目录。如果指定 *key*，这个命令就列出与 *key* 匹配的子目录。
-read *[path [key]]*	(也可以是-cat 或 ".")显示一个目录，一行显示一个属性。
-readall *[path [key]]*	显示具有给定键的属性。
-search *path key value*	显示 *key* 与 *value* 匹配的属性。

注意

讨论 Directory Service 时，"目录"指数据集合(数据库)，而不是文件系统的一个目录。每个目录都包含一个或多个属性，每个属性都由一个键/值对组成，某个给定键可能有多个值。dscl 在显示属性时，一般先显示键，再显示一个冒号和值。如果键有多个值，这些值就用空格隔开。如果某个值包含空格，dscl 就会在键下面的一行中显示该值。

在 macOS 和 macOS Server 下，Open Directory 把本地系统的信息存储在/var/db/dslocal 目录层次结构的键/值格式的 XML 文件中。

dscl 实用程序是 NetInfo Manager(在 macOS 10.5 以前的版本中可用)或 macOS Server 上的 Workgroup Manager

的命令行版本。

示例

指定"/"的路径时，dscl -list 命令会列出顶级目录：

```
$ dscl . -list /
AFPServer
AFPUserAliases
Aliases
AppleMetaRecord
Augments
Automount
...
SharePoints
SMBServer
Users
WebServer
```

dscl 的第一个参数是句点，它把本地域指定为数据源。下面的命令显示 Users 目录的列表：

```
$ dscl . -list /Users
_amavisd
_appowner
_appserver
_ard
...
_www
_xgridagent
_xgridcontroller
daemon
max
nobody
root
```

可使用 dscl –read 命令显示指定用户的信息：

```
$ dscl . -read /Users/root
AppleMetaNodeLocation: /Local/Default
GeneratedUID: FFFFEEEE-DDDD-CCCC-BBBB-AAAA00000000
NFSHomeDirectory: /var/root
Password: *
PrimaryGroupID: 0
RealName:
System Administrator
RecordName: root
RecordType: dsRecTypeStandard:Users
UniqueID: 0
UserShell: /bin/sh
```

下面的 dscl -readall 命令列出了本地系统上的所有用户名和用户 ID。该命令在/Users 目录中查找 RecordName 和 UniqueID 键，并显示对应的值。dscl 实用程序用空格分隔多个值。用–readall 命令调用 dscl 的 shell 脚本示例参见附录 D。

```
$ dscl . -readall /Users RecordName UniqueID
RecordName: _amavisd amavisd
UniqueID: 83
-
RecordName: _appowner appowner
UniqueID: 87
-
...
RecordName: daemon
UniqueID: 1
-
```

```
RecordName: sam
UniqueID: 501
-
RecordName: nobody
UniqueID: -2
-
RecordName: root
UniqueID: 0
```

下面的示例使用 dscl -search 命令显示键 RecordName 等于 sam 的所有属性:

```
$ dscl . -search / RecordName sam
Users/sam              RecordName = (
    sam
)
```

18.30　du

显示关于目录层次结构和/或文件磁盘使用情况的信息。

*du [**options**] [**path-list**]*

实用程序 du(disk usage,磁盘使用情况)用来报告某个目录层次结构或文件占用了多少磁盘空间。默认情况下,du 显示的目录层次结构或文件占用的块大小以 1 024 字节为单位。

参数

不带任何参数的 du 将显示工作目录及其子目录磁盘使用情况的信息。path-list 指定要获取磁盘占用信息的目录或文件的路径名列表。

选项

以两个连字符开头(--)的选项仅用于 Linux。除非特别指出,否则以一个连字符开头(-)的单字符选项可用于 macOS 和 Linux。

不带任何选项时,du 将显示 *path-list* 中的每个参数占用的总磁盘空间。对于目录,du 首先显示其子目录占用的所有磁盘空间,然后递归地显示该目录占用的磁盘空间。

--all	-a	报告所有普通文件和每个目录占用的空间。
--block-size=*sz*	-B *sz*	*sz* 参数用来指定报告所用的单位。这是一个倍数后缀,参见表 18-6,也可参考-H(--si)和 h(--human-readable)选项(仅用于 Linux)。
--total	-c	在输出结果的末尾显示占用的总空间。
--dereference-args	-D	(partial dereference)对于每个符号链接文件,报告符号链接指向的文件的磁盘使用情况,而不是符号链接自身。这个选项会影响在命令行上指定的文件,不影响在目录分层结构中递归查找到的文件。这个选项以正常方式处理不是符号链接的文件(仅用于 Linux)。解引用符号链接的内容参阅 4.7.4 节。
	-d depth	显示某目录下一直到 *depth* 目录的子目录的磁盘使用情况(仅用于 macOS)。
--si	-H	(human readable)以 KB(千字节)、MB(兆字节)和 GB(千兆字节)为单位显示块大小。使用 1000 的幂(仅用于 Linux)。
	-H	(partial dereference)对于每个符号链接文件,报告符号链接指向的文件的磁盘使用情况,而不报告符号链接自身。这个选项会影响在命令行上指定的文件,不影响在目录层次结构中递归查找到的文件。这个选项以正常方式处理不是符号链接的文件(仅用于 macOS)。解引用符号链接的内容参阅 4.7.4 节。
--human-readable	-h	以 KB(千字节)、MB(兆字节)或 GB(千兆字节)为单位报告大小。使用 1024 的幂。
	-k	以 KB(千字节)为单位显示块大小。

--dereference	-L	对于每个符号链接文件，报告符号链接指向的文件(而不是符号链接本身)的大小。这个选项影响所有文件，并且以正常方式处理不是符号链接的文件。默认情况为-P(--no-dereference)。解引用符号链接的内容参阅 4.7.4 节。
	-m	以 MB(兆字节)为单位显示块大小。
--no-dereference	-P	对于每个符号链接文件，报告符号链接(而不是符号链接指向的文件)的大小。这个选项影响所有文件，且以正常方式处理不是符号链接的文件，这是默认选项。解引用符号链接的内容参阅 4.7.4 节。
--summarize	-s	仅显示命令行上指定的目录或文件的总大小，而不显示其子目录的总大小。
--one-file-system	-x	仅报告在同一个(由参数指定的)文件系统上的文件和目录。

示例

在第 1 个示例中，du 显示工作目录中子目录的大小信息，最后一行包含工作目录及其子目录所占的总空间。

```
$ du
26        ./Postscript
4         ./RCS
47        ./XIcon
4         ./Printer/RCS
12        ./Printer
105       .
```

最后一行的总数(105)为工作目录下所有普通文件和目录占用的总空间。虽然 du 只显示了目录大小，但所有文件的大小都已计算在内。

如果对于 du 遇到的某个文件或目录，用户不具有读权限，du 就向标准错误发送一条警告消息。下面使用-s(--summarize)选项，du 显示/usr 目录中每个子目录的总大小，而不显示子目录的下一级目录的信息：

```
$ du -s /usr/*
4         /usr/X11R6
260292    /usr/bin
10052     /usr/games
7772      /usr/include
1720468   /usr/lib
105240    /usr/lib32
0         /usr/lib64
du: cannot read directory `/usr/local/lost+found': Permission denied
...
130696    /usr/src
```

给前面的示例添加-c(--total)选项，du 将在最后一行给出整个目录所占的总空间：

```
$ du -sc /usr/*
4         /usr/X11R6
260292    /usr/bin
...
130696    /usr/src
3931436 total
```

下面的示例使用选项 s(summarize)、h(human-readable)和 c(total)：

```
$ du -shc /usr/*
4.0K      /usr/X11R6
255M      /usr/bin
9.9M      /usr/games
7.6M      /usr/include
1.7G      /usr/lib
103M      /usr/lib32
...
128M      /usr/src
3.8G total
```

最后一个示例以便于阅读的格式显示用户可在/usr 文件系统中读取的所有文件的大小。将错误输出重定向到

/dev/null，将不再显示关于不可读的文件和目录的所有警告消息。

```
$ du -hs /usr 2>/dev/null
3.8G    /usr
```

18.31 echo

显示一条消息。

echo *[options]* **message**

echo 实用程序用来将其参数和后面的换行符复制到标准输出。bash 和 tcsh 都有各自内置的 echo，与这里介绍的 echo 的工作方式类似。

参数

message 由一个或多个参数组成，它可以包括转义字符串、模糊文件引用和 shell 变量。空格用来分隔每个参数。shell 能识别出参数中未转义的特殊字符。例如，shell 可以将星号扩展为工作目录中的文件名列表。

选项

可以对 tcsh 的内置 echo 进行配置，使它以不同方式看待反斜杠转义序列和-n 选项。参见 tcsh 的 man 页中的 echo_style。典型的 tcsh 配置可以识别-n 选项，启用反斜杠转义序列，忽略-e 和-E 选项。

-E	禁止解释反斜杠转义序列，如\n。仅用于 bash 的内置命令 echo。
-e	允许解释反斜杠转义序列，如\n。仅用于 bash 的内置命令 echo。
--help	简要总结 echo 的用法，包括由 echo 解释的反斜杠转义序列的列表。该选项仅用于 echo 实用程序，而不用于 echo 的内置命令。仅用于 Linux
-n	禁止换行符终止消息。

注意

禁止解释反斜杠转义序列是 bash 的内置命令 echo 和 echo 的默认操作。

使用 echo 可以把消息从 shell 脚本发送到屏幕。参见 5.4.2 节对如何使用 echo 和通配符显示文件名的介绍。

echo 实用程序和 echo 内置命令都提供了一个转义符号(\)来表示 message 中的非打印字符(参见表 18-21)。为了使反斜杠转义序列与 echo 实用程序和 bash 的 echo 内置命令一起使用，必须带-e 选项。对于 tcsh 的 echo 内置命令不必使用-e 选项。

表 18-21 反斜杠转义序列

序　列	意　义
\a	响铃
\c	取消末尾的换行符
\n	换行符
\t	水平制表符
\v	垂直制表符
\\	反斜杠

示例

下面的示例使用了一些 echo 命令。这些命令与 echo 实用程序(/bin/echo)、bash 和 tcsh 的内置 echo 命令一起使用，但最后一个除外，在 tcsh 下不必使用-e 选项。

```
$ echo "This command displays a string."
This command displays a string.
$ echo -n "This displayed string is not followed by a NEWLINE."
This displayed string is not followed by a NEWLINE.$ echo hi
hi
$ echo -e "This message contains\v a vertical tab."
This message contains
                      a vertical tab.
$
```

下面的示例要显示的消息包含反斜杠转义序列\c。在第 1 个示例中，shell 在调用 echo 之前处理参数，当 shell 遇到\c 时，就将\c 用字符 c 替换。后续的 3 个示例表明了如何转义\c，使得当 shell 把消息传递给 echo 时，避免 echo 在消息的末尾追加换行符。前 4 个示例都运行在 bash 中，需要带-e 选项；最后一个示例运行在 tcsh 中，不需要-e 选项。

```
$ echo -e There is a newline after this line.\c
There is a newline after this line.c

$ echo -e 'There is no newline after this line.\c'
There is no newline after this line.$

$ echo -e "There is no newline after this line.\c"
There is no newline after this line.$

$ echo -e There is no newline after this line.\\c
There is no newline after this line.$

$ tcsh
tcsh $ echo -e 'There is no newline after this line.\c'
There is no newline after this line.$
```

在这些示例中，可使用-n 选项来替换-e 和\c。

18.32 expand/unexpand

将制表符转换为空格以及将空格转换为制表符。

expand [*option*] [*file-list*]
unexpand [*option*] [*file-list*]

实用程序 expand 将制表符转换为空格，而实用程序 unexpand 将空格转换为制表符。

参数

实用程序 expand 从 *file-list* 读取文件，将每行中的所有制表符转换为空格，假定制表符由 8 个空格表示。

实用程序 unexpand 从 *file-list* 读取文件，将每行开头的所有空格转换为制表符。当读到每行中的第一个非空格或制表符时停止转换。

如果不指定文件名或使用连字符(-)代替文件名，expand/unexpand 从标准输入获取输入。

选项

实用程序 expand/unexpand 接收 18.2 节描述的常见选项。

--all	-a	对于每一行，将所有的空格转换为制表符，而不仅仅是开头的空格(仅用于 unexpand)。
--first-only		对于每一行，读到第一个非空格或制表符的字符后即停止转换(仅用于 unexpand)。覆盖--all 选项。
--initial	-i	对于每一行，读到第一个非空格或制表符的字符后停止转换(仅用于 expand)。
--tabs=*num* | *list*	-t *num* | *list*	*num* 指定每个制表符对应的空格数。*list* 指定从左侧开始每个制表符出现的位置(字符数)。默认情况下，制表符是 8 个字符。与 unexpand 一起使用时，包含--all 选项。

示例

下面的示例展示了 expand 如何工作。tabs.only 文件中的所有空白都是单个制表符。--show-tabs 选项使 cat 将制表符显示为^]，而空格仍显示为空格。

```
$ cat tabs.only
>>      >>      >>      >>      x
$ cat --show-tabs tabs.only
>>^I>>^I>>^I>>^Ix
```

expand 的--tab=2 选项指定每个制表符包含两个空格；--tabs=20,24,30,36 指定在第 20、第 24、第 30 和 36 列为制表符。

```
$ expand --tabs=2 tabs.only | cat --show-tabs
>> >> >> >> x
$ expand --tabs=20,24,30,36 tabs.only | cat --show-tabs
>>                  >> >>     >>      x
```

接下来，unexpand 将每 8 个空格转换为 1 个制表符。space.only 文件中的所有空白均是多个空格。由于 unexpand 与终端驱动转换制表符的方式相同(即制表符占 8 个字符的位置)，因此 cat 的输出和带有-a 选项的 unexpand 的输出看上去相同。

```
$ cat spaces.only
              >>        >>  >>        >> x
$ unexpand -a spaces.only
              >>        >>  >>        >> x
```

如果将带有-a 选项的 unexpand 的输出通过管道发送到带有--show-tabs 选项的 cat，就将看到 unexpand 将制表符放置在了何处。

```
$ unexpand -a spaces.only | cat --show-tabs
^I^I   >>^I^I     >>  >>^I>> x
```

18.33 expr

计算表达式的值。

*expr **expression***

expr 实用程序用来计算某个表达式的值，并把计算结果发送到标准输出。它也可以计算代表数值或非数值的字符串的值。运算符与字符串一起构成表达式。

参数

expression 由字符串和分散在其中的运算符组成。每个字符串和运算符构成一个参数，必须使用空格将各个参数分隔开。必须转义对 shell 具有特殊意义的运算符(如乘法运算符*)。

下面按优先级由高到低的顺序列出了 expr 的运算符。同一组内的运算符具有相同的优先级。可以使用圆括号改变计算顺序。

:	比较运算符	比较两个字符串。从每个字符串的第 1 个字符开始，到第 2 个字符串的最后一个字符结束。第 2 个字符串是一个以隐含的 "^" 开始的正则表达式。如果 expr 找到匹配的字符串，那么 expr 将显示第 2 个字符串中的字符数。如果没有找到匹配的字符串，则 expr 显示 0。
*	乘号	接下来的 3 个运算符仅可以作用于包含数字 0~9(前面可带负号)的字符串。将字符串转换为整型数，对整数进行指定的算术运算，将结果再次转换为字符串发送给标准输出。
/	除号	
%	取模运算符	

+	加号	接下来的两个运算符与上面的运算符具有相同的操作方式。
-	减号	
<	小于号	接下来的 6 个关系运算符可以作用于数值和非数值参数。如果参数中的某个或两
<=	小于或等于号	个都是非数值，则使用机器排序顺序(通常为 ASCII)比较非数值的大小；如果两个
= 或 ==	等号	都是数值参数，则直接对数值进行比较。如果比较结果为真，则 expr 实用程序显
!=	不等号	示 1；如果比较结果为假，则它显示 0。
>=	大于或等于号	
>	大于号	
&	AND(与)运算符	对两个参数进行计算。如果两个都不是 0 或空字符串，expr 就显示第 1 个参数的
			值；否则，它显示 0。该运算符需要转义。
		OR(或)运算符	计算第 1 个参数。如果第 1 个参数既不是 0 也不是空字符串，则 expr 显示第 1 个
		参数的值，否则它显示第 2 个参数的值。该运算符也需要转义。

注意

如果表达式的值不是空字符串或数字 0，则 expr 实用程序将返回退出状态 0；如果表达式的值为空字符串或数字 0，则 expr 实用程序将返回退出状态 1；如果表达式无效，则它返回状态 2。

虽然 expr 和介绍的内容区分数值参数和非数值参数，但 expr 的所有参数都是非数值(字符串)。在实际应用中(例如，使用"＋"运算符时)，expr 会尽量把参数转换为数字。如果某个字符串包含除数字 0~9(前面可带负号)外的其他字符，则 expr 将不能对其进行转换。特别地，如果某个字符串包含加号或小数点，expr 就把它们看成非数值。如果两个参数都是数值参数，比较就是数值比较。如果其中一个为非数值，则按字母顺序进行比较。

示例

在下面的示例中，expr 对常数进行计算。也可以使用 expr 计算 shell 脚本中的变量。第 4 条命令由于"5.3"中的小数点不合法，因此它显示了一条错误消息。

```
$ expr 17 + 40
57
$ expr 10 - 24
-14
$ expr -17 + 20
3
$ expr 5.3 + 4
expr: non-numeric argument
```

乘号(*)、除号(/)和取模(%)运算符提供算术运算功能。必须对乘号进行转义(在其前面加一个反斜杠)以保证 shell 不把它看成特殊字符(模糊文件引用)。不能将整个表达式用引号引起来，因为每个字符串和运算符必须是不同的参数。

```
$ expr 5 \* 4
20
$ expr 21 / 7
3
$ expr 23 % 7
2
```

接下来的两个示例显示了如何使用圆括号来改变计算顺序。必须对每个圆括号进行转义，并且在每个反斜杠与圆括号的组合的前后都要有空格：

```
$ expr 2 \* 3 + 4
10
$ expr 2 \* \( 3 + 4 \)
14
```

可以使用关系运算符来确定数值参数和非数值参数间的关系。下面的命令用来比较两个字符串是否相等。如果关系为假，则 expr 返回 0；否则它返回 1。

```
$ expr fred == sam
0
$ expr sam == sam
1
```

下面的示例用来确定数值参数或非数值参数的顺序关系，其中的关系运算符必须转义。同样，如果关系为假，则 expr 返回 0；否则它返回 1。

```
$ expr fred \> sam
0
$ expr fred \< sam
1
$ expr 5 \< 7
1
```

下面的命令用来比较 5 和 m。当 expr 使用比较运算符时，若其中一个参数是非数值参数，则 expr 将把另一个参数也看成非数值参数。在本例中，因为 m 是非数值参数，所以 5 也被看成非数值参数，expr 将对 5 和 m 对应的 ASCII 码进行比较。m 的 ASCII 码为 109，而 5 的 ASCII 码为 53，因此 expr 判断其中的小于关系成立，它返回 1，如下所示：

```
$ expr 5 \< m
1
```

下面的示例使用匹配运算符来确定第 2 个字符串中的 4 个字符是否匹配第 1 个字符串中的前 4 个字符。expr 实用程序显示匹配字符的个数(4)：

```
$ expr abcdefghijkl : abcd
4
```

对于运算符 “&”，如果两个参数都不是 0 和空字符串，expr 就显示第 1 个参数的值；否则它显示 0。

```
$ expr '' \& book
0
$ expr magazine \& book
magazine
$ expr 5 \& 0
0
$ expr 5 \& 6
5
```

对于运算符 “|”，如果第 1 个参数既不是 0 也不是空字符串，则显示第 1 个参数的值；否则它显示第 2 个参数的值。

```
$ expr '' \| book
book
$ expr magazine \| book
magazine
$ expr 5 \| 0
5
$ expr 0 \| 5
5
$ expr 5 \| 6
5
```

18.34   file

显示文件类别。

file [option] file-list

实用程序 file 根据文件内容对文件进行分类。

参数

file-list 为 file 要分类的一个或多个文件的路径名列表。可在 *file-list* 中指定任意文件，如普通文件、目录文件和特殊文件。

选项

> **提示** **file 的 macOS 版本接收长选项**
> file 中以两个连字符开头(--)的选项可用于 macOS 和 Linux。

--file-from=*file*	-f *file*	从 *file* 中而不是从命令行上的 *file-list* 中获取要分类的文件，*file* 的每一行列出一个文件名。
--no-dereference	-h	对于每个符号链接文件，报告符号链接(而不报告符号链接指向的文件)的类型。这个选项以正常方式处理不是符号链接的文件。在未定义(通常)环境变量 POSIXLY_CORRECT 的系统上，这是默认选项。解引用符号链接的内容参阅 4.7.4 节。
--help		显示帮助消息。
--mime	-I	显示 *MIME* 类型的字符串(仅用于 macOS)。
--mime	-i	显示 *MIME* 类型的字符串(仅用于 Linux)。
	-i	(ignore)显示普通文件(仅用于 macOS)。
--dereference	-L	对于每个符号链接文件，报告符号链接指向的文件，而不报告符号链接本身。这个选项以正常方式处理不是符号链接的文件，在定义了环境变量 POSIXLY_CORRECT 的系统上，这是默认选项。解引用符号链接的内容参见 4.7.4 节。
--uncompress	-z	(zip)对压缩文件进行分类。

注意

实用程序 file 可以分辨出 5000 多种文件。file 可显示 Linux 操作系统上更常见的文件类型，如下所示：

```
archive
ascii text
c program text
commands text
core file
cpio archive
data
directory
ELF 32-bit LSB executable
empty
English text
executable
```

为了对文件进行分类，实用程序 file 使用 3 种测试方法：文件系统测试、幻数测试和语言测试。当 file 识别出某个文件的类型时，它将停止测试。文件系统测试检查从 stat()系统调用返回的值，查看文件是否为空或特殊文件。幻数测试在文件的头部查找特定格式的数据。语言测试(根据需要)用来确定文件是否为文本文件，采用何种编码方式，采用何种语言编写。关于 file 工作方式的详细描述参见 file 的 man 页。file 的显示结果未必是正确的。

示例

file 识别文件的示例如下所示：

```
/etc/Muttrc:            ASCII English text
/etc/Muttrc.d:          directory
/etc/adjtime:           ASCII text
/etc/aliases.db:        Berkeley DB (Hash, version 9, native byte-order)
/etc/at.deny:           writable, regular file, no read permission
```

```
/etc/bash_completion:           UTF-8 Unicode English text, with very long lines
/etc/blkid.tab.old:             Non-ISO extended-ASCII text, with CR,
                                LF line terminators
/etc/brltty.conf:               UTF-8 Unicode C++ program text
/etc/chatscripts:               setgid directory
/etc/magic:                     magic text file for file(1) cmd
/etc/motd:                      symbolic link to '/var/run/motd'
/etc/qemu-ifup:                 POSIX shell script text executable
/usr/bin/4xml:                  a python script text executable
/usr/bin/Xorg:                  setuid executable, regular file, no read permission
/usr/bin/debconf:               a /usr/bin/perl -w script text executable
/usr/bin/locate:                symbolic link to '/etc/alternatives/locate'
/usr/share/man/man7/term.7.gz:  gzip compressed data, from Unix, max compression
```

18.35   find

根据条件查找文件。

find [***directory-list***] [***option***] [***expression***]

实用程序 find 在指定的目录层次结构中查找符合指定条件的文件。

参数

directory-list 用来指定 find 要搜索的目录层次结构。当未指定 *directory-list* 时，find 将搜索工作目录层次结构。

option 控制 find 在递归查找目录层次结构时，是否解引用符号链接。find 默认不解引用符号链接(它会处理符号链接，而不处理符号链接指向的文件)。在 macOS 下，可使用-x 选项禁止 find 搜索在 *directory-list* 中未指定的文件系统中的目录。在 Linux 下，-xdev 条件可执行相同的功能。

expression 包含条件，参见"条件"部分的内容。实用程序 find 对 *directory-list* 中的每个目录中的每个文件进行测试，检验它是否符合 *expression* 描述的条件。当没有指定 *expression* 参数时，该参数的值默认为-print。

分隔两个条件的空格是布尔 AND 运算符，表示文件必须同时满足两个条件。若分隔两个条件的是-or 或-o，它们是布尔 OR 运算符，表示文件满足其中一个(或两个)条件即可。

可在条件前加感叹号以对某个条件取反。实用程序 find 将从左至右计算表达式，除非在表达式中存在圆括号。

在表达式中，需要转义特殊字符，以阻止 shell 对它们进行解释，而直接传递给 find。经常使用的特殊字符包括：圆括号、方括号、问号和星号。

expression 内的每个元素都是单独的参数。参数与参数间用空格分隔。每个圆括号、感叹号、条件或其他元素的两侧都必须是空格。

选项

-H   (partial dereference)对于每个符号链接文件，处理符号链接指向的文件，而不处理符号链接自身。这个选项会影响在命令行上指定的文件，它不影响在目录层次结构中递归查找到的文件。这个选项以正常方式处理不是符号链接的文件。解引用符号链接的内容参阅 4.7.4 节。

-L   (dereference)对于每个符号链接文件，处理符号链接指向的文件，而不处理符号链接自身。这个选项会影响所有的文件，它以正常方式处理不是符号链接的文件。解引用符号链接的内容参阅 4.7.4 节。

-P   (no dereference)对于每个符号链接文件，处理符号链接，而不处理符号链接指向的文件。这个选项会影响所有的文件，它以正常方式处理不是符号链接的文件。这是默认行为。解引用符号链接的内容参阅 4.7.4 节。

-x   使 find 不在文件系统的目录中，而在 *directory-list* 指定的目录中进行搜索(仅用于 macOS)。

--xdev   使 find 不在文件系统的目录中，而在 *directory-list* 指定的目录中进行搜索(仅用于 Linux)

条件

在 *expression* 中可以使用的条件如下所示。±n 是一个十进制整数，它可以表达为+n(比 n 大)、-n(比 n 小)或 n(恰好为 n)。

-anewer *filename*	(accessed newer)访问时间比 *filename* 更近的文件符合该条件。
-atime ±n	(access time)最后一次访问时间为±n 天内的文件符合该条件。当使用该选项时，find 将修改它搜索到的目录的访问时间。
-depth	被测试的文件始终满足该动作条件。它使得 find 在作用于目录本身之前先作用于目录中的每个元素。当使用 find 将文件发送给实用程序 cpio 时，条件-depth 与选项--preserve-modification-time 一起使用，使得 cpio 在还原文件时保留目录的修改时间。参见 18.19 节中的"讨论"和"示例"部分。
-exec *command*\;	如果命令返回的退出状态为 0(真)，则文件满足该动作条件。必须使用转义分号终止命令。命令中的一对花括号({})代表被判断的文件的名称。如果之前的条件都已经满足，那么可以在一组其他条件的末尾使用-exec 动作条件来执行 *command*。参见接下来的"讨论"部分以获取更多信息。参见 18.105 节来查看该选项的更高效的使用方式。
-group *name*	如果与文件相关联的组的名称为 *name*，文件就满足该条件。也可以使用数字组 ID 号来替代 *name*。
-inum n	如果文件对应的索引节点编号为 n，则文件满足该条件。
-links ±n	如果文件具有±n 个链接，则文件满足该条件。
-mtime ±n	(modify time)如果文件最后一次修改的时间为±n 天前，则文件满足该条件。
-name *filename*	如果文件名与模式 *filename* 相匹配，则文件满足该条件。*filename* 可以包含通配符(*、?和[ ])，但注意要对这些字符进行转义。
-newer *filename*	如果文件的修改时间比 *filename* 的要晚，则文件满足该条件。
-nogroup	如果文件不属于本地系统中的任意一组，则文件满足该条件。
-nouser	如果文件不属于本地系统上的任何一个用户，则文件满足该条件。
-ok *command*\;	该动作条件与-exec 类似，不同之处在于该条件将每个需要执行的 *command* 显示在尖括号中，而且只有当从标准输入接收到以 y 或 Y 字符开始的响应后，才开始执行 *command*。
-perm [±]mode	如果文件的访问权限为 *mode*，则文件满足该条件。如果 *mode* 之前为一个减号(‐)，则文件的访问权限必须包含 *mode* 中的所有位。例如，如果 *mode* 是 644，则权限为 755 的文件满足这个条件。如果 *mode* 之前为一个加号(+)，则文件的访问权限必须至少包含 *mode* 中的一位。如果 *mode* 之前没有加减号，则文件的访问权限必须与 *mode* 完全匹配。可使用符号模式和八进制数表示访问模式(参见 18.13 节)。
-print	文件总是满足该动作条件。当 *expression* 的值符合这个条件时，find 将显示正在判断的文件的路径名。如果-print 是 *expression* 中的唯一条件，find 就显示 *directory-list* 中的所有文件名。如果-print 条件与其他条件同时使用，则只有文件满足-print 条件之前的条件时，find 才显示其文件名。如果在 *expression* 中不存在任何动作条件，则-print 为默认条件(参见下面的"讨论"和"注意"部分)。
-size ±n[c|k|M|G]	如果文件大小为±n 倍 512 字节的块，则文件满足该条件。如果 n 之后有字母 c，则表示字符数；如果 n 之后有 k，则表示 KB；如果 n 之后有 M，则表示 MB；如果 n 之后有 G，则表示 GB。
-type *filetype*	如果文件类型为 *filetype*，则文件满足该条件。从下面的列表中选择文件类型:
	b 特殊的块文件
	c 特殊的字符文件
	d 目录文件
	f 普通文件
	l 符号链接
	p FIFO(命名管道)
	s 套接字
-user *name*	如果文件属于名为 *name* 的用户，则文件满足该条件。可使用数值型的用户 ID 来替换 *name*。
-xdev	文件总是满足该动作条件。该条件使得 find 不在文件系统的目录中，而在 *directory-list* 指定的目录中

进行搜索。也可以使用-mount(仅用于 Linux)。

-x   文件总是满足该动作条件。该条件使得 find 不在文件系统的目录中，而在 *directory-list* 指定的目录中进行搜索。也可以使用-mount(仅用于 macOS)。

讨论

用 x 和 y 表示条件。在下面的命令行中，如果文件不满足条件 x，则它不判断文件是否满足条件 y。因为 x 与 y 条件由空格分隔，这里的空格相当于布尔 AND 运算符。一旦 find 确定不满足条件 x，文件就不满足条件，因此 find 将停止判断。可以将下面的表达式读作"(判断文件是否)同时满足条件 x 和(空格代表布尔 AND 运算符)y"：

```
$ find dir x y
```

下面的命令行首先判断文件是否满足条件 x，如果不满足条件 x，则再判断文件是否满足条件 y，因为文件在不满足条件 x 时，还有可能满足整个表达式条件，所以它继续判断。命令行中的表达式可以读作"(判断文件是否)满足条件 x 或条件 y"。如果文件满足条件 x，则不必再判断条件 y。

```
$ find dir x - or y
```

动作条件   某些条件不挑选文件，而是使 find 执行某一动作。当 find 判断其中一个动作条件(*action criteria*)时，就触发对应的动作。因此，命令行上的动作条件不是判断的最终结果，而是用来确定 find 是否执行某一动作。

动作条件-print 使得 find 显示它判断的文件的路径名。下面的命令行显示了目录 dir 及其所有子目录内的全部文件的名称，无论文件有多少个链接：

```
$ find dir -print -links +1
```

下面的命令行仅显示目录 dir 中链接数大于 1 的文件的名称：

```
$ find dir -links +1 -print
```

-print 的作用是作为条件测试之后的默认动作。下面的命令行与前一个命令行的输出结果相同：

```
$ find dir -links +1
```

注意

为了清晰起见，可以在条件间使用-a(或-and)运算符，它是一个布尔 AND 运算符，与空格相同。

可以考虑用 pax 代替 cpio。macOS 用户可能想要使用 ditto。

示例

最简单的 find 命令没有参数，它将列出工作目录及其所有子目录中的文件：

```
$ find
...
```

下面的命令用来查找工作目录及其子目录中文件名以 a 开头的文件。该命令使用句点来指定工作目录。为防止 a*被解释为模糊文件引用，使用单引号将它们引起来：

```
$ find . -name 'a*' -print
```

如果忽略 *directory-list* 参数，find 就对工作目录进行搜索。下面的命令与前一条命令的功能相同，但没有显式地指定工作目录或-print 条件：

```
$ find -name 'a*'
```

下面的命令将挑选出的文件名列表发送给 cpio 实用程序，cpio 实用程序把文件名列表写到在 dev/sde1 上挂载的设备中。命令行的第 1 部分以一个管道符号结束，因此 shell 要求输入另一条命令并在接收命令行的其余部分前显示辅助提示符(>)。可以将下面的命令读作"在根目录(/)及其所有子目录下查找一天前(-mtime -1)被修改的并且不以.o 为后缀(! -name '*.o')的普通文件(-type f)"(不必保留后缀为.o 的目标文件，因为它们可以从对应的源文件重新创建)。

```
$ find / -type f - mtime -1 ! -name '*.o' -print |
> cpio -oB > /dev/sde1
```

下面的 find 命令查找、显示并删除工作目录及其所有子目录下名为 core 或 junk 的文件：

```
$ find . \( -name core -o -name junk \) -print -exec rm {} \;
...
```

-exec 前面的圆括号和分号都被转义，从而防止 shell 将它们视为特殊字符。空格将命令行上转义的这些圆括号与其他元素分隔。这条命令可以读作“在工作目录(.)及其子目录中查找名为 core(-name core)或(-o)junk(-name junk)的文件(如果文件满足这些条件，就继续)，并(使用空格)输出找到的文件名(-print)，最后删除这些文件(-exec rm {})”。

下面的 shell 脚本使用 find 和 grep 来识别包含某个指定字符串的文件。这个脚本可以帮助用户找到只知道文件内容但不记得文件名的文件。脚本 finder 用来定位工作目录及其子目录中包含在命令行上指定的字符串的文件。条件-type f 使得 find 只把普通文件名传递给 grep，而不包括目录文件名。

```
$ cat finder
find . -type f -exec grep -l "$1" {} \;
$ finder "Executive Meeting"
./january/memo.0102
./april/memo.0415
```

当调用 finder 脚本来查找包含 Executive Meeting 的文件时，它将找到两个文件：./january/memo.0102 和./april/memo.0415。路径名中的句点代表工作目录；january 和 april 都是工作目录的子目录。带有选项--recursive 的实用程序 grep 可以实现与 finder 脚本相同的功能。

下面的命令在两个用户目录中查找大小超过 100 个块(-size +100)、最后一次访问时间为 5 天之前(即在过去的 5天内文件没有被访问)的文件(-atime +5)。其中的 find 命令将询问用户是否要删除找到的文件(-ok rm {})，用户可以回答 y(yes)或 n(no)。命令 rm 仅在用户对目录拥有写和执行权限时才有效。

```
$ find /home/max /home/hls -size +100 -atime +5 -ok rm {} \;
< rm ... /home/max/notes >? y
< rm ... /home/max/letter >? n
...
```

在下面的示例中，/home/sam/track/memos 是指向 Sam 的主目录/home/sam/memos 的符号链接。当使用带-L 选项的 find 命令时，会使用(解引用)这个符号链接，并搜索该符号链接指向的目录。

```
$ ls -l /home/sam/track
lrwxrwxrwx. 1 sam pubs 15 04-12 10:35 memos -> /home/sam/memos
-rw-r--r--. 1 sam pubs 12753 04-12 10:34 report
$ find /home/sam/track
/home/sam/track
/home/sam/track/memos
/home/sam/track/report
$ find -L /home/sam/track
/home/sam/track
/home/sam/track/memos
/home/sam/track/memos/memo.710
/home/sam/track/memos/memo.817
/home/sam/track/report
```

18.36　finger

用来显示用户的相关信息。

*finger [**options**] [**user-list**]*

实用程序 finger 用来显示用户名、用户全名、终端设备号和登录时间等信息。*options* 用来控制 finger 的显示内容。*user-list* 用来指定 finger 要显示的用户列表。实用程序 finger 可以在本地系统和远程系统上检索信息。

参数

不带任何参数时，finger 将提供关于登录本地系统的用户的简短报告(-s)。当指定参数 *user-list* 时，finger 将提

供 *user-list* 中关于每个用户的长报告(-l)。*user-list* 中的名字不区分大小写。

如果用户名包含符号@，finger 实用程序将符号@后面的文件名解释为远程主机名，通过网络连接到该主机。如果在符号@的前面存在一个用户名，finger 将提供远程系统上的用户的相关信息。

选项

-l   (long)当指定 *user-list* 时，默认显示用户的详细信息。

-m   (-match)如果指定了 *user-list*，finger 就显示仅用户名与 *user-list* 中的某个名称匹配的用户的相关信息。不带该选项时，finger 将显示用户名或用户全名与 *user-list* 中的某个名称匹配的用户信息。

-p   (no plan，project 或 pgpkey)不显示用户的.plan、.project 和.pgpkey 文件的内容。因为这些文件可能包含改变屏幕的行为的反斜杠转义序列，所以用户可能不希望看到它们。如果这 3 个文件存在于用户的主目录中，则通常情况下，长报告将显示这些文件的内容。

-s   (short)当不指定 *user-list* 时，默认给出关于每个用户的简短报告。

讨论

实用程序 finger 提供的长报告包括用户名、用户全名、主目录位置、登录 shell、用户上次登录的时间、从用户上次按下键盘和上次读取 Email 经过的时间。在从各种系统文件中提取以上信息后，finger 将显示用户的主目录中 ~/.plan、~/.project 和~/.pgpkey 文件的内容。这些文件通常用来提供关于用户的更多信息(例如，电话号码、邮件地址、日程安排、兴趣爱好和 PGP 密钥等)，创建和维护这些文件是每个用户的职责。

实用程序 finger 生成的简短报告与实用程序 w 提供的信息类似，内容包括：用户名、用户全名、终端设备号、从用户上次按下键盘经过的时间、用户登录的时间和终端的位置。如果用户通过网络登录，那么还将显示远程系统名。

注意

并不是所有的 Linux 发行版都默认安装实用程序 finger。

当用户指定某个网址时，实用程序 finger 将查询运行在远程系统上的标准网络服务。虽然大多数 Linux 系统都提供该服务，但有些管理员禁止在系统上运行该服务(以降低系统负载、减少安全隐患、提高私密性)。如果在这种情况下使用 finger 来获得站点上某用户的信息，那么结果将会是一条错误消息或者根本不显示任何内容。远程系统决定了与本地系统能共享多少信息，以及以什么形式共享信息。因此，为任何一个给定的系统显示的报告都可能与以下示例不同。参见 3.7.2 节。

文件~/.nofinger 使得 finger 拒绝显示该文件所在主目录对应用户的信息。为使 finger 拒绝显示，finger 的查询必须从系统而不是本地主机开始，并且 fingerd 守护进程必须能看到.nofinger 文件(通常主目录必须为"其他用户"设置执行权限位)。

示例

第 1 个示例显示了登录本地系统的用户的相关信息：

```
$ finger
Login     Name            Tty     Idle    Login   Time Office Office Phone
max       Max Wild        tty1    13:29   Jun 25  21:03
hls       Helen Simpson   *pts/1  13:29   Jun 25  21:02 (:0)
sam       Sam the Great   pts/2           Jun 26  07:47 (plum.example.com)
```

Helen 的终端(TTY)前的星号(*)表明她阻止其他用户直接把消息发送到她的终端。长报告对禁用消息的用户将显示 messages off 消息。

下面两个示例使 finger 通过网络连接到名为 guava 的远程系统：

```
$ finger @guava
[guava]
Login     Name            Tty     Idle    Login Time    Office    Office Phone
```

```
max     Max Wild            tty1    23:15   Jun 25 11:22
roy     Roy Wong            pts/2           Jun 25 11:22
$ finger max@guava
[guava]
Login: max                              Name: Max Wild
Directory: /home/max                    Shell: /bin/zsh
On since Sat Jun 23 11:22 (PDT) on tty1, idle 23:22
Last login Sun Jun 24 06:20 (PDT) on ttyp2 from speedy
Mail last read Thu Jun 21 08:10 2018 (PDT)
Plan:
For appointments contact Sam the Great, x1963.
```

18.37　fmt

简单地格式化文本。

fmt [option] [file-list]

实用程序 fmt 通过将所有非空白行的长度设置为几乎相同，来进行简单的文本格式化。

参数

实用程序 fmt 从 *file-list* 中读取文件，并将其内容的格式化版本发送到标准输出。如果不指定文件名或者用连字符(-)替代文件名，fmt 将从标准输入读取文本信息。

选项

以两个连字符开头(--)的选项仅用于 Linux。除非特别指出，否则以一个连字符开头(-)的单字符选项可用于 macOS 和 Linux。

--split-only	-s	截断长行但不填充短行(仅用于 Linux)。
	-s	用一个空格替代多个连续的空格和/或制表位(仅用于 macOS)。
--tagged-paragraph	-t	除每个段落的第 1 行外都缩进(仅用于 Linux)。
	-t *n*	把 *n* 指定为每个制表位表示的空格数，默认是 8(仅用于 macOS)。
--uniform-spacing	-u	改变格式化输出，使得字之间出现一个空格，句子之间出现两个空格(仅用于 Linux)。
--width=*n*	-w *n*	将输出的行宽度改为 *n* 个字符。不带该选项时，fmt 输出的行宽度为 75 个字符。也可以使用 -*n* 指定该选项。

注意

fmt 实用程序通过移动换行符进行工作。行的缩进和字间的空格保持不变。

fmt 实用程序经常在用户使用某个编辑器(如 vim)编辑文本时格式化文本。例如，当用户使用 vim 编辑器的命令模式时，将光标定位到某段落的首部，然后输入命令!}fmt -60，可以格式化该段落，使得输出的每行宽度为 60 个字符。立即输入 u 字符可以撤消刚才的格式化操作。

示例

下面的示例说明 fmt 如何将所有行设置为相同长度。选项-w 50 使得目标行的长度为 50 个字符。

```
$ cat memo
One factor that is important to remember while administering the dietary
intake of Charcharodon carcharias is that there is, at least from
the point of view of the subject,
very little
differentiating the prepared morsels being proffered from your digits.
```

```
In other words, don't feed the sharks!
$ fmt -w 50 memo
One factor that is important to remember while
administering the dietary intake of Charcharodon
carcharias is that there is, at least from the
point of view of the subject, very little
differentiating the prepared morsels being
proffered from your digits.
In other words, don't feed the sharks!
```

下面的示例表明了--split-only 选项的用法。较长的行将被截断，使得每行的长度不超过 50 个字符；该选项阻止填充较短的行。

```
$ fmt -w 50 --split-only memo
One factor that is important to remember while
administering the dietary
intake of Charcharodon carcharias is that there
is, at least from
the point of view of the subject,
very little
differentiating the prepared morsels being
proffered from your digits.
In other words, don't feed the sharks!
```

18.38　fsck

检查并修复文件系统。

fsck [options] [filesystem-list]

实用程序 fsck 用来验证文件系统的完整性，报告发现的问题并选择性地修正它们。它是文件系统检查器的前端，每个系统检查器与某个特定的文件系统类型相关。实用程序 fsck 出现在 Macintosh 中，但通常使用 diskutil 前端来调用它；请参见"注意"部分(仅用于 Linux)。

参数

不带-A 选项和 *filesystem-list* 的 fsck 将检查文件/etc/fstab 中列出的文件系统，一次检查一个(按顺序检查)。带有-A 选项而不带 *filesystem-list* 的 fsck 在条件允许的情况下，将并行地检查文件/etc/fstab 中列出的所有文件系统。参见选项-s 以查看关于并行地检查文件系统的讨论。

filesystem-list 指定要检查的文件系统，该系统可以是保存文件系统的设备的名称(例如，/dev/sda2)，也可以是/etc/fstab 中文件系统的挂载点(例如，/usr)，还可以是/etc/fstab 中文件系统的标签(例如，LABEL=home)或 UUID 分类符(例如，UUID=397df592-6e…)。

选项

当运行 fsck 时，用户可以指定全局选项，也可以指定与 fsck 要检查的文件系统类型相关的选项(例如，ext2/ext3/ext4、msdos、vfat)。全局选项必须放在特定于类型的选项的前面。

1. 全局选项

-A　　(all)处理在文件/etc/fstab 中列出的所有文件系统，如果条件允许，将并行处理。参见-s 选项以了解关于并行地检查文件系统的讨论。使用该选项时不要指定 *filesystem-list*，可以使用-t 选项来指定要检查的文件系统的类型。将该选项与-a、-p 或-n 选项一起使用，从而使得 fsck 不采用并行的方式交互地处理文件系统，否则，在该种方式下，用户将无法响应出现的大量提示符。

-N　　(no)在处理文件系统的过程中，该选项假设对所有问题都回答 no，该选项生成的消息用户通常能看到，但 fsck 不采取任何动作。

-R	(root-skip)与选项-A 一起使用时，它不会检查根文件系统。当系统启动时，该选项很有用，因为根文件系统可能需要以可读写的方式挂载。
-s	(serial)该选项使得 fsck 串行地处理文件系统，一次处理一个。没有该选项时，fsck 将并行地处理驻留在各个物理磁盘驱动器上的多个文件系统。并行地处理使得 fsck 更快地处理多个文件系统。使用该选项可以交互地处理文件系统。参见-a、-p 和-N(或-n)选项中关于关闭交互式处理功能的介绍。
-T	(title)该选项使得 fsck 不显示标题。
-t *fstype*	(filesystem type)用逗号分隔的列表指定要处理的文件系统的类型。与-A 选项一起使用时，fsck 处理/etc/fstab 中的类型为 *fstype* 的所有文件系统。常见的文件系统类型有 ext2/ext3/ext4、msdos 和 vfat。通常不能对远程的 NFS 文件系统进行检查。
-V	(verbose)显示更多输出内容，包括与文件系统类型相关的命令。

2. 与文件系统类型相关的选项

下面的命令列出了本地系统上可用的文件系统检查实用程序。具有相同索引节点编号的文件被链接在一起。

```
$ ls -i /sbin/*fsck*
 9961 /sbin/btrfsck       21955 /sbin/fsck.ext2      8646 /sbin/fsck.ntfs
 3452 /sbin/dosfsck       21955 /sbin/fsck.ext3      3502 /sbin/fsck.vfat
21955 /sbin/e2fsck        21955 /sbin/fsck.ext4      3804 /sbin/fsck.xfs
 8471 /sbin/fsck          21955 /sbin/fsck.ext4dev
 6489 /sbin/fsck.cramfs   08173 /sbin/fsck.msdos
```

查看 man 页或者输入文件系统检查实用程序的路径名，来判断实用程序接收的选项：

```
$ /sbin/fsck.ext4
Usage: /sbin/fsck.ext4 [-panyrcdfvstDFSV] [-b superblock] [-B blocksize]
                [-I inode_buffer_blocks] [-P process_inode_size]
                [-l|-L bad_blocks_file] [-C fd] [-j ext-journal]
                [-E extended-options] device
Emergency help:
 -p                 Automatic repair (no questions)
 -n                 Make no changes to the filesystem
 -y                 Assume "yes" to all questions
 -c                 Check for bad blocks and add them to the badblock list
 -f                 Force checking even if filesystem is marked clean
...
```

下面的选项应用于很多文件系统类型，包括 ext2/ext3/ext4：

-a	(automatic)同-p 选项。与以后的版本兼容。
-f	(force)强制 fsck 检查文件系统，即使文件系统已经清理(clean)。清理的文件系统指已经由 fsck 成功检查或者已经成功卸载并且之后没有挂载的系统。通常情况下，fsck 忽略已经清理的文件系统，这样可以加快正常条件下系统的启动。关于如何周期性地自动检查 ext2、ext3 和 ext4 文件系统的信息请参见 18.98 节的 tune2fs。
-n	(no)与-N 全局选项相同。不处理所有文件系统。
-p	(preen)当处理文件系统时，该选项使得 fsck 尽力修复它发现的所有细微的不一致之处。如果不能修复任何问题，fsck 将以非 0 状态退出。该选项使得在批处理模式下运行 fsck，这样在发现问题时就不会询问是否修复它。当启动 Linux 时，选项-p 通常与-A 选项一起使用来检查文件系统。
-r	(interactive)当发现问题时，询问进行修复还是忽略每个问题。对于很多文件系统，该行为是默认的。该选项并不是在所有文件系统上都可用。
-y	(yes)处理文件系统时，该选项假设对 fsck 的任何询问都回答 yes。应慎用该选项，因为它使得 fsck 可以自由地控制它认为最好的清理文件系统的方法。

注意

苹果公司建议使用 diskutil 实用程序替代 fsck，除非 diskutil 不可用(例如单用户模式)。更多信息请参见 support.apple.com/kb/TS1417。

可以从激活的 CD 或备份 CD/DVD 上运行 fsck。

当文件系统一致时，fsck 显示的报告将如下所示：

```
# fsck -f /dev/sdb1
fsck from util-linux 2.29
e2fsck 1.43.4 (31-Jan-2017)
Pass 1: Checking inodes, blocks, and sizes
Pass 2: Checking directory structure
Pass 3: Checking directory connectivity
Pass 4: Checking reference counts
Pass 5: Checking group summary information
/dev/sdb1: 710/4153408 files (10.1% non-contiguous), 455813/8303589 blocks
```

交互模式 运行 fsck 可以采用交互模式或批处理模式。对于许多文件系统，除非使用-a、-p、-y 或-n 选项，否则 fsck 都以交互模式运行。在交互模式下，如果 fsck 发现了文件系统存在的某个问题，它就报告该问题并询问用户是修复还是忽略它。如果选择修复它，则可能丢失一些数据，但该选择在多数情况下是合理的。

虽然修复损坏的和 fsck 建议删除的文件在技术上是可行的，但这一操作通常是不切实际的。保证数据不丢失最好的方法是经常备份。

检查顺序 fsck 实用程序通过查看文件/etc/fstab 的第 6 列来决定是否检查某个文件系统以及检查该文件系统的顺序。数字 0 表示不检查文件系统；数字 1 表示第 1 个要检查的文件系统，该状态通常是为根文件系统预留的；数字 2 表示第 2 个要检查的文件系统；依此类推。

fsck 是前端 与 mkfs 类似，fsck 是一个前端，它通过调用其他实用程序来处理各种类型的文件系统。例如，fsck 调用 e2fsck 来检查广泛使用的文件系统 ext2/ext3/ext4(更多信息参见 e2fsck 的 man 页)。fsck 经常调用的一类实用程序称为 fsck.*type*，其中 *type* 表示文件系统的类型。对于不同文件系统，fsck 采用分开处理的方式，这使得文件系统的开发人员可以提供检查某类文件系统的程序，同时不影响其他类型文件系统的开发，也不改变系统管理员使用 fsck 的方式。

启动时间 在需要卸载或者以只读方式挂载的文件系统上可以运行 fsck。当 Linux 启动时，根文件系统首先以只读方式挂载，允许 fsck 对它进行处理。如果 fsck 没有发现根文件系统的问题，那么它将以读写方式重新挂载(使用带 remount 选项的 mount 实用程序)根文件系统，并且 fsck 运行时通常带有选项-A、-R 和-p。

lost+found 如果 fsck 发现某个文件丢失了与其文件名的链接，它将询问是否重新连接它。如果选择重新连接它，就把文件放到文件所属文件系统的根目录的子目录 lost+found 中。重新连接的文件的索引节点编号与其文件名相同。为了使 fsck 按照这种方式还原文件，lost+found 目录必须存在于每个文件系统的根目录中。例如，如果系统使用/、/usr 和/home 文件系统，那么对应的 3 个 lost+found 目录的路径应为：/lost+found、/usr/lost+found 和 /home/lost+found。每个 lost+found 目录必须包含未使用的条目，从而使得 fsck 使用这些条目来存储丢失其链接的文件的索引节点编号。使用 mkfs 创建文件系统 ext2/ext3/ext4 时，将自动创建 lost+found 目录和未使用条目。也可以使用 mklost+found 实用程序在 ext2/ext3/ext4 文件系统中根据需要创建 lost+found 目录。在其他类型的文件系统上，通过向目录添加许多文件，然后删除这些文件的方法，可以创建未使用条目。尝试使用 touch 在 lost+found 目录中创建 500 个条目，然后使用 rm 删除它们。

消息

表 18-22 列出了 fsck 的常见消息。通常，fsck 给出了解决文件结构问题的最合理方法。除非用户有充分的理由要做出其他响应，否则通常对提示应回答 yes。使用系统备份磁带或磁盘来还原处理过程中丢失的数据。

表 18-22 常见 fsck 消息

阶 段	消 息	fsck 检查的内容
1	Checking inodes, blocks and sizes	检查索引节点信息
2	Checking directory structures	搜索在第 1 个阶段发现的错误索引节点指向的目录
3	Checking directory connectivity	搜索未被引用的目录和某个不存在或完整的 lost+found 目录
4	Checking reference counts	检查未被引用的文件、某个不存在或完整的 lost+found 目录、错误的链接数目、坏块、重复块和错误的索引节点个数
5	Checking group summary information	检查空闲列表和其他文件系统的结构；如果发现空闲列表存在问题，则运行第 6 个阶段
6	Salvage free list	如果在第 5 个阶段发现了空闲列表存在问题，第 6 个阶段就修复这些问题

清理之后的文件系统状态

一旦 fsck 修复了文件系统，它就给出文件系统的状态，此时显示的消息如下所示：

*******File System Was Modified*******

在 ext2、ext3 和 ext4 文件系统上，当完成对文件系统的检查后，fsck 将显示下面的消息：

*filesys: used/maximum files (**percent** non-contiguous), used/maximum blocks*

这条消息给出了正在使用的文件的数目、磁盘块的数目以及文件系统可以容纳的文件和磁盘块的数目。圆括号内的 *percent non-contiguous* 说明了磁盘碎片的情况。

18.39 ftp

通过网络传输文件。

*ftp [**options**] [**remote-system**]*

实用程序 ftp 是标准 FTP(File Transfer Protocol，文件传输协议)的用户接口，它通过网络进行通信，完成系统间的文件传输。为建立 FTP 连接，用户必须有权在远程系统上访问账号(私人账号、guest 账号或匿名账号)。

安全

使用 FTP 只能下载公共信息

FTP 不是一个安全协议。因为实用程序 ftp 通过网络以明文的方式发送密码，所以这是一种很不安全的做法。如果服务器运行 OpenSSH，则可以使用 sftp 作为 ftp 的安全替代。为了实现 FTP 的一些功能，同时阻止匿名用户下载信息，也可以使用 scp。因为 scp 使用加密的连接，所以用户密码和数据不会很容易泄漏。

参数

remote-system 是进行文件交换的服务器的名称或网址，该服务器可以运行 FTP 守护进程，如 ftpd、vsftpd 或 sshd。

选项

-i	(interactive)使用 mget 和 mput 进行文件传输时，不显示提示信息。参见 prompt。
-n	(no automatic login)禁用自动登录功能。
-p	(passice mode)在被动模式启动 ftp。
-v	(verbose)给出关于 ftp 工作机制的更多信息。显示 *remote-system* 的回复信息，报告传送时间和传送速度。

命令

实用程序 ftp 是交互式的。启动 ftp 后，ftp 将提示用户输入命令来设置参数和传输文件。很多命令都可以在 ftp> 提示符后输入。下面列出了一些常见的命令：

![*command*]	转到(或派生)本地系统的某个 shell(当本地 shell 使用完毕后，用 CONTROL+D 或 exit 返回到 ftp)。在感叹号之后是要执行的某条命令，当命令执行完毕时，ftp 将返回到 ftp>提示符。因为 ftp 使用该命令派生出的 shell 是运行 ftp 的 shell 的子 shell，所以当返回到 ftp 时不保留任何在派生 shell 中所做的更改。确切地讲，当用户希望将文件复制到某个本地目录而不是用户启动 ftp 的目录时，需要使用命令 ftp lcd 更改本地的工作目录，而在派生的 shell 中执行 cd 命令将不能切换到期望的工作目录。参见本节后面 "示例" 部分介绍的内容。
ascii	设置文件的传输类型为 ASCII。允许从系统传输以回车符/换行符结尾的文本文件，并自动删除回车符。当远程计算机为 DOS 或 MS Windows 计算机时，此类传输很有用。为使 ascii 生效，命令 cr 必须处于 ON 状态。
binary	设置文件的传输类型为二进制文件。这样可以正确地传输包含非 ASCII(非打印)字符的文件。该

	选项也适用于 ASCII 文件，且不必修改行尾。
bye	关闭与远程系统的连接，并终止 ftp。与 quit 相同。
cd *remote-directory*	将工作目录切换到远程系统上名为 *remote-directory* 的目录。
close	关闭与远程系统的连接，但不退出 ftp。
cr	(carriage return)当用户在 ASCII 模式下检索文件时，它将恢复删除的回车符。参见 ascii。
dir *[directory[file]]*	从远程系统上显示名为 *directory* 的目录列表。如果未指定 *directory*，将显示工作目录的目录列表。当指定 *file* 时，列表将保存在本地系统上名为 *file* 的文件中。
get *remote-file [local-file]*	将 *remote-file* 复制到本地系统上的 *local-file* 中。没有 *local-file* 时，在本地系统上得到的副本文件的名称为 *remote-file*。*remote-file* 与 *local-file* 可以是路径名。
glob	切换 mget 和 mput 命令的文件名扩展功能，并显示当前的状态(Globbing on 或 Globbing off)。
help	显示本地系统上 ftp 实用程序所能识别的命令列表。
lcd *[local_directory]*	(local change directory)在本地系统上把工作目录切换到 *local_directory*。不带任何参数时，把本地系统上的工作目录切换到主目录(与不带参数的 cd 相同)。
ls *[directory [file]]*	与 dir 类似，但可以显示远程系统上更准确的目录列表。
mget *remote-file-list*	(multiple get)与 get 命令不同，mget 可以从远程系统中检索多个文件。可以使用远程文件的全名或者使用通配符(参见 glob)。参见 prompt。
mput *local-file-list*	(multiple put)mput 命令可以将多个文件从本地系统复制到远程系统。可以使用本地文件的全名或者使用通配符(参见 glob)。参见 prompt。
open	交互式地指定远程系统的名称。当没有在命令行上指定远程系统或者试图与某个系统建立连接失败时，该命令将很有用。
passive	在主动(PORT，默认情况下)传输和被动(PASV)传输模式间切换并显示传输模式。参见"注意"部分关于"被动连接与主动连接"的内容。
prompt	当使用 mget 或 mput 接收或发送多个文件时，默认情况下，ftp 在传输每个文件之前都要进行确认。该命令可切换该行为并显示当前状态(Interactive mode off 或 Interactive mode on)。
put *local-file [remote-file]*	将 *local-file* 复制到远程系统上的 *remote-file* 中，如果没有 *remote-file*，则远程系统得到的文件名为 *local-file*。*remote-file* 与 *local-file* 可以是路径名。
pwd	使 ftp 显示远程工作目录的路径名。使用!pwd 可以显示本地工作目录的路径名。
quit	关闭与远程系统的连接，终止 ftp。与 bye 相同。
reget *remote-file*	尝试恢复终止的传输。该命令类似于 get，但不覆盖已有的本地文件，而是追加新数据。并非所有服务器都支持 reget。
user *[username]*	如果 ftp 实用程序不允许自动登录，用户可以将自己的账号作为 *username*。如果省略 *username*，ftp 就提示输入用户名。

注意

运行 ftp 的 Linux 或 macOS 操作系统可以与支持 FTP 协议的任何操作系统交换文件。尽管有些网址更容易登录些(例如，登录 http://www.ibiblio.org/software/Linux 要比登录 ftp://ftp. ibiblio.org/pub/Linux 更容易)，但是许多站点在 FTP 服务器上提供了免费信息的存档文件。多数浏览器都可以连接到 FTP 服务器并下载文件。

实用程序 ftp 不设定文件系统的命名机制和结构，因为可以使用 ftp 与非 UNIX/Linux 系统交换文件(其文件名的约定可能不同)。

有关在不拥有超级用户权限的情形下，使用 curlftpfs 在本地系统上安装 FTP 目录的信息，请参阅 18.84 节。

匿名 FTP 很多系统(尤其是那些可以下载免费软件的站点)都允许匿名登录。支持匿名登录的大多数系统可以接收拼写简单、输入快捷的匿名 ftp。匿名用户把文件存储到文件系统中时通常受到限制，只能保存到那些用于远程用户的共享目录中。当用户以匿名用户的身份登录时，服务器将提示用户输入密码。虽然任何密码都可以接受，但是按照约定最好提供用户的电子邮件地址。一些系统还允许匿名用户在 pub 目录中存储一些有趣的文件。

被动连接与主动连接 为了传输数据，客户端可以让 FTP 服务器建立 PASV(passive，被动)连接或 PORT(active，主动)连接。有些服务器仅可以建立一种连接。FTP 的被动连接与主动连接的不同之处在于是客户端还是服务器启动数据连接。在被动模式下，客户端启动与服务器(默认情况下是端口 20)的数据连接；在主动模式下，服务器启动数据连接(没有默认的端口)。两种连接从本质上说都不安全。被动连接更常见，因为在 NAT 防火墙后的客户端可以连接到一台被动服务器，同时可扩展的被动服务器更容易编程。

自动登录　用户可以存储与服务器相关的 FTP 用户名和密码信息，这样不必在每次访问某个 FTP 站点时都要输入它。文件~/.netrc 的每一行可以识别一个服务器。当连接到某个 FTP 服务器时，ftp 读取~/.netrc 来确定用户是否具有该服务器的自动登录设置。文件~/.netrc 中每行的格式如下所示：

machine **server** *login* **username** *password* **passwd**

其中，*server* 是服务器名，*username* 是用户名，*passwd* 是登录到 *server* 的密码。在文件的最后一行使用 default 替换 *machine*，为没有在~/.netrc 中列出的系统指定用户名和密码。该 default 行对于登录到匿名服务器很有用。下面列举~/.netrc 文件的一个示例：

```
$ cat ~/.netrc
machine plum login max password mypassword
default login anonymous password max@example.com
```

为保护文件.netrc 中的账号信息，可将该文件设置为只能由其所在的主目录对应的用户可读。更多信息参见 netrc 的 man 页。

示例

下面为两个 ftp 会话：在一个 ftp 会话中 Max 从名为 plum 的 FTP 服务器下载文件；在另一个 ftp 会话中他向服务器上传文件。当 Max 输入命令 ftp plum 时，本地的 ftp 客户端连接到服务器，提示输入用户名和密码。因为 Max 以 max 用户名登录到本地系统，所以 ftp 建议以 max 登录到 plum 上。为此，Max 按 RETURN 键即可。但是，Max 在 plum 上的用户名为 watson，所以他在 Name(plum:max):提示符后输入 watson。在 Passwd:提示符后输入他常用的(远程)系统密码，之后 FTP 服务器显示欢迎他登录的信息，并给出提示消息：Using binary mode to transfer files。在 ftp 处于二进制模式时，Max 可以传输 ASCII 文件和二进制文件。

连接与登录

```
$ ftp plum
Connected to plum (172.16.192.151).
220 (vsFTPd 2.3.4)
Name (plum:max): watson
331 Please specify the password.
Password:
230 Login successful.
Remote system type is UNIX.
Using binary mode to transfer files.
ftp>
```

登录后，Max 在 ftp>提示符后输入 ls 命令来显示他的远程工作目录(即他在 plum 上的主目录)的内容。然后他使用 cd 命令切换到 memos 目录并显示其中的文件。

ls 与 cd

```
ftp> ls
227 Entering Passive Mode (172,16,192,151,222,168)
150 Here comes the directory listing.
drwxr-xr-x    2 500       500       4096 Oct 10 23:52 expenses
drwxr-xr-x    2 500       500       4096 Oct 10 23:59 memos
drwxrwxr-x   22 500       500       4096 Oct 10 23:32 tech
226 Directory send OK.

ftp> cd memos
250 Directory successfully changed.
ftp> ls
227 Entering Passive Mode (172,16,192,151,226,0)
150 Here comes the directory listing.
```

```
-rw-r--r--        1 500          500            4770 Oct 10 23:58 memo.0514
-rw-r--r--        1 500          500            7134 Oct 10 23:58 memo.0628
-rw-r--r--        1 500          500            9453 Oct 10 23:58 memo.0905
-rw-r--r--        1 500          500            3466 Oct 10 23:59 memo.0921
-rw-r--r--        1 500          500            1945 Oct 10 23:59 memo.1102
226 Directory send OK.
```

接着 Max 在 ftp>提示符后输入 get 命令,将服务器上的文件 memo.1102 复制到本地系统。不管该文件是二进制文件还是 ASCII 文件,二进制模式保证他可以获得文件的良好副本。服务器确保文件成功复制,并给出文件的大小和复制所用的时间。Max 然后将本地文件 memo.1114 复制到远程系统。该文件被复制到他的远程工作目录 memos 中。

get 与 put

```
ftp> get memo.1102
local: memo.1102 remote: memo.1102
227 Entering Passive Mode (172,16,192,151,74,78)
150 Opening BINARY mode data connection for memo.1102 (1945 bytes).
226 Transfer complete.
1945 bytes received in 7.1e-05 secs (2.7e+04 Kbytes/sec)

ftp> put memo.1114
local: memo.1114 remote: memo.1114
227 Entering Passive Mode (172,16,192,151,214,181)
150 Ok to send data.
226 Transfer complete.
1945 bytes sent in 2.8e-05 secs (6.8e+04 Kbytes/sec)
```

之后,Max 决定将 memos 目录中的所有文件复制到本地系统上的某个新目录中。他输入 ls 命令以保证文件是希望复制的文件,但此时 ftp 报告超时。Max 不需要退出 ftp,然后在 shell 中输入另一条 ftp 命令,而是在 ftp 提示符的后面输入命令 open plum,以重新建立与服务器 plum 的连接。登录后,他在 ftp>提示符后输入 cd 命令,将工作目录切换到服务器上的 memos 目录:

超时与 open

```
ftp> ls
No control connection for command: Success
Passive mode refused.
ftp> open plum
Connected to plum (172.16.192.151).
220 (vsFTPd 2.3.4)
...
ftp> cd memos
250 Directory successfully changed.
```

这时,Max 意识到他还没有在本地系统上创建用来存放下载文件的新目录。在 ftp>提示符后输入 mkdir 命令将在服务器上创建新目录,而 Max 希望在本地系统上创建新目录。他使用命令! mkdir memos.hold 激活某个 shell,并在本地系统上运行 mkdir,从而在本地系统上的工作目录中创建一个名为 memos.hold 的新目录(可使用!pwd 来显示本地系统上工作目录的名称)。接着,因为 Max 希望把服务器上的文件复制到本地系统上的 memos.hold 目录中,所以他必须改变本地系统上的工作目录。输入命令!cd memos.hold 无法达到预期目标,因为感叹号会在本地系统上派生一个新的 shell,cd 命令只在新的 shell 中才有效,而这个新的 shell 不是在其中运行 ftp 的 shell。这种情况下,ftp 提供了命令 lcd(local cd),该命令可以把 ftp 的工作目录切换到新的本地工作目录。

lcd(local cd)

```
ftp> !mkdir memos.hold

ftp> lcd memos.hold
Local directory now /home/max/memos.hold
```

Max 在 ftp>提示符后输入命令 mget(multiple get)和星号(*)通配符,将远程目录 memos 中的所有文件复制到本地系统上的 memos.hold 目录中。当 ftp 提示他是否需要复制第 1 个文件时,Max 意识到自己忘记关闭了提示信息,他回复 n,在第 2 个提示符后按 CONTROL+C 组合键停止复制文件。服务器询问是否继续执行 mget 命令。

接着，Max 在 ftp>提示符后输入 prompt 命令，以切换复制过程中的提示功能(如果原来为打开，该命令将关闭它；如果原来为关闭，该命令将打开它)。然后输入 mget *命令，ftp 复制所有文件，同时不再出现提示信息。

Max 在复制完文件后，输入 quit 命令来关闭与服务器的连接，从 ftp 退出，返回到本地的 shell 提示符。

mget 与 prompt

```
ftp> mget *
mget memo.0514? n
mget memo.0628? CONTROL-C
Continue with mget? n
ftp> prompt
Interactive mode off.
ftp> mget *
local: memo.0514 remote: memo.0514
227 Entering Passive Mode (172,16,192,151,153,231)
150 Opening BINARY mode data connection for memo.0514 (4770 bytes).
226 Transfer complete.
4770 bytes received in 8.8e-05 secs (5.3e+04 Kbytes/sec)
local: memo.0628 remote: memo.0628
227 Entering Passive Mode (172,16,192,151,20,35)
150 Opening BINARY mode data connection for memo.0628 (7134 bytes).
226 Transfer complete.
...
150 Opening BINARY mode data connection for memo.1114 (1945 bytes).
226 Transfer complete.
1945 bytes received in 3.9e-05 secs (4.9e+04 Kbytes/sec)
ftp> quit
221 Goodbye.
```

18.40 gawk

搜索并处理文件中的模式。

gawk [options][program][file-list]
gawk [options]-f program-file [file-list]

AWK 是一种模式扫描和处理语言，在一个或多个文件中搜索与指定模式匹配的记录(通常是行)。在找到一条匹配的记录时，它通过执行操作处理该行，如把记录写入标准输出，或者递增计数器。与过程语言不同，AWK 是数据驱动的：用户需要描述要处理的数据并告诉 AWK 在找到相应数据后如何处理它。

关于 gawk 的更多信息参见第 14 章

提示　AWK 语言的 awk、gawk 和 mawk 版本参见第 14 章。

18.41 gcc

编译 C 和 C++程序。

gcc [options] file-list [-larg]
g++ [options] file-list [-larg]

Linux 和 macOS 操作系统使用 GNU C 编译器 gcc 来预处理、编译、汇编和连接 C 语言源文件。具有不同前端的相同编译器 g++也能处理 C++源代码。gcc 和 g++编译器可以汇编和连接汇编语言源文件，也可以只连接目标文件或者以共享库的形式生成目标文件。

这些编译器从命令行上指定的文件获得输入。除非使用-o 选项，否则编译器将得到的可执行程序存储在 a.out 中。

编译器 gcc 和 g++都是 GCC(GNU Compiler Collection)的一部分。GCC 包括 C、C++、Objective C、Fortran、Java 和 Ada 语言的前端和库。登录 gcc.gnu.org 可获得更多信息。

gcc 与 g++	
提示	虽然本节主要针对 gcc 编译器进行介绍，但大多数情况下也适用于 g++。

参数

file-list 是 gcc 要处理的文件的列表。

选项

不带任何选项的 gcc 可以接收 C 语言源文件、汇编语言文件、对象文件和表 18-23 中描述的文件。实用程序 gcc 预处理、编译、汇编、连接这些文件，并生成名为 a.out 的可执行文件。如果 gcc 用来创建对象文件而不连接它们以生成可执行文件，那么每个对象文件名由源文件的基名加上扩展名.o 组成。如果用 gcc 创建可执行文件，它就在连接文件后删除这些对象文件。

下面列出了一些最常见的选项。当某文件扩展名与某个选项关联时，用户可以假定 gcc 把扩展名添加到源文件的基名之后。

-c	(compile)不进行编译过程中的连接步骤。编译和/或汇编源代码文件，保留扩展名为.o 的对象代码。
-D*name*[=*value*]	通常把#define 预处理指令放在头文件或 include 文件中。可以在命令行中使用这个选项定义一些符号名。例如，-DLinux 与在 include 文件中的#define Linux 行等价；-DMACH=i586 与#define MACH i586 等价。
-E	(everything)对于源代码文件，只允许编译过程中的预处理，禁止所有其他步骤，将结果写到标准输出。按照约定，C 语言源文件预处理后的文件扩展名为.i；C++语言源文件预处理后的文件扩展名为.ii。
-fpic	使 gcc 生成与位置无关(position-independent)的代码，这样的代码适于安装到共享库。
-fwritable-strings	默认情况下，GNU C 编译器将字符串常量放置到受保护的内存(protected memory)中，使得它们不会被修改。一些程序(通常是版本较老的程序)假设用户可以修改字符串常量。该选项改变了 gcc 的行为，因此可以修改字符串常量。
-g	(gdb)在对象文件中嵌入诊断信息。该信息由符号调试器(如 gdb)使用。虽然后面使用调试器时才用到，但包含该选项是一种好习惯。
-I*directory*	搜索标准位置之前，先在 *directory* 中查找 include 文件。多次给出该选项可以在多个目录下查找。
-l*arg*	(首字母为小写字母 l)在/lib 和/usr/lib 目录中搜索名为 lib*arg*.a 的库文件。如果找到该文件，gcc 就接着在库内搜索需要的库函数。可将 *arg* 替换为要搜索的库名。例如，选项-lm 通常链接到标准数学库 libm.a。该选项的位置很重要：通常它被放在命令行的末尾，可以多次使用该选项来搜索不同的库。库按照它们在命令行上的顺序依次搜索。连接器使用库来解决命令行上、库选项之前模块中未定义的符号。可使用-L 选项添加其他的库路径来搜索 lib*arg*.a。
-L*directory*	为了搜索用-l 选项给出的库，向要搜索的目录列表中添加 *directory*。在搜索库的标准位置之前搜索使用-L 添加到列表中的目录。
-o *file*	(output)对连接 *file* 得到的可执行程序进行命名，而不采用默认的 a.out。
-O*n*	(optimize)尽量优化编译器产生的目标代码。*n* 的值可以是 0、1、2 或 3(如果是为 Linux 内核编译代码，*n* 就可以为 06)，默认值为 1。较大的 *n* 值具有较好的优化效果，但是会增加目标代码量和 gcc 运行的时间。使用-O0 可以关闭优化功能。当使用 gcc 的-O 选项时，很多相关的选项可以精确地控制优化类型。参见 gcc 的 info 页以获得详细信息。
-pedantic	GNU C 编译器接受的 C 语言包含一些标准 ANSI C 语言没有的特性。使用该选项强制 gcc 放弃 C 语言的扩展，仅接受标准 C 编程语言的特征。
-Q	显示 gcc 编译的函数名和每次编译的统计信息。
-S	(suppress)禁止编译过程中对源代码文件的汇编和连接步骤。得到的汇编语言文件的扩展名为.s。
-traditional	该选项使得 gcc 只能接受传统 Kernighan 和 Ritchie C 编程语言具有的特征，从而使得 gcc 可以正确编译使用传统 C(标准 ANSI C 语言定义之前的 C)编写的较老程序。
-Wall	该选项使得 gcc 在源代码文件中发现可疑的代码时给出警告。许多相关的选项可以用来更精确地控制警告消息。

注意

前面的选项列表只是 GNU C 编译器的整个选项集合中的一小部分。查看 gcc 的 info 页可以获得完整列表。

虽然-o 选项通常用来指定在其中存储目标代码的文件名，但也可以用来命名其他在编译阶段得到的结果文件。在下面的示例中，选项-o 使得 gcc 命令得到的汇编语言存储在文件 acode 中，而不存储在默认的 pgm.s 中：

```
$ gcc -S -o acode pgm.c
```

lint 实用程序在很多 UNIX 系统上可用，但在 Linux 和 macOS 中不可用。选项-Wall 可以完成很多检查功能，可以用来替代 lint。

C 编译器对文件扩展名的约定如表 18-23 所示。

表 18-23　文件扩展名

扩　展　名	文　件　类　型
.a	对象模块库
.c	C 语言源文件
.C、.cc 或.cxx	C++语言源文件
.i	预处理 C 语言源文件得到的文件
.ii	预处理 C++语言源文件得到的文件
.m	Objective C
.mm	Objective C++
.o	对象文件
.s	汇编语言源文件
.S	需要预处理的汇编语言源文件

macOS/clang　苹果公司在很长一段时间内没有发布 gcc 的新版本。它使用 LLVM 编译器套件(www.llvm.org)，也就是将 clang 作为 C/C++和 Objective C 的前端(clang.llvm.org)。clang 的命令行参数与 gcc 兼容。clang 和 gcc 都是可选的 Xcode 软件包的一部分。

示例

第 1 个示例编译、汇编、连接 C 程序 compute.c，产生的可执行文件为 a.out。中间得到的对象文件被 gcc 实用程序删除。

```
$ gcc compute.c
```

下面的示例使用 C 优化器(-O 选项)再次编译 compute.c，gcc 将汇编并连接优化后的代码。其中的-o 选项使得可执行文件的名称为 compute。

```
$ gcc -O2 -o compute compute.c
```

下面的示例对一个 C 源文件、一个汇编语言文件和一个对象文件进行编译、汇编和连接，得到可执行文件 progo。

```
$ gcc -o progo procom.c profast.s proout.o
```

在下面的示例中，gcc 在/lib/libm.a 中搜索标准数学库函数，当它连接 himath 程序时，产生的可执行文件为 a.out。

```
$ gcc himath.c -lm
```

在下面的示例中，用 C 编译器编译 topo.c，它带有检查代码的选项-Wall(检查有问题的源代码)、违背 ANSI C 标准的选项-pedantic、嵌入调试可执行文件所需信息(选项-o topo 使得这些信息保存在 topo 中)的选项-g 和进行充分优化的选项-O3。

将 C 编译器产生的警告发送到标准输出。在本例中，第 1 条和最后一条警告是由选项-pedantic 引起的，其他警告是由选项-Wall 引起的。

```
$ gcc -Wall -g -O3 -pedantic -o topo topo.c
```

```
In file included from topo.c:2:
/usr/include/ctype.h:65: warning: comma at end of enumerator list
topo.c:13: warning: return-type defaults to 'int'
topo.c: In function 'main':
topo.c:14: warning: unused variable 'c'
topo.c: In function 'getline':
topo.c:44: warning: 'c' might be used uninitialized in this function
```

当使用 X11 的 include 文件和库编译程序时,需要使用-I 和-L 选项来定位这些 include 文件和库文件。下面给出了这样一个示例,使得 gcc 使用基本的 X11 库文件连接程序:

$ **gcc -I/usr/X11R6/include plot.c -L/usr/X11R6/lib -lX11**

18.42   GetFileInfo(仅用于 macOS)

显示文件属性。

GetFileInfo [option] *file*

GetFileInfo 实用程序会显示文件属性,包括文件的类型和创建代码、创建时间、最后一次修改时间和属性标记(如不可见标记和锁定标记)。该实用程序仅限在 macOS 中使用。

参数

file 指定 GetFileInfo 显示哪个文件或目录的信息。

选项

GetFileInfo 的选项对应于 SetFile 的选项。

如果没有选项,GetFileInfo 就报告 *file* 的元数据,指出已设置的标记、文件的类型、创建代码以及创建日期和修改日期。省略遗漏的数据。当指定一个选项时,GetFileInfo 仅显示该选项指定的信息。这个实用程序接收单个选项,忽略其他选项。

-a*flag*   (attribute)报告单个属性标记 *flag* 的状态。如果设置了 *flag*,这个选项就显示 1,否则就显示 0。*flag* 必须紧跟在 -a 的后面,中间不得有任何空格。属性标记列表参见表 D-2。

-c   (creator)显示 *file* 的创建代码。如果 *file* 是一个目录且没有创建代码,这个选项就显示一条错误消息。

-d   (date)把 *file* 的创建日期显示为 mm/dd/yyyy hh:mm:ss,使用 24 小时制。

-m   (modification)把 *file* 的修改日期显示为 mm/dd/yyyy hh:mm:ss,使用 24 小时制。

-P   (no dereference)对于每个符号链接,显示符号链接的信息,而不显示链接指向的文件的信息。这个选项会影响所有文件,按正常方式处理不是符号链接的文件。解引用符号链接的内容参见 4.7.4 节。

-t   (type)显示 *file* 的类型代码。如果 *file* 是一个目录且没有类型代码,这个选项就显示一条错误消息。

讨论

如果没有选项,GetFileInfo 就把标记显示为字符串 avbstclinmedz,大写字母表示设置了哪个标记。关于属性标记的讨论参见附录 D。

注意

可以使用 SetFile 实用程序设置文件属性。使用 chmod 或 chown 可以设置 macOS 权限和所有权,使用 ls 或 stat 可以显示这些信息。

目录没有类型代码或创建代码,也可能没有任何标记。GetFileInfo 实用程序不能读取特殊文件,如设备文件。

示例

第一个示例显示调用无选项的 GetFileInfo 的结果：

```
$ GetFileInfo picture.jpg
file: "/private/tmp/picture.jpg"
type: "JPEG"
creator: "GKON"
attributes: avbstClinmedz
created: 07/18/2018 15:15:26
modified: 07/18/2018 15:15:26
```

在 attributes 行上唯一的大写字母是 C，表示设置了这个标记。C 标记告诉 Finder 查找这个文件的定制图标。标记列表参见表 D-2。

下个示例使用-a 标记显示文件的属性标记：

```
$ GetFileInfo -a /Applications/Games/Alchemy/Alchemy
avBstclInmedz
```

输出显示：设置了 b 和 i 标记。

每次调用 GetFileInfo 实用程序时，只能处理一个文件。下面的多行 bash 命令使用 for 循环显示多个文件的创建代码。echo 命令显示被检查的文件名，因为 GetFileInfo 并不总是显示文件名：

```
$ for i in *
> do echo -n "$i: "; GetFileInfo -c "$i"
> done
Desktop: Desktop is a directory and has no creator
Documents: Documents is a directory and has no creator
...
aa: ""
ab: ""
...
```

18.43　grep

在文件中搜索模式。

*grep [**options**] pattern [**file-list**]*

实用程序 grep 可在一个或多个文件中按行搜索 *pattern*。其中，*pattern* 可以是一个简单的字符串，也可以是另一种形式的正则表达式。每次找到包含与 *pattern* 匹配的字符串的行时，实用程序 grep 都根据指定的选项采取各种动作。该实用程序可以从命令行上指定的文件获取输入，也可以从标准输入获取输入。

参数

pattern 是附录 A 中定义的正则表达式。对包含特殊字符(如空格、制表符)的表达式必须转义。转义这些字符的一种简单方式就是使用单引号将整个表达式引起来。

file-list 为 grep 要搜索的普通文本文件的路径名列表。带-r 选项时，*file-list* 可以包含要搜索的目录。grep 在这些目录层次结构中搜索文件。

选项

不带任何选项的 grep 把找到的包含匹配 *pattern* 的行发送到标准输出。当在命令行指定多个文件时，grep 将在显示的每行前带上文件名和冒号。

1. 主选项

每条 grep 命令一次只能带下面 3 个选项中的一个。通常情况下，可以不带任何选项(此时，grep 默认为带-G 选项，它是一个普通 grep)。

-E	(extended)将 *pattern* 解释为可扩展的正则表达式。命令 grep -E 与 egrep 的功能相同。参见后面的"注意"部分。	
-F	(fixed)将 *pattern* 解释为固定的字符串。命令 grep -F 与 fgrep 的功能相同。	
-G	(grep)将 *pattern* 解释为基本的正则表达式。该选项为默认选项。	

2. 其他选项

grep 可以接收 18.2 节描述的常见选项。

---

grep 的 macOS 版本接收长选项

提示　grep 中以两个连字符开头(--)的选项可用于 macOS 和 Linux。

--count	-c	只显示每个文件中包含匹配模式的行数。
--context=*n*	-C *n*	对匹配的每一行显示 *n* 行上下文。
--file=*file*	-f *file*	读取文件 *file*，该文件的每行都包含一个模式，从输入中查找匹配每个模式的行。
--no-filename	-h	当搜索多个文件时，在每行的开始处不显示文件名。
--ignore-case	-i	使得模式中的小写字母可以匹配文件中的大写字母。使用该选项可以搜索到句子开头的单词(即，该单词可能是大写的，也可能是小写的)。
--files-with-matches	-l	(小写字母 l)仅显示包含一个或多个匹配模式的文件名，每个文件名仅显示一次，即使文件包含多个匹配也不例外。
--max-count=*n*	-m *n*	显示包含匹配模式的 *n* 行后停止读取文件或标准输入。
--line-number	-n	在文件的每行前显示行号，文件未必包含行号。
--quiet 或--silent	-q	不发送任何内容到标准输出，仅设置退出代码。
--recursive	-r 或-R	递归地搜索 *file-list* 中的目录，处理目录中的文件。
--no-messages	-s	(slient)如果 *file-list* 中的文件不存在或不可读，就不显示错误消息。
--invert-match	-v	显示不包含匹配模式的行。当只使用该选项时，grep 将显示不包含匹配 *pattern* 的所有行。
--word-regexp	-w	使用该选项，*pattern* 必须与整个字匹配。当要搜索某个字(该字可能是文件中另一个字的子字符串)时该选项很有用。
--line-regexp	-x	*pattern* 仅匹配整行。

注意

如果实用程序 grep 查找到匹配模式，它就返回退出状态 0；如果没有找到匹配模式，它就返回退出状态 1；如果文件不可访问或 grep 命令存在语法错误，它就返回退出状态 2。

egrep 与 fgrep　这两个实用程序与 grep 的功能类似。实用程序 egrep(等价于 grep -E)允许使用扩展的正则表达式(extended regular expression)，该类表达式包含与基本正则表达式不同的特殊字符集合。实用程序 fgrep(等价于 grep -F)短小精悍，但只能处理简单的字符串，不能处理正则表达式。

GUN grep 通常运行在 Linux 和 macOS 下，使用扩展的正则表达式代替正则表达式。因此，egrep 几乎与 grep 相同。细微的不同可参照 grep 的 info 页。

示例

下面的示例假定工作目录包含以下 3 个文件：testa、testb 和 testc。它们的内容如下所示：

```
File testa      File testb      File testc
aaabb           aaaaa           AAAAA
bbbcc           bbbbb           BBBBB
ff-ff           ccccc           CCCCC
cccdd           ddddd           DDDDD
```

```
dddaa
```

实用程序 grep 可用来搜索一个简单字符串。下面的命令行在文件 testa 中搜索包含字符串 bb 的行:

```
$ grep bb testa
aaabb
bbbcc
```

选项-v 用来搜索不包含匹配字符串的行。下面的示例显示了 testa 中不包含字符串 bb 的行:

```
$ grep -v bb testa
ff-ff
cccdd
dddaa
```

选项-n 用来显示符合条件的每行的行号:

```
$ grep -n bb testa
1:aaabb
2:bbbcc
```

grep 实用程序可以用来搜索多个文件。下面的示例搜索工作目录中的每个文件,输出的每行前都标有文件名。

```
$ grep bb *
testa:aaabb
testa:bbbcc
testb:bbbbb
```

当带有选项-w 来搜索字符串 bb 时,grep 没有任何输出,这是因为 3 个文件都不包含单独作为一个字的字符串 bb。

```
$ grep -w bb *
$
```

grep 执行的这些搜索都区分大小写。因为在命令行上指定的是小写字母 b,所以 grep 没有显示文件 testc 中全是大写的字符串 BBBBB。选项-i 可以使得搜索不区分大小写,如下所示:

```
$ grep -i bb *
testa:aaabb
testa:bbbcc
testb:bbbbb
testc:BBBBB
$ grep -i BB *
testa:aaabb
testa:bbbcc
testb:bbbbb
testc:BBBBB
```

选项-c 显示每个文件中包含匹配字符串的行数:

```
$ grep -c bb *
testa:2
testb:1
testc:0
```

选项-f 用来搜索匹配某个文件中每种模式的相应模式。在下面的示例中,gfile 文件包含两种模式,一行一个,实用程序 grep 搜索匹配 gfile 中模式的相应模式:

```
$ cat gfile
aaa
bbb
$ grep -f gfile test*
testa:aaabb
testa:bbbcc
testb:aaaaa
testb:bbbbb
```

下面的命令行用来在文件 text2 中搜索以 st 开始、后跟 0 个或多个字符(正则表达式中的*代表 0 个或多个字符,参见附录 A)、以 ing 结束的字符串:

```
$ grep 'st.*ing' text2
...
```

正则表达式"^"与行首匹配，可单独使用，用来匹配文件的每一行。与-n 选项一起使用时，它将显示文件中的所有行，每一行的最前面是行号：

```
$ grep -n '^' testa
1:aaabb
2:bbbcc
3:ff-ff
4:cccdd
5:dddaa
```

下面的命令行用来计算工作目录中 C 源文件中语句#include 的出现次数。选项-h 使得 grep 在输出中不显示文件名。sort 的输入为*.c 中匹配语句#include 的所有行，输出为这些行的有序列表，其中可能包含许多重复行。使用带-c 选项的 uniq 来处理排序后的列表，重复的行仅输出一次，并给出在输入中对应的重复次数：

```
$ grep -h '#include' *.c | sort | uniq -c
9 #include "buff.h"
2 #include "poly.h"
1 #include "screen.h"
6 #include "window.h"
2 #include "x2.h"
2 #include "x3.h"
2 #include <math.h>
3 #include <stdio.h>
```

最后的命令行使用工作目录中包含字符串 Sampson 的文件列表来调用 vim 编辑器。$(...)命令替换结构使 shell 就地执行 grep 命令，并提供给 vim 要编辑的文件名列表：

```
$ vim $(grep -l 'Sampson' *)
...
```

这个示例中的单引号不是必需的，但是如果要搜索的正则表达式包含特殊字符或空格，就必须使用单引号。将模式用引号引起来是一个好习惯，可使得 shell 不解释其中的特殊字符。

18.44　gzip

压缩和解压缩文件。

```
gzip [options] [file-list]
gunzip [options] [file-list]
zcat [file-list]
```

gzip 实用程序用来压缩文件。gunzip 实用程序用来还原 gzip 压缩的文件。zcat 实用程序用来显示 gzip 压缩的文件。

参数

file-list 为要压缩或解压缩的一个或多个文件的名称列表。如果在 *file-list* 中存在目录但没有选项--recursive，则 gzip/gunzip 会报告错误消息并忽略该目录。使用--recursive 选项，gzip/gunzip 会递归地压缩/解压缩目录层次结构中的文件。

如果 *file-list* 为空或者存在特殊选项连字符(-)，gzip 就从标准输入读取输入。选项--stdout 使得 gzip 和 gunzip 将输出写到标准输出。

本节介绍的内容也适用于 gzip 的一个链接——gunzip。

选项

gzip、gunzip 和 zcat 实用程序接收 18.2 节描述的常见选项。

gzip、gunzip 和 zcat 的 macOS 版本接收长选项

提示　gzip、gunzip 和 zcat 中以两个连字符开头(--)的选项可用于 macOS 和 Linux。

--stdout	-c	将压缩或解压缩的结果写到标准输出,而不分别写到文件 filename.gz 中。
--decompress 或--uncompress	-d	解压缩用 gzip 压缩的文件。该选项对 gzip 和 gunzip 命令等价。
--force	-f	压缩/解压缩时,强制覆盖已存在的文件。
--list	-l	对于在 *file-list* 中要压缩的每个文件,显示压缩和解压缩后文件的大小、压缩比和压缩前的文件名。同时使用--verbose 可获得其他信息。
--fast 或--best	*-n*	在压缩速度和压缩量间进行权衡。*n* 为 1~9 的数字。第 1 级为最快的压缩,但压缩量最小;第 9 级的压缩速度最慢,但压缩量最大。默认级别为 6。选项--fast 和--best 分别等价于-1 和-9。
--quiet	-q	禁止警告消息。
--recursive	-r	递归地压缩/解压缩 file-list 中的文件。
--test	-t	验证压缩文件的完整性。如果文件完整,则不显示任何内容。
--verbose	-v	显示文件名、压缩后的文件名和每个被处理文件的压缩量。

讨论

压缩文件可以减少磁盘空间和在不同系统间传输文件所需的时间。当 gzip 压缩文件时,压缩后的文件名为原来文件名后加扩展名.gz。例如,压缩文件 fname 得到文件 fname.gz 并删除原始文件(除非使用--stdout(-c)选项)。可以使用参数为 fname.gz 的 gunzip 命令还原文件 fname。

几乎所有文件经过 gzip 压缩后都变得非常小。在极少数情况下,文件会变大,但也只会大一点。文件的类型和内容以及-*n* 选项决定了文件被压缩的量。文本文件通常被压缩掉 60%~70%。

在使用 gzip 压缩文件或用 gunzip 解压缩文件时,文件的属性(如所有者、访问权限、修改和访问时间)保持不变。

如果文件的压缩版本已经存在,那么 gzip 会报告该事实,并询问是否覆盖已存在文件。如果某个文件具有多个链接,那么 gzip 会给出错误消息并退出。这两种情况下,选项--force 将覆盖默认行为。

注意

bzip2 实用程序的文件压缩效率高于 gzip。

如果未使用--stdout(-c)选项,gzip 就删除 *file-list* 中的文件。

gunzip 除了可以识别 gzip 格式的压缩文件,还可以识别其他的压缩格式。gunzip 可以解压缩用 compress 压缩的文件。

为了说明文件用 gzip 压缩后变大的情况,先使用 gzip 压缩文件,然后再次使用 gzip 压缩刚才压缩得到的文件,比较两次得到的压缩文件的大小。因为 gzip 的参数是扩展名为.gz 的文件时会出现问题,所以在第 2 次压缩前需要重命名文件。

带-z 修饰符的实用程序 tar 可以调用 gzip。

可通过连接 gzip 压缩后的版本来连接文件。在下面的示例中,gzip 首先压缩名为 aa 的文件,通过--stdout 选项,将输出发送到 cc.gzip,接下来压缩 bb 并将输出追加到 cc.gzip。最后的命令表明 zcat 解压缩 cc.gzip,它包含了两个文件的内容。

```
$ gzip --stdout aa > cc.gzip
$ gzip --stdout bb >> cc.gzip
$ zcat cc.gzip
This is file aa.
This is file bb.
```

下面的相关实用程序用来显示并操作压缩后的文件。这些实用程序都不更改文件的内容。

zcat *file-list*	与 cat 类似,zcat 使用 gunzip 来解压缩 *file-list* 中的文件并将它们复制到标准输出。
zdiff [*option*] *file1* [*file2*]	与 diff 类似,不同之处在于,根据需要 *file1* 和 *file2* 可以用 gunzip 解压缩。zdiff 实用程序接收的选项与 diff 接收的选项相同。如果省略 *file2*,zdiff 就比较 *file1* 和 *file1* 的压缩版本。
zless *file-list*	与 less 类似,除了 zless 显示文件时它使用 gunzip 解压缩 *file-list* 中的文件。

示例

第 1 个示例首先用 gzip 压缩两个文件，然后用 gunzip 解压缩其中的一个文件。当压缩和解压缩文件时，它的大小改变，但修改时间保持不变。

```
$ ls -l
-rw-rw-r-- 1 max group 33557 07-20 17:32 patch-2.0.7
-rw-rw-r-- 1 max group 143258 07-20 17:32 patch-2.0.8
$ gzip *
$ ls -l
-rw-rw-r-- 1 max group 9693 07-20 17:32 patch-2.0.7.gz
-rw-rw-r-- 1 max group 40426 07-20 17:32 patch-2.0.8.gz
$ gunzip patch-2.0.7.gz
$ ls -l
-rw-rw-r-- 1 max group 33557 07-20 17:32 patch-2.0.7
-rw-rw-r-- 1 max group 40426 07-20 17:32 patch-2.0.8.gz
```

在下面的示例中，首先使用 cpio 对 Sam 的主目录中的文件进行归档，然后在把它们写到挂载在 dev/sde1 上的设备之前，使用 gzip 压缩存档文件：

```
$ find ~sam -depth -print | cpio -oBm | gzip >/dev/sde1
```

18.45　head

显示文件的头部。

head [options] [file-list]

实用程序 head 用来显示文件的开始部分(头部)。该实用程序从命令行上指定的一个或多个文件获得输入，或者从标准输入获得输入。

参数

file-list 为要 head 显示的文件的路径名列表。当指定多个文件时，head 在显示每个文件的前几行内容之前显示对应的文件名。当不指定文件时，head 将从标准输入获得输入信息。

选项

在 Linux 下，head 也接收 18.2 节描述的常见选项。以两个连字符开头(--)的选项仅用于 Linux。除非特别指出，否则以一个连字符开头(-)的单字符选项可用于 macOS 和 Linux。

--bytes=*n*[*u*]	-c *n*[*u*]	显示文件的前 *n* 个字节(字符)。在 Linux 下，*u* 参数为一个可选的倍数后缀，只是 head 使用小写字母 k 表示 KB 或 1024 字节的块，使用 b 表示 512 字节的块。如果包含倍数后缀，heaf 就使用该倍数后缀，而不使用字节数。
--lines=*n*	-n *n*	显示文件的前 *n* 行。也可以用-n 指定显示的 *n* 行，而不必使用--lines 关键字和-*n* 选项。如果指定的 *n* 为负数，head 将显示除最后 *n* 行外的其他所有行。
--quiet	-q	当在命令行上指定多个文件名时，禁止显示头部信息。

注意

默认情况下，head 实用程序将显示文件的前 10 行。

示例

本节的示例基于下面的文件：

```
$ cat eleven
line one
line two
line three
line four
line five
line six
line seven
line eight
line nine
line ten
line eleven
```

不带任何参数时，head 将显示文件的前 10 行：

```
$ head eleven
line one
line two
line three
line four
line five
line six
line seven
line eight
line nine
line ten
```

下面的示例显示文件的前 3 行(-n 3)：

```
$ head -n 3 eleven
line one
line two
line three
```

下面的示例与前一个示例的显示结果相同：

```
$ head -3 eleven
line one
line two
line three
```

下面的示例显示文件的前 6 个字符(-c 6)：

```
$ head -c 6 eleven
line o$
```

最后一个示例显示除最后 7 行外的其他行：

```
$ head -n -7 eleven
line one
line two
line three
line four
```

18.46 join

基于公共字段合并两个文件中的行。

```
join [options] file1 file2
```

实用程序 join 将 *file1* 和 *file2* 中某个公共字段(叫作连接字段)值相同的每一组行显示在同一行上。两个文件的连接字段必须已排序，否则 join 将不能显示正确输出。

参数

实用程序 join 从 *file1* 和 *file2* 读取行，对于每一组行，比较其中指定的连接字段。如果没有指定连接字段，join 将第一个字段作为连接字段。如果连接字段相同，join 将连接字段以及两个文件的行中的其余内容复制到标准输出。可以使用连字符(-)来代替任意一个文件(但不能将两个文件都指定为连字符)，使 join 从标准输入获取输入信息。

选项

实用程序 join 接收 18.2 节中所述的--help 和--version 选项。

	-1 *field*	指定字段编号 *field* 为 *file1* 中的连接字段。一行中的第一个字段对应的编号为 1。
	-2 *field*	指定字段编号 *field* 为 *file2* 中的连接字段。一行中的第一个字段对应的编号为 1。
	-a 1|2	显示 *file1*(如果指定了 1)或 *file2*(如果指定了 2)中连接字段与另一个文件中的连接字段没有匹配的行。同时显示 join 的正常输出(连接字段匹配的行)。参见-v 选项。
--ignore-case	-i	将大写字母与小写字母匹配，反之亦然。
	-j *field*	指定字段编号 *field* 为 *file1* 和 *file2* 中的连接字段。一行中的第一个字段对应的编号为 1。
	-t *char*	指定 *char* 为输入和输出字段的分隔符，使 join 可以在连接字段中包含空白(空格和/或制表符)。
	-v 1|2	显示 *file1*(如果指定了 1)或 *file2*(如果指定了 2)中连接字段与另外一个文件中的连接字段没有匹配的行。不显示 join 的正常输出(连接字段匹配的行)。参见-a 选项。
--check-order		确保 *file1* 和 *file2* 的连接字段都已排序，否则显示错误消息。默认为--nocheck-order。

注意

连接的概念来自于关系型数据库；参见 13.7.8 节。

默认情况下，join 的行为如下：

- 使用每行的第一个字段作为连接的公共字段。
- 使用一个或多个空白(空格或制表符)作为字段分隔符并忽略前导空白。-t 选项使 join 可以在字段中包含空白并使用指定的字符作为输入和输出字段的分隔符。
- 使用单个空格分隔输出字段。
- 输出每组连接的行，首先是公共连接字段，接着是 *file1* 中的其余字段，然后是 *file2* 中的其余字段。
- 不检查输入文件中的连接字段是否已排序。参见--check-order 选项。

示例

本节中的示例使用下列文件：

```
$ cat one
9999 first line file one.
aaaa second line file one.
cccc third line file one.

$ cat two
aaaa FIRST line file two.
bbbb SECOND line file two.
cccc THIRD line file two.
```

第一个示例展示了 join 最简单的用法。默认地，基于每行的第一个字段对名为 one 和 two 的文件进行连接。两个文件的连接字段都已排序。有两组行中的连接字段匹配，join 显示了这些行。

```
$ join one two
aaaa second line file one. FIRST line file two.
cccc third line file one. THIRD line file two.
```

可使用--check-order 选项来验证两个文件是否已经正确排序。在下面的示例中，带有-r 选项的 sort 将 one 文件按照字母表的逆序排序，然后将输出通过管道发送到 join。shell 将 join 的参数替换为标准输入，即来自管道；join 显示了错误消息。

```
$ sort -r one | join --check-order - two
join: file 1 is not in sorted order
```

接下来带有参数 1 的-a 选项使 join 除显示正常的输出外，还显示第一个文件(one)中连接字段没有匹配的行。

```
$ join -a 1 one two
9999 first line file one.
aaaa second line file one. FIRST line file two.
cccc third line file one. THIRD line file two.
```

使用-v 代替-a 选项可使 join 不显示正常的输出结果(连接字段匹配的行)。

```
$ join -v 1 one two
9999 first line file one.
```

最后的示例使用 onea 作为第一个文件并指定第一个文件的第三个字段(-1 3)为匹配字段。第二个文件(two)使用默认(第一个)字段进行匹配。

```
$ cat onea
first line aaaa file one.
second line 1111 file one.
third line cccc file one.
$ join -1 3 onea two
aaaa first line file one. FIRST line file two.
cccc third line file one. THIRD line file two.
```

18.47　kill

根据 PID 终止进程。

```
kill [option] PID-list
kill -l [signal-name |signal-number]
```

实用程序 kill 通过向一个或多个进程发送信号来终止进程。该信号通常终止进程。除超级用户外，只有进程的所有者才可以对进程执行 kill。然而具有 root 权限的用户可以终止任何进程。-l(小写字母 l)选项会列出信号的相关信息。

参数

PID-list 为 kill 要终止进程的 PID(Process IDentification，进程标识)编号列表。

选项

-l　　(list)如果没有任何参数，它就显示信号列表。如果指定了 *signal-name*，就显示对应的 *signal-number*。如果指定了 *signal-number*，就显示对应的 *signal-name*。

-signal-name|-signal-number　把 *signal-name* 或 *signal-number* 指定的信号发送给 *PID-list*。在 *signal-name* 的前面可以指定 SIG，也可以不指定 SIG(如 SIGKILL 或 KILL)。如果没有这个选项，kill 就发送一个软件终止信号(SIGTERM，编号为 15 的信号)。

注意

参见 18.48 节和 5.3 节。
参见表 10-5 中的信号列表。命令 kill -l 用来显示信号的编号和名称的完整列表。
除 kill 实用程序外，kill 也是 Bourne Again Shell 和 TC Shell 的内置命令。该内置命令与这里描述的实用程序的工作方式类似。命令/bin/kill 使用的是 kill 实用程序，命令 kill 使用的是内置命令 kill。通常情况下，使用哪个 kill 都可以。

当启动某后台进程时，shell 将显示该进程的 PID 编号。也可以使用 ps 实用程序来确定 PID 编号。

如果软件终止信号不能终止进程，则可以尝试使用 KILL 信号(信号编号为 9)。进程可以忽略除 KILL 外的任何信号。

kill 实用程序/内置命令可以接收作业标识符来替代 *PID-list*。作业标识符由百分号(%)和后面的作业编号或唯一标识作业的字符串组成。

输入命令 kill -9 0 可以终止当前登录进程启动的所有进程，使得操作系统注销用户。

提示	**root：不要运行命令 kill -9 0 和 KILL 0** *超级用户登录到系统时，若运行命令 kill -9 0，则关闭系统。*

示例

在第 1 个示例中，命令首先把 compute 文件作为一个后台进程执行，然后使用 kill 实用程序终止它：

```
$ compute &
[2] 259
$ kill 259
$ RETURN
[2]+  Terminated                compute
```

以下示例使用 ps 实用程序来确定正在运行程序 xprog 的后台进程的 PID 编号，使用 kill 实用程序和 TERM 信号来终止 xprog：

```
$ ps
PID TTY              TIME CMD
7525 pts/1          00:00:00 bash
14668 pts/1         00:00:00 xprog
14699 pts/1         00:00:00 ps
$ kill -TERM 14668
$
```

最后一个示例展示了 kill 使用作业编号来终止后台进程。如 5.4 节所述，内置命令 jobs 可以列出输入命令的终端中所有作业的编号列表。

```
$ sleep 60 &
[1] 24280
$ kill %1
$ RETURN
[1]+   Terminated                sleep 60
$
```

18.48   killall

根据名称终止进程。

killall [option] name-list

实用程序 killall 将信号发送到执行指定命令的一个或多个进程。该信号通常终止进程。除超级用户外，只有进程的所有者才可以对进程执行 killall。超级用户可以终止任何进程。

参数

name-list 为空格分隔的接收信号的程序名列表。

选项

以两个连字符开头(--)的选项仅用于 Linux。除非特别指出，否则以一个连字符开头(-)的单字符选项可用于 macOS 和 Linux。

--interactive	-i	在终止进程之前提示用户进行确认(仅用于 Linux)。
--list	-l	显示信号列表(但 kill -l 显示的列表更好)。带该选项的 killall 不接收 *name-list*。
--quiet	-q	如果 killall 终止进程失败，该选项就不显示任何消息(仅用于 Linux)。
	-signal-name/ *-signal-number*	把 *signal-name* 或 *signal-number* 指定的信号发送给 *name-list*。在 *signal-name* 的前面可以指定 SIG，也可以不指定 SIG(如 SIGKILL 或 KILL)。如果没有这个选项，kill 就发送一个软件终止信号(SIGTERM，编号为 15 的信号)。

注意

参见 18.47 节。

参见表 10-5 中的信号列表。命令 kill -l 显示信号编号和名称的完整列表。

如果软件终止信号不能终止进程，可尝试使用 KILL 信号(信号编号为 9)。进程可以忽略除 KILL 外的任何信号。

使用 ps 可以确定要终止的程序的名称。

示例

输入下面的命令对 killall 进行试验：

```
$ sleep 60 &
[1] 23274
$ sleep 50 &
[2] 23275
$ sleep 40 &
[3] 23276
$ sleep 120 &
[4] 23277
$ killall sleep
$ RETURN
[1]    Terminated              sleep 60
[2]    Terminated              sleep 50
[3]-   Terminated              sleep 40
[4]+   Terminated              sleep 120
```

下面的命令由超级用户运行，它终止 Firefox 浏览器的所有实例：

```
# killall firefox
```

18.49　launchctl(仅用于 macOS)

控制 launchd 守护进程。

launchctl [command [options][arguments]]

launchctl 实用程序控制 launchd 守护进程。launchctl 实用程序仅在 macOS 下可用。

参数

command 是 launchctl 发送给 launchd 的命令。表 18-24 列出了一些 *command*，以及每条 *command* 接收的参数。如果没有 *command*，*launchctl* 就从标准输入中读取命令、选项和参数，每行设置一个。如果没有 *command*，且标准输入来自键盘，launchctl 就以交互方式运行。

表 18-24 launchctl 命令

命 令	参 数	说 明
help	无	显示帮助消息
list	无	列出加载到 launchd 中的作业
load[-w]	作业配置文件	加载参数指定的作业
shutdown	无	删除所有的作业，准备退出
start	作业名	启动参数指定的作业
stop	作业名	停止参数指定的作业
unload[-w]	作业配置文件	卸载参数指定的作业

选项

只有 load 和 unload 命令有选项。

-w   (write)加载文件时，删除 Disabled 键，并保存修改后的配置文件。卸载文件时，添加 Disabled 键，并保存
修改后的配置文件。

讨论

launchctl 实用程序是 launchd 的用户接口，用于管理系统守护进程和后台任务(称为作业)。每个作业都用作业配置文件来描述，作业配置文件是一个属性列表文件，其格式由 launchd.plist 手册页定义。

出于安全考虑，没有 root 权限的用户不能与系统的主 launchd 进程 PID 1 通信。这样的用户加载作业时，macOS 会为该用户创建一个新的 launchd 实例。卸载了它所有的作业后，该 launchd 实例就会退出。

注意

launchctl 实用程序和 launchd 守护进程都在 macOS 10.4 版本中引入。在 macOS 10.3 及以前的版本中，系统作业由 init、xinetd 和 cron 管理。

示例

第一个示例由拥有 root 权限的用户运行，使用 list 命令列出运行在本地系统上的 launchd 作业：

```
# launchctl list
PID       Status   Label
51479     -        0x109490.launchctl
50515     -        0x10a780.bash
50514     -        0x10a680.sshd
50511     -        0x108d20.sshd
22        -        0x108bc0.securityd
-         0        com.apple.launchctl.StandardIO
37057     -        [0x0-0x4e84e8].com.apple.ScreenSaver.Engine
27860     -        0x10a4e0.DiskManagementTo
27859     -        [0x0-0x3a23a2].com.apple.SoftwareUpdate
...
```

下一个示例启用 ntalk 服务。在执行 launchctl 命令的前后查看 ntalk.plist 文件，会发现 launchctl 修改了该文件，方法是删除 Disabled 键：

```
# cat /System/Library/LaunchDaemons/ntalk.plist
...
<dict>
        <key>Disabled</key>
        <true/>
        <key>Label</key>
```

```
        <string>com.apple.ntalkd</string>
...
# launchctl load -w /System/Library/LaunchDaemons/ntalk.plist
# cat /System/Library/LaunchDaemons/ntalk.plist
...
<dict>
        <key>Label</key>
        <string>com.apple.ntalkd</string>
...
```

不带任何参数时，launchctl 会提示用户在标准输入中输入命令。输入 quit 命令或按 CONTROL+D 组合键退出 launchctl。在最后一个示例中，拥有 root 权限的用户使 launchctl 显示作业列表，然后停止将要启动 airportd 的作业：

```
# launchctl
launchd% list
PID     Status  Label
8659    -       0x10ba10.cron
1       -       0x10c760.launchd
...
-       0       com.apple.airport.updateprefs
-       0       com.apple.airportd
-       0       com.apple.AirPort.wps
-       0       0x100670.dashboardadvisoryd
-       0       com.apple.launchctl.System
launchd% stop com.apple.airportd
launchd% quit
```

18.50　less

分屏显示文本文件。

*less [**options**] [**file-list**]*

实用程序 less 用来分屏显示文本文件。

参数

file-list 为要查看的文件的列表。如果没有指定 *file-list*，less 将从标准输入读取输入信息。

选项

less 实用程序接收 18.2 节描述的常见选项。

提示　less 的 macOS 版本接收长选项

less 中以两个连字符开头(--)的选项可用于 macOS 和 Linux。

--clear-screen	-c	用文件内容重绘整个屏幕(从上往下)，而不是滚动显示文件。
--QUIT-AT-EOF	-E	(exit)通常情况下，终止 less 要输入 q。该选项使得当 less 第 1 次遇到文件末尾时，自动退出。
--quit-at-eof	-e	(exit)与-E 类似，该选项使得当 less 第 2 次遇到文件末尾时，自动退出。
--quit-if-one-screen	-F	显示文件，如果文件可以在一屏上显示，则退出。
--ignore-case	-i	使得要搜索的字符串中的小写字母可以与对应大小写都匹配。如果给出的模式包括大写字母，就忽略该选项。
--IGNORE-CASE	-I	不管搜索模式的大小写，使得搜索字符串时不区分大小写。
--long-prompt	-m	将所浏览部分占整个文件的百分数作为提示符显示在屏幕底部，随着屏幕的滚动，提示符(百分数)将不断改变。当 less 从标准输入读取输入信

		息时，该选项报告字节数，因为 less 无法确定输入文件的大小。
--LINE-NUMBERS	-N	在每行的开始处显示行号。
--prompt=prompt	-Pprompt	将简短的提示字符串(显示在输出屏幕的底部)改为 *prompt*。如果 *prompt* 包含空格，就使用引号将 *prompt* 引起来。在 *prompt* 中可以使用特殊符号，less 在显示提示符时会把特殊字符替换为其他值。例如，less 会将 *prompt* 中的%f 显示成当前文件名。关于这些特殊字符的列表和其他提示符的描述参见 less 的 info 页。如果用户在其他程序中运行 less，并且希望给使用该程序的用户提示或说明，定制提示符很有用。默认的提示符为文件名，并且将反白显示。
--squeeze-blank-lines	-s	将多个相邻的空白行显示为一个单独的空白行。less 可以显示那些为了打印已经在每页的顶部和底部都加入了空白行的格式化文本，该选项将使得这些页眉和页脚压缩为一行。
--tabs=n	-xn	将制表位设置为 *n* 个字符。默认情况为 8 个字符。
--window=n	-[z]n	将一次滚动的尺寸设置为 *n* 行。默认情况为一屏显示的行数。浏览页面时，该选项使得每次向前或向后滚动 *n* 行。选项中的 z 可以确保与 more 命令兼容，它可以忽略。
	+command	在 less 运行过程中可用的任何命令都可以通过在命令前带一个加号(+)的形式作为选项给出。参见"命令"部分。只要 less 一开始运行，就执行命令行中前缀为加号的命令，并且该命令只应用于第 1 个文件。
	++command	与+command 类似，但该命令将应用于 *file-list* 中的每个文件，而不仅是第 1 个文件。

注意

短语 less is more 揭示了 less 实用程序名的起源。实用程序 more 为最初的 Berkeley UNIX 分页程序(在 Linux 下是可用的)。实用程序 less 与 more 类似，但比 more 更加完善(在 macOS 下，less 和 more 是同一个文件的副本)。例如，在显示一屏文本之后，less 将显示提示符并等待下一条命令的输入；可以向前或向后浏览文件；可以调用编辑器；可以搜索某种模式，或者完成其他任务。

当使用 less 查看文件时，如何编辑文件参见下一节介绍的命令 v。

less 的选项可以在调用 less 的命令行上设置，也可在 LESS 环境变量中设置。例如，在 bash 下可以使用下面的命令使得 less 带有选项-x4 和-s：

```
$ export LESS="-x4 -s"
```

如果运行 bash，则通常在~/.bash_profile 中设置 LESS；如果运行 tcsh，则通常在~/.login 中设置 LESS。一旦设置 LESS 变量，每次调用 less 它就会按照设定的选项启动。命令行上的选项将覆盖 LESS 变量的设置。从命令行调用 less 或者由其他程序(如 man)调用 less 都会用到 LESS 变量。通过将 PAGER 环境变量设置为 less，可使得 man 和其他程序把 less 作为分页程序使用。例如，在 bash 中可以向文件~/.bash_profile 中添加下面的行：

```
export PAGER=less
```

命令

在 less 暂停时，可输入大量的命令。本节将描述经常使用的命令。查看 less 的 info 页可以获得命令的完整列表，也可使用 less --help 命令来了解更多信息。其中，*n* 为可选的数值参数，除非特殊注明，通常默认为 1。在这些命令后不必按 RETURN 键。

*n*b 或 *n*CONTROL+B		(backward)向后滚动 *n* 行。*n* 默认为一屏显示的行数。
*n*d 或 *n*CONTROL+D		(down)向前滚动 *n* 行。*n* 默认为半屏显示的行数。当指定 *n* 后，该值将成为该命令新的默认值。
F		(forward)向前滚动。如果到达输入的末尾，该命令就等待更多输入，然后继续滚动。本选项使得 less

	与 tail –f 的工作方式类似，但 less 将显示页码。
*n*g	(go)跳到第 *n* 行。当从标准输入读取文件时，该命令无效，因为输入的行号有可能超出文件的行数。*n* 默认为 1。
h 或 H	(help)显示所有可用命令的汇总列表。因为该列表很长，所以要使用 less 分页显示。
*n*RETURN 或 *n*j	(jump)向前滚动 *n* 行。*n* 默认为 1。
q 或:q	终止 less。
*n*u 或 *n*CONTROL+U	向后滚动 *n* 行。*n* 默认为半屏显示的行数。当指定 *n* 后，该值将成为这条命令新的默认值。
v	将当前文件放置到某个编辑器中，将光标置于当前行。less 实用程序使用的编辑器在 EDITOR 环境变量中指定。如果未设置 EDITOR，less 使用 vi(通常会链接到 vim)。
*n*w	与 *n*b 类似，向后滚动 *n* 行。但 *n* 的值将成为这条命令新的默认值。
*n*y 或 *n*k	向后滚动 *n* 行。*n* 默认为 1。
*n*z	与 "*n* 空格"类似，显示下面的 *n* 行。一旦设定 *n* 的值，该值将成为这条命令新的默认值。
n 空格	显示下面的 *n* 行。只按空格键将显示下一屏文本。
/*regular-exprssion*	向前搜索文件，查找包含与 *regular-expression* 匹配的行。如果输入的是!*regular-expression*，将查找不包含与 *regular-expression* 匹配的行。如果 *regular-expression* 以星号(*)开始，继续搜索整个 *file-list*(通常搜索停留在当前文件的末尾)。如果 *regular-expression* 以符号@开始，就从 *file-list* 的开头一直搜索到 *file-list* 的末尾。
?*regular-expression*	与前一条命令类似，该命令向后搜索文件(或 *file-list*)。如果 *regular-expression* 以星号(*)开始，就继续向后搜索 *file-list*，直到第 1 个文件的开头。如果 *regular-expression* 以符号@开始，就从 *file-list* 中最后一个文件的最后一行开始，一直搜索到 *file-list* 的第 1 个文件的第 1 行。
"{" 或 "(" 或 "["	如果这 3 个字符中的一个出现在屏幕的顶行，该命令就使得屏幕向前一直滚动到匹配的右花括号、右圆括号或右方括号。例如，输入 "{"，将使得 less 把光标向前移动到匹配的 "}"。
"}" 或 ")" 或 "]"	与前一条命令类似，这些命令将使得 less 把光标向后移动到匹配的左花括号、左圆括号或左方括号。
CONTROL+L	重绘屏幕。当屏幕显示的文本发生混乱时，该命令很有用。
[*n*]:n	跳到 *file-list* 中的下一个文件。如果给出了 *n*，就跳到 *file-list* 中后面的第 *n* 个文件。
![*command line*]	默认情况下，在 SHELL 环境变量指定的 shell 下，或者在 sh(通常链接到 bash 或 dash 的副本)下执行 *command line*。*command line* 中的百分号(%)将用当前文件名替换。当省略 *command line* 时，less 将启动一个交互式 shell。

示例

下面的示例显示了文件 memo.txt。为了查看文件的更多内容，用户按空格键以响应屏幕左下方的 less 提示符：

```
$ less memo.txt
...
memo.txt SPACE
...
```

在下面的示例中，用户将提示符改为比较有意义的消息，使用-N 选项来显示行号。最后用户通知 less 向前搜索包含字符串 procedure 的第 1 行。

```
$ less -Ps"Press SPACE to continue, q to quit" -N +/procedure ncut.icn
    28  procedure main(args)
    29      local filelist, arg, fields, delim
    30
    31      filelist:=[]
...
    45      # Check for real field list
    46      #
    47      if /fields then stop("-fFIELD_LIST is required.")
    48
    49      # Process the files and output the fields
Press SPACE to continue, q to quit
```

18.51 ln

为文件建立链接。

```
ln [options] existing-file [new-link]
ln [options] existing-file-list directory
```

ln 实用程序可为一个或多个文件创建硬链接或符号链接。对于目录，只能创建符号链接，而不能创建硬链接。

参数

在第 1 种格式中，*existing-file* 为要创建链接的文件的路径名。*new-link* 为新链接的路径名。当创建符号链接时，*existing-file* 可以是目录。如果省略 *new-link*，ln 就在工作目录中为 *existing-file* 创建一个链接，新链接使用与 *existing-file* 相同的简单文件名。

在第 2 种格式中，*existing-file-list* 为要创建链接的普通文件的路径名列表。实用程序 ln 将在目录 *directory* 中创建新的链接。*directory* 中条目的简单文件名与 *existing-file-list* 中文件的简单文件名相同。

选项

以两个连字符开头(--)的选项仅用于 Linux。除非特别指出，否则以一个连字符开头(-)的单字符选项可用于 macOS 和 Linux。

--backup	-b	如果 ln 实用程序要删除文件，该选项就对文件进行备份，备份文件名为原来文件名前加 "~"。该选项只能与 --force 一起使用(仅用于 Linux)。
--force	-f	通常情况下，如果 *new-link* 已经存在，ln 就不再创建该链接。该选项使得在创建链接前删除 *new-link*。当 --force 与 --backup 同时使用时(仅用于 Linux)，ln 将在删除 *new-link* 前备份它。
--inactive	-i	如果 *new-link* 已经存在，该选项在删除 *new-link* 前将给出提示信息。如果此时输入 y 或 yes，ln 在创建链接前将删除 *new-link*。如果回答 n 或 no，ln 就不删除 *new-link*，也不产生新链接。
--symbolic	-s	创建符号链接。当使用该选项时，*existing-file* 和 *new-link* 可以是目录，也可以驻留在不同的文件系统中。参见 4.7.2 节。

注意

更多信息参见 4.7 节。带 -l 选项的 ls 实用程序将显示文件对应硬链接的编号。

硬链接 默认情况下，ln 用来创建硬链接。文件的硬链接与原始文件不能区分。同一个文件的所有硬链接必须位于相同的文件系统中。更多信息参见 4.7.1 节。

符号链接 也可以使用 ln 创建符号链接。与硬链接不同，符号链接与链接的文件可以位于不同的文件系统中；符号链接可以指向目录。更多信息参见 4.7.2 节。

如果 *new-link* 为某个已有文件的名称，ln 就不创建该链接，除非使用 --force 选项(仅用于 Linux)或使用 -i(--interactive)选项时回答 yes。

示例

下面的命令在 Zach 的主目录的子目录 literature 中的 memo2 与工作目录之间创建链接。该文件在工作目录中显示为 memo2(与已有文件的简单文件名相同)：

```
$ ln ~zach/literature/memo2 .
```

在上述命令中，可省略代表工作目录的句点。当 ln 只带一个参数时，它会在工作目录中创建链接。

下面的命令为同一个文件 memo2 创建链接，此次文件在工作目录中显示为 new_memo：

```
$ ln ~zach/literature/memo2 new_memo
```

下面的命令创建链接，它使得文件出现在 Sam 的主目录中：

```
$ ln ~zach/literature/memo2 ~sam/new_memo
```

这个命令要生效，必须对用户 Sam 的目录具有写和执行权限。如果用户拥有文件，那么可以使用 chmod 赋予 Sam 对这个文件的写权限。

下面的命令为目录创建符号链接，命令 ls –ld 用于显示该链接：

```
$ ln -s /usr/local/bin bin
$ ls -ld bin
lrwxrwxrwx 1 zach zach 14 Feb 10 13:26 bin -> /usr/local/bin
```

最后一个示例为文件 memo2 创建名为 memo1 的符号链接。因为 memo1 已经存在，所以 ln 拒绝创建该链接。使用-i(--interactive)选项时，ln 将询问是否要用符号链接替换已有文件 memo1。如果回答 y 或 yes，ln 将创建该链接，原来的 memo1 将被删除。

```
$ ls -l memo?
-rw-rw-r-- 1 zach group 224 07-31 14:48 memo1
-rw-rw-r-- 1 zach group 753 07-31 14:49 memo2
$ ln -s memo2 memo1
ln: memo1: File exists
$ ln -si memo2 memo1
ln: replace 'memo1'? y
$ ls -l memo?
lrwxrwxrwx 1 zach group 5 07-31 14:49 memo1 -> memo2
-rw-rw-r-- 1 zach group 753 07-31 14:49 memo2
```

在 Linux 下，也可以使用--force 选项使得 ln 覆盖已有文件。

18.52　lpr

将文件发送到打印机。

```
lpr [options] [file-list]
lpq [options] [job-identifiers]
lprm [options] [job-identifiers]
```

实用程序 lpr 用来将一个或多个文件放置到某个打印队列，对访问打印机的多个用户或进程排序。该实用程序可以用于连接远程系统上的打印机。实用程序 lprm 可以将文件从打印队列中删除；实用程序 lpq 可以检查队列中的文件所处的状态。参见本节中"注意"部分的内容。

参数

file-list 为 lpr 要打印的一个或多个文件名的列表。这些文件通常为文本文件，但是有些系统经过配置使得 lpr 可以接收和正确地打印各种类型的文件(包括 PostScript 和 PDF 文件)。不带 *file-list* 的 lpr 将从标准输入接收输入。

job-identifiers 为作业编号列表或用户名列表。使用 lpq 可以显示打印作业列表中的作业编号。

选项

下面的一些选项依赖于要打印的文件类型和系统的配置情况。

-h　　　　　(no header)不打印标题页。这个页面可用于在多用户设置中识别输出文件的拥有者，如果不需要标识，打印该页就是浪费纸张。

-l　　　　　(小写字母 l)该选项使得 lpr 不用对正要打印的文件进行预处理(过滤)。当文件对于打印机已经格式化时，使用该选项。

-P *printer*　将打印作业放置到 *printer* 打印机的打印队列中。如果不使用该选项，打印作业就被放置到本地系统的默认打印队列中。*printer* 的值可以在 Linux 文件/etc/printcap 中查找，可以用 lpstat –t 命令显示，并且在不同系统上这些值不同。

-r	(remove)在调用 lpr 后将文件从 *file-list* 中删除。
-# *n*	为每个文件打印 *n* 份。根据使用的不同 shell，可能需要使用反斜杠将 "#" 转义后再传递给 lpr，以免 shell 把它解释为特殊字符。

讨论

实用程序 lpr 从命令行上指定的文件或标准输入获取输入，将文件作为打印作业添加到打印队列中，并为每个打印作业分配唯一的标识编号；实用程序 lpq 可以显示 lpr 设置的打印作业的作业编号；实用程序 lprm 可以将某个打印作业从打印队列中删除。

lpq　实用程序 lpq 用来显示打印队列中作业的相关信息。当不带任何参数调用 lpq 时，lpq 将列出默认打印机对应打印队列中的所有作业。使用 lpr 的选项-P *printer* 可以查看其他打印队列，可以是连接远程系统的打印队列。带-l 选项的 lpq 可以显示每个作业更详细的信息。带用户名参数的 lpq 将显示属于该用户的打印作业。

lprm　实用程序 lpq 显示的信息中的每一项对应打印队列中的每个作业的作业编号。为了将某个作业从打印队列中删除，可将其作业编号作为参数传递给 lprm。除非用户是超级用户，否则只能删除自己拥有的作业。即使是超级用户，也不能将作业从远程打印机的队列中删除。如果 lprm 不带任何参数，它将删除活动的打印作业(即正在打印的作业)，删除的前提是用户拥有该作业。

注意

如果用户经常使用的打印机不是系统默认的打印机，可将打印机的名称赋予 PRINTER 环境变量，从而使 lpr 使用另一个打印机作为默认的个人打印机。例如，当使用 bash 时，可在~/.bash_profile 文件中添加下面的行，将名为 ps 的打印机设置为默认打印机：

```
export PRINTER=ps
```

LPD 与 LPR　按照传统，UNIX 具有两个打印系统：BSD 行式打印机守护进程(Line Printer Daemon，LPD)和 System V 行式打印机系统(Line Printer system，LPR)。最初，Linux 采用了这些系统。后来，UNIX 和 Linux 都对它们进行了修改和替换。如今，CUPS 在 Linux 和 macOS 下是默认打印系统。

CUPS　通用 UNIX 打印系统(Common UNIX Printing System，CUPS)是一台跨平台打印服务器，围绕 Internet 打印协议(Internet Printing Protocol，IPP)构建，IPP 基于 HTTP 协议。CUPS 提供了大量的打印机驱动程序，可以打印各种类型的文件，包括 PostScript 文件；CUPS 还提供了 System V 和 BSD 命令行接口，除支持 IPP 外，还支持 LPD/LPR、HTTP、SMB 和 JetDirect(套接字)协议等。

本节描述了运行在 CUPS 下和一些老式系统的本机模式下的 LPD 命令行接口。

示例

第 1 条命令将文件 memo2 发送到默认打印机：

```
$ lpr memo2
```

下面的命令使用管道将 ls 的输出发送到 deskjet 打印机：

```
$ ls | lpr -Pdeskjet
```

下面的示例为文件 memo 标页码，并把它发送到打印机：

```
$ pr -h "Today's memo" memo | lpr
```

下面的示例显示了默认打印机对应打印队列中的打印作业列表，Max 拥有所有作业。当前正在打印第 1 个作业(它处于活动状态)。创建第 635 个和第 639 个作业的方法是将输入发送到 lpr 的标准输入；第 638 个作业由带有参数 ncut.icn 的 lpr 创建。最后一列给出了每个打印作业的大小。

```
$ lpq
deskjet is ready and printing
Rank    Owner    Job Files              Total Size
active max       635 (stdin)            38128 bytes
```

```
1st    max       638 ncut.icn              3587 bytes
2nd    max       639 (stdin)               3960 bytes
```

下面的命令将第 638 个作业从默认打印队列中删除：

```
$ lprm 638
```

18.53   ls

显示一个或多个文件的相关信息。

ls [options] [file-list]

实用程序 ls 用来显示一个或多个文件的相关信息。默认情况下，ls 按照文件名的字母顺序列出文件的信息，除非使用某个选项改变显示顺序。

参数

不带任何参数的 ls 将显示工作目录中的可见文件的名称(不以句点开始的文件名)。

file-list 可以是任意普通文件、目录文件或设备文件的一个或多个路径名的列表，也可以包括模糊文件引用。

当 *file-list* 包含目录时，ls 将显示该目录的内容。有时为了避免多义性，ls 仅显示目录名。例如，当列表包含多个目录时，ls 就只显示这些目录的名称。当指定某个普通文件时，ls 就显示该文件的相关信息。

选项

以两个连字符开头(--)的选项仅用于 Linux。除非特别指出，否则以一个连字符开头(-)的单字符选项可用于 macOS 和 Linux。

选项决定了 ls 显示的信息类型、显示方式以及显示顺序。当不指定任何选项时，ls 将按字母顺序显示仅包含文件名的简短列表。

--almost-all	-A	与-a 类似，但不列出 "." 和 ".." 目录项。
--all	-a	显示所有文件名列表，包括隐藏文件(文件名以句点开始)。不带该选项时，ls 将不显示隐藏文件的相关信息，除非在 *file-list* 中指定它们。当要显示隐藏文件的信息时，因为模糊文件引用符 "*" 与以句点开始的文件名不匹配，所以必须使用该选项或者显式地指定以句点开始的文件名(模糊或精确)。
--escape	-b	使用反斜杠转义序列(类似于 C 语言字符串对特殊字符串的处理)显示文件名中的非打印字符。表 18-25 列举了一些非打印字符的示例，其他的非打印字符使用反斜杠和后面的某个八进制数表示。

表 18-25   反斜杠转义序列

转 义 序 列	意 义
\b	退格
\n	换行符
\r	回车符
\t	水平制表符
\v	垂直制表符
\\	反斜杠

--color[=*when*]	实用程序 ls 可以用不同颜色显示不同类型的文件，但通常不带颜色显示(与把 when 指定为 none 时的显示效果相同)。如果不指定 when 或者指定 when 为 always，则 ls 带颜

		色显示。当指定 when 为 auto 时，ls 仅当输出到屏幕时才使用颜色。参见"注意"部分的内容(仅用于 Linux)。
--directory	-d	该选项使得 ls 只显示目录的名称，而不显示它们的内容。它不解引用符号链接，换言之，对于每个符号链接文件仅显示链接本身，而不显示链接指向的文件。
	-e	显示 ACL(仅用于 macOS)。
--classify	-F	该选项在每个目录后显示斜杠(/)；在每个可执行文件后显示星号(*)；在每个符号链接后显示符号@。
--format=*word*		默认情况下，ls 垂直地显示排序后的文件。该选项使得文件按照 *word* 排序，*word* 可以指定为：across 或 horizontal(-x)。文件之间用 commas(-m)、long(-l)或 single-column(-l)分隔(仅用于 Linux)。
--dereference -command-line	-H	(partial dereference)对于每个符号链接文件，列出符号链接指向的文件的信息，而不列出符号链接本身的信息。这个选项会影响在命令行上指定的文件，不影响在目录层次结构中递归查找到的文件。这个选项以正常方式处理不是符号链接的文件。解引用符号链接的内容参见 4.7.4 节。
--human-readable	-h	从 K(千字节)、M(兆字节)和 G(千兆字节)中选择合适的单位来显示文件的大小。该选项仅可以与-l 选项一起使用，使用 1024 的幂表示文件的大小。在 macOS 下，除了以上后缀之外，该选项还可以显示 B(字节)。参见选项--si。
--inode	-i	显示每个文件对应的索引节点编号。当与-l 选项一起使用时，将在第 1 列显示索引节点编号，其他项向右移动一列。
--dereference	-L	(dereference)对于每个符号链接文件，列出由符号链接指向的文件的信息，而不列出符号链接本身的信息。这个选项会影响所有的文件，以正常方式处理不是符号链接的文件。解引用符号链接的内容参见 4.7.4 节。
--format=long	-l	(小写字母 l)列出关于每个文件的更多信息。它不解引用符号链接，换言之，对于每个符号链接文件，仅显示符号链接本身，而不显示链接指向的文件。如果把目录列表的标准输出发送到屏幕上，这个选项就在目录列表的前面显示该目录中所有文件占用的块数。与选项-h 一起使用时，显示的文件大小更便于阅读。参见"讨论"部分的内容。
--format=commas	-m	显示用逗号分隔的文件名，文件列表的宽度与屏幕的宽度相同。
	-P	(no dereference)对于每个符号链接文件，列出符号链接的信息，而不列出符号链接指向的文件信息。这个选项会影响所有文件，以正常方式处理不是符号链接的文件。解引用符号链接的内容参见 4.7.4 节(仅用于 macOS)。
--hide-control-chars	-q	使用问号显示文件名中的非打印字符。当标准输出被发送到屏幕时，该行为是默认的。如果不使用这个选项，把标准输出发送到过滤器或文件时，非打印字符就会显示出来。
--reverse	-r	以相反的顺序列出目录层次结构。
--recursive	-R	递归地列出子目录的内容。
--size	-s	显示分配给每个文件多少个 1024 字节(仅用于 Linux)或 512 字节(仅用于 macOS)大小的块。块数显示在文件名之前。当与-l 选项一起使用时，块数显示在第 1 列，其他项都向右移动一列。如果把目录列表的标准输出发送到屏幕上，这个选项就在目录列表的某一行上，在目录列表的前面显示该目录中所有文件占用的块数。为了使文件大小更便于阅读，可以与-h 选项一起使用。 在 macOS 中，可以使用 BLOCKSIZE 环境变量来改变该选项报告的块大小。
	--si	从 K(千字节)、M(兆字节)和 G(千兆字节)中选择合适的单位来显示文件的大小。该选项仅可以与-l 选项一起使用，并使用 1000 的幂表示文件的大小。参见--human-readable(仅用于 Linux)。
--sort=time	-t	按最后一次修改时间的顺序显示文件。
--sort=*word*		默认情况下，ls 按 ASCII 的顺序显示文件。该选项使得文件按照 *word* 排序。*word* 可以指定为：文件名 extension(-X，仅用于 Linux)、none(-U，仅用于 Linux)、文件 size(-S)、

		access 时间(-u)或修改 time(-t)。参见--time 以查看例外情况(仅用于 Linux)。
--time=*word*		默认情况下,带-l 选项的 ls 显示文件的修改时间。若将 *word* 设置为 atime(-u),则显示文件的访问时间;若将 *word* 设置为 ctime(-t),则显示文件的修改时间。当使用--sort=time 选项时,列表将按照 *word* 排序(仅用于 Linux)。
--sort=access	-u	按最后一次访问时间的顺序显示文件。
--format=across	-x	按行显示文件列表(默认情况下,按列显示)。
--format= extension	-X	按文件扩展名的顺序显示文件。没有扩展名的文件首先被列出(仅用于 Linux)。
--format=single-column	-1	(数字 1)一行显示一个文件。重定向 ls 的输出时,这是默认的显示类型。

讨论

ls 显示的长列表(使用--format=long 或-l 选项)共包括 7 列。第 1 列包含 10 或 11 个字符,在下面的段落中将分别进行介绍。其中,第 1 个字符描述文件的类型,如表 18-26 所示。

表 18-26　ls 显示的长列表的第 1 个字符

字　　符	意　　义
-	普通文件
b	块设备
c	字符设备
d	目录
p	FIFO(命名管道)
l	符号链接

之后的 9 个字符描述相关文件的访问权限,它们分成 3 组,每组 3 个字符。

第 1 组的 3 个字符代表所有者的访问权限。若其中的第 1 个字符为 r,则说明所有者对文件具有读权限;若为连字符,则所有者对文件不具有读权限。接下来的两个字符分别代表写权限和执行权限。若第 2 个字符为 w,则说明所有者对文件具有写权限;若为连字符,则说明不具有写权限。若第 3 个字符为 x,则说明所有者对文件具有执行权限;若第 3 个字符为 s,则说明文件具有 setuid 权限和执行权限;若为 S,则表明具有 setuid 权限而没有执行权限。连字符表明所有者对文件不具有该字符位对应的访问权限。

类似地,第 2 组字符代表了文件的组用户对文件的访问权限。若第 2 组中的第 3 个字符为 s,则代表文件具有 setgid 权限和执行权限;若为 S,则代表文件具有 setgid 权限,但没有执行权限。

第 3 组字符代表其他用户对文件的访问权限。若第 3 组的最后一个字符设置为 t,则说明为文件设置了粘滞位。关于如何修改访问权限的信息参见 18.13 节关于 chmod 的内容。

如果启用了 ACL 且某文件有 ACL,ls –l 就会在第 3 组的 3 个字符后显示一个加号(+)。

如第 4 章的图 4-12 所示,第 2 列代表文件的硬链接数目。关于链接的相关信息参见 4.7 节。

第 3 列和第 4 列分别显示了文件所有者的用户名以及与文件相关联的组用户的名称。

第 5 列以字节为单位显示了文件的大小。如果显示的是设备文件的相关信息,则显示主设备编号和次设备编号。如果显示的是目录文件的相关信息,则显示目录文件的大小,而不显示目录内文件的大小(使用 du 可以显示目录中所有文件大小的总和)。使用-h 选项将以 KB、MB 或 GB 为单位显示文件的大小。

最后两列分别显示最后一次修改文件的日期与时间以及文件名。

注意

ls 默认会解引用符号链接,即对于每个符号链接文件,ls 会列出符号链接,而非链接指向的文件。使用-L 或-H 选项会解引用符号链接。解引用符号链接的内容参见 4.7.4 节。

对于不显示长列表的情况(使用-1 选项显示),如果把标准输出发送到屏幕上,ls 就根据屏幕的宽度在列中显示输出。把标准输出重定向到过滤器或文件时,ls 仅显示一列。

参见 5.4 节来查看 ls 使用模糊文件引用的示例。

如果对 ls 输出的排序方式不满意，可将 LANG locale 变量设置为 C。更多信息请参阅 8.11 节。

使用--color 选项时，ls 将使用不同颜色来显示不同类型的文件。默认情况下，可执行文件显示为绿色，目录文件显示为蓝色，符号链接显示为蓝绿色，存档文件和压缩文件显示为红色，普通文本文件为黑色。ls 显示不同文件类型所使用的不同颜色在/etc/DIR_COLORS 文件中设置。如果要显示的文件不在本地系统上，ls 就不能显示带颜色的文件名。通过修改文件/etc/DIR_COLORS 可以改变系统范围内各种文件类型与颜色默认的对应关系。如果仅仅为了个人使用，就可以将/etc/DIR_COLORS 复制到主目录的文件~/.dir_colors 中，并对其进行修改。这样当用户登录时，文件~/.dir_colors 将覆盖/etc/DIR_COLORS 中的系统颜色设置。更多信息参见 dir_colors 和 dircolors 的 man 页。

示例

使用-H 和-L 选项的示例请参见 4.7.4 节。

第 1 个示例使用不带选项或参数的 ls 实用程序，按照字母顺序列出工作目录中的文件名列表，该列表按照列垂直地排序：

```
$ ls
bin calendar letters
c   execute  shell
```

下一个示例使用了带-x 选项的 ls 实用程序，按照字母顺序水平地排序工作目录中的文件名列表：

```
$ ls -x
bin       c        calendar
execute   letters  shell
```

选项-F 在目录文件后追加斜杠(/)，在可执行文件后追加星号(*)，在符号链接后追加@：

```
$ ls -Fx
bin/      c/       calendar
execute*  letters/ shell@
```

选项-l(long)使得 ls 显示长列表，文件仍然按照字母顺序显示：

```
$ ls -l
drwxr-xr-x 2 sam pubs 4096 05-20 09:17 bin
drwxr-xr-x 2 sam pubs 4096 03-26 11:59 c
-rw-r--r-- 1 sam pubs 104 01-09 14:44 calendar
-rwxr-xr-x 1 sam pubs 85 05-06 08:27 execute
drwxr-xr-x 2 sam pubs 4096 04-04 18:56 letters
lrwxrwxrwx 1 sam sam 9 05-21 11:35 shell -> /bin/bash
```

选项-a(all)使得 ls 列出所有文件，包括隐藏文件：

```
$ ls -a
.          bin       execute
..         c         letters
.profile   calendar  shell
```

一起使用选项-a 和-l 将显示工作目录中所有文件的长列表，包括隐藏文件，列表仍然按照字母顺序显示：

```
$ ls -al
drwxr-xr-x 5 sam sam  4096 05-21 11:50 .
drwxrwxrwx 3 sam sam  4096 05-21 11:50 ..
-rw-r--r-- 1 sam sam   160 05-21 11:45 .profile
drwxr-xr-x 2 sam pubs 4096 05-20 09:17 bin
drwxr-xr-x 2 sam pubs 4096 03-26 11:59 c
-rw-r--r-- 1 sam pubs  104 01-09 14:44 calendar
-rwxr-xr-x 1 sam pubs   85 05-06 08:27 execute
drwxr-xr-x 2 sam pubs 4096 04-04 18:56 letters
lrwxrwxrwx 1 sam sam     9 05-21 11:35 shell -> /bin/bash
```

当添加-r(reverse)选项时，ls 将按字母顺序逆序显示文件列表：

```
$ ls -ral
lrwxrwxrwx 1 sam sam      9 05-21 11:35 shell -> /bin/bash
drwxr-xr-x 2 sam pubs 4096 04-04 18:56 letters
-rwxr-xr-x 1 sam pubs   85 05-06 08:27 execute
-rw-r--r-- 1 sam pubs  104 01-09 14:44 calendar
drwxr-xr-x 2 sam pubs 4096 03-26 11:59 c
drwxr-xr-x 2 sam pubs 4096 05-20 09:17 bin
-rw-r--r-- 1 sam sam  160 05-21 11:45 .profile
drwxrwxrwx 3 sam sam 4096 05-21 11:50 ..
drwxr-xr-x 5 sam sam 4096 05-21 11:50 .
```

使用-t 和-l 选项将按照文件的修改时间显示文件列表,最近修改的文件的信息显示在列表的顶部:

```
$ ls -tl
lrwxrwxrwx 1 sam sam      9 05-21 11:35 shell -> /bin/bash
drwxr-xr-x 2 sam pubs 4096 05-20 09:17 bin
-rwxr-xr-x 1 sam pubs   85 05-06 08:27 execute
drwxr-xr-x 2 sam pubs 4096 04-04 18:56 letters
drwxr-xr-x 2 sam pubs 4096 03-26 11:59 c
-rw-r--r-- 1 sam pubs  104 01-09 14:44 calendar
```

选项-r 和-t 一起使用将使得最近修改的文件的相关信息显示在列表顶部:

```
$ ls -trl
-rw-r--r-- 1 sam pubs  104 01-09 14:44 calendar
drwxr-xr-x 2 sam pubs 4096 03-26 11:59 c
drwxr-xr-x 2 sam pubs 4096 04-04 18:56 letters
-rwxr-xr-x 1 sam pubs   85 05-06 08:27 execute
drwxr-xr-x 2 sam pubs 4096 05-20 09:17 bin
lrwxrwxrwx 1 sam sam      9 05-21 11:35 shell -> /bin/bash
```

下面的示例使用目录文件名作为 ls 的参数。ls 实用程序按字母顺序显示该目录的内容:

```
$ ls bin
c e lsdir
```

为了只显示目录文件自身的相关信息,可使用-d(directory)选项。该选项仅列出目录自身的相关信息:

```
$ ls -dl bin
drwxr-xr-x 2 sam pubs 4096 05-20 09:17 bin
```

使用下面的命令可以显示用户主目录下的所有隐藏文件(文件名以句点开始),这是一种列出用户主目录中初始化文件的简便方法:

```
$ ls -d ~/.*
/home/sam/.
/home/sam/..
/home/sam/.AbiSuite
/home/sam/.Azureus
/home/sam/.BitTornado
...
```

在长列表的权限右边添加一个加号来表示文件具有 ACL:

```
$ ls -l memo
-rw-r--r--+ 1 sam pubs 19 07-19 21:59 memo
```

在 macOS 下,可使用-le 选项显示 ACL:

```
$ ls -le memo
-rw-r--r-- + 1 sam pubs 19 07-19 21:59 memo
 0: user:jenny allow read
```

在 macOS 下使用 ls 显示 ACL 的更多示例参见附录 D。

18.54　make

使一组程序保持最新。

```
make [options] [target-files] [arguments]
```

GNU 的 make 实用程序根据程序及其依赖的源文件修改时间的不同，使一组可执行程序保持最新。

参数

target-files 指 makefile 文件中依赖行(dependency line)上的目标。当不指定 *target-files* 时，make 将更新 makefile 中第 1 个依赖行上的目标。命令行上形式为 *name=value* 的 *arguments* 将文件 makefile 中的变量 *name* 设置为 *value*。更多信息参见"讨论"部分。

选项

如果不使用-f 选项，make 就在工作目录下按以下顺序搜索名为 GNUmakefile、makefile 或 Makefile 的文件，并从找到的文件中获取输入。本节将 makefile 作为输入文件。一些用户更喜欢使用 Makefile，因为该文件出现在目录列表的前面。

	make 的 macOS 版本接收长选项
提示	make 中以两个连字符开头(--)的选项可用于 macOS 和 Linux。

--directory=*dir*	-C *dir*	在启动 make 前将目录切换到 *dir*。
--debug	-d	显示 make 如何做出决定的相关信息。
--file= *file*	-f *file*	(input file)用 *file* 替代 makefile 作为输入。
--jobs[=*n*]	-j [*n*]	(jobs)同时运行 *n* 条命令，而不是默认的 1 条命令。当在多处理器系统上运行 Linux 时，同时运行多条命令可以提高效率。如果省略 *n*，make 就不限制同时运行的作业数目。
--keep-going	-k	当某个构造命令运行失败时，继续从 *target-files* 列表中的下一个文件开始运行，而不退出。
--just-point 或--dry-run	-n	(no execution)显示但不执行 make 将要执行的命令，使得 *target-files* 保持最新。
--silent 或--quiet	-s	(silent)不显示正在执行的命令名。
--touch	-t	(touch)更新目标文件的修改时间，但不执行任何构造命令。参见 18.95 节。

讨论

实用程序 make 要执行的操作依赖于程序和每个程序依赖的源文件的修改时间。每个可执行程序或 *target-files* 都依赖于一个或多个前提文件。*target-files* 与其依赖文件之间的关系在 makefile 的依赖行上指定。依赖行后面的构造命令指定了 make 更新 *target-files* 的方式。makefile 示例参见后面的"示例"部分。

文档 关于 make 和 makefile 文件的更多信息参见 www.gnu.org/software/make/manual/make.html 和 make 的 info 页。

虽然 make 通常用来从源文件构建程序，但该通用构建实用程序的应用范围很广泛。定义一组依赖关系的任何地方(这组依赖关系可以将一个状态转换到另一个状态)表示可以使用 make。

make 的强大功能派生自可以在 makefile 中设置的功能。例如，可以使用与 Bourne Again Shell 相同的语法定义变量。最好在 makefile 中定义 SHELL 变量，这样当运行构造命令时，可以将 SHELL 设置成希望使用的 shell 的路径名。为定义该变量并给它赋值，可将下面的行放置在 makefile 的顶部：

```
SHELL=/bin/sh
```

将值/bin/sh 赋给 SHELL 可以使用其他计算机系统上的 makefile。在 Linux 系统中，/bin/sh 通常链接到/bin/bash 或/bin/dash。在 macOS 下，/bin/sh 是尝试模拟原 Bourne Shell 的 bash 副本。如果在文件 makefile 中没有设置 SHELL，实用程序 make 将使用环境变量 SHELL 的值。如果 SHELL 并未存放希望使用的 shell 的路径，并且在 makefile 中也没有对 SHELL 进行设置，那么构造命令将运行失败。

下面列出了与 make 相关联的其他功能：

- 在构造命令前加符号@，构造命令将"自动地"执行。例如，当运行命令 make help 时，以下几行将显示简短的帮助消息：

```
help:
    @echo "You can make the following:"
    @echo " "
    @echo "libbuf.a        -- the buffer library"
    @echo "Bufdisplay      -- display any-format buffer"
    @echo "Buf2ppm          -- convert buffer to pixmap"
```

在该例中，如果没有符号@，make 将在每条 echo 命令执行前显示对应的命令行。之所以每次执行 make 都会显示这些消息，是因为工作目录中没有名为 help 的文件。于是 make 将运行这些构造命令，试图构建该文件。因为构造命令只显示消息，并不能构建 help 文件，所以多次运行 make help 将得到相同的显示内容。

● 在命令之前加连字符(-)可以使得 make 忽略命令的退出状态。例如，下面的命令允许 make 继续执行，无论调用/bin/rm 是否成功(如果 libbuf.a 不存在，则调用/bin/rm 失败)：

```
.../bin/rm libbuf.a
```

● 可使用特殊变量来引用连续两次使用 make 之间可能发生改变的信息。这类信息包括需要更新的文件、比目标文件更新的文件以及与某个模式匹配的文件等。例如，在构造命令中使用变量“$?”可以指定比目标文件更新的所有前提文件。这个变量允许打印自上次打印后又修改的任何文件：

```
list:       .list
.list:      Makefile buf.h xtbuff_ad.h buff.c buf_print.c xtbuff.c
pr $? | lpr
date >.list
```

目标列表依赖于可能被打印的源文件。构造命令 pr $? | lpr 只打印那些比.list 更新的源文件。命令行 date > .list 修改.list 文件，使得它比任何源文件新。当用户再次运行 make list 时，只打印已经修改过的文件。

● 当前 makefile 文件可以包含进其他 makefile 文件，被包含的文件可以看作当前 makefile 文件的一部分。下面一行使得 make 读取 Make.config，并将其内容看成当前 makefile 的一部分，这便可以把公共信息放在一个地方的多个 makefile 中：

```
include Make.config
```

注意

在 macOS 下，make 实用程序是 Xcode 可选安装程序的一部分。

示例

第 1 个示例使 make 使用工作目录中名为 GNUmakefile、makefile 或 Makefile 的 Makefile 文件，通过发出 3 条 cc 命令来更新名为 analysis 的 *target-file*：

```
$ make analysis
cc -c analy.c
cc -c stats.c
cc -o analysis analy.o stats.o
```

下面的示例使用工作目录中名为 analysis.mk 的 makefile 文件来更新 analysis：

```
$ make -f analysis.mk analysis
'analysis' is up to date.
```

下面的示例列出更新 credit 的 *target-file* 时 make 将要执行的命令。选项-n(no-execution)使得 make 并不执行这些命令：

```
$ make -n credit
cc -c -O credit.c
cc -c -O accounts.c
cc -c -O terms.c
cc -o credit credit.c accounts.c terms.c
```

下面的示例使用-t 选项来更新名为 credit 的 *target-file* 的修改时间。使用该选项后，make 将认为 credit 已经更新：

```
$ make -t credit
```

```
$ make credit
'credit' is up to date.
```

makefile 示例 下面是一个非常简单的 makefile，名为 Makefile。这个 makefile 编译程序 morning(目标文件)。第一行是一个依赖行，它根据 morning.c 显示 morning。下一行是构造命令，它说明了如何使用 C 编译器 gcc 创建 morning。构造行必须用制表符缩进，而不使用空格。

```
$ cat Makefile
morning: morning.c
TAB gcc -o morning morning.c
```

输入命令 make 时，如果 morning.c 的修改时间比 morning 晚，make 就编译 morning.c。

下一个示例是构建实用程序 ff 的简单 makefile。构建 ff 所需的 cc 命令十分复杂，而使用 makefile 可以轻松地重新构建 ff，而不必记住和重新输入 cc 命令。

```
$ cat Makefile
# Build the ff command from the fastfind.c source
SHELL=/bin/sh

ff:
gcc -traditional -O2 -g -DBIG=5120 -o ff fastfind.c myClib.a
$ make ff
gcc -traditional -O2 -g -DBIG=5120 -o ff fastfind.c myClib.a
```

在下面的示例中，makefile 使 compute 文件保持最新。make 实用程序忽略注释行(以"#"开头的行)；以下 makefile 的前 3 行是注释行。第一个依赖行显示，compute 依赖于两个对象文件 compute.o 和 calc.o。对应的构造给出了生成 compute 所需的命令 make。第二个依赖行显示，compute.o 不仅依赖于其 C 源文件，还依赖于 compute.h 头文件。compute.o 的构造行使用 C 编译器的优化程序(-O3 选项)。不需要第三组依赖行和构造行。所以 make 推断，calc.o 依赖于 calc.c 并生成了编译所需的命令行。

```
$ cat Makefile
#
# Makefile for compute
#
compute: compute.o calc.o
        gcc -o compute compute.o calc.o
compute.o: compute.c compute.h
        gcc -c -O3 compute.c
calc.o: calc.c
        gcc -c calc.c
clean:
    rm *.o *core* *~
```

最后一个目标文件 clean 没有前提文件。这个目标文件常常用于删除可能过期或不再需要的额外文件，如.o 文件。

下面的示例显示了一个更复杂的 makefile，它使用了本节没有介绍的功能。关于这些内容的更多信息和更高级功能可以查看前面"讨论"部分的相关资源网站。

```
$ cat Makefile
##########################################################
## build and maintain the buffer library
##########################################################
SHELL=/bin/sh

##########################################################
## Flags and libraries for compiling. The XLDLIBS are needed
# whenever you build a program using the library. The CCFLAGS
# give maximum optimization.
CC=gcc
CCFLAGS=-O2 $(CFLAGS)
XLDLIBS= -lXaw3d -lXt -lXmu -lXext -lX11 -lm
BUFLIB=libbuf.a

##########################################################
## Miscellaneous
INCLUDES=buf.h
XINCLUDES=xtbuff_ad.h
```

```
OBJS=buff.o buf_print.o xtbuff.o
############################################################
## Just a 'make' generates a help message
help: Help
        @echo "You can make the following:"
        @echo " "
        @echo " libbuf.a -- the buffer library"
        @echo " bufdisplay -- display any-format buffer"
        @echo " buf2ppm -- convert buffer to pixmap"
############################################################
## The main target is the library
libbuf.a: $(OBJS)
    -/bin/rm libbuf.a
    ar rv libbuf.a $(OBJS)
    ranlib libbuf.a
############################################################
## Secondary targets -- utilities built from the library
bufdisplay: bufdisplay.c libbuf.a
    $(CC) $(CCFLAGS) bufdisplay.c -o bufdisplay $(BUFLIB) $(XLDLIBS)

buf2ppm: buf2ppm.c libbuf.a
    $(CC) $(CCFLAGS) buf2ppm.c -o buf2ppm $(BUFLIB)

############################################################
## Build the individual object units
buff.o: $(INCLUDES) buff.c
    $(CC) -c $(CCFLAGS) buff.c

buf_print.o:$(INCLUDES) buf_print.c
    $(CC) -c $(CCFLAGS) buf_print.c

xtbuff.o: $(INCLUDES) $(XINCLUDES) xtbuff.c
    $(CC) -c $(CCFLAGS) xtbuff.c
```

实用程序 make 不仅可以编译代码，还可以完成很多任务。在最后一个示例中，假设用户拥有一个数据库，该数据库有两列：IP 地址列表和对应的主机名，数据库中的这些记录被转储到名为 hosts.tab 的文件中。现在，需要从该文件中提取出主机名并生成包含这些名称的网页 hosts.html。下面的 makefile 是一个简单的报表编写器：

```
$ cat makefile
#
SHELL=/bin/bash
#
hosts.html: hosts.tab
        @echo "<HTML><BODY>" > hosts.html
        @awk '{print $$2, "<br>"}' hosts.tab >> hosts.html
        @echo "</BODY></HTML>" >> hosts.html
```

18.55   man

显示与实用程序对应的文档。

*man [**options**] [**section**] **command***
*man -k **keyword***

实用程序 man(manual)为 Linux 和 macOS 命令提供了联机文档。除用户命令外，这些文档可用于很多其他命令以及与 Linux 和 macOS 有关的细节内容。因为 Linux 和 macOS 的许多命令都来源于 GNU，所以 GNU 的 info 实用程序通常提供更完整的信息。

手册的每页都与一行标题关联。该标题由命令名、手册中包含该命令的部分和命令对应功能的简短描述组成。这些标题存储在数据库中，从而加快使用关键字查找相关联的 man 页的速度。

参数

参数 *section* 将 man 的搜索范围限制在手册页的指定部分(参见 2.5 节中手册各部分的列表)。不带该参数时，man

将按数字顺序搜索各部分,并显示找到的第 1 个 man 页。在 man 命令的第 2 种形式中,选项-k 使得 man 在数据库的 man 页的标题中搜索 *keyword*,并显示包含 *keyword* 的标题列表。命令 man -k 的功能与 apropos 相同。

选项

以两个连字符开头(--)的选项仅用于 Linux。并不是所有以两个连字符开头(--)的选项都能用于 Linux 的所有发行版。除非特别指出,否则以一个连字符开头(-)的单字符选项可用于 macOS 和 Linux。

--all	-a	显示手册页各个部分的 man 页。不带该选项的 man 仅显示它找到的第 1 页。当用户不确定哪个部分包含所需信息时,可以使用该选项。
	-K *keyword*	在所有的 man 页中搜索 *keyword*。运行带该选项的命令将需要很长时间。在一些 Linux 发行版中它不可用。
--apropos	-k *keyword*	显示包含 *keyword* 字符串的手册页的标题。可以浏览该列表来查找感兴趣的命令。该选项等价于命令 apropos。
--manpath=*path*	-M *path*	在 *path* 所列的目录中搜索 man 页,其中 *path* 为用冒号隔开的目录列表,参见"讨论"部分。
--troff	-t	把手册页格式化为 PostScript 打印机打印的格式并输出到标准输出。

讨论

手册页是按部分组织起来的,每一部分对应 Linux 系统的一个方面。第 1 部分包含用户可调用的命令,是非系统管理员和非程序员使用最多的部分。手册页的其他部分描述了系统调用、库函数和系统管理员使用的命令。参见 2.5 节中手册各部分的列表。

分页程序 实用程序 man 使用 less 显示多于一屏的手册页。为了使用其他分页程序,可以将环境变量 PAGER 设置为希望使用的分页程序的路径名。例如,向文件~/.bash_ profile 中添加下面的行,将使得 bash 用户使用 more 替代 less 进行分页显示:

```
export PAGER=$(which more)
```

该语句将实用程序 more 的路径名赋予环境变量 PAGER[$(which more)返回实用程序 more 的绝对路径名]。在 macOS 下,less 和 more 是同一个文件的副本。因为调用它们的方式不同,所以它们的工作方式略有区别。

MANPATH 通过设置环境变量 MANPATH 可以设定 man 实用程序搜索 man 页的位置。MANPATH 为用冒号分隔的目录列表。例如,bash 用户可以将下面的行添加到~/.bash_ profile 中,使得 man 在/usr/man、/usr/local/man 和/usr/local/share/man 目录下搜索:

```
export MANPATH=/usr/man:/usr/local/man:/usr/local/share/man
```

高权限用户也可以编辑/etc/manpath.config、/etc/man.config(Linux)或/etc/man.conf(macOS)以进一步配置 man。更多信息参见 man 的手册页。

注意

参见 2.5 节关于 man 的讨论。

man 的参数不一定总是实用程序名。例如,命令 man ascii 将列出 ASCII 字符及其各种表示;命令 man -k postscript 可以列出与 PostScript 相关的手册页。

手册页通常以非格式化、压缩的形式存储。当请求一个手册页时,显示手册页之前将首先解压缩和格式化它。为了加快以后对手册页请求的响应速度,手册将尽量保存这些格式化版本的页面。

手册页中描述的一些实用程序与 shell 内置命令具有相同的名称,但 shell 内置命令的行为与手册页中描述的实用程序稍有不同。shell 内置命令的更多信息可参见 builtin 的手册页或特定 shell 的手册页。

对手册页的引用常用括号括住部分编号。例如,write(2)引用手册第 2 部分的 write 的手册页。

下面的第一条命令使用 col 实用程序生成一个简单文本的手册页,其中不包含黑体或带下画线的文本。第二条

命令生成该手册页的 PostScript 版本:

```
$ man ls | col -b > ls.txt
$ man -t ls > ls.ps
```

在 Linux 下，可用使用 ps2pdf 把 PostScript 文件转换为 PDF 文件。

示例

下面的示例使用手册来显示 write 实用程序(该实用程序用来给其他用户的终端发送消息)的文档:

```
$ man write
WRITE(1)                     User Commands                     WRITE(1)
NAME
       write - send a message to another user
SYNOPSIS
       write user [ttyname]
DESCRIPTION
       Write allows you to communicate with other users, by copying
       lines from your terminal to theirs.

       When you run the write command, the user you are writing to
       gets a message of the form:
               Message from yourname@yourhost on yourtty at hh:mm ...
...
```

下面的示例为 man 命令显示手册页，这是了解系统的好的开始:

```
$ man man
MAN(1)                    Manual pager utils                    MAN(1)
NAME
       man - an interface to the on-line reference manuals
SYNOPSIS
       man [-C file] [-d] [-D] [--warnings[=warnings]] [-R encoding]
       [-L locale] [-m system[,...]] [-M path] [-S list]  [-e exten-
       sion]  [-i|-I] [--regex|--wildcard] [--names-only] [-a] [-u]
       [--no-subpages] [-P pager] [-r prompt]  [-7]  [-E encoding]
       ...
DESCRIPTION
       man is the system's manual pager. Each page argument given to
       man is normally the name of a program, utility or function.
       The manual page associated with each of these arguments is
...
```

下面的示例显示了如何使用 man 实用程序查找一个特定主题的手册页。命令手册 -k latex 用来显示标题中包含字符串 latex 的手册页。实用程序 apropos 的功能与 man -k 类似。

```
$ man -k latex
elatex (1) [latex]   - structured text formatting and typesetting
latex (1)            - structured text formatting and typesetting
mkindex (1)          - script to process LaTeX index and glossary files
pdflatex (1)         - PDF output from TeX
pod2latex (1)        - convert pod documentation to latex format
Pod::LaTeX (3pm)     - Convert Pod data to formatted Latex
...
```

使用选项-k 进行关键字搜索时，不区分大小写。虽然在命令行上输入的关键字 latex 都是小写，但是它与最后一个包含字符串 LaTeX(含大小写)的标题也匹配。最后 1 行中的 **3pm** 项表明该手册页来自 Linux 系统手册页的第 3 部分(子例程部分)中的 *Perl Programmers Reference Guide*。LaTeX 是一个 Perl 子例程。关于 Perl 编程语言的更多信息请参阅第 11 章。

18.56　mc

在文本环境下管理文件(也称为 Midnight Commander)。

```
mc [options] [dirL [dirR]]
```

Midnight Commander 是一个全屏的、文本式的用户 shell，包括综合的文件管理器、简单的编辑器以及 FTP、SSH 和 Samba 客户端。

参数

dirL 和 dirR 分别是 Midnight Commander 在左侧和右侧面板中显示的目录。当不带参数调用时，Midnight Commander 在两个面板中显示调用它的 shell 的工作目录。

选项

本节介绍 Midnight Commander 可以接收的众多选项中的一小部分。完整的列表请参见 mc 的 man 页。可以从菜单栏的选项菜单中设置很多选项。

--stickcars	-a	禁用图形字符的显示，用线表示。
--nocolor	-b	以黑白模式显示 Midnight Commander。
--color	-c	如果运行的设备支持的话，以彩色模式显示 Midnight Commander。
--nomouse	-d	禁用对鼠标的支持。
--version	-V	显示版本号和编译信息。

注意

Midnight Commander(www.midnight-commander.org)由 Miguel de Icaza 于 1994 年编写。它拥有一个综合的 man 页(mc)。Midnight Commander 的当前版本可以接收鼠标输入(本节不予讨论)。

Midnight Commander 输入行与标准的 emacs 命令近似，而且 Midnight Commander 文档使用与 emacs 相同的键标记方法；更多信息请参见 7.3 节。

Midnight Commander 默认使用其内部编辑器。选择"选项"→"配置"，显示配置选项窗口，取消"使用内部编辑器"前面复选框中的对勾将会使用其他的编辑器。当 Midnight Commander 不使用内部编辑器时，它使用由 EDITOR 环境变量指定的编辑器。如果没有设置 EDITOR 变量，则使用 vi(通常是到 vim 的链接)。

显示

如图 18-1 所示，Midnight Commander 屏幕被分为 4 块，最大的两块为目录面板。顶部为菜单栏，如果未显示，可按 F9 功能键；shell 命令行靠近底部。底部为功能键标签。功能键标签会根据上下文改变。

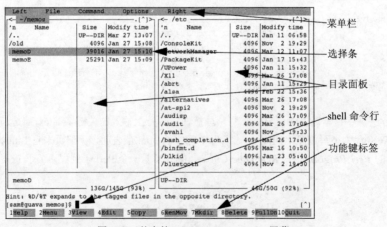

图 18-1   基本的 Midnight Commander 屏幕

当前目录面板包含选择条(与面板等宽的高亮部分)，选择条指定了当前文件。大多数命令作用于当前文件，例如复制或移动文件的命令，使用第二个面板中显示的目录作为目标目录。

移动光标

本节介绍从目录面板和菜单栏中移动光标的一些方法。

在当前目录面板中：

- 使用 UP ARROW 键(或 CONTROL+P 组合键)和 DOWN ARROW 键(或 CONTROL+N 组合键)分别向上和向下移动选择条。
- 使用 Tab 键将选择条移动到第二个面板上并使第二个面板成为当前面板。
- 使用 F1 功能键显示帮助窗口(如图 18-2 所示)。F1 功能键显示的内容与使用它时的上下文有关。

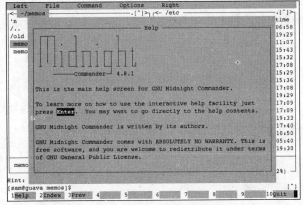

图 18-2　帮助窗口(F1 功能键)

- 使用 F2 功能键显示用户菜单(如图 18-3 所示)。

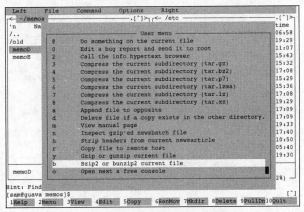

图 18-3　用户菜单(F2 功能键)

- 使用 F9 功能键将光标移动到菜单栏(如图 18-4 所示)。
- 使用 F10 功能键从 Midnight Commander 退出或关闭打开的窗口。
- 输入的命令会在 shell 命令行中出现。
- 使用其他功能键打开在底部行上指定的窗口。

当菜单栏中的某个条目高亮时(按 F9 功能键之后)：

- 使用 RIGHT ARROW 和 LEFT ARROW 键在菜单之间来回移动光标。
- 如果没有显示下拉菜单，使用 DOWN ARROW 或 RETURN 键打开高亮的下拉菜单。也可以使用菜单的首字母打开它。
- 如果显示了下拉菜单，使用 UP ARROW 和 DOWN ARROW 键在菜单条目之间移动高亮条，使用 RETURN 键选择高亮的菜单条目。也可以使用条目中高亮的字母来选择它。

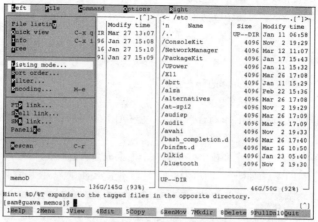

图 18-4   菜单栏和 Left 下拉菜单

命令

本节介绍通过选择菜单条目给出命令的方法。可以在 shell 命令行中输入类似于 emacs 的命令，例如通过 CONTROL+C 组合键(在 emacs 中记作 C-x；参见 7.3 节)对当前文件运行 chmod 命令。Midnight Commander 命令的完整列表请参见 mc 的 man 页。

菜单栏

菜单栏如图 18-4 所示，包含 5 个下拉菜单。

- Left(左侧面板)——修改左侧目录面板的显示和组织，允许用户控制列出关于文件的哪些信息、所列文件的排序方式，等等。该菜单还允许用户打开 FTP、OpenSSH 或 Samba 站点。
- File(文件)——允许用户查看、编辑、复制、移动、链接、重命名和删除当前文件。也允许用户修改当前文件的访问权限(chmod)、组或所有者。功能键是该菜单中许多条目的快捷方式。
- Command(命令)——允许用户以多种方式查找、压缩、比较和列出文件。
- Options(选项)——显示允许用户配置 Midnight Commander 的窗口。最有用的窗口之一是配置选项窗口(如图 18-5 所示)。
- Right(右侧面板)——与 Left 菜单的功能相似，区别是它作用于右侧目录面板。

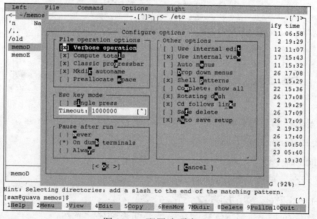

图 18-5   配置选项窗口

指南

本指南跟随 Sam 一起使用 Midnight Commander。

改变目录　Sam 通过从他的主目录输入命令 mc 开始使用 Midnight Commander。Midnight Commander 显示类似于图 18-1 的屏幕，除了在两个目录面板中显示的都是 Sam 的主目录；选择条在左侧面板的上方，位于条目..之上。Sam 想要显示主目录中 memos 子目录里的文件列表，因此按 DOWN ARROW 键若干次，直至选择条在 memos 之上。接着按 RETURN 键，在左侧面板中显示 memos 目录的内容。Midnight Commander 在面板的左上角显示当前所显示目录(~/memos)的名称。

查看文件　Sam 接下来想要看看 memos 目录中 memoD 文件的内容；他使用 DOWN ARROW 键移动选择条，直至选择条在 memoD 上并按 F3 功能键(查看)。由于这是一个较长的文本文件，Sam 使用空格键滚动屏幕来查看文件；Midnight Commander 在屏幕上方显示关于当前正在显示文件哪一部分的信息。最后一行的功能键标签变为在查看文件时有用的任务(例如，编辑、十六进制、保存)。Sam 看完文件后，使用 F10 功能键(退出)关闭查看窗口并重新显示面板。

复制文件　Sam 想要复制 memoD 文件，但是他不确定要把它复制到哪个目录中。他使用 Tab 键将右侧面板变为活动面板；将选择条移动到右侧面板，这里显示的仍然是 Sam 的主目录。Sam 移动选择条到他想检查的目录上，按 RETURN 键。当确定了该目录就是要将 memoD 复制到的目标目录时，他再次按 Tab 键，将选择条移回左侧面板，选择条会自动落在 memoD 上。接着他按 F5 功能键(复制)来显示复制窗口(如图 18-6 所示)，并按 RETURN 键来复制文件。

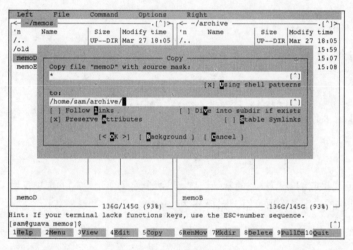

图 18-6　复制窗口

使用 FTP　下面 Sam 想要浏览一下 FTP 站点 ftp.kernel.org 上的文件，因此按 F9 功能键(PullDn)来将光标移动到菜单栏；Midnight Commander 高亮显示菜单栏上的 Left。Sam 按 RETURN 键以显示 Left 的下拉菜单。他使用 DOWN ARROW 键将高亮下移至 FTP 链接并按 RETURN 键；Midnight Commander 显示 FTP to machine 窗口(如图 18-7 所示)。Sam 按 RETURN 键，在左侧目录面板中显示 ftp.kernel.org 站的顶级目录。他现在可以像操作本地文件一样操作该站点上的文件，必要时可以将文件复制到本地系统。

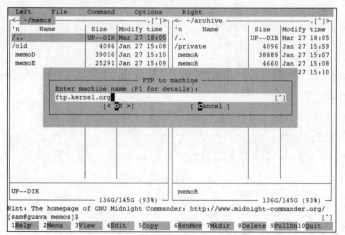

图 18-7　FTP to machine 窗口

热门列表　由于 Sam 经常访问 ftp.kernel.org，他决定将它加入热门列表中。可以将任何本地或远程的目录添加到热门列表中。当 ftp.kernel.org 显示在左侧面板中时，Sam 输入 CONTROL+\来打开目录热门列表窗口，并按 A 键将当前目录添加到热门列表中。Midnight Commander 显示一个小的用于添加到热门列表中的窗口，Sam 按 RETURN 键确认想要将该目录添加到他的热门列表中。现在 ftp.kernel.org 已经在热门列表中了；Sam 按 F10 功能键(退出)关闭热门列表窗口。

由于 Sam 完成了要在 ftp.kernel.org 上所做的工作，因此他输入 cd(后跟 RETURN)；该命令在 shell 命令行上出现，而且左侧面板中将显示他的主目录。当 Sam 想要显示 ftp.kernel.org 时，他可以使用 CONTROL+\来显示目录热门列表窗口，移动高亮至 ftp.kernel.org 上并按 RETURN 键。

本指南涵盖了 Midnight Commander 命令的很小一部分。要学习其他命令，可以使用 Midnight Commander 的帮助键(F1 功能键)和 mc 的 man 页。

18.57　mkdir

创建目录。

```
mkdir [options] directory-list
```

实用程序 mkdir 用来创建一个或多个目录。

参数

directory-list 是 mkdir 要创建的目录的路径名列表。

选项

在 Linux 下，mkdir 也接收 18.2 节描述的常见选项。以两个连字符开头(--)的选项仅用于 Linux。除非特别指出，否则以一个连字符开头(-)的单字符选项可用于 macOS 和 Linux。

--mode=*mode*	-m *mode*	将权限设置为 *mode*。可以使用八进制数(参见表 18-7)表示绝对模式，或者使用字母表示符号模式(参见表 18-4)。
--parents	-p	如果待创建目录的路径中包含不存在的目录，则创建这些目录。
--verbose	-v	显示每个要创建的目录的名称。当使用选项-p 时，该选项很有用。

注意

用户必须对要创建目录的父目录具有写和搜索(执行)权限。实用程序 mkdir 可以创建包含标准的隐藏项 "." 和 ".." 的目录。

示例

下面的命令为工作目录创建子目录 accounts，并为子目录 accounts 创建子目录 prospective：

```
$ mkdir -p accounts/prospective
```

在不改变工作目录的情况下，同一个用户创建 accounts 目录中的另一个子目录：

```
$ mkdir accounts/existing
```

将工作目录切换到 accounts 目录，并创建它的另一个子目录：

```
$ cd accounts
$ mkdir closed
```

最后一个示例显示用户使用--mode 选项创建另一个子目录，并将其所在组和其他用户的所有访问权限删除：

```
$ mkdir -m go= accounts/past_due
```

18.58 mkfs

在设备上创建文件系统。

mkfs [options] device

实用程序 mkfs 用来在设备(如硬盘的某个分区)上创建文件系统。该实用程序是创建各种文件系统的程序的前端，它们与要创建的文件系统的类型相关。实用程序 mkfs 仅用于 Linux。

> **mkfs 会销毁设备上的所有数据**
>
> **提示** 因为 mkdir 会销毁设备或分区上的所有数据，所以要谨慎地使用 mkfs。

参数

device 为要在其上创建文件系统的设备的名称。如果设备名在/etc/fstab 中，则可以使用该设备的挂载点来替代设备名。例如，用/home 代替/dev/sda2。

选项

当运行 mkfs 时，可以指定全局选项，也可以指定 mkfs 要创建的文件系统类型(如 ext2、ext3、ext4、msdos、reiserfs)的特定选项。全局选项必须位于特定类型选项的前面。

1. 全局选项

-t *fstype* (type)*fstype* 是要创建文件系统的类型，如 ext3、ext4、msdos 或 reiserfs。不同版本的 Linux 具有不同的默认文件系统。

-v (verbose)显示更多输出，使用-V 显示文件系统的相关信息。

2. 文件系统特定类型的选项

下面的选项适用于一些常见的文件系统类型，包括 ext2/ext3/ext4。下面的命令列出在本地系统上可用于创建文件系统的实用程序：

```
$ ls /sbin/mkfs.*
/sbin/mkfs.btrfs     /sbin/mkfs.ext3      /sbin/mkfs.msdos    /sbin/mkfs.xfs
/sbin/mkfs.cramfs    /sbin/mkfs.ext4      /sbin/mkfs.ntfs
/sbin/mkfs.ext2      /sbin/mkfs.ext4dev   /sbin/mkfs.vfat
```

在/sbin/mke2fs 中通常存在到/sbin/mkfs.ext2 的一个链接。查看 man 页或输入创建文件系统的实用程序的路径名，可以确定该实用程序能够接收的选项。

```
$ /sbin/mkfs.ext4
Usage: mkfs.ext4 [-c|-l filename] [-b block-size] [-f fragment-size]
        [-i bytes-per-inode] [-I inode-size] [-J journal-options]
        [-G meta group size] [-N number-of-inodes]
        [-m reserved-blocks-percentage] [-o creator-os]
        [-g blocks-per-group] [-L volume-label] [-M last-mounted-directory]
        [-O feature[,...]] [-r fs-revision] [-E extended-option[,...]]
        [-T fs-type] [-U UUID] [-jnqvFKSV] device [blocks-count]
```

-b *size* (block)以字节为单位指定块的大小。在 ext2、ext3 和 ext4 文件系统上，有效的块大小为 1024、2048 和 4096 字节。

-c (check)在创建文件系统之前检查是否存在坏块。指定该选项两次将进行速度比较慢的、破坏性的读写测试。

讨论

在以通常方式对硬盘或其他设备进行读取和写入前，必定有文件系统存在于它们之上。通常，磁盘被分成几个分区，每个分区具有独立的文件系统。关于文件系统的更多信息参见第 4 章。

注意

在 macOS 上，使用 diskutil 实用程序创建文件系统。

使用带选项-j 的 tune2fs 可以将已有的 ext2 文件系统改变为 ext3 类型的日志(journaling)文件系统(参见"示例"部分)。也可以使用 tune2fs 来改变 fsck 检查文件系统的频率。

mkfs 为前端　与 fsck 类似，mkfs 也是一个前端，用来调用处理其他各种类型的文件系统的实用程序。例如，mkfs 可以通过调用 mke2fs(它通常链接到 mkfs.ext2、mkfs.ext3 和 mkfs.ext4)来创建经常使用的 ext2/ext3/ext4 文件系统。更多信息参见 mke2fs 的 man 页。mkfs 经常调用的其他实用程序为 mkfs.*type*，其中 *type* 为文件系统的类型。对 mkfs 采用分开处理的方式，使得文件系统的开发人员可以提供创建某类文件系统的程序，同时，不影响其他类型文件系统的开发，也不改变系统管理员使用 mkfs 的方式。

示例

在下面的示例中，mkfs 在设备/dev/sda2 上创建默认类型的文件系统：

```
# mkfs /dev/sda2
mke2fs 1.43.4 (31-Jan-2017)
Filesystem label=
OS type: Linux
Block size=1024 (log=0)
Fragment size=1024 (log=0)
Stride=0 blocks, Stripe width=0 blocks
128016 inodes, 512000 blocks
25600 blocks (5.00%) reserved for the super user
First data block=1
Maximum filesystem blocks=67633152
63 block groups
8192 blocks per group, 8192 fragments per group
2032 inodes per group
Superblock backups stored on blocks:
        8193, 24577, 40961, 57345, 73729, 204801, 221185, 401409

Writing inode tables: done
Writing superblocks and filesystem accounting information: done
This filesystem will be automatically checked every 22 mounts or
180 days, whichever comes first. Use tune2fs -c or -i to override.
```

下面的命令向位于/dev/sdb1 的 USB 驱动器写入 VFAT 文件系统：

```
# mkfs -t vfat /dev/sdb1
mkfs.vfat 3.0.12 (29 Oct 2011)
```

使用 tune2fs 将 ext2 文件系统转为 ext3 日志文件系统的示例参见 18.98 节。

18.59　mv

重命名或移动文件。

```
mv [options] existing-file new-filename
mv [options] existing-file-list directory
mv [options] existing-directory new-directory
```

实用程序 mv 用来重命名或移动一个或多个文件，它有 3 种形式。第 1 种形式使用指定的新文件名对某个文件重命名；第 2 种形式重命名一个或多个文件，从而把它们移动到指定的目录下；第 3 种形式重命名目录。如果 mv 实用程序不能重命名文件(即，当文件从一个文件系统移动到另一个文件系统时)，那么它将在物理位置上移动(复制和删除)源文件。

参数

在第 1 种形式中，*existing-file* 为要重命名的普通文件的路径名；*new-filename* 为文件的新路径名。

在第 2 种形式中，*existing-file-list* 为要重命名的文件的路径名列表；*directory* 为文件的新父目录。重命名后的文件与 *existing-file-list* 中的文件具有相同的简单文件名，但具有不同的绝对路径名。

在第 3 种形式中，将 *existing-directory* 重命名为 *new-directory*。该形式只有当 *new-directory* 不存在时有效。

选项

在 Linux 下，mv 也接收 18.2 节描述的常见选项。以两个连字符开头的(--)的选项仅用于 Linux。除非特别指出，否则以一个连字符开头(-)的单字符选项可用于 macOS 和 Linux。

--backup	-b	备份某个要重写的文件(在原来文件名前追加 "~")(仅用于 Linux)。
--force	-f	如果 mv 命令要重写某个已存在且用户不具有写权限的文件，则该选项使得 mv 不显示提示信息，前提是用户对存放已有文件的目录必须具有写权限。
--interactive	-i	当 mv 要重写某个文件时，该选项使得 mv 提示用户进行确认。如果回应以 y 或 Y 开头的字符串，mv 将重写文件；否则，mv 不移动文件。
--update	-u	如果 mv 将重写某个已有文件(非目录文件)，则该选项使得 mv 比较源文件与目标文件的修改时间。如果目标文件具有更近的修改时间(目标文件较新)，则 mv 不替换目标文件(仅用于 Linux)。
--verbose	-v	列出所有被移动的文件。

注意

当 GNU mv 把文件从一个文件系统移动到另一个文件系统时，执行过程类似于先执行带-a 选项的 cp，再使用 rm。当执行 mv 实用程序时，它先将 *existing-file* 复制到 *new-file*，然后删除 *existing-file*。如果 *new-file* 已经存在，则 mv 可能会在复制前将其删除。

与 rm 相同，用户必须对 *existing-file* 的父目录具有写权限和执行权限，但对文件自身，不必具有读或写权限。如果 mv 要重写用户不具有写权限的文件，mv 将显示文件的访问权限并等待响应。此时，如果输入 y 或 Y，mv 将重写该文件；否则，mv 将不移动文件。如果使用带-f 选项的 mv 重写文件，则不给出提示而是直接重写文件。

早期版本的 mv 只能在文件系统间移动普通文件，但现在 mv 可以移动任何类型的文件，包括目录文件和设备文件。

示例

第 1 条命令将工作目录中的 letter 重命名为 letter.1201：

```
$ mv letter letter.1201
```

下面的命令重命名文件 letter.1201，使得文件的简单文件名不变，但把所在目录切换到用户的~/archives 目录：

```
$ mv letter.1201 ~/archives
```

下面的命令将工作目录中所有文件名以 memo 开头的文件移动到/p04/backup 目录中：

```
$ mv memo* /p04/backup
```

带-u 选项的 mv 阻止 mv 用旧文件替换新文件。执行下面的 mv -u 命令后，新文件 memo2 没有被重写。不带-u 选项的 mv 将重写新文件(memo2 的修改时间和大小变得与 memo1 相同)：

```
$ ls -l
-rw-rw-r--  1 sam sam 22 03-25 23:34 memo1
-rw-rw-r--  1 sam sam 19 03-25 23:40 memo2
$ mv -u memo1 memo2
$ ls -l
```

```
-rw-rw-r--  1 sam sam 22 03-25 23:34 memo1
-rw-rw-r--  1 sam sam 19 03-25 23:40 memo2
$ mv memo1 memo2
$ ls -l
-rw-rw-r--  1 sam sam 22 03-25 23:34 memo2
```

18.60　nice

更改命令的优先级。

nice [option] [command-line]

实用程序 nice 用来报告 shell 的优先级或更改命令的优先级。普通用户可以降低命令的优先级；只有超级用户可以提高命令的优先级。TC Shell 也有一个 nice 内置命令，该命令具有不同的语法，更多信息参见"注意"部分。

参数

command-line 为要改变优先级的命令行。不带任何选项和参数的 nice 将显示正运行 nice 的 shell 的优先级。

选项

不带任何选项时，nice 将命令的优先级降低 10 级(默认)，一般取值为 0~10。如果要提高命令的优先级，那么命令必须运行在相对低的优先级。

以两个连字符开头(--)的选项仅用于 Linux。除非特别指出，否则以一个连字符开头(-)的单字符选项可用于 macOS 和 Linux。

--adjustment=*value*　　-n *value*　　按照 *value* 指定的值修改优先级。优先级的范围为-20(最高优先级)到 19(最低优先级)。*value* 为正数时，将降低优先级；而当 *value* 为负数时，将提高优先级。只有超级用户可以指定 *value* 为负值。如果指定的 *value* 超出此范围，优先级将被设置到范围的极限值。

注意

可以使用 renice 或 top 的 r 命令改变正运行的进程的优先级。

优先级数值较高(比较大的正数)的作业为内核很少调用的作业；优先级数值较低(比较小的负数)的作业为经常调用的作业。

当超级用户调度某个运行在最高优先级的作业时，改变该作业的优先级将会影响系统调用所有其他作业的性能，包括操作系统本身。基于这个原因，必须谨慎地使用负值 *value* 作为 nice 的参数。

TC Shell 具有内置命令 nice。在 tcsh 下，使用下面的语法改变 *command-line* 的运行优先级。默认的优先级为 4。对于正值，前面必须带加号。

nice [±value] command line

tcsh 的 nice 内置命令与 nice 实用程序的工作方式不同：使用 nice 内置命令时，nice -5 会降低 *command-line* 的运行优先级；而使用 nice 实用程序时，nice -n -5 会提高 *command-line* 的运行优先级。

示例

下面的命令在后台以最低优先级执行 find。命令 ps -l 在 NI 列显示命令对应的 nice 值：

```
# nice -n 19 find / -name core -print > corefiles.out &
[1] 422
# ps -l
F S  UID  PID PPID  C PRI NI ADDR SZ WCHAN TTY          TIME CMD
4 R    0  389 8657  0  80  0 - 4408 -      pts/4    00:00:00 bash
```

```
4 D    0  422   389 28  99 19 - 1009 -        pts/4   00:00:04 find
0 R    0  433   389 0   80  0 - 1591 -        pts/4   00:00:00 ps
```

下面的命令运行在一个较高的优先级(-15)，用来搜索较大的文件：

```
# nice -n -15 find / -size +50000k
```

18.61 nl

给文件中的行标号。

nl [options] file-list

实用程序 nl 读取文件，在将其发送到标准输出之前对部分或全部行顺序地标号。nl 不修改读取的文件。

参数

file-list 是 nl 要读取的一个或多个文件的路径名列表。如果不指定参数或指定连字符(-)来替代文件名，nl 从标准输入获取输入。

选项

在 Linux 下，nl 接收 18.2 节描述的常见选项。以两个连字符开头(--)的选项仅用于 Linux。除非特别指出，否则以一个连字符开头(-)的单字符选项可用于 macOS 和 Linux。

--body-numbering=a|p*RE*	-b a|p*RE*	指定 nl 进行标号的行。使用 a 对所有行标号，或使用 p 跟一个基本的正则表达式(见附录 A)，对匹配该正则表达式的所有行标号。默认情况下，nl 仅对非空白行标号。
--number-format=ln|rn|rz	-n ln|rn|rz	指定行标号的格式。使用 ln 将行标号左对齐而且不使用前导零(无填充)，使用 rn 将行标号右对齐且不使用前导零(默认)，或使用 rz 将行标号右对齐且使用前导零(零填充)。
--number-separator=*stg*	-s *stg*	使用 *stg* 中的字符分隔行标号与文本。默认的分隔符是一个制表符。
--number-width=*num*	-w *num*	设置行标号字段的宽度为 *num* 个字符。默认为 6 个字符。

注意

实用程序 nl 有很多选项，包括可以在每页开始重新标号，以及对文档的头部、尾部和内容单独标号。使用 info coreutils 'nl invocation'可了解更多信息。

示例

当不带选项调用时，nl 对所有非空白行标号。

```
$ nl lines
     1 He was not candid. He lacked a certain warmth so that you
     2 always felt chilled and uncomfortable in his presence.
```

带有设置为 a 的-b(--body-numbering)选项时，nl 对所有行标号。

```
$ nl -b a lines
     1 He was not candid. He lacked a certain warmth so that you
     2
     3 always felt chilled and uncomfortable in his presence.
```

带有设置为 nl 的-n(--number-format)选项时，nl 将标号左对齐。

```
$ nl -n ln lines
```

```
1        He was not candid. He lacked a certain warmth so that you
2        always felt chilled and uncomfortable in his presence.
```

可以将选项组合。下面的示例将标号右对齐(-n rz)并使用 0 填充为 3 个字符(-w 3)，对所有行标号(-b a)并使用两个空格将标号与行分隔(-s ' ')。

```
$ nl -n rz -w 3 -b a -s ' ' lines
001 He was not candid. He lacked a certain warmth so that you
002
003 always felt chilled and uncomfortable in his presence.
```

最后的示例对含有单词 and 的行标号。正则表达式(见附录 A)中\<匹配单词的开头，\>匹配单词的结尾，因此正则表达式\<and\>仅匹配单词 and，而不匹配单词 candid 中的字符串 and。

```
$ nl -b p'\<and\>' lines
        He was not candid. He lacked a certain warmth so that you
    1 always felt chilled and uncomfortable in his presence.
```

18.62　nohup

注销后让命令继续运行。

nohup **command line**

实用程序 nohup 执行某命令行，使得用户注销后该命令继续运行。换句话说，nohup 使得某个进程忽略 SIGHUP 信号。根据本地 shell 的配置，可能在用户注销时终止在启动时未使用 nohup 的后台进程。TC Shell 具有内置命令 nohup，更多信息参见下面的"注意"部分。

参数

command line 为要执行的命令行。

注意

在 Linux 下，nohup 接收 18.2 节描述的所有常见选项。

如果 nohup 执行的命令没有重定向输出，则该命令的标准输出和标准错误都被发送到工作目录中名为 nohup.out 的文件中。如果用户对工作目录没有写权限，nohup 将把输出发送到~/nohup.out 中。

与实用程序 nohup 不同，TC Shell 的内置命令 nohup 不会将输出发送到 nohup.out 中。从 tcsh 启动的后台作业在用户注销后将继续运行。

示例

以下命令使用 nohup 在后台执行 find：

```
$ nohup find / -name core -print > corefiles.out &
[1] 14235
```

18.63　od

转储文件的内容。

od [*options*] [*file-list*]

实用程序 od(octal dump)用来转储文件的内容。当要浏览可执行(对象)文件或浏览嵌入了非打印字符的文本文件时，这种转储方式非常有用。od 从命令行上指定的文件或标准输入获取输入。

参数

file-list 为 od 要显示的文件的路径名列表。当不指定 *file-list* 时，od 将从标准输入获取输入。

选项

od 也接收 18.2 节描述的常见选项。以两个连字符(--)的选项仅用于 Linux。除非特别指出，否则以一个连字符(-)开头的单字符选项可用于 macOS 和 Linux。

--address-radix=*base*	-A *base*	该选项指定显示文件的位置偏移量时使用的基准地址。默认情况下，偏移以八进制形式给出。*base* 的取值可能为：d(decimal，十进制)、o(octal，八进制)、x(hexadecimal，十六进制)和 n(不打印任何偏移量)。
--skip-bytes=*n*	-j *n*	在显示数据之前跳过 *n* 个字节。
--read-bytes=*n*	-N *n*	最多读取 *n* 个字节并退出。
--strings=*n*	-S *n*	从文件中输出那些包含大于或等于 *n* 个可打印 ASCII 字符并以 NULL 字节结束的字符串。
--format=*type*[*n*]	-t *type*[*n*]	当从文件中显示数据时，该选项用来指定使用的输出格式。通过重复使用该选项来指定不同格式的 *type*，可以查看不同格式下的文件内容。表 18-27 列出了 *type* 可能的取值。C 类型使用的反斜杠转义序列如表 18-28 所示。 默认情况下，od 使用两个字节的八进制数转储某个文件。通过指定长度指示器 *n* 来指定 od 显示每个数时使用的字节数。除 a 和 c 外的其他所有类型都使用长度指示器。表 18-29 列出了 *n* 可能的取值。

表 18-27　输出格式

类　　型	输　出　类　型
a	命名字符；使用非打印控制字符的官方 ASCII 名称显示；例如，FORMFEED 字符(进纸符)显示为 ff
c	ASCII 字符；使用反斜杠转义序列(如表 18-28 所示)或 3 位八进制数显示非打印字符
d	有符号十进制数
f	浮点数
o	八进制数(默认情况)
u	无符号十进制数
x	十六进制数

表 18-28　输出格式 c 类型使用的反斜杠转义序列

转 义 序 列	代 表 意 义
\0	空
\a	响铃
\b	退格
\f	进纸
\n	换行
\r	回车
\t	水平制表符
\v	垂直制表符

表 18-29　长度指示器

n	使用的字节数
整型数(适用于类型 d、o、u 和 x)	
c(character，字符)	每个十进制值使用一个字符
s(short interger，短整型)	使用两个字节

(续表)

n	使用的字节数
整型数(适用于类型 d、o、u 和 x)	
i(interger，整型)	使用 4 个字节
l(long，长型)	32 位计算机使用 4 个字节，64 位计算机使用 8 个字节
浮点型(适用于类型 f)	
f(float，浮点数)	使用 4 个字节
d(double，双精度浮点数)	使用 8 个字节
l(long double，长双精度浮点数)	通常使用 8 个字节

注意

为了与 od 以前的非 POSIX 版本兼容，od 实用程序包括了表 18-30 列出的选项。表 18-30 同时给出了选项的简写。

表 18-30 格式说明简写

简　　写	等价的格式说明
-a	-t a
-b	-t oc
-c	-t c
-d	-t u2
-f	-t fF
-h	-t x2
-i	-t d2
-l	-t d4
-o	-t o2
-x	-t x2

示例

下面的两个示例使用了文件 ac，该文件包含了所有 ASCII 字符。在第 1 个示例中，文件中的字节使用命名字符显示。第 1 列显示了输出结果中每一行的第 1 个字节相对于文件开始处的偏移量(用八进制表示)。

```
$ od -t a ac
0000000 nul soh stx etx eot enq ack bel bs ht nl vt ff cr so si
0000020 dle dc1 dc2 dc3 dc4 nak syn etb can em sub esc fs gs rs us
0000040 sp ! " # $ % & ' ( ) * + , - . /
0000060 0 1 2 3 4 5 6 7 8 9 : ; < = > ?
0000100 @ A B C D E F G H I J K L M N O
0000120 P Q R S T U V W X Y Z [ \ ] ^ _
0000140 ` a b c d e f g h i j k l m n o
0000160 p q r s t u v w x y z { | } ~ del
0000200 nul soh stx etx eot enq ack bel bs ht nl vt ff cr so si
0000220 dle dc1 dc2 dc3 dc4 nak syn etb can em sub esc fs gs rs us
0000240 sp ! " # $ % & ' ( ) * + , - . /
0000260 0 1 2 3 4 5 6 7 8 9 : ; < = > ?
0000300 @ A B C D E F G H I J K L M N O
0000320 P Q R S T U V W X Y Z [ \ ] ^ _
0000340 ` a b c d e f g h i j k l m n o
0000360 p q r s t u v w x y z { | } ~ del
0000400 nl
0000401
```

在下面的示例中，文件中的字节使用八进制数、ASCII 字符或前面带反斜杠(参见表 18-28)的打印字符显示：

```
$ od -t c ac
0000000  \0 001 002 003 004 005 006 \a \b \t \n \v \f \r 016 017
0000020 020 021 022 023 024 025 026 027 030 031 032 033 034 035 036 037
0000040   !   "   #   $   %   &   '   (   )   *   +   ,   -   .   /
0000060   0   1   2   3   4   5   6   7   8   9   :   ;   <   =   >   ?
0000100   @   A   B   C   D   E   F   G   H   I   J   K   L   M   N   O
0000120   P   Q   R   S   T   U   V   W   X   Y   Z   [   \   ]   ^   _
0000140   `   a   b   c   d   e   f   g   h   i   j   k   l   m   n   o
0000160   p   q   r   s   t   u   v   w   x   y   z   {   |   }   ~ 177
0000200 200 201 202 203 204 205 206 207 210 211 212 213 214 215 216 217
0000220 220 221 222 223 224 225 226 227 230 231 232 233 234 235 236 237
0000240 240 241 242 243 244 245 246 247 250 251 252 253 254 255 256 257
0000260 260 261 262 263 264 265 266 267 270 271 272 273 274 275 276 277
0000300 300 301 302 303 304 305 306 307 310 311 312 313 314 315 316 317
0000320 320 321 322 323 324 325 326 327 330 331 332 333 334 335 336 337
0000340 340 341 342 343 344 345 346 347 350 351 352 353 354 355 356 357
0000360 360 361 362 363 364 365 366 367 370 371 372 373 374 375 376 377
0000400  \n
0000401
```

最后一个示例从文件/usr/bin/who 中查找至少包含 3 个字符(默认情况)且以空字节结束的所有字符串。参见 18.86 节中使用 strings 来显示类似列表的另一种方法。用十进制数替代八进制数表示偏移量。

```
$ od -A d -S 3 /usr/bin/who
...
0035151 GNU coreutils
0035165 en_
0035169 /usr/share/locale
0035187 Michael Stone
0035201 David MacKenzie
0035217 Joseph Arceneaux
0035234 who
0035238 abdlmpqrstuwHT
0035253 %Y-%m-%d %H:%M
0035268 %b %e %H:%M
0035280 extra operand %s
0035297 all
0035301 count
0035307 dead
0035312 heading
0035320 login
0035326 lookup
0035333 message
...
```

18.64　open(仅用于 macOS)

打开文件、目录和 URL。

```
Open [option][file-list]
```

open 实用程序可以打开一个或多个文件、目录和 URL。open 实用程序仅在 macOS 下可用。

参数

file-list 指定了 open 要打开的文件、目录或 URL 的路径名。

选项

无任何选项的 open 会打开 *file-list* 中的文件，就像在 Finder 中双击了每个文件的图标一样。

-a *application*　　　　使用 *application* 打开 *file-list*。这个选项等价于在 Finder 中把 *file-list* 拖动到 *application* 的图标上。

-b *bundle*	使用绑定标识符为 *bundle* 的应用程序打开 *file-list*。绑定标识符是一个字符串，它在系统上注册，标识可以打开文件的应用程序。例如，绑定标识符 com.apple.TextEdit 指定 TextEdit 编辑器。
-e	(edit)使用 TextEdit 应用程序打开 *file-list*。
-F	(fresh)不尝试恢复上次启动程序时打开的程序窗口。
-f	(file)在默认的文本编辑器中把标准输入打开为一个文件。这个选项不接收 *file-list*。
-g	(background)允许应用程序在后台运行。
-h	(header)使用 Xcode 查找并打开头部与 file-list 匹配的文件。如果匹配多个，则进行提示。
-n	(new)打开应用程序的一个新实例，即使已经有实例存在，也同样如此。
-R	(reveal)在 Finder 中显示文件，而非打开相关联的应用程序。
-t	(text)使用默认的文本编辑器打开 *file-list* (参见"讨论"部分)。
-W	(wait)直到退出应用程序才显示 shell 提示符。

讨论

打开一个文件会启动与该文件关联的应用程序。例如，打开磁盘映像文件就会挂载磁盘映像。open 实用程序会立即返回，而不等待应用程序启动。

LaunchServices 是一个系统架构，它标识能打开文件的应用程序。它维护可用应用程序的列表，以及对每种文件类型使用什么应用程序的用户首选项。LaunchServices 也跟踪-t 和-f 选项使用的默认文本编辑器。

注意

用 GUI 应用程序打开文件时，必须从终端或运行在 GUI 下的另一个终端模拟器运行 open。否则，操作就会失败。

示例

第一个示例挂载磁盘映像文件 backups.dmg。磁盘挂载在/Volumns 中，并使用格式化时的名称：

```
$ ls /Volumes
House Spare Lion
$ open backups.dmg
$ ls /Volumes
Backups    House    Spare    Lion
```

下一条命令打开文件 picture.jpg。必须在 GUI 的文本窗口(如终端)中运行这条命令和下面的示例。选择什么应用程序依赖于文件的属性。如果文件的属性和创建代码指定了某个特定的应用程序，open 就使用该应用程序打开文件。否则，open 就使用系统的默认程序来处理.jpg 文件。

```
$ open picture.jpg
```

接下来的示例在 Finder 中打开/usr/bin 目录。/usr 目录一般隐藏在 Finder 中，因为设置了 invisible 文件属性标记。但是，open 命令可以打开用户能从 shell 中访问的任何文件，即使该文件通常不能在 Finder 中访问也同样如此。

```
$ open /usr/bin
```

下面的命令在 Xcode 中打开/usr/include/c++/4.2.1/tr1/stdio.h：

```
$ open -h stdio.h
```

当在参数中使用了-h 选项并且含有不止一个匹配时，open 会提示选择要打开哪个文件：

```
$ open -h stdio
stdio?
[0]     cancel
[1]     all
[2]     /usr/include/c++/4.2.1/cstdio
[3]     /usr/include/c++/4.2.1/ext/stdio_filebuf.h
...
Which header(s) for "stdio"?
```

18.65   otool(macOS)

显示对象、库和可执行文件。

*otool **options file-list***

otool 实用程序显示对象、库和可执行文件的全部或部分信息。otool 实用程序仅在 macOS 下可用。

参数

file-list 指定了 otool 要显示的文件的路径名。

选项

必须至少使用-L、-M、-t 或-T 选项中的一个，指定 otool 要显示 *file-list* 中每个文件的哪个部分。

-L   (libraries)显示对象文件使用的共享库的名称和版本号。

-M   (module)显示共享库的模块表。

-p *name*   (print)输出以符号 *name* 开头。这个选项需要-t 选项以及-v 或-V 选项。

-T   (table of contents)显示共享库的内容表。

-t   (text)显示对象文件的 TEXT 部分。

-V   (very verbose)以符号形式显示比-v 选项更多的数据。显示代码时，这个选项让 otool 显示所调用例程的名称，而不是例程的地址。

-v   (verbose)以符号形式显示数据。显示代码时，这个选项让 otool 显示指令的名称，而不是数字代码。

讨论

otool 实用程序显示对象文件的内容或依赖关系的相关信息。调试程序时，这些信息很有用。例如，建立 chroot jail 时，otool 可以报告运行给定程序需要哪些库。

一些选项只能用于某些类型的对象模块。例如，-T 选项不报告一般的可执行文件。

注意

otool 实用程序是 Developer Tools 可选安装的一部分。

otool –L 命令的功能类似于使用 ELF 二进制格式的系统上的 ldd 实用程序。

示例

本节的示例都使用下述 C 程序的编译版本：

```
$ cat myname.c
#include <stdio.h>
int main(void) {
    printf("My name is Sam.\n");
    return 0;
}
```

在第一个示例中，otool 显示程序链接的库：

```
$ otool -L myname
myname:
    /usr/lib/libmx.A.dylib (compatibility version 1.0.0, current version 92.0.0)
    /usr/lib/libSystem.B.dylib (compatibility version 1.0.0, current version 88.0.0)
```

某些情况下，程序使用的库依赖于其他的库。在库上使用 otool –L 可以查看该库是否使用了其他库：

```
$ otool -L /usr/lib/libmx.A.dylib /usr/lib/libSystem.B.dylib
/usr/lib/libmx.A.dylib:
        /usr/lib/libmx.A.dylib (compatibility version 1.0.0, current version 92.0.0)
        /usr/lib/libSystem.B.dylib (compatibility version 1.0.0, current version 88.0.0)
/usr/lib/libSystem.B.dylib:
        /usr/lib/libSystem.B.dylib (compatibility version 1.0.0, current version 88.0.0)
        /usr/lib/system/libmathCommon.A.dylib (compatibility version 1.0.0, current ...
```

下一个示例反汇编了 main 函数的代码。编译程序时，编译器有时会修改符号名。编译器会给函数名(如 main) 添加一个前导的下划线，这样符号名就是_main。

```
$ otool -Vt -p _main myname
myname:
(__TEXT,__text) section
_main:
00002ac0    mfspr    r0,lr
00002ac4    stmw     r30,0xfff8(r1)
00002ac8    stw      r0,0x8(r1)
00002acc    stwu     r1,0xffb0(r1)
00002ad0    or       r30,r1,r1
00002ad4    bcl      20,31,0x2ad8
00002ad8    mfspr    r31,lr
00002adc    addis    r2,r31,0x0
00002ae0    addi     r3,r2,0x4b8
00002ae4    bl _     printf$LDBLStub
00002ae8    li       r0,0x0
00002aec    or       r3,r0,r0
00002af0    lwz      r1,0x0(r1)
00002af4    lwz      r0,0x8(r1)
00002af8    mtspr    lr,r0
00002afc    lmw      r30,0xfff8(r1)
00002b00    blr
...
```

18.66   paste

将文件的对应行连接起来。

*paste [**option**] [**file-list**]*

实用程序 paste 从 *file-list* 中读取行，然后将它们对应的行连接起来并输出。默认情况下，输出的行用制表符分隔。

参数

file-list 是普通文件的列表。当省略 *file-list* 时，paste 将从标准输入获取输入。

选项

在 Linux 下，paste 接收 18.2 节描述的常见选项。以两个连字符开头(--)的选项仅用于 Linux。除非特别指出，否则以一个连字符开头(-)的单字符选项可用于 macOS 和 Linux。

--delimiter=*dlist*	-d *dlist*	*dlist* 是用来分隔输出字段的字符列表。如果 *dlist* 仅包含一个字符，paste 将使用该字符替换默认的制表符来分隔字段。如果 *dlist* 包含多个字符，这些字符将被轮流使用来分隔输出字段，并根据需要从列表的第 1 个字符开始重新使用。
--serial	-s	一次处理一个文件，水平连接，参见下面的"示例"部分。

注意

paste 实用程序经常用来重新安排表格的列。类似 cut 的实用程序可以将需要的列放在单独的文件中，而 paste 可按任何顺序将它们连接起来。

示例

下面的示例使用文件 fnames 和 acctinfo。使用 cut 实用程序和/etc/passwd 文件可以很容易地创建这两个文件。命令 paste 将用户全名放在第 1 个字段，后面为用户账户的其他信息，制表符用来分隔输出的两个字段。这个示例可在 macOS 下运行，但/etc/passwd 不包含大多数用户的信息，更多信息参见附录 D。

```
$ cat fnames
Sam the Great
Max Wild
Zach Brill
Helen Simpson
$ cat acctinfo
sam:x:401:50:/home/sam:/bin/zsh
max:x:402:50:/home/max:/bin/bash
zach:x:504:500:/home/zach:/bin/tcsh
hls:x:505:500:/home/hls:/bin/bash
$ paste fnames acctinfo
Sam the Great    sam:x:401:50:/home/sam:/bin/zsh
Max Wild         max:x:402:50:/home/max:/bin/bash
Zach Brill       zach:x:504:500:/home/zach:/bin/tcsh
Helen Simpson    hls:x:505:500:/home/hls:/bin/bash
```

下面的示例使用文件 p1、p2、p3 和 p4。其中最后一个命令行使用 paste 的-d 选项，用字符列表分隔输出字段：

```
$ cat p1
1
one
ONE
$ cat p2
2
two
TWO
extra
$ cat p3
3
three
THREE
$ cat p4
4
four
FOUR
$ paste p4 p3 p2 p1
4       3       2       1
four    three   two     one
FOUR    THREE   TWO     ONE
extra
$ paste -d="+-=" p3 p2 p1 p4
3+2-1=4
three+two-one=four
THREE+TWO-ONE=FOUR
+extra-=
```

最后这个示例使用--serial 选项，一次连接一个文件：

```
$ paste --serial p1 p2 p3 p4
1       one     ONE
```

```
2    two     TWO      extra
3    three   THREE
4    four    FOUR
```

18.67   pax

创建归档文件，从归档文件中还原文件或者复制目录层次结构。

pax [options][pattern-list]
pax -w [options][source-files]
pax -r [options][pattern-list]
pax -rw [options][source-files] ***destination-directory***

pax 实用程序有 4 种操作模式：列表模式显示归档文件中的文件列表，创建模式把多个文件放在一个归档文件中，提取模式从归档文件中还原文件，复制模式复制目录层次结构。pax 创建的归档文件可以保存在磁盘、移动介质或远程系统上。

列表模式(无主选项)会从标准输入读取归档文件，并显示归档文件中存储的文件列表。创建模式(-w，表示 write)会从命令行或标准输入读取普通文件名或目录文件名的列表，并把得到的归档文件写入标准输出。提取模式(-r，表示 read)会从标准输入读取归档文件，从归档文件中提取文件；可以从归档文件中还原所有文件，或者仅还原名称匹配某一模式的文件。复制模式(-rw)会从命令行或标准输入读取普通文件名或目录文件名的列表，并把文件复制到已有目录中。

参数

在创建模式下，pax 从命令行的 *source-files* 中读取包含在归档文件中的文件的名称。如果没有提供 *source-files*，pax 就从标准输入读取文件名，每个文件名单独占一行。

默认情况下，在提取模式下，pax 会从标准输入读取归档文件中的所有文件名，而在列表模式下会显示这些文件名。提供 *pattern-list*，就可以选择提取或显示哪些文件名。如果归档文件中的文件名匹配 *pattern-list* 中的模式，pax 就提取该文件，或者显示该文件名；否则，就忽略该文件。pax 模式类似于 shell 通配符，只是它匹配文件名中的斜杠(/)和一个前导句点(.)。关于 pax 模式的更多信息请参见 fnmatch 的 man 页(仅用于 macOS)。

在复制模式下，pax 不创建 *destination-directory*。因此在 pax 进入复制模式之前，*destination- directory* 必须存在。

选项

主选项指定 pax 操作所处的模式：创建模式、提取模式或复制模式。

主选项

3 个选项确定了 pax 操作所处的模式。必须包含这 3 个选项中的 0 个或 1 个。没有主选项时，pax 就运行在列表模式下。

-r   (read)从标准输入读取归档文件并提取文件。如果在命令行中没有 *pattern-list*，pax 就从归档文件中提取所有文件。如果有 *pattern-list*，pax 就只提取文件名与 pattern-list 中的一个模式匹配的文件。下面的示例从外部驱动器的 root.pax 归档文件中提取文件名以.c 结尾的文件：

                `$ pax -r \*.c < /Volumes/Backups/root.pax`

                反斜杠禁止 shell 在把参数传送给 pax 前扩展星号。

-rw   (copy)把在命令行或标准输入中指定的文件从系统的一个地方复制到另一个地方。pax 不构建归档文件，其中包含在标准输入中指定的文件，而是把这些文件复制到 *destination-directory*(pax 命令行上的最后一个参数)中。其作用等同于在创建模式下创建一个归档文件，再在提取模式下提取文件，除了使用复制模式避免创建归档文件。

                下面的示例把工作目录层次结构复制到/Users/max/code 目录中。在执行这条命令前，code 目录必须存在。确保~max/code 不是工作目录的一个子目录，否则就会执行递归复制。

```
$ pax -rw . ~max/code
```

-w   (write)从命令行或标准输入指定的文件中构建归档文件。这些文件可能是普通文件，也可能是目录文件。当文件来自标准输入时，每个文件单独占一行。将归档文件写入标准输出。find 实用程序一般生成 pax 使用的文件名。以下命令构建/Users 目录的归档文件，并把它写入/Volumns/Backups 上的归档文件 Users.pax：

```
# find -d /Users -print | pax -w > /Volumes/Backups/Users.pax
```

     -d 选项使 find 以深度优先的方式搜索文件，这减少了从归档文件中还原文件时出现权限问题的可能性。有关 find 选项的讨论参见 18.19 节。

其他选项

下面的选项会改变 pax 的行为。这些选项与一个或多个主选项一起使用。

-c   (complement)反转在 *pattern-list* 上进行的测试的结果，即只有当文件不匹配 *pattern-list* 中的任何模式时，才会列出它或者把它放在归档文件中。

-f archive   (file)使用 *archive* 作为归档文件的名称。在列表和提取模式下，这个选项从 *archive*，而不是标准输入读取。在创建模式下，这个选项写入 *archive* 而不是标准输出。使用这个选项可以访问网络上另一个系统上的设备，更多信息参见 tar 的--file 选项。

-H   (partial dereference)对于每个符号链接文件，该选项复制符号链接指向的文件，而不复制符号链接本身。这个选项会影响在命令行上指定的文件，不影响递归查找目录层次结构时找到的文件。这个选项按正常方式处理不是符号链接的文件。关于符号链接解引用的信息请参见 4.7.4 节。

-L   (dereference)对于每个符号链接文件，该选项复制符号链接指向的文件，而不复制符号链接本身。这个选项会影响所有文件，按正常方式处理不是符号链接的文件。关于符号链接解引用的信息请参见 4.7.4 节。

-l   (link)在复制模式下，只要有可能，就建立硬链接，而不是复制文件。

-P   (no dereference)对于每个符号链接文件，该选项复制符号链接本身，而不是符号链接指向的文件。这个选项会影响所有文件，按正常方式处理不是符号链接的文件。这是 pax 的默认行为。关于符号链接解引用的信息请参见 4.7.4 节。

-p preserve-list   保留或删除 *preserve-list* 指定的文件的属性。*preserve-list* 是一个字符串，包含表 18-31 所示的一个或多个字母。pax 默认保留文件的访问时间和修改时间，但不保留所属关系或文件权限。这个选项仅在提取和复制模式下有效。

表 18-31 保留标记

字 母	含 义
a	删除访问时间
e	保留所有属性
m	删除修改时间
o	保留所属关系
p	保留权限

-s subcmd   在任何模式下，对文件名执行 *subcmd*(替换命令)，同时存储它们。*subcmd* 的语法如下：

s/*search-string*/*replacement-string*/[*gp*]

     pax 实用程序把正则表达式 *search-string* 替换为 *replacement-string*。末尾的 g 表示全局替换，如果没有 g，pax 就只替换每个文件名中的第一个 *search-string*。末尾的 p(print)使 pax 显示它执行的每个替换。*subcmd* 类似于 vim 的搜索和替换功能(参见 6.7.3 节)，但它没有地址。

-v   (verbose)在列表模式下，显示与 ls -l 相同的输出。在其他模式下，显示正在处理的文件列表。

-X   在复制和创建模式下，禁止 pax 在文件系统中搜索不包含 *source-files* 的目录。

-x format   在创建模式下，以 *format* 格式写入归档文件，如表 18-32 所示。如果没有指定格式，pax 就写入(POSIX) tar 格式的文件(表 18-32 中的 ustar)。

-z   (gzip)在创建模式下，使用 gzip 压缩归档文件，在提取模式下，使用 gunzip 解压缩归档文件。

表 18-32 pax 归档文件的格式

格　式	说　明
cpio	为 POSIX 中的 cpio 归档文件指定的格式
sv4cpio	用于 UNIX System V4 版本下的 cpio 归档文件的格式
tar	历史悠久的 Berkeley tar 格式
ustar	POSIX tar 格式(默认)

讨论

pax 实用程序是 tar、cpio 和其他归档程序的通用替代实用程序。

在创建和复制模式下，pax 以递归方式处理指定的目录。在列表和提取模式下，如果 *pattern-list* 中的模式与目录名匹配，pax 就列出或提取该目录中的文件。

注意

没有本地的 pax 格式，pax 实用程序可以读写许多格式的归档文件。它默认创建 POSIX tar 格式的归档文件。pax 支持的格式参见表 18-32。

pax 实用程序确定归档文件的格式，且不允许在列表或提取模式下指定归档文件的格式(-x 选项)。

在 macOS 10.4 及其以后的版本中，pax 复制扩展的属性。

示例

在第一个示例中，pax 创建了文档文件 corres.0901.pax。这个归档文件存储了 corres 目录的内容。

```
$ pax -w corres > corres.0901.pax
```

-w 选项使 pax 在创建模式下工作，其中，要放在归档文件中的文件列表由命令行参数提供(上例中的 corres)，或从标准输入中输入。pax 实用程序把归档文件发送到标准输出。上面的示例把输出重定向到文件 corres.0901.pax 中。

下面示例中的 pax 没有任何选项，它显示了从标准输入读取的归档文件中的文件列表：

```
$ pax < corres.0901.pax
corres
corres/hls
corres/max
corres/max/0823
corres/max/0828
corres/max/0901
corres/memo1
corres/notes
```

以下命令使用-f 选项给输入文件命名，执行与上一条命令相同的功能：

```
$ pax -f corres.0901.pax
```

当 pax 读取归档文件时，如上面的示例所示，它会确定文件的格式。用户不必(也不允许)指定格式。

下面的示例运行在 macOS 下，它尝试以默认的 tar 格式创建/etc 目录层次结构中的归档文件。在这个示例中，pax 由拥有 root 权限的用户执行，因为这个目录层次结构中的一些文件不能由普通用户读取。因为 pax 默认不跟随(解引用)符号链接，并且在 macOS 下，/etc 是一个符号链接，所以 pax 复制这个链接，而不复制该链接指向的目录。第一条命令创建归档文件，第二条命令显示归档文件中的链接，第三条命令使用-v 选项显示这是一个链接：

```
# pax -w -f /tmp/etc.tar /etc
# pax -f /tmp/etc.tar
/etc
# pax -v -f /tmp/etc.tar
lrwxr-xr-x 1 root admin          0 May 21 01:48 /etc => private/etc
pax: ustar vol 1, 1 files, 10240 bytes read, 0 bytes written.
```

-L 选项会跟随(解引用)链接。在下面的示例中，pax 创建了/etc 目录的归档文件：

```
# pax -wLf /tmp/etc.tar /etc
# pax -f /tmp/etc.tar
/etc
/etc/6to4.conf
/etc/AFP.conf
/etc/afpovertcp.cfg
/etc/aliases
/etc/aliases.db
/etc/amavisd.conf
/etc/amavisd.conf.personal
/etc/appletalk.cfg
...
```

下面的示例使用 pax 创建 memos 目录的备份，并且保留所属关系和文件权限。在 pax 进入复制模式之前，目标目录必须存在。

```
$ mkdir memos.0625
$ pax -rw -p e memos memos.0625
$ ls memos.0625
memos
```

上面的示例把 memos 目录复制到目标目录中。使用 pax 可以在工作目录中创建某个目录的副本，而不必把它放在一个子目录中。在下面的示例中，把文件写入 memos.0625 目录时，-s 选项令 pax 用"."(工作目录名)替代 memos 目录名：

```
$ pax -rw -p e -s /memos/./ memos memos.0625
```

下面的示例使用 find 构建以字符串 memo 开头且位于工作目录层次结构中的文件列表。pax 实用程序把这些文件写入 cpio 格式的归档文件。pax 的输出被发送到标准输出，再通过一个管道发送到 bzip2，接着用 bzip2 压缩它们，最后写入归档文件。

```
$ find . -type f -name "memo*" | pax -w -x cpio | bzip2 > memo.cpio.bz2
```

最后一个示例从归档文件中提取文件，删除前导斜线(^强制匹配行的开始)以防止覆盖现有的系统文件。替换字符串使用!作为分隔符，因此前导斜线可在其中一个字符串中出现。

```
$ pax -r -f archive.pax -s '!^/!!p'
```

18.68　plutil(仅用于 macOS)

处理属性列表文件。

plutil [*options*] *file-list*

plutil 实用程序可转换属性列表文件的格式并检查它们的语法。plutil 实用程序仅在 macOS 下可用。

参数

file-list 指定了 plutil 要处理的一个或多个文件的路径名。

选项

-convert *format*	把 *file-list* 转换为 *format*，*format* 必须是 xml1 或 binary1。
-e *extension*	给输出文件指定文件扩展名 *extension*。
-help	显示帮助消息。
-lint	检查文件的语法(默认)。
-o *file*	(output)把转换的文件命名为 *file*。
-s	(silent)对成功转换的文件不显示任何消息。

讨论

plutil 实用程序把文件从 XML 属性列表格式转换为二进制格式,或者从二进制格式转换为 XML 属性列表格式。plutil 实用程序可以读取(但不能写入)旧的纯文本属性列表格式。

注意

plutil 实用程序接收双连字符(--),用于标记命令行上选项的末尾。更多信息参见 18.2 节。

示例

下面的示例检查文件 java.plist 的语法:

```
$ plutil java.plist
java.plist: OK
```

下面的示例检查一个受损的属性列表文件,并显示 plutil 实用程序的输出:

```
$ plutil broken.plist
broken.plist:
XML parser error:
        Encountered unexpected element at line 2 (plist can only include one object)
Old-style plist parser error:
        Malformed data byte group at line 1; invalid hex
```

下面的示例把 StartupParameters.plist 文件转换为二进制格式,并重写原始文件:

```
$ plutil -convert binary1 StartupParameters.plist
```

最后一个示例把工作目录中二进制格式的属性列表文件 loginwindow.plist 转换为 XML 格式,并使用-o 选项把转换后的文件放在/tmp/lw.p 中:

```
$ plutil -convert xml1 -o /tmp/lw.p loginwindow.plist
```

18.69   pr

给文件标页码,以便打印。

pr [options] [file-list]

实用程序 pr 给文件标页码,通常为打印做准备。每页的页眉可以包含文件名、日期、时间和页码。

实用程序 pr 从在命令行上指定的文件或标准输入中获得输入。pr 的输出被发送到标准输出,通常使用管道重定向到打印机。

参数

file-list 是文本文件的路径名列表,使用 pr 为这些文件标页码。如果省略 *file-list*,pr 就从标准输入读取输入。

选项

在 Linux 下,pr 接收 18.2 节描述的常见选项。以两个连字符开头的(--)的选项仅用于 Linux。除非特别指明,否则以一个连字符开头(-)的单字符选项可用于 macOS 和 Linux。

在 *file-list* 中可以嵌入选项,嵌入的选项只影响命令行上位于选项后面的文件。

--short-control-chars	-c	使用脱字符(^)显示控制字符(例如,^H),使用前面带反斜杠的八进制数显示非打印字符(仅用于 Linux)。
--columns=*col*	-*col*	用 *col* 列(默认为 1)显示输出。该选项可能会截断行,不能与-m(--merge)选项一

起使用。

--double-space	-d	将输出中的空格加倍。
--form-feed	-F	使用进纸符跳到下一页，而不是使用换行符填充当前页。
--header=*head*	-h *head*	在每页的页眉显示 *head* 来替代文件名。如果 *head* 包含空格，那么必须使用引号将它们引起来。
--length=*lines*	-l *lines*	将页的长度设置为 *lines* 行，默认为 66 行。
--merge	-m	以多列的形式同时显示指定的所有文件。该选项不能与-col(--columns)选项同时使用。
--number-lines=*[c[num]]*	-n *[c[num]]*	给输出的行编号。*c* 为 pr 实用程序追加到行号后的字符，该字符用来分隔行号和文件的内容(默认分隔符为制表符)。*num* 指定了行号的位数(默认为 5)。
--indent=*spaces*	-o *spaces*	使用空格字符(指定左边距)来缩进输出内容。
--separator=*c*	-s[c]	使用字符 *c* 分隔列，当省略 *c* 时，pr 默认使用制表符作为分隔字符来对齐列。若使用-w 选项，列之间就不再使用任何分隔符。
--omit-header	-t	该选项使得 pr 不显示分别占 5 行的页眉和页脚。pr 显示的页眉通常包括文件名、日期、时间和页码。页脚为 5 个空白行。
--width=*num*	-w *num*	设置页的宽度为 *num* 列。当要输出多列(使用选项-m[--merger]或-col [--columns])时，该选项很有用。
--pages=*firstpage[:lastpage]*	+*firstpage* [:*lastpage*]	从 *firstpage* 页开始输出，直到 *lastpage* 页。没有设置 *lastpage* 时，pr 将输出文档的最后一页。注意该选项的短版本以加号而不是连字符开始。macOS 不接收 *lastpage* 参数，而是一直打印到文档末尾处。

注意

当使用带-*col*(--columns)选项的 pr 输出多列时，每列显示的行数相同(除最后一列外)。

示例

第 1 条命令显示了 pr 给文件 memo 标页码，并通过管道将其输出重定向到 lpr，准备打印：

```
$ pr memo | lpr
```

下面又把 memo 发送到打印机，这次使用了每一页特殊的页眉。该作业在后台运行：

```
$ pr -h 'MEMO RE: BOOK' memo | lpr &
[1] 4904
```

最后，pr 在屏幕上从第 3 页开始显示 memo，不带任何页眉：

```
$ pr -t +3 memo
...
```

18.70   printf

格式化字符串和数值数据。

```
printf format-string [data-list]
```

实用程序 printf 将参数列表格式化。许多 shell(例如 bash、tcsh 和 busybox)以及一些实用程序(例如，gawk)均有它们自身的 printf 内置命令，工作方式类似于 printf 实用程序。

参数

实用程序 printf 读取 *data-list*，基于 *format-string* 进行格式化后，发送到标准输出。本节描述的 *format-string* 特

性并不完全；更详细的内容请参考 C 语言的 printf()函数。然而，实用程序 printf 也不是 C 语言的 printf()函数的完整实现，因此函数中的特性并不都能在实用程序 printf 中起作用。

format-string 包含三种类型的对象：字符、转义序列和格式规范。实用程序 printf 将 *format-string* 中的字符不加修改地复制到标准输出；复制前对转义序列进行转义。对于每个格式规范，printf 读取 *data-list* 中的一个元素，根据规范格式化该元素，并将结果发送到标准输出。

一些常用的转义序列包括\n(NEWLINE)、\t(制表符)、\"(")和\\(\)。

format-string 中的格式规范语法如下：

```
% [flag][min-width][.precision][spec-letter]
```

其中%表示格式规范的开始。

flag 是-(左对齐；printf 默认为右对齐)、0(零填充；printf 默认使用空格填充)或+(在正数前插入加号；printf 默认不会在正数前插入加号)。

min-width 是 printf 输出数字或字符串的最小宽度。

.precision 指定小数点后数字的个数(浮点数)、数字的个数(整数/十进制数)或字符串的长度(字符串；超长的字符串将会被截断)。

spec-letter 是表 18-33 所列值之一。

表 18-33 printf 的 spec-letter

spec-letter	数 据 类 型	备　　注
c	字符	单个字符；字符串使用 s
d	十进制数	宽度默认为数的宽度
e	浮点数	指数表示(例如，1.20e+01)
f	浮点数	包含小数点；默认为 8 位小数
g	浮点数	与 f 相同，指数小于-4 时与 e 相同
o	八进制数	转换为八进制
s	字符串	宽度默认为字符串的宽度
X	大写十六进制数	转换为十六进制
X	小写十六进制数	转换为十六进制

选项

实用程序 printf 没有选项。bash 的内置命令 printf 接收如下选项：

-v var　　将 printf 的输出赋给名为 var 的变量，而不是发送到标准输出(仅用于 bash 的内置命令 printf)。

注意

实用程序 printf 和 bash 的内置命令 printf 在 *format-string* 之后、*data-list* 的每个元素之间不接收逗号，而 gawk 版本的 printf 在这些位置必须要有逗号。

如果 *data-list* 中的元素比 *format-string* 中指定的元素多，printf 将多次反复使用 *format-string*，直到处理完 *data-list* 中的全部元素。如果 *data-list* 中的元素比 *format-string* 中指定的少，则 printf 假定这些不存在的元素为 0(对于数值)或空(对于字符和字符串)。

示例

本节中的示例使用 bash 的内置命令 printf。可以使用实用程序 printf 得到相同的结果。

单独将%s 作为 *format-string* 可以使 printf 将 *data-list* 中的一个元素复制到标准输出。它不会在输出的后面追加 NEWLINE。

```
$ printf %s Hi
Hi$
```

可在 *format-string* 的结尾指定 NEWLINE(使用转义序列\n)来使 shell 提示符出现在输出内容的下一行。由于反斜线是 shell 特殊字符，因此必须引用它，可以在前面增加一个反斜线，也可以将其放入单引号或双引号中。

```
$ printf "%s\n" Hi
Hi
$
```

当在 *data-list* 中指定了多个元素，但 *format-string* 中只有单个格式规范时，printf 多次反复使用格式规范：

```
$ printf "%s\n" Hi how are you?
Hi
how
are
you?
```

当把 *data-list* 放入引号中时，shell 将 *data-list* 作为一个参数传递给 printf；如果 *data-list* 只有一个元素，它将被单独的格式规范一次性处理。

```
$ printf "%s\n" "Hi how are you?"
Hi how are you?
```

%c *spec-letter* c 处理 *data-list* 元素中的单个字符。它丢弃其余字符。处理字符串时请使用 s。

```
$ printf "%c\n" abcd
a
```

%d *spec-letter* d 处理十进制数。数字所占宽度默认为数字中字符的个数。在下面的示例中，*format-string* 中的文本(除了%d)由字符组成；printf 不加修改地复制它们。

```
$ printf "Number is %d end\n" 1234
Number is 1234 end
```

可以指定 *min-width* 来使数字占据更多空间。下面的示例展示了 4 个字符的数字占据 10 个空格的空间：

```
$ printf "Number is %10d end\n" 1234
Number is       1234 end
```

可以使用 0 标识来对数字进行零填充，或者使用-标识来令其左对齐。

```
$ printf "Number is %010d end\n" 1234
Number is 0000001234 end
$ printf "Number is %-10d end\n" 1234
Number is 1234       end
```

%f *spec-letter* f 处理单个浮点数，将其显示为含有一个小数点的数。shell 脚本 amt.left 调用 printf，其中 *spec-letter* 为 f、*min-width* 为 4 个字符、小数部分为两位。

这个示例为变量 dols 赋值并将其放入 amt.left 脚本的环境中。当给定值 102.442 时，printf 显示 6 个字符的值，其中小数点右侧为两位。

```
$ cat amt.left
printf "I have $%4.2f dollars left.\n" $dols
$ dols=102.442 ./amt.left
I have $102.44 dollars left.
```

如果使用 e 代替 f，printf 将以指数形式显示浮点数。

```
$ printf "We have %e miles to go.\n" 4216.7829
We have 4.216783e+03 miles to go.
```

%X *spec-letter* X 将十进制数转换为十六进制数。

```
$ cat hex
read -p "Enter a number to convert to hex: " x
printf "The converted value is %X\n" $x
$ ./hex
Enter a number to convert to hex: 255
The converted value is FF
```

18.71　ps

显示进程的状态。

ps [options] [process-list]

实用程序 ps 用来显示在本地系统上运行的进程的状态信息。

参数

process-list 是用逗号或空格分隔的 PID 编号列表。当指定 *process-list* 时，ps 仅报告列表中的进程状态。

选项

在 Linux 下，根据选项前面带有的不同前缀，ps 实用程序接收的选项分为 3 类。这 3 类(可以混合使用)如下所示(详见 ps 的 man 页)：

两个连字符	GNU(长)版本
一个连字符	UNIX98(短)版本
没有连字符	BSD 选项

以两个连字符开头(--)或无连字符的选项仅用于 Linux。除非特别指出，否则以一个连字符开头(-)的单字符选项可用于 macOS 和 Linux。

-A		(all)报告所有进程。也可使用-e。
-e		(everything)报告所有进程。也可使用-A。
-f		(full)显示具有更多列信息的列表。
--forest	f	显示进程树(f 前面没有连字符，仅用于 Linux)。
-l		(long)显示每个进程的更多信息的长列表。参见"讨论"部分对该选项显示的所有列的描述。
--no-headers		忽略头。当需要将输出发送到另一个程序继续处理时，该选项很有用(仅用于 Linux)。
--user *username*	-u *username*	报告运行进程的 *username*，可以是本地系统上一个或多个用户的用户名或 UID 列表，用逗号隔开。
-w		(wide)没有该选项，ps 将在屏幕的右端截断输出的行。该选项可将屏幕扩展到 132 列，以便需要时，显示更多的行。使用这个选项两次，会使屏幕扩展为显示不受任何限制的列数，如果重定向 ps 的输出，这就是默认选项。

讨论

不带任何选项的 ps 将显示终端或屏幕控制的所有活动进程的状态。表 18-34 对不带任何选项的 ps 显示的 4 列的标题和内容进行了说明。

表 18-34　列标题 I

标　题	意　义
PID	进程 ID 编号
TTY(终端)	控制进程的终端的名称
TIME	进程已运行的时间，用小时、分钟和秒计算
CMD	调用进程的命令行；仅用一行显示命令，长的命令可能被截断；可以使用-w 选项查看更多命令行

ps 显示的列取决于选项的设定。表 18-35 列出了最常用列的标题和内容。列的标题根据所使用的选项类型而不同。ps 带 UNIX98(一个连字符)选项时会显示最常用列的标题和内容。

表 18-35　列标题 II

标　题	意　义
%CPU	进程使用的时间占整个 CPU 时间的百分比；使用这种方法使得 Linux/macOS 可以对进程进行统计，该数值是近似的，所有进程的%CPU 值的总和可能超过 100%
%MEM(memory)	进程占用整个 RAM 的百分比
COMMAND 或 CMD	调用进程的命令行；仅用一行显示，长的命令行可能被截断；使用-w 选项可以查看更多的命令行；该列总是显示在一行的最后
F(flags)	与进程相关的标志
NI(nice)	进程的 nice 值
PID	进程的 ID 编号
PPID(parent PID)	父进程的 PID 编号
PRI(priority)	进程的优先级
RRS(resident set size)	进程使用的内存块数
SIZE 或 SZ	进程的核心映像占用的块大小
STIME 或 START	启动进程的日期
STAT 或 S(status)	使用下面列表中的一个或多个字母说明进程的状态： <　　高优先级 D　　休眠状态但不能被中断 L　　锁定在内存的页面中(实时的或定制的 I/O) N　　低优先级 R　　可执行进程(在运行队列中) S　　休眠 T　　停止或被跟踪 W　　在 RAM 中没有任何页面 X　　死进程 Z　　僵尸进程，该进程在终止前等待其子进程终止
TIME	进程运行的分钟数和秒数
TTY(terminal)	控制进程的终端的名称
USER 或 UID	拥有进程的用户的用户名
WCHAN(wait channel)	如果进程正在等待某个事件，则该列给出引起此进程等待的内核函数的地址。不处于等待或休眠状态的进程对应的值为 0

注意

可以使用 top 动态显示进程的状态信息。

示例

在第 1 个示例中，不带选项的 ps 显示了用户的活动进程的状态信息。其中，第 1 个进程为 shell(bash)，第 2 个进程为执行 ps 实用程序的进程：

```
$ ps
  PID TTY        TIME CMD
2697 pts/0   00:00:02 bash
3299 pts/0   00:00:00 ps
```

使用-l(long)选项时，ps 会显示进程的更多信息：

```
$ ps -l
 F S  UID   PID PPID C PRI NI ADDR   SZ WCHAN TTY          TIME CMD
```

```
000 S 500   2697 2696 0  75 0    -   639 wait4  pts/0    00:00:02 bash
000 R 500   3300 2697 0  76 0    -   744 -      pts/0    00:00:00 ps
```

选项-u 表明了关于特定用户的信息:

```
$ ps -u root
  PID TTY        TIME CMD
    1 ?      00:00:01 init
    2 ?      00:00:00 kthreadd
    3 ?      00:00:00 migration/0
    4 ?      00:00:01 ksoftirqd/0
    5 ?      00:00:00 watchdog/0
...
```

选项--forest 使得 ps 显示出 man 页中描述的"ASCII 码进程树"。子进程在其父进程的下面缩进显示,这使得进程的层次结构(树)更便于查看:

```
$ ps -ef --forest
UID       PID PPID  C STIME TTY      TIME CMD
root        1    0  0 Jul22 ?    00:00:03 init
root        2    1  0 Jul22 ?    00:00:00 [keventd]
...
root      785    1  0 Jul22 ?    00:00:00 /usr/sbin/apmd -p 10 -w 5 -W -P
root      839    1  0 Jul22 ?    00:00:01 /usr/sbin/sshd
root     3305  839  0 Aug01 ?    00:00:00 \_ /usr/sbin/sshd
max      3307 3305  0 Aug01 ?    00:00:00     \_ /usr/sbin/sshd
max      3308 3307  0 Aug01 pts/1 00:00:00         \_ -bash
max      3774 3308  0 Aug01 pts/1 00:00:00             \_ ps -ef --forest
...
root     1040    1  0 Jul22 ?    00:00:00 login -- root
root     3351 1040  0 Aug01 tty2 00:00:00 \_ -bash
root     3402 3351  0 Aug01 tty2 00:00:00     \_ make modules
root     3416 3402  0 Aug01 tty2 00:00:00         \_ make -C drivers CFLA
root     3764 3416  0 Aug01 tty2 00:00:00             \_ make -C scsi mod
root     3773 3764  0 Aug01 tty2 00:00:00                 \_ ld -m elf_i3
```

ps 与 kill   下面的命令序列表明了如何使用 ps 来确定在后台运行的进程的 PID 编号,以及如何使用 kill 命令终止进程。在示例中不必使用 ps,因为 shell 显示了后台进程的 PID 编号,这里使用 ps 实用程序只是为了验证 PID 编号。

第 1 条命令在后台执行 find。shell 显示进程的作业编号和 PID 编号,后跟提示符:

```
$ find ~ -name memo -print > memo.out &
[1] 3343
```

ps 确认后台作业的 PID 编号。如果不知道 PID 编号,那么使用 ps 是获得 PID 编号的唯一方法。

```
$ ps
  PID TTY        TIME CMD
3308 pts/1   00:00:00 bash
3343 pts/1   00:00:00 find
3344 pts/1   00:00:00 ps
```

最后,使用 kill 终止进程:

```
$ kill 3343
$ RETURN
[1]+ Terminated              find ~ -name memo -print >memo.out
$
```

18.72   renice

改变进程的优先级。

```
renice priority [option] process-list
renice -n increment [option] process-list
```

renice 实用程序改变正在运行的进程的优先级。普通用户可以降低自己拥有的进程的优先级，只有拥有 root 权限的用户才能提高进程的优先级，或者改变另一个用户的进程的优先级。

参数

process-list 指定要改变优先级的进程的 PID 编号。每个进程都把优先级设置为 *priority*，或者使用第二种格式，把优先级的值提高 *increment*(它可以是负数)。

选项

可以在整个 *process-list* 上指定选项，这些选项会改变命令行上选项后面的参数的含义。

-p   (process)把后面的参数解释为进程的 ID(PID)编号(默认)。

-u   (user)把后面的参数解释为用户名或用户的 ID 编号。

注意

优先级的范围是-20(最高优先级)到+20(最低优先级)。优先级数值较高(较大的正数)的作业为内核很少调度的作业；优先级数值较低(较小的负数)的作业为内核经常调度的作业。

当超级用户调度某个作业并在最高优先级运行该作业时，对该作业优先级的改变将会影响系统调用其他作业的性能，包括操作系统本身。基于这个原因，必须谨慎地使用负值作为 renice 的参数。

如果要用非默认的优先级启动进程，可参见 nice(参见 18.60 节)。

示例

第一个示例降低了 Zach 拥有的所有任务的优先级：

```
$ renice -n 5 -u zach
```

在下面的示例中，root 使用 ps 检查运行 find 的进程的优先级。NI(nice)列显示的值是 19，管理员决定把优先级增加 5：

```
# ps -l
UID    PID PPID CPU  PRI  NI   VSZ   RSS WCHAN STAT TT       TIME COMMAND
501   9705 9701   0   31   0 27792   856 -     Ss   p1    0:00.15 -bash
501  10548 9705   0   12  19 27252   516 -     RN   p1    0:00.62 find /
# renice -n -5 10548
```

18.73   rm

删除文件(或文件的链接)。

```
rm [options] file-list
```

实用程序 rm 用来删除一个或多个文件的硬链接和/或符号链接。当将文件的最后一个硬链接删除后，文件就被删除了。

使用 rm 时谨慎使用通配符

警告   由于仅仅通过一条命令 rm 实用程序就可以删除很多文件，因此在使用 rm 时要谨慎，尤其在使用模糊文件引用时更要格外小心。使用模糊文件引用时，如果不能完全确定 rm 命令的执行结果，可以首先将 echo 与同一文件引用结合使用，并评估引用生成的文件列表。或者，带选项-i(--interactive)来执行 rm。

参数

file-list 为 rm 要删除的文件列表。删除文件唯一的硬链接会将文件删除。删除符号链接仅会删除链接本身。

选项

在 Linux 下，rm 接收 18.2 节描述的常见选项。以两个连字符开头(--)的选项仅用于 Linux。除非特别指明，否则以一个连字符开头(-)的单字符选项可用于 macOS 和 Linux。

--force	-f	不进行询问，直接删除用户不具有写权限的文件。该选项使得当文件不存在时并不给出告知消息。
--interactive	-i	删除每个文件前进行询问。如果与--recursive 选项一起使用，则 rm 在检查每个目录前也询问用户。
	-P	在删除前将文件改写三次。
--recursive	-r	递归地删除指定目录的内容，包括所有子目录和目录自身。请谨慎使用该选项。
--verbose	-v	显示被删除的每个文件的文件名。

注意

要删除某个文件，用户必须对该文件的父目录具有写和执行权限，但对文件自身不必具有读或写权限。当交互式地运行实用程序 rm(即 rm 的标准输入来自键盘)时，如果用户对文件不具有写权限，rm 将显示用户的访问权限并等待用户的响应。如果回复以 y 或 Y 开头的字符串，rm 将删除文件；否则，rm 不采取任何动作。如果标准输入不是来自键盘，rm 将直接删除文件。

关于硬链接的信息参见 4.7.1 节；关于符号链接的信息参见 4.7.2 节；对于链接的删除参见 4.7.4 节；删除某个空目录时，需要使用 rm 的-r 选项或 rmdir。

如果要删除某个文件名以连字符开始的文件，那么必须阻止 rm 将文件名中的连字符解释成选项。一种方法是在文件名前输入特殊选项 "--"，该选项通知 rm 其后没有选项，之后的任何参数为文件名(虽然它们可能看上去像选项)。

> **使用 shred 安全地删除文件**
>
> **安全** 使用 rm 不能安全地删除文件，因为用 rm 删除的文件还可以还原。使用 shred 实用程序删除文件更安全。安全地删除文件的另一种方法参见 18.23 节中 "示例" 部分的相关内容。

示例

下面的命令分别删除工作目录中和另一个目录中的文件：

```
$ rm memo
$ rm letter memo1 memo2
$ rm /home/sam/temp
```

下面的示例在删除工作目录及其子目录中的每个文件前进行询问：

```
$ rm -ir .
```

这条命令对删除文件名包含特殊字符(如空格、制表符、换行符)的文件很有用(有时可能不经意地创建了包含特殊字符的文件名，但尽量不要使用这样的文件名)。

18.74   rmdir

删除目录。

rmdir directory-list

实用程序 rmdir 用来删除空目录。

参数

directory-list 是 rmdir 要删除的空目录的路径名列表。

选项

在 Linux 下，rmdir 接收 18.2 节描述的常见选项。以两个连字符开头(--)的选项仅用于 Linux。除非特别指明，否则以一个连字符开头(-)的单字符选项可用于 macOS 和 Linux。

--ignore-fail-on-non-empty		当使用 rmdir 删除的目录不为空时，该选项不报告 rmdir 删除失败的消息。当使用--parents 选项且 rmdir 发现非空目录时，rmdir 不会退出(仅用于 Linux)。
--parents	-p	删除目录层次结构中的空目录。
--verbose	-v	显示已删除目录的名称(仅用于 Linux)。

注意

可以使用带-r 选项的 rm 实用程序来删除非空目录及其内容。

示例

下面的命令从工作目录中删除空目录 literature：

```
$ rmdir literature
```

以下命令使用绝对路径名删除 letters 目录：

```
$ rmdir /home/sam/letters
```

最后一条命令用来删除 letters、march 和 05 目录，假定该路径上除这些目录外的其他目录都非空：

```
$ rmdir -p letters/march/05
```

18.75   rsync

在网络上安全地复制文件和目录层次结构。

```
rsync [options] [[user@]from-host:]source-file [[user@]to-host:] [destination-file]
```

rsync(remote synchronization，远程同步)实用程序可在本地或本地系统与网络上的另一个系统之间复制普通文件或目录层次结构。这个实用程序默认使用 OpenSSH 传输文件，它使用的身份验证机制与 OpenSSH 相同，于是它提供了与 OpenSSH 同等的安全性。rsync 实用程序在需要时会提示输入密码。也可以使用 rsyncd 守护进程作为传输代理。

---

rsync 的更多信息参见第 16 章

提示 rsync 的更多信息参见第 16 章。

18.76   scp

在远程系统上安全地来回复制文件。

```
scp [[user@]from-host:]source-file [[user@]to-host:][destination-file]
```

实用程序 scp 可以在网络上的两个系统间复制普通文件或目录文件。该实用程序使用 ssh 来传输文件，身份验证机制也与 OpenSSH 相同，因此它可以提供与 OpenSSH 相同的身份验证机制。当需要时，scp 实用程序会提示用户输入密码。

scp 的更多信息参见第 17 章

提示 scp(安全复制实用程序，OpenSSH 安全通信实用程序之一)的更多信息参见第 17 章。

18.77 screen

管理多个文本窗口。

screen [*options*] [*program*]

实用程序 screen(screen 软件包)是一个全屏的文本窗口管理器。运行在物理或虚拟终端上的一个单独会话，允许用户在多个窗口中工作，每个窗口通常都运行一个 shell。它允许用户从会话脱离或绑定到会话，并且有助于防止在连接断开的时候丢失数据。

参数

program 是 screen 在其打开的窗口中运行的初始命令名。如果没有指定 *program*，screen 运行 SHELL 环境变量指定的 shell。如果没有设置 SHELL，则运行 sh，sh 通常是到 bash 或 dash 的链接。

选项

本节描述 screen 可以接收的众多选项中的一小部分。完整的列表请参见 screen 的 man 页。当调用 screen 时，可以通过指定选项来完成任务。当工作在 screen 会话中时，可使用命令来完成许多相同的任务。

-d [*pid.tty.host*]　　　　(detach)从由 pid.tty.host 指定的 screen 会话中脱离。不启动 screen。等同于在 screen 会话中输入 CONTROL+A D。

-L　　　　　　　　　　为会话中启动的所有窗口开启日志。

-ls　　　　　　　　　　(list)显示 screen 会话的列表，包括可以用于绑定到会话的标识字符串(例如，pid.tty.host)。不启动 screen。

-r [*pid.tty.host*]　　　　(resume)绑定到由 *pid.tty.host* 或单纯 *pid* 指定的 screen 会话。如果只有一个 screen 会话正在运行，则不需要指定 *pid.tty.host*。不启动新的 screen 会话。

-S [*session*]　　　　　将 *session* 指定为所启动会话的名称。

-t [*title*]　　　　　　　将 *title* 指定为会话中启动的所有窗口的名称。如果没有指定 *title* 或者不使用该选项，*title* 默认为窗口中正在运行的程序的名称，通常是 bash。

输入 CONTROL 字符时不要按住 SHIFT 键

提示 本书使用通用的约定，在 CONTROL 键后面跟大写字母。然而所有的控制字符都以小写形式输入。在输入 CONTROL 字符时不要按住 SHIFT 键。CONTROL 字符从来不会以大写形式输入。

命令

表 18-36 列出了 screen 可以接收的许多命令；完整的列表请参见 screen 的 man 页。必须在活动窗口(正在运行 screen 时)中给出这些命令。所有命令均默认以 CONTROL+A 开头。

表 18-36　screen 命令

命　　令	作　　用
CONTROL+A ?	(help)显示 screen 的命令列表(键绑定)
CONTROL+A "	显示当前会话中的窗口列表。可从该列表中选择新的活动窗口
CONTROL+A 1, 2, … 9	使编号为 1, 2, …, 9 的窗口成为活动窗口
CONTROL+A A	(annotate)提示输入窗口标题。在输入新标题之前，使用删除键(通常为 BACK SPACE 键)删除当前标题

(续表)

命　　令	作　　用
CONTROL+A c	(create)打开新窗口并使其成为活动窗口
CONTROL+A d	从 screen 会话中脱离
CONTROL+A H	为活动窗口开启日志
CONTROL+A m	(message)重新显示最近的消息
CONTROL+A N	(number)显示活动窗口的标题和编号
CONTROL+A n	(next)使下一个更大编号的窗口成为活动窗口。从编号最大的窗口切换到编号最小的窗口
CONTROL+A p	(previous)使下一个更小编号的窗口成为活动窗口。从编号最小的窗口切换到编号最大的窗口

注意

你可能想要了解一下与 screen 完成相同功能的其他工具：tmux(tmux.sourceforge.net)、byobu(launchpad.net/byobu)、Terminator(GUI；software.jessies.org/terminator)或 Guake(GUI；guake.org)。

讨论

会话　当在命令行上运行 screen 时，便开启了一个 screen 会话。一个会话可以有许多窗口。会话名的格式为 pid.tty.host。会话由一个或多个窗口构成。可以绑定会话，也可以从会话中脱离，但并不会中断窗口中正在进行的工作。也称为终端。

窗口　当与 screen 一起使用时，窗口是指文本的窗口而不是图形的窗口。screen 窗口通常会占据整个物理的或虚拟的屏幕。在会话中，可以使用窗口编号来指定窗口。也称为屏幕。

活动窗口　活动窗口是 screen 正在显示的(工作所在的)窗口。

工作原理　当在命令行上不指定 *program* 来调用 screen 时，它打开一个运行着 shell 的窗口。该窗口看上去与登录屏幕相同，但它运行的不是登录 shell，而且可能会在其状态(最后的)行中显示信息。可以在该 screen 窗口中使用 screen 命令打开新窗口或显示其他窗口(切换到另一个活动窗口)。

总结　可以调用一次 screen 来启动会话，接着打开任意所需的窗口。可以随意脱离或绑定会话。

日志　screen 日志文件默认写入用户的主目录，并命名为 screenlog.*no*，其中 *no* 是文件保存日志所对应的窗口编号。

emacs　如果在 screen 会话中运行 emacs，使用 CONTROL+A a 代替正常的 CONTROL+A，将光标移动到行首。

带有-L 选项启动 screen 将为会话中的所有窗口启用日志；在 screen 窗口中按 CONTROL+A H 可以为该(活动)窗口启用日志(如果日志处于关闭状态的话)；如果日志处于开启状态，则会关闭日志。如果开启日志时，活动窗口的日志文件已经存在，则 screen 向该文件追加内容。

~/.screenrc　screen 启动文件名为.screenrc，位于用户的主目录中。可以在该文件中放入很多命令；本节简单讨论设置窗口状态行的方法。以下文件的第一行将状态行开启(默认开启)。第二行适用于没有状态行的终端：将终端的最后一行作为状态行。第三行指定 screen 在状态行中显示的内容。

```
$ cat ~/.screenrc
hardstatus on
hardstatus alwayslastline
hardstatus string "%{Rb} Host %H %= Title %t %= Number %n %= Session %S %= %D %c "
```

在 hardstatus 字符串中，%为转义字符，告知 screen 接下来的字符具有特殊含义。花括号可将多个特殊字符括起来；没有跟在%后面的所有字符将会直接显示；%=使得 screen 用空格填充状态行。从左到右，%{Rb}使 screen 以亮红色作为前景色、以蓝色作为背景色显示状态行；screen 将%H 替换为主机名，将%t 替换为窗口标题，将%n 替换为窗口编号，将%S 替换为会话名，将%D 替换为星期几，并将%c 替换为 24 小时制的时间。可在 hardstatus 字符串中使用的转义字符的完整列表，请参见 screen man 页中的 STRING ESCAPES。

指南

本指南跟随 Sam 一起使用 screen。Sam 在远程系统上有些工作要做,他通过 ssh 连接到该系统(参见第 17 章)。Sam 所使用的连接并不可靠,而且他不想因为连接断开而丢失所做的工作。另外,现在时间已经很晚了,Sam 希望能够从远程系统断开,回家后重新连接,并且不丢掉正在进行的工作。

Sam 在名为 guava 的系统上工作,使用 ssh 连接到 plum,他需要在这上面完成一些工作:

```
[sam@guava ~]$ ssh plum
Last login: Fri Feb 23 11:48:33 2018 from 172.16.192.1
[sam@plum ~]$
```

接下来他输入了不带任何选项和参数的命令 screen。Sam 在 plum 上的~/.screenrc 文件与上面"讨论"中所示的一样。实用程序 screen 开启新窗口并启动显示提示符的 shell。Sam 的终端看上去与他第一次登录时一样,除了屏幕底部的状态行:

```
Host plum    Title bash    Number 0    Session pts-1.plum    Tue 10:59
```

状态行显示 Sam 正工作在名为 plum 的系统上,窗口编号为 0。窗口的初始标题为窗口中正在运行的程序名;在本例中是 bash。Sam 想要让状态行能够反映出他在窗口中正在进行的工作。他正在编译一个程序,并且想要将标题改为 Compile。他输入 CONTROL+A A 命令来改变窗口标题;screen 在消息行上提示他(就在状态行的上面):

```
Set window's title to: bash
```

在输入新标题之前,Sam 必须使用删除键(通常是 BACK SPACE 键)删除 bash。他接着输入 Compile 并按 RETURN 键。现在状态行如下所示:

```
Host plum    Title Compile    Number 0    Session pts-1.plum    Tue 11:01
```

Sam 想要跟踪他在这个窗口中所做的工作,因此他输入 CONTROL+A H 来开启日志;screen 在状态行上确认日志文件的创建:

```
Creating logfile "screenlog.0".
```

如果已经存在名为 screenlog.0 的文件,screen 将报告它正在向该文件追加内容。

Sam 想要处理另外两个任务:阅读报告和写信。他使用 CONTROL+A 命令打开一个新窗口;状态行报告该窗口的编号为 1。接着他和之前一样,使用 CONTROL+A A 将窗口标题改为 Report。他重复该过程,打开编号为 2 的窗口并设置标题为 Letter。当他使用 CONTROL+A "(CONTROL+A 后跟一个双引号)命令时,screen 显示关于 Sam 已经设置的三个窗口的信息:

```
Num Name                                             Flags
  0 Compile                                          $(L)
  1 Report                                           $
  2 Letter                                           $
...
Host plum    Title    Number -    Session pts-1.plum    Tue 11:14
```

这个命令的输出显示了窗口编号、标题(在 Name 下面)以及与每个窗口关联的标识。Compile 窗口的 L 标识表示已经为该窗口开启日志。窗口在状态行中编号为连字符,表示这个窗口是显示信息的窗口。

Sam 可以从该信息显示窗口中选择其他的活动窗口,使用 UP ARROW 和 DOWN ARROW 键可在列出的窗口之间来回移动高亮区域,当高亮区域在想要使用的窗口上时按 RETURN 键。他将 Compile 窗口高亮显示并按 RETURN 键;screen 关闭信息显示窗口并显示 Compile 窗口。Sam 输入命令开始编译,编译的输出将被发送到屏幕上。

接下来 Sam 想要开始写信,由于知道窗口编号为 2,因此他使用另一种技术来选择 Letter 窗口。他输入 CONTROL+A 2,screen 便显示编号为 2 的窗口。在写信的过程中,他发现需要报告中的一些信息。正在使用的窗口编号为 2,而且他记得报告窗口的编号为 1。他输入 CONTROL+A p 来显示前一个窗口(编号第二小的窗口);screen 显示编号为 1 的窗口,即 Report 窗口,于是 Sam 开始查找自己需要的信息。

突然 Sam 看到了来自 guava 的提示符;连接中断了。他不气馁,使用 ssh 重新连接到 plum 并输入 screen -ls 命令,列出正运行在 plum 上的 screen 会话:

```
[sam@guava ~]$ ssh plum
```

```
Last login: Tue May 1 10:55:53 2018 from guava
[sam@plum ~]$ screen -ls
There is a screen on:
        2041.pts-1.plum (Detached)
1 Socket in /var/run/screen/S-sam.
```

Sam 需要做的事情就是将已脱机的 screen 会话重新绑定,这样他将回到刚才的工作状态。由于仅存在一个 screen 会话，他可以简单地使用 screen -r 命令来将其绑定；他选择输入包含要绑定会话名称的命令：

```
[sam@plum ~]$ screen -r 2041.pts-1.plum
```

实用程序 screen 显示 Report 窗口，它显示与 Sam 断开连接时相同的信息。

Sam 工作了一会儿，他周期性地检查编译情况，他决定该回家了。这次 Sam 特意使用 CONTROL+A d 命令从 screen 会话脱离。他看到了之前使用的 screen 命令，以及来自 screen 命令的提示，提示他已经从会话中脱离并给出了会话编号。接下来他从 plum 注销，guava 显示了提示符。

```
$ screen
[detached from 2041.pts-1.plum]
[sam@plum ~]$ exit
logout
Connection to plum closed.
[sam@guava ~]$
```

Sam 回到家吃了晚饭。当准备好工作时，他从家中的电脑使用 ssh 登录到 plum。就像之前连接断开时一样，他绑定到了 screen 会话，显示窗口 0(Compile 窗口)，检查编译的进展状况。窗口中保留的编译结果的最后几行显示已经成功，因此他输入 exit 关闭了窗口；screen 显示前一个活动窗口。现在命令 CONTROL+A "将只列出两个窗口。

写了一会儿信之后，Sam 开始担心他给出的编译程序的命令是否正确，因此他打开原来窗口 0 的日志文件(screenlog.0)并进行检查。他在这个文件中可以看到自从日志开启之后的所有命令，包括 shell 提示符和在屏幕上出现的其他输出。一切正常。

Sam 完成了工作，他从另外两个窗口中退出。现在 plum 显示提示符以及运行 screen 之前输入的命令。Sam 从 plum 注销，工作完成。

在远程系统上运行 screen 不是必需的。当想要同时处理本地系统上的多个窗口时，这个实用程序会很有用。如果正在运行多个虚拟机或者工作在多个本地或远程系统上，可以运行一个本地 screen 会话，开启多个窗口，每个窗口登录到一个不同的系统上。

18.78　sed

用非交互方式编辑文件。

```
sed [-n] program [file-list]
sed [-n] -f program-file [file-list]
```

sed(stream editor，流编辑器)实用程序是一个批处理(非交互)编辑器。它转换来自文件或标准输入的输入流，常常用作管道中的过滤器。因为它只对其输入遍历一次，所以 sed 比交互式编辑器(如 ed)更高效。大多数 Linux 发行版都提供了 GNU sed；macOS 提供了 BSD sed。第 15 章适用于这两个版本。

关于 sed 的更多信息参见第 15 章

提示　关于 sed 的更多信息参见第 15 章。

18.79　SetFile(仅用于 macOS)

设置文件的属性。

```
SetFile [options] file-list
```

SetFile 实用程序设置文件的属性，包括文件的类型和创建代码、创建时间、最后一次修改时间以及属性标记，如不可见标记和锁定标记。实用程序 SetFile 仅在 macOS 下可用。

参数

file-list 指定了 SetFile 处理的一个或多个文件的路径名。

选项

SetFile 的选项对应于 GetFileInfo 的选项。

-a *flags*　　(attribute)设置 *flags* 指定的属性标记。若 *flag* 是大写字母，就设置标记；若 *flag* 是小写字母，就取消该标记。未指定标记的值不改变。属性标记的列表参见表 D-2 或 SetFile 的 man 页。

-c *creator*　将创建代码设置为 *creator*。

-d *date*　　将创建日期设置为 *date*。必须把 *date* 格式化为 mm/dd/[yy]yy [hh:mm[:ss] [AM | PM]]。如果未指定 AM 或 PM，SetFile 就使用 24 小时制。必须把包含空格的 *date* 字符串放在引号中。

-m *date*　　(modification)将修改日期设置为 *date*。*date* 的格式与-d 选项相同。

-P　　　　　(no dereference)对于每个符号链接文件，设置符号链接的信息，而不设置链接指向的文件的信息。这个选项会影响所有文件，按正常方式处理不是符号链接的文件。符号链接解引用的信息请参见 4.7.4 节，默认情况下，SetFile 会解引用符号链接。

-t *type*　　将类型代码设置为 *type*。

注意

SetFile 实用程序是可选的 Xcode 包的一部分。

SetFile 的选项与 GetFileInfo 的对应选项有一些很小的区别。例如，使用 SetFile 的-a 选项可以指定多个属性标记，而使用 GetFileInfo 的-a 选项只能获得一个标记。另外，SetFile 要求在-a 选项和标记列表之间有一个空格，而 GetFileInfo 不允许有空格。

示例

第一个示例把 arch 文件的类型和创建代码分别设置为 SIT5 和 SIT!，表示这是一个 Stuffit 归档文件。用 GetFileInfo 实用程序显示这些代码：

```
$ SetFile -t SIT5 -c SIT! arch
$ GetFileInfo -c arch
"SIT!"
$ GetFileInfo -t arch
"SIT5"
```

下一个示例把 secret 文件标记为不可见和锁定。该文件现在在 Finder 中不可见，大多数 macOS 应用程序不能改写它。

```
$ SetFile -a VL secret
```

最后一个示例从工作目录的每个文件(但非使用隐藏文件名的文件)中清除不可见的属性标记：

```
$ SetFile -a v *
```

18.80　sleep

创建在一定时间间隔内休眠的进程。

sleep **time**

sleep **time-list**(仅用于 Linux)

实用程序 sleep 可使得正在执行的进程在指定的时间内休眠。

参数

time 表示秒数。事实上，*time* 可以不是整数，而可以是一个十进制小数。在 Linux 下，还可以在 *time* 后指定时间单位：s(second，秒)、m(minute，分钟)、h(hour，小时)或 d(day，天)。

在 Linux 下，也可以在命令行上构建包含多个时间的时间列表 *time-list*，进程休眠的总时间为这些时间的和。例如，当指定 *time-list* 为 1h 30m 100s 时，该进程休眠的总时间为 91 分钟 40 秒。

示例

可以在命令行上使用 sleep 来指定在某段时间后执行命令。下面的示例在后台执行一个提醒用户 20 分钟(1200 秒)后打电话的进程：

```
$ (sleep 1200; echo "Remember to make call.") &
[1] 4660
```

或者，在 Linux 下，输入下面的命令可以实现相同的功能：

```
$ (sleep 20m; echo "Remember to make call.") &
[2] 4667
```

在 shell 脚本中，也可以使用 sleep 来实现在一定时间间隔内执行某条命令的功能。例如，per 的 shell 脚本实现了每 90 秒执行一次 update 程序的功能：

```
$ cat per
#!/bin/bash
while true
do
    update
    sleep 90
done
```

如果在后台执行类似 per 的脚本，则只能使用 kill 终止它。

最后一个 shell 脚本将文件名作为参数，等待该文件出现在磁盘上。如果文件不存在，则脚本休眠 1 分 45 秒后检查文件是否存在：

```
$ cat wait_for_file
#!/bin/bash

if [ $# != 1 ]; then
    echo "Usage: wait_for_file filename"
    exit 1
fi

while true
do
    if [ -f "$1" ]; then
        echo "$1 is here now"
        exit 0
    fi
    sleep 1m 45s
done
```

在 macOS 下，用 105 代替 1m 45s。

18.81 sort

对文件排序和/或合并。

```
sort [options] [file-list]
```

实用程序 sort 用来排序和/或合并一个或多个文本文件。

参数

file-list 为包含要排序的文本的一个或多个普通文件的路径名列表。如果省略 *file-list*，sort 将从标准输入获取输入。如果不带选项-o，sort 就把其输出发送到标准输出。带有选项-m(merge only，仅合并)和选项-c(check，仅检查)的 sort 用来排序和合并文件。

选项

不带任何选项的 sort 将文件按照 LC_COLLATE 变量指定的顺序排序。不带选项--key 的 sort 基于全部行排序；带选项--key 的 sort 将在某一行内按指定的字段排序，在--key 选项后可以跟不带前导连字符的其他选项。更多信息参见"讨论"部分。

> **提示** **macOS 版本的 sort 接收长选项**
>
> 前面有两个连字符(--)的 sort 选项可同时用于 macOS 和 Linux。

--ignore-leading-blanks	-b	空白符(制表符或空格字符)通常标记输入文件的开始字段。不带该选项的 sort 将前导空白符看成其后字段的一部分。带该选项的 sort 将忽略字段中的前导空白符，并且在进行排序比较时不考虑这些字符。
--check	-c	检查文件是否已恰当地排序。如果已经排好序，则 sort 实用程序不显示任何消息。如果没有排好序，sort 将显示一条消息，退出状态将返回 1。
--dictionary-order	-d	忽略除字母、数字和空白符外的所有其他字符。例如，带该选项的 sort 并不考虑标点符号。
--ignore-case	-f	(fold)将所有的小写字母看成大写字母。当要对同时包含大小写字母的文件进行排序时，使用该选项。
--ignore-nonprinting	-i	忽略所有的非打印字符。该选项被--dictionary-order 选项覆盖。当指定该选项时，LC_CTYPE locale 变量将影响结果。
--key=*start*[,*stop*]	-k *start*[,*stop*]	按照指定的字段对某一行进行排序。不带该选项的 sort 基于全部行对文件排序。排序字段在行中的位置由 *start* 指定开始处，由 *stop* 指定结尾处。如果省略 *stop*，则到行尾结束。*start* 和 *stop* 位置的格式为 *f*[.*c*]，其中 *f* 为字段编号，*c* 为字段内的可选字符，编号从 1 开始。当 *start* 中省略了 *c* 时，则默认为该字段的第 1 个字符；当 *stop* 中省略了 *c* 时，则默认为该字段的最后一个字符。关于排序字段的详细介绍和使用方法分别参见"讨论"和"示例"部分。
--merge	-m	假设输入为分别排好序的多个文件，该选项不验证文件是否已排好序而直接合并它们。
--numeric-sort	-n	按算术序列排序，不按照机器排序顺序对字段和行排序。带该选项时，负号和小数点都表示算术中的意义。
--output=*filename*	-o *filename*	将输出发送到 *filename* 而不是标准输出；*filename* 可与 *file-list* 中的某个文件同名。
--reverse	-r	按逆序排列(例如，z 在 a 之前)。
--field-separator=*x*	-t *x*	指定字段分隔符为 *x*。更多信息参见"讨论"部分。
--unique	-u	重复行仅输出一次。当与选项--check 一起使用时，若 sort 发现输入文件中的某行出现多次，则它显示一条消息，即使文件已经排序也同样如此。

讨论

不带任何选项的 sort 将基于全部行排序。

排序顺序 locale 的设置会影响 sort 排序文件的方式。对于传统的排序，在运行 sort 之前将 LC_ALL 设置为 C。

字段 在下面的描述中，字段是指某输入行中的字符序列。不带--field-separator 选项时，字段将由其前面的由一个或多个空白符(制表符和空格字符)组成的空字符串限定范围。这些分隔字段的空字符串看不到，可以想象为两个字段间的点。字段也由行的头部和末尾限定范围。图 18-8 显示了行包含的各个字段：Toni、*SPACE* Barnett 和 *SPACESPACESPACESPACE* 55020(*SPACE* 表示空格)。这些字段被用来定义排序字段。有时字段与排序字段相同。

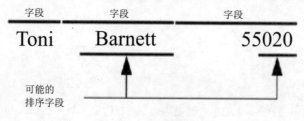

图 18-8　字段与排序字段

排序字段　排序字段(sort field)是一个字符序列，sort 用该字段对行排序。一个排序字段可以包含一个或多个字段的全部或部分(如图 18-8 所示)。

选项--key 指定一对指针，这对指针定义每行的子部分(排序字段)用来比较。详细内容参见--key 选项。

前导空白符　选项-b 使得 sort 忽略排序字段中的前导空白符。如果不使用该选项，sort 将每个前导空白符看成排序字段中的一个字符，在进行排序比较时，也将这些字符考虑在内。

选项　通过在 *stop* 指针后(如果没有 *stop* 指针，可以在 *start* 指针后)直接跟 b、d、f、i、n 或 r 选项，可仅为给定的排序字段指定相关的选项。这种情况下，这些选项前不带连字符。

多个排序字段　当指定了多个排序字段后，sort 将按照在命令行上指定的顺序进行比较。如果两行的第 1 个排序字段相同，sort 就比较第 2 个排序字段。如果第 2 个排序字段也相同，sort 就比较第 3 个字段。继续这个过程，直到指定的排序字段比较完毕。如果所有的排序字段都相同，sort 将比较整行。

示例

本节的示例表明了 sort 实用程序的一些特点和用法。该例假定 LC_ALL 被设置为 C，而且下面的 list 文件位于工作目录中：

```
$ cat list
Tom Winstrom        94201
Janet Dempsey       94111
Alice MacLeod       94114
David Mack          94114
Toni Barnett        95020
Jack Cooper         94072
Richard MacDonald   95510
```

这个文件包括了姓名和 ZIP 代码的列表。文件的每行包含 3 个字段：名、姓和 ZIP 代码。为了使示例有效，要保证文件中的空白符为空格而不是制表符。

第 1 个示例表明不带任何选项的 sort 的运行结果——唯一一个参数是输入文件名。在这种情况下，sort 将文件按行排序。如果某两行上的第 1 个字符相同，则 sort 比较第 2 个字符来确定顺序；如果第 2 个字符相同，则 sort 比较第 3 个字符来确定顺序。比较过程一直继续到 sort 找到两行间的不同字符，然后比较它们以确定顺序。如果两行完全相同，sort 将哪一行放在前面都可以。在这个示例中，sort 最多需要比较每行的前 3 个字符就可确定顺序。下面为实用程序 sort 按照名的字母顺序对文件排序的结果：

```
$ sort list
Alice MacLeod       94114
David Mack          94114
Jack Cooper         94072
Janet Dempsey       94111
Richard MacDonald   95510
Tom Winstrom        94201
Toni Barnett        95020
```

在比较之前，可以指定 sort 忽略某一行的任意字段和字符。空白符通常标记字段的开始。在下面的示例中，参数--key=2 使得 sort 从第 2 个字段(姓)开始比较。由于没有指定排序字段的第 2 个指针,因此 sort 将其扩展到行尾。下面的列表除 Mac 存在问题外都按照姓排序:

```
$ sort --key=2 list
Toni Barnett            95020
Jack Cooper             94072
Janet Dempsey           94111
Richard MacDonald       95510
Alice MacLeod           94114
David Mack              94114
Tom Winstrom            94201
```

在上述示例中,MacLeod 排在 Mack 之前。这是因为这两行的前 3 个字符(Mac)相同,sort 比较第 4 个字符时,按照 LC_COLLATE 的值(被设置为 C,指定大写字母在小写字母之前)将 L 排在了 k 之前。

--ignore-case 选项使得 sort 不区分大小写,解决了 MacLeod 和 Mack 存在的问题,排序结果变为:

```
$ sort --ignore-case --key=2 list
Toni Barnett            95020
Jack Cooper             94072
Janet Dempsey           94111
Richard MacDonald       95510
David Mack              94114
Alice MacLeod           94114
Tom Winstrom            94201
```

下面的示例按照第 3 个字段(ZIP 代码)对 list 排序。但 sort 的执行结果没有按照数字顺序排列,而是将最短的名字放在最前面,将最长的名字放在最后面。参数--key=3 使得 sort 从第 3 个字段(ZIP 代码)开始比较。第 3 个字段以空白符开始并后跟空白符。在 list 文件中,空格作为空白符。而空格符的 ASCII 码比任何一个可打印字符的 ASCII 码都小,因此,sort 将把 ZIP 代码前空格最多的行放在最前面,将 ZIP 代码前空格最少的行放在最后面:

```
$ sort --key=3 list
David Mack              94114
Jack Cooper             94072
Tom Winstrom            94201
Toni Barnett            95020
Janet Dempsey           94111
Alice MacLeod           94114
Richard MacDonald       95510
```

选项-b(--ignore-leading-blanks)使得 sort 忽略字段的前导空格。带有该选项的 sort 将按照 ZIP 代码对文件排序。而 MacLeod 和 Mack 具有相同的 ZIP 代码,sort 比较整行,将 Alice MacLeod 放在 David Mack 之前(因为 A 在 D 之前):

```
$ sort -b --key=3 list
Jack Cooper             94072
Janet Dempsey           94111
Alice MacLeod           94114
David Mack              94114
Tom Winstrom            94201
Toni Barnett            95020
Richard MacDonald       95510
```

当 ZIP 代码相同时,要按照姓的字母顺序排序,sort 需要将姓设置为第 2 个排序字段并再次排序。下面的示例显示了设置第 2 个排序字段并进行再次排序的方法,使用选项-f(--ignore-case)来保证 Mack 和 MacLeod 恰当地排列顺序:

```
$ sort -b -f --key=3 --key=2 list
Jack Cooper             94072
Janet Dempsey           94111
David Mack              94114
Alice MacLeod           94114
Tom Winstrom            94201
Toni Barnett            95020
Richard MacDonald       95510
```

在下面的示例中,sort 命令不仅忽略排序字段,还忽略排序字符。选项-k 3.4(等价于--key=3.4)使得 sort 从第 3

个字段的第 4 个字符开始比较。由于该命令没有指定排序字段的末尾，因此排序字段的末尾默认为行尾。该例按照 ZIP 代码的最后两个数字排序：

```
$ sort -fb -k 3.4 list
Tom Winstrom            94201
Richard MacDonald       95510
Janet Dempsey           94111
Alice MacLeod           94114
David Mack              94114
Toni Barnett            95020
Jack Cooper             94072
```

当 sort 要比较的 ZIP 代码的最后两个数字相同时，可以通过按照姓进行第 2 遍比较来确定顺序。选项-k 2 后面的选项 f 使得第 2 遍的比较按照姓排序：

```
$ sort -b -k 3.4 -k 2f list
Tom Winstrom            94201
Richard MacDonald       95510
Janet Dempsey           94111
David Mack              94114
Alice MacLeod           94114
Toni Barnett            95020
Jack Cooper             94072
```

后面的几个示例使用了数据文件 cars，该文件中的所有空白都是制表符，不包含空格，从左到右的字段分别表示：汽车制造商、型号、制造年份、里程数和价格。

```
$ cat cars
plym      fury      1970    73    2500
chevy     malibu    1999    60    3000
ford      mustang   1965    45    10000
volvo     s80       1998    102   9850
ford      thundbd   2003    15    10500
chevy     malibu    2000    50    3500
bmw       325i      1985    115   450
honda     accord    2001    30    6000
ford      taurus    2004    10    17000
toyota    rav4      2002    180   750
chevy     impala    1985    85    1550
ford      explor    2003    25    9500
```

不带任何选项的 sort 对 cars 的排序结果如下所示：

```
$ sort cars
bmw       325i      1985    115   450
chevy     impala    1985    85    1550
chevy     malibu    1999    60    3000
chevy     malibu    2000    50    3500
ford      explor    2003    25    9500
ford      mustang   1965    45    10000
ford      taurus    2004    10    17000
ford      thundbd   2003    15    10500
honda     accord    2001    30    6000
plym      fury      1970    73    2500
toyota    rav4      2002    180   750
volvo     s80       1998    102   9850
```

下面的示例先按照制造商排序，制造商相同时再按价格排序。除非指明排序字段的末尾，否则默认为行尾。选项-k 1 使得 sort 从行首进行比较。下面的命令行使得 sort 在第 1 遍按照整行排序，然后对于第 1 遍比较时排序字段相同的所有行，进行第 2 遍比较，按照第 5 字段(-k 5)排序：

```
$ sort -k 1 -k 5 cars
bmw       325i      1985    115   450
chevy     impala    1985    85    1550
chevy     malibu    1999    60    3000
chevy     malibu    2000    50    3500
```

```
ford      explor    2003    25     9500
ford      mustang   1965    45     10000
ford      taurus    2004    10     17000
ford      thundbd   2003    15     10500
honda     accord    2001    30     6000
plym      fury      1970    73     2500
toyota    rav4      2002    180    750
volvo     s80       1998    102    9850
```

因为不存在相同的两行，所以 sort 只进行一遍比较便对所有行排序完毕(如果两行仅在第 5 字段不同，那么 sort 在第 1 遍比较时即可确定顺序，没必要进行第 2 遍比较)。查看分别包含 taurus 和 thundbd 的两行，它们按照第 2 个排序字段排列，而没有按照第 5 字段排列，这表明 sort 没有进行第 2 遍比较，因此没有按照第 5 字段排序。

下面的示例强制第 1 遍的比较在第 1 字段的末尾结束。选项-k 1,1 将第 1 字段的第 1 个字符指定为 *start* 指针，将第 1 字段的最后一个字符指定为 *stop* 指针。当在 *start* 指针中不指定字符时，它将默认为第 1 个字符；当在 *stop* 指针中不指定字符时，它将默认为最后一个字符。如此设置后，taurus 和 thundbd 两行按照价格排序。但是再看 explor：它比 ford 制造商的其他型号的汽车都便宜，但 sort 却把它定位到最贵的位置。这是因为 sort 实用程序按照 ASCII 码排序序列来比较价格，不是按数字顺序比较，9500 中的 9 要比 10000 中的 1 大，所以 9500 排在后面：

```
$ sort -k 1,1 -k 5 cars
bmw       325i      1985    115    450
chevy     impala    1985    85     1550
chevy     malibu    1999    60     3000
chevy     malibu    2000    50     3500
ford      mustang   1965    45     10000
ford      thundbd   2003    15     10500
ford      taurus    2004    10     17000
ford      explor    2003    25     9500
honda     accord    2001    30     6000
plym      fury      1970    73     2500
toyota    rav4      2002    180    750
volvo     s80       1998    102    9850
```

选项-n(numeric)使得第 2 次排序时列表按照数字顺序排列，排序结果为：

```
$ sort -k 1,1 -k 5n cars
bmw       325i      1985    115    450
chevy     impala    1985    85     1550
chevy     malibu    1999    60     3000
chevy     malibu    2000    50     3500
ford      explor    2003    25     9500
ford      mustang   1965    45     10000
ford      thundbd   2003    15     10500
ford      taurus    2004    10     17000
honda     accord    2001    30     6000
plym      fury      1970    73     2500
toyota    rav4      2002    180    750
volvo     s80       1998    102    9850
```

下面的示例再次表明：除非特别指明结束字符，否则 sort 将从指定的字段开始比较，到行尾结束。除非两行的第 1 个排序字段相同，否则 sort 将不会进行第 2 遍比较。因为第 1 个排序字段的说明符中没有 *stop* 指针，所以第 1 遍比较将从第 3 个字段开始，一直比较到行尾。排序结果按照车的制造年份排列，对于制造年份和制造商都相同的行，没有按照型号排列(例如，ford thundbd 排在 ford explor 之前，正确的顺序应该是颠倒过来)：

```
$ sort -k 3 -k 1 cars
ford      mustang   1965    45     10000
plym      fury      1970    73     2500
bmw       325i      1985    115    450
chevy     impala    1985    85     1550
volvo     s80       1998    102    9850
chevy     malibu    1999    60     3000
chevy     malibu    2000    50     3500
honda     accord    2001    30     6000
toyota    rav4      2002    180    750
```

```
ford     thundbd    2003    15    10500
ford     explor     2003    25    9500
ford     taurus     2004    10    17000
```

指定第 1 个排序字段的末尾才能使得 sort 正确地进行第 2 遍排序：

```
$ sort -k 3,3 -k 1 cars
ford     mustang    1965    45    10000
plym     fury       1970    73    2500
bmw      325i       1985    115   450
chevy    impala     1985    85    1550
volvo    s80        1998    102   9850
chevy    malibu     1999    60    3000
chevy    malibu     2000    50    3500
honda    accord     2001    30    6000
toyota   rav4       2002    180   750
ford     explor     2003    25    9500
ford     thundbd    2003    15    10500
ford     taurus     2004    10    17000
```

下面的示例演示了一种重要的排序方法：按照字母顺序排序，将大小写项合并，删除重复的行。排序前的列表如下所示：

```
$ cat short
Pear
Pear
apple
pear
Apple
```

进行普通排序后变为：

```
$ sort short
Apple
Pear
Pear
apple
pear
```

接下来的排序忽略大小写，对上面的排序结果有所改进，但存在重复行：

```
$ sort -f short
Apple
apple
Pear
Pear
pear
```

选项-u(unique)删除重复的行，但没使用-f 选项，造成大写项排在了小写项之前：

```
$ sort -u short
Apple
Pear
apple
pear
```

同时使用-u 和-f 选项，结果导致有些项丢失：

```
$ sort -uf short
apple
Pear
```

为解决上面的问题，需要进行两遍比较，每一遍都是唯一排序，第 1 遍排序将小写字母看作大写字母：

```
$ sort -u -k 1f -k 1 short
Apple
apple
Pear
pear
```

18.82　split

将文件分成几部分。

split [options] [filename [prefix]]

实用程序 split 将输入分成以 1 000 行为单位的几部分，分别命名为 xaa、xab、xac，依此类推。最后一部分可能少于 1 000 行。选项可以改变每一部分的大小和名字长度。

参数

filename 为 split 要处理的文件的路径名。如果不指定该参数或指定连字符代替 *filename*，split 将从标准输入读取输入。*prefix* 是一个或多个字符，用来作为分割后的文件的文件名前缀。默认前缀为 x。

选项

在 Linux 下，split 接收 18.2 节描述的常见选项。以两个连字符开头(--)的选项仅用于 Linux。除非特别指明，否则以一个连字符开头(-)的单字符选项可用于 macOS 和 Linux。

--suffix-length=*len*	-a *len*	指定文件名后缀的长度为 *len* 个字符(默认为 2)。
--bytes=*n[u]*	-b *n[u]*	将输入分成 *n* 个字节长的几个文件。*u* 为可选的度量单位，可以是 k(千字节或 1 024 字节的块)或 m(兆字节或 1 048 576 字节的块)。如果使用这些度量单位，split 就按照指定单位进行计数(而不是字节)。在 Linux 下，*u* 可以是 b(512 字节的块)或表 18-6 中的任意后缀。
--numeric-suffixes	-d	指定数值后缀以代替字母后缀。
--lines=*num*	-l *num*	将输入分解为具有 *num* 行长的文件(默认为 1 000)。

讨论

默认情况下，split 将分解得到的第 1 个文件命名为 xaa。x 为默认前缀。在命令行上可以使用 *prefix* 参数来改变文件名的前缀。可以使用--suffix-length 选项来改变每个文件名中前缀后面的字符个数。

示例

默认情况下，split 将文件分解成具有 1 000 行的几部分，分别命名为 xaa、xab、xac，依此类推。带选项-l 的实用程序 wc 可显示每个文件的行数。最后一个文件 xar 要比其他文件小。

```
$ split /usr/share/dict/words
$ wc -l *
  1000 xaa
  1000 xab
  1000 xac
...
  1000 xdt
   569 xdu
98569 total
```

下面的示例使用 *prefix* 参数指定文件名的前缀为 SEC，使用选项-c(--suffix- length)将文件名的后缀字符数设置为 3：

```
$ split -a 3 /usr/share/dict/words SEC
$ ls
SECaaa SECaak SECaau SECabe SECabo SECaby SECaci SECacs SECadc SECadm
SECaab SECaal SECaav SECabf SECabp SECabz SECacj SECact SECadd SECadn
...
SECaaj SECaat SECabd SECabn SECabx SECach SECacr SECadb SECadl
```

18.83　ssh

在远程系统上安全地运行程序或打开 shell。

ssh [option] [user@]host [command-line]

使用实用程序 ssh 可以在远程系统上登录并启动 shell，ssh 还可以在远程系统上执行命令并注销。实用程序 ssh 在不安全的网络上为两个系统之间提供安全的加密通信。

关于 ssh 的信息参见第 17 章
提示　关于实用程序 ssh(OpenSSH 安全通信实用程序之一)的信息参见第 17 章。

18.84　sshfs/curlftpfs

将 OpenSSH 或 FTP 服务器上的目录挂载为本地目录。

sshfs [options] [user@]host:[remote-directory] mount-point
curlftpfs [options] host mount-point
fusermount -u mount-point

实用程序 sshfs 和 curlftpfs 允许非 root 用户将 OpenSSH 或 FTP 主机上的目录挂载为本地目录。

参数

user 是可选的用户名，sshfs 使用它作为登录名。*user* 默认为本地系统上运行该命令的用户名。*host* 为运行着 OpenSSH 或 FTP 守候进程的服务器。

remote-directory 是将要挂载的目录，默认为 sshfs 登录用户的主目录。相对路径名指定相对于用户主目录的目录；绝对路径名指定目录的绝对路径。

mount-point 是(空的)本地目录，远程目录将被挂载到这里。除非 ssh/ftp 被设置为自动登录，否则 curlftpfs 会提示输入用户名，而 sshfs 和 curlftpfs 都会提示输入密码。关于设置自动登录的信息请参见 17.2.8 节(ssh)和 18.39 节(ftp)。

选项

实用程序 sshfs 和 curlftpfs 有许多选项；完整的列表请参见相应的 man 页。

-o allow_other		将 *mount-point* 的访问权限赋予运行 sshfs/curlftpfs 命令以外的用户，包含 root 用户。无论目录有何种访问权限，默认只有运行命令的用户(非 root 用户)可以访问 *mount-point*。必须取消 /etc/fuse.conf 文件中的 user_allow_other 一行的注释才能使该选项起作用(参见接下来的"讨论")。
-o allow_root		将 *mount-point* 的访问权限赋予 root 用户。默认只有运行 sshfs/curlftpfs 命令的用户可以访问 *mount-point*。只有取消/etc/fuse.conf 文件中的 user_allow_other 一行的注释才能使该选项起作用(参见接下来的"讨论")。
-o debug	-d	显示 FUSE 调试信息，包含了-f。
	-f	在前台运行 sshfs/curlftpfs。
	-p *port*	连接到远程系统的 *port* 端口(仅用于 sshfs)。

讨论

实用程序 sshfs 和 curlftpfs 都基于 FUSE(Filesystem in USErspace；fuse.sourceforge.net)内核模块。FUSE 允许用户不使用 root 权限，挂载其拥有访问权限的远程目录(输入 mount 命令时需要 root 权限)而且不需要远程系统导出目录结构(如果运行的是 NFS，则需要)。目录可以被挂载到便于用户使用的位置，通常是在用户的主目录结构中。如果用户不输入用户名和密码就能挂载目录，则该过程可以通过在用户的启动文件中添加一些命令来自动完成。

注意

在运行 sshfs、curlftpfs 或 fusemount 之前,可能需要安装 sshfs 或 curlftpfs 软件包。详情参见附录 C。
实用程序 sshfs 和 curlftpfs 基于 FUSE 内核模块。下面的命令检查该模块是否已加载:

```
$ lsmod | grep fuse
fuse                   71167 3
```

文档建议使用非 root 用户运行 sshfs 和 curlftpfs。无论目录的访问权限如何,如果不带-o allow_other 选项,则只有运行 sshfs 或 curlftpfs 命令的用户可以访问挂载的目录,甚至连 root 用户也无法访问该目录。可以使用-o allow_other 选项允许其他人访问,使用-o allow_root 允许 root 用户访问。为使这些选项生效,必须以 root 用户的身份取消/etc/fuse.conf 文件中 user_allow_other 一行的注释。该行内不允许有其他内容,如下所示:

```
$ cat /etc/fuse.conf
# mount_max = 1000
user_allow_other
```

mount_max 一行指定最大的同时挂载数。要注释该行,必须遵循上面展示的语法。

示例

sshfs　要使用 sshfs 挂载远程目录,必须能够使用 ssh 列出要挂载的目录。Sam 已经设置了 ssh,他不必输入密码就可以在名为 plum 的远程系统上运行命令。关于设置 ssh 以使其不要求输入密码的方法请参见 17.2.7 节。如果 ssh 需要提供密码,sshfs 也将会要求提供密码。

```
$ ssh plum ls
letter.0505
memos
pix
```

Sam 检查过可以使用 ssh 在 plum 上运行命令之后,创建了 sam.plum.fs 目录,并将自己在 plum 上的主目录挂载到这个目录。命令 ls 显示 Sam 在 plum 上的文件已经出现在 sam.plum.fs 目录中了。

```
$ mkdir sam.plum.fs
$ sshfs plum: sam.plum.fs
$ ls sam.plum.fs
letter.0505 memos pix
```

当使用完这些文件时,Sam 使用带有-u 选项的 fusermount 取消挂载远程目录:

```
$ fusermount -u sam.plum.fs
$ ls sam.plum.fs
```

接下来,Sam 挂载他在 plum 上的 memos 目录,以便本地系统上的任何人可以访问该目录中的文件。首先,他使用 root 权限,在根目录下创建一个目录并将目录的所有者设置为自己。

```
# mkdir /sam.memos ; chown sam:sam /sam.memos
# ls -ld /sam.memos
drwxr-xr-x. 2 sam sam 4096 02-23 15:55 /sam.memos
```

Sam 继续使用 root 权限,编辑/etc/fuse.conf 文件并取消 user_allow_other 一行的注释以便其他用户可以访问挂载的目录。接下来,Sam 以自己的身份登录,使用带有-o allow_other 选项的 sshfs 将他在 plum 上的 memos 目录挂载到本地系统的/sam.memos 目录。实用程序 df 显示了已挂载的目录。

```
$ sshfs -o allow_other plum:memos /sam.memos
$ ls /sam.memos
0602 0603 0604

$ df -h /sam.memos
Filesystem     Size  Used Avail Use% Mounted on
plum:memos     146G  2.3G  136G   2% /sam.memos
```

现在系统上的所有用户都可以通过本地系统的/sam.memos 来访问 Sam 在 plum 上的 memos 目录了。

curlftpfs 下一个示例展示了将匿名 FTP 服务器挂载为本地目录的方法。关于设置.netrc 文件以便不需要在命令行上提供密码的方法请参见 18.39 节。

在下面的示例中，Sam 创建了 kernel.org 目录，接着运行 curlftpfs 以将 FTP 目录 mirrors.kernel.org 挂载为 kernel.org。他使用-o user=ftp 选项指定用户名，并在密码提示符后输入他的电子邮箱地址。使用 fusermount -u 取消挂载远程目录。

```
$ mkdir kernel.org
$ curlftpfs -o user=ftp mirrors.kernel.org kernel.org
Enter host password for user 'ftp':
$ ls -l kernel.org | head -4
dr-xr-xr-x. 18 root root 4096 01-14 19:13 archlinux
drwxrwxr-x. 30 root root 4096 12-21 09:33 centos
drwxrwxr-x. 12 root root 4096 2018-02-23 cpan
```

18.85   stat

显示文件的信息。

stat [*options*] [*file-list*]

stat 实用程序显示文件的信息。

参数

file-list 指定 stat 所显示的一个或多个文件的路径名。如果没有 *file-list*，stat 就显示标准输入的信息。

选项

以两个连字符开头(--)的选项仅用于 Linux。除非特别指明，否则以一个连字符开头(-)的单字符选项可用于 macOS 和 Linux。

如果没有选项，stat 就显示它处理的每个文件的所有可用信息。

--format=*fmt*	-c *fmt*	用 *fmt* 格式化输出。更多信息参见 stat 的手册页(仅用于 Linux)。
	-F	(file type)在每个目录的后面显示一个斜杠(/)，在每个可执行文件的后面显示一个星号(*)，在每个符号链接的后面显示一个@符号，在每个套接字的后面显示一个等号(=)，在 FIFO 的后面显示一个竖杠(|)(仅用于 macOS)。
	-f	(filesystem)显示文件系统，而不是文件的信息(仅用于 LINUX)
	-f *fmt*	用 *fmt* 格式化输出。*fmt* 字符串类似于 printf 使用的对应字符串。更多信息参见 stat 的手册页(仅用于 macOS)。
--dereference	-L	对于每个符号链接文件，显示链接指向的文件的相关信息，而不显示符号链接本身的信息。按正常方式处理不是符号链接的文件。符号链接的解引用参见 4.7.4 节。
	-l	(long)使用与 ls –l 相同的格式(仅用于 macOS)。
--printf=*fmt*		用 *fmt* 格式化输出。*fmt* 字符串类似于 printf 使用的对应字符串。更多信息参见 stat 的手册页。
	-q	(quiet)不显示错误消息(仅用于 macOS)。
	-s	(shell)以可用于初始化 shell 变量的格式显示信息(仅用于 macOS)。
	-x	(Linux)显示可与 Linux 中的 stat 版本兼容的更详细格式(仅用于 macOS)。

示例

stat 的 Linux 和 macOS 版本显示不同的信息。下面的示例显示了 Linux 版本的输出。

第一个示例显示/bin/bash 文件的信息：

```
$ stat /bin/bash
  File: '/bin/bash'
```

```
     Size: 893964           Blocks: 1752      IO Block: 4096      regular file
   Device: fd01h/64769d     Inode: 22183      Links: 1
   Access: (0755/-rwxr-xr-x) Uid: (    0/     root)   Gid: (    0/     root)
   Context: system_u:object_r:shell_exec_t:s0
   Access: 2018-05-02 03:12:22.065940944 -0700
   Modify: 2018-03-13 08:53:35.000000000 -0700
   Change: 2018-05-02 03:12:16.675941400 -0700
    Birth: -
```

下一个示例显示根文件系统的信息:

```
$ stat -f /
  File: "/"
    ID: 491003435dced81d Namelen: 255       Type: ext2/ext3
Block size: 4096     Fundamental block size: 4096
Blocks: Total: 13092026    Free: 12171215    Available: 12040183
Inodes: Total: 3276800     Free: 3177256
```

18.86　strings

显示可打印字符串。

strings [options] file-list

实用程序 strings 用来显示对象文件和其他非文本文件中的可打印字符串。

参数

file-list 为 strings 要处理的文件列表。

选项

以两个连字符开头(--)的选项仅用于 Linux。除非特别指明,否则以一个连字符开头(-)的单字符选项可用于 macOS 和 Linux。

--all	-a	处理整个文件。不带该选项的 strings 仅处理目标文件的初始化部分和已加载的部分。
--print-file-name	-f	在每个字符串之前显示该字符串来自的文件的名称(仅用于 Linux)。
--bytes=*min*	*-min*	显示长度至少为 *min*(默认为 4)个字符的字符串。

讨论

实用程序 strings 有助于确定非文本文件的内容。strings 的一个重要用途是确定 lost+found 目录中文件的所有者。

示例

下面的示例显示了 man 实用程序的可执行文件中长度大于或等于 4 个可打印字符的字符串。如果不熟悉该文件的内容,那么这些字符串有助于用户确定该文件就是 man 的可执行文件:

```
$ strings /usr/bin/man
...
--Man-- next: %s [ view (return) | skip (Ctrl-D) | quit (Ctrl-C) ]
format: %d, save_cat: %d, found: %d
cannot write to %s in catman mode
creating temporary cat for %s
can't write to temporary cat for %s
can't create temporary cat for %s
cat-saver exited with status %d
found ultimate source file %s
...
```

18.87   stty

显示或设置终端参数。

stty [*options*] [*arguments*]

不带任何参数的 stty 将显示影响终端或终端模拟器操作的某些参数。对该参数列表的相关介绍参见下面的"参数"部分。

选项

在 Linux 下，stty 接收 18.2 节描述的常见选项。以两个连字符开头(--)的选项仅用于 Linux。除非特别指明，否则以一个连字符开头(-)的单字符选项可用于 macOS 和 Linux。

--all	-a	报告所有参数。该选项不接收参数。
--file=*device*	-F *device*	设置 *device*。不带该选项的 stty 将影响标准输入所连接的设备。只有当用户拥有对应的设备文件或者是超级用户时，才可以修改设备的特征(仅用于 Linux)。
	-f *device*	设置 *device*。与-F 的功能相同(仅用于 macOS)。
--save	-g	生成一份关于当前设置的报告，该报告以 stty 命令参数的格式给出。该选项不接收参数。

参数

stty 的参数用来指定 stty 要修改的终端参数。下面列表中参数前的"[-]"表示连字符(-)是可选的。当带上连字符时表示将参数关闭，不带连字符时表示将参数打开。除非特别说明，本节描述的参数默认打开。

1. 特殊键和特征

columns *n*	设置行的宽度为 *n* 列。
ek	(erase kill)将字符擦除键和行删除键设置为默认值。许多系统分别使用 DELETE 键和 CONTROL+U 组合键作为默认值。
erase *x*	将字符擦除键设置为 *x*。为指定控制字符，可在 *x* 之前加上 CONTROL+V(例如，使用 CONTROL+V CONTROL+H 来指定 CONTROL+H)或使用记号^h，其中^为脱字符(在多数键盘上按 SHIFT+ 6 可以显示该字符)。
intr *x*	将中断键设置为 *x*。参见 erase *x* 中的约定。
kill *x*	将行删除键设置为 *x*。参见 erase *x* 中的约定。
rows *n*	将屏幕中的行数设置为 *n*。
sane	将终端参数设置为通常可接收的值。当改变一些 stty 参数后，再使用终端运行 stty 并进行正确设置可能很难，这时参数 sane 很有用。如果 sane 不起作用，那么尝试输入下面的字符：
	CONTROL-J **stty sane** CONTROL-J
susp *x*	(suspend)将挂起键(停止终端键)设置为 *x*。参见 erase *x* 中的约定。
werase *x*	(word erase)将字擦除键设置为 *x*。参见 erase *x* 中的约定。

2. 数据传输模式

[-]cooked	参见 raw(仅用于 Linux)。
cooked	参见 sane(仅用于 macOS)。
[-]cstopb	(stop bits)选择两个停止位(-cstopb 指定一个停止位)。
[-]parenb	(parity enable)在输入和输出时使校验位有效。当在与终端通信过程中指定-parenb 时，系统将不使用或不要求使用校验位。

[-]parodd	(parity odd)选择奇校验位(-parodd 选择偶校验位)。
[-]raw	通常状态为-raw。当系统按原始形式读取输入时，它不解释以下特殊字符：字符擦除键(通常为 DELETE)、行删除键(通常为 CONTROL+U)、中断执行键(CONTROL+C)和 EOF(CONTROL+D)。此外，系统将不使用校验位。用户可以使用 cooked 替代-raw(这是 Linux 传统的幽默做法)。

3. 字符处理

[-]echo	当输入字符时，该参数回显字符(全双工操作)。如果终端是半双工的，并且对于每个应显示的字符都显示两次，则可以使用-echo 将 echo 参数关闭。当输入密码时，应使用-echo。
[-]echoe	(echo erase)通常设置为 echoe，当用户使用字符擦除键删除某个字符时，该设置使得内核回显字符序列 BACKSPACE SPACE BACKSPACE。执行效果为将光标向后跨行移动，移除要删除的字符。
[-]echoke	(echo kill erase)通常设置为 echoke。当用户使用字符删除键删除某行时，该选项使得当前行提示符后的所有字符被擦除。如果设置为-echoke，则按下行删除键时，光标将移到下一行的开始处。
[-]echoprt	(echo print)通常设置为-echoprt，这使得当删除字符时，字符消失。当设置为 echoprt 时，删除的字符将显示在反斜杠(\)和正斜杠(/)之间。例如，输入单词 sort 后通过 4 次按下 BACKSPACE 键来擦除它，若设置为 echoprt，Linux 将显示 sort\tros/。类似地，当使用字符删除键删除整行时，若设置也是 echoprt，则显示整行，就像是使 BACKSPACE 删除键退到了行首。
[-]lcase	对于只有大写格式的终端，该参数使得输入的所有大写字符被转换为小写形式(也可以是[-]LCASE) (仅用于 Linux)。
[-]nl	仅把换行符看作行终止符。当设置为-nl 时，系统把从终端接收的回车符看成换行符，但发送到终端时系统将在换行符后跟回车符，而不是只发送换行符。
[-]tabs	将每个制表符发送到终端并显示为制表符。当 tabs 被关闭(-tabs)时，内核将每个制表符转换为一定数目的空格，并将它们发送到终端(也可以是[-]tab3)。

4. 作业控制参数

[-]tostop	当后台作业要将输出发送到终端时，如果设置为 tostop，该后台作业将被停止；如果设置为-tostop，则允许后台作业将输出发送到终端。

注意

stty 为 set teletypewriter 或 set tty(运行 UNIX 的第 1 个终端)的简写。现在，stty 通常被视为 set terminal 的简写。

当交互地使用 shell 时，shell 将保持对标准输入的一些控制，这使得 stty 的一些可用选项失效。例如，命令 stty -echo 在 tcsh 下就不起作用：

```
tcsh $ stty -echo
tcsh $ date
Mon May 28 16:53:01 PDT 2018
```

当交互地使用 bash 时，stty -echo 起作用，而 stty -echoe 不起作用。然而，仍然可以使用这些选项来影响一些 shell 脚本和其他实用程序。

```
$ cat testit
#!/bin/bash
stty -echo
read -p "Enter a value: " a
echo
echo "You entered: $a"
stty echo

$ ./testit
Enter a value:
You entered: 77
```

在这个示例中，内核在提示符 Enter a value:后没有显示用户的响应。该值保存在变量 a 中，可以通过语句 echo "You entered: $a"来显示。

示例

在第 1 个示例中，不带任何参数的 stty 显示终端操作的一些参数(根据系统的不同，显示的参数也有所不同)。erase=后的字符是字符擦除键，字符前的^代表 CONTROL 键。在该例中，字符擦除键被设置为 CONTROL+H 组合键。如果 stty 没有显示字符擦除键，则该键具有默认值 DELETE。如果没有显示字符删除键，则该键具有默认值^U：

```
$ stty
speed 38400 baud; line = 0;
erase = ^H;
```

下面的 ek 参数将字符擦除键和行删除键恢复为它们的默认值：

```
$ stty ek
```

下面验证了上面所做的修改。stty 实用程序没有显示字符擦除键和行删除键，这表明它们都为各自的默认值：

```
$ stty
speed 38400 baud; line = 0;
```

下面的示例将字符擦除键设置为 CONTROL+H，其中的 CONTROL+V 用来转义 CONTROL+H，从而使 shell 不对其进行解释，而是直接传递给 stty：

```
$ stty erase CONTROL-V CONTROL-H
$ stty
speed 38400 baud; line = 0;
erase = ^H;
```

下面的示例将行删除键设置为 CONTROL+X，这次使用脱字符(^)和后面的 x(也可以为大写形式 X)来表示 CONTROL+X：

```
$ stty kill ^X
$ stty
speed 38400 baud; line = 0;
erase = ^H; kill = ^X;
```

下面的命令行将中断键设置为 CONTROL+C：

```
$ stty intr CONTROL-V CONTROL-C
```

在下面的示例中，stty 关闭制表符，用一定数目的空格替代制表符并发送到终端。当终端不能自动扩展制表符时，使用该命令：

```
$ stty -tabs
```

如果当用户登录到 Linux 系统后，终端上的全部内容都显示为大写字母，则可以输入下面的命令，然后检查 CAPS LOCK 键，如果它被打开，则将其关闭：

```
$ STTY -LCASE
```

如果用户使用的是不能显示小写字符的旧式终端，可以将 lcase 打开。可以使用下面的命令将挂起键的默认值 CONTROL+Z 改变为 CONTROL+T(用户通常都不这么做)：

```
$ stty susp ^T
```

18.88　sysctl

在运行期间显示和更改内核变量。

sysctl [*options*] [*variable-list*]
sysctl [*options*] *-w* [*var=value...*]

sysctl 实用程序在运行时显示和更改内核变量，包括内核调整参数。

参数

variable-list 是 sysctl 显示其值的内核变量列表。在第二种格式中，每个 *value* 都被赋予变量 *var*。

选项

-a   (all)显示所有内核变量。

-b   (binary)把内核变量显示为二进制数据，而且没有中断的换行符(仅限于 macOS)。

-n   (no label)显示没有标签的变量。

讨论

sysctl 实用程序可访问许多内核变量，包括内核一次最多运行的进程数、核心文件的文件名和系统安全级别。一些变量不能改变，或者只能以某些方式改变。例如，不能降低安全级别。

示例

sysctl 实用程序一般用于调整内核。任何人都可以显示进程限制，但只有拥有 root 权限的用户才能改变它。下面的示例说明一个用户改变了每个 PID 的最大进程数：

```
$ sysctl kernel.threads-max
kernel.threads-max = 32015
...
# sysctl -w kernel.threads-max=20000
kernel.threads-max = 20000
```

18.89   tail

显示文件的最后一部分(尾部)。

tail [options] [file-list]

实用程序 tail 用来显示文件的最后一部分(尾部)。

参数

file-list 为 tail 要显示的文件的路径名列表。当指定多个文件时，tail 在显示每个文件的内容之前先显示对应的文件名。如果不指定参数或使用连字符(-)代替文件名(在 Linux 下)，tail 就从标准输入获得输入。

选项

在 Linux 下，tail 接收 18.2 节描述的常见选项。以两个连字符开头(--)的选项仅用于 Linux。除非特别指明，否则以一个连字符开头(-)的单字符选项可用于 macOS 和 Linux。

	-b [+]*n*	按 512 字节(而非默认的行)对块计数。参数 *n* 为指定块数的整数。例如，命令 tail -b 5 将显示文件最后的 5 块。参见下一个选项中关于加号的用法解释(仅用于 macOS)。
--bytes=*[+]n[u]*	-c [+]*n[u]*	按字节(而非默认的行)对块计数。参数 *n* 为指定字节数的整数。例如，命令 tail -c 5 将显示文件最后的 5 个字节。仅在 Linux 下，*u* 为可选的倍数后缀，只是 tail 使用小写的 k 表示 KB(1024 字节的块)。如果使用这些倍数后缀，tail 就按照指定单位(而非字节)进行计数。 如果 *n* 前面带有加号(+)，tail 将从文件的开始(而非末尾)进行计数，但也会一直显示到文件末尾的字符。例如，命令 tail -c +5 将使 tail 从文件的第 5 个字符开始显示，一

		直显示到文件的末尾。
--follow	-f	在复制完文件的最后一行后,如果文件在不断增长,那么 tail 将进入无限循环,等待复制文件的新增加的行。如果通过该选项在 *file-list* 中指定了多个文件,那么 tail 在每次从不同的文件显示输出时都包含一个新的标题,从而使用户能了解到在添加哪个文件。当要跟踪后台进程(该进程正在将其输出发送到某个文件)的进度时,该选项很有用。使用该选项,tail 实用程序将无限地等待下去,因此必须使用中断键将其终止。参见-s 选项。
--lines=*[+]n[u]*	-n *[+]n[u]*	按行计数(默认情况)。参数 *n* 为指定行数的整数。在 Linux 下,*u* 为可选的度量单位,关于这些单位的使用参见-c(--bytes)选项中的说明。不使用该选项时,可以直接使用±*n* 来指定要显示的行数。 如果在 *n* 之前使用加号(+),那么 tail 将从文件的开始进行计数,一直显示到文件的末尾。例如,命令 tail -n +5 将使 tail 从文件的第 5 行开始显示,一直显示到文件的最后一行。
--quiet	-q	当在 *file-list* 中指定了多个文件时,该选项将阻止标题信息的显示(仅用于 Linux)。
--sleep-interval=*n*	-s *n*	与-f 选项一起使用,使得 tail 每隔 *n* 秒检查一次文件的输出(仅用于 Linux)。

注意

实用程序 tail 默认情况下显示文件的最后 10 行。

示例

本节的示例基于文件 eleven:

```
$ cat eleven
line one
line two
line three
line four
line five
line six
line seven
line eight
line nine
line ten
line eleven
```

不带任何选项的 tail 显示 eleven 文件的最后 10 行:

```
$ tail eleven
line two
line three
line four
line five
line six
line seven
line eight
line nine
line ten
line eleven
```

使用选项-n 3 或--lines 3 显示文件的最后 3 行:

```
$ tail -n 3 eleven
line nine
line ten
line eleven
```

下面的示例是从文件的第 8 行(+8)开始显示:

```
$ tail -n +8 eleven
line eight
line nine
line ten
line eleven
```

下面的示例显示了文件的最后 6 个字符(-c 6 或--bytes 6)。能看到的只有 5 个字符(leven)，最后一个为换行符：

```
$ tail -c 6 eleven
leven
```

监控输出　最后一个示例揭示了选项-f 的用法，tail 将跟踪 make 命令的输出结果，该结果被发送到文件 accounts.out：

```
$ make accounts > accounts.out &
$ tail -f accounts.out
        cc -c trans.c
        cc -c reports.c
...
CONTROL-C
$
```

在这个示例中，运行带-f 选项的 tail 得到的信息与在前台运行 make 并将输出重定向到某个文件的作用相同。但使用 tail 有很多好处。首先，make 的输出被保存在文件中(当没有重定向 make 的输出时，输出内容不会被保存)。其次，在运行 make 期间，如果希望做其他事情，那么用户可终止 tail，屏幕就空闲下来供用户使用，而 make 仍然继续在后台运行。当运行一个大型作业时，如编译一个大型程序，用户可以使用带-f 选项的 tail 来周期性地检查作业进度。

18.90　tar

将文件存储到归档文件中或者从归档文件中获取文件。

*tar **option** [**modifiers**] [**file-list**]*

tar(tape archive)实用程序用来从归档文件中创建、添加、列出和获取文件。

参数

file-list 是 tar 进行归档和提取的文件的路径名列表。

选项

只能使用下面的某个选项来指定 tar 要执行的动作。可以通过在选项的后面跟一个或多个修饰符来改变该选项的行为。

tar 的 macOS 版本接收长选项

提示	tar 中以两个连字符开头(--)的选项可用于 macOS 和 Linux。

--create	-c	创建归档文件。这个选项将 *file-list* 中列出的文件存储到一个新的归档文件中。如果该归档文件已经存在，那么它将在新的归档文件创建之前被销毁。如果参数 *file-list* 是一个目录，tar 就把该目录层次结构复制到归档文件中。如果没有使用--file 选项，则生成的归档文件被发送到标准输出。
--compare	-d	对一个归档文件和它所对应的磁盘文件进行比较并报告差异。也可以使用--diff。
--help		显示选项和修饰符列表，并简要描述它们。
--append	-r	将在 *file-list* 中指定的文件添加到归档文件的末尾。该选项并不改变归档文件中已经存在的文件，因此 tar 命令结束后，归档文件中可能存在某些文件的多份副本。

当用 tar 命令提取文件时，最后将会把归档文件中最近的文件副本放到磁盘上。

--list	-t	(table of contents)如果没有指定 *file-list*，该选项将产生一个列表以列出归档文件中的所有文件。如果指定 *file-list*，则该选项每次在归档文件中遇到包含在 *file-list* 中的文件时都显示该文件的名称。该选项与--verbose 选项一起使用可以显示归档文件中每个文件的详细信息。
--update	-u	将 *file-list* 中的文件添加到归档文件中(假设它们并不在归档文件中或者自上次写入归档文件以来发生了变化)。由于需要额外的检查操作，因此在指定该选项时 tar 的运行速度比较慢。
--extract	-x	从归档文件中提取 *file-list* 并把它写入磁盘，重写已存在的同名文件。如果没有指定 *file-list*，该选项将提取归档文件中的所有文件。如果 *file-list* 包含目录，tar 将提取该目录层次结构。tar 实用程序试图保留原始文件的拥有者、修改时间和访问权限。如果 tar 多次读取同一个文件，那么在 tar 执行完毕后，最后读入的那个版本将出现在磁盘上。

修饰符

--block-factor *n*	-b *n*	使用 *n* 作为创建归档文件时的块因子。这个选项只用于 tar 直接在可移动介质上创建归档文件时(当 tar 读取归档文件时，它会自动确定块因子)。当往可移动介质写入单个块时，*n* 是以 512 字节为单位的块数。
--directory *dir*	-C *dir*	在进行处理之前将工作目录切换到 *dir* 指定的目录。
--checkpoint		定期显示消息。使用这个选项可以知道 tar 正在运行而不需要使用--verbose 查看所有消息。
--exclude=*file*		不处理名为 *file* 的文件。如果 *file* 是一个目录，那么不处理该目录层次结构下的文件或目录。*file* 可以是模糊文件引用，根据需要转义特殊字符。
--file *filename*	-f *filename*	使用 *filename* 指出要创建或从中提取的归档文件的文件名。*filename* 可以是普通文件或设备(如 CD 和 USB 闪存驱动器)的名称。可以使用连字符(-)代替 *filename*，在创建归档文件时它表示标准输入，而在从归档文件中提取文件时它表示标准输出。下面两条命令都能为/dev/sde1 上目录层次结构/home 下的文件创建一个压缩的归档文件：

```
$ tar -zcf /dev/sde1 /home
$ tar -cf - /home | gzip > /dev/sde1
```

--dereference	-h	对于每个符号链接文件，对符号链接指向的文件而不是符号连接本身进行归档。符号链接的解引用参见 4.7.4 节。
--ignore-failed-read		在创建归档文件时，一旦 tar 遇到 *file-list* 中任何一个无法读取的文件，它通常就会退出，并返回一个非零的退出状态。这个选项使得 tar 忽略不可读的文件，继续进行处理。
--bzip2	-j	在创建归档文件或从归档文件中提取文件时，使用 bzip2(参见 3.6.1 节和 18.8 节)进行压缩和解压缩。
--tape-length *n*	-L *n*	向当前介质写入 *n*×1024 字节后，请求新的介质以继续写入。在创建大于单个 USB 闪存驱动器、分区、DVD 或其他存储设备容量的归档文件时，这一特性很有用。
--touch	-m	将提取出的文件的修改时间设置为提取时间。如果没有这个选项，那么 tar 尝试维持原始文件的修改时间。
--one-file-system		当在 *file-list* 中出现目录名时，tar 在创建归档文件时会递归处理该目录层次结构中的文件和目录。使用该选项时，tar 将只处理目录所在的文件系统中的目录，而不处理其他文件系统中的目录。在 macOS 下，可以使用-l(小写字符"1")替代--one-file-system。在 Linux 下，-l 用于其他目的。

--absolute-names	-P	tar 默认的行为是通过去掉路径名前面的斜杠来强制所有的完整路径名成为相对路径名。这个选项将禁用该功能,使得绝对路径名保持不变。
--sparse	-S	Linux 允许创建稀疏文件,也就是那些所占空间大而内容大部分为空的文件。稀疏文件中为空的部分并不占用任何磁盘空间。当 tar 从归档文件中提取稀疏文件时,它通常按稀疏文件的原始大小分配空间。结果,在从 tar 命令生成的备份中还原稀疏文件时,稀疏文件的空白部分也占用了额外的空间,这可能与它原来占用的磁盘空间不符。该选项使 tar 能有效处理稀疏文件,使得它们在归档文件中和释放出的文件中都不会占用不必要的空间。
--verbose	-v	列出 tar 读或写的每一个文件。与选项-t 混合使用时,-v 将使得 tar 显示归档文件中更为详细的文件列表,包括所有权关系、权限、大小和其他信息。
--interactive	-w	在读或写每个文件之前要求确认。如果希望 tar 执行相应的动作,那么输入 y 作为回应。任何其他的回应都会使 tar 不执行相应动作。
--exclude-from *filename*	-X *filename*	类似于--exclude 选项,不同的是 *filename* 可以包含被排除在操作之外的文件列表。在 *filename* 中列出的每一个文件都必须单独占一行。
--compress 或--uncompress	-Z	在创建归档文件时使用 compress 命令,而在从归档文件中提取文件时使用 uncompress 命令。
--gzip 或--gunzip	-z	使得 tar 在创建归档文件时使用 gzip 来对它进行压缩,而在从归档文件中提取文件时使用 gunzip 来对它进行解压缩。这个选项同样可以从使用 compress 实用程序压缩生成的归档文件中提取文件。

注意

选项--help 显示 tar 的所有选项和修饰符。--usage 选项提供相同信息的简短总结。tar 的 info 页提供更详尽的信息,其中包括该实用程序的使用指南。

在创建归档文件时,可在 *file-list* 中使用模糊文件引用,但在从归档文件中提取文件时不能使用。

file-list 中的目录文件名会引用该目录层次结构下的所有文件和目录。

tar 将结果文件默认输出到何处与编译相关;通常结果文件将被输出到标准输出。使用选项-f 可以指定一个不同的文件名或设备来保存归档文件。

如果在 *file-list* 中使用一个简单的文件名来创建归档文件,那么在提取它时,该文件将出现在当前工作目录下。如果在创建归档文件时使用了相对路径,那么在提取它时,文件将出现在相对于当前工作目录下的目录中。如果在创建归档文件时使用了-P 选项以及绝对路径名,那么 tar 会用相同的路径名提取该文件,也可能改写原文件。

17.2.3 节列举了一个结合使用 ssh 和 tar,在工作目录层次结构的内容的远程系统上创建归档文件的示例。

前导连字符 tar 实用程序的选项和修饰符的前面不需要连字符,但带上连字符和不带上连字符会使选项和修饰符的行为略有区别。

在一个选项后可以指定一个或多个修饰符。如果带上前导连字符,下面的 tar 命令就会出现一个错误:

```
$ tar -cbf 10 /dev/sde1 memos
tar: f: Invalid blocking factor
Try 'tar --help' or 'tar --usage'for more information.
```

产生错误的原因是修饰符-b 需要一个参数,但是它没有被放在一组修饰符的最后。如果不带前导连字符,这个命令就会正常执行。

如果要分隔多个选项,就必须使用前导连字符:

```
$ tar -cb 10 -f /dev/sde1 memos
```

示例

下面的示例将目录层次结构/home/max 下的内容复制到在/dev/sde1 上挂载的 USB 闪存驱动器中。修饰符 v 使得该命令列出它写入该设备的所有文件。该命令将删除设备上已经存在的所有内容。tar 显示的消息表明默认操作是将所有的路径名存储为相对路径而不是绝对路径。因此,允许将这些文件从归档文件提取到磁盘上不同的目录中。

```
$ tar -cvf /dev/sde1 /home/max
tar: Removing leading '/' from member names.
home/max/
home/max/.bash_history
home/max/.bash_profile
...
```

在下一个示例中，同样的目录被保存到在/dev/sde1 上挂载的设备中，所用的块因子是 100。由于没有使用修饰符 v，因此 tar 没有显示它写入设备的文件列表。该命令在后台运行，并在 shell 显示新的提示符后显示 tar 产生的所有消息。

```
$ tar -cb 100 -f /dev/sde1 /home/max &
[1] 4298
$ tar: Removing leading '/' from member names.
```

下一条命令显示在/dev/sde1 上挂载的设备上的归档文件中的内容列表：

```
$ tar -tvf /dev/sde1
drwxrwxrwx max/group       0 Jun 30 21:39 2018 home/max/
-rw-r--r-- max/group     678 Aug  6 14:12 2018 home/max/.bash_history
-rw-r--r-- max/group     571 Aug  6 14:06 2018 home/max/.bash_profile
drwx------ max/group       0 Nov  6 22:34 2018 home/max/mail/
-rw------- max/group    2799 Nov  6 22:34 2018 home/max/mail/sent-mail
...
```

在下一个示例中，Max 在/tmp/max.tgz 中创建了一个使用 gzip 压缩的 tar 归档文件。如果想通过网络或其他方式来与他人共享一些文件，这是一种流行的打包文件的方法。以.tgz 结尾的文件名是标识用 gzip 压缩的 tar 归档文件的约定。另一种约定是以.tar.gz 作为文件名后缀。

```
$ tar -czf /tmp/max.tgz literature
```

最后一条命令将列出压缩的归档文件 max.tgz 中的所有文件：

```
$ tar -tzvf /tmp/max.tgz
...
```

18.91　tee

把标准输入复制到标准输出和一个或多个文件中。

tee [options] file-list

tee 实用程序把标准输入复制到标准输出和一个或多个文件中。

参数

参数 *file-list* 指定用于接收 tee 的输出的文件所对应的路径名列表。如果 *file-list* 中的文件不存在，tee 就创建它。

选项

以两个连字符开头(--)的选项仅用于 Linux。除非特别指明，否则以一个连字符开头(-)的单字符选项可用于 macOS 和 Linux。在没有任何选项的情况下，tee 将重写已存在的输出文件并响应外部的中断。

--append	-a	将输出追加到已存在的文件之后，而不是将它重写。
	-i	使得 tee 不响应 SIGINT 中断(仅用于 macOS)。
--ignore-interrupts	-i	使得 tee 不响应中断(仅用于 Linux)。

示例

在下面的示例中，管道将 make 的输出发送到 tee，tee 将对应的信息复制到标准输出和文件 account.out 中。被复制到标准输出的信息将出现在屏幕上。cat 实用程序显示了发送到文件中的副本数据：

```
$ make accounts | tee accounts.out
        cc -c trans.c
        cc -c reports.c
...
$ cat accounts.out
        cc -c trans.c
        cc -c reports.c
...
```

参见 18.89 节中类似的示例(该例使用了 tail -f 而不是 tee)。

18.92　telnet

通过网络连接到远程系统。

telnet [options] [remote-system]

telnet 实用程序实现了 TELNET 协议，从而能够通过网络连接到远程系统。

> **telnet 是不安全的**
>
> **安全**　telnet 实用程序是不安全的。它会将用户名和密码以明文方式在网络中传输，这种做法是不安全的。如果可能，尽量使用 ssh(参见 17.2 节)。

参数

参数 *remote-system* 指出 telnet 要连接的远程系统的主机名或 IP 地址。如果未指定参数 *remote-system*，那么 telnet 将交互式地提示用户输入本节描述的一些命令。

选项

-a	启动自动登录(macOS 的默认操作)。
-e *c*	(escape)将来自 CONTROL+]的转义字符改为字符 *c*。
-K	阻止自动登录。这个选项可用于 macOS 和一些 Linux 发行版(它是 Linux 下的默认行为)。
-l *username*	尝试使用 *username* 在远程系统上自动登录。如果远程系统知道如何使用 telnet 处理自动登录，则它会提示输入密码。

讨论

一旦 telnet 连接到远程系统，就可通过输入转义字符(通常是 CONTROL+])来使 telnet 进入命令模式。远程系统通常报告它能识别的转义字符。要退出命令模式，可在一行上按 RETURN 键。

在命令模式中，telnet 会显示 telnet>提示符。下面的命令可在命令模式中使用：

?	(help)显示在本地系统上 telnet 能够识别的命令列表。
close	关闭到远程系统的连接。如果在启动 telnet 的命令行上指定了远程系统的名称，那么 close 将和 quit 有同样的作用：telnet 程序退出，shell 显示提示符。如果使用 open 命令而不是在命令行上指定远程系统，close 将使得 telnet 返回到命令模式。
logout	从远程系统注销，类似于 close 命令。
open *remote-computer*	如果没有在命令行上指定远程系统或者连接到该远程系统失败，那么可以使用 open 命令，从而交互式地指定远程系统的名称或 IP 地址。
quit	退出 telnet 会话。
z	挂起 telnet 会话。一旦挂起一个会话，就会返回到登录本地系统的登录 shell 中。在 shell 提示符后输入 fg 可以恢复已挂起的 telnet 会话。

注意

在 Linux 下，telnet 不尝试自动登录。在 macOS 下，telnet 尝试自动登录。telnet 尝试自动登录时，它会使用本地系统上的用户名，除非使用-l 选项指定了另一个用户名。

实用程序 telnet(telnet 软件包)是 TELNET 协议的一个用户接口，比 ssh 老且不安全。然而在 ssh 不可用时，它可能可用(更多的非 UNIX 系统支持 TELNET 访问而非 ssh 访问)。此外，一些旧设备，例如终端服务器、基础设施和网络设备，仍然不支持 ssh。

telnet 与 ssh 当连接到远程 UNIX 或 Linux 系统时，telnet 显示一个文本的 login:提示符。由于 telnet 被设计为可以与非 UNIX 和非 Linux 系统交互，因此它不假定远程用户名和本地用户名相同(ssh 做了该假定)。某些情况下，telnet 不需要登录凭据。

除此之外，telnet 允许配置特殊参数，例如处理 RETURN 和中断的方式(ssh 不提供这个选项)。当在 UNIX 和/或 Linux 系统之间使用 telnet 时，几乎不需要修改任何参数。

示例

在下面的示例中，用户 Sam 连接到名为 plum 的远程系统。在 plum 上运行一些命令之后，用户输入 CONTROL+]以返回到命令行模式并输入 help 来显示 telnet 的命令列表。接下来用户使用 z 命令挂起 telnet 会话，以便在本地系统上运行一些命令。然后用户在 shell 中使用 fg 命令重新使用 telnet；需要按 RETURN 键来显示 plum 上的提示符。在远程系统上执行的 logout 命令结束 telnet 会话，并由本地 shell 显示提示符。

```
[sam@guava ~]$ telnet plum
Trying 172.16.192.151...
Connected to plum.
Escape character is '^]'.
Fedora release 16 (Verne)
Kernel 3.3.0-4.fc16.i686 on an i686 (1)
login: sam
Password:
Last login: Tue Apr 10 10:28:19 from guava
...
[sam@plum ~]$ CONTROL-]
telnet> help
Commands may be abbreviated. Commands are:
close close current connection
logout forcibly logout remote user and close the connection
display display operating parameters
mode try to enter line or character mode ('mode ?' for more)
...
telnet> z
[1]+ Stopped                telnet plum
...
[sam@guava ~]$ fg
telnet plum
RETURN
[sam@plum ~]$ logout
Connection closed by foreign host.
[sam@guava ~]$
```

使用 telnet 连接到其他端口 默认情况下，telnet 连接到用于远程登录的 23 端口。然而，可以通过指定一个端口号，使用 telnet 连接到其他服务。除标准服务外，互联网上许多可用的特殊远程服务使用非特定端口。与标准协议的端口号不同，这些端口号可由服务的管理员任意选定。

尽管 telnet 通常已经不再用于登录远程系统，但它仍被用作调试工具，允许与 TCP 服务器直接通信。一些标准协议很简单，有经验的用户使用 telnet 直接连接到远程服务就可以调试问题。如果网络服务出现问题，最好第一步就使用 telnet 尝试连接它。

如果使用 telnet 连接到某个主机的 25 端口，就可以与 SMTP 交互。除此之外，110 端口连接到 POP 协议，80

端口与 WWW 服务器连接，143 端口与 IMAP 协议连接。所有这些都是 ASCII 协议，在 RFC 中有相关文档。可以阅读 RFC 或在 Web 上搜索交互使用它们的示例。

下面的示例中，系统管理员正在调试邮件发送的问题，他使用 telnet 连接到 example.com 服务器的 SMTP 端口(25 端口)，检查将来自 spammer.com 域的邮件退回的原因。第一行的输出标识 telnet 尝试连接的 IP 地址。在 telnet 显示 Connected to smtpsrv.example.com 消息后，管理员根据标准 SMTP 协议，模拟 SMTP 对话。以 helo 开头的第一行开启会话并识别本地系统。SMTP 服务器鉴别完自身之后，管理员输入标识邮件发送者为 user@spammer.com 的行。SMTP 服务器的响应解释了消息被退回的原因，接着管理员使用 quit 结束了会话。

```
$ telnet smtpsrv 25
Trying 192.168.1.1...
Connected to smtpsrv.example.com.
Escape character is '^]'.
helo example.com
220 smtpsrv.example.com ESMTP Sendmail 8.13.1/8.13.1; Wed, 2 May 2018 00:13:43 -0500 (CDT)
250 smtpsrv.example.com Hello desktop.example.com [192.168.1.97], pleased to meet you
mail from:user@spammer.com
571 5.0.0 Domain banned for spamming
quit
221 2.0.0 smtpsrv.example.com closing connection
```

telnet 实用程序允许使用任何想要的协议，只要熟练到能够手工输入命令即可。

18.93　test

计算表达式的值。

test expression
[expression]

test 实用程序计算一个表达式的值并返回一个条件代码来指出该表达式是 True(0)或 False(非 0)。可以使用方括号([ ])将表达式括起来，以代替单词 test(第 2 种语法)。

参数

参数 *expression* 包含一个或多个用于 test 计算的判别式(如表 18-37 所示)。分隔两个判别式的-a 是布尔与运算符：如果 test 要返回条件代码 true，那么两个判别式的值都必须为 true。-o 是布尔或运算符。当-o 分隔两个判别式时，如果 test 要返回条件代码 true，那么其中必须至少有一个判别式的值为 true。

可通过在判别式的前面加上感叹号(!)来将它的值取反。可以用圆括号将判别式分组。如果没有圆括号，-a 就有比-o 高的优先级；并且 test 从左到右计算具有同等优先级的运算符。

表达式 *expression* 中的特殊字符(如圆括号)必须用引号括起来，以便 shell 不会对它们进行解释，而是直接把它们原封不动地传递给 test。

由于表达式 *expression* 中的每个元素(如判别式、字符串或变量)都是单独的参数，因此必须使用空格符将它们与其他元素分隔开。表 18-37 列出了表达式 *expression* 中可以使用的判别式。表 18-38 列出了 test 的关系运算符。

表 18-37　判别式

判　别　式	含　　义
string	如果 *string* 的长度大于 0，则为 True(仅用于 Linux) 如果 *string* 不是一个空字符串，则为 True(仅用于 macOS)
-n *string*	如果 *string* 的长度大于零，则为 True
-z *string*	如果 *string* 的长度为零，则为 True
string1 = *string2*	如果 *string1* 等于 *string2*，则为 True
string1 != *string2*	如果 *string1* 不等于 *string2*，则为 True

(续表)

判 别 式	含 义
int1 relop int2	如果整数 *int1* 与 *int2* 的特定的代数关系成立，则为 True；*relop* 是表 18-38 中的关系运算符；作为一个特例，用于给出字符串 *string* 长度的-l *string* 可用于 *int1* 或 *int2*
file1 -ef *file2*	如果 *file1* 和 *file2* 具有相同的设备和索引节点编号，则为 True
file1 -nt *file2*	如果 *file1* 在 *file2* 之后被修改(*file1* 的修改时间比 *file2* 的修改时间晚)，则为 True
file1 -ot *file2*	如果 *file1* 在 *file2* 之前被修改(*file1* 的修改时间比 *file2* 的修改时间早)，则为 True
-b *filename*	如果名为 *filename* 的文件存在且为块特殊文件，则为 True
-c *filename*	如果名为 *filename* 的文件存在且为字符特殊文件，则为 True
-d *filename*	如果名为 *filename* 的文件存在且为目录，则为 True
-e *filename*	如果名为 *filename* 的文件存在，则为 True
-f *filename*	如果名为 *filename* 的文件存在且为普通文件，则为 True
-g *filename*	如果名为 *filename* 的文件存在且已经设置了它的 setgid 位(参见 4.5 节)，则为 True
-G *filename*	如果名为 *filename* 的文件存在且组用户与运行命令的用户所属的基本组相关联(有同样的有效组 ID)，则为 True
-k *filename*	如果名为 *filename* 的文件存在且它的粘滞(sticky)位被设置(参见附录 E)，则为 True
-L *filename*	如果名为 *filename* 的文件存在且是一个符号链接文件，则为 True
-O *filename*	如果名为 *filename* 的文件存在且运行命令的用户拥有它(有同样的有效用户 ID)，则为 True
-p *filename*	如果名为 *filename* 的文件存在且是一个命名管道，则为 True
-r *filename*	如果名为 *filename* 的文件存在且运行命令的用户对它具有读取权限，则为 True
-s *filename*	如果名为 *filename* 的文件存在且包含信息(长度大于零字节)，则为 True
-t *file-descriptor*	如果文件描述符 *file-descriptor* 已打开且与屏幕或键盘关联，则为 True；标准输入的文件描述符(*file-descriptor*)是 0，标准输出的文件描述符是 1，标准错误的文件描述符是 2
-u *file-name*	如果名为 *filename* 的文件存在且已经设置了它的 setuid 位(参见 4.5 节)，则为 True
-w *filename*	如果名为 *filename* 的文件存在且运行命令的用户对它具有写入权限，则为 True
-x *filename*	如果名为 *filename* 的文件存在且运行命令的用户对它具有执行/搜索权限，则为 True

表 18-38　关系运算符

关系运算符	含 义
-eq	等于
-ge	大于或等于
-gt	大于
-le	小于或等于
-lt	小于
-ne	不等于

注意

　　test 在 Bourne Again Shell 和 TC shell 中是内置命令。

示例

　　使用-t 选项测试运行 test 进程的某个文件描述符是否与终端相关联的示例请参见 10.2 节。
　　下面的示例揭示了 test 实用程序在 Bourne Again shell 脚本中的用法。尽管 test 在命令行上工作，但它更多的是用在 shell 脚本中，用于测试输入或者验证对文件的访问权限。
　　第 1 个示例首先提示用户输入，然后把一行输入读入一个变量中，并利用 test 的同义词 "[ ]" 来测试该变量，从而确定用户是否输入了单词 yes：

```
$ cat user_in
read -p "Input yes or no: " user_input
if [ "$user_input" = "yes" ]
    then
        echo "You input yes."
fi
```

下一个示例提示输入文件名，然后利用 test 的同义词"[ ]"来确定用户是否对该文件具有读取权限(-f)以及(即逻辑与，符号-a)该文件是否包含信息(-s)：

```
$ cat validate
read -p "Enter filename: " filename
if [ -r "$filename" -a -s "$filename" ]
    then
        echo "File $filename exists and contains information."
        echo "You have read access permission to the file."
fi
```

18.94 top

动态地显示进程状态。

```
top [options]
```

top 实用程序显示当前系统的状态信息，包括当前进程的信息。

选项

尽管 top 没有要求在选项前使用连字符，但是为了清晰以及与其他实用程序一致，最好包含连字符。可以在 top 运行时给它命令，使得它就像在运行时指定选项那样运行。更多信息请参见本节的"讨论"部分。

-ca   使 top 在累计模式下(cumulative mode)运行。在这种模式下，累计自从 top 启动以来的时间和事件。如果要在另一种模式下运行带-c 选项的 top，可参见 top 的 man 页(仅用于 macOS)。

-d ss.tt   (delay)指定 ss.tt 作为显示更新的间隔时间。其中 ss 为秒数，tt 为十分之一秒。默认值为 3 秒(仅用于 Linux)。

-i   忽略 idle 和僵尸进程(僵尸进程指没有父进程的进程) (仅用于 Linux)。

-n n   (number)指定迭代次数：top 在更新显示 n 次后退出(仅用于 Linux)。

-p n   (PID)监控 PID 为 n 的进程。可以在命令行中使用该选项多达 20 次，或者指定 n 为逗号分隔的多达 20 个 PID 编号的列表。

-S   (sum)使得 top 运行在累计模式下。当处于累计模式时，所报告进程的 CPU 时间将包含现在已经终止的子进程的累计 CPU 时间(仅用于 Linux)。

-s   (secure)在安全模式下运行 top，限制用户在 top 运行时可以使用的命令为那些安全系数较高的命令。

-s ss   (seconds)指定 ss 作为显示更新的间隔时间。其中 ss 为秒数，默认为 1 秒(仅用于 macOS)。

讨论

top 显示的前几行信息概述了本地系统的状态。可以通过使用下面介绍的切换开关(交互式的命令键)来显示或隐藏这些行。第 1 行与 uptime 实用程序的输出类似，它显示当前时间、本地系统自从上次启动以来的运行时间、登录系统的用户数目以及前 1 分钟、5 分钟和 15 分钟的平均负载(切换开关为 l[小写字母 l])。第 2 行指出当前运行的进程数目(切换开关为 t)。接下来的 3 行分别报告 CPU(切换开关同样是 t)、内存(切换开关为 m)和交换空间(切换开关为 m)的使用情况。

剩余的行报告个别进程的情况，这些进程按照 CPU 的使用情况降序排列(即，CPU 占用率最高的进程排在最前面)。默认情况下，top 在屏幕上显示适量的进程数。

表 18-39 描述了所显示的每个进程的字段的含义。

表 18-39　字段名

名　称	含　义
PID	进程标识号
USER	进程拥有者的用户名
PR	进程优先级
NI	nice 值(参见 18.60 节)
VIRT	(以 KB 为单位)进程所用的虚拟内存量
RES	(以 KB 为单位)进程所用的物理内存(未被交换)量
SHR	(以 KB 为单位)进程所用的共享内存量
S	进程的状态(参见 18.85 节关于 STAT 的内容)
%CPU	进程所占用的 CPU 总时间的百分比
%MEM	进程所占用的物理内存的百分比
TIME[+]	进程所使用的 CPU 总时间
COMMAND	启动进程的命令行或者程序的名称(切换开关为 c)

top 在运行时，可以通过下面的命令来改变其行为：

h　　(help)显示可以在 top 运行时使用的命令的概要信息(仅用于 Linux)。

?　　(help)显示可以在 top 运行时使用的命令的概要信息(仅用于 macOS)。

k　　(kill)允许终止进程。除非是超级用户，否则只能终止自己拥有的进程。使用该命令时，top 将提示输入该进程的 PID 和发送给该进程的信号。可使用信号的编号或名称(关于信号的列表请参见表 10-5)。在安全模式下该命令被禁用(仅用于 Linux)。

n　　(number)当使用该命令时，top 会要求输入想要显示的进程数目。如果输入 0(默认值)，那么 top 会在一屏上显示尽可能多的进程。

q　　(quit)结束 top。

r　　(renice)改变运行中的进程的优先级(参见 18.72 节)。除非是超级用户，否则只能改变自己拥有的进程的优先级，并且只能通过输入正值来降低进程的优先级。超级用户可以输入负值来提高进程的优先级。在安全模式下该命令被禁用(仅用于 Linux)。

S　　(sum)使得 top 在累计模式和正常模式之间来回切换。更详细的信息参见-S 选项(仅用于 Linux)。

s　　(seconds)提示输入以秒为单位的更新之间的延时(默认为 3 秒)。可以输入一个整数、小数或 0(表示连续更新)。在 Linux 下，在安全模式下该命令被禁用。

W　　(write)将 top 当前的配置写入个人的配置文件(~/.toprc)(仅用于 Linux)。

空格　刷新屏幕。

注意

top 的 Linux 和 macOS 版本迥然不同。尽管它适用于这两个版本，但本节介绍的内容主要面向 Linux 版本。macOS 版本的更多信息参见 macOS top 的 man 页。

top 实用程序和 ps 类似，但它周期性地更新显示信息，从而允许用户持续监控本地系统的行为。

该实用程序仅在适合屏幕尺寸的条件下尽可能地显示每个进程的命令行。如果进程被交换出内存，top 就使用圆括号括起来的命令名代替原来的命令行。

在 Linux 下，top 实用程序使用 proc 文件系统：如果没有挂载 proc，那么 top 不能工作。

要求连续的更新几乎总是一个错误。过快地更新显示的内容会大大增加系统负载。

示例

下面显示的是 top 典型的执行结果，该系统的 CPU 为 4 核：

```
top - 15:58:38 up 8 days, 5:25, 1 user, load average: 0.54, 0.70, 0.71
Tasks: 295 total, 1 running, 293 sleeping, 0 stopped, 1 zombie
Cpu0  :  2.0%us, 2.3%sy, 0.0%ni, 95.7%id, 0.0%wa, 0.0%hi, 0.0%si, 0.0%st
Cpu1  :  3.5%us, 5.4%sy, 0.0%ni, 90.8%id, 0.0%wa, 0.0%hi, 0.3%si, 0.0%st
Cpu2  :  7.1%us, 1.0%sy, 0.0%ni, 91.9%id, 0.0%wa, 0.0%hi, 0.0%si, 0.0%st
Cpu3  :  5.4%us, 10.9%sy, 0.0%ni, 83.4%id, 0.0%wa, 0.3%hi, 0.0%si, 0.0%st
Mem:  16466476k total, 16275772k used, 190704k free, 370208k buffers
Swap: 58589160k total, 108k used, 58589052k free, 12858064k cached

PID USER      PR  NI    VIRT   RES   SHR S %CPU %MEM    TIME+   COMMAND
 1530 root    20   0    267m  175m   38m S   12  1.1 216:19.29 Xorg
  942 zach    20   0   3937m  3.2g  3.0g S    7 20.4 171:19.46 vmware-vmx
 3354 zach    20   0    790m   86m   34m S    7  0.5 321:18.92 kwin
19166 zach    20   0    586m  122m   28m S    3  0.8   4:13.05 plugin-containe
19126 zach    20   0   1178m  658m   33m S    1  4.1  13:56.39 firefox
 7867 zach    20   0   2567m  1.6g  1.5g S    1 10.0  18:15.98 vmware-vmx
 7919 zach    20   0   2635m  2.1g  2.0g S    1 13.2  43:57.29 vmware-vmx
12234 zach    20   0   2692m  1.4g  1.4g S    1  9.1  14:09.21 vmware-vmx
21269 zach    20   0   19356  1564  1064 R    1  0.0   0:00.56 top
 3617 zach    20   0    762m  108m   21m S    0  0.7   9:59.94 plasma-desktop
 4867 zach    20   0    463m   40m   16m S    0  0.3   0:55.99 konsole
 5223 zach    20   0    474m  216m   22m S    0  1.3  21:35.01 vmware
21277 root    20   0       0     0     0 S    0  0.0   0:00.01 vmware-rtc
    1 root    20   0   23844  2000  1220 S    0  0.0   0:01.21 init
    2 root    20   0       0     0     0 S    0  0.0   0:00.06 kthreadd
    3 root    RT   0       0     0     0 S    0  0.0   0:00.02 migration/0
...
```

18.95 touch

创建文件或改变文件的访问和/或修改时间。

touch [options] file-list

touch 实用程序用来将文件的访问时间和/或修改时间修改为当前时间或指定的时间。也可以用 touch 创建文件。

参数

file-list 是 touch 将要创建或更新的文件的路径名列表。

选项

在 Linux 下，touch 接收 18.2 节描述的常见选项。以两个连字符开头(--)的选项仅用于 Linux。除非特别指出，否则以一个连字符开头(-)的单字符选项可用于 macOS 和 Linux。如果没有任何选项，那么 touch 将文件的访问时间和修改时间改为当前时间。如果未指定-c(--no-create)选项，touch 将创建不存在的文件。

	-a	只更新访问时间，不改变修改时间。
--no-create	-c	不创建不存在的文件。
--date=*datestring*	-d *datestring*	将时间更新为 *datestring* 指定的日期。*datestring* 允许使用大部分常见的时间格式。*datestring* 中没有包含的日期和时间成分将被认为使用当前日期和时间。这个选项不能与-t 同时使用(仅用于 Linux)。
	-m	只更新修改时间，不改变访问时间。
--reference=*file*	-r *file*	使用文件 *file* 的时间更新时间。
-t[[*cc*]*yy*] *nnddhhmm*[.*ss*]		将时间修改为参数指定的日期。参数 *nn* 表示月份(01~12)，*dd* 表示每月的日期(01~31)，*hh* 表示 24 小时制的小时(00~23)，而 *mm* 表示分钟(00~59)。至少必须指定上述字段。可以通过.*ss* 来指定分钟以下的秒数。 可选的 *cc* 指定年份的前两位(世纪值减 1)，而 *yy* 指定年份的后两位。如果未

指定年份，touch 就认为是当前年份。如果未指定 *cc*，touch 就根据 *yy* 的值来决定年份的前两位。若 *yy* 在 0~68 范围内，则认为 *cc* 是 20；若 *yy* 在 69~99 范围内，则认为 *cc* 是 19。

该选项不能与-d 同时使用。

示例

前面 3 条命令说明 touch 如何更新已有文件。带选项-l 的 ls 实用程序显示了文件的修改时间。最后 3 条命令说明 touch 如何创建文件。

```
$ ls -l program.c
-rw-r--r--. 1 sam pubs 17481 03-13 16:22 program.c
$ touch program.c
$ ls -l program.c
-rw-r--r--. 1 sam pubs 17481 05-02 11:30 program.c

$ ls -l read.c
ls: cannot access read.c: No such file or directory
$ touch read.c
$ ls -l read.c
-rw-r--r--. 1 sam pubs 0 05-02 11:31 read.c
```

在下面的示例中，第一条 ls 命令显示了文件的修改时间，第二条 ls 命令(带-lu 选项)显示了文件的访问时间：

```
$ ls -l
-rw-r--r--. 1 sam pubs 466 01-10 19:44 cases
-rw-r--r--. 1 sam pubs 1398 04-18 04:24 excerpts

$ ls -lu
-rw-r--r--. 1 sam pubs 466 05-02 11:34 cases
-rw-r--r--. 1 sam pubs 1398 05-02 11:34 excerpts
```

下面的示例使用前面的两个文件，说明了-a 选项如何仅仅改变访问时间，以及-t 选项如何指定 touch 所用的时间而不是当前日期和时间。执行 touch 命令后，ls 命令显示文件 cases 和 excerpts 的访问时间更新了，而修改时间保持不变。

```
$ touch -at 02040608 cases excerpts
$ ls -l
-rw-r--r--. 1 sam pubs 466 01-10 19:44 cases
-rw-r--r--. 1 sam pubs 1398 04-18 04:24 excerpts

$ ls -lu
-rw-r--r--. 1 sam pubs 466 02-04 06:08 cases
-rw-r--r--. 1 sam pubs 1398 02-04 06:08 excerpts
```

18.96 tr

替换指定的字符。

tr [options] string1 [string2]

tr 实用程序从标准输入读取字符串，将输入中的每个字符或者映射为替代的字符，或者删除该字符，或者不改变该字符。这个实用程序从标准输入读取输入并输出到标准输出。

参数

tr 实用程序通常带有两个参数：*string1* 和 *string2*。两个字符串中的每个字符的位置都至关重要：每当 tr 在它的输入中发现一个与 *string1* 中的某个字符相同的字符时，它将使用 *string2* 中对应的字符来替换输入中的字符。

如果只有一个参数 *string1*，并且使用-d(--delete)选项，tr 将删除 *string1* 中指定的所有字符。选项-s(--squeeze-repeats)会把在 *string1* 中指定的连续出现的多个字符替换为单个字符(例如，abbc 变成 abc)。

1. 字符范围

字符范围这一概念在功能上与正则表达式(参见附录 A)中的字符类类似。GNU 的 tr 并不支持包括在方括号中的范围(字符类)。可以通过如下方法来指定字符范围：首先写出排序序列中靠前的字符作为该字符范围的开始，然后接上连字符，最后写出排序序列中靠后的字符作为该字符范围的结尾。例如，1-6 将被扩展为 123456。虽然范围 A-Z 在 ASCII 码下可以扩展出想要的范围，但是这种做法在使用 EBCDIC 排序序列时将会失败，因为在 EBCDIC 中这些字符没有按顺序排列。参见下面的"字符类"来解决这个问题。

2. 字符类

tr 实用程序中的字符类与本书其他地方描述的字符类有所不同(GNU 文档使用的术语"列表运算符"(list operator)与本书中的字符类同义)。可以使用'[:class:]'来指定一个字符类，其中 class 是表 18-40 中的一个字符类。除非进行大小写转换(参见本节后面的示例)或者同时使用了-d 和-s 选项，否则必须在 string1 中(不能在 string2 中)指定一个字符类。

表 18-40　字符类及其含义

字　符　类	含　　　义
alnum	字母和数字
alpha	字母
blank	空白符
cntrl	控制字符
digit	数字
graph	打印字符，但不是空格
lower	小写字母
print	打印字符，包括空格
punct	标点符号
space	水平或垂直的空白符
upper	大写字母
xdigit	十六进制数字

选项

以两个连字符开头(--)的选项仅用于 Linux。除非特别指明，否则以一个连字符开头(-)的单字符选项可用于 macOS 和 Linux。

--complement	-c	对 string1 取反，使得 tr 匹配除了在 string1 中出现的所有字符。
--delete	-d	删除与 string1 中指定的字符匹配的字符。如果该选项与-s(--squeeze-repeats)选项同时使用，那么必须同时指定 string1 和 string2(参见"注意"部分)。
--help		概述如何使用 tr，包括 string1 和 string2 中可用的一些特殊符号(仅用于 Linux)。
--squeeze-repeats	-s	如果调用 tr 时只给出一个字符作为参数，那么将 string1 中连续出现的多个字符替换为出现的单个字符。如果同时给出 string1 和 string2，那么 tr 实用程序首先将 string1 中的字符转换为 string2 中指定的字符，然后将 string2 中连续出现的多个字符替换为出现的单个字符。
--truncate-set1	-t	在处理输入的字符串之前截取 string1，使得它的长度与 string2 相同(仅用于 Linux)。

注意

当 string1 的长度大于 string2 时，在转换中使用 string1 的前一部分(长度与 string2 相同)。当 string1 的长度小于 string2 时，tr 使用 string1 的最后一个字符将 string1 扩展到与 string2 等长。此时，tr 与 POSIX 标准不一致，POSIX 标准没有规定这种情况下的处理方式。

如果同时使用-d(--delete)选项和-s(--squeeze-repeats)选项，则 tr 首先删除 *string1* 中的字符，然后将 *string2* 中连续出现的多个字符替换为出现的单个字符。

示例

在 *string1* 或 *string2* 中，可使用连字符来代表字符范围。下面的两行命令将产生同样的结果：

```
$ echo abcdef | tr 'abcdef' 'xyzabc'
xyzabc
$ echo abcdef | tr 'a-f' 'x-za-c'
xyzabc
```

下面的示例揭示了一种流行的隐藏文本的方法，由于将字母表中的第 1 个字符用第 13 个字符替换，将第 2 个字符用第 14 个字符替换，依此类推，因此通常称作 ROT13(旋转 13)。第 1 行的末尾是一个管道符号，它隐性地延续行，并导致 bash 使用第 2 个提示符启动下一行。

```
$ echo The punchline of the joke is ... |
> tr 'A-M N-Z a-m n-z' 'N-Z A-M n-z a-m'
Gur chapuyvar bs gur wbxr vf ...
```

要使得被隐藏的文本可读，可以通过倒转 tr 参数的顺序来实现：

```
$ echo Gur chapuyvar bs gur wbxr vf ... |
> tr 'N-Z A-M n-z a-m' 'A-M N-Z a-m n-z'
The punchline of the joke is ...
```

--delete 选项使得 tr 删除选定的字符：

```
$ echo If you can read this, you can spot the missing vowels! |
> tr --delete 'aeiou'
If y cn rd ths, y cn spt th mssng vwls!
```

在下面的示例中，tr 首先替换字符，然后将几对相同的字符替换为单个字符：

```
$ echo tennessee | tr -s 'tnse' 'srne'
serene
```

下面的示例将文件 draft1 中的每个非字母字符(对字符类 alpha 指定的所有字母取反后的结果)序列替换为一个换行符。输出结果是一个单词列表，每行一个单词。

```
$ tr -c -s '[:alpha:]' '\n' < draft1
```

下一个示例使用字符类将字符串 hi there 转换为大写形式：

```
$ echo hi there | tr '[:lower:]' '[:upper:]'
HI THERE
```

18.97 tty

显示终端所连接的路径名。

```
tty [option]
```

如果标准输入是一个终端，那么 tty 实用程序显示它的路径名，否则显示 not a tty。如果标准输入是一个终端，那么退出状态为 0，否则为 1。

选项

在 Linux 下，tty 接收 18.2 节描述的常见选项。以两个连字符开头(--)的选项仅用于 Linux。除非特别指出，否则以一个连字符开头(-)的单字符选项可用于 macOS 和 Linux。

--silent 或 quiet	-s	使得 tty 不打印任何信息，并且会设置 tty 的退出代码。另一种确定标准输入是否来自终端的方法请参见"示例"部分。

注意

术语 tty 是单词 teletypewriter 的缩写，它是 UNIX 首次运行的终端设备。该命令出现在 UNIX 中，出于一致性和惯例方面的考虑，Linux 保留了该命令。

示例

下面的示例阐明了 tty 的用法：

```
$ tty
/dev/pts/11
$ echo $?
0
$ tty < memo
not a tty
$ echo $?
1
```

使用带-t 选项的 test(或[]；参见 18.93 节)代替带-s 选项的 tty，可以确定文件描述符 0(通常是标准输入)是否与终端相关联。

```
$ [ -t 0 ]
$ echo $?
0
$ [ -t 0 ] < /dev/null
$ echo $?
1
```

关于使用带-t 选项的 test 命令的更多信息请参见 10.2.4 节。

18.98   tune2fs

改变 ext2、ext3 或 ext4 文件系统的参数。

tune2fs [options] device

tune2fs 实用程序用于显示和修改 ext2、ext3 和 ext4 文件系统的参数。该实用程序还能为 ext2 文件系统建立日志，以及将 ext2 文件系统转换为 ext3 文件系统。tune2fs 必须以 root 用户身份运行，以获得典型的文件系统操作权限。tune2fs 实用程序仅用于 Linux。

参数

device 是存放想要显示或修改的文件系统的设备名称，如/dev/sda8。

选项

-C *n*   (count)设置在没有进行检查之前文件系统被挂载的次数为 *n*。该选项对于推迟或强制下一次启动时进行文件系统的检查(参见"讨论"部分)很有用。

-c *n*   (max count)设置在两次文件系统检查之间该文件系统能够挂载的最大次数为 *n*。设置 *n* 为 0(零)表示忽略该参数。

-e *behavior*   (error)指定当内核检测到错误时应该采取的措施。可以设置 *behavior* 为 continue(继续执行)、remount-ro(重新挂载文件系统为只读)或 panic(导致内核进行应急处理)。无论如何设置该选项，错误总会导致 fsck 在下次系统启动时检查文件系统。

-i *n[u]*   (interval)设置文件系统检查的最大时间间隔为 *n* 个时间周期。没有 *u* 或者设置 *u* 为 d，则时间周期以天为单位。设置 *u* 为 w，则时间周期以周为单位；设置 *n* 为 m，则以月为单位；设置 *n* 为 0(零)，表示忽略该选项。由于文件系统的检查仅在系统启动时强制执行，因此本选项指定的时间可能超期。

-j	(journal)将 ext3 日志文件系统添加到 ext2 文件系统中。要了解更多信息，请参阅附录 E 中的"日志文件系统"。
-l	(list)列出文件系统的信息。
-T *date*	(time)设置文件系统最后一次检查的时间为 *date*。*date* 是以 *yyyynndd[hh[mm]ss]]]*为格式的时间。这里的 *yyyy* 是年份，*nn* 是月份(01~12)，而 *dd* 是每月中的日期(01~31)。至少应该指定这些字段。*hh* 是 24 时制的小时(00~23)，*mm* 是分钟(00~59)，而 *ss* 是指从当前分钟开始经过的秒数。可以指定 *date* 为 now。

讨论

检查一个巨大的文件系统将花费较长的时间。当同时检查所有文件系统时，系统的启动会耗费很长的时间。使用-C 和/或-T 选项可以延迟文件系统的检查时间，使得对多个文件系统的检查不至于都在同一时间发生。

示例

下面是 tune2fs 在一个典型的 ext3 文件系统上使用-l 选项时的输出：

```
# /sbin/tune2fs -l /dev/sda1
tune2fs 1.42.13 (17-May-2015)
Filesystem volume name:         <none>
Last mounted on:                <not available>
Filesystem UUID:                b6d9714e-ed5d-45b8-8023-716a669c16d8
Filesystem magic number:        0xEF53
Filesystem revision #:          1 (dynamic)
Filesystem features:            has_journal ext_attr resize_inode dir_index
    filetype needs_recovery sparse_super large_file
Filesystem flags:               signed_directory_hash
Default mount options:          (none)
Filesystem state:               clean
Errors behavior:                Continue
Filesystem OS type:             Linux
Inode count:                    624624
Block count:                    2498099
Reserved block count:           124904
Free blocks:                    1868063
Free inodes:                    509355
First block:                    0
Block size:                     4096
Fragment size:                  4096
Reserved GDT blocks:            609
Blocks per group:               32768
Fragments per group:            32768
Inodes per group:               8112
Inode blocks per group:         507
Filesystem created:             Tue Dec 20 09:41:43 2016
Last mount time:                Wed May 3 03:54:59 2017
Last write time:                Wed May 3 03:54:59 2017
Mount count:                    4
Maximum mount count:            31
Last checked:                   Tue Dec 20 09:41:43 2016
Check interval:                 15552000 (6 months)
Next check after:               Fri May 5 09:41:43 2017
Reserved blocks uid:            0 (user root)
Reserved blocks gid:            0 (group root)
First inode:                    11
Inode size:                     256
Required extra isize:           28
Desired extra isize:            28
Journal inode:                  8
First orphan inode:             308701
Default directory hash:         half_md4
Directory Hash Seed:            bceae349-a46f-4d45-a8f1-a21b1ae8d2bd
Journal backup:                 inode blocks
```

接下来，管理员使用 tune2fs 将 ext2 文件系统转换为 ext3 日志文件系统：

```
# /sbin/tune2fs -j /dev/sda5
tune2fs 1.42.13 (17-May-2015)
Creating journal inode: done
This filesystem will be automatically checked every 30 mounts or
180 days, whichever comes first. Use tune2fs -c or -i to override.
```

18.99　umask

设定创建文件时的权限掩码。

*umask [option][**mask**]*

内置命令 umask 用于指定掩码，掩码用于创建文件时设定访问权限。在不同的 shell 中，该内置命令的工作方式稍有不同。

参数

mask 可以是 3 位或 4 位的八进制数(bash 和 tcsh)，或者是如同在 chmod 中使用的符号值(bash)。

如果没有任何参数，umask 将显示创建文件时的权限掩码。

选项

-S　　　　　　　(symbolic)以符号的形式给出创建文件时的权限掩码。

讨论

使用符号值表示的掩码指定允许的权限。使用八进制数表示的掩码指定不允许的权限；每个数字分别对应于文件所有者、与文件相关联的组成员以及其他人的权限。

由于文件创建掩码指定的是不允许的权限，因此在创建文件时，系统使用二进制运算从 7 中减去每个数值。如果文件是普通文件(不是目录文件)，系统接着删除文件的可执行权限。得到的结果，即 3 个或 4 个八进制数，指定了文件的访问权限(即 chmod 使用的数值)。

八进制值 1(二进制 001)代表执行权限，八进制值 2(二进制 010)代表写权限，八进制值 4(二进制 100)代表读权限(对文件而言)。

在计算权限时必须使用二进制或八进制运算。要计算给定 umask 值的文件权限，可以从八进制值 777 中减去 umask 的值。

例如，假定 umask 的值为 003：

777	开始计算权限
−003	减去 umask 的值
774	目录的结果权限
111	删除可执行权限
664	普通文件的结果权限

要计算目录的权限，从 777 中减去 umask 的值：在该例中，umask 的值为 003，八进制下，7 减去 0 等于 7(对于前两个位置)。八进制下，7 减去 3 等于 4，或者使用二进制运算 111-011=100。结果是系统将 774 权限(rwxrwxr--)赋予目录。

要计算普通文件的权限，系统将每个位置的执行位(二进制 001)修改为 0。如果执行位没有设置，则系统不修改它。在上例中，从八进制值 7 中删除执行位，得到八进制值 6(从 111 中删除 001，得到 110；对于前两个位置)。八进制值 4 不变，因为执行位没有设置(001 在 100 中没有设置，所以仍然为 100)。结果是系统将 664 权限(rw-rw-r--)赋予普通文件。

注意

无论 *mask* 为何值，大多数实用程序和应用程序都不会尝试创建具有执行权限的文件；它们认为并不需要创建可执行文件。因此，当一个实用程序或应用程序(如 touch)创建一个文件时，系统使用 6 减去 *mask* 中的每一个数字。mkdir 是一个特例，它确实假定用户需要设置可执行位(使得目录中文件可以具有执行权限)。参见"示例"部分。

umask 是 bash 和 tcsh 中的内置命令，并且通常出现在 shell 的初始化文件(~/.bash_profile[bash]或~/.login[tcsh])中。

在 bash 中，参数 u=rwx、go=r 关闭拥有者在 mask 中的所有位，还关闭了组成员和其他用户的可读位(mask 为 0033)，使得这些位在文件权限中被打开(744 或 644)。要获得关于符号权限的更多信息，请参考 18.13 节。

示例

下面的命令行设置创建文件时的权限掩码，然后显示该掩码，以及在创建文件和目录时它的作用。在用 777 减去掩码 022 之后，获得文件的权限为 644(rw-r--r--)、目录的权限为 755(rwxr-xr-x)。

```
$ umask 022
$ umask
0022
$ touch afile
$ mkdir adirectory
$ ls -ld afile adirectory
drwxr-xr-x. 2 sam pubs 4096 12-31 12:42 adirectory
-rw-r--r--. 1 sam pubs    0 12-31 12:42 afile
```

下一个示例使用符号值设置同样的掩码，用-S 选项显示符号值的掩码：

```
$ umask u=rwx,g=rx,o=rx
$ umask
0022
$ umask -S
u=rwx,g=rx,o=rx
```

18.100　uniq

显示文件唯一的行。

```
uniq [options] [input-file] [output-file]
```

uniq 实用程序显示它的输入，对于连续的重复行只保留一行。如果文件(中的行)已排序(关于 sort 实用程序请参见 18.81 节)，uniq 就确保不会显示相同的两行。

参数

如果未指定 *input-file*，uniq 将从标准输入读取数据。如果未指定 *output-file*，uniq 将写入标准输出中。

选项

在 Linux 下，uniq 接收 18.2 节描述的常见选项。以两个连字符开头(--)的选项仅用于 Linux。除非特别指出，否则以一个连字符开头(-)的单字符选项可用于 macOS 和 Linux。下面的字段(field)指用空格、制表符、换行符或者这些字符的组合来界定的一系列字符。

--count	-c	在行首显示该行在输入文件中出现的次数。
--repeated	-d	显示重复出现的行的一个副本，不显示没有重复出现的行。
--skip-fields=*nfield*	-f *nfield*	忽略每行的前 *n* 个由空白符分隔的字段。uniq 实用程序所做的比较基于行中的剩余字符，包括行中下一个字段的前导空白字符(参见-s(--skip-chars)选项)。
--ignore-case	-i	比较行时忽略字符大小写。

--skip-chars=*nchar*	-s *nchar*	忽略每行的前 *n* 个字符。如果同时使用了-f(--skip- fields)选项，uniq 就忽略行首的 *n* 个字段以及它们后面的 *n* 个字符。可以使用该选项来忽略字段的前导空白符。
--unique	-u	仅显示那些没有重复出现的行。
--check-chars=*nchar*	-w *nchar*	在应用-f(--skip-fields)选项和-s(--skip-chars)选项之后，比较每一行的 *n* 个字符。默认情况下 uniq 将比较整行(仅用于 Linux)。

示例

下面的示例假定工作目录下名为 test 的文件包含如下文本：

```
$ cat test
boy took bat home
boy took bat home
girl took bat home
dog brought hat home
dog brought hat home
dog brought hat home
```

在没有任何选项的情况下，uniq 仅显示连续重复的行一次：

```
$ uniq test
boy took bat home
girl took bat home
dog brought hat home
```

-c(--count)选项显示文件中每行连续出现的次数：

```
$ uniq -c test
    2 boy took bat home
    1 girl took bat home
    3 dog brought hat home
```

-d(--repeated)选项仅显示文件中连续重复出现的行：

```
$ uniq -d test
boy took bat home
dog brought hat home
```

-u(--unique)选项仅显示文件中没有连续重复出现的行：

```
$ uniq -u test
girl took bat home
```

下面的-f(--skip-fields)选项忽略每行的第 1 个字段，使得以 boy 开头的行与以 girl 开头的行看起来是连续重复的行。uniq 实用程序仅仅显示这些行一次：

```
$ uniq -f 1 test
boy took bat home
dog brought hat home
```

下面的示例同时使用了-f(--skip-fields)参数和-s(--skip-chars)参数，它首先忽略前两个字段，然后跳过两个字符。该命令忽略的两个字符包括用于分隔第 2 个字段和第 3 个字段的空格以及第 3 个字段的首字符。忽略这些字符后，所有的行看起来都是包含字符串 at home 的连续重复出现的行。uniq 实用程序仅显示这些行中的第 1 行：

```
$ uniq -f 2 -s 2 test
boy took bat home
```

18.101 w

显示关于本地系统用户的信息。

w [options] [username]

w 实用程序显示当前登录系统的用户的用户名以及他们的终端设备编号、登录的时间、正在运行的命令和其他一些信息。

参数

参数 *username* 限定仅显示该用户的信息。在 macOS 下，可以指定多个用户名，之间用空格分隔。

选项

-f　　(from)删除 FROM 字段。对于那些直接连接的用户，该字段仅包含一个连字符(仅用于 Linux)。

-h　　(no header)不显示首行。

-i　　(idle)根据空闲时间对输出进行排序(仅用于 macOS)。

-s　　(short)显示更少的信息：用户名、终端设备、空闲时间和正在运行的命令(仅用于 Linux)。

讨论

w 显示的第 1 行与 uptime 显示的第 1 行相同。该行的信息包括当前时间、系统已经运行的时间(以天数、小时和分钟为单位)、登录的用户数目、系统的忙闲程度(平均负载)。平均负载从左到右分别指出在过去的 1 分钟、5 分钟、15 分钟内等待运行的进程数。

w 显示的信息列具有如下标题：

```
USER TTY FROM LOGIN@ IDLE JCPU PCPU WHAT
```

USER 是用户的用户名。TTY 是该行上用户所登录设备的名称。FROM 是远程用户从中登录的系统名；对于本地用户，它显示一个连字符。LOGIN@给出用户登录的日期和时间。IDLE 指示自该用户上次使用键盘以来已经过去了多少分钟。JCPU 指连接到该用户的 tty 终端上的所有进程使用的 CPU 时间，不包括已完成的后台作业。PCPU 是在 WHAT 列中指定的进程所使用的时间。WHAT 是该用户正在运行的命令。

示例

第 1 个示例显示了 w 实用程序产生的完整列表：

```
$ w
 10:26am up 1 day, 55 min, 6 users, load average: 0.15, 0.03, 0.01
USER     TTY      FROM            LOGIN@   IDLE   JCPU   PCPU   WHAT
max      tty1     -               Fri 9am  20:39m 0.22s  0.01s  vim td
max      tty2     -               Fri 5pm  17:16m 0.07s  0.07s  -bash
root     pts/1    -               Fri 4pm  14:28m 0.20s  0.07s  -bash
sam      pts/2    -               Fri 5pm  3:23   0.08s  0.08s  /bin/bash
hls      pts/3    potato          10:07am  0.00s  0.08s  0.02s  w
```

下面的示例显示使用-s 选项产生的简短列表：

```
$ w -s
 10:30am up 1 day, 58 min, 6 users, load average: 0.15, 0.03, 0.01
USER     TTY      FROM            IDLE    WHAT
max      tty1     -               20:43m  vim td
max      tty2     -               17:19m  -bash
root     pts/1    -               14:31m  -bash
sam      pts/2    -               0.20s   vim memo.030125
hls      pts/3    potato          0.00s   w -s
```

最后一个示例要求仅显示关于用户 Max 的信息：

```
$ w max
 10:35am up 1 day, 1:04, 6 users, load average: 0.06, 0.01, 0.00
USER     TTY      FROM            LOGIN@   IDLE    JCPU   PCPU   WHAT
max      tty1     -               Fri 9am  20:48m  0.22s  0.01s  vim td
max      tty2     -               Fri 5pm  17:25m  0.07s  0.07s  -bash
```

18.102　wc

显示一个或多个文件中的行数、单词数和字节数。

wc [options] [file-list]

wc 实用程序显示一个或多个文件所包含的行数、单词数和字节数。如果在命令行中指定了多个文件，wc 就显示每个文件的统计总数以及所有文件的统计总数。

参数

file-list 是 wc 分析的一个或多个文件的路径名列表。如果省略 *file-list*，wc 实用程序就从标准输入读取输入。

选项

在 Linux 下，wc 接收 18.2 节描述的常见选项。以两个连字符开头(--)的选项仅用于 Linux。除非特别指出，否则以一个连字符开头(-)的单字符选项可用于 macOS 和 Linux。

--bytes	-c	仅显示输入中的字节数。
--max-line-length	-L	显示输入中最长的行的长度(仅用于 Linux)。
--lines	-l	(小写字母 l)仅显示输入中的行数(即，换行符的数目)。
--chars	-m	仅显示输入中的字符数。
--words	-w	仅显示输入中的单词数。

注意

"字"是指由空格、制表符、换行符或这些字符的组合界定的一系列字符。

当重定向输入时，wc 不显示文件名。

示例

下面的命令分析名为 memo 的文件。输出中的数字代表文件所包含的行数、单词数和字节数：

```
$ wc memo
    5    31    146 memo
```

下面的命令显示 3 个文件中的行数和单词数。最后一行(最右边一列为单词 total)包含了每一列的和。

```
$ wc -lw memo1 memo2 memo3
    10    62 memo1
    12    74 memo2
    12    68 memo3
    34   204 total
```

18.103　which

显示命令在环境变量 PATH 所设置的目录中的位置。

which command-list

对于 *command-list* 中的每个实用程序，which 实用程序搜索环境变量 PATH(参见 8.9.3 节)中的目录，并显示它所找到的简单文件名与该实用程序的名称相同的第 1 个文件的绝对路径名。

参数

command-list 是 which 搜索的一条或多条命令(实用程序)。对于每条命令，which 按顺序搜索在环境变量 PATH 中列出的目录，并显示它所找到的第 1 条命令(可执行文件)的完整路径名。如果 which 没有找到该命令，它就显示一条消息。

选项

以两个连字符开头(--)的选项仅用于 Linux，并非所有这些选项都可用于所有 Linux 发行版。除非特别指出，否则以一个连字符开头(-)的单字符选项可用于 macOS 和 Linux。

--all	-a	显示环境变量 PATH 中所有匹配的可执行文件，而不仅仅是第 1 个。
--read-alias	-i	从标准输入读入别名，并报告环境变量 PATH 中除可执行文件外匹配的别名(使用 --skip-alias 来关闭，仅用于 Linux)。
--read-functions		从标准输入读入 shell 函数，并报告环境变量 PATH 中除可执行文件外匹配的函数(使用 --skip-functions 来关闭，仅用于 Linux)。
--show-dot		当环境变量 PATH 中的某个目录以句点开头并且在该目录中有一个匹配的可执行文件时，显示 "./" 来替代绝对路径名(使用--skip-dot 来关闭，仅用于 Linux)。
--show-tilde		如果恰当，则在绝对路径名是用户的主目录时显示代字符(~)。当超级用户运行 which 实用程序时，该选项被忽略(仅用于 Linux)。
--tty-only		如果运行 which 实用程序的进程没有连接到终端，则不再处理更多的选项(该选项右边的选项，仅用于 Linux)。

注意

许多发行版都为 which 定义了一个别名，例如：

```
$ alias which
alias which='alias | /usr/bin/which --tty-only --read-alias --show-dot
--show-tilde'
```

如果 which 未按预期的那样工作，就检查用户是否运行的是一个别名。前面的别名使得 which 仅在交互方式(--tty-only)时运行有效，根据需要它会将工作目录显示为一个句点，并将用户的主目录名显示成一个代字符。

TC Shell 包含一个与 which 实用程序(/usr/bin/which)稍有不同的 which 内置命令(请参阅 tcsh man 页)。如果没有任何选项，which 实用程序不会定位别名、函数和 shell 内置命令，因为这些都没有出现在环境变量 PATH 中。相比之下，tcsh 的内置命令 which 会定位别名、函数和 shell 内置命令。

示例

第 1 个示例对命令的首字母进行转义(\which)以阻止 shell 调用 which 的别名(参见 8.15 节)：

```
$ \which vim dir which
/usr/bin/vim
/bin/dir
/usr/bin/which
```

下一个示例(它只能用于某些 Linux 系统)与第 1 个相似，但它使用的是 which 的别名(它所显示的别名)：

```
$ which vim dir which
alias which='alias | /usr/bin/which --tty-only --read-alias --show-dot --show-tilde'
        /usr/bin/which
        /usr/bin/vim
        /usr/bin/dir
```

最后一个示例与前一个示例相似，但是它运行在 tcsh 环境下。这里使用了 tcsh 的内置命令 which 而不是 which

实用程序：

```
tcsh $ which vim dir which
/usr/bin/vim
/bin/dir
which: shell built-in command.
```

18.104　who

显示已登录用户的信息。

*who [**options**]*
who am i

who 实用程序显示在本地系统上登录的用户的信息。这些信息包括每个用户的用户名、终端设备、登录时间和用户从中登录的远程系统的主机名(如果可应用的话)。

参数

当给出两个参数(通常是 am i)时，who 显示关于运行该命令的用户的信息。如果可应用，在用户名的前面就会放上用户从中登录的系统的主机名(如 plum!max)。

选项

在 Linux 下，who 接收 18.2 节描述的常见选项。以两个连字符开头(--)的选项仅用于 Linux。除非特别指出，否则以一个连字符开头(-)的单字符选项可用于 macOS 和 Linux。

--all	-a	显示许多信息(仅用于 Linux)。
--boot	-b	显示系统最后一次启动的日期和时间(仅用于 Linux)。
--heading	-H	显示一个标题。
--login	-l	(小写字母 l)列出等待用户登录的设备(仅用于 Linux)。
--count	-q	(quick)仅仅列出用户名，后接登录系统的用户数目。
--mesg	-T	在每个用户名之后追加一个字符，用于显示该用户是否开启了消息。加号(+)表示消息已开启，连字符(-)表示消息已关闭，问号(?)表示 who 没能找到设备。如果消息已开启，就可以使用 write 与用户通信。参见 3.9.2 节。
--user	-u	在显示的信息中包含每个用户的空闲时间。如果该用户在过去的一分钟内在其终端上有输入，那么将在这个字段中显示一个句点。如果超过一天没有输入，则显示单词 old。另外，这个选项包含 PID 编号和注释字段。参见"讨论"部分。

讨论

who 显示的行有如下语法格式：

user [messages] line login-time [idle] [PID] comment

user 是用户的用户名。参数 *message* 指示消息是开启还是关闭(见-T[--mesg]选项)。*line* 是与用户登录的命令行相关联的设备名。*login-time* 是用户登录时的日期和时间。*idle* 参数是自终端上次被使用以来的时间长度(即空闲时间，见-u(--users)选项)。*PID* 是进程标识号。*comment* 是用户登录时所在的远程系统的名称(对于本地用户为空)。

注意

finger 实用程序提供与 who 类似的信息。

示例

下面的示例显示了 who 实用程序的用法:

```
$ who
max     tty2         2017-05-01 10:42 (:0)
sam     pts/1        2017-05-01 10:39 (plum)
zach    tty3         2017-05-01 10:43 (:1)
$ who am i
sam     pts/1        2017-05-01 10:39 (plum)
$ who -HTu
NAME      LINE      TIME              IDLE        PID COMMENT
Max      + tty2     2017-05-01 10:42 00:08       1825 (:0)
sam      + pts/1    2017-05-01 10:39 .           1611 (plum)
zach     - tty3     2017-05-01 10:43 00:08       2259 (:1)
```

18.105　xargs

将标准输入转换为命令行。

xargs [*options*] [*command*]

xargs 实用程序是将一条命令的标准输出转换为另一条命令的输入参数的一种便捷有效的方法。该实用程序从标准输入读取数据, 跟踪命令行允许的最大长度, 如果需要, 就重复该命令(*command*), 从而避免超过最大长度。最后, xargs 将执行所构建的命令行。

参数

command 是需要 xargs 构造的命令行的基本命令。如果省略 *command*, 则默认使用 echo。xargs 实用程序把它从标准输入中接收到的参数追加到 *command* 之后。如果想要在标准输入之前插入参数, 则必须将它们作为 *command* 的一部分。

选项

以两个连字符开头(--)的选项仅用于 Linux。除非特别指出, 否则以一个连字符开头(-)的单字符选项可用于 macOS 和 Linux。

	-I [*marker*]	(replace)允许将标准输入中的参数放在 *command* 中的任何位置。在 xargs 的 *command* 中出现的任何 *marker* 都会被替换为从 xargs 的标准输入中产生的参数。使用该选项时, xargs 会对输入的每一行执行 *command* 命令。使用该选项时, 将会忽略-l(--max-lines)选项。
--max-lines[=*num*]	-l [*num*]	(小写字符 l)每 *num* 行输入执行一次 *command*(*num* 默认为 1) (仅用于 Linux)。
--max-args=*num*	-n *num*	在输入行中, 每 *num* 个参数执行一次 *command*。
--max-procs=*num*	-P *num*	允许 xargs 同时运行 *command* 的最多 *maxprocs* 个实例(默认是 1, 它按顺序运行 *command*)。如果在多处理器系统上运行 xargs, 则该选项可能会提高吞吐量。
--interactive	-p	在执行每个 *command* 之前提示用户。
--no-run-if-empty	-r	使得 xargs 在标准输入为空时不执行命令。通常情况下即使标准输入为空(空格和制表符), xargs 也会至少执行 *command* 一次(仅用于 Linux)。

讨论

xargs 实用程序从标准输入读取 *command* 的参数, 将每个用空格分隔的字符串作为单个参数。然后它在 *command* 和一系列参数的基础上构造一个命令行。如果再添加一个参数就会超过最大的命令行长度, 那么 xargs 便运行它所构造的命令行。如果还有输入, 则 xargs 重复构造命令行的过程并运行构造的命令行。这个过程将持续到所有输入都已读取为止。

注意

xargs 实用程序通常作为 find 的-exec 选项的有效替代。如果调用 find 时使用-exec 选项来运行一条命令，它将为处理的每个文件运行一次命令。每次执行命令都会创建一个新的进程，在处理大量文件时这将导致系统资源枯竭。通过收集尽可能多的参数，xargs 能大大减少对进程的需求。"示例"部分的第 1 个示例显示了如何同时使用 find 和 xargs。

示例

要定位并删除工作目录及其子目录下的所有名称以.o 结尾的文件，可以使用 find 和-exec 选项：

```
$ find . -name \*.o -exec rm --force {} \;
```

该方法为 find 找到的每个.o 文件调用 rm 实用程序。每次调用 rm 都需要一个新的进程。如果存在许多.o 文件，那么系统必须花费大量的时间创建、启动和清除这些进程。允许 xargs 在调用 rm 之前收集尽可能多的文件名可以减少进程数目：

```
$ find . -name \*.o -print | xargs rm --force
```

在下一个示例中，将搜索 find 找到的所有*.txt 文件的内容以寻找那些包含单词 login 的行。grep 显示包含 login 的所有文件名。

```
$ find . -name \*.txt -print | xargs grep -w -l login
```

下一个示例展示如何使用-I 选项来使 xargs 将标准输入嵌入到 *command* 中，而不是追加到 *command* 之后。该选项还使得 *command* 每次在标准输入中遇到换行符时就立即执行；-l(--max-line)并不改写这一行为。

```
$ cat names
Tom,
Dick,
and Harry
$ xargs echo "Hello," < names
Hello, Tom, Dick, and Harry
$ xargs -I xxx echo "Hello xxx. Join me for lunch?" < names
Hello Tom,. Join me for lunch?
Hello Dick,. Join me for lunch?
Hello and Harry. Join me for lunch?
```

最后的示例使用与前一个示例同样的输入文件以及-n(--max-args)和-l(--max-lines)选项：

```
$ xargs -n 1 echo "Hi there" < names
Hi there Tom,
Hi there Dick,
Hi there and
Hi there Harry
$ xargs -l 2 echo "Hi there" < names
Hi there Tom, Dick,
Hi there and Harry
```

第 Ⅶ 部 分

附　　录

附录 A

正则表达式

正则表达式(regular expression)定义了由一个或多个字符串组成的集合。简单字符串也是正则表达式，它定义了由该字符串自身组成的集合。复杂的正则表达式使用字母、数字和特殊字符来定义不同的字符串。正则表达式"匹配"它定义的任何字符串。

本附录描述了 ed、vim、emacs、grep、mawk/gawk、sed、Perl 等实用程序使用的正则表达式。关于 Perl 正则表达式的更多信息参见 11.7 节。这些表达式与 shell 的模糊文件引用中使用的正则表达式(参见 5.4 节)不同。

A.1 字符

本附录使用的字符是除换行符外的其他任意字符。正则表达式中的大多数字符代表它们自身,而那些不代表自身的字符称为特殊字符,也称为元字符。如果需要使用特殊字符代表自身,就需要将这些字符转义。

A.2 分隔符

分隔符指标识正则表达式开始和结束的字符。正则表达式的分隔符通常是一个特殊字符,即该字符不代表自身,而是标识正则表达式的开始和结束。尽管 vim 允许使用其他分隔符而 grep 不使用任何分隔符,但是本附录中的正则表达式使用向前的斜杠(/)作为分隔符,在不存在多义性的情况下,不需要第 2 个分隔符。例如,当第 2 个分隔符的后面要紧跟回车符时,就可以省略第 2 个分隔符。

A.3 简单字符串

最基本的正则表达式是不包含除分隔符外的特殊字符的简单字符串。简单字符串只与自身匹配(如表 A-1 所示)。在本附录的示例中,匹配的字符串都带有下划线,例如,look like this。

表 A-1 简单字符串

正则表达式	匹配的字符串	示　例
/ring/	ring	ring、spring、ringing、stringing
/Thursday/	Thursday	Thursday、Thursday's
/or not/	or not	or not、poor nothing

A.4 特殊字符

在正则表达式中使用特殊字符可以使得正则表达式匹配多个字符串。包含特殊字符的正则表达式总是尽可能匹配最长的字符串,即从文本行的开头(左端)尽可能向前匹配。

A.4.1 句点

句点(.)可以与任何字符匹配(如表 A-2 所示)。

表 A-2 句点

正则表达式	匹配字符串	示　例
/ .alk/	与空格和后面的一个任意字符以及 alk 匹配的所有字符串	will talk、might balk
/.ing/	匹配由 ing 和前面的任意字符组成的所有字符串	sing song、ping、before inglenook

A.4.2 方括号

方括号([ ])用来定义一个字符类[1],该字符类与方括号内的任意单个字符匹配(如表 A-3 所示)。如果左方括号后面的第 1 个字符是脱字符(^),那么方括号定义的字符类与不在方括号内的任意其他单个字符匹配。使用连字符可以指定字符的范围。在字符类的定义中,下面几节使用的反斜杠和星号都失去了它们的特殊意义。右方括号(作为字

---

[1]. GNU 文档和 POSIX 把这些列表运算符和定义字符类的运算符称为表达式,该表达式与预定义的一组字符匹配,如所有数字(如表 18-40 所示)。

符类的一个成员出现)可以紧跟在左方括号后。脱字符只有紧跟在左方括号后才具有特殊意义；美元符号只有后面紧接右方括号时才具有特殊意义。

表 A-3 方括号

正则表达式	匹配的字符串	示 例
/[bB]ill/	与 b 和 B 后接的字符串匹配	bill、Bill、billed
/t[aeiou].k/	与 t 和后面的小写元音字母以及任意字符和 k 组成的字符串匹配	talkative、stink、teak、tanker
/# [6-9]/	与#和后面的空格以及 6~9 之间的任意一个数字组成的字符串匹配	# 60、# 8:、get # 9
/[^a-zA-Z]/	与除了 26 个字母之外的任意字符(仅限于 ASCII 字符集)匹配	1、7、@、.、}、Stop!

A.4.3 星号

星号跟随在代表某个字符的正则表达式(如表 A-4 所示)之后，表示与该正则表达式匹配字符的 0 个或多个字符串。跟在句点后的星号可以匹配任意字符串(因为句点可以匹配任意字符，而星号可以匹配前面出现的正则表达式的 0 个或多个字符串)。星号后面的字符类定义可以匹配属于该字符类定义的成员字符的任意字符串。

表 A-4 星号

正则表达式	匹配的字符串	示 例
/ab*c/	与字母 a 后跟 0 个或多个 b，再跟 1 个 c 的字符串匹配	ac、abc、abbc、debbcaabbbc
/ab.*c/	与 ab 后跟 0 个或多个字符，再跟 1 个 c 的字符串匹配	abc、abxc、ab45c、 xab 756.345 x cat
/t.*ing/	与 t 后跟 0 个或多个字符，再跟 ing 的字符串匹配	thing、ting、I thought of going
/[a-zA-Z]*/	与仅由字母和空格组成的字符串匹配	1. any string without numbers or punctuation!
/(.*)/	与圆括号括起来的最长的字符串匹配	Get (this) and (that)
/([^)])*)/	与圆括号括起来的最短的字符串匹配	(this)、Get (this and that)

A.4.4 脱字符与美元符号

以脱字符(^)开头的正则表达式只能匹配位于行首的字符串。类似地，以美元符号($)结尾的正则表达式只能匹配行末尾的字符串。脱字符和美元符号称为锚点(anchor)，因为它们使得匹配固定在行首或行尾(如表 A-5 所示)。

表 A-5 脱字符与美元符号

正则表达式	匹配的字符串	示 例
/^T/	与位于行首的 T 匹配	This line... That Time... In Time
/^+[0-9]/	与位于行首且由加号和后面的一个数字组成的字符串匹配	+5 +45.72、 +759 Keep this...
/:$/	与位于行尾的冒号匹配	...below:

A.4.5　转义特殊字符

在特殊字符的前面使用反斜杠可以转义除数字和圆括号(在 Perl 中除外)外的特殊字符(如表 A-6 所示)。转义后的特殊字符代表自身。

表 A-6　转义的特殊字符

正则表达式	匹配的字符串	示　例
/end\./	与包含 end 和后面的一个句点的所有字符串匹配	The end.、send.、pretend.mail
/\\/	与单个反斜杠匹配	\
/*/	与星号匹配	*c、an asterisk(*)
/\[5\]/	[5]	it was five [5]
/and\/or/	and/or	and/or

A.5　规则

下面是应用正则表达式的一些规则。

A.5.1　最长匹配

正则表达式总是尽可能匹配最长的字符串，从行首尽可能地向前匹配。Perl 把这类匹配称为贪婪匹配。例如，对于下面的字符串：

```
This (rug) is not what it once was (a long time ago), is it?
```

表达式/Th.*is/与下面的字符串匹配：

```
This (rug) is not what it once was (a long time ago), is
```

表达式/(.*)/与下面的字符串匹配：

```
(rug) is not what it once was (a long time ago)
```

而表达式/([^)]*)/与下面的字符串匹配：

```
(rug)
```

然而，对于下面的字符串：

```
singing songs, singing more and more
```

表达式/s.*ing/与下面的字符串匹配：

```
singing songs, singing
```

表达式/s.*ing song/与下面的字符串匹配：

```
singing song
```

A.5.2　空正则表达式

对于某些实用程序(如 vim 和 less，但对 grep 实用程序不适用)，空正则表达式代表上次使用的表达式。例如，在 vim 中使用下面的替换命令：

:s/mike/robert/

如果要再次使用该替换，就可以使用下面的命令：

:s//robert/

或者使用如下命令首先查找字符串 mike，然后进行替换：

```
/mike/
:s//robert/
```

其中的空正则表达式(//)代表上次使用的正则表达式(/mike/)。

A.6 括号正则表达式

使用转义圆括号"\("和"\)"可以将正则表达式括起来(但 Perl 使用未转义的圆括号将正则表达式括起来)。A.7.2 节将介绍括号正则表达式匹配的字符串。正则表达式并不试图匹配转义的圆括号,因此带有转义的圆括号的正则表达式与没有圆括号时的正则表达式匹配的字符串相同。例如,/\(rexp\)/匹配的字符串与/rexp/匹配的字符串相同;/a\(b*\)c/匹配的字符串与/ab*c/匹配的字符串相同。

可以嵌套使用转义的圆括号。括号表达式仅以左侧的"\("标识,这使得表达式的标识不存在多义性。表达式/\([a-z]\([A-Z]*\)x\)/由两个括号表达式组成,一个嵌套在另一个内。对于字符串 3 t dMNORx7 l u,该正则表达式与 dMNORx 匹配,其中第 1 个括号表达式与 dMNORx 匹配,第 2 个与 MNOR 匹配。

A.7 替换字符串

编辑器 vim 和 sed 在替换命令中使用正则表达式来搜索字符串。可以使用特殊字符 "&" 和转义数字(\n)来代表对应的替换字符串中匹配的字符串。

A.7.1 &符号

在替换字符串中,符号&代表搜索字符串(正则表达式)所匹配的字符串的值。例如,下面的 vim 替换命令使用 NN 将包含一个或多个数字的字符串括起来,替换字符串中的&符号与正则表达式(搜索字符串)所匹配的任意数字字符串匹配:

```
:s/[0-9][0-9]*/NN&NN/
```

其中,两个字符类定义是必需的,因为正则表达式[0-9]*匹配 0 个或多个数字以及由 0 个或多个数字组成的任意字符串。

A.7.2 转义数字

在搜索字符串中,括号正则表达式(如\(xxx\),在 Perl 中是(xxx))与不带转义的圆括号的正则表达式匹配的字符串相同(xxx);在替换字符串中,转义数字\n 代表搜索字符串中以第 n 个 "\(" 开始的括号正则表达式匹配的字符串。Perl 接收转义数字,但 Perl 的优选样式是在数字前面加上美元符号$n。例如,采用如下形式的姓名列表:

```
last-name, first-name initial
```

要变为如下形式:

```
first-name initial last-name
```

可以使用下面的 vim 命令:

```
:1,$s/\([^,]*\), \(.*\)/\2 \1/
```

这条命令在 "1,$" 文件中寻址所有行。替换命令 s 使用以斜杠分隔的搜索字符串和替换字符串。在搜索字符串中,第 1 个括号正则表达式\([^,]*\)与不带转义的圆括号的正则表达式[^,]*所匹配的字符串相同:都与不包含逗号的 0 个或多个字符匹配(last-name);在第 1 个括号正则表达式之后的逗号和空格分别与它们自身匹配;第 2 个括号正则表达式\(.*\)可以与任意字符串匹配(first-name 和 initial)。

在替换字符串中,\2 代表第 2 个括号正则表达式匹配的字符串,之后是一个空格,\1 代表第 1 个括号正则表达式匹配的字符串。

A.8 扩展的正则表达式

本节介绍使用扩展的特殊字符集的模式。这些模式称为完全正则表达式或扩展的正则表达式。除了普通的正则表达式之外，Perl 和 vim 还提供了扩展的正则表达式。以下 3 个实用程序 egrep、带选项-E 的 grep(类似于 egrep)和 mawk/gawk，提供了普通正则表达式和扩展的正则表达式所包含的所有特殊字符("\(" 和 "\)" 除外)。

另外两个特殊字符加号(+)和问号(?)与星号(*)类似，与它们前面出现的 0 个或多个字符匹配。加号与它们前面出现的 1 个或多个字符匹配；而问号与它们前面出现的 0 个或 1 个字符匹配。圆括号后面跟随特殊字符*、+或?，将使得该特殊字符被应用到圆括号括住的字符串，与括号正则表达式中的圆括号不同，这些圆括号没有被转义(如表 A-7 所示)。

表 A-7　扩展的正则表达式

正则表达式	匹配的字符串	示　　例
/ab+c/	a 后跟 1 个或多个 b，再跟 c	yabcw、abbc57
/ab?c/	a 后跟 0 个或 1 个 b，再跟 c	back、abcdef
/(ab)+c/	1 个或多个 ab 字符串后跟 c	zabcd、ababc!
/(ab)?c/	0 个或 1 个 ab 字符串后跟 c	xc、abcc

在完全正则表达式中，特殊字符竖杠(|)是布尔 OR 运算符。在 vim 中，需要使用反斜杠来转义竖杠(\|)以使其具有特殊意义。两个正则表达式之间的竖杠使与第 1 个表达式、第 2 个表达式或两个表达式匹配的字符串匹配。使用带圆括号的竖杠可将进行 OR 运算的两个正则表达式与表达式的其他部分分开(如表 A-8 所示)。

表 A-8　完全正则表达式

正则表达式	意　　义	示　　例
/ab|ac/	与 ab 或 ac 匹配	ab、ac、abac(abac 为匹配正则表达式的两个字符串)
/^Exit|^Quit/	匹配以 Exit 或 Quit 开头的行	Exit Quit No Exit
/(D|N)\.Jones/	与 D.Jones 或 N.Jones 匹配	P.D.Jones、N.Jones

A.9 小结

正则表达式定义了由一个或多个字符串组成的集合。正则表达式与它定义的字符串匹配。

在正则表达式中，特殊字符指不代表其自身的字符。表 A-9 列出了这些特殊字符。

表 A-9　特殊字符

字　符	意　　义
.	与单个字符匹配
*	与星号前面一个字符的 0 次或多次出现匹配
^	强制与行首匹配
$	与行尾匹配
\	用来转义特殊字符
\<	强制与字的开始匹配
\>	强制与字的末尾匹配

表 A-10 给出了表示字符类和括号正则表达式的方法。

表 A-10 字符类与被括起来的正则表达式

字 符 类	定 义
[xyz]	定义了一个与 x、y 或 z 匹配的字符类
[^xyz]	定义了一个与除 x、y 和 z 外的字符匹配的字符类
[x-z]	定义了一个与 x~z(含 x 和 z)之间的任意一个字符匹配的字符类
\(xyz\)	该括号正则表达式与 xyz 所匹配的字符串相同(不用于 Perl)
(xyz)	该括号正则表达式与 xyz 所匹配的字符串相同(仅用于 Perl)

除上面介绍的特殊字符和字符串(不包括 vim 中的转义圆括号)外，表 A-11 列出了在完全正则表达式(或扩展的正则表达式)中使用的特殊字符。

表 A-11 扩展的正则表达式

表 达 式	匹配的字符串
+	与加号前面一个字符的 1 次或多次出现匹配
?	与问号前面一个字符的 0 次或 1 次出现匹配
(xyz)+	匹配与 xyz 匹配的 1 个或多个字符串
(xyz)?	匹配与 xyz 匹配的 0 个或 1 个字符串
(xyz)*	匹配与 xyz 匹配的 0 个或多个字符串
xyz|abc	匹配与 xyz 或 abc 匹配的字符串(在 vim 中使用|)
(xy|ab)c	匹配与 xyc 或 abc 匹配的字符串(在 vim 中使用|)

表 A-12 列出了在 sed 和 vim 的替换字符串中使用的特殊字符。

表 A-12 替换字符串

字 符 串	代表的意义
&	代表搜索字符串中正则表达式匹配的字符串
\n	转义数字 n，代表搜索字符串中第 n 个括号正则表达式匹配的字符串
$n	在数字 n 的前面加上美元符号，代表搜索字符串中第 n 个括号正则表达式匹配的字符串(仅用于 Perl)

附录 B

获 取 帮 助

作为 Linux 用户或系统管理员，不必孤立地使用 Linux 和 mocOS。由 Linux 和 mocOS 专家组成的一个庞大社区可为用户提供信息，帮用户解答问题，甚至提供 Linux 和 mocOS 系统范围以外的内容。如果用户竭尽全力还是不能解决问题，那么可以寻求他人的帮助，可能其他人也曾经遇到同样的问题。这样，从 Internet 上很有可能找到解决问题的办法，用户的任务就是查找解决办法。本附录列出了一些资源，并描述了获取帮助的方法。

B.1　解决问题

遇到问题时，在向他人寻求帮助前，请首先按照下面的步骤来尝试解决问题。根据你对问题的理解和对软硬件的了解，采用这些步骤可能会解决问题。

(1) 大多数 Linux 和 mocOS 版本都带有大量文档。阅读你遇到的问题所涉及软硬件的对应文档。如果问题涉及 GNU 的某个产品，那么请查看 info 页；否则，查看 man 页以获得局部信息。还可以查看/usr/share/doc 中关于特定工具的文档。更多信息参见 2.5 节。

(2) 当遇到某种类型的错误消息或其他消息时，使用搜索引擎，例如 Google(www.google.com)和 Google Group (groups.google.com)，在 Internet 上搜索该消息。如果该消息较长，那么取其中能唯一标识消息的部分进行搜索，10~20 个字符即可。使用双引号将搜索字符串引起来。这类搜索的一个示例参见 2.5.6 节。

(3) 查看 Linux Documentation Project(www.tldp.org)上是否有关于问题的相关 HOWTO 或 mini-HOWTO 文档。在网站上搜索与问题和产品直接相关的关键字。阅读 FAQ。

(4) 可以从 www.gnu.org/manual 获取 GNU 手册。除此之外，可以访问 GNU 首页(www.gnu.org)来获取其他文档和 GNU 资源。许多 GNU 页面和资源都有多种语言版本。

(5) 使用 Google 和 Google Group 搜索与问题和产品直接相关的关键字。

(6) 当所有其他方法都不能成功解决问题时(或在尝试其他方法前)，查看目录/var/log 中的系统日志。首先输入下面的命令来查看 messages 文件(Linux)或 system.log 文件(mocOS)末尾的内容：

```
# tail -20 /var/log/messages
# tail -20 /var/log/system.log
```

如果 messages 或 system.log 不包含任何有用信息，就运行下面的命令。这条命令将按照时间顺序显示日志文件名，最近修改的文件出现在列表的末尾：

```
$ ls -ltr /var/log
```

首先查看列表底部的文件。如果涉及网络连接问题，就查看本地系统和远程系统上的 secure 或 auth.log 日志文件(有些系统使用不同的名称)。也可以查看远程系统上的 messages 或 system.log 文件。

(7) 目录/var/spool 包括具有许多有用信息的子目录：cups 存放打印队列；postfix、mail 或 exim4 存放用户的邮件；等等。

当用户自己不能解决问题时，可以选择合适的新闻组和邮件列表来获得有用信息。当用户发送或张贴遇到的问题时，要特别将问题和本地系统的特征描述清楚，包括操作系统的版本号以及与问题相关的软件包。如有必要，也可以对硬件进行描述。关于发帖的一些细节问题请登录网页 www.catb.org/~esr/faqs/smart-questions.html，查看由 Eric S. Raymond 和 Rick Moen 撰写的一篇文章"How To Ask Questions the Smart Way"。

B.2　查找 Linux 和 mocOS 的相关信息

Linux 和 mocOS 与联机参考手册页一起发布。可以使用 info 或 man 实用程序来阅读这些文档。在阅读本书的同时，可以阅读 info 页和 man 页以获取特定主题的更多信息，从而确定可用于 Linux 和 mocOS 的功能。使用 apropos 实用程序(参见 2.5.2 节或执行命令 man apropos)可以搜索主题。苹果公司的支持站点 www.apple.com/support 上有许多有用的 mocOS 链接。

B.2.1　邮件列表

订阅邮件列表后，用户就可以参加电子邮件讨论了。通过大多数列表，用户可以就某个具体问题发送和接收一组用户的电子邮件。如果邮件列表具有一个仲裁器，那么仲裁过的邮件列表不会像没有仲裁过的邮件列表那样远离主题。仲裁过的邮件列表的不足之处在于一些比较有趣的讨论可能因持续了较长时间而被中断。公告板中的邮件列表是单向的，即用户不能向邮件列表发送信息，而只能接收周期性的公告。如果用户已经有了邮件列表的订阅地址但不知道如何订阅，那么可以向该地址发送电子邮件，在邮件中和/或标题中写明单词 help，这样通常将收到一封包含帮助信息的回复邮件。也可以使用搜索引擎搜索 mailing list linux 或 mailing list mocOS。

www.redhat.com/mailman/listinfo 包含 Red Hat 和 Fedora 邮件列表，www.ubuntu.com/support/community/mailinglists 包含 Ubuntu 邮件列表，www.debian.org/MailingLists/subscribe 包含 Debian 邮件列表。

苹果公司支持许多邮件列表，访问 www.lists.apple.com/mailman/listinfo 可得到 mocOS 邮件列表，单击邮件列表名可显示订阅信息。

B.3　指定终端

由于 vim、emacs 和其他文本及伪图形化程序都可以利用与具体类型的终端和终端模拟器相关的一些特性，因此用户必须将使用的终端或终端模拟器模拟的终端名称告诉这些程序。大多数情况下，用户的终端名称已被设置好。如果用户的终端名称没有指定或者指定了一个错误的名称，那么屏幕上的字符将被扭曲，或者当启动程序时，程序将询问用户使用哪种类型的终端。

终端名称为那些需要了解终端或终端模拟器的功能特性信息的程序提供了所需信息。尽管终端名称被称为 Terminfo 或 Termcap 名称，但它们之间的不同与每个系统内部存储终端特性的方法有关，而与用户指定终端名称的方式无关。运行在文本模式下时，通常与终端模拟器和图形监控器一起使用的终端名称有 ansi、linux、vt100、vt102、vt220 和 xterm。

当用户正在运行某个终端模拟器时，需要指定该终端模拟器模拟的终端类型。将模拟器设置为 vt100 或 vt220，再将 TERM 设置为相同的值。

当用户登录系统时，系统可能提示用户识别正使用的终端类型：

```
TERM = (vt100)
```

可以采取两种方式响应这个提示。一种就是按 RETURN 键，将终端类型设置为圆括号中的名称。另一种就是当提示给出的名称不是用户正使用的终端时，用户可以输入正确的名称，再按 RETURN 键。

```
TERM = (vt100) ansi
```

用户也可能接收到以下提示：

```
TERM = (unknown)
```

这个提示表明系统并不知道用户正在使用的终端的类型。这时，如果要运行需要该信息的程序，那么用户需要在按 RETURN 键前输入正在使用的终端或终端模拟器的名称。

TERM　如果用户没有接收到提示，则可以输入下面的命令来显示 TERM 变量的值，并检查用户的终端类型是否已经设置：

```
$ echo $TERM
```

执行这条命令后，如果系统给出了一个错误的名称、空白行或一条错误消息，那么用户可以重新设置或修改终端名称。在 bash(Bourne Again Shell)下，输入下面的命令来设置 TERM 变量，使得系统获得用户使用的终端类型：

```
export TERM=name
```

用用户使用的终端的名称替换 *name*，要确保等号前后都没有空格。如果用户总是使用同一终端类型，那么用户可以将下面的命令存放在文件~/.bashrc 中，使得 shell 在用户每次登录时设置终端类型。例如，使用下面的命令将终端名称设置为 vt100：

```
$ export TERM=vt100
```

在 tcsh(TC Shell)下，使用下面的格式进行设置：

```
setenv TERM name
```

同样，用用户使用的终端的名称替换其中的 *name*。在 tcsh 下，用户可以将下面的命令存放在文件~/.login 中。例如，在 tcsh 下，使用下面的命令将终端名称设置为 vt100：

```
$ setenv TERM vt100
```

LANG　对于某些程序，为了正确地显示信息，用户需要设置 LANG 变量。通常将该变量设置为 C。在 bash 下，使用下面的命令：

```
$ export LANG=C
```

在 tcsh 下，使用：

```
$ setenv LANG C
```

附录 C

更 新 系 统

apt-get 和 dnf 实用程序具有相同的功能：安装和更新软件包。这两个实用程序都是首先比较存储库(通常是在 Internet 上)中的文件和本地系统上的文件，然后按照用户的指令更新本地系统上的文件。这两个实用程序都可以自动安装和更新软件包所依赖的其他文件。大多数 Linux 发行版都带有 apt-get 或 dnf 实用程序。基于 Debian 的系统(如 Ubuntu 和 Mint)被设置为使用 apt-get，它与 deb 软件包一起使用。Red Hat 和 Fedora 使用 dnf，它与 rpm 软件包一起使用。也有与 rpm 软件包一起使用的 apt-get 版本。在 macOS 系统上，使用软件更新 GUI 以使系统保持最新是最简便的方法。

为了便于更新，apt-get 和 dnf 在本地维护一个软件包列表，这些软件包保存在它们使用的每个存储库中。要安装或更新的每个软件包都必须位于该存储库中。

输入 apt-get 或 dnf 命令安装软件包时，它们会在本地软件包列表中查找该软件包。如果该软件包出现在列表中，apt-get 或 dnf 就会取出该软件包以及安装该软件包所依赖的其他软件包，然后安装该软件包。

本附录中的 dnf 示例来自 Fedora 系统，apt-get 示例来自 Ubuntu 系统。虽然本地系统上的文件、输入和输出可能有所不同，但使用实用程序的方式和结果相同。

与 apt-get 和 dnf 相比，BitTorrent 可以高效地发布大量静态数据，如 ISO 映像安装文件。BitTorrent 不检查本地系统上的文件，也不检查依赖关系。

C.1 使用 dnf

Linux 早期的版本不包括管理软件包更新的实用程序。实用程序 rpm 可以更新或安装各个软件包，但是需要用户定位软件包及其依赖的软件包。当 Terra Soft 公司为 PowerPC 开发出基于 Red Hat 的 Linux 发行版(Yellow Dog)时，该公司同时开发了黄狗更新程序(Yellow Dog Updater)，这才填补了这项空白。这个程序可以移植到其他体系结构和发行版中。后来，该程序被更名为 Yellow Dog Updater 修订版(yum，yum.baseurl.org)。一段时间后，对 yum 的改进需求催生出了 dnf。对于大多数用户来说，改变是比较肤浅的，只需要在命令中用 dnf 替换 yum。相比之下，性能、内存使用和包依赖性解决方案中的改进是相当重要的。可以在 dnf.readthedocs.io/en/latest/cli_vs_yum.html 的 dnf CLI compared to yum 中了解更多的更改信息。

rpm 软件包 dnf 实用程序使用 rpm 软件包。dnf 安装或升级软件包时，也会安装或升级该软件包依赖的软件包。

存储库 dnf 实用程序会从 repositories 服务器下载软件包头和软件包。dnf 被设置为使用保存在镜像站点上的 repositories 的副本。选择信息可参见 C.1.2 节。

C.1.1 使用 dnf 安装、删除和更新软件包

安装软件包 通过指定选项可以设置 dnf 的行为。要安装新的软件包及其依赖的软件包，需要具有 root 权限，并输入命令 dnf install，再输入软件包名。dnf 确定要执行的操作后，它会请求用户确认。下面的示例安装 tcsh 软件包：

```
# dnf install tcsh
Last metadata expiration check: 0:0:53 ago on Fri Jun 2 10:11:21 2017.
Dependencies resolved.
================================================================================
Package Arch Version Repository Size
================================================================================
Installing:
tcsh x86_64 6.19.00-17.fc25 updates 446 k

Transaction Summary
================================================================================
Install 1 Package
Total download size: 446 k
Installed size: 1.2 M
Is this ok [y/N]: y
Downloading Packages:
tcsh-6.19.00-17.fc25.x86_64.rpm                                  | 446 kB  00:05
--------------------------------------------------------------------------------
Total                                                            | 446 kB  00:05
Running transaction check
Transaction check succeeded
Running transaction test
Transaction test succeeded
Running Transaction
  Installing : tcsh-6.19.00-17.fc25.x86_64.rpm                               1/1
  Verifying : tcsh-6.19.00-17.fc25.x86_64.rpm                                1/1
Installed:
  tcsh.x86_64 6.19.00-17.fc25

Complete!
```

删除软件包 也可以使用 dnf 来删除软件包，语法与前面类似。下面的示例删除 tcsh 软件包：

```
# dnf remove tcsh
Dependencies Resolved
================================================================================
Package            Arch        Version            Repository            Size
================================================================================
Removing:
  tcsh             x86_64      6.19.00-17.fc25    @updates              1.2 M
Transaction Summary
```

```
================================================================================
Remove 1 Package

Installed size: 1.2 M
Is this ok [y/N]: y
Running transaction check
Transaction check succeeded
Running transaction test
Transaction test succeeded
Running Transaction
  Erasing    : tcsh-6.19.00-17.fc25.x86_64                               1/1
  Verifying  : tcsh-6.19.00-17.fc25.x86_64                               1/1

Removed:
tcsh.x86_64 6.19.00-17.fc25

Complete!
```

更新软件包   不带任何参数的 update 选项可以更新所有已安装的软件包。它会为所有已安装的软件包下载包含软件包头的摘要文件，确定需要更新哪些软件包，提示用户继续，下载并安装更新的软件包。与 apt-get 的情形不同，dnf upgrade 命令与 dnf update 非常类似。

在下面的示例中，dnf 确定需要更新两个软件包 at 和 firefox，并检查其依赖关系。一旦确定需要执行的操作之后，dnf 就给出建议执行的操作，然后提示 Is this ok[y/n]，如果用户同意，就下载并安装软件包。

```
# dnf update
Last metadata expiration check: 0:21:39 ago on Fri Jun 2 10:11:21 2017.
Dependencies Resolved
================================================================================
Package          Arch            Version             Repository          Size
================================================================================
Updating:
acl              x86_64          2.2.52-12.fc25      updates             76 k
firefox          x86_64          53.0.3-1.fc25       updates             84 M

Transaction Summary
================================================================================
Upgrade 2 Packages

Total download size: 84 M
Is this ok [y/N]: y
Downloading Packages:
(1/2): acl-2.2.52-12.fc25.x86_64.rpm            | 76 kB        00:00
(2/2): firefox-53.0.3-1.fc25.x86_64.rpm         | 84 M         01:24
[DPRM] acl-2.2.52-12.fc25.x86_64.drpm: done
[DPRM] firefox-53.0.3-1.fc25.x86_64.drpm: done
--------------------------------------------------------------------------------
Total                                             84 M         01:24
Running transaction check
Transaction check succeeded
Running transaction test
Transaction test succeeded
Running Transaction
Upgrading  : acl-2.2.52-12.fc25.x86_64
Upgrading  : firefox-53.0.3-1.fc25.x86_64
Cleanup    : acl-2.2.52-12.fc25.x86_64
Cleanup    : firefox-53.0.3-1.fc25.x86_64
Verifying  : acl-2.2.52-12.fc25.x86_64
Verifying  : firefox-53.0.3-1.fc25.x86_64

Upgraded:
  acl-2.2.52-12.fc25.x86_64
  firefox-53.0.3-1.fc25.x86_64

Complete!
```

在命令行上，通过在单词 update 的后面指定软件包的名字，可实现某些个别软件包的更新。

C.1.2　其他 dnf 命令

还有许多 dnf 命令和选项。下面列出了其中几个比较有用的命令。dnf 的 man 页包含完整的命令列表。

check-update　列出在本地系统上已安装且 dnf 存储库中有可用更新包的软件包。

clean　删除 dnf 用于解析依赖关系的头文件，删除缓存的软件包——一旦下载并安装软件包后，dnf 就不会自动删除它们，除非把 keepcache 设置为 0。

help(command)　显示所有命令的帮助文本，或显示指定的特定命令的帮助文本。

Info　列出有关已安装和可用包的描述和摘要信息。

list　列出可从 dnf 存储库中安装的所有软件包。

search *word*　在软件包的描述、摘要、包装程序和名称中搜索 *word*。

C.1.3　dnf 组

除了与几组软件包一起使用之外，dnf 还可以与单个软件包一起使用。下面的示例说明了如何显示已安装和可用的软件包组的列表：

```
$ dnf group list
Installed Groups:
  Administration Tools
  Design Suite
  GNOME Desktop Environment
...
Installed Language Groups:
  Arabic Support [ar]
  Armenian Support [hy]
  Assamese Support [as]
...
Available Groups:
  Authoring and Publishing
  Base
  Books and Guides
  DNS Name Server
...
Available Language Groups:
  Afrikaans Support [af]
  Akan Support [ak]
  Albanian Support [sq]
...
Done
```

命令 dnf groupinfo 和后面的组名显示了该组的信息，包括组的描述和必选、默认和可选的软件包。下面的示例显示了 DNS 域名服务器组的软件包的信息。如果软件包名包含空格，就必须转义它。

```
$ dnf group info "DNS Name Server"
Group: DNS Name Server
 Description: This package group allows you to run a DNS name server
(BIND) on the system.
 Default Packages:
   bind-chroot
Optional Packages:
 bind
 dnsperf
 ldns
 nsd
 pdns
 pdns-recursor
 rbldnsd
 unbound
```

　　要安装一组软件包，可以使用命令 dnf groupinstall 后跟组名。

C.1.4　用 dnf downloader 下载 rpm 软件包文件

　　实用程序 dnf downloader 是一个插件，可定位和下载(但不安装)rpm 软件包文件。插件是被移植到 DNF 的 yum 实用工具。有关插件的更多信息，请参阅 dnf.readthedocs.io/en/latest。要使用 dnf downloader，可能需要安装 dnf-plugins-core 包。

　　下面的示例把 samba rpm 文件下载到工作目录中：

```
$ dnf download samba
Fedora 25 - x86_64 - Updates                5.1 MB/s | 23 MB       00:04
Fedora 25 - x86_64                          4.5 MB/s | 50 MB       00:11
Last metadata expiration check: 0:21:39 ago on Fri Jun 2 10:11:21 2017.
samba-4.5.10-0.fc25.x86_64.rpm              1.3 MB/s | 638 kB       00:23
```

　　下载源文件　使用 dnf downloader 和--source 选项可下载 rpm 软件包的源文件。实用程序 dnf downloader 会自动启用必需的源存储库。下面的示例把 rpm 文件已安装版本的内核源代码的最新版本下载到工作目录中：

```
$ dnf download --source kernel
enabling updates-source repository
enabling fedora-source repository
Fedora 25 - Updates Source                  5.1 MB/s | 23 MB       00:04
Fedora 25 - Source                          4.5 MB/s | 50 MB       00:11
Last metadata expiration check: 0:21:39 ago on Fri Jun 2 10:11:21 2017.
kernel-4.11.3-200.fc25.src                           | 64 MB       02:09
```

　　没有--source 选项的 dnf downloader 会下载可执行的内核 rpm 文件。

C.1.5　配置 dnf

　　dnf.conf　使用 dnf 更新文件的大多数 Linux 发行版都带有 dnf，以便于使用，用户不需要配置它。本节描述的 dnf 配置文件用于需要修改它们的用户。主配置文件/etc/dnf.conf 保存了全局设置。第一个示例显示了一个典型的 dnf.conf 文件：

```
$ cat /etc/dnf/dnf.conf
[main]
gpgcheck=1
installonly_limit=3
clean_requirements_on_remove=True
```

　　[main]部分定义了全局配置选项。把 gpgcheck 设置为 1，dnf 就会在它安装的软件包中检查 GPG(GNU Privacy Guard，GNU 隐私卫士；GnuPG.org)签名。这个检查会验证软件包的真伪。参数 installonlypkgs 指定 dnf 安装但从不升级的包，如内核。参数 installonly_limit 指定一次安装的给定 installonlypkgs 软件包的版本号。

　　dnf.repos.d　如文件末尾的注释所述，dnf 存储库信息保存在/etc/dnf.repos.d 目录下。在存储库部分设置的参数会覆盖在[main]部分设置的相同参数。下面是 Fedora 系统上 yum.repos.d 目录的列表：

```
$ ls /etc/yum.repos.d
fedora-cisco-openh264.repo    fedora.repo
fedora-updates.repo           fedora-updates-testing.repo
```

　　该目录下的每个文件都包含一个标题，如[fedora]，它提供了存储库的唯一名称。文件名一般类似于存储库名，但添加了 fedora-(或类似的)前缀和.repo 文件扩展名。在 Fedora 系统上，常用的存储库包括 fedora(保存在 fedora.repo 文件中，它包含 DVD 安装程序上的软件包)、updates(保存在 fedora-updates.repo 文件中，它包含稳定软件包已更新的版本)和 updates-testing(保存在 fedora-updates-testing.repo 文件中，它包含尚未准备发布的更新)。最后两个存储库不能启用，除非要测试不稳定的软件包。在生产系统中千万不要启用它们。

每个*.repo 文件都指定了几个存储库

提示 每个*.repo 文件都包含几个相关存储库的说明，这些存储库通常是禁用的。例如，fedora.repo 文件除了包含[fedora]之外，还包含[fedora-debuginfo]和[fedora-source]。

不能使用 dnf 来下载源文件，而必须使用 dnf downloader 下载。

下面的示例显示了 fedora.repo 文件的一部分，它指定了 fedora 存储库的参数：

```
$ cat /etc/yum.repos.d/fedora.repo
[fedora]
name=Fedora $releasever - $basearch
failovermethod=priority
#baseurl=http://download.fedoraproject.org/pub/fedora/linux/releases/$releasever
              /Everything/$basearch/os/
metalink=https://mirrors.fedoraproject.org/metalink?repo=fedora-$releasever&arch=$basearch
enabled=1
metadata_expire=7d
gpgcheck=1
gpgkey=file:///etc/pki/rpm-gpg/RPM-GPG-KEY-fedora-$basearch
skip_if_available=False
...
```

存储库的说明 每个存储库的说明都包含放在方括号中的存储库名、name、failovermethod、baseurl 和 mirrorlist。name 提供了 dnf 显示的存储库的非正式名称。failovermethod 确定了 dnf 联系原来的镜像站点和其他镜像站点(假如联系第一个镜像站点失败)的顺序。priority 按出现的顺序选择站点，roundrobin 随机选择站点。baseurl 指定主存储库的位置，一般被注释掉。mirrorlist 指定一个文件的 URL，该文件存储 baseurl 或主存储库的镜像列表。镜像列表服务器使用 geoip(geolocation，www.geoiptool.com)尝试返回离 dnf 最近的镜像站点。一次只能启用 baseurl 或 mirrorlist。这些定义使用两个变量：dnf 把$basearch 设置为系统的体系结构，把$releasever 设置为发布的版本(例如，对于 Fedora 25 设置为 25)。

如果把 enabled 设置为 1，就启用文件描述的存储库(dnf 将使用它)；如果把 enabled 设置为 0，就禁用该存储库。如前所述，gpgcheck 确定 dnf 是否检查它下载的文件上的 GPG 签名。gpgkey 指定 GPG 密钥的位置。更多选项参见 dnf.conf 的 man 页。

C.2 使用 apt-get

APT(Advanced Package Tool，高级软件包工具)是一组下载、安装、删除、升级和报告软件包的实用程序。APT 实用程序可下载软件包,调用 dpkg 实用程序以操作本地系统上的软件包。更多信息可访问 www.debian.org/doc/manuals/apt-howto。

更新本地软件包列表 apt-get 是主要的 APT 命令，其参数决定命令要做的工作。以 root 身份登录后，输入命令 agt-get update 来更新本地软件包列表：

```
# apt-get update
Get:1 http://extras.ubuntu.com xenial InRelease [72 B]
Get:2 http://security.ubuntu.com xenial-security InRelease [198 B]
Hit http://extras.ubuntu.com xenial InRelease
Get:3 http://security.ubuntu.com xenial-security InRelease [49.6 kB]
Hit http://extras.ubuntu.com xenial/main Sources
Get:4 http://us.archive.ubuntu.com xenial InRelease [198 B]
Hit http://extras.ubuntu.com xenial/main amd64 Packages
Get:5 http://us.archive.ubuntu.com xenial-updates InRelease [198 B]
Get:6 http://us.archive.ubuntu.com xenial-backports InRelease [198 B]
Get:7 http://us.archive.ubuntu.com xenial InRelease [49.6 kB]
Get:8 http://security.ubuntu.com xenial-security/main Sources [22.5 kB]
Get:9 http://security.ubuntu.com xenial-security/restricted Sources [14 B]
...
Fetched 13.4 MB in 2min 20s (95.4 kB/s)
Reading package lists... Done
```

检查依赖关系树 apt-get 实用程序不能"容忍"不完整的 rpm 依赖关系树。为了检查本地依赖关系树的状态，运行命令 apt-get check：

```
# apt-get check
Reading package lists... Done
Building dependency tree
Reading state information... Done
```

校正 apt-get 所发现错误的最简单方法是删除互相冲突的软件包，然后使用 apt-get 重新安装它们。

C.2.1 使用 apt-get 安装、删除、更新软件包

安装软件包 下面的命令使用 apt-get 安装 zsh 软件包：

```
# apt-get install zsh
Reading package lists... Done
Building dependency tree
Reading state information... Done
Suggested packages:
  zsh-doc
The following NEW packages will be installed:
  zsh
0 upgraded, 1 newly installed, 0 to remove and 2 not upgraded.
Need to get 0 B/4,667 kB of archives.
After this operation, 11.5 MB of additional disk space will be used.
Selecting previously unselected package zsh.
(Reading database ... 166307 files and directories currently installed.)
Unpacking zsh (from .../zsh_4.3.17-1ubuntu1_i386.deb) ...
Processing triggers for man-db ...
Setting up zsh (4.3.17-1ubuntu1) ...
update-alternatives: using /bin/zsh4 to provide /bin/zsh (zsh) in auto mode.
update-alternatives: using /bin/zsh4 to provide /bin/rzsh (rzsh) in auto mode.
update-alternatives: using /bin/zsh4 to provide /bin/ksh (ksh) in auto mode.
```

删除软件包 将其中的 install 替换为 remove 后，便可以采用同样的方式删除已安装的软件包：

```
# apt-get remove zsh
Reading package lists... Done
Building dependency tree
Reading state information... Done
The following packages will be REMOVED:
  zsh
0 upgraded, 0 newly installed, 1 to remove and 2 not upgraded.
After this operation, 11.5 MB disk space will be freed.
Do you want to continue [Y/n]? y
(Reading database ... 167467 files and directories currently installed.)
Removing zsh ...
Processing triggers for man-db ...
```

为了保证以后可在相同的配置下重新安装已删除的包，命令 apt-get remove 并不从/etc 目录层次结构中删除配置文件。用户也可以使用 purge (而不是 remove)命令来删除包括配置文件在内的所有文件，但是不推荐这么做。或者，用户可以将这些文件归档，当以后需要时再将它们还原。

C.2.2 使用 apt-get 更新系统

apt-get 具有两个可以更新系统上的所有软件包的参数：upgrade 用来更新系统上那些不需要安装新软件包的所有软件包；dist-upgrade 用来更新系统上那些需要安装新软件包的所有软件包。后一个参数会在操作系统的新版本可用时安装该新版本。

以下命令用来更新系统上的所有软件包，这些软件包只依赖于已经安装的软件包：

```
# apt-get upgrade
Reading package lists... Done
```

```
Building dependency tree
Reading state information... Done
The following packages will be upgraded:
  eog libtiff4
2 upgraded, 0 newly installed, 0 to remove and 0 not upgraded.
Need to get 906 kB of archives.
After this operation, 20.5 kB disk space will be freed.
Do you want to continue [Y/n]? y
Get:1 http://us.archive.ubuntu.com/ubuntu/ xenial-updates/main libtiff4 i386 3.9.5-2ubuntu1.1 [142 kB]
Get:2 http://us.archive.ubuntu.com/ubuntu/ xenial-updates/main eog i386 3.4.2-0ubuntu1 [763 kB]
Fetched 906 kB in 2s (378 kB/s)
(Reading database ... 167468 files and directories currently installed.)
Preparing to replace libtiff4 3.9.5-2ubuntu1 (using .../libtiff4_3.9.5-2ubuntu1.1_i386.deb) ...
Unpacking replacement libtiff4 ...
Preparing to replace eog 3.4.1-0ubuntu1 (using .../eog_3.4.2-0ubuntu1_i386.deb) ...
Unpacking replacement eog ...
Processing triggers for libglib2.0-0 ...
Processing triggers for man-db ...
Processing triggers for gconf2 ...
Processing triggers for hicolor-icon-theme ...
Processing triggers for bamfdaemon ...
Rebuilding /usr/share/applications/bamf.index...
Processing triggers for desktop-file-utils ...
Processing triggers for gnome-menus ...
Setting up libtiff4 (3.9.5-2ubuntu1.1) ...
Setting up eog (3.4.2-0ubuntu1) ...
Processing triggers for libc-bin ...
ldconfig deferred processing now taking place
```

当 apt-get 要求确认时，如果要更新所有列出的软件包，就输入 Y；否则输入 N。在上面的输出中，在 kept back 之后列出了那些因依赖于未安装的软件包而不能被更新的软件包。

使用 dist-upgrade 可以更新所有软件包，包括那些依赖于未安装的软件包的软件包。这条命令也安装依赖关系。

C.2.3 其他 apt-get 命令

autoclean　删除旧的归档文件。

check　检查损坏的依赖关系。

clean　删除归档文件。

dist-upgrade　升级系统上的软件包，根据需要安装新软件包。如果操作系统有新版本可用，这个选项就会升级到新版本。

purge　删除软件包及其所有的配置文件。

source　下载源文件。

update　检索软件包的新列表。

upgrade　升级系统上不需要安装新软件包的所有软件包。

C.2.4 使用 apt 命令

Debian 及其衍生品，包括 Ubuntu，正在更新 apt get，以创建一个名为 apt 的新工具。这种变化类似于 RPM 世界中从 yum 到 dnf 的变化。与此变化一样，在大多数情况下，唯一的区别是在命令中输入 apt 而不是 apt-get。并不是所有的命令都已经被移植，但是已经移植的命令还包括一些可见的升级，如彩色文本和进度指示器。

C.2.5 存储库

存储库包含软件包及其相关信息的集合，包括描述每个软件包并提供软件包依赖的其他软件包的相关信息的头。Linux 发行版一般维护着它发布的每个版本的存储库。

软件包分类 软件包一般分为几类。Ubuntu 使用如下分类：
- main——Ubuntu 支持的开源软件。
- universe——社区维护的开源软件。
- multiverse——有版权的软件或受法律保护的软件
- restricted——专用的设备驱动程序
- backports——Ubuntu 以后版本中的软件包，早期版本不能使用

apt-get 实用程序根据在 sources.list 文件中指定的类别，在它搜索的存储库中选择软件包。

C.2.6 sources.list：指定 apt-get 搜索的存储库

要求 apt-get 查找或安装软件包时，/etc/apt/sources.list 文件指定了 apt-get 搜索的存储库。只有修改 sources.list 文件，才能使 apt-get 从非默认的存储库中下载软件。一般不需要配置 apt-get，就可以安装支持的软件。

sources.list 文件中的每一行描述了一个存储库，其语法格式如下：

> *type URI repository category-list*

其中 *type* 是 deb(可执行文件的软件包)或 deb-src(源文件的软件包)；*URI* 是存储库的位置，通常是 cdrom 或以 http://开头的 Internet 地址。*repository* 是 apt-get 要搜索的存储库名；*category-list* 是用空格分隔的分类列表，apt-get 从这个列表中选择软件包。注释以行中任意位置的英镑符号(#)开头，一直到该行的末尾。

在 Ubuntu 系统上，来自 sources.list 文件的如下行会使 apt-get 在位于 us.archive.ubuntu.com/ubuntu 的 Precise 归档文件中搜索包含可执行文件的 deb 软件包。它接收分类为 main、restricted 和 multiverse 的软件包：

```
deb http:// us.archive.ubuntu.com/ubuntu precise main restricted multiverse
```

用 deb-src 替换 deb，会采用相同方式搜索源文件的软件包。使用 apt-get source 命令可下载源文件的软件包。

默认的存储库 Ubuntu 系统上的默认 sources.list 文件包含的存储库有 xenial、xenial-updates(发布 xenial 后修正了主要的错误)、-security(与安全密切相关的重要更新)和 xenial-backports(较新、没有经过很多测试的、Ubuntu 安全小组未审核的软件)。sources.list 文件中的一些存储库可能被注释掉了。删除要启用的存储库所在行前面的英镑符号(#)，就可以启用该存储库。修改了 sources.list 文件后，输入 apt-get update 命令就可以更新本地软件包索引。

将下面的一行添加到 sources.list 文件中，允许 apt-get 搜索第三方存储库(参见下面的安全提示)：

```
deb http:// download.skype.com/linux/repos/debian/ stable non-free
```

在这个示例中，存储库是 stable，类别是 non-free。尽管为 Debian 编译了代码，但它运行在 Ubuntu 上，这种情况十分常见。

使用自己信任的存储库

安全 软件包有许多存储库。选择要添加到 sources.list 文件中的存储库：添加存储库时，应相信运行该存储库的人不会在自己下载的软件包中放置恶意软件。另外，不受支持的软件包可能与其他软件包冲突，或者导致升级失败。

C.3 BitTorrent

下载 BitTorrent 文件的最简单方法是在 Web 浏览器或 Nautilus 文件浏览器中单击 torrent 文件对象；这个操作会打开一个 GUI。本节描述 BitTorrent 的工作方式并解释如何从命令行下载 BitTorrent 文件。

BitTorrent 协议实现了混合客户端/服务器和 P2P 的文件传输机制。BitTorrent 高效地发布大量静态数据，如 Fedora/RHEL 安装的 ISO 映像安装文件。它可以代替诸如匿名 FTP(不需要客户端的身份验证)的协议。每个下载文件的 BitTorrent 客户端将为上传文件提供额外的带宽，从而可以减轻初始源上的负载。一般情况下，BitTorrent 下载速度要比 FTP 快得多。与 FTP 之类的协议不同，BitTorrent 将多个文件组合到一个称为 BitTorrent 文件的软件包内。

跟踪程序、对等体、种子和群 与其他 P2P 系统相同，BitTorrent 不使用专用服务器，而是由跟踪程序(tracker)、对等体(peer)和种子(seed)来完成服务器的功能。跟踪者允许客户彼此之间通信。已下载部分 BitTorrent 文件的客户

端称为对等体，而已下载整个 BitTorrent 文件的客户端称为种子，该客户端可以作为该 BitTorrent 文件的又一个源。对等体和种子合称为群。与 P2P 网络一样，每个群的成员都可以向其他客户上传自己下载的 BitTorrent 文件。种子没有任何特别之处：一旦 BitTorrent 可以从其他种子下载获得时，种子就可以在任何时候被删除。

　　torrent　下载 BitTorrent 文件的第一步是定位或获取 *torrent*，BitTorrent 文件的扩展名是.torrent。torrent 包含要下载的 BitTorrent 文件的相关信息(元数据)，如大小和跟踪程序的位置。可以通过.torrent 的 URI 来获得 torrent，也可以通过 Web、电子邮件的附件等其他方式来获得 torrent。接着，BitTorrent 客户端连接到跟踪程序，以获取可以从中下载 BitTorrent 文件的群的其他成员的位置。

　　方式　下载完一个 BitTorrent 文件后(也就是说，本地系统成为一个种子)，最好允许本地 BitTorrent 文件继续运行，从而让对等体(没有下载全部 BitTorrent 文件的客户端)至少可以下载你所下载的内容。

C.3.1　前提条件

　　根据需要，使用 dnf 或 apt-get 安装 rtorrent 软件包。

C.3.2　使用 BitTorrent

　　rtorrent 实用程序是一个基于文本的 BitTorrent 客户端，提供了伪图形界面。一旦有了 torrent 后，就可以执行下面的命令，用自己要下载的 torrent 的名称替换示例中的 Fedora torrent：

```
$ rtorrent Fedora-17-i686-Live-Desktop.torrent
```

　　一个 torrent 可以下载一个或多个文件；torrent 为下载到的文件指定文件名，对于多文件 torrent 的情况，指定保存所有文件的目录名。上面示例中的 torrent 将 BitTorrent 文件保存在工作目录中的 Fedora-17-i686-Live-Desktop 目录下。

　　下面的示例展示了正在运行的 rtorrent。下载庞大的 BitTorrent 文件可能会花费数小时到数天，这取决于 Internet 连接的速度和种子数。

```
*** rTorrent 0.8.9/0.12.9 - guava:7739 ***
[View: main]
  Fedora-Workstation-Live-x86_64-26
        479.9 / 646.0 MB Rate: 0.0 / 1187.6 KB Uploaded:
...
[Throttle off/off KB] [Rate 2.2/1193.5 KB] [Port: 6977] [U 0/0]
```

　　按 CONTROL+Q 组合键可以终止下载，当再次把该 torrent 下载到同一个位置时，下载过程会自动从用户终止的地方继续进行。

确保有足够的空间下载 torrent

警告　一些 torrent 很大。确保当前使用的分区有足够的空间来保存正在下载的 BitTorrent 文件。

　　输入命令 rtorrent -help 可以获取选项列表。更完整的文档请访问 libtorrent.rakshasa.no/wiki/RTorrentUserGuide。最有用的一个选项是-o upload_rate，它限制从用户对应的客户端下载 torrent 时群可以使用的带宽。默认为 0，表示上传带宽没有限制。以下命令禁止 BitTorrent 的上行带宽超过每秒 100KB：

```
$ rtorrent -o upload_rate=100 Fedora-17-i686-Live-Desktop.torrent
```

　　BitTorrent 通常给群的成员提供更高的下载速率，该群可以上传更多数据，因此当用户具有空闲带宽时，可以增加该值。用户必须保留足够多空闲的上行带宽，确保其他客户端从用户的计算机下载的软件包可以顺利通过，否则用户的下载速度将非常缓慢。

　　max_uploads 的值指定 rtorrent 允许的最大并发上传数量。默认没有限制。如果正在通过一个缓慢的连接下载，尝试设置 upload_rate=3 和 max_uploads=2。

　　BitTorrent 保存文件时对应的文件名或目录名由 torrent 指定。可以使用 directory=directory 选项指定其他的文件名或目录名。

附录 D

macOS 注意事项

本附录简要介绍与 Linux 不同的 macOS 特性。UNIX、Linux 和 macOS 的历史参见第 1 章。

本附录基于的操作系统在 2001 年～2012 年被称为 *Mac OS X*，在 2012 年～2016 年改名为 OS X，目前称为 macOS。本附录将使用 macOS。为了清晰起见，在引用 2001 年之前存在的、不是基于 UNIX 的、较旧的经典操作系统时，使用版本号和 *Mac OS*。

D.1 开放目录

开放目录代替了 macOS 10.5 版本中独立的 NetInfo 数据库。ni*实用程序(包括 nireport 和 nidump)被 dscl 替代。lookupd 守护进程的工作现在由 DirectoryService 守护进程完成。

对于本地系统的相关信息,macOS 现在使用一种分层结构中称为节点的小型*.plist XML 文件来存储,这些节点存储在/var/db/dslocal 分层结构中。其中的许多文件都是可读的。在 macOS 服务器上,用于整个网络的开放目录基于 OpenLDAP、Kerberos 和基于 SASL 的密码服务器。

/etc/passwd 仅当在单用户模式下启动时,macOS 才使用 etc/passwd 文件。因为 macOS 中,在多用户模式下不使用/etc/passwd 文件存储的用户信息,所以本书使用该文件的示例不在 macOS 下运行。大多数情况下,必须使用 dscl 从 passwd 数据库中提取信息。例如,whos2 程序(如下所示)就是运行在 macOS 10.5 及以后版本下的 whos版本。

whos2 对于每个命令行参数,whos2 都会搜索 passwd 数据库。在 for 循环中,dscl –readall 命令会列出本地系统上的所有用户名和用户 ID。该命令会在/Users 目录中搜索 RealName 键,并显示对应的值。占据 4 行的 sed命令删除仅包含一条短横线的行(/^-$/ d),查找仅包含 RealName:(/^RealName:$/)的行,找到后读取它,并在其后追加下一行(N),再用换行符替换分号(s/\n/; /)。最后,grep 选择其中包含用于调用该程序的 ID 的行。

```
$ cat whos2
#!/bin/bash

if [ $# -eq 0 ]
    then
        echo "Usage: whos id..." 1>&2
        exit 1
fi

for id
do
    dscl . -readall /Users RealName |
    sed '/^-$/ d
        /^RealName:$/N;s/\n//
        N
        s/\n/; /'                    |
    grep -i "$id"
done
```

/etc/group 同一组的用户可以共享文件或程序,但不允许所有的系统用户访问它们。如果有几个用户同时处理非公共文件,这个方案就很有用。在 Linux 系统中,/etc/group 文件把一个或多个用户名与每一组数字关联起来。macOS 10.5 及以后版本依赖开放目录提供组信息。macOS 10.4 及以前版本使用 NetInfo 提供组信息。

D.2 文件系统

macOS 支持几种类型的文件系统。最常用的是默认的 HFS+(Hierarchical File System Plus,扩展的分层结构文件系统)。在 Mac OS 8.1 中引入的 HFS+支持大型磁盘,是最初的 HFS 文件系统的增强版本。HFS 在 1986 年引入 OS 3.0,与当时标准的 MFS(Macintosh File System)截然相反。一些应用程序不能在除 HFS+外的文件系统上正确运行。

HFS+与 Linux 文件系统不同,但因为 Linux 提供了一个标准化的文件系统接口,所以这些区别一般对用户是透明的。最重要的区别如下:
- HFS+保留大小写但不区分大小写。
- HFS+允许 root 用户创建目录的硬链接。
- HFS+文件有扩展属性。

macOS 也支持 Linux 文件系统,如 UFS(UNIX File System,UNIX 文件系统),UFS 继承自 Berkeley UNIX。支持的其他文件系统包括 FAT16 和 FAT32,这两个文件系统最初用于 DOS 和 Windows。这些文件系统一般都用在可移动媒介上,如数码相机存储卡。macOS 也支持 NTFS(Windows)和 exFAT(USB 闪存)、ISO 9660(CD-ROM)和 UDF 文件系统(DVD)。

D.2.1　非磁盘文件系统

macOS 支持不对应于物理卷的文件系统,如硬盘或 CD-ROM 上的分区。.dmg(disk image)文件就是一个例子(可以挂载一个磁盘映像文件,以便在 Finder 中双击就可以访问它包含的文件)。另一个例子是用文件名表示内核功能的虚拟文件系统。例如,/Network 虚拟文件系统保存了一棵表示本地网络的目录树;大多数网络文件系统协议都使用这个文件系统。另外,还可以使用 Disk 实用程序创建加密的或用密码保护的、可挂载映像文件的.iso文件(ISO 9660)。最后可以使用 hdiutil 来挂载和操作磁盘镜像。

D.2.2　区分大小写

默认的 macOS 文件系统 HFS+保留大小写,但不区分大小写。保留大小写是指文件系统会记住用户创建文件时使用的大小写格式,并使用该大小写格式显示文件名,但也接受表示该文件的任意大小写形式。因此,在 HFS+下,JANUARY、January 和 january 表示同一个文件。可以设置 HFS+文件系统来区分大小写。

D.2.3　/Volumes

启动盘　每个物理硬盘一般都分为一个或多个逻辑分区(也称为卷)。每个 macOS 系统都有一个卷,称为启动盘,系统从该盘上启动。启动盘默认为 Macintosh HD。系统启动时,Macintosh HD 会挂载为根目录(/)。

根目录始终有一个子目录 Volumes。由于历史原因,除了启动盘的每个卷都挂载在/Volumes 目录中。例如,标记为 MyPhotos 的磁盘的路径名是/Volumes/MyPhotos。

为便于访问,/Volumes 拥有指向启动盘(根目录)的符号链接。假定启动盘是 Macintosh HD,那么/Volumes/Macintosh HD 是根目录的符号链接。

```
$ ls -ld '/Volumes/Macintosh HD'
lrwxr-xr-x 1 root admin 1 Jul 12 19:03 /Volumes/Macintosh HD -> /
```

系统会自动把所有卷都挂载到/Volumes 中。Finder 显示的桌面包含和每个已挂载磁盘对应的图标,以及和用户的 Desktop 目录中的文件对应的图标,从而使/Volumes 目录成为 Finder 和其他应用程序的有效根目录(顶级目录或根目录)。Finder 会显示文件系统在 UNIX 之前的 Mac OS 视图。

D.3　扩展属性

macOS 文件有扩展属性,它包含文件分叉(例如,数据、资源)、文件属性和访问控制列表(ACL),并不是所有的实用程序都能识别扩展属性。

资源分叉和文件属性是 HFS+文件系统固有的。macOS 会模拟其他类型的文件系统上的资源分叉和文件属性。Linux 文件系统中没有这些特性。

一些实用程序不处理扩展属性

警告　一些第三方程序和 macOS 10.3 及以前版本下的大多数实用程序都不支持扩展属性,而一些实用程序需要处理扩展属性的选项。

另见 D.3.1 节中的"重定向不支持资源分叉"提示。

D.3.1　文件分叉

分叉就是单个文件的各个部分,它们包含不同的内容。macOS 从一开始就支持文件分叉。使用最广泛的是数据分叉和资源分叉。

数据分叉　数据分叉等价于 Linux 文件,它由一段无结构的字节流组成。许多文件都只有一个数据分叉。

资源分叉　资源分叉包含一个数据库,它允许随机访问资源,每个分叉都有类型和标识号。对一个资源的修改、添加或删除不会影响其他资源。资源分叉可以存储不同类型的信息——有些信息很重要，而有些信息只是有用。例如，macOS 图形程序可能在资源分叉中保存了某图像更小的副本(预览图或缩略图)。另外，用 BBEdit 文本编辑器创建的文本文件在资源分叉中存储了显示大小和制表位信息。因为这个程序是文本编辑器，而不是字处理器所以这类信息不能存储在数据分叉中。丢失了包含缩略图或显示信息的资源分叉最多导致不太方便，因为例如，缩略图可以从原始图像中重新生成。其他程序在资源分叉中存储较重要的信息，或者创建只包含资源分叉的文件，该资源分叉包含文件的所有信息。这种情况下，丢失资源分叉就与丢失数据分叉一样糟糕。还有更糟糕的：用户可能没有注意到资源分叉已丢失，因为数据分叉还在。只有当试图使用文件时，才发现资源分叉丢失了。

Linux 实用程序可能不保存资源分叉 Linux 文件系统把每个文件名与一个字节流关联起来。文件分叉不符合这种模型。因此，许多 Linux 实用程序不处理资源分叉，而只处理数据分叉。macOS 10.4 及以后版本提供的大多数文件实用程序都支持资源分叉，许多第三方实用程序不支持资源分叉。

管道不处理资源分叉

警告 管道不处理文件的资源分叉，只处理数据分叉。

重定向不支持资源分叉

警告 重定向某实用程序的输入或输出时，只会重定向数据分叉中的信息，不重定向资源分叉中的信息。例如，下面的命令只复制 song.ogg 中的数据分叉：

```
$ cat song.ogg > song.bak.ogg
```

如果不确定某程序是否支持资源分叉，可以在依赖该功能之前测试它。使用 Finder、ditto 实用程序，或者使用 macOS 10.4 及以后版本下的 cp 实用程序，创建一个备份副本，再检查所复制的文件是否正常工作。

表 D-1 列出了可处理资源分叉的实用程序。这些实用程序与 Developer Tool 软件包一起安装。详细信息参见这些实用程序的手册页。

表 D-1 处理资源分叉的实用程序

实 用 程 序	功 能
Rez	从资源描述文件中创建资源分叉
DeRez	从资源分叉中创建资源描述文件
RezWack	把带分叉的文件转换为包含所有分叉的单个平面文件
UnRezWack	把存放分叉的平面文件转换为带分叉的文件
SplitForks	把带分叉的文件转换为多个文件，每个文件存放一个分叉

D.3.2 文件属性

文件包含数据。关于文件的信息称为元数据，例如文件的拥有者信息和权限。macOS 存储的元数据比 Linux 多。本节讨论文件属性，即 macOS 存储的元数据。

文件属性包括：

- 属性标记
- 类型代码
- 创建代码

资源分叉的警告也适用于文件属性：一些实用程序在复制或处理文件时，不会保留文件属性；许多实用程序都不能识别属性标记。把文件移动到非 Macintosh 系统时，丢失文件属性很常见。

1. 属性标记

属性标记(参见表 D-2)包含与 Linux 权限完全不同的信息。其中的两个属性标记是不可见标记和锁定标记，不可见标记禁止文件显示在文件对话框和 Finder 中，锁定标记禁止修改文件。命令行实用程序一般会忽略标记，标记仅影响 GUI 应用程序。ls 实用程序会列出设置了不可见标记的文件。关于显示、设置和清除属性标记的信息请查阅 GetFileInfo 和 SetFile。

表 D-2　属性标记

标　　记	能否在目录上设置标记	描　　述
a	否	别名文件
b	否	含有包
c	能	定制图标
l	否	锁定
t	否	信笺簿文件(stationery pad file)
v	能	不可见

2. 创建代码和类型代码

类型代码和创建代码是 32 位整数，一般显示为 4 个字符的单词，用于指定文件的类型和创建代码。创建代码指定了创建文档的应用程序，而不是创建文档的用户。应用程序一般可以打开创建程序代码与应用程序相同的文档，但打不开带其他创建代码的文档。

创建代码　创建代码一般对应于供应商或产品系列。操作系统——尤其是 Finder——使用创建代码组合相关的文件。例如，AppleWorks 应用程序文件及其文档文件的创建代码是 BOBO。在应用程序的"打开文件"对话框中，灰色的文件一般表示该文件的创建代码不同于这个应用程序。open 实用程序也在打开文件时查看创建代码。

类型代码　类型代码表示文件如何使用。类型代码 APPL 表示应用程序，即用于打开其他文件的程序。例如，AppleWorks 字处理器文档的类型代码是 CWWP(Claris Works Word Processor，AppleWorks 以前的名称是 Claris Works)。几个类型代码已标准化，如应用程序类型，但厂商可以为自己的程序自由开发新的类型代码。单个应用程序可以支持多种文档类型。例如，AppleWorks 支持电子表格文件(CWSS)、字处理器文档(CWWP)和图形(CWGR)。同样，图形程序一般支持许多文档类型。应用程序使用的数据文件可以与应用程序具有相同的类型代码，尽管它们不能打开为文档。例如，拼写检查程序使用的字典不能打开为文档，但一般使用与拼写检查程序相同的创建代码。

文件扩展名　文件扩展名可以替代类型代码和创建代码。例如，AppleWorks 字处理器文档的扩展名为.cwk。另外，如果 open 无法使用文件的创建代码确定应使用哪个应用程序打开文件，它就会使用文件扩展名来确定。

D.3.3　ACL

ACL(访问控制列表)在 4.6 节讨论。本节讨论如何在 macOS 下启用和使用 ACL。

1. chmod：使用 ACL

在 macOS 下，可以使用 chmod 创建、修改和删除 ACL 规则。用于这个目的的 chmod 命令有如下格式：

chmod **option***[# n]* **"who** *allow|deny* **permission-list" file-list**

其中 *option* 是+a(添加规则)、-a(删除规则)或=a(改变规则)；*n* 是可选的规则号；*who* 是用户名、用户 ID 号、组名或组 ID 号；*permission-list* 是一个或多个用逗号分隔开的文件访问权限，文件访问权限从 read、write、append 和 execute 中选择。*file-list* 是应用了某规则的文件列表。引号是必需的。在第一个示例中，Sam 添加了一条规则，授予 Helen 读写 memo 文件的权限：

```
$ chmod +a "helen allow read,write" memo
```

如果忘了引号，chmod 实用程序就会显示一条错误消息：

```
$ chmod +a max deny write memo
chmod: Invalid entry format -- expected allow or deny
```

ls –l　ls –l 命令在有 ACL 的文件的权限后面显示一个加号(+，参见图 4-12)：

```
$ ls -l memo
-rw-r--r--+ 1 sam staff 1680 May 12 13:30 memo
```

ls –le　在 macOS 下，ls –e 选项会显示 ACL 规则：

```
$ ls -le memo
-rw-r--r--+ 1 sam staff 1680 May 12 13:30 memo
 0: user:helen allow read,write
```

对于每条规则，-e 选项从左到右依次显示规则编号、冒号、"user:"或"group:"、与规则相关的用户名或组名、allow 或 deny(根据规则是授予权限还是拒绝权限)，以及授予或拒绝的权限列表。

内核按照规则编号的顺序处理 ACL 中的多条规则。内核不必按照输入的顺序给规则编号。一般拒绝权限的规则位于授予权限的规则前面。使用+a# *n* 语法可以给规则赋予一个规则编号，以覆盖默认顺序。以下命令把上述示例中的第 0 条规则指定为第 1 条规则，再用一条拒绝 Max 对 memo 文件进行写入访问的规则来替代原来的第 0 条规则：

```
$ chmod +a# 0 "max deny write" memo
$ ls -le memo
-rw-r--r--+ 1 sam staff 1680 May 12 13:30 memo
 0: user:max deny write
 1: user:helen allow read,write
```

删除访问规则有两种方法。第一种，可使用对应规则编号来指定规则：

```
$ chmod -a# 1 memo
$ ls -le memo
-rw-r--r--+ 1 sam staff 1680 May 12 13:30 memo
 0: user:max deny write
```

第二种，可以使用添加规则时使用的字符串来指定规则：

```
$ chmod -a "max deny write" memo
$ ls -le memo
-rw-r--r-- 1 sam staff 1680 May 12 13:30 memo
```

删除了上一条规则后，memo 就没有 ACL(ls –le 命令行就不显示"+")。指定 chmod 不能完成的 ACL 操作时，它就会显示一条错误消息：

```
$ chmod -a# 0 memo
chmod: No ACL present
```

在下一个示例中，Sam 还原了 Helen 对 memo 文件的读写权限：

```
$ chmod +a "helen allow read,write" memo
$ ls -le memo
-rw-r--r--+ 1 sam staff 1680 May 12 13:30 memo
 0: user:helen allow read,write
```

接着，Sam 删除了刚刚给 Helen 授予的写权限。从某规则中删除几个访问权限中的一个时，其他权限保持不变：

```
$ chmod -a "helen allow write" memo
$ ls -le memo
-rw-r--r--+ 1 sam staff 1680 May 12 13:30 memo
 0: user:helen allow read
```

下面的示例说明了 chmod 按默认顺序在 ACL 中插入规则。即使 Sam 在 deny 规则的前面添加了 allow 规则，allow 规则也会最先显示。控制 Helen 的权限的规则在另外两条规则之前添加，在最后显示。

```
$ chmod +a "max allow read" memo
$ chmod +a "max deny read" memo

$ ls -le memo
-rw-r--r--+ 1 sam staff 1680 May 12 13:30 memo
 0: user:max deny read
 1: user:max allow read
 2: user:helen allow read
```

可以使用"=a"语法替换规则。在下面的示例中，Sam 把第 2 条规则改为授予 Helen 读写 memo 的权限：

```
$ chmod =a# 2 "helen allow read,write" memo
$ ls -le memo
-rw-r--r--+ 1 sam staff 1680 May 12 13:30 memo
 0: user:max deny read
 1: user:max allow read
 2: user:helen allow read,write
```

D.4　激活 Terminal META 键

在 macOS 的 Terminal 实用程序中，可以把 OPTION 键(或 ALT 键)用作 META 键。在 Terminal 实用程序的 File 菜单中，选择 Window Settings 命令，会显示 Terminal Inspector 窗口。这个窗口提供了一个下拉菜单，通过该下拉菜单可以改变属性。选择 Keyboard，选中 Use option key as meta key 复选框，再单击 Use Settings as Defaults，就会在使用 Terminal 实用程序时，把 OPTION 键(Mac 键盘)或 ALT 键(PC 键盘)用作 META 键。

D.5　启动文件

macOS 和应用程序文档都把启动文件称为配置文件或首选项文件。许多 macOS 应用程序都在用户主目录的 Library 和 Library/Preferences 子目录中存储启动文件，该子目录在建立账户时创建。这些文件大都没有隐藏的文件名。使用 launchctl 来修改这些文件。

D.6　远程登录

macOS 默认不允许远程登录。通过 ssh，在 Preferences 窗口的 Sharing 面板中，启用 Services 选项卡中的远程登录，就可以进行远程登录。macOS 不支持 telnet 登录。

D.7　许多实用程序都未遵循苹果机的人性化界面规则

macOS 下的 rm 默认不遵循苹果机的人性化界面规则,该规则要求,操作要么是可逆的,要么应请求确认。macOS 命令行实用程序一般不询问用户是否确定要执行某操作。

D.8　安装 Xcode 和 MacPorts

Xcode 是苹果公司提供的免费软件。更多信息请参见 developer.apple.com/xcode。若要下载和安装 Xcode，打开 App Store，搜索并单击 xcode，接下来按照提示安装。安装了 Xcode 后，可能需要安装 Command Line Tools；如果要使用 MacPorts，则必须安装这个包。要安装 Command Line Tools，选择 Xcode 首选项，单击 Downloads，然后单击 Command Line Tools 旁边的安装按钮。

MacPorts(www.macports.org)项目是一个"由开源社区倡议的、设计用于在 macOS 操作系统上基于开源软件编译、安装和升级命令行、X11 或 Aqua 的易使用的系统"。MacPorts 包含超过 14 000 个工具；详细列表请参见 www.macports.org/ports.php。

要在 Macintosh 上使用 MacPorts，必须如上面所述安装 Xcode。接下来可以访问 www.macports.org/install.php 并按照名为 macOS Package(.pgk) Installer 一节中的说明来安装 MacPorts。

安装 gawk　一旦安装了 MacPorts,就可以使用 port 实用程序安装单独的包。例如,可以用下面的命令安装 gawk：

```
$ sudo port install gawk
---> Computing dependencies for gawk
---> Fetching archive for gawk
...
---> No broken files found.
```

安装 MySQL　一旦安装了 MacPorts，就可以用下面的命令安装 MySQL：

```
$ sudo port install mysql51
---> Dependencies to be installed: mysql_select zlib
---> Fetching archive for mysql_select
...
---> No broken files found.
```

也可以访问 www.mysql.com/downloads/mysql(MySQL 社区服务器)，选择平台为 macOS，并下载适当的 DMG

归档文件或压缩的 TAR 归档文件。这些文件包括了 launchd 启动项和 MySQL 的系统首选项；参见 MySQL 文档 dev.mysql.com/doc/refman/5.6/en/macosx- installation.html。

D.9 Linux 特性的 macOS 实现方案

表 D-3 解释了一些 Linux 特性在 macOS 下如何实现。

表 D-3　Linux 特性的 macOS 实现方案

Linux 特性	macOS 实现方案
/bin/sh	/bin/sh 是 bash(bin/bash)的副本，它不像在大多数 Linux 系统上那样是 bin/bash 的链接。最初的 Bourne Shell 在 macOS 下不存在。使用命令 sh 调用 bash 时，bash 会尝试尽可能模拟最初的 Bourne Shell 的行为
核心文件	macOS 默认不存储核心文件。保存核心文件时，它们会保存在/cores 下，而不是保存在工作目录中
开发工具	默认不安装 Developer Tools 软件包
开发 API	macOS 使用两个软件开发 API：Cocoa 和 BSD UNIX
动态链接器 ld.so	macOS 动态链接器是 dyld，不是 ld.so
ELF 和 a.out 二进制格式	macOS 下的主要二进制格式是 Mach-O，不是 ELF 或 a.out
/etc/group	macOS 使用 OpenDirectory 而不是/etc/group 来存储组信息
/etc/passwd	macOS 使用 OpenDirectory 而不是/etc/passwd 来存储用户账户
文件系统结构/etc/fstab	文件系统不是根据/etc/fstab 中的设置来挂载，而是自动挂载到/Volumes 目录中
finger	macOS 默认禁用远程 finger 支持功能
LD_LIBRARY_PATH	用于控制动态链接器的变量是 DYID_LIBRARY_PATH 而不是 ID_LIBRARY_PATH
共享库*.so	macOS 共享库文件名为*.dylib 而不是*.so。它们通常在包含资源和头文件的.framework 包中发布
系统数据库	一些系统数据库(如 passwd 和 group)由 OpenDirectory 存储，不在/etc 目录下。使用 dscl 实用程序可以处理 OpenDirectory 数据库
vi 编辑器	与许多 Linux 发行版一样，调用 vi 编辑器时，macOS 10.3 及以后版本会运行 vim，因为文件/usr/bin/vi 是/usr/bin/vim 的一个链接

附录 E

术　语　表

本术语表中带 ^{FOLDOC} 标记的术语基于由编辑 Denis Howe 维护的在线词典 Free On-Line Dictionary of Computing(foldoc.org)中的定义，已获准在此使用。

10.0.0.0——参见私有地址空间(private address space)。

172.16.0.0——参见私有地址空间。

192.168.0.0——参见私有地址空间。

802.11—— IEEE 开发的无线 LAN 技术的一系列规范，包括 802.11(1Mbps~2Mbps、802.11a(54Mbps)、802.11b(11Mbps)、802.11g(54Mbps)。

绝对路径(absolute pathname)——始于根目录(/)的路径名。绝对路径名直接定位文件，与工作目录无关。

访问(access)——在计算机术语中，作为动词时，表示使用、读取或写入。当我们说"访问一个文件"时，是指对该文件进行读取操作或写入操作。

访问控制列表(Access Control List)——参见 ACL。

访问权限(access permission)——读取、写入或执行某个文件的权限。如果对某个文件拥有写入权限，就可以写入该文件。参见访问特权(access privilege)。

ACL——访问控制列表(Access Control List)。执行类似于文件权限的功能，但对应的系统相比文件权限提供更精细的控制。

活动窗口(active window)——在桌面上接收键盘字符输入的窗口。同桌面、焦点。

地址掩码(address mask)——参见子网掩码(subnet mask)。

别名(alias)——shell 的一种命令定义机制，可通过这种机制来定义新命令。

字母数字字符(alphanumeric character)——A~Z(大写或小写)和 0~9 中的一个字符(含 A、a、Z、z、0 和 9)。

模糊文件引用(ambiguous file reference)——对文件的引用，这个引用未必指定任何一个文件，但可以用于指定一组文件。shell 将模糊文件引用扩展成一个文件名列表。特殊字符表示模糊文件引用中的单个字符(?)，含 0 个或多个字符(*)的字符串以及字符类([ ])。模糊文件引用是一种正则表达式(regular expression)。

尖括号(angle bracket)——左尖括号(<)和右尖括号(>)。shell 使用"<"把来自某个文件的内容重定向为某命令的标准输入，使用">"重定向标准输出。shell 使用"<<"来表示 Here 文档的开始，使用">>"将输出追加到某个文件。

动画(animate)——在涉及窗口动作的场合，表示让动作的速度减慢，这样用户可以看到该动作的过程。例如，当最小化窗口时，窗口可以立即全部消失(非动画)，也可以慢慢地缩小到面板中，这样用户可以从视觉上感知正在发生的动作(动画)。

反走样(anti-aliasing)——在对角线的边缘添加灰色像素来去除锯齿形状，从而使得线条看上去更平滑。反走样有时会使得屏幕上的字形更好看，而有时却更差；反走样对于小字体和大字体效果最好，对于 8 磅~15 磅的字体效果较差。参见亚像素提示(subpixel hinting)。

API——应用程序编程接口(Application Program Interface)。应用程序通过 API(称为约定)访问操作系统和其他服务。API 在源代码级定义，在应用程序与操作系统内核(或其他高权限的实用程序)之间提供一个抽象层来确保代码的可移植性。FOLDOC

追加(append)——将某内容添加到其他内容的最后。将文本追加到文件意味着将该文本添加到该文件的最后。shell 使用">>"将某条命令的输出追加到某个文件。

applet——运行于较大程序中的小程序，如运行在浏览器中的 Java applet，从桌面面板运行的面板 applet。

归档文件(archive)——归档文件包含一组较小的、通常彼此相关的文件。也表示创建这种文件。tar 和 cpio 实用程序可以创建和读取归档文件。

参数(argument)——一个数字、字母、文件名或字符串，用来向某条命令提供某些信息。在调用该命令时，信息被传入该命令。命令行参数指向命令行上的命令传递的任何内容，把命令行参数放命令名的后面。选项是一种参数。

算术表达式(arithmetic expression)——可以求值的一组数值、运算符和圆括号。当对算术表达式求值时，结果为一个数值。Bourne Again Shell 使用 expr 命令对算术表达式求值；TC Shell 则使用@；Z Shell 使用 let。

ARP——地址解析协议。一种根据主机 IP 获取其 MAC 地址(也称以太网地址)的方法。ARP 允许 IP 地址独立于 MAC 地址。FOLDOC

数组(array)——元素(数字或字符串)的一维或多维排列。Bourne Again Shell、TC Shell、Z Shell 和 awk/mawk/gawk 可以存储和处理数组。

ASCII——美国信息交换标准码(American Standard Code for Information Interchange)。ASCII 码是一种编码，使用 7 位表示图形字符(字母、数字和标点)和控制字符。可使用 ASCII 码来表示文本信息，包括程序源代码和英文文本。由于 ASCII 是标准编码，因此这种编码常用于计算机之间的信息交换。参见/usr/pub/ascii 文件或输入命令 man ascii 便可看到一个 ASCII 码列表。

ASCII 字符集的扩展字符集使用的是 8 位编码。7 位字符集很常见，但扩展后的 8 位字符集的使用也开始流行起来。第 8 位有时也称为元位(meta bit)。

ASCII 终端(ASCII terminal)——一种基于文本的终端。相对于图形显示器(graphical display)。

ASP——应用服务提供商(Application Service Provider)。在 Internet 上提供应用程序的公司。

异步事件(asynchronous event)——不规则地发生或者与另一个事件不同步的事件。Linux 系统的信号是异步的；这些信号可在任何时刻出现，因为它们可以由任意数量的非规则事件引发。

附件(attachment)——附于电子邮件的文件，但该文件不是该电子邮件的一部分。附件通常由邮件程序调用的程序(包括 Internet 浏览器)打开，因此用户也许不知道这些附件不是电子邮件消息的组成部分。

身份验证(authentication)——验证某个人或进程的身份。在通信系统中，身份验证对来自描述源的消息进行验证，就像验证(纸质)信件上的签名一样。最常见的身份验证形式是输入用户名(广为人知或很容易猜到)和对应的密码(应该仅有对应用户知道)来进行验证。Linux 系统上的其他身份验证方法包括/etc/passwd 文件和/etc/shadow 文件、LDAP、生物特征识别、Kerberos 5 和 SMB 身份验证。[FOLDOC]

自动挂载(automatic mounting)——一种挂载目录的方法，这种方法要求从远程主机挂载目录而不用将这些目录硬配置到/etc/fstab 中。在英文中简称为 automounting。

能避免的(avoided)对象——是指通常不应被另一个对象(如窗口)覆盖的一类对象(如面板)。

后门(back door)——由系统的设计人员或维护人员特意留下的安全漏洞。创建这些漏洞的动机并非总是不良的；比如，某些操作系统公开承认设置了特权账号，供现场服务技术人员或厂家的维护程序员使用。

Ken Thompson 因揭示了下面的问题，而获得了 1983 年的 ACM 图灵奖：在早期的 UNIX 版本中，存在一个后门，这个后门可能是一种非常巧妙的安全隐患(hack)。C 编译器包含的一段代码能确定 login 命令何时重新编译，并在 login 重新编译时插入一些代码，这些代码可识别 Thompson 选择的密码。这样，不管在该系统中是否为 Thompson 创建了账号，Thompson 总是能够进入此系统。

正常情况下，要删除此后门，方法是从编译器的源代码中删除后门代码，并重新编译该编译器。但是，为了重新编译该编译器，必须使用这个编译器，因此，Thompson 做了手脚：编译器能够确定它何时编译自身的一个版本。在编译器编译自身时，将一段代码插入重新编译过的编译器，这样重新编译过的登录代码就允许 Thompson 登录，当然还插入了可识别编译器自身的代码，这样在下次编译时，仍然能够做同样的事情。在这样做了一次之后，他便能使用最初的源代码重新编译该编译器；该隐患(hack)永远不可见的形式存在，使后门处于打开状态，而不在源代码中留下任何踪迹。

后门有时也称为蠕虫漏洞(wormhole)。参见陷门(trap door)。[FOLDOC]

后台进程(background process)——不在前台运行的进程。也称为分离进程(detached process)，后台进程通过以一个 "&" 符号结尾的命令行启动。在用户为 shell 提供其他命令之前，不必等待后台进程运行完毕。如果用户使用作业控制，则可以将后台进程移到前台运行，反之亦然。

基名(basename)——相比于路径名的文件名。基名不涉及包含该文件的任何目录(因此不包含任何斜杠(/))。例如，hosts 是/etc/hosts 的基名。[FOLDOC]

波特(baud)——通信信道的最大信息承载容量，也就是每秒可以传输多少符号(状态转换或电平转换)。只有当两级调制没有成帧位或停止位时，它才与每秒传输的位数一致。一个符号是通信信道的一个唯一的状态，这个状态可以由接收器从所有其他可能的状态中区分出来。例如，该符号可能是用于一条直接数字连接的线路上的两个电压电平，也可能是载波的相位或频率。[FOLDOC]

波特常被误认为比特/秒的同义词。

波特率(baud rate)——传输速率。常用于衡量终端或调制解调器的速率。常见的波特率的范围为：110~38400 波特。参见波特(baud)。

Berkeley UNIX——两个主要的 UNIX 操作系统版本之一。Berkeley UNIX 由计算机系统研究小组(Computer Systems Research Group)在加利福尼亚大学伯克利分校开发，通常称为 BSD(Berkeley Software Distribution)。

测试版(beta release)——评估的预发布软件，可能是不可靠的。测试软件在发布给大众之前，可由选定的用户(beta 测试者)使用。beta 测试的目的是发现只发生在特定环境或某些模式下的错误，同时将反馈量减少到可管理的水平。测试人员受益于早期获得新产品、新特性和改进。该术语源于 20 世纪 60 年代用于产品周期检查点的术语，首先在 IBM 使用，后来在整个行业中得到标准化。与稳定版相对应。FOLDOC

BIND——Berkeley Internet 名称域。DNS 服务器(DNS Server)的一个实现，由加利福尼亚大学伯克利分校开发与发布。

BIOS——基本输入/输出系统(Basic Input Output System)。在 PC 上基于 EEPROM 的系统软件向外围设备提供最低级的接口，并控制引导(bootstrap)过程的第 1 个阶段(操作系统在引导过程中加载)。BIOS 可以存储在不同类型的存储器中，但存储器必须是非易失性的，从而能够"记住"系统的设置，即使在系统关闭时也能记住。参见 BIOS ROM。

位(bit)——计算机可以处理的最小信息块。一位(bit)是指一个二进制数字：0 或 1(开或关)。

位深(bit depth)——同色深(color depth)。

位映射显示器(bit-mapped display)——一种图形显示设备，在这种显示设备中，屏幕上的每个像素都由底层的 0 和 1 来控制。

空白符(blank character)—— 一个空格或制表符，在英文中也称为 whitespace。在某些上下文中，换行符(NEWLINE)被视为空白符。

块(block)——一次写入的磁盘或磁带上的一个区域(通常为 1 024 个字节长，但在某些系统上，一个块的长度在 1 024 个字节左右)。

块设备(block device)——一个磁盘或磁带驱动器。块设备按照字符块的形式存储信息。块设备由块设备(块特殊)文件表示。相对于字符设备(character device)。

块编号(block number)——为磁盘块或磁带块提供的编号，Linux 可使用这些编号来跟踪该设备上的数据。

块因子(blocking factor)——组成磁带或磁盘上的一个物理块的逻辑块数量。如果物理块的大小为 30KB，向磁带写入 1KB 的逻辑块，那么块因子为 30。

布尔——有两个可能值 true 或 false 的表达式类型。也可以是布尔类型的变量，或者带布尔参数或结果的函数。最常见的布尔函数是 AND、OR 和 NOT。FOLDOC

引导(boot)——参见 bootstrap。

引导程序(boot loader)——一个极小的程序，该程序在 bootstrap 过程中将计算机从关闭状态或复位状态带入完全工作状态。

启动(bootstrap)——来源于"Pull oneself up by one's own bootstraps"，是一个递增的过程，即在不借助任何外部帮助的情况下，将操作系统内核加载到内存中，然后开始运行该操作系统。在英文中通常缩写为 boot。

Bourne Again Shell——bash。GNU 的 UNIX 命令解释器，bash 是一种与 POSIX 兼容的 shell，具有 Bourne Shell 的所有语法，其中内置了一些 C Shell 命令。Bourne Again Shell 支持 emacs 风格的命令行编辑、作业控制、函数和联机帮助。FOLDOC

Bourne Shell——sh。这个 UNIX 命令处理器由 AT&T 贝尔实验室的 Steve Bourne 开发。

花括号(brace)——左花括号({)和右花括号(})。花括号对于 shell 具有特殊含义。

括号(bracket)——方括号(square bracket)或尖括号(angle bracket)。

分支(branch)——在树型结构中，分支与节点、叶和根相连。Linux 文件系统层次结构通常被概念化成一棵倒置的树。分支与文件和目录相连。在源代码控制系统(如 SCCS 或 RCS)中，在对文件进行修订而且该修订不包含在对该文件的后续修订中时出现分支。

网桥(bridge)——通常是一个带有两个端口的设备，用于在网际协议(Internet Protocol)模型的第 2 层(数据链路层)扩展网络。

广播(broadcast)——发送到多个、未明确规定的接收者。在以太网上，多播报文是一种特殊类型的报文，它有一个特殊的地址，该地址表明：接收该报文的所有设备都应当处理它。多播流量存在于网络栈的若干层，包括以太网和 IP。多播流量具有同一个源，但具有不确定的目标(局域网上的所有主机)。

广播地址(broadcast address)——子网上的最后一个地址(通常为 255)，专门用于广播的保留地址，该速记形式表示所有主机。

广播网络(broadcast network)——一种网络类型(如以太网)。在这种网络中，任何系统都可以在任何时间发送信息，而且所有系统都将接收每一条消息。

BSD——参见 Berkeley UNIX。

缓冲区(buffer)——内存中的一块区域，用于存储数据，直到该数据可以被使用。当向磁盘上的文件中写入信息时，Linux 会先把该信息存储在某个磁盘缓冲区中，直到缓冲区中的信息足够写入磁盘时，或者直到磁盘准备接收该信息时。

bug——一个不需要且被误用的程序属性，尤其是导致程序出错的程序属性。[FOLDOC]

内置(命令)(builtin (command))——内置到 shell 中的命令。3 种主要的 shell——Bourne Again shell、TC Shell 和 Z Shell——都有各自的内置命令集。

字节(byte)——计算机数据层次结构中的一个组件，通常比位要大，而比字要小；现在，字节最常见的是 8 位，它是最小的可寻址的存储单元。通常情况下，一个字节可以存储一个字符。[FOLDOC]

比特码(bytecode)——包含可执行程序的二进制文件，由一系列(操作码，数据)对组成。比特码程序由比特码解释器进行解析；Python 使用 Python 虚拟机。比特码的优势在于可以在任何有比特码解释器的处理器上运行。已编译代码(机器码)只能在其编译的处理器上运行。[FOLDOC]

C 编程语言(C programming language)——一种现代的系统语言，这种语言具有用于高效、模块化编程的高级特性，也有一些使其适合用作系统编程语言的低级特性。C 语言是与计算机无关的，于是，精心编写的 C 程序容易移植，可在不同计算机上运行。大多数 Linux 操作系统都是用 C 语言编写的，Linux 为 C 编程提供了一个理想环境。

C Shell——csh。C Shell 命令处理器由 Bill Joy 为 BSD UNIX 开发。这种 shell 以 C 编程语言命名，是因为它的编程结构类似于 C 的编程结构。参见 shell。

CA——证书颁发机构(可信第三方)。向其他实体(组织或个人)颁发数字证书的实体(通常是公司)，允许他们向他人证明其身份。CA 可能是一家外部公司，如 VRISIGN，提供数字证书服务或内部组织，如企业 MIS 部门。CA 的主要功能是验证实体的身份，并发布证明该标识的数字证书。[FOLDOC]

电缆调制解调器(cable modem)——一种调制解调器，这种调制解调器允许用户使用有线电视连接来访问 Internet。

缓存(cache)——一种小型、快速的存储器，用来保存最近访问过的数据。这种存储器可以加速对同一数据的后续访问。最常运用于处理器-存储器访问，还可以用作网络中的数据或者硬盘中的数据等的本地备份。[FOLDOC]

调用环境(calling environment)——可供被调用程序使用的变量列表和这些变量的值。参见"执行命令"。

层叠样式表(cascading style sheet)——参见 CSS。

层叠窗口(cascading window)——一种窗口排列方式。在采用这种排列方式时，窗口彼此重叠，但通常至少可以看到标题栏部分。与平铺窗口(tiled window)相对。

区分大小写(case sensitive)——能够在大写字符与小写字符之间区分。除非用户设置了 ignorecase 参数，否则 vim 执行搜索时区分大小写。除非使用-i 选项，否则 grep 实用程序执行的搜索也区分大小写。

连接(cateate)——按顺序连接或首尾相连。Linux 中的 cat 实用程序可以用来连接文件；它将文件一个接一个地显示。在英文中也称为 concatenate。

Certificate Authority——参见 CA。

链式加载(chain loading)——由启动加载程序使用的一种技术，用来加载不支持的操作系统，如 DOS 或 Windows 操作系统。它通过加载另一个启动加载程序来工作。

基于字符(character-based)——只对 ASCII 字符起作用的程序、实用程序或接口。这组字符包括一些简单图形，如线条和拐角，并且可以显示彩色字符，但不能显示真实的图形。相对于 GUI。

基于字符的终端(character-based terminal)——一种终端，这种终端只显示字符和极有限的图形。参见基于字符(character-based)。

字符类(character class)——正则表达式中的一组字符，用来定义哪些字符可以占据单个字符位置。字符类的定义通常由方括号括起来。由[abcr]定义的字符类表示一个字符位置，此位置可由 a、b、c 或 r 占据。也称为列表运算符(list operator)。

在 GUN 文档和 POSIX 中，字符类用于表示有共性的字符集，用[:*class*:]表示。例如，[:upper:]表示大写字母集。本书使用的字符类的含义参见附录 A。

字符设备(character device)——终端、打印机或调制解调器。字符设备一次只存储或显示一个字符。字符设备由字符设备(字符特殊)文件表示。相对于块设备(block device)。

　　复选框(check box)——GUI 小组件，通常是一组方框，每个方框后跟一个标题，用户可单击其中一个方框，以显示或删除其中的对号。方框包含对号时，标题所描述的选项就打开或为 true。也称为勾选框。

　　校验和(checksum)——一个计算值，这个值取决于数据块的内容，并且与数据一起发送或存储，用于检测数据是否损坏。接收系统基于接收到的数据重新计算校验和，并对计算结果与连同数据一起发送的那个计算值进行比较。如果这两个值相同，则接收者在一定程度上相信接收到的数据是正确的。

　　校验和可以是 8 位、16 位或 32 位，也可以是一些其他位。校验和是这样计算的：对数据块的字节或字求和，溢出位忽略不计。校验和可能为负值，于是，数据字的总量与校验和相加的结果为零。

　　Internet 报文使用 32 位的校验和。[FOLDOC]

　　子进程(child process)——由另一个进程(父进程)创建的进程。除第 1 个进程不是子进程外，所有其他进程都是子进程。第 1 个进程是在 Linux 开始执行时启动的那个进程。当从 shell 运行某条命令时，该 shell 会派生(spawn)一个子进程来运行该命令。参见进程(process)。

　　CIDR——无类域间路由(Classless Inter-Domain Routing)。一种分配 Internet 地址块的方案，在这种方案中，使用了合并路由表条目的方法，以此减少路由表条目的数量。一个 CIDR 块是由 INTERNIC 分配给 ISP 的一个 Internet 地址块。[FOLDOC]

　　CIFS——通用 Internet 文件系统(Common Internet File System)。一种基于 SMB 的 Internet 文件系统协议。CIFS 运行于 TCP/IP 之上，使用 DNS，并且优化后的 CIFS 支持低速拨号 Internet 连接。SMB 和 CIFS 可互换使用。[FOLDOC]

　　CIPE——加密 IP 封装(Crypto IP Encapsulation)。这种协议(protocol)在加密的 UDP 报文中建立 IP 报文隧道，是一种简单的轻量级协议，在动态地址、NAT 和 SOCKS 代理(SOCKS proxy)上工作。

　　密码(cipher(cypher))——将明文转换为密文的核心算法。该加密算法包括密码和通常用于对消息应用密码的(通常是复杂的)技术。

　　密文(ciphertext)——进行了加密的文本。相对于明文(plaintext)。

　　无类域间路由(Classless Inter-Domain Routing)——参见 CIDR。

　　明文(cleartext)——未加密的文本；在英文中也称为 plaintext。与密文(ciphertext)相对。

　　CLI——命令行界面(Command Line Interface)。参见基于字符(character-based)，也参见文本界面(textual interface)。

　　客户端(client)——从服务器请求一个或多个服务的计算机或程序。

　　云(cloud)——一种通过网络(通常是互联网)向硬件和/或软件计算资源提供访问的系统，通常通过 Web 浏览器提供访问。

　　CODEC——编码器/解码器或压缩程序/解压缩程序。一种对数据进行编码和解码的硬件和/或软件技术。MPEG 是一种流行的计算机视频 CODEC。

　　色深(color depth)——用来产生像素的位数，通常为 8、16、24 或 32。色深直接与可以产生的颜色种类有关。可以产生的颜色种类是以 2 为底、以色深为指数的幂。这样，24 位的显卡可以产生的颜色数约为 1670 万种。

　　颜色质量(color quality)——参见色深(color depth)。

　　组合框(combo box)——下拉列表和文本输入框的一种组合。用户可以在组合框中输入文本，也可以单击组合框，使其展开并列出静态选项，可从中选择一项。

　　命令(command)——提供给 shell 来响应提示符的指令。当向 shell 提供一条命令时，该命令执行一个实用程序、另一个程序、一个内置命令或一个 shell 脚本。实用程序常称为命令。当用户使用一个交互式实用程序(如 vim 或 mail)时，还可以使用适合于该实用程序的命令。

　　命令行(command line)——包含执行命令的指令和参数的行。这个术语通常指的是为了响应(在基于字符的终端或终端模拟器上的)shell 提示符而输入的行。

　　命令替换(command substitution)——用命令的输出替换该命令。shell 在用户使用"$("和")"或用一对反引号(`，也称为重音符)括起来的一条命令时执行命令替换。

　　组件体系结构(component architecture)——面向对象编程中的一个概念。程序的"组件"是完全泛型的(generic)。组件不具有一组特殊化的方法和字段，而具有泛型方法，组件可以通过这些方法来将其支持的功能通告给它加载到的系统。这一策略支持完全动态的对象加载。JavaBean 是组件体系结构的一个示例。[FOLDOC]

　　连接(concatenate)——参见 catenate。

条件代码(condition code)——参见退出状态(exit status)。

面向连接的协议(connection-oriented protocol)——一种传输层数据通信服务,这种通信服务允许一个主机以一种连续流的方式将数据发送到另一个主机。这种传输服务保证所有的数据都会按照发送的顺序传送到另一端,而且不会发送重复的数据。通信经历 3 个定义良好的阶段:建立连接、传输数据和释放连接。最常见的例子是 TCP。也称为基于连接的协议和面向流的协议。相对于无连接的协议(connectionless protocol)和数据报(datagram)。[FOLDOC]

无连接的协议(connectionless protocol)——一种数据通信方法,在这种通信方法中,主机之间在没有事先建立连接的情况下相互通信。在两个主机之间发送的报文可能采用不同的路由。在这种通信方法中,不能保证报文会按照发送的方式到达,甚至不能保证报文能否真正到达目标。UDP 是一种无连接的协议。无连接的协议也称为报文交换。相对于电路交换(circuit switching)和面向连接的协议(connection-oriented protocol)。[FOLDOC]

控制台(console)——主系统的终端,通常与计算机相连,也是接收系统错误消息的终端。也称为系统控制台(system console)和控制台终端(console terminal)。

控制台终端(console terminal)——参见控制台(console)。

控制字符(control character)——一类非图形字符(如字母、数字或标点符号)。之所以称为控制字符,是因为这些字符通常用来控制外围设备。回车符(RETURN)和分页符(FORMFEED)是用来控制终端或打印机的控制字符。CONTROL 是在大多数终端键盘上出现的一个键。控制字符由小于 32(十进制)的 ASCII 码表示。参见非打印字符(nonprinting character)。

控制操作符(control operator)——起控制作用的标记。Bourne Again Shell 使用下列符号作为控制操作符:||、&、&&、;、;;、(、)、|、|&和 RETURN。

控制结构(control structure)——用来改变 shell 脚本(或其他程序)中命令执行顺序的语句。每一种 shell 都提供控制结构(如 if 和 while)以及其他命令(如 exec)来更改执行顺序。也称为控制流命令(control flow command)。

cookie——由服务器存储在客户端系统上的数据。客户端系统的浏览器在它每一次访问该服务器时都将该 cookie 发送回该服务器。例如,当用户下第 1 个订单时,产品目录购物服务可能在用户的系统上存储一个 cookie。当用户再回到该站点时,该站点知道该用户是谁,并且能够为后续的订单自动提供用户的名字和地址。用户也许会将 cookie 视为对隐私的一种侵犯。

CPU——中央处理单元(Central Processing Unit)。计算机的一个部件,可以控制所有其他部件。CPU 包括控制单元和算术与逻辑单元(Arithmetic and Logic Unit,ALU)。控制单元从存储器中取指令,然后将其解码,产生控制计算机其他部件的信号。这些信号可以引起数据在内存与 ALU 或外围设备之间进行传送,从而执行输入或输出操作。位于单块芯片上的 CPU 称为微处理器。也称为处理器(processor)和中央处理器(central processor)。

骇客(cracker)——试图获取对计算机系统未经授权的访问权限的个人。这些人通常是带有恶意的,而且在入侵系统的途径方面拥有许多手段。相对于黑客(hacker)。[FOLDOC]

崩溃(crash)——系统突然或出乎意料地停止或出现故障。缘于下面的原因:当两个盘片之间的空气带收缩时,导致这两个盘片迎面撞击。

Creative Commons——(creativecommons.org)创意共享是一个非营利组织,提供版权许可,以分享、使用创造力和知识。许可证允许公众分享和使用创造性作品,同时保留一些权利。

密码学(cryptography)——对加密和解密的实践与研究——对数据进行编码,以便只有特定的个人或者计算机才可以对其进行解码。对数据进行加密和解密的系统是一个密码系统。这样的系统通常依赖于某种算法,以便将原始数据(明文)与一个或多个密钥结合在一起(密钥指只有发送者和/或接收者知道的数字或字符串)。最终结果称为密文(ciphertext)。

密码系统的安全性通常依赖于密钥的保密性,而不是算法的保密程度。因为强大的密码系统有非常多的密钥,所以不可能尝试使用所有的密钥对密文解密。对于标准统计测试,密文看起来是随机的,已知的方法不能破解密文。[FOLDOC]

.cshrc 文件——在用户的主目录中的一个文件,用户每次调用一个新的 TC Shell 时,该 TC Shell 都会执行该文件。用户可使用这个文件来建立变量和别名。

CSS——层叠样式表(cascading style sheet)。描述文档在屏幕上或打印时的呈现方式。将一个样式表附加到一个结构化的文档中,可以影响该文档的外观,而不用添加新的 HTML(或其他)标记,也没有影响设备无关性。也称为样式表(style sheet)。

当前(进程、行、字符、目录和事件等)(current(process、line、character、directory、event，and so on))——立即可用、正在工作或者正在使用的对象。当前进程指正在运行的程序，当前行或当前字符指光标当前所处的位置，当前目录指工作目录。

光标(cursor)——在终端屏幕上闪烁的一个小矩形、下划线或竖线，表明下一个字符将要显示的位置。与鼠标指针(mouse pointer)不同。

守护进程(daemon)——不显式调用但处于休眠状态的程序，等待某种条件出现。条件的产生者不需要知道守护进程正处于潜伏状态(尽管通常一个程序会提交某个动作，只因为它知道该动作会隐式地调用某个守护进程)。后来这个术语被推理为 Disk And Execution MONitor 的缩写。FOLDOC

数据结构(data structure)——用来存储、组织、使用和检索数据的一种特定格式。数据结构与一些特定的算法一起工作，以便完成上述这些任务。常见的数据结构包括：树、文件、记录、表和数组等。

数据报(datagram)——一种自包含的、独立的数据实体，这种数据实体携带了从源计算机路由到目标计算机所需的足够信息，而不用依赖于源计算机与目标计算机之间的早期交换和传输网络。UDP 协议使用数据报，而 IP 协议使用报文。报文在网络层是不可分割的，而数据报则不是。FOLDOC 参见帧(frame)。

无数据的(dataless)——一台计算机，常常是工作站，该计算机使用本地磁盘来引导操作系统的一个副本，并访问系统文件，但不使用本地磁盘来存储用户文件。

dbm——一种标准的、简单的数据库管理器。作为 gdbm(GNU database manager，GNU 数据库管理器)来实现，它使用哈希来加速搜索。dbm 数据库最常见的版本是 dbm、ndbm 和 gdbm。

DDoS 攻击(DDoS attack)——分布式拒绝服务攻击(distributed denial of service attack)。拒绝服务攻击(DoS attack)来自于不属于攻击的发动者的许多系统。

DEB——Debian 和 Debian 衍生软件的默认软件包装格式。

调试(debug)——通过去除程序的 bug(即错误)来纠正程序。

默认(default)——在没有显式指定的情况下就已确定的一些设置。例如，当不带参数使用 ls 时，该命令默认显示工作目录中的一个文件列表。

delta——对已经由源码控制系统(Source Code Control System，SCCS)编码的文件所做的一系列修改。

拒绝服务(denial of service)——参见 DoS 攻击(DoS attack)。

解引用(dereference)——目的是访问指针指向的内容，即跟随指针。初看起来，dereference 可能意味着"停止引用"，但其含义在术语中已经建立好了。

当涉及符号链接时，解引用表示该链接指向的对象而不是该链接。例如，-L 或--dereference 选项使 ls 列出某个符号链接指向的项，而不是符号链接(引用)本身。

桌面(desktop)——窗口、工具栏、图标和按钮的集合，在显示屏上显示其中的一部分或全部。桌面由一个或多个工作区(workspace)组成。

桌面管理器(desktop manager)——基于图标或菜单的系统服务用户界面，这种界面允许用户运行应用程序和使用文件系统，而不必使用该系统的命令行界面。

分离进程(detached process)——参见后台进程(background process)。

设备(device)——可以与计算机相连的磁盘驱动器、打印机、终端、绘图仪或其他输入/输出单元。它是外围设备的简称。

设备驱动程序(device driver)——Linux 内核的一部分，用于控制某个设备，如终端、磁盘驱动器或打印机。

设备文件(device file)——表示设备的文件。也称为特殊文件(special file)。

设备文件名(device filename)——设备文件的路径名。所有的 Linux 系统都有两种类型的设备文件：块设备文件和字符设备文件。Linux 还有 FIFO(命名管道)和套接字。设备文件通常位于/dev 目录中。

设备编号(device number)——参见主设备编号(major device number)和次设备编号(minor device number)。

DHCP——动态主机配置协议(Dynamic Host Configuration Protocol)。一种向 LAN 上的计算机动态分配 IP 地址的协议。FOLDOC

对话框(dialog box)——GUI 中的一个特殊窗口，通常没有标题栏，它可以显示信息。一些对话框接收来自用户的响应。

目录(directory)——目录文件(directory file)的简称。目录是包含其他文件列表的文件。

目录层次结构(directory hierarchy)——指根目录(层次结构的根)和根目录下(子目录中)的所有目录文件和普通文件。

目录服务(directory service)——与某个组织里面的人和资源的信息有关的结构化存储库。采用这种结构化的存储方式，以便于管理和通信。[FOLDOC]

磁盘分区(disk partition)——参见分区(partition)。

无盘(diskless)——一台没有磁盘的计算机(通常是工作站)，该计算机必须与另一台计算机(服务器)进行联系，以引导操作系统的一个副本，才能访问必要的系统文件。

分布式计算(distributed computing)——一种计算类型，在这种类型的计算中，任务或服务通过某个网络的协作系统来执行，有些协作系统可能是专用系统。

DMZ——非军事化区(demilitarized zone)。一个主机或小的网络，充当 LAN 与 Internet 之间的中立区域。DMZ可以向 Internet 提供 Web 页面和其他数据，允许本地系统访问 Internet，同时防止未经授权的 Internet 用户访问该 LAN。即使 DMZ 泄漏，它也不会保存私有数据，且不保存容易再生的数据。

DNF——Dandified YUM。这个包管理器是 YUM 的替代品，并检查 RPM 系统上的依赖关系和更新软件。

DNS——域名服务(Domain Name Service)。一种分布式服务，用于管理主机全名(指包含域名的主机名)与 IP 地址之间的对应关系其他系统特征。参见域名(domain name)。

文档对象模型(document object model)——参见 DOM。

DOM——文档对象模型(document object model)。一种与平台/语言无关的接口，这种接口允许程序动态更新文档的内容、结构和样式。这样，这些改变成为所显示的文档的一部分。访问 www.w3.org/DOM 可以了解更多相关信息。

域名(domain name)——与某个组织(或该组织的局部)相关联的一个名称，有助于唯一地标识系统。从技术角度看，它指位于 FQDN 最左边的点右边的部分。域名是按照层次分配的。例如，域 berkeley.edu 指位于波克利州的加利福尼亚大学；它是顶级域——教育机构(edu)——的一部分。也称为 DNS 域名(DNS domain name)。不同于 NIS 域名(NIS domain name)。

域名服务(Domain Name Service)——参见 DNS。

门(door)——一种基于文件系统的 RPC 机制，这种 RPC 机制正处于完善之中。

DoS 攻击(DoS attack)——拒绝服务攻击(denial of service attack)。一种攻击类型，这种攻击通过虚假流量进行淹没攻击，使得该主机或网络不可用。

DPMS——显示器电源管理信号(Display Power Management Signaling)。可以延长 CRT 显示器的寿命且省电的一种标准。DPMS 支持显示器的 4 种模式：Normal(正常)、Standby(待机，电源接通，显示器做好立即显示图像的准备)、Suspend(挂起，电源关掉，显示器需要 10 秒的时间来显示图像)和 Off(关闭)。

拖动(drag)——拖放操作的一部分。

拖放(drag-and-drop)——为了将一个图标从 GUI 的一个位置或应用程序移动到另一个位置或应用程序，需要把鼠标悬停在该对象上，单击鼠标按键(一般是左键)，然后，在不释放鼠标按键的情况下，把鼠标指针指向的对象拖动到另一个位置。在新的位置，用户可以释放鼠标按键，把对象放在新的位置。

下拉列表(drop-down list)——一个小组件，显示供用户选择的一个静态列表。列表没有激活时，仅在方框中显示一个文本选项。用户单击该下拉列表时，会出现一个列表，用户可以移动鼠标指针，从该列表中选择一个选项。它不同于列表框(list box)。

druid——在角色模仿游戏中，表示神秘用户的一种角色。Fedora/RHEL 在这类程序名的末尾包含 druid，以指导用户完成任务驱动的一系列步骤。其他的操作系统将这类程序称为向导(wizard)。

DSA——数字签名算法(Digital Signature Algorithm)。用于产生数字签名的一种公钥密码。

DSL——数字用户线路/环路(Digital Subscriber Line/Loop)。用于在专用的、有限制条件的电话线上提供高速数字通信。参见 xDSL。

动态主机配置协议(Dynamic Host Configuration Protocol)——参见 DHCP。

ECDSA——椭圆曲线数字签名算法。一种使用 ECC(椭圆曲线密码体制)的 DSA 变体的公钥加密算法。更短的ECDSA 密钥可以提供与较长的 DSA 密钥相同的安全级别。

编辑器(editor)——一种用于创建和修改文本文件的实用程序(如 vim 或 emacs)。

EEPROM——电可擦除可编程只读存储器(Electrically Erasable Programmable ReadOnly Memory)。可写入的一种

PROM。

有效用户 ID(effective user ID)——某进程似乎具有的用户 ID；通常与用户 ID 相同。例如，当用户运行一个设置了 setuid 权限的程序时，运行此程序的进程的有效用户 ID 是该程序的拥有者，通常是 root，而实际的 UID 仍旧是用户的 UID。参见 4.2 节。

元素(element)——一个组成部分；常常是一组对象的一个基本部分。数值数组的一个元素是存储在该数组中的一个数值。

表情图标(emoticon)——参见笑脸(smiley)。

封装(encapsulation)——参见隧道(tunneling)。

加密(encryption)——用于将明文转换为密文的加密过程。

熵(entropy)——是系统无序度的量度。系统趋向于从有序状态(低熵)到最大无序状态(高熵)[FOLDOC]。

环境(environment)——参见调用环境(calling environment)。

环境变量(shell)(environment variable(shell))——所调用 shell 的环境中的变量，或标记为从环境中导出的变量。环境变量对子 shell 可见；也叫作全局变量。如 8.9 节所述，可以使用 export 内置命令，或带有-x 选项的 declare 内置命令来标识要从环境中导出的变量。

EOF——文件结束(End of File)。

EPROM——可擦除可编程只读存储器(Erasable Programmable ReadOnly Memory)。它是 PROM 的一种，可以通过施加高于正常电压的电压来对其进行写操作。

转义(escape)——参见引用(quote)。

以太网(Ethernet)——一种传送速率可达 1000Mbps 的 LAN。

以太网地址(Ethernet address)——参见 MAC 地址。

事件(event)——所发生的事情，这件事情对于某个任务或程序有意义——例如，异步输入/输出操作的完成(如按键或单击鼠标)。[FOLDOC]

exabyte——2^{60} 字节或者约 10^{18} 字节。参见大型数字(large number)。

退出状态(exit status)——某个进程返回的状态；要么成功(通常为 0)，要么失败(通常为 1)。

攻击(exploit)——安全漏洞或利用安全漏洞的实例。[FOLDOC]

表达式(expression)——参见逻辑表达式(logical expression)和算术表达式(arithmetic expression)。

外部网(extranet)——用户子网的网络扩展(子网的用户可以是特定学校的学生，或者为同一家公司工作的工程师等)。虽然 extranet 可能跨越公共的 Internet，但它会限制对私有信息的访问。

故障解除会话(failsafe session)——一种会话，当用户的标准登录不能正常工作时，这种会话允许用户在一个最小的桌面上登录，从而允许用户通过登录来修复登录问题。

FDDI——光纤分布式数据接口(Fiber Distributed Data Interface)。LAN 的一种，这种 LAN 是为了在光纤电缆上以 1 亿位/秒的速率传输数据。

文件(file)——相关信息的一个集合，用一个文件名(filename)来引用，通常存储在磁盘上。通常情况下，文本文件包含备忘录、报告、消息、程序源代码、列表或手稿。二进制文件或可执行文件包含用户可以运行的实用程序或程序。参见 4.2 节。

文件名(filename)——文件的名称。一个文件名引用一个文件。

文件名补全(filename completion)——在指定一个唯一的前缀之后，文件名自动补全。

文件扩展名(filename extension)——文件名的一部分，跟随在一个句点之后。

文件名生成(filename generation)——在 shell 对模糊文件引用进行扩充时生成的文件名。参见模糊文件引用(ambiguous file reference)。

文件系统(file system)——通常是驻留在硬盘的一部分上的数据结构(data structure)。所有 Linux 系统都有一个根文件系统，并且大多数 Linux 系统有其他文件系统。每个文件系统由一定数量的块组成，这取决于已经分配给该文件系统的磁盘分区的大小。每个文件系统都具有一个控制块(称为超级块)，控制块包含有关该文件系统的信息。文件系统中的其他块是索引节点(包含有关个别文件的控制信息)和数据块(包含文件中的信息)。

填充(filling)——窗口最大化的一个变种。在这种方式的最大化过程中，窗口边缘扩充至尽可能远的地方，但不覆盖其他窗口。

过滤器(filter)——可以从标准输入获取其输入，然后向标准输出发送其输出的命令。过滤器转换输入数据流，然后将该数据流发送到标准输出。管道通常用来将过滤器的输入与一条命令的标准输出连接起来，另一个管道则将该过滤器的输出与另一条命令的标准输入连接起来。grep 和 sort 实用程序常用作过滤器。

防火墙(firewall)——一种基于策略的流量管理设备，用于保持网络安全。防火墙可以用单个路由器(过滤掉不需要的报文)来实现，也可以依赖于路由器、代理服务器和其他设备的组合来实现。防火墙被广泛用于以一种安全的方式授予用户访问 Internet 的权限，同时用于将公司的公共 WWW 服务器与其内部网络分开。防火墙还用于提升内部网段的安全性。近来，该术语的定义较为宽松，它还可以涵盖运行在端点计算机上的简单报文过滤器。参见代理服务器(proxy server)。

固件(firmware)——内置于计算机(通常在 ROM 中)中的软件。可以用作引导过程的一部分。

桌面焦点(focus, desktop)——桌面上处于活动状态的窗口。具有桌面焦点的窗口接收用户在键盘上输入的字符。同活动窗口(active window)。

页脚(footer)——页面底部(页脚)的格式的一部分。相对于页眉(header)。

前台进程(foreground process)——当用户在前台运行某条命令时，shell 一直等到该命令完成时才显示另一个提示符。在用户可以为 shell 提供另一条命令之前，必须等待前台进程运行完毕。如果用户使用作业控制，可将后台进程移到前台来运行，也可将前台进程移到后台来运行。参见作业控制(job control)。相对于后台进程(background process)。

派生(fork)——创建进程。当一个进程创建另一个进程时，我们称其为派生一个进程。同派生(spawn)。

FQDN——完全限定的域名(fully qualified domain name)。系统的全名，由该系统的主机名和它的域名组成，包括顶级域。从技术角度看，gethostbyname(2)返回由 gethostname(2)指定的主机的全名。例如，speedy 是一个主机名，speedy.example.com 则是一个 FQDN。FQDN 足以确定 Internet 上一台计算机的唯一 Internet 地址。[FOLDOC]

帧(frame)——数据链路层报文，除包含数据外，它还包含物理介质所必需的头部和尾部信息。网络层报文则被封装为帧。[FOLDOC] 参见数据报(datagram)和报文(packet)。

可用列表(free list)——文件系统中可供使用的块列表。与可用列表有关的信息保存在文件系统的超级块中。

可用空间(free space)——属于硬盘的一部分，但不在某个分区里面。新硬盘没有任何分区，包含所有可用空间。

全双工(full duplex)——同时接收和传送数据的能力。通常情况下，网络交换机(network switch)是一个全双工设备。相对于半双工(half-duplex)。

完全限定的域名(fully qualified domain name)——参见 FQDN。

函数(function)——参见 shell 函数(shell function)。

网关(gateway)——一个通用术语，表示连接多个异型网络，从而在这些网络之间传递数据的计算机或特殊设备。与路由器不同，在传递信息之前，网关通常必须将该信息转换成一种不同的格式。现在，很少有人赞成将指定路由器作为网关的观点。

GCOS——参见 GECOS。

GECOS——通用电气公司综合操作系统(General Electric Comprehensive Operating System)。由于历史的原因，/etc/passwd 文件中的用户信息字段称为 GECOS 字段。也称为 GCOS。

千兆字节(gibibyte)——在二进制系统中表示千兆字节，这是一个存储单位，等于 2^{30} 字节，也就是 1 073 741 824 字节，即 1024MB。缩写为 GiB。相对于十亿字节。

十亿字节(gigabyte)——一个存储单位，等于 10^9 字节，有时用 gibibyte 替代，缩写为 GB。参见大型数字(large number)。

全局变量(**global variable(shell)**)——参见环境变量*(shell)*。

字形(glyph)——一种符号，用以传达非言语的特定信息。笑脸(smiley)是一种字形。

GMT——格林尼治标准时间(Greenwich Mean Time)。参见 UTC。

图形显示器(graphical display)——一种位映射显示器，它可以显示图形图像。相对于 ASCII 终端(ASCII terminal)。

图形用户界面(graphical user interface)——参见 GUI。

(用户)组(group(of users))——用户的一个集合。组用作确定文件访问权限的基础。如果用户不是某个文件的所有者，而是属于该文件分配到的组，那么用户的访问权限将受到该文件的组访问权限的约束。一个用户可以同时属于若干个组。

(窗口)组(group(of windows))——标识相似窗口的一种方法,通过这种方法可以使得这些窗口在显示方式和行为上类似。通常情况下,由某个指定的应用程序启动的窗口属于相同的组。

组 ID(group ID)——标识一组用户的唯一号码。组 ID 存储在密码数据库和组数据库(在/etc/passwd 和/etc/group 文件中或者 NIS 服务器上的某个文件中)中。组数据库将组 ID 与组名相关联。也称为 GID。

GUI——图形用户界面(Graphical User Interface)。GUI 提供了与计算机系统进行交互的方式。在 GUI 交互方式中,用户可以从菜单中选择菜单项或者操纵显示屏上的图片,而不是输入命令行。在 Linux 下,X Window System 提供了图形显示器和鼠标/键盘输入。GNOME 和 KDE 是运行在 X 下的两种流行的桌面管理器。相对于基于字符(character-based)。

黑客(hacker)——喜欢探究可编程系统的细节并研究如何延伸这些系统的功能的人,相对于只愿意了解最少的必要信息的用户。对编程狂热(甚至痴迷)的人,或喜欢编程胜过对编程进行理论研究的人。[FOLDOC] 相对于骇客(cracker)。

半双工(half-duplex)——半双工设备只可以在指定的时刻接收或发送;接收与传送不能同时进行。集线器是一种典型的半双工设备。相对于全双工(full duplex)。

硬链接(hard link)——一个目录条目,包含文件的文件名和索引节点编号。索引节点编号标识该文件在磁盘上的控制信息的位置,进而标识该文件的内容在磁盘上的位置。每一个文件至少有一个硬链接,它用来在一个目录中定位该文件。当用户删除某个文件的最后一个硬链接时,便不能再访问该文件了。参见链接(link)和符号链接(symbolic link)。

哈希——从一个字符串生成的另一个字符串。参见单向哈希函数(one-way hash function)。当用于安全性时,哈希可以证明(几乎可以确定)某条消息在传送期间没有被篡改:发送者生成消息的哈希,对消息和哈希进行加密,然后将加密的消息和哈希发送到接收者。接收者对消息和哈希进行解密,从消息中生成另一个哈希,然后将发送者生成的哈希与新的哈希进行比较。如果相同,则消息很可能没有被篡改。密码的哈希版本还可以用于验证用户的身份。哈希还可以用于创建索引,称为哈希表(hash table)。也称为哈希值(hash value)。

哈希表(hash table)——从要进行索引的项的哈希中创建的索引。哈希函数使得为两个项创建相同的哈希几乎不可能。为了查找索引中的项,需要创建该项的一个哈希,然后搜索该哈希。因为哈希通常比项要短,所以对应的搜索更为高效。

头部(header)——当格式化某个文档时,头部出现在页面的顶部(或头部)。在电子邮件中,标识消息的发送者、发送时间和消息的主题等。

Here 文档(Here document)——一种 shell 脚本,这种脚本从包含该脚本的文件中获取其输入。

hesiod——Athena 项目的名称服务器。hesiod 是派生自 BIND 的名称服务库,它利用了一个 DNS 基础结构。

异构(heterogeneous)——指由不同部分构成。异构网络包括由不同制造商制造的系统和/或运行不同操作系统的系统。

十六进制数(hexadecimal number)——基数为 16 的数。十六进制(或 hex)数由十六进制数字 0~9 和 A~F 组成。计算机使用位表示数据。一个包含 4 个位的组代表从 0 到 F 的 16 种可能值。十六进制数为表示 4 个位的组提供了便利的方法。参见表 E-1。

表 E-1 十进制数、八进制数和十六进制数

十 进 制	八 进 制	十 六 进 制	十 进 制	八 进 制	十 六 进 制
1	1	1	17	21	11
2	2	2	18	22	12
3	3	3	19	23	13
4	4	4	20	24	14
5	5	5	21	25	15
6	6	6	31	37	1F
7	7	7	32	40	20
8	10	8	33	41	21
9	11	9	64	100	40
10	12	A	96	140	60

(续表)

十 进 制	八 进 制	十六进制	十 进 制	八 进 制	十六进制
11	13	B	100	144	64
12	14	C	128	200	80
13	15	D	254	376	FE
14	16	E	255	377	FF
15	17	F	256	400	100
16	20	10	257	401	101

隐藏文件名(hidden filename)——以一个句点开头的文件名。这些文件之所以称为隐藏文件,是因为:通常不能使用 ls 实用程序列出这些文件,而只有使用 ls 的-a 选项才可以列出包括隐藏文件在内的所有文件。shell 没有对模糊文件引用中的前导星号(*)进行扩展以匹配隐藏的文件名。也称为隐藏文件(hidden file)和不可见文件(invisible file)。

层次结构(hierarchy)——对元素的一种组织方式,即一个元素位于顶部,其他各个元素的下面分别有若干元素。可以将其视为一棵倒立的树。计算领域的层次结构示例包括文件树(每一个目录可能包含一些文件或其他目录)、层次网络和面向对象编程中的类层次结构。[FOLDOC] 参见 4.1 节。

历史机制(history)——shell 的一种机制,这种机制使用户能够修改和重新执行最近使用过的命令。

主目录(home directory)——用户第 1 次登录时的工作目录。这个目录的路径名存储在 shell 变量 HOME 中。

悬停(hover)——将鼠标指针在某个对象上静止一会儿。许多情况下,在对象上悬停时会显示实用程序提示(tooltip)。

HTML——超文本标记语言(Hypertext Markup Language)。用于万维网上的一种超文本(hypertext)文档格式。这种语言将标记嵌入文本中,标记由小于号(<)、一条指令、0 个或多个参数和一个大于号(>)组成。匹配的指令对(如<TITLE>和</TITLE>)用于分隔在特殊位置显示或以特定样式显示的文本。[FOLDOC] 要获取有关 HTML 的更多信息,可以访问 www.htmlhelp.com/faq/html/all.html。

HTTP——超文本传输协议(Hypertext Transfer Protocol)。在万维网上用于 HTML 交换文档的一种客户端/服务器 TCP/IP 协议。

集线器(hub)——一种多端口中继器。集线器姨它在所有端口上接收到的所有报文进行重新广播。这个术语常用于指代小型集线器和交换机,与设备的智能无关。这是第 2 层共享介质网络设备的一个一般术语。今天,术语集线器有时用来指代小型智能设备,尽管这不是集线器最初的含义。相对于网络交换机(network switch)。

超文本(hypertext)——包含(通常突出显示或加下划线)交叉引用或链接的文档/节点集,在交互式浏览器程序的帮助下,这种文本使读者能够很方便地从一个文档转移到另外一个文档。[FOLDOC]

超文本标记语言(Hypertext Markup Language)——参见 HTML。

超文本传输协议(Hypertext Transfer Protocol)——参见 HTTP。

i18n——国际化。单词 internationalization 的缩写:字母 i 后跟 18 个字母(nternationalizatio),然后是字母 n。

I/O 设备(I/O device)——输入/输出设备(input/output device)。参见设备(device)。

IANA——Internet 编号分配机构(Internet Assigned Numbers Authority)。该机构维护包括所有永久性的、已注册的系统服务的数据库(www.iana.org)。

ICMP——Internet 控制消息协议(Internet Control Message Protocol)。网络报文的一种类型,这种网络报文只可以携带消息,不携带数据。最常见的 ICMP 报文是由实用程序 ping 发送的 echo 请求。

图标(icon)——在 GUI 中,小图片用来表示文件、目录、动作和程序等。当单击某个图标时,会执行一个动作,比如打开一个窗口、启动一个程序或者显示一个目录或 Web 站点。[FOLDOC]

图标化(iconify)——将窗口变为一个图标(icon)的过程。相对于还原(restore)。

忽略的窗口(ignored window)——窗口所处的一种状态,这种窗口没有修饰,因而没有可以用来对其进行控制的按钮或标题栏。

缩进(indentation)——参见缩进(indention)。

缩进(indention)——(从边界开始的)某行的边界与行首之间的空白区域。

索引节点(inode)——一种数据结构(data structure),它包含有关文件的信息。一个文件的索引节点包含该文件的长度、最后一次访问时间和修改该文件的时间、最后一次修改该索引节点的时间、拥有者 ID 和组 ID、访问权限、链接数以及指向包含该文件本身的数据块的指针。每一个目录条目把一个索引节点与一个文件名相关联。虽然一个文件可能有若干个文件名(每一个链接一个文件名),但该文件只有一个索引节点。

输入(input)——从终端或其他文件流入某个程序的信息。参见标准输入(standard input)。

安装(installation)——位于特定位置的计算机。Linux 系统的某些方面与安装有关。也称为位置(site)。

交互式(interactive)——允许与用户进行当前对话的程序。当用户提供命令来响应 shell 提示符时,就是在交互地使用该 shell。同样,当用户向实用程序(如 vim 和 mail)提供命令时,也是在交互地使用该实用程序。

接口(interface)——两个子系统的交汇点。当两个程序一起工作时,它们的接口包括其中一个程序所需处理的另一个程序的每个方面。一个程序的用户接口(user interface)则包括用户与该程序进行联系时涉及的(该程序的)每个方面:在调用程序的过程中涉及的语法和语义,该程序的输入和输出,其错误和通知性消息。shell 和每个实用程序以及内置命令都有用户接口。

国际标准化组织(International Organization for Standardization)——参见 ISO。

互联网——大型网络,它包括其他较小的网络。

Internet——世界上最大的互联网。Internet 是一个多级层次结构,它由骨干网络(ARPANET、NSFNET、MILNET 和其他骨干网络)、中间级网络和存根网络组成。这些网络包括商业(.com 或co)、大学(.ac 或.edu)、研究机构(.org 或.net)和军事(.mil)网络,覆盖世界上的多种不同物理网络,涉及各种协议,包括 Internet Protocol(IP)。尽管也可以在美国见到这些域,但在美国以外,国家代码域(.us、.es、.mx、.de 等)比较流行。

网际协议(Internet Protocol)——参见 IP。

Internet 服务提供商(Internet Service Provider)——参见 ISP。

intranet——内部网络是为了服务某个组织,如公司或学校。Internet 上的普通公众不具有访问 intranet 的权限。

不可见文件(invisible file)——参见隐藏文件名(hidden filename)。

IP——Internet 协议(Internet Protocol)。TCP/IP 的网络层。IP 是一种尽力而为(best-effort)、报文交换、无连接的协议(connectionless protocol),它通过数据链路层来提供报文路由、分片(fragmentation)和重组(reassembly)。IPv4 逐渐让位于 IPv6。FOLDOC

IP 地址(IP address)——Internet 协议地址(Internet Protocol address)。它包含 4 个部分,与某个使用 Internet 协议(Internet Protocol,IP)的系统的特定网络连接相关联。与使用该 IP 的多个网络相连的系统的每一个网络接口都会有一个不同的 IP 地址。

IP 多播(IP multicast)——参见多播(multicast)。

IP 欺骗(IP spoofing)——用来获取对某计算机未经授权的访问权限的一种技术。进行欺骗的入侵者将消息发送到目标计算机。这些消息包含一个 IP 地址,该 IP 地址表明该消息来自一台可信主机。目标计算机响应该消息,授予入侵者访问目标计算机的(特权)权限。

IPC——进程间通信(interprocess communication)。在程序之间进行特定信息通信的一种方法。

IPv4——IP 版本 4。参见 IP 和 IPv6。

IPv6——IP 版本 6。下一代 Internet 协议(Internet Protocol),这种 Internet 协议提供更大的地址空间(IPv6 为 2^{128} 位,IPv4 为 2^{32} 位),设计目的是满足快速增长的 Internet 可寻址设备的数量。IPv6 还具有内置的自动配置、增强的安全性、更好的多播支持和其他特性。

iSCSI——互联网小型计算机接口。一种将 SCSI 数据封装到 TCP 报文中的存储协议。可以利用这种协议通过以太网将系统连接到存储阵列。

ISDN——综合业务数字网络(Integrated Services Digital Network)。一组通信标准,这套标准允许一对数字或标准电话线路以 64kbps 的速率承载语音、数据和视频。

ISO——国际标准化组织(International Organization for Standardization)。成立于 1946 年的一个自愿的、非协约组织。该组织负责创建多个领域的国际标准,包括计算机和通信领域。它是由 89 个国家组成的国家标准组织,包括美国国家标准协会(American National Standards Institute)。

ISO 9660——为 CD-ROM 定义文件系统的 ISO 标准。

ISP——Internet 服务提供商(Internet service provider)。为它的客户提供 Internet 访问权限。

作业控制(job control)——一种使用户能够将命令从前台移到后台(和从后台移到前台)的设施(facility)。作业控制使用户能够临时停止命令。

日志文件系统(journaling file system)——维护非缓存日志文件(即 journal)的文件系统，它记录涉及文件系统的所有事务。当完成一个事务时，在该日志文件中它被标记为完成。

日志文件可极大地缩短系统崩溃之后恢复文件系统所耗费的时间，这使得它在需要考虑高可用性的场合特别有价值。

JPEG——联合图形专家组(Joint Photographic Experts Group)。这个委员会设计了这个标准的图像压缩算法。JPEG 可用于压缩自然的全彩色或灰度数字图像以及现实中的场景。这种图像压缩算法不适合用于非现实中的图像(如卡通或素描)。文件扩展名：.jpg 和.jpeg。FOLDOC

对齐(justify)——在文本格式化过程中扩展输入的一行。对齐的行具有一致的边界。通过增加行上的单词(有时是字母)之间的空间来对齐一行。

Kerberos——MIT 开发的一个对用户和计算机进行身份验证的系统。该系统不为服务或数据库提供授权，它只用来在登录时确定身份，通过验证的身份将用于整个会话中。一旦用户通过了身份验证，就可以打开用户想要打开的许多终端、窗口、服务或其他网络访问，直到会话到期。

内核(kernel)——操作系统的一部分，将计算机资源(包括内存、磁盘空间和 CPU 周期)分配给在计算机上运行的所有其他程序。内核包括低级硬件接口(驱动程序)，同时负责管理进程(process)。Linux 借助进程来执行程序。内核是 Linus Torvalds 最初编写的 Linux 系统的一部分(参见第 1 章开头的描述)。

内核空间(kernel space)——内核驻留的位置，它属于存储器(RAM)的一部分。在内核空间中运行的代码对硬件和内存中的所有其他进程具有完全访问权限。参见内核分析-HOWTO。

键绑定(key binding)——假定键盘(keyboard)上的键与按下它时产生的动作绑定在一起。通常情况下，键与键帽上显示的字母绑定：当按下 A 键时，字母 A 显示在屏幕上。键绑定通常指：当按下某个组合键(如 CONTROL、ALT、META 或 SHIFT)或者按下一系列键(第 1 个键通常为 ESCAPE 键)时将发生什么事情。

键盘(keyboard)——由许多机械按钮(键)组成的硬件输入设备。用户通过按键来向计算机输入字符。默认情况下，键盘与 shell 的标准输入相连。FOLDOC

kilo-——在二进制系统中，前缀 kilo-表示乘以 2^{10}(即 1024)。kilobit(千位)和 kilobyte(千字节)是这种前缀的常见用法。缩写为 k。

Korn Shell——ksh。一种命令处理器，由 David Korn 在 AT&T Bell 实验室开发，与 Bourne Shell 兼容，但包括许多扩展。参见 shell。

l10n——本地化。单词 localization 的缩写：字母 l 后跟 10 个字母(ocalizatio)，然后是字母 n。

LAN——局域网(Local Area Network)。将本地区域(如单个站点、建筑物或部门)里面的计算机连接在一起的网络。

大型数字(large number)——访问mathworld.wolfram.com/LargeNumber.html 可以获得完整列表。

LDAP——轻量级目录访问协议(Lightweight Directory Access Protocol)。一种用于访问在线目录服务的简单协议，是 X.500 目录访问协议(Directory Access Protocol，DAP)的轻量级版本。LDAP 可用于访问人、系统用户、网络设备、电子邮件目录和系统等的信息；某些情况下，LDAP 可以用来替代 NIS 这类服务。指定一个名字，许多邮件客户便可以使用 LDAP 来找到相应的电子邮件地址。参见目录服务(directory service)。

叶(leaf)——在树型结构中，没有其他分支的分支末端。当将 Linux 文件系统层次结构概念化成一棵树时，非目录文件就是叶。参见节点(node)。

最小特权思想(least privilege, concept of)——超级用户犯的错误比普通用户犯的错误可能严重得多。当用户在计算机上工作时，尤其是当用户作为系统管理员工作时，应该总是以尽可能最小的特权来执行任何任务。如果能够作为普通用户执行任务，则使用普通用户登录。如果必须使用超级用户的权限，则尽可能只做普通用户可以做的事情，使用 su 或 sudo 命令或者作为超级用户登录时，只做超级用户必须做的任务。如果可以，则应该尽快切换到普通用户。

由于在比较仓促时更有可能犯错，因此当只有较少的时间时，这种思想将更为重要。

库(library)——软件库。存储在一个或多个文件中的子程序和函数的集合，通常是以编译形式存储的，用于与其他程序连接。库通常由操作系统或软件开发环境的开发人员提供，以用于许多不同的程序。库被链接到用户的程序，以形成一个可执行文件。

轻量级目录访问协议(Lightweight Directory Access Protocol)——参见 LDAP。

链接(link)——指向文件的指针。存在两种类型的链接：硬链接和符号(软)链接。硬链接将文件名与该文件的内容在磁盘上的某个位置相关联。符号链接则将某个文件名与到这个文件的硬链接的路径名相关联。

Linux-PAM——参见 PAM。

Linux 可插入身份验证模块(Linux-Pluggable Authentication Module)——参见 PAM。

列表框(list box)——一个小组件，它显示用户可从中选择的一个静态列表。根据需要，这个列表会显示为带滚动条的多行。用户可以滚动列表，选择一个选项。不同于下拉列表(drop-down list)。

可加载内核模块(loadable kernel module)——参见可加载模块(loadable module)。

可加载模块(loadable module)——属于操作系统的一部分，用于控制特殊设备，并且可以根据需要自动加载到一个正在运行的内核中来访问这个设备。

局域网(local area network)——参见 LAN。

区域设置(locale)——与一个地理政治学位置或区域相关的语言；日期、时间与货币形式；字符集等。例如，en_US 表示在美国说英语，使用美元；en_UK 表示在英国说英语，使用英镑。参见系统手册第 5 部分中 locale 的 man 页以了解更多信息。locale 也是一个实用程序。

登录(log in)——通过正确响应 Login:和 Password:提示符来获取访问计算机系统的权限。在英文中也为 login on、login。

注销(log out)——通过退出登录 shell 来结束会话。在英文中也称为 log off。

逻辑表达式(logical expression)——由逻辑运算符(>、>=、==、!= 、<=和<)分隔的字符串集合，可以为 true 或 false。也称为布尔表达式(Boolean expression)。

.login 文件(.login 文件)——在登录时 TC Shell 执行的一个文件，该文件位于某用户的主目录中。登录的用户可以使用这个文件来设置环境变量和运行希望在每次会话开始时运行的命令。

登录名(login name)——参见用户名(username)。

登录 shell(login shell)——用户在登录时使用的 shell。登录 shell 可以派生能够运行其他 shell、实用程序和程序的其他进程。

.logout 文件(.logout file)——当用户注销时 TC Shell 执行的某个文件，该文件位于用户的主目录中，假设该 TC Shell 是用户的登录 shell。可以将希望在每次注销时都运行的所有命令放入.logout 文件。

MAC 地址(MAC address)——介质访问控制(Media Access Control)地址。与共享网络介质相连的设备的唯一硬件地址。每一个网络适配器在 ROM 中存储有全球唯一的 MAC 地址。MAC 地址为 6 个字节长，支持多达 256^6(约 300 万亿)个可能的地址，或者说对于每个可能的 IPv4 地址对应 65 536 个地址。

与 IP 在 TCP/IP 中的功能相比，MAC 地址在以太网中实现相同的功能：MAC 地址提供了一种唯一的方式来标识一台主机。

计算机排序顺序(machine collating sequence)——在计算机中字符的排序顺序。计算机排序顺序影响排序的结果，同时影响按字母顺序对列表进行排列的其他过程的结果。许多计算机使用 ASCII 码，于是它们的计算机排序顺序对应于字符的 ASCII 码排序。

宏(macro)——在程序中用来替代几条(通常更复杂的)指令的单条指令。C 编译器能识别出宏，其中宏使用预处理程序的#define 指令来定义。

幻数(magic number)——幻数出现在二进制文件的前 512 字节中，是一个含 1 字节、2 字节或 4 字节的数值，或是一个字符串，它唯一地标识文件的类型(非常像 DOS 的含 3 个字符的文件扩展名)。参见/usr/share/magic 和 magic 的 man 页以了解更多信息。

主存(main memory)——一种随机访问存储器(Random Access Memory，RAM)，计算机的一个主要部分。虽然磁盘存储设备有时也称为存储器，但从不表示主存。

主设备编号(major device number)——分配给一类设备(如终端、打印机或磁盘驱动器)的一个编号。使用带-l 选项的 ls 实用程序列出/dev 目录的内容时，输出结果将显示许多设备(如主设备、次设备)的主设备编号和次设备编号。

MAN——城域网(Metropolitan Area Network)。将位于一个小区域(如某个城市)中的多个站点处的 LAN 与计算机相互连接构成的一个网络。

中间人攻击——一种安全攻击，攻击者将其自身置于两个主体之间。例如，如果 Max 和 Zach 想要通过网络安全地交换邮件，Max 首先将其公钥发送给 Zach。然而假定 Mr.X 在网络中位于 Max 和 Zach 之间，并截取了 Max 的公钥。Mr.X 紧接着将他的公钥发给 Zach。Zach 接下来将自己的公钥发送给 Max，但又一次被 Mr.X 截获，Mr.X 将公钥替换成自己的，然后发送给 Max。如果没有主动保护机制(一段事先共享的信息)，Mr.X，即中间人，可以解密 Max 和 Zach 之间的所有通信，重新加密，然后发送给另一方。

伪装(masquerade)——看似来自同一个域或 IP 地址，而实际上来自另一个域或 IP 地址。比如报文伪装(iptables)或消息伪装(sendmail/exim4)。参见 NAT。

MD5——消息摘要 5(Message Digest 5)。一种单向哈希函数(one-way hash function)。MD5 不再是安全的，使用 SHA2 替代。

MDA——邮件投递代理(Mail Delivery Agent)。一个邮件系统的 3 个组件之一；另外两个组件是 MTA 和 MUA。MDA 接收来自 MTA 的入站(inbound)邮件，并将其投递到本地用户。

兆字节(mebibyte)——在二进制系统中表示兆字节，这是一个存储单位，等于 2^{20} 字节，也就是 1 048 576 字节，即 1024KB。缩写为 MiB。相对于 megabyte。

百万字节(megabyte)——一个存储单位，等于 10^6 字节，有时用 mebibyte 替代，缩写为 MB。

内存(memory)——参见 RAM。

菜单(menu)——对应于一个列表，用户从该列表中选择要执行的操作。在 GUI 下，这种选择操作通常通过鼠标或其他指针设备来完成，但也可以通过键盘来控制。对于初学者来说，菜单非常方便，因为菜单直观地显示了可供使用的命令，并且方便用户试用新的程序，因而通常可以大大降低对用户文档的需求。对于富有经验的用户而言，他们常常愿意使用键盘命令，对于频繁使用的操作更是如此，因为使用键盘会更快捷。[FOLDOC]

合并(merge)——将两个排好序的列表合并到一块，以便合并后的列表依旧有序。sort 实用程序可以合并文件。

META 键(META key)——键盘上标为 META 或 ALT 的键。可以像使用 SHIFT 键一样使用这个键。可以在按下该键的同时，按另一个键。在 emacs 编辑器中，META 键用得比较频繁。

元字符(metacharacter)——对 shell 或特定上下文中的另一个程序具有特殊意义的字符。元字符用于可由 shell 识别的模糊文件引用中，也可以用于可由某些实用程序识别的正则表达式中。如果不想调用元字符的特殊意义，那么必须引用它。参见普通字符(regular character)和特殊字符(special character)。

元数据(metadata)——与数据相关的数据。在数据处理中，元数据是定义性质的数据，它提供在应用程序或环境中其他托管数据的相关信息或文档。

例如，元数据用以记录有关数据元素或属性(名称、大小、数据类型等)、记录或数据结构(长度、字段、列等)和数据本身(数据的存储位置、如何与其关联、谁拥有它等)的数据。元数据可以包括与数据的上下文、性质和状态或特征有关的描述性信息。[FOLDOC]

城域网(metropolitan area network)——参见 MAN。

MIME——多用途 Internet 邮件扩充协议(Multipurpose Internet Mail Extension protocol)。最初用于描述如何处理附加到电子邮件中的特定类型的文件。现在，MIME 类型根据文件的内容，描述如何打开和使用一个文件，这是由其幻数和文件扩展名确定的。MIME 类型的一个例子是 image/jpeg：MIME 组是 image，MIME 子类型是 jpeg。存在许多 MIME 组，包括应用程序、音频、图像、索引节点、消息、文本和视频。

最小化(minimize)——参见图标化(iconfy)。

次设备编号(minor device number)——分配给一类设备中某个特定设备的号码。参见主设备编号(major device number)。

调制解调器(modem)——调制器/解调器(modulator/demodulator)。一种外围设备，用来将数字数据调制成模拟数据，以便在语音级电话线路上传输。另一个调制解调器在另一端对该数据进行解调。

模块(module)——参见可加载模块(loadable module)。

主板(motherboard)——是个人电脑中的主印制电路板。它包含总线、微处理器和用于控制任何内置外设的集成电路，如键盘、显示器、串行和并行端口、操纵杆和鼠标接口。大多数主板包含接收额外板的套接字。参见 mobo。

挂载(mount)——使某个文件系统可供系统的用户访问。当某个文件系统没有挂载时，用户不能对该文件系统包含的文件进行读取和写入操作。

挂载点(mount point)——用户挂载的本地或远程文件系统所在的目录。

鼠标(mouse)——用户用来指向显示屏上某个特定位置的设备。通常情况下，可以通过鼠标来选择菜单项，绘制直线或突出显示某文本。可以通过在平面上滑动鼠标来控制鼠标指针；指针的位置相对于鼠标的移动而变化。可以通过按下鼠标上的一个或多个按键来选择项目。

鼠标指针(mouse pointer)——GUI 中的一个标记，它随鼠标的移动而变化。鼠标指针常常是一个带有白色边框的黑色 x，或是一个箭头。与光标(cursor)不同。

鼠标移上(mouse over)——鼠标指针的动作，即鼠标指针移动到屏幕上的某个对象上。

MTA——邮件传输代理(Mail Transfer Agent)。邮件系统的 3 个组件之一；其他两个组件是 MDA 和 MUA。MTA 接收来自用户和 MTA 的邮件。

MUA——邮件用户代理(Mail User Agent)。邮件系统的 3 个组件之一；其他两个组件是 MDA 和 MTA。MUA 是最终用户邮件程序(如 Kmail、mutt 或 Outlook)。

多引导规范(multiboot specification)——用于在引导加载程序与操作系统之间指定一个接口。如果引导加载程序和操作系统兼容，则任何引导加载程序都应当能够加载任何操作系统。这个规范的目标是确保不同的操作系统能够在同一台计算机上运行。要了解更多信息，请访问 odin-os.sourceforge.net/guides/multiboot.html。

多播(multicast)——多播报文有一个源和多个目标。在多播中，源主机在特定地址注册来传输数据。目标主机在同一地址注册来接收数据。对比广播(广播基于 LAN)，多播流量根据订阅在路由网络中传送。由于每次只传输一个报文，因此多播减少了网络流量，路径末端的路由器再根据需要将该报文拆开，供多个接收者接收。

多任务处理(multitasking)——允许用户同时运行多个作业的计算机系统。多任务系统(如 Linux)允许用户在前台运行某个作业的同时在后台运行另一个作业。

多用户系统(multiuser system)——可以同时供多人使用的计算机系统。Linux 是一种多用户操作系统。相对于单用户系统(single-user system)。

名称空间(namespace)——一组名称(标识符)，其中所有名称都是唯一的。FOLDOC

NAS——网络附加存储器(Network Attached Storage)。固定磁盘系统、RAID 阵列和直接连接到 SAN 或其他直接网络的磁带驱动器。与文件服务器相反，文件服务器中的外围设备通过计算机(服务器)连接到网络。

NAT——网络地址转换(Network Address Translation)。一种使 LAN 能够在内部使用一组 IP 地址而在外部使用另外一组 IP 地址的方案。内部的那组 IP 地址供 LAN(私有)使用。通常情况下，外部那组 IP 地址用于 Internet 且是 Internet 上唯一的 IP 地址。NAT 通过隐藏内部 IP 地址来提供某种程度的保密功能，它同时允许多个内部地址通过一个外部 IP 地址来与 Internet 相连。参见虚拟(masquerade)。

NBT——TCP/IP 上的 NetBIOS(NetBIOS over TCP/IP)。一种支持 TCP/IP 环境中 NetBIOS 服务的协议。也称为 NetBT。

负缓存(negative caching)——存储不存在的某事物的信息。缓存一般存储已存在的某事物的相关信息。负缓存存储不存在的某事物(如记录)的相关信息。

NetBIOS——网络基本输入/输出系统(Network Basic Input/Output System)。用于编写网络可识别的应用程序的 API。

网络引导(netboot)——用于在网络上引导计算机(相对于从本地磁盘引导)。

网络礼节(netiquette)——礼节约定(也就是说，礼貌行为)在 Usenet 和邮件列表中得到认可，比如不(交叉)投递到不合适的群体，克制在企业组织外部发布商业广告。

最重要的礼节规则是"在投递之前仔细考虑"。如果用户有意投递的内容对新闻组没有正面贡献，同时也不是有些读者感兴趣的，则不要投递它。投递到一个或两个人的私人消息不应当投递到新闻组，而应使用私人电子邮件。FOLDOC

网络地址(network address)——IP 地址的网络部分(netid)。对于 A 类网络，网络地址是 IP 地址的第一个字节(或部分)；对于 B 类网络，网络地址是 IP 地址的前两个字节；对于 C 类网络，网络地址是 IP 地址的前 3 个字节。在上述所有网络类别中，IP 地址的后半部分是主机地址(hostid)。分配的网络地址在 Internet 中是全局唯一的。参见网络编号(network number)。

网络文件系统(Network File System)——参见 NFS。

网络信息服务(Network Information Service)——参见 NIS。

网络掩码(network mask)——用来标识 IP 地址中的哪些位对应于该地址的网络部分和子网部分。之所以称为网络掩码，是因为该地址的网络部分由掩码中设置的位数确定。网络掩码在对应于网络编号的位置为 1，在对应于子网编号的位置为 0。也称为子网掩码或掩码。

网络编号(network number)——参见网络地址(network address)。

网段(network segment)——以太网或其他网络(该网络上的所有消息流量对于该网络上的所有节点都是共有的)的一部分；也就是说，消息流量从网段的一个节点广播，而由所有其他节点接收。这种共性通常会发生，因为该网段就是一个连续的导体。在不同网段上的节点之间所进行的通信经由一个或多个路由器来完成。FOLDOC

网络交换机(network switch)——网络中的一种连接设备。交换机逐渐开始替代共享介质集线器，因为交换机可以增加带宽。例如，16 个端口的 10BaseT 集线器共享总共 10Mbps 的带宽，连接所有 16 个节点。通过用一台交换机替换该集线器，发送者和接收者都可以利用完整的 10Mbps 容量。交换机上的每个端口都可以将完整的带宽提供给单个服务器、客户端工作站或者有几个工作站点的集线器。网络交换机指智能设备。相对于集线器。

网络时间协议(Network Time Protocol)——参见 NTP。

NFS——网络文件系统(Network File System)。一种远程文件系统，由 Sun Microsystems 设计，可用于多数 UNIX 系统提供商的计算机上。

NIC——网络接口卡(Network Interface Card)(或网络控制器)。安装在计算机中的适配器电路板，用来向网络提供物理连接。每个 NIC 都有一个唯一的 MAC 地址。FOLDOC

NIS——网络信息服务(Network Information Service)。建立在共享服务器上的分布式服务，用于管理与系统无关的信息(如用户名和密码)。

NIS 域名(NIS domain name)——用来描述共享一组 NIS 文件的一组系统的名称。不同于域名(domain name)。

NNTP——网络新闻传输协议(Network News Transfer Protocol)。

节点(node)——树型结构中可以支持其他分支的分支末端。当 Linux 文件系统被概念化为一棵树时，其中目录就是节点。参见叶(leaf)。

非打印字符(nonprinting character)——参见控制字符(control character)，也称为不可打印字符(nonprintable character)。

非易失性存储器(nonvolatile storage)——断电时仍旧保留数据内容的存储设备，也称为 NVS 和永久性存储器。非易失性存储器包括 CD-ROM、穿孔纸带、硬盘、ROM、PROM、EPROM 和 EEPROM。相对于 RAM。

NTP——网络时间协议(Network Time Protocol)。以 TCP/IP 为基础，NTP 通过引用 Internet 上已知的准确时间来维护准确的本地时间。

空字符串(null string)——可以包含字符但不含字符的一个字符串，即一个长度为 0 的字符串。

八进制数(octal number)——基数为 8 的数。八进制数由数字 0～7 组成(含 0 和 7)。参见表 E-1。

单向哈希函数(one-way hash function)——一种单向函数，接收长度可变的消息并产生固定长度的哈希。给定哈希之后，通过该哈希找出消息在计算上不可行；事实上，根据该哈希，不能确定有关该消息的任何可用信息。也称为消息摘要函数(message digest function)。参见哈希。

开源(open source)——软件版权和发布的一种方法和哲理，它通过确保任何人都可以免费复制和修改源代码，来鼓励志愿者使用和改进软件。

这个术语现在比"自由软件(free software，由自由软件基金会提出，www.fsf.org)"使用得更广泛，但它们广义上的含义相同——没有发布限制，不需要付费。

OpenSSH——SSH(secure shell)协议套件的一个免费版本，它用安全的程序(对网络上的所有通信都加密——甚至密码)来取代 TELNET、rlogin 等其他程序。参见第 17 章。

操作系统(operating system)——计算机的控制程序，用于分配计算机资源、调度任务以及为用户提供一种进行访问资源的方式。

光驱(optical drive)——使用光在光学介质中读写数据的磁盘驱动器。CD-ROM 和 DVD 是光学介质的类型。参见 ISO 9660。

选项(option)——用来改变命令效果的命令行参数。在命令行上，选项通常前置连字符，在传统上具有单个字符组成的名称(如-h 或-n)。有些命令允许用户在单个连字符后组合选项(如-hn)。GNU 实用程序常常具有两个参数(这两个参数做同一件事情)：单字符参数和较长的参数(即更具描述性的参数)。较长的参数前置两个连字符(如--show-all 和--invert-match)。

普通文件(ordinary file)——用于存储程序、文本或其他用户数据的文件。参见目录(directory)和设备文件(device file)。

　　输出(output)——某个程序向终端或另一个文件发送的信息。参见标准输出(standard output)。

　　P2P——对等(Peer-to-Peer)。一种不将节点划分为客户端和服务器的网络。P2P 网络上的每一台计算机都可以充当客户端和服务器。在文件共享网络的上下文中，这种能力意味着，一旦某个节点下载了(部分)文件，该节点就可以充当服务器。BitTorrent 实现了一个 P2P 网络。

　　报文(packet)——在网络上发送的数据单元。报文是一个通用术语，用于描述位于 OSI 协议栈的任何层的数据单元，但它最适合描述网络层或应用层数据单元("应用协议数据单元"，APDU)。[FOLDOC] 参见帧(frame)和数据报(datagram)。

　　报文过滤(packet filtering)——一种基于指定标准(如每个报文的源、目标或类型)来阻塞网络流量的技术。参见防火墙(firewall)。

　　报文嗅探器(packet sniffer)——对网络上的报文进行监控的程序或设备。参见嗅探(sniff)。

　　分页程序(pager)——一个实用程序，它允许查看文件时每次只显示一屏(如 less 和 more)。

　　分页(paging)——操作系统用来对虚拟内存进行维护的进程。进程存储器的内容根据需要被移(出页)到交换空间(swap space)，从而为其他进程腾出空间。

　　PAM——Linux-PAM 或 Linux 可插入身份验证模块(Linux-Pluggable Authentication Module)。这些模块允许系统管理员确定各种应用程序如何验证用户的身份。

　　父进程(parent process)——派生其他进程的进程。参见进程(process)和子进程(child process)。

　　分区(partition)——磁(硬)盘上的一块区域，具有一个名字，用于单独(与其他区域分开)对其进行寻址。磁盘分区可以保存一个文件系统或另一个结构，如交换区域。在 DOS 或 Windows 下，分区(有时为整个磁盘)标为"C:""D:"等。也称为磁盘分区(disk partition)或扇区(slice)。

　　被动 FTP(passive FTP)——允许数据流由客户端 FTP 程序而不是服务器启动和控制，从而让 FTP 在工作时穿过防火墙。也称为 PASV FTP，因为它使用 FTP PASV 命令。

　　密语(passphrase)——用户输入的单词串和字符串，用以对用户自己进行身份验证。密语与密码(password)之间的差别只在于长度。密码通常比较短——6～10 个字符，而密语则通常较长——达 100 个字符或更多。相比密码，因为密语较长，所以更难猜到或更难再生，于是它更加安全。[FOLDOC]

　　密码(password)——用来防止对某个用户的账号进行非经授权的访问。它指用户或系统管理员选择的任意字符串，用于在用户尝试登录时对其进行身份验证。[FOLDOC] 参见密语(passphrase)。

　　PASV FTP——参见被动 FTP(passive FTP)。

　　路径名(pathname)——由斜杠(/)分隔，以文件名结束的一个目录列表，该文件可以是一个目录。路径名用于跟踪经过文件结构的一条路径，以定位或标识某个文件。

　　最后一个路径名元素(pathname, last element of a)——跟随在最后一个斜杠之后的路径名部分，也可以是整个文件名(如果没有斜杠的话)。简单文件名。也称为基名(basename)。

　　路径名元素(pathname element)——组成一个路径名的文件名之一。

　　外围设备(peripheral device)——参见设备(device)。

　　永久性的(persistent)——存储在非易失性介质(如硬盘)上的数据。

　　钓鱼(phish)——尝试欺骗用户泄露或共享私有信息，尤其是密码或财务信息。最常见的形式是：声称来自银行或厂商的电子邮件，要求用户填写表单，以"更新"表面上合法的伪造 Web 站点上的账号。一般作为垃圾邮件发送。

　　物理设备(physical device)——可触摸到的设备，如磁盘驱动器，在物理上与其他相似的设备分开放置。

　　PID——进程标识(process identification)，通常后面跟着"编号"字样。Linux 在每个进程启动时都为其分配唯一的 PID 编号。

　　管道(pipeline)——一个或多个简单命令。通过管道符号(|；控制操作符)，一个程序的标准输出与下一个程序的标准输入连接在一起。

　　像素(pixel)——图片的最小元素，通常为显示屏上的一个点。

　　PKI——公钥基础设施(Public Key Infrastructure)。一种公钥加密系统，它管理可以在电子交易中对每一方进行身份验证的数字证书。

明文(plaintext)——未经加密的文本。在英文中也称为 cleartext。相对于密文(ciphertext)。

可插入身份验证模块(Pluggable Authentication Module)——参见 PAM。

点对点链路(point-to-point link)——只限于两个端点的连接，比如在一对调制解调器之间的连接。

端口(port)——通信系统中的逻辑通道或通道端点。在以太网上使用的传输层协议 TCP 和 UDP 使用端口号来区分同一计算机上同一网络接口上的不同逻辑通道。

　　/etc/services 文件(参见该文件的开头部分来了解更多信息)或 NIS 的 services 数据库为每个应用程序指定一个唯一的端口号。这个端口号将引入的数据与正确的服务(程序)链接起来。标准的、知名的端口人人都可以使用，包括 80 端口(用于 HTTP(Web)流量)。有些协议(如 TELNET 和 HTTP(TELNET 的一种特殊形式))具有默认的端口(按照前面提到的方式指定)，但也可以使用其他端口。FOLDOC

端口转发(port forwarding)——一台计算机上的一个网络端口(port)与另一台计算机上的一个网络端口进行透明连接的过程。如果端口 X 从系统 A 转发到系统 B，那么发送到系统 A 上的端口 X 的任何数据都被自动发送到系统 B。这种连接可以存在于两个系统上的不同端口之间。参见隧道(tunneling)。

端口映射器(portmapper)——用来将 TCP/IP 端口号转换成 RPC 程序编号的服务器。

电源(power supply)——一种电子模块，它可以将高压(110 或 240 VAC)交流电在主板、内部外围设备和外部连接(如 USB)所需的各种不同电压下，转换成平滑的直流电。FOLDOC

可打印字符(printable character)——图形字符之一，可以是字母、数字或标点符号。相对于不可打印字符或控制字符。也称为打印字符(printing character)。

私有地址空间(private address space)——IANA 保留了 3 块 IP 地址，用于私有 Internet 或 LAN：

```
10.0.0.0~10.255.255.255
172.16.0.0~172.31.255.255
192.168.0.0~192.168.255.255
```

　　用户可以使用这些地址，而不需要与 LAN 外部的任何人进行协调(不必注册系统名或地址)。使用这些 IP 地址的系统不能直接与使用全球地址空间的主机进行通信，而必须经过网关才能与其通信。由于私有地址不具有全球意义，因此路由信息不由 DNS 存储，大多数 ISP 拒绝私有地址报文。请确保在用户的路由器设置中没有设置为将这些报文转发到 Internet 上。

特权端口(privileged port)——端口号低于 1024 的端口(port)。在 Linux 或其他类 UNIX 系统上，只有 root 用户运行的进程才可以绑定到特权端口。Windows 98 和早期 Windows 系统可以绑定任何端口。也称为保留端口(reserved port)。

过程(procedure)——用于执行特定任务的指令序列。大多数编程语言(包括机器语言)都允许程序员定义过程，过程允许从多个位置调用过程代码。也称为子程序(subroutine)。FOLDOC

进程(process)——Linux 执行的命令。参见 8.13 节。

.profile 文件(.profile file)——当用户登录时 Bourne Again Shell 或 Z Shell 执行的启动文件，该文件位于用户的主目录中。TC Shell 则执行.login 文件。可以使用.profile 文件来运行命令、设置变量和定义函数。

程序(program)——在某个文件中包含的可执行计算机指令序列。Linux 实用程序、应用程序和 shell 脚本都是程序。无论用户什么时候运行一条没有内置到 shell 的命令，所执行的这条命令都是程序。

PROM——可编程只读存储器(Programmable ReadOnly Memory)。非易失性存储器的一种，属于 ROM，可以使用 PROM 编程器写入程序。

提示符(prompt)——来自程序的提示，通常显示在屏幕上，表明它在等待输入。shell 显示提示符，某些交互式实用程序(如 mail)也显示提示符。默认情况下，Bourne Again Shell 和 Z Shell 使用美元符号($)作为提示符，TC Shell 则使用百分符号(%)作为提示符。

协议(protocol)——描述数据如何传输(尤其是跨网络时)的一组正式规则。低级协议定义电气标准和物理标准、位排序和字节排序、传输、错误检测和位流纠正。高级协议负责处理数据的格式化，包括消息语法、终端到计算机的对话、字符集和消息的顺序。FOLDOC

代理(proxy)——获得授权来充当某个系统的一种服务，这种服务不是该系统的一部分。参见代理网关(proxy gateway)和代理服务器(proxy server)。

代理网关(proxy gateway)——将客户端(如浏览器)与 Internet 分开的计算机，充当可信代理，代表客户端访问

Internet。代理网关将来自 Internet 服务的数据请求(如来自浏览器/客户端的 HTTP)传递给远程服务器，远程服务器将返回的数据经过代理网关传送给发出请求的服务。代理网关应当对用户透明。

代理网关通常运行在防火墙(firewall)系统上，充当针对恶意用户的一道防护栏。代理网关在防火墙中将隐藏本地计算机的 IP 地址，使得防火墙外部的 Internet 用户不能看到本地计算机的 IP 地址。

可以配置浏览器(如 Mozilla/Firefox 和 Netscape)来针对每一种访问 URL 的方法使用不同的代理网关，或者不使用代理。这些访问方法包括 FTP、netnews、SNMP、HTTPS 和 HTTP。参见代理(proxy)。

代理服务器(proxy server)——是指通常包含缓存(cache)的代理网关(proxy gateway)。在该缓存中保存常用的 Web 页面，以便对于下次需要该页面时它在本地就可用(从而速度更快)。术语代理服务器(proxy server)和代理网关 (proxy gateway)常常可以交换使用，因此并非只有代理服务器才包含缓存。参见代理(proxy)。

Python——在 C 与 shell 编程语言之间起桥梁作用的一种简单的、高级的、解释性的、面向对象的交互式语言。适合于快速原型化或者作为编写 C 应用程序的一种扩展语言，Python 支持软件包、模块、类、用户定义的异常、良好的 C 接口，同时支持 C 模块的动态加载。这种语言没有任何特别的限制。参见第 12 章。

引用(quote)——当引用一个字符时，用户消除了该字符在当前上下文中的特殊意义。可以通过在一个字符前放置一个反斜杠来引用该字符。当用户与 shell 交互时，如果要引用某个字符，那么还可以通过单引号将该字符引起来。例如，命令 echo *或 echo '*'显示*。命令 echo *显示工作目录中的文件列表。参见模糊文件引用(ambiguous file reference)、元字符(metacharacter)、普通字符(regular character)、正则表达式(regular expression)和特殊字符(special character)。也称为转义(escape)。

单选按钮(radio button)——GUI 中的一组按钮之一，类似于收音机上用来选择电台的按钮。一组中的单选按钮是互斥的，每次只能选中一个单选按钮。

RAID——廉价/独立磁盘冗余阵列(Redundant Array of Inexpensive/Independent Disk)。将两个或多个磁(硬)盘驱动器一起使用来提高容错能力和性能。可以在硬件或软件中实现 RAID。

RAM——随机访问存储器(Random Access Memory)。一种易失性存储器，访问该数据存储设备上不同位置的顺序不影响访问速度。与硬盘或磁带驱动器相比，随机访问存储器对顺序数据提供更快的访问速度，因为硬盘或磁带驱动器访问非顺序位置时，要求存储介质和/或读/写头进行物理移动，而不只是进行电子交换。相对于非易失性存储器(nonvolatile storage)。也称为存储器(memory)。^{FOLDOC}

RAM 磁盘(RAM disk)——一种 RAM，它们外形像硬盘。RAM 磁盘常用作引导(boot)过程的一部分。

RAS——远程访问服务器(Remote Access Server)。在网络中，经由模拟调制解调器或 ISDN 连接来向远程用户提供访问的计算机。RAS 包括拨号协议和访问控制(身份验证)。它可能是一台具有远程访问软件的普通文件服务器，或是一个专有系统，如 Shiva's LANRover。调制解调器可能是内置的，也可能是外置的。

RDF——资源描述架构(Resource Description Framework)。由 W3C(万维网的主要标准团体)开发的一个标准，该标准规定了一种编码和传输元数据(metadata)的机制。RDF 不规定元数据应当或可以是什么。该标准可以集成许多类型的应用程序和数据，使用 XML 作为转换语法。可以集成的数据有图书馆目录和全球目录，新闻、软件和内容的组合与聚集，音乐和照片的集合。可以访问 www.w3.org/RDF 来了解更多信息。

真 UID(real UID)——用户登录时使用的 UID(用户 ID)，在/etc/passwd 中定义。区别于有效的 UID。请参阅 UID。

重定向(redirection)——对程序的标准输入进行定向的过程，使程序的标准输入来自文件而不是键盘。同样，对标准输出或标准错误进行定向，将其输出到一个文件而不是屏幕。

可重入的(reentrant)——指一类代码，这种代码可以有多个同时的、交错的或嵌套的调用，这些调用互不干扰。互不干扰对于并行处理、递归编程和中断处理十分重要。

安排多个调用(也就是对一个子例程的调用)来共享同一代码副本和任何只读数据，往往很容易做到。然而，如果代码要成为可重入代码，则每个调用都必须使用属于自己的任何可修改的数据副本(或者同步访问共享数据)。为了实现这个目标，通常需要使用一个栈，并且为每一个调用在一个新的栈帧中分配局部变量。可替代的方法是，调用者可能将一个指针传递给这个调用可以使用(通常用于输出)的内存块，或者该代码可能在一个堆上分配一些内存，特别适合于该数据必须在该例程返回之后继续存在的场合。

可重入代码通常存在于系统软件(如操作系统、远程处理监控程序)中。同时，它是多线程程序的一个关键组件。在多线程程序中，通常使用术语"线程安全的(thread-safe)"来代替术语"可重入的"。^{FOLDOC}

普通字符(regular character)——在模糊文件引用或另一种正则表达式中表示字符本身的一种字符。相对于特殊字符(special character)。

正则表达式(regular expression)——由字母、数字和特殊符号组成的一个字符串，用来定义一个或多个字符串。参见附录 A。

相对路径名(relative pathname)——始于工作目录的路径名。相对于绝对路径名(absolute pathname)。

远程访问服务器(remote access server)——参见 RAS。

远程文件系统(remote file system)——远程计算机上的一种文件系统。建立这种文件系统是为了能够(通常通过网络)访问该文件系统的文件，就如同该文件就存储在本地计算机的磁盘上一样。远程文件系统的一个例子是 NFS。

远程过程调用(remote procedure call)——参见 RPC。

解析器(resolver)——TCP/IP 库的软件，用于对要发送到 DNS 的请求进行格式化——进行主机名到 Internet 地址的转换。FOLDOC

资源描述架构(Resource Description Framework)——参见 RDF。

还原(restore)——将图标变成窗口的过程。相对于图标化(iconify)。

返回代码(return code)——参见退出状态(exit status)。

RFC——请求注释(request for comments)。始于 1969 年，带编号的 Internet 信息文档和标准，Internet 和 UNIX/Linux 团体中的商业软件和自由软件普遍遵循这些文档和标准。极少的 RFC 是标准，但是所有的 Internet 标准在 RFC 中都有记录。一个最具影响力的 RFC 为 RFC 822，即 Internet 电子邮件格式标准。

RFC 与众不同，因为 RFC 由身体力行的专家实行，而且在很大程度上受 Internet 的检查，而不只是通过一个诸如 ANSI 这样的机构来正式公布。出于这个原因，即使作为标准采用时，RFC 依旧称为 RFC。RFC 一贯沿用这样的惯例：由个人或小组编写注重实效的、经验驱动的、事后的标准。相对于官方的、委员会驱动的过程(典型代表是 ANSI 或 ISO)，RFC 具有重要优势。要获得 RFC 的完整列表，可以访问 www.rfc-editor.org。FOLDOC

RPM——Fedora 和其他基于 RPM 的发行版的默认软件打包格式。

漫游(roam)——在无线网络上的无线接入点(wireless access points)之间移动计算机，而用户或应用程序感觉不到这种转变。通常情况下，在接入点之间移动会导致某些报文丢失，尽管报文的丢失对于使用 TCP 的程序是透明的。

ROM——只读存储器(readonly memory)。一种非易失性存储器。使用固定内容制造的数据存储设备。一般情况下，ROM 描述的是其内容不能改变的任何存储系统，如唱片或已印刷的书籍。在用于电子设备或计算机的场合，ROM 描述的是半导体集成电路存储器(这种存储器包括若干类型)和 CD-ROM。

ROM 是非易失性存储器——即使断电也能保留其内容。ROM 常用于保存嵌入式系统的程序，因为这些程序通常不会改变。ROM 还用于存储计算机中的 BIOS。相对于 RAM。FOLDOC

根目录(root directory)——所有目录的起点和所有绝对路径名的开头。根目录没有名称，单独用"/"表示，或者位于路径名的最左端。

根文件系统(root file system)——在以单用户模式或恢复模式启动操作系统时可用的文件系统。这个文件系统总是用反斜杠表示。不能卸载或挂载根文件系统。可以重新挂载根目录来改变其 mount 选项。

root 登录(root login)——通常是超级用户(Superuser)的用户名。

root(用户)(root(user))——超级用户(Superuser)的另一个名称。

root 窗口(root window)——不被窗口、对象或面板覆盖的桌面区域。

rootkit——在隐藏自己存在的前提下，为用户提供 root 权限的软件。

旋转(rotate)——当一个文件(如一个日志文件)变得无限大时，必须对其加以控制，不让它占用磁盘上太多的空间。由于在不久的将来可能需要涉及日志文件中的信息，因此一般情况下在该日志文件过期之前就删除其中的内容不是一个好的办法。与直接删除日志文件里面的内容不同，用户可以定期保存当前的日志文件，为它指定一个新的名称，并建立一个新的空白文件作为当前的日志文件。可以保存一系列这样的文件，当保存每个新的日志文件时就对原来的日志文件进行重命名。于是，用户会旋转这些文件。例如，用户可能删除 xyzlog.4，通过 xyzlog.3→xyzlog.4、xyzlog.2→xyzlog.3、xyzlog.1→xyzlog.2、xyzlog→xyzlog.1，最后创建一个新的 xyzlog 文件。在删除 xyzlog.4 之时，该文件中不包含任何比用户希望删除的内容更新的信息。

循环调度算法(round-robin)——在该算法中，进程以固定的循环顺序激活。

路由器(router)——与多个同类型网络相连，从而在这些网络之间传递数据的设备。参见网关(gateway)。

RPC——远程过程调用(Remote Procedure Call)。对过程(procedure)的调用对于网络是透明的。该过程本身负责访问和使用网络。RPC 库确保网络访问对于应用程序是透明的。RPC 运行于 TCP/IP 或 UDP/IP 之上。

RSA——一种公钥加密技术。对特别大的数进行因子分解不存在高效的方法，这种加密技术就基于这一点。因此，这种算法需要占用大量的计算机处理时间和功能以推导出一个 RSA 密钥。RSA 算法是在 Internet 上发送数据的实际标准。

运行(run)——执行程序。

运行级别(run level)——在引入 systemd/Upstart init 守护进程前，运行级别指定系统的状态，包括单用户/恢复和多用户。

Samba——实现 SMB(Server Message Block，服务器消息块)协议的一种免费程序套件。参见 SMB。

SAN——存储区域网络(Storage Area Network)。一种共享存储设备的高速子网络，其中所有存储设备都可用于 LAN 或 WAN 上的所有服务器。这个设置从服务器上卸载磁盘 I/O 开销，允许它们为正在运行的应用程序提供更多的资源。它还允许在不改变单台机器的情况下添加磁盘空间。

SASL——简单的身份验证和安全层。SASL 是 Internet 协议中的身份验证和数据安全框架。

模式(schema)——GUI 中的一种展示模式，这种模式有助于用户观察和理解呈现在窗口中的信息，更便于用户理解以相同模式呈现的新信息。

滚动(scroll)——对终端或窗口上的行进行上下或左右移动。

滚动条(scrollbar)——图形用户界面中出现的一个小组件，它用于控制(滚动)一个文档的哪些部分在窗口中可见。一个窗口可以有一个水平滚动条、一个垂直滚动条(更常见)，或兼而有之。^FOLDOC

服务器(server)——一种强大的集中式计算机(或程序)，它根据请求来向客户端(小的计算机或程序)提供信息。

会话(session)——一个用户登录进程的生命周期。对于台式机，它是桌面会话管理器。对于基于字符的终端，它是用户的登录 shell 进程。在 KDE 中，它是 kdeinit 启动的会话。一个会话还有可能是用户从开始使用某个程序(如编辑器)到该程序运行完毕之间涉及的事件序列。

setgid——当执行一个具有 setgid(set group ID)权限的文件时，执行该文件的进程将拥有该文件所属组的特权。ls 实用程序将 setgid 权限在该文件的组权限的可执行位置显示为 s。参见 setuid。

setuid——当执行一个有 setuid(set user ID)权限的文件时，执行该文件的进程拥有该文件的所有者的特权。例如，如果用户运行一个有 setuid 权限的程序，该程序可以删除某个目录中的所有文件，那么用户也可以删除该文件(程序)拥有者的任何目录中的文件，即使用户通常不具备这样做的权限。当该程序的所有者为 root 时，如果 root 用户可以删除某目录中的文件，那么用户也可以删除该目录中的文件。ls 实用程序在该文件的所有者权限的可执行位置将 setuid 权限显示为 s。参见 setgid。

千的七次方(sexillion)——在英国的系统中，它表示 10^{36}。在美国的系统中，这个数称为 undecillion(千的七次方)。参见大型数字(large number)。

SHA1——安全哈希算法 1(Secure Hash Algorithm 1)。SHA 系列是一组加密哈希算法，由美国国家安全局(National Security Agency，NSA)设计。这个系列的第二个成员是 SHA1，它是 MD5 的继承者。参见密码学。

SHA2——安全哈希算法 2(Secure Hash Algorithm 2)。SHA 系列(参见 SHA1)的第三个成员，SHA2 是四种密码学哈希函数的集合，它们的名称是 SHA-224、SHA-256、SHA-384、SHA-512，对应的摘要长度分别为 224 位、256 位、384 位和 512 位。

共享(share)——指使用 SMB 来与另一个系统共享的某个文件系统层次结构，也称为 Windows 共享(Windows share)。

共享网络拓扑(shared network topology)——一种网络结构(如以太网)，在这种网络结构中，每一个报文对于任何系统(报文的目标系统除外)都可见。共享(shared)表示该网络的带宽由所有用户共享。

shell——一种 Linux 系统命令处理程序。3 种主要的 shell 是 Bourne Again Shell、TC Shell 和 Z Shell。

shell 函数(shell function)——shell 存储的一系列命令，用于以后执行。shell 函数类似于 shell 脚本，但是运行速度更快，因为 shell 函数存储在计算机的主内存而不是文件中。同时，shell 函数在调用该函数的环境中运行(与 shell 脚本不同，shell 脚本通常运行在一个子 shell 中)。

shell 脚本(shell script)——一个包含 shell 命令的 ASCII 码文件，也称为 shell 程序(shell program)。

信号(signal)——除了进程的标准输入，UNIX 系统可以发送给进程的一条极简短的消息。参见 10.5 节。

简单文件名(simple filename)——不包含斜杠(/)的单一文件名。简单文件名是路径名最简单的形式。也为路径名的最后一个元素。也称为基名(basename)。

单用户系统(single-user system)——每次只有一人可以使用的计算机系统。相对于多用户系统(multiuser system)。

滑块(slider)——允许用户通过在线条上拖动指示器来设置值的小组件。许多滑块都允许用户单击该线条来移动指示器。与滚动条(scroller)不同，因为滑块移动指示器，却不改变显示的其他部分。

SMB——服务器消息块(Server Message Block)。由 Intel、Microsoft 和 IBM 于 20 世纪 80 年代开发的一种客户端/服务器协议，它是 Windows 共享文件和打印机的一种本地方法。此外，SMB 可以共享串行端口和通信抽象(communication abstraction)，如命名管道和邮件槽(mail slot)。SMB 类似于为了文件系统访问而定制的远程过程调用(RPC)。也称为 Microsoft 网络(Microsoft Networking)或 CIFS。[FOLDOC]

SMP——对称多处理(symmetric multiprocessing)。两个或多个类似的处理器通过高带宽的链接连接起来，由一个操作系统管理，其中每个处理器都具有 I/O 设备的同等访问权限。处理器或多或少同等对待，而应用程序可以在任何一个或全部处理器上交换地运行，无论操作系统是什么。

笑脸(smiley)——一种基于字符的字形(glyph)，通常在电子邮件中用来表达一种情绪。字符:-)在消息中描述的是一张笑脸(从侧面看)。由于难以区分电子消息的书写者什么时候在开玩笑，什么时候表示严肃认真，因此电子邮件用户通常使用:-)来表示幽默。Scott Falhman 设计的两个原始的笑脸是:-)和:-(。在英文中也称为 emoticon(表情图案)、smileys 和 smilies。要了解更多信息，可在 Internet 上搜索 smiley。

笑脸(smilies)——参见 smiley。

SMTP——简单邮件传输协议(Simple Mail Transfer Protocol)。用于在计算机之间传送电子邮件的一种协议。由于它是一种服务器到服务器的协议，因此需要使用其他协议来访问消息。在消息传输系统(如 sendmail 或 exim4)的控制下，SMTP 通常出现在后台。[FOLDOC]

吸附(窗口)(snap(windows))——当用户将一个窗口朝着另一个窗口或工作区的边缘拖动时，它可以通过突然移动来邻接其他窗口/边缘。这样，该窗口将吸附到适当位置。

人工网络(sneakernet)——使用便携式磁性介质在计算机之间传送文件。

嗅探(sniff)——对网络上的报文进行监控。系统管理员可以合法地嗅探报文，而恶意用户则可能通过嗅探报文来获取用户名和密码等信息。参见报文嗅探器(packet sniffer)。

SOCKS——嵌入到 SOCKS 服务器中的一种网络代理协议，执行与代理网关(proxy gateway)或代理服务器(proxy server)相同的功能。SOCKS 工作在应用层，因而需要对应用程序进行修改，以便应用程序使用 SOCKS 协议工作，而代理(proxy)对应用程序没有这样的要求。

SOCKSv4 不支持身份验证或 UDP 代理。SOCKSv5 支持各种身份验证方法和 UDP 代理。

排序(sort)——将相关元素按照指定顺序排列，通常按字母或数字顺序排列。

空格字符(SPACE character)——以留空的形式出现。虽然看不到，但空格字符是可打印字符，它由 ASCII 码 32(十进制)表示。空格字符可以看作空白(blank)字符，在英文中也称为 whitespace 字符。

垃圾邮件(spam)——将无关的或不恰当的消息发送给一个或多个 Usenet 新闻组或邮件列表，故意或偶然违反网络礼节(netiquette)。或者，有选择地发送大量未经请求的电子邮件。这种电子邮件通常是出于产品或服务促销目的。垃圾邮件的另一个常见目的是钓鱼(phish)，它等价于垃圾邮件(junk mail)。来自 Monty Python 的歌曲 Spam。[FOLDOC]

稀疏文件(sparse file)——包含的数据量大但几乎不占用磁盘空间的文件。稀疏文件中的数据不是密集的(其名称也由此得来)。稀疏文件的例子包括：核心文件和 dbm 文件。

派生(spawn)——参见 fork。

特殊字符(special character)——当出现在模糊文件引用或另一种类型的正则表达式中时，除非是用引号引起来，否则这种字符具有特殊含义。常用于 shell 中的特殊字符是"*"和"?"。也称为元字符(metacharacter)和通配符(wildcard)。

特殊文件(special file)——参见设备文件(device file)。

微调框(spin box)——GUI 中的一种文本框(text box)，其中存放着一个数字，用户可以通过在它上面输入或使用该文本框末尾的向上箭头或向下箭头来更改该数字。

微调按钮(spinner)——参见微调框(spin box)。

欺骗(spoofing)——参见 IP 欺骗(IP spoofing)。

假脱机(spool)——将打印作业放入一个队列,每个打印作业依次等待某种动作。通常用于涉及打印机的场合。也用于描述该队列。

SQL——结构化查询语言(Structured Query Language)。一种向关系数据库管理系统(Relational Database Management System,RDBMS)提供用户界面的语言。SQL是一种实际标准,也是ISO标准和ANSI标准,通常嵌入在其他编程语言中。FOLDOC

方括号(square bracket)——左方括号([)或右方括号(])。这些特殊字符在模糊文件引用和其他正则表达式中用来定义字符类。

稳定版(stable release)——一个测试完全、可靠的软件版,通常可以向公众开放。与beta版相对。

标准错误(standard error)——一个文件,程序可以将输出发送到该文件。通常只有错误消息才被发送到该文件。除非用户指示shell,否则shell会将该输出定向到屏幕(即定向到代表该屏幕的设备文件)。

标准输入(standard input)——一个文件,程序可以从该文件接收输入。除非用户指示shell,否则shell会定向该输入,从而使该输入来自键盘(即来自代表该键盘的设备文件)。

标准输出(standard output)——一个文件,程序可以将输出发送到该文件。除非用户指示shell,否则shell会将该输出定向到屏幕(即定向到代表该屏幕的设备文件)。

启动文件(startup file)——用户登录时登录shell运行的文件。Bourne Again shell和Z Shell运行.profile,而TC Shell运行.login。只要一个新的TC Shell或子shell被调用,TC Shell就还运行.cshrc。Z Shell运行类似的文件,具体名称由ENV变量确定。

状态行(status line)——终端的底行(通常是第24行)。vim编辑器使用状态行来显示在编辑会话中正在发生的操作的相关信息。

粘滞位(sticky bit)——最初,是指可执行程序仍旧驻留在磁盘交换区域内的访问权限位。目前,Linux和macOS内核不把粘滞位用于这个目的,而是用它控制谁可以从目录中删除文件。在这个新功能中,粘滞位称为受限的删除标记(restricted deletion flag)。如果在目录上设置了这个位,该目录中的文件就只能由超级用户、具有该目录的写权限的用户,以及该文件或该目录的所有者删除或重命名。

流式磁带(streaming tape)——以一致的速度(而不是加速或减速)经过读/写头,这样可以减慢磁带读取或写入的速度。合适的块因子有助于确保磁带设备保持流式。

流(stream)——参见面向连接的协议(connection-oriented protocol)。

字符串(string)——字符序列。

样式表(style sheet)——参见CSS。

子目录(subdirectory)——位于另一个目录中的一个目录。每一个目录(根目录除外)都是子目录。

子网(subnet)——子网络(subnetwork)。网络的一部分,它可以是物理上独立的网段(与网络的其他部分共享网络地址,通过子网编号来区分)。子网之于网络就像网络之于互联网。FOLDOC

子网地址(subnet address)——IP地址的子网部分(subnet portiton)。在一个子网化的网络中,通过子网掩码(也称为地址掩码)把IP地址的主机部分分割成子网部分和主机部分。参见子网编号(subnet number)。

子网掩码(subnet mask)——参见网络掩码。

子网编号(subnet number)——IP地址的子网部分。在一个子网化的网络中,通过子网掩码(subnet mask)把一个IP地址的主机部分分割为子网部分和主机部分。也称为子网掩码。参见子网地址(subnet address)。

亚像素提示(subpixel hinting)——类似于反走样(anti-aliasing)的一种技术,但这种技术利用颜色来执行反走样。这种技术在LCD屏幕上特别有用。

子例程(subroutine)——参见过程(procedure)。

子shell(subshell)——作为父shell的一个副本而派生的shell。当用户运行包含shell脚本的可执行文件(通过在命令行上使用该文件的文件名时),shell派生一个子shell来运行该脚本。同时,使用圆括号括起来的命令也在子shell中运行。

超级块(superblock)——指包含某文件系统的控制信息的块。超级块包含内务信息,如文件系统中索引节点的数量和可用列表的信息。

超级服务器(superserver)——扩展的Internet服务守护程序(xinetd;已废弃)。

超级用户(superuser)——特权用户,有权访问其他系统用户可以访问的任何内容,甚至更多。系统管理员必须能够成为超级用户，以便能够建立新账号、改变密码以及执行其他管理任务。超级用户的用户名通常为 root。超级用户也称为 root 或 root 用户(root user)。

交换(swap)——操作系统将某个进程从主内存移到磁盘中，或者反过来。将某个进程交换到磁盘中，以允许另一个进程开始执行或继续执行。

交换空间(swap space)——磁盘中的一块区域(即一个交换文件)，它用于存储被换出(page out)的(某进程的)内存部分。在虚拟内存系统下，交换空间的数量——非物理存储器的大小——决定了单个进程的最大大小和所有活动进程的最大总大小。也称为交换区域(swap area 或 swapping area)。 FOLDOC

交换机(switch)——①一个 GUI 小部件，允许用户选择两个选项中的一个，通常是打开和关闭。②参见网络交换机(network switch)。

符号链接(symbolic link)——指向另一个文件的路径名的目录条目。大多数情况下，某个文件的符号链接可以按照硬链接的使用方式来使用。与硬链接不同的是，符号链接可以跨文件系统，而且可以与目录连接。

系统管理员(system administrator)——负责对系统进行维护的人。系统管理员具有作为超级用户登录的能力或者使用 sudo 作为超级用户。参见超级用户(Superuser)。

系统控制台(system console)——参见控制台(console)。

系统模式(system mode)——系统执行系统工作时指定的状态。例如，系统执行的系统工作可以是：执行系统调用，运行 NFS 和 autofs，处理网络流量以及代表系统执行内核操作。相对于用户模式(user mode)。

System V——UNIX 系统的两个主要版本之一。

TC Shell——tcsh。BSD UNIX C shell(csh)的一个增强版本。

TCP——传输控制协议(Transimission Control Protocol)。Internet 上最常用的传输层协议。这种面向连接的协议建立在 IP 之上，而且几乎总是出现在 TCP/IP(TCP over IP)组合中。在 TCP 中添加了可靠通信、排序和流量控制功能，同时提供全双工、进程到进程的连接。UDP 虽然是一种无连接的协议，但也运行在 IP 之上。 FOLDOC

tera-——在二进制系统中，前缀 tera-表示乘以 2^{40}(1 099 511 627 776)。terabyte 是这个前缀的一个常见用法。该前缀缩写为 T。参见大型数字(large number)。

termcap——终端能力(terminal capability)。在较旧的系统上，/etc/termcap 文件包含各种终端类型及其特征的一个列表。在 System V 中使用 terminfo 系统代替/etc/termcap 文件的功能。

终端(terminal)——不同于工作站(workstation)，因为终端没有智能。终端与运行 Linux 的计算机相连，而工作站本身运行 Linux。

terminfo——终端信息(terminal information)。/usr/lib/terminfo 目录包含许多子目录,每一个子目录包含若干文件。每个文件依照特定终端的功能特征来命名，其中保存了关于该终端功能特征的摘要信息。面向文本的可视化程序(如 vim)都使用这些文件。terminfo 文件是 termcap 文件的替代物。

文本框(text box)——GUI 中可供输入文本的小组件。

主题(theme)——被定义为一个隐含的或再现的想法。主题在 GUI 中用于描述使桌面上的所有元素都保持一致的外观。

粗缆(thicknet)——一种用于以太网的同轴电缆(粗的)。通过在固定位置对该电缆进行抽头，将设备与该电缆相连。

细缆(thinnet)——一种用于以太网的同轴电缆(细的)。细缆的直径比粗缆小，但更灵活。通常情况下，每个设备使用一个 T 型连接器来连接两段单独的电缆；一段电缆通向网络上位于它前面的设备，另一段线缆则通向位于其后的设备。

线程安全(thread-safe)——参见可重入(reentrant)。

缩略图(thumb)——滚动条中的可移动按钮，用来定位窗口中的图像。缩略图的大小反映了缓冲区中信息量的多少。也为气泡图(bubble)。

勾选(tick)——表示正响应的标记，通常用于复选框，它可以是复选标记(√)或 x。也称为复选标记(check mask)或复选(check)。

TIFF——标记图像文件格式(Tagged Image File Format)。一种用于静止图像的文件格式，存储在标记字段中。应用程序可以使用标记来接收或忽略字段，这取决于它们的能力。 FOLDOC

平铺窗口(tiled windows)——窗口的一种排列方式，没有窗口重叠在另一个窗口之上。与层叠窗口(cascading windows)相反。

存活时间(time to live)——参见 TTL。

切换(toggle)——在两个位置之间进行切换。例如，ftp glob 命令切换 glob 功能：执行该命令一次，它打开或关闭该功能；再次执行该命令，会将该功能设置回原来的状态。

标记(token)——一种基本的、在语法上不可分割的语言单位，如关键字、运算符或标识符。[FOLDOC]

令牌环(token ring)——一种 LAN，在这种 LAN 中，计算机与电缆环相连。令牌报文围绕该环持续循环。计算机只有获得令牌才可以传输信息。

实用程序提示(tooltip)——一种小型上下文提示系统，用户可以将鼠标指针悬停在某个对象(如面板上的那些对象)上来激活该系统。

瞬态窗口(transient window)——只显示短暂时间的对话框或其他窗口。

传输控制协议(Transmission Control Protocol)——参见 TCP。

特洛伊木马(Trojan horse)——对用户的系统具有破坏性或毁坏性的程序。其行为没有被记录下来，但如果系统管理员识别出它，就不会允许它存在于系统上。

术语特洛伊木马由 MIT-hacker-turned-NSA-spook Dan Edwards 杜撰。它指代恶意的安全入侵程序，它伪装成一些良性计算机程序，如目录列表程序、归档实用程序、游戏，或者一个用来发现或销毁病毒的程序(1990 年关于 Mac 的一个声名狼藉的案例)。类似于后门(back door)。[FOLDOC]

TTL——存活时间(time to live)。

① 所有 DNS 记录指定其有效时间，通常最多达一周。这个时间为该记录的存活时间(time to live)。当一台 DNS 服务器或一个应用程序在缓存(cache)中存储这条记录时，它减小 TTL 的值，并且当该值达到 0 时将该记录从缓存中删除。DNS 服务器将缓存的记录传递给另一台服务器，使用的是当前的(减小了的)TTL，从而保证了恰当的 TTL，而不管该记录经过多少台服务器。

② IP 头部中的一个字段，它表示丢弃或返回报文之前允许它跳跃多少次。

TTY——电传打字机(teletypewriter)。UNIX 最初从这种终端设备运行。今天的 TTY 指的是连接到计算机的屏幕(或窗口，在终端模拟器的场合下)、键盘和鼠标。这个术语出现在 UNIX 中，Linux 为了一致性和惯例保留了这个术语。

隧道(tunneling)——在协议 B 携带的报文里面封装协议 A，这样 A 将 B 看作一个数据链路层。隧道用于在使用某种协议的管理域之间传送数据(连接这些域的互联网不支持该协议)。它还用于加密在公共互联网上发送的数据，如同当用户使用 ssh 在 Internet 上建立协议隧道一样。[FOLDOC] 参见 VPN 和端口转发(port forwarding)。

UDP——用户数据报协议(User Datagram Protocol)。提供简单却不可靠的数据报服务的 Internet 标准传输层协议。UDP 是一种无连接的协议(connectionless protocol)，像 TCP 一样运行在 IP 之上。

不像 TCP，UDP 既不保证投递成功，也不要求预先建立连接。于是，该协议不仅是轻量级的，而且是高效率的，但是应用程序必须处理所有的错误和重新传送问题。UDP 通常用于发送对时间敏感的数据(如音频和视频数据)，对较少的数据丢失不是特别敏感。[FOLDOC]

UID——用户 ID(User ID)。它是一个编号，passwd 数据库将该编号与某个用户名相关联。参见"有效的 UID(effective UID)"和"真 UID(real UID)"

千的七次方(undecillion)——在美国的系统中，它表示 10^{36}。在英国的系统中，这个数名为 sexillion(千的七次方)。参见大型数字(large number)。

单播(unicast)——从一台主机发送到另一台主机的报文。单播意味着只有一个源且只有一个目标。

Unicode——一种字符编码标准，它包括所有主流的现代语言，其中每个字符都有一个编码，并用固定的位数表示。

非托管窗口(unmanaged window)——被忽略的窗口(ignored window)。

URI——统一资源标识符(Uniform Resource Identifier)，是所有的名称和地址的通用集合。这些名称和地址是用来引用对象(通常情况下是 Internet 上的对象)的短字符串。最常见的 URI 种类是 URL。[FOLDOC]

URL——统一(通用)资源定位符(Uniform(Universal) Resource Locator)。指定某个对象的标准方式，该对象通常是 Internet 上的一个 Web 页面。URL 是 URI 的一个子集。

用法消息(usage message)——当用户使用不正确的命令行参数来调用命令时，由该命令显示的消息。

用户数据报协议(User Datagram Protocol)——参见 UDP。

用户 ID(User ID)——参见 UID。

用户接口(user interface)——参见接口(interface)。

用户模式(user mode)——在执行用户工作时系统的状态，如运行一个用户程序(但不是由该程序执行的系统调用)。相对于系统模式(system mode)。

用户名(username)——为了响应 login:提示符而输入的名称。当其他用户向你发送邮件或写邮件时，他们将使用你的用户名。每一个用户名都具有一个相应的用户 ID，用户 ID 是该用户的一个数字标识符。用户名和用户 ID 都存储在 passwd 数据库(/etc/passwd 或 NIS 的对应文件)中。也称为登录名(login name)。

用户空间(userspace)——应用程序驻留的内存(RAM)部分。在用户空间中运行的代码不能直接访问硬件，也不能访问分配给其他应用程序的内存。也称为用户着态(userland)。参见内核分析-HOWTO。

UTC——世界协调时(Coordinated Universal Time)。UTC 等价于在本初子午线处的平均太阳时(0°经线)。也称为国际标准时间(Zulu time)(Z 代表 0°经度)和 GMT(Greenwich Mean Time，格林尼治标准时间)。

UTF-8——允许使用 8 位字节序列表示 Unicode 字符的编码。

实用程序(utility)——作为 Linux 的一个标准部分包含的程序。通常情况下，用户是通过这样的方式调用一个实用程序的：为了响应 shell 提示符而提供一条命令，或者在一个 shell 脚本里面调用该实用程序。实用程序通常指的是命令。相对于"内置(命令)"。

UUID——全局唯一标识符(Universally Unique Identifier)。唯一标识 Internet 上对象的一个 128 位的数字。在 Linux 系统上常常用于标识 ext2、ext3 或 ext4 磁盘分区。

变量(variable)——一个名称和一个关联的值。shell 允许用户创建变量，并在 shell 脚本中使用。同时，shell 在被调用时继承若干变量，它在运行时维护这些变量和另外一些变量。有些 shell 变量确定了 shell 环境的特征；其他一些变量的值则反映了与 shell 正在进行的交互的不同方面。

视区(viewport)——同工作区(workspace)。

虚拟控制台(virtual console)——可以在系统(或物理控制台)上看到的其他控制台或显示器。

病毒(virus)——一种骇客程序，这种程序搜索其他程序，并通过在其他程序中嵌入这种程序本身的一个副本来"感染"其他程序，以便这些被感染的程序成为特洛伊木马(Trojan horse)。当执行这些程序时，嵌入其中的病毒也会执行，从而进行传播，通常用户并不知情。这个术语是根据生物学中"病毒"的含义类推出来的。

VLAN——虚拟 LAN(Virtual LAN)。不一定位于同一物理网段，但共享同一网络编号的两个或更多个节点的逻辑分组。VLAN 通常与交换式以太网关联。^{FOLDOC}

VM——虚拟机(Visual Machine)。物理计算环境的软件/硬件仿真(如电脑)。虚拟机就像物理机器一样执行程序。

VPN——虚拟专用网络(Virtual Private Network)。在公共网络(如 Internet)上存在的专用网络。VPN 是公司拥有的/租用的线路的一个廉价替代方案，它使用加密来确保私密性。VPN 的一个额外优点是，用户可以在 VPN 连接上发送非 Internet 协议(如 AppleTalk、IPX 或 NetBIOS)，方法在 VPN IP 流中为这些非 Internet 协议建立隧道。

W2K——Windows 2000 Professional 或 Windows 2000 Server。

W3C——万维网协会(World Wide Web Consortium)(www.w3.org)。

WAN——广域网(Wide Area Network)。WAN 是将 LAN 与 MAN 互连的网络，它跨越大型的地理区域(通常是州或国家)。

WAP——无线接入点(Wireless Access Point)。有线网络与无线网络之间的网桥或路由器。通常情况下，WAP 支持某种形式的访问控制来防止未经授权的客户端连接该网络。

Web 环(Web ring)——Web 站点集合，它用来提供与单一主题或一组相关主题的有关信息。作为该 Web 环一部分的每个主页具有一系列的链接，这些链接可以让用户从一个站点进入另一个站点。

空白符(whitespace)——用来表示空格和/或制表符(偶尔还包括换行符)的一个集合名称。在英文中也称为 white space。

广域网(wide area network)——参见 WAN。

小组件(widget)——图形用户界面的基本对象。按钮、组合框和滚动条都属于窗口小组件。

通配符(wild card)——参见元字符(metacharacter)。

Wi-Fi——无线保真(Wireless Fidelity)，它是用来指代任何类型的 802.11 无线网络的一个通用术语。

窗口(window)——在显示屏上由特定程序运行或控制的一个区域。

窗口管理器(window manager)——控制窗口在显示屏上如何显示和如何对其进行操纵的程序。

Windows 共享(Windows share)——参见共享(share)。

WINS——Windows Internet 命名服务(Windows Internet Naming Service)。负责将 NetBIOS 名映射到 IP 地址的服务。WINS 与 NetBIOS 名之间的关系和 DNS 与 Internet 域名之间的关系相同。

WINS 服务器——负责处理 WINS 请求的程序。这个程序缓存本地网络上主机的名字信息,并将这些名字解析为 IP 地址。

无线接入点(wireless access point)——参见 WAP。

字(word)——由一个或多个非空白字符组成的序列,与其他字之间用制表符、空格或换行符分隔开来。用于指代个别命令行参数。在 vim 中,字类似于英语中的单词——一个或多个字符组成的字符串,由标点符号、数字、制表符、空格或换行符界定。

工作缓冲区(work buffer)——它指在 vim 中编辑文本时存储该文本的位置。在用户为编辑器提供一条写入命令之前,该编辑器不会将工作缓冲区中的信息写入磁盘上的文件中。

工作目录(working directory)——在任何特定时间与用户关联的一个目录。用户使用的相对路径名相对于工作目录。也称为当前目录(current directory)。

工作区(workspace)——对占据整个显示器的桌面的细分。

工作站(workstation)——通常情况下适用于安装在办公室中的一台计算机,一般配备了位映射图形显示器、键盘和鼠标。与终端的差别在于,工作站具有智能。在工作站上运行 Linux,而终端则与运行 Linux 的计算机相连。

蠕虫(worm)——一种程序,这种程序在网络上自我传播,在它传播的时候自我复制。目前,这个术语具有负面的含义,因为人们假定只有骇客才编写蠕虫程序。相对于病毒(virus)和特洛伊木马(Trojan horse)。这个术语来自 John Brunner 的小说 *The Shockewave Rider* 中的 Tapeworm(这个小说来自 Ballantine Books,1990 年(经由 XEROX PARC))。FOLDOC

WYSIWYG——所见即所得(What You See Is What You Get)。一种图形应用程序,如字处理器,所显示的内容类似于对应的印刷品。

X 服务器(X Server)——它是 X Window System 的一部分,X Window System 运行鼠标、键盘和显示器(应用程序是客户端)。

X 终端(X terminal)——为了运行 X Window System 而设计的一种图形终端。

X Window System——既是指一种设计,又是指一套实用程序,用于编写灵活的、可移植的窗口应用程序,由 MIT 的研究人员和若干领先的计算机制造商联合创建。

XDMCP——X 显示管理器控制协议(X Display Manager Control Protocol)。XDMCP 允许登录服务器来接收来自网络显示器的请求。XDMCP 内置于许多 X 终端中。

xDSL——不同类型的 DSL,它由一个前缀加以标识,比如 ADSL、HDSL、SDSL 和 VDSL。

Xinerama——X.org 的一个扩展。Xinerama 允许窗口管理器和应用程序使用两个或多个物理显示器作为一个大的虚拟显示器。参见 Xinerama- HOWTO。

XML——可扩展标记语言(Extensible Markup Language)。Web 上的结构化文档和数据的一种通用格式。由 W3C 开发,XML 是 SGML 的一个精简版。参见 www.w3.org/XML。

XSM——X 会话管理器(X Session Manager)。这个程序使用户能够创建包含特定应用程序的会话。在会话运行时,用户可以执行检查点(checkpoint)(保存应用程序的状态)或关机(shutdown)(保存该状态,并退出会话)。当再次登录时,用户可以加载自己的会话,以便在用户的会话中的一切都在运行,就像用户在注销时看到的那样。

YUM——Yellow Dog Updater, Modified。这个包管理器检查依赖项并更新 RPM 系统上的软件。它已经被 DNF 取代。

Z Shell——zsh。一种 shell,这种 shell 结合了 Bourne Again Shell、Korn Shell 和 TC Shell 的许多特性,同时结合了许多原始特性。

国际标准时间(Zulu time)——参见 UTC。